新生物学丛书

染色质基础与表观遗传学调控
Fundamentals of Chromatin

〔美〕 杰瑞·L. 沃克曼 (Jerry L. Workman)
苏珊·M. 阿布迈尔 (Susan M. Abmayr) 编著

韩俊宏 主译

科学出版社

北　京

图字：01-2020-1167号

内 容 简 介

　　染色质是生命的基本物质基础。本书内容主要涵盖了染色质的基本特性、核小体组装和解聚的调控，以及染色质上组蛋白的翻译后修饰对染色质结构的影响并发挥多样性的功能，特别是在转录调控、异染色质形成、DNA 修复和 DNA 复制中的作用，最后介绍了染色质与其他细胞生理活动的功能联系。这些表观遗传学调控对于研究生命现象、理解人类疾病的发生和演进、鉴定疾病治疗的靶标和干预药物的开发等至关重要。

　　本书适合于生命科学、医学及药学等专业的高年级本科生、研究生，以及有志于探索生命过程及疾病相关的表观调控等的基础和临床研究人员阅读和参考。

First published in English under the title
Fundamentals of Chromatin
edited by Jerry L. Workman and Susan M. Abmayr.
Copyright © Springer Science+Business Media New York, 2014.
This edition has been translated and published under licence from
Springer Science+Business Media, LLC, part of Springer Nature.

Springer Science+Business Media, LLC, part of Springer Nature takes no
responsibility and shall not be made liable for the accuracy of the translation.

图书在版编目（CIP）数据

染色质基础与表观遗传学调控 /（美）杰瑞·L. 沃克曼（Jerry L. Workman），（美）苏珊·M. 阿布迈尔（Susan M. Abmayr）编著；韩俊宏主译. —北京：科学出版社，2023.6
　（新生物学丛书）
书名原文: Fundamentals of Chromatin
ISBN 978-7-03-075799-9

Ⅰ. ①染… Ⅱ. ①杰… ②苏… ③韩… Ⅲ. ①染色质－研究 ②分子遗传学－研究 Ⅳ. ①Q243②Q74

中国版本图书馆 CIP 数据核字（2023）第 105413 号

责任编辑：罗　静　陈　倩 / 责任校对：严　娜
责任印制：吴兆东 / 封面设计：刘新新

铐 学 出 版 社 出版
北京东黄城根北街 16 号
邮政编码：100717
http://www.sciencep.com
涿州市般润文化传播有限公司印刷
科学出版社发行　各地新华书店经销
*
2023 年 6 月第 一 版　　开本：787×1092 1/16
2024 年 1 月第二次印刷　印张：31 1/4
字数：741 000
定价：368. 00 元
（如有印装质量问题，我社负责调换）

译者名单

主　译　韩俊宏

第 1 章　张亚光

第 2 章　张　琴

第 3 章　万小文

第 4 章　张　洋

第 5 章　邱　磊

第 6 章　毛晓兵　李欣悦

第 7 章　吴　剑　贾莹辉

第 8 章　曾心怡

第 9 章　孟　洋

第 10 章　敬　倩　张　苏

第 11 章　郑　轩　马平凡

第 12 章　毛晓兵

第 13 章　周聪雅　赵　州

第 14 章　魏明天

原书作者及单位

相原齐（Hitoshi Aihara） 日本长崎大学医学部生物化学系

热纳维耶芙·阿尔穆兹尼（Geneviève Almouzni） 法国居里研究所

叶卡捷琳娜·博亚尔丘克（Ekaterina Boyarchuk） 法国居里研究所

布拉德利·R. 凯恩斯（Bradley R. Cairns） 美国犹他州大学亨茨曼癌症研究所，霍华德·休斯医学研究所肿瘤科学系

锡德里克·R. 克拉皮耶（Cedric R. Clapier） 美国犹他州大学亨茨曼癌症研究所，霍华德·休斯医学研究所肿瘤科学系

雅克·科泰（Jacques Côté） 加拿大魁北克市拉瓦尔大学癌症研究中心

布里安娜·K. 丹尼（Briana K. Dennehey） 美国得克萨斯大学 MD 安德森癌症中心生物化学与分子生物学系

萨拉·C.R. 埃尔金（Sarah C.R. Elgin） 美国密苏里州圣路易斯市圣路易斯华盛顿大学生物系

奥尔·戈扎尼（Or Gozani） 美国斯坦福大学生物学系

弘文水崎（Mizusaki Hirofumi） 日本长崎大学医学部生物化学系

伊藤隆（Takashi Ito） 日本长崎大学医学部生物化学系

普拉博德·卡普尔（Prabodh Kapoor） 美国得克萨斯大学 MD 安德森癌症中心基础科学研究部分子癌变学系

W. 李·克劳斯（W. Lee Kraus） 美国得克萨斯大学达拉斯西南医学中心 Cecil H.和 Ida Green 生殖生物科学中心信号与基因调控实验室

李兵（Bing Li） 美国得克萨斯大学西南医学中心分子生物学系

刘梓英（Ziying Liu） 美国得克萨斯大学达拉斯西南医学中心 Cecil H.和 Ida Green 生殖生物科学中心信号与基因调控实验室，美国得克萨斯大学达拉斯西南医学中心妇产科基础研究部

罗伯特·K. 麦金蒂（Robert K. McGinty） 美国宾夕法尼亚州立大学生物化学与分子生物学教研室真核基因调控中心

多琳·罗塞托（Dorine Rossetto） 加拿大魁北克市拉瓦尔大学癌症研究中心

阮春（Chun Ruan） 美国得克萨斯大学西南医学中心分子生物学系

申雪桐（Xuetong Shen） 美国得克萨斯大学 MD 安德森癌症中心基础科学研究部分子癌变学系

施扬（Yang Shi） 美国马萨诸塞州波士顿哈佛医学院细胞生物系，儿童医院内科新生医学部

迈克拉·斯莫勒（Michaela Smolle） 美国斯托尔斯医学研究所

安妮–利斯·斯特努（Anne-Lise Steunou） 加拿大魁北克市拉瓦尔大学癌症研究中心

菅沼缳（Tamaki Suganuma） 美国斯托尔斯医学研究所

艾曼纽尔·森克尔（Emmanuelle Szenker） 法国居里研究所

谭松（Song Tan） 美国宾夕法尼亚州立大学生物化学与分子生物学教研室真核基因调控中心

杰茜卡·泰勒（Jessica Tyler） 美国得克萨斯大学 MD 安德森癌症中心生物化学与分子生物学系

斯瓦米纳坦·文卡特仁（Swaminathan Venkatesh） 美国斯托尔斯医学研究所

迈克尔·W. 维塔利尼（Michael W. Vitalini） 美国圣安布罗斯大学生物学系

洛里·L. 瓦尔拉特（Lori L. Wallrath） 美国艾奥瓦大学生物化学系

维基·M. 威克（Vikki M. Weake） 美国普渡大学生物化学系

"新生物学丛书"丛书序

当前，一场新的生物学革命正在展开。为此，美国国家科学院研究理事会于2009年发布了一份战略研究报告，提出一个"新生物学"（New Biology）时代即将来临。这个"新生物学"，一方面是生物学内部各种分支学科的重组与融合，另一方面是化学、物理、信息科学、材料科学等众多非生命学科与生物学的紧密交叉与整合。

在这样一个全球生命科学发展变革的时代，我国的生命科学研究也正在高速发展，并进入了一个充满机遇和挑战的黄金期。在这个时期，将会产生许多具有影响力、推动力的科研成果。因此，有必要通过系统性集成和出版相关主题的国内外优秀图书，为后人留下一笔宝贵的"新生物学"时代精神财富。

科学出版社联合国内一批有志于推进生命科学发展的专家与学者，联合打造了一个21世纪中国生命科学的传播平台——"新生物学丛书"。希望通过这套丛书的出版，记录生命科学的进步，传递对生物技术发展的梦想。

"新生物学丛书"下设三个子系列：科学风向标，着重收集科学发展战略和态势分析报告，为科学管理者和科研人员展示科学的最新动向；科学百家园，重点收录国内外专家与学者的科研专著，为专业工作者提供新思想和新方法；科学新视窗，主要发表高级科普著作，为不同领域的研究人员和科学爱好者普及生命科学的前沿知识。

如果说科学出版社是一个"支点"，这套丛书就像一根"杠杆"，那么读者就能够借助这根"杠杆"成为撬动"地球"的人。编委会相信，不同类型的读者都能够从这套丛书中得到新的知识信息，获得思考与启迪。

"新生物学丛书"专家委员会

主　任：蒲慕明

副主任：吴家睿

2012年3月

前　言

随着染色质修饰复合物和组蛋白修饰的影响日益显现,蛋白质组学分析方法的蓬勃发展,以及全基因组序列的出现,"表观遗传学"领域呈爆发式增长。过去 10 年间,表观遗传学甚至催生了新的相关领域,如表观基因组学。今天,表观遗传学对于研究癌症生物学的医学科学家与研究酵母或果蝇等模式生物的基础科学家一样重要。实际上,对于表观遗传的干预有望为人类疾病提出新的治疗方案,目前已经有一些此类药物在临床中应用。人们越来越意识到表观遗传途径在细胞生长、生物体发育和人类疾病中的重要作用,因此需要更深入地了解其中的分子机制。表观遗传学被定义为研究由 DNA 序列变化以外的潜在机制引起的基因表达或细胞表型变化。表观遗传学在维基百科的定义指对基因组的功能相关修饰,其不涉及核苷酸序列的变化。在整个基因组中,组蛋白修饰和组蛋白变体的存在或缺失,以及核小体的位置和稳定性都会在染色体的特定基因座上转录出遗传信息,并形成大多数表观遗传学控制过程的分子基础。由于表观遗传学在很大程度上依赖于染色质,因此要了解表观遗传学,有必要先了解染色质。这就是本书的目的。

本书的章节侧重于染色质的基本特性,包括结构、组成、修饰和在细胞核内的功能,如转录、DNA 复制和修复。当然,染色质的作用取决于其结构,这是麦金蒂(McGinty)和谭松(Song Tan)撰写的第 1 章的主题。他们从染色质结构研究的历史开始介绍,并阐述已知的组蛋白、组蛋白八聚体和核小体核心结构。该章还总结了我们对高级结构的理解。第 2 章中,丹尼(Dennehey)和泰勒(Tyler)强调核小体不是简单地通过组蛋白与 DNA 结合而形成的,相反它们必须在涉及多个组蛋白伴侣的精心编排途径中进行组装。本章还描述了核小体解聚的逆过程,此时,基因转录等过程需要获取 DNA。组装完成后,核小体并不是静态的,而是会被一类含有 ATP 酶的复合物——核小体重塑复合物移动甚至置换。第 3 章中,克拉皮耶(Clapier)和凯恩斯(Cairns)描述了这些复合物的组成、作用机制,以及从 DNA 修复到发育和疾病过程发挥的功能。

染色质上的组蛋白会经历多种翻译后修饰,其不仅影响染色质结构,还作为功能信号执行不同的功能。斯特努(Steunou)、罗塞托(Rossetto)和科泰(Côté)在第 4 章讨论了一种重要的组蛋白修饰。他们回顾了组蛋白乙酰化——组蛋白乙酰化酶/组蛋白去乙酰化酶——其可在组蛋白上添加或者去除乙酰基团,以及可阅读这些修饰并发挥相应功能的相关蛋白及复合物。组蛋白甲基化被认为是比乙酰化更稳定的组蛋白修饰,戈扎尼(Gozani)和施扬(Yang Shi)将在第 5 章中描述该修饰。在其中,他们描述了催化组蛋白甲基化和去甲基化的酶以及组蛋白甲基化在信号转导中的作用。他们还讨论了组蛋白和 DNA 甲基化之间的关系。这些概念引导出第 6 章的内容,即某些形式的组蛋白甲基化如何依赖于组蛋白泛素化。在本章中,威克(Weake)分别描述了组蛋白 H2B 和 H2A 的单泛素化如何在基因激活和抑制中发挥作用,同时讨论了组蛋白泛素化在 DNA 修复中的功能。刘梓英（Ziying Liu）和克劳斯（Kraus）在第 7 章讲述了聚 ADP-核糖聚合酶-1 能引起包括组蛋白在内的多种细胞蛋白的 ADP-核糖基化，同时回顾了组蛋白 ADP-核糖基化如何增强常染色体基因的表达，以及在转录被抑制的异染色质中的作用。聚 ADP-核糖聚合酶-1 受到细胞信号通路的调节，并对 NAD$^+$代谢敏感。弘文（Hirofumi）、相原（Aihara）和伊藤（Ito）在第 8 章讨论了另一个重要的组蛋白修饰——磷酸化修饰。他们描述了组蛋白磷酸化在有丝分裂期间染色质浓缩和信号转导的转录激活中所起的重要作用。在第 9 章中，阮春（Chun Ruan）和李兵（Bing Li）描述了下游效应蛋白和复合物如何"读取"组蛋白修饰。此外，他们描述了这些组蛋白修饰如何以组合方式被"读取"，并通过表观遗传方式促进和拮抗下游功能。

除了在复制过程中组装到 DNA 上的经典组蛋白外，还有一些组蛋白变体蛋白可以在不同时间组装成核糖体，并具有独特而重要的生物功能。组蛋白变体可以利用特定的核小体组装通路，并进行不同的修饰。它们的位置可以标记染色体中的特定位点（如中心粒、DNA 损伤位点）。这些主题和更多内容由森克尔（Szenker）、博亚尔丘克（Boyarchuk）和阿尔穆兹尼（Almouzni）在第 10 章中描述。

本书接下来的三章将讨论转录调控、异染色质的抑制、DNA 修复和 DNA 复制这些过程中的染色质功能。斯莫勒（Smolle）和文卡特什（Venkatesh）在第 11 章中描述了基因转录期间的染色质重塑和动力学。他们讨论了基因的组蛋白修饰如何与转录周期相关，以及 RNA 聚合酶如何传递信号及恢复染色质。如卡普尔（Kapoor）和申雪桐（Xuetong Shen）在第 12 章中所述，染色质重塑在 DNA 修复和复制过程中也起着至关重要的作用。在每一个过程中，染色质重塑复合物与专用的修复和复制机器合作，以便于获得染色质中的 DNA。由瓦尔拉特（Wallrath）、维塔利尼（Vitalini）和埃尔金（Elgin）编撰的第 13 章，回顾了异染色质的迷人功能，它是基因沉默和染色体适度分离所必需的。他们描述了异染色质如何抑制重复序列（如转座子）的转录，以及异染色质特定的组蛋白修饰和读取这些修饰的蛋白质。

在最后一章即第 14 章中，菅沼（Suganuma）以最近研究为例说明染色质功能如何与其他核和细胞的过程相关联。现在已知有大量事件会影响染色质的结构和功能，其中包括染色质作为信号转导通路的下游目标，对代谢和昼夜节律变化的反应，以及衰老的影响。随着越来越多的发现将其他细胞过程与染色质关联起来，我们将获得对这些过程机制的基本见解，染色质研究的新领域将不断显现。

所有章节将有助于读者深入了解染色质的基本知识、开创性的进展，以及在基因调控中染色质与其他生理反应协同发挥作用的基本框架，包括 DNA 甲基化、非编码 RNA、基因剪切和详细的表观遗传通路。我们非常喜欢阅读这些章节，并在这个过程中学到了很多东西。感谢所有作者投入时间和精力，利用他们的专业知识撰写了这么优秀的章节。最后，我们希望您也喜欢阅读这本书，并从中更深入地了解染色质的基本知识。

杰瑞·L. 沃克曼（Jerry L. Workman）

苏珊·M. 阿布迈尔（Susan M. Abmayr）

美国密苏里州堪萨斯城

目　录

第1章　组蛋白、核小体和染色质结构 ………………………………………… 1
　　1.1　染色质结构简介 ……………………………………………………… 1
　　1.2　染色质结构研究历史 ………………………………………………… 3
　　1.3　核小体核心颗粒结构 ………………………………………………… 4
　　1.4　连接组蛋白和染色质小体 …………………………………………… 16
　　1.5　染色质的高级结构 …………………………………………………… 16
　　1.6　展望 ……………………………………………………………………… 19
　　致谢 ……………………………………………………………………………… 19
　　参考文献 ………………………………………………………………………… 19
第2章　在染色质组装和解聚中的组蛋白分子伴侣 ……………………… 25
　　2.1　简介 ……………………………………………………………………… 25
　　2.2　组蛋白从细胞质到细胞核的转运 …………………………………… 29
　　2.3　复制依赖性染色质组装 ……………………………………………… 31
　　2.4　着丝粒染色质的重新组装 …………………………………………… 36
　　2.5　组蛋白分子伴侣与复制非依赖性染色质解聚和组装 ……………… 39
　　2.6　DNA修复过程中染色质组装和解聚中的组蛋白分子伴侣 ………… 44
　　2.7　结束语 …………………………………………………………………… 46
　　参考文献 ………………………………………………………………………… 46
第3章　染色质重塑复合物 ……………………………………………………… 57
　　3.1　简介 ……………………………………………………………………… 57
　　3.2　重塑因子分类 …………………………………………………………… 60
　　3.3　重塑机制和调控 ………………………………………………………… 73
　　3.4　重塑因子在特定染色体加工中的功能 ……………………………… 82
　　3.5　参与细胞多能性、发育和分化调节的重塑因子 …………………… 93
　　3.6　重塑因子与癌症 ………………………………………………………… 99
　　3.7　染色质重塑因子和疾病综合征 ……………………………………… 102
　　参考文献 ………………………………………………………………………… 104
第4章　组蛋白乙酰化对染色质的调节 ……………………………………… 124
　　4.1　简介 ……………………………………………………………………… 125
　　4.2　组蛋白乙酰转移酶及其复合物 ……………………………………… 127
　　4.3　组蛋白去乙酰化 ………………………………………………………… 133

4.4　乙酰化模块阅读器 ·· 137

4.5　组蛋白乙酰化对染色质/核小体结构的影响 ····························· 138

4.6　组蛋白乙酰化在组蛋白沉积和染色质组装中的作用 ················· 139

4.7　组蛋白乙酰化在基因表达调控中的功能 ······························· 142

4.8　DNA 修复中组蛋白乙酰化的作用 ·· 146

4.9　酶相互作用调节组蛋白乙酰化及与其他修饰的串扰 ················ 149

4.10　组蛋白乙酰化与人类疾病和药物靶标的出现 ························ 151

4.11　展望：组蛋白乙酰化与细胞代谢之间的联系 ························ 154

致谢 ·· 155

参考文献 ·· 155

第 5 章　染色质信号转导中的组蛋白甲基化 ································ 182

5.1　简介 ··· 182

5.2　组蛋白甲基化：历史的视角 ··· 185

5.3　组蛋白赖氨酸甲基化信号传递 ·· 186

5.4　组蛋白甲基化和 DNA 甲基化 ··· 203

5.5　组蛋白甲基化和肿瘤 ··· 205

5.6　组蛋白精氨酸甲基化 ··· 207

致谢 ·· 208

参考文献 ·· 209

第 6 章　组蛋白泛素化调控基因表达 ·· 220

6.1　泛素化是一种可逆的翻译后修饰 ·· 221

6.2　组蛋白的泛素化修饰 ··· 222

6.3　特异性 E2/E3 酶催化组蛋白单泛素化 ································· 224

6.4　组蛋白的单泛素化可以被去泛素化酶逆转 ···························· 231

6.5　组蛋白单泛素化调控基因转录 ·· 233

6.6　组蛋白泛素化和 DNA 修复 ··· 248

6.7　组蛋白单泛素化调控细胞周期 ·· 253

6.8　结论 ··· 253

参考文献 ·· 254

第 7 章　PARP-1 和 ADP-核糖基化对染色质结构和功能的调控 ········ 262

7.1　简介 ··· 262

7.2　PARP-1、聚 ADP-核糖基化和 PARP 家族 ··························· 262

7.3　PARP-1 对染色质结构和基因表达的调控 ····························· 266

7.4　PARP-1 在异染色质中的功能 ··· 274

7.5　PARP-1 定位和染色质活性的调节 ······································ 276

7.6　总结和结论 ··· 281

参考文献 ·· 281

第 8 章　组蛋白磷酸化和染色质动力学 ································· 287

8.1　简介 ·· 287

8.2　组蛋白 H1 磷酸化 ··· 288

8.3　组蛋白 H3 磷酸化 ··· 290

8.4　组蛋白 H2A 磷酸化 ··· 291

8.5　阅读器蛋白翻译组蛋白修饰 ··· 294

8.6　结论和展望 ··· 294

参考文献 ·· 295

第 9 章　组蛋白修饰的读取 ··· 299

9.1　简介 ·· 299

9.2　组蛋白修饰模块的读取 ··· 302

9.3　读取方法 ··· 303

9.4　读取的特异性 ··· 306

9.5　读取组蛋白修饰的功能效果 ··· 307

9.6　展望 ·· 310

致谢 ·· 311

参考文献 ·· 311

第 10 章　组蛋白变体的性质和功能 ······································ 316

10.1　简介 ··· 316

10.2　组蛋白变体的特征 ·· 321

10.3　组蛋白变体在 DNA 上的沉积 ··· 324

10.4　组蛋白变体的重要性 ·· 331

参考文献 ·· 344

第 11 章　染色质的转录 ·· 361

11.1　简介 ··· 361

11.2　转录周期 ·· 362

11.3　基因上的染色质结构 ·· 370

11.4　转录相关的转录后修饰 ··· 371

11.5　转录中的染色质重塑 ·· 380

11.6　延伸过程的组蛋白动力学 ··· 384

11.7　调控延伸过程的组蛋白动力学 ··· 385

11.8　非编码转录：调节和结果 ··· 389

11.9　结论 ··· 391

参考文献 ·· 392

第 12 章　DNA 修复和复制过程中的染色质重塑 ···························· 416

12.1　简介 ··· 416

12.2　DNA 双链损伤修复中的染色质重塑 ···································· 416

12.3　DNA 复制过程中的染色质重塑 …………………………………………… 434

12.4　结束语 ……………………………………………………………………… 438

参考文献 ………………………………………………………………………… 438

第 13 章　异染色质：基因组的重要成分 …………………………………… 447

13.1　为什么研究异染色质? ……………………………………………………… 448

13.2　异染色质的构成 ……………………………………………………………… 449

13.3　异染色质组装 ………………………………………………………………… 453

13.4　异染色质的遗传剖析 ………………………………………………………… 454

13.5　异染色质形成：RNAi 的作用 ……………………………………………… 456

13.6　核组织动力学 ………………………………………………………………… 458

13.7　异染色质与疾病 ……………………………………………………………… 460

13.8　异染色质的未解之谜 ………………………………………………………… 461

参考文献 ………………………………………………………………………… 461

第 14 章　染色质研究新兴领域 ……………………………………………… 468

14.1　细胞信号的重要性 …………………………………………………………… 468

14.2　染色质接受应激活化蛋白激酶的信号 ……………………………………… 468

14.3　应激信号、S 期进展和转录相关重组 ……………………………………… 470

14.4　非编码 RNA 参与表观遗传调控 …………………………………………… 470

14.5　细胞代谢对组蛋白修饰的影响 ……………………………………………… 473

14.6　生物钟中组蛋白修饰的波动 ………………………………………………… 476

14.7　DNA 甲基化决定细胞类型的特异性 ……………………………………… 477

14.8　表观遗传学和衰老 …………………………………………………………… 478

14.9　结论和展望 …………………………………………………………………… 479

致谢 ……………………………………………………………………………… 479

参考文献 ………………………………………………………………………… 479

第1章　组蛋白、核小体和染色质结构

罗伯特·K. 麦金蒂（Robert K. McGinty）和谭松（Song Tan）

英文缩写列表

bp	base pair	碱基对
CENP-A	centromere protein A	着丝粒蛋白 A
CTD	C-terminal domain	C 端结构域
DNA	deoxyribonucleic acid	脱氧核糖核酸
H1	histone H1	组蛋白 H1
H2A	histone H2A	组蛋白 H2A
H2B	histone H2B	组蛋白 H2B
H3	histone H3	组蛋白 H3
H4	histone H4	组蛋白 H4
H5	histone H5	组蛋白 H5
HMG	high mobility group	高迁移率家族
HMGN2	high mobility group nucleosomal protein 2	高迁移率家族核小体蛋白 2
ISW1a	imitation SWitch 1a	染色质重塑模拟蛋白
LANA	latency-associated nuclear antigen	潜伏相关核抗原
PTM（s）	posttranslational modification（s）	翻译后修饰
RCC1	regulator of chromatin condensation 1	染色质压缩调节因子 1
SHL	super-helical location	超螺旋定位
Sir3	silencing information regulator 3	沉默信息调节因子 3

1.1　染色质结构简介

人类细胞的完整遗传信息储存于分布在 23 对染色体上由约 30 亿个碱基对组成的 DNA 中。如果将人类的 DNA 完全延伸，它的长度将有 2 m，然而它却能包装到平均直径为 5～10 μm 的细胞核内（Nelson and Cox 2008）。这类似于将一条长度为 30 mile（译者注：1 mile=1.609 344 km）的线塞进一个篮球中。但是，DNA 并不是随意储存在细胞核中。相反，它必须以高度协调的方式不断进入，以允许细胞执行专门的功能，并响应不断变化的环境。为了能完成这个工作，所有真核细胞的基因组都被组织成一种动态的

R. K. McGinty · S. Tan （✉）

Center for Eukaryotic Gene Regulation, Department of Biochemistry and Molecular Biology, The Pennsylvania State University, University Park, PA 16802, USA

e-mail: sxt30@psu.edu

高分子复合物——染色质。

组成染色质的最基本重复单元是核小体（图 1.1）。核小体由长度为 145～147 bp 的 DNA 缠绕在组蛋白八聚体上形成核小体核心，组蛋白八聚体由两份拷贝的核心组蛋白包括组蛋白 H2A、H2B、H3 和 H4 组成。每个核小体核心通过一段连接 DNA 连接到相邻的核小体核心，形成一个具有 160～240 bp 重复长度单元的染色质聚合物（McGhee and Felsenfeld 1980）。通常发现长度大约 20 bp 的连接 DNA 与连接组蛋白 H1（也称 H5）结合。核小体核心颗粒与连接组蛋白一起称为染色质小体。将剩余的连接 DNA 添加到染色质小体中就构成了核小体。

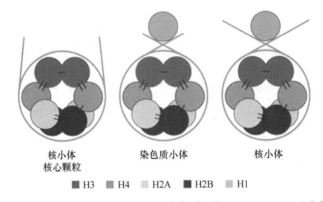

核小体
核心颗粒　　　　　染色质小体　　　　　核小体

■ H3　■ H4　■ H2A　■ H2B　■ H1

图 1.1　核小体核心颗粒（nucleosome core particle）、染色质小体（chromatosome）和核小体（nucleosome）模型。彩色圆圈表示组蛋白，DNA 由浅蓝色的线表示。组蛋白之间的双线表示组蛋白折叠对，单线代表四螺旋束基序

染色质由长核小体阵列组成。这些阵列通过一个高级结构的层次逐步浓缩，从一个延伸的构象开始，到最终产生两种不同的细胞周期特异性形式，即间期染色质和中期染色体。关于这些高级结构还有许多待探索之处，同时也存在争议之处，比如高阶压缩的第一级构象 30 nm 纤维（Li and Reinberg 2011；Luger et al. 2012）[译者注：中国科学院李国红采用冷冻电镜技术于 2014 年成功解析了 30 nm 纤维的结构（Song et al. 2014. Science）]。

重要的是，染色质不仅仅是 DNA 的一个简单支架。相反，它是从基因表达到 DNA 复制以及 DNA 损伤修复等所有基因组模板化过程的活跃信号转导中心。染色质组装通路和核小体重塑复合物控制整个基因组中核小体的组成、占位及定位。核小体的化学结构可通过广泛的组蛋白翻译后修饰网络和携带特异性修饰的组蛋白突变体的引入而发生变化。此外，DNA 本身具有化学修饰。总之，这些修饰允许特异性募集和排斥下游效应分子，从而直接和间接控制染色质结构与功能。染色质复杂和动态的特性在细胞周期调节的间期染色质凝集成有丝分裂染色体的过程中得以充分展示，有丝分裂后的染色体随后在整个细胞核中重新分布。

1.2 染色质结构研究历史

染色质的研究可以追溯到 19 世纪晚期，当时对核内物质进行了生化和微观描述。1871 年，弗里德里希·米舍（Freidrich Miescher）从白细胞核中分离出富含磷的物质时发现了核酸，他将其称为核蛋白质（Dahm 2005）。不久之后，阿尔布雷希特·科塞尔（Albrecht Kossel）于 1884 年提取了有核红细胞的蛋白质成分，并将其命名为 *histon*，现在称为组蛋白（histone）。沃尔瑟·弗莱明（Walther Flemming）在通过显微镜观察来描述细胞核的过程中，根据其强烈吸收嗜碱性染料的倾向将这种核蛋白物质命名为染色质，这一名称沿用至今（Paweletz 2001）。因此，在世纪之交，染色质被认为由酸性、富含磷的组分以及碱性蛋白质组分组成，但这些组分的聚合物大分子构成仍然不清楚。20 世纪上半叶是染色质结构研究的黑暗时期。在此期间，建立了关键的遗传学原理，最突出的是将核酸鉴定为染色质的转化组分（Avery et al. 1944）和发现 DNA 的结构（Franklin and Goslin 1953；Watson and Crick 1953；Wilkins et al. 1953），但是对组蛋白的理解基本上停滞不前。

20 世纪后半叶见证了染色质结构研究的复兴。组蛋白被分为两类：主要的和辅助的，后来被称为核心组蛋白和连接组蛋白（Stedman and Stedman 1951）。可能是蛋白酶污染的缘故，分离的组蛋白呈现异质性，以至于人们错误地理解为在组织和生物体中组蛋白的组成是多样的，并且变化巨大。这些想法在 20 世纪 60 年代后期才基本消除，当时酸提取允许完整的分馏，随后的测序技术揭示了 5 种组蛋白具有高度保守性（Van Holde 1989）。

在 20 世纪 70 年代开辟了对由核小体聚合链所组成染色质结构的现代理解。这种"简单而基本的重复结构"的最初线索来自对染色质用核酸内切酶和核酸外切酶消化分离后的检测，这些酶使大约一半的 DNA 被保护在 100～200 bp 的小片段中（Clark and Felsenfeld 1971；Hewish and Burgoyne 1973）。随后由唐纳德（Donald）、阿达·奥林斯（Ada Olins）和克里斯·伍德科克（Chris Woodcock）对染色质纤维进行负染色电子显微镜检查，他们观察到"串珠"结构——直径为 60～100Å 的特殊颗粒（称为 ν 体），由较细的纤维结构连接（Olins and Olins 1973，1974；Woodcock 1973；Woodcock et al. 1976）。通过发现组蛋白之间的相互作用进一步建立了染色质亚结构的概念，首先发现的是 H2A/H2B 二聚体（Kelley 1973；D'Anna and Isenberg 1974），然后是（H3/H4）$_2$ 四聚体（Kornberg and Thomas 1974；Roark et al. 1974）。

随着（H3/H4）$_2$ 四聚体的描述，罗杰·科恩伯格（Roger Kornberg）基于以下概念提出了染色质重复单元的八聚体模型（Kornberg 1974）：①通过四聚体的化学计量和 X 射线衍射评估形成重复单元的所有四个核心组蛋白，形成八聚体结构需要每个组蛋白的两个拷贝。②鉴于染色质中 DNA 和组蛋白质量相等，每个八聚体与大约 200 bp 的 DNA 相互作用。③四聚体预期的球状形状需要 DNA 环绕在外围。④与每个核心组蛋白相比，存在约一半量的连接组蛋白，表明每个核小体结合一个连接组蛋白，并且鉴于连接组蛋白不是再现 X 射线衍射图谱所必需的，它必须结合到核心颗粒外部。进一步的实验支持了这一提议和其他提议（Van Holde et al. 1974），核心颗粒由大约 140 bp 的 DNA 包裹，连接 DNA 和相关的连接组蛋白构成了完整的核小体，并将保护的 DNA 长度扩展到 200 bp（Sollner-Webb and Felsenfeld 1975；Van Holde 1989）。在 10 年内，获得了 7Å 分辨率的核小体核心颗粒晶体结构，为缠绕在组蛋白周围的 DNA 路径提供了结构信息（Richmond et al. 1984）。将分辨率提高到近原子水平的工作跨越了接下来的十几年。组蛋白八聚体 3.1 Å 结构（Arents et al. 1991）的确定和随后核小体核心颗粒 2.8Å 结构（Luger et al. 1997）的建立，终于为染色质的基本单位提供了原子细节。

1.3 核小体核心颗粒结构

1.3.1 高分辨率核小体核心颗粒结构概述

里士满（Richmond）及其同事在 1997 年解析了核小体核心颗粒 2.8Å 分辨率晶体结构，提供了组蛋白八聚体结合到 DNA 上的第一个高分辨率图像（Luger et al. 1997）。这至少部分地表明，通过重组表达的组蛋白（来自非洲爪蟾组蛋白序列）和特定的 DNA 序列重建核心颗粒成为可能，从而消除了对来源于内源性核心颗粒存在异质性的误解。2.8 Å 的晶体结构显示，146 bp 的 DNA 以左手超螺旋的方式围绕组蛋白八聚体 1.65 圈（图 1.2）。这个组蛋白八聚体由四个"组蛋白折叠"异源二聚体组成，即 H3/H4 和 H2A/H2B 各两个拷贝（图 1.3）。两个 H3/H4 二聚体通过 H3 组蛋白折叠介导的四螺旋束形成中心（H3/H4)$_2$四聚体（图 1.4）。(H3/H4)$_2$四聚体的每一半通过 H4 和 H2B 组蛋白折叠之间的四螺旋束与一个 H2A/H2B 二聚体相互作用，从而构成一个完整的八聚体。该八聚体形成一个用于包裹核小体 DNA 的斜坡或线轴。由此产生的 200 kDa 圆盘形颗粒具有以二元体为中心的伪双重对称性。

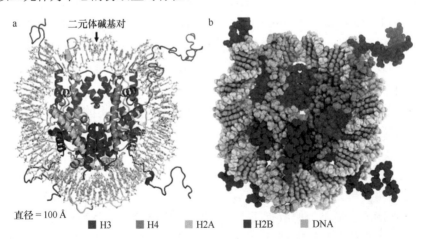

图 1.2 核小体核心颗粒结构概述。a. 核小体核心颗粒高分辨率结构（PDB ID：1KX5）。组蛋白和 DNA 分别以彩色示意图和棒状形式表示，二元体用箭头标记。b. 空间填充后显示的核小体核心颗粒。本章中所有分子图形都是使用 PyMOL 软件绘制（The PyMOL Molecular Graphics System，Version 1.5 Schrödinger，LLC）

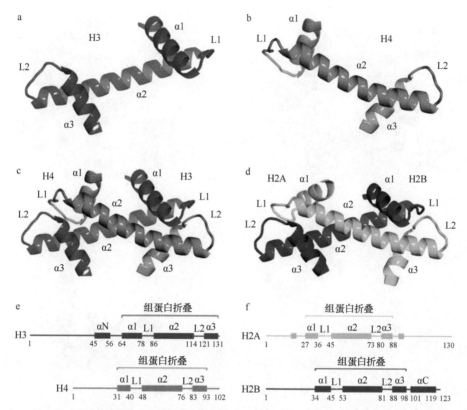

图 1.3　组蛋白折叠和组蛋白折叠异源二聚体。H3 组蛋白折叠（a）和 H4 组蛋白折叠（b）的示意图。组蛋白 H3/H4 异源二聚体折叠对（c）和组蛋白 H2A/H2B 异源二聚体折叠对（d）的示意图。H3/H4（e）和 H2A/H2B（f）的二级结构元件的模式图（组蛋白结构来自 PDB ID：1KX5）

随后的工作将核心颗粒的分辨率提高到了 1.9 Å（Davey et al. 2002），并提供了包含来自不同物种（Harp et al. 2000；White et al. 2001；Tsunaka 2005；Clapier et al. 2008）、不同组蛋白序列变体（Suto et al. 2000；Chakravarthy and Luger 2006；Tachiwana et al. 2011），以及不同 DNA 序列（Richmond and Davey 2003；Makde et al. 2010；Vasudevan et al. 2010；Chua et al. 2012）的补充结构。此外，四聚核小体的 X 射线衍射结构有助于了解染色质高级结构的组装（Schalch et al. 2005）。最后，最新的蛋白结合到核小体核心颗粒的结构研究显示了核小体识别的原子分辨率细节（Makde et al. 2010；Armache et al. 2011）。以下部分将介绍组蛋白的特性，并且描述八聚体组蛋白复合物及其与 DNA 形成核小体核心颗粒时的相互作用。

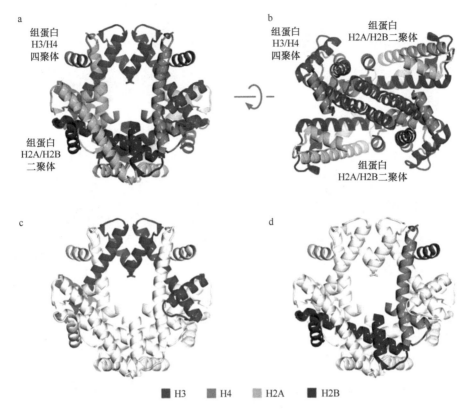

图 1.4　组蛋白折叠八聚体由四螺旋束构建。从二元体直接观察组蛋白折叠八聚体（PDB ID：1KX5）表面（a）和正交纵断面（b）的示意图。H3-H3（c）和 H4-H2B（d）四螺旋束的示意图

1.3.2　组蛋白的一级结构

组蛋白是小的碱性蛋白质，用于形成将 DNA 组装和储存于真核细胞核内的支架。组蛋白可以大致分为五类：包括核小体核心颗粒中含有的 H2A、H2B、H3 和 H4 四个核心组蛋白，以及连接组蛋白 H1（或称 H5），它们与连接 DNA 相互作用，并与染色质的高级结构有关。由于大多数 DNA 被包装到核小体中，于是出现了与 S 期 DNA 复制相一致的结果，组蛋白必须在翻译后被包装到复制的基因组中。因此，组蛋白可以进一步分类为复制依赖型（也称经典或主要组蛋白）、复制非依赖型或组蛋白变体。本章将重点介绍经典组蛋白，组蛋白变体将在后面的章节中详细讨论。

从核心组蛋白的序列中可以得出以下几个规律。①它们相对较小，拥有 102～135 个氨基酸。②它们各自含有一个中心 α 螺旋区域，形成"组蛋白折叠"基序（图 1.3a，b）。组蛋白折叠的两侧为 N 端和 C 端延伸。这些延伸的片段是结构化的，特别是组蛋白 H3 的 αN 螺旋和组蛋白 H2B 的 αC 螺旋，但这些延伸中的大部分，特别是在所有核心组蛋白的 N 端区域和 H2A 的 C 端区域，表现出更柔性的构象（图 1.3e，f）。这些被称为组蛋白"尾巴"的区域具有非常密集和多样化的翻译后修饰，并且大部分已成为染色质信号转导研究的焦点。③核心组蛋白中碱性氨基酸（精氨酸和赖氨酸）占优势，与酸性氨基酸相比，它们在生理 pH 条件下产生大量的净正电荷。这种电荷差异在组蛋白

折叠的 N 端和 C 端延伸内最显著。④核心组蛋白在不同生物体的进化上表现出惊人的序列保守性，表明存在强大的功能选择压力。H3 和 H4 是最保守的蛋白质，H4 在出芽酵母和人之间具有超过 90%的序列同源性。尽管与 H3 和 H4 不同，H2A 和 H2B 也是高度保守的，特别是在它们的 N 端和 C 端区域。⑤在真核生物的整个基因组中发现每个核心组蛋白基因的多个拷贝聚集在一起。在出芽酵母中发现每个核心组蛋白基因有两个拷贝（Osley 1991），而在人细胞中有 10～20 个功能拷贝（Marzluff et al. 2002）。核心组蛋白的多拷贝现象表明存在非等位基因的各种变化。引人注目的是，人类基因组中 H4 的所有 12 个基因座编码相同的蛋白质序列，再次强调了其功能的保守性。相反，人 H2A 和 H2B 基因座在高保守序列周围有一些较小的编码变异。在许多情况下，这些突变体在小鼠和人之间是保守的，表明了功能选择性压力。迄今为止，对这种非等位基因变化的利用和影响还知之甚少。

构成第五类组蛋白的连接组蛋白（H1/H5），其分子量略大于核心组蛋白，但保守性较差。后生动物中的连接组蛋白由三部分构成，包括约 80 个氨基酸构成的中心球状结构域、13～40 个氨基酸构成的非结构化 N 端结构域和约 100 个氨基酸构成的非结构化 C 端结构域。出芽酵母的连接组蛋白 H1 还具有在 C 端结构域之后的第二个独特的球状结构域。与核心组蛋白尾部类似，连接组蛋白的非结构化区域的碱性氨基酸也占优势。H1 的羧基末端结构域富含赖氨酸、脯氨酸和丝氨酸，已经证明这些成分对其功能至关重要（Lu et al. 2009）。与核心组蛋白非常相似，连接组蛋白在高等生物中也显示了高度的复杂性。虽然在出芽酵母中只存在一种连接组蛋白序列，但在人类中已经发现了 11 种不同亚型。其中五种亚型（H1.1～H1.5）与经典的核心组蛋白一样属于细胞周期依赖性，其他亚型则表现出细胞周期非依赖性或组织/种系特异性（Happel and Doenecke 2009）。

1.3.3　核心组蛋白的二级结构和组蛋白八聚体结构

单个结构基序（组蛋白折叠）构成了组蛋白八聚体的基础。所有四个核心组蛋白折叠都由三个 α 螺旋通过两个中间环连接组成，被命名为 α1-L1-α2-L2-α3（图 1.3a，b）。两个短的 α1 和 α3 螺旋沿着较长的中心 α2 螺旋大致相同的一侧包装。每个组蛋白折叠配对不同的组蛋白折叠，即 H3 与 H4 配对，而 H2A 与 H2B 以反平行排列方式配对。这种配对方式得到的伪对称异二聚体形成一个"握手基序"（图 1.3c，d）。这种配对特异性源自异源二聚体交界处残基的贡献，这些残基排除了同源二聚体和其他异源二聚体对的形成。组蛋白折叠的反向平行排列使得一个折叠的 L1 环接近互补组蛋白折叠的 L2 环，使得一个 L1L2 对占据异源二聚体的每个末端。α2-α2 界面更接近 α2 螺旋的 N 端，它与 α1 螺旋并列并与 α3 螺旋分离。这使得异源二聚体具有表面凸起的新月形状，该凸起表面横跨 L1L2 环和 α1 螺旋，而对侧的 α3 螺旋和 α2 中心部分则形成凹表面。L1L2 和 α1α1 区域构成每个异源二聚体主要的 DNA 结合面。

核心八聚体由两个 H3/H4 和两个 H2A/H2B 异源二聚体使用一个常见的结构基序（四螺旋束）组装而成（图 1.4a，b）。每个四螺旋束由来自相邻组蛋白折叠的 α3 螺旋和 α2 螺旋 C 端的一半组成。两个 H3/H4 二聚体以头对头排列，通过在 H3 的 α2 和 α3 螺旋之间形成的四螺旋束介导(H3/H4)$_2$四聚体的形成(图 1.4c)。与此类似,两个 H2A/H2B 二聚体通过在 H4 和 H2B 的 α2 和 α3 螺旋之间形成另外的四螺旋束与该四聚体结合 (图 1.4d)。最终形成的产物是一个具有伪双重对称性的左手组蛋白超螺旋(H2A-H2B-H4-H3-H3-H4-H2B-H2A)(图 1.4a,b)。

1.3.4 核心组蛋白尾部和延伸

来自组蛋白折叠的 N 端和 C 端的延伸形成核小体核心颗粒的蛋白质成分,并且 N 端和 C 端延伸均有利于 DNA 的结合及一些重要溶剂的攻击(图 1.5a,b)。以上三个部分均值得深入讨论。介于 N 端尾部与 α1 螺旋间的 H3 αN 螺旋位于 H4 组蛋白折叠顶部,并安置 DNA 于核小体的入口和出口位点处。同时,H2A 和 H2B 的 C 端延伸更利于核小体被溶剂攻击,C 端延伸也进一步加固了八聚体结构。在横贯核小体表面之前,H2A C 端延伸背靠 H2A α3 螺旋在八聚体中 H3/H4 异源二聚体的对侧进行组装,最后终止于二元体附近。H2B 的 αC 螺旋延伸到二元体对侧的核小体边缘,分别沿 H2A 和 H2B 的 α2 和 α3 螺旋组装,并且代表核小体核心颗粒盘表面的最外缘。

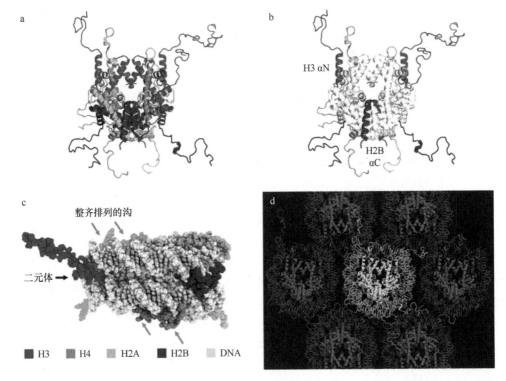

图 1.5 组蛋白延伸和尾部。a. 包含延伸和尾部的完整组蛋白八聚体示意图。b. 完整组蛋白八聚体的延伸和尾部着色如图所示,区别于灰色的组蛋白折叠。c.完整核心颗粒经空间填充后的轮廓,显示出组蛋白尾部的出口位置和 DNA 螺旋整齐排列的沟。黑色箭头指向二元体方向。d. 1.9 Å 晶体结构的晶体堆积(PDB ID:1KX5)。着色部分展示了由晶体结构确认的组蛋白尾部构象,且组蛋白尾部与相邻核小体核心颗粒接触

组蛋白 N 端尾部从核小体核心颗粒延伸出去有两种途径：①H4 和 H2A 的 N 端尾部通过 DNA 的小沟顶部伸出，②H3 和 H2B 的 N 端尾部通过一个由相邻螺旋 DNA 整齐排列的小沟形成的通道伸出（图 1.5c）。H3 N 端尾部从靠近二聚体的 DNA 进/出位点附近延伸出核心颗粒；相反，H2A 和 H2B N 端尾部从核心颗粒的对侧延伸出去。两个 H4 N 端尾部从核心颗粒不同位置延伸出去。虽然在核小体核心颗粒的大多数结构中未观察到这些尾部，但值得注意的是电子密度足以塑造 1.9 Å 结构中所有 10 个组蛋白尾部的整个长度。然而，由晶体堆积面确定的尾部位置可能不能反映生理学相关的构象（图 1.5d）。

几十年来，已经明确知道构成八聚体质量约 20%的核心组蛋白 N 端尾部呈现出动态和柔性的结构。因此，静态 X 射线结构无法推断出结构与功能的关系也就不足为奇了。相反，需要开始用生物物理学方法来阐明尾部的性质，以及其对核小体和染色质高级结构的影响。虽然游离的核心组蛋白 N 端尾部形成无规卷曲构象，但是越来越清楚的是，这些尾部在特定状态依赖的染色质中可展现明确的结构（Wang and Hayes 2006）。这些尾部以盐离子依赖的方式与核小体核心颗粒内的 DNA 形成特定的接触（Lee and Hayes 1997），可是它们对核心颗粒本身的稳定性贡献最小（Ausio et al. 1989）。在单独加入连接 DNA 或同时添加连接 DNA 和连接组蛋白时，尾部的特异性接触可发生改变。在形成更高级结构的过程中，所有尾部可以结合到连续和空间相邻的核小体上，从而有助于染色质的高阶折叠和/或寡聚化。例如，H4 N 端尾部的"碱性区域"是压缩核小体阵列所必需的（Dorigo et al. 2003）。该区域与相邻核小体的 H2A/H2B 二聚体上的"酸性区域"相互作用。值得注意的是，H4"碱性区域"中单个赖氨酸的乙酰化消除了这种相互作用和由此产生的染色质压缩（Shogren-Knaak et al. 2006）。H3 N 端尾部在延伸的核小体阵列中产生核小体内部相互作用，但是在染色质压缩后，观察到 H3 N 端尾部在核小体间和阵列间都产生相互作用（Zheng et al. 2005；Kan et al. 2007）。与 H4 类似，这些相互作用受赖氨酸乙酰化以及连接组蛋白的影响，表明存在多层次潜在的调节方式。总之，核心组蛋白尾部很可能能够建立一个与 DNA 和其他组蛋白相互作用的网络，这个网络既高度依赖于且有助于染色质的局部结构。通过允许在不同的环境中采用特定构象，N 端尾部内在的柔性结构具有灵活性，可赋予 N 端尾部接近和抑制高级染色质结构，以及将效应蛋白募集到染色质模板的功能。连同 N 端尾部的一连串翻译后修饰一起，对染色质结构和功能进行严格调节。虽然已在剖析组蛋白尾部功能方面取得了很大进展，但是在这个复杂而动态的系统中还有很多不明之处亟待阐明。

1.3.5　DNA 超螺旋和核心组蛋白-DNA 相互作用

总体而言，核小体 DNA 以左手超螺旋在组蛋白八聚体周围缠绕 1.65 圈。DNA 位置由远离二元体的超螺旋圈数表示，二元体的位置被定义为超螺旋位置 0（SHL0），范围从 SHL-7 到 SHL+7（图 1.6a）。DNA 的内在限制和下面组蛋白八聚体的表面使其以不均匀的模式弯曲。值得注意的是，核小体 DNA 相对于游离 B 型 DNA 具有增加的扭曲（Richmond and Davey 2003）。相邻超螺旋 DNA 之间的螺旋状间隙与它们穿过八聚体表面的大沟和小沟一起形成了 H3 和 H2B 尾部延伸出核心颗粒的通道（图 1.5c）。

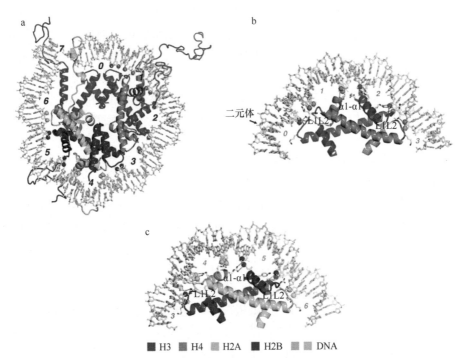

■ H3 ■ H4 ■ H2A ■ H2B ■ DNA

图 1.6 核小体核心颗粒中的组蛋白-DNA 相互作用。（a）为对称核小体颗粒的一半（PDB ID: 1KX5）。组蛋白以示意图表示并如图所示着色。DNA 以棒状结构表示，超螺旋位置已编号（二元体=SHL0）。H3/H4 二聚体（b）、H2A/H2B 二聚体（c）的组蛋白-DNA 相互作用。关键组蛋白侧链用棒状显示。在小沟面向组蛋白二聚体位置处的 DNA 磷酸盐以球状表示。组蛋白侧链和主链中的氢键分别标记为橙色和红色

通过 146 bp 回文 DNA 序列来解析核小体核心颗粒的 2.8 Å 结构，预测伪对称八聚体的每一半可能通过复合物的双重对称性缠绕完全相同的 73 bp DNA。相反，晶体结构显示组蛋白八聚体结合到以二元体的一个单碱基对为中心的 DNA 序列，这与定点羟基自由基图谱研究结果一致（Flaus et al. 1996）。随后的晶体结构和生物化学图谱研究证实，核小体二元体以碱基对为中心，而不是在两个碱基对之间。因此，二元体中的这个碱基对将 146 bp 序列的剩余 DNA 分成 73 bp 和 72 bp 两段。在 72 bp 部分中特定区段的过度卷曲和拉伸消除了每一半的长度差异。核小体核心颗粒适应拉伸的这种能力似乎依赖于 DNA 序列和组蛋白八聚体的结构，并允许包裹 145～147 bp 的 DNA（Richmond and Davey 2003；Ong et al. 2007；Makde et al. 2010；Vasudevan et al. 2010）。

组蛋白和 DNA 在小沟趋近组蛋白八聚体的每个超螺旋转角的规律性区间处发生接触。除了少数例外，组蛋白-DNA 直接的接触涉及磷酸二酯骨架而不是单个核苷酸的嘧啶和嘌呤环。每一对组蛋白折叠组装 27～28 bp 的 DNA（图 1.6b，c）。两种界面类型决定了组蛋白折叠 DNA 界面，α1α1 型界面利用两个 α1 螺旋的 N 端与每个区段中心附近的 DNA 骨架结合。其侧面是两个 L1L2 型界面，采用 L1、L2 环和 α2 螺旋的 C 端与 DNA 骨架结合。以这种方式，组蛋白折叠组装核小体 DNA 中心的 121 bp。核小体核心颗粒

两端剩余约 13 bp DNA，由组蛋白折叠的延伸进行组装，特别是 H3 的 αN 螺旋。总的来说，八聚体与 DNA 的交界发生在小沟面向组蛋白八聚体的 14 个不连续的位置，其中有八个 L1L2 型（每个二聚体两个）、四个 α1α1 型（每个二聚体一个），以及直达 H3 αN 螺旋的 L1L2 和 α1α1 型各一个。

　　几个常见要素有助于组蛋白-DNA 界面的形成：①存在于 DNA 磷酸基团，精氨酸和赖氨酸侧链上碱性的胍基和氨基，以及侧链羟基之间的氢键和盐桥。②直接的氢键与结构水分子介导的氢键相比大致等量。但有趣的是，在 DNA 碱基中与直接氢键相比，水介导的氢键明显更多（Davey et al. 2002）。③当精氨酸侧链面向组蛋白八聚体时，精氨酸侧链在规则的间隔处穿过 DNA 小沟，并有效地使小沟变窄。④组蛋白与脱氧核糖环之间存在广泛的非极性接触。⑤在 α1 和 α2 螺旋 C 端附近的磷酸基团和主链酰胺之间发现氢键。⑥来自 H3、H4 和 H2B 的 α1 螺旋以及所有 α2 螺旋的螺旋偶极子指向相邻DNA 骨架的单个磷酸基团。

　　组蛋白-DNA 相互作用网络缺乏碱基特异性，意味着它具有几乎可以容纳任何 DNA序列的能力。然而，全面测定体内核小体定位的结果表明存在几种模式，包括丰富的 TA碱基对和富含 GC 的序列，它们分别位于小沟和大沟靠近组蛋白八聚体处（Segal et al. 2006；Segal and Widom 2009）。虽然这种序列特异性可能是由直接识别碱基所致，但在核小体核心颗粒结构中观察到的这几种直接相互作用特性不足以进行特异性碱基对识别（Davey et al. 2002；Richmond and Davey 2003）。此外，大量水介导结合到碱基的氢键容许一种可塑性，以适应可变序列。因此，核小体形成和定位的许多内在的序列特异性可能来源于序列扭曲匹配八聚体表面轮廓的固有能力。例如，柔性的 TA 序列允许其在面向组蛋白八聚体的小沟处进行最大压缩。最近，具有不同 DNA 序列的核小体核心颗粒的晶体结构（Luger et al. 2000；Richmond and Davey 2003；Ong et al. 2007；Makde et al. 2010；Vasudevan et al. 2010）共同证明了位于小沟接近八面体表面磷酸基团的定位是不变的。序列依赖性的结构差异反映在 DNA 拉伸中，该拉伸通过增加 DNA 扭曲以及与八聚体互作位点之间 DNA 弯曲的变化来调节。

1.3.6　核小体核心颗粒表面和相互作用蛋白

　　200 kDa 的核小体核心颗粒是直径约为 100 Å 的圆盘状复合物。盘的高度变化很大，在二元体处拥有最小值 25 Å，在 H2B αC 螺旋附近最大接近 60 Å。不同的轮廓为核心颗粒提供了一个多面的、溶剂可及总表面积为 74 000 Å^2 的表面（图 1.7b）。在盘的周边暴露的磷酸二酯骨架呈现一个高度负静电的表面（图 1.7a）。在每个 H2A/H2B 二聚体上发现另外的带负电的表面，通常称为"酸性区域"（图 1.7a）。这种酸性区域通过结合到H4 N 端尾部对染色质高级结构的压缩非常重要，并且可能是染色质相关蛋白识别核小体的热点。与核小体盘相反，碱性氨基酸的密度使组蛋白尾部具有显著的正静电势（图 1.7a）。尾部的长度和构象柔性允许它们从盘表面大幅度延伸。最大延伸（36 个氨基酸的 H3 N 端尾部可以跨越 125 Å）的距离大于核小体盘本身的直径。

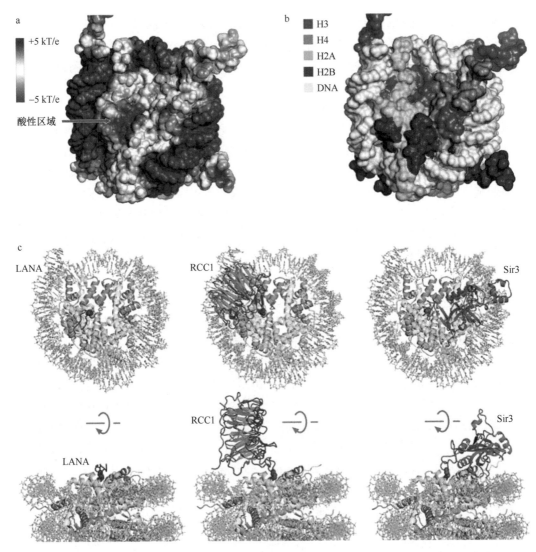

图 1.7　核小体核心颗粒表面和相互作用。核小体核心颗粒的静电势（a）和典型的范德瓦耳斯表面（b）。箭头指向 H2A/H2B 酸性区域。通过 APBS 制作静电表面（Baker et al. 2001）。（c）为核小体核心颗粒与 LANA（左，PDB ID：1ZLA）、RCC1（中间，PDB ID：3MVD）和 Sir3 BAH 结构域（右，PDB ID：3TUA）复合物的结构。与 H2A/H2B 二聚体酸性区域相互作用的精氨酸侧链用球体表示。显示了每个复合物的表面（上）和纵断面（下）视图

　　与核小体核心颗粒的相互作用遵循两种模式，结合到组蛋白尾部和/或结合到核小体盘。十个组蛋白尾部为核小体相互作用提供了灵活的平台。大量的结构研究表明，通过添加和去除翻译后修饰的酶可以识别组蛋白尾部。此外，已经定义了蛋白质结构域家族，其在特定类型的翻译后修饰的情况下可以结合组蛋白尾部（Taverna et al. 2007）。通常，相邻位置的修饰会增强或消除结合（Winter and Fischle 2010）。在单个蛋白质或蛋白质复合物中具有多个这样的结构域，基于一个局部子集的修饰就可以调节染色质因子向遗传基因座的募集（Ruthenburg et al. 2007）。

除了与组蛋白尾部结合外，许多染色质因子识别核小体盘的表面。与多肽和蛋白质结合的核小体核心颗粒结构表征的最新进展揭示了这些相互作用（图 1.7c）。卡波西肉瘤相关疱疹病毒潜伏相关核抗原（LANA）与 H2A/H2B 二聚体的酸性区域结合，将其病毒基因组锚定到宿主染色质上（图 1.7c）（Barbera et al. 2006）。与此类似，Ran 小 GTP 酶的活化剂 β-小螺旋桨蛋白 RCC1（染色质压缩调节因子 1）通过一个环结合酸性区域，而第二个环与核小体 DNA 结合（Makde et al. 2010）。在第三个实例中，酵母沉默蛋白 Sir3（沉默信息调节因子 3）的 BAH 结构域与核小体盘的表面结合，结合区域包括酸性区域和 H4 N 端尾部（Armache et al. 2011）。在每一个此类晶体结构中，单个精氨酸侧链锚定到 H2A/H2B 二聚体的酸性区域（图 1.7c）。酸性区域与 HMGN2（高迁移率家族核小体蛋白 2）（Kato et al. 2011）以及 H4 N 端尾部（Dorigo et al. 2004）的额外相互作用增加了核小体核心识别热点的可能性。对于无法结晶的复合体，多学科结构研究取得了丰硕成果。使用这种方法，证实了染色质重塑模拟蛋白（ISW1a）通过结合两个相邻核小体的多个 DNA 位点来影响核小体的间隔（Yamada et al. 2011）。虽然这些的确是具有重大突破意义的研究成果，但还有无数其他识别核小体的染色质相关蛋白仍然待发掘。这些相互作用的完整表征将会揭示染色质相互作用的新模式。

1.3.7　核小体核心动力学：翻译后修饰、组蛋白变体、DNA 呼吸和亚八聚体颗粒

与组蛋白本身序列一样，核小体核心颗粒的结构在整个真核生物中是高度保守的。自从报道了非洲爪蟾的核提取物中含有组蛋白核心颗粒，通过酵母、果蝇和人的组蛋白已经解析了核心颗粒的结构（White et al. 2001；Tsunaka 2005；Clapier et al. 2008）。虽然序列差异导致暴露的核心颗粒表面组成发生微小变化，并揭示疏水核心内的互补协同进化，但复合物的结构仍然非常相似（图 1.8）。到目前为止，所有核心颗粒结构的巨大相似性可能导致错误的假设，即核心颗粒是惰性结构。相反，核心颗粒是动态的，在组成和构象上有三个层次的变化：①组蛋白的化学组成；②DNA 与组蛋白的结合；③组蛋白亚基的化学计量。此外，还提出了几种非经典结构，其可以在某些特定的环境中取代经典的核心颗粒。

通过添加和去除翻译后修饰（PTM）与组蛋白变体的掺入可动态控制组蛋白的化学组成。组蛋白具有多样化和密集的翻译后修饰（Kouzarides 2007；Bannister and Kouzarides 2011）。目前至少观察到 9 种不同类型的组蛋白翻译后修饰。某些修饰类型已被充分表征，如乙酰化、赖氨酸和精氨酸的甲基化、磷酸化和泛素化，而目前对其他类型的理解还不完整，包括苏木素（SUMO）化、ADP-核糖基化、脱氨基、脯氨酸异构化和蛋白水解。据推测，这些修饰将以组合的方式起作用，来编排以基因组为模板的活动中下游效应因子的募集（Strahl and Allis 2000；Ruthenburg et al. 2007）。此外，经典的组蛋白可被携带有变体特异性修饰的序列变体所取代（Henikoff et al. 2004）。总的来说，这些变化改变了组蛋白的静电和范德瓦耳斯表面。这就允许识别特定修饰状态（Yun et al. 2011）

或变体（Zhou et al. 2011）的染色质因子的差异关联。修饰和变异也会导致组蛋白-DNA（Neumann et al. 2009；Simon et al. 2011）和/或核心颗粒内组蛋白-组蛋白界面（Hoch et al. 2007）与相邻核小体（Shogren-Knaak et al. 2006）间稳定性的改变，从而在局部和全局水平上控制染色质的稳定性和 DNA 可及性。

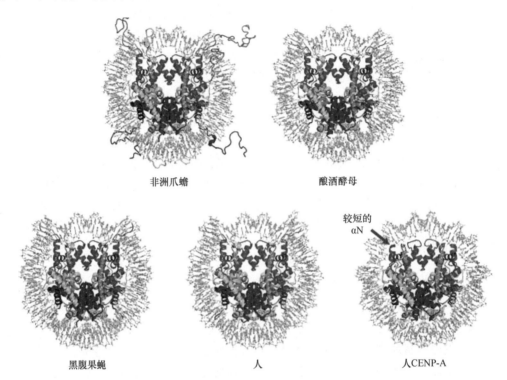

图 1.8　来自不同组蛋白序列的核小体核心颗粒结构。非洲爪蟾（PDB ID：1KX5）、酿酒酵母（PDB ID：1ID3）、黑腹果蝇（PDB ID：2NQB）和人（PDB ID：3AFA）组蛋白的核小体核心颗粒结构。最后还展示了含有人着丝粒 H3 变体 CENP-A 的结构（PDB ID：3AN2）

　　核小体核心颗粒的结晶将 DNA 锁定在适当的位置，以选择稳定的 DNA 和蛋白质构象（Andrews and Luger 2011）。然而，最近大量的单分子实验证明核小体 DNA 短暂地从组蛋白八聚体分离（Anderson and Widom 2000；Anderson et al. 2002；Buning and van Noort 2010）。重要的是，除单核小体核心颗粒外，核小体阵列在生理环境中也存在这种分离现象，这否定了 DNA 末端的人工效应（Porier et al. 2008，2009）。这种现象主要是在 DNA 的进出口位置附近观察到的（测量的平衡常数为 0.2～0.6），而在核心颗粒的其他位置可能发生的概率较小（Buning and van Noort 2010）。这种不对称性与晶体学观察结果一致，是整体较弱的组蛋白-DNA 与 DNA 末端附近接触，而非 DNA 中心位置。DNA 瞬时展开的一个重要意义是 DNA 具有和组蛋白结合蛋白竞争进入核心颗粒内埋藏位置的能力，这可能对转录和 DNA 复制过程中核小体结构的瞬时破坏和重组至关重要。值得注意的是，在核小体 DNA（Neumann et al. 2009；Simon et al. 2011）和某些组蛋白变体（Bao et al. 2004；Tachiwana et al. 2011）位置上的组蛋白翻译后修饰可将染色质结构从平衡状态转换为一个更加舒展的状态。用着丝粒 H3 变体来描绘该现象是最恰当的。

由于 αN 螺旋较短，含有人 CENP-A 变体的晶体结构仅编排 DNA 链中心的 121 bp（图 1.8）（Tachiwana et al. 2011），这导致核心颗粒任一端更容易接近 DNA 末端的 13 bp（Dechassa et al. 2011；Tachiwana et al. 2011）。

还可以从核小体的组装和分解推断，即使是短暂的，也有可能存在几种具有亚八聚体化学计量（即缺少一个或多个组蛋白异二聚体）的中间结构（图 1.9）（Zlatanova et al. 2009）。分别缺少一个和两个 H2A/H2B 二聚体的六聚体和四聚体是两种可能的复合物。基于染色质内的 H2A 和 H2B 的转换比 H3 和 H4 更快，提出了这些亚八聚体复合物（Kimura and Cook 2001；Thiriet and Hayes 2005；Zlatanova et al. 2009）。有重要证据表明转录后存在六聚体结构（Hutcheon et al. 1980；Jackson and Chalkley 1985；Jackson 1990；Locklear et al. 1990）。利用小角 X 射线衍射和核酸酶保护分析的方法对重构六聚体进行结构分析证实了标准核小体结构，但仅保护 110 bp 的 DNA（Arimura et al. 2012）。

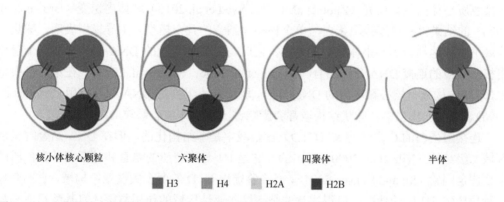

核小体核心颗粒　　　六聚体　　　四聚体　　　半体

■ H3　■ H4　■ H2A　■ H2B

图 1.9　亚八聚体核小体颗粒的模式图。代表性八聚体核小体核心颗粒（nucleosome core particle）、六聚体（hexasome）、四聚体（tetrasome）和半体（hemisome）模型。如图所示着色的圆圈代表不同的组蛋白。DNA 由浅蓝色的线表示。组蛋白之间的双线表示组蛋白折叠对；单线表示四螺旋束基序

另外，已经提出了非经典复合物，其含有每个核心组蛋白的一份拷贝（称为半体）、非组蛋白蛋白和/或反向 DNA 超螺旋。已经提出了大量经典和非经典着丝粒核小体结构，这一点可以通过着丝粒核小体的构象和组成来证明（图 1.9）。大多数报告，包括人类着丝粒核小体的晶体结构（Tachiwana et al. 2011），都支持传统的八聚体核小体，其中两个拷贝的着丝粒组蛋白 H3 取代主要的 H3 组蛋白和一个左手 DNA 螺旋。但是，来自果蝇的着丝粒核小体原子力显微镜和超螺旋分析表明它可能是右手半体结构（Dalal et al. 2007；Furuyama and Henikoff 2009）。其他的着丝粒核小体模型有以下几种：具有右手 DNA 螺旋的八聚体结构，着丝粒组蛋白 H3 和经典组蛋白 H4 各两个分子组成的四聚体结构，以及着丝粒 H3 分子伴侣蛋白替代一个或两个 H2A/H2B 二聚体形成的六聚体和三聚体结构（Black and Cleveland 2011）。虽然人们对着丝粒核小体结构还未达成共识，但这场争议有助于突出核小体在体内的潜在动态和多态性。

1.4 连接组蛋白和染色质小体

在大多数真核生物中，与核心组蛋白相比，连接组蛋白的 H1 家族几乎以等摩尔质量存在，表明化学计量比为 1∶1（Woodcock et al. 2006）。然而，与更开放的常染色质区域相比，连接组蛋白较高水平分布于凝聚的异染色质中。单个连接组蛋白与 15～20 bp 的连接 DNA 结合，使核心颗粒的核酸酶保护增加至约 167 bp（Noll and Kornberg 1977；Hayes and Wolffe 1993；Hayes et al. 1994；An et al. 1998a，1998b）。得到的复合物包含约 167 bp 的 DNA、核心组蛋白八聚体和连接组蛋白，称为染色质小体（Simpson 1978）。染色质小体与剩余长度的连接 DNA 一起形成染色质的基本重复单位，即核小体。

连接组蛋白球状结构域在相对面上有两个已知的 DNA 结合基序，一个翼状螺旋基序和一个保守的基本表面，其允许两条 DNA 链桥接（Clore et al. 1987；Graziano et al. 1990；Ramakrishnan et al. 1993）。在没有染色质小体高分辨率结构的情况下，从体外重建染色质小体的生化研究（Zhou et al. 1998；Syed et al. 2010）和体内诱变（Brown et al. 2006）的结果推断出连接组蛋白与单个核小体结合的几个模型。主导模型表明，球状结构域不对称地结合到核小体核心的外部，同时与二元体附近的 DNA 和一个或两个延伸出核心颗粒的连接 DNA 片段结合（Brown et al. 2006；Syed et al. 2010）。在第二个模型中，球状结构域与核心颗粒内的 DNA 结合，取代核心组蛋白-DNA 相互作用（Pruss et al. 1996）。在任一模型中，球状结构域都会影响进出核小体核心颗粒 DNA 的轨迹。

连接组蛋白的 C 端结构域（CTD）在溶液中是非结构化的，但在 DNA 结合时呈现区域二级结构（Vila et al. 2000，2001a）。它是 H1 与染色质的结合和随后调节染色质的主要决定因素（Lu and Hansen 2004）。已经鉴定出 CTD 的两个关键亚结构域，它们介导一种异构体 H1.0 的功能。值得注意的是，这些亚结构域的作用与整体氨基酸组成和相对于球形结构域的位置有关，而不是与确定的一级序列有关（Hansen et al. 2006；Lu et al. 2009）。连接组蛋白的 N 端结构域对染色质结合的贡献最小，目前尚不清楚其功能（Vila et al. 2001b；Th'ng et al. 2005）。与核心组蛋白尾部类似，连接组蛋白 N 端和 C 端结构域可以从球状结构域延伸相当长的距离。这一特征允许连接组蛋白与折叠染色质中相邻的核小体进行接触。

尽管仍与染色质紧密结合，但连接组蛋白比核心组蛋白更具流动性（Lever et al. 2000；Misteli et al. 2000）。这种迁移率通过连接组蛋白翻译后修饰与其他染色质结构蛋白[包括高迁移率家族（HMG）蛋白]竞争性结合染色质来调节（Catez et al. 2004）。除了结合核小体 DNA，连接组蛋白还与大量其他染色质相关蛋白相互作用（McBryant et al. 2010）。有人认为，与核心组蛋白尾非常相似，连接组蛋白的 CTD 可以采用多种结构与多种蛋白质和 DNA 平台结合。

1.5 染色质的高级结构

核小体存在于间期和有丝分裂染色质中，占基因组压缩的一小部分比例。压缩的其余部分来自分层组织，统称为染色质高级结构。和蛋白质结构相似，染色质高级结构可以分解成一级、二级和三级结构。类似于蛋白质的一级结构（即序列），染色质的一级结构描述了核小体在 DNA 模板上的线性排列，形成类似于"串珠"的阵列，宽度为 11 nm。改进的测序技术使人们能够精确测绘出核小体的线性结构，以及许多组蛋白变异体和全基因组水平上的翻译后修饰。

继续类比，染色质的二级结构可以定义为核小体阵列自身压缩成为直径约 30 nm 的一种螺旋纤维。30 多年的研究未能就所谓的 30 nm 光纤的结构达成共识。目前，基于对确定的重构阵列的全方位体外分析，有两种模型受到青睐。然而，最近的研究甚至挑战了 30 nm 纤维在体内的存在（Eltsov et al. 2008；Maeshima et al. 2010；Joti et al. 2012；Nishino et al. 2012）。在下一级结构水平中，染色质的三级结构描述了与蛋白质折叠相似的二级结构元素之间的联系。间期和有丝分裂中染色质三级结构的动态性和总体复杂性使人们在研究它的特征时更具挑战性。毫无意外，三个层次的染色质结构是互相关联的。例如，核小体的线性组织限制了 30 nm 的纤维结构。染色质二级结构的细节将在下一节中讨论。有关全基因组染色质结构的更多详细信息将在后面的章节中讨论。

1.5.1　染色质的二级结构

早在 1980 年，通过中期染色体薄切片电子显微镜（Marsden and Laemmli 1979）和鸡红细胞小角 X 射线衍射（Langmore and Schutt 1980）观察到 30 nm 纤维。纤维在亚生理离子强度中松弛成 11 nm 的"串状"构象，并且在连接组蛋白耗尽时构象更加松弛（Thoma et al. 1979）。早期对 30 nm 纤维的研究证实，核小体以几乎与纤维轴平行的方向并排包装（McGhee et al. 1983；Widom and Klug 1985）。随后的研究旨在确定 30 nm 纤维内 DNA 的路径，从而提出了两种基本的结构模型：①单启动模型由沿着螺旋路径依次连接核小体的弯曲连接 DNA 组成，形成螺线管结构（Finch and Klug 1976；Thoma et al. 1979；McGhee et al. 1983；Widom and Klug 1985）；②双启动模型由通过直的连接 DNA 的径向（交叉连接模型）或纵向（螺旋带状模型）排列使核小体以 Z 形连接构成（Thoma et al. 1979；Worcel et al. 1981；Woodcock et al. 1984；Williams et al. 1986）。这些模型将连接 DNA 和连接组蛋白置于纤维内部。模型之间的一个特征差异是连接 DNA 的构象，在双启动模型中是直的，而在单启动模型中是弯曲的。多年来，区分这些模型充满了来自连接 DNA 长度和组蛋白组成异质性的挑战。在已知核小体位置的阵列重建最新研究中（Dorigo et al. 2003；Huynh et al. 2005），得到了 30 nm 纤维详细的结构表征，导致得出两种不同的模型，并持续存在争议。

里士满（Richmond）和他的同事在一个短模型阵列压缩成的 30 nm 纤维中观察到双启动体系。在空间上相邻核小体的二硫键交联和连接 DNA 消化后，染色质片段的分布仅与双启动纤维一致（Dorigo et al. 2004）。双启动模型的构象不受长度达 208 bp 连接 DNA 和连接组蛋白存在的影响。该研究小组随后解析的一个 167 bp 重复长度并且没有连接组蛋白的四核小体 9 Å 晶体结构显示，在两个核小体之间存在几乎呈直线的 Z 形连接 DNA，再次印证了双启动构象（Schalch et al. 2005）。四核小体构建的 30 nm 纤维模型，其特征类似于上述交叉连接体模型（图 1.10a）。所得纤维直径约 25 nm。交叉连接排列模型中将核小体 *N* 置于核小体 *N*±2 附近。重要的是，该模型将来自一个核小体的 H4 尾定位于空间相邻核小体的 H2A/H2B 酸性区域附近，这与在该酸性区域和 H4 尾部之间观察到的交联一致（Dorigo et al. 2004）。

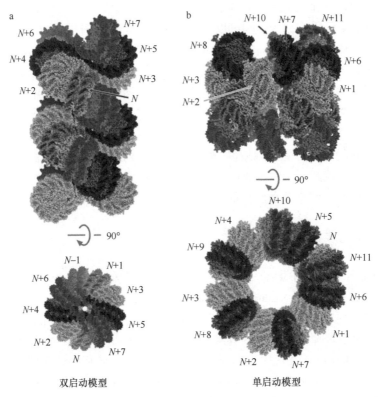

图 1.10　染色质二级结构：30 nm 纤维。a. 直径为 25 nm 的 30 nm 纤维双启动模型的两个正交示意图。在线性 DNA 序列中相邻成对核小体（双启动重复）的着色相似。连接 DNA 存在于该模型中。坐标由蒂姆·里士满（Tim Richmond）友情提供。b. 30 nm 纤维的单启动模型的两个正交示意图（33 nm 直径模型与 178～197 bp 核小体重复长度一致）。同一螺线管层（同样在线性 DNA 序列中是有序的）中核小体组着色相似。连接 DNA 未在此模型中显示。坐标由菲利普·鲁宾逊（Phillip Robinson）友情提供。在两个模型中，从任意标记的第 *N* 个核小体开始编号，以帮助区分单启动和双启动纤维构象

罗兹（Rhodes）及其同事使用电子显微镜测量了含有化学计量连接组蛋白的长染色质纤维的物理参数，得出了不同的结论（Robinson et al. 2006）。他们能够区分依赖于核小体连接长度的两种不同的纤维直径。连接子长度在 30～60 bp 时，直径为 33 nm，而具有 70～90 bp 连接子的长纤维直径为 43 nm。在大范围的连接 DNA 长度上观察到相似的纤维直径，表明这是一个单起始螺旋。随后对 30 nm 纤维进行建模，得到一个在后续转角处核小体相互交叉的螺旋排列（图 1.10b）。重要的是，该模型在容许不同接头长度的情况下不扰乱纤维参数。使用相同的参数对 30 nm 纤维的进一步建模表明，除了单启动模型之外还有潜在的双启动解决方案（Wong et al. 2007）。

随后的单分子力谱测量证实了单启动模型和双启动模型都依赖于连接 DNA 长度（Kruithof et al. 2009）。此外，电子显微镜观察到压缩的重构染色质纤维经有限的甲醛交

联，随后在低离子浓度中去压缩后呈现形态不一的纤维（Grigoryev et al. 2009）。这些纤维虽然本质上主要是双启动，但包含类似于螺线管构造的中间片段。因此，至少在体外，单启动和双启动都有助于染色质二级结构。相对贡献可能是可调谐的，除其他因素外，取决于核小体重复的长度。虽然已经取得了实质性的进展，但关于体内染色质的高级结构还有很多待解决的问题。

1.6　展　　望

在过去的几十年中，有关染色质结构的描述取得了巨大的进步。在原子分辨率水平上精确地解析了核小体核心颗粒，以及它与蛋白质形成的复合物结构。染色质二级结构和连接组蛋白功能的研究已经模拟出了染色质小体和 30 nm 纤维的模型。尽管已经取得了重大进展，仍需深入研究染色质结构的性质和调控规律。对更高级染色质结构和基因模板化进程中染色质相关因子富集与调控的探究，有望更全面地揭示染色质结构和功能。

致　　谢

我们要感谢蒂姆·里士满（Tim Richmond）提供的 30 nm 纤维的双启动模型参数。我们还要感谢菲利普·鲁宾逊（Phillip Robinson）和丹妮拉·罗兹（Daniela Rhodes）提供的 30 nm 纤维的单启动模型参数。感谢罗伯特·麦金蒂（Robert McGinty）（Damon Runyon 会员）和 Damon Runyon 癌症研究基金会（DRG-2107-12）的资助。这项工作还得到了 National Institute of General Medical Sciences 公共卫生服务机构的支持（GM-088236）。

参 考 文 献

An W, Leuba SH, van Holde K, Zlatanova J (1998a) Linker histone protects linker DNA on only one side of the core particle and in a sequence-dependent manner. Proc Natl Acad Sci USA 95:3396–3401

An W, van Holde K, Zlatanova J (1998b) Linker histone protection of chromatosomes reconstituted on 5S rDNA from *Xenopus borealis*: a reinvestigation. Nucleic Acids Res 26:4042–4046

Anderson JD, Widom J (2000) Sequence and position-dependence of the equilibrium accessibility of nucleosomal DNA target sites. J Mol Biol 296:979–987

Anderson JD, Thåström A, Widom J (2002) Spontaneous access of proteins to buried nucleosomal DNA target sites occurs via a mechanism that is distinct from nucleosome translocation. Mol Cell Biol 22:7147–7157

Andrews AJ, Luger K (2011) Nucleosome structure(s) and stability: variations on a theme. Annu Rev Biophys 40:99–117

Arents G, Burlingame RW, Wang BC, Love WE, Moudrianakis EN (1991) The nucleosomal core histone octamer at 3.1 Å resolution: a tripartite protein assembly and a left-handed superhelix. Proc Natl Acad Sci USA 88:10148–10152

Arimura Y, Tachiwana H, Oda T, Sato M, Kurumizaka H (2012) Structural analysis of the hexasome, lacking one histone H2A/H2B dimer from the conventional nucleosome. Biochemistry 51:3302–3309

Armache K-J, Garlick JD, Canzio D, Narlikar GJ, Kingston RE (2011) Structural basis of silencing: Sir3 BAH domain in complex with a nucleosome at 3.0 Å resolution. Science 334:977–982

Ausio J, Dong F, Van Holde KE (1989) Use of selectively trypsinized nucleosome core particles to analyze the role of the histone "tails" in the stabilization of the nucleosome. J Mol Biol 206:451–463

Avery OT, Macleod CM, McCarty M (1944) Studies on the chemical nature of the substance inducing transformation of the pneumococcal types: inductions of transformation by a desoxyribonucleic acid fraction from pneumococcus type III. J Exp Med 79:137–158

Baker NA, Sept D, Joseph S, Holst MJ, McCammon JA (2001) Electrostatics of nanosystems: application to microtubules and the ribosome. Proc Natl Acad Sci USA 98:10037–10041

Bannister AJ, Kouzarides T (2011) Regulation of chromatin by histone modifications. Cell Res 21:381–395

Bao Y, Konesky K, Park Y-J, Rosu S, Dyer PN, Rangasamy D, Tremethick DJ, Laybourn PJ, Luger K (2004) Nucleosomes containing the histone variant H2A.Bbd organize only 118 base pairs of DNA. EMBO J 23:3314–3324

Barbera AJ, Chodaparambil JV, Kelley-Clarke B, Joukov V, Walter JC, Luger K, Kaye KM (2006) The nucleosomal surface as a docking station for Kaposi's sarcoma herpesvirus LANA. Science 311:856–861

Black BE, Cleveland DW (2011) Epigenetic centromere propagation and the nature of CENP-A nucleosomes. Cell 144:471–479

Brown DT, Izard T, Misteli T (2006) Mapping the interaction surface of linker histone H1^0 with the nucleosome of native chromatin *in vivo*. Nat Struct Mol Biol 13:250–255

Buning R, van Noort J (2010) Single-pair FRET experiments on nucleosome conformational dynamics. Biochimie 92:1729–1740

Catez F, Yang H, Tracey KJ, Reeves R, Misteli T, Bustin M (2004) Network of dynamic interactions between histone H1 and high-mobility-group proteins in chromatin. Mol Cell Biol 24:4321–4328

Chakravarthy S, Luger K (2006) The histone variant macro-H2A preferentially forms "hybrid nucleosomes". J Biol Chem 281:25522–25531

Chua EYD, Vasudevan D, Davey GE, Wu B, Davey CA (2012) The mechanics behind DNA sequence-dependent properties of the nucleosome. Nucleic Acids Res 40(13):6338–6352

Clapier CR, Chakravarthy S, Petosa C, Fernández-Tornero C, Luger K, Müller CW (2008) Structure of the Drosophila nucleosome core particle highlights evolutionary constraints on the H2A-H2B histone dimer. Proteins 71:1–7

Clark RJ, Felsenfeld G (1971) Structure of chromatin. Nat New Biol 229:101–106

Clore GM, Gronenborn AM, Nilges M, Sukumaran DK, Zarbock J (1987) The polypeptide fold of the globular domain of histone H5 in solution. A study using nuclear magnetic resonance, distance geometry and restrained molecular dynamics. EMBO J 6:1833–1842

D'Anna JA, Isenberg I (1974) Interactions of histone LAK (f2a2) with histones KAS (f2b) and GRK (f2a1). Biochemistry 13:2098–2104

Dahm R (2005) Friedrich Miescher and the discovery of DNA. Dev Biol 278(2):274–288

Dalal Y, Wang H, Lindsay S, Henikoff S (2007) Tetrameric structure of centromeric nucleosomes in interphase Drosophila cells. PLoS Biol 5:e218

Davey CA, Sargent DF, Luger K, Maeder AW, Richmond TJ (2002) Solvent mediated interactions in the structure of the nucleosome core particle at 1.9 Å resolution. J Mol Biol 319:1097–1113

Dechassa ML, Wyns K, Li M, Hall MA, Wang MD, Luger K (2011) Structure and Scm3-mediated assembly of budding yeast centromeric nucleosomes. Nat Commun 2:313

Dorigo B, Schalch T, Bystricky K, Richmond TJ (2003) Chromatin fiber folding: requirement for the histone H4 N-terminal tail. J Mol Biol 327:85–96

Dorigo B, Schalch T, Kulangara A, Duda S, Schroeder RR, Richmond TJ (2004) Nucleosome arrays reveal the two-start organization of the chromatin fiber. Science 306:1571–1573

Eltsov M, Maclellan KM, Maeshima K, Frangakis AS, Dubochet J (2008) Analysis of cryo-electron microscopy images does not support the existence of 30-nm chromatin fibers in mitotic chromosomes in situ. Proc Natl Acad Sci USA 105:19732–19737

Finch JT, Klug A (1976) Solenoidal model for superstructure in chromatin. Proc Natl Acad Sci USA 73:1897–1901

Flaus A, Luger K, Tan S, Richmond TJ (1996) Mapping nucleosome position at single base-pair resolution by using site-directed hydroxyl radicals. Proc Natl Acad Sci USA 93:1370–1375

Franklin RE, Goslin RG (1953) Molecular configuration in sodium thymonucleate. Nature 171:740–741

Furuyama T, Henikoff S (2009) Centromeric nucleosomes induce positive DNA supercoils. Cell

138:104–113

Graziano V, Gerchman SE, Wonacott AJ, Sweet RM, Wells JR, White SW, Ramakrishnan V (1990) Crystallization of the globular domain of histone H5. J Mol Biol 212:253–257

Grigoryev SA, Arya G, Correll S, Woodcock CL, Schlick T (2009) Evidence for heteromorphic chromatin fibers from analysis of nucleosome interactions. Proc Natl Acad Sci USA 106:13317–13322

Hansen JC, Lu X, Ross ED, Woody RW (2006) Intrinsic protein disorder, amino acid composition, and histone terminal domains. J Biol Chem 281:1853–1856

Happel N, Doenecke D (2009) Histone H1 and its isoforms: contribution to chromatin structure and function. Gene 431:1–12

Harp JM, Hanson BL, Timm DE, Bunick GJ (2000) Asymmetries in the nucleosome core particle at 2.5 A resolution. Acta Crystallogr D Biol Crystallogr 56:1513–1534

Hayes JJ, Wolffe AP (1993) Preferential and asymmetric interaction of linker histones with 5S DNA in the nucleosome. Proc Natl Acad Sci USA 90:6415–6419

Hayes JJ, Pruss D, Wolffe AP (1994) Contacts of the globular domain of histone H5 and core histones with DNA in a "chromatosome". Proc Natl Acad Sci USA 91:7817–7821

Henikoff S, Furuyama T, Ahmad K (2004) Histone variants, nucleosome assembly and epigenetic inheritance. Trends Genet 20:320–326

Hewish DR, Burgoyne LA (1973) Chromatin sub-structure. The digestion of chromatin DNA at regularly spaced sites by a nuclear deoxyribonuclease. Biochem Biophys Res Commun 52:504–510

Hoch DA, Stratton JJ, Gloss LM (2007) Protein-protein Förster resonance energy transfer analysis of nucleosome core particles containing H2A and H2A.Z. J Mol Biol 371:971–988

Hutcheon T, Dixon GH, Levy-Wilson B (1980) Transcriptionally active mononucleosomes from trout testis are heterogeneous in composition. J Biol Chem 255:681–685

Huynh VAT, Robinson PJJ, Rhodes D (2005) A method for the in vitro reconstitution of a defined "30 nm" chromatin fibre containing stoichiometric amounts of the linker histone. J Mol Biol 345:957–968

Jackson V (1990) In vivo studies on the dynamics of histone-DNA interaction: evidence for nucleosome dissolution during replication and transcription and a low level of dissolution independent of both. Biochemistry 29:719–731

Jackson V, Chalkley R (1985) Histone synthesis and deposition in the G1 and S phases of hepatoma tissue culture cells. Biochemistry 24:6921–6930

Joti Y, Hikima T, Nishino Y, Kamda F, Hihara S, Takata H, Ishikawa T, Maeshima K (2012) Chromosomes without a 30-nm chromatin fiber. Nucleus 3:404–410

Kan P-Y, Lu X, Hansen JC, Hayes JJ (2007) The H3 tail domain participates in multiple interactions during folding and self-association of nucleosome arrays. Mol Cell Biol 27:2084–2091

Kato H, van Ingen H, Zhou B-R, Feng H, Bustin M, Kay LE, Bai Y (2011) Architecture of the high mobility group nucleosomal protein 2-nucleosome complex as revealed by methyl-based NMR. Proc Natl Acad Sci USA 108:12283–12288

Kelley RI (1973) Isolation of a histone IIb1-IIb2 complex. Biochem Biophys Res Commun 54:1588–1594

Kimura H, Cook PR (2001) Kinetics of core histones in living human cells: little exchange of H3 and H4 and some rapid exchange of H2B. J Cell Biol 153:1341–1353

Kornberg RD (1974) Chromatin structure: a repeating unit of histones and DNA. Science 184:868–871

Kornberg RD, Thomas JO (1974) Chromatin structure: oligomers of the histones. Science 184:865–868

Kossel A (1884) Ueber einen peptoartigen bestandheil des zell- kerns. Z Physiol Chem 8:511–515

Kouzarides T (2007) Chromatin modifications and their function. Cell 128:693–705

Kruithof M, Chien F-T, Routh A, Logie C, Rhodes D, van Noort J (2009) Single-molecule force spectroscopy reveals a highly compliant helical folding for the 30-nm chromatin fiber. Nat Struct Mol Biol 16:534–540

Langmore JP, Schutt C (1980) The higher order structure of chicken erythrocyte chromosomes in vivo. Nature 288:620–622

Lee KM, Hayes JJ (1997) The N-terminal tail of histone H2A binds to two distinct sites within the nucleosome core. Proc Natl Acad Sci USA 94:8959–8964

Lever MA, Th'ng JP, Sun X, Hendzel MJ (2000) Rapid exchange of histone H1.1 on chromatin in living human cells. Nature 408:873–876

Li G, Reinberg D (2011) Chromatin higher-order structures and gene regulation. Curr Opin Genet Dev 21:175–186

Locklear L, Ridsdale JA, Bazett-Jones DP, Davie JR (1990) Ultrastructure of transcriptionally competent chromatin. Nucleic Acids Res 18:7015–7024

Lu X, Hansen JC (2004) Identification of specific functional subdomains within the linker histone H1⁰ C-terminal domain. J Biol Chem 279:8701–8707

Lu X, Hamkalo B, Parseghian MH, Hansen JC (2009) Chromatin condensing functions of the linker histone C-terminal domain are mediated by specific amino acid composition and intrinsic protein disorder. Biochemistry 48:164–172

Luger K, Mäder AW, Richmond RK, Sargent DF, Richmond TJ (1997) Crystal structure of the nucleosome core particle at 2.8 Å resolution. Nature 389:251–260

Luger K, Mäder A, Sargent DF, Richmond TJ (2000) The atomic structure of the nucleosome core particle. J Biomol Struct Dyn 17:185–188

Luger K, Dechassa ML, Tremethick DJ (2012) New insights into nucleosome and chromatin structure: an ordered state or a disordered affair? Nat Rev Mol Cell Biol 13:436–447

Maeshima K, Hihara S, Eltsov M (2010) Chromatin structure: does the 30-nm fibre exist in vivo? Curr Opin Cell Biol 22:291–297

Makde RD, England JR, Yennawar HP, Tan S (2010) Structure of RCC1 chromatin factor bound to the nucleosome core particle. Nature 467:562–566

Marsden MP, Laemmli UK (1979) Metaphase chromosome structure: evidence for a radial loop model. Cell 17:849–858

Marzluff WF, Gongidi P, Woods KR, Jin J, Maltais LJ (2002) The human and mouse replication-dependent histone genes. Genomics 80:487–498

McBryant SJ, Lu X, Hansen JC (2010) Multifunctionality of the linker histones: an emerging role for protein-protein interactions. Cell Res 20:519–528

McGhee JD, Felsenfeld G (1980) Nucleosome structure. Annu Rev Biochem 49:1115–1156

McGhee JD, Nickol JM, Felsenfeld G, Rau DC (1983) Higher order structure of chromatin: orientation of nucleosomes within the 30 nm chromatin solenoid is independent of species and spacer length. Cell 33:831–841

Misteli T, Gunjan A, Hock R, Bustin M, Brown DT (2000) Dynamic binding of histone H1 to chromatin in living cells. Nature 408:877–881

Nelson DL, Cox MM (2008) Lehninger principles of biochemistry. W. H. Freeman, New York, NY, 1100

Neumann H, Hancock SM, Buning R, Routh A, Chapman L, Somers J, Owen-Hughes T, van Noort J, Rhodes D, Chin JW (2009) A method for genetically installing site-specific acetylation in recombinant histones defines the effects of H3 K56 acetylation. Mol Cell 36:153–163

Nishino Y, Eltsov M, Joti Y, Ito K, Takata H, Takahashi Y, Hihara S, Frangakis AS, Imamoto N, Ishikawa T, Maeshima K (2012) Human mitotic chromosomes consist predominantly of irregularly folded nucleosome fibres without a 30-nm chromatin structure. EMBO J 31:1644–1653

Noll M, Kornberg RD (1977) Action of micrococcal nuclease on chromatin and the location of histone H1. J Mol Biol 109:393–404

Olins AL, Olins DE (1973) Spheroid chromatin units (ν bodies). J Cell Biol 59:A252

Olins AL, Olins DE (1974) Spheroid chromatin units (ν bodies). Science 183:330–332

Ong MS, Richmond TJ, Davey CA (2007) DNA stretching and extreme kinking in the nucleosome core. J Mol Biol 368:1067–1074

Osley MA (1991) The regulation of histone synthesis in the cell cycle. Annu Rev Biochem 60:827–861

Paweletz N (2001) Walther Flemming: pioneer of mitosis research. Nat Rev Mol Cell Biol 2(1):72–75

Poirier MG, Bussiek M, Langowski J, Widom J (2008) Spontaneous access to DNA target sites in folded chromatin fibers. J Mol Biol 379:772–786

Poirier MG, Oh E, Tims HS, Widom J (2009) Dynamics and function of compact nucleosome arrays. Nat Struct Mol Biol 16:938–944

Pruss D, Bartholomew B, Persinger J, Hayes J, Arents G, Moudrianakis EN, Wolffe AP (1996) An asymmetric model for the nucleosome: a binding site for linker histones inside the DNA gyres. Science 274:614–617

Ramakrishnan V, Finch JT, Graziano V, Lee PL, Sweet RM (1993) Crystal structure of globular domain of histone H5 and its implications for nucleosome binding. Nature 362:219–223

Richmond TJ, Davey CA (2003) The structure of DNA in the nucleosome core. Nature 423:145–150

Richmond TJ, Finch JT, Rushton B, Rhodes D, Klug A (1984) Structure of the nucleosome core particle at 7 Å resolution. Nature 311:532–537

Roark DE, Geoghegan TE, Keller GH (1974) A two-subunit histone complex from calf thymus. Biochem Biophys Res Commun 59:542–547

Robinson PJJ, Fairall L, Huynh VAT, Rhodes D (2006) EM measurements define the dimensions of the "30-nm" chromatin fiber: evidence for a compact, interdigitated structure. Proc Natl Acad Sci USA 103:6506–6511

Ruthenburg AJ, Li H, Patel DJ, Allis CD (2007) Multivalent engagement of chromatin modifications by linked binding modules. Nat Rev Mol Cell Biol 8:983–994

Schalch T, Duda S, Sargent DF, Richmond TJ (2005) X-ray structure of a tetranucleosome and its implications for the chromatin fibre. Nature 436:138–141

Segal E, Widom J (2009) What controls nucleosome positions? Trends Genet 25:335–343

Segal E, Fondufe-Mittendorf Y, Chen L, Thåström A, Field Y, Moore IK, Wang J-PZ, Widom J (2006) A genomic code for nucleosome positioning. Nature 442:772–778

Shogren-Knaak M, Ishii H, Sun J-M, Pazin MJ, Davie JR, Peterson CL (2006) Histone H4-K16 acetylation controls chromatin structure and protein interactions. Science 311:844–847

Simon M, North JA, Shimko JC, Forties RA, Ferdinand MB, Manohar M, Zhang M, Fishel R, Ottesen JJ, Poirier MG (2011) Histone fold modifications control nucleosome unwrapping and disassembly. Proc Natl Acad Sci USA 108:12711–12716

Simpson RT (1978) Structure of the chromatosome, a chromatin particle containing 160 base pairs of DNA and all the histones. Biochemistry 17:5524–5531

Sollner-Webb B, Felsenfeld G (1975) A comparison of the digestion of nuclei and chromatin by staphylococcal nuclease. Biochemistry 14:2915–2920

Stedman E, Stedman E (1951) The basic proteins of cell nuclei. Philos Trans R Soc Lond B 235:565–595

Strahl BD, Allis CD (2000) The language of covalent histone modifications. Nature 403:41–45

Suto RK, Clarkson MJ, Tremethick DJ, Luger K (2000) Crystal structure of a nucleosome core particle containing the variant histone H2A.Z. Nat Struct Biol 7:1121–1124

Syed SH, Goutte-Gattat D, Becker N, Meyer S, Shukla MS, Hayes JJ, Everaers R, Angelov D, Bednar J, Dimitrov S (2010) Single-base resolution mapping of H1-nucleosome interactions and 3D organization of the nucleosome. Proc Natl Acad Sci USA 107:9620–9625

Tachiwana H, Kagawa W, Shiga T, Osakabe A, Miya Y, Saito K, Hayashi-Takanaka Y, Oda T, Sato M, Park S-Y, Kimura H, Kurumizaka H (2011) Crystal structure of the human centromeric nucleosome containing CENP-A. Nature 476:232–235

Taverna SD, Li H, Ruthenburg AJ, Allis CD, Patel DJ (2007) How chromatin-binding modules interpret histone modifications: lessons from professional pocket pickers. Nat Struct Mol Biol 14:1025–1040

Th'ng JPH, Sung R, Ye M, Hendzel MJ (2005) H1 family histones in the nucleus. Control of binding and localization by the C-terminal domain. J Biol Chem 280:27809–27814

The PyMOL Molecular Graphics System, version 1.5 Schrödinger, LLC

Thiriet C, Hayes JJ (2005) Replication-independent core histone dynamics at transcriptionally active loci in vivo. Genes Dev 19:677–682

Thoma F, Koller T, Klug A (1979) Involvement of histone H1 in the organization of the nucleosome and of the salt-dependent superstructures of chromatin. J Cell Biol 83:403–427

Tsunaka Y (2005) Alteration of the nucleosomal DNA path in the crystal structure of a human nucleosome core particle. Nucleic Acids Res 33:3424–3434

Van Holde KE (1989) Chromatin, 1st edn. Springer, New York, NY, 497

Van Holde KE, Sahasrabuddhe CG, Shaw BR (1974) A model for particulate structure in chromatin. Nucleic Acids Res 1:1579–1586

Vasudevan D, Chua EYD, Davey CA (2010) Crystal structures of nucleosome core particles containing the "601" strong positioning sequence. J Mol Biol 403:1–10

Vila R, Ponte I, Jiménez MA, Rico M, Suau P (2000) A helix-turn motif in the C-terminal domain of histone H1. Protein Sci 9:627–636

Vila R, Ponte I, Collado M, Arrondo JL, Suau P (2001a) Induction of secondary structure in a COOH-terminal peptide of histone H1 by interaction with the DNA: an infrared spectroscopy study. J Biol Chem 276:30898–30903

Vila R, Ponte I, Collado M, Arrondo JL, Jiménez MA, Rico M, Suau P (2001b) DNA-induced alpha-helical structure in the NH2-terminal domain of histone H1. J Biol Chem 276:46429–46435

Wang X, Hayes JJ (2006) Physical methods used to study core histone tail structures and interactions in solution. Biochem Cell Biol 84:578–588

Watson JD, Crick FH (1953) Molecular structure of nucleic acids; a structure for deoxyribose nucleic acid. Nature 171:737–738

White CL, Suto RK, Luger K (2001) Structure of the yeast nucleosome core particle reveals fundamental changes in internucleosome interactions. EMBO J 20:5207–5218

Widom J, Klug A (1985) Structure of the 300Å chromatin filament: X-ray diffraction from oriented samples. Cell 43:207–213

Wilkins MH, Stokes AR, Wilson HR (1953) Molecular structure of deoxypentose nucleic acids. Nature 171:738–740

Williams SP, Athey BD, Muglia LJ, Schappe RS, Gough AH, Langmore JP (1986) Chromatin fibers are left-handed double helices with diameter and mass per unit length that depend on linker length. Biophys J 49:233–248

Winter S, Fischle W (2010) Epigenetic markers and their cross-talk. Essays Biochem 48:45–61

Wong H, Victor J-M, Mozziconacci J (2007) An all-atom model of the chromatin fiber containing linker histones reveals a versatile structure tuned by the nucleosomal repeat length. PLoS One 2:e877

Woodcock CLF (1973) Ultrastructure of inactive chromatin. J Cell Biol 59:A368

Woodcock CL, Safer JP, Stanchfield JE (1976) Structural repeating units in chromatin. I. Evidence for their general occurrence. Exp Cell Res 97:101–110

Woodcock CL, Frado LL, Rattner JB (1984) The higher-order structure of chromatin: evidence for a helical ribbon arrangement. J Cell Biol 99:42–52

Woodcock CL, Skoultchi AI, Fan Y (2006) Role of linker histone in chromatin structure and function: H1 stoichiometry and nucleosome repeat length. Chromosome Res 14:17–25

Worcel A, Strogatz S, Riley D (1981) Structure of chromatin and the linking number of DNA. Proc Natl Acad Sci USA 78:1461–1465

Yamada K, Frouws TD, Angst B, Fitzgerald DJ, DeLuca C, Schimmele K, Sargent DF, Richmond TJ (2011) Structure and mechanism of the chromatin remodelling factor ISW1a. Nature 472:448–453

Yun M, Wu J, Workman JL, Li B (2011) Readers of histone modifications. Cell Res 21:564–578

Zheng C, Lu X, Hansen JC, Hayes JJ (2005) Salt-dependent intra- and internucleosomal interactions of the H3 tail domain in a model oligonucleosomal array. J Biol Chem 280:33552–33557

Zhou YB, Gerchman SE, Ramakrishnan V, Travers A, Muyldermans S (1998) Position and orientation of the globular domain of linker histone H5 on the nucleosome. Nature 395:402–405

Zhou Z, Feng H, Zhou B-R, Ghirlando R, Hu K, Zwolak A, Miller Jenkins LM, Xiao H, Tjandra N, Wu C, Bai Y (2011) Structural basis for recognition of centromere histone variant CenH3 by the chaperone Scm3. Nature 472:234–237

Zlatanova J, Bishop TC, Victor J-M, Jackson V, van Holde K (2009) The nucleosome family: dynamic and growing. Structure 17:160–171

第2章 在染色质组装和解聚中的组蛋白分子伴侣

布里安娜·K. 丹尼（Briana K. Dennehey）和杰茜卡·泰勒（Jessica Tyler）

2.1 简 介

核小体在物理上阻止 DNA 的进入，引发了几个问题：①新的核小体在体内如何形成？②如何去除核小体以促进 DNA 模板化过程？③完成以上过程后，组蛋白如何恢复到 DNA 上？带负电荷的 DNA 磷酸骨架与带正电荷的赖氨酸和富含精氨酸的组蛋白之间的内在吸引力是核小体形成的关键。然而，它们的内在吸引力非常强，以至于在体外将 DNA 和组蛋白混合在一起会产生不溶性聚集体而不是核小体。因此，需要其他因子来帮助组蛋白和 DNA 之间的相互作用以可控和有序的方式发生，这些因子统称为组蛋白分子伴侣。

"分子伴侣"（molecular chaperone）这一术语首次应用于与从非洲爪蟾卵中纯化的 29 kDa 高度酸性蛋白相关的生化活性（Laskey et al. 1978）。"热稳定组装蛋白"（thermostable assembly protein）（Mills et al. 1980），后来更名为"核质蛋白"（nucleoplasmin）（Laskey and Earnshaw 1980），它不仅在生理盐浓度下阻止组蛋白与 DNA 的体外聚集，而且促进了核小体组装（Laskey et al. 1978）。核质蛋白被提出可以保护带正电荷的组蛋白免受非特异性离子相互作用，同时促进特定的"正确"接触（Laskey et al. 1978）。核质蛋白现在被认为是一种组蛋白分子伴侣，在非洲爪蟾卵中可储存 H2A-H2B 母体池。然而，对该组蛋白基因家族成员的研究使人们意识到，组蛋白分子伴侣通过阻止组蛋白和 DNA 的聚集而促进体外核小体组装。体内的组蛋白分子伴侣结合并引导细胞中的组蛋白，以防止非特异性相互作用并促进与其他蛋白质和/或 DNA 的生理学相关的相互作用。现在广泛接受的理论是：所有游离（非核小体）组蛋白都与细胞中的组蛋白分子伴侣结合（Osley 1991；Tagami et al. 2004；Campos et al. 2010）。组蛋白分子伴侣包含一个不断增长的蛋白质家族，它们以化学计量方式与组蛋白结合，并具有以下一种或多种功能：①将新合成的组蛋白从细胞质转运到细胞核；②将组蛋白呈递给组蛋白修饰酶进行翻译后修饰；③将游离组蛋白储存在细胞内；④将组蛋白沉积到 DNA 上；⑤从核小体中去除组蛋白；⑥当非特异性地与核小体 DNA 相互作用时，从 DNA 中去除组蛋白。组蛋白分子伴侣的最终功能是根据细胞的要求，与 ATP 依赖性染色质重塑蛋白协同在局部和全局进行染色质的组装和解聚（参见第 3 章）。为了了解组蛋白分子伴侣如何组装和解聚核小体，我们必须首先检查所涉及的基本步骤。

B.K. Dennehey · J. Tyler (✉)

Department of Biochemistry and Molecular Biology,
MD Anderson Cancer Center, Houston, TX 77030, USA
e-mail: jtyler@mdanderson.org

2.1.1 核小体逐步组装/解聚的工作模型

在生理状态的离子强度和 pH 条件下，非核小体组蛋白 H2A-H2B 和 H3-H4 在体外以异二聚体形式存在，尽管可以形成（H3-H4）$_2$ 四聚体，但它们与 H3-H4 二聚体处于动态平衡（Baxevanis et al. 1991；Banks and Gloss 2003；Donham et al. 2011；Winkler et al. 2012）。根据体外的核小体重建实验联合核小体核心粒子的分子结构解析（Luger et al. 1997），人们获得了以下核小体组装模型（图 2.1）。首先，将 H3-H4 的两个二聚体或一个四聚体沉积在 DNA 上以形成四聚体，其包括环绕中心（H3-H4）$_2$ 四聚体几乎一圈的 DNA。然后加入两个侧链的 H2A-H2B 二聚体，并将剩余的 DNA 包裹在组蛋白八聚体周围。与此类似，核小体分解是该过程的逆转，开始于部分 DNA 链展开和 H2A-H2B 二聚体的解离，进而（H3-H4）$_2$ 四聚体离开 DNA 链。因此，（H3-H4）$_2$ 四聚体核心中包含的任何一种核小体组蛋白与游离组蛋白的交换可能需要拆解整个核小体（参见第 2.5 节）。在细胞中，核小体组装和解聚过程的每一步都由组蛋白分子伴侣协调。

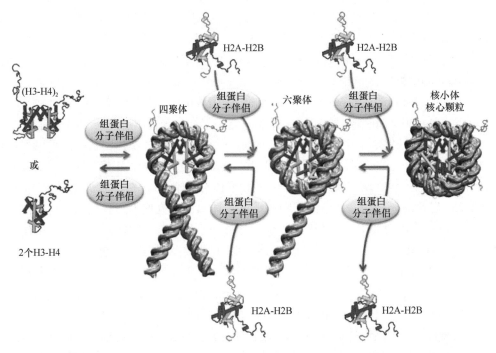

图 2.1 核小体核心颗粒的逐步组装和解聚示意图。绿色箭头表示染色质组装中的步骤，红色箭头表示染色质解聚的步骤。右边是核小体核心颗粒，衍生自卢格尔（Luger）和其他人的 X 射线晶体结构（Luger et al. 1997），包括 DNA（灰色为 DNA 骨架，青色为碱基）和组蛋白 H3（蓝色）、H4（绿色）、H2A（黄色）、H2B（红色）；并且在核小体核心颗粒结构中添加了不可见的组蛋白非结构化尾部；杆状体代表组蛋白的 α 螺旋；其余图像是源自核小体核心颗粒的结构模型。另外，是组蛋白（H3-H4）$_2$ 四聚体还是 H3-H4 二聚体沉积在 DNA 上或从 DNA 中解离取决于使用了哪种特异性组蛋白分子伴侣和哪种 H3 变体。我们非常感谢琼-马克·维克托（Jean-Marc Victor）、王华（Hua Wong）和朱利恩·莫齐科纳奇（Julien Mozziconacci）建立了该模型

2.1.2　组蛋白分子伴侣概述

不同的组蛋白分子伴侣发挥上面列出的各种功能性作用，即从细胞质中护送组蛋白至细胞核、呈递组蛋白便于进行组蛋白修饰、组蛋白库的储存和核小体组装/解聚。更复杂的是，存在特异性 H2A-H2B 二聚体、H3-H4 二聚体、(H3-H4)$_2$ 四聚体和某些特定组蛋白变体的组蛋白分子伴侣。有的组蛋白分子伴侣在 DNA 合成过程中特异性地组装染色质（称为复制依赖性组蛋白分子伴侣），而另一些组蛋白分子伴侣在不发生 DNA 合成时特别是在转录期间发挥作用（称为复制非依赖性组蛋白分子伴侣）。这些信息小结于表 2.1。

表 2.1　组蛋白分子伴侣及其承载蛋白，以及其染色质组装/解聚的相关功能

分子伴侣	承载蛋白	功能	参考文献
H3-H4 分子伴侣			
RbAp46（Hs）	H3-H4	H3-H4 的细胞质内转运	Campos et al. 2010；Alvarez et al. 2011
		促进 HAT1 介导的 H4K5 和 K12 乙酰化	
NASP（Hs，Mm），Hif1（Sc），N1/N2（Xl）	H3.1-H4	H3-H4 和 Hsp90 二聚体化平台	Campos et al. 2010
		额外 H3-H4 的储存池	Cook et al. 2011；Finn et al. 2012 和其他参考文献
	H1	H1 和 Hsp90 的细胞质内转运	Alekseev et al. 2003，2005
		H1 的沉积	Finn et al. 2008
Asf1（Hs，Mm，Xl，Sc，Dm），CIA1（Sp）	H3-H4（专性二聚体）	H3-H4 的细胞质内转运	Campos et al. 2010；Alvarez et al. 2011
		DNA 复制依赖性染色质组装	Tyler et al. 1999；Groth et al. 2005；Sanematsu et al. 2006
		DNA 复制非依赖性染色质组装	Schermer et al. 2005；Rufiange et al. 2007；另请参见 Galvani et al. 2008
		DSB 修复后染色质组装	Chen et al. 2008；Kim and Haber 2009
		复制前染色质解聚	Groth et al. 2007；Jasencakova et al. 2010
		转录过程中染色质解聚	Adkins et al. 2004，2007；Korber et al. 2006；Schwabish and Struhl 2006；Gkikopoulos et al. 2009；Takahata et al. 2009
		转录沉默	Le et al. 1997；Singer et al. 1998
		促进 Rtt109 介导的 H3K56 乙酰化	Recht et al. 2006；Han et al. 2007；Tsubota et al. 2007
CAF-1 复合物（Sc：Cac1，Cac2，Cac3/Msi1）（Dm：p180，p105，p55）（Hs：p150，p60，RbAp48）	H3.1-H4	DNA 复制依赖性染色质组装 UV 诱导的 NER 修复	Smith and Stillman 1989；Tagami et al. 2004；Gaillard et al. 1996 Kim and Haber 2009
		DSB 修复后染色质组装和异染色质形成	Quivy et al. 2008
Rtt106（Sc），Mug180（Sp）	H3-H4	DNA 复制依赖性染色质组装	Li et al. 2008；Zunder et al. 2012
		在 RNA Pol II 通过后，进行染色质组装	Silva et al. 2012
Vps75（Sc）	H3-H4	促进 Rtt109 稳定性和 Rtt109 介导的 H3K9、K27 乙酰化	Silva et al. 2012

续表

分子伴侣	承载蛋白	功能	参考文献
H3 变体分子伴侣			
HIR 复合物 （Sc：Hir1，Hir2，Hir3，Hpc2） （Sp：Hip1，Hip3，Hip4，Slm9） （Hs：HIRA，Ubinuclein-1，Cabin-1）	H3.3-H4	DNA 复制非依赖性染色质组装 转录沉默/转录抑制	Tagami et al. 2004；示例见 Vishnoi et al. 2011
DAXX（Hs，Mm），DLP（Dm）	H3.3-H4 （专性二聚体）	端粒的 H3.3 掺入	Drane et al. 2010；Goldberg et al. 2010；Lewis et al. 2010；Wong et al. 2010
DEK（Hs，Mm），dDEK（Dm）	H3.3-H4	核受体介导的转录过程中的 H3.3 掺入	Sawatsubashi et al. 2010
Scm3（Sc，Sp），HJURP（Hs）	CenH3-H4	CenH3 沉积	Stoler et al. 2007；Dunleavy et al. 2009；Shuaib et al. 2010；Barnhart et al. 2011
		阻止 CenH3 降解（Scm3）	Hewawasam et al. 2010；Ranjitkar et al. 2010
		作为 CenH3 受体（Scm3）	Pidoux et al. 2009
CAL1（Dm）	CenH3-H4	CenH3 沉积	Erhardt et al. 2008
Sim3（Sp）（NASP-like）	CenH3，H3	CenH3 沉积	Dunleavy et al. 2007
RbAp48(Hs)，p55(Dm)	CenH3-H4	帮助沉积 CenH3?	Furuyama et al. 2006
H2A-H2B 分子伴侣			
FACT 复合物	H2A-H2B，H3-H4	H2A-H2B 二聚体去除/置换	Orphanides et al. 1999；Kireeva et al. 2002；Belotserkovskaya et al. 2003
Spt16，SSRP1（Hs，Mm）		染色质组装	Abe et al. 2011；McCullough et al. 2011
Spt16，Pob3，Nhp6（Sc）	CenH3-H4	在 RNA Pol II 通过后，进行染色质组装 中心粒组装/维持?	Kaplan et al. 2003；Mason and Struhl 2003；Nakayama et al. 2007；Jamai et al. 2009 Okada et al. 2009；Choi et al. 2012
Spt6（Dm，Sp，Sc），SUPT6H（Hs，Mm）	H2A-H2B，H3-H4	转录后染色质组装 异染色质沉默	Winston et al. 1984；Kaplan et al. 2003；Adkins and Tyler 2006；Cheung et al. 2008 Kiely et al. 2011
核质蛋白/核仁磷蛋白	H2A-H2B H3-H4 CenH3-H4	组蛋白储存和沉积 核小体组装 中心粒组装/维持?	Finn et al. 2012 和其他参考文献 Okuwaki et al. 2001 Barnhart et al. 2011
Nap1（Hs，Mm，Dm，Xl，Ce，Sc，Sp）	H2A-H2B H1 H3-H4	H2A-H2B 的细胞质内转运 从 DNA 上去除非核小体 H2A-H2B 去除组蛋白 H1 未知	Chang et al. 1997；Mosammaparast et al. 2001，2002a，2002b Andrews et al. 2010 Kepert et al. 2005
H2A 变体分子伴侣			
Chz1（Sc）	H2A.Z-H2B	H2A.Z 转运和沉积	Luk et al. 2007
Fkbp39（Sp），Fpr3/Fpr4（Sc）	H3-H4 H2A.Z	rDNA 沉默 未知	Kuzuhara and Horikoshi 2004 Luk et al. 2007

注：可结合（H3-H4）$_2$四聚体的分子伴侣有 Nap1（Andrews et al. 2010；Bowman et al. 2011）、Vps75（Park et al. 2008；Bowman et al. 2011）、NASP（Wang et al. 2012）、FACT（Belotserkovskaya et al. 2003）、CAF-1（Liu et al. 2012；Winkler et al. 2012）、Rtt106（Fazly et al. 2012；Su et al. 2012）和 Spt6（Bortvin and Winston 1996）。仅结合 H3-H4 二聚体的分子伴侣有 Asf1（English et al. 2005，2006）和 DAXX（Elsasser et al. 2012）。Dm，黑腹果蝇；Sc，酿酒酵母；Sp，粟酒裂殖酵母；Ce，秀丽隐杆线虫；Hs，人；Mm，小鼠；Gg，鸡；Xl，非洲爪蟾；DSB，双链断裂；NER，核苷酸切除修复

　　组蛋白分子伴侣的结构具有多样性，在序列上几乎没有相似性，使得它们难以在计算机中识别。许多组蛋白分子伴侣含有酸性残基片段，可能有助于稳定与带正电荷的组

蛋白的相互作用。随着越来越多分子伴侣的结构得到解析，组蛋白分子伴侣形式的多样性已经出现，强烈暗示每种分子伴侣具有独特作用。接下来，我们将讨论结构生物学、生物化学和细胞生物学如何帮助我们理解组蛋白分子伴侣引导组蛋白沿着其无畏的旅程前进，即起始于细胞质的蛋白质合成位点并终止于 DNA 链上。

2.2　组蛋白从细胞质到细胞核的转运

组蛋白在组装成染色质之前，首先必须从细胞质转移到细胞核。H2A-H2B 的转运很可能是由组蛋白分子伴侣 Nap1 介导的（图 2.2）。Nap1 主要是一种胞质蛋白（Kellogg et al. 1995），它能在细胞核内和核外穿梭（Ito et al. 1996；Mosammaparast et al. 2002a）。在 HeLa 细胞中，Nap1 与细胞质提取物中新合成的 H2A-H2B 结合（Chang et al. 1997）；而且，在出芽酵母中，Nap1 与 H2A-H2B 和 Kap114（一种核转运蛋白）结合。Nap1 与 Kap114 的结合增强了 Kap114 与 H2A-H2B 的核定位信号（NLS）相互作用的能力，从而促进其向细胞核的转运（Mosammaparast et al. 2002a）。然而，在没有 Nap1 的情况下，H2A-H2B 仍然可被转运至细胞核，主要是 Kap114 以外的核转运蛋白介导了该转运（Mosammaparast et al. 2001）。Nap1 还与非洲爪蟾卵提取物中的连接组蛋白 H1 结合（Shintomi et al. 2005），但是缺少 Nap1 介导连接组蛋白核质转运的证据。

尽管已知 Nap1 和 H2A-H2B 转运之间的关系有十多年之久，但直到最近 H3-H4 的转运才开始明晰。有两项研究采用从不同细胞区室分离表位标记的 H3-H4 并检查其结合配体和翻译后修饰来检测这些组蛋白从细胞质到细胞核的传递（Campos et al. 2010；Alvarez et al. 2011）。依据这些研究，建立了一个高度有序的序列化组蛋白分子伴侣相互作用和组蛋白翻译后修饰的程序（图 2.2）。在 HeLa 细胞质提取物中，新合成的组蛋白 H3 单体与常规的分子伴侣 HSC70 结合，这些组蛋白 H3 单体是聚 ADP-核糖基化的，且同时有 H3K9 单甲基化修饰（H3K9me1）。与 H3 单体类似，组蛋白 H4 单体也是聚 ADP-核糖基化的，且与常规分子伴侣 HSP90/HSP70 结合。鉴于当 H3 与 H4 组装成 H3-H4 二聚体时，聚 ADP-核糖基化被去除，因此推测在缺少组蛋白结合伙伴的情况下，聚 ADP-核糖基化可以帮助维持 H3 和 H4 折叠（Alvarez et al. 2011）。当形成 H3-H4 二聚体时，H3 的 K14 发生乙酰化（H3K14ac），并且 H3-H4 二聚体与 HSP90 和/或组蛋白分子伴侣 NASP（核自身抗原精子蛋白）结合。一旦与 NASP 结合，RbAp46-HAT1 复合物可对 H4 的 K5 和 K12 进行乙酰化。然而，值得注意的是，尽管 H3.3-H4 和 H3.1-H4 均可与 RbAp46-HAT1 复合物共纯化（Alvarez et al. 2011；Zhang et al. 2012），但在这些复合物中 H4 的修饰有差异，即相对于 H3.3-H4 复合物中的 H4，H3.1-H4 复合物中 H4 有更多的乙酰化修饰（Zhang et al. 2012）。无论如何，在转运入细胞核的过程中，下一个接收组蛋白 H3-H4 的组蛋白分子伴侣是 Asf1。

通用的 H3-H4 二聚体伴侣蛋白 Asf1 在真核生物中高度保守，从裂殖酵母到人类的生物体都是必不可少的，但在出芽酵母中不是必需的。Asf1 最初被鉴定为在出芽酵母中过表达会导致转录沉默减少的基因（Le et al. 1997；Singer et al. 1998）。与 H3-H4 二聚体形成复合物的 Asf1，其保守的 N 端核心部分的共晶体显示，Asf1 与 H3-H4 发生物理结合并阻断 H3-H3 四聚化界面（English et al. 2006；Natsume et al. 2007）。因此，在向 Asf1 递送之前和递送中，H3-H4 可能以二聚体而不是四聚体形式存在（图 2.2）。在酵母和果蝇之外的哺乳动物中，Asf1 存在两种异构体，即 Asf1a 和 Asf1b。双重修饰的 H3（K9me1，K14ac）-H4（K5ac，K12ac）二聚体被递送至 Asf1a，而单修饰的 H3（K9me1）-双重修饰的 H4（K5ac，K12ac）二聚体与 Asf1b 相结合（Alvarez et al. 2011）。与 Asf1 结合的 H3-H4 二聚体进而与 Importin4（一种核转运蛋白）形成复合物，可能促进其进入细胞核（Campos et al. 2010；Alvarez et al. 2011）。该通路的后半部分在出芽酵母中是保守的，其中 Hif1 起到 NASP 的作用，并且在将组蛋白转移至 Asf1 之前，Hat1 和 Hat2 在 K5 和 K12 处使 H4 二乙酰化（Campos et al. 2010）。Kap123 与细胞质中乙酰化的组蛋白结合帮助组蛋白入核，而 Kap121 或许也参与该过程（Mosammaparast et al. 2002b）。除了 H3-H4 的护航外，NASP 和 HSP90 也参与将连接组蛋白 H1 护送至细胞核的过程（Alekseev et al. 2003，2005）。NASP 对 H1 的陪伴，与 H3-H4 和 NASP 的结合是相互排斥的（Wang et al. 2012）。

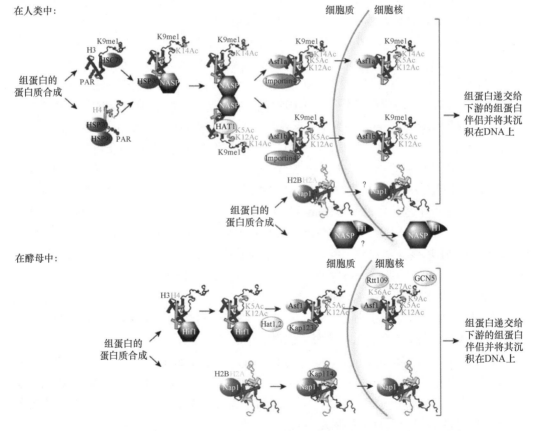

图 2.2　组蛋白从细胞质到细胞核的旅程。组蛋白的描绘和着色如图 2.1 所示。红色和绿色圆点表示文中描述的组蛋白在旅程中出现的甲基化（红色）或乙酰化（绿色）的位置。黄色椭圆描绘了特定的组蛋白乙酰转移酶。橙色椭圆形状描述的是核导入者，其余形状描绘的是文中描述的特定组蛋白分子伴侣。除了组蛋白分子伴侣 Asf1 之外，组蛋白与组蛋白分子伴侣结合的区域尚未得到实验证明，应该被认为是任意的。问号表示组蛋白分子伴侣的预测功能尚未得到明确证实

2.3　复制依赖性染色质组装

细胞最基本的功能是分裂。在分裂之前，细胞必须复制其基因组，并且为了维持细胞身份，其表观基因组必须忠实地复制或重建。

组蛋白合成与 DNA 复制紧密相关，以满足染色质组装到两个子代 DNA 链上的细胞需求。这些新合成的组蛋白可以通过其独特的沉积特异性翻译后修饰，从而与先前存在的组蛋白区分开来（图2.2），这些修饰可以在复制后立即被鉴别，但随着时间的推移而丢失，因为组蛋白逐渐恢复亲代染色质的修饰模式和重建表观基因组信息（Scharf et al. 2009）（图2.3）。在复制过程中，亲本组蛋白被分配到两个新生的 DNA 双链体中，其中亲本（H3-H4）$_2$四聚体通常完整转移，而 H2A-H2B 二聚体可以自由重组新的亲本 H2A-H2B 二聚体和（H3-H4）$_2$四聚体（Senshu et al. 1978；Jackson and Chalkley 1981；Jackson 1988）（图2.3）。

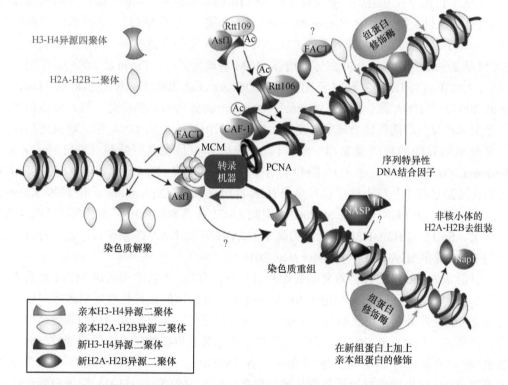

图 2.3　复制依赖性染色质解聚和组装。示意图显示复制叉前的染色质解聚和 DNA 复制叉后的逐步染色质再组装。Ac 是指真菌特异性 Rtt109 HAT 酶对 H3K56 的乙酰化，其促进组蛋白与酵母中 CAF-1 和 Rtt106 的相互作用。问号表示组蛋白分子伴侣的预测功能尚未得到明确证实。所示模型源自如文中具体描述的酵母和哺乳动物细胞的研究信息汇编

2.3.1　复制叉前的组蛋白驱逐

在复制的第一步中，复制起点被起始点识别复合物（origin recognition complex，

ORC）识别，然后由复制解旋酶微染色体维持复合物 2～7（minichromosome maintenance complex 2-7，MCM2-7）连接（Diffley 2011）。正是从这些被许可的位点，DNA 于 S 期开始合成。索戈（Sogo）及其同事使用 SV-40 微型染色体复制系统和补骨脂素交联，其中补骨脂素插入在碱基与开放交联的相邻胸苷之间，而不是在核小体 DNA 处，从而鉴定包裹在组蛋白八聚体核心周围的 DNA。他们发现核小体在推进的复制叉前面大约 300bp 被破坏（Gasser et al. 1996），但这种破坏背后的确切机制仍然未知。组蛋白分子伴侣很可能有助于这一过程，但目前尚不清楚组蛋白分子伴侣是否积极参与从亲本 DNA 双链体中去除组蛋白，或者仅由高级的复制机器为被取代的组蛋白提供临时停靠点。尽管在实验上，许多组蛋白分子伴侣（即 NASP、Asf1、CAF-1）的单一缺失抑制了 DNA 复制，但这可能是由组蛋白向 DNA 的递送受到损害这一负反馈引起的。相比之下，在 DNA 复制过程中组蛋白分子伴侣促染色质转录蛋白（facilitates chromatin transcription，FACT）直接参与去除 H2A-H2B 的证据更具说服力。

FACT 由两个亚基组成，分别是人的 SPT16（Ty 抑制因子）和 SSRP1（结构特异性识别蛋白），以及酵母中的 Spt16 和 Pob3（聚合酶 1 结合蛋白）。非洲爪蟾卵提取物（Okuhara et al. 1999）和人细胞系的 FACT 对于 DNA 复制非常重要，其中人的 FACT 与 MCM 解旋酶组分可共纯化并在体外增强 MCM 解旋酶活性（Tan et al. 2006）。在出芽酵母中，FACT 可与 DNA 复制因子 RPA（VanDemark et al. 2006）、MCM 解旋酶（Gambus et al. 2006）和 DNA 聚合酶-α（Wittmeyer and Formosa 1997）共纯化，这几种蛋白都是从复制起点复制和滞后链合成所必需的（Kunkel 2011）。与从 DNA 中去除组蛋白以允许复制机器移动的物理要求相一致，Pob3 突变体也呈现复制缺陷（Schlesinger and Formosa 2000），Spt16 定位于 G_1 期和早期 S 期的复制起点（Han et al. 2010）。鉴于 FACT 可以在转录过程中从核小体中置换单个 H2A-H2B 二聚体（Orphanides et al. 1999；Kireeva et al. 2002；Belotserkovskaya et al. 2003），因此 FACT 在复制过程中可能发挥同样的功能。实际上，Spt16 与 H2A-H2B 的亲和力高于 H2A-H2B 对 DNA 的亲和力，并且可以有效地与 DNA 竞争 H2A-H2B（Winkler et al. 2011）。

目前认为 FACT 在体内对复制起始和延伸都很重要。FACT 可促进 MCM 解旋酶介导的 DNA 解旋，而且 HeLa 细胞中 MCM-FACT 相互作用的破坏导致复制起始滞后（Tan et al. 2006）。此外，染色质单纤维分析显示 SSRP1 在 DNA 复制起始后的高效延伸过程中是必需的（Abe et al. 2011）。为了评估染色质组装或拆卸缺陷是否导致低效延伸，对 BrdU 标记的新复制 DNA 进行微球菌核酸酶（MNase）分析，发现 SSRP1 的缺失不会改变对 MNase 的敏感性，而复制依赖性染色质组装中的关键 H3-H4 组蛋白分子伴侣 CAF-1 的 p150 亚基的缺失增加了对 MNase 的敏感性（参见第 2.3.2 节），这与复制过程中染色质组装时 FACT 的作用轻微相一致（Abe et al. 2011）。DNA 复制过程中染色质解聚时，解析 FACT 功能的其他证据来自酵母的等位基因特异性抑制研究，即导致 H2A-H2B 与 $(H3-H4)_2$ 四聚体更松散缔合的 H2A-H2B 突变克服由 FACT 缺乏引起的复制缺陷（McCullough et al. 2011）。

随着 H2A-H2B 的去除，必须去除 $(H3-H4)_2$ 四聚体以使复制机器正常前行。正如它们的组蛋白修饰模式所识别的那样，尽管 Asf1 可作为移除的亲本组蛋白的储存库，但在 DNA 复制过程中参与 H3-H4 解体的组蛋白分子伴侣目前尚不清楚。具体来讲，当 DNA 复制被抑制但解旋酶继续发挥作用时，被置换的亲本组蛋白在 Asf1-MCM-H3-H4 复合物中积累（Groth et al. 2007；Jasencakova et al. 2010）。然而，Asf1 本身不太可能从 DNA 中解离 H3-H4，因为体外研究表明 Asf1 既不能从四聚体中的 DNA 上去除（H3-H4）$_2$ 四聚体（Donham et al. 2011），也不能在 ATP 和染色质重塑蛋白 RSC 存在的状态下自 DNA 拆分出（H3-H4）$_2$ 四聚体（Lorch et al. 2006）。Asf1 不能在体外解聚染色质与 Asf1 结合 H3-H3 二聚化界面的事实一致，即 Asf1 不能接近核小体中的组蛋白（English et al. 2006；Natsume et al. 2007）。因此，在 DNA 复制依赖性或复制非依赖性染色质解聚过程中，尚不清楚哪种组蛋白分子伴侣介导从 DNA 中去除 H3-H4 二聚体或四聚体。

2.3.2　复制叉后的组蛋白沉积

核小体或核小体样颗粒在复制叉后 100～300 bp 的前导和滞后 DNA 链上迅速重新组装（McKnight and Miller 1977；Cusick et al. 1984；Sogo et al. 1986）。利用核酸酶消化、盐提取和脉冲标记，并对甲醛交联样品和天然样品进行核酸酶消化的方法表明：复制后的 DNA 链并没有立刻形成具有完全的核酸酶抗性及正确定位的核小体颗粒（Seale 1975，1976；Schlaeger and Knippers 1979；Smith et al. 1984），这一想法最近重新引人注意（Torigoe et al. 2011）。目前的理解是组蛋白分子伴侣对于组蛋白的快速沉积这一步骤至关重要，随后是八聚体的正确定位，继而 DNA 包裹，最终形成成熟的核小体。其他步骤包括在染色质组装后消除沉积特异性的组蛋白修饰谱，并用局部亲本组蛋白修饰谱进行替换，这是一个通过序列特异性 DNA 结合因子募集组蛋白修饰酶介导的过程（图 2.3）。

2.3.2.1　H3-H4 沉积到新复制的 DNA 链上

将亲本（H3-H4）$_2$ 四聚体沉积到新复制的 DNA 链上的组蛋白分子伴侣身份目前未知。相比之下，人们对新合成的组蛋白如何组装到新复制的 DNA 链上有足够了解。在哺乳动物中，组蛋白 H3.1（和 H3.2）在 S 期表达并用于复制依赖性染色质组装；相反，H3 变体 H3.3 在整个细胞周期中表达并且用于复制非依赖的染色质组装。出芽酵母具有单个组蛋白 H3 变体（除了着丝粒 H3，参见第 2.4 节），其最接近于后生动物的 H3.3。被转运入细胞核的新合成的 H3.1-H4 二聚体（图 2.2）被送到 DNA 合成位点。下面讨论的现有数据表明，Asf1 在 DNA 复制位点将 H3.1-H4 二聚体转移至组蛋白分子伴侣 CAF-1（染色质组装因子 1）和 Rtt106（酵母蛋白），然后这些下游伴侣分子组装（H3-H4）$_2$ 四聚体，并将其沉积在新复制的 DNA 链上（图 2.3）。

CAF-1 最初被鉴定并表征为可以使用细胞质提取物和 T-抗原结合的 SV-40 微染色体将核小体组装到新复制 DNA 链上的因子（Smith and Stillman 1989）。CAF-1 的最大亚基（p150）与 PCNA 相互作用（Shibahara and Stillman 1999；Moggs et al. 2000），因此可将 CAF-1 定位在复制位点附近，并为 CAF-1 提供了将组蛋白沉积到新复制 DNA 链上的机会。除了这种与复制的物理联系外，还存在功能联系：哺乳动物细胞中 CAF-1 的缺失抑制了核小体的重组（Smith and Stillman 1989；Nabatiyan and Krude 2004；Takami et al.

2007）。Asf1-H3-H4 复合物在体外（Tyler et al. 1999）和体内（Groth et al. 2005；Sanematsu et al. 2006）均可促进 CAF-1 介导的染色质组装到复制的 DNA 链上，但采用非洲爪蟾卵提取物进行实验时并不能组装核小体，尽管提取物中有大量储存的组蛋白（Ray-Gallet et al. 2007）。由于 Asf1 定位于果蝇 S2 细胞中的复制位点（Schulz and Tyler 2006），并且通过组蛋白 H3-H4 与哺乳动物 MCM 解旋酶复合物结合而与哺乳动物的复制位点物理连接，因此组蛋白从 Asf1 向 CAF-1 的转移很可能就发生在复制叉邻近区域（Groth et al. 2007；Jasencakova et al. 2010）。在酵母中，Asf1 与 Rfc1（复制因子 C，其可将 PCNA 加载到 DNA 上）的结合足以将 Asf1 募集到新复制的 DNA 处（Franco et al. 2005）。

组蛋白从 Asf1 移交到下游组蛋白分子伴侣依赖于它们之间的相互物理作用。当与 H3-H4 结合时，Asf1 保持开放的结合表面，该表面与两种不同的 H3-H4 伴侣蛋白 CAF-1 和 HIRA 相互排斥（Tagami et al. 2004；Tang et al. 2006；Malay et al. 2008）。Asf1 向 CAF-1 复合物递送新的 H3.1-H4 二聚体用于复制依赖性染色质组装，并且将新的 H3.3-H4 二聚体递送至 HIRA 复合物用于复制非依赖性染色质组装（Tagami et al. 2004）。尚不清楚这两种下游分子伴侣如何识别仅有五个氨基酸差异的组蛋白，但可能依赖于翻译后组蛋白修饰。例如，HAT1-RbAp46 复合物可差异性乙酰化 H3.1-H4 和 H3.3-H4，其更倾向于乙酰化 H3.1-H4 二聚体（Zhang et al. 2012），表明这种修饰可能对复制和/或 CAF-1 介导的识别很重要。相反，PAK2 对 H4S47 的磷酸化增加了 HIRA 对 H3.3-H4 的结合亲和力，并降低了 CAF-1 对哺乳动物系统中 H3.1-H4 的亲和力（Kang et al. 2011）。

在酿酒酵母中，大多数新合成的 H3（即使不是全部）的 56 位赖氨酸在细胞核中被乙酰化（H3K56ac）（Masumoto et al. 2005）。Asf1 与组蛋白乙酰转移酶 Rtt109 都是 H3K56 乙酰化所必需的（Recht et al. 2006；Han et al. 2007；Tsubota et al. 2007）。酵母中的 H3K56ac 可驱动复制依赖性染色质组装，因为这种修饰增加了 CAF-1 和 Rtt106 组蛋白间的亲和力。事实上，H3K56ac 是体内 H3-H4 与 Rtt106 间可检测的相互作用所必需的（Zunder et al. 2012），而且 H3K56ac 导致 CAF-1 对 H3-H4 的结合亲和力增强（Li et al. 2008；Nair et al. 2011；Winkler et al. 2012）。Gcn5 介导的 H3 N 端赖氨酸的乙酰化，包括 K27ac，也增加了与酵母 CAF-1 的结合亲和力（图 2.2）（Burgess et al. 2010）。因此，沉积特异性组蛋白 H3 的乙酰化可通过增强其与组蛋白分子伴侣的相互作用，进而被沉积在新合成的 DNA 链上来促进染色质组装。在核小体内，H3K56ac 被认为在 DNA 进入和退出位点处可松弛核小体-DNA 相互作用，从而允许一种或多种染色质重塑因子的结合（Xu et al. 2005）。因此，H3K56ac 沉积到 DNA 上可能会有助于正确的核小体定位。H3K56ac 修饰在组蛋白 H3-H4 掺入新复制的 DNA 后被快速消除（Masumoto et al. 2005；Celic et al. 2006），一旦建立就可能稳定核小体的位置。尽管 H3K56ac 在酿酒酵母和黑腹果蝇中都很普遍，但哺乳动物细胞的组蛋白 H3K56ac 数量不到 1%（Das et al. 2009），推测 K56 乙酰化修饰在哺乳动物的复制依赖性染色质组装中不太重要或呈现高度动态。

在酵母中，CAF-1 和真菌特异性分子伴侣 Rtt106 都接收来自 Asf1 的新合成组蛋白（图 2.3）。Rtt106 在复制中具有不明确的作用；然而，在 CAF-1 功能缺失的情况下，Rtt106 对 DNA 损伤剂喜树碱（一种拓扑异构酶抑制剂）的抗性变得重要，提示它在复制过程中具有与 CAF-1 类似的作用（Li et al. 2008）。的确，ChIP 分析发现在早期和晚期复制起点都出现了 Rtt106 富集（Zunder et al. 2012）。另外，干扰 Rtt106-组蛋白相互作用的 Rtt106 突变体在 CAF-1 功能缺陷时也会导致喜树碱的敏感性增加（Su et al. 2012；Zunder et al. 2012）。

在沉积到 DNA 链上之前，(H3-H4)$_2$ 四聚体由 CAF-1/Rtt106 组蛋白分子伴侣上的两个 H3-H4 二聚体组装而成。事实上，单个 CAF-1 复合物可以在体外结合 (H3-H4)$_2$ 四聚体，并且四聚体可以在 CAF-1 上形成（Liu et al. 2012；Winkler et al. 2012）。此外，CAF-1 可与 (H3-H4)$_2$ 四聚体一起从酵母提取物中免疫共沉淀（Winkler et al. 2012），并且在体外 CAF-1 可将 (H3-H4)$_2$ 四聚体沉积到 DNA 链上（Liu et al. 2012）。与 CAF-1 一样，Rtt106 也可以与 (H3-H4)$_2$ 四聚体结合（Fazly et al. 2012；Su et al. 2012）。从机制上讲，(H3-H4)$_2$ 四聚体如何从 CAF-1 或 Rtt106 转移到新复制的 DNA 上尚不十分清楚，但可能是由 (H3-H4)$_2$ 四聚体对 DNA 的高亲和力驱动的（Andrews et al. 2010；Winkler et al. 2012）。

2.3.2.2　H2A-H2B 和 H1 沉积到新复制的 DNA 链上

在 DNA 上建立 (H3-H4)$_2$ 四聚体后，两个 H2A-H2B 二聚体沉积以形成核小体。参与 H2A-H2B 二聚体组装到新复制 DNA 链上的组蛋白分子伴侣尚不清楚。FACT 是执行该功能的潜在候选者，因为它定位于复制叉，加之它的许多功能与复制密切相关（第 2.3.1 节）。此外，FACT 在体外可以将 H2A-H2B 沉积到 DNA 链上（Belotserkovskaya et al. 2003）。Nap1 也是一种潜在的候选者，因为它可以在体外与染色质重塑蛋白 ACF 一起组装染色质（Ito et al. 1997）。然而，体外染色质组装和解聚分析是相对容易的，因为许多带负电荷但生理学上与染色质组装或解聚无关的分子也可以在体外介导染色质组装和解聚（Tyler 2002）。与染色质组装中 Nap1 的体外证据相反，体内证据表明 Nap1 可从非核小体 DNA 链上解离出 H2A-H2B 二聚体：Nap1 的缺失导致 H2A-H2B 增加，而非与染色质结合的 H3 增加（Andrews et al. 2010）。该研究首次揭示了组蛋白分子伴侣具有破坏非正常的组蛋白-DNA 相互作用的意外功能（图 2.3）。

最后，组蛋白 H1 可以整合到连接 DNA 上来促进染色质结构的高阶折叠，该过程可能是由组蛋白分子伴侣 NASP 介导的（图 2.3）。NASP 与连接组蛋白 H1 形成胞质复合物（Alekseev et al. 2003，2005），且在体外 NASP 可以将 H1 沉积到缺失 H1 的核小体染色质纤维上，并形成更紧密的染色质结构（Finn et al. 2008）。

暂且不论目前对染色质重新组装的理解深度如何，需要明确的要点之一是组蛋白分子伴侣不是独立运作的。基于体外重建染色质组装系统而建立的现有模型提示：依赖 ATP 的染色质重塑蛋白不仅在染色质组装过程中将核小体进行有规律的空间排列中发挥关键作用，而且在 DNA 链包裹由组蛋白分子伴侣沉积的组蛋白中起关键作用（Torigoe et al. 2011）。

2.3.2.3　异染色质的重新组装

复制过程中如何重新建立异染色质的细节尚未完全阐明。哺乳动物 CAF-1 的最大亚基既可结合异染色质蛋白 1α（heterochromatin protein 1α，HP1α）（Murzina et al. 1999）

又可结合 CpG-me 结合蛋白 MBD1（Reese et al. 2003）。MBD1 在 S 期募集 H3K9 甲基化酶 SETDB1 至 CAF-1，从而促进新复制的染色质发生 H3K9 二甲基化（Sarraf and Stancheva 2004），并且允许 HP1 识别并结合二甲基化的 H3K9。在细胞周期的 S 期，上述这些蛋白质在复制叉处形成一个复合物，提示 CAF-1 对于 DNA 复制时重建沉默的染色质结构域至关重要。的确，HP1 与 CAF-1 结合是小鼠细胞中心粒的异染色质复制所必需的，且采用组蛋白沉积非依赖的过程实现，但可能与组蛋白甲基化有关（Quivy et al. 2008）。

在果蝇中，Nap1 也可能参与异染色质的重建或维持。Nap1 功能的丧失导致杂合子的沉默表型明显缺失（Stephens et al. 2005），而在纯合子中是胚胎致死的（Lankenau et al. 2003）。Nap1 与异染色质蛋白 2（heterochromatin protein 2，HP2）结合，后者自身可与 HP1（Stephens et al. 2005）及一种 ATP 依赖性染色质重塑复合物核小体重塑因子（nucleosome remodeling factor，NURF）结合（Stephens et al. 2006；Tsukiyama and Wu 1995）。因此，这些蛋白可能共同促进异染色质形成。

2.4 着丝粒染色质的重新组装

除少数例外，每个染色体包含一个着丝粒，其作为动粒组装的位点，以便在有丝分裂期间实现相同的姐妹染色单体分离。每个染色体只含有一个着丝粒是至关重要的，因为多个着丝粒会导致染色体断裂和不均匀的染色体分离。着丝粒核小体含有由酿酒酵母 *CSE4*、粟酒裂殖酵母 *cnp1$^+$*、黑腹果蝇 *CID*、秀丽隐杆线虫 *HCP-3* 和人 *CENP-A* 编码的着丝粒特异性组蛋白 H3（centromere-specific histone H3）变体（一般称为 CenH3）。CenH3 与经典 H3 不同的一个特征是环 1 中包含的 CENP-A 靶向结构域（CENP-A targeting domain，CATD）和 CenH3 的 α-2 螺旋（Vermaak et al. 2002），有助于形成相对于经典 H3 中的那个区域更加刚性的结构（Black et al. 2004）。用 CenH3 的 CATD 氨基酸取代 H3 的类似区域，可以使经典 H3 在人体细胞中发挥 CenH3 的作用（Black et al. 2007）。这是 CATD 与着丝粒特异性组蛋白分子伴侣相互作用的结果（在第 2.4.1 节中讨论）。

着丝粒的 DNA 组成因生物体而异，大多数区域着丝粒包含一系列含有 CenH3 的核小体，其周围被异染色质包裹。但酿酒酵母和秀丽隐杆线虫的着丝粒例外，出芽酵母着丝粒是一个大约 125 bp 的小片段，具有中心定位的单核小体（Furuyama and Biggins 2007；Cole et al. 2011；Henikoff and Henikoff 2012）。相比之下，秀丽隐杆线虫染色体是单中心的，沿着染色体的长度形成着丝粒，但具有阻止多个微管附着位点形成的机制（Maddox et al. 2004）。在出芽酵母中，125 bp 着丝粒 DNA 元件的存在决定了着丝粒的位置（Bloom and Carbon 1982；Fitzgerald-Hayes et al. 1982）。在大多数其他生物中，CenH3 的存在作为定义着丝粒的表观遗传标记。

有趣的是，在 DNA 复制过程中新合成的 CenH3 并不沉积在 DNA 上。相反，在复制期间半互补的亲本 CenH3 被分配到每个子 DNA 链上，这对于有丝分裂期间的着丝粒功能是足够的，而新合成的 CenH3 通常是在有丝分裂的晚期或有丝分裂之后才掺入，虽然在一些物种中的掺入可能发生在细胞周期的 G$_2$ 期（图 2.4）。

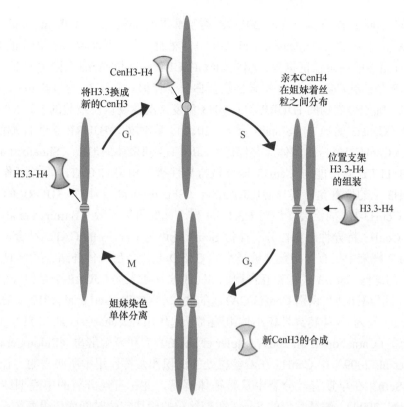

图 2.4　将新 CenH3 掺入着丝粒的特殊时机。亲本 CenH3（以黄色显示）在 DNA 复制后分配给两个姐妹染色单体，使得新复制的着丝粒与 DNA 复制之前的亲本着丝粒相比仅具有一半量的 CenH3。DNA 复制后，插入组蛋白 H3.3（绿色）作为位置支架，用于随后在有丝分裂后插入更多的 CenH3

　　HeLa 细胞的荧光脉冲标记实验表明，在 DNA 复制过程中亲本 CenH3 蛋白被分配给两个子代着丝粒（Jansen et al. 2007）。但它与 H3.1 和 H3.3 不同，复制特异性组蛋白 H3.1 在 S 期开始之前表达并在 S 期沉积，H3.3 是在整个细胞周期中合成的，新合成的 CenH3 变体通常在 G_2 期合成，并且在非复制期的有丝分裂晚期或 G_1 期沉积到 DNA 链上（Shelby et al. 2000；Jansen et al. 2007；Schuh et al. 2007）。酿酒酵母新合成的 CenH3 分子在细胞分裂后期沉积到 DNA 链上（Pearson et al. 2004；Shivaraju et al. 2012），而粟酒裂殖酵母则在 G_2 期发生沉积（Takayama et al. 2008）。在组织培养细胞中，H3.3 在复制期间沉积在预定由在 G_1 期新合成的 CenH3（Dunleavy et al. 2011）占据的那些位点，因而需要进行组蛋白交换（即从 DNA 链上去除 H3.3 并用 CenH3 替代）。

2.4.1　CenH3 分子伴侣及其功能

　　目前，已知和推定的 CenH3 分子伴侣及它们被认为在其中发挥功能的生物体包括：人类的 HJURP（霍利迪连接体识别蛋白）、核磷蛋白和 RbAp46/48（Dunleavy et al. 2009；Shuaib et al. 2010）；鸡细胞中的 FACT；果蝇的 CAL1（染色体排列缺陷）（Schittenhelm et al. 2010；Mellone et al. 2011）和 RbAp48（Furuyama et al. 2006）；出芽酵母的 Scm3

（Stoler et al. 2007；Dechassa et al. 2011）；裂殖酵母的 spScm3（Williams et al. 2009）和 NASP 相关蛋白 Sim3（Dunleavy et al. 2007）。然而，分子伴侣帮助新合成的 CenH3 在着丝粒进行组装的最可信证据来自哺乳动物 HJURP 和酵母 Scm3，详述如下。

HJURP 是哺乳动物 CenH3 特异性组蛋白分子伴侣，其在 N 端与 Scm3 具有序列相似性。HeLa 细胞提取物的 HJURP 和 CenH3 免疫共沉淀物以及细胞的 HJURP 敲低会导致着丝粒中 CenH3 的缺失（Shuaib et al. 2010）。在体外，HJURP 通过 N 端的 "TLTY 盒" 结合（CenH3-H4）$_2$ 四聚体，并促进 CenH3-H4 四聚体的形成（Shuaib et al. 2010）。HJURP 的 TLTY 盒可能与 CenH3 着丝粒特异性掺入相关的 CATD 区相互作用，因为 CATD 在 H3 上的位置允许其与 HJURP 结合（Shuaib et al. 2010），HJURP 的 N 端足以保证体外 CenH3-H4 的组装，但对 H3.1-H4 核小体的组装无效（Barnhart et al. 2011）。

酵母 CenH3 特异性组蛋白分子伴侣 Scm3 既可与 CenH3 的 CATD 结合，也可在经典 H3 的 α-2 螺旋中仅有 4 个残基被最小的 CATD 取代之后在体外结合经典 H3（Black et al. 2007）。与这些 CenH3 残基相互作用的 Scm3 残基在人类 HJURP 中是保守的（Zhou et al. 2011），且与 HJURP 识别 CenH3 CATD 的要求一致（Bassett et al. 2012）。在体外，出芽酵母 Scm3 作为 Cse4 特异性核小体组装因子起作用（Dechassa et al. 2011），并且 Scm3 是出芽酵母（Camahort et al. 2007；Stoler et al. 2007）和裂殖酵母（Pidoux et al. 2009；Williams et al. 2009）中 CenH3 在着丝粒处的沉积和发挥作用中所必需的。在粟酒裂殖酵母中，Scm3 在早期有丝分裂中从纺锤体解离，并在有丝分裂的中晚期结合着丝粒（Pidoux et al. 2009）。酿酒酵母的 Scm3 在着丝粒的确切定位时间尚值得商榷，但是确定的是其是被严格调控的（Luconi et al. 2011；Mishra et al. 2011；Xiao et al. 2011；Shivaraju et al. 2012），因为在出芽酵母中过度表达 Scm3 会导致其在着丝粒上的组成型定位和随后的染色体丢失（Mishra et al. 2011）。

新合成的 CenH3 掺入着丝粒的精确细节仍有待确定，但似乎是依赖于先前定位的动粒蛋白，以及将在非中心粒位点错误掺入的 CenH3 选择性降解。在酿酒酵母中，Scm3 与 CenH3 定位所必需的 CBF3（CEN-DNA 结合因子）内部动粒结合复合物的亚单位 Ndc10 结合（Hajra et al. 2006；Camahort et al. 2007）。有人提出，粟酒裂殖酵母的 Scm3 通过与组蛋白分子伴侣 Mis16/RbAp46/48 和内部动粒蛋白 Mis18 结合而将 CenH3 靶向于着丝粒（Pidoux et al. 2009；Williams et al. 2009）。此外，在果蝇中，CenH3-H4 可与 RbAp48 发生共沉淀（Furuyama et al. 2006）。根据这些蛋白质在 CenH3 定位中的作用，着丝粒/动粒蛋白 hMis18α/β 和 Mis18BP1/KLN2 的突变或敲低也导致脊椎动物和线虫中 CenH3 定位的丧失（Fujita et al. 2007；Maddox et al. 2007）。重要的是，当通过整合的 LacO 阵列将 LacI-HJURP 融合体募集到 DNA 时，可以绕过对 CenH3 定位时的 Mis18 需求（Barnhart et al. 2011）。与 Mis18 的缺失一样，RbAp46/48 敲低会导致人细胞中 CenH3 的错误定位（Hayashi et al. 2004）。应该注意的是，RbAp46 是多种 HAT 复合物的组分，并且用组蛋白去乙酰化酶（HDAC）抑制剂曲古抑菌素 A 处理细胞可校正 hMis18α 缺失导致的着丝粒处 CenH3 的损失，从而提出组蛋白乙酰化激发新 CenH3 在着丝点掺入的模型（Fujita et al. 2007）。着丝粒核小体的确切结构，即它是否只含有四种组蛋白（CenH3-H4-H2A-H2B）或包括常见的全套八个组蛋白分子仍然备受争议，但最近的证据表明着丝粒核小体的结构在整个细胞周期均有变化（Bui et al. 2012；Shivaraju et al. 2012）。

2.5　组蛋白分子伴侣与复制非依赖性染色质解聚和组装

除了组蛋白 H3.1-H4、H3.2-H4 和 H2A-H2B 的复制依赖性组装外，还存在许多组蛋白变体包括 CenH3（已在第 2.4 节中讨论）、H3.3，以及哺乳动物 H2A 变体蛋白 H2A.Z、H2A.X、H2A.Bbd（Barr body deficient，巴氏小体缺陷）和 Macro H2A，它们被掺入到非 DNA 复制的染色质中。用于置换的组蛋白掺入到染色质中，并释放原本结合于染色质的组蛋白，这个过程被称为组蛋白交换。在酵母中，H3-H4 交换容易在 DNA 非复制时发生，可能是因为酵母 H3 与哺乳动物 H3.3 最相似，现在已知它会使得核小体变得不稳定（Jin and Felsenfeld 2007）。由于 H2A-H2B 处于核小体的外周位置，因此它比 H3-H4 的置换要占优势。值得注意的是，组蛋白交换不需要将（H3-H4）$_2$ 四聚体分裂成两个 H3-H4 二聚体，而是可以交换整个（H3-H4）$_2$ 四聚体。此外，鉴于 RNA 聚合酶迁移必然伴随着核小体的物理破坏，因此酵母和果蝇的组蛋白交换经常发生在高度活跃的转录区域。除了活跃转录的基因外，在酵母和果蝇的非活化启动子中也观察到低水平的组蛋白交换（Dion et al. 2007；Mito et al. 2007；Nakayama et al. 2007；Rufiange et al. 2007）。最后，动态的染色质解聚和重组分别发生在转录机器结合启动子和增强子区域时及与之解离时，以及 RNA 聚合酶沿着 DNA 链迁移的过程中（图 2.5）。

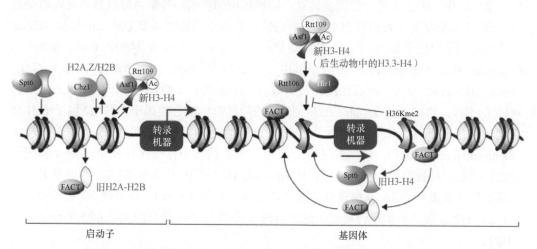

图 2.5　复制非依赖性染色质解聚和组装。一些组蛋白分子伴侣促进染色质从启动子区域解聚，以使转录机器能够接近 DNA，而另一些组蛋白分子伴侣促进启动子区域的染色质重新组装以阻止转录机器接近 DNA。还有其他一些组蛋白分子伴侣通过促进染色质的动态解聚和重新组装来确保 RNA Pol II 通过。FACT 改组核小体以促进染色质解聚或染色质重新组装，它还抓住已经从 DNA 中去除的旧组蛋白 H2A-H2B，并将其保留在基因附近。新合成的组蛋白 H3-H4 可以经 Asf1、Rtt106 和 Hir1 组蛋白分子伴侣的共同作用而掺入，但是 H3K36 的甲基化会下调其掺入以促进旧组蛋白的重新掺入。此处显示的大部分信息来自出芽酵母的研究。Ac 是指 H3K56 的乙酰化

2.5.1 （H3-H4）₂ 四聚体的分裂

尽管亲本（H3-H4）$_2$四聚体在复制期间保持完整（Senshu et al. 1978；Jackson and Chalkley 1981；Jackson 1987，1988），但有证据表明（H3-H4）$_2$四聚体在特殊情况下分裂为 H3-H4 二聚体（Xu et al. 2010；Katan-Khaykovich and Struhl 2011）。一项利用同位素标记和质谱分析法来区分哺乳动物细胞中大量染色质中新旧组蛋白的研究提示，（H3.3-H4）$_2$四聚体发生复制依赖性分裂，而这种现象不会发生在（H3.1-H4）$_2$四聚体上（Xu et al. 2010）。然而，这项研究遗留了一种可能性，即 H3.1 和 H3.3 的分析无法进行直接比较，因为 H3.3 的回收可能偏向于特定基因座。这是相关联的，原因在于 H3.3 的掺入是 DNA 复制非依赖性的。在随后的研究中，差异标记和表达出芽酵母 H3，然后实施顺序 ChIP 分析，并没有发现复制偶联四聚体分裂的强有力证据，而是在活跃转录的基因处发现了转录相关的四聚体分裂的证据（Katan-Khaykovich and Struhl 2011）。为了解释这些发现，提出了 RNA 聚合酶 II（RNA Pol II）及其结合因子沿染色质的迁移可能致使核小体解体，从而保留一个 H3-H4 二聚体并替换一个 H3-H4 二聚体的工作模型（Katan-Khaykovich and Struhl 2011）。

2.5.2 H2A.Z 的交换

组蛋白变体 H2A.Z 在整个细胞周期中合成（Hatch and Bonner 1988），并在 S 期外掺入染色质中。H2A.Z 的功能涉及转录、边界区域的描绘、异染色质沉默、正确的染色体分离、DNA 复制和被招募至 DNA 损伤位点参与损伤修复（参见第 2.6 节）。H2A.Z 在基因启动子附近富集，通常位于基因转录起始位点上游的+1 核小体中（Guillemette and Gaudreau 2006；Marques et al. 2010），其中一些受到严格调控，如被抑制的 *PHO5*、*GAL1*（Santisteban et al. 2000）和 *GAL1/GAL10*（Floer et al. 2010）酵母启动子。H2A.Z 可以影响转录。例如，将酵母的 9.4 kb *VPS13* 基因（按照酵母标准分类属于大基因）置于 *GAL10* 启动子的控制下时，H2A.Z 的缺失导致转录延伸速率降低和基因的核小体占位增加（Santisteban et al. 2011）。该结果表明，含有 H2A.Z 的核小体比含有 H2A 的核小体在转录过程中更容易被拆分。在果蝇中，H2Av 具有 H2A.Z 和 H2A.X 的功能，这是另一种被磷酸化并募集到 DNA 损伤位点的组蛋白变体（见第 2.6 节）。在果蝇 S2 细胞中，含有 H2Av-H2Av 的核小体在转录起始位点和内含子-外显子连接处的 3′端富集（Weber et al. 2010）。

研究发现，出芽酵母中的几种不同组蛋白分子伴侣包括 Nap1、Chz1、FACT、Fpr3 和 Fpr4 以及 ATP 依赖性染色质重塑复合物 SWR1（如 Yaf9 和 Swc6）和 Isw1（如 Isw1 和 Ioc3）的组分可与 H2A.Z 共纯化（Mizuguchi et al. 2003；Kobor et al. 2004；Luk et al. 2007）。其中，与已证实有组蛋白分子伴侣活性的蛋白质（Kuzuhara and Horikoshi 2004）和 Isw1 亚基相关的 Fpr3 和 Fpr4 两种非必需的肽基脯氨酰顺反异构酶仅在 Nap1 和 Chz1 缺失的情况下，才能与 H2A.Z 一起被检测，提示 Fpr3 和 Fpr4 通常不与 H2A.Z 相互作用（Luk et al. 2007）。在 SWR1 和 ATP 存在的情况下，Nap1 和 Chz1 均可以在体外与

H2A-H2B 和 H2A.Z-H2B 结合，并促进它们与结合在 DNA 上的相应组蛋白发生置换（Park et al. 2005；Luk et al. 2007）。然而，是 Nap1 而不是 Chz1 与从可溶性细胞质提取物中分离的 H2A.Z 结合，并且可能参与将 Nap1-H2A.Z-H2B 转运给 Kap114 以将其输入细胞核内（Straube et al. 2010）。相比之下，Chz1 主要作为一种核蛋白（Luk et al. 2007），使 Chz1 成为最有可能在细胞中参与 H2A.Z-H2B 交换的组蛋白分子伴侣（图 2.5）。

2.5.3　H3.3 的交换

在哺乳动物中，H3.3 作为 S 期 CenH3 的位置支架直到下一个 G_1 期被 CenH3 置换（Dunleavy et al. 2011）（见第 2.4 节；图 2.4）。H3.3 以 DNA 复制非依赖的方式在靠近转录基因的主干部分可被置换入染色质内（Mito et al. 2005；Luciani et al. 2006；Jin et al. 2009；Goldberg et al. 2010），发生置换的区域包括富含 CpG 的启动子、基因调控序列（Goldberg et al. 2010）、rDNA 重复序列（Ahmad and Henikoff 2002）、端粒和着丝粒区异染色质（Goldberg et al. 2010）。H3.3 与 H2A.Z 一样，在整个细胞周期中合成并沉积在 DNA 上。H3.3 核小体本质上是不稳定的（Jin and Felsenfeld 2007），当 H3.3 核小体同时包含 H2A.Z 时更加不稳定（Jin et al. 2009），这种不稳定性可促进富含 CpG 的启动子和转录因子结合位点的核小体清除（Jin et al. 2009）。

后生动物 HIRA 复合物在复制非依赖的染色质组装过程中促进 H3.3-H4 的组装（Tagami et al. 2004）。而且，HIRA 的酵母对应物 Hir1 复合物也发挥同样的功能（图 2.5）。鉴于 H3.3 的交换大部分发生在活跃转录区域，有人提出 H3.3 掺入需要通过与转录相关的因子进行染色质组装（Ahmad and Henikoff 2002；Schwartz and Ahmad 2005）。实际上，哺乳动物 HIRA 和 RNA Pol II 可相互免疫共沉淀，并且在某些转录因子结合位点的 RNA Pol II Ser5（起始 RNA Pol II）的水平与 HIRA 的水平相关（Ray-Gallet et al. 2011）。果蝇的 GAGA 因子是一种与富含 GAGA 的 DNA 序列结合的锌指转录因子，可与 HIRA 相互免疫共沉淀（Nakayama et al. 2007），并与 FACT 结合（Shimojima et al. 2003）。FACT 本身可促进组蛋白 H3.3 在与 FACT 结合位点相邻的核小体上沉积，并与 GAGA 因子协同来指导组蛋白 H3.3 替换以阻止异染色质扩散（Nakayama et al. 2007）。

除 HIRA 外，组蛋白分子伴侣死亡域相关蛋白（death-domain associated protein，DAXX）和 ATP 酶/解旋酶 ATRX（伴 α-地中海贫血 X 连锁智力低下综合征）（Xue et al. 2003；Tang et al. 2004）可以掺入 H3.3，特别是在端粒位置（Drane et al. 2010；Goldberg et al. 2010；Lewis et al. 2010；Wong et al. 2010）。DAXX 通过 H3.3 变体特有的氨基酸残基特异性结合组蛋白 H3.3-H4 二聚体（Lewis et al. 2010；Elsasser et al. 2012），并且 DAXX 结构域与 Rtt106 具有一定的相似性，是 DAXX 与 H3.3 特异性结合所必需的（Drane et al. 2010）。在体外，DAXX 促进（H3.3-H4）$_2$ 四聚体的形成（Drane et al. 2010），并且 ATRX 的加入可进一步促进四聚体形成，导致不断扩展的、非规则的核小体阵列形成（Lewis et al. 2010）。在小鼠胚胎干细胞中，HIRA 而非 DAXX 对于 H3.3 在端粒和许多转录因子结合位点的定位是不必要的，而 HIRA 对于 H3.3 在富含 CpG 的启动子处的富集是必需的，而且 H3.3 高度富集与转录活跃的基因相关（Xue et al. 2003；Goldberg et al. 2010）。

2.5.4 转录依赖性染色质解聚和重组

在编码基因转录时，核小体阻止 RNA Pol II 沿基因组模板移动。在体外，用核小体修饰的 DNA 模板干扰 RNA Pol II 的起始（Knezetic and Luse 1986；Lorch et al. 1987）和延伸活性（Izban and Luse 1991）。转录与组蛋白置换关联，例如，组蛋白变体常在活跃转录区域掺入（参见第 2.5.3 节和第 2.5.2 节；以及第 9 章和第 12 章），并且有人提出复制非依赖性组蛋白 H3.3 的替换可不断填充 RNA Pol II 通过后的瞬时核小体间隙（Mito et al. 2005）。在这里，我们简要讨论组蛋白分子伴侣 Asf1、FACT 和 Spt6 在转录依赖性染色质解聚和重组中的潜在功能，同时要记住这些分子伴侣必须配合转录激活因子、染色质修饰因子（如乙酰化复合物）和 ATP 依赖的染色质重塑复合物，如 INO80、CHD、SWI/SNF 和 ISWI，以实现改变（见第 3 章）。此外，虽然大多数组蛋白分子伴侣在转录过程中染色质组装和解聚中的功能研究都是在酵母中进行的，但这些研究结果对哺乳动物细胞也是有意义的，因为这些蛋白质和染色质组装/解聚机制是高度保守的。

2.5.4.1 Asf1

有充分的证据表明 H3-H4 伴侣蛋白 Asf1 在转录过程中直接和/或间接参与染色质解聚。酵母 Asf1 和延伸型 RNA Pol II（Schwabish and Struhl 2006）在已转录的区域同时出现，并且在转录激活时促进诱导型启动子（如 *PHO5*、*PHO8*、*GAL1-10* 和 *HO*）处的染色质解聚（Adkins et al. 2004，2007；Korber et al. 2006；Schwabish and Struhl 2006；Gkikopoulos et al. 2009；Takahata et al. 2009）。Asf1 的缺失导致 *HO* 启动子处的核小体重塑减少（Gkikopoulos et al. 2009），在特定区域导致 *HO* 的细胞周期依赖性转录减少（Takahata et al. 2009；Gkikopoulos et al. 2009）。*ASF1* 的缺失也减少了活跃转录的酵母基因 *PMA1* 处组蛋白的驱逐，并抑制新 H3 的掺入（Rufiange et al. 2007）。此外，对细胞周期被 α-因子阻滞在 G1 期酵母细胞的全基因组分析发现，Asf1 功能的丧失对启动子区转录依赖性组蛋白 H3 的置换影响最大，特别是那些响应 α-因子而被激活的启动子，但是对启动子基础 H3 置换水平几乎没有影响（Rufiange et al. 2007）。这些数据表明，Asf1 可能有助于诱导型启动子处的染色质解聚。

Asf1 对转录时发生的染色质解聚的影响可能是间接的，与 Asf1 从 DNA 链上物理去除组蛋白相反，Asf1 不能在体外从 DNA 中去除 (H3-H4)₂（参见第 2.3.1 节）。在酵母中，Asf1 间接解聚染色质的作用似乎是通过 Asf1-Rtt109 介导的 H3K56 乙酰化完成的，因为 H3K56ac 破坏核小体内的两个组蛋白-DNA 相互作用，导致核小体结构更松散（Neumann et al. 2009；Shimko et al. 2011）。实际上，Rtt109 H3K56 HAT 的突变可模拟 *asf1* 突变体导致的酵母 *PHO5* 基因的转录诱导性启动子染色质解聚缺陷，并且该缺陷很大程度上可被模拟 H3K56 乙酰化的 H3K56Q 突变校正（Williams et al. 2008）。在聚合酶穿梭时，Asf1 也可能通过其在 H3K56 乙酰化中的作用间接介导解聚，特别是考虑到 H3K56ac 与延伸型 RNA Pol II 结合（Schneider et al. 2006）。在这个模型中，当聚合酶通过时，旧的组蛋白被 H3K56ac 标记的新合成组蛋白取代而导致染色质结构更松散，进而促进额外的转录发生。然而在酵母中，设计用于模拟 H3K56 乙酰化的 H3K56Q 突变不能完全替代染色质解聚中的 Asf1（Williams et al. 2008），这和在没有 Asf1 的情况下非乙酰化组蛋白 H3（即预先存在的 H3）驱逐减少的现象一致（Rufiange et al. 2007）。这是否是由于 Asf1 在染色质解聚中的直接作用或 Asf1 是否为转录起始和/或延伸期间被驱逐的组蛋白提供接收器，而有效地防止非特异性组蛋白-DNA 结合尚未有定论。很显然，Asf1 在染色质解聚中的任何作用都不能排除 Asf1 在 RNA 聚合酶通过后染色质重组中的作用。的确，在 RNA Pol II 延伸期间，Asf1 能促进 H3-H4 组蛋白的驱逐和沉积（Schwabish and Struhl 2006）。

Asf1 除了在诱导型酵母启动子的染色质解聚时发挥重要作用以外，它似乎还通过染色质组装影响一些基因的转录抑制。Asf1 和 Rtt109 对于诱导条件下的 *ARG1* 基因强转录以及非诱导条件下的转录抑制非常重要。在非诱导条件下，Asf1 与组蛋白 H3-H4 的结合以及 Rtt109 的乙酰转移酶活性是防止高水平转录所必需的，但 H3K56 和 H3K9 乙酰化两者对转录抑制都不是必需的，因此该转录抑制机制目前尚不清楚（Lin and Schultz 2011）。在抑制转录的另一种形式中，Asf1 可能通过聚合酶穿梭后参与染色质组装来抑制编码区内隐蔽启动子的转录起始（Schwabish and Struhl 2006）。类似地，*ASF1* 的缺失抑制了新的 H3 在 *PMA1* 的掺入（Rufiange et al. 2007）。同样，在 *asf1Δ* 和 *hir1Δ* 双敲除突变体的 *PHO5* 启动子处染色质重组延迟，并且该缺陷并不比任一单个突变体中的缺陷更差，表明 *ASF1* 和 *HIR1* 处于同一遗传通路（Schermer et al. 2005；Kim et al. 2007）。这些发现与体外染色质组装分析结果一致，即缺乏 Asf1 的酵母提取物会导致复制非依赖性核小体组装缺陷（Robinson and Schultz 2003）。最可能的情况是 Asf1 将组蛋白转移到 Hir1 和 Rtt106，以便在 DNA 上进行复制非依赖的组装。研究已经表明，干扰组蛋白结合的 Rtt106 突变提高了隐蔽转录水平，并且 *rtt106Δ hir1Δ* 突变体并不比单个突变体更差，这表明 Rtt106、Hir1 和 Asf1 一起参与在开放阅读框的染色质组装以阻止隐性转录的起始（Silva et al. 2012）。因此，Asf1-Hir1-Rtt106 介导的复制非依赖的染色质组装对 RNA Pol II 穿梭后染色质的恢复至关重要，至少在酵母中的某些基因中是这样的。

2.5.4.2　FACT

FACT 在转录激活过程中在启动子解离 H2A-H2B 和 RNA Pol II 穿梭后重新组装 H2A-H2B 中均发挥作用（图 2.5）。在 *HO* 启动子上重新募集转录共激活因子需要 FACT（Takahata et al. 2009），FACT 对于 *GAL1-10* 的转录（Biswas et al. 2006；Xin et al. 2009）和 *PHO5* 启动子 H2A-H2B 的解离（Ransom et al. 2009）也很重要。FACT 与延长型 RNA Pol II 一起移动（Mason and Struhl 2003；Saunders et al. 2003），并且 FACT 的缺失与 *GAL1* 启动子处 TBP（TATA 结合蛋白）的缺失（Biswas et al. 2005），以及在其他几个启动子处 TBP、TFIIB 和 RNA Pol II 的缺失相关（Mason and Struhl 2003），这提示 FACT 对于正确的转录起始非常重要，或许将起始和延伸联系在一起（Mason and Struhl 2003）。在功能上，RNA Pol II 穿梭时 FACT 促进从核小体中去除一个 H2A-H2B 二聚体（Orphanides et al. 1999；Kireeva et al. 2002；Belotserkovskaya et al. 2003）。转录过程中的核小体去除可能是 Nhp6-FACT 结合的间接影响结果，它可导致包裹在核心八聚体周围的 DNA 松散和"核小体重新组装"（Rhoades et al. 2004；Xin et al. 2009；McCullough et al. 2011）。

然而，Nhp6 还可以通过其 DNA 结合活性来稳定而非去稳定启动子核小体，以及在体内共调节转录（Dowell et al. 2010）。综上所述，现有的信息表明 FACT 可以切换核小体经典模式和重新组装模式。正向重组使核小体失稳，促进解体，而逆反应促进染色质组装（McCullough et al. 2011）。事实的确如此，FACT 参与了 RNA Pol II 背后的染色质重组。Spt16 功能的丧失导致隐性启动子处的转录增加（Kaplan et al. 2003；Mason and Struhl 2003），提示在聚合酶穿梭后核小体并不能正确地重新形成。在果蝇中，FACT 增强组蛋白 H3.3 在与 FACT 结合位点相邻的核小体上的沉积（Nakayama et al. 2007）；而且在酵母中，FACT 可以回收被置换的组蛋白 H3，从而在不影响新合成组蛋白 H2B 沉积的情况下阻止新合成组蛋白 H3 的沉积（Jamai et al. 2009）。这可能与 FACT 作为从转录后的染色质上被驱逐的 H3-H4 和 H2A-H2B 的缓冲池有关（Morillo-Huesca et al. 2010）。Set2 介导的 H3K36 二甲基化也可促进 RNA Pol II 穿梭时旧组蛋白（亲本组蛋白）的再回收，以减少由携带沉积特异性组蛋白乙酰化标记的新掺入组蛋白的存在而引起的任何隐蔽性转录起始（图 2.5）（Venkatesh et al. 2012）。

2.5.4.3 Spt6

酵母 Spt6 是在启动子和基因体的染色质重新组装中起关键作用的重要 H3-H4 组蛋白分子伴侣。Spt6 虽然与（H3-H4）$_2$ 四聚体和 H2A-H2B 二聚体都可以结合，但会优先结合（H3-H4）$_2$ 而不是 H2A-H2B，并可在体外组装染色质（Bortvin and Winston 1996）。Spt6 功能的丧失导致 *SUC2* 启动子处染色质结构更加开放，提示 Spt6 对于染色质的正确组装很关键。实际上，Spt6 是酵母 *PHO5* 启动子处染色质组装所必需的，以实现转录抑制（Adkins and Tyler 2006）。Spt6 还在开放阅读框内组装染色质以防止隐性启动子的转录（Kaplan et al. 2003；Adkins and Tyler 2006；Cheung et al. 2008），提示其在 RNA 聚合酶穿梭后重新组装核小体时发挥功能（图 2.5）。

2.6 DNA 修复过程中染色质组装和解聚中的组蛋白分子伴侣

DNA 不断受到外源性和内源性因素，如紫外线、自由基、γ 射线和诱变剂的损伤，损伤必须被快速识别、接近和修复。有多种类型的 DNA 损伤就有多种不同的 DNA 修复途径。四种主要修复途径是核苷酸切除修复（nucleotide excision repair，NER）、碱基切除修复（base excision repair，BER）、同源重组（homologous recombination，HR）和非同源末端连接（nonhomologous end joining，NHEJ）。在碱基切除修复和核苷酸切除修复中，DNA 损伤仅存在于 DNA 的一条链上。切除损伤和邻近的核苷酸，并使用完整的 DNA 链为模板来填补切除后产生的缺口。同源重组和非同源末端连接都可修复两条 DNA 链上发生的磷酸二酯骨架断裂。更容易出错的 NHEJ 途径用于将 DNA 末端 "黏" 回到一起，而修复更精确的 HR 途径使用同源序列作为模板 "修补" DNA 断裂。

在染色质背景下修复 DNA 损伤的机制被称为 "接近、修复和恢复" 模型（Smerdon 1991）。在该模型中，通过局部组蛋白乙酰化、组蛋白沿 DNA 的滑动和/或从 DNA 中去除组蛋白使 DNA 修复机器容易接近 DNA 损伤处。DNA 修复后，有必要通过重新组装染色质或将组蛋白滑回修复的 DNA 上来"恢复"染色质结构。下面，我们将讨论目前组蛋白分子伴侣对"接近、修复和恢复"模型的贡献。

　　类似于对 DNA 复制过程中参与解聚染色质的组蛋白分子伴侣的认识局限（第 2.3.1 节），我们还不清楚在 DNA 修复过程中哪种组蛋白分子伴侣解聚染色质。在迄今为止进行的所有研究中，在双链断裂修复过程中从 DNA 上去除组蛋白的速率与 DNA 末端加工的速率相同。实际上，DNA 末端切除本身仍然可能驱动了 DNA 修复过程中的染色质解聚，而这反过来又依赖于酵母（Morrison et al. 2004；van Attikum et al. 2004）和哺乳动物细胞（Gospodinov et al. 2011）中 ATP 依赖的染色质重塑蛋白 INO80。除了将组蛋白从正在进行修复的 DNA 区域移除外，在 DNA 修复之前和之后还存在组蛋白变体的动态置换。例如，发生在人细胞中双链断裂附近的动态 H2A.Z 掺入可能促进修复过程本身（Xu et al. 2012）。在缺失 H2A.Z 的人体细胞中，DNA 损伤敏感性、基因组不稳定性和受损的 HR 及 NHEJ 途径揭示，H2A.Z 掺入对 DNA 修复至关重要。缺失 H2A.Z 导致的掺入双链断裂位点周围的这些缺陷可能是因为含有 H2A.Z 的核小体更容易被解体，以促进"接近、修复和恢复"模型中"接近"这一阶段的本质。与此观点一致，敲除 H2A.Z 阻止了响应于 DNA 损伤而发生的组蛋白溶解度的增加，这可能是由于 DNA 损伤侧翼的染色质解体，以便能够进行 DNA 修复（Xu et al. 2012）。因此，在双链 DNA 损伤后，将 H2A.Z 掺入染色质中以利于随后打开染色质来修复 DNA，至少在哺乳动物细胞中是这样的。

　　组蛋白 H2A 变体 H2A.X 在 DNA 修复过程中也发挥独特的作用。H2A.X 占哺乳动物细胞总 H2A 的约 10%，且随机分布在整个染色质中。在 DNA 损伤后，DNA 损伤侧翼染色质中预先存在的 H2A.X 丝氨酸 139（酵母中的丝氨酸 129）可被活化的 DNA 损伤检查点磷酸化，磷酸化的 H2A.X 促进传递 DNA 损伤的警报。因此，重要的是在修复完成后从 DNA 链上除去磷酸化的 H2A.X，以终止损伤警报的传递。组蛋白分子伴侣 FACT 发挥从染色质中去除磷酸化的 H2A.X-H2B 二聚体的作用，用经典的 H2A-H2B 二聚体取代它们（Heo et al. 2008）。

　　DNA 修复后参与染色质组装的组蛋白分子伴侣与 DNA 复制后组装染色质的组蛋白分子伴侣基本相同，主要是因为 DNA 修复过程中的 DNA 合成使用了与 DNA 复制过程中非常相似的机制。因此，研究表明经 NER（Gaillard et al. 1996）和 HR（Linger and Tyler 2005；Chen et al. 2008）修复后的染色质组装由组蛋白分子伴侣 CAF-1 和 Asf1 介导。目前的证据表明，这一过程与 DNA 复制的染色质组装非常相似（图 2.3）。PCNA 将 CAF-1 募集到 DNA 修复位点（Moggs et al. 2000；Linger and Tyler 2005），并且 CAF-1 在哺乳动物细胞的 NER 修复后将 H3.1-H4 掺入修复后 DNA 链（Polo et al. 2006），酵母细胞经 HR 修复后的组蛋白掺入机制也一样。Asf1 依赖的 H3K56 乙酰化也促进了 DNA 修复后的染色质组装，因为在酵母双链断裂修复后，模仿其永久乙酰化的 H3K56 突变可消除染色质组装对 Asf1 的依赖（Chen et al. 2008）。因此，H3K56ac 增强了组蛋白 H3 与 CAF-1 的亲和力（Li et al. 2008；Nair et al. 2011；Winkler et al. 2012），这有助于将组蛋白传递给修复处和 DNA 结合的 CAF-1 分子以促进修复后的染色质组装。哪些组蛋白分子伴侣介导了 H2A-H2B 和 H1 的 DNA 修复后染色质重新组装尚不清楚，但这也可能以类似于

DNA 复制后染色质重新组装的方式发生。缺乏 Nap1 的拟南芥其同源重组有缺陷，这与 Nap1 家族组蛋白分子伴侣在修复途径中核小体解体/重组中的作用一致（Gao et al. 2012）。

2.7 结 束 语

在真核细胞中，伴随基因组加工的核小体组装和解体是一项复杂工程，涉及许多步骤和各种功能的蛋白质。在这里，我们着重描述了组蛋白分子伴侣对这些染色质动力学的贡献。然而，重要的是要认识到，染色质组装和解聚中的组蛋白分子伴侣功能与 ATP 依赖性染色质重塑复合物介导的组蛋白-DNA 相互作用的产生和破坏密不可分（第 3 章）。真核生物已经进化出一种或多种组蛋白变体的特异性组蛋白分子伴侣，且可能和旧组蛋白与新合成组蛋白的特定分子伴侣相当。对于相同的组蛋白也有多种组蛋白分子伴侣，但它们在不同的基因组加工过程中发挥作用，如复制依赖性和复制非依赖性的组装。多个分子伴侣还有助于在许多单独的分子伴侣之间以精确的顺序转移组蛋白，以便在将组蛋白递送至最终组蛋白分子伴侣之前，完成正确模式的组蛋白翻译后修饰，并由最终组蛋白分子伴侣将其沉积在 DNA 链上。此外，促进核小体组蛋白-DNA 相互作用的组蛋白分子伴侣也与其他解离非核小体组蛋白-DNA 相互作用的组蛋白分子伴侣协同，以促进核小体结构的形成和维持。在出芽酵母中，许多分子伴侣的确切功能部分地被另一伴侣分子的替代能力（功能冗余）所掩盖，而在其他生物体中许多分子伴侣是必需的，突出了它们在生物学中的关键作用。尽管组蛋白分子伴侣家族的增长丰富了我们的认知，但对组蛋白分子伴侣功能机制的理解仍存在许多空白。

参 考 文 献

Abe T, Sugimura K, Hosono Y, Takami Y, Akita M, Yoshimura A, Tada S, Nakayama T, Murofushi H, Okumura K, Takeda S, Horikoshi M, Seki M, Enomoto T (2011) The histone chaperone facilitates chromatin transcription (FACT) protein maintains normal replication fork rates. J Biol Chem 286(35):30504–30512. doi:10.1074/jbc.M111.264721, M111.264721 [pii]

Adkins MW, Tyler JK (2006) Transcriptional activators are dispensable for transcription in the absence of Spt6-mediated chromatin reassembly of promoter regions. Mol Cell 21:405–416

Adkins MW, Howar SR, Tyler JK (2004) Chromatin disassembly mediated by the histone chaperone Asf1 is essential for transcriptional activation of the yeast PHO5 and PHO8 genes. Mol Cell 14(5):657–666

Adkins MW, Williams SK, Linger J, Tyler JK (2007) Chromatin disassembly from the PHO5 promoter is essential for the recruitment of the general transcription machinery and coactivators. Mol Cell Biol 27(18):6372–6382. doi:10.1128/MCB.00981-07, MCB.00981-07 [pii]

Ahmad K, Henikoff S (2002) The histone variant H3.3 marks active chromatin by replication-independent nucleosome assembly. Mol Cell 9(6):1191–1200

Alekseev OM, Bencic DC, Richardson RT, Widgren EE, O'Rand MG (2003) Overexpression of the Linker histone-binding protein tNASP affects progression through the cell cycle. J Biol Chem 278(10):8846–8852. doi:10.1074/jbc.M210352200, M210352200 [pii]

Alekseev OM, Widgren EE, Richardson RT, O'Rand MG (2005) Association of NASP with HSP90 in mouse spermatogenic cells: stimulation of ATPase activity and transport of linker histones into nuclei. J Biol Chem 280(4):2904–2911. doi:10.1074/jbc.M410397200, M410397200 [pii]

Alvarez F, Munoz F, Schilcher P, Imhof A, Almouzni G, Loyola A (2011) Sequential establishment of marks on soluble histones H3 and H4. J Biol Chem 286(20):17714–17721. doi:10.1074/jbc. M111.223453, M111.223453 [pii]

Andrews AJ, Chen X, Zevin A, Stargell LA, Luger K (2010) The histone chaperone Nap1 promotes nucleosome assembly by eliminating nonnucleosomal histone DNA interactions. Mol Cell 37(6):834–842. doi:10.1016/j.molcel.2010.01.037, S1097-2765(10)00156-5 [pii]

Banks DD, Gloss LM (2003) Equilibrium folding of the core histones: the H3-H4 tetramer is less stable than the H2A-H2B dimer. Biochemistry 42(22):6827–6839

Barnhart MC, Kuich PH, Stellfox ME, Ward JA, Bassett EA, Black BE, Foltz DR (2011) HJURP is a CENP-A chromatin assembly factor sufficient to form a functional de novo kinetochore. J Cell Biol 194(2):229–243. doi:10.1083/jcb.201012017, jcb.201012017 [pii]

Bassett EA, DeNizio J, Barnhart-Dailey MC, Panchenko T, Sekulic N, Rogers DJ, Foltz DR, Black BE (2012) HJURP uses distinct CENP-A surfaces to recognize and to stabilize CENP-A/histone H4 for centromere assembly. Dev Cell 22(4):749–762. doi:10.1016/j.devcel.2012.02.001, S1534-5807(12)00059-7 [pii]

Baxevanis AD, Godfrey JE, Moudrianakis EN (1991) Associative behavior of the histone (H3-H4)2 tetramer: dependence on ionic environment. Biochemistry 30(36):8817–8823

Belotserkovskaya R, Oh S, Bondarenko VA, Orphanides G, Studitsky VM, Reinberg D (2003) FACT facilitates transcription-dependent nucleosome alteration. Science 301(5636):1090–1093

Biswas D, Yu Y, Prall M, Formosa T, Stillman DJ (2005) The yeast FACT complex has a role in transcriptional initiation. Mol Cell Biol 25(14):5812–5822

Biswas D, Dutta-Biswas R, Mitra D, Shibata Y, Strahl BD, Formosa T, Stillman DJ (2006) Opposing roles for Set2 and yFACT in regulating TBP binding at promoters. EMBO J 25(19): 4479–4489

Black BE, Foltz DR, Chakravarthy S, Luger K, Woods VL Jr, Cleveland DW (2004) Structural determinants for generating centromeric chromatin. Nature 430(6999):578–582. doi:10.1038/ nature02766, nature02766 [pii]

Black BE, Jansen LE, Maddox PS, Foltz DR, Desai AB, Shah JV, Cleveland DW (2007) Centromere identity maintained by nucleosomes assembled with histone H3 containing the CENP-A targeting domain. Mol Cell 25(2):309–322. doi:10.1016/j.molcel.2006.12.018, S1097-2765(06) 00886-0 [pii]

Bloom KS, Carbon J (1982) Yeast centromere DNA is in a unique and highly ordered structure in chromosomes and small circular minichromosomes. Cell 29(2):305–317, 0092-8674(82) 90147-7 [pii]

Bortvin A, Winston F (1996) Evidence that Spt6p controls chromatin structure by a direct interaction with histones. Science 272(5267):1473–1476

Bui M, Dimitriadis EK, Hoischen C, An E, Quenet D, Giebe S, Nita-Lazar A, Diekmann S, Dalal Y (2012) Cell-cycle-dependent structural transitions in the human CENP-A nucleosome in vivo. Cell 150(2):317–326. doi:10.1016/j.cell.2012.05.035, S0092-8674(12)00705-2 [pii]

Burgess RJ, Zhou H, Han J, Zhang Z (2010) A role for Gcn5 in replication-coupled nucleosome assembly. Mol Cell 37(4):469–480. doi:10.1016/j.molcel.2010.01.020, S1097-2765(10)00071-7 [pii]

Camahort R, Li B, Florens L, Swanson SK, Washburn MP, Gerton JL (2007) Scm3 is essential to recruit the histone h3 variant cse4 to centromeres and to maintain a functional kinetochore. Mol Cell 26(6):853–865. doi:10.1016/j.molcel.2007.05.013, S1097-2765(07)00314-0 [pii]

Campos EI, Fillingham J, Li G, Zheng H, Voigt P, Kuo WH, Seepany H, Gao Z, Day LA, Greenblatt JF, Reinberg D (2010) The program for processing newly synthesized histones H3.1 and H4. Nat Struct Mol Biol 17(11):1343–1351. doi:10.1038/nsmb.1911, nsmb.1911 [pii]

Celic I, Masumoto H, Griffith WP, Meluh P, Cotter RJ, Boeke JD, Verreault A (2006) The sirtuins hst3 and Hst4p preserve genome integrity by controlling histone h3 lysine 56 deacetylation. Curr Biol 16(13):1280–1289

Chang L, Loranger SS, Mizzen C, Ernst SG, Allis CD, Annunziato AT (1997) Histones in transit: cytosolic histone complexes and diacetylation of H4 during nucleosome assembly in human cells. Biochemistry 36(3):469–480

Chen CC, Carson JJ, Feser J, Tamburini B, Zabaronick S, Linger J, Tyler JK (2008) Acetylated lysine 56 on histone H3 drives chromatin assembly after repair and signals for the completion of repair. Cell 134(2):231–243. doi:10.1016/j.cell.2008.06.035, S0092-8674(08)00822-2 [pii]

Cheung V, Chua G, Batada NN, Landry CR, Michnick SW, Hughes TR, Winston F (2008) Chromatin- and transcription-related factors repress transcription from within coding regions throughout the Saccharomyces cerevisiae genome. PLoS Biol 6(11):e277. doi:10.1371/journal. pbio.0060277, 08-PLBI-RA-1993 [pii]

Cole HA, Howard BH, Clark DJ (2011) The centromeric nucleosome of budding yeast is perfectly positioned and covers the entire centromere. Proc Natl Acad Sci USA 108(31):12687–12692. doi:10.1073/pnas.1104978108, 1104978108 [pii]

Cusick ME, DePamphilis ML, Wassarman PM (1984) Dispersive segregation of nucleosomes during replication of simian virus 40 chromosomes. J Mol Biol 178(2):249–271, 0022-2836 (84)90143-8 [pii]

Das C, Lucia MS, Hansen KC, Tyler JK (2009) CBP/p300-mediated acetylation of histone H3 on lysine 56. Nature 459(7243):113–117. doi:10.1038/nature07861, nature07861 [pii]

Dechassa ML, Wyns K, Li M, Hall MA, Wang MD, Luger K (2011) Structure and Scm3-mediated assembly of budding yeast centromeric nucleosomes. Nat Commun 2:313. doi:10.1038/ncomms 1320, ncomms1320 [pii]

Diffley JF (2011) Quality control in the initiation of eukaryotic DNA replication. Philos Trans R Soc Lond B Biol Sci 366(1584):3545–3553. doi:10.1098/rstb.2011.0073, 366/1584/3545 [pii]

Dion MF, Kaplan T, Kim M, Buratowski S, Friedman N, Rando OJ (2007) Dynamics of replication-independent histone turnover in budding yeast. Science 315(5817):1405–1408

Donham DC 2nd, Scorgie JK, Churchill MEA (2011) The activity of the histone chaperone yeast Asf1 in the assembly and disassembly of histone H3/H4-DNA complexes. Nucleic Acids Res 39(13):5449–5458

Dowell NL, Sperling AS, Mason MJ, Johnson RC (2010) Chromatin-dependent binding of the *S. cerevisiae* HMGB protein Nhp6A affects nucleosome dynamics and transcription. Genes Dev 24(18):2031–2042. doi:10.1101/gad.1948910, 24/18/2031 [pii]

Drane P, Ouararhni K, Depaux A, Shuaib M, Hamiche A (2010) The death-associated protein DAXX is a novel histone chaperone involved in the replication-independent deposition of H3.3. Genes Dev 24(12):1253–1265. doi:10.1101/gad.566910, gad.566910 [pii]

Dunleavy EM, Pidoux AL, Monet M, Bonilla C, Richardson W, Hamilton GL, Ekwall K, McLaughlin PJ, Allshire RC (2007) A NASP (N1/N2)-related protein, Sim3, binds CENP-A and is required for its deposition at fission yeast centromeres. Mol Cell 28(6):1029–1044. doi:10.1016/j.molcel.2007.10.010, S1097-2765(07)00692-2 [pii]

Dunleavy EM, Roche D, Tagami H, Lacoste N, Ray-Gallet D, Nakamura Y, Daigo Y, Nakatani Y, Almouzni-Pettinotti G (2009) HJURP is a cell-cycle-dependent maintenance and deposition factor of CENP-A at centromeres. Cell 137(3):485–497. doi:10.1016/j.cell.2009.02.040, S0092-8674(09)00254-2 [pii]

Dunleavy EM, Almouzni G, Karpen GH (2011) H3.3 is deposited at centromeres in S phase as a placeholder for newly assembled CENP-A in G(1) phase. Nucleus 2(2):146–157. doi:10.4161/nucl.2.2.15211, 1949-1034-2-2-10 [pii]

Elsasser SJ, Huang H, Lewis PW, Chin JW, Allis CD, Patel DJ (2012) DAXX envelops an H3.3-H4 dimer for H3.3-specific recognition. Nature 491(7425):560–565. doi:10.1038/nature11608, nature11608 [pii]

English CM, Adkins MW, Carson JJ, Churchill ME, Tyler JK (2006) Structural basis for the histone chaperone activity of Asf1. Cell 127(3):495–508. doi:10.1016/j.cell.2006.08.047, S0092-8674(06)01273-6 [pii]

Fazly A, Li Q, Hu Q, Mer G, Horazdovsky B, Zhang Z (2012) Histone chaperone Rtt106 promotes nucleosome formation using (H3-H4)2 tetramers. J Biol Chem 287(14):10753–10760. doi:10.1074/jbc.M112.347450, M112.347450 [pii]

Finn RM, Browne K, Hodgson KC, Ausio J (2008) sNASP, a histone H1-specific eukaryotic chaperone dimer that facilitates chromatin assembly. Biophys J 95(3):1314–1325. doi:10.1529/biophysj.108.130021, S0006-3495(08)70201-7 [pii]

Fitzgerald-Hayes M, Clarke L, Carbon J (1982) Nucleotide sequence comparisons and functional analysis of yeast centromere DNAs. Cell 29(1):235–244, 0092-8674(82)90108-8 [pii]

Floer M, Wang X, Prabhu V, Berrozpe G, Narayan S, Spagna D, Alvarez D, Kendall J, Krasnitz A, Stepansky A, Hicks J, Bryant GO, Ptashne M (2010) A RSC/nucleosome complex determines chromatin architecture and facilitates activator binding. Cell 141(3):407–418. doi:10.1016/j.cell.2010.03.048, S0092-8674(10)00367-3 [pii]

Franco AA, Lam WM, Burgers PM, Kaufman PD (2005) Histone deposition protein Asf1 maintains DNA replisome integrity and interacts with replication factor C. Genes Dev 19(11): 1365–1375

Fujita Y, Hayashi T, Kiyomitsu T, Toyoda Y, Kokubu A, Obuse C, Yanagida M (2007) Priming of centromere for CENP-A recruitment by human hMis18alpha, hMis18beta, and M18BP1. Dev Cell 12(1):17–30. doi:10.1016/j.devcel.2006.11.002, S1534-5807(06)00507-7 [pii]

Furuyama S, Biggins S (2007) Centromere identity is specified by a single centromeric nucleosome in budding yeast. Proc Natl Acad Sci USA 104(37):14706–14711. doi:10.1073/pnas.0706985104, 0706985104 [pii]

Furuyama T, Dalal Y, Henikoff S (2006) Chaperone-mediated assembly of centromeric chromatin in vitro. Proc Natl Acad Sci USA 103(16):6172–6177. doi:10.1073/pnas.0601686103, 0601686103 [pii]

Gaillard PH, Martini EM, Kaufman PD, Stillman B, Moustacchi E, Almouzni G (1996) Chromatin assembly coupled to DNA repair: a new role for chromatin assembly factor I. Cell 86(6):887–896

Gambus A, Jones RC, Sanchez-Diaz A, Kanemaki M, van Deursen F, Edmondson RD, Labib K (2006) GINS maintains association of Cdc45 with MCM in replisome progression complexes at eukaryotic DNA replication forks. Nat Cell Biol 8(4):358–366. doi:10.1038/ncb1382, ncb1382 [pii]

Gao J, Zhu Y, Zhou W, Molinier J, Dong A, Shen WH (2012) NAP1 family histone chaperones are required for somatic homologous recombination in Arabidopsis. Plant Cell 24(4):1437–1447. doi:10.1105/tpc.112.096792, tpc.112.096792 [pii]

Gasser R, Koller T, Sogo JM (1996) The stability of nucleosomes at the replication fork. J Mol Biol 258(2):224–239

Gkikopoulos T, Havas KM, Dewar H, Owen-Hughes T (2009) SWI/SNF and Asf1p cooperate to displace histones during induction of the saccharomyces cerevisiae HO promoter. Mol Cell Biol 29(15):4057–4066. doi:10.1128/MCB.00400-09, MCB.00400-09 [pii]

Goldberg AD, Banaszynski LA, Noh KM, Lewis PW, Elsaesser SJ, Stadler S, Dewell S, Law M, Guo X, Li X, Wen D, Chapgier A, DeKelver RC, Miller JC, Lee YL, Boydston EA, Holmes MC, Gregory PD, Greally JM, Rafii S, Yang C, Scambler PJ, Garrick D, Gibbons RJ, Higgs DR, Cristea IM, Urnov FD, Zheng D, Allis CD (2010) Distinct factors control histone variant H3.3 localization at specific genomic regions. Cell 140(5):678–691. doi:10.1016/j.cell.2010.01.003, S0092-8674(10)00004-8 [pii]

Gospodinov A, Vaissiere T, Krastev DB, Legube G, Anachkova B, Herceg Z (2011) Mammalian Ino80 mediates double-strand break repair through its role in DNA end strand resection. Mol Cell Biol 31(23):4735–4745. doi:10.1128/MCB.06182-11, MCB.06182-11 [pii]

Groth A, Ray-Gallet D, Quivy JP, Lukas J, Bartek J, Almouzni G (2005) Human Asf1 regulates the flow of S phase histones during replicational stress. Mol Cell 17(2):301–311

Groth A, Corpet A, Cook AJ, Roche D, Bartek J, Lukas J, Almouzni G (2007) Regulation of replication fork progression through histone supply and demand. Science 318(5858):1928–1931. doi:10.1126/science.1148992, 318/5858/1928 [pii]

Guillemette B, Gaudreau L (2006) Reuniting the contrasting functions of H2A.Z. Biochem Cell Biol 84(4):528–535. doi:10.1139/o06-077, o06-077 [pii]

Hajra S, Ghosh SK, Jayaram M (2006) The centromere-specific histone variant Cse4p (CENP-A) is essential for functional chromatin architecture at the yeast 2-microm circle partitioning locus and promotes equal plasmid segregation. J Cell Biol 174(6):779–790. doi:10.1083/jcb.200603042, jcb.200603042 [pii]

Han J, Zhou H, Horazdovsky B, Zhang K, Xu RM, Zhang Z (2007) Rtt109 acetylates histone H3 lysine 56 and functions in DNA replication. Science 315(5812):653–655. doi:10.1126/science.1133234, 315/5812/653 [pii]

Han J, Li Q, McCullough L, Kettelkamp C, Formosa T, Zhang Z (2010) Ubiquitylation of FACT by the cullin-E3 ligase Rtt101 connects FACT to DNA replication. Genes Dev 24(14): 1485–1490. doi:10.1101/gad.1887310, 24/14/1485 [pii]

Hatch CL, Bonner WM (1988) Sequence of cDNAs for mammalian H2A.Z, an evolutionarily diverged but highly conserved basal histone H2A isoprotein species. Nucleic Acids Res 16(3): 1113–1124

Hayashi T, Fujita Y, Iwasaki O, Adachi Y, Takahashi K, Yanagida M (2004) Mis16 and Mis18 are required for CENP-A loading and histone deacetylation at centromeres. Cell 118(6):715–729. doi:10.1016/j.cell.2004.09.002, S0092867404008323 [pii]

Henikoff S, Henikoff JG (2012) "Point" centromeres of Saccharomyces harbor single centromere-specific nucleosomes. Genetics 190(4):1575–1577. doi:10.1534/genetics.111.137711, genetics. 111.137711 [pii]

Heo K, Kim H, Choi SH, Choi J, Kim K, Gu J, Lieber MR, Yang AS, An W (2008) FACT-mediated exchange of histone variant H2AX regulated by phosphorylation of H2AX and ADP-ribosylation of Spt16. Mol Cell 30(1):86–97. doi:10.1016/j.molcel.2008.02.029, S1097-2765(08)00206-2 [pii]

Herman TM, DePamphilis ML, Wassarman PM (1981) Structure of chromatin at deoxyribonucleic acid replication forks: location of the first nucleosomes on newly synthesized simian virus 40 deoxyribonucleic acid. Biochemistry 20(3):621–630

Ito T, Bulger M, Kobayashi R, Kadonaga JT (1996) Drosophila NAP-1 is a core histone chaperone that functions in ATP- facilitated assembly of regularly spaced nucleosomal arrays. Mol Cell Biol 16(6):3112–3124

Ito T, Bulger M, Pazin MJ, Kobayashi R, Kadonaga JT (1997) ACF, an ISWI-containing and ATP-utilizing chromatin assembly and remodeling factor. Cell 90(1):145–155

Izban MG, Luse DS (1991) Transcription on nucleosomal templates by RNA polymerase II in vitro: inhibition of elongation with enhancement of sequence-specific pausing. Genes Dev 5(4):683–696

Jackson V (1987) Deposition of newly synthesized histones: new histones H2A and H2B do not deposit in the same nucleosome with new histones H3 and H4. Biochemistry 26(8): 2315–2325

Jackson V (1988) Deposition of newly synthesized histones: hybrid nucleosomes are not tandemly arranged on daughter DNA strands. Biochemistry 27(6):2109–2120

Jackson V, Chalkley R (1981) A new method for the isolation of replicative chromatin: selective deposition of histone on both new and old DNA. Cell 23(1):121–134

Jamai A, Puglisi A, Strubin M (2009) Histone chaperone spt16 promotes redeposition of the original h3-h4 histones evicted by elongating RNA polymerase. Mol Cell 35(3):377–383. doi:10.1016/j.molcel.2009.07.001, S1097-2765(09)00470-5 [pii]

Jansen LE, Black BE, Foltz DR, Cleveland DW (2007) Propagation of centromeric chromatin requires exit from mitosis. J Cell Biol 176(6):795–805. doi:10.1083/jcb.200701066, jcb.200701066 [pii]

Jasencakova Z, Scharf AN, Ask K, Corpet A, Imhof A, Almouzni G, Groth A (2010) Replication stress interferes with histone recycling and predeposition marking of new histones. Mol Cell 37(5):736–743. doi:10.1016/j.molcel.2010.01.033, S1097-2765(10)00118-8 [pii]

Jin C, Felsenfeld G (2007) Nucleosome stability mediated by histone variants H3.3 and H2A.Z. Genes Dev 21(12):1519–1529. doi:10.1101/gad.1547707, 21/12/1519 [pii]

Jin C, Zang C, Wei G, Cui K, Peng W, Zhao K, Felsenfeld G (2009) H3.3/H2A.Z double variant-containing nucleosomes mark 'nucleosome-free regions' of active promoters and other regula-tory regions. Nat Genet 41(8):941–945. doi:10.1038/ng.409, ng.409 [pii]

Kang B, Pu M, Hu G, Wen W, Dong Z, Zhao K, Stillman B, Zhang Z (2011) Phosphorylation of H4 Ser 47 promotes HIRA-mediated nucleosome assembly. Genes Dev 25(13):1359–1364. doi:10.1101/gad.2055511, 25/13/1359 [pii]

Kaplan CD, Laprade L, Winston F (2003) Transcription elongation factors repress transcription initiation from cryptic sites. Science 301(5636):1096–1099

Katan-Khaykovich Y, Struhl K (2011) Splitting of H3-H4 tetramers at transcriptionally active genes undergoing dynamic histone exchange. Proc Natl Acad Sci USA 108(4):1296–1301. doi:10.1073/pnas.1018308108, 1018308108 [pii]

Kellogg DR, Kikuchi A, Fujii-Nakata T, Turck CW, Murray AW (1995) Members of the NAP/SET family of proteins interact specifically with B-type cyclins. J Cell Biol 130(3):661–673

Kim HJ, Seol JH, Han JW, Youn HD, Cho EJ (2007) Histone chaperones regulate histone exchange during transcription. EMBO J 26(21):4467–4474. doi:10.1038/sj.emboj.7601870, 7601870 [pii]

Kireeva ML, Walter W, Tchernajenko V, Bondarenko V, Kashlev M, Studitsky VM (2002) Nucleosome remodeling induced by RNA polymerase II: loss of the H2A/H2B dimer during transcription. Mol Cell 9(3):541–552, S1097276502004720 [pii]

Knezetic JA, Luse DS (1986) The presence of nucleosomes on a DNA template prevents initiation by RNA polymerase II in vitro. Cell 45(1):95–104, 0092-8674(86)90541-6 [pii]

Kobor MS, Venkatasubrahmanyam S, Meneghini MD, Gin JW, Jennings JL, Link AJ, Madhani HD, Rine J (2004) A protein complex containing the conserved Swi2/Snf2-related ATPase Swr1p deposits histone variant H2A.Z into euchromatin. PLoS Biol 2(5):E131

Korber P, Barbaric S, Luckenbach T, Schmid A, Schermer UJ, Blaschke D, Horz W (2006) The histone chaperone Asf1 increases the rate of histone eviction at the yeast PHO5 and PHO8 promoters. J Biol Chem 281(9):5539–5545

Kunkel TA (2011) Balancing eukaryotic replication asymmetry with replication fidelity. Curr Opin Chem Biol 15(5):620–626. doi:10.1016/j.cbpa.2011.07.025, S1367-5931(11)00132-3 [pii]

Kuzuhara T, Horikoshi M (2004) A nuclear FK506-binding protein is a histone chaperone regulat-ing rDNA silencing. Nat Struct Mol Biol 11(3):275–283. doi:10.1038/nsmb733, nsmb733 [pii]

Lankenau S, Barnickel T, Marhold J, Lyko F, Mechler BM, Lankenau DH (2003) Knockout targeting of the Drosophila nap1 gene and examination of DNA repair tracts in the recombina-tion products. Genetics 163(2):611–623

Laskey RA, Earnshaw WC (1980) Nucleosome assembly. Nature 286(5775):763–767

Laskey RA, Honda BM, Mills AD, Finch JT (1978) Nucleosomes are assembled by an acidic protein which binds histones and transfers them to DNA. Nature 275(5679):416–420

Le S, Davis C, Konopka JB, Sternglanz R (1997) Two new S-phase-specific genes from *Saccharomyces cerevisiae*. Yeast 13(11):1029–1042

Lewis PW, Elsaesser SJ, Noh KM, Stadler SC, Allis CD (2010) Daxx is an H3.3-specific histone chaperone and cooperates with ATRX in replication-independent chromatin assembly at telomeres. Proc Natl Acad Sci USA 107(32):14075–14080. doi:10.1073/pnas.1008850107, 1008850107 [pii]

Li Q, Zhou H, Wurtele H, Davies B, Horazdovsky B, Verreault A, Zhang Z (2008) Acetylation of histone H3 lysine 56 regulates replication-coupled nucleosome assembly. Cell 134(2): 244–255. doi:10.1016/j.cell.2008.06.018, S0092-8674(08)00770-8 [pii]

Lin LJ, Schultz MC (2011) Promoter regulation by distinct mechanisms of functional interplay between lysine acetylase Rtt109 and histone chaperone Asf1. Proc Natl Acad Sci USA 108(49): 19599–19604. doi:10.1073/pnas.1111501108, 1111501108 [pii]

Linger J, Tyler JK (2005) The yeast histone chaperone chromatin assembly factor 1 protects against double-strand DNA-damaging agents. Genetics 171(4):1513–1522

Liu WH, Roemer SC, Port AM, Churchill ME (2012) CAF-1-induced oligomerization of histones H3/H4 and mutually exclusive interactions with Asf1 guide H3/H4 transitions among histone chaperones and DNA. Nucleic Acids Res 40:11229–11239. doi:10.1093/nar/gks906, gks906 [pii]

Lorch Y, LaPointe JW, Kornberg RD (1987) Nucleosomes inhibit the initiation of transcription but allow chain elongation with the displacement of histones. Cell 49(2):203–210, 0092-8674(87) 90561-7 [pii]

Lorch Y, Maier-Davis B, Kornberg RD (2006) Chromatin remodeling by nucleosome disassembly in vitro. Proc Natl Acad Sci USA 103(9):3090–3093

Luciani JJ, Depetris D, Usson Y, Metzler-Guillemain C, Mignon-Ravix C, Mitchell MJ, Megarbane A, Sarda P, Sirma H, Moncla A, Feunteun J, Mattei MG (2006) PML nuclear bodies are highly organised DNA-protein structures with a function in heterochromatin remodelling at the G2 phase. J Cell Sci 119(Pt 12):2518–2531. doi:10.1242/jcs.02965, jcs.02965 [pii]

Luconi L, Araki Y, Erlemann S, Schiebel E (2011) The CENP-A chaperone Scm3 becomes enriched at kinetochores in anaphase independently of CENP-A incorporation. Cell Cycle 10(19):3369–3378. doi:10.4161/cc.10.19.17663, 17663 [pii]

Luger K, Mader AW, Richmond RK, Sargent DF, Richmond TJ (1997) Crystal structure of the nucleosome core particle at 2.8 Å resolution. Nature 389(6648):251–260

Luk E, Vu ND, Patteson K, Mizuguchi G, Wu WH, Ranjan A, Backus J, Sen S, Lewis M, Bai Y, Wu C (2007) Chz1, a nuclear chaperone for histone H2AZ. Mol Cell 25(3):357–368. doi:10.1016/j.molcel.2006.12.015, S1097-2765(06)00883-5 [pii]

Maddox PS, Oegema K, Desai A, Cheeseman IM (2004) "Holo"er than thou: chromosome segregation and kinetochore function in C. elegans. Chromosome Res 12(6):641–653. doi:10.1023/B:CHRO.0000036588.42225.2f, 5381345 [pii]

Maddox PS, Hyndman F, Monen J, Oegema K, Desai A (2007) Functional genomics identifies a Myb domain-containing protein family required for assembly of CENP-A chromatin. J Cell Biol 176(6):757–763. doi:10.1083/jcb.200701065, jcb.200701065 [pii]

Malay AD, Umehara T, Matsubara-Malay K, Padmanabhan B, Yokoyama S (2008) Crystal structures of fission yeast histone chaperone Asf1 complexed with the Hip1 B-domain or the Cac2 C terminus. J Biol Chem 283(20):14022–14031

Marques M, Laflamme L, Gervais AL, Gaudreau L (2010) Reconciling the positive and negative roles of histone H2A.Z in gene transcription. Epigenetics 5(4):267–272, 11520 [pii]

Mason PB, Struhl K (2003) The FACT complex travels with elongating RNA polymerase II and is important for the fidelity of transcriptional initiation in vivo. Mol Cell Biol 23(22):8323–8333

Masumoto H, Hawke D, Kobayashi R, Verreault A (2005) A role for cell-cycle-regulated histone H3 lysine 56 acetylation in the DNA damage response. Nature 436(7048):294–298

McCullough L, Rawlins R, Olsen A, Xin H, Stillman DJ, Formosa T (2011) Insight into the mechanism of nucleosome reorganization from histone mutants that suppress defects in the FACT histone chaperone. Genetics 188(4):835–846. doi:10.1534/genetics.111.128769, genetics. 111.128769 [pii]

McKnight SL, Miller OL Jr (1977) Electron microscopic analysis of chromatin replication in the cellular blastoderm Drosophila melanogaster embryo. Cell 12(3):795–804, 0092-8674(77) 90278-1 [pii]

Mellone BG, Grive KJ, Shteyn V, Bowers SR, Oderberg I, Karpen GH (2011) Assembly of

Drosophila centromeric chromatin proteins during mitosis. PLoS Genet 7(5):e1002068. doi:10.1371/journal.pgen.1002068, PGENETICS-D-10-00429 [pii]

Mills AD, Laskey RA, Black P, De Robertis EM (1980) An acidic protein which assembles nucleosomes in vitro is the most abundant protein in Xenopus oocyte nuclei. J Mol Biol 139(3):561–568, 0022-2836(80)90148-5 [pii]

Mishra PK, Au WC, Choy JS, Kuich PH, Baker RE, Foltz DR, Basrai MA (2011) Misregulation of Scm3p/HJURP causes chromosome instability in Saccharomyces cerevisiae and human cells. PLoS Genet 7(9):e1002303. doi:10.1371/journal.pgen.1002303, PGENETICS-D-11-00568 [pii]

Mito Y, Henikoff JG, Henikoff S (2005) Genome-scale profiling of histone H3.3 replacement patterns. Nat Genet 37(10):1090–1097

Mito Y, Henikoff JG, Henikoff S (2007) Histone replacement marks the boundaries of cis-regulatory domains. Science 315(5817):1408–1411. doi:10.1126/science.1134004, 315/5817/1408 [pii]

Mizuguchi G, Shen X, Landry J, Wu WH, Sen S, Wu C (2003) ATP-driven exchange of histone H2AZ variant catalyzed by SWR1 chromatin remodeling complex. Science 303(5656):343–348

Moggs JG, Grandi P, Quivy JP, Jonsson ZO, Hubscher U, Becker PB, Almouzni G (2000) A CAF-1-PCNA-mediated chromatin assembly pathway triggered by sensing DNA damage. Mol Cell Biol 20(4):1206–1218

Morillo-Huesca M, Maya D, Munoz-Centeno MC, Singh RK, Oreal V, Reddy GU, Liang D, Geli V, Gunjan A, Chavez S (2010) FACT prevents the accumulation of free histones evicted from transcribed chromatin and a subsequent cell cycle delay in G1. PLoS Genet 6(5):e1000964. doi:10.1371/journal.pgen.1000964

Morrison AJ, Highland J, Krogan NJ, Arbel-Eden A, Greenblatt JF, Haber JE, Shen X (2004) INO80 and gamma-H2AX interaction links ATP-dependent chromatin remodeling to DNA damage repair. Cell 119(6):767–775. doi:10.1016/j.cell.2004.11.037, S0092867404011055 [pii]

Mosammaparast N, Jackson KR, Guo Y, Brame CJ, Shabanowitz J, Hunt DF, Pemberton LF (2001) Nuclear import of histone H2A and H2B is mediated by a network of karyopherins. J Cell Biol 153(2):251–262

Mosammaparast N, Ewart CS, Pemberton LF (2002a) A role for nucleosome assembly protein 1 in the nuclear transport of histones H2A and H2B. EMBO J 21(23):6527–6538

Mosammaparast N, Guo Y, Shabanowitz J, Hunt DF, Pemberton LF (2002b) Pathways mediating the nuclear import of histones H3 and H4 in yeast. J Biol Chem 277(1):862–868. doi:10.1074/jbc.M106845200, M106845200 [pii]

Murzina N, Verreault A, Laue E, Stillman B (1999) Heterochromatin dynamics in mouse cells: interaction between chromatin assembly factor 1 and HP1 proteins. Mol Cell 4(4):529–540

Nabatiyan A, Krude T (2004) Silencing of chromatin assembly factor 1 in human cells leads to cell death and loss of chromatin assembly during DNA synthesis. Mol Cell Biol 24(7):2853–2862

Nair DM, Ge Z, Mersfelder EL, Parthun MR (2011) Genetic interactions between POB3 and the acetylation of newly synthesized histones. Curr Genet 57(4):271–286. doi:10.1007/s00294-011-0347-1

Nakayama T, Nishioka K, Dong YX, Shimojima T, Hirose S (2007) Drosophila GAGA factor directs histone H3.3 replacement that prevents the heterochromatin spreading. Genes Dev 21(5):552–561. doi:10.1101/gad.1503407, 21/5/552 [pii]

Natsume R, Eitoku M, Akai Y, Sano N, Horikoshi M, Senda T (2007) Structure and function of the histone chaperone CIA/ASF1 complexed with histones H3 and H4. Nature 446(7133):338–341. doi:10.1038/nature05613, nature05613 [pii]

Neumann H, Hancock SM, Buning R, Routh A, Chapman L, Somers J, Owen-Hughes T, van Noort J, Rhodes D, Chin JW (2009) A method for genetically installing site-specific acetylation in recombinant histones defines the effects of H3 K56 acetylation. Mol Cell 36(1):153–163. doi:10.1016/j.molcel.2009.07.027, S1097-2765(09) 00582-6 [pii]

Okuhara K, Ohta K, Seo H, Shioda M, Yamada T, Tanaka Y, Dohmae N, Seyama Y, Shibata T, Murofushi H (1999) A DNA unwinding factor involved in DNA replication in cell-free extracts of Xenopus eggs. Curr Biol 9(7):341–350, S0960-9822(99)80160-2 [pii]

Orphanides G, Wu WH, Lane WS, Hampsey M, Reinberg D (1999) The chromatin-specific transcription elongation factor FACT comprises human SPT16 and SSRP1 proteins. Nature 400(6741):284–288

Osley MA (1991) The regulation of histone synthesis in the cell cycle. Annu Rev Biochem 60:827–861

Park YJ, Chodaparambil JV, Bao Y, McBryant SJ, Luger K (2005) Nucleosome assembly protein 1 exchanges histone H2A-H2B dimers and assists nucleosome sliding. J Biol Chem 280(3):1817–1825. doi:10.1074/jbc.M411347200, M411347200 [pii]

Pearson CG, Yeh E, Gardner M, Odde D, Salmon ED, Bloom K (2004) Stable kinetochore-microtubule attachment constrains centromere positioning in metaphase. Curr Biol 14(21): 1962–1967. doi:10.1016/j.cub.2004.09.086, S0960982204007493 [pii]

Pidoux AL, Choi ES, Abbott JK, Liu X, Kagansky A, Castillo AG, Hamilton GL, Richardson W, Rappsilber J, He X, Allshire RC (2009) Fission yeast Scm3: A CENP-A receptor required for integrity of subkinetochore chromatin. Mol Cell 33(3):299–311. doi:10.1016/j.molcel.2009.01.019, S1097-2765(09)00063-X [pii]

Polo SE, Roche D, Almouzni G (2006) New histone incorporation marks sites of UV repair in human cells. Cell 127(3):481–493

Quivy JP, Gerard A, Cook AJ, Roche D, Almouzni G (2008) The HP1-p150/CAF-1 interaction is required for pericentric heterochromatin replication and S-phase progression in mouse cells. Nat Struct Mol Biol 15(9):972–979

Ransom M, Williams SK, Dechassa ML, Das C, Linger J, Adkins M, Liu C, Bartholomew B, Tyler JK (2009) FACT and the proteasome promote promoter chromatin disassembly and transcriptional initiation. J Biol Chem 284(35):23461–23471. doi:10.1074/jbc.M109.019562, M109.019562 [pii]

Ray-Gallet D, Quivy JP, Sillje HW, Nigg EA, Almouzni G (2007) The histone chaperone Asf1 is dispensable for direct de novo histone deposition in Xenopus egg extracts. Chromosoma 116(5):487–496. doi:10.1007/s00412-007-0112-x

Ray-Gallet D, Woolfe A, Vassias I, Pellentz C, Lacoste N, Puri A, Schultz DC, Pchelintsev NA, Adams PD, Jansen LE, Almouzni G (2011) Dynamics of histone H3 deposition in vivo reveal a nucleosome gap-filling mechanism for H3.3 to maintain chromatin integrity. Mol Cell 44(6):928–941. doi:10.1016/j.molcel.2011.12.006, S1097-2765(11)00945-2 [pii]

Recht J, Tsubota T, Tanny JC, Diaz RL, Berger JM, Zhang X, Garcia BA, Shabanowitz J, Burlingame AL, Hunt DF, Kaufman PD, Allis CD (2006) Histone chaperone Asf1 is required for histone H3 lysine 56 acetylation, a modification associated with S phase in mitosis and meiosis. Proc Natl Acad Sci USA 103(18):6988–6993. doi:10.1073/pnas.0601676103, 0601676103 [pii]

Reese BE, Bachman KE, Baylin SB, Rountree MR (2003) The methyl-CpG binding protein MBD1 interacts with the p150 subunit of chromatin assembly factor 1. Mol Cell Biol 23(9):3226–3236

Rhoades AR, Ruone S, Formosa T (2004) Structural features of nucleosomes reorganized by yeast FACT and its HMG box component, Nhp6. Mol Cell Biol 24(9):3907–3917

Robinson KM, Schultz MC (2003) Replication-independent assembly of nucleosome arrays in a novel yeast chromatin reconstitution system involves antisilencing factor Asf1p and chromodo-main protein Chd1p. Mol Cell Biol 23(22):7937–7946

Rufiange A, Jacques PE, Bhat W, Robert F, Nourani A (2007) Genome-wide replication-independent histone H3 exchange occurs predominantly at promoters and implicates H3 K56 acetylation and Asf1. Mol Cell 27(3):393–405

Sanematsu F, Takami Y, Barman HK, Fukagawa T, Ono T, Shibahara KI, Nakayama T (2006) Asf1 is required for viability and chromatin assembly during DNA replication in vertebrate cells. J Biol Chem 281(19):13817–13827

Santisteban MS, Kalashnikova T, Smith MM (2000) Histone H2A.Z regulats transcription and is partially redundant with nucleosome remodeling complexes. Cell 103(3):411–422

Santisteban MS, Hang M, Smith MM (2011) Histone variant H2A.Z and RNA polymerase II transcription elongation. Mol Cell Biol 31(9):1848–1860. doi:10.1128/MCB.01346-10, MCB.01346-10 [pii]

Sarraf SA, Stancheva I (2004) Methyl-CpG binding protein MBD1 couples histone H3 methylation at lysine 9 by SETDB1 to DNA replication and chromatin assembly. Mol Cell 15(4):595–605

Saunders A, Werner J, Andrulis ED, Nakayama T, Hirose S, Reinberg D, Lis JT (2003) Tracking FACT and the RNA polymerase II elongation complex through chromatin in vivo. Science 301(5636):1094–1096

Scharf AN, Barth TK, Imhof A (2009) Establishment of histone modifications after chromatin assembly. Nucleic Acids Res 37(15):5032–5040. doi:10.1093/nar/gkp518, gkp518 [pii]

Schermer UJ, Korber P, Horz W (2005) Histones are incorporated in trans during reassembly of the yeast PHO5 promoter. Mol Cell 19(2):279–285

Schittenhelm RB, Althoff F, Heidmann S, Lehner CF (2010) Detrimental incorporation of excess Cenp-A/Cid and Cenp-C into Drosophila centromeres is prevented by limiting amounts of the bridging factor Cal1. J Cell Sci 123(Pt 21):3768–3779. doi:10.1242/jcs.067934, jcs.067934 [pii]

Schlaeger EJ, Knippers R (1979) DNA-histone interaction in the vicinity of replication points. Nucleic Acids Res 6(2):645–656

Schlesinger MB, Formosa T (2000) POB3 is required for both transcription and replication in the yeast Saccharomyces cerevisiae. Genetics 155(4):1593–1606

Schneider J, Bajwa P, Johnson FC, Bhaumik SR, Shilatifard A (2006) Rtt109 is required for proper H3K56 acetylation: a chromatin mark associated with the elongating RNA polymerase II. J Biol Chem 281(49):37270–37274

Schuh M, Lehner CF, Heidmann S (2007) Incorporation of Drosophila CID/CENP-A and CENP-C into centromeres during early embryonic anaphase. Curr Biol 17(3):237–243. doi:10.1016/j.cub.2006.11.051, S0960-9822(06)02569-3 [pii]

Schulz LL, Tyler JK (2006) The histone chaperone ASF1 localizes to active DNA replication forks to mediate efficient DNA replication. FASEB J 20(3):488–490

Schwabish MA, Struhl K (2006) Asf1 mediates histone eviction and deposition during elongation by RNA polymerase II. Mol Cell 22(3):415–422

Schwartz BE, Ahmad K (2005) Transcriptional activation triggers deposition and removal of the histone variant H3.3. Genes Dev 19(7):804–814

Seale RL (1975) Assembly of DNA and protein during replication in HeLa cells. Nature 255(5505):247–249

Seale RL (1976) Studies on the mode of segregation of histone nu bodies during replication in HeLa cells. Cell 9(3):423–429, 0092-8674(76)90087-8 [pii]

Senshu T, Fukuda M, Ohashi M (1978) Preferential association of newly synthesized H3 and H4 histones with newly replicated DNA. J Biochem 84(4):985–988

Shelby RD, Monier K, Sullivan KF (2000) Chromatin assembly at kinetochores is uncoupled from DNA replication. J Cell Biol 151(5):1113–1118

Shibahara K, Stillman B (1999) Replication-dependent marking of DNA by PCNA facilitates CAF-1-coupled inheritance of chromatin. Cell 96(4):575–585

Shimko JC, North JA, Bruns AN, Poirier MG, Ottesen JJ (2011) Preparation of fully synthetic histone H3 reveals that acetyl-lysine 56 facilitates protein binding within nucleosomes. J Mol Biol 408(2):187–204. doi:10.1016/j.jmb.2011.01.003, S0022-2836(11)00020-9 [pii]

Shimojima T, Okada M, Nakayama T, Ueda H, Okawa K, Iwamatsu A, Handa H, Hirose S (2003) Drosophila FACT contributes to Hox gene expression through physical and functional interactions with GAGA factor. Genes Dev 17(13):1605–1616. doi:10.1101/gad.1086803, 1086803 [pii]

Shintomi K, Iwabuchi M, Saeki H, Ura K, Kishimoto T, Ohsumi K (2005) Nucleosome assembly protein-1 is a linker histone chaperone in Xenopus eggs. Proc Natl Acad Sci USA 102(23):8210–8215. doi:10.1073/pnas.0500822102, 0500822102 [pii]

Shivaraju M, Unruh JR, Slaughter BD, Mattingly M, Berman J, Gerton JL (2012) Cell-cycle-coupled structural oscillation of centromeric nucleosomes in yeast. Cell 150(2):304–316. doi:10.1016/j.cell.2012.05.034, S0092-8674(12)00704-0 [pii]

Shuaib M, Ouararhni K, Dimitrov S, Hamiche A (2010) HJURP binds CENP-A via a highly conserved N-terminal domain and mediates its deposition at centromeres. Proc Natl Acad Sci USA 107(4):1349–1354. doi:10.1073/pnas.0913709107, 0913709107 [pii]

Silva AC, Xu X, Kim HS, Fillingham J, Kislinger T, Mennella TA, Keogh MC (2012) The replication-independent histone H3-H4 chaperones HIR, ASF1, and RTT106 co-operate to maintain promoter fidelity. J Biol Chem 287(3):1709–1718. doi:10.1074/jbc.M111.316489, M111.316489 [pii]

Singer MS, Kahana A, Wolf AJ, Meisinger LL, Peterson SE, Goggin C, Mahowald M, Gottschling DE (1998) Identification of high-copy disruptors of telomeric silencing in Saccharomyces cerevisiae. Genetics 150(2):613–632

Smerdon MJ (1991) DNA repair and the role of chromatin structure. Curr Opin Cell Biol 3(3):422–428

Smith S, Stillman B (1989) Purification and characterization of CAF-I, a human cell factor required for chromatin assembly during DNA replication in vitro. Cell 58(1):15–25

Smith PA, Jackson V, Chalkley R (1984) Two-stage maturation process for newly replicated chromatin. Biochemistry 23(7):1576–1581

Sogo JM, Stahl H, Koller T, Knippers R (1986) Structure of replicating simian virus 40 minichromosomes. The replication fork, core histone segregation and terminal structures. J Mol Biol 189(1):189–204

Stephens GE, Slawson EE, Craig CA, Elgin SC (2005) Interaction of heterochromatin protein 2 with HP1 defines a novel HP1-binding domain. Biochemistry 44(40):13394–13403. doi:10.1021/bi051006+

Stephens GE, Xiao H, Lankenau DH, Wu C, Elgin SC (2006) Heterochromatin protein 2 interacts with Nap-1 and NURF: a link between heterochromatin-induced gene silencing and the chromatin remodeling machinery in Drosophila. Biochemistry 45(50):14990–14999. doi:10.1021/

bi060983y

Stoler S, Rogers K, Weitze S, Morey L, Fitzgerald-Hayes M, Baker RE (2007) Scm3, an essential Saccharomyces cerevisiae centromere protein required for G2/M progression and Cse4 localization. Proc Natl Acad Sci USA 104(25):10571–10576. doi:10.1073/pnas.0703178104, 0703178104 [pii]

Straube K, Blackwell JS Jr, Pemberton LF (2010) Nap1 and Chz1 have separate Htz1 nuclear import and assembly functions. Traffic 11(2):185–197. doi:10.1111/j.1600-0854.2009.01010.x, TRA1010 [pii]

Su D, Hu Q, Li Q, Thompson JR, Cui G, Fazly A, Davies BA, Botuyan MV, Zhang Z, Mer G (2012) Structural basis for recognition of H3K56-acetylated histone H3-H4 by the chaperone Rtt106. Nature 483(7387):104–107. doi:10.1038/nature10861, nature10861 [pii]

Tagami H, Ray-Gallet D, Almouzni G, Nakatani Y (2004) Histone H3.1 and H3.3 complexes mediate nucleosome assembly pathways dependent or independent of DNA synthesis. Cell 116(1):51–61

Takahata S, Yu Y, Stillman DJ (2009) FACT and Asf1 regulate nucleosome dynamics and coactivator binding at the HO promoter. Mol Cell 34(4):405–415. doi:10.1016/j.molcel.2009.04.010, S1097-2765(09)00239-1 [pii]

Takami Y, Ono T, Fukagawa T, Shibahara K, Nakayama T (2007) Essential role of chromatin assembly factor-1-mediated rapid nucleosome assembly for DNA replication and cell division in vertebrate cells. Mol Biol Cell 18(1):129–141. doi:10.1091/mbc.E06-05-0426, E06-05-0426 [pii]

Takayama Y, Sato H, Saitoh S, Ogiyama Y, Masuda F, Takahashi K (2008) Biphasic incorporation of centromeric histone CENP-A in fission yeast. Mol Biol Cell 19(2):682–690. doi:10.1091/mbc.E07-05-0504, E07-05-0504 [pii]

Tan BC, Chien CT, Hirose S, Lee SC (2006) Functional cooperation between FACT and MCM helicase facilitates initiation of chromatin DNA replication. EMBO J 25(17):3975–3985. doi:10.1038/sj.emboj.7601271, 7601271 [pii]

Tang J, Wu S, Liu H, Stratt R, Barak OG, Shiekhattar R, Picketts DJ, Yang X (2004) A novel transcription regulatory complex containing death domain-associated protein and the ATR-X syndrome protein. J Biol Chem 279(19):20369–20377. doi:10.1074/jbc.M401321200, M401321200 [pii]

Tang Y, Poustovoitov MV, Zhao K, Garfinkel M, Canutescu A, Dunbrack R, Adams PD, Marmorstein R (2006) Structure of a human ASF1a-HIRA complex and insights into specificity of histone chaperone complex assembly. Nat Struct Mol Biol 13(10):921–929

Torigoe SE, Urwin DL, Ishii H, Smith DE, Kadonaga JT (2011) Identification of a rapidly formed nonnucleosomal histone-DNA intermediate that is converted into chromatin by ACF. Mol Cell 43(4):638–648. doi:10.1016/j.molcel.2011.07.017, S1097-2765(11)00541-7 [pii]

Tsubota T, Berndsen CE, Erkmann JA, Smith CL, Yang L, Freitas MA, Denu JM, Kaufman PD (2007) Histone H3-K56 acetylation is catalyzed by histone chaperone-dependent complexes. Mol Cell 25(5):703–712

Tsukiyama T, Wu C (1995) Purification and properties of an ATP-dependent nucleosome remodeling factor. Cell 83(6):1011–1020

Tyler JK (2002) Chromatin assembly. Cooperation between histone chaperones and ATP-dependent nucleosome remodeling machines. Eur J Biochem 269(9):2268–2274

Tyler JK, Adams CR, Chen SR, Kobayashi R, Kamakaka RT, Kadonaga JT (1999) The RCAF complex mediates chromatin assembly during DNA replication and repair. Nature 402(6761): 555–560

van Attikum H, Fritsch O, Hohn B, Gasser SM (2004) Recruitment of the INO80 complex by H2A phosphorylation links ATP-dependent chromatin remodeling with DNA double-strand break repair. Cell 119(6):777–788

VanDemark AP, Blanksma M, Ferris E, Heroux A, Hill CP, Formosa T (2006) The structure of the yFACT Pob3-M domain, its interaction with the DNA replication factor RPA, and a potential role in nucleosome deposition. Mol Cell 22(3):363–374. doi:10.1016/j.molcel.2006.03.025, S1097-2765(06)00191-2 [pii]

Venkatesh S, Smolle M, Li H, Gogol MM, Saint M, Kumar S, Natarajan K, Workman JL (2012) Set2 methylation of histone H3 lysine 36 suppresses histone exchange on transcribed genes. Nature 489(7416):452–455. doi:10.1038/nature11326, nature11326 [pii]

Vermaak D, Hayden HS, Henikoff S (2002) Centromere targeting element within the histone fold domain of Cid. Mol Cell Biol 22(21):7553–7561

Wang H, Ge Z, Walsh ST, Parthun MR (2012) The human histone chaperone sNASP interacts with linker and core histones through distinct mechanisms. Nucleic Acids Res 40(2):660–669.

doi:10.1093/nar/gkr781, gkr781 [pii]

Weber CM, Henikoff JG, Henikoff S (2010) H2A.Z nucleosomes enriched over active genes are homotypic. Nat Struct Mol Biol 17(12):1500–1507. doi:10.1038/nsmb.1926, nsmb.1926 [pii]

Williams SK, Truong D, Tyler JK (2008) Acetylation in the globular core of histone H3 on lysine-56 promotes chromatin disassembly during transcriptional activation. Proc Natl Acad Sci USA 105(26):9000–9005. doi:10.1073/pnas.0800057105, 0800057105 [pii]

Williams JS, Hayashi T, Yanagida M, Russell P (2009) Fission yeast Scm3 mediates stable assembly of Cnp1/CENP-A into centromeric chromatin. Mol Cell 33(3):287–298. doi:10.1016/j.molcel.2009.01.017, S1097-2765(09)00061-6 [pii]

Winkler DD, Muthurajan UM, Hieb AR, Luger K (2011) Histone chaperone FACT coordinates nucleosome interaction through multiple synergistic binding events. J Biol Chem 286(48):41883–41892. doi:10.1074/jbc.M111.301465, M111.301465 [pii]

Winkler DD, Zhou H, Dar MA, Zhang Z, Luger K (2012) Yeast CAF-1 assembles histone (H3-H4)2 tetramers prior to DNA deposition. Nucleic Acids Res. doi:10.1093/nar/gks812, gks812 [pii]

Wittmeyer J, Formosa T (1997) The Saccharomyces cerevisiae DNA polymerase alpha catalytic subunit interacts with Cdc68/Spt16 and with Pob3, a protein similar to an HMG1-like protein. Mol Cell Biol 17(7):4178–4190

Wong LH, McGhie JD, Sim M, Anderson MA, Ahn S, Hannan RD, George AJ, Morgan KA, Mann JR, Choo KH (2010) ATRX interacts with H3.3 in maintaining telomere structural integrity in pluripotent embryonic stem cells. Genome Res 20(3):351–360. doi:10.1101/gr.101477.109, gr.101477.109 [pii]

Xiao H, Mizuguchi G, Wisniewski J, Huang Y, Wei D, Wu C (2011) Nonhistone Scm3 binds to AT-rich DNA to organize atypical centromeric nucleosome of budding yeast. Mol Cell 43(3):369–380. doi:10.1016/j.molcel.2011.07.009, S1097-2765(11)00531-4 [pii]

Xin H, Takahata S, Blanksma M, McCullough L, Stillman DJ, Formosa T (2009) yFACT induces global accessibility of nucleosomal DNA without H2A-H2B displacement. Mol Cell 35(3):365–376. doi:10.1016/j.molcel.2009.06.024, S1097-2765(09)00462-6 [pii]

Xu F, Zhang K, Grunstein M (2005) Acetylation in histone H3 globular domain regulates gene expression in yeast. Cell 121(3):375–385

Xu M, Long C, Chen X, Huang C, Chen S, Zhu B (2010) Partitioning of histone H3-H4 tetramers during DNA replication-dependent chromatin assembly. Science 328(5974):94–98. doi:10.1126/science.1178994, 328/5974/94 [pii]

Xu Y, Ayrapetov MK, Xu C, Gursoy-Yuzugullu O, Hu Y, Price BD (2012) Histone H2A.Z controls a critical chromatin remodeling step required for DNA double-strand break repair. Mol Cell 48(5):723–733. doi:10.1016/j.molcel.2012.09.026, S1097-2765(12)00826-X [pii]

Xue Y, Gibbons R, Yan Z, Yang D, McDowell TL, Sechi S, Qin J, Zhou S, Higgs D, Wang W (2003) The ATRX syndrome protein forms a chromatin-remodeling complex with Daxx and localizes in promyelocytic leukemia nuclear bodies. Proc Natl Acad Sci USA 100(19):10635–10640. doi:10.1073/pnas.1937626100, 1937626100 [pii]

Zhang H, Han J, Kang B, Burgess R, Zhang Z (2012) Human histone acetyltransferase 1 protein preferentially acetylates H4 histone molecules in H3.1-H4 over H3.3-H4. J Biol Chem 287(9):6573–6581. doi:10.1074/jbc.M111.312637, M111.312637 [pii]

Zhou Z, Feng H, Zhou BR, Ghirlando R, Hu K, Zwolak A, Miller Jenkins LM, Xiao H, Tjandra N, Wu C, Bai Y (2011) Structural basis for recognition of centromere histone variant CenH3 by the chaperone Scm3. Nature 472(7342):234–237. doi:10.1038/nature09854, nature09854 [pii]

Zunder RM, Antczak AJ, Berger JM, Rine J (2012) Two surfaces on the histone chaperone Rtt106 mediate histone binding, replication, and silencing. Proc Natl Acad Sci USA 109(3):E144–E153. doi:10.1073/pnas.1119095109, 1119095109 [pii]

第3章　染色质重塑复合物

锡德里克·R. 克拉皮耶（Cedric R. Clapier）和布拉德利·R. 凯恩斯（Bradley R. Cairns）

英文缩写列表

ARP	actin-related protein	肌动蛋白相关蛋白
ACF	ATP-utilizing chromatin assembly and remodeling factor	利用 ATP 的染色质组装和重塑因子
ATRX	α-thalassemia X-linked mental retardation syndrome	伴 α-地中海贫血 X 连锁智力低下综合征
CHARGE	coloboma heart defect, atresia choanae, retarded growth and development, genital hypoplasia, ear anomalies/deafness	缺损性心脏缺陷、后鼻孔闭锁、生长发育迟滞、生殖器发育不全、耳畸形或听力障碍
CHRAC	chromatin accessibility complex	染色质可接近性复合物
DCC	dosage compensation complex	剂量补偿复合物
DSB	double-strand break	双链断裂
EMT	epithelial-to-mesenchymal transition	上皮间质转化
ESC	embryonic stem cell	胚胎干细胞
HAT	histone acetyltransferase	组蛋白乙酰转移酶
HDAC	histone deacetylase	组蛋白去乙酰化酶
HR	homologous recombination	同源重组
MRT	malignant rhabdoid tumor	恶性横纹肌样瘤
NDR	nucleosome-depleted region	核小体缺失区域
NHEJ	nonhomologous end-joining	非同源末端连接
NURF	nucleosome remodeling factor	核小体重塑因子
PTM	posttranslational modification	翻译后修饰
RNAPI/II/III	RNA polymerases I, II, or III	RNA 聚合酶 I、II、III
RPA	replication protein A	复制蛋白 A
TC-NER	transcription-coupled nucleotide-excision repair	转录偶联核苷酸切除修复
TSS	transcription start site	转录起始位点

3.1　简　介

　　染色体状态必须积极地在两种截然相反的需求中保持平衡：压缩和组织（拓扑地）近 2 米长 DNA 的需求，以抵消实施转录、复制、重组、修复及其他染色体相关进程的

C. R. Clapier, Ph.D. (✉) · **B. R. Cairns, Ph.D.** (✉)

Department of Oncological Sciences, Howard Hughes Medical Institute,
Huntsman Cancer Institute, University of Utah School of Medicine,
2000 Circle of Hope, Salt Lake City, UT 84112, USA
e-mail: cedric.clapier@hci.utah.edu; brad.cairns@hci.utah.edu

因子接近基因组的需求。参与 DNA 组装和压缩及其相反过程的蛋白被称为染色质，其组分中最多的是组蛋白，它们聚集在一起来组装核小体。主要发生在 DNA 复制过程中的染色质组装与 DNA 复制体相协调，这个进程涉及组蛋白在新合成 DNA 上的呈递，以及染色质重塑蛋白的参与，以确保复制后核小体的适当密度和间隔。在染色质中接近 DNA 涉及 DNA 序列、位点特异性的转录因子、组蛋白修饰酶和一系列染色质重塑复合物的协同作用。

在这里，我们总结了 ATP 依赖的染色质重塑复合物（下文称为"重塑因子"）的作用，这组复合物在染色质的组装、转录因子接近染色质或核小体的重组中发挥着重要且特殊的作用（图 3.1）。重塑因子与其他染色质因子的区别在于其可以利用 ATP 水解的能量来促进这些功能。由于控制染色体进程的 DNA 元件（包括增强子、启动子和复制起点）必须以被调节的方式暴露，再准确地调节基因转录、DNA 复制、DNA 修复和重组，因此，重塑因子与其他染色质因子共同作用，调节染色质的包装和解聚。在这里，我们从重塑因子的角度研究染色质动态，讨论重塑因子的特异性和完成其主要过程所需的机制（包括染色质组装、接近或重组/编辑）（图 3.1），并考虑其生物学作用和疾病联系。

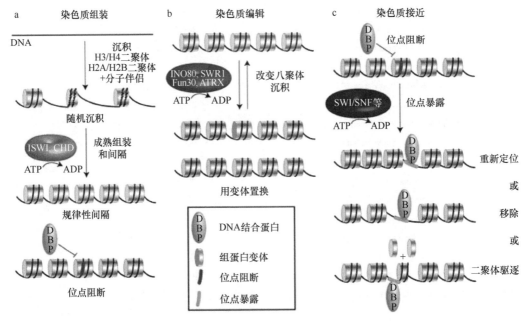

图 3.1　染色质加工和重塑因子的参与。根据重塑因子参与的特定染色质加工过程进行分类。a. 染色质组装：大多数的 ISWI 和 CHD 重塑因子家族帮助组蛋白沉积、核小体完全成熟/形成和它们的间隔化[其导致 DNA 结合蛋白（DBP）的相关位点阻断（红色）]（注意：间隔化也可导致持续位点暴露，见图 3.2 和图 3.3）。b. 染色质编辑：INO80/SWR1 家族及其他重塑因子通过实施组蛋白交换，去除或替换非经典组蛋白变体（蓝色标记）来改变核小体的组成。c. 染色质接近：SWI/SNF 家族和其他重塑因子通过重新定位核小体、移除八聚体和驱逐二聚体来改变核小体，以暴露一个 DNA 结合蛋白的相关结合位点（绿色）

3.1.1 核小体的组成和生物物理性质

要了解重塑因子，首先必须了解在第 1 章中详细描述的核小体底物，以及这里介绍的重塑因子的显著特征。典型核小体是一种蛋白质八聚体，由四种核心/典型组蛋白（H3、H4、H2A 和 H2B）的各两个拷贝组成，周围包裹着 147 bp 的 DNA。该八聚体可细分为 4 个组蛋白二聚体：两个 H3/H4 二聚体形成中心 H3/H4 四聚体，两端各有一个 H2A/H2B 二聚体。这些二聚体相互作用，形成一个连锁的右手螺旋链，其可构成一个 DNA 可以攀附的表面，此处，从组蛋白向外的带正电荷的氨基酸与带负电荷的 DNA 磷酸盐骨架接触。DNA 链在每组组蛋白二聚体上缠绕大概三匝，每匝需要 DNA 10～11 bp（总计约 31 bp），则 4 组二聚体可提供 12 个组蛋白-DNA 接触位点。此外，两个额外的组蛋白-DNA 接触位点由组蛋白 H3 延伸提供，在两个入口/出口点形成初始（较弱）的核小体接触位点，使得组蛋白-DNA 接触位点共计达到 14 个。虽然每一次单独接触都比较弱（约 1 kcal/mol，需要约 1 pN 的力去破坏），但所有 14 个接触加在一起能提供相当大的位置稳定性（12～14 kcal）。

重塑因子必须要克服组蛋白-DNA 结合造成的能量和生物物理障碍来发挥其功能。由于 ATP 水解仅提供约 7.3 kcal/mol 的自由能，因此重塑因子只能每次打破少量组蛋白-DNA 结合，以便形成一个部分未包覆的中间体，或者同时利用多个 ATP 水解来得到一个重新定位（或驱逐）的核小体产物。

除了 4 种核心/经典组蛋白外，所有真核生物都含有组蛋白异构蛋白，这些蛋白可以参与特定染色质区域的核小体组装。本章讨论重塑因子在组蛋白变体 H2A.Z、macroH2A、CENPA 和 H3.3 等的装载和移除中的作用。组蛋白变体可通过影响核小体的生物物理特性/稳定性，以及通过呈现可能影响蛋白质结合的独特表位（包括重塑因子的靶向或活性）来影响核小体特异性。此外，高等真核生物也使用"连接"组蛋白（最常见的是 H1 或 H5 亚型），将核小体连接起来（Kornberg 1974），形成染色质小体，这也可能为重塑因子的行为提供一个空间或热力学屏障。一般来说，连接组蛋白有助于稳定和组装染色质的高级形式，并能影响重塑因子的功能。

3.1.2 核小体相位和间隔的概念

染色质生物学中的一个重要概念是，核小体与位点特异性 DNA 结合蛋白竞争以占据基因组中的位点。在这里，大多数（但不是全部）DNA 结合因子与 DNA 的结合位点如果被包裹在核小体表面，则两者的结合会被抑制（图 3.2a，b），而位于核小体之间的结合位点则是暴露并且可用的。直观地看，随机核小体沉积（最初是在复制后发生的）可能会导致随机暴露 DNA 位点（图 3.2a）。如下文所述，染色质的组装过程涉及核质体"间隔"；核小体分布在一个间隔固定的阵列中。然而，在基因组群体上进行的间隔过程并不一定会导致所有种群成员的核小体统一定位（图 3.2b）。相反，位点可接近性取决于①核小体"相变"的程度（基因组群体中核小体定位的均匀性）；②位点相对于相变核小体的位置，完全的位点暴露涉及缺乏重叠、部分重叠导致的部分暴露和完全重叠造成的阻塞。即使在非强制间隔的情况下也可以观察到相位（图 3.2c）。值得注意的是，相位和间隔的阵列产生了相同的位点暴露区域（图 3.2d，绿色 DNA）或阻断区域（图 3.2d，红色 DNA），这反映了整个群体中组蛋白/核小体占据位点的程度（图 3.2，底部图示）。下面我们将探讨重塑因子和其他因子在创建这些阵列架构时的角色。

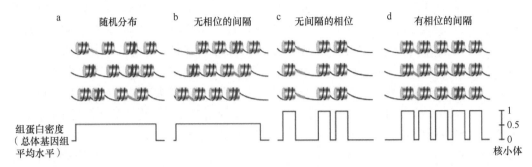

图 3.2　核小体间隔及相位的概念及它们与 DNA 位点暴露的关系。核小体相对于重要顺式作用序列的定位及其在总体基因组中的定位一致性决定了接近特定位点的程度和同质性。如图所示为 4 种核小体阵列，它们在间隔和相位的使用上有所不同，故而会影响特定位点的可及性。图中描述了两个特定位点的暴露程度：如果被核小体阻断则为红色，如果位于核小体之间（或边缘）则为绿色。底部示意图描绘了从零到完全覆盖（按照总体基因组平均水平）的组蛋白密度（以任意单位表示）

3.2　重塑因子分类

3.2.1　染色质加工和重塑因子功能

可根据重塑因子参与的特定染色质过程将其分为以下几类：染色质组装、基因组接近和核小体编辑/重组（图 3.1）。虽然分类简单化，但是这为考虑重塑因子功能（如下文所述）及其机制（稍后描述）提供了非常有用的框架。

3.2.1.1　染色质沉积和组装

在复制过程中，染色质的沉积和组装涉及组蛋白伴侣复合物将组蛋白二聚体（H3/H4 和 H2A/H2B）传递给新合成的 DNA，并与"组装"重塑因子协同工作，以利于在 DNA 复制后核小体的适当成熟、合适密度和间隔的形成。在这里，组装重塑因子最初可能有助于初始组蛋白-DNA 复合物"形成"标准的八聚核小体，然后对这些核小体进行一定的间隔，通常使它们彼此间相隔固定的距离（图 3.1a 和图 3.3）。位于富含 AT 碱基 DNA 片段上的核小体（图 3.3，橙色 DNA 片段）是不稳定的，因为富含 AT 的序列是刚性的，不利于核小体 DNA 弯曲，这可能导致局部核小体缺乏（图 3.3，红色核小体）。

在缺少特定相位的已知元件时，间隔会导致具有不均匀的核小体密度、定位和位置暴露的阵列（图 3.2b 和图 3.3）。值得注意的是，组装重塑因子可以通过与 DNA 结合的"边界因子"协作创建相控阵；边界因子是一种染色质蛋白或转录因子（或复合物），有助于确定侧翼核小体的位置。边界因子的功能包括参与转录抑制因子介导的稳定核小体定位，或前起始转录复合物稳定转录起始位点（TSS）相邻的第一个（+1）

核小体。在存在这样一个边界因子的情况下，组装重塑因子将侧翼核小体放置在与边界因子相隔特定距离的位置，这与重塑因子将核小体间隔固定的方式非常相似。这个过程确定了初始核小体的位置，通过与初始核小体的间隔又可确定阵列中后续核小体的"相位"（图 3.3）。值得注意的是，这种组装模式可用于创建间隔和相控阵，以提供完整的位点暴露或遮蔽（图 3.2d）。此外，组装重塑因子提供的精确核小体间隔促进了连接组蛋白的有效装载，从而促进了核小体阵列的高级封装。总的来说，组装模式建立了初始的核小体/包装图谱，继而确立了位点特异性 DNA 结合蛋白与 DNA 结合的时机和界限。

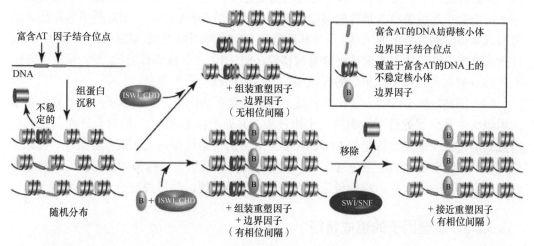

图 3.3　重塑因子和边界因子对核小体间隔与相位的作用及影响。DNA 序列元件、DNA 结合因子和重塑因子的组合可以抵达特定的染色质结构处。由图 3.2 展开，特定序列元件（富含 AT 的 DNA，橙色）的存在可组织核小体的形成和/或影响其稳定性（红色核小体）。这些阵列的间隔可以将富含 AT 的元件放置于核小体内部或核小体之间。然而，在存在边界因子的情况下由组装重塑因子（ISWI 或 CHD）作用形成的间隔会产生相控阵，其中富含 AT 的 DNA 元件位于基因组中确定的位置。接近重塑因子（如 SWI/SNF）可能在重塑过程中更容易去除不稳定的核小体，从而在基因组中形成统一的暴露结构（核小体缺失区域）。值得注意的是，如果另一转录因子（图中未显示）的结合位点位于该核小体缺失区域内或附近，则该位点会持续暴露

3.2.1.2　染色质编辑

染色质编辑是复制后染色质组装的一种形式，它涉及驻留核小体的组成变化，其特征是组蛋白变体的掺入或移除（图 3.1b）。下面描述的常见编辑示例包括由编辑重塑因子辅助的相关变体替换 H2A 或 H3 事件。编辑提供了在指定位置特化单个核小体或核小体阵列的能力，这对于相关因子的招募、阻碍或活性都很重要。组蛋白变体的存在为染色质区域提供了一种新的组成方式，这可能会影响核小体的稳定性和/或蛋白质的识别。某些编辑重塑因子同时执行移除和替换过程，而其他重塑因子则依赖于其他过程/因子（例如：转录和拓扑异构酶的作用）去除核小体，并且只进行替换过程。我们注意到后一种功能构成复制后的核小体组装/替换。

3.2.1.3　染色质接近

染色质接近可以通过"接近"重塑因子而实现，该重塑因子要么可以滑动或弹出组蛋白八聚体，要么可以清除 H2A/H2B 二聚体等组件（图 3.1c）。在转录方面，"接近"重塑因子可以暴露激活子或抑制因子的结合位点，从而对转录产生相应的影响，因此作用环境是关键。染色质接近活动可用于其他过程，包括 DNA 修复和重组。虽然远非统一，但一个常见的场景是使用"组装"重塑因子，通过对增强子和启动子位点的阻碍来促进基因沉默，以及使用"接近"重塑因子来暴露位点，以促进基因活化（图 3.1a, c）。组装重塑因子和接近重塑因子之间的重要区别是它们移除核小体的能力。接近重塑因子可能会引起组蛋白八聚体的移除，来暴露更大的 DNA 区域，即那些不容易通过组蛋白八聚体滑动而接近的区域。这种移除行为可能受组蛋白组成、转录因子和基本 DNA 序列的影响，这可能使八聚体更容易被移除（图 3.3，红色核小体）。如果转录因子可结合的位点被嵌入到核小体删除的区域中，它这时候就会暴露出来。

综上所述，核小体动力学在大多数方面都需要重塑因子。重塑因子的辅助确保在基因组绝大多数位置处进行密集的核小体包装（并处于稳定状态），同时允许相关因子以有规则的方式快速接近特定的 DNA 序列/位点。由于染色体加工（染色质组装、转录、修复等）伴随着特定的组蛋白修饰，一个关键的问题是组蛋白修饰如何招募或调节这些特殊的重塑因子。首先，我们讨论所有重塑因子的共性，然后关注于它们的特异性。

3.2.2　重塑因子的组成特征

尽管它们有不同的功能特性（详见下文），但所有的重塑因子都有特定的酶活性和专属特性，包括①比 DNA 本身更强的对核小体的亲和力，利用组蛋白结合域或许可以检测共价组蛋白修饰；②一个单独的催化亚单位，包含了一个可拆分为两个 RecA 样的裂片（称作 DExx 和 HELICc）的 ATP 酶（ATPase）结构域，该亚基扮演 DNA 转位马达的角色，其可以打断组蛋白-DNA 结合（图 3.4）；③调控 ATP 酶结构域的结构域和/或蛋白质；④可以与其他染色质蛋白、分子伴侣或者位点特异性转录因子相互作用的结构域和/或蛋白质。总之，这些共有特征支持它们在特定的功能环境下可选择性结合或作用于特定核小体。它们还提供了一个框架，用于理解它们的组成和组件，如下所述。

3.2.3　重塑因子家族和组成特异性

重塑因子可以根据其催化 ATPase 亚基（Flaus et al. 2006）中结构域的异同和相关亚基组成划分为不同家族。这些标准定义了四个独立的重塑因子家族：ISWI、CHD/Mi2-NuRD、INO80/SWR1 和 SWI/SNF（图 3.4）。正如在重塑因子机制一节中所描述的那样，ATPase 结构域两侧的结构域要么帮助调节 ATPase 结构域，要么通过组装额外的蛋白质来调节重塑因子的组成。

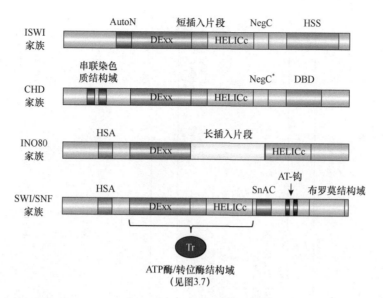

图3.4 由其 ATP 酶和结构域特性确定的重塑因子家族。所有的重塑因子均包含 SWI2/SNF2 相关的 ATP 酶亚基,其特征在于 ATP 酶/移位酶结构域(Tr)分为两个 RecA 样的裂片,分别称为 DExx(红色)和 HELICc(橙色)。根据结构域特征,包括位于 ATP 酶结构域侧翼的保守结构域,以及 ATP 酶结构域内插入片段的长度和功能,重塑因子可被分为四个家族。ISWI、CHD 和 SWI/SNF 家族的重塑因子在 ATP 酶结构域中含有短插入片段(灰色),而 INO80 家族重塑因子具有长片段插入(黄色)。每个家族都有不同的独特结构域(组合和位置)。ISWI:HSS 模块(HAND-SANT-SLIDE,青色)、AutoN 区域(粉色)和 NegC 区域(绿色)。CHD:串联染色质结构域(紫色)、DBD 模块(DNA 结合结构域,青色)和与 ISWI 结构类似的区域(NegC*,绿色)。INO80:HSA 模块(深绿色)和长插入片段(黄色)。SWI/SNF:布罗莫结构域(浅绿色)、HSA 模块(深绿色)、SnAC 结构域(蓝色)和 AT-钩(黑色)。下文描述和讨论足以导致 DNA 易位的结构域,该结构域也在图 3.7 中出现

重塑因子的利用非常广泛,因为几乎所有的真核生物至少包含四大家族中每个家族的一种重塑因子复合物。此外,较高等的真核生物在四个重塑因子家族中每个家族构建和使用了一组显著的重塑因子亚型[表 3.1,也在 Bao 和 Shen(2007)中出现]。在重塑因子家族中,构建具有组成多样性的亚型通常涉及使用:①替代的 ATPase 旁系同源物;②替代的"重要/核心"旁系同源物,从高度相关的集合中选择一个同源物;③各亚型之间不同的替代辅助亚基。对于复杂的生物体来说,一个关键的概念是使用这些组装原则来构建细胞类型或发育中的特定重塑因子亚型。下面详细介绍了特定的生物体如何融合组合和模块化的概念来构建它们的重塑因子集合(图 3.5 中描述了一个涉及人类重塑因子亚型的示例)。为清楚起见,重塑因子(或亚基)的物种之前将有一个字母来表示其来源:人(h),酿酒酵母/酵母(y),粟酒裂殖酵母(sp),黑腹果蝇(d),小鼠(m),非洲爪蟾(x),拟南芥(a)。下面,我们提供了构图信息,并请参考后面的结构部分来详细了解组成是如何使其功能特化的。

表 3.1 重塑因子家族、同源蛋白亚单位组成及体外功能

ISWI 家族

组成及体外功能	酵母 ISW1a	ISW1b	ISW2（Note1）	果蝇 NURF	CHRAC	ACF	小鼠/人* NURF	CERF	CHRAC	ACF
复合物	ISW1a	ISW1b	ISW2（Note1）	NURF	CHRAC	ACF	NURF	CERF	CHRAC	ACF
ATP酶	Isw1	Isw1	lsw2、Itc1	Nurf301	ISW1(Note2)	ACF1	SNF2L		SNF2H（Note3）	SNF2H（Note3）、ACF1/WCRF180
非催化亚单位				NURF55/p55			BPTF、RbAp46、48			
同源亚单位		Dpb4、Dls1	Dpb4、Dls1	NURF38	CHRAC14、CHRAC16			CERC2	hCHEAC17、hCHEAC15	
独特的	loc3	loc2、4								
体外功能	AS/AC（Sp）	As/Ac（同隔）	组装 间隔	接近 滑动	组装 间隔	组装 间隔	接近 滑动	滑动	组装 间隔	组装 间隔

CHD 家族

组成及体外功能	酵母 CHD1	果蝇 CHD1	dMec	Mi-2/NuRD	dKismet	小鼠/人* CHD1	NuRD	（同源亚单位）
复合物	CHD1	CHD1	dMec	Mi-2/NuRD	dKismet	CHD1	NuRD	
ATP酶	Chd1	dCHD1		dMi-2	dKismet	CHD1	Mi2α/CHD3 或 Mi2β/CHD4	CHD5 / CHD7 / CHD8
非催化/同源亚单位				dNBD2/3、dMTA、dRPD3、p55、p66/68	很多 未知 亚基		MBD（2或3）、MTA（1、2或3）、HDAC1、2、RbAp46、48、p66α、β、DOC-1?	MTA3、HDAC2、RbAp46、p66β
独特的			dMEP-1					
体外功能		Ed（H3.3） 组装 间隔	As 组装 间隔		?	?	Ad/Ed（H3.3） 间隔 滑动	

INO80 家族

组成及体外功能	酵母 INO80	SWR1	果蝇 Pho-dINO80	Tip60	小鼠/人* INO80	SRCAP	TRRAP/TIP60
复合物	INO80	SWR1	Pho-dINO80	Tip60	INO80	SRCAP	TRRAP/TIP60
ATP酶	Ino80	Swr1	dino80	Domino	INO80	SRCAP	p400
非催化亚单位	Rvb1、2、Arp4、Actin1	Rvb1、2、Arp4、Actin1	Reptin、Pontin	Reptin、Pontin	RUVBL1、2/Tip49a、b		
同源亚单位	Arp5、8、Taf14、Ies2、6	Arp6、Yaf9、Swc4/Eaf2、Swc2/Vps72、Bdf1、Swc6/Vps71	dActin1、dArp5、8	BAP55、Actin87E、dGAS41、dDMAP1、dYL-1、dBrd8、dTra1、dTip60、dMRG15、dEaf6、dMRGBP、E（PC）、dING3	ARP5、8、IES2、6	BAF53a、ARP6、DMAP1、YL-1、ZnF-HIT1、GAS41	Actin、BRD8/TRC/p120、TRRAP、TIP60、MRG15、MRGX、MEAF6、MRGBP、EPC1、EPC-like、ING3
独特的						SETDB1、PPARγ、NLK	BAF/PBAF subunits、PARP1、WDR5、ASH2L、RbBP5
体外功能	组装 间隔	组装 间隔			间隔 滑动	滑动	

续表

家族、组成及体外功能 / 生物体（酵母、果蝇、小鼠/人*）

组成及体外功能	酵母		果蝇		小鼠/人*	
独特的	Ies1、3~5 和 Nhp10	Swc3、5、7	Pho	?	Note4	微管蛋白、XPG、YL1
体外功能	编辑（H2A）、同隔	编辑（H2A.Z）		编辑（H2Av）	编辑（H2A.Z）	编辑（H2A.Z）

SWI/SNF

组成及体外功能	酵母		果蝇		小鼠/人*		
复合物	SWI/SNF	RSC	BAP	PBAP	esBAF	BAF	PBAF
ATP酶	Swi2/Snf2	Sth1	BRM/Brahma		BRG1	BRG1or BRM	BRG1
非催化	Swi1/Adr6	Rsc（1或2）、Rsc4 Rsc9	OSA/eyelid	Polybromo BAP170 SAYP	BAF250a	BAF250（a或b）/ARID1（a或b）	BAF180 BAF200/ARID2 BAF45（a、b、c或d）
同源亚单位	Swp82 Swi3 Swp73 Snf5 Arp7、Arp9	Rsc8/Swh3 Rsc6 Sth1 Arp7、Arp9	MOR/BAP155 BAP60 SNR1/BAP45 BAP111/dalao BAP55 Actin		BAF45（a或d） BAF155 BAF60a BAF53a	hSNF5/BAF47/INI1 BAF57 β-肌动蛋白 BAF（53a b）	BAF155和BAF170 BAF60（a、b或c）
独特的	Note5	Note6				BRD9	
体外功能	接近 滑动、弹出	接近 滑动、弹出	接近	接近	接近	接近 滑动、弹出	接近 滑动、弹出

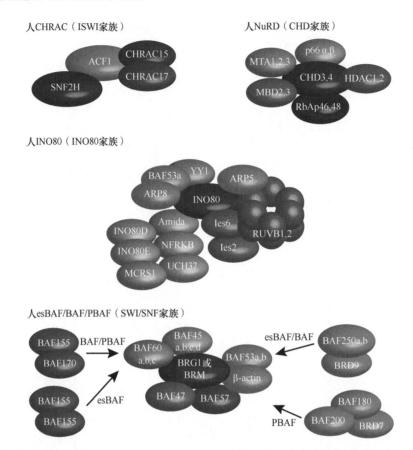

图 3.5　人类重塑因子亚型组成示例。图中描绘了每一家族中的一个人类重塑因子亚型：ISWI 家族中的 CHRAC、CHD 家族中的 NuRD、INO80 家族中的 INO80 和 SWI/SNF 家族中的 esBAF/BAF/PBAF。所有的重塑因子包含一个 ATP 酶/移位酶亚基（红色），以及可以组织在模块中额外的"重要/核心"和独特的亚基（表 3.1）。对于 SWI/SNF 家族，描述了亚型（esBAF、BAF 和 PBAF）的模块化构造示例

3.2.3.1　ISWI 家族

所有 ISWI ATP 酶结构域在其 C 端含有"HAND-SANT-SLIDE"（HSS）结构域，其涉及三个结构域的组合：HAND 结构域、SANT 结构域（ySWI3、yADA2、hNCoR、hTFIIIB）和 SLIDE 结构域（SANT 样 ISWI）。HSS 结合两种不同的核小体表位：SANT 结构域与未修饰的组蛋白 H3 尾部相互作用（Boyer et al. 2004），而与其相邻且结构相关的 SLIDE 结构域与连接 DNA 接触，即核小体侧翼离开核小体的 DNA 链（Dang and Bartholomew 2007）（图 3.6b）；值得注意的是，这两个结构相关结构域的功能在酵母 ISWI 成员的 HSS 结构域中发生了调换（Pinskaya et al. 2009）。有趣的是，HSS 结构域与 ATP 酶结构域裂片侧翼的两个其他调节结构域 AutoN 和 NegC（参见下文）共同作用有助于调节 dISWI 重塑活性（Grune et al. 2003；Clapier and Cairns 2012；Mueller-Planitz et al. 2013）。

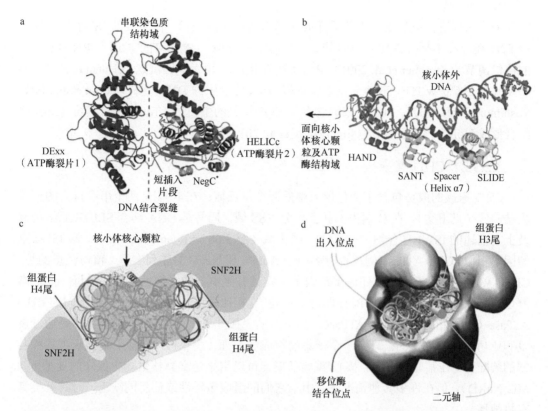

图 3.6　重塑因子的结构。a. 酵母 Chd1（PDB 序列号：3MWY）的结构突出显示了两个相邻的 RecA 样裂片 DExx（红色）和 HELICc（橙色），它们由 DNA 结合裂缝（红色虚线）隔开，短插入（灰色）通过一次，NegC*（绿色）再次通过。b. ISWI 中 HSS 结构域的结构显示了远离核小体核心颗粒并沿着弯曲的核小体外 DNA（橙色）的 HAND（蓝色）、SANT（绿色）、Spacer/Helix α7（紫色）和 SLIDE（黄色）区域的连续分布。c. 使用电子显微镜得到的对称结合到核小体的 SNF2H 重塑因子二聚体的 3D 结构。核小体结构由手动添加到重构图中，突出显示了位于结构性口袋中的组蛋白 H4 尾部[来源于 Racki 等（2009）]。d. 通过电子显微镜进行的 RSC 重塑因子及口袋中的核小体的 3D 重构（Leschziner et al. 2007）

　　ISWI ATPase 是一个平台，围绕该平台构建了几种不同的 ISWI 家族重塑因子亚型（表 3.1）。果蝇是一个极端事例，它围绕一个 ISWI ATPase 构造所有 ISWI 亚型。相比之下，大多数其他生物使用至少两个相关的 ISWI 旁系同源物进行亚型构建（表 3.1）。例如，人类使用两个 ISWI 同源物（SNF2H 和 SNF2L）来组合多个不同的 ISWI 重塑因子亚型（最丰富的是 ACF、CHRAC 和 NURF），可以通过它们的核心/重点亚基来区分。ACF 和 CHRAC 型重塑因子包含一个共同的核心蛋白，hACF1（在后生动物中都有 PHD 和布罗莫结构域）。CHRAC 的特点是存在另外两种蛋白质，即 hCHRAC 15 和 17，它们有 DNA 结合组蛋白折叠基序。这代表了一个模块化亚型结构的示例。为了保持这一状态，NURF 型重塑因子包含一个特征蛋白，NURF301/BPTF，它与 ACF1（保留 PHD 和布罗莫结构域）类似，它还包含 DNA 结合 HMGI（Y）基序和相互作用域，用于组装其他核心 NURF 亚基。在功能上，大多数 ISWI 家族复合物在"组装"模式下发挥作用，以促进遮蔽位点和基因抑制；然而，某些亚型（如 NURF）已被调整为"可接近"的重塑因子，以促进位点暴露、染色质开放和基因活化（图 3.1）。除主要的 ISWI 亚型外，SNF2H 还存在于另外三种专门的重塑复合物中：NoRC（携带 Tip5，用于 RNAPI 基因的核仁调节）（Strohner et al. 2001）、RSF（携带 RSF1，用于基因沉默）（Hanai et al. 2008）和 WICH（携带 WSTF，有助于异染色质和 DNA 修复中的 DNA 复制）（Poot et al. 2004；Yoshimura et al. 2009）。其中，果蝇含有与 Tip5 相关的蛋白质（Toutatis），其可与 dISWI 结合形成 NoRC 相关复合物（Emelyanov et al. 2012）。

3.2.3.2　CHD 家族

CHD 家族的成员包含了催化单元中的两个特征域：在 N 端是两个串联排列的染色质结构域（见下文），在 C 端内部驻留部分 HSS 域，通常是 DNA 结合 SLIDE 亚结构域及上文描述的 ISWI 复合物中的 SANT 结构域（图 3.6b）（Ryan et al. 2011）。与 ISWI 重塑因子相似，CHD ATPase 侧翼也有类似于 AutoN 和 NegC 的序列/结构。值得注意的是，CHD 家族重塑因子比其他任何重塑因子家族具有更丰富的多样性。某些酵母（如酿酒酵母）使用一个单体 CHD ATPase 即可发挥功能。相比之下，人类编码了 9 个不同的 CHD ATPase（以及相关的 ALC1 ATPase，见下面的"孤儿"重塑因子），它们显然是通过重复和亚功能化来进化的。只有一个子集的组成被表征（表 3.1），特征子集显示了各种各样的装配体。在某些情况下，核心/重要子单元可以用来定义真核生物中保守的亚型（如 Mi2-NuRD），但在许多其他情况下，由于它们的组成多样性或信息的缺乏，对其分类具有挑战性。

从功能上讲，CHD 重塑因子与所有三个常见过程都有关联：组装（间隔核小体）、合成/编辑（组蛋白 H3.3 掺入）和接近（启动子上的位点暴露），反映了它们的组成多样性，其功能环境将在后续章节中描述。最典型的多亚基 CHD 家族成员是 Mi2-NuRD 亚型（核小体重组和去乙酰化酶）（Denslow and Wade 2007），其中包括 ATPase Mi2、组蛋白去乙酰化酶（HDAC1/2）和甲基化 CpG 结合域（MBD）蛋白。根据成分预测，这种亚型与高等真核生物的基因抑制有关。值得注意的是，无脊椎动物利用了 MEC 亚型，如在果蝇中，Mi2 ATPase 和 dMEP1（一种含有 7 个锌指的蛋白质）结合在一起，构成了最丰富的含 Mi2 复合物。有趣的是，dMec 通过不依赖于 HDAC 的机制（Kunert et al. 2009）赋予前神经元基因抑制，显示 Mi2 复合物可以通过 HDAC 依赖和非依赖模式抑制基因表达。目前，脊椎动物中的 MEC 同源物尚不清楚。然而，如下文所详述，特定的 CHD 重塑因子亚型会滑动或驱逐核小体来促进转录。

3.2.3.3　INO80 家族

INO80 家族 ATPase 的特点是在 DExx 和 HELICc 基序（形成一个"分裂"的 ATPase）之间插入一个长片段，该片段与未知的解旋酶相关（AAA-ATPase）Rvb1/2 蛋白（Jha and Dutta 2009）以及至少一个肌动蛋白相关的蛋白（ARP5/6）结合。值得注意的是，解旋酶 SANT（HSA）域位于 N 端，这对于另外两个肌动蛋白相关蛋白（ARP）和 β-肌动蛋白本身的组装是很重要的。这个家族包括高度相关的 ATPase INO80 和 SWR1（或亚型），围绕它们形成这个家族的主要重塑因子亚型。这个家族的复合体与编辑功能最密切相关。SWR1/SRCAP/Tip60 亚型移除经典的 H2A-H2B 二聚体，并将其替换为组蛋白变体 H2A.Z-H2B 二聚体，而 INO80 亚型显然具有相反功能。INO80 具有多种附加功能，包括额外的编辑功能（H2A.X 的移除，可能依赖其 DNA 修复功能）和接近功能，以促进转录激活。

SWR1 亚型表现出显著的模块化，包括重塑因子与一组 AAA-ATPase 和组蛋白乙酰转移酶（HAT）模块的关联。在酵母中，ySWR1 复合物与单独的 HAT 复合物 yNuA4 结合，而在果蝇和脊椎动物中，HAT 模块可以稳定地集成到重塑因子复合物（如 dTip60 复合物）中。值得注意的是，果蝇在一个类似 SWR1 的复合体（dTip60）中整合了重构和 HAT 功能，而人类同时使用 hTip60 亚型和单独的专用重塑因子 hSRCAP。

3.2.3.4 SWI/SNF 家族

尽管果蝇是通过单一的 ATPase 构建它们的亚型，但大多数真核生物利用两到三种相关的 SWI/SNF 家族亚型，围绕两个相关的催化亚基构建（表 3.1）。大多数 SWI/SNF 家族催化 ATPase 上存在的结构域包括 N 端 HSA 结构域（结合肌动蛋白和/或肌动蛋白相关蛋白）和 C 端布罗莫结构域，以及一对 AT 构成的钩子（可以结合 DNA 的小沟）。在低等真核生物复合物（Cairns et al. 1998）中存在一对肌动蛋白相关蛋白（ARP），而高等直系同源生物复合物中含有一个由肌动蛋白和一个 ARP（hBAF53a/b）组成的二聚体（Lessard et al. 2007）。除 ARP 之外，SWI/SNF 复合物始终包含一组核心/特征亚单位，这些亚单位有助于定义重塑因子家族，如在人类中包括 BAF155/170、BAF60 和 BAF47（表 3.1）。SWI/SNF 重塑因子的一个关键概念是"组合性"结构："核心"亚单位都来自一组旁系同源物，它们是特定组织和/或细胞类型的，可以帮助形成专门的组装，驱动 ES 细胞自我更新、细胞分化或发育转变与转录因子（详见下文）协同作用。SWI/SNF 家族重塑因子与染色质接近有着最密切的关系（图 3.1），因为它们在许多基因座处滑动和移除核小体，这种染色质接近可用于基因的激活或抑制。

3.2.3.5 "孤儿"重塑因子

除了以上四个主要的家族及其亚型之外，还有一组"孤儿"重塑因子，它们具有重要的特异功能。尽管 ALC1（肝癌扩增因子 1）亚型重塑因子在系统遗传学上与 CHD 重塑因子最为相关，但其 ATPase 缺乏一个染色质结构域，因此也被命名为类 CHD1（CHD1L）。此外，通常存在于 CHD 重塑因子中的 C 端 DBD 被一个与 PAR 相互作用的宏区域所取代，使得 ALC1 能够快速靶向至 DNA 断裂处（Ahel et al. 2009；Gottschalk et al. 2009），其他亚单位目前未知。

Fun30/Etl1 重塑因子亚家族缺乏可识别的可接触结构域或蛋白。yFun30 通过促进组蛋白的更新、去除和替换来进行染色质编辑（Awad et al. 2010），并通过在染色质边界和沉默基因座内的直接相互作用来帮助沉默异染色质基因座（Neves-Costa et al. 2009）。同样地，spFft3 通过阻止常染色质的侵袭，参与着丝粒和亚端粒染色质结构的维持（Stralfors et al. 2011）。此外，Fun30 促进了出芽酵母点着丝粒处正确的染色质结构，该结构未嵌入在异染色质中（Durand-Dubief et al. 2012）。在人类中，SMARCAD1 与 PCNA 相互作用，并确保沉默染色质在复制过程中正确地存在（Rowbotham et al. 2011）。最后，Fun30和 SMARCAD1 通过促进 DNA 末端切除在 DNA 断裂修复中起决定性作用（Chen et al. 2012；Costelloe et al. 2012；Eapen et al. 2012）（见后文）。

ATRX 重塑因子包含大型的 ATRX ATPase，它缺乏其他的已知结构域，能与 G-4 DNA 在体外结合（Law et al. 2010），并与组蛋白 H3.3 伴侣 DAXX 结合。值得注意的是，ATRX-DAXX 复合物促进 H3.3 变体进行复制非依赖的沉积，特别是在端粒位置（Goldberg et al. 2010；Lewis et al. 2010；Drane et al. 2010；Elsasser et al. 2012）。令人惊讶的是，ATRX 还扮演着负调控 macroH2A 编入（核小体）的角色来影响基因表达（Ratnakumar et al. 2012）（见下文疾病综合征部分）。ATRX 的定位在细胞周期中发生变化：间期和有丝分裂期间定位于着丝粒异染色质，而在有丝分裂中期仅限于 rDNA 中（McDowell et al. 1999）。

CSB 是参与转录偶联核苷酸切除修复（TC-NER）的 SNF2 家族 DNA 移位酶（Woudstra et al. 2002）。CSB 直接与核心组蛋白相互作用，并以 ATP 依赖的方式重构核小体（Citterio et al. 2000）。它也包裹着 DNA，这表明 CSB 可能会破坏核小体的稳定性（Beerens et al. 2005）。然而，关于 CSB 在科凯恩综合征（Cockayne syndrome）中的作用研究较为透彻，涉及它与 RNAPII 的互作（见下文的疾病综合征），以及控制 RNAPI 介导的 rDNA 转录（见下文）。

3.2.4　翻译后修饰结合基序和组合调控

染色质修饰酶与重塑因子协同工作以精心协调核小体动力学。重塑因子结构域识别翻译后修饰（posttranslational modification，PTM），并指导重塑因子功能；下面，我们将讨论最常见的基序（motif）及其在靶向/滞留方面的功能，以及它们在重构机制中发挥的功能。

3.2.4.1　布罗莫结构域

组蛋白和其他蛋白质中的乙酰化赖氨酸可以与布罗莫结构域（bromodomain）结合，布罗莫结构域是大多数重塑因子家族中常见的结构域。对于 SWI/SNF 家族重塑因子而言，布罗莫结构域总是位于 ATP 酶的 C 端附近（图 3.4）。功能证据包括对 ySWI/SNF 的 ATP 酶亚基（ySnf2/Swi2）中 C 端布罗莫结构域的研究，其对于重塑因子保留在 *SUC2* 基因上是必需的（Hassan et al. 2002）。重塑因子布罗莫结构域可以与特定的乙酰化组蛋白残基相互作用。例如，yRsc4 在体外与 H3K14ac 相互作用，可以促进体内基因活化（Kasten et al. 2004）。关于 SWR1 亚型，yBdf1 的布罗莫结构域可以识别组蛋白的乙酰化（包括 H3K14ac），这可能会影响组蛋白变体 H2A.Z-H2B 二聚体沉积到合适的核小体上（Zhang et al. 2005）。因此，组蛋白乙酰化可能有助于指导组蛋白替代过程的位置或效率。到目前为止，在 ISWI 重塑因子中的布罗莫结构域还没有发现特定的底物。

值得注意的是，在大多数生物中，SWI/SNF 家族的两个主要亚型通常可以依据是否存在含多个布罗莫结构域的亚基来进行区分（表 3.1）。这些多布罗莫结构域可以存在于单个蛋白质（高等真核生物中的 polybromo/BAF180）中，也可以分布于多个蛋白质（如 yRsc1/2/4/10）中，并且多种生物中的功能性研究支持这些布罗莫结构域的功能。多个布罗莫结构域的存在，使协同识别单独修饰的可能性大幅增加，这也是一个很热门的研究领域。体外机制研究表明，组蛋白乙酰化可以提高 SWI/SNF 家族重塑因子的效率，包括其在不同环境下对核小体的亲和力与活性（Ferreira et al. 2007a；Carey et al. 2006；Chatterjee et al. 2011），但仍有许多未明之处有待深入研究。重塑因子的布罗莫结构域也可用于该重塑因子的自我调节（自抑制），如重塑因子的特异性乙酰化残基可以与核小体表位竞争性结合重塑因子的布罗莫结构域（VanDemark et al. 2007；Kim et al. 2010）。

3.2.4.2　BAH 结构域

BAH（bromo-adjacent homology）结构域通常与布罗莫结构域一起存在于多个重塑因子蛋白（Rsc1/2、polybromo、BAF180）中，主要是 SWI/SNF 家族，也单独存在于其他染色质调控因子（如 Sir3 和 Orc1）中。最近的结构和遗传学证据强有力地支持 BAH 结构域可结合组蛋白（Onishi et al. 2007），它与组蛋白八聚体暴露的上/下表面或组蛋白尾部相互作用，且可能受到赖氨酸甲基化的调控（Armache et al. 2011）。因此，BAH 已被改造成一种多功能的组蛋白识别模块，酵母和后生动物系统的体内实验证实了其在多种环境下的功能重要性。

3.2.4.3　CHD 结构域

CHD 家族重塑因子通常在其 N 端携带两个串联染色质结构域（chromodomain，简称 chromo 结构域或 CHD 结构域）。串联的 CHD 结构域一般作为一个结构单元发挥作用，并且在某些情况下与一个或两个甲基化赖氨酸结合（Brehm et al. 2004）。人类 CHD1 的 CHD 结构域已经被证实结合 H3K4me2/3——一种活化的染色质标记（Flanagan et al. 2005；Sims et al. 2005）。然而，甲基化赖氨酸结合和 H3K4me 特异性并不是普遍存在的。例如，yCHD1 和 dCHD1（Morettini et al. 2011）或 dKismet（Srinivasan et al. 2008）检测不到 H3K4me2/3 的特异性结合。值得注意的是，Mi-2 可能会用它的 CHD 结构域来识别 DNA 而不是甲基化的尾巴（Bouazoune et al. 2002）。到目前为止，CHD 结构域在靶向中的主要作用尚未得到明确证实，dCHD1 的定位已被证明无需 CHD 结构域辅助（Morettini et al. 2011）。因此，有可能是其他机制驱动 CHD1 的招募，而组蛋白-CHD 结构域识别有助于稳定随后的相互作用，或帮助调节重塑因子。事实上，最近关于 yChd1 的研究强烈表明，CHD 结构域在限制重塑因子对 DNA 的接近方面发挥作用（Hauk et al. 2010）。值得注意的是，缺少 CHD 结构域的 Mi-2 完全不能结合或重塑核小体，这表明 CHD 结构域具有更普遍的激活作用。

3.2.4.4　PHD

植物同源结构域（plant homeodomain，PHD）是一种存在于多个重塑因子家族的亚基中的甲基赖氨酸相互作用基序。在 ISWI 家族重塑因子 NURF 中，BPTF 亚基的 PHD 直接与 H3K4me3 相互作用，使 BPTF/NURF 在活性染色质上稳定存在（Wysocka et al.

2006）。然而，更多的研究表明其还有其他的表位。例如，dACF1 的 PHD 识别核心组蛋白的球形结构域（Eberharter et al. 2004）。在功能方面，某些亚型依赖于它们的 PHD（如 dACF），而其他亚型（如 dMi-2）则不是。相对于其他功能域，PHD 是迄今为止研究最多的，已被证明可与其他组蛋白识别基序在功能上协同进行组蛋白相互作用。例如，hBPTF（hNURF 的最大亚基）的第二个 PHD 指（PHD finger）结合 H3K4me2/3，然后赋予相邻的布罗莫结构域对 H4K16ac 的特异性，而在没有 PHD 影响的情况下，布罗莫结构域以低亲和力识别所有 H4 乙酰化。hBPTF 双重识别单核小体的组蛋白修饰模式对于 NURF 的正确定位是决定性的（Ruthenburg et al. 2011）。类似地，位于 NoRC 最大亚基 Tip5 上的 PHD 指和布罗莫结构域通过 H4K16ac 将 NoRC 招募到核小体中，这个相互作用是 rDNA 沉默所必需的（Zhou and Grummt 2005）。这种 PHD-bromo 的协同作用并不局限于重塑因子，还扩展至关键的转录因子如 TRIM24（Tsai et al. 2010）。最后，功能多样性和改变的靶向特异性源自重塑因子亚基的选择性剪接。例如，dNURF301 可以剪接成一个缺乏 C 端 PHD 指和布罗莫结构域的亚型，通常可识别 H3K4Me3 和 H4K16Ac。NURF301 的 C 端对于 NURF 的靶向和精子正常形成是必需的（Kwon et al. 2009）。

此外，hCHD4/Mi-2β（NuRD 重塑因子的催化核心）的串联 PHD 指和 CHD 结构域调节 hCHD4 的核小体识别、ATPase 和重构活性（Watson et al. 2012）。hCHD4 的串联 PHD 指都具有独立的组蛋白结合能力，它们与单个核小体中的两个组蛋白 H3 尾巴有较高的亲和力；同时，H3K9 甲基化或乙酰化可以增强它们的结合能力（Musselman et al. 2012），并促进转录抑制。

3.2.5　重塑因子基序的功能

位于重塑因子上的核小体相互作用基序和结构域是用于初始靶向还是后续维持，还是向可能调节重塑因子活性或模式的 ATP 酶亚基提供调节信息，这是大家都关心的核心问题。然而，对于上面列出的许多单个结构域，它们对核小体表位的亲和力是较低的，通常在 100 nmol/L 至 10 μmol/L 范围内，这就让人质疑它们能否足以将一个重塑因子靶向至一个基因座。然而，由于重塑因子可以包含多种组蛋白结合基序，因此它们的组合使用原则上可以提供足以用于靶向或维持的亲和力。在这里，组合识别的例子很少（如 PHD-bromo 和 PHD-chromo），但数量正在增加。另一种可能性是结构域-修饰间相互作用有助于调节重塑因子的 ATPase 活性或其他重塑性能；组蛋白修饰为重塑因子提供信息而非定位或维持。

在上面的例子中，重塑因子基序被用来选择性地与具有特定修饰的核小体相互作用，从而增强它们的亲和力或活性。同样重要的问题是，重塑因子如何避免结合和/或作用于"不正确"的核小体，因为它们的行为可能会损害预期的生理过程。在这里，避免可能涉及核小体上的共价修饰，其与重塑因子的结合在空间上不相容，或者相反，通过一种变构机制使重塑因子失活。

3.3 重塑机制和调控

3.3.1 DNA 易位的重塑机制和后果

重塑因子家族和亚型表现出不同的组成,具有特异性的功能(组装、编辑和接近)。然而,它们都包含一个单一的、相似的催化域,其作为一种依赖于 ATP 的 DNA 移位酶,可以破坏组蛋白-DNA 结合。一个重要的新概念是,DNA 易位的实施和调控上的差异可以定义为不同重塑因子亚型导致的不同结果。

结构信息仅仅可以告知重塑因子的部分功能机制,因为目前还没有与核小体结合的重塑因子高分辨率结构,也没有在缺失核小体情况下的多亚基重塑因子结构。目前,唯一已知的染色质重塑因子重组 ATPase 的结构是酵母 Chd1(yChd1)(图 3.6a)(Hauk et al. 2010)。该结构与已知的 ATP 依赖的 DNA 易位/解旋酶(如 Rad54、PcrA)非常相似,揭示了两个相邻的 RecA 样裂片,其间有一个 DNA 结合裂隙、一个 ATP 结合和水解的位点,这构成了稍后将讨论的 DNA 易位/运动区域(Bowman 2010;Flaus and Owen-Hughes 2011)。因此,yChd1 结构为其他重塑因子建立了一个 DNA 易位马达原型。在重塑因子调控中出现的一个概念(在下面讨论)涉及使用 ATPase 结构域两侧的结构域来调节 ATPase 结构域的功能。对于 Chd1,移位酶区域两侧的结构域包括 C 端 NegC 结构域和 N 端串联染色质结构域。值得注意的是,染色质结构域被置于可通过裂隙干扰 DNA 通过的路径,而 NegC 结构域连接着两个 RecA 样的裂片,这些特征对于调控 DNA 易位可能很重要(图 3.6a)。生物化学实验证明,大部分重塑因子与核小体化学计量比为 1 : 1,除了稍后指出的特例。

对 SWI/SNF、ISWI 和 CHD 家族重塑因子进行的 DNA 易位的深入研究,提示这些重塑因子具有重要的力学特征。例如,对于所有 3 种重塑因子,它们的 ATP 酶/移位酶结构域(称为"Tr",图 3.7)结合核小体内的 DNA,距离中心 DNA 二元体约两圈(图 3.7,状态 1)(Saha et al. 2005;Zofall et al. 2006)。Tr 域的位置仍然固定在组蛋白八聚体上,对于 SWI/SNF 重塑因子来说,一个域(SnAC,图 3.4)已经被确定,可以帮助"锚定"重塑因子(图 3.7a)到核小体(Sen et al. 2013)。从这个固定位置,Tr 域通过从核小体的近端提取 DNA 并将其向双链(图 3.7b,状态 2,红点表明运动方向)进行定向 DNA 易位(Saha et al. 2005;Zofall et al. 2006)。这种 DNA"泵送"作用是由两个类似 RecA 的子域 DExx 和 HELICc 的相互作用完成的,它们依次结合并释放 DNA,类似于"水蛭",每个 ATP 结合/水解/释放周期明显地移动 DNA 1~2 bp(Blosser et al. 2009;Sirinakis et al. 2011;Deindl et al. 2013)。在这里,重要的是考虑组蛋白-DNA 接触是如何在内部 Tr 域的两边被破坏和重新形成的。Tr 域移位 1~2 bp 的行为在 Tr 域的两侧产生了 DNA 扭转和平移张力,但两边都有相反的极性:近端扭曲不足,缺乏足够的 DNA,而远端扭曲过度,含有多余的 DNA。在远端,这种张力导致组蛋白-DNA 接触的破坏和重新形成,同时这种张力以波浪样的方式扩散以远离 Tr 域,并向核小体的远端出口位点传播,在波的前沿,组蛋白-DNA 接触被破坏,并且在波的滞后边缘处重新形成,扭转和张力的消解波及远端连接体,最终导致连接体延伸 1~2 bp。类似的波

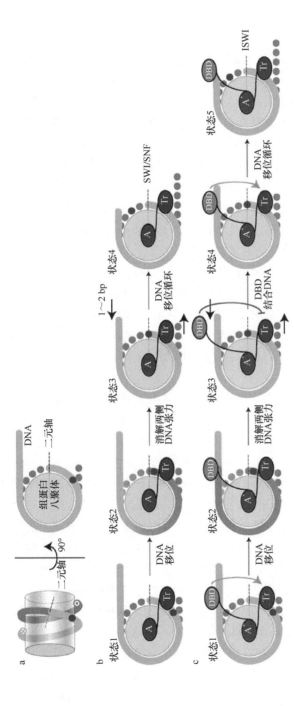

图 3.7 SWI/SNF 和 ISWI 家族重塑因子介导的 DNA 易位模式图。a. 左侧是核小体的侧面观及其左手螺旋缠绕组蛋白八聚体（灰色透明圆柱体）的 DNA 链（浅绿色至深绿色）。当通过核小体二元轴时，DNA 链颜色从浅至深变化。右侧是核小体绕轴旋转 90° 后的二维图，DNA 缠绕在二元轴上的易位。红色圆点是 DNA 链上的参照点，方便追踪（概念上）DNA 在八聚体表面的易位。b. SWI/SNF 重塑因子介导的连续重塑循环（状态 1～3）。SWI/SNF 重塑因子通过它位于二元轴附近的 ATP 酶移位酶结合构域（Tr，红色）和使重塑因子附着于组蛋白八聚体的锚定区（A，蓝色）与核小体结合（状态 1）。ATP 酶移位酶结合构域可在核小体表面完成一段小的 DNA 置换（1～2 bp）（状态 1 至状态 2）；由于 DNA 的缺少或远端附近小体的远端，其可绕核小体的远端（第二个半圈）进行运动，从而产生小的波动，以及通过单向扩散至其余 DNA 的远端，致使相对于 DNA 链的组蛋白八聚体不断置换（A*，蓝色）进行运动，从而产生小的波动（状态 4）。c. ISWI 和与核小体外 DNA 接触的一个 DNA 结合区（DBD，青色）与核小体结合（状态 1）。并在两侧产生与 SWI/SNF 类似的 DNA 张力（橘黄色定的锚定区（A*，蓝色）和与核小体外 DNA 接触的一个 DNA 结合区（DBD，青色）与核小体结合（状态 1）。ISWI 介导的重塑涉及 DBD 介导的 Tr 域调节，其中 DNA 连接与 DBD 的结合会激活 ATP 酶移位酶结合构域以促使 DNA 移位（绿色箭头，状态 1 至状态 2），并允许重塑因子附近的 ATP 酶移位及 DBD 介导于二元轴附近的 ATP 酶结合构域（状态 1～4）。SWI/SNF 重塑因子发挥促 DNA 移位循环的功能，DNA）（状态 2）。在远端，DNA 张力可被类似于 SWI/SNF 的模式消解。在邻近端，消解 DNA 张力需要 DBD 从连接上释放，进而允许 DNA 从核小体外 DNA 的结合，进而移动给核小体。然而，DBD 在新的位置重启与核小体外 DNA 的结合（状态 5）处移动给核小体，状态 4）。与 SWI/SNF 相似，ISWI 也发挥 DNA 移位的作用，而产生相对于 DNA 链缠绕的组蛋白八聚体不断置换的过程会再前次前进（绿色箭头，状态 5）。一旦 DBD 在新的位置重启与核小体外 DNA 的结合。

传播机制发生在核小体的近端，即从近端连接体将 1～2 bp 沿 Tr 域方向拉入核小体，从而导致消解的发生。这个模型被称为"波-棘轮-波"，用来表示 DNA 朝向内部 Tr 域的移动和离开的过程（Saha et al. 2005）。值得注意的是，Tr 域还充当内部棘轮，以确保 DNA 的移动方向。总体反应导致组蛋白沿 DNA 的位移（图 3.7b，状态 3），从而定义核小体滑动。通过迭代，随后的 ATP 水解循环导致额外的方向位移。

前面的部分描述了打破组蛋白-DNA 结合所需的生物物理参数。最近，ISWI 和 SWI/SNF 家族重塑因子的 DNA 易位的生物物理参数已经使用多种单分子形式确定，揭示了它们以足够的力（7～12 pN）实现破坏多个组蛋白-DNA 接触的能力，以及能够采用相当大的速度（约 8 bp/s）以定向和加工的方式移动 DNA（Zhang et al. 2006b；Blosser et al. 2009；Sirinakis et al. 2011）。所有导致滑动操作的重塑因子都可能共享这个重要的 DNA 易位机制，但可能会差异性应用和调节这个机制，以达到不同的结果，如下面所述的核小体分布或驱逐。

3.3.2　染色质开放的机制和调节

在不同的环境下，染色质开放涉及所有四个家族的重塑因子亚型，尽管核小体的解体和驱逐与 SWI/SNF 重塑因子的关系最为密切。直观地说，随着时间的推移，核小体在阵列上的随机滑动将提供对阵列上几乎所有位点的接近，而不管它们的初始位置如何。事实上，大多数 SWI/SNF 家族酶可使核小体滑动以提供 DNA 结合因子进入核小体模板的通道（Logie and Peterson 1997）。尽管核小体与特定类型的 DNA 序列结合力更强，这些 DNA 序列具有与核小体形成相容的内在"左手"螺旋，但上述的单分子实验表明，SWI/SNF 重塑因子可以提供足够的力使核小体沿着任何 DNA 序列滑动，并会施加使核小体解体的峰值力。重塑反应可能涉及一个核小体与一个重塑因子的连续相互作用，因为 SWI/SNF 家族重塑因子的生物化学和结构学研究强烈支持重塑因子与核小体化学计量学比为 1∶1（Leschziner et al. 2005，2007；Skiniotis et al. 2007；Chaban et al. 2008），以及近乎完美的单核小体尺寸的明显的口袋，其可能涉及多个构象，并受组蛋白尾部修饰的调控（Dechassa et al. 2008；Asturias et al. 2002；Leschziner et al. 2007；Skiniotis et al. 2007）（图 3.6d）。一个关键的问题是，ISWI 和 CHD 家族重塑因子为什么以及如何实现间隔核小体阵列排布，而与此同时 SWI/SNF 家族重塑因子则是使初始间隔阵列随机化。如下所述，间隔功能涉及使用 DBD 来探测和测量核小体外 DNA，而 SWI/SNF 家族重塑因子中缺乏这一结构域和性质。

除了滑动之外，重塑因子可以通过两种机制中的某一种驱逐核小体，提供 DNA 可及性（Lorch et al. 2006；Boeger et al. 2003；Reinke and Horz 2003）。第一种，通过重塑因子的一个共同属性，DNA 易位破坏组蛋白-DNA 接触，可以促使组蛋白易于丢失，以允许组蛋白伴侣和/或特定重塑因子上的特定蛋白接近并移除底层组蛋白。在这里，INO80 的重塑因子可能会利用专门的蛋白质辅助组蛋白从核小体中脱落（Hogan et al. 2010）。第二种，与正在进行重塑的核小体相邻的核小体被驱逐，而不是与重塑因子直接结合的核小体；这里，结合核小体上进行性 DNA 易位的行为最初将可用的连接 DNA

朝自身拉动，并且当连接 DNA 耗尽时，重塑器随后将 DNA 从相邻的核小体剥离，导致八聚体弹出（Cairns 2007；Boeger et al. 2008）。ySWI/SNF 的研究结果支持这种模式（Dechassa et al. 2010）。一个关键且未解决的问题是，弹射重塑因子如何在滑动模式和弹射模式之间进行选择。发挥作用的因素可能包括核小体的稳定性；在这里，特定的组蛋白变体和/或底层的 DNA 序列可能促进弹射（图 3.3，红色核小体）。

一个有关机制和调控的问题是，重塑因子 ATP 酶活性是如何被重塑因子亚基、组蛋白变体、组蛋白决定因子和修饰调控的。研究表明，SWI/SNF 家族重塑因子与乙酰化核小体具有更高的亲和力与活性（Ferreira et al. 2007a；Chatterjee et al. 2011）。虽然已经建立了重塑因子的特定布罗莫结构域与特定的乙酰化标记之间的初步联系，但仍有许多东西要研究，以便充分了解它们的作用。神秘的肌动蛋白相关蛋白在调控重构中的作用将在后面的章节中提到。

3.3.3 染色质组装机制和调控

核小体的组装和间隔主要由 ISWI 和 CHD 家族重塑因子进行。目前的模型包括一个初始沉积阶段，在这个阶段，重塑因子可能帮助形成完全成熟的折叠核小体，然后调节其滑动来实现有序的间隔（图 3.1）。如上所述，间隔的关键在于使用 DNA 结合域（DNA-binding domain，DBD），它位于 ISWI（HSS 域）和某些 CHD（SLIDE 域）ATP 酶结构域的 C 端（图 3.4）。这种 DBD 通过与连接 DNA/核小体外 DNA 结合来测量核小体之间的距离（图 3.7c，状态 1；图 3.6b）（McKnight et al. 2011）。有趣的是，DBD 的 DNA 结合状态实际上调节了 ATP 酶/移位酶结构域的活性。对于 ISWI，DBD/HSS 与核小体外 DNA 的结合通过减轻侧翼 NegC 结构域的自抑制作用（图 3.4，未在图 3.7 中描述）打开了 ATP 酶/移位酶结构域（图 3.7c，状态 1），从而推动了约 1 bp 的 DNA，导致这些结构域之间的 DNA 收紧（图 3.7c，状态 2）。DNA 中 DBD 的释放允许 1 bp 进入核小体，从而解除这种张力（图 3.7c，状态 3），整个过程可能涉及 ATP 结合/水解/释放的一个周期。最近的测量结果表明，在某些情况下，DBD 结构域可能在一个以上的 ATP 水解循环中保持与接头 DNA 结合，导致在释放张力之前 ATP 酶/移位酶结构域和 DBD 之间产生额外张力（涉及几个碱基对）（Deindl et al. 2013）。无论如何，DNA 向底物核小体的净移位将使相邻的核小体越来越接近（并且连接 DNA 越来越短）。值得注意的是，另一个属性解释了间隔效应。在游离状态时，DBD 不刺激 ATP 酶/移位酶（图 3.7c，状态 3）；因此，可用的核小体外 DNA 需要重新进行 DNA 易位（图 3.7c，状态 5），并且继续这个循环，直至连接 DNA 耗尽，或者直到相邻核小体间产生干扰 DBD 结合的空间位阻（图中未显示），使相邻的核小体与底物核小体保持固定的距离。将间隔过程连续应用于模板上的所有核小体将产生具有相同距离的所有核小体的阵列，并且如果与边界因子组合，则产生相对于边界因子相位调整的间隔阵列（图 3.3）。值得注意的是，某些 ISWI 亚型（如 ACF）含有一种延长 HSS/DBD 结合的 DNA 长度的蛋白质，从而产生一个具有更长的中位核小体间距的阵列，这与上述模型一致。

有趣的是，核小体表位（及其修饰状态）可以调节组装重塑因子的活性和机制。在这里，最明显的例子是通过组蛋白 H4 尾巴上的一个小碱基区域（残基 17～19）刺激 ISWI ATP 酶活性（Hamiche et al. 2001；Clapier et al. 2001，2002），但侧翼赖氨酸残基乙酰化（H4K16ac）则不会产生。H4 尾巴并不增加核小体与重塑因子的亲和力，而是通过一种可能涉及减轻自抑制的变构机制影响 ATP 酶活性。值得注意的是，ISWI 的 N 端含有 H4 尾部碱性补丁的"模拟物"，可以抑制 ATP 酶活性（AutoN，图 3.4）（Clapier and Cairns 2012），并与真实的（未被乙酰化的）H4 尾部碱性补丁相互拮抗，有助于确保 ISWI 不会间隔/组织高度乙酰化的核小体。这种关系在生物学上是有意义的，因为携带 H4K16ac 的核小体更常出现在活跃的基因启动子和增强子中，（直觉上）在这些启动子和增强子中核小体的动力学优于组织和装配。

同样有趣的是，单分子实验表明，核小体上 DNA 易位的方向可以突然改变，尽管目前不清楚这是如何实现的。可能的解决方案包括 DNA 易位方向性的变化，或在重塑因子中将核小体翻转 180°。然而，某些 ISWI 重塑因子似乎实现了另一个选项（Racki and Narlikar 2008）。此处，某些 ISWI 复合物可以以 1∶1 或 2∶1 的重塑因子和核小体化学计量比起作用（Strohner et al. 2005；Racki et al. 2009）（图 3.6c）。值得注意的是，2∶1 结构涉及第二个 ISWI 复合物在核小体对侧的对称位置结合，并不与第一个复合物的空间冲突；因为 DNA 易位机制是定向的（泵向二分体），处于对立面的两个 ISWI 复合物的活性变化促使八聚体在不同方向上运动。

对于 ISWI 家族重塑因子而言，其他非催化亚基也会影响重塑反应。例如，dNURF 的 dNURF301 亚基促进了核小体的滑动（Xiao et al. 2001）。dACF1 的 PHD 指（在 dACF 和 dCHRAC 亚型中）通过稳定重塑因子-核小体相互作用同样地可增强核小体滑动，并影响核小体运动的方向（Eberharter et al. 2004；Fyodorov et al. 2004）。此外，不同的含 hSNF2H 重构因子（hACF、hCHRAC、hRSF、hWICH）中存在不同的非催化亚基，它们通过与核小体外 DNA 的相互作用调节 hSNF2H 活性（He et al. 2008）。值得注意的是，hACF1 通过改变滑动所需的核小体外 DNA 长度来改变核小体间隔；hSWI/SNF 中不存在实现此功能的亚基（He et al. 2006）。此外，yISW1a 的 Ioc3 亚基与 yISW1a 的 HSS 结构域结合，促进了与相邻核小体的连接 DNA 的相互作用（Yamada et al. 2011）。不仅如此，还可通过额外的组蛋白折叠蛋白进一步增强 CHRAC 相对于 ACF 的滑动活性，并通过在核小体边缘结合和弯曲 DNA 促进重塑（Kukimoto et al. 2004；McConnell et al. 2004；Hartlepp et al. 2005；Dang et al. 2007）。

重塑因子也有助于高级染色质结构的形成（Varga-Weisz and Becker 2006）。更高一级的组装涉及连接组蛋白 H1 与核小体核心粒子的结合，形成染色质小体以增加染色质的致密性。有趣的是，ISWI 促进了 H1 在体内染色质中的沉积，并可能在 ACF 亚型中进行这种活动（Fyodorov et al. 2004；Lusser et al. 2005；Corona et al. 2007；Siriaco et al. 2009），这表明特定的核小体重复长度是 H1 组装的最佳选择。值得注意的是，实验条件下的染色质小体并不限制 dACF 的滑动，而是抑制 dCHD1（Maier et al. 2008），这表明了重塑作用的层次结构。值得注意的是，ySWI/SNF、hSWI/SNF 和 xMi-2 的重塑活性可以被 H1 抑制，但该抑制作用可以被 H1 磷酸化拮抗，从而挽救 ySWI/SNF 的重塑作用（Hill and Imbalzano 2000；Horn et al. 2002）。然而，在其他研究中，在经典 H1 亚型（Clausell et al. 2009）或胚胎 H1 变体（Saeki et al. 2005）的化学计量水平上几乎没有观察到抑制。因此，关于特定的高级结构如何防止或允许特定的重塑因子亚型，还有很多谜底亟待揭开。

3.3.4 组蛋白 H2A 变体参与的染色质编辑机制及调控

核小体编辑包括组蛋白变体的掺入或移除，主要由 INO80 家族重塑因子完成。通过组蛋白变体掺入编辑染色质的组成，可以以复制非依赖的方式构建特定的染色质区域。掺入的关键变体包括 H2A 变体 H2A.Z。在这里，已有研究表明，SWR1 亚型移除了典型的 H2A-H2B 二聚体，并将它们置换为 H2A.Z-H2B 二聚体（Mizuguchi et al. 2004）。类似于前述的核小体弹射机制，SWR1 可能利用 ATP 依赖的 DNA 易位所产生的组蛋白-DNA 接触的张力和断裂来促进 H2A-H2B 二聚体的移除，这是核小体编辑的第一步。然而，一个专业的"编辑"重塑因子（不像"接近"重塑因子——它只是弹出组蛋白）必须稳定六聚体，并唯一地递送用于替代的变体二聚体，然后释放最终产物。在编辑过程中，SWR1 复合物包含特异性识别 H2A.Z-H2B 二聚体的蛋白质（Wu et al. 2005），并逐步进行单向二聚体置换，一次置换一个二聚体，首先生成异型核小体，然后生成同型的 H2A.Z 核小体（Luk et al. 2010）。由于 SWR1 的 ATPase 活性受含典型 H2A 核小体的刺激，再受游离的 H2A.Z-H2B 二聚体的进一步刺激，可能是 H2A.Z-H2B 二聚体作为该反应的效应体和底物。重要的是，含有 H2A.Z 与经典组蛋白 H3 组合的核小体是稳定的，而与 H3 变体 H3.3 结合则产生不稳定的核小体，其易于弹出和翻转（Jin et al. 2009），这一特性用于调控基因和异染色质的传播，但在此处并没有进一步阐明（Zhang et al. 2005；Raisner et al. 2005）。

除了在 DNA 双链断裂修复过程中的基因调控，细胞周期检查点被激活时，SWR1 可以被磷酸化修饰后的组蛋白变体 γH2A.X 招募（van Attikum et al. 2007；Xu et al. 2012），并掺入 H2A.Z。最近，最为清晰的体内证据支持 INO80 家族重构因子（INO80 亚型本身）在与 SWR1 介导 H2A.Z 掺入的反向过程中发挥作用，即移除 H2A.Z-H2B 二聚体并置换为经典的 H2A-H2B 二聚体，这是保存基因组完整性所需的功能（Papamichos-Chronakis et al. 2011）。此外，INO80 在 DNA 损伤反应中可以进行一个类似的移除 γH2A.X 的编辑过程。

3.3.5 通过编辑-装配混合机制编入 H3 变体 H3.3 和 CENPA

与保留 H3/H4 四聚体的 H2A-H2B 二聚体置换相反，将 H3-H4 变体组蛋白掺入核小体涉及组装（整个八聚体的复制非依赖性置换）和编辑（将经典核小体局部转化为变体核小体）的特征。在活跃转录基因的编码区域内，组蛋白置换最为常见，其中转录过程导致有限的核小体驱逐，随后 HIRA-ASF1 组装系统以复制非依赖的方式置入含 H3.3 的组蛋白四聚体。组装重塑因子可能使用类似于上述用于复制依赖性组装的模式来促进该过程。值得注意的是，H3.3 变体在其他环境和位置掺入染色质可能涉及特定的重塑因子。例如，将 H3.3 从头组装和沉积到去压缩的精子染色质中需要 dCHD1 的帮助（Konev et al.

2007）。有趣的是，CHD2 重塑因子参与了肌源性基因启动子激活之前 H3.3 在其上的装载，从而决定了肌源性细胞的命运（Harada et al. 2012）。此外，ATRX 重塑因子与组蛋白伴侣 DAXX 共同参与 H3.3 变体的复制非依赖性沉积，这一过程主要发生在臂间染色质和端粒上（Goldberg et al. 2010; Lewis et al. 2010; Drane et al. 2010; Elsasser et al. 2012）。最后，PBAP 但不是 BAP，与组蛋白互作蛋白 FACT 一起被招募到染色质边界，这是 HIRA-ASF1 装载 H3.3 所必需的，并且在建立边界时发挥至关重要的作用（Nakayama et al. 2012）。

阐明定义着丝粒染色质区域的机制，以及识别与着丝粒特异性组蛋白 H3 变体 CENP-A 掺入有关的重塑因子具有重要意义。粟酒裂殖酵母 yHrp1 CHD 重塑因子参与了 CENP-A 的掺入，是染色体正确分离所必需的（Walfridsson et al. 2005）。鸡 CHD1 通过与 SSRP1（组蛋白伴侣 FACT 的一个亚基）的相互作用而定位于着丝粒，并且是 CENP-A 的着丝粒定位所必需的（Okada et al. 2009）。在 HeLa 细胞中重塑因子 RSF 联合 SNF2H 和 Rsf1，积极支持 CENP-A 染色质的组装，因为 Rsf1 的缺失会导致着丝粒 CENP-A 的丢失（Perpelescu et al. 2009）。有趣的是，RSF 的果蝇同源物结合 ISWI 和 dRsf1，与 Tip60 和 H2Av 相互作用，并可能通过协助 H2Av 置换在沉默染色质形成的早期发挥作用（Hanai et al. 2008）。

虽然一些重塑因子促进组蛋白变体沉积，而其他重塑因子会防止不稳定的结合。例如，SWI/SNF 参与限制组蛋白变体 Cse4 的分布，主动从异常位点去除 Cse4 并维持点着丝粒（Gkikopoulos et al. 2011b）。类似地，ATRX 作为 macroH2A（一种具有转录抑制功能的 H2A 变体）的负调控因子影响关键基因的表达（Ratnakumar et al. 2012）。

3.3.6 组蛋白变体对染色质重塑活性的影响

值得注意的是，非经典核小体可以促进或阻止重塑。例如，SWI/SNF 和 ACF 无法重塑存在于失活 X 染色体上含有 macroH2A 变体的核小体（Doyen et al. 2006）。相反，在核小体中掺入 H2A.Z 变体会增加与基因调控相关联的各种重塑因子的结合（Goldman et al. 2010）。到目前为止，只有 ISWI 的重塑因子显示出了组蛋白变体会刺激其重塑活性，这种刺激最初是通过 H2A.Z 观察到的，归功于核小体表面新形成的一个扩展的碱性补丁（Goldman et al. 2010）。最后，与组蛋白伴侣协作可能会改变重塑结果。例如，CHD 重塑因子通常参与核小体组装，而粟酒裂殖酵母 yHrp1 和 yHrp3 重塑因子与 yNap1 组蛋白伴侣协同在启动子和编码区使核小体解聚（Walfridsson et al. 2007）。

3.3.7 重塑因子调节中的肌动蛋白和肌动蛋白相关蛋白

在细胞质中，肌动蛋白（actin）是一种丰富的细胞骨架蛋白，它与 ARP2/3 复合物一起作用于肌动蛋白丝的分支。有趣的是，肌动蛋白和/或肌动蛋白相关蛋白（ARP）是所有 SWI/SNF 和 INO80 家族重塑因子均含有的组成部分。值得注意的是，大多数 ARP 都存在于细胞核中，所有经过检测的核 ARP 都被证明可以组装成 SWI/SNF 和 INO80 家族重塑因子，但 ISWI 或 CHD 家族重塑因子例外（表 3.1）（Cairns et al. 1998；Shen et al. 2000；Mizuguchi et al. 2004；Zhao et al. 1998；Dion et al. 2010）。

肌动蛋白和/或 ARP 直接与重塑因子 ATPase 上的两个结构域之一结合：HSA 结构域（位于 N 端）或仅在 INO80 家族重塑因子存在的位于 DExx 和 HELICc ATPase 结构域之间的长插入片段（图 3.4）。HSA 结构域对于特定 ARP 和肌动蛋白（通常是肌动蛋白-ARP 对）的选择性结合是必要且充分的，这就解释了为什么每个 SWI/SNF 重塑因子中都有两个 ARP/actin 蛋白。INO80 家族重塑因子利用其 HSA 结构域组装肌动蛋白和两个 ARP，并利用其长插入结构域组装一个额外的 ARP（ARP5 或 ARP6），尽管这一额外 ARP 的组装还需要与长插入结构域结合的其他蛋白，包括 RuvB 同源蛋白（Jonsson et al. 2004）。

近期，在理解单个 ARP 和 ARP 模块结构方面的研究取得了很大进展。对于 yINO80 而言，已经解析了 Arp4 和 Arp8 的分离结构，它们与肌动蛋白有着很强的相似性。值得注意的是，Arp8 形成二聚体，但利用独特的 N 端延伸（肌动蛋白中无此结构）进行二聚化，而不是采用肌动蛋白相关的表面来二聚化（Saravanan et al. 2012）。对于 ySWI/SNF，我们已经得到了一个四蛋白模块的高分辨率结构，该模块包括两个 ARP、HSA 结构域和一个 ARP 相互作用因子（Schubert et al. 2013）。这两个 ARP 在整体结构上与肌动蛋白高度相似。然而，ARP 使用疏水口袋组装在螺旋 HSA 结构域的顶部，并使用它们的肌动蛋白样区域以与肌动蛋白聚合物或 ARP2/3 二聚体复合物所使用的表面无关的方式二聚化。因此，与预期相反，重塑因子中 ARP（和可能的肌动蛋白）之间的相互作用与 ARP2/3 或肌动蛋白聚合物中所使用的相互作用非常不同。

ARP 的功能之一是调节 ATP 酶结构域的功能（Jonsson et al. 2004；Szerlong et al. 2008；Shen et al. 2003）。在 yINO80 中，ARP 促进了重塑因子 ATPase 活性、DNA 结合和核小体活动能力（Shen et al. 2003）。影响肌动蛋白功能的药物也会降低 hSWI/SNF ATPase 的活性，据此猜测肌动蛋白同样会调节重塑因子 ATPase 活性（Zhao et al. 1998）。ySWR1 和 yRSC 中的 ARP 正向调节重塑活动（Mizuguchi et al. 2004；Wu et al. 2005；Szerlong et al. 2003，2008），强烈证明这是一种共同属性。对于 RSC 和 SWI/SNF 而言，催化性重塑因子 ATP 酶结构域和两个 ARP 形成一个稳定的模块，能够进行 DNA 易位和适度的核小体重塑活动（Yang et al. 2007；Sirinakis et al. 2011）。然而，一个关键的未解决问题是 ARP 如何调节 ATPase 结构域及 ARP 是否与组蛋白或其他染色质蛋白有额外的相互作用，这些蛋白随后被传递到 ATP 酶结构域。实际上，ARP 和组蛋白之间存在新的联系；某些 ARP 在体外具有组蛋白结合活性（Downs et al. 2004），包括对 H2A/H2B 二聚体或 H3/H4 四聚体的选择性（Downs et al. 2004；Gerhold et al. 2012；Saravanan et al. 2012），并且最近的结构研究支持 Arp8 二聚体（来自 yINO80）与核小体的相互作用（Saravanan et al. 2012）。此外，ySWR1 中的 Arp6 是帮助结合 H2A.Z 变体的蛋白质模块的一部分（Wu et al. 2005）。除了调节 ATP 酶结构域功能的作用外，靶向 INO80 至经历了 DSB（DNA 双链断裂）的基因座，并以 ARP8 依赖的方式提升基因座的移动性（Neumann et al. 2012）。与肌动蛋白不同的是，大多数重塑因子 ARP 本身并不结合或水解 ATP，尽管有报道称特定的核 ARP 具有较低的 ATP 酶活性（Dion et al. 2010），但这种活性的意义目前尚不清楚。

有趣的是，尽管这里没有提及，特定的核 ARP 的作用正在显现，这些作用独立于它们在重塑因子中的功能（Yoshida et al. 2010；Lee et al. 2007）。最后，值得注意的是，actin/ARP 二聚体也存在于 HAT 复合物中，它们可能保留与染色质蛋白结合相关的功能，但不保留与 ATP 酶调控相关的功能。

3.3.8　重塑因子与高迁移率家族结构域/蛋白质的合作

高迁移率家族（high mobility group，HMG）蛋白是一种丰富的染色质结构蛋白，可与 DNA 结构结合并改变 DNA 结构。它们的结合能量可用于促进重塑因子与核小体特定区域的相互作用，并可能进一步影响重塑的活性或效率。在这里，单独的 HMG 蛋白可以与重塑因子相互作用或合作，或者 HMG 结构域可以驻留于特定的重塑因子亚基中。例如，对于果蝇 ACF，HMGB1 与核小体外 DNA 的相互作用增强了核小体 DNA 的结合和滑动活性（Bonaldi et al. 2002）。此外，HMGB1 相关蛋白 NHP6a 与 SWI/SNF 和 RSC 中的 ARP 结合（Szerlong et al. 2003），并促进重塑。hBAF57 和 hBAF111 分别是 hBAF 和 hBRM 复合物的亚基，它们的 HMG 结构域可促进这些重塑因子的体内功能（Chi et al. 2002；Papoulas et al. 2001）。值得注意的是，转录因子 ATF3 依赖 HMGA1 蛋白将 hSWI/SNF 招募到 HIV-1 的启动子上（Henderson et al. 2004）。脊椎动物特异性 HMGN 蛋白家族中的 HMG 蛋白中含有核小体结合结构域，可通过 ACF 或 BRG1 拮抗核小体结合和移动来抑制染色质重塑（Rattner et al. 2009）。最后，INO80 重塑因子中的 yNhp10 蛋白可能通过与磷酸化的 H2A.X 相互作用，将复合物靶向 DNA 损伤位点（Morrison et al. 2004）。

3.3.9　调控重塑因子的翻译后修饰

重塑因子的另一调节机制涉及可逆的共价修饰，其提供了将它们与其核小体底物共同调节的机会。

3.3.9.1　磷酸化修饰

最早的重塑因子修饰例子之一涉及有丝分裂过程中由磷酸化诱导的 hSWI/SNF 复合物失活，该失活涉及 hERK1 对 hSWI3 和 hBRG1 的磷酸化，并可被 hPP2A 去磷酸化而逆转，即恢复重塑因子活性（Muchardt et al. 1996；Sif et al. 1998）。同时，hSWI/SNF 的两个替代催化亚基之一 hBRM 的磷酸化会导致 hBRM 的降解（Sif et al. 1998）。此外，ySWI/SNF 中 ySnf5 的磷酸化发生在 G_1 期中，且 snf5 突变导致细胞周期阻滞；然而，尚不明确 ySnf5 磷酸化是否参与重塑过程（Geng et al. 2001）。值得注意的是，Baf60c 的磷酸化协调了脂质发生和肌生成基因的染色质转变，这一过程在后面的章节中进一步阐述（Forcales et al. 2012；Wang et al. 2013）。对于 CHD 家族重塑因子来说，dCK2 对 dMi-2 进行了相应的组成性磷酸化，减弱了其 ATP 酶活性和核小体滑动（Bouazoune and Brehm

2005）。有趣的是，DNA 损伤反应是通过 Mec1/Tel1 激酶磷酸化检查点蛋白来协调的，该酶也会磷酸化 yINO80 的 yIes4 亚基，而且磷酸化的 yINO80 本身并不影响 DNA 修复，但确实通过一种未知机制影响修复检查点（Morrison et al. 2007）。

3.3.9.2 乙酰化修饰

早期的研究表明，hSWI/SNF 功能可以通过 hPCAF 乙酰化 hBRM 而降低，从而限制转录激活和细胞生长（Bourachot et al. 2003）。值得注意的是，hPCAF 的酵母直系同源物是 Gcn5，Gcn5 也是可促进基因活化的几种不同酵母 HAT 复合物的催化亚基。显而易见的是，Gcn5 乙酰化许多重塑因子并影响它们的功能。例如，dGcn5 乙酰化 dISWI，这可能有助于细胞分裂中期染色体凝聚过程中的 dNURF 功能（Ferreira et al. 2007b）。有趣的是，yGcn5 可能先暂时协助随后阻止 SWI/SNF 家族成员 yRSC 与核小体的相互作用；Gcn5 介导的 H3K14 乙酰化吸引了 yRsc4 亚基中的一个布罗莫结构域，而 Gcn5 介导的 Rsc4 乙酰化自身则导致该布罗莫结构域与内部乙酰化结合，而不是与 H3K14ac 结合，提示其存在自抑制模式（VanDemark et al. 2007）。与此类似，yGcn5 乙酰化 ySWI/SNF ATP 酶亚基 ySnf2 的 AT 钩结构域（AT-hook domain）间的氨基酸，促进 ySnf2 分子与 ySWI/SNF C 端布罗莫结构域间的相互作用，并调节 SWI/SNF 从染色质上解离（Kim et al. 2010）。因此，Gcn5 调节 ySWI/SNF 与染色质的结合，一方面促进组蛋白乙酰化介导的重塑因子驻留（参见下面的基因活化部分），另一方面通过 ySnf2 亚基乙酰化阻碍其驻留。

3.3.9.3 聚 ADP-核糖基化

类似于乙酰化，PARP 介导的聚 ADP-核糖基化（poly-ADP-ribosylation，PARylation）是一种将特定重塑因子靶向至正进行 DNA 修复的基因或基因座处的重塑因子修饰（后面将介绍）。最典型的例子是 dISWI，它可以被核糖基化修饰，降低其 ATPase 活性和核小体结合亲和力（Sala et al. 2008）。因此，dISWI 和 PARP 在染色质压缩方面具有拮抗作用。最后，有几个例子是泛素化或 SUMO 化的重塑因子亚基，虽然它们在重塑中的作用没有被很好地阐明（Wykoff and O'Shea 2005）。

3.4 重塑因子在特定染色体加工中的功能

许多染色体加工是复杂的动态过程，涉及多个重塑因子依次或协同作用。选择重塑因子的逻辑与所需的任务有关：用于染色质组织的是"组装"重塑因子，用于特定染色质区域专门化的是"编辑"重塑因子，用于 DNA 暴露的是"接近"重塑因子。下面，我们将描述各种重塑因子在选定染色体过程中的作用，包括剂量补偿、染色质结构域、DNA 复制、DNA 修复和重组、染色体内聚/分离以及基因调控。

3.4.1 大型染色质结构域、绝缘子和边界

除单个核小体和小区域外，重塑因子还可以调节大型染色质结构域。特殊的富 AT

序列结合蛋白 1（special AT-rich sequence binding 1，hSATB1）提供了一个大规模重塑的绝佳例子。hSATB1 是一种球型核组织蛋白，在细胞核内以笼状网络结构组装，通过将高级染色质组织构建成环状结构域进而调节基因表达（Han et al. 2008）。hSATB1 的表达可能通过改变染色质折叠来影响基因表达，其异常表达与多种癌症的转移相关，并可作为一种预后标志物。值得注意的是，hSATB1 将 hACF 和 hNuRD 重塑因子靶向到特定基因座，介导组蛋白的去乙酰化和核小体在数千个碱基上的定位（Yasui et al. 2002）。绝缘是指通过形成由边界区域界定的染色质环，将染色体划分成不同区域的过程。染色质边界将特定的 DNA 序列与绝缘子/边界蛋白联系起来，以有限的功能单元组织基因组，并通过绝缘子促进独立的基因调控。CTCF 绝缘子在人类基因组中广泛存在，其作用机制涉及伴侣蛋白黏连蛋白和 p68（Parelho et al. 2008；Wendt et al. 2008；Yao et al. 2010）。此外，通过与 hCTCF 相互作用，重塑因子 hCHD8 可定位到多个 hCTCF 结合位点，并在 CTCF 边界处发挥增强子阻断功能，使发生印迹的 H19/Igf2 ICR 基因座绝缘（Ishihara et al. 2006）。值得注意的是，果蝇的重塑因子 NURF 和 NuRD 通过调节几个位点特异性染色质边界因子的增强子阻断功能来拮抗调控同源异型基因（Li et al. 2010）。绝缘与重塑因子联合可驱动细胞分化或胚胎发生。例如，NURF 复合物与组蛋白甲基转移酶 hSET1 协同调节 USF 结合的屏障绝缘体，以防止红细胞生成过程中异染色质入侵使红细胞相关的基因沉默（Li et al. 2011）。此外，ISWI 结合 ArsI 绝缘体蛋白，通过改变它们在胚胎发育过程中的相互作用程度来调控海胆发育（Yajima et al. 2012）。

CHD 家族亚型 dMi-2，而非 dKismet（另一种 CHD 亚型），在体内具有通过促进局部染色体解压缩而改变染色体结构的能力。与 ISWI 不同的是，dMi-2 并不通过改变组蛋白 H1 的沉积来调节高级染色质结构的形成，而是通过破坏黏连蛋白与分裂间期染色体的结合来调节其结构（Fasulo et al. 2012）。这些结果提出了一种有趣的可能性，即 dMi-2 可能通过调节黏连蛋白活性和染色体凝缩来调节细胞分化。

3.4.2　剂量补偿效应

重塑因子在全染色体范围内进行调控的最明显例子是果蝇中的剂量补偿系统，该系统平衡了雄性和雌性的 X 连锁基因的转录输出。在果蝇中，剂量补偿是由多个影响雄性 X 染色体压缩的因子实现的，导致基因表达上调约两倍。雄性 X 染色体的关键特征涉及果蝇剂量补偿复合体（dosage compensation complex，DCC）HAT 亚基 dMOF 在 H4K16 位点处的高乙酰化[Rea 等（2007）和 Gelbart 等（2009）综述]。H4K16ac 通过抑制纤维形成和降低 dISWI 重塑活性来减弱染色质压缩（Dorigo et al. 2003；Shogren-Knaak et al. 2006；Corona et al. 2002）。有趣的是，当观察唾液腺的多线染色体时，iswi 或 nurf301 的突变会导致雄性 X 染色体的大量解压缩，有丝分裂染色体的适度解压，以及组蛋白 H1 装载的缺陷（Deuring et al. 2000；Badenhorst et al. 2002；Corona et al. 2007）。因此，dISWI 作为 dNURF 的一员，在总体范围内有助于染色体的压缩，但被 DCC 乙酰化所拮抗（因为 dISWI 在乙酰化的核小体上表现出较低的活性），从而减轻压缩并促进转录（可能通过 RNAPII 使染色质产生延伸）（Larschan et al. 2011）。

3.4.3 DNA 复制

DNA 复制的起始阶段是由染色质调控的，其进展对染色质的完整性提出了极大的挑战，涉及 DNA 聚合酶的穿梭以及随后核小体的重新组装。复制过程由细胞周期控制，缺陷或遇到的障碍激活检查点，而这些检查点可以在信号转导和解除障碍过程中利用染色质。在酵母中，由于核小体位置抑制了体内复制起始点的激发，因此需要诸如 ySWI/SNF 等接近重塑因子来提升起始点的可接近性，并支持 DNA 聚合酶的进程（Simpson 1990；Flanagan and Peterson 1999）。

有趣的是，组装重塑因子也参与复制启动和触发。在酵母中，yIsw2 在活跃复制位点积累，有助于复制叉进程（Vincent et al. 2008）。在高等细胞中，hSNF2H 在许多复制环境中扮演着重要角色，通过其带有其他亚基的模块化组装以及与其他活动的关联使其得以被调控。例如，SNF2H 可与 hACF1 结合以促进通过异染色质区域的 DNA 复制（Collins et al. 2002），或与 hWSTF 结合以靶向异染色质中的复制焦点（Poot et al. 2004），或与 hTip5 结合以特异性促进非活性 rRNA 基因的晚期复制（Li et al. 2005）。值得注意的是，SNF2H 与组蛋白去乙酰化酶 HDAC1/2 相结合是 G_1 特异性染色质重塑和 EB 病毒（Epstein-Barr virus）起源的 DNA 复制启动所必需的（Zhou et al. 2005）。在类似的过程中，结果却相反，yChd1 与组蛋白甲基转移酶协同负调控 DNA 复制（Biswas et al. 2008）。

关于 INO80 家族重塑因子，酵母中 yINO80 的研究最有启示性：yINO80 与复制起点相关联，积极促进正常的 S 期进程，提高复制叉稳定性并促进其前进（通过复制体稳定性），并且在复制期间与 PCNA 相互作用并一同迁移（Vincent et al. 2008；Shimada et al. 2008；Papamichos-Chronakis and Peterson 2008）。在应激条件下，yINO80 对复制叉进程至关重要，并与停滞复制叉相关联（Shimada et al. 2008）。值得注意的是，INO80 在复制叉进程中具有重要的间接功能：在 S 期与自主复制序列（autonomous replication sequence，ARS）结合时，INO80 促进 PCNA 泛素化，促进 Rad18 和 Rad51 的招募，而 Rad18 和 Rad51 是处理阻滞复制叉所需的蛋白质（Falbo et al. 2009）。此外，复制蛋白 A（replication protein A，RPA）在停滞的复制叉处积累，它与 yIsw2 和 yINO80 相互作用，这可能使停滞的复制叉后退，然后重新进入复制阶段。

3.4.4 染色体凝聚和分离

研究人员正在一步步挖掘重塑因子在染色体分离各层面的作用。其中研究最多的是黏连蛋白的装载，它在分裂后期之前将姐妹染色单体连接在一起。在人类中，SNF2H 以一种 ATP 酶依赖性方式介导黏连蛋白在特异性修饰染色质上的装载（Hakimi et al. 2002）。yRSC 也存在于着丝粒中，参与适当的动粒功能和染色体分离（Hsu et al. 2003；Huang and Laurent 2004）。yRSC 通过其 ATP 酶亚基 Sth1p 直接与黏连蛋白相互作用，促进染色体臂上的黏连蛋白负载和合适的姐妹染色单体凝聚（Huang and Laurent 2004）。值得注意的是，CHD 家族重塑因子 dMi-2 在间期主要在基因区域拮抗黏连蛋白结合（Fasulo et al. 2012）。

除凝集作用外，重塑因子还在着丝粒和纺锤体上发挥着功能。ISWI 与微管相关蛋白相互作用，对于分裂后期维持纺锤体微管并进行适当的染色体分离是必需的（Yokoyama et al. 2009）。奇怪的是，ISWI 以 ATP 酶非依赖性的方式执行此功能。有趣的是，hATRX（其可将 H3.3 沉积在臂间区域）在减数分裂开始时需要完全的组蛋白去乙酰化来结合着丝粒异染色质，促进双极减数分裂纺锤体形成和正确的染色体排列（De La Fuente et al. 2004）。与在复制应激（见上文）和 DNA 修复（见下文）中的作用不同，yINO80 和 Ies6 亚基通过调控 H2A.Z 在臂间染色质中的结合来防止染色体错分离和倍体增加（Chambers et al. 2012）。在高等真核生物中，INO80 的亚基 YY1 蛋白的缺失也会导致染色体的多倍体和畸变结构的增加（Wu et al. 2007b）。除了 INO80 外，yISW2 和 yRSC 还参与了位于臂间染色质的组蛋白转换调控，参与动粒结构的维持（Verdaasdonk et al. 2012）。因此，重塑因子对臂间染色质的调控对于适当的着丝粒和动粒组织显得越来越重要。

3.4.5 DNA 修复和重组

DNA 断裂在基因组中相对常见，并且威胁到基因组的完整性。染色质动力学涉及 DNA 损伤修复的许多方面，包括接近断裂位点、局部转录停止、维持 DNA 末端的联系、修复蛋白的招募、同源蛋白配对、在染色质环境中协调修复通路，以及修复后恢复最初的染色质状态。修复双链断裂（double-strand break，DSB）有两种途径可供选择：同源重组（homologous recombination，HR）或非同源末端连接（nonhomologous end-joining，NHEJ），两种途径均涉及重塑因子。然而，HR 修复涉及同源基因搜索和配对，需要沿着 DNA 长链去除和/或修饰染色质，因此需要相当大程度的染色质重塑。

最早的染色质修复反应之一是通过检查点激酶使 H2A.X 磷酸化（发生在脊椎动物的 H2A.X S139，或酵母 H2A 的 S129 位点），其称为 γH2A.X。这种磷酸化作用发生在损伤部位周围的广阔区域，有助于招募各种修复因子和重塑因子。损伤识别与 INO80 家族重塑因子的关系最为密切。在酵母中，yINO80 重塑因子与 γH2A 的相互作用涉及亚基 Nhp10、Ies3 和 Arp4（Morrison et al. 2004；Downs et al. 2004）。相比之下，哺乳动物中向 DSB 处招募 INO80 似乎无需 γH2A.X，但是需要 ARP8（Kashiwaba et al. 2010）。此外，另一 ARP 亚基 ARP5 似乎与 γH2A.X 相互作用，促进其最初的磷酸化和传播（Kitayama et al. 2009；Kandasamy et al. 2009）。有趣的是，在 H2A 磷酸化水平降低后，INO80 保留在 DSB 中，这表明有其他蛋白质相互作用辅助其保留。INO80 的活性可能有助于暴露 DNA 进行 5′-3′切除，因为其缺失无法产生 DNA 3′单链突出（van Attikum et al. 2004）。此外，INO80 促进 H2A.X 磷酸化，有助于 DNA 损伤检查点克服细胞周期阻滞（Papamichos-Chronakis et al. 2006）。最后，在小鼠中，INO80 与转录因子 YY1（Yin Yang-1）相互作用，YY1 对于发育和 HR 介导的 DNA 修复至关重要（Wu et al. 2007b）。

招募 ySWR1 到 DSB 也涉及 γH2A.X，该招募过程对于 yKu80 装载到 DSB 和无错 NHEJ 是必需的（van Attikum et al. 2007）。yINO80 移除 DSB 附近的 γH2A 和 H2A.Z 核小体（Papamichos-Chronakis et al. 2006；van Attikum et al. 2007），SWR1 则执行相反的

活动：在 DSB 区域处沉积 H2A.Z（Xu et al. 2012）。因此，H2A.Z 沉积和 SWR1 活性对于形成开放的染色质构象、限制单链 DNA 的产生，以及 RPA 和 Ku70/Ku80 蛋白的装载至关重要（Xu et al. 2012）。值得注意的是，果蝇 SWR1 的直系同源物 dTip60 与 Domino ATPase 整合入组蛋白乙酰转移酶 dTip60 复合物中为调控提供了一个额外方式（Kusch et al. 2004）。有趣的是，dTip60 在 Domino 将其去除之前乙酰化 γH2Av。在果蝇和人类中，这些 HAT 和 ATP 酶的活性被组合到一种蛋白质或复合物中，然而这些 HAT 和 ATP 酶在酵母中出现在不同复合物中，尽管它们的调节方式是保守的：由酵母 HAT yNuA4 介导的 H4 或 H2A N 端赖氨酸残基乙酰化修饰能以依赖于布罗莫结构域亚基 Brf1 的方式，独立促进 ySWR1 在染色质上重塑整合 H2A.Z（Altaf et al. 2010）。最后，yINO80 通过与多种端粒酶组分相互作用，调节依赖重组的端粒结构维持，从而有助于限制端粒长度（Yu et al. 2007）。

ySWI/SNF 和 yRSC 重塑因子都对 HR 有贡献，ySWI/SNF 参与了链入侵前的早期步骤，yRSC 随后协助完成（Chai et al. 2005）。与已知的染色质开放作用一致，yRSC 促进核小体驱逐和 yKy70 结合，并协助无错误的 NHEJ（Shim et al. 2007）。有趣的是，在配对类型转换过程中切除的 DNA 链的入侵需要 SWI/SNF 从供体序列中清除异染色质因子 Sir3（Sinha et al. 2009）。此外，以往研究还提出了一种协同染色质激活环，包括自增强步骤，以提升染色质可接触性：H2A.X 磷酸化招募 GCN5，使邻近的 H3 发生乙酰化，进而被 BRG1 中的布罗莫结构域识别（Lee et al. 2010）。SWI/SNF 与修复的其他联系包括 ySWI/SNF 与识别损伤的蛋白质（Rad23-Rad4）的结合，以及 *swi/snf* 突变体中明显的修复缺陷（Gong et al. 2006），这一结果已扩展到人类突变细胞系。

ISWI 家族重构因子的作用包括 hACF1（其与 hKu70 相互作用）在 DNA 损伤位点积累，其具有有效 DSB 修复所需的 SNF2H ATP 酶活性（Lan et al. 2010）。早期 hACF1 在 DNA 损伤位点的积累与 G_2/M 检查点有关，发生在 γH2A.X 积累之前（Sanchez-Molina et al. 2011）。值得注意的是，在缺乏 hACF1、SNF2H 或 CHRAC15/17 的细胞中，DSB 诱导的 HR 和 NHEJ 的频率降低，这表明在 DSB 修复中，不仅需要 ACF，还需要 CHRAC 复合物（Lan et al. 2010）。

特定的重塑因子，尤其是 CHD 家族的重塑因子，似乎依赖于 PAR 被招募到 DNA 损伤位点，包括 ALC1 和 NuRD。ALC1 被招募到 DNA 损伤位点并通过其宏结构域激活，宏结构域与 PARP1-核小体中间体结合，通过 PARylation 刺激其重塑活性（Ahel et al. 2009；Gottschalk et al. 2009，2012）。ALC1 可能通过重新定位核小体并与 NHEJ 蛋白相互作用来启动 NHEJ 的 DNA 断裂。此外，CHD4-NuRD 也以依赖于 PARP 的方式被招募到 DSB 中，促进 DNA 损伤位点的转录抑制（Polo et al. 2010；Chou et al. 2010；Larsen et al. 2010）。值得注意的是，PAR 还可以用于在转录激活的背景下招募重塑因子（见下文）。因此，PARylation 可能被广泛用于快速吸引对关键情况[如 DNA 损伤（见上文）或热休克应激（见下文）]作出快速有效转录反应所需的因子。

值得注意的是，Fun30 和 SMARCAD1 通过促进 DNA 末端切除来修复 DNA 断裂（Chen et al. 2012；Costelloe et al. 2012；Eapen et al. 2012）。Fun30 通过去除 Rad9 促进 DNA 末端的远程切除和检查点适应（Chen et al. 2012），而 SMARCAD1 的敲除导致 HR

和 RPA 区域形成缺陷（Costelloe et al. 2012）。值得注意的是，为了促进异染色质区域的修复，CHD3-NuRD 依赖的 KAP-1 磷酸化缺失增加了 DNA 的可接近性（Goodarzi et al. 2011）。CHD2 的新功能正在逐步呈现，因为突变小鼠在 X 射线照射后表现出 γH2A.X 斑点的清除缺陷和异常 DNA 损伤反应，这表明 DNA 修复后，CHD2 在 DNA 链断裂的修复或 γH2A.X 信号的衰减中起直接作用（Nagarajan et al. 2009）。DNA 被修复后，将染色质景观恢复到原始状态的过程仍然未知。最后，"孤儿"重塑因子 CSB 在转录偶联修复中的作用将推迟到疾病综合征部分进行介绍（见下文）。

3.4.6　启动子架构和转换

虽然染色质和重塑因子在基因中的作用可能非常复杂，但有很大一部分符合上述章节中描述的一个普遍逻辑，即重塑因子介导核小体的占据和定位，从而影响 DNA 上重要顺式控制位点的暴露。在这里，一个重要的考虑因素是启动子的初始状态，无论它通常是"开放的"（缺少核小体）还是"封闭的"（包含核小体，其可覆盖重要位点）（Cairns 2009）。

3.4.6.1　开放型启动子

开放型启动子是通过联合 DNA 序列特征、组蛋白变体和重塑因子的协同作用而形成的（图 3.3）。DNA 序列如 AT 富集区不利于核小体的形成（Segal et al. 2006），嵌入在这些 AT 富集区及其周围的顺式位点可以（间接）吸引 SWR1 型重塑因子在 AT 富集区及其附近产生含 H2A.Z 的核小体，造成核小体不稳定，导致核小体占用率较低。此外，重塑因子可以弹出残存核小体，在转录起始位点（TSS）上游形成一个明确的 100～200 bp 的核小体缺失区域（NDR），其两侧是相移/定位良好的 H2A.Z 变体核小体（Yuan et al. 2005）。许多 NDR 包含转录因子的结合位点，因此这些位点就被暴露，并且在高等细胞中的一个重要子集也可能预先加载了 RNAPII。然而，这些基因以及驻留的 RNAPII 不一定是活化的，因为近端或远端增强子可以被包裹在核小体中，暴露时需要重塑，或者可能存在其他类型的染色质修饰，阻止 RNAPII 的启动或延伸。因此，基因启动子可以处于"蓄势待发"的状态，但目前尚未活化。向活化状态的转变伴随着组蛋白乙酰化等修饰的增加，TSS 和增强子区域周围的核小体缺失（以暴露出额外的顺式控制元件），以及启动子和编码区域明显的核小体运动。

3.4.6.2　封闭型启动子

封闭型启动子是指在被抑制状态下缺乏 NDR 或相关 RNAPII 的启动子，这主要是由于存在相互竞争的核小体。这些启动子通常缺乏富 AT 序列，携带较低水平的含 H2A.Z 的核小体，并且常常利用组装重塑因子来帮助建立一个以相对稳定的核小体为特征的抑制结构。为了激活这些启动子，必须移动或驱逐核小体以暴露启动子顺式控制位点。然而，由于其初始结构的特性，封闭型启动子在启用 RNAPII 关联和活性之前需经历更多的重塑事件和染色质转换。因此，与开放型启动子相比，封闭型启动子更依赖于接近重塑因子和染色质修饰复合物的作用（特别是协助重塑剂功能的 HAT）。在一种情况下，一个"先锋"激活剂（Act#1，图 3.8b）可以结合一个开放位点并招募组蛋白修饰剂和一个"接近"重塑因子，后者清除侧翼核小体以使其他激活剂能够结合（Act#2，图 3.8b）。

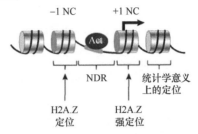

a. 组成性开放型启动子

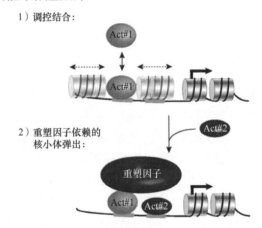

b. 调控的封闭型启动子

1）调控结合：

2）重塑因子依赖的核小体弹出：

图 3.8　启动子结构及核小体的占位。酵母中许多基因符合"开放"或"封闭"两种启动子结构之一，这是指在抑制状态下核小体占据近端启动子的程度。a. 开放型启动子在转录起始位点（TSS，黑色箭头）附近有一枯竭的近端核小体，这是组成型基因的共同特征。b. 封闭型启动子在其被抑制状态下，在 TSS 附近有一个核小体，这是高度调控基因共有的特征。图中描绘了两种相反的类型，但大多数酵母基因融合了图中所示的特征以提供适当的调控。灰色核小体含有典型的 H2A，而蓝色核小体含有 H2A.Z。转录激活因子（ACT）的结合位点（绿色 DNA）如图所示。这些位点在开放型启动子中大多是被暴露的，而在封闭型启动子中大多是被核小体所封闭的。封闭型启动子通常具有强度和位置变化的核小体定位序列元件，并且在群体中缺乏"相位"。相反，开放型启动子中 NDR（核小体缺失区域）侧翼的核小体（被称为"–1"和"+1"）在群体中被定位，特别是"+1"核小体

最近解决的一个有趣的问题是：如何用重塑因子定义"+1"和"–1"核小体的位置。在这里，NDR 中存在的转录因子（如 ACT，图 3.8a）可以作为 ISWI 家族重塑因子的"边界"元件，然后将这些启动子核小体移动至与结合位点距离固定的位置（Yen et al. 2012）。一个重要的概念是组装染色质的重塑因子与那些破坏/弹出核小体（尤其是在封闭型启动子处）建立的动态装配/解聚通道之间的明显拮抗（Lorch et al. 2006）。下面，我们提供了一组结果来说明基因抑制和激活过程中的相互作用。

3.4.7　基因抑制

总体而言，组装重塑因子可以通过阻止 DNA 结合因子接近、促进连接组蛋白结合的核小体阵列（见上文染色质组装部分），以及吸引参与抑制的其他染色质修饰复合物来帮助施加基因抑制。然而，认为沉默的染色质是静止的，这是一种误解；相反，它被与 DNA 结合的抑制因子和组蛋白修饰物相互作用的动态重塑因子所占据，以持续增强被抑制的状态。早期的例子来自酵母，包括组装重塑因子 yISW2 的使用。yISW2 可以将核小体滑过重要启动子元件，以加强转录抑制（Whitehouse and Tsukiyama 2006），干扰 TBP 结合（Alen et al. 2002；Moreau et al. 2003），防止来自基因间区域的隐性反义转录（Whitehouse et al. 2007），部分是通过限制 NDR 的大小来达到上述目的（Yadon et al. 2010）。果蝇中的研究包括对多线染色体的研究都支持这一结论，它揭示了 ISWI 通常与受抑制的基因座共定位。在靶向性方面，DNA 结合抑制因子 yUme6，连同协同抑制因子和 Ssn6-Tup1，将 yISW2 重塑因子招募到各种启动子中，从而抑制转录（Goldmark et al. 2000）。DNA 结合因子招募 ISWI 重塑因子的例子比比皆是。除了 ISWI 外，CHD 家族重塑因子在抑制中也有类似的作用；同时，在某些情况下，SWI/SNF 重塑因子被用来暴露 DNA 结合抑制因子的位点。

先前详细介绍了缺乏组蛋白 H4 乙酰化是如何正向调节 ISWI 重塑因子的。事实上，有关基因抑制始终如一的主题是组蛋白去乙酰化酶（HDAC）与组装重塑因子协同实施的转录抑制（Burgio et al. 2008）。在出芽酵母中，HDAC 与 Ssn6-Tup1 和 yISW2 重塑因子的关联解释了其部分抑制活性。在粟酒裂殖酵母中，重塑因子 SHREC 还将重塑因子 ATP 酶结构域和 HDAC 活性结合在一个复合物中，这对沉默的着丝粒异染色质的组装至关重要（Sugiyama et al. 2007）。此外，SHREC 与 HP1 蛋白 Chp2 和 Swi6（与 H3K9me 结合）以及组蛋白伴侣 Asf1 共同作用，促进组蛋白去乙酰化和核小体占位，防止产生异染色质区域的 NDR（Yamane et al. 2011）。为维持异染色质状态，高等细胞中 Mi-2/NuRD 型重塑因子涉及在重塑复合物中嵌入 HDAC 及 DNA 甲基结合蛋白（MBD），以便在 DNA 甲基化区域沉默过程中发挥协调作用。因此，重塑因子的进化通常涉及在重塑因子中添加协调的模块，从而实现复杂的功能如基因抑制。

DNA 结合因子可以招募专门用于基因抑制的重塑因子。例如，含有 Mi-2 的重塑因子被 SUMO 化转录因子招募，导致 SUMO 依赖性转录抑制（Ivanov et al. 2007；Stielow et al. 2008；Schultz et al. 2001；Siatecka et al. 2007；Reddy et al. 2010）。hCHD8 和 dKismet（果蝇同源物）被 β-catenin 招募并负调节 β-catenin 靶基因表达，拮抗 Wnt-β-catenin 信号通路并招募连接组蛋白 H1（Thompson et al. 2008；Nishiyama et al. 2012）。非编码 RNA（ncRNA）招募重塑因子以抑制基因表达的作用正在浮现。例如，在拟南芥中，SWI/SNF 帮助传递 RNA 介导的转录沉默（Zhu et al. 2013）。在这种情况下，SWI/SNF 通过其 SWI3B 亚基被招募，该亚基与 RNAPV 产生的长链非编码 RNA（lncRNA）间接相互作用。在这里，SWI/SNF 通过重新定位核小体和增强 DNA 甲基化来促进基因沉默。

3.4.8 转录起始

以上章节从概念上详细介绍了接近重塑因子如何帮助 DNA 结合因子接近其位点。从染色质的角度来看，RNAPII 基因转录起始的过程涉及接近和编辑重塑因子（辅以修饰酶），使转录因子有序地接近增强子和启动子，最终激活 RNAPII。值得注意的是，几乎所有的增强子和启动子都被多个重塑因子所占据，这使得转录起始过程中的重塑无法得到全面的描述。相反，我们提供了一个支持关键原则的示例：RNAPII 占用和启动所需的重塑因子任务在逻辑上是逆转初始阻塞、压抑状态。

3.4.8.1 SWI/SNF 重塑因子

早期对酵母的遗传学研究表明，SWI/SNF 复合物的组成对许多基因的激活是必需的，SWI/SNF 可拮抗组蛋白的抑制作用（Winston and Carlson 1992）。此外，重塑因子介导的启动子染色质转换可以独立于基础转录因子（TBP）或 RNAPII 发生，因此可以先于转录进行（Schmid et al. 1992；Hirschhorn et al. 1992；Yudkovsky et al. 1999）。果蝇中有影响的工作支持了这项工作，显示 SWI/SNF 家族重塑因子在许多活化基因中都与 RNAPII 共存，并有证据证明 RNAPII 占据基因时需要活性 SWI/SNF（Armstrong et al. 2002）。然而，SWI/SNF 招募的时间可能会有所不同，且取决于最初的抑制结构：在酵母 *HO* 启动子中，SWI/SNF 是由最初的 DNA 结合蛋白（ySwi5）早期招募的，并且对于早期染色质转换是必需的；而 SWI/SNF 是占据 IFN-β 启动子的最后因子之一，后者在 SWI/SNF 使用前携带了一个巨大的增强体（Cosma et al. 1999）。虽然 SWI/SNF 重塑因子含有布罗莫结构域，但激活因子的靶向性对其招募似乎很重要。在酵母和人类的几十个例子中，一些研究比较透彻的是 ySWI/SNF 与 ySwi5 或 yGcn4p 的相互作用（Cosma et al. 1999；Natarajan et al. 1999），以及 hSWI/SNF 和 HSF1 或糖皮质激素受体（GR）的相互作用（Kwon et al. 1994；Hsiao et al. 2003）。有趣的是，GR 以周期性和循环性的方式被 hSWI/SNF 取代（Nagaich et al. 2004）。一个新兴的主题涉及特定细胞类型特异性的重塑因子组件的使用，将重塑因子"捆绑"到细胞类型特异性 DNA 结合蛋白和/或染色质修饰上。例如，SWI/SNF 亚型 PBAF（而非 BAF）与特定核受体相互作用并促进其转录激活（Lemon et al. 2001）。此外，含有 BAF200（一个包含 ARID 域的特异性靶向亚基）的 SWI/SNF 复合物调节特定干扰素应答基因的表达（Yan et al. 2005；Gao et al. 2008）。后面的章节还提供了涉及其他重塑家族的特殊"捆绑"蛋白案例。

值得注意的是，在酵母研究中的发现，SWI/SNF 家族重塑因子可被特定的 DNA 结合蛋白招募到 NDR 中，这有助于增强 NDR 中核小体丢失的程度（Raisner et al. 2005）。共抑制因子和共激活因子也可以参与 SWI/SNF 的招募（Dimova et al. 1999）。大量文献支持 hSWI/SNF 向细胞类型特异性基因增强子和启动子处招募，通常是通过与特定的主调控因子相互作用实现的（参见后面的章节）。依附转录因子介导的靶向，ySWI/SNF 可以通过其布罗莫结构域稳定其位置，这有助于将该重塑因子锚定在乙酰化核小体上（Hassan et al. 2002）。结合前面章节的信息，认为 SWI/SNF 家族重塑因子可能结合组蛋白乙酰化和变体，使用核小体滑动和驱逐来提供 DNA 结合蛋白的接近入口。

3.4.8.2　ISWI 重塑因子

ISWI 家族重塑因子的 NURF 亚型利用其特有的大亚基（果蝇的 dNURF301，人类的 BPTF）通过影响启动子区染色质，有效地将 ISWI 的重塑因子转化为接近重塑因子。有趣的是，dNURF301 与许多序列特异性转录调控因子相互作用，包括 dGAGA、dHSF、ecdyone 受体和 dKen 抑制因子（Xiao et al. 2001；Badenhorst et al. 2002；Kwon et al. 2008）。此外，dNURF 与 TATA 结合的同源蛋白 dTrf2 相互作用，激活基因表达（Hochheimer et al. 2002）。酵母利用特定的 ISWI 亚型，其中 yISW1b 与激活的相关性最高，它有助于启动子的清除和特定启动子的激活（Morillon et al. 2003）。尽管 ISWI 的 ATP 酶结构域本质上是间隔和编排核小体，但辅助蛋白能破坏该功能以达到其他目的。

3.4.8.3　CHD 重塑因子

正如始终强调的那样，CHD 重塑因子的功能具有多样性。对粟酒裂殖酵母的早期研究也表明，启动子在激活过程中的核小体驱逐涉及 CHD 重塑因子 Hrp1 和 Hrp3（Walfridsson et al. 2007）。yChd1 以激活因子依赖的方式选择性去除启动子核小体（Ehrensberger and Kornberg 2011）。值得注意的是，在过渡到转录延伸阶段之前，dKismet 也有助于激活（Srinivasan et al. 2005）。在人类中，CHD7 与 SWI/SNF 重塑因子协作激活神经嵴谱系中的基因（Bajpai et al. 2010）。有趣的是，CHD7 与增强子的 H3K4me 标记模式有明显的共定位（Schnetz et al. 2009）。此外，CHD8 对靶基因调控似乎有着不同的作用：既可抑制 β-catenin 靶基因（Thompson et al. 2008）和 *HOXA2* 基因（Yates et al. 2010），又可激活雄性激素响应基因的转录（Menon et al. 2010）。最后，多种重塑因子可以同时被招募，并且它们之间互相拮抗以调节基因活化，如在巨噬细胞中脂多糖刺激基因上的 SWI/SNF 和 Mi-2β（Ramirez-Carrozzi et al. 2006）。下文还提供了重塑因子间拮抗作用的其他案例。

3.4.8.4　INO80 重塑因子

早期在酵母中的工作揭示了肌醇调节基因完整转录所需的 INO80 因子，以及与 ySWI/SNF 复合物的协同作用（Ford et al. 2008）。转录因子 YY1 是发育的主调控因子，被描述为 hINO80 重塑因子的一个亚基，它可以接近 TSS 的结合位点并激活转录（Cai et al. 2007；Wu et al. 2007b）。这项工作在裂殖酵母（粟酒裂殖酵母）中的延伸研究表明，INO80 存在于参与磷酸盐和腺嘌呤代谢的基因处，主要发挥驱逐启动子核小体的功能（Hogan et al. 2010）。

3.4.9　转录延伸

在基因编码区域内的染色质必须适应 RNAPII 的进程，这涉及在前进的聚合酶周围核小体的陪伴，以及被驱逐核小体的替换——这是防止在基因内发生偶然起始所必需的。目前的证据支持在编码区域内广泛使用组装和接近重塑因子来执行这两种功能。首先，在转录之前，编码区域显示核小体的间隔和相位，+1 核小体作为一种边界元件来设定相位；这种效应在酵母中最为明显，并需要多个 Isw1 和/或 Chd1 的重塑因子共同作用（Gkikopoulos et al. 2011a；Pointner et al. 2012）。在酵母（Schwabish and Struhl 2004；Carey et al. 2006）和高等生物（Brown et al. 1996）中的结果支持 SWI/SNF 家族重构蛋白可能辅助染色质转录。这种辅助可能正好发生在从起始到延伸的转换过程中，或者在编码区域的后续步骤中。值得注意的是，hSWI/SNF 已被证明可以促进 HIV 启动子的 tat 依赖性伸长（Treand et al. 2006）。

转录延伸还涉及 FACT、Spt6 和其他因子的参与，它们作为核小体伴侣在 RNAPII 周围帮助传递组蛋白八聚体，并促进它们与 DNA 的重新结合，从而改造核小体。需要明确的是，一旦完成组蛋白沉积和核小体成熟之后，在 RNAPII 行动轨迹上，组装重塑因子会帮助重建一个有序的核小体状态。值得注意的是，ISWI 家族重塑因子 yISW1b 通过 Ioc4 亚基的 PWWP 区域靶向含有 H3K36 甲基化的核小体（Maltby et al. 2012；Smolle et al. 2012），这是一种由酵母组蛋白甲基转移酶（Set2）添加的标记，该酶与延伸性 RNAPII 一起传递。在这种情况下，yISW1b 与 yCHD1 共同作用，通过阻止转录延伸过程中的反式组蛋白交换来维持染色质的完整性（Smolle et al. 2012）。与此一致的是，yISW1 被证明通过定位中间编码序列核小体而具有全基因组的转录延伸功能，其缺失导致了隐性基因内启动子的启动（Tirosh et al. 2010）。

CHD 家族的重塑因子参与转录延伸，因为 yChd1 与延伸因子存在物理上和功能上的相互作用（Simic et al. 2003），所有的 dCHD 重塑因子都与转录的活性位点共定位（Marfella and Imbalzano 2007；Murawska et al. 2008），及反映延伸型 RNAPII 的定位（Srinivasan et al. 2005）。在高等真核生物中，编码区含 H3.3 变体的核小体可能是以复制非依赖性的方式，在 RNAPII 行进后由 CHD1 沉积 H3.3 变体的（Ahmad and Henikoff 2002）。在酵母和果蝇中，CHD1 调控 H3 的复制非依赖性更新，在促进基因 5′端组蛋白交换的同时，也通过长度依赖性阻止基因 3′端交换（Radman-Livaja et al. 2012）。此外，CHD1 也调节转录终止（Alen et al. 2002；Walfridsson et al. 2007）。

令人惊讶的是，与其通常的抑制作用相反，CHD 家族重塑因子 dMi-2 与活跃的热休克（heat-shock，HS）基因互作，有助于高效的基因转录和 RNA 加工。有趣的是，dMi-2 的招募通过两步完成，初始快速招募阶段 dMi-2 直接结合 PAR，这是细胞对特定染色质区域压力的反应，随后再与新生 RNA 转录本结合（Murawska et al. 2011）。压力诱导的核糖基化可广泛用于迅速地吸引快速和高效转录反应所需的因子。有趣的是，ChIP-Seq 揭示了 dMi-2 与活跃的 HS 基因体结合，紧接着合成新生 RNA，提示转录本身是 Mi-2 重塑因子招募的主要决定因素（Mathieu et al. 2012）。

dKismet 于 P-TEFb 招募的下游发挥功能，以促进 RNAPII 的早期延伸（Srinivasan et al. 2008）。令人惊讶的是，参与延伸过程的组蛋白甲基转移酶 ASH1 和 TRX 需要 dKismet 来帮助它们与染色质结合，然而 dKismet 本身并不与这些酶介导的组蛋白甲基化修饰结合。意外的是，有人提出 dKismet 通过将 ASH1 和 TRX 招募到染色质中来对抗多梳家族的基因转录抑制并间接拮抗 H3K27 甲基化（Srinivasan et al. 2008）。有趣的是，CHD8 似乎通过与 RNAPII 的伸长型互作来调节细胞周期蛋白 E2 基因（Rodriguez-Paredes et al.

2009）。

3.4.10 调节 RNAPI 和 RNAPIII 过程中的染色质重塑

RNA 聚合酶 I（RNAPI）转录 rDNA 基因，并且哺乳动物的 rDNA 重复利用一种特殊的重塑因子以一种显著的方式抑制 rDNA。转录因子 TTF-I 在 rDNA 重复之间的间隔区域有一个结合位点，并将"孤儿"NoRC 复合物招募到 RNAPI 启动子上，通过将启动子结合的核小体重新定位到不利于转录的位置而使 rDNA 沉默，并以 H4K16ac 依赖的方式招募 HDAC 和 DNA 甲基转移酶（Strohner et al. 2004；Zhou and Grummt 2005；Li et al. 2006）。除了与 NoRC 的抑制作用外，TTF-I 还通过与科凯恩综合征蛋白 B（Cockayne syndrome protein B，CSB）相互作用建立染色质特征，以产生活化的 rDNA 基因，从而招募组蛋白甲基转移酶 G9a 来促进转录延伸（Yuan et al. 2007）。此外，B-WICH 重塑因子吸引 HAT 至活化的 rDNA 启动子处，推测其通过拮抗 NoRC 来驱动 rDNA 转录（Percipalle et al. 2006；Vintermist et al. 2011）。最后，第四种重塑因子 NuRD 也调节 rDNA 基因。NuRD 在 rDNA 基因上建立了一个特定的染色质图谱，帮助它们待命转录激活，这涉及未甲基化的启动子 DNA、与起始前复合物的组分互作、二价组蛋白修饰，以及与 NoRC 合作建立不利于转录的定位启动子结合的核小体（Xie et al. 2012）。最终，CSB 通过重置启动子结合的核小体位置来促使转录。

RNA 聚合酶 III（RNAPIII）转录小的非编码 RNA（ncRNA），其与蛋白合成（tRNA）等功能相关。在酵母中的研究表明，SWI/SNF 家族重塑因子 RSC 在从 RNAPIII 基因（如 tRNA）中去除核小体方面发挥着广泛的作用（Parnell et al. 2008），并通过基础转录系统的亚单位被招募到 RNAPIII 基因座（Soutourina et al. 2006）。此外，B-WICH 重塑因子参与了 RNAPIII 对 5S rRNA/7SL 转录的调控（Cavellan et al. 2006）。在人类细胞中，采用基因组学方法已经检测到 RNAPIII 基因和重塑因子存在重叠，但重塑因子在这些基因座上的作用仍有待确定。

3.5 参与细胞多能性、发育和分化调节的重塑因子

基因表达的时空调节对于发育、分化和器官发生是决定性的。这需要信号通路、转录机制和染色质调节因子之间的相互作用。在这里，小鼠的基因敲除研究支持重组因子在许多发育过程中发挥重要作用，并且许多综述文章阐述了它们在果蝇和小鼠中的多种作用（Simon and Tamkun 2002；Ho and Crabtree 2010）。简而言之，脊椎动物需要每个重塑因子家族的至少一个成员用于维持生物体存活，并且进一步依赖于亚型以确保大多数（如果不是所有）组织的正确分化——这与特异性重塑因子参与的细胞类型特异性转录一致。在这里，我们参考了模型生物体中早期工作的概念性案例，并优选了一些在小鼠和人类系统中的最新研究进展。

3.5.1 重塑因子参与干细胞通路和多能性

重塑因子在多个层面影响发育能力，包括干细胞的自我更新和多能性。值得注意的是，胚胎干细胞（embryonic stem cell，ESC）组装并利用了一种特定的 SWI/SNF 家族重塑因子，称为 esBAF，它与分化细胞中存在的典型 BAF 复合物不同；它包含 Brg1、BAF155 和 BAF60a，但缺乏相应的旁系同源物 Brm、BAF170 和 BAF60c 亚基（Ho et al. 2009a，2009b）。在功能方面，shRNA 介导的 Brg 敲低（以及与 BAF250 组分的类似实验）可激发 ES 细胞分化，表明其在维持多能性和自我更新方面发挥作用，而不是在分化中（Gao et al. 2008；Yan et al. 2008）。有趣的是，ES 细胞中 Brg1 的全基因组结合位点与许多多能性关键调控因子重叠，如 Oct4、Sox2、Nanog、Smad1 和 STAT3，支持 esBAF 协助调控多能性和自我更新通路的观点（Ho et al. 2009a）。SWI/SNF/BAF 复合物在多能性中的作用并不局限于 ES 细胞，因为造血干细胞的维持需要一种与肌动蛋白相关的 BAF 的 BAF53a 亚基（Krasteva et al. 2012）。值得注意的是，含有 Brg1 的重塑因子很早就起促进转录的作用，因为小鼠的母系效应突变在双细胞阶段大大抑制了合子基因组的活性（Bultman et al. 2006）。

CHD 家族蛋白在 ES 细胞中的作用包括：CHD1 有助于维持开放染色质和多能性，以及调节 ES 细胞的自我更新，并且是体细胞重编程到多能状态所必需的（Gaspar-Maia et al. 2009）。CHD7 靶向活性基因增强子元件，对共结合因子 p300、Oct4、Sox2 和 Nanog 的结合具有拮抗作用，微调 ES 细胞特异性基因的表达水平（Schnetz et al. 2010）。此外，CHD9 在成骨细胞及其分化中发挥作用（Shur et al. 2006）。然而，近来人们越来越关注 Mi-2/NuRD 重塑因子（CHD3/4）及其与 esBAF 重塑因子的功能互作，拟解决一个关键问题：ES 细胞如何在自我更新和分化之间做出决定（Yildirim et al. 2011）。首先，NuRD 直接降低了涉及多能性和自我更新的关键基因表达，并在全基因组范围中造成转录异质性，促进了那些自我更新因子水平表达最低的细胞亚群进入分化的能力。值得注意的是，Mi-2/NuRD 对 esBAF 具有拮抗作用，而 esBAF 被 Stat3 靶向于同一关键的自我更新基因以促进该基因活化。此外，当细胞致力于分化时，NuRD 有助于加强自我更新和多能因子的下调（Reynolds et al. 2012）。此外，NuRD 可以在活性 ES 细胞增强子上与 LSD1 结合，并通过去 H3K4me1 甲基化效应使该基因失活，从而进一步下调基因表达和促进分化（Whyte et al. 2012）。Mi-2/NuRD 的部分靶向功能可能涉及结合羟甲基化胞嘧啶（5hmC）的 MBD3 组分（Yildirim et al. 2011）。这些结果支持早期的遗传学结果，即缺乏 MBD3-NuRD 的胚胎干细胞表现出更持久的自我更新能力（Kaji et al. 2006）。总的来说，Mi-2/NuRD 和 esBAF 的拮抗作用受信号通路的影响，从而使自我更新和分化的平衡发生倾斜。最后，除 ES 细胞外，Mi-2β/NuRD 是谱系启动所必需的，并调节造血干细胞中的关键自我更新基因（Yoshida et al. 2008）。

对于 INO80 家族来说，既有沉积 H2A.Z 或 H2A.X 的活性，又有组蛋白乙酰化活性的 Tip60-p400 是维持 ES 细胞身份所必需的。而且，出乎意料的是它们在发育过程中通过促进活跃和沉默的两种靶启动子处 H4 乙酰化，来抑制基因转录（Fazzio et al. 2008）。在果蝇中，ISWI 家族重塑因子的作用最为清楚，在胚胎发育过程中，ACF1 明显下降，但在未分化细胞中，包括生殖细胞前体和幼虫神经母细胞中，ACF1 的水平仍然很高（Chioda et al. 2010）。此外，dACF1 对于准确建立多种染色质结构如异染色质是必需的。此外，对果蝇睾丸中 NURF301 的研究表明，NURF 是通过正向调节 JAK-STAT 通路来维持生殖系干细胞，以阻止其早熟而分化（Cherry and Matunis 2010）。相反，ISWI 对于卵泡干细胞来说是可有可无的，而 INO80 ATPase Domino 可以促进卵泡干细胞的自我更新（Xi and Xie 2005）。

3.5.2 建立谱系特异性分化和定型的重塑因子

除了调节多能性和自我更新，重塑因子还积极地决定细胞的命运和促进分化，并维持谱系定型。为了反映细胞谱系的多样性，一系列特定的谱系特异性重塑因子是通过组合和模块化组装构建的，或者使用同源物亚组分和/或剔除这些亚组分/模块。这些新组合产生的重塑因子亚型可能会影响它们与关键转录因子和/或特定染色质结构的相互作用，而关键转录因子和/或特定染色质结构会影响驱动分化的转录程序。下面举例说明。

特异的 SWI/SNF/BAF 家族重塑因子与神经发生密切相关。首先，神经祖细胞向有丝分裂后神经元的过渡伴随着 BAF 亚单位组成的变化：BAF45a 和 BAF53a 被替换为 BAF45b 和 BAF53b。尤其重要的是，遗传学实验证明了它们对这种发育过渡的必要性和充分性（Lessard et al. 2007）（图 3.9）。亚单位组成转换的机制是显著的，涉及微 RNA（microRNA）和神经协同抑制因子的使用：在转换过程中，REST 协同抑制因子不再占据 microRNA 基因座，允许 miR-9/9* 和 miR-124 表达，然后减弱 BAF53a 表达，导致细胞周期退出，以及 BAF53b 的激活和神经分化（Yoo et al. 2009）（图 3.9）。有趣的是，BAF53b 对于神经元树突模式的形成也是必不可少的（Wu et al. 2007a）。BAF 亚单位组成的变化包括 BAF57 的神经元特异性亚型，从而产生调节神经发生的 SWI/SNF 亚型（Kazantseva et al. 2009）。SWI/SNF 在神经元分化中的作用可能被 dMi2 拮抗，dMi2 与转录抑制因子 Tamtrack69 协同作用，在早期发育过程中抑制神经元细胞的命运（Murawsky et al. 2001；Yamasaki and Nishida 2006）。值得注意的是，CHD5 存在于一种类似于 NuRD 的复合物中，并且仅在大脑中表达，它直接抑制 BAF45b 和 BAF53b（Potts et al. 2011），因此也参与了神经祖细胞向神经元转换的调控。此外，BAP、PBAP、Tip60 重塑因子共享的一个亚基 BAP55 与人类 BAF53a、BAF53b 同源，在 Tip60 复合物中发挥着调节嗅觉投射神经元树突靶向的特殊作用（Tea and Luo 2011）。综上所述，神经发生提供了几个重塑因子组分驱动分化的例子。

特定的 SWI/SNF 和 CHD 重塑因子在肌肉分化中的作用很常见。MyoD 是肌细胞命运的关键调控因子，其依赖 SWI/SNF 复合物在许多靶位点被激活，并将非肌源性细胞分化为骨骼肌细胞（de la Serna et al. 2001）。MyoD 与肌源性位点的结合分为两个步骤：首先通过 Pbx1 的间接束缚，然后通过 hSWI/SNF 的招募和重构直接与同源位点结合（de la Serna et al. 2005）。值得注意的是，在未分化的增生性成肌细胞中，一个特定的 BAF60 旁系同源物 BAF60c，在肌源性位点与转录因子 MyoD 相互作用，但其作用是不依赖

SWI/SNF 复合物的（Forcales et al. 2012）。伴随骨骼肌分化的信号通路导致 p38 激酶磷酸化 BAF60c，触发 SWI/SNF（BRG1 亚型）向肌源性位点招募、染色质重塑和转录起始（Forcales et al. 2012）（图 3.10）。值得注意的是，在脂肪生成过程中 BAF60c 招募 SWI/SNF 重塑因子也经历了类似的变化；位于靶基因启动子上的 BAF60c 在胰岛素信号转导时被 aPKC 激酶磷酸化，导致随后 lipoBAF 复合物的形成，从而在脂生成基因处发生重塑和转录激活（Wang et al. 2013）。此外，BAF60c 也是左右不对称构建所需的 Notch 依赖性转录激活的一个组分（Takeuchi et al. 2007）。

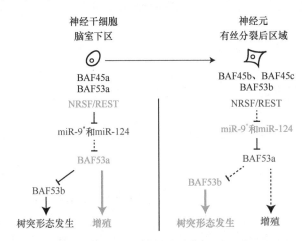

图 3.9　microRNA 调控介导的 hBAF 重塑因子组成的转换调控神经元分化（改编自 Lessard et al.，Annu. Rev. Cell Dev. Biol.，2010）。从脊髓的脑室下区域迁移到有丝分裂后区域期间，神经祖细胞分化为神经元。此过程是通过将 BAF 组成从神经祖细胞中的 BAF45a 和 BAF53a 切换到有丝分裂后神经元中的 BAF45b、BAF45c 和 BAF53b 来实现的。在神经祖细胞（左图）中，神经元限制性沉默因子（NRSF/REST）的表达抑制了 microRNA miR-9*和 miR-124 的表达，从而允许 BAF53a 的表达和细胞增殖。此外，BAF53a 的表达抑制 BAF53b。相反的是，在分化的神经元（右图）中，NRSF/RSF 是失活的，导致了 microRNA 的表达，进而抑制 BAF53a 的表达，从而允许退出细胞周期。而且，BAF53a 的抑制促进了 BAF53b 的表达，导致树突形态发生。以绿色和粗体显示的文本和箭头表示有活性/被激活/表达的因子，而以红色表示失活/被抑制的因子

在心脏发育过程中，BAF60c 是成纤维细胞产生跳动心肌细胞所特别需要的（Lickert et al. 2004；Takeuchi and Bruneau 2009；Ieda et al. 2010）。此外，PBAF 利用其 BAF180 亚基促进心腔成熟和冠状动脉发育（Wang et al. 2004；Huang et al. 2008）。小鼠和斑马鱼的心脏发育都涉及转录因子和 BAF 重塑因子之间的剂量敏感性相互关系（Takeuchi et al. 2011）。有趣的是，在成年小鼠心肌细胞中，Brg1 并没有被活跃转录，但可能通过与 HDAC 和 PARP 相互作用的胚胎程序重新激活，而后可以被心脏应激重新激活（Hang et al. 2010）。

CHD2 被广泛表达，但在肌肉组织中高度富集（Marfella et al. 2006）。在肌肉中，组蛋白变体的交换似乎与基因调控有关。在小鼠胚胎干细胞中，H3.3 存在于许多具有"二价"染色质的发育调控基因中，其特征是 H3K27me（通常与基因沉默相关）和 H3K4me3（通常与基因活化相关）同时发生（Goldberg et al. 2010）。值得注意的是，在实际转录之

前，CHD2 使得 H3.3 组蛋白变体在骨骼肌分化和功能相关的基因上沉积，该过程由 CHD2 与 MyoD 的互作介导（Harada et al. 2012）（图 3.10）。因此，MyoD 可以招募连续的重塑因子沿着基因活化的路径执行不同的任务。

多种重塑因子在血细胞发育中的作用正在显现。已经揭示了 SWI/SNF 亚型的作用，包括特定的肌动蛋白相关蛋白（Krasteva et al. 2012）。对于 ISWI 来说，将 NURF 招募到 Egr1 位点（对胸腺细胞成熟非常重要）涉及 NURF 亚基 BPTF 与转录因子 Srf 的相互作用，使其与启动子稳定结合（Landry et al. 2011）。在淋巴细胞中，谱系决定因子 Ikaros 将 NuRD 与参与淋巴样分化的活性基因结合在一起；值得注意的是，Ikaros 不仅抑制了这些位置的 NuRD 重塑和 HDAC 活性，还影响了缺乏 Ikaros 结合位点的位置处 NuRD 的存在（Zhang et al. 2012）。当 Ikaros 缺失时会导致 NuRD 的重新分布和参与增殖的转录性蓄势待发基因的重新激活，从而促使向白血病状态发展。因此，DNA 结合蛋白（如 Ikaros）能够调节重塑因子的靶向和活性。MTA（转移相关）亚基通过与转录因子的互作定向帮助靶向 NuRD 亚型。例如，在 B 淋巴细胞中，MTA3 与 B 细胞分化的关键调控因子 BCL6 互作可靶向抑制 NuRD，从而阻止其向浆细胞的最终分化（Fujita et al. 2004）。值得注意的是，在浆细胞中表达 BCL6，且 MTA3 也具有功能活性时，可导致细胞命运逆转并重新编程为 B 淋巴细胞（Fujita et al. 2004）。此外，MTA3 直接抑制参与转化乳腺上皮细胞为乳腺癌细胞的基因（Fujita et al. 2003）。最后，MTA 与 NuRD 结合并招募组蛋白 H3K4/K9 去甲基化酶 LSD1，以消除乳腺癌细胞系的转移潜能（Wang et al. 2009b）（见下文）。因此，NuRD 复合物亚单位组成的变化对建立细胞类型特异性转录程序具有

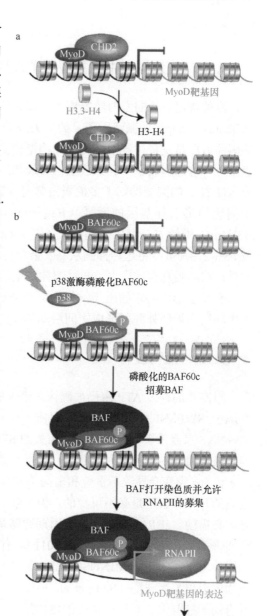

图 3.10　通过 MyoD 招募 CHD2 和 BAF 重塑因子进行的肌源性分化。a. 分化之前，MyoD 在基因转录之前将 CHD2 重塑因子招募至肌源性位点，并将 H3.3 组蛋白变体掺入启动子核小体中。b. 在未分化的成肌细胞中，MyoD 与肌源性位点上的 BAF60c（BAF 重塑因子的一个亚基）相互作用。激活后，BAF60c 被 p38 激酶磷酸化并招募 BAF 重塑因子，后者打开染色质并允许 RNAPII 的招募和 MyoD 靶基因的表达，从而导致分化为肌肉细胞

决定性作用。

3.5.3　形体构型中的重塑因子调控

两种普遍表达的蛋白质家族：多梳家族（polycomb group）的抑制因子和三胸家族（trithorax group）的激活因子，调节 *Hox* 家族基因（同源异形基因）的表达，这些基因编码的蛋白是发育过程中控制形体构型模式（和造血）的关键因子。染色质重塑因子和"阳性"修饰酶属于三胸家族蛋白。最初的联系涉及果蝇 BRM（果蝇中的 SWI/SNF 家族 ATP 酶）的突变抑制了多梳蛋白突变（Tamkun et al. 1992）。此外，dNURF301 有助于同源异形选择基因的激活（Badenhorst et al. 2002），dNURF 在发育过程中通过 H3K4me3 维持 *Hox* 基因表达模式（Wysocka et al. 2006）。相比之下，*Hox* 基因的抑制涉及 dMi-2，其可能将这种抑制从 gap 蛋白传导到多梳蛋白（Kehle et al. 1998）。值得注意的是，在胚胎发育过程中，通过调控在空间区域内产生和响应形态学信号的基因，重塑因子有助于形成特定的组织。例如，在非洲爪蟾原肠胚形成过程中，xCHD4 丰度控制着中胚层和神经外胚层形成之间沿动物-植物轴的平衡和边界（Linder et al. 2007）。

3.5.4　植物发育

拟南芥的许多 ATP 酶已被确认是潜在的重塑因子（Knizewski et al. 2008），其中 4 个属于 SWI/SNF 家族。aBRM 是唯一一个含有 C 端布罗莫结构域的 ATP 酶，这是 SWI/SNF 家族重塑因子的特征。相关的 SPLAYED（aSYD）ATP 酶在早期发育时表达，而在成年植株中则表现为截断型。值得注意的是，aBRM 和 aSYD 有不同的靶点，因为 *brm* 和 *syd* 突变会导致不重叠和多向性发育缺陷（Bezhani et al. 2007）。尽管 aBRM 对于准确的开花和繁殖是必不可少的，但与哺乳动物相比，aBRM 和 aSYD 对于胚胎发育都是非必需的。aBRM 参与调控光周期通路基因，在开花基因（*FLC*）位点产生抑制性染色质来抑制开花（Farrona et al. 2011）。有趣的是，非典型 SWI/SNF ATP 酶 CHR12 和 CHR23 的双突变体（MINUSCULE 1 和 2）有胚胎致死性，而弱双突变体在干细胞维持方面表现出显著缺陷（Sang et al. 2012）。与 SNF5 相似的唯一基因编码 aBSH，这是一种有助于控制生长素反应基因的蛋白质（Brzeski et al. 1999）。

aDDM1 ATP 酶在体外执行重塑染色质的功能（Brzeski and Jerzmanowski 2003），其突变导致不准确的 DNA 甲基化模式，重复区域的低甲基化和低拷贝区域的高甲基化（Hirochika et al. 2000）。此外，aDDM1 缺失导致异染色质 DNA 甲基化缺失，并伴随着 H3K9me 被 H3K4me 取代（Gendrel et al. 2002）。有趣的是，aDDM1 与 aMBDs 相互作用并影响其亚核定位（Zemach et al. 2005）。PICKLE 是一种类似 CHD3 的重塑因子，通过抑制萌发过程中种子相关基因的表达来调控胚胎发育到营养发育的转变（Ogas et al. 1999）。此外，PICKLE 促进 H3K27me3 的沉积，这是重组因子的一种独特作用，并且独立于植物生长调节剂赤霉素（Zhang et al. 2008）。PICKLE 除了具有转录抑制的作用外，还具有类似 Trithorax 的功能，即作为拮抗多梳家族蛋白的转录激活因子（Aichinger et al.

2009)。PICKLE 与多梳家族蛋白之间的拮抗作用对于拟南芥细胞身份和分生组织活性的调控具有重要意义（Aichinger et al. 2009，2011）。

虽然 SWR1 重塑因子尚未从植物中纯化得到，但各种实验证据有力支持它的存在[参见 March-Diaz 和 Reyes（2009）]。在拟南芥中，ATP 酶 aPIE1（光周期非依赖性早期开花蛋白 1）有一个具有长插入的 ATP 酶域，其 N 端区域包含一个 HSA 结构域。在拟南芥中发现了许多 SWR1 重塑因子亚基的同源物（Choi et al. 2007）。有趣的是，aPIE1 直接与 H2A.Z 变体相互作用，这表明 Apie1 功能的保守性（March-Diaz et al. 2008）。此外，H2A.Z 在 FLC 上的沉积需要 aPIE1 和 aARP6 的辅助（Deal et al. 2005，2007）。值得注意的是，拟南芥的 DNA 甲基化与 H2A.Z 存在很强的负相关，说明 H2A.Z 保护基因不受 DNA 甲基化的影响或 DNA 甲基化阻止 H2A.Z 的沉积（Zilberman et al. 2008）。

3.6　重塑因子与癌症

过去 20 多年中，染色质重塑复合物与癌症之间的关系变得愈加密切，并且随着高通量测序在肿瘤中的应用，这种联系呈指数级增长。如前所述，重塑因子是细胞自我复制和分化决定的积极参与者，而细胞的自我复制和分化决定是恶性肿瘤问题的核心，它在肿瘤生物学中的重要性与日俱增。

3.6.1　SWI/SNF 家族

高通量测序技术发现 SWI/SNF 复合物家族成员在所有肿瘤中的突变频率高达 19% 左右，这一数值接近 p53 的突变频率（26%）（Shain and Pollack 2013）。更为确切地说，SWI/SNF 在一些肿瘤中呈现异乎寻常的高频突变率，如人恶性横纹肌样瘤为大于 95%，卵巢透明细胞癌为 75%，肾透明细胞癌为 57%，肝癌为 40%，胃癌为 36%，黑色素瘤为 34%，胰腺癌为 26%（Shain and Pollack 2013）。关于 SWI/SNF 与癌症之间的关系，早期研究比较清楚的是 hSWI/SNF 的核心亚基 hSNF5/BAF47/INI1，特别是 Snf5 双等位基因的功能缺失突变几乎发生在所有的人恶性横纹肌样瘤中（Versteege et al. 1998；Jackson et al. 2009）。小鼠模型也显示 Snf5−/− 突变小鼠会发展出与人恶性横纹肌样瘤非常相似的肿瘤，并且 11 周时就展现出完全外显率（Roberts and Orkin 2004）。尽管 SNF5 在调节 SWI/SNF 复合物的功能中所扮演的角色并不清楚，但是这些肿瘤确实清晰地呈现出基因调控异常，而这些异常调控的基因往往与干细胞的自我增殖相关，也是 PRC2 复合物的靶点。PRC2 复合物能够通过增加这些基因位点的 H3K27me 修饰来沉默这些基因。值得注意的是，PRC2 复合物组分 Ezh2 的缺失能够阻止肿瘤在 Snf5−/− 突变小鼠中的产生（Wilson et al. 2010）。这一工作揭示了 SWI/SNF 复合物和 PRC2 复合物之间的相互拮抗关系，Snf5 的缺失会促进胚胎自我更新的转录程序。然而，这种拮抗关系并不是普遍存在的，因为 PRC2 和 SWI/SNF 的突变在一些类型的肿瘤中被同时发现。有意思的是，BRG1 的额外丢失也能阻止这些肿瘤的产生，表明残余复合物的异常活性或许是造成致癌性转化的部分原因（Wang et al. 2009a）。

BRG1（ATP 酶的两个可变亚基之一）的突变曾经也在肺癌、胰腺癌、乳腺癌和前列腺癌中被报道过。在其中的一些肿瘤中，发生率还特别高。对非小细胞肺癌的研究显示，约 35% 的细胞株中含 BRG1 的突变；甚至在相当比例的细胞株中，BRG1 的表达完全缺失，这也增加了表观遗传沉默的可能性。肿瘤的发生也可能是由 *Brg1* 的表达降低，而不是完全不表达导致的（Bultman et al. 2000）。此外，含 BRM 和含 BRG1 的不同 SWI/SNF 复合物在细胞分化中具有不同的转录特异性和拮抗作用（Kadam and Emerson 2003；Flowers et al. 2009）。对于另外一个 ATP 酶亚基 BRM 与肿瘤的关系则知之甚少；但是，*Brm* 缺陷小鼠表现出不依赖雄性激素的生长和细胞增殖（Shen et al. 2008）。此外，存在于所有 SWI/SNF 复合物中的核心亚基 BAF57 可以通过增加抑癌基因 *CYLD* 的表达来参与细胞凋亡过程（Wang et al. 2005）。

BAF180 的存在可以帮助定义 PBAF 的亚型。BAF180 含有多个不同的结构域，包括 6 个串联的布罗莫结构域、2 个 BAH 结构域和 1 个 HMG 结构域，这些结构域共同决定了 BAF180 的功能特异性（Lemon et al. 2001；Moshkin et al. 2007）。已经在超过 40% 的肾细胞癌中发现 *PBRM* 基因（编码 BAF180）突变（Varela et al. 2011）。与 BAF180 相同，另一个 PBAF 特异性亚基 BRD7 也同属于肿瘤抑制因子，但是仅在缺乏 p53 突变的乳腺癌亚群中被发现（Drost et al. 2010；Burrows et al. 2010）。值得注意的是，旁系同源蛋白 ARID1A 和 ARID1B（也称 BAF250a/b）的突变与上述 ATP 酶的两个突变（BRG1 和 BRM）一样在肿瘤中普遍存在。ARID1A/B 同源蛋白被发现在胃癌、卵巢癌、胰腺癌和黑色素瘤中存在高频突变，尽管 ARID1A 的突变在某些肿瘤中更为常见，如黑色素瘤。BAF250a/ARID1a 作为一个 DNA 结合蛋白（尽管没有序列特异性）存在于 esBAF 和 BAF 复合物中，但是在 PBAF 复合物中不存在。正如 BAF180 一样，ARID1A/B 同源蛋白很可能与将重塑复合物靶向到特定基因有关。毋庸置疑，未来的大量研究将集中在阐明它们靶向的方式和作用的靶点基因上。

最后，SWI/SNF 的突变与 p53 的突变似乎在很大程度上是相互排斥的，这暗示或许有其他的诱变过程参与，以提供所需的基因突变谱。然而，有 SWI/SNF 突变的肿瘤通常几乎不含其他的基因突变，而且在大多数的肿瘤中，SWI/SNF 的突变也没有造成结构上的较大改变。因而，另一种观点认为 SWI/SNF 功能的减弱或许导致了表观遗传修饰的错误调控和转录的异质性，最后这一切被细胞生存所选择。由于 SWI/SNF 重塑复合物在关键节点如细胞自我更新、细胞谱系特异性分化、细胞周期、细胞迁移和信号通路等方面对基因都有调控功能，它们不正确的表观遗传调控或许提供了所需的突变组合。

3.6.2 ISWI 家族

ISWI 家族重塑复合物与肿瘤之间的联系也逐渐浮现。例如，SNF2L（hNURF 复合物的亚基）通过削弱 Wnt/β-catenin 信号通路来抑制细胞增殖和迁移（Eckey et al. 2012）。尤其是 SNF2L 大量表达于正常的生黑色素细胞中，却在黑色素瘤中不表达。因此，SNF2L 的缺失会影响黑色素瘤细胞的迁移潜力，并且 SNF2L 的表达水平与黑色素瘤的恶性程度呈负相关性（Eckey et al. 2012）。在果蝇中，dNURF 通过抑制 STAT92E 靶点基因来调控幼虫血细胞的发育（Badenhorst et al. 2002）。dNURF 的缺陷会导致循环血细胞的致瘤性转换，最终造成血细胞的过度增殖和黑色素瘤变（Badenhorst et al. 2002）。

3.6.3 CHD 家族

鉴于 NuRD 在基因调控和胚胎干细胞分化中的核心作用，其与肿瘤之间的联系不胜枚举[综述参见 Lai and Wade（2011）]。转移相关蛋白 MTA1-3 是 NuRD 的组成亚基，它在多种肿瘤中调控肿瘤细胞的侵袭行为。MTA1-3 各蛋白之间并没有相似和冗余的功能，而是各自展现出独特的，且经常是相互拮抗的活性。例如，MTA1 和 MTA3 在乳腺癌发展的过程中呈现出相反的表达模式：MTA1 的表达在肿瘤发生的过程中是逐渐增加的，而 MTA3 的表达则降低（Zhang et al. 2006a）。在乳腺癌中，雌激素受体（ER）的活性是受到抑制的，部分原因就是 heregulin-ERBB2 信号通路激活导致的 MTA1 表达上调（Mazumdar et al. 2001）。同时，在许多肿瘤中，MTA1 表达升高与肿瘤的进展程度相关。相反，MTA3 通过抑制主要调控因子 Snail 的转录和抑制转移的关键步骤——上皮间质转化（EMT）来限制乳腺癌的进展（Fujita et al. 2003）。此外，MTA3 的表达与 ER 的表达存在相关性，而且以 ER 依赖性的方式与 NuRD 结合（Fujita et al. 2003）。因此，在乳腺癌中，MTA3 扮演着肿瘤抑制因子的独特角色。与 MTA3 依赖的 Snail 和 EMT 抑制正好相反，含 MTA2 亚基的 NuRD 被主要调控因子 Twist 招募到 EMT 的关键基因，从而促进 EMT（Fu et al. 2011）。最后，MTA 蛋白的翻译后修饰似乎也积极地调控它们的功能。例如，赖氨酸特异性去甲基化酶 LSD1 与 MTA1 相互作用，并且催化 MTA1 的去甲基化以激活 NuRD（Wang et al. 2009b；Nair et al. 2013）。进一步研究证实，在乳腺癌中去除 LSD1 会导致 TGF-β 通路信号上调，增加乳腺癌的侵袭性和 EMT 的能力（Wang et al. 2009b）。同时，特定乙酰化形式的 MTA1 实际上可以将 NuRD 转变成一个辅助激活因子（Gururaj et al. 2006；Ohshiro et al. 2010）。此外，致癌融合蛋白，如 EWS-FLI（在肉瘤中尤为重要），招募与 HDAC 和 LSD1 结合的 NuRD 来抑制基因，最后共同导致肿瘤的发生（Sankar et al. 2012）。

肿瘤细胞通常含有异常的 DNA 甲基化模式，具有高甲基化的启动子或 CpG 岛。而 NuRD 可以通过与其结合的 MBD 蛋白如 MBD2 来促进这些位点基因的沉默。如果靶基因是肿瘤抑制因子，NuRD 将通过这种方式来促进肿瘤的发生（Magdinier and Wolffe 2001；Sansom et al. 2003）。总之，如前所述，染色质重塑因子通过与主转录调节因子之间的相互作用来调控特定的靶基因。主要调控因子 Ikaros 调控 NuRD 特异性地招募到与淋巴细胞分化过程相关的基因位点，NuRD 的特异性招募缺陷会引起其重新分布到不正确的基因位点，导致这些基因的再激活，最终造成淋巴细胞的增殖和发展为白血病状态（Zhang et al. 2012）。CHD 蛋白与肿瘤关联的事例还有 *Chd2*，一个小鼠中造血干细胞正常分化所需的必需基因，其在造血干细胞中的功能缺陷会导致淋巴瘤（Nagarajan et al. 2009）。与此类似，CDH5 是一个神经组织表达的与 Mi-2 同源的脑特异性蛋白，它是一种抑癌基因，可正向调控与神经母细胞瘤相关的基因如 *p16* 和 *p19*（Bagchi et al. 2007）。它的敲除会改变神经元基因、细胞周期基因、转录因子、SWI/SNF 复合物的脑特异性亚基的表达（Potts et al. 2011）。值得一提的是，CDH5 的 PHD 指结构域与未修饰的 H3 尾巴相互作用对于 CHD5 在体内抑制神经母细胞瘤的增殖和生长至关重要（Paul et al. 2013）。除了神经母细胞瘤，CHD5 的失活也在其他多种肿瘤中被报道。最后，我们也注意到，尽管上述关于 INO80 家族复合物与 DNA 修复和重组之间的诸多联系已经被证实，但是这些染色质重塑因子的突变并没有被证明是人类肿瘤中普遍存在的。

总之，SWI/SNF 和 NuRD 亚型的染色质重塑因子与肿瘤的关系密切，并且这种相关性很可能归因于它们在细胞的自我复制、多能性维持、增殖和分化等过程中发挥的关键作用。对靶基因的错误调控和/或它们自身活性的减弱能够影响这些功能，产生或维持一个增殖的祖细胞状态，这种状态伴随着能促进肿瘤生成和转移的表观遗传修饰异质性。

3.7 染色质重塑因子和疾病综合征

由于重塑因子参与发育调控，因此除了在肿瘤中的作用，它们的突变也会引起一系列的发育紊乱，称为综合征。

ATRX 和 α-地中海贫血骨髓增生异常（ATMDS）综合征：这些综合征是由 ATRX 突变造成的（详见前面有关"孤儿"重塑因子和 H3.3 变体沉积的相关章节）（Gibbons et al. 2003）。如前所述，ATRX 与 Daxx 共同调控 H3.3 在端粒和染色质臂间区域的分布，从而影响胚胎多能干细胞中端粒结构完整性的维持和复制非依赖性端粒染色质组装（Xue et al. 2003；Wong et al. 2010；Goldberg et al. 2010；Lewis et al. 2010）。值得注意的是，导致疾病的突变有半数集中在 ATRX 的 ADD 结构域，这些突变导致 ATRX 不能有效识别 H3K9me。而在正常细胞中，当 H3K4me2/me3 缺失时，ADD 结构域通常会结合到 H3K9me（Iwase et al. 2011）。有意思的是，针对这种疾病，最近提出了另一种新的（或补充）分子机制，即 ATRX 是 macroH2A 插入的负调控因子，且 ATRX 的突变或许引起了 macroH2A 的过早积累，进而沉默了一些特定基因（Ratnakumar et al. 2012）。

COFS（脑-眼-面-骨骼综合征）和 CSB（B 型科凯恩综合征）：COFS 和 CSB 的主要特点为生长异常、神经系统退行、紫外线（UV）敏感和白内障。CSB 是 SNF2 大家族中的 DNA 移位酶，是转录偶联核苷酸切除修复（TC-NER）所需的重要因子，同时它也通过帮助 RNAPII 克服阻碍（如 UV 辐射造成的大面积 DNA 损伤）来促进转录延伸。然而，也有观点认为 CSB 能够帮助 RNAPII 从 DNA 损伤位点释放，从而允许 DNA 修复机器进入损伤位点（Woudstra et al. 2002）。有趣的是，CSB 与染色质的结合需要 ATP 水解依赖的构象改变，以克服其 N 端区域带来的抑制效应（Lake et al. 2010）。CSB 的这种 N 端抑制效应可能与 yChd1 的染色质结构域和 dISWI 中的 AutoN 作用原理相似。此外，CSB 的 C 端区域含有一个泛素结合结构域，CSB 的泛素化是其实现包括 UV 辐射后 RNAPII 的招募等大多数功能所必需的（Anindya et al. 2010）。UVSSA 和 USP7 可稳定 CSB 在损伤位点，这对于转录偶联核苷酸切除修复功能至关重要（Schwertman et al. 2012）。而且，CSB 还与 p53 相互作用，并且调控它们各自与核小体的亲和力（Lake et al. 2011）。此外，CSB 似乎还通过与 TRF2 相互作用，参与端粒长度和稳定性维持，以及端粒转录产物 TERRA 稳态水平的维持（Batenburg et al. 2012）。

CHARGE 综合征：CHARGE 综合征是一种常染色体显性遗传疾病，主要特点为颅面结构和外周神经系统畸形，进而导致盲聋、嗅觉异常、平衡能力失调和先天心脏畸形。CHARGE 综合征的多种发育缺陷与 *CHD7* 的单倍剂量不足有密切关系，而 *CHD7* 编码 CHD 家族的 ATP 酶 CHD7（Vissers et al. 2004）。CHARGE 综合征的小鼠模型表明 CHD7 的表达对于该综合征发育缺陷的发病机制至关重要，因为 CHD7 表达水平的变化会影响发育过程中一些关键基因的表达（Hurd et al. 2007）。有报道表明，*CHD7* 基因本身的染色质重塑就被 CHARGE 综合征中的突变削弱了（Bouazoune and Kingston 2012）。全基因组水平的分析表明 CHD7 存在的时间和组织特异性；在小鼠胚胎干细胞中，CHD7 能与 Brg1 和 H3K4me1 共定位到活跃的增强子区域（Schnetz et al. 2009，2010）。这与最近报道的结果一致，即 CHD7 与 PBAF 在多个区域相互协调和共同作用，这些区域包括：与神经嵴转录相关程序的增强子区域（神经嵴样干细胞中）（Bajpai et al. 2010），以及与神经形成相关的基因和增强子区域（内耳中）（Hurd et al. 2010）。总之，*CHD7* 突变导致增强子介导的基因表达失调，这可能是 CHARGE 综合征多种异常病理指标的发生机制（Schnetz et al. 2010）。值得注意的是，CHD7 在神经干细胞发育过程中与 SOX2 相互作用，以激活编码 Notch 和 Sonic Hedgehog 信号通路成员（或靶标）的基因，这些基因在人类遗传疾病阿拉日耶综合征（Alagille syndrome）（*JAG1*）、法因戈尔德综合征（Feingold syndrome）（*MYCN*）和帕利斯特-霍尔综合征（Pallister-Hall syndrome）（*GLI3*）中有突变（Engelen et al. 2011）。

科芬-西里斯综合征（Coffin-Siris syndrome）和尼古拉德斯-巴莱瑟（Nicolaides-Baraitser）综合征：科芬-西里斯综合征是一种罕见的常染色体显性遗传病，主要表现为生长发育迟缓、智力低下和其他表现多样的临床特点。绝大多数的患病个体都存在 hBAF 重塑因子中一个亚基如 hSNF5、BRG1、BRM、BAF250a、BAF250b 或 BAF57 的突变，但突变不存在于 PBAF 特异性亚基（Tsurusaki et al. 2012）。有意思的是，在科芬-西里斯综合征中大部分受影响的基因谱与散发性肿瘤中突变的基因谱相同，与这些基因在发育决定中的重要功能一致。BAF250a/b 的突变主要涉及蛋白的截短（Tsurusaki et al. 2012）和 ATP 酶亚基（hBRG1 和 hBRM）的突变，包括 HELICc 亚结构域的突变。这些突变可能产生具有显性负面功能的 hSWI/SNF 复合物。和尼古拉德斯-巴莱瑟综合征也是一种罕见的显性疾病，直到最近才因其头发稀疏、特有的面部外形、远端肢体异常和智力障碍并伴随明显的语音功能下降的特征被定义。导致该综合征的突变主要集中在 BRM 蛋白催化结构域部分的超级保守基序（motif），推测这些突变可能产生了一个因 ATP 酶活性低下导致的弱亚等位基因（Van Houdt et al. 2012）。

弗洛汀-哈勃综合征（Floating-Harbor syndrome，FHS）：弗洛汀-哈勃综合征是一种罕见的病症，主要特点表现为三角脸、薄上唇、长鼻子窄鼻梁和一定程度的学习障碍，尤其是语言学习障碍。最近，该疾病与编辑重塑因子 SRCAP（hSWR1）的 ATP 酶亚基 SRCAP 的最后一个外显子突变联系起来，这些集中在该区域的突变导致 SRCAP 的 C 端截短，以致三个小的 AT-hook 结构域被移除（Hood et al. 2012），不过尚未确定这些突变对 SRCAP 活性的影响。

参 考 文 献

Ahel D, Horejsi Z, Wiechens N, Polo SE, Garcia-Wilson E, Ahel I, Flynn H, Skehel M, West SC, Jackson SP, Owen-Hughes T, Boulton SJ (2009) Poly(ADP-ribose)-dependent regulation of DNA repair by the chromatin remodeling enzyme ALC1. Science 325(5945):1240–1243

Ahmad K, Henikoff S (2002) Histone H3 variants specify modes of chromatin assembly. Proc Natl Acad Sci USA 99(Suppl 4):16477–16484

Aichinger E, Villar CB, Farrona S, Reyes JC, Hennig L, Kohler C (2009) CHD3 proteins and polycomb group proteins antagonistically determine cell identity in Arabidopsis. PLoS Genet 5(8):e1000605

Aichinger E, Villar CB, Di Mambro R, Sabatini S, Kohler C (2011) The CHD3 chromatin remodeler PICKLE and polycomb group proteins antagonistically regulate meristem activity in the Arabidopsis root. Plant Cell 23(3):1047–1060

Alen C, Kent NA, Jones HS, O'Sullivan J, Aranda A, Proudfoot NJ (2002) A role for chromatin remodeling in transcriptional termination by RNA polymerase II. Mol Cell 10(6):1441–1452

Altaf M, Auger A, Monnet-Saksouk J, Brodeur J, Piquet S, Cramet M, Bouchard N, Lacoste N, Utley RT, Gaudreau L, Cote J (2010) NuA4-dependent acetylation of nucleosomal histones H4 and H2A directly stimulates incorporation of H2A.Z by the SWR1 complex. J Biol Chem 285(21):15966–15977

Anindya R, Mari PO, Kristensen U, Kool H, Giglia-Mari G, Mullenders LH, Fousteri M, Vermeulen W, Egly JM, Svejstrup JQ (2010) A ubiquitin-binding domain in Cockayne syndrome B required for transcription-coupled nucleotide excision repair. Mol Cell 38(5):637–648

Armache KJ, Garlick JD, Canzio D, Narlikar GJ, Kingston RE (2011) Structural basis of silencing: Sir3 BAH domain in complex with a nucleosome at 3.0 A resolution. Science 334(6058):977–982

Armstrong JA, Papoulas O, Daubresse G, Sperling AS, Lis JT, Scott MP, Tamkun JW (2002) The Drosophila BRM complex facilitates global transcription by RNA polymerase II. EMBO J 21(19):5245–5254

Asturias FJ, Chung WH, Kornberg RD, Lorch Y (2002) Structural analysis of the RSC chromatin-remodeling complex. Proc Natl Acad Sci USA 99(21):13477–13480

Awad S, Ryan D, Prochasson P, Owen-Hughes T, Hassan AH (2010) The Snf2 homolog Fun30 acts as a homodimeric ATP-dependent chromatin-remodeling enzyme. J Biol Chem 285(13):9477–9484

Badenhorst P, Voas M, Rebay I, Wu C (2002) Biological functions of the ISWI chromatin remodeling complex NURF. Genes Dev 16(24):3186–3198

Bagchi A, Papazoglu C, Wu Y, Capurso D, Brodt M, Francis D, Bredel M, Vogel H, Mills AA (2007) CHD5 is a tumor suppressor at human 1p36. Cell 128(3):459–475

Bajpai R, Chen DA, Rada-Iglesias A, Zhang J, Xiong Y, Helms J, Chang CP, Zhao Y, Swigut T, Wysocka J (2010) CHD7 cooperates with PBAF to control multipotent neural crest formation. Nature 463(7283):958–962

Bao Y, Shen X (2007) SnapShot: chromatin remodeling complexes. Cell 129(3):632

Batenburg NL, Mitchell TR, Leach DM, Rainbow AJ, Zhu XD (2012) Cockayne Syndrome group B protein interacts with TRF2 and regulates telomere length and stability. Nucleic Acids Res 40(19):9661–9674

Beerens N, Hoeijmakers JH, Kanaar R, Vermeulen W, Wyman C (2005) The CSB protein actively wraps DNA. J Biol Chem 280(6):4722–4729

Bezhani S, Winter C, Hershman S, Wagner JD, Kennedy JF, Kwon CS, Pfluger J, Su Y, Wagner D (2007) Unique, shared, and redundant roles for the Arabidopsis SWI/SNF chromatin remodeling ATPases BRAHMA and SPLAYED. Plant Cell 19(2):403–416

Biswas D, Takahata S, Xin H, Dutta-Biswas R, Yu Y, Formosa T, Stillman DJ (2008) A role for Chd1 and Set2 in negatively regulating DNA replication in Saccharomyces cerevisiae. Genetics 178(2):649–659

Blosser TR, Yang JG, Stone MD, Narlikar GJ, Zhuang X (2009) Dynamics of nucleosome remodelling by individual ACF complexes. Nature 462(7276):1022–1027

Boeger H, Griesenbeck J, Strattan JS, Kornberg RD (2003) Nucleosomes unfold completely at a transcriptionally active promoter. Mol Cell 11(6):1587–1598

Boeger H, Griesenbeck J, Kornberg RD (2008) Nucleosome retention and the stochastic nature of promoter chromatin remodeling for transcription. Cell 133(4):716–726

Bonaldi T, Langst G, Strohner R, Becker PB, Bianchi ME (2002) The DNA chaperone HMGB1 facilitates ACF/CHRAC-dependent nucleosome sliding. EMBO J 21(24):6865–6873

Bouazoune K, Brehm A (2005) dMi-2 chromatin binding and remodeling activities are regulated by dCK2 phosphorylation. J Biol Chem 280(51):41912–41920

Bouazoune K, Kingston RE (2012) Chromatin remodeling by the CHD7 protein is impaired by mutations that cause human developmental disorders. Proc Natl Acad Sci USA 109(47): 19238–19243

Bouazoune K, Mitterweger A, Langst G, Imhof A, Akhtar A, Becker PB, Brehm A (2002) The dMi-2 chromodomains are DNA binding modules important for ATP-dependent nucleosome mobilization. EMBO J 21(10):2430–2440

Bourachot B, Yaniv M, Muchardt C (2003) Growth inhibition by the mammalian SWI-SNF sub-unit Brm is regulated by acetylation. EMBO J 22(24):6505–6515

Bowman GD (2010) Mechanisms of ATP-dependent nucleosome sliding. Curr Opin Struct Biol 20(1):73–81

Boyer LA, Latek RR, Peterson CL (2004) The SANT domain: a unique histone-tail-binding mod-ule? Nat Rev Mol Cell Biol 5(2):158–163

Brehm A, Tufteland KR, Aasland R, Becker PB (2004) The many colours of chromodomains. Bioessays 26(2):133–140

Brown SA, Imbalzano AN, Kingston RE (1996) Activator-dependent regulation of transcriptional pausing on nucleosomal templates. Genes Dev 10(12):1479–1490

Brzeski J, Jerzmanowski A (2003) Deficient in DNA methylation 1 (DDM1) defines a novel family of chromatin-remodeling factors. J Biol Chem 278(2):823–828

Brzeski J, Podstolski W, Olczak K, Jerzmanowski A (1999) Identification and analysis of the *Arabidopsis thaliana* BSH gene, a member of the SNF5 gene family. Nucleic Acids Res 27(11):2393–2399

Bultman S, Gebuhr T, Yee D, La Mantia C, Nicholson J, Gilliam A, Randazzo F, Metzger D, Chambon P, Crabtree G, Magnuson T (2000) A Brg1 null mutation in the mouse reveals func-tional differences among mammalian SWI/SNF complexes. Mol Cell 6(6):1287–1295

Bultman SJ, Gebuhr TC, Pan H, Svoboda P, Schultz RM, Magnuson T (2006) Maternal BRG1 regulates zygotic genome activation in the mouse. Genes Dev 20(13):1744–1754

Burgio G, La Rocca G, Sala A, Arancio W, Di Gesu D, Collesano M, Sperling AS, Armstrong JA, van Heeringen SJ, Logie C, Tamkun JW, Corona DF (2008) Genetic identification of a network of factors that functionally interact with the nucleosome remodeling ATPase ISWI. PLoS Genet 4(6):e1000089

Burrows AE, Smogorzewska A, Elledge SJ (2010) Polybromo-associated BRG1-associated factor components BRD7 and BAF180 are critical regulators of p53 required for induction of replica-tive senescence. Proc Natl Acad Sci USA 107(32):14280–14285

Cai Y, Jin J, Yao T, Gottschalk AJ, Swanson SK, Wu S, Shi Y, Washburn MP, Florens L, Conaway RC, Conaway JW (2007) YY1 functions with INO80 to activate transcription. Nat Struct Mol Biol 14(9):872–874

Cairns BR (2007) Chromatin remodeling: insights and intrigue from single-molecule studies. Nat Struct Mol Biol 14(11):989–996

Cairns BR (2009) The logic of chromatin architecture and remodelling at promoters. Nature 461(7261):193–198

Cairns BR, Erdjument-Bromage H, Tempst P, Winston F, Kornberg RD (1998) Two actin-related proteins are shared functional components of the chromatin-remodeling complexes RSC and SWI/SNF. Mol Cell 2(5):639–651

Carey M, Li B, Workman JL (2006) RSC exploits histone acetylation to abrogate the nucleosomal block to RNA polymerase II elongation. Mol Cell 24(3):481–487

Cavellan E, Asp P, Percipalle P, Farrants AK (2006) The WSTF-SNF2h chromatin remodeling com-plex interacts with several nuclear proteins in transcription. J Biol Chem 281(24):16264–16271

Chaban Y, Ezeokonkwo C, Chung WH, Zhang F, Kornberg RD, Maier-Davis B, Lorch Y, Asturias FJ (2008) Structure of a RSC-nucleosome complex and insights into chromatin remodeling. Nat Struct Mol Biol 15(12):1272–1277

Chai B, Huang J, Cairns BR, Laurent BC (2005) Distinct roles for the RSC and Swi/Snf ATP-dependent chromatin remodelers in DNA double-strand break repair. Genes Dev 19(14):1656–1661

Chambers AL, Ormerod G, Durley SC, Sing TL, Brown GW, Kent NA, Downs JA (2012) The INO80 chromatin remodeling complex prevents polyploidy and maintains normal chromatin structure at centromeres. Genes Dev 26(23):2590–2603

Chatterjee N, Sinha D, Lemma-Dechassa M, Tan S, Shogren-Knaak MA, Bartholomew B (2011) Histone H3 tail acetylation modulates ATP-dependent remodeling through multiple mechanisms. Nucleic Acids Res 39(19):8378–8391

Chen X, Cui D, Papusha A, Zhang X, Chu CD, Tang J, Chen K, Pan X, Ira G (2012) The Fun30 nucleosome remodeller promotes resection of DNA double-strand break ends. Nature 489(7417):576–580

Cherry CM, Matunis EL (2010) Epigenetic regulation of stem cell maintenance in the Drosophila testis via the nucleosome-remodeling factor NURF. Cell Stem Cell 6(6):557–567

Chi TH, Wan M, Zhao K, Taniuchi I, Chen L, Littman DR, Crabtree GR (2002) Reciprocal regulation of CD4/CD8 expression by SWI/SNF-like BAF complexes. Nature 418(6894):195–199

Chioda M, Vengadasalam S, Kremmer E, Eberharter A, Becker PB (2010) Developmental role for ACF1-containing nucleosome remodellers in chromatin organisation. Development 137(20): 3513–3522

Choi K, Park C, Lee J, Oh M, Noh B, Lee I (2007) Arabidopsis homologs of components of the SWR1 complex regulate flowering and plant development. Development 134(10):1931–1941

Chou DM, Adamson B, Dephoure NE, Tan X, Nottke AC, Hurov KE, Gygi SP, Colaiacovo MP, Elledge SJ (2010) A chromatin localization screen reveals poly (ADP ribose)-regulated recruitment of the repressive polycomb and NuRD complexes to sites of DNA damage. Proc Natl Acad Sci USA 107(43):18475–18480

Citterio E, Van Den Boom V, Schnitzler G, Kanaar R, Bonte E, Kingston RE, Hoeijmakers JH, Vermeulen W (2000) ATP-dependent chromatin remodeling by the Cockayne syndrome B DNA repair-transcription-coupling factor. Mol Cell Biol 20(20):7643–7653

Clapier CR, Cairns BR (2012) Regulation of ISWI involves inhibitory modules antagonized by nucleosomal epitopes. Nature 492(7428):280–284

Clapier CR, Langst G, Corona DF, Becker PB, Nightingale KP (2001) Critical role for the histone H4 N terminus in nucleosome remodeling by ISWI. Mol Cell Biol 21(3):875–883

Clapier CR, Nightingale KP, Becker PB (2002) A critical epitope for substrate recognition by the nucleosome remodeling ATPase ISWI. Nucleic Acids Res 30(3):649–655

Clausell J, Happel N, Hale TK, Doenecke D, Beato M (2009) Histone H1 subtypes differentially modulate chromatin condensation without preventing ATP-dependent remodeling by SWI/SNF or NURF. PLoS One 4(10):e0007243

Collins N, Poot RA, Kukimoto I, Garcia-Jimenez C, Dellaire G, Varga-Weisz PD (2002) An ACF1-ISWI chromatin-remodeling complex is required for DNA replication through heterochromatin. Nat Genet 32(4):627–632

Corona DF, Clapier CR, Becker PB, Tamkun JW (2002) Modulation of ISWI function by site-specific histone acetylation. EMBO Rep 3(3):242–247

Corona DF, Siriaco G, Armstrong JA, Snarskaya N, McClymont SA, Scott MP, Tamkun JW (2007) ISWI regulates higher-order chromatin structure and histone H1 assembly in vivo. PLoS Biol 5(9):e232

Cosma MP, Tanaka T, Nasmyth K (1999) Ordered recruitment of transcription and chromatin remodeling factors to a cell cycle- and developmentally regulated promoter. Cell 97(3): 299–311

Costelloe T, Louge R, Tomimatsu N, Mukherjee B, Martini E, Khadaroo B, Dubois K, Wiegant WW, Thierry A, Burma S, van Attikum H, Llorente B (2012) The yeast Fun30 and human SMARCAD1 chromatin remodellers promote DNA end resection. Nature 489(7417):581–584

Dang W, Bartholomew B (2007) Domain architecture of the catalytic subunit in the ISW2-nucleosome complex. Mol Cell Biol 27(23):8306–8317

Dang W, Kagalwala MN, Bartholomew B (2007) The Dpb4 subunit of ISW2 is anchored to extra-nucleosomal DNA. J Biol Chem 282(27):19418–19425

De La Fuente R, Viveiros MM, Wigglesworth K, Eppig JJ (2004) ATRX, a member of the SNF2 family of helicase/ATPases, is required for chromosome alignment and meiotic spindle organization in metaphase II stage mouse oocytes. Dev Biol 272(1):1–14 de la Serna IL, Carlson KA, Imbalzano AN (2001) Mammalian SWI/SNF complexes promote MyoD-mediated muscle differentiation. Nat Genet 27(2):187–190

de la Serna IL, Ohkawa Y, Berkes CA, Bergstrom DA, Dacwag CS, Tapscott SJ, Imbalzano AN (2005) MyoD targets chromatin remodeling complexes to the myogenin locus prior to forming a stable DNA-bound complex. Mol Cell Biol 25(10):3997–4009

Deal RB, Kandasamy MK, McKinney EC, Meagher RB (2005) The nuclear actin-related protein ARP6 is a pleiotropic developmental regulator required for the maintenance of FLOWERING LOCUS C expression and repression of flowering in Arabidopsis. Plant Cell 17(10): 2633–2646

Deal RB, Topp CN, McKinney EC, Meagher RB (2007) Repression of flowering in Arabidopsis requires activation of FLOWERING LOCUS C expression by the histone variant H2A.Z. Plant Cell 19(1):74–83

Dechassa ML, Zhang B, Horowitz-Scherer R, Persinger J, Woodcock CL, Peterson CL, Bartholomew B (2008) Architecture of the SWI/SNF-nucleosome complex. Mol Cell Biol 28(19):6010–6021

Dechassa ML, Sabri A, Pondugula S, Kassabov SR, Chatterjee N, Kladde MP, Bartholomew B (2010) SWI/SNF has intrinsic nucleosome disassembly activity that is dependent on adjacent nucleosomes. Mol Cell 38(4):590–602

Deindl S, Hwang WL, Hota SK, Blosser TR, Prasad P, Bartholomew B, Zhuang X (2013) ISWI remodelers slide nucleosomes with coordinated multi-base-pair entry steps and single-base-pair exit steps. Cell 152(3):442–452

Denslow SA, Wade PA (2007) The human Mi-2/NuRD complex and gene regulation. Oncogene 26(37):5433–5438

Deuring R, Fanti L, Armstrong JA, Sarte M, Papoulas O, Prestel M, Daubresse G, Verardo M, Moseley SL, Berloco M, Tsukiyama T, Wu C, Pimpinelli S, Tamkun JW (2000) The ISWI chromatin-remodeling protein is required for gene expression and the maintenance of higher order chromatin structure in vivo. Mol Cell 5(2):355–365

Dimova D, Nackerdien Z, Furgeson S, Eguchi S, Osley MA (1999) A role for transcriptional repressors in targeting the yeast Swi/Snf complex. Mol Cell 4(1):75–83

Dion V, Shimada K, Gasser SM (2010) Actin-related proteins in the nucleus: life beyond chromatin remodelers. Curr Opin Cell Biol 22(3):383–391

Dorigo B, Schalch T, Bystricky K, Richmond TJ (2003) Chromatin fiber folding: requirement for the histone H4 N-terminal tail. J Mol Biol 327(1):85–96

Downs JA, Allard S, Jobin-Robitaille O, Javaheri A, Auger A, Bouchard N, Kron SJ, Jackson SP, Cote J (2004) Binding of chromatin-modifying activities to phosphorylated histone H2A at DNA damage sites. Mol Cell 16(6):979–990

Doyen CM, An W, Angelov D, Bondarenko V, Mietton F, Studitsky VM, Hamiche A, Roeder RG, Bouvet P, Dimitrov S (2006) Mechanism of polymerase II transcription repression by the histone variant macroH2A. Mol Cell Biol 26(3):1156–1164

Drane P, Ouararhni K, Depaux A, Shuaib M, Hamiche A (2010) The death-associated protein DAXX is a novel histone chaperone involved in the replication-independent deposition of H3.3. Genes Dev 24(12):1253–1265

Drost J, Mantovani F, Tocco F, Elkon R, Comel A, Holstege H, Kerkhoven R, Jonkers J, Voorhoeve PM, Agami R, Del Sal G (2010) BRD7 is a candidate tumour suppressor gene required for p53 function. Nat Cell Biol 12(4):380–389

Durand-Dubief M, Will WR, Petrini E, Theodorou D, Harris RR, Crawford MR, Paszkiewicz K, Krueger F, Correra RM, Vetter AT, Miller JR, Kent NA, Varga-Weisz P (2012) SWI/SNF-like chromatin remodeling factor Fun30 supports point centromere function in S. cerevisiae. PLoS Genet 8(9):e1002974

Eapen VV, Sugawara N, Tsabar M, Wu WH, Haber JE (2012) The Saccharomyces cerevisiae chromatin remodeler Fun30 regulates DNA end resection and checkpoint deactivation. Mol Cell Biol 32(22):4727–4740

Eberharter A, Vetter I, Ferreira R, Becker PB (2004) ACF1 improves the effectiveness of nucleosome mobilization by ISWI through PHD-histone contacts. EMBO J 23(20):4029–4039

Eckey M, Kuphal S, Straub T, Rummele P, Kremmer E, Bosserhoff AK, Becker PB (2012) Nucleosome remodeler SNF2L suppresses cell proliferation and migration and attenuates Wnt signaling. Mol Cell Biol 32(13):2359–2371

Ehrensberger AH, Kornberg RD (2011) Isolation of an activator-dependent, promoter-specific chromatin remodeling factor. Proc Natl Acad Sci USA 108(25):10115–10120

Elsasser SJ, Huang H, Lewis PW, Chin JW, Allis CD, Patel DJ (2012) DAXX envelops a histone H3.3-H4 dimer for H3.3-specific recognition. Nature 491(7425):560–565

Emelyanov AV, Vershilova E, Ignatyeva MA, Pokrovsky DK, Lu X, Konev AY, Fyodorov DV (2012) Identification and characterization of ToRC, a novel ISWI-containing ATP-dependent chromatin assembly complex. Genes Dev 26(6):603–614

Engelen E, Akinci U, Bryne JC, Hou J, Gontan C, Moen M, Szumska D, Kockx C, van Ijcken W, Dekkers DH, Demmers J, Rijkers EJ, Bhattacharya S, Philipsen S, Pevny LH, Grosveld FG, Rottier RJ, Lenhard B, Poot RA (2011) Sox2 cooperates with Chd7 to regulate genes that are mutated in human syndromes. Nat Genet 43(6):607–611

Falbo KB, Alabert C, Katou Y, Wu S, Han J, Wehr T, Xiao J, He X, Zhang Z, Shi Y, Shirahige K, Pasero P, Shen X (2009) Involvement of a chromatin remodeling complex in damage tolerance during DNA replication. Nat Struct Mol Biol 16(11):1167–1172

Farrona S, Hurtado L, March-Diaz R, Schmitz RJ, Florencio FJ, Turck F, Amasino RM, Reyes JC (2011) Brahma is required for proper expression of the floral repressor FLC in Arabidopsis. PloS One 6(3):e17997

Fasulo B, Deuring R, Murawska M, Gause M, Dorighi KM, Schaaf CA, Dorsett D, Brehm A, Tamkun JW (2012) The Drosophila MI-2 chromatin-remodeling factor regulates higher-order chromatin structure and cohesin dynamics in vivo. PLoS Genet 8(8):e1002878

Fazzio TG, Huff JT, Panning B (2008) An RNAi screen of chromatin proteins identifies Tip60-p400 as a regulator of embryonic stem cell identity. Cell 134(1):162–174

Ferreira H, Flaus A, Owen-Hughes T (2007a) Histone modifications influence the action of Snf2 family remodelling enzymes by different mechanisms. J Mol Biol 374(3):563–579

Ferreira R, Eberharter A, Bonaldi T, Chioda M, Imhof A, Becker PB (2007b) Site-specific acetylation of ISWI by GCN5. BMC Mol Biol 8:73

Flanagan JF, Peterson CL (1999) A role for the yeast SWI/SNF complex in DNA replication. Nucleic Acids Res 27(9):2022–2028

Flanagan JF, Mi LZ, Chruszcz M, Cymborowski M, Clines KL, Kim Y, Minor W, Rastinejad F, Khorasanizadeh S (2005) Double chromodomains cooperate to recognize the methylated histone H3 tail. Nature 438(7071):1181–1185

Flaus A, Owen-Hughes T (2011) Mechanisms for ATP-dependent chromatin remodelling: the means to the end. FEBS J 278(19):3579–3595

Flaus A, Martin DM, Barton GJ, Owen-Hughes T (2006) Identification of multiple distinct Snf2 subfamilies with conserved structural motifs. Nucleic Acids Res 34(10):2887–2905

Flowers S, Nagl NG Jr, Beck GR Jr, Moran E (2009) Antagonistic roles for BRM and BRG1 SWI/SNF complexes in differentiation. J Biol Chem 284(15):10067–10075

Forcales SV, Albini S, Giordani L, Malecova B, Cignolo L, Chernov A, Coutinho P, Saccone V, Consalvi S, Williams R, Wang K, Wu Z, Baranovskaya S, Miller A, Dilworth FJ, Puri PL (2012) Signal-dependent incorporation of MyoD-BAF60c into Brg1-based SWI/SNF chromatin-remodelling complex. EMBO J 31(2):301–316

Ford J, Odeyale O, Shen CH (2008) Activator-dependent recruitment of SWI/SNF and INO80 during INO1 activation. Biochem Biophys Res Commun 373(4):602–606

Fu J, Qin L, He T, Qin J, Hong J, Wong J, Liao L, Xu J (2011) The TWIST/Mi2/NuRD protein complex and its essential role in cancer metastasis. Cell Res 21(2):275–289

Fujita N, Jaye DL, Kajita M, Geigerman C, Moreno CS, Wade PA (2003) MTA3, a Mi-2/NuRD complex subunit, regulates an invasive growth pathway in breast cancer. Cell 113(2):207–219

Fujita N, Jaye DL, Geigerman C, Akyildiz A, Mooney MR, Boss JM, Wade PA (2004) MTA3 and the Mi-2/NuRD complex regulate cell fate during B lymphocyte differentiation. Cell 119(1):75–86

Fyodorov DV, Blower MD, Karpen GH, Kadonaga JT (2004) Acf1 confers unique activities to ACF/CHRAC and promotes the formation rather than disruption of chromatin in vivo. Genes Dev 18(2):170–183

Gao X, Tate P, Hu P, Tjian R, Skarnes WC, Wang Z (2008) ES cell pluripotency and germ-layer formation require the SWI/SNF chromatin remodeling component BAF250a. Proc Natl Acad Sci USA 105(18):6656–6661

Gaspar-Maia A, Alajem A, Polesso F, Sridharan R, Mason MJ, Heidersbach A, Ramalho-Santos J, McManus MT, Plath K, Meshorer E, Ramalho-Santos M (2009) Chd1 regulates open chromatin and pluripotency of embryonic stem cells. Nature 460(7257):863–868

Gelbart ME, Larschan E, Peng S, Park PJ, Kuroda MI (2009) Drosophila MSL complex globally acetylates H4K16 on the male X chromosome for dosage compensation. Nat Struct Mol Biol 16(8):825–832

Gendrel AV, Lippman Z, Yordan C, Colot V, Martienssen RA (2002) Dependence of heterochromatic histone H3 methylation patterns on the Arabidopsis gene DDM1. Science 297(5588): 1871–1873

Geng F, Cao Y, Laurent BC (2001) Essential roles of Snf5p in Snf-Swi chromatin remodeling in vivo. Mol Cell Biol 21(13):4311–4320

Gerhold CB, Winkler DD, Lakomek K, Seifert FU, Fenn S, Kessler B, Witte G, Luger K, Hopfner KP (2012) Structure of actin-related protein 8 and its contribution to nucleosome binding. Nucleic Acids Res 40(21):11036–11046

Gibbons RJ, Pellagatti A, Garrick D, Wood WG, Malik N, Ayyub H, Langford C, Boultwood J, Wainscoat JS, Higgs DR (2003) Identification of acquired somatic mutations in the gene encoding chromatin-remodeling factor ATRX in the alpha-thalassemia myelodysplasia syndrome (ATMDS). Nat Genet 34(4):446–449

Gkikopoulos T, Schofield P, Singh V, Pinskaya M, Mellor J, Smolle M, Workman JL, Barton GJ, Owen-Hughes T (2011a) A role for Snf2-related nucleosome-spacing enzymes in genome-wide nucleosome organization. Science 333(6050):1758–1760

Gkikopoulos T, Singh V, Tsui K, Awad S, Renshaw MJ, Scholfield P, Barton GJ, Nislow C, Tanaka TU, Owen-Hughes T (2011b) The SWI/SNF complex acts to constrain distribution of the centromeric histone variant Cse4. EMBO J 30(10):1919–1927

Goldberg AD, Banaszynski LA, Noh KM, Lewis PW, Elsaesser SJ, Stadler S, Dewell S, Law M, Guo X, Li X, Wen D, Chapgier A, DeKelver RC, Miller JC, Lee YL, Boydston EA, Holmes MC, Gregory PD, Greally JM, Rafii S, Yang C, Scambler PJ, Garrick D, Gibbons RJ, Higgs DR, Cristea IM, Urnov FD, Zheng D, Allis CD (2010) Distinct factors control histone variant H3.3 localization at specific genomic regions. Cell 140(5):678–691

Goldman JA, Garlick JD, Kingston RE (2010) Chromatin remodeling by imitation switch (ISWI) class ATP-dependent remodelers is stimulated by histone variant H2A.Z. J Biol Chem 285(7):4645–4651

Goldmark JP, Fazzio TG, Estep PW, Church GM, Tsukiyama T (2000) The Isw2 chromatin remodeling complex represses early meiotic genes upon recruitment by Ume6p. Cell 103(3): 423–433

Gong F, Fahy D, Smerdon MJ (2006) Rad4-Rad23 interaction with SWI/SNF links ATP-dependent chromatin remodeling with nucleotide excision repair. Nat Struct Mol Biol 13(10):902–907

Goodarzi AA, Kurka T, Jeggo PA (2011) KAP-1 phosphorylation regulates CHD3 nucleosome remodeling during the DNA double-strand break response. Nat Struct Mol Biol 18(7):831–839

Gottschalk AJ, Timinszky G, Kong SE, Jin J, Cai Y, Swanson SK, Washburn MP, Florens L, Ladurner AG, Conaway JW, Conaway RC (2009) Poly(ADP-ribosyl)ation directs recruitment and activation of an ATP-dependent chromatin remodeler. Proc Natl Acad Sci USA 106(33):13770–13774

Gottschalk AJ, Trivedi RD, Conaway JW, Conaway RC (2012) Activation of the SNF2 family ATPase ALC1 by poly(ADP-ribose) in a stable ALC1.PARP1.nucleosome intermediate. J Biol Chem 287(52):43527–43532

Grune T, Brzeski J, Eberharter A, Clapier CR, Corona DF, Becker PB, Muller CW (2003) Crystal structure and functional analysis of a nucleosome recognition module of the remodeling factor ISWI. Mol Cell 12(2):449–460

Gururaj AE, Singh RR, Rayala SK, Holm C, den Hollander P, Zhang H, Balasenthil S, Talukder AH, Landberg G, Kumar R (2006) MTA1, a transcriptional activator of breast cancer amplified sequence 3. Proc Natl Acad Sci USA 103(17):6670–6675

Hakimi MA, Bochar DA, Schmiesing JA, Dong Y, Barak OG, Speicher DW, Yokomori K, Shiekhattar R (2002) A chromatin remodelling complex that loads cohesin onto human chromosomes. Nature 418(6901):994–998

Hamiche A, Kang JG, Dennis C, Xiao H, Wu C (2001) Histone tails modulate nucleosome mobility and regulate ATP-dependent nucleosome sliding by NURF. Proc Natl Acad Sci USA 98(25):14316–14321

Han HJ, Russo J, Kohwi Y, Kohwi-Shigematsu T (2008) SATB1 reprogrammes gene expression to promote breast tumour growth and metastasis. Nature 452(7184):187–193

Hanai K, Furuhashi H, Yamamoto T, Akasaka K, Hirose S (2008) RSF governs silent chromatin formation via histone H2Av replacement. PLoS Genet 4(2):e1000011

Hang CT, Yang J, Han P, Cheng HL, Shang C, Ashley E, Zhou B, Chang CP (2010) Chromatin regulation by Brg1 underlies heart muscle development and disease. Nature 466(7302):62–67

Harada A, Okada S, Konno D, Odawara J, Yoshimi T, Yoshimura S, Kumamaru H, Saiwai H, Tsubota T, Kurumizaka H, Akashi K, Tachibana T, Imbalzano AN, Ohkawa Y (2012) Chd2 interacts with H3.3 to determine myogenic cell fate. EMBO J 31(13):2994–3007

Hartlepp KF, Fernandez-Tornero C, Eberharter A, Grune T, Muller CW, Becker PB (2005) The histone fold subunits of Drosophila CHRAC facilitate nucleosome sliding through dynamic DNA interactions. Mol Cell Biol 25(22):9886–9896

Hassan AH, Prochasson P, Neely KE, Galasinski SC, Chandy M, Carrozza MJ, Workman JL (2002) Function and selectivity of bromodomains in anchoring chromatin-modifying complexes to promoter nucleosomes. Cell 111(3):369–379

Hauk G, McKnight JN, Nodelman IM, Bowman GD (2010) The chromodomains of the Chd1 chromatin remodeler regulate DNA access to the ATPase motor. Mol Cell 39(5):711–723

He X, Fan HY, Narlikar GJ, Kingston RE (2006) Human ACF1 alters the remodeling strategy of SNF2h. J Biol Chem 281(39):28636–28647

He X, Fan HY, Garlick JD, Kingston RE (2008) Diverse regulation of SNF2h chromatin remodeling by noncatalytic subunits. Biochemistry 47(27):7025–7033

Henderson A, Holloway A, Reeves R, Tremethick DJ (2004) Recruitment of SWI/SNF to the human immunodeficiency virus type 1 promoter. Mol Cell Biol 24(1):389–397

Hill DA, Imbalzano AN (2000) Human SWI/SNF nucleosome remodeling activity is partially inhibited by linker histone H1. Biochemistry 39(38):11649–11656

Hirochika H, Okamoto H, Kakutani T (2000) Silencing of retrotransposons in arabidopsis and reactivation by the ddm1 mutation. Plant Cell 12(3):357–369

Hirschhorn JN, Brown SA, Clark CD, Winston F (1992) Evidence that SNF2/SWI2 and SNF5 activate transcription in yeast by altering chromatin structure. Genes Dev 6(12A):2288–2298

Ho L, Crabtree GR (2010) Chromatin remodelling during development. Nature 463(7280): 474–484

Ho L, Jothi R, Ronan JL, Cui K, Zhao K, Crabtree GR (2009a) An embryonic stem cell chromatin remodeling complex, esBAF, is an essential component of the core pluripotency transcriptional network. Proc Natl Acad Sci USA 106(13):5187–5191

Ho L, Ronan JL, Wu J, Staahl BT, Chen L, Kuo A, Lessard J, Nesvizhskii AI, Ranish J, Crabtree GR (2009b) An embryonic stem cell chromatin remodeling complex, esBAF, is essential for embryonic stem cell self-renewal and pluripotency. Proc Natl Acad Sci USA 106(13):5181–5186

Hochheimer A, Zhou S, Zheng S, Holmes MC, Tjian R (2002) TRF2 associates with DREF and directs promoter-selective gene expression in Drosophila. Nature 420(6914):439–445

Hogan CJ, Aligianni S, Durand-Dubief M, Persson J, Will WR, Webster J, Wheeler L, Mathews CK, Elderkin S, Oxley D, Ekwall K, Varga-Weisz PD (2010) Fission yeast Iec1-ino80-mediated nucleosome eviction regulates nucleotide and phosphate metabolism. Mol Cell Biol 30(3): 657–674

Hood RL, Lines MA, Nikkel SM, Schwartzentruber J, Beaulieu C, Nowaczyk MJ, Allanson J, Kim CA, Wieczorek D, Moilanen JS, Lacombe D, Gillessen-Kaesbach G, Whiteford ML, Quaio CR, Gomy I, Bertola DR, Albrecht B, Platzer K, McGillivray G, Zou R, McLeod DR, Chudley AE,

Chodirker BN, Marcadier J, Majewski J, Bulman DE, White SM, Boycott KM (2012) Mutations in SRCAP, encoding SNF2-related CREBBP activator protein, cause floating-harbor syndrome. Am J Hum Genet 90(2):308–313

Horn PJ, Carruthers LM, Logie C, Hill DA, Solomon MJ, Wade PA, Imbalzano AN, Hansen JC, Peterson CL (2002) Phosphorylation of linker histones regulates ATP-dependent chromatin remodeling enzymes. Nat Struct Biol 9(4):263–267

Hsiao PW, Fryer CJ, Trotter KW, Wang W, Archer TK (2003) BAF60a mediates critical interactions between nuclear receptors and the BRG1 chromatin-remodeling complex for transactivation. Mol Cell Biol 23(17):6210–6220

Hsu JM, Huang J, Meluh PB, Laurent BC (2003) The yeast RSC chromatin-remodeling complex is required for kinetochore function in chromosome segregation. Mol Cell Biol 23(9): 3202–3215

Huang J, Laurent BC (2004) A Role for the RSC chromatin remodeler in regulating cohesion of sister chromatid arms. Cell Cycle 3(8):973–975

Huang X, Gao X, Diaz-Trelles R, Ruiz-Lozano P, Wang Z (2008) Coronary development is regulated by ATP-dependent SWI/SNF chromatin remodeling component BAF180. Dev Biol 319(2):258–266

Hurd EA, Capers PL, Blauwkamp MN, Adams ME, Raphael Y, Poucher HK, Martin DM (2007) Loss of Chd7 function in gene-trapped reporter mice is embryonic lethal and associated with severe defects in multiple developing tissues. Mamm Genome 18(2):94–104

Hurd EA, Poucher HK, Cheng K, Raphael Y, Martin DM (2010) The ATP-dependent chromatin remodeling enzyme CHD7 regulates pro-neural gene expression and neurogenesis in the inner ear. Development 137(18):3139–3150

Ieda M, Fu JD, Delgado-Olguin P, Vedantham V, Hayashi Y, Bruneau BG, Srivastava D (2010) Direct reprogramming of fibroblasts into functional cardiomyocytes by defined factors. Cell 142(3):375–386

Ishihara K, Oshimura M, Nakao M (2006) CTCF-dependent chromatin insulator is linked to epigenetic remodeling. Mol Cell 23(5):733–742

Ivanov AV, Peng H, Yurchenko V, Yap KL, Negorev DG, Schultz DC, Psulkowski E, Fredericks WJ, White DE, Maul GG, Sadofsky MJ, Zhou MM, Rauscher FJ III (2007) PHD domain-mediated E3 ligase activity directs intramolecular sumoylation of an adjacent bromodomain required for gene silencing. Mol Cell 28(5):823–837

Iwase S, Xiang B, Ghosh S, Ren T, Lewis PW, Cochrane JC, Allis CD, Picketts DJ, Patel DJ, Li H, Shi Y (2011) ATRX ADD domain links an atypical histone methylation recognition mechanism to human mental-retardation syndrome. Nat Struct Mol Biol 18(7):769–776

Jackson EM, Sievert AJ, Gai X, Hakonarson H, Judkins AR, Tooke L, Perin JC, Xie H, Shaikh TH, Biegel JA (2009) Genomic analysis using high-density single nucleotide polymorphism-based oligonucleotide arrays and multiplex ligation-dependent probe amplification provides a comprehensive analysis of INI1/SMARCB1 in malignant rhabdoid tumors. Clin Cancer Res 15(6):1923–1930

Jha S, Dutta A (2009) RVB1/RVB2: running rings around molecular biology. Mol Cell 34(5): 521–533

Jin C, Zang C, Wei G, Cui K, Peng W, Zhao K, Felsenfeld G (2009) H3.3/H2A.Z double variant-containing nucleosomes mark 'nucleosome-free regions' of active promoters and other regulatory regions. Nat Genet 41(8):941–945

Jonsson ZO, Jha S, Wohlschlegel JA, Dutta A (2004) Rvb1p/Rvb2p recruit Arp5p and assemble a functional Ino80 chromatin remodeling complex. Mol Cell 16(3):465–477

Kadam S, Emerson BM (2003) Transcriptional specificity of human SWI/SNF BRG1 and BRM chromatin remodeling complexes. Mol Cell 11(2):377–389

Kaji K, Caballero IM, MacLeod R, Nichols J, Wilson VA, Hendrich B (2006) The NuRD component Mbd3 is required for pluripotency of embryonic stem cells. Nat Cell Biol 8(3):285–292

Kandasamy MK, McKinney EC, Deal RB, Smith AP, Meagher RB (2009) Arabidopsis actin-related protein ARP5 in multicellular development and DNA repair. Dev Biol 335(1):22–32

Kashiwaba S, Kitahashi K, Watanabe T, Onoda F, Ohtsu M, Murakami Y (2010) The mammalian INO80 complex is recruited to DNA damage sites in an ARP8 dependent manner. Biochem Biophys Res Commun 402(4):619–625

Kasten M, Szerlong H, Erdjument-Bromage H, Tempst P, Werner M, Cairns BR (2004) Tandem bromodomains in the chromatin remodeler RSC recognize acetylated histone H3 Lys14. EMBO J 23(6):1348–1359

Kazantseva A, Sepp M, Kazantseva J, Sadam H, Pruunsild P, Timmusk T, Neuman T, Palm K (2009) N-terminally truncated BAF57 isoforms contribute to the diversity of SWI/SNF complexes in neurons. J Neurochem 109(3):807–818

Kehle J, Beuchle D, Treuheit S, Christen B, Kennison JA, Bienz M, Muller J (1998) dMi-2, a hunchback-interacting protein that functions in polycomb repression. Science 282(5395): 1897–1900

Kim JH, Saraf A, Florens L, Washburn M, Workman JL (2010) Gcn5 regulates the dissociation of SWI/SNF from chromatin by acetylation of Swi2/Snf2. Genes Dev 24(24):2766–2771

Kitayama K, Kamo M, Oma Y, Matsuda R, Uchida T, Ikura T, Tashiro S, Ohyama T, Winsor B, Harata M (2009) The human actin-related protein hArp5: nucleo-cytoplasmic shuttling and involvement in DNA repair. Exp Cell Res 315(2):206–217

Knizewski L, Ginalski K, Jerzmanowski A (2008) Snf2 proteins in plants: gene silencing and beyond. Trends Plant Sci 13(10):557–565

Konev AY, Tribus M, Park SY, Podhraski V, Lim CY, Emelyanov AV, Vershilova E, Pirrotta V, Kadonaga JT, Lusser A, Fyodorov DV (2007) CHD1 motor protein is required for deposition of histone variant H3.3 into chromatin in vivo. Science 317(5841):1087–1090

Kornberg RD (1974) Chromatin structure: a repeating unit of histones and DNA. Science 184(139):868–871

Krasteva V, Buscarlet M, Diaz-Tellez A, Bernard MA, Crabtree GR, Lessard JA (2012) The BAF53a subunit of SWI/SNF-like BAF complexes is essential for hemopoietic stem cell function. Blood 120(24):4720–4732

Kukimoto I, Elderkin S, Grimaldi M, Oelgeschlager T, Varga-Weisz PD (2004) The histone-fold protein complex CHRAC-15/17 enhances nucleosome sliding and assembly mediated by ACF. Mol Cell 13(2):265–277

Kunert N, Wagner E, Murawska M, Klinker H, Kremmer E, Brehm A (2009) dMec: a novel Mi-2 chromatin remodelling complex involved in transcriptional repression. EMBO J 28(5): 533–544

Kusch T, Florens L, Macdonald WH, Swanson SK, Glaser RL, Yates JR III, Abmayr SM, Washburn MP, Workman JL (2004) Acetylation by Tip60 is required for selective histone variant exchange at DNA lesions. Science 306(5704):2084–2087

Kwon H, Imbalzano AN, Khavari PA, Kingston RE, Green MR (1994) Nucleosome disruption and enhancement of activator binding by a human SW1/SNF complex [see comments]. Nature 370(6489):477–481

Kwon SY, Xiao H, Glover BP, Tjian R, Wu C, Badenhorst P (2008) The nucleosome remodeling factor (NURF) regulates genes involved in Drosophila innate immunity. Dev Biol 316(2):538–547

Kwon SY, Xiao H, Wu C, Badenhorst P (2009) Alternative splicing of NURF301 generates distinct NURF chromatin remodeling complexes with altered modified histone binding specificities. PLoS Genet 5(7):e1000574

Lai AY, Wade PA (2011) Cancer biology and NuRD: a multifaceted chromatin remodelling complex. Nat Rev Cancer 11(8):588–596

Lake RJ, Geyko A, Hemashettar G, Zhao Y, Fan HY (2010) UV-induced association of the CSB remodeling protein with chromatin requires ATP-dependent relief of N-terminal autorepression. Mol Cell 37(2):235–246

Lake RJ, Basheer A, Fan HY (2011) Reciprocally regulated chromatin association of Cockayne syndrome protein B and p53 protein. J Biol Chem 286(40):34951–34958

Lan L, Ui A, Nakajima S, Hatakeyama K, Hoshi M, Watanabe R, Janicki SM, Ogiwara H, Kohno T, Kanno S, Yasui A (2010) The ACF1 complex is required for DNA double-strand break repair in human cells. Mol Cell 40(6):976–987

Landry JW, Banerjee S, Taylor B, Aplan PD, Singer A, Wu C (2011) Chromatin remodeling complex NURF regulates thymocyte maturation. Genes Dev 25(3):275–286

Larschan E, Bishop EP, Kharchenko PV, Core LJ, Lis JT, Park PJ, Kuroda MI (2011) X chromosome dosage compensation via enhanced transcriptional elongation in Drosophila. Nature 471(7336):115–118

Larsen DH, Poinsignon C, Gudjonsson T, Dinant C, Payne MR, Hari FJ, Rendtlew Danielsen JM, Menard P, Sand JC, Stucki M, Lukas C, Bartek J, Andersen JS, Lukas J (2010) The chromatin-remodeling factor CHD4 coordinates signaling and repair after DNA damage. J Cell Biol 190(5):731–740

Law MJ, Lower KM, Voon HP, Hughes JR, Garrick D, Viprakasit V, Mitson M, De Gobbi M, Marra M, Morris A, Abbott A, Wilder SP, Taylor S, Santos GM, Cross J, Ayyub H, Jones S, Ragoussis J, Rhodes D, Dunham I, Higgs DR, Gibbons RJ (2010) ATR-X syndrome protein targets tandem repeats and influences allele-specific expression in a size-dependent manner. Cell 143(3):367–378

Lee K, Kang MJ, Kwon SJ, Kwon YK, Kim KW, Lim JH, Kwon H (2007) Expansion of chromosome territories with chromatin decompaction in BAF53-depleted interphase cells. Mol Biol Cell 18(10):4013–4023

Lee HS, Park JH, Kim SJ, Kwon SJ, Kwon J (2010) A cooperative activation loop among SWI/SNF, gamma-H2AX and H3 acetylation for DNA double-strand break repair. EMBO J 29(8):1434–1445

Lemon B, Inouye C, King DS, Tjian R (2001) Selectivity of chromatin-remodelling cofactors for ligand-activated transcription. Nature 414(6866):924–928

Leschziner AE, Lemon B, Tjian R, Nogales E (2005) Structural studies of the human PBAF chromatin-remodeling complex. Structure (Camb) 13(2):267–275

Leschziner AE, Saha A, Wittmeyer J, Zhang Y, Bustamante C, Cairns BR, Nogales E (2007) Conformational flexibility in the chromatin remodeler RSC observed by electron microscopy and the orthogonal tilt reconstruction method. Proc Natl Acad Sci USA 104(12):4913–4918

Lessard J, Wu JI, Ranish JA, Wan M, Winslow MM, Staahl BT, Wu H, Aebersold R, Graef IA, Crabtree GR (2007) An essential switch in subunit composition of a chromatin remodeling complex during neural development. Neuron 55(2):201–215

Lewis PW, Elsaesser SJ, Noh KM, Stadler SC, Allis CD (2010) Daxx is an H3.3-specific histone chaperone and cooperates with ATRX in replication-independent chromatin assembly at telomeres. Proc Natl Acad Sci USA 107(32):14075–14080

Li J, Santoro R, Koberna K, Grummt I (2005) The chromatin remodeling complex NoRC controls replication timing of rRNA genes. EMBO J 24(1):120–127

Li J, Langst G, Grummt I (2006) NoRC-dependent nucleosome positioning silences rRNA genes. EMBO J 25(24):5735–5741

Li M, Belozerov VE, Cai HN (2010) Modulation of chromatin boundary activities by nucleosome-remodeling activities in Drosophila melanogaster. Mol Cell Biol 30(4):1067–1076

Li X, Wang S, Li Y, Deng C, Steiner LA, Xiao H, Wu C, Bungert J, Gallagher PG, Felsenfeld G, Qiu Y, Huang S (2011) Chromatin boundaries require functional collaboration between the hSET1 and NURF complexes. Blood 118(5):1386–1394

Lickert H, Takeuchi JK, Von Both I, Walls JR, McAuliffe F, Adamson SL, Henkelman RM, Wrana JL, Rossant J, Bruneau BG (2004) Baf60c is essential for function of BAF chromatin remodelling complexes in heart development. Nature 432(7013):107–112

Linder B, Mentele E, Mansperger K, Straub T, Kremmer E, Rupp RA (2007) CHD4/Mi-2beta activity is required for the positioning of the mesoderm/neuroectoderm boundary in Xenopus. Genes Dev 21(8):973–983

Logie C, Peterson CL (1997) Catalytic activity of the yeast SWI/SNF complex on reconstituted nucleosome arrays. EMBO J 16(22):6772–6782

Lorch Y, Maier-Davis B, Kornberg RD (2006) Chromatin remodeling by nucleosome disassembly in vitro. Proc Natl Acad Sci USA 103(9):3090–3093

Luk E, Ranjan A, Fitzgerald PC, Mizuguchi G, Huang Y, Wei D, Wu C (2010) Stepwise histone replacement by SWR1 requires dual activation with histone H2A.Z and canonical nucleosome. Cell 143(5):725–736

Lusser A, Urwin DL, Kadonaga JT (2005) Distinct activities of CHD1 and ACF in ATP-dependent chromatin assembly. Nat Struct Mol Biol 12(2):160–166

Magdinier F, Wolffe AP (2001) Selective association of the methyl-CpG binding protein MBD2 with the silent p14/p16 locus in human neoplasia. Proc Natl Acad Sci USA 98(9):4990–4995

Maier VK, Chioda M, Rhodes D, Becker PB (2008) ACF catalyses chromatosome movements in chromatin fibres. EMBO J 27(6):817–826

Maltby VE, Martin BJ, Schulze JM, Johnson I, Hentrich T, Sharma A, Kobor MS, Howe L (2012) Histone H3 lysine 36 methylation targets the Isw1b remodeling complex to chromatin. Mol Cell Biol 32(17):3479–3485

March-Diaz R, Reyes JC (2009) The beauty of being a variant: H2A.Z and the SWR1 complex in plants. Mol Plant 2(4):565–577

March-Diaz R, Garcia-Dominguez M, Lozano-Juste J, Leon J, Florencio FJ, Reyes JC (2008) Histone H2A.Z and homologues of components of the SWR1 complex are required to control immunity in Arabidopsis. Plant J 53(3):475–487

Marfella CG, Imbalzano AN (2007) The Chd family of chromatin remodelers. Mutat Res 618(1–2):30–40

Marfella CG, Ohkawa Y, Coles AH, Garlick DS, Jones SN, Imbalzano AN (2006) Mutation of the SNF2 family member Chd2 affects mouse development and survival. J Cell Physiol 209(1): 162–171

Mathieu EL, Finkernagel F, Murawska M, Scharfe M, Jarek M, Brehm A (2012) Recruitment of the ATP-dependent chromatin remodeler dMi-2 to the transcribed region of active heat shock genes. Nucleic Acids Res 40(11):4879–4891

Mazumdar A, Wang RA, Mishra SK, Adam L, Bagheri-Yarmand R, Mandal M, Vadlamudi RK, Kumar R (2001) Transcriptional repression of oestrogen receptor by metastasis-associated protein 1 corepressor. Nat Cell Biol 3(1):30–37

McConnell AD, Gelbart ME, Tsukiyama T (2004) Histone fold protein Dls1p is required for Isw2-dependent chromatin remodeling in vivo. Mol Cell Biol 24(7):2605–2613

McDowell TL, Gibbons RJ, Sutherland H, O'Rourke DM, Bickmore WA, Pombo A, Turley H, Gatter K, Picketts DJ, Buckle VJ, Chapman L, Rhodes D, Higgs DR (1999) Localization of a putative transcriptional regulator (ATRX) at pericentromeric heterochromatin and the short arms of acrocentric chromosomes. Proc Natl Acad Sci USA 96(24):13983–13988

McKnight JN, Jenkins KR, Nodelman IM, Escobar T, Bowman GD (2011) Extranucleosomal DNA binding directs nucleosome sliding by Chd1. Mol Cell Biol 31(23):4746–4759

Menon T, Yates JA, Bochar DA (2010) Regulation of androgen-responsive transcription by the chromatin remodeling factor CHD8. Mol Endocrinol 24(6):1165–1174

Mizuguchi G, Shen X, Landry J, Wu WH, Sen S, Wu C (2004) ATP-driven exchange of histone H2AZ variant catalyzed by SWR1 chromatin remodeling complex. Science 303(5656):343–348

Moreau JL, Lee M, Mahachi N, Vary J, Mellor J, Tsukiyama T, Goding CR (2003) Regulated displacement of TBP from the PHO8 promoter in vivo requires Cbf1 and the Isw1 chromatin remodeling complex. Mol Cell 11(6):1609–1620

Morettini S, Tribus M, Zeilner A, Sebald J, Campo-Fernandez B, Scheran G, Worle H, Podhraski V, Fyodorov DV, Lusser A (2011) The chromodomains of CHD1 are critical for enzymatic activity but less important for chromatin localization. Nucleic Acids Res 39(8):3103–3115

Morillon A, Karabetsou N, O'Sullivan J, Kent N, Proudfoot N, Mellor J (2003) Isw1 chromatin remodeling ATPase coordinates transcription elongation and termination by RNA polymerase II. Cell 115(4):425–435

Morrison AJ, Highland J, Krogan NJ, Arbel-Eden A, Greenblatt JF, Haber JE, Shen X (2004) INO80 and gamma-H2AX interaction links ATP-dependent chromatin remodeling to DNA damage repair. Cell 119(6):767–775

Morrison AJ, Kim JA, Person MD, Highland J, Xiao J, Wehr TS, Hensley S, Bao Y, Shen J, Collins SR, Weissman JS, Delrow J, Krogan NJ, Haber JE, Shen X (2007) Mec1/Tel1 phosphorylation of the INO80 chromatin remodeling complex influences DNA damage checkpoint responses. Cell 130(3):499–511

Moshkin YM, Mohrmann L, van Ijcken WF, Verrijzer CP (2007) Functional differentiation of SWI/SNF remodelers in transcription and cell cycle control. Mol Cell Biol 27(2):651–661

Muchardt C, Reyes JC, Bourachot B, Leguoy E, Yaniv M (1996) The hbrm and BRG-1 proteins, components of the human SNF/SWI complex, are phosphorylated and excluded from the condensed chromosomes during mitosis. EMBO J 15(13):3394–3402

Mueller-Planitz F, Klinker H, Ludwigsen J, Becker PB (2013) The ATPase domain of ISWI is an autonomous nucleosome remodeling machine. Nat Struct Mol Biol 20(1):82–89

Murawska M, Kunert N, van Vugt J, Langst G, Kremmer E, Logie C, Brehm A (2008) dCHD3, a novel ATP-dependent chromatin remodeler associated with sites of active transcription. Mol Cell Biol 28(8):2745–2757

Murawska M, Hassler M, Renkawitz-Pohl R, Ladurner A, Brehm A (2011) Stress-induced PARP activation mediates recruitment of Drosophila Mi-2 to promote heat shock gene expression. PLoS Genet 7(7):e1002206

Murawsky CM, Brehm A, Badenhorst P, Lowe N, Becker PB, Travers AA (2001) Tramtrack69 interacts with the dMi-2 subunit of the Drosophila NuRD chromatin remodelling complex. EMBO Rep 2(12):1089–1094

Musselman CA, Ramirez J, Sims JK, Mansfield RE, Oliver SS, Denu JM, Mackay JP, Wade PA, Hagman J, Kutateladze TG (2012) Bivalent recognition of nucleosomes by the tandem PHD fingers of the CHD4 ATPase is required for CHD4-mediated repression. Proc Natl Acad Sci USA 109(3):787–792

Nagaich AK, Walker DA, Wolford R, Hager GL (2004) Rapid periodic binding and displacement of the glucocorticoid receptor during chromatin remodeling. Mol Cell 14(2):163–174

Nagarajan P, Onami TM, Rajagopalan S, Kania S, Donnell R, Venkatachalam S (2009) Role of chromodomain helicase DNA-binding protein 2 in DNA damage response signaling and tumorigenesis. Oncogene 28(8):1053–1062

Nair SS, Li DQ, Kumar R (2013) A core chromatin remodeling factor instructs global chromatin signaling through multivalent reading of nucleosome codes. Mol Cell 49(4):704–718

Nakayama T, Shimojima T, Hirose S (2012) The PBAP remodeling complex is required for histone H3.3 replacement at chromatin boundaries and for boundary functions. Development 139(24):4582–4590

Natarajan K, Jackson BM, Zhou H, Winston F, Hinnebusch AG (1999) Transcriptional activation by Gcn4p involves independent interactions with the SWI/SNF complex and the SRB/mediator. Mol Cell 4(4):657–664

Neumann FR, Dion V, Gehlen LR, Tsai-Pflugfelder M, Schmid R, Taddei A, Gasser SM (2012) Targeted INO80 enhances subnuclear chromatin movement and ectopic homologous recombination. Genes Dev 26(4):369–383

Neves-Costa A, Will WR, Vetter AT, Miller JR, Varga-Weisz P (2009) The SNF2-family member Fun30 promotes gene silencing in heterochromatic loci. PLoS One 4(12):e8111

Nishiyama M, Skoultchi AI, Nakayama KI (2012) Histone H1 recruitment by CHD8 is essential for suppression of the Wnt-beta-catenin signaling pathway. Mol Cell Biol 32(2):501–512

Ogas J, Kaufmann S, Henderson J, Somerville C (1999) PICKLE is a CHD3 chromatin-remodeling factor that regulates the transition from embryonic to vegetative development in Arabidopsis. Proc Natl Acad Sci USA 96(24):13839–13844

Ohshiro K, Rayala SK, Wigerup C, Pakala SB, Natha RS, Gururaj AE, Molli PR, Mansson SS, Ramezani A, Hawley RG, Landberg G, Lee NH, Kumar R (2010) Acetylation-dependent oncogenic activity of metastasis-associated protein 1 co-regulator. EMBO Rep 11(9):691–697

Okada M, Okawa K, Isobe T, Fukagawa T (2009) CENP-H-containing complex facilitates centromere deposition of CENP-A in cooperation with FACT and CHD1. Mol Biol Cell 20(18):3986–3995

Onishi M, Liou GG, Buchberger JR, Walz T, Moazed D (2007) Role of the conserved Sir3-BAH domain in nucleosome binding and silent chromatin assembly. Mol Cell 28(6):1015–1028

Papamichos-Chronakis M, Peterson CL (2008) The Ino80 chromatin-remodeling enzyme regulates replisome function and stability. Nat Struct Mol Biol 15(4):338–345

Papamichos-Chronakis M, Krebs JE, Peterson CL (2006) Interplay between Ino80 and Swr1 chromatin remodeling enzymes regulates cell cycle checkpoint adaptation in response to DNA damage. Genes Dev 20(17):2437–2449

Papamichos-Chronakis M, Watanabe S, Rando OJ, Peterson CL (2011) Global regulation of H2A.Z localization by the INO80 chromatin-remodeling enzyme is essential for genome integrity. Cell 144(2):200–213

Papoulas O, Daubresse G, Armstrong JA, Jin J, Scott MP, Tamkun JW (2001) The HMG-domain protein BAP111 is important for the function of the BRM chromatin-remodeling complex in vivo. Proc Natl Acad Sci USA 98(10):5728–5733

Parelho V, Hadjur S, Spivakov M, Leleu M, Sauer S, Gregson HC, Jarmuz A, Canzonetta C, Webster Z, Nesterova T, Cobb BS, Yokomori K, Dillon N, Aragon L, Fisher AG, Merkenschlager M (2008) Cohesins functionally associate with CTCF on mammalian chromosome arms. Cell 132(3):422–433

Parnell TJ, Huff JT, Cairns BR (2008) RSC regulates nucleosome positioning at Pol II genes and density at Pol III genes. EMBO J 27(1):100–110

Paul S, Kuo A, Schalch T, Vogel H, Joshua-Tor L, McCombie WR, Gozani O, Hammell M, Mills AA (2013) Chd5 requires PHD-mediated histone 3 binding for tumor suppression. Cell Rep 3(1):92–102

Percipalle P, Fomproix N, Cavellan E, Voit R, Reimer G, Kruger T, Thyberg J, Scheer U, Grummt I, Farrants AK (2006) The chromatin remodelling complex WSTF-SNF2h interacts with nuclear myosin 1 and has a role in RNA polymerase I transcription. EMBO Rep 7(5):525–530

Perpelescu M, Nozaki N, Obuse C, Yang H, Yoda K (2009) Active establishment of centromeric CENP-A chromatin by RSF complex. J Cell Biol 185(3):397–407

Pinskaya M, Nair A, Clynes D, Morillon A, Mellor J (2009) Nucleosome remodeling and transcriptional repression are distinct functions of Isw1 in *Saccharomyces cerevisiae*. Mol Cell Biol 29(9):2419–2430

Pointner J, Persson J, Prasad P, Norman-Axelsson U, Stralfors A, Khorosjutina O, Krietenstein N, Svensson JP, Ekwall K, Korber P (2012) CHD1 remodelers regulate nucleosome spacing in vitro and align nucleosomal arrays over gene coding regions in *S. pombe*. EMBO J 31(23): 4388–4403

Polo SE, Kaidi A, Baskcomb L, Galanty Y, Jackson SP (2010) Regulation of DNA-damage responses and cell-cycle progression by the chromatin remodelling factor CHD4. EMBO J 29(18):3130–3139

Poot RA, Bozhenok L, van den Berg DL, Steffensen S, Ferreira F, Grimaldi M, Gilbert N, Ferreira J, Varga-Weisz PD (2004) The Williams syndrome transcription factor interacts with PCNA to target chromatin remodelling by ISWI to replication foci. Nat Cell Biol 6(12):1236–1244

Potts RC, Zhang P, Wurster AL, Precht P, Mughal MR, Wood WH III, Zhang Y, Becker KG, Mattson MP, Pazin MJ (2011) CHD5, a brain-specific paralog of Mi2 chromatin remodeling enzymes, regulates expression of neuronal genes. PLoS One 6(9):e24515

Racki LR, Narlikar GJ (2008) ATP-dependent chromatin remodeling enzymes: two heads are not better, just different. Curr Opin Genet Dev 18(2):137–144

Racki LR, Yang JG, Naber N, Partensky PD, Acevedo A, Purcell TJ, Cooke R, Cheng Y, Narlikar GJ (2009) The chromatin remodeller ACF acts as a dimeric motor to space nucleosomes. Nature 462(7276):1016–1021

Radman-Livaja M, Quan TK, Valenzuela L, Armstrong JA, van Welsem T, Kim T, Lee LJ, Buratowski S, van Leeuwen F, Rando OJ, Hartzog GA (2012) A key role for Chd1 in histone H3 dynamics at the 3' ends of long genes in yeast. PLoS Genet 8(7):e1002811

Raisner RM, Hartley PD, Meneghini MD, Bao MZ, Liu CL, Schreiber SL, Rando OJ, Madhani HD (2005) Histone variant H2A.Z marks the 5' ends of both active and inactive genes in euchromatin. Cell 123(2):233–248

Ramirez-Carrozzi VR, Nazarian AA, Li CC, Gore SL, Sridharan R, Imbalzano AN, Smale ST (2006) Selective and antagonistic functions of SWI/SNF and Mi-2beta nucleosome remodeling complexes during an inflammatory response. Genes Dev 20(3):282–296

Ratnakumar K, Duarte LF, LeRoy G, Hasson D, Smeets D, Vardabasso C, Bonisch C, Zeng T, Xiang B, Zhang DY, Li H, Wang X, Hake SB, Schermelleh L, Garcia BA, Bernstein E (2012) ATRX-mediated chromatin association of histone variant macroH2A1 regulates alpha-globin expression. Genes Dev 26(5):433–438

Rattner BP, Yusufzai T, Kadonaga JT (2009) HMGN proteins act in opposition to ATP-dependent chromatin remodeling factors to restrict nucleosome mobility. Mol Cell 34(5):620–626

Rea S, Xouri G, Akhtar A (2007) Males absent on the first (MOF): from flies to humans. Oncogene 26(37):5385–5394

Reddy BA, Bajpe PK, Bassett A, Moshkin YM, Kozhevnikova E, Bezstarosti K, Demmers JA, Travers AA, Verrijzer CP (2010) Drosophila transcription factor Tramtrack69 binds MEP1 to recruit the chromatin remodeler NuRD. Mol Cell Biol 30(21):5234–5244

Reinke H, Horz W (2003) Histones are first hyperacetylated and then lose contact with the activated PHO5 promoter. Mol Cell 11(6):1599–1607

Reynolds N, Latos P, Hynes-Allen A, Loos R, Leaford D, O'Shaughnessy A, Mosaku O, Signolet J, Brennecke P, Kalkan T, Costello I, Humphreys P, Mansfield W, Nakagawa K, Strouboulis J, Behrens A, Bertone P, Hendrich B (2012) NuRD suppresses pluripotency gene expression to promote transcriptional heterogeneity and lineage commitment. Cell Stem Cell 10(5):583–594

Roberts CW, Orkin SH (2004) The SWI/SNF complex–chromatin and cancer. Nat Rev Cancer 4(2):133–142

Rodriguez-Paredes M, Ceballos-Chavez M, Esteller M, Garcia-Dominguez M, Reyes JC (2009) The chromatin remodeling factor CHD8 interacts with elongating RNA polymerase II and controls expression of the cyclin E2 gene. Nucleic Acids Res 37(8):2449–2460

Rowbotham SP, Barki L, Neves-Costa A, Santos F, Dean W, Hawkes N, Choudhary P, Will WR, Webster J, Oxley D, Green CM, Varga-Weisz P, Mermoud JE (2011) Maintenance of silent chromatin through replication requires SWI/SNF-like chromatin remodeler SMARCAD1. Mol Cell 42(3):285–296

Ruthenburg AJ, Li H, Milne TA, Dewell S, McGinty RK, Yuen M, Ueberheide B, Dou Y, Muir TW, Patel DJ, Allis CD (2011) Recognition of a mononucleosomal histone modification pattern by BPTF via multivalent interactions. Cell 145(5):692–706

Ryan DP, Sundaramoorthy R, Martin D, Singh V, Owen-Hughes T (2011) The DNA-binding domain of the Chd1 chromatin-remodelling enzyme contains SANT and SLIDE domains. EMBO J 30(13):2596–2609

Saeki H, Ohsumi K, Aihara H, Ito T, Hirose S, Ura K, Kaneda Y (2005) Linker histone variants control chromatin dynamics during early embryogenesis. Proc Natl Acad Sci USA 102(16):5697–5702

Saha A, Wittmeyer J, Cairns BR (2005) Chromatin remodeling through directional DNA translocation from an internal nucleosomal site. Nat Struct Mol Biol 12(9):747–755

Sala A, La Rocca G, Burgio G, Kotova E, Di Gesu D, Collesano M, Ingrassia AM, Tulin AV, Corona DF (2008) The nucleosome-remodeling ATPase ISWI is regulated by poly-ADP-ribosylation. PLoS Biol 6(10):e252

Sanchez-Molina S, Mortusewicz O, Bieber B, Auer S, Eckey M, Leonhardt H, Friedl AA, Becker PB (2011) Role for hACF1 in the G2/M damage checkpoint. Nucleic Acids Res 39(19):8445–8456

Sang Y, Silva-Ortega CO, Wu S, Yamaguchi N, Wu MF, Pfluger J, Gillmor CS, Gallagher KL, Wagner D (2012) Mutations in two non-canonical Arabidopsis SWI2/SNF2 chromatin remodeling ATPases cause embryogenesis and stem cell maintenance defects. Plant J. doi:10.1111/tpj.12009

Sankar S, Bell R, Stephens B, Zhuo R, Sharma S, Bearss DJ, Lessnick SL (2012) Mechanism and relevance of EWS/FLI-mediated transcriptional repression in Ewing sarcoma. Oncogene. doi:10.1038/onc.2012.525

Sansom OJ, Berger J, Bishop SM, Hendrich B, Bird A, Clarke AR (2003) Deficiency of Mbd2 suppresses intestinal tumorigenesis. Nat Genet 34(2):145–147

Saravanan M, Wuerges J, Bose D, McCormack EA, Cook NJ, Zhang X, Wigley DB (2012) Interactions between the nucleosome histone core and Arp8 in the INO80 chromatin remodeling complex. Proc Natl Acad Sci USA 109(51):20883–20888

Schmid A, Fascher KD, Horz W (1992) Nucleosome disruption at the yeast PHO5 promoter upon PHO5 induction occurs in the absence of DNA replication. Cell 71(5):853–864

Schnetz MP, Bartels CF, Shastri K, Balasubramanian D, Zentner GE, Balaji R, Zhang X, Song L, Wang Z, Laframboise T, Crawford GE, Scacheri PC (2009) Genomic distribution of CHD7 on chromatin tracks H3K4 methylation patterns. Genome Res 19(4):590–601

Schnetz MP, Handoko L, Akhtar-Zaidi B, Bartels CF, Pereira CF, Fisher AG, Adams DJ, Flicek P, Crawford GE, Laframboise T, Tesar P, Wei CL, Scacheri PC (2010) CHD7 targets active gene enhancer elements to modulate ES cell-specific gene expression. PLoS Genet 6(7):e1001023

Schubert HL, Wittmeyer J, Kasten MM, Hinata K, Rawling DC, Heroux A, Cairns BR, Hill CP (2013) Structure of an actin-related subcomplex of the SWI/SNF chromatin remodeler. Proc Natl Acad Sci USA 110(9):3345–3350

Schultz DC, Friedman JR, Rauscher FJ III (2001) Targeting histone deacetylase complexes via KRAB-zinc finger proteins: the PHD and bromodomains of KAP-1 form a cooperative unit that recruits a novel isoform of the Mi-2alpha subunit of NuRD. Genes Dev 15(4):428–443

Schwabish MA, Struhl K (2004) Evidence for eviction and rapid deposition of histones upon transcriptional elongation by RNA polymerase II. Mol Cell Biol 24(23):10111–10117

Schwertman P, Lagarou A, Dekkers DH, Raams A, van der Hoek AC, Laffeber C, Hoeijmakers JH, Demmers JA, Fousteri M, Vermeulen W, Marteijn JA (2012) UV-sensitive syndrome protein UVSSA recruits USP7 to regulate transcription-coupled repair. Nat Genet 44(5):598–602

Segal E, Fondufe-Mittendorf Y, Chen L, Thastrom A, Field Y, Moore IK, Wang JP, Widom J (2006) A genomic code for nucleosome positioning. Nature 442(7104):772–778

Sen P, Vivas P, Dechassa ML, Mooney AM, Poirier MG, Bartholomew B (2013) The SnAC domain of SWI/SNF is a histone anchor required for remodeling. Mol Cell Biol 33(2):360–370

Shain AH, Pollack JR (2013) The spectrum of SWI/SNF mutations, ubiquitous in human cancers. PLoS One 8(1):e55119

Shen X, Mizuguchi G, Hamiche A, Wu C (2000) A chromatin remodelling complex involved in transcription and DNA processing. Nature 406(6795):541–544

Shen X, Ranallo R, Choi E, Wu C (2003) Involvement of actin-related proteins in ATP-dependent chromatin remodeling. Mol Cell 12(1):147–155

Shen H, Powers N, Saini N, Comstock CE, Sharma A, Weaver K, Revelo MP, Gerald W, Williams E, Jessen WJ, Aronow BJ, Rosson G, Weissman B, Muchardt C, Yaniv M, Knudsen KE (2008) The SWI/SNF ATPase Brm is a gatekeeper of proliferative control in prostate cancer. Cancer Res 68(24):10154–10162

Shim EY, Hong SJ, Oum JH, Yanez Y, Zhang Y, Lee SE (2007) RSC mobilizes nucleosomes to improve accessibility of repair machinery to the damaged chromatin. Mol Cell Biol 27(5):1602–1613

Shimada K, Oma Y, Schleker T, Kugou K, Ohta K, Harata M, Gasser SM (2008) Ino80 chromatin remodeling complex promotes recovery of stalled replication forks. Curr Biol 18(8):566–575

Shogren-Knaak M, Ishii H, Sun JM, Pazin MJ, Davie JR, Peterson CL (2006) Histone H4-K16 acetylation controls chromatin structure and protein interactions. Science 311(5762):844–847

Shur I, Solomon R, Benayahu D (2006) Dynamic interactions of chromatin-related mesenchymal modulator, a chromodomain helicase-DNA-binding protein, with promoters in osteoprogenitors. Stem Cells 24(5):1288–1293

Siatecka M, Xue L, Bieker JJ (2007) Sumoylation of EKLF promotes transcriptional repression and is involved in inhibition of megakaryopoiesis. Mol Cell Biol 27(24):8547–8560

Sif S, Stukenberg PT, Kirschner MW, Kingston RE (1998) Mitotic inactivation of a human SWI/SNF chromatin remodeling complex. Genes Dev 12(18):2842–2851

Simic R, Lindstrom DL, Tran HG, Roinick KL, Costa PJ, Johnson AD, Hartzog GA, Arndt KM (2003) Chromatin remodeling protein Chd1 interacts with transcription elongation factors and localizes to transcribed genes. EMBO J 22(8):1846–1856

Simon JA, Tamkun JW (2002) Programming off and on states in chromatin: mechanisms of Polycomb and trithorax group complexes. Curr Opin Genet Dev 12(2):210–218

Simpson RT (1990) Nucleosome positioning can affect the function of a cis-acting DNA element in vivo. Nature 343(6256):387–389

Sims RJ III, Chen CF, Santos-Rosa H, Kouzarides T, Patel SS, Reinberg D (2005) Human but not yeast CHD1 binds directly and selectively to histone H3 methylated at lysine 4 via its tandem chromodomains. J Biol Chem 280(51):41789–41792

Sinha M, Watanabe S, Johnson A, Moazed D, Peterson CL (2009) Recombinational repair within heterochromatin requires ATP-dependent chromatin remodeling. Cell 138(6):1109–1121

Siriaco G, Deuring R, Chioda M, Becker PB, Tamkun JW (2009) Drosophila ISWI regulates the association of histone H1 with interphase chromosomes in vivo. Genetics 182(3):661–669

Sirinakis G, Clapier CR, Gao Y, Viswanathan R, Cairns BR, Zhang Y (2011) The RSC chromatin remodelling ATPase translocates DNA with high force and small step size. EMBO J 30(12): 2364–2372

Skiniotis G, Moazed D, Walz T (2007) Acetylated histone tail peptides induce structural rearrangements in the RSC chromatin remodeling complex. J Biol Chem 282(29):20804–20808

Smolle M, Venkatesh S, Gogol MM, Li H, Zhang Y, Florens L, Washburn MP, Workman JL (2012) Chromatin remodelers Isw1 and Chd1 maintain chromatin structure during transcription by preventing histone exchange. Nat Struct Mol Biol 19(9):884–892

Soutourina J, Bordas-Le Floch V, Gendrel G, Flores A, Ducrot C, Dumay-Odelot H, Soularue P, Navarro F, Cairns BR, Lefebvre O, Werner M (2006) Rsc4 connects the chromatin remodeler RSC to RNA polymerases. Mol Cell Biol 26(13):4920–4933

Srinivasan S, Armstrong JA, Deuring R, Dahlsveen IK, McNeill H, Tamkun JW (2005) The Drosophila trithorax group protein Kismet facilitates an early step in transcriptional elongation by RNA Polymerase II. Development 132(7):1623–1635

Srinivasan S, Dorighi KM, Tamkun JW (2008) Drosophila Kismet regulates histone H3 lysine 27 methylation and early elongation by RNA polymerase II. PLoS Genet 4(10):e1000217

Stielow B, Sapetschnig A, Kruger I, Kunert N, Brehm A, Boutros M, Suske G (2008) Identification of SUMO-dependent chromatin-associated transcriptional repression components by a genome-wide RNAi screen. Mol Cell 29(6):742–754

Stralfors A, Walfridsson J, Bhuiyan H, Ekwall K (2011) The FUN30 chromatin remodeler, Fft3, protects centromeric and subtelomeric domains from euchromatin formation. PLoS Genet 7(3):e1001334

Strohner R, Nemeth A, Jansa P, Hofmann-Rohrer U, Santoro R, Langst G, Grummt I (2001) NoRC – a novel member of mammalian ISWI-containing chromatin remodeling machines. EMBO J 20(17):4892–4900

Strohner R, Nemeth A, Nightingale KP, Grummt I, Becker PB, Langst G (2004) Recruitment of the nucleolar remodeling complex NoRC establishes ribosomal DNA silencing in chromatin. Mol Cell Biol 24(4):1791–1798

Strohner R, Wachsmuth M, Dachauer K, Mazurkiewicz J, Hochstatter J, Rippe K, Langst G (2005) A 'loop recapture' mechanism for ACF-dependent nucleosome remodeling. Nat Struct Mol Biol 12(8):683–690

Sugiyama T, Cam HP, Sugiyama R, Noma K, Zofall M, Kobayashi R, Grewal SI (2007) SHREC, an effector complex for heterochromatic transcriptional silencing. Cell 128(3):491–504

Szerlong H, Saha A, Cairns BR (2003) The nuclear actin-related proteins Arp7 and Arp9: a dimeric module that cooperates with architectural proteins for chromatin remodeling. EMBO J 22(12):3175–3187

Szerlong H, Hinata K, Viswanathan R, Erdjument-Bromage H, Tempst P, Cairns BR (2008) The HSA domain binds nuclear actin-related proteins to regulate chromatin-remodeling ATPases. Nat Struct Mol Biol 15(5):469–476

Takeuchi JK, Bruneau BG (2009) Directed transdifferentiation of mouse mesoderm to heart tissue by defined factors. Nature 459(7247):708–711

Takeuchi JK, Lickert H, Bisgrove BW, Sun X, Yamamoto M, Chawengsaksophak K, Hamada H, Yost HJ, Rossant J, Bruneau BG (2007) Baf60c is a nuclear Notch signaling component required for the establishment of left-right asymmetry. Proc Natl Acad Sci USA 104(3): 846–851

Takeuchi JK, Lou X, Alexander JM, Sugizaki H, Delgado-Olguin P, Holloway AK, Mori AD, Wylie JN, Munson C, Zhu Y, Zhou YQ, Yeh RF, Henkelman RM, Harvey RP, Metzger D, Chambon P, Stainier DY, Pollard KS, Scott IC, Bruneau BG (2011) Chromatin remodelling complex dosage modulates transcription factor function in heart development. Nat Commun 2:187

Tamkun JW, Deuring R, Scott M-P, Kissinger M, Pattatucci AM, Kaufmann TC, Kennison JA (1992) *brahma*: a regulator of *Drosophila* homeotic genes structurally related to the yeast transcriptional activator SNF2/SWI2. Cell 68:561–572

Tea JS, Luo L (2011) The chromatin remodeling factor Bap55 functions through the TIP60 complex to regulate olfactory projection neuron dendrite targeting. Neural Dev 6:5

Thompson BA, Tremblay V, Lin G, Bochar DA (2008) CHD8 is an ATP-dependent chromatin remodeling factor that regulates beta-catenin target genes. Mol Cell Biol 28(12):3894–3904

Tirosh I, Sigal N, Barkai N (2010) Widespread remodeling of mid-coding sequence nucleosomes by Isw1. Genome Biol 11(5):R49

Treand C, du Chene I, Bres V, Kiernan R, Benarous R, Benkirane M, Emiliani S (2006) Requirement for SWI/SNF chromatin-remodeling complex in Tat-mediated activation of the HIV-1 promoter. EMBO J 25(8):1690–1699

Tsai WW, Wang Z, Yiu TT, Akdemir KC, Xia W, Winter S, Tsai CY, Shi X, Schwarzer D, Plunkett W, Aronow B, Gozani O, Fischle W, Hung MC, Patel DJ, Barton MC (2010) TRIM24 links a non-canonical histone signature to breast cancer. Nature 468(7326):927–932

Tsurusaki Y, Okamoto N, Ohashi H, Kosho T, Imai Y, Hibi-Ko Y, Kaname T, Naritomi K, Kawame H, Wakui K, Fukushima Y, Homma T, Kato M, Hiraki Y, Yamagata T, Yano S, Mizuno S, Sakazume S, Ishii T, Nagai T, Shiina M, Ogata K, Ohta T, Niikawa N, Miyatake S, Okada I, Mizuguchi T, Doi H, Saitsu H, Miyake N, Matsumoto N (2012) Mutations affecting components of the SWI/SNF complex cause Coffin-Siris syndrome. Nat Genet 44(4):376–378

van Attikum H, Fritsch O, Hohn B, Gasser SM (2004) Recruitment of the INO80 complex by H2A phosphorylation links ATP-dependent chromatin remodeling with DNA double-strand break repair. Cell 119(6):777–788

van Attikum H, Fritsch O, Gasser SM (2007) Distinct roles for SWR1 and INO80 chromatin remodeling complexes at chromosomal double-strand breaks. EMBO J 26(18):4113–4125

Van Houdt JK, Nowakowska BA, Sousa SB, van Schaik BD, Seuntjens E, Avonce N, Sifrim A, Abdul-Rahman OA, van den Boogaard MJ, Bottani A, Castori M, Cormier-Daire V, Deardorff MA, Filges I, Fryer A, Fryns JP, Gana S, Garavelli L, Gillessen-Kaesbach G, Hall BD, Horn D, Huylebroeck D, Klapecki J, Krajewska-Walasek M, Kuechler A, Lines MA, Maas S, Macdermot KD, McKee S, Magee A, de Man SA, Moreau Y, Morice-Picard F, Obersztyn E, Pilch J, Rosser E, Shannon N, Stolte-Dijkstra I, Van Dijck P, Vilain C, Vogels A, Wakeling E, Wieczorek D, Wilson L, Zuffardi O, van Kampen AH, Devriendt K, Hennekam R, Vermeesch JR (2012) Heterozygous missense mutations in SMARCA2 cause Nicolaides-Baraitser syndrome. Nat Genet 44(4):445–449, S441

VanDemark AP, Kasten MM, Ferris E, Heroux A, Hill CP, Cairns BR (2007) Autoregulation of the rsc4 tandem bromodomain by gcn5 acetylation. Mol Cell 27(5):817–828

Varela I, Tarpey P, Raine K, Huang D, Ong CK, Stephens P, Davies H, Jones D, Lin ML, Teague J, Bignell G, Butler A, Cho J, Dalgliesh GL, Galappaththige D, Greenman C, Hardy C, Jia M, Latimer C, Lau KW, Marshall J, McLaren S, Menzies A, Mudie L, Stebbings L, Largaespada DA, Wessels LF, Richard S, Kahnoski RJ, Anema J, Tuveson DA, Perez-Mancera PA, Mustonen V, Fischer A, Adams DJ, Rust A, Chan-on W, Subimerb C, Dykema K, Furge K, Campbell PJ,

Teh BT, Stratton MR, Futreal PA (2011) Exome sequencing identifies frequent mutation of the SWI/SNF complex gene PBRM1 in renal carcinoma. Nature 469(7331):539–542

Varga-Weisz PD, Becker PB (2006) Regulation of higher-order chromatin structures by nucleosome-remodelling factors. Curr Opin Genet Dev 16(2):151–156

Verdaasdonk JS, Gardner R, Stephens AD, Yeh E, Bloom K (2012) Tension-dependent nucleosome remodeling at the pericentromere in yeast. Mol Biol Cell 23(13):2560–2570

Versteege I, Sevenet N, Lange J, Rousseau-Merck MF, Ambros P, Handgretinger R, Aurias A, Delattre O (1998) Truncating mutations of hSNF5/INI1 in aggressive paediatric cancer. Nature 394(6689):203–206

Vincent JA, Kwong TJ, Tsukiyama T (2008) ATP-dependent chromatin remodeling shapes the DNA replication landscape. Nat Struct Mol Biol 15(5):477–484

Vintermist A, Bohm S, Sadeghifar F, Louvet E, Mansen A, Percipalle P, Ostlund Farrants AK (2011) The chromatin remodelling complex B-WICH changes the chromatin structure and recruits histone acetyl-transferases to active rRNA genes. PLoS One 6(4):e19184

Vissers LE, van Ravenswaaij CM, Admiraal R, Hurst JA, de Vries BB, Janssen IM, van der Vliet WA, Huys EH, de Jong PJ, Hamel BC, Schoenmakers EF, Brunner HG, Veltman JA, van Kessel AG (2004) Mutations in a new member of the chromodomain gene family cause CHARGE syndrome. Nat Genet 36(9):955–957

Walfridsson J, Bjerling P, Thalen M, Yoo EJ, Park SD, Ekwall K (2005) The CHD remodeling factor Hrp1 stimulates CENP-A loading to centromeres. Nucleic Acids Res 33(9):2868–2879

Walfridsson J, Khorosjutina O, Matikainen P, Gustafsson CM, Ekwall K (2007) A genome-wide role for CHD remodelling factors and Nap1 in nucleosome disassembly. EMBO J 26(12): 2868–2879

Wang Z, Zhai W, Richardson JA, Olson EN, Meneses JJ, Firpo MT, Kang C, Skarnes WC, Tjian R (2004) Polybromo protein BAF180 functions in mammalian cardiac chamber maturation. Genes Dev 18(24):3106–3116

Wang L, Baiocchi RA, Pal S, Mosialos G, Caligiuri M, Sif S (2005) The BRG1- and hBRM-associated factor BAF57 induces apoptosis by stimulating expression of the cylindromatosis tumor suppressor gene. Mol Cell Biol 25(18):7953–7965

Wang X, Sansam CG, Thom CS, Metzger D, Evans JA, Nguyen PT, Roberts CW (2009a) Oncogenesis caused by loss of the SNF5 tumor suppressor is dependent on activity of BRG1, the ATPase of the SWI/SNF chromatin remodeling complex. Cancer Res 69(20):8094–8101

Wang Y, Zhang H, Chen Y, Sun Y, Yang F, Yu W, Liang J, Sun L, Yang X, Shi L, Li R, Li Y, Zhang Y, Li Q, Yi X, Shang Y (2009b) LSD1 is a subunit of the NuRD complex and targets the metastasis programs in breast cancer. Cell 138(4):660–672

Wang Y, Wong RH, Tang T, Hudak CS, Yang D, Duncan RE, Sul HS (2013) Phosphorylation and recruitment of BAF60c in chromatin remodeling for lipogenesis in response to insulin. Mol Cell 49(2):283–297

Watson AA, Mahajan P, Mertens HD, Deery MJ, Zhang W, Pham P, Du X, Bartke T, Edlich C, Berridge G, Chen Y, Burgess-Brown NA, Kouzarides T, Wiechens N, Owen-Hughes T, Svergun DI, Gileadi O, Laue ED (2012) The PHD and chromo domains regulate the ATPase activity of the human chromatin remodeler CHD4. J Mol Biol 422(1):3–17

Wendt KS, Yoshida K, Itoh T, Bando M, Koch B, Schirghuber E, Tsutsumi S, Nagae G, Ishihara K, Mishiro T, Yahata K, Imamoto F, Aburatani H, Nakao M, Imamoto N, Maeshima K, Shirahige K, Peters JM (2008) Cohesin mediates transcriptional insulation by CCCTC-binding factor. Nature 451(7180):796–801

Whitehouse I, Tsukiyama T (2006) Antagonistic forces that position nucleosomes in vivo. Nat Struct Mol Biol 13(7):633–640

Whitehouse I, Rando OJ, Delrow J, Tsukiyama T (2007) Chromatin remodelling at promoters suppresses antisense transcription. Nature 450(7172):1031–1035

Whyte WA, Bilodeau S, Orlando DA, Hoke HA, Frampton GM, Foster CT, Cowley SM, Young RA (2012) Enhancer decommissioning by LSD1 during embryonic stem cell differentiation. Nature 482(7384):221–225

Wilson BG, Roberts CW (2011) SWI/SNF nucleosome remodellers and cancer. Nat Rev Cancer 11(7):481–492

Wilson BG, Wang X, Shen X, McKenna ES, Lemieux ME, Cho YJ, Koellhoffer EC, Pomeroy SL, Orkin SH, Roberts CW (2010) Epigenetic antagonism between polycomb and SWI/SNF complexes during oncogenic transformation. Cancer CELL 18(4):316–328

Winston F, Carlson M (1992) Yeast SNF/SWI transcriptional activators and the SPT/SIN chromatin connection. Trends Genet 8(11):387–391

Wong LH, McGhie JD, Sim M, Anderson MA, Ahn S, Hannan RD, George AJ, Morgan KA, Mann JR, Choo KH (2010) ATRX interacts with H3.3 in maintaining telomere structural integrity in pluripotent embryonic stem cells. Genome Res 20(3):351–360

Woudstra EC, Gilbert C, Fellows J, Jansen L, Brouwer J, Erdjument-Bromage H, Tempst P, Svejstrup JQ (2002) A Rad26-Def1 complex coordinates repair and RNA pol II proteolysis in response to DNA damage. Nature 415(6874):929–933

Wu WH, Alami S, Luk E, Wu CH, Sen S, Mizuguchi G, Wei D, Wu C (2005) Swc2 is a widely conserved H2AZ-binding module essential for ATP-dependent histone exchange. Nat Struct Mol Biol 12(12):1064–1071

Wu JI, Lessard J, Olave IA, Qiu Z, Ghosh A, Graef IA, Crabtree GR (2007a) Regulation of dendritic development by neuron-specific chromatin remodeling complexes. Neuron 56(1):94–108

Wu S, Shi Y, Mulligan P, Gay F, Landry J, Liu H, Lu J, Qi HH, Wang W, Nickoloff JA, Wu C (2007b) A YY1-INO80 complex regulates genomic stability through homologous recombination-based repair. Nat Struct Mol Biol 14(12):1165–1172

Wykoff DD, O'Shea EK (2005) Identification of sumoylated proteins by systematic immunoprecipitation of the budding yeast proteome. Mol Cell Proteomics 4(1):73–83

Wysocka J, Swigut T, Xiao H, Milne TA, Kwon SY, Landry J, Kauer M, Tackett AJ, Chait BT, Badenhorst P, Wu C, Allis CD (2006) A PHD finger of NURF couples histone H3 lysine 4 trimethylation with chromatin remodelling. Nature 442(7098):86–90

Xi R, Xie T (2005) Stem cell self-renewal controlled by chromatin remodeling factors. Science 310(5753):1487–1489

Xiao H, Sandaltzopoulos R, Wang HM, Hamiche A, Ranallo R, Lee KM, Fu D, Wu C (2001) Dual functions of largest NURF subunit NURF301 in nucleosome sliding and transcription factor interactions. Mol Cell 8(3):531–543

Xie W, Ling T, Zhou Y, Feng W, Zhu Q, Stunnenberg HG, Grummt I, Tao W (2012) The chromatin remodeling complex NuRD establishes the poised state of rRNA genes characterized by bivalent histone modifications and altered nucleosome positions. Proc Natl Acad Sci USA 109(21):8161–8166

Xu Y, Ayrapetov MK, Xu C, Gursoy-Yuzugullu O, Hu Y, Price BD (2012) Histone H2A.Z controls a critical chromatin remodeling step required for DNA double-strand break repair. Mol Cell 48(5):723–733

Xue Y, Gibbons R, Yan Z, Yang D, McDowell TL, Sechi S, Qin J, Zhou S, Higgs D, Wang W (2003) The ATRX syndrome protein forms a chromatin-remodeling complex with Daxx and localizes in promyelocytic leukemia nuclear bodies. Proc Natl Acad Sci USA 100(19):10635–10640

Yadon AN, Van de Mark D, Basom R, Delrow J, Whitehouse I, Tsukiyama T (2010) Chromatin remodeling around nucleosome-free regions leads to repression of noncoding RNA transcription. Mol Cell Biol 30(21):5110–5122

Yajima M, Fairbrother WG, Wessel GM (2012) ISWI contributes to ArsI insulator function in development of the sea urchin. Development 139(19):3613–3622

Yamada K, Frouws TD, Angst B, Fitzgerald DJ, DeLuca C, Schimmele K, Sargent DF, Richmond TJ (2011) Structure and mechanism of the chromatin remodelling factor ISW1a. Nature 472(7344):448–453

Yamane K, Mizuguchi T, Cui B, Zofall M, Noma K, Grewal SI (2011) Asf1/HIRA facilitate global histone deacetylation and associate with HP1 to promote nucleosome occupancy at heterochromatic loci. Mol Cell 41(1):56–66

Yamasaki Y, Nishida Y (2006) Mi-2 chromatin remodeling factor functions in sensory organ development through proneural gene repression in Drosophila. Dev Growth Differ 48(7): 411–418

Yan Z, Cui K, Murray DM, Ling C, Xue Y, Gerstein A, Parsons R, Zhao K, Wang W (2005) PBAF chromatin-remodeling complex requires a novel specificity subunit, BAF200, to regulate expression of selective interferon-responsive genes. Genes Dev 19(14):1662–1667

Yan Z, Wang Z, Sharova L, Sharov AA, Ling C, Piao Y, Aiba K, Matoba R, Wang W, Ko MS (2008) BAF250B-associated SWI/SNF chromatin-remodeling complex is required to maintain undifferentiated mouse embryonic stem cells. Stem Cells 26(5):1155–1165

Yang X, Zaurin R, Beato M, Peterson CL (2007) Swi3p controls SWI/SNF assembly and ATP-dependent H2A-H2B displacement. Nat Struct Mol Biol 14(6):540–547

Yao H, Brick K, Evrard Y, Xiao T, Camerini-Otero RD, Felsenfeld G (2010) Mediation of CTCF transcriptional insulation by DEAD-box RNA-binding protein p68 and steroid receptor RNA activator SRA. Genes Dev 24(22):2543–2555

Yasui D, Miyano M, Cai S, Varga-Weisz P, Kohwi-Shigematsu T (2002) SATB1 targets chromatin remodelling to regulate genes over long distances. Nature 419(6907):641–645

Yates JA, Menon T, Thompson BA, Bochar DA (2010) Regulation of HOXA2 gene expression by the ATP-dependent chromatin remodeling enzyme CHD8. FEBS Lett 584(4):689–693

Yen K, Vinayachandran V, Batta K, Koerber RT, Pugh BF (2012) Genome-wide nucleosome specificity and directionality of chromatin remodelers. Cell 149(7):1461–1473

Yildirim O, Li R, Hung JH, Chen PB, Dong X, Ee LS, Weng Z, Rando OJ, Fazzio TG (2011) Mbd3/NURD complex regulates expression of 5-hydroxymethylcytosine marked genes in embryonic stem cells. Cell 147(7):1498–1510

Yokoyama H, Rybina S, Santarella-Mellwig R, Mattaj IW, Karsenti E (2009) ISWI is a RanGTP-dependent MAP required for chromosome segregation. J Cell Biol 187(6):813–829

Yoo AS, Staahl BT, Chen L, Crabtree GR (2009) MicroRNA-mediated switching of chromatin-remodelling complexes in neural development. Nature 460(7255):642–646

Yoshida T, Hazan I, Zhang J, Ng SY, Naito T, Snippert HJ, Heller EJ, Qi X, Lawton LN, Williams CJ, Georgopoulos K (2008) The role of the chromatin remodeler Mi-2beta in hematopoietic stem cell self-renewal and multilineage differentiation. Genes Dev 22(9):1174–1189

Yoshida T, Shimada K, Oma Y, Kalck V, Akimura K, Taddei A, Iwahashi H, Kugou K, Ohta K, Gasser SM, Harata M (2010) Actin-related protein Arp6 influences H2A.Z-dependent and -independent gene expression and links ribosomal protein genes to nuclear pores. PLoS Genet 6(4):e1000910

Yoshimura K, Kitagawa H, Fujiki R, Tanabe M, Takezawa S, Takada I, Yamaoka I, Yonezawa M, Kondo T, Furutani Y, Yagi H, Yoshinaga S, Masuda T, Fukuda T, Yamamoto Y, Ebihara K, Li DY, Matsuoka R, Takeuchi JK, Matsumoto T, Kato S (2009) Distinct function of 2 chromatin remodeling complexes that share a common subunit, Williams syndrome transcription factor (WSTF). Proc Natl Acad Sci USA 106(23):9280–9285

Yu EY, Steinberg-Neifach O, Dandjinou AT, Kang F, Morrison AJ, Shen X, Lue NF (2007) Regulation of telomere structure and functions by subunits of the INO80 chromatin remodeling complex. Mol Cell Biol 27(16):5639–5649

Yuan GC, Liu YJ, Dion MF, Slack MD, Wu LF, Altschuler SJ, Rando OJ (2005) Genome-scale identification of nucleosome positions in S. cerevisiae. Science 309(5734):626–630

Yuan X, Feng W, Imhof A, Grummt I, Zhou Y (2007) Activation of RNA polymerase I transcription by cockayne syndrome group B protein and histone methyltransferase G9a. Mol Cell 27(4):585–595

Yudkovsky N, Logie C, Hahn S, Peterson CL (1999) Recruitment of the SWI/SNF chromatin remodeling complex by transcriptional activators. Genes Dev 13(18):2369–2374

Zemach A, Li Y, Wayburn B, Ben-Meir H, Kiss V, Avivi Y, Kalchenko V, Jacobsen SE, Grafi G (2005) DDM1 binds Arabidopsis methyl-CpG binding domain proteins and affects their sub-nuclear localization. Plant Cell 17(5):1549–1558

Zhang H, Roberts DN, Cairns BR (2005) Genome-wide dynamics of Htz1, a histone H2A variant that poises repressed/basal promoters for activation through histone loss. Cell 123(2):219–231

Zhang H, Stephens LC, Kumar R (2006a) Metastasis tumor antigen family proteins during breast cancer progression and metastasis in a reliable mouse model for human breast cancer. Clin Cancer Res 12(5):1479–1486

第4章 组蛋白乙酰化对染色质的调节

安妮-利斯·斯特努（Anne-Lise Steunou）、多琳·罗塞托（Dorine Rossetto）和雅克·科泰（Jacques Côté）

英文缩写列表

Acetyl-CoA	acetyl coenzyme A	乙酰辅酶 A
ADA	transcriptional adaptor	转录接头蛋白
Asf1	anti-silencing function protein 1	抗沉默功能蛋白 1
Bdf1	bromodomain factor 1	布罗莫结构域因子 1
BET	bromodomain and extraterminal domain	布罗莫结构域和额外结构域
Brd	bromodomain	布罗莫结构域
CBP	CREB-binding protein	CREB 结合蛋白
Chd1	chromodomain-helicase-DNA-binding protein 1	染色质结构域-解旋酶-DNA 结合蛋白 1
ChIP	chromatin immunoprecipitation	染色质免疫沉淀
CoASH	coenzyme A	辅酶 A
CoREST	corepressor of RE1 silencing transcription factor 1	RE1 沉默转录因子 1 的共抑制因子
DSB	double-strand break	双链断裂
Esa1	essential Sas2-related acetyltransferase 1	必需的 Sas2 相关乙酰转移酶 1
ESC	embryonic stem cell	胚胎干细胞
Gcn5	general control nonderepressible-5	通用调控非去抑制蛋白 5
Gcn5L	general control nonderepressible-5 long isoform	通用调控非去抑制蛋白 5 长异构体
GNAT	Gcn5-related N-acetyltransferase	Gcn5 相关的 N 端乙酰转移酶
HAT	histone acetyltransferase	组蛋白乙酰转移酶
HBO1	histone acetyltransferase binding to ORC1	结合 ORC1 的组蛋白乙酰转移酶
Hda1-3	histone deacetylase 1-3	组蛋白去乙酰化酶 1～3
HDAC	histone deacetylase	组蛋白去乙酰化酶
Hos1-3	Hda one similar 1-3	Hda1 类似因子 1～3
HR	homologous recombination	同源重组
Hst1-4	homolog of sir two 1-4	Sir2 同源蛋白 1～4
ING1-5	inhibitor of growth protein 1-5	增殖蛋白抑制因子 1～5
KAT	lysine （K）-acetyltransferase	赖氨酸乙酰转移酶
MOF	males-absent on the first protein	雄性缺失的首个蛋白

A.-L. Steunou·D. Rossetto · J. Côté (✉)
Laval University Cancer Research Center, Hôtel-Dieu de Québec (CHUQ), 9 McMahon Street, Quebec City, QC, Canada G1R 2J6
e-mail: Jacques.cote@crhdq.ulaval.ca

MORF	monocytic leukemia zinc finger protein-related factor	单核细胞白血病锌指蛋白相关因子
MOZ	monocytic leukemia zinc finger protein	单核细胞白血病锌指蛋白
MSL	male-specific lethal	雄性特异性致死
MYST	MOZ-Ybf2/Sas3-Sas2-TIP60	MOZ-Ybf2/Sas3-Sas2-TIP60
NAD$^+$	nicotinamide adenine dinucleotide	烟酰胺腺嘌呤二核苷酸
N-CoR	nuclear receptor corepressor	核受体共抑制因子
NER	nucleotide excision repair	核苷酸切除修复
NFR	nucleosome-free region	无核小体区域
NHEJ	nonhomologous end joining	非同源末端连接
NSL	nonspecific lethal	非特异性致死
NuA3	nucleosome acetyltransferase of H3	H3 核小体乙酰转移酶
NuA4	nucleosome acetyltransferase of H4	H4 核小体乙酰转移酶
NuRD	nucleosome remodeling and deacetylation	核小体重塑和去乙酰化因子
PCAF	p300/CBP associated factor	p300/CBP 结合因子
PHD	plant homeodomain	植物同源结构域
Pol II	RNA polymerase II	RNA 聚合酶 II
PTM	posttranslational modification	翻译后修饰
Rpd3	reduced potassium dependency 3	弱化的钾依赖因子 3
Rpd3S/L	Rpd3 small/large complex	Rpd3 小/大复合物
Rtt109	regulator of Ty1 transposition protein 109	Ty1 转座蛋白 109 调节因子
SAGA	Spt-Ada-Gcn5-acetyltransferase	Spt-Ada-Gcn5-乙酰转移酶
Sas2-3	something about silencing 2-3	沉默有关的因子 2～3
Sin3 (S/L)	switch independent 3 （small/large）	转换非依赖因子 3（小/大）
Sir2	silent information regulator 2	沉默信息调节因子 2
Sirt1-7	silent information regulator two homolog 1-7	沉默信息调节因子 2 同源蛋白 1～7
SLIK	SAGA-like	SAGA 样因子
SMRT	silencing mediator of retinoic acid and thyroid hormone receptor	视黄酸和甲状腺激素受体的沉默介导因子
STAGA	Spt-Taf9-Ada-Gcn5-acetyltransferase	Spt-Taf9-Ada-Gcn5-乙酰转移酶
TFTC	TBP-free TAF$_{II}$ complex	无 TBP 的 TAF$_{II}$ 复合物
Tip60	Tat-interacting protein （60 kDa）	Tat 结合蛋白（60 kDa）
TSA	trichostatin A	曲古抑菌素 A
TSS	transcription start site	转录起始位点
Yng2	yeast Ing1 homolog 2	酵母 Ing1 同源蛋白 2

4.1　简　介

在真核细胞中，DNA 被组蛋白和非组蛋白包裹在细胞核中，形成一种高度压缩的结构，称为染色质。核小体是染色质的基本单位。核小体是由 146 bp 的 DNA 缠绕一个由组蛋白 H3、H2B、H2A 和 H4 各两分子组成的八聚体（Kornberg 1974）（见第 1 章）。染色质在所有需要接近 DNA 的过程中起着重要作用，如转录、DNA 修复或复制。因此，这种结构必须高度动态且受到严格调控。染色质结构调控主要涉及四类因素：组蛋白变体、组蛋白伴侣、ATP 依赖性重塑复合物和组蛋白的翻译后修饰（PTM）。组蛋白的 N 端尾部从核小体核心中伸出，而组蛋白的大部分 PTM 发生在这一区域。组蛋白有不同种类的 PTM，如甲基化、乙酰化、磷酸化、泛素化和苏木素（SUMO）化。组蛋白乙酰化是由组蛋白乙酰转移酶（HAT）催化完成的。这些酶催化乙酰辅酶 A 的乙酰基转移到组蛋白赖氨酸残基 ε-氨基上（图 4.1）。这种乙酰基的转移抹除了赖氨酸残基的正电荷，削弱了带负电荷的核糖体 DNA 和邻近核糖体的相互作用，导致染色质结构更加开放（Li and Reinberg 2011；Shahbazian and Grunstein 2007）。赖氨酸乙酰化是一种可逆的修饰，它可以被称为组蛋白去乙酰化酶（HDAC）的特定酶去除。

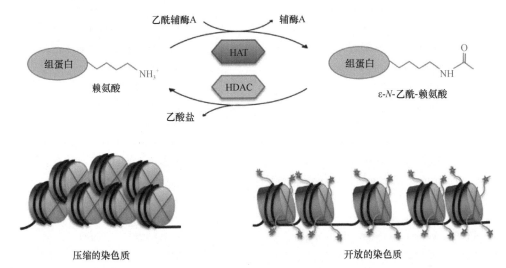

图 4.1　组蛋白赖氨酸残基的乙酰化和去乙酰化的反应图式。组蛋白赖氨酸残基的乙酰化和去乙酰化由组蛋白乙酰转移酶（HAT）和组蛋白去乙酰化酶（HDAC）催化。乙酰辅酶 A（乙酰基团的来源）在该反应中被转换为辅酶 A（CoASH）。脱乙酰反应释放出乙酸盐。乙酰化组蛋白会直接影响染色质结构，在染色质开放/可接近构象处含量丰富

　　根据它们的功能，HAT 和 HDAC 通常被认为是染色质乙酰化标记的书写器（writer）和擦除器（eraser）。乙酰化标记自身或与组蛋白的其他 PTM 组合在一起被认为是一个信号，可被特定的蛋白结构域识别，如布罗莫结构域、双 PHD 指域（double PHD finger domain）和双普列克底物蛋白同源域（double pleckstrin homology domain）（见下文）。这些模块被认为是染色质标记的阅读器（reader）（图 4.2）。在过去的 10 年中，关于组蛋白乙酰化、乙酰化调节及其对调节染色质结构和细胞命运的影响的认识呈指数增长，并强化了关键组蛋白翻译后修饰的地位。

图 4.2　在组蛋白尾上"书写"、"阅读"和"擦除"乙酰化标记的示意图模型。组蛋白乙酰转移酶
（HAT）（书写器）能够将乙酰基团添加到组蛋白尾部赖氨酸残基上。阅读器可以"解释"这一标记以
调节各种下游过程。最后，组蛋白去乙酰化酶（HDAC）（擦除器）能够移除乙酰基团

4.2　组蛋白乙酰转移酶及其复合物

尽管自 1964 年奥尔弗里（Allfrey）等分离出甲基化和乙酰化组蛋白后，人们一直
期待看到组蛋白乙酰化的重要性，但直到 20 世纪 90 年代中期，负责这种修饰的酶才为
人所知。当时，发现的第一批 HAT——Hat1 和 p55 分别来自嗜热四膜虫（*Tetrahymena
thermophila*）和酿酒酵母（*Saccharomyces cerevisiae*）（Brownell and Allis 1995；Kleff et al.
1995）。几个月后，酵母转录共激活因子 Gcn5 被发现是一种新的 HAT，因为它与四膜
虫酶 p55 具有惊人的同源性（Brownell et al. 1996）。1997 年分离了第一个多亚基 HAT
复合物 SAGA（Spt-Ada-Gcn5-乙酰转移酶）（Grant et al. 1997）。从那时起，在各种生物
中鉴定和分离出了许多 HAT 及相关复合物（表 4.1）（Allis et al. 2007）。重要的是，在
从酵母到人类的进化过程中，HAT 及其复合物亚基似乎具有高度保守性（Lee and
Workman 2007；Carrozza et al. 2003；Allis et al. 2007）。

根据它们的结构同源性，HAT 被划分为几个家族（Roth et al. 2001；Lee and Workman
2007）。Gcn5 相关的 N 端乙酰转移酶（GNAT）和 MYST HAT（以基础成员 MOZ、
Ybf2/Sas3、Sas2 和 Tip60 来命名）构成了两个主要的家族（表 4.1）。GNAT 家族由与酵
母 Gcn5 蛋白具有序列或结构相似性的酶组成（Neuwald and Landsman 1997）。该家族的
成员包括由 3~4 个保守氨基酸区域定义的乙酰转移酶结构域，其跨越约 100 个残基，
并且已知的从 N 端至 C 端的基序有 C、D、A 和 B。重要的是，基序 A 是最保守的区域，
含有 Arg/Gln-X-X-Gly-X-Gly/Ala 序列，该序列与乙酰辅酶 A 识别和结合特异性相关
（Dutnall et al. 1998；Wolf et al. 1998）。除 HAT 结构域外，大多数 GNAT 在 C 端有一个
保守的布罗莫结构域，除了 Hat1 和 Elp3（该家族中最远的两个 HAT）。

表 4.1　不同生物中 HAT 家族的成员

家族	名称	人（*Hs*）	黑腹果蝇（*Dm*）	酿酒酵母（*Sc*）	粟酒裂殖酵母（*Sp*）
GNAT 家族	KAT1	HAT1	CG2051	Hat1	Hat1/Hag603
	KAT2		dGCN5/PCAF	Gcn5	Gcn5
	KAT2A	GCN5			
	KAT2B	PCAF			
	KAT9	ELP3	dELP3/CG15433	Elp3	Elp3
	KAT10			Hpa2	
	KAT14	CSRP2BP	ATAC2		
		HAT4	HAT4		
MYST 家族	KAT5	TIP60/PLIP	dTIP60	Esa1	Mst1
	KAT6		（CG1894）	Sas3	（Mst2）
	KAT6A	MOZ/MYST3	ENOK		
	KAT6B	MORF/MYST4			
	KAT7	HBO1/MYST2	CHM		（Mst2）
	KAT8	MOF/MYST1	dMOF/（CG1894）	Sas2	（Mst2）
p300/CBP 家族	KAT3		dCBP/NEJ		
	KAT3A	CBP			
	KAT3B	p300			
	KAT11			Rtt109	
SRC/p160 家族	KAT13A	SRC1/NCOA1			
	KAT13B	ACTR/NCOA3			
	KAT13C	GRIP1/NCOA2			
	KAT13D	CLOCK			
其他	KAT4	TAF1	dTAF1	Taf1	Taf1
	KAT12	TFIIIC90			
				Nut1	

　　真核生物 HAT 的第二个主要家族，即 MYST 家族，其具有序列高度相似性的一组蛋白，并包含一个特殊的乙酰转移酶同源性区域（称为 MYST 结构域）的蛋白质。MYST结构域含有一个与 GNAT 家族中的乙酰辅酶 A 结合结构域（基序 A）同源的区域，以及一个 C2HC 锌指基序（除了不含该基序的酵母 Esa1）。一些家族成员拥有其他的结构域，如染色质结构域、PHD 指或第二个锌指结构域（表 4.2 和表 4.3）（Avvakumov and Cote 2007；Voss and Thomas 2009；Utley and Cote 2003）。

　　其他已知的 HAT 包括后生动物蛋白 p300/CBP（CREB 结合蛋白）（Ogryzko et al. 1996；Bannister and Kouzarides 1996），通用转录因子如 TFIID 亚基 TAF250（Mizzen et al. 1996）、Nut1（Lorch et al. 2000）或 TFIIIC（Kundu et al. 1999；Hsieh et al. 1999），核激素相关蛋白 SRC1（Spencer et al. 1997）和 ACTR（Chen et al. 1997），真菌 Rtt109 乙酰转移酶（Han et al. 2007a；Driscoll et al. 2007），昼夜节律蛋白 CLOCK（Doi et al. 2006），以及最近发现的 HAT4（Yang et al. 2011）。

　　尽管不同 HAT 家族存在序列差异，但不同家族成员 Gcn5、Esa1、p300 和 Rtt109

的结构研究（Trievel et al. 1999；Yan et al. 2002；Liu et al. 2008；Tang et al. 2008）倾向于显示 HAT 仍含有用于乙酰辅酶 A 结合的"通用"保守核心区域，其两侧为序列差异区域（Wang et al. 2008a）。最近的研究还表明，许多 HAT 蛋白的活性位点会发生自乙酰化；在某些情况下，这是组蛋白底物乙酰化所必需的（Yuan et al. 2012；Albaugh et al. 2011；Peng et al. 2012）。

根据 HAT 的底物特异性和亚细胞定位，它们也被分为两个不同的组：HAT-A 和 HAT-B。来自 HAT-A 组的 HAT 负责染色质结构内组蛋白的乙酰化，因此位于细胞核中。大多数细胞的 HAT 包含在 A 组中。而 HAT-B 乙酰化新合成的组蛋白，但不乙酰化核小体组蛋白，主要但并非唯一定位于细胞质中。迄今为止，仅鉴定出几种 HAT-B 酶，包括 Hat1（Parthun et al. 1996）、Rtt109（Masumoto et al. 2005；Han et al. 2007a；Driscoll et al. 2007）或 HAT4（Yang et al. 2011）。

在细胞中，大多数天然 HAT 存在于多亚基复合物中，复合物中含有 HAT 活性、HAT 特异性或基因靶向特异性所必需的成分（表 4.2 和表 4.3）。例如，重组酵母 Gcn5 或 Esa1 不能单独乙酰化核小体，而 SAGA、ADA 或 HAT-A2 复合物中原始的 Gcn5 或 NuA4 复合物中原始的 Esa1 均可在体外乙酰化核小体（Grant et al. 1997；Sendra et al. 2000；Allard et al. 1999）。Gcn5 与 Ada2 和 Ada3 蛋白结合形成 SAGA 的催化核心，能够乙酰化天然染色质（Balasubramanian et al. 2002）。一个包括 Esa1、Epl1 和 Yng2 的核心复合体被称为 Piccolo NuA4，也被称为 Esa1 HAT，这种核心复合物具有高度活性，特别是针对核小体，而不是游离组蛋白（Boudreault et al. 2003；Selleck et al. 2005）。最后，Rtt109 在体内外的乙酰化活性很大程度上取决于其与两种组蛋白伴侣 Asf1 或 Vps75 之一的相互作用（Fillingham et al. 2008；Han et al. 2007b；Tsubota et al. 2007；Driscoll et al. 2007）。

表 4.2　进化保守的 GNAT 家族乙酰转移酶复合物的组分及它们的特异性组蛋白结合基序

GNAT 复合物								
Gcn5/PCAF 复合物							其他复合物	
HAT-A2/ADA	SAGA 类型				ATAC 类型		HATB	延伸因子
Sc	SAGA/SLIK *Sc*	SAGA *Dm*	STAGA *Hs*	PCAF *Hs*	ATAC *Dm*	ATAC *Hs*	*Sc*	*Sc*
Gcn5 ③	**Gcn5** ③	**Gcn5** ③	**Gcn5** ③	**Gcn5** ③	**Gcn5** ③	**Gcn5/PCAF** ③	**Hart1**	**Elp3**
Ada2 ⑩	Ada2 ⑩	Ada2B ⑩	Ada2B ⑩	Ada2B ⑩	Ada2A ⑩	Ada2A ⑩	Hat2 ⑤	Elp1
Ada3	Ada3	ADA3	ADA3	ADA3	ADA3	ADA3	Hif1	Elp2 ⑤
Sgf29 👣👣	Sgf29 👣👣	SGF29 👣👣	SGF29 👣👣		SGF29 👣👣	SGF29 👣👣		Elp4
Ahc1	Tra1	TRA1	TRRAP	TRRAP	ATAC ⑩	ZZZ3 ③ ⑩		Elp5
Ahc2	Spt7 ③	CG6506	STAF65γ		**ATAC2** &	**CSRP2BP**		Elp6
	Spt3	SPT3	SPT3	SPT3	HCF	HCFC1		
	Spt20	SPT20	FAM45A		WDS ⑤	WDR5 ⑤		
	Taf5 ⑤	WDA ⑤	TAF5L ⑤	TAF5L ⑤	DR1	DR1		
	Taf6	Saf6	TAF6L	TAF6L	D12 ⓫	YEATS2 ⓫		
	Taf9	TAF9	TAF9	TAF9	CG1023B	MBIP		
	Taf10	TAF10B	TAF10	TAF10	CHRAC14	POLE3		
	Taf12	TAF12	TAF12	TAF12		POLE4		
	Ubp8	Nonstop	USP22		ATAC3			
	Sgf11	SfG11	ATXN7L3 ⓧ					
	Sgf73 ⓧ	CG9866	ATXN7 ⓧ				组蛋白结合结构域	
	Sus1	E(y)2	ENY2				③ Bromo　⑤ WD40	
	Ada1	ADA1-2	ADA1				⑩ SANT　ⓧ Sca7	
	Chd1 ⓫⓫						👣 Tudor　⓫ YEATS	
	Spt8 ⑤/Rtg2						ⓘ Chromo　& PHD	

注：组蛋白乙酰转移酶以粗体显示。显示了与组蛋白标记读取模块相关的亚基。带有其他染色质修饰剂或重塑因子活性的亚基标有下划线

表 4.3　进化保守的 MYST 家族乙酰转移酶复合物的组分及它们的特异性组蛋白结合基序

| MYST 复合物 | | | | | | | | | | | |
| NuA4/Tip60 复合物 | | | | MOF 复合物 | | | | Sas3/MOZ 复合物 | | 其他 MYST 复合物 | |
Piccolo NuA4 Sc	NuA4 Sc	TIP60 Dm	TIP60 Hs	MSL Dm	MSL Hs	NSL Dm	NSL Hs	NuA3 Sc	MOZ/MORF Hs	SAS Sc	HBO1 Hs
Esa1❶	Esa1	TIP60❶	TIP60❶	MOF❶	MOF❶	MOF❶	MOF	Sas3	MOZ/MORF &&	Sas2	HBO1
Ying2&	Ying2&	ING3&	ING3&	MSL1	MSL1	NSL1	NSL1	Ying1&	ING5&	Sas4	ING5/ING4&
Epl1	Epl1	E（Pc）	Epc1/2	MSL2	MSL2	NSL2	NSL2	Nto1&	/BRPF1/2/3 &&③	Sas5⑩	JADE1/2/3/BRPF2 && &&③
Eaf6	Eaf6	EAF6	EAF6	MSL3❶	MSL3❶	NSL3	NSL3	Eaf6	EAF6		EAF6
	Tra1	TRA1	TRRAP	MLE		MCRS2	MCRS1	Taf14❶			
	Eaf1⑩	Domino⑩	p400⑩	rox RNA		MBD-R2 ♀&	PHF20 ♀&	Ylr455p			
	Eaf2⑩	DMA⑩	DMAP1⑩			WDS⑤	WDR5⑤				
	Eaf3	MRG12	MRG15				OGT1				
	Eaf7	MRGB	MRGBP				HCFC1				
	Eaf5										
	Act1	ACT87E	ACTIN								
	Arp4	BAP55	BAF53								
	Yaf9	GAS41	GAS41❶								
		BRD8③	BRD8③								
		Pontin	RUVBL1								
		Reptin	RUVBL2								
			MRGX								
		YL1	YL1								

组蛋白结合结构域
③Bromo　　⑤WD40
⑩SANT　　▭PWWP
❶YEATS　　& PHD
●Chromo　　♀Tudor

注：组蛋白乙酰转移酶以粗体显示。显示了与组蛋白标记读取模块相关的亚基。带有其他染色质修饰剂或重塑因子活性的亚基标有下划线

对于 HAT 活性的额外调节，复合物的亚单位也可以影响赖氨酸的特异性。如单独的 Gcn5 主要乙酰化游离组蛋白上的 H3K14，而当其在 SAGA 复合物内时，它可以乙酰化更多的赖氨酸如 H3K9、K14、K18 和 K23；当存在于 ADA 复合物时，可以乙酰化 H3K9、K14 和 K18（Grant et al. 1999）。而且，在 MYST HAT 中也观察到类似的作用。Esa1 和 Tip60 可单独乙酰化游离组蛋白 H3、H2A 和 H4（Yamamoto and Horikoshi 1997；Clarke et al. 1999；Smith et al. 1998），但其作为天然复合物的一部分仅能直接乙酰化核小体组蛋白 H2A 和 H4（Allard et al. 1999；Ikura et al. 2000；Doyon et al. 2004）。通过相关亚基影响 HAT 特异性的其他实例还有 MOF 和 Sas3 MYST 蛋白。重组 MOF 蛋白乙酰化游离组蛋白 H3、H2A 和 H4，而它在 MSL 复合物内仅靶向乙酰化 H4K16（Smith et al. 2000a，2005）。同样，Sas3、MOZ 和 MORF 蛋白乙酰化游离组蛋白 H3 和 H4，而在 NuA3 和相关人类复合物中 H3K14 优先被乙酰化（Takechi and Nakayama 1999；John et al. 2000；Howe et al. 2001；Martin et al. 2006b；Doyon et al. 2006；Ullah et al. 2008）。HBO1 的独特之处在于，它的相关亚基在不同细胞系之间发生变化，并伴随组蛋白特异性的改变（Doyon et al. 2006；Saksouk et al. 2009；Kueh et al. 2011；Mishima et al. 2011；Hung et al. 2009）。另一种非典型 HAT 是 ATAC 复合物，其携带两个乙酰转移酶亚基，Gcn5/PCAF 和 ATAC2/KAT14，除了乙酰化常见的 H3K9/14 之外，也乙酰化组蛋白 H4K12/16（Suganuma et al. 2008；Spedale et al. 2012）。

HAT 复合物中的亚基不仅影响组蛋白修饰，也通过将 HAT 靶向至基因组中的特定基因座而影响 HAT 细胞功能。这种靶向作用可以通过 DNA 结合因子的直接招募并以"经典"方式发生，也可以通过存在于各种 HAT 复合物亚基中的染色质结合结构域介导，这些结构域包括布罗莫结构域、染色质结构域、Tudor 结构域或 PHD 指结构域（表 4.2 和表 4.3）。已知这些结构域识别并结合染色质组蛋白上的特定修饰残基：布罗莫结构域识别并结合乙酰化的赖氨酸，染色质域、MBT 和 PHD 结构域可与甲基化赖氨酸结合，并且 Tudor 结构域可结合甲基化赖氨酸或精氨酸（Musselman et al. 2012）。Gcn5 的布罗莫结构域参与了 SAGA 与乙酰化的核小体在启动子处的结合（Hassan et al. 2002）。Yng1 的 PHD 指结构域（NuA3 HAT 复合物的亚基）促进复合物与 H3K4me 位点的结合，进而在 NuA3 的某些靶基因上促进 H3K14 的乙酰化（Martin et al. 2006a；Taverna et al. 2006）。同样地，HBO1 复合物的 ING4/5 亚基内的 PHD 指结构域通过结合 H3K4me3 将复合物募集到基因的 5′编码区（Avvakumov et al. 2012；Saksouk et al. 2009；Hung et al. 2009）。CHD1 的两个染色质结构域之一是 SAGA 和 SLIK 复合物的组分，也参与将 SLIK 复合物靶向到 H3K4me3 染色质上（Pray-Grant et al. 2005）。MSL3 的另一个染色质结构域允许 MSL HAT 复合物在转录基因的编码区上结合 H3K36me3（Larschan et al. 2007；Sural et al. 2008）。

将 HAT 整合到多个不同的复合体中，可以解释 HAT 如何在广泛的细胞过程中执行多种不同的任务。例如，在黑腹果蝇（*Drosophila melanogaster*）中，尽管具有不同的结果，但在雄性特异性致死（MSL）复合物或非特异性致死（NSL）复合物中的 MOF 都可触发 H4K16 乙酰化。在 MSL 复合物中，MOF 靶向 X 染色体基因转录区域的乙酰化，其介导 X 染色体剂量补偿，而在 NSL 复合物中，它参与管家基因转录起始的调节（Lam et al. 2012；Raja et al. 2010；Kind et al. 2008）。此外，某一 HAT 可以在相同或不同的组蛋白上修饰不同的赖氨酸底物，并且多个 HAT 也可以具有相同的底物（图 4.3）。最后，值得注意的是，除组蛋白外，HAT 还可以修饰多种非组蛋白底物（Yang and Seto 2008a；Sapountzi and Cote 2011）。

除了经典组蛋白外，HAT 还能够修饰一些 H2A 和 H3 组蛋白变体。H2A.X 乙酰化（黑腹果蝇中的 H2Av）是已知的 DNA 损伤后磷酸化 H2A 的一种变体，其在细胞应对 DNA 损伤的过程中被发现。由 dTip60 HAT 复合物介导的这种乙酰化有利于磷酸化 H2Av 与未修饰的 H2Av 之间的交换（Kusch et al. 2004）。此外，在人类细胞中，Tip60 对 H2A.X 的乙酰化促进其泛素化及随后从受损染色质中释放（Ikura et al. 2007）。据报道，CBP/p300 HAT 可以持续乙酰化 H2A.X 的 K36 位，这是一种与细胞对电离辐射的抵抗相关的修饰（Jiang et al. 2010）。H2A 变体 H2A.Z 的乙酰化也在各种生物中被报道。在酿酒酵母中，H2A.Z 的乙酰化似乎与转录激活有关。实际上，尽管 H2A.Z 富集在抑制启动子上，然而乙酰化的 H2A.Z 富集在活化启动子上（Millar et al. 2006）。在人类细胞中，与常染色质区域中发现的 H2A.Z 相比，异染色质区域的 H2A.Z 是非乙酰化的（Hardy et al. 2009）。此外，在酵母和黑腹果蝇中，H2A.Z 的乙酰化（黑腹果蝇中是 H2AvD）不需要结合诱导型启动子，但需要转录激活（Tanabe et al. 2008；Wan et al. 2009；Halley et al. 2010）。在酵母中，通过 NuA4 和 Gcn5 复合物乙酰化 H2A.Z 的残基 K3、K8、K10 和 K14（Keogh et al. 2006；Millar et al. 2006；Babiarz et al. 2006）。就核小体结构而言，H2A.Z 的乙酰化

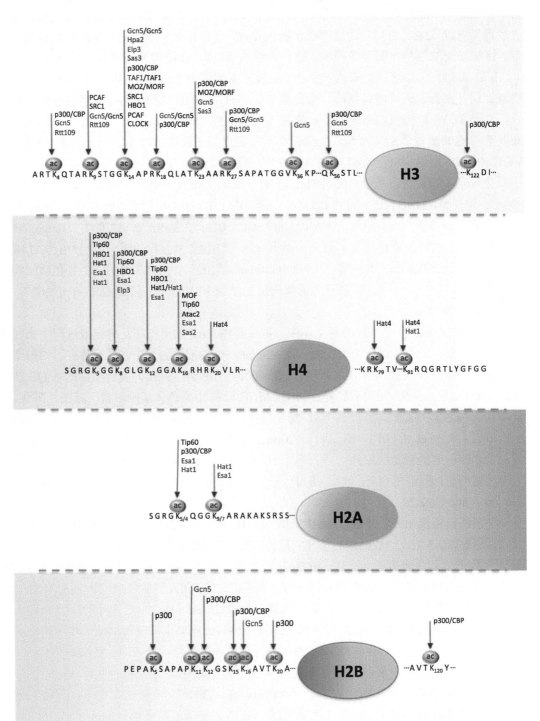

图 4.3 人和酵母组蛋白上的乙酰化位点和 HAT 特异性。大多数已知的乙酰化发生在组蛋白的 N 端尾，除了少数例外，如组蛋白 H3 的 K56 和组蛋白 H4 的 K79 或 K91 的乙酰化。图中显示了与已知生物过程相关的乙酰化位点。对于每个修饰位点，列出了负责乙酰化的组蛋白乙酰转移酶（HAT）。酿酒酵母

中的 HAT 和不同残基以蓝色表示，人类的 HAT 以黑色表示

与去稳定化有关，这可以解释为什么 H2A.Z 的乙酰化可以作为活化启动子的基因调控开关，并且在癌细胞中失调（Valdes-Mora et al. 2012；Billon and Cote 2012）。在细胞分裂后期，乙酰化的 H2A.Z 也通过调节凝结素附着而参与染色体结构的调控（Kim et al. 2009）。在人体细胞中 H2A 和 H2B 其他变体的乙酰化也通过质谱分析得到验证（Bonenfant et al. 2006；Beck et al. 2006），但尚未阐明这些修饰的作用。此外，在人和黑腹果蝇中也报道了变体 H3.3 的乙酰化，并且可能与基因活化有关（McKittrick et al. 2004；Hake et al. 2006；Loyola et al. 2006），而随着着丝粒染色质结构的变化，着丝粒 H3 变体 CENP-A 在 K124 位上以细胞周期依赖性方式被乙酰化（Bui et al. 2012）。

组蛋白乙酰化是一种动态可逆过程，由两组酶即 HAT 和组蛋白去乙酰化酶（HDAC）进行快速转换。组蛋白乙酰化/去乙酰化的平衡是细胞正常功能的关键参数。虽然总体上存在动态的乙酰化/去乙酰化平衡，但 HAT 或 HDAC 复合物的局部富集导致这种动态平衡在基因组的特定区域中向染色质的高或低乙酰化变化。由于乙酰化直接影响染色质压缩/开放，同时也可作为其他因子识别的信号，因此复制、转录和 DNA 修复等关键核内过程涉及不同 HAT 和 HDAC 的特异性募集和作用也就不足为奇了（图 4.4）。

4.3　组蛋白去乙酰化

1969 年，井上（Inoue）及其同事首次在小牛胸腺提取物中检测到组蛋白去乙酰化酶活性（Inoue and Fujimoto 1969）。然而，就 HAT 而言，直到 20 世纪 90 年代中期才分离和鉴定了真正的组蛋白去乙酰化酶（HDAC）。1996 年，汤顿（Taunton）及其同事使用组蛋白去乙酰化酶活性抑制剂作为亲和标签，成功地从牛蛋白提取物中纯化了第一个 HDAC（HDAC1）（Taunton et al. 1996）。同年，在酿酒酵母中鉴定出了去乙酰化酶 Hda1 和 Rpd3（Rundlett et al. 1996），HDAC1 被证明是 Rpd3 的人类同源物。在 2000 年，发现了一类新的 HDAC，即 Sir2 家族（Imai et al. 2000；Smith et al. 2000b）。

虽然与 Hda1 和 Rpd3 相关的 HDAC（被认为是"经典家族"）是锌依赖性去乙酰化酶，然而 Sir2 家族 HDAC 的活性依赖于 NAD$^+$。sirtuin 和 HDAC 的经典家族都是由进化上保守蛋白质组成的。根据系统进化分析和序列同源性，HDAC 被分为四类：sirtuin 家族组成第 III 类，而经典家族分为 I、II 和 IV 类（表 4.4）。酵母 Rpd3 是 HDAC I 类的创始成员，与具有 Rpd3 同源催化结构域的去乙酰化酶归为一组。第 II 类按酵母 Hda1 的 HDAC 同源物分组。在哺乳动物中，第 II 类进一步分为两个亚类：IIa 和 IIb。除了去乙酰化酶结构域外，IIa 类成员还包含一个保守的长 N 端延伸，其具有肌细胞增强因子 2（MEF2）和 14-3-3 蛋白的结合位点。IIb 类包括具有独特特征的两种 HDAC：HDAC6 含有两个去乙酰化酶结构域和能结合泛素的 C 端锌指结构（Seigneurin-Berny et al. 2001；Hook et al. 2002），HDAC10 特有一个富含亮氨酸的 C 端域。最后，尽管 HDAC11 显示出与 I 类和 II 类 HDAC 的相似性（Gao et al. 2002），但系统进化分析（Gregoretti et al. 2004）将 HDAC11 及其同源物归为一个单独的类别（IV 类）中。

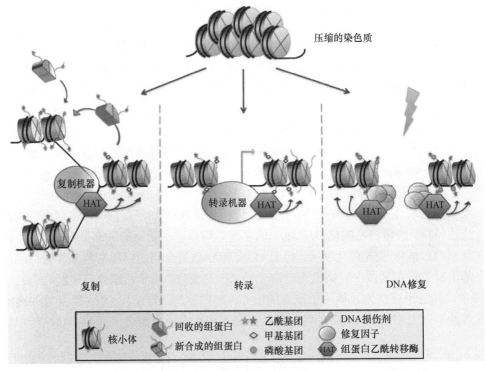

图 4.4　涉及组蛋白乙酰化依赖性染色质动力学的核内过程。组蛋白乙酰化是在需要接近 DNA 的核内过程中染色质开放和信号转导所需的关键步骤。DNA 复制期间，此 PTM 促进逐出核小体以允许复制机器通过。在复制叉后沉积到 DNA 上的新合成的组蛋白也带有特异性乙酰化标记。与此相似，在基因转录期间组蛋白乙酰化是核小体动力学所需要的。组蛋白 PTM 促进活性基因处转录机器的招募，HAT 复合物被靶向至基因调控区域以促进转录激活。HAT 也帮助位于正在转录的 RNA 聚合酶前方的核小体弹出。DNA 修复过程中 HAT 复合物可通过修复因子和染色质标记快速靶向 DNA 损伤位点，在此促进组蛋白逐出/染色质开放，从而有效修复损伤

表 4.4　不同生物的 HDAC 家族

类别		人（*Hs*）	黑腹果蝇（*Dm*）	酿酒酵母（*Sc*）	粟酒裂殖酵母（*Sp*）
第 I 类		HDAC1 HDAC2 HDAC3 HDAC8	Rpd3 HDAC3	Rpd3 Hos1 Hos2	Clr6 Phd1
第 II 类	A	HDAC4 HDAC5 HDAC7 HDAC9	HDAC4	Hda1 Hos3	Clr3
	B	HDAC6 HDAC10	HDAC6		
第 III 类	I	SIRT1 SIRT2 SIRT3	Sir2 Sirt2	Sir2 Hst1 Hst2 Hst3 Hst4	Sir2 Hst2 Hst4
	II	SIRT4	Sirt4		
	III	SIRT5			
	IV	SIRT6 SIRT7	Sirt6 Sirt7		
第 IV 类		HDAC11	HDACX		

对 HDAC I 类和 II 类成员 HDAC7（Schuetz et al. 2008）、HDAC4（Bottomley et al. 2008）、HDAC2（Bressi et al. 2010）和 HDAC8（Vannini et al. 2004）催化结构域的结构

分析揭示了类似的整体折叠（具有中央八链平行 β 折叠的常见 α/β 折叠），其催化中心含有被组氨酸和天冬氨酸残基侧链螯合的锌离子。尽管如此，仍然主要在活性位点周围的环区域中观察到差异，并且可能涉及底物结合或特异性。已经解析的 sirtuin 成员晶体结构显示催化核心结构域之间的高度相似性（Yuan and Marmorstein 2012）。所有结构都含有用于 NAD⁺结合的保守的大罗斯曼（Rossman）折叠结构域和较小且更具可变性的锌结合结构域。

　　Sirtuin 的组蛋白去乙酰化内在能力与 I、II 和 IV 类 HDAC 显著不同。实际上，大多数纯化的重组 sirtuin 能在体外去乙酰化组蛋白，而来自 I、II 和 IV 类的大多数 HDAC（酵母 Hos3 和哺乳动物 HDAC8 除外）是无活性的，需要蛋白质配体来维持酶活功能。因此，在细胞中发现的几种 I、II 和 IV 类的 HDAC 是由对去乙酰化酶活性必需的多个亚基形成的稳定复合物（表 4.5）。HDAC1 和 HDAC2 一起存在于至少四种不同的复合物中，即 Sin3A（L）、Sin3B（S）、NuRD（核小体重塑和去乙酰化因子）和 CoREST（REST 共抑制因子）复合物（Yang and Seto 2008b；Jelinic et al. 2011；Moshkin et al. 2009；Hayakawa et al. 2007）。在酿酒酵母中，Rpd3 分别在一个大的和一个小的含 Sin3 的复合物中发现，分别称为 Rpd3L 和 Rpd3S。重要的是，每种复合物中的特定亚基可以影响复合物的去乙酰化酶活性、特异性或靶向性。例如，Rpd3L 中的 DNA 结合蛋白 Ash1 和 Ume6 将复合物靶向至特定基因位点以抑制基因转录（Kadosh and Struhl 1997；Carrozza et al. 2005a）。同样地，Rpd3S 复合物中存在的 Eaf3 和 Rco1 蛋白在招募复合物到转录区域中发挥至关重要的作用。该靶向作用由 Eaf3 的染色质结构域介导，其识别由 Set2 甲基转移酶标记的 H3K36me（Keogh et al. 2005；Carrozza et al. 2005b；Joshi and Struhl 2005）和 Rco1 的 PHD 结构域（Li et al. 2007）。在哺乳动物中，含有 PHD 结构域且存在于 Sin3A 复合物中的蛋白质 ING2 也通过甲基化依赖性机制参与靶向复合物至核小体的过程（Shi et al. 2006；Doyon et al. 2006；Kuzmichev et al. 2002；Skowyra et al. 2001）。同样地，Sin3B 复合物被发现相当于酵母 Rpd3S，不仅与含有染色体结构域/PHD 结构域的蛋白质 MRG15 和 PHF12 相互作用，而且具有 KDM5/RBP2/LID H3K4me3 去甲基化酶作用（Hayakawa et al. 2007；Jelinic et al. 2011；Lee et al. 2009；Moshkin et al. 2009；Xie et al. 2011）。值得注意的是，除了在 CoREST 复合物中发现的去乙酰化酶活性，其 LSD1 亚基还具有 H3K4me1/2 的去甲基化酶活性（Lee et al. 2005）。有趣的是，已证实 CoREST 复合物的组蛋白去甲基化和去乙酰化活性是相互依赖的（Lee et al. 2006）。HDAC I 的第三个成员 HDAC3 也存在于含有两个同源核受体共抑制因子 N-CoR（核受体共抑制因子）和 SMRT（视黄酸和甲状腺激素受体的沉默介导因子）的复合物中（Wen et al. 2000），通过其 SANT 结构域促进 HDAC3 的去乙酰化酶活性（Guenther et al. 2001）。有趣的是，该 HDAC 复合物也与靶向 H3K36me3 的赖氨酸去甲基化酶 KDM4 相互作用（Zhang et al. 2005a）。

表 4.5 真核生物的 I 类 HDAC 复合物及其特定组蛋白结合基序的例子

人（Hs）					酿酒酵母（Sc）	
Sin3L	Sin3S	Mi2-NuRD	CoRest	N-CoR	Rpd3L	Rpd3S
HDAC1	**HDAC1**	**HDAC1**	**HDAC1**	**HDAC3**	**Rpd3**	**Rpd3**
HDAC2	**HDAC2**	**HDAC2**	**HDAC2**		Sin3	Sin3
SIN3A/B	SIN3B	CHD3/4 &&❶❶	CoREST ⑩⑩	NCOR1/2 ⑩⑩	Ume1 ⑤	Ume1 ⑤
RBBP4/7 ⑤		RBBP4/7 ⑤		TBL1X/1XR1 ⑤	Pho23 &	Eaf3 ❶
ING1/2 &	MRG15 ❶					
	PHF12 &&		PHF21A &	TRIM33 ③&	Cti6 &	Rco1 &&
	KDM5A/B &&&		KDM1A	KDM4A &&♀♀		
BRMS1/1L		Mta1/2/3 ⑩		CORO2A ⑤	Dep1	
ARID4A/B		MBD2/3	HMG20B			
		GATAD2A/B			Ash1	
SAP30/30L			ZMYM2/3		Sap30	
SDS3					Sds3	
			ZNF217/516	Kaiso	Ume6	
SAP130					Rxt2/3	
SAP18					组蛋白结合结构域	
SAP25				GSP2	③Bromo ♀Tudor	
					& PHD	
FAM60A		CDK2AP1	GSE1	KIF11	❶ Chromo ⑩SANT ⑤WD40	

注：组蛋白去乙酰化酶以粗体显示。显示了与组蛋白标记读取模块相关的亚基。带有其他染色质修饰因子或重塑因子活性的亚基标有下划线

　　HDAC II 也被描述为多亚基复合物的成员。在酵母中，Hda1 与 Hda2 和 Hda3 自缔合并形成四聚体复合物，Hda2 和 Hda3 是其去乙酰化酶活性必需的两个配体（Wu et al. 2001）。在粟酒裂殖酵母中，HDAC 亚基 Clr3 与 SHREC 复合物中的 ATP 依赖性染色质重塑因子 Mit1 结合，并被异染色质 1（HP1）蛋白的同源物 Swi6 募集到异染色质基因座用于基因沉默（Sugiyama et al. 2007）。IIa 类 HDAC 的配体也可以影响 HDAC IIa 复合物的亚细胞定位，并因此影响它们的组蛋白去乙酰化能力。例如，在成肌细胞中，HDAC4 和 HDAC5 与转录因子 MEF2（肌细胞增强因子 2）相互作用，在细胞核中参与 MEF2 依赖性基因的抑制。在分化信号后，HDAC4 和 HDAC5 被磷酸化并与负责其核质穿梭的 14-3-3 蛋白质相互作用，这导致 HDAC 滞留细胞质、MEF2 应答基因的去抑制作用和随后的成肌细胞分化（McKinsey et al. 2000）。

　　通常，HDAC 能够使许多组蛋白底物去乙酰化，似乎并没有太多特异性。例如，在出芽酵母中，Rpd3 使所有四种核心组蛋白去乙酰化（除 H4K16ac 外），Hda1 可去乙酰化组蛋白 H3 和 H2B，Hos2 使 H3 和 H4 去乙酰化。尽管如此，一些 HDAC，尤其是 sirtuin 家族的 HDAC，表现出更为严格的特异性，如去乙酰化 H4K16ac 的人 Sirt1/2/3（Vaquero et al. 2007）、去乙酰化 H3K9ac 的人 Sirt6（Michishita et al. 2008），或者去乙酰化 H3K18ac 的人 Sirt7（Barber et al. 2012）。最后，就 HAT 而言，HDAC 似乎也对非组蛋白底物有活性（Yao and Yang 2011）。

4.4　乙酰化模块阅读器

所有的组蛋白修饰包括乙酰化均构成能够触发各种细胞过程的信号标记，是所谓的组蛋白密码或组合组蛋白修饰信号的一部分（Suganuma and Workman 2011）。这些信号标记通过含有能够"读取"组蛋白修饰的特定结构域的蛋白质向细胞发指令。已经发现了三个不同组蛋白乙酰化标记的阅读器结构域。其中，布罗莫结构域是第一个被发现的（Dhalluin et al. 1999），是现在描述最完整的结构域。

布罗莫结构域是进化上保守的乙酰化识别模块，通过 BRD 折叠的独特结构折叠。BRD 折叠是四螺旋束结构（αA、αB、αC 和 αZ 螺旋），其中螺旋间 ZA 和 BC 环形成结合乙酰基-赖氨酸残基的疏水口袋（Dhalluin et al. 1999；Owen et al. 2000）。在人类中，已经鉴定出 46 种蛋白质含有布罗莫结构域（总计 61 个布罗莫结构域）。这些蛋白质属于转录调节因子或染色质修饰复合物（如 HAT、组蛋白甲基转移酶和 ATP 依赖性染色质重塑复合物）的各种家族（Filippakopoulos and Knapp 2012）。基于结构数据和结构预测分析，含有人类布罗莫结构域的蛋白质被分为 8 个家族（表 4.6）（Filippakopoulos et al. 2012）。

通过各种生物物理技术、经典的蛋白质体外结合（pull-down）实验、肽阵列（SPOT）和细胞免疫沉淀（Filippakopoulos and Knapp 2012）对不同布罗莫结构域蛋白的特异性进行了部分阐释，结果提示许多布罗莫结构域可以结合各种乙酰化组蛋白底物。实际上，一个布罗莫结构域可识别单个或不同组蛋白分子上存在的不同乙酰化赖氨酸残基，就像转录调节因子 Brd2 这样，其与 H3K14ac、H4K5ac 或 H4K12ac 相互作用（LeRoy et al. 2008；Kanno et al. 2004）。有趣的是，已知由 Brd2、Brd3、Brd4 和 BrdT 组成的 BET 蛋白家族在组蛋白尾部多个紧密间隔的乙酰化位点可以刺激组蛋白-布罗莫结构域相互作用，这提示存在一种协同结合机制（Moriniere et al. 2009；Filippakopoulos et al. 2012；Matangkasombut and Buratowski 2003）。此外，在核小体内，布罗莫结构域和乙酰化组蛋白尾部之间的相互作用受到其他组蛋白上的修饰影响。例如，在前列腺癌细胞中，Brd2 通过乙酰化的 H2A.Z 和 H4 共同作用被募集到雄激素受体调节的基因上（Draker et al. 2012）。最后，同一蛋白质中存在的多个布罗莫结构域也可以刺激具有多个乙酰化的组蛋白的识别。人 TATA 结合蛋白相关因子-1（TAF1）的串联布罗莫结构域就是这种情况，与单乙酰化尾部相比其优先结合双乙酰化组蛋白 H4 尾部（Jacobson et al. 2000）。

表 4.6　基于结构的人类布罗莫结构域分类

BRD 家族	蛋白名称
I	CECR2、FALZ、GCN5L、PCAF
II	BAZ1A、BRD2[1,2]、BRD3[1,2]、BRD4[1,2]、BRDT[1,2]
III	BAZ1B、BRD8[1,2]、BRWD3[2]、CBP、EP300、PHIP[2]、WDR9[2]
IV	ATAD2、BRD1、BRD7、BRD9、BRPF1、BRPF3、KIAA1240
V	BAZ2A、BAZ2B、LOC93349、SP100、SP140、TIF1α、TRIM33、TRIM66
VI	MLL、TRIM28
VII	BRWD3[1]、PHIP1[1]、PRKCBP1、TAF1[1,2]、TAF1L[1,2]、WDR9[1]、ZMYND11
VIII	ASH1L、PBRM1[1,2,3,4,5,6]、BRM、BRG1

注：对于含多种布罗莫结构域的蛋白质，上标数字表示分类的布罗莫结构域的位置

通过促进特异性复合物与染色质的结合，布罗莫结构域蛋白在广泛的细胞过程中发挥着关键作用。大量研究证明了它们在转录、复制和 DNA 修复过程中对染色质进行重塑（Kasten et al. 2004；Collins et al. 2002；Lee et al. 2010a；Hassan et al. 2002；LeRoy et al. 2008），或建立异染色质边界（Ladurner et al. 2003）。

近年来，另外两个结构域被描述为组蛋白乙酰化识别模块。第一个是双 PHD 指结构域（DPF），值得注意的是它们在染色质重塑相关蛋白 Dpf3 和组蛋白乙酰转移酶 MOZ、MORF 蛋白（KAT6A/B）中被发现。在 2008 年，首次通过肽 pull-down 实验证实，Dpf3 蛋白的 DPF 能够结合乙酰基-H3 和乙酰基-H4 的尾部（Lange et al. 2008）。从那时起，已经确定 Dpf3 优先结合 H3K14ac，并且这种结合对于 Dpf3 向靶基因富集很重要（Zeng et al. 2010）。因此，MOZ 蛋白的 DPF 也涉及与 H3K14ac 的结合和 MOZ 蛋白与其靶基因的结合（Qiu et al. 2012）。最后，MORF 蛋白的 DPF 通过与 H3K14ac 和 H3K9ac 残基的互作与染色质结合（Ali et al. 2012）。重要的是，对于所有这些蛋白质，与乙酰化 H3 互作被相邻 H3K4 残基的甲基化所抑制，并且当 H3R2 残基也被甲基化时，MOZ 与乙酰化 H3 的结合完全丧失（Zeng et al. 2010；Qiu et al. 2012；Ali et al. 2012）。

最近表征的与乙酰化的组蛋白互作的第二个结构域是在酵母组蛋白伴侣 Rtt106 中发现的双普列克底物蛋白同源（PH）结构域（Su et al. 2012）。分子伴侣 Rtt106 参与新合成的且 H3K56 发生乙酰化的 H3-H4 四聚体在复制 DNA 上的沉积。通过 Rtt106 的 PH 结构域识别 H3K56ac 残基，这种互作对于基因沉默和 DNA 损伤应答都是非常重要的（Su et al. 2012；Zunder et al. 2012）。

4.5 组蛋白乙酰化对染色质/核小体结构的影响

真核细胞的染色质在细胞学上被直观地分为两个不同的组，其对应于染色质不同程度的压缩，其中致密的染色质区域称为异染色质，而相对未压缩的区域称为常染色质。有趣的是，这两类染色质呈现出不同的乙酰化模式，压缩较少的常染色质富集高乙酰化组蛋白，而通常致密压缩的异染色质与低乙酰化组蛋白相关（Jeppesen et al. 1992；Jiang et al. 2004；Johnson et al. 1998；Clarke et al. 1993；O'Neill and Turner 1995）。因此，在真核生物中，组蛋白乙酰化被认为是染色质凝聚状态的主要决定因素和/或反映。

组蛋白 N 端（N-terminal）尾部在核小体组装和染色质压缩中的作用已被广泛研究。核小体中带正电荷的组蛋白 N 端尾部被认为与 DNA 分子上带负电荷的磷酸基团相互作用。体外实验证明，组蛋白尾部对于单个核小体的正确组装不是必需的（Hayes et al. 1991），但其与 DNA 的结合稳定了核小体（Ausio et al. 1989；Lee et al. 1993）。然而，使用核小体阵列作为模型对核小体之间相互作用和串扰的研究发现，组蛋白尾部对于阵列内核小体的相互作用是必不可少的，以便形成 30 mm 纤维和更高级的结构（Garcia-Ramirez et al. 1992；Tse and Hansen 1997；Schlick et al. 2012）。

尽管 H3 和 H4 N 端尾部在染色质压缩中具有功能冗余，但 H4 尾部对更高级结构稳定性的贡献最大（Kan et al. 2009；Dorigo et al. 2003；Gordon et al. 2005）。H2A 和 H2B 尾部以一种不那么重要的方式帮助核小体稳定（Gordon et al. 2005）。

鉴于组蛋白高乙酰化与"开放"染色质密切相关的事实，推测该翻译后修饰将通过功能和/或构象效应影响染色质和/或核小体结构是合乎逻辑的。核小体核心的外部突出部分和组蛋白 N 端尾部是 HAT 和 HDAC 的可接近靶点。大量研究表明，组蛋白尾部赖氨酸残基的乙酰化直接影响 DNA-组蛋白接触。实际上，乙酰化中和了赖氨酸残基的正电荷，并且已经证明它可以减弱 DNA-组蛋白相互作用，从而直接影响核小体的稳定性（Allfrey 1966；Zheng and Hayes 2003；Ausio et al. 1989；Garcia-Ramirez et al. 1995）。

用曲古抑菌素 A（trichostatin A，TSA）作为 HDAC 抑制剂来研究组蛋白乙酰化水平升高对染色质结构的影响，结果发现 TSA 处理可增加 DNA 可及性，这被认为是由染色质构象变化引起了染色质开放所致（Gorisch et al. 2005）。有趣的是，一段时间内，高乙酰化区域与核酸酶敏感性呈正相关，这强化了乙酰化与染色质松弛之间的关联（Hebbes et al. 1988，1992；Gross and Garrard 1988；Krajewski and Becker 1998）。最近海斯（Hayes）研究组的研究专注于核小体阵列之间核小体的体外相互作用，他们采用含有模拟赖氨酸乙酰化的赖氨酸-谷氨酰胺取代组合的核小体阵列，证明了 H4 上赖氨酸残基的乙酰化和令人惊讶的 H2B N 端尾部的乙酰化对核小体阵列的压缩具有最强的影响。H3 的乙酰化更具体地影响核小体内 DNA-组蛋白相互作用的稳定性（Wang and Hayes 2008）。因此，不同的组蛋白尾部的乙酰化通过直接影响核小体稳定性以及核小体-核小体相互作用来减少压缩染色质的形成。尽管 H2A 的 N 端部分也被乙酰化，但目前没有证据表明这种修饰直接影响核小体结构或稳定性。然而，组蛋白高度乙酰化促进转录因子与核小体 DNA 内的结合位点结合，这并不奇怪（Lee et al. 1993；Vettese-Dadey et al. 1996）。

H4 的第 16 位赖氨酸是众所周知的乙酰化靶标，其功能一直是人们关注的焦点。这种特殊的修饰对染色质结构有显著影响。使用一种特殊的化学连接策略（chemical ligation strategy）生成 K16 乙酰化的组蛋白 H4，表明该单个残基的乙酰化足以阻碍核小体阵列正确折叠/形成 30 nm 样染色质纤维（Shogren-Knaak et al. 2006）。最近，有人提出 H4K16 的乙酰化可导致 H4 尾部塌陷，破坏 H4 尾部与邻近核小体的结合，减弱核小体间接触，从而抑制更高级有序结构的形成（Zhou et al. 2012；Potoyan and Papoian 2012）。然而，尚未可知单个 H4K16ac 标记对核小体稳定性的影响是否与多个赖氨酸的乙酰化作用相同，以及/或它是否是导致 H4 尾部高乙酰化的第一步。

4.6　组蛋白乙酰化在组蛋白沉积和染色质组装中的作用

组蛋白沉积和染色质组装是贯穿 S 期 DNA 合成的重要过程。在 DNA 复制过程中，亲代和新合成的组蛋白都沉积在 DNA 上以重新形成核小体并组装染色质。新合成的和先前存在的组蛋白被随机地和有序地沉积以组装"新的"核小体；H3-H4 四聚体，然后是 H2A-H2B 二聚体，以伴侣蛋白依赖性方式沉积在 DNA 上（Avvakumov et al. 2011；Alabert and Groth 2012；Margueron and Reinberg 2010）。新组蛋白在沉积之前发生的修饰影响染色质的形成。组蛋白合成后不久，N 端尾部被特异性乙酰化后沉积到染色质中，这些标记对核小体的精确组装非常重要（Roth et al. 2001）。在这个过程中，H3 和 H4 尾部都很重要，但在核小体组装中可以相互替代（Morgan et al. 1991；Ling et al. 1996）。为突出乙酰化在染色质组装中的特定作用，处于 S 期的酿酒酵母细胞中 H3 和 H4 N 端尾部乙酰化被抑制将导致由核小体组装缺陷和核小体密度降低引起的生存能力逐渐丧失（Ma et al. 1998；Ling et al. 1996）。新合成 H4 的赖氨酸 5 位和 12 位的乙酰化被认为是从酵母到哺乳动物细胞中最保守的标记，而 Hat1 是在组蛋白 H4 沉积之前负责修饰它们的酶（Sobel et al. 1995；Kleff et al. 1995）。尽管在各种生物中新合成的 H4 以双乙酰化形式（K5 和 K12）沉积，但这两个赖氨酸突变为谷氨酰胺（非乙酰化残基）不会阻碍体内核小体组装（Ma et al. 1998）。然而，当两种赖氨酸与 K8（另一个乙酰化的赖氨酸残基）组合突变时，体内外核小体组装减少，并伴随细胞生长缺陷。该结果证明了 H4 的 K5 和 K12 乙酰化的非必需功能以及乙酰化残基之间可能存在冗余。

与 H4 尾部高度保守的赖氨酸乙酰化相反，在新合成的 H3 N 端尾部上鉴定的乙酰化残基在进化中不是很保守。在酵母中，新合成的 H3 分子 N 端在 K9 和 K27 被乙酰化（Sobel et al. 1995；Kuo et al. 1996；Xu et al. 2005；Ozdemir et al. 2005；Masumoto et al. 2005），而四膜虫是 K9 和 K14，果蝇是 K14 和 K23（Sobel et al. 1995）。在人 HeLa 细胞中，虽然几乎检测不到 H3 乙酰化，但 K14 和 K18 被认为是与 DNA 复制相关的 N 端乙酰化残基（Jasencakova et al. 2010）。鉴于物种之间 H3 N 端乙酰化残基的保守性较差，它们在核小体组装中的功能尚未得到很好的研究。最近的研究表明，Elp3 和 Gcn5 乙酰转移酶负责新合成 H3 N 端尾部的乙酰化（Li et al. 2009a；Burgess et al. 2010），但还需要进一步研究以了解它们在核小体组装调节中的特定功能。

通过在酵母中将 H3K9、K14 和 K18 以及 H4K5、K8 和 K16 同时突变为不可乙酰化的残基，检测赖氨酸乙酰化对 H3 和 H4 N 端尾部的特定作用，令人惊讶地观察到乙酰化不是细胞存活所必需的（Blackwell et al. 2007）。由于这些修饰发生在组蛋白合成的早期，因此有人认为它们在组蛋白核定位中发挥作用（Blackwell et al. 2007）。然而，表达这些突变组蛋白的细胞显示出缓慢的生长，这意味着其他位点的乙酰化在核小体组装中可能是部分冗余的。事实上，新合成的 H3 和 H4 在其结构的球状区域中还存在其他乙酰化位点。首先在酵母中发现，H3 的 56 位赖氨酸在新的组蛋白群中高度乙酰化，并依赖于 Rtt109 乙酰转移酶（Xu et al. 2005；Ozdemir et al. 2005；Masumoto et al. 2005；Han et al. 2007a；Recht et al. 2006；Driscoll et al. 2007；Li et al. 2008）。有趣的是，K56 残基在进化中非常保守。值得注意的是，在核小体中，它位于组蛋白八聚体周围的 DNA 超螺旋的入口-出口点。因此，有人提出这种特定残基的乙酰化将直接影响 DNA-组蛋白连接。结果表明，H3K56 乙酰化虽然对核小体结构没有可检测到的影响，但却影响核小体阵列中核小体之间的相互作用（Watanabe et al. 2010），可以增加核小体中 DNA 入口/出口附近因子的结合（Shimko et al. 2011），并阻止 S 期染色质压缩（Tanaka et al. 2012）。

虽然 H3K56 乙酰化非常丰富且易于在出芽酵母中检测到，但它在人类细胞中的鉴定较为困难，甚至仍有争议（Drogaris et al. 2012）。尽管几乎检测不到，但在果蝇以及人胚胎干细胞（ESC）和成体正常或肿瘤细胞中观察到了 H3K56ac 标记（Das et al. 2009；Xie et al. 2009；Jasencakova et al. 2010）。在哺乳动物细胞中已证明 H3K56 的乙酰化依赖于 p300/CBP 和 GCN5 乙酰转移酶，并且发现其对基因组稳定性非常重要（Yuan et al.

2009；Das et al. 2009；Tjeertes et al. 2009）。在酵母中的研究表明，该标记在 DNA 损伤修复后促使核小体组装，需要移除该标记才能释放细胞周期检查点（Chen et al. 2008；Masumoto et al. 2005；Wurtele et al. 2012；Celic et al. 2006；Maas et al. 2006）。

组蛋白沉积到 DNA 上依赖于分子伴侣，分子伴侣是调节核小体组装的关键因子（第 2 章）。在某些情况下，分子伴侣对特定赖氨酸乙酰化至关重要。在生理上和功能上，H3K56 的乙酰化与许多组蛋白伴侣如 Asf1、CAF1、Rtt106 和 Vps75 有关（Masumoto et al. 2005；Li et al. 2008；Krogan et al. 2006；Selth and Svejstrup 2007；Jasencakova et al. 2010）。Rtt109 依赖的 K56 乙酰化需要组蛋白 H3 与 Asf1 伴侣蛋白结合，并且发生在染色质环境之外（即在可溶性组蛋白上）（Recht et al. 2006；Adkins et al. 2007；Kaufman et al. 1995；Verreault et al. 1996；Tsubota et al. 2007）。此外，Asf1 与 CAF1 伴侣一起参与复制依赖性的核小体组装（Tagami et al. 2004；Green et al. 2005）。酵母遗传学研究表明，Asf1 在核小体组装中的作用可能是由其在调节 H3K56 乙酰化中的重要作用导致的（Collins et al. 2007）。实际上，H3K56 的乙酰化已被证明增加了 H3 与 CAF1 和 Rtt106 组蛋白伴侣的亲和力，从而促进体外和体内核小体组装（Li et al. 2008；Burgess et al. 2010；Clemente-Ruiz et al. 2011；Erkmann and Kaufman 2009；Fazly et al. 2012；Su et al. 2012）。

如前所述，Rtt109 乙酰转移酶也与 Vps75 分子伴侣相互作用，这种联系促进了 Rtt109 的核定位（Keck and Pemberton 2011）。当与 Vps75 结合时，Rtt109 可以特异性乙酰化 H3K9 和 K27，这两个标记直接影响染色质结构（Fillingham et al. 2008）。在酵母中，Gcn5 乙酰转移酶以及 H3 尾部的 5 个乙酰化赖氨酸 K9、K14、K18、K23 和 K27 是 H3 与 CAF1 结合所必需的，因此也是促进核小体组装所必需的（Burgess et al. 2010）。同样地，乙酰化 K9、K27 和 K56 的两种 H3 乙酰转移酶 Gcn5 和 Rtt109 的联合缺失导致生长缓慢的表型（Keck and Pemberton 2011），这说明这些标记具有重要的功能。以上结果表明，H3 乙酰化对细胞生长的影响在一定程度上是通过其促进分子伴侣依赖的染色质组装来介导的。

虽然 H3 和 H4 乙酰化的功能长期以来一直是研究热点，但对 H2A 和 H2B 在核小体组装中的作用知之甚少。从许多不同的生物中分离出来的核小体组装蛋白 1（NAP1）及与其密切相关的人蛋白质 NAP2 已被证明是伴侣蛋白，它们结合新合成的 H2A-H2B 并可促进组蛋白沉积（Ishimi and Kikuchi 1991；Ito et al. 1997；Chang et al. 1997；Rodriguez et al. 2000）。然而，目前没有证据表明 H2A 或 H2B 乙酰化对核小体组装有任何影响，但这种可能性需要进一步探索。

除了在其 N 端尾部的修饰外，组蛋白 H4 在其球状结构域中的 K91 可以被乙酰化。这种修饰首先在牛组蛋白中被鉴定（Zhang et al. 2003），尽管这残基似乎高度保守，但对其乙酰化的功能知之甚少。然而，值得注意的是该赖氨酸位于对 H3-H4 四聚体和 H2A-H2B 二聚体之间的相互作用重要的区域。因此，推测 H4K91 的乙酰化可直接影响核小体结构是合理的（Cosgrove et al. 2004）。实际上，使用 K91Q 突变体模拟 K91 乙酰化可诱导广泛的染色质结构失稳（Hyland et al. 2005）。此外，有证据表明该标记可能通过调节组蛋白八聚体的形成或稳定性来影响染色质组装（Nair et al. 2011；Ye et al. 2005）。

最近的研究显示，在染色质组装相关的过程中，细胞质 HAT4 负责新合成的组蛋白 H4 赖氨酸 91（和 79）位上的乙酰化（Yang et al. 2011）。探究这种残基的乙酰化在染色质调控中的作用将会很有趣。

在复制偶联掺入染色质后，新合成的或亲本组蛋白被特异性的 HDAC 去乙酰化（Jackson et al. 1976），该过程可重建染色质结构和亲本染色质预先存在的特征。新沉积 H3K56ac 的去乙酰化对于基因组稳定性很关键，去乙酰化由 sirtuin 家族的 Hst3/Hst4 HDAC 完成（Celic et al. 2006；Maas et al. 2006）。复制偶联去乙酰化的一个重要事例是在外周异染色质上包含了大量未乙酰化的组蛋白 H4。在裂殖酵母（粟酒裂殖酵母）中，H4 去乙酰化的抑制导致了中心染色质结构的改变（Ekwall et al. 1997；Grewal et al. 1998）。在人类细胞中，复制期间的外周异染色质中检测到了 H4K5 和 K12 的乙酰化，但这些标记在进入有丝分裂之前被抹除（Taddei et al. 1999），这与 H4 去乙酰化在适合的染色质形成中的潜在功能及其对有丝分裂染色体分离的保真度的要求一致。

4.7　组蛋白乙酰化在基因表达调控中的功能

几十年前科学家认为组蛋白乙酰化与主动转录之间存在正相关（Allfrey et al. 1964）。30 年后 HAT 的发现大大提高了我们对这一现象的研究和理解的能力。人们正在深入研究特定组蛋白乙酰化和 HAT 与基因转录相关的分子机制和调控作用。多年来的研究表明，H3 和 H4 组蛋白尾部的大多数单个赖氨酸乙酰化以及 HAT 复合物的定位与基因转录呈正相关，并且主要富集在活化启动子区域（Kurdistani et al. 2004；Wang et al. 2008b，2009；Roh et al. 2005；Bernstein et al. 2005；Liu et al. 2005；Pokholok et al. 2005；Robert et al. 2004）。这些发现提出了 HAT 如何被招募或靶向基因启动子以及组蛋白乙酰化如何促进基因表达的问题，这些问题已在不同真核生物中进行研究。

在酵母中，H3 和 H4 的高度乙酰化分别与 Gcn5（作为 SAGA、Ada 和 SLIK 复合物的一部分发挥作用）（Wang et al. 1998；Kuo et al. 2000）和 Esa1（NuA4 复合物所必需的催化亚基）（Allard et al. 1999；Galarneau et al. 2000）的活性相关。与组蛋白高度乙酰化相一致，全基因组分析证明 Gcn5 和 Esa1 的定位与活跃的基因相关，表明其在基因表达调控中的功能（Robert et al. 2004）。一个潜在的机制是通过转录激活因子将 SAGA 和 NuA4 复合物同时募集到基因启动子。Gcn4 激活因子将它们募集到 Gcn4 依赖性基因启动子上是一个很好的例子。事实上，一些研究提供的证据表明，SAGA 和 NuA4 靶向作用是由 Gcn4 激活因子与这两种复合物的 Tra1 共同亚基之间的直接相互作用介导的（Utley et al. 1998；Fishburn et al. 2005；Knutson and Hahn 2011；Brown et al. 2001）。这些 HAT 复合物向 Gcn4 依赖性启动子的特异性募集导致局部组蛋白高度乙酰化并促进转录起始（Utley et al. 1998；Allard et al. 1999；Ikeda et al. 1999；Knutson and Hahn 2011；Kuo et al. 2000）。同源蛋白 TRRAP 已被证明在高等真核生物 Tip60 和 PCAF/GCN5L 复合物内发挥类似的作用，且是 c-Myc 转录进程所必需的（Murr et al. 2007）。另外，值得注意的是，乙酰转移酶复合物本身含有具有布罗莫结构域和/或其他组蛋白标记识别模块的亚基。实际上，SAGA 和 NuA4 复合物还含有特异性 PTM 结合基序的亚基，这些基序与局部染色质区域的结合有关。SAGA 的 Chd1 和 Sgf29 亚基以及 NuA4 的 Eaf3、Yng2 和 Esa1 亚基具有能够识别甲基化赖氨酸的 PHD、Tudor 和染色质结构域。虽然 Chd1 染色质结构域和 Sgf29 Tudor 结构域的缺失导致 Gcn5 依赖性乙酰化的减少（Pray-Grant et al. 2005；Bian et al. 2011），但几乎没有证据表明 NuA4 复合物中存在的染色质结构域调节其靶向甲基化染色质（Reid et al. 2004）。然而，我们可以推测 Yng2 的 PHD 可以与染色质结构域协同特异性地将 NuA4 靶向至染色质。

因为组蛋白乙酰化在活跃基因编码区上是高度动态和短暂的，所以在这些区域上很难检测到该标记。因此，为了直接探究其在转录延伸过程中的作用，目前的研究主要集中在 HAT 本身。伴随着延伸型 RNA 聚合酶 II 的 Esa1 和 Gcn5 HAT 可分别乙酰化 H4 和 H3（Govind et al. 2007；Ginsburg et al. 2009；Wyce et al. 2007）。含有 Gcn5 的 SAGA 复合物在编码区乙酰化 H3，可促进该区域的核小体驱逐以便于 Pol II 延伸。虽然信号很低，但是在编码区域对 Esa1（可能是 NuA4 复合物）的募集被认为依赖于这些区域存在的 Pol II 和 H3 甲基化标记，其被认为是造成 H4 乙酰化和随后的核小体解聚的原因（Ginsburg et al. 2009）。人同源复合物 Tip60 和 PCAF 已被证明与转录聚合酶有关。相比之下，乙酰转移酶 CBP/p300 仅限于启动子的转录起始（Wang et al. 2009）。

在高等真核生物中 MYST 家族成员 HBO1 也与基因组表达和维持有关（Doyon et al. 2006；Kueh et al. 2011；Avvakumov et al. 2012；Hung et al. 2009；Saksouk et al. 2009；Miotto and Struhl 2006，2010）。HBO1 是四聚体 HAT 复合物的一部分，其具有结构和组蛋白特异性特征，类似于酵母的 NuA3 和 Piccolo NuA4 复合物（表 4.3）。HBO1 与转录激活因子相互作用，其募集也可能由相关 ING 和 JADE 亚基的几个 PHD 结构域介导。人们对这些结构域非常感兴趣，已经描述了 ING4/5 亚基的 PHD 与 H3K4me3 之间的直接相互作用，其中 H3K4me3 是在活跃转录基因的启动子和 5′ 端高度富集的标记（Shi et al. 2006；Pena et al. 2006；Saksouk et al. 2009；Avvakumov et al. 2012；Hung et al. 2009）。这些结果有助于阐明 HBO1 复合物在转录调节中的关键功能。此外，HBO1 乙酰转移酶也是小二聚体复合物的一部分，与含有 PHD 的 JADE1 亚基的短同工型有关，并且 ChIP 芯片数据证明优先在富含 H3K36me3 的活性基因编码区上发现了该复合物（Saksouk et al. 2009；Avvakumov et al. 2012）。有人认为，这种 HBO1-JADE1S 复合物可能与这些区域的 H4 乙酰化有关，参与 RNA 聚合酶前的核小体解体，以刺激转录延伸。

已经明确的是，特定 HAT 的募集和组蛋白乙酰化对于大量基因的转录调控是必需的。有两个原因可以证明组蛋白乙酰化动力学在基因表达调控中的作用：一是直接影响核小体结构的电荷中和作用，二是染色质重塑物等特异性区域效应物对乙酰赖氨酸残基的识别。如前所述，组蛋白尾部在特定残基处的乙酰化影响核小体的稳定性。因此，位于活化启动子上核小体组蛋白的乙酰化加强了核小体的驱逐和转录因子与转录组的结合。

研究发现 p300/CBP 乙酰转移酶结合启动子，如核激素受体依赖性基因的启动子，其启动子定位与组蛋白乙酰化和转录激活的增加相关（Chakravarti et al. 1996）。结果表明，在基因启动子处 p300 对 H2A 的乙酰化有助于从染色质中移除 H2A-H2B 二聚体及其向 NAP1 组蛋白伴侣的转移（Ito et al. 2000）。这种 H2A-H2B 二聚体的缺失直接影响核小体结构，这可能会让染色质松散以促使 DNA 进入转录模式。最近，一个具有重构核小体阵列的体外系统表明，p300 对组蛋白的乙酰化直接影响高级结构变化，特别是在启动子区域（Szerlong et al. 2010）。事实上，CBP/p300 乙酰化组蛋白八聚体侧表面上的 H3K122，可能通过直接干扰核小体的结构来刺激转录（Tropberger et al. 2013）。

组蛋白乙酰化，包括周边其他的 PTM，也被认为是与基因表达相关的特异性效应因子如含布罗莫结构域因子的一种信号或结合平台（Haynes et al. 1992；Dhalluin et al. 1999；Hassan et al. 2002；Yang 2004）。含布罗莫结构域的蛋白 Swi2 和 Bdf1 被描述为乙酰化组蛋白结合因子，其促进 ATP 重塑因子 SWI/SNF 和广泛转录因子 TFIID 分别向高乙酰化启动子的募集（Huisinga and Pugh 2004；Durant and Pugh 2007；Hassan et al. 2002）。SWI/SNF 复合物的靶向募集导致局部染色质重塑和有效的转录起始（Hassan et al. 2002，2006）。RSC 是另一种含有布罗莫结构域的 ATP 依赖性重塑因子，其通过组蛋白乙酰化激活后被募集到启动子并促进转录延伸（Kasten et al. 2004；Carey et al. 2006）。SWI/SNF 和 RSC 重塑因子以 NuA4 介导的 H4 乙酰化依赖方式靶向至活性基因编码区，它们可能促进转录偶联组蛋白的移除（Ginsburg et al. 2009）。其他含布罗莫结构域的因子被靶向至编码区的起始位点，以促进与 H4 乙酰化相关过程中的转录延伸（Jang et al. 2005；Zippo et al. 2009；LeRoy et al. 2008）。

除了上述与乙酰化经典组蛋白相关的启动子染色质开放和转录起始外，在基因启动子上的 H2A.Z 变体与转录调控密切相关。虽然 H2A.Z 主要在非活化的诱导型基因上检测到，但其对这些基因的激活是必需的（Santisteban et al. 2000；Adam et al. 2001；Guillemette et al. 2005；Zhang et al. 2005b），该组蛋白变体是乙酰转移酶 Esa1 和 Gcn5 的底物。酵母中的全基因组分析发现，一部分非活化启动子富含非乙酰化 H2A.Z，而 K14 位乙酰化的 H2A.Z（主要乙酰化位点）优先与活性启动子相关（Millar et al. 2006）。在果蝇中也观察到相同的结果，在诱导基因中 H2A.Z 同源蛋白 H2Av 的乙酰化增加（Tanabe et al. 2008）。研究证明 H2A.Z 的特殊生理性质能略微增加组蛋白八聚体在核小体内的稳定性，并且如预期的那样，乙酰化 H2A.Z 能够消除这种效应（Park et al. 2004；Thambirajah et al. 2006；Billon and Cote 2012）。高分辨率图谱显示 H2A.Z 精确富集在转录起始位点（TSS）周围的核小体上，有助于确定大约 200 bp 的无核小体区域（NFR）（Raisner et al. 2005；Yuan et al. 2005）。因此，目前的模型认为在非活化基因的 TSS 中存在 H2A.Z 相当于预设了后续激活启动子装置，其乙酰化削弱了组蛋白-DNA 连接，促进核小体破坏以便组装转录机器（Zanton and Pugh 2006；Zhang et al. 2005b）。有趣的是，启动子特异性的 H2A.Z 插入可被 NuA4 介导的核小体 H4 和 H2A 提前乙酰化促进，这种 H4/H2A 乙酰化涉及布罗莫结构域因子 Bdf1（Altaf et al. 2010；Durant and Pugh 2007）。此外，同一核小体同时存在 H2A.Z 和乙酰化 H4 会促进双布罗莫结构域蛋白 Brd2 的募集，Brd2 之前被描述为转录共激活因子。H2A.Z 和乙酰化 H4 特异性靶向 Brd2 被证明与诱导型基因的表达正相关，如由雄激素受体调节的基因（Draker et al. 2012）。

除 H2A.Z 富集外，还在 TSS 周围的核小体上检测到 H2BK120 的乙酰化（Gatta et al. 2011）。尽管已知 H2BK120 主要是单泛素化，且是 H3 甲基化和延伸所需的修饰，但 CBP/p300 乙酰化 K120 似乎是随后对同一氨基酸残基进行泛素化所必需的。虽然 H2BK120 乙酰化的直接功能尚不清楚，但该修饰可被视为转录激活的早期标志，因为它是转录必需的后续组蛋白修饰必不可少的。

在高等真核生物中负责 H4K16 乙酰化的 MOF 乙酰转移酶存在于两种不同的复合物中：MSL（雄性特异性致死）和 NSL（非特异性致死）复合物（Smith et al. 2005；Li et al. 2009b；Mendjan et al. 2006；Cai et al. 2010）。如前所述，H4K16 的乙酰化直接影响染色质，因为它阻碍了高级结构的形成。在果蝇中已被充分证明 MSL 是 H4K16 主要的乙酰转移酶，其涉及雄性的 X 染色体剂量补偿，引起 X 染色体连锁基因表达倍增（Kelley et al. 1995；Hilfiker et al. 1997）。MOF 被靶向至基因启动子并乙酰化 H4K16，从而增强染色质松弛和转录（Akhtar and Becker 2000）。然而，它在剂量补偿中的作用与 H3K36me3 和刺激转录延长的基因体乙酰化有关（Kind et al. 2008；Larschan et al. 2007）。在人细胞中 MOF 和 H4K16ac 也与转录延伸相关（Zippo et al. 2009）。MOF 作为 NSL 复合体的一部分，还在整个基因组中起转录激活作用，但其主要是在管家基因上优化转录起始（Raja et al. 2010；Kind et al. 2008）。

H3K56 乙酰化首先在出芽酵母中被发现，它与真核细胞的基因激活呈正相关（Xu et al. 2005）。该标记明显与组蛋白交换相关，其在活化的启动子上富集并促进核小体解聚（Rufiange et al. 2007；Williams et al. 2008）；此外，也在转录编码区域检测到该标记（Schneider et al. 2006），但是它的作用可能与聚合酶延伸后的染色质组装，然后迅速去乙酰化有关（Venkatesh et al. 2012）。结构数据显示含有 H3K56ac 的核小体稳定性较差，说明该标记在激活启动子与编码区域或非激活启动子上的持续存在可能是刺激核小体解聚和随后的转录机器结合的一种机制。

虽然已经很好地建立了组蛋白乙酰化和转录激活之间的联系，并且清楚其功能，但是 HAT 与基因抑制之间存在意想不到的关联，这就成为一个值得进一步探索的有趣课题。在酵母以及哺乳动物细胞中，Tip60 乙酰转移酶及其酵母同源物 Esa1 的活性与转录抑制相关。敲除这种 HAT 会导致大批基因的下调，但众多基因也会被上调（Fazzio et al. 2008b）。在胚胎干细胞中，Tip60 结合并乙酰化包括自我更新和多能性基因的抑制型启动子（Fazzio et al. 2008b），Tip60 表现出"二价"标签，即正负标记（Azuara et al. 2006；Bernstein et al. 2006）。HAT 和乙酰化的组蛋白尾巴在抑制型启动子中的确切作用尚不清楚，但有一种假说认为，除了其他标记外，这些标记还可作为转录抑制因子的特异性结合位点（Fazzio et al. 2008a）。在人类细胞中已报道了大量 HAT 和 HDAC 在活跃启动子上的共定位，而先前研究也显示 Tip60 在 NF-κB 调节启动子处与 HDAC3 快速交换（Wang et al. 2009；Baek et al. 2002）。

已证明 H4K16 乙酰化通过 Dot1 依赖的 H3K79 甲基化阻止 SIR 沉默蛋白扩散的机制来调控端粒异染色质的形成和基因沉默（Rusche et al. 2003；Kurdistani and Grunstein 2003）。该过程可能取决于相同残基上 Sas2 依赖的 H4K16 乙酰化与 Sir2 依赖的去乙酰化之间的平衡。H3K79 甲基转移酶 Dot1 参与异染色质边界形成的精确连续过程。Dot1 与 Sir3 竞争性结合 H4 尾部，其中 Sir3 对乙酰化 K16 的结合更敏感（Altaf et al. 2007）。

综上所述，数据表明 HAT 的活性无疑与基因转录激活有关，并强烈提示组蛋白乙酰化通过直接构象改变和重构因子募集引起的染色质松弛促进转录机器在启动子上的结合，并刺激延伸进程。

据报道，许多 HDAC 也在转录调控中发挥重要作用。酵母的全基因组结合图谱显示，含有 Rpd3 和 Hda1 的复合物被特异性地募集并去乙酰化不同种类的启动子和基因编码区（Kadosh and Struhl 1998；Kurdistani et al. 2002）。*HDA1* 和 *RPD3* 基因的破坏导致组蛋白高度乙酰化，包括 H4K5、K12 和 K16 以及 H3K9/18 和 K14，并改变端粒异染色质抑制状态（Rundlett et al. 1996）。对 Rpd3 去乙酰化酶的功能、调节和活性的研究证明有两种不同的复合物含有该酶（Carrozza et al. 2005b）。正如预期的，两种复合物都与局部染色质去乙酰化有关。有趣的是，最大的 Rpd3L 主要结合启动子区域，而第二个较小的 Rpd3S 主要在活性基因的编码区域上富集。已证明靶向含 Rpd3 的复合物至染色质是甲基化依赖的，并且在启动子和编码区的 5′端由 Set1 依赖的 H3K4me 介导，在中间基因和编码区的 3′端由 Set2 依赖的 H3K36me 介导（Li et al. 2007）。在哺乳动物细胞中，大部分启动子的去乙酰化由 Rpd3L 的同源物 mSin3a-HDAC1/2 介导，其中 HDAC1 或 HDAC2 有酶活性（表 4.5）。与酵母复合物类似，mSin3a 通过其含 PHD 的亚基 ING2 与 H3K4me 的结合而被靶向至活性基因启动子（Doyon et al. 2006；Shi et al. 2006）。启动子上 Rpd3 的募集和组蛋白去乙酰化介导的转录抑制机制被认为部分是由抑制了 SWI/SNF 重构因子与 HAT 染色质的结合导致的（Deckert and Struhl 2002；Biswas et al. 2008）。值得注意的是，在转录延伸过程中，组蛋白会经历动态的乙酰化和去乙酰化，促使组蛋白从染色质中剥离以便 Pol II 通过，并在其通过后重新沉积和稳定。在转录延伸期间，组蛋白去乙酰化后并重组对于精准的基因转录起关键作用。在该过程中，抑制 Rpd3S 复合物介导的组蛋白去乙酰化会导致核小体稳定性的缺陷，并引起基因体内的隐蔽转录起始（Carrozza et al. 2005b；Smolle et al. 2013）。在高等真核生物中，哺乳动物复合物 mSin3b-HDAC1/2 发挥类似作用（Xie et al. 2011；Jelinic et al. 2011）。因此，与转录延伸相关的组蛋白去乙酰化酶活性可能是转录保真度的重要先决条件。

因此，了解转录周期中组蛋白乙酰化和去乙酰化动态的精细调节（图 4.5）是控制基因表达、细胞周期调控和增殖的核心及关键步骤。

4.8　DNA 修复中组蛋白乙酰化的作用

外源性（紫外线、电离辐射和化学物质等）和内源性（活性氧、烷化剂等）物质以多种方式影响所有生物的基因组。因此，为了保护基因组完整性，真核细胞已经进化出许多修复 DNA 损伤的机制。基于损伤的性质，可以分为四种特异性修复反应：碱基切除修复（base-excision repair）、核苷酸切除修复（nucleotide excision repair，NER）、错配修复（mismatch repair）和双链断裂（double-strand break，DSB）修复。由于 DNA 损伤发生在染色质上，DNA 修复因子需要染色质结构调节因子的干预才能接近 DNA 分子。组蛋白乙酰化是参与 DNA 修复的一种染色质结构调节因子。根据 HAT 家族关系发现，组蛋白乙酰转移酶在两种不同类型的 DNA 修复中发挥作用：来自 GNAT 家族的 HAT 参与核苷酸切除修复，来自 MYST 家族的 HAT 参与双链断裂修复（Peterson and Cote 2004）。

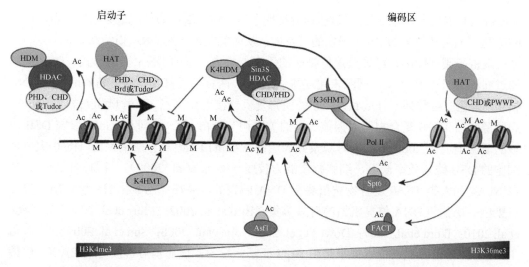

图 4.5　与转录周期相关的核小体编排由动态的组蛋白乙酰化和甲基化决定。组蛋白乙酰转移酶（HAT）（蓝色）和组蛋白去乙酰化酶（HDAC）（红色）部分地通过带有结合基序（黄色）的相关亚基与启动子或编码序列结合，该基序可以沿着转录单位识别特定的乙酰化或甲基化组蛋白残基。在启动子区域，H3K4 甲基化是基因活化的重要标记并被多种复合物的识别模块识别。在编码区域下游，H3K4me3 被 H3K36me3 取代，这对于乙酰转移酶及去乙酰化酶复合物的活性均很重要。聚合酶前方的组蛋白乙酰化被认为可以促进组蛋白伴侣对核小体的解聚/重建。正在转录的聚合酶穿梭后的去乙酰化对稳定核小体十分重要。重要的是，H3K4 和 H3K36 去甲基化酶亚基（绿色）存在于多种组蛋白去乙酰化酶复合物中

核苷酸切除修复（NER）途径是细胞修复由 UV 辐射产生的 DNA 损伤的专用途径，其主要采取环丁烷嘧啶二聚体或嘧啶-嘧啶酮（6-4）加合物的形式。组蛋白乙酰化与 NER 之间关联的第一个证据来自 20 世纪 80 年代进行的一组研究。这是首次观察到响应 UV 辐射的组蛋白乙酰化的增加，并且与 NER 反应的增强相关（Ramanathan and Smerdon 1989；Smerdon et al. 1982）。十多年后，GNAT Gcn5 被认为是紫外线诱导的 DNA 损伤反应的关键参与者。在人类细胞中，虽然 Gcn5 是参与转录起始的 SAGA 复合物的一部分，但也部分地通过其 SAP130-DDB1 亚基优先结合 UV 损伤的 DNA（Brand et al. 2001；Martinez et al. 2001）。有趣的是，SAGA 优先乙酰化紫外线损伤的 DNA 链上核小体中的组蛋白 H3，这种效应与紫外线照射后细胞中观察到的 H3 乙酰化剧烈增加有关（Brand et al. 2001）。与此类似，在酵母中，UV 照射后全基因组的组蛋白 H3 和 H4 呈现高度乙酰化（Yu et al. 2005）。在 MFA2 启动子处，在 UV 照射后观察到 Gcn5 引起 H3 乙酰化（K9 和 K14）的增加（Yu et al. 2005），并且与 NER 反应的增强有关（Teng et al. 2002；Yu et al. 2005）。然而，在酵母中发现，Gcn5 在 NER 中的作用局限于基因组的特定部分，因为 Gcn5 的缺失不会损害整个基因组中的 NER（Teng et al. 2002）。最近在酵母和人体系统中进一步阐明了将 Gcn5 募集到 DNA 损伤位点的机制。酵母的 Gcn5 被全基因组修复复合物的一个组成分子 Rad16 招募到损伤位点，该过程能够使 DNA 损伤周围的染色质高度乙酰化，并促进高效修复所必需的染色质重塑（Yu et al. 2011）。在人类细胞中，Gcn5 依赖于 E2F1 转录因子向损伤位点聚集，这是随后 NER 机器向损伤位点的有效募集和高效修复所必需的

（Guo et al. 2011）。综上所述，这些研究证明了组蛋白乙酰化如何促进染色质重塑，以及 NER 因子对 UV 诱导的 DNA 损伤的可及性，从而触发正常的 DNA 损伤修复。

双链断裂（DSB）可导致遗传物质的丢失，是最有害的 DNA 损伤形式。DSB 可以通过同源重组（HR）和非同源末端连接（NHEJ）两种途径修复。为了高效地修复 DNA 损伤，染色质必须处于开放状态，才能使修复机器接近损伤点。在酵母和人类中，NuA4 和同源蛋白 Tip60 复合物已成为该过程的关键调节蛋白。第一个证明 Tip60 参与 DSB 应答的证据出现在 2000 年，当时观察到表达缺乏组蛋白乙酰转移酶活性的 Tip60 突变体细胞的 DSB 修复效率低下，细胞凋亡能力较弱（Ikura et al. 2000）。目前，普遍认为酵母 NuA4 和人类 Tip60 复合物被招募至 DNA 断裂处，并在此乙酰化 H4 和 H2A，以促进染色质松弛和 DNA 修复机器的有效募集（Bird et al. 2002；Murr et al. 2006；Rossetto et al. 2010；Ikura et al. 2007；Downs et al. 2004；Jha et al. 2008；Sun et al. 2009）。在酵母中，NuA4 停留在损伤位点似乎是由 Arp4 亚基介导的，该亚基可直接与 γH2A.X（磷酸化的 H2A.X）相互作用，γH2A.X 是众所周知的在 DSB 位点最早出现的染色质修饰（Downs et al. 2004）。人类细胞的 Tip60 向损伤点的募集需要 MRN（一种由 Mre11、Rad50 和 Nbs1 蛋白形成的复合物），其在 DSB 修复的起始过程中发挥重要作用（Sun et al. 2009）。有趣的是，除了在染色质上的作用外，Tip60 还参与了 DSB 后信号级联的启动，特别是促进负责 DNA 损伤信号转导和 H2A.X 磷酸化的 ATM 激酶激活（Sun et al. 2005）。综上所述，Tip60 通过调节 DNA 对修复因子的可及性，参与断裂初始信号的传递以及 DNA 自身修复过程。此外，Tip60 还被证明参与修复的最后步骤，包括将染色质恢复到其初始状态。该步骤关闭了 DNA 损伤信号，对于细胞从检查点恢复和重新进入细胞周期至关重要（Kim and Haber 2009）。在黑腹果蝇中进行的一项研究表明，dTip60 复合物可通过乙酰化，以及随后 DNA 损伤诱导的磷酸化 H2Av（一种 γH2A.X 样组蛋白变体）与未修饰的 H2Av 交换来参与染色质修复（Kusch et al. 2004）。人细胞中的乙酰化和 γH2A.X 下调有类似的 Tip60 需求（Ikura et al. 2007；Jha et al. 2008；Sharma et al. 2010）。Tip60/NuA4 在 DSB 上的并联功能是通过乙酰化组蛋白 H4 尾部来阻断 53BP1（一个通过非同源末端连接促进易错修复的信号因子）的局部募集，从而促进同源重组修复。

除 Tip60 外，另一种 MYST 组蛋白乙酰转移酶 MOF 也与哺乳动物的 DSB 修复有关。实际上，MOF 的缺失伴随 H4K16 乙酰化的全局性减少，导致大量染色体畸变和电离辐射诱导的 DNA 损伤修复缺陷（Li et al. 2010；Sharma et al. 2010）。MOF 和 H4K16 乙酰化的减少会影响 DSB 位点处 γH2A.X 聚焦点的形成，这极大地损害了关键修复组件向损伤点的募集（Li et al. 2010；Sharma et al. 2010）。重要的是，一项研究报告了在人类细胞中 DNA 损伤后激发 MOF 与染色质结合的情况，尽管这种募集机制尚不清楚（Sharma et al. 2010）。

在酵母和哺乳动物细胞中进行的遗传研究证明，H3K56 的乙酰化也是 DNA 断裂高效修复所必需的，尽管其功能可能与 DNA 损伤反应结束时的染色质重塑有关（Hyland et al. 2005；Tjeertes et al. 2009；Masumoto et al. 2005）。如前所述，酵母中的 Asf1 组蛋白伴侣和 Rtt109 乙酰转移酶，或哺乳动物 p300/CBP 和 Gcn5 乙酰转移酶负责 H3K56 乙酰化。这些因子的缺失或敲除导致对 DNA 损伤剂敏感，证实了它们在 DNA 损伤反应中的作用（Masumoto et al. 2005；Driscoll et al. 2007；Han et al. 2007a；Das et al. 2009）。

Asf1 和 CAF1 都被认为可以促进 DNA 修复后的染色质修复和检查点恢复,修复后 DNA 上的 H3K56ac 被认为与染色质重塑完成的信号有关(Kim and Haber 2009;Chen et al. 2008)。而且,核小体稳定、染色质修复和细胞周期检查点释放的最后和必要步骤涉及 Hst3/Hst4 sirtuin 介导的 H3K56 去乙酰化(Maas et al. 2006;Celic et al. 2006)。

酵母组蛋白乙酰转移酶 Hat1 也与 DSB 修复期间的染色质修复有关。敲除 Hat1 与特定 H3 乙酰化位点突变的联合会导致细胞对甲磺酸甲酯(一种引起双链断裂的烷化剂)的敏感性增加(Qin and Parthun 2002;Benson et al. 2007)。上位效应分析表明,Hat1 通过与组蛋白伴侣 Asf1 的互作来影响 DSB 修复染色质重塑(Qin and Parthun 2002)。与此遗传分析一致的是,最近一项关于体内单因素诱导型 DSB 的研究报道了敲除 Hat1 的酵母细胞中染色质重塑有很大缺陷(Ge et al. 2011)。尽管如此,鉴于在 DSB 位点招募 Hat1 可触发 H4K12 乙酰化,也有人提出,除了在染色质修复过程中发挥作用外,Hat1 在实际修复过程中也发挥直接作用(Qin and Parthun 2006)。

最后,值得注意的是,HAT4 对 H4 的 91 位赖氨酸乙酰化似乎与损伤 DNA 修复后发生的染色质组装有关(Ye et al. 2005;Yang et al. 2011)。

除了 HAT 之外,在酵母(Jazayeri et al. 2004;Tamburini and Tyler 2005;Lin et al. 2008;Robert et al. 2011)和哺乳动物细胞[有关综述请参阅 Robert 和 Rassool(2012)]中,多种组蛋白去乙酰化酶也与 DSB 修复有关。例如,在人细胞中,HDAC1 和 HDAC2 通过影响 DSB 位点 NHEJ 因子的存留,提示两者是高效 NHEJ 修复所必需的(Miller et al. 2010)。有趣的是,在酵母中,Sin3/Rpd3 复合物似乎与 DNA 修复后染色质"重置"有关,一部分原因是其通过与 CK2(负责 H4S1 磷酸化的激酶)的互作来发挥作用(Utley et al. 2005)。这种修饰在修复结束后的损伤点处增加,并且抑制 NuA4 对邻近赖氨酸残基的乙酰化(Utley et al. 2005;Cheung et al. 2005)。因此,在修复完成后出现的 H4(H4S1)磷酸化可阻止新的乙酰化并稳定核小体。

真核细胞基因组稳定性的维持是通过建立适合 DNA 损伤性质的 DNA 修复反应通路来实现的。发生在从 DNA 损伤信号转导到修复后染色质修复响应的不同阶段的组蛋白乙酰化/去乙酰化是这些 DNA 修复途径中的关键调节因子。

4.9 酶相互作用调节组蛋白乙酰化及与其他修饰的串扰

除乙酰化外,组蛋白尾部还经历许多其他修饰,如甲基化、泛素化或磷酸化。染色质上存在的某些标记可以刺激或以其他方式抑制另一种修饰的出现。这种效应通常被称为组蛋白修饰之间的串扰(Latham and Dent 2007;Lee et al. 2010b;Suganuma and Workman 2011)。此外,当两种修饰可能在同一残基上时,其中一种修饰的存在必然抑制另一种修饰的出现。H3K9 残基相互排斥的甲基化或乙酰化就是这种现象的一个代表。值得注意的是,H3K9 残基的乙酰化和甲基化与截然不同的后果相关:乙酰化触发活性转录而甲基化则是染色质抑制状态(Pokholok et al. 2005;Nakayama et al. 2001;Wang et al. 2008b;Barski et al. 2007;Yamada et al. 2005)。最近的另一个例子是 H3K27 残基及其在发育过程中的关键作用。虽然 H3K27me3 是由多梳家族蛋白沉积和识别的关键基因转录抑制标记，但它存在于二价染色质/平衡发育增强子中，当该标记被 H3K27ac 取代时会转化为活性状态（Rada-Iglesias et al. 2011；Creyghton et al. 2010）。然而，重要的是，排他性修饰并不总是引起相反的效果。例如，H3K4 和 H3K36 的甲基化和乙酰化均参与转录过程，其中乙酰化发生在启动子处，K4 的甲基化存在于转录起始位点或其后位点，K36 的甲基化在编码区（Guillemette et al. 2011；Morris et al. 2007）。还有报道显示 H4K5、K8 和 K12 的甲基化与转录应激反应相关，尽管其与 NuA4 介导的相同残基的乙酰化动态和功能性相互作用还需要进一步分析（Green et al. 2012）。组蛋白尾部赖氨酸残基的苏木素（SUMO）化也已被认为是组蛋白乙酰化的抑制剂（Nathan et al. 2006）。

如前所述，组蛋白乙酰化也与其他组蛋白修饰有广泛的串扰（图 4.6）。串扰同时存在顺式（相同组蛋白之间的修饰）或反式（不同组蛋白之间的修饰）。充分研究的一个顺式尾部串扰实例发生在磷酸化残基 H3S10 与其相邻的可乙酰化残基 H3K14 和 H3K9 之间。已经证明 H3S10 的磷酸化不仅可增强乙酰转移酶 Gcn5 对 H3K14 的乙酰化（Cheung et al. 2000；Lo et al. 2000），还可抑制 H3K9 的乙酰化（Edmondson et al. 2002）。相反，某一残基的乙酰化可以抑制邻近残基的修饰，例如，在酵母中 H2BK11 的乙酰化抑制细胞凋亡的重要标记 H2BS10 的磷酸化（Ahn et al. 2006）。最后，正如 H3K4me 和 H3K14ac 的情况（Nakanishi et al. 2008）所示，顺式串扰也可以是正向互作的。H3K4me 和 H3K36me 都可以增强酵母 NuA3 和人含有 ING 的 HAT 复合物对 H3K14 的乙酰化（Martin et al. 2006b；Saksouk et al. 2009）。同样，H3K4me 有利于 SLIK 复合物对 H3 的乙酰化（Pray-Grant et al. 2005）。有趣的是，H3 的乙酰化也能刺激 H3K4 的甲基化（Govind et al. 2007；Nakanishi et al. 2008）。在另一个例子中，H4K20me3 抑制 H4 尾部乙酰化，并且 H4 的高度乙酰化反向拮抗 H4K20me3（Nishioka et al. 2002；Sarg et al. 2004）。

在反式尾部串扰中，特定组蛋白的修饰影响不同组蛋白尾部的修饰。例如，在黑腹果蝇中，H2AT119 突变为不可磷酸化的残基后导致 H3 和 H4 乙酰化显著降低，表明这些标记之间存在反式尾部串扰（Ivanovska et al. 2005）。在酿酒酵母中，端粒中 H4K16ac 增加可刺激 H3K79 的甲基化，这暗示了两种修饰之间的相互作用（Altaf et al. 2007）。在人类细胞中，H3K4 甲基转移酶 MLL1 与 H4K16 乙酰转移酶 MOF 的关联也表明 H3K4me 和 H4K16ac 之间存在潜在的串扰（Dou et al. 2005）。全基因组 ChIP-Seq 分析显示，这两个标记在许多常见基因上共存，进一步支持了这种潜在的反式尾部串扰（Wang et al. 2009）。此外，在人细胞中，H3S10 的磷酸化在促进转录延伸的过程中影响 *FOSL1* 基因增强子上的 H4K16ac（Zippo et al. 2009）。

最后，为了更好地理解组蛋白乙酰化与其他组蛋白修饰之间的串扰，务必牢记大多数 HAT 和 HDAC 复合物包含多个组蛋白标记识别模块。这些模块对于驱动 HAT/HDAC 复合物与基因组特定区域间的关联有明显的影响，如沿着基因的转录单位（图 4.5）。此外，一些含有其他酶活性亚基的 HAT 和 HDAC 复合物可以去除活化或抑制性的组蛋白标记，并在转录过程中动态发挥作用（表 4.2、表 4.3 和表 4.5）。我们提到在 Sin3S、CoREST 和 NCoR 去乙酰化复合物中存在特异性的 H3K4/K36 组蛋白去甲基化酶（参见第 4.3 节）。SAGA 乙酰化复合物还含有 H2B 去泛素化酶模块，用于在转录延伸的初始阶段去除 H2BK123ub 标记[参见综述 Rodriguez-Navarro（2009）]。而 ATAC 复合物明显不同，因为它含有两个对 H3 和 H4 具有不同特异性的乙酰转移酶亚基[综述见 Spedale 等（2012）]。ATAC 在 Jun N 端激酶（JNK）靶基因上协调染色质上的 MAP 激酶信号转导，并且特别需要 H4 特异性乙酰转移酶（Suganuma et al. 2010）。有趣的是，ATAC 强烈影响染色质中的全局 H3S10ph 信号，这可能是 ATAC 活性与 Jil-1 激酶结合之间的串扰造成的（Ciurciu et al. 2008；Nagy et al. 2010）。

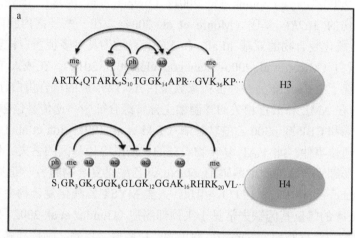

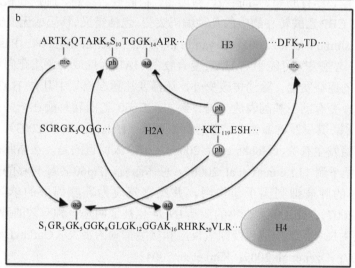

图 4.6　乙酰化与其他组蛋白修饰之间的串扰示例。a. 发生在顺式组蛋白 H3 和 H4 尾部上修饰间的串扰。b. 组蛋白 H2A、H3 和 H4 上的修饰间的反式尾部串扰。箭头表示一种修饰对另一修饰的正面影响，而扁平头表示负面影响

4.10　组蛋白乙酰化与人类疾病和药物靶标的出现

鉴于涉及组蛋白乙酰化的基本过程，组蛋白乙酰化作用因子（即书写器、擦除器和阅读器）的失调与几种主要疾病（如癌症、逆转录病毒发病机制、神经退行性疾病或心血管和呼吸疾病）相关并不令人惊讶。因此，一段时间以来，HAT、HDAC 和乙酰基-

赖氨酸结合模块（如布罗莫结构域）的抑制剂作为药物开发的靶点被广泛研究。

几种组蛋白乙酰转移酶与癌症有关（Avvakumov and Cote 2007）。首先，在一系列实体和血液恶性肿瘤中已报道了涉及 HAT 催化亚基或 HAT 复合物成员的复发性染色体易位。在急性髓系白血病（AML）中描述了许多涉及 HAT 基因的易位，并且其可引起融合蛋白如 MOZ-CBP、MOZ-p300、MORF-CBP 或 MOZ-TIF2 的表达（Borrow et al. 1996；Chaffanet et al. 2000；Panagopoulos et al. 2001；Carapeti et al. 1998）。此外，在子宫平滑肌瘤中存在损伤的 *MORF* 基因（Moore et al. 2004）。在一些子宫内膜间质肉瘤中，Tip60/NuA4 乙酰化复合物的亚基 hEaf6 和 Epc1 表达为具有多梳蛋白样转录抑制因子 PHF1 的融合蛋白（Micci et al. 2006；Panagopoulos et al. 2012）。在成人 T 细胞白血病/淋巴瘤中也发现了由 Epc1 和另一种多梳家族蛋白 Asx12 形成的融合蛋白（Nakahata et al. 2009）。最后，在 AML 和治疗相关的骨髓增生异常综合征中，遗传易位融合了 MLL 组蛋白甲基转移酶和 CBP 或 p300 乙酰转移酶（Taki et al. 1997；Ida et al. 1997）。除易位外，还发生了遗传事件，如 HAT 复合物组分的扩增或等位基因的丢失。例如，在胶质母细胞瘤和星形细胞瘤癌细胞中编码 Tip60/NuA4 乙酰化复合物的另一亚基 GAS41 的基因被扩增（Fischer et al. 1996，1997）。相反，人类 MYST 乙酰化复合物中存在的两个亚基 ING3 和 ING4 的等位基因缺失常见于头颈部癌症（Gunduz et al. 2002，2005）。此外，在 B 细胞淋巴瘤、结直肠癌、乳腺癌、卵巢癌、口腔癌、胃癌、肺癌和胰腺癌中，已经报道了 p300 和 CBP 乙酰转移酶中的几种编码突变，包括错义、移码或无义突变（Muraoka et al. 1996；Kishimoto et al. 2005；Bryan et al. 2002；Iyer et al. 2004；Pasqualucci et al. 2011）。显然，这些突变可能影响 HAT 复合物的 HAT 活性或染色质靶向，导致基因表达失调及随后的癌症发生。除遗传改变外，还需要注意在癌症中几种 HAT 或其相关亚基表达模式的改变有助于基因表达失调。例如，Tip60 乙酰转移酶在一些前列腺癌的侵袭性病例中累积，其引发雄激素非依赖性转录程序（Halkidou et al. 2003）。Tip60 的过表达也与上皮肿瘤发生有关（Hobbs et al. 2006），但令人惊讶的是，在结肠癌和肺癌中报道了 Tip60 水平下调（LLeonart et al. 2006）。总体而言，Tip60 乙酰转移酶似乎主要作为单倍剂量不足的肿瘤抑制因子起作用，并经常表现为乳腺癌中的单等位基因缺失（Gorrini et al. 2007）。HBO1 复合物的亚基 ING4 也被证明是一种有效的肿瘤抑制因子，可抑制脑肿瘤生长和血管生成以及缺氧反应和接触抑制的丧失（Garkavtsev et al. 2004；Colla et al. 2007；Ozer et al. 2005；Kim et al. 2004）。

除癌症外，HAT 还参与多种人类疾病。例如，CBP 基因的单倍不足导致鲁宾斯坦-泰比（Rubinstein-Taybi）综合征，这是一种引起认知功能障碍的遗传性疾病（Petrij et al. 1995）。在几种神经退行性疾病的体内模型中，已报道了全基因组蛋白乙酰化水平的改变，这进一步证明了原有的 HAT 和 HDAC 在亨廷顿病、帕金森病、肌萎缩侧索硬化或阿尔茨海默病的发展中的作用（Selvi et al. 2010）。此外，Tip60 乙酰转移酶最初被认为是一个 HIV Tat 相互作用的蛋白（Kamine et al. 1996），最近的研究支持 Tip60、p300 和 HIV 感染之间的联系（Cereseto et al. 2005；Col et al. 2005；Mantelingu et al. 2007）。腺病毒癌蛋白 E1A 物理性地干扰具有细胞生长调节功能的不同 HAT 复合物，如 PCAF、p300/CBP 和 Tip60（Yang et al. 1996；Fuchs et al. 2001）。乳头瘤病毒蛋白 E6 也被证明通过扰乱 Tip60 的功能，避免细胞凋亡（Jha et al. 2010）。最后，有一些将 HAT 和 HDAC 与心血管和炎症性肺病联系起来的证据（Ito et al. 2007；Pons et al. 2009）。

鉴于 HAT 在所有这些病理中的潜在作用，在过去 10 年中，HAT 特定抑制剂的开发得到了广泛的研究。用于 HAT p300 和 PCAF 的第一类抑制剂是双底物抑制剂，其对这两种 HAT 表现出显著的选择性，但由于缺乏细胞渗透性，其应用受到极大限制（Lau et al. 2000）。还研究了三种天然产物姜黄素、山竹醇和漆树酸对 HAT 的抑制活性。姜黄素呈现出对 p300 HAT 的选择性，并抑制大鼠心力衰竭（Costi et al. 2007；Morimoto et al. 2008）。山竹醇抑制组蛋白乙酰转移酶 p300 和 PCAF，并成功地抑制 HIV 复制（Mantelingu et al. 2007）。漆树酸及其衍生物也抑制 p300 和 PCAF，并且似乎在激活炎性核因子 NF-κB 方面表现出令人鼓舞的结果（Sung et al. 2008）。最后，通过对 69 000 种化合物库的高通量筛选，异噻唑酮被鉴定为 p300 和 PCAF HAT 的抑制剂（Stimson et al. 2005）。有趣的是，另一种与化学类似物开发相结合的高通量筛选鉴定了一种特异性 Tip60 抑制剂（称为 NU9056），其能够抑制前列腺癌细胞系的增殖（Coffey et al. 2012）。

由于乙酰化和去乙酰化之间的平衡是细胞发挥正常功能的关键，因此 HDAC 活性或丰度的失调显然也与疾病相关。在某些癌症中发现了一些体细胞突变，如散发性结直肠癌、子宫内膜癌和胃癌中的 HDAC2（Ropero et al. 2006）或乳腺癌和结直肠癌中的 HDAC4（Sjoblom et al. 2006）。然而，在癌症中 HDAC 的体细胞突变似乎并不显著。另外，在几个恶性肿瘤中多种 HDAC 的表达水平发生了改变（Khan and La Thangue 2012）。因此，已经研发了许多 HDAC 抑制剂，并且正在研究或批准在某些类型癌症中的临床应用。它们中的绝大多数通过螯合靶标 HDAC 催化结构域中的 Zn^{2+} 来影响 HDAC（Finnin et al. 1999；Furumai et al. 2002）。根据其化学结构 HDAC 抑制剂分为四类：异羟肟酸（如曲古抑菌素 A、伏立诺他和 tubacin）、环状四肽（如罗米地辛）、脂肪酸（如丁酸和丙戊酸）和苯甲酰胺（如 MS-275）（Khan and La Thangue 2012）。还可以通过它们对 HDAC 的特异性来区分。泛抑制剂如伏立诺他或曲古抑菌素 A（TSA）靶向来自 I、IIa 和 IIb 类的 HDAC，而某些抑制剂仅对来自这两类中的某一类 HDAC 具有特异性（Witt et al. 2009）。例如，丙戊酸优先抑制来自 I 类的 HDAC，然而 tubacin 干扰 HDAC6（来自 IIb 类的 HDAC）的活性。

目前，几种 HDAC 抑制剂作为单一药剂或与其他药剂组合用于广泛癌症的 I 期、II 期或 III 期的临床试验。值得注意的是，两种 HDAC 抑制剂（伏立诺他和罗米地辛）已经被批准用于治疗皮肤 T 细胞淋巴瘤（CTCL）（Duvic et al. 2007；Olsen et al. 2007；Whittaker et al. 2010）。常规理解的 HDAC 抑制剂在特定癌症中的治疗效果主要是通过肿瘤抑制因子、细胞周期检查点和分化基因的重激活而实现。此外，目前 HDAC 抑制剂还测试了对各种非癌症疾病的治疗，包括神经退行性、代谢性、炎症性、自身免疫性、感染性和心血管疾病。

除了组蛋白乙酰化的书写器（HAT）和擦除器（HDAC）之外，这种修饰的阅读器也被提议作为癌症的潜在药物靶标。NUT（睾丸中的核蛋白）中线癌是一种罕见但具有侵袭性的致命上皮恶性疾病，其复发性染色体易位产生包含 BRD4 或 BRD3 和 NUT 的融合蛋白，被认为是致癌的驱动因素（French et al. 2003，2008）。有趣的是，最近已经证明有可能开发针对布罗莫结构域蛋白 BET 家族（BRD2/3/4/t）的高度特异性抑制剂（Chung et al. 2011；Filippakopoulos et al. 2010；Dawson et al. 2011）。尤其是 JQ1 抑制剂可以从染色质中置换 BRD4 融合蛋白，并选择性地促进对 BRD4-NUT 阳性中线癌异种移植物的抗增殖作用（Filippakopoulos et al. 2010）。此外，已证明 BRD4 可促进 MYC 致癌基因的转录（Zuber et al. 2011）。因此，通过抑制 BRD4 下调 MYC 被报道是一种有希望的治疗方法，可用于治疗一系列血液系统恶性肿瘤，如 MLL 易位的急性髓系白血病（Zuber et al. 2011；Dawson et al. 2011）、多发性骨髓瘤（Delmore et al. 2011）和伯基特淋巴瘤（Mertz et al. 2011）。总而言之，这些研究强调了表观遗传学阅读器模块的抑制剂如何成为强大的癌症治疗药物。

总之，常常发现组蛋白乙酰化调节蛋白在癌症和其他主要疾病中失调，因此认为其是一种有潜力的治疗靶点。尽管在癌症中观察到组蛋白乙酰化模型的全局扰动（Fraga et al. 2005；Seligson et al. 2005），但重要的是 HAT 和 HDAC 活性不仅限于染色质，并且靶向大量非组蛋白，其中一些非组蛋白参与肿瘤细胞的生长和增殖（如 p53 或 MYC）（Choudhary et al. 2009）。因此，HAT 和 HDAC 抑制剂的治疗效果可能对组蛋白和非组蛋白均有作用。

4.11 展望：组蛋白乙酰化与细胞代谢之间的联系

组蛋白乙酰转移酶利用乙酰辅酶 A 作为辅因子，这一事实将组蛋白乙酰化与细胞代谢包括糖酵解和柠檬酸循环联系起来。因此，发现碳代谢期间细胞产生的乙酰辅酶 A 与组蛋白乙酰化和全转录直接相关并不奇怪（Takahashi et al. 2006）。在转录和细胞周期效应之前，营养缺乏细胞的诱导型糖酵解突发效应导致 HAT 活性和全基因组蛋白乙酰化的增加进一步证明了这一点（Friis et al. 2009）。有趣的是，乙酰转移酶和碳代谢之间的这种功能性调节联系是双向的，因为通过 NuA4、Sir2、Rpd3、p300 和 HDAC1 直接使关键的赖氨酸残基乙酰化/去乙酰化来调节能量感知（AMPK）和糖异生（PCK1）中的关键酶（Lin et al. 2009，2012；Lu et al. 2011）。

虽然上文提到能量代谢和组蛋白乙酰化之间的调控串扰可以影响时序或复制性细胞的寿命（Lin et al. 2009；Lu et al. 2011），但最早将能量代谢、组蛋白乙酰化和细胞衰老联系起来的是早期关于去乙酰化酶 Sir2 的工作。III 类组蛋白去乙酰化酶使用 NAD$^+$ 作为辅助因子（葡萄糖和脂肪酸氧化/分解代谢过程中产生 ATP 的关键电子捕获剂）。这使研究人员通过营养利用率将 Sir2 功能与细胞衰老相关联（Guarente and Picard 2005）。有趣的是，Sir2 在延长细胞寿命方面的功能与关键的染色质开放标记 H4K16 的去乙酰化直接相关（Dang et al. 2009）。目前已知因 Sir2 缺失引起的 H4K16ac 升高导致亚端粒区域组蛋白缺失的复制衰老减少（Dang et al. 2009）。事实上，也有研究表明，细胞衰老伴随着基因组组蛋白的丢失，而组蛋白表达升高延长了寿命（Feser et al. 2010）。以上研究表明，通过适当的乙酰化/去乙酰化动态学来维持适当的染色质结构对减缓衰老过程至关重要。

最近发现了细胞代谢和组蛋白乙酰化之间的进一步直接联系。虽然正常的结肠细胞利用丁酸盐作为其主要能量来源，但在癌变后它们通过将氧化代谢转换为有氧糖酵解而经历瓦尔堡（Warburg）效应。这导致细胞内积累丁酸盐，其反过来抑制 HDAC 并增加染色质乙酰化（Donohoe et al. 2012）。因此，常见代谢物被正常细胞和癌细胞差异利用，可直接将代谢差异转化为表观遗传机制。组蛋白乙酰化/去乙酰化也与细胞内 pH 密切相关。HDAC 引起的全局组蛋白去乙酰化作用与 pH 降低有关，而 pH 升高与整体组蛋白乙酰化的增加相关，正如静息细胞被诱导增殖时所发生的那样（McBrian et al. 2013）。组蛋白乙酰化作为变阻剂调节细胞内 pH 变化的这种功能与细胞内乙酸盐进入/输出有关，并且肯定与 HDAC 抑制剂的治疗作用有关。

最后，在大脑发生神经退行性病变并致记忆丧失的动物中，证实组蛋白乙酰化与细胞代谢/衰老之间存在显著的功能联系（Graff and Tsai 2013）。虽然长期记忆基于特定的基因表达程序，这些程序部分通过表观遗传机制建立，但很明显，组蛋白乙酰化是一种反复出现的有利于学习和记忆的主题（Graff et al. 2012；Guan et al. 2009；Peleg et al. 2010；Fischer et al. 2007）。研究表明，组蛋白乙酰化的改变/减少与年龄依赖性记忆障碍和突触可塑性降低有关。值得注意的是，HDAC 抑制剂的治疗或 HDAC2 的敲低解除了对学习和记忆重要的基因的抑制，导致突触可塑性的恢复和神经退行性相关记忆障碍的逆转（Graff et al. 2012；Fischer et al. 2007）。海马染色质中 H4K12 乙酰化的生理水平似乎对记忆巩固特别重要，其失调可能是受损的基因组-环境相互作用的标志（Peleg et al. 2010）。以上研究结果扩展了与年龄相关认知障碍患者长期记忆恢复的治疗方法的可能性，随着人类寿命的延长，这将成为一种非常重要的医学工具。

所有这些都说明，组蛋白乙酰化是细胞调节和内稳态的核心。它涉及所有基于 DNA 的核过程，是许多信号转导途径的最终目标，同时还能够将信号反馈给细胞质中的代谢过程。然而，重要的是组蛋白赖氨酸残基的乙酰化不符合表观遗传标记的经典纯粹定义，即在分裂后传递给子细胞的不基于 DNA 的信号/信息。这是因为乙酰化是高度动态的，并且在 DNA 复制过程中不能作为局部表观遗传记忆。它确实是基于表观遗传范畴传递给细胞后代，但通过与更稳定传递的 PTM（最可能是组蛋白甲基化）间的串扰间接传递给细胞。

致　谢

我们向由于篇幅所限而所做工作未被参考的同事致歉。感谢雷亚·厄特利（Rhea Utley）对文本的修正。我们实验室的工作得到了加拿大卫生研究院（CIHR，MOP-14308/64289）的资助。J. 科泰（J. Côté）担任了染色质生物学和分子表观遗传学的加拿大研究主席。

参 考 文 献

Adam M, Robert F, Larochelle M, Gaudreau L (2001) H2A.Z is required for global chromatin integrity and for recruitment of RNA polymerase II under specific conditions. Mol Cell Biol 21(18):6270–6279

Adkins MW, Carson JJ, English CM, Ramey CJ, Tyler JK (2007) The histone chaperone anti-silencing function 1 stimulates the acetylation of newly synthesized histone H3 in S-phase. J Biol Chem 282(2):1334–1340. doi:10.1074/jbc.M608025200

Ahn SH, Diaz RL, Grunstein M, Allis CD (2006) Histone H2B deacetylation at lysine 11 is required for yeast apoptosis induced by phosphorylation of H2B at serine 10. Mol Cell 24(2):211–220. doi:10.1016/j.molcel.2006.09.008, S1097-2765(06)00636-8 [pii]

Akhtar A, Becker PB (2000) Activation of transcription through histone H4 acetylation by MOF, an acetyltransferase essential for dosage compensation in Drosophila. Mol Cell 5(2):367–375, S1097-2765(00)80431-1 [pii]

Alabert C, Groth A (2012) Chromatin replication and epigenome maintenance. Nat Rev Mol Cell Biol 13(3):153–167. doi:10.1038/nrm3288

Albaugh BN, Arnold KM, Lee S, Denu JM (2011) Autoacetylation of the histone acetyltransferase Rtt109. J Biol Chem 286(28):24694–24701. doi:10.1074/jbc.M111.251579

Ali M, Yan K, Lalonde ME, Degerny C, Rothbart SB, Strahl BD, Cote J, Yang XJ, Kutateladze TG (2012) Tandem PHD fingers of MORF/MOZ acetyltransferases display selectivity for acetylated histone H3 and are required for the association with chromatin. J Mol Biol 424(5):328–338. doi:10.1016/j.jmb.2012.10.004, S0022-2836(12)00813-3 [pii]

Allard S, Utley RT, Savard J, Clarke A, Grant P, Brandl CJ, Pillus L, Workman JL, Cote J (1999) NuA4, an essential transcription adaptor/histone H4 acetyltransferase complex containing Esa1p and the ATM-related cofactor Tra1p. EMBO J 18(18):5108–5119. doi:10.1093/emboj/18.18.5108

Allfrey VG (1966) Structural modifications of histones and their possible role in the regulation of ribonucleic acid synthesis. Proc Can Cancer Conf 6:313–335

Allfrey VG, Faulkner R, Mirsky AE (1964) Acetylation and methylation of histones and their possible role in the regulation of RNA synthesis. Proc Natl Acad Sci U S A 51:786–794

Allis CD, Berger SL, Cote J, Dent S, Jenuwien T, Kouzarides T, Pillus L, Reinberg D, Shi Y, Shiekhattar R, Shilatifard A, Workman J, Zhang Y (2007) New nomenclature for chromatin-modifying enzymes. Cell 131(4):633–636. doi:10.1016/j.cell.2007.10.039, S0092-8674(07)01359-1 [pii]

Altaf M, Utley RT, Lacoste N, Tan S, Briggs SD, Cote J (2007) Interplay of chromatin modifiers on a short basic patch of histone H4 tail defines the boundary of telomeric heterochromatin. Mol Cell 28(6):1002–1014. doi:10.1016/j.molcel.2007.12.002, S1097-2765(07)00827-1 [pii]

Altaf M, Auger A, Monnet-Saksouk J, Brodeur J, Piquet S, Cramet M, Bouchard N, Lacoste N, Utley RT, Gaudreau L, Cote J (2010) NuA4-dependent acetylation of nucleosomal histones H4 and H2A directly stimulates incorporation of H2A.Z by the SWR1 complex. J Biol Chem 285(21):15966–15977. doi:10.1074/jbc.M110.117069

Ausio J, Dong F, van Holde KE (1989) Use of selectively trypsinized nucleosome core particles to analyze the role of the histone "tails" in the stabilization of the nucleosome. J Mol Biol 206(3):451–463, 0022-2836(89)90493-2 [pii]

Avvakumov N, Cote J (2007) The MYST family of histone acetyltransferases and their intimate links to cancer. Oncogene 26(37):5395–5407. doi:10.1038/sj.onc.1210608

Avvakumov N, Nourani A, Cote J (2011) Histone chaperones: modulators of chromatin marks. Mol Cell 41(5):502–514. doi:10.1016/j.molcel.2011.02.013, S1097-2765(11)00096-7 [pii]

Avvakumov N, Lalonde ME, Saksouk N, Paquet E, Glass KC, Landry AJ, Doyon Y, Cayrou C, Robitaille GA, Richard DE, Yang XJ, Kutateladze TG, Cote J (2012) Conserved molecular interactions within the HBO1 acetyltransferase complexes regulate cell proliferation. Mol Cell Biol 32(3):689–703. doi:10.1128/MCB.06455-11, MCB.06455-11 [pii]

Azuara V, Perry P, Sauer S, Spivakov M, Jorgensen HF, John RM, Gouti M, Casanova M, Warnes G, Merkenschlager M, Fisher AG (2006) Chromatin signatures of pluripotent cell lines. Nat Cell Biol 8(5):532–538. doi:10.1038/ncb1403, ncb1403 [pii]

Babiarz JE, Halley JE, Rine J (2006) Telomeric heterochromatin boundaries require NuA4-dependent acetylation of histone variant H2A.Z in Saccharomyces cerevisiae. Genes Dev 20(6):700–710. doi:10.1101/gad.1386306

Baek SH, Ohgi KA, Rose DW, Koo EH, Glass CK, Rosenfeld MG (2002) Exchange of N-CoR corepressor and Tip60 coactivator complexes links gene expression by NF-kappaB and beta-amyloid precursor protein. Cell 110(1):55–67

Balasubramanian R, Pray-Grant MG, Selleck W, Grant PA, Tan S (2002) Role of the Ada2 and Ada3 transcriptional coactivators in histone acetylation. J Biol Chem 277(10):7989–7995. doi:10.1074/jbc.M110849200, M110849200 [pii]

Bannister AJ, Kouzarides T (1996) The CBP co-activator is a histone acetyltransferase. Nature 384(6610):641–643. doi:10.1038/384641a0

Barber MF, Michishita-Kioi E, Xi Y, Tasselli L, Kioi M, Moqtaderi Z, Tennen RI, Paredes S, Young NL, Chen K, Struhl K, Garcia BA, Gozani O, Li W, Chua KF (2012) SIRT7 links H3K18 deacetylation to maintenance of oncogenic transformation. Nature 487(7405):114–118. doi:10.1038/nature11043, nature11043 [pii]

Barski A, Cuddapah S, Cui K, Roh TY, Schones DE, Wang Z, Wei G, Chepelev I, Zhao K (2007)

High-resolution profiling of histone methylations in the human genome. Cell 129(4):823–837. doi:10.1016/j.cell.2007.05.009

Beck HC, Nielsen EC, Matthiesen R, Jensen LH, Sehested M, Finn P, Grauslund M, Hansen AM, Jensen ON (2006) Quantitative proteomic analysis of post-translational modifications of human histones. Mol Cell Proteomics 5(7):1314–1325. doi:10.1074/mcp.M600007-MCP200, M600007-MCP200 [pii]

Benson LJ, Phillips JA, Gu Y, Parthun MR, Hoffman CS, Annunziato AT (2007) Properties of the type B histone acetyltransferase Hat1: H4 tail interaction, site preference, and involvement in DNA repair. J Biol Chem 282(2):836–842. doi:10.1074/jbc.M607464200, M607464200 [pii]

Bernstein BE, Kamal M, Lindblad-Toh K, Bekiranov S, Bailey DK, Huebert DJ, McMahon S, Karlsson EK, Kulbokas EJ III, Gingeras TR, Schreiber SL, Lander ES (2005) Genomic maps and comparative analysis of histone modifications in human and mouse. Cell 120(2):169–181. doi:10.1016/j.cell.2005.01.001

Bernstein BE, Mikkelsen TS, Xie X, Kamal M, Huebert DJ, Cuff J, Fry B, Meissner A, Wernig M, Plath K, Jaenisch R, Wagschal A, Feil R, Schreiber SL, Lander ES (2006) A bivalent chromatin structure marks key developmental genes in embryonic stem cells. Cell 125(2):315–326. doi:10.1016/j.cell.2006.02.041, S0092-8674(06)00380-1 [pii]

Bian C, Xu C, Ruan J, Lee KK, Burke TL, Tempel W, Barsyte D, Li J, Wu M, Zhou BO, Fleharty BE, Paulson A, Allali-Hassani A, Zhou JQ, Mer G, Grant PA, Workman JL, Zang J, Min J (2011) Sgf29 binds histone H3K4me2/3 and is required for SAGA complex recruitment and histone H3 acetylation. EMBO J 30(14):2829–2842. doi:10.1038/emboj.2011.193

Billon P, Cote J (2012) Precise deposition of histone H2A.Z in chromatin for genome expression and maintenance. Biochim Biophys Acta 1819(3–4):290–302. doi:10.1016/j.bbagrm.2011.10.004

Bird AW, Yu DY, Pray-Grant MG, Qiu Q, Harmon KE, Megee PC, Grant PA, Smith MM, Christman MF (2002) Acetylation of histone H4 by Esa1 is required for DNA double-strand break repair. Nature 419(6905):411–415. doi:10.1038/nature01035, nature01035 [pii]

Biswas D, Takahata S, Stillman DJ (2008) Different genetic functions for the Rpd3(L) and Rpd3(S) complexes suggest competition between NuA4 and Rpd3(S). Mol Cell Biol 28(14):4445–4458. doi:10.1128/MCB.00164-08

Blackwell JS Jr, Wilkinson ST, Mosammaparast N, Pemberton LF (2007) Mutational analysis of H3 and H4 N termini reveals distinct roles in nuclear import. J Biol Chem 282(28):20142–20150. doi:10.1074/jbc.M701989200

Bonenfant D, Coulot M, Towbin H, Schindler P, van Oostrum J (2006) Characterization of histone H2A and H2B variants and their post-translational modifications by mass spectrometry. Mol Cell Proteomics 5(3):541–552. doi:10.1074/mcp.M500288-MCP200, M500288-MCP200 [pii]

Borrow J, Stanton VP Jr, Andresen JM, Becher R, Behm FG, Chaganti RS, Civin CI, Disteche C, Dube I, Frischauf AM, Horsman D, Mitelman F, Volinia S, Watmore AE, Housman DE (1996) The translocation t(8;16)(p11;p13) of acute myeloid leukaemia fuses a putative acetyltransferase to the CREB-binding protein. Nat Genet 14(1):33–41. doi:10.1038/ng0996-33

Bottomley MJ, Lo Surdo P, Di Giovine P, Cirillo A, Scarpelli R, Ferrigno F, Jones P, Neddermann P, De Francesco R, Steinkuhler C, Gallinari P, Carfi A (2008) Structural and functional analysis of the human HDAC4 catalytic domain reveals a regulatory structural zinc-binding domain. J Biol Chem 283(39):26694–26704. doi:10.1074/jbc.M803514200, M803514200 [pii]

Boudreault AA, Cronier D, Selleck W, Lacoste N, Utley RT, Allard S, Savard J, Lane WS, Tan S, Cote J (2003) Yeast enhancer of polycomb defines global Esa1-dependent acetylation of chromatin. Genes Dev 17(11):1415–1428. doi:10.1101/gad.1056603, 17/11/1415 [pii]

Brand M, Moggs JG, Oulad-Abdelghani M, Lejeune F, Dilworth FJ, Stevenin J, Almouzni G, Tora L (2001) UV-damaged DNA-binding protein in the TFTC complex links DNA damage recognition to nucleosome acetylation. EMBO J 20(12):3187–3196. doi:10.1093/emboj/20.12.3187

Bressi JC, Jennings AJ, Skene R, Wu Y, Melkus R, De Jong R, O'Connell S, Grimshaw CE, Navre M, Gangloff AR (2010) Exploration of the HDAC2 foot pocket: synthesis and SAR of substituted N-(2-aminophenyl)benzamides. Bioorg Med Chem Lett 20(10):3142–3145. doi:10.1016/j.bmcl.2010.03.091, S0960-894X(10)00432-4 [pii]

Brown CE, Howe L, Sousa K, Alley SC, Carrozza MJ, Tan S, Workman JL (2001) Recruitment of HAT complexes by direct activator interactions with the ATM-related Tra1 subunit. Science 292(5525):2333–2337. doi:10.1126/science.1060214

Brownell JE, Allis CD (1995) An activity gel assay detects a single, catalytically active histone acetyltransferase subunit in Tetrahymena macronuclei. Proc Natl Acad Sci U S A 92(14):6364–6368

Brownell JE, Zhou J, Ranalli T, Kobayashi R, Edmondson DG, Roth SY, Allis CD (1996) Tetrahymena histone acetyltransferase A: a homolog to yeast Gcn5p linking histone acetylation to gene activation. Cell 84(6):843–851, S0092-8674(00)81063-6 [pii]

Bryan EJ, Jokubaitis VJ, Chamberlain NL, Baxter SW, Dawson E, Choong DY, Campbell IG (2002) Mutation analysis of EP300 in colon, breast and ovarian carcinomas. Int J Cancer 102(2):137–141. doi:10.1002/ijc.10682

Bui M, Dimitriadis EK, Hoischen C, An E, Quenet D, Giebe S, Nita-Lazar A, Diekmann S, Dalal Y (2012) Cell-cycle-dependent structural transitions in the human CENP-A nucleosome in vivo. Cell 150(2):317–326. doi:10.1016/j.cell.2012.05.035

Burgess RJ, Zhou H, Han J, Zhang Z (2010) A role for Gcn5 in replication-coupled nucleosome assembly. Mol Cell 37(4):469–480. doi:10.1016/j.molcel.2010.01.020

Cai Y, Jin J, Swanson SK, Cole MD, Choi SH, Florens L, Washburn MP, Conaway JW, Conaway RC (2010) Subunit composition and substrate specificity of a MOF-containing histone acetyltransferase distinct from the male-specific lethal (MSL) complex. J Biol Chem 285(7):4268–4272. doi:10.1074/jbc.C109.087981, C109.087981 [pii]

Carapeti M, Aguiar RC, Goldman JM, Cross NC (1998) A novel fusion between MOZ and the nuclear receptor coactivator TIF2 in acute myeloid leukemia. Blood 91(9):3127–3133

Carey M, Li B, Workman JL (2006) RSC exploits histone acetylation to abrogate the nucleosomal block to RNA polymerase II elongation. Mol Cell 24(3):481–487. doi:10.1016/j.molcel.2006.09.012

Carrozza MJ, Utley RT, Workman JL, Cote J (2003) The diverse functions of histone acetyltransferase complexes. Trends Genet 19(6):321–329. doi:10.1016/S0168-9525(03)00115-X

Carrozza MJ, Florens L, Swanson SK, Shia WJ, Anderson S, Yates J, Washburn MP, Workman JL (2005a) Stable incorporation of sequence specific repressors Ash1 and Ume6 into the Rpd3L complex. Biochim Biophys Acta 1731(2):77–87. doi:10.1016/j.bbaexp.2005.09.005, discussion 75–76. S0167-4781(05)00249-6 [pii]

Carrozza MJ, Li B, Florens L, Suganuma T, Swanson SK, Lee KK, Shia WJ, Anderson S, Yates J, Washburn MP, Workman JL (2005b) Histone H3 methylation by Set2 directs deacetylation of coding regions by Rpd3S to suppress spurious intragenic transcription. Cell 123(4):581–592. doi:10.1016/j.cell.2005.10.023, S0092-8674(05)01156-6 [pii]

Celic I, Masumoto H, Griffith WP, Meluh P, Cotter RJ, Boeke JD, Verreault A (2006) The sirtuins hst3 and Hst4p preserve genome integrity by controlling histone h3 lysine 56 deacetylation. Curr Biol 16(13):1280–1289. doi:10.1016/j.cub.2006.06.023, S0960-9822(06)01749-0 [pii]

Cereseto A, Manganaro L, Gutierrez MI, Terreni M, Fittipaldi A, Lusic M, Marcello A, Giacca M (2005) Acetylation of HIV-1 integrase by p300 regulates viral integration. EMBO J 24(17):3070–3081. doi:10.1038/sj.emboj.7600770, 7600770 [pii]

Chaffanet M, Gressin L, Preudhomme C, Soenen-Cornu V, Birnbaum D, Pebusque MJ (2000) MOZ is fused to p300 in an acute monocytic leukemia with t(8;22). Genes Chromosomes Cancer 28(2):138–144. doi:10.1002/(SICI)1098-2264(200006)28:2<138::AID-GCC2>3.0.CO; 2-2 [pii]

Chakravarti D, LaMorte VJ, Nelson MC, Nakajima T, Schulman IG, Juguilon H, Montminy M, Evans RM (1996) Role of CBP/P300 in nuclear receptor signalling. Nature 383(6595):99–103. doi:10.1038/383099a0

Chang L, Loranger SS, Mizzen C, Ernst SG, Allis CD, Annunziato AT (1997) Histones in transit: cytosolic histone complexes and diacetylation of H4 during nucleosome assembly in human cells. Biochemistry 36(3):469–480. doi:10.1021/bi962069i

Chen H, Lin RJ, Schiltz RL, Chakravarti D, Nash A, Nagy L, Privalsky ML, Nakatani Y, Evans RM (1997) Nuclear receptor coactivator ACTR is a novel histone acetyltransferase and forms a multimeric activation complex with P/CAF and CBP/p300. Cell 90(3):569–580, S0092-8674(00)80516-4 [pii]

Chen CC, Carson JJ, Feser J, Tamburini B, Zabaronick S, Linger J, Tyler JK (2008) Acetylated lysine 56 on histone H3 drives chromatin assembly after repair and signals for the completion of repair. Cell 134(2):231–243. doi:10.1016/j.cell.2008.06.035, S0092-8674(08)00822-2 [pii]

Cheung P, Tanner KG, Cheung WL, Sassone-Corsi P, Denu JM, Allis CD (2000) Synergistic coupling of histone H3 phosphorylation and acetylation in response to epidermal growth factor stimulation. Mol Cell 5(6):905–915, S1097-2765(00)80256-7 [pii]

Cheung WL, Turner FB, Krishnamoorthy T, Wolner B, Ahn SH, Foley M, Dorsey JA, Peterson CL, Berger SL, Allis CD (2005) Phosphorylation of histone H4 serine 1 during DNA damage requires casein kinase II in S. cerevisiae. Curr Biol 15(7):656–660. doi:10.1016/j.cub.2005.02.049, S0960-9822(05)00220-4 [pii]

Choudhary C, Kumar C, Gnad F, Nielsen ML, Rehman M, Walther TC, Olsen JV, Mann M (2009) Lysine acetylation targets protein complexes and co-regulates major cellular functions. Science 325(5942):834–840. doi:10.1126/science.1175371, 1175371 [pii]

Chung CW, Coste H, White JH, Mirguet O, Wilde J, Gosmini RL, Delves C, Magny SM, Woodward R, Hughes SA, Boursier EV, Flynn H, Bouillot AM, Bamborough P, Brusq JM, Gellibert FJ, Jones EJ, Riou AM, Homes P, Martin SL, Uings IJ, Toum J, Clement CA, Boullay AB, Grimley RL, Blandel FM, Prinjha RK, Lee K, Kirilovsky J, Nicodeme E (2011) Discovery and characterization of small molecule inhibitors of the BET family bromodomains. J Med Chem 54(11):3827–3838. doi:10.1021/jm200108t

Ciurciu A, Komonyi O, Boros IM (2008) Loss of ATAC-specific acetylation of histone H4 at Lys12 reduces binding of JIL-1 to chromatin and phosphorylation of histone H3 at Ser10. J Cell Sci 121(Pt 20):3366–3372. doi:10.1242/jcs.028555

Clarke DJ, O'Neill LP, Turner BM (1993) Selective use of H4 acetylation sites in the yeast Saccharomyces cerevisiae. Biochem J 294(Pt 2):557–561

Clarke AS, Lowell JE, Jacobson SJ, Pillus L (1999) Esa1p is an essential histone acetyltransferase required for cell cycle progression. Mol Cell Biol 19(4):2515–2526

Clemente-Ruiz M, Gonzalez-Prieto R, Prado F (2011) Histone H3K56 acetylation, CAF1, and Rtt106 coordinate nucleosome assembly and stability of advancing replication forks. PLoS Genet 7(11):e1002376. doi:10.1371/journal.pgen.1002376

Coffey K, Blackburn TJ, Cook S, Golding BT, Griffin RJ, Hardcastle IR, Hewitt L, Huberman K, McNeill HV, Newell DR, Roche C, Ryan-Munden CA, Watson A, Robson CN (2012) Characterisation of a Tip60 specific inhibitor, NU9056, in prostate cancer. PLoS One 7(10):e45539. doi:10.1371/journal.pone.0045539, PONE-D-12-11619 [pii]

Col E, Caron C, Chable-Bessia C, Legube G, Gazzeri S, Komatsu Y, Yoshida M, Benkirane M, Trouche D, Khochbin S (2005) HIV-1 Tat targets Tip60 to impair the apoptotic cell response to genotoxic stresses. EMBO J 24(14):2634–2645. doi:10.1038/sj.emboj.7600734, 7600734 [pii]

Colla S, Tagliaferri S, Morandi F, Lunghi P, Donofrio G, Martorana D, Mancini C, Lazzaretti M, Mazzera L, Ravanetti L, Bonomini S, Ferrari L, Miranda C, Ladetto M, Neri TM, Neri A, Greco A, Mangoni M, Bonati A, Rizzoli V, Giuliani N (2007) The new tumor-suppressor gene inhibitor of growth family member 4 (ING4) regulates the production of proangiogenic molecules by myeloma cells and suppresses hypoxia-inducible factor-1 alpha (HIF-1alpha) activity: involvement in myeloma-induced angiogenesis. Blood 110(13):4464–4475. doi:10.1182/blood-2007-02-074617

Collins N, Poot RA, Kukimoto I, Garcia-Jimenez C, Dellaire G, Varga-Weisz PD (2002) An ACF1-ISWI chromatin-remodeling complex is required for DNA replication through heterochromatin. Nat Genet 32(4):627–632. doi:10.1038/ng1046, ng1046 [pii]

Collins SR, Miller KM, Maas NL, Roguev A, Fillingham J, Chu CS, Schuldiner M, Gebbia M, Recht J, Shales M, Ding H, Xu H, Han J, Ingvarsdottir K, Cheng B, Andrews B, Boone C, Berger SL, Hieter P, Zhang Z, Brown GW, Ingles CJ, Emili A, Allis CD, Toczyski DP, Weissman JS, Greenblatt JF, Krogan NJ (2007) Functional dissection of protein complexes involved in yeast chromosome biology using a genetic interaction map. Nature 446(7137):806–810. doi:10.1038/nature05649

Cosgrove MS, Boeke JD, Wolberger C (2004) Regulated nucleosome mobility and the histone code. Nat Struct Mol Biol 11(11):1037–1043. doi:10.1038/nsmb851

Costi R, Di Santo R, Artico M, Miele G, Valentini P, Novellino E, Cereseto A (2007) Cinnamoyl compounds as simple molecules that inhibit p300 histone acetyltransferase. J Med Chem 50(8):1973–1977. doi:10.1021/jm060943s

Creyghton MP, Cheng AW, Welstead GG, Kooistra T, Carey BW, Steine EJ, Hanna J, Lodato MA, Frampton GM, Sharp PA, Boyer LA, Young RA, Jaenisch R (2010) Histone H3K27ac separates active from poised enhancers and predicts developmental state. Proc Natl Acad Sci U S A 107(50):21931–21936. doi:10.1073/pnas.1016071107

Dang W, Steffen KK, Perry R, Dorsey JA, Johnson FB, Shilatifard A, Kaeberlein M, Kennedy BK, Berger SL (2009) Histone H4 lysine 16 acetylation regulates cellular lifespan. Nature 459(7248):802–807. doi:10.1038/nature08085

Das C, Lucia MS, Hansen KC, Tyler JK (2009) CBP/p300-mediated acetylation of histone H3 on lysine 56. Nature 459(7243):113–117. doi:10.1038/nature07861, nature07861 [pii]

Dawson MA, Prinjha RK, Dittmann A, Giotopoulos G, Bantscheff M, Chan WI, Robson SC, Chung CW, Hopf C, Savitski MM, Huthmacher C, Gudgin E, Lugo D, Beinke S, Chapman TD, Roberts EJ, Soden PE, Auger KR, Mirguet O, Doehner K, Delwel R, Burnett AK, Jeffrey P, Drewes G, Lee K, Huntly BJ, Kouzarides T (2011) Inhibition of BET recruitment to chromatin as an effective treatment for MLL-fusion leukaemia. Nature 478(7370):529–533. doi:10.1038/nature10509, nature10509 [pii]

Deckert J, Struhl K (2002) Targeted recruitment of Rpd3 histone deacetylase represses transcription by inhibiting recruitment of Swi/Snf, SAGA, and TATA binding protein. Mol Cell Biol 22(18):6458–6470

Delmore JE, Issa GC, Lemieux ME, Rahl PB, Shi J, Jacobs HM, Kastritis E, Gilpatrick T, Paranal RM, Qi J, Chesi M, Schinzel AC, McKeown MR, Heffernan TP, Vakoc CR, Bergsagel PL, Ghobrial IM, Richardson PG, Young RA, Hahn WC, Anderson KC, Kung AL, Bradner JE, Mitsiades CS (2011) BET bromodomain inhibition as a therapeutic strategy to target c-Myc. Cell 146(6):904–917. doi:10.1016/j.cell.2011.08.017, S0092-8674(11)00943-3 [pii]

Dhalluin C, Carlson JE, Zeng L, He C, Aggarwal AK, Zhou MM (1999) Structure and ligand of a histone acetyltransferase bromodomain. Nature 399(6735):491–496. doi:10.1038/20974

Doi M, Hirayama J, Sassone-Corsi P (2006) Circadian regulator CLOCK is a histone acetyltransferase. Cell 125(3):497–508. doi:10.1016/j.cell.2006.03.033, S0092-8674(06)00444-2 [pii]

Donohoe DR, Collins LB, Wali A, Bigler R, Sun W, Bultman SJ (2012) The Warburg effect dictates the mechanism of butyrate-mediated histone acetylation and cell proliferation. Mol Cell 48(4):612–626. doi:10.1016/j.molcel.2012.08.033

Dorigo B, Schalch T, Bystricky K, Richmond TJ (2003) Chromatin fiber folding: requirement for the histone H4 N-terminal tail. J Mol Biol 327(1):85–96, S0022283603000251 [pii]

Dou Y, Milne TA, Tackett AJ, Smith ER, Fukuda A, Wysocka J, Allis CD, Chait BT, Hess JL, Roeder RG (2005) Physical association and coordinate function of the H3 K4 methyltransferase MLL1 and the H4 K16 acetyltransferase MOF. Cell 121(6):873–885. doi:10.1016/j.cell.2005.04.031, S0092-8674(05)00449-6 [pii]

Downs JA, Allard S, Jobin-Robitaille O, Javaheri A, Auger A, Bouchard N, Kron SJ, Jackson SP, Cote J (2004) Binding of chromatin-modifying activities to phosphorylated histone H2A at DNA damage sites. Mol Cell 16(6):979–990. doi:10.1016/j.molcel.2004.12.003, S1097276504007580 [pii]

Doyon Y, Selleck W, Lane WS, Tan S, Cote J (2004) Structural and functional conservation of the NuA4 histone acetyltransferase complex from yeast to humans. Mol Cell Biol 24(5):1884–1896

Doyon Y, Cayrou C, Ullah M, Landry AJ, Cote V, Selleck W, Lane WS, Tan S, Yang XJ, Cote J (2006) ING tumor suppressor proteins are critical regulators of chromatin acetylation required for genome expression and perpetuation. Mol Cell 21(1):51–64. doi:10.1016/j.molcel.2005.12.007, S1097-2765(05)01849-6 [pii]

Draker R, Ng MK, Sarcinella E, Ignatchenko V, Kislinger T, Cheung P (2012) A combination of H2A.Z and H4 acetylation recruits Brd2 to chromatin during transcriptional activation. PLoS Genet 8(11):e1003047, PGENETICS-D-12-00790 [pii]

Driscoll R, Hudson A, Jackson SP (2007) Yeast Rtt109 promotes genome stability by acetylating histone H3 on lysine 56. Science 315(5812):649–652. doi:10.1126/science.1135862, 315/5812/649 [pii]

Drogaris P, Villeneuve V, Pomies C, Lee EH, Bourdeau V, Bonneil E, Ferbeyre G, Verreault A, Thibault P (2012) Histone deacetylase inhibitors globally enhance h3/h4 tail acetylation without affecting h3 lysine 56 acetylation. Sci Rep 2:220. doi:10.1038/srep00220

Durant M, Pugh BF (2007) NuA4-directed chromatin transactions throughout the *Saccharomyces cerevisiae* genome. Mol Cell Biol 27(15):5327–5335. doi:10.1128/MCB.00468-07

Dutnall RN, Tafrov ST, Sternglanz R, Ramakrishnan V (1998) Structure of the histone acetyltransferase Hat1: a paradigm for the GCN5-related N-acetyltransferase superfamily. Cell 94(4):427–438, S0092-8674(00)81584-6 [pii]

Duvic M, Talpur R, Ni X, Zhang C, Hazarika P, Kelly C, Chiao JH, Reilly JF, Ricker JL, Richon VM, Frankel SR (2007) Phase 2 trial of oral vorinostat (suberoylanilide hydroxamic acid, SAHA) for refractory cutaneous T-cell lymphoma (CTCL). Blood 109(1):31–39. doi:10.1182/blood-2006-06-025999, blood-2006-06-025999 [pii]

Edmondson DG, Davie JK, Zhou J, Mirnikjoo B, Tatchell K, Dent SY (2002) Site-specific loss of acetylation upon phosphorylation of histone H3. J Biol Chem 277(33):29496–29502. doi:10.1074/jbc.M200651200, M200651200 [pii]

Ekwall K, Olsson T, Turner BM, Cranston G, Allshire RC (1997) Transient inhibition of histone deacetylation alters the structural and functional imprint at fission yeast centromeres. Cell 91(7):1021–1032

Erkmann JA, Kaufman PD (2009) A negatively charged residue in place of histone H3K56 supports chromatin assembly factor association but not genotoxic stress resistance. DNA Repair (Amst) 8(12):1371–1379. doi:10.1016/j.dnarep.2009.09.004

Fazly A, Li Q, Hu Q, Mer G, Horazdovsky B, Zhang Z (2012) Histone chaperone Rtt106 promotes nucleosome formation using (H3-H4)2 tetramers. J Biol Chem 287(14):10753–10760. doi:10.1074/jbc.M112.347450

Fazzio TG, Huff JT, Panning B (2008a) Chromatin regulation Tip(60)s the balance in embryonic stem cell self-renewal. Cell Cycle 7(21):3302–3306, 6928 [pii]

Fazzio TG, Huff JT, Panning B (2008b) An RNAi screen of chromatin proteins identifies Tip60-p400 as a regulator of embryonic stem cell identity. Cell 134(1):162–174. doi:10.1016/j.cell.2008.05.031, S0092-8674(08)00692-2 [pii]

Feser J, Truong D, Das C, Carson JJ, Kieft J, Harkness T, Tyler JK (2010) Elevated histone expression promotes life span extension. Mol Cell 39(5):724–735. doi:10.1016/j.molcel.2010.08.015

Filippakopoulos P, Knapp S (2012) The bromodomain interaction module. FEBS Lett 586(17):2692–2704. doi:10.1016/j.febslet.2012.04.045, S0014-5793(12)00334-1 [pii]

Filippakopoulos P, Qi J, Picaud S, Shen Y, Smith WB, Fedorov O, Morse EM, Keates T, Hickman TT, Felletar I, Philpott M, Munro S, McKeown MR, Wang Y, Christie AL, West N, Cameron MJ, Schwartz B, Heightman TD, La Thangue N, French CA, Wiest O, Kung AL, Knapp S, Bradner JE (2010) Selective inhibition of BET bromodomains. Nature 468(7327):1067–1073. doi:10.1038/nature09504, nature09504 [pii]

Filippakopoulos P, Picaud S, Mangos M, Keates T, Lambert JP, Barsyte-Lovejoy D, Felletar I, Volkmer R, Muller S, Pawson T, Gingras AC, Arrowsmith CH, Knapp S (2012) Histone recognition and large-scale structural analysis of the human bromodomain family. Cell 149(1):214–231. doi:10.1016/j.cell.2012.02.013, S0092-8674(12)00213-9 [pii]

Fillingham J, Recht J, Silva AC, Suter B, Emili A, Stagljar I, Krogan NJ, Allis CD, Keogh MC, Greenblatt JF (2008) Chaperone control of the activity and specificity of the histone H3 acetyltransferase Rtt109. Mol Cell Biol 28(13):4342–4353. doi:10.1128/MCB.00182-08, MCB.00182-08 [pii]

Finnin MS, Donigian JR, Cohen A, Richon VM, Rifkind RA, Marks PA, Breslow R, Pavletich NP (1999) Structures of a histone deacetylase homologue bound to the TSA and SAHA inhibitors. Nature 401(6749):188–193. doi:10.1038/43710

Fischer U, Meltzer P, Meese E (1996) Twelve amplified and expressed genes localized in a single domain in glioma. Hum Genet 98(5):625–628

Fischer U, Heckel D, Michel A, Janka M, Hulsebos T, Meese E (1997) Cloning of a novel transcription factor-like gene amplified in human glioma including astrocytoma grade I. Hum Mol Genet 6(11):1817–1822, dda232 [pii]

Fischer A, Sananbenesi F, Wang X, Dobbin M, Tsai LH (2007) Recovery of learning and memory is associated with chromatin remodelling. Nature 447(7141):178–182. doi:10.1038/nature05772

Fishburn J, Mohibullah N, Hahn S (2005) Function of a eukaryotic transcription activator during the transcription cycle. Mol Cell 18(3):369–378. doi:10.1016/j.molcel.2005.03.029

Fraga MF, Ballestar E, Villar-Garea A, Boix-Chornet M, Espada J, Schotta G, Bonaldi T, Haydon C, Ropero S, Petrie K, Iyer NG, Perez-Rosado A, Calvo E, Lopez JA, Cano A, Calasanz MJ, Colomer D, Piris MA, Ahn N, Imhof A, Caldas C, Jenuwein T, Esteller M (2005) Loss of acetylation at Lys16 and trimethylation at Lys20 of histone H4 is a common hallmark of human cancer. Nat Genet 37(4):391–400. doi:10.1038/ng1531, ng1531 [pii]

French CA, Miyoshi I, Kubonishi I, Grier HE, Perez-Atayde AR, Fletcher JA (2003) BRD4-NUT fusion oncogene: a novel mechanism in aggressive carcinoma. Cancer Res 63(2):304–307

French CA, Ramirez CL, Kolmakova J, Hickman TT, Cameron MJ, Thyne ME, Kutok JL, Toretsky JA, Tadavarthy AK, Kees UR, Fletcher JA, Aster JC (2008) BRD-NUT oncoproteins: a family of closely related nuclear proteins that block epithelial differentiation and maintain the growth of carcinoma cells. Oncogene 27(15):2237–2242. doi:10.1038/sj.onc.1210852, 1210852 [pii]

Friis RM, Wu BP, Reinke SN, Hockman DJ, Sykes BD, Schultz MC (2009) A glycolytic burst drives glucose induction of global histone acetylation by picNuA4 and SAGA. Nucleic Acids Res 37(12):3969–3980. doi:10.1093/nar/gkp270

Fuchs M, Gerber J, Drapkin R, Sif S, Ikura T, Ogryzko V, Lane WS, Nakatani Y, Livingston DM (2001) The p400 complex is an essential E1A transformation target. Cell 106(3):297–307

Furumai R, Matsuyama A, Kobashi N, Lee KH, Nishiyama M, Nakajima H, Tanaka A, Komatsu Y, Nishino N, Yoshida M, Horinouchi S (2002) FK228 (depsipeptide) as a natural prodrug that inhibits class I histone deacetylases. Cancer Res 62(17):4916–4921

Galarneau L, Nourani A, Boudreault AA, Zhang Y, Heliot L, Allard S, Savard J, Lane WS, Stillman DJ, Cote J (2000) Multiple links between the NuA4 histone acetyltransferase complex and epigenetic control of transcription. Mol Cell 5(6):927–937

Gao L, Cueto MA, Asselbergs F, Atadja P (2002) Cloning and functional characterization of HDAC11, a novel member of the human histone deacetylase family. J Biol Chem 277(28):25748–25755. doi:10.1074/jbc.M111871200, M111871200 [pii]

Garcia-Ramirez M, Dong F, Ausio J (1992) Role of the histone "tails" in the folding of oligonucleosomes depleted of histone H1. J Biol Chem 267(27):19587–19595

Garcia-Ramirez M, Rocchini C, Ausio J (1995) Modulation of chromatin folding by histone acetylation. J Biol Chem 270(30):17923–17928

Garkavtsev I, Kozin SV, Chernova O, Xu L, Winkler F, Brown E, Barnett GH, Jain RK (2004) The candidate tumour suppressor protein ING4 regulates brain tumour growth and angiogenesis. Nature 428(6980):328–332. doi:10.1038/nature02329

Gatta R, Dolfini D, Zambelli F, Imbriano C, Pavesi G, Mantovani R (2011) An acetylation-mono-ubiquitination switch on lysine 120 of H2B. Epigenetics 6(5):630–637

Ge Z, Wang H, Parthun MR (2011) Nuclear Hat1p complex (NuB4) components participate in DNA repair-linked chromatin reassembly. J Biol Chem 286(19):16790–16799. doi:10.1074/jbc.M110.216846, M110.216846 [pii]

Ginsburg DS, Govind CK, Hinnebusch AG (2009) NuA4 lysine acetyltransferase Esa1 is targeted to coding regions and stimulates transcription elongation with Gcn5. Mol Cell Biol 29(24):6473–6487. doi:10.1128/MCB.01033-09

Gordon F, Luger K, Hansen JC (2005) The core histone N-terminal tail domains function independently and additively during salt-dependent oligomerization of nucleosomal arrays. J Biol Chem 280(40):33701–33706. doi:10.1074/jbc.M507048200, M507048200 [pii]

Gorisch SM, Wachsmuth M, Toth KF, Lichter P, Rippe K (2005) Histone acetylation increases chromatin accessibility. J Cell Sci 118(Pt 24):5825–5834. doi:10.1242/jcs.02689, jcs.02689 [pii]

Gorrini C, Squatrito M, Luise C, Syed N, Perna D, Wark L, Martinato F, Sardella D, Verrecchia A, Bennett S, Confalonieri S, Cesaroni M, Marchesi F, Gasco M, Scanziani E, Capra M, Mai S, Nuciforo P, Crook T, Lough J, Amati B (2007) Tip60 is a haplo-insufficient tumour suppressor required for an oncogene-induced DNA damage response. Nature 448(7157):1063–1067. doi:10.1038/nature06055

Govind CK, Zhang F, Qiu H, Hofmeyer K, Hinnebusch AG (2007) Gcn5 promotes acetylation, eviction, and methylation of nucleosomes in transcribed coding regions. Mol Cell 25(1):31–42. doi:10.1016/j.molcel.2006.11.020, S1097-2765(06)00814-8 [pii]

Graff J, Tsai LH (2013) Histone acetylation: molecular mnemonics on the chromatin. Nat Rev Neurosci 14(2):97–111. doi:10.1038/nrn3427

Graff J, Rei D, Guan JS, Wang WY, Seo J, Hennig KM, Nieland TJ, Fass DM, Kao PF, Kahn M, Su SC, Samiei A, Joseph N, Haggarty SJ, Delalle I, Tsai LH (2012) An epigenetic blockade of cognitive functions in the neurodegenerating brain. Nature 483(7388):222–226. doi:10.1038/nature10849

Grant PA, Duggan L, Cote J, Roberts SM, Brownell JE, Candau R, Ohba R, Owen-Hughes T, Allis CD, Winston F, Berger SL, Workman JL (1997) Yeast Gcn5 functions in two multisubunit complexes to acetylate nucleosomal histones: characterization of an Ada complex and the SAGA (Spt/Ada) complex. Genes Dev 11(13):1640–1650

Grant PA, Eberharter A, John S, Cook RG, Turner BM, Workman JL (1999) Expanded lysine acetylation specificity of Gcn5 in native complexes. J Biol Chem 274(9):5895–5900

Green EM, Antczak AJ, Bailey AO, Franco AA, Wu KJ, Yates JR III, Kaufman PD (2005) Replication-independent histone deposition by the HIR complex and Asf1. Curr Biol 15(22):2044–2049. doi:10.1016/j.cub.2005.10.053

Green EM, Mas G, Young NL, Garcia BA, Gozani O (2012) Methylation of H4 lysines 5, 8 and 12 by yeast Set5 calibrates chromatin stress responses. Nat Struct Mol Biol 19(3):361–363. doi:10.1038/nsmb.2252

Gregoretti IV, Lee YM, Goodson HV (2004) Molecular evolution of the histone deacetylase family: functional implications of phylogenetic analysis. J Mol Biol 338(1):17–31. doi:10.1016/j.jmb.2004.02.006, S0022283604001408 [pii]

Grewal SI, Bonaduce MJ, Klar AJ (1998) Histone deacetylase homologs regulate epigenetic inheritance of transcriptional silencing and chromosome segregation in fission yeast. Genetics 150(2):563–576

Gross DS, Garrard WT (1988) Nuclease hypersensitive sites in chromatin. Annu Rev Biochem 57:159–197. doi:10.1146/annurev.bi.57.070188.001111

Guan JS, Haggarty SJ, Giacometti E, Dannenberg JH, Joseph N, Gao J, Nieland TJ, Zhou Y, Wang X, Mazitschek R, Bradner JE, DePinho RA, Jaenisch R, Tsai LH (2009) HDAC2 negatively regulates memory formation and synaptic plasticity. Nature 459(7243):55–60. doi:10.1038/nature07925

Guarente L, Picard F (2005) Calorie restriction – the SIR2 connection. Cell 120(4):473–482. doi:10.1016/j.cell.2005.01.029

Guenther MG, Barak O, Lazar MA (2001) The SMRT and N-CoR corepressors are activating cofactors for histone deacetylase 3. Mol Cell Biol 21(18):6091–6101

Guillemette B, Bataille AR, Gevry N, Adam M, Blanchette M, Robert F, Gaudreau L (2005) Variant histone H2A.Z is globally localized to the promoters of inactive yeast genes and regulates nucleosome positioning. PLoS Biol 3(12):e384

Guillemette B, Drogaris P, Lin HH, Armstrong H, Hiragami-Hamada K, Imhof A, Bonneil E, Thibault P, Verreault A, Festenstein RJ (2011) H3 lysine 4 is acetylated at active gene promoters and is regulated by H3 lysine 4 methylation. PLoS Genet 7(3):e1001354. doi:10.1371/journal.pgen.1001354

Gunduz M, Ouchida M, Fukushima K, Ito S, Jitsumori Y, Nakashima T, Nagai N, Nishizaki K, Shimizu K (2002) Allelic loss and reduced expression of the ING3, a candidate tumor suppressor gene at 7q31, in human head and neck cancers. Oncogene 21(28):4462–4470. doi:10.1038/sj.onc.1205540

Gunduz M, Nagatsuka H, Demircan K, Gunduz E, Cengiz B, Ouchida M, Tsujigiwa H, Yamachika E, Fukushima K, Beder L, Hirohata S, Ninomiya Y, Nishizaki K, Shimizu K, Nagai N (2005) Frequent deletion and down-regulation of ING4, a candidate tumor suppressor gene at 12p13, in head and neck squamous cell carcinomas. Gene 356:109–117. doi:10.1016/j.gene.2005.02.014, S0378-1119(05)00084-3 [pii]

Guo R, Chen J, Mitchell DL, Johnson DG (2011) GCN5 and E2F1 stimulate nucleotide excision repair by promoting H3K9 acetylation at sites of damage. Nucleic Acids Res 39(4):1390–1397. doi:10.1093/nar/gkq983, gkq983 [pii]

Hake SB, Garcia BA, Duncan EM, Kauer M, Dellaire G, Shabanowitz J, Bazett-Jones DP, Allis CD, Hunt DF (2006) Expression patterns and post-translational modifications associated with mammalian histone H3 variants. J Biol Chem 281(1):559–568. doi:10.1074/jbc.M509266200, M509266200 [pii]

Halkidou K, Gnanapragasam VJ, Mehta PB, Logan IR, Brady ME, Cook S, Leung HY, Neal DE, Robson CN (2003) Expression of Tip60, an androgen receptor coactivator, and its role in prostate cancer development. Oncogene 22(16):2466–2477. doi:10.1038/sj.onc.1206342, 1206342 [pii]

Halley JE, Kaplan T, Wang AY, Kobor MS, Rine J (2010) Roles for H2A.Z and its acetylation in GAL1 transcription and gene induction, but not GAL1-transcriptional memory. PLoS Biol 8(6):e1000401

Han J, Zhou H, Horazdovsky B, Zhang K, Xu RM, Zhang Z (2007a) Rtt109 acetylates histone H3 lysine 56 and functions in DNA replication. Science 315(5812):653–655. doi:10.1126/science.1133234, 315/5812/653 [pii]

Han J, Zhou H, Li Z, Xu RM, Zhang Z (2007b) The Rtt109-Vps75 histone acetyltransferase complex acetylates non-nucleosomal histone H3. J Biol Chem 282(19):14158–14164. doi:10.1074/jbc.M700611200, M700611200 [pii]

Hardy S, Jacques PE, Gevry N, Forest A, Fortin ME, Laflamme L, Gaudreau L, Robert F (2009) The euchromatic and heterochromatic landscapes are shaped by antagonizing effects of transcription on H2A.Z deposition. PLoS Genet 5(10):e1000687

Hassan AH, Prochasson P, Neely KE, Galasinski SC, Chandy M, Carrozza MJ, Workman JL (2002) Function and selectivity of bromodomains in anchoring chromatin-modifying complexes to promoter nucleosomes. Cell 111(3):369–379, S009286740201005X [pii]

Hassan AH, Awad S, Prochasson P (2006) The Swi2/Snf2 bromodomain is required for the displacement of SAGA and the octamer transfer of SAGA-acetylated nucleosomes. J Biol Chem 281(26):18126–18134. doi:10.1074/jbc.M602851200

Hayakawa T, Ohtani Y, Hayakawa N, Shinmyozu K, Saito M, Ishikawa F, Nakayama J (2007) RBP2 is an MRG15 complex component and down-regulates intragenic histone H3 lysine 4 methylation. Genes Cells 12(6):811–826. doi:10.1111/j.1365-2443.2007.01089.x

Hayes JJ, Clark DJ, Wolffe AP (1991) Histone contributions to the structure of DNA in the nucleosome. Proc Natl Acad Sci U S A 88(15):6829–6833

Haynes SR, Dollard C, Winston F, Beck S, Trowsdale J, Dawid IB (1992) The bromodomain: a conserved sequence found in human, Drosophila and yeast proteins. Nucleic Acids Res 20(10):2603

Hebbes TR, Thorne AW, Crane-Robinson C (1988) A direct link between core histone acetylation and transcriptionally active chromatin. EMBO J 7(5):1395–1402

Hebbes TR, Thorne AW, Clayton AL, Crane-Robinson C (1992) Histone acetylation and globin gene switching. Nucleic Acids Res 20(5):1017–1022

Hilfiker A, Hilfiker-Kleiner D, Pannuti A, Lucchesi JC (1997) mof, a putative acetyl transferase gene related to the Tip60 and MOZ human genes and to the SAS genes of yeast, is required for dosage compensation in Drosophila. EMBO J 16(8):2054–2060. doi:10.1093/emboj/16.8.2054

Hobbs CA, Wei G, DeFeo K, Paul B, Hayes CS, Gilmour SK (2006) Tip60 protein isoforms and altered function in skin and tumors that overexpress ornithine decarboxylase. Cancer Res 66(16):8116–8122. doi:10.1158/0008-5472.CAN-06-0359, 66/16/8116 [pii]

Hook SS, Orian A, Cowley SM, Eisenman RN (2002) Histone deacetylase 6 binds polyubiquitin through its zinc finger (PAZ domain) and copurifies with deubiquitinating enzymes. Proc Natl Acad Sci U S A 99(21):13425–13430. doi:10.1073/pnas.172511699, 172511699 [pii]

Howe L, Auston D, Grant P, John S, Cook RG, Workman JL, Pillus L (2001) Histone H3 specific acetyltransferases are essential for cell cycle progression. Genes Dev 15(23):3144–3154. doi:10.1101/gad.931401

Hsiao KY, Mizzen CA (2013) Histone H4 deacetylation facilitates 53BP1 DNA damage signaling and double-strand break repair. J Mol Cell Biol 5:157–165. doi:10.1093/jmcb/mjs066

Hsieh YJ, Kundu TK, Wang Z, Kovelman R, Roeder RG (1999) The TFIIIC90 subunit of TFIIIC interacts with multiple components of the RNA polymerase III machinery and contains a histone-specific acetyltransferase activity. Mol Cell Biol 19(11):7697–7704

Huisinga KL, Pugh BF (2004) A genome-wide housekeeping role for TFIID and a highly regulated stress-related role for SAGA in *Saccharomyces cerevisiae*. Mol Cell 13(4):573–585

Hung T, Binda O, Champagne KS, Kuo AJ, Johnson K, Chang HY, Simon MD, Kutateladze TG, Gozani O (2009) ING4 mediates crosstalk between histone H3 K4 trimethylation and H3 acetylation to attenuate cellular transformation. Mol Cell 33(2):248–256. doi:10.1016/j.molcel.2008.12.016

Hyland EM, Cosgrove MS, Molina H, Wang D, Pandey A, Cottee RJ, Boeke JD (2005) Insights into the role of histone H3 and histone H4 core modifiable residues in *Saccharomyces cerevisiae*. Mol Cell Biol 25(22):10060–10070. doi:10.1128/MCB.25.22.10060-10070.2005, 25/22/10060 [pii]

Ida K, Kitabayashi I, Taki T, Taniwaki M, Noro K, Yamamoto M, Ohki M, Hayashi Y (1997) Adenoviral E1A-associated protein p300 is involved in acute myeloid leukemia with t(11;22) (q23;q13). Blood 90(12):4699–4704

Ikeda K, Steger DJ, Eberharter A, Workman JL (1999) Activation domain-specific and general transcription stimulation by native histone acetyltransferase complexes. Mol Cell Biol 19(1):855–863

Ikura T, Ogryzko VV, Grigoriev M, Groisman R, Wang J, Horikoshi M, Scully R, Qin J, Nakatani Y (2000) Involvement of the TIP60 histone acetylase complex in DNA repair and apoptosis. Cell 102(4):463–473, S0092-8674(00)00051-9 [pii]

Ikura T, Tashiro S, Kakino A, Shima H, Jacob N, Amunugama R, Yoder K, Izumi S, Kuraoka I, Tanaka K, Kimura H, Ikura M, Nishikubo S, Ito T, Muto A, Miyagawa K, Takeda S, Fishel R, Igarashi K, Kamiya K (2007) DNA damage-dependent acetylation and ubiquitination of H2AX enhances chromatin dynamics. Mol Cell Biol 27(20):7028–7040. doi:10.1128/MCB.00579-07, MCB.00579-07 [pii]

Imai S, Armstrong CM, Kaeberlein M, Guarente L (2000) Transcriptional silencing and longevity protein Sir2 is an NAD-dependent histone deacetylase. Nature 403(6771):795–800. doi:10.1038/35001622

Inoue A, Fujimoto D (1969) Enzymatic deacetylation of histone. Biochem Biophys Res Commun 36(1):146–150, 0006-291X(69)90661-5 [pii]

Ishimi Y, Kikuchi A (1991) Identification and molecular cloning of yeast homolog of nucleosome assembly protein I which facilitates nucleosome assembly in vitro. J Biol Chem 266(11):7025–7029

Ito T, Tyler JK, Kadonaga JT (1997) Chromatin assembly factors: a dual function in nucleosome formation and mobilization? Genes Cells 2(10):593–600

Ito T, Ikehara T, Nakagawa T, Kraus WL, Muramatsu M (2000) p300-mediated acetylation facilitates the transfer of histone H2A-H2B dimers from nucleosomes to a histone chaperone. Genes Dev 14(15):1899–1907

Ito K, Charron CE, Adcock IM (2007) Impact of protein acetylation in inflammatory lung diseases. Pharmacol Ther 116(2):249–265. doi:10.1016/j.pharmthera.2007.06.009, S0163-7258(07) 00149-0 [pii]

Ivanovska I, Khandan T, Ito T, Orr-Weaver TL (2005) A histone code in meiosis: the histone kinase, NHK-1, is required for proper chromosomal architecture in Drosophila oocytes. Genes Dev 19(21):2571–2582. doi:10.1101/gad.1348905, gad.1348905 [pii]

Iyer NG, Ozdag H, Caldas C (2004) p300/CBP and cancer. Oncogene 23(24):4225–4231. doi:10.1038/sj.onc.1207118, 1207118 [pii]

Jackson V, Shires A, Tanphaichitr N, Chalkley R (1976) Modifications to histones immediately after synthesis. J Mol Biol 104(2):471–483

Jacobson RH, Ladurner AG, King DS, Tjian R (2000) Structure and function of a human TAFII250 double bromodomain module. Science 288(5470):1422–1425, 8538 [pii]

Jang MK, Mochizuki K, Zhou M, Jeong HS, Brady JN, Ozato K (2005) The bromodomain protein Brd4 is a positive regulatory component of P-TEFb and stimulates RNA polymerase II-dependent transcription. Mol Cell 19(4):523–534. doi:10.1016/j.molcel.2005.06.027

Jasencakova Z, Scharf AN, Ask K, Corpet A, Imhof A, Almouzni G, Groth A (2010) Replication stress interferes with histone recycling and predeposition marking of new histones. Mol Cell 37(5):736–743. doi:10.1016/j.molcel.2010.01.033

Jazayeri A, McAinsh AD, Jackson SP (2004) *Saccharomyces cerevisiae* Sin3p facilitates DNA double-strand break repair. Proc Natl Acad Sci U S A 101(6):1644–1649. doi:10.1073/pnas.0304797101

Jelinic P, Pellegrino J, David G (2011) A novel mammalian complex containing Sin3B mitigates histone acetylation and RNA polymerase II progression within transcribed loci. Mol Cell Biol 31(1):54–62. doi:10.1128/MCB.00840-10

Jeppesen P, Mitchell A, Turner B, Perry P (1992) Antibodies to defined histone epitopes reveal variations in chromatin conformation and underacetylation of centric heterochromatin in human metaphase chromosomes. Chromosoma 101(5–6):322–332

Jha S, Shibata E, Dutta A (2008) Human Rvb1/Tip49 is required for the histone acetyltransferase activity of Tip60/NuA4 and for the downregulation of phosphorylation on H2AX after DNA damage. Mol Cell Biol 28(8):2690–2700. doi:10.1128/MCB.01983-07

Jha S, Vande Pol S, Banerjee NS, Dutta AB, Chow LT, Dutta A (2010) Destabilization of TIP60 by human papillomavirus E6 results in attenuation of TIP60-dependent transcriptional regulation and apoptotic pathway. Mol Cell 38(5):700–711. doi:10.1016/j.molcel.2010.05.020

Jiang G, Yang F, Sanchez C, Ehrlich M (2004) Histone modification in constitutive heterochromatin versus unexpressed euchromatin in human cells. J Cell Biochem 93(2):286–300. doi:10.1002/jcb.20146

Jiang X, Xu Y, Price BD (2010) Acetylation of H2AX on lysine 36 plays a key role in the DNA double-strand break repair pathway. FEBS Lett 584(13):2926–2930. doi:10.1016/j.febslet.2010.05.017, S0014-5793(10)00410-2 [pii]

John S, Howe L, Tafrov ST, Grant PA, Sternglanz R, Workman JL (2000) The something about silencing protein, Sas3, is the catalytic subunit of NuA3, a yTAF(II)30-containing HAT complex that interacts with the Spt16 subunit of the yeast CP (Cdc68/Pob3)-FACT complex. Genes Dev 14(10):1196–1208

Johnson CA, O'Neill LP, Mitchell A, Turner BM (1998) Distinctive patterns of histone H4 acetylation are associated with defined sequence elements within both heterochromatic and euchromatic regions of the human genome. Nucleic Acids Res 26(4):994–1001

Joshi AA, Struhl K (2005) Eaf3 chromodomain interaction with methylated H3-K36 links histone deacetylation to Pol II elongation. Mol Cell 20(6):971–978. doi:10.1016/j.molcel.2005.11.021, S1097-2765(05)01808-3 [pii]

Kadosh D, Struhl K (1997) Repression by Ume6 involves recruitment of a complex containing Sin3 corepressor and Rpd3 histone deacetylase to target promoters. Cell 89(3):365–371, S0092-8674(00)80217-2 [pii]

Kadosh D, Struhl K (1998) Targeted recruitment of the Sin3-Rpd3 histone deacetylase complex generates a highly localized domain of repressed chromatin in vivo. Mol Cell Biol 18(9):5121–5127

Kamine J, Elangovan B, Subramanian T, Coleman D, Chinnadurai G (1996) Identification of a cellular protein that specifically interacts with the essential cysteine region of the HIV-1 Tat transactivator. Virology 216(2):357–366. doi:10.1006/viro.1996.0071, S0042-6822(96)90071-9 [pii]

Kan PY, Caterino TL, Hayes JJ (2009) The H4 tail domain participates in intra- and internucleosome interactions with protein and DNA during folding and oligomerization of nucleosome arrays. Mol Cell Biol 29(2):538–546. doi:10.1128/MCB.01343-08, MCB.01343-08 [pii]

Kanno T, Kanno Y, Siegel RM, Jang MK, Lenardo MJ, Ozato K (2004) Selective recognition of acetylated histones by bromodomain proteins visualized in living cells. Mol Cell 13(1):33–43, S1097276503004829 [pii]

Kasten M, Szerlong H, Erdjument-Bromage H, Tempst P, Werner M, Cairns BR (2004) Tandem bromodomains in the chromatin remodeler RSC recognize acetylated histone H3 Lys14. EMBO J 23(6):1348–1359. doi:10.1038/sj.emboj.7600143, 7600143 [pii]

Kaufman PD, Kobayashi R, Kessler N, Stillman B (1995) The p150 and p60 subunits of chromatin assembly factor I: a molecular link between newly synthesized histones and DNA replication. Cell 81(7):1105–1114

Keck KM, Pemberton LF (2011) Interaction with the histone chaperone Vps75 promotes nuclear localization and HAT activity of Rtt109 in vivo. Traffic 12(7):826–839. doi:10.1111/j.1600-0854.2011.01202.x

Kelley RL, Solovyeva I, Lyman LM, Richman R, Solovyev V, Kuroda MI (1995) Expression of msl-2 causes assembly of dosage compensation regulators on the X chromosomes and female lethality in Drosophila. Cell 81(6):867–877, 0092-8674(95)90007-1 [pii]

Keogh MC, Kurdistani SK, Morris SA, Ahn SH, Podolny V, Collins SR, Schuldiner M, Chin K, Punna T, Thompson NJ, Boone C, Emili A, Weissman JS, Hughes TR, Strahl BD, Grunstein M, Greenblatt JF, Buratowski S, Krogan NJ (2005) Cotranscriptional set2 methylation of histone H3 lysine 36 recruits a repressive Rpd3 complex. Cell 123(4):593–605. doi:10.1016/j.cell.2005.10.025, S0092-8674(05)01159-1 [pii]

Keogh MC, Mennella TA, Sawa C, Berthelet S, Krogan NJ, Wolek A, Podolny V, Carpenter LR, Greenblatt JF, Baetz K, Buratowski S (2006) The Saccharomyces cerevisiae histone H2A variant Htz1 is acetylated by NuA4. Genes Dev 20(6):660–665. doi:10.1101/gad.1388106, 20/6/660 [pii]

Khan O, La Thangue NB (2012) HDAC inhibitors in cancer biology: emerging mechanisms and clinical applications. Immunol Cell Biol 90(1):85–94. doi:10.1038/icb.2011.100, icb2011100 [pii]

Kim JA, Haber JE (2009) Chromatin assembly factors Asf1 and CAF-1 have overlapping roles in deactivating the DNA damage checkpoint when DNA repair is complete. Proc Natl Acad Sci U S A 106(4):1151–1156. doi:10.1073/pnas.0812578106, 0812578106 [pii]

Kim S, Chin K, Gray JW, Bishop JM (2004) A screen for genes that suppress loss of contact inhibition: identification of ING4 as a candidate tumor suppressor gene in human cancer. Proc Natl Acad Sci U S A 101(46):16251–16256. doi:10.1073/pnas.0407158101

Kim HS, Vanoosthuyse V, Fillingham J, Roguev A, Watt S, Kislinger T, Treyer A, Carpenter LR, Bennett CS, Emili A, Greenblatt JF, Hardwick KG, Krogan NJ, Bahler J, Keogh MC (2009) An acetylated form of histone H2A.Z regulates chromosome architecture in Schizosaccharomyces pombe. Nat Struct Mol Biol 16(12):1286–1293. doi:10.1038/nsmb.1688

Kind J, Vaquerizas JM, Gebhardt P, Gentzel M, Luscombe NM, Bertone P, Akhtar A (2008) Genome-wide analysis reveals MOF as a key regulator of dosage compensation and gene expression in Drosophila. Cell 133(5):813–828. doi:10.1016/j.cell.2008.04.036, S0092-8674(08)00610-7 [pii]

Kishimoto M, Kohno T, Okudela K, Otsuka A, Sasaki H, Tanabe C, Sakiyama T, Hirama C, Kitabayashi I, Minna JD, Takenoshita S, Yokota J (2005) Mutations and deletions of the CBP gene in human lung cancer. Clin Cancer Res 11(2 Pt 1):512–519, 11/2/512 [pii]

Kleff S, Andrulis ED, Anderson CW, Sternglanz R (1995) Identification of a gene encoding a yeast histone H4 acetyltransferase. J Biol Chem 270(42):24674–24677

Knutson BA, Hahn S (2011) Domains of Tra1 important for activator recruitment and transcription coactivator functions of SAGA and NuA4 complexes. Mol Cell Biol 31(4):818–831. doi:10.1128/MCB.00687-10

Kornberg RD (1974) Chromatin structure: a repeating unit of histones and DNA. Science 184(4139):868–871

Krajewski WA, Becker PB (1998) Reconstitution of hyperacetylated, DNase I-sensitive chromatin characterized by high conformational flexibility of nucleosomal DNA. Proc Natl Acad Sci U S A 95(4):1540–1545

Krogan NJ, Cagney G, Yu H, Zhong G, Guo X, Ignatchenko A, Li J, Pu S, Datta N, Tikuisis AP, Punna T, Peregrin-Alvarez JM, Shales M, Zhang X, Davey M, Robinson MD, Paccanaro A, Bray JE, Sheung A, Beattie B, Richards DP, Canadien V, Lalev A, Mena F, Wong P, Starostine A, Canete MM, Vlasblom J, Wu S, Orsi C, Collins SR, Chandran S, Haw R, Rilstone JJ, Gandi K, Thompson NJ, Musso G, St Onge P, Ghanny S, Lam MH, Butland G, Altaf-Ul AM, Kanaya S, Shilatifard A, O'Shea E, Weissman JS, Ingles CJ, Hughes TR, Parkinson J, Gerstein M, Wodak SJ, Emili A, Greenblatt JF (2006) Global landscape of protein complexes in the yeast *Saccharomyces cerevisiae.* Nature 440(7084):637–643. doi:10.1038/nature04670

Kueh AJ, Dixon MP, Voss AK, Thomas T (2011) HBO1 is required for H3K14 acetylation and normal transcriptional activity during embryonic development. Mol Cell Biol 31(4):845–860. doi:10.1128/MCB.00159-10

Kundu TK, Wang Z, Roeder RG (1999) Human TFIIIC relieves chromatin-mediated repression of RNA polymerase III transcription and contains an intrinsic histone acetyltransferase activity. Mol Cell Biol 19(2):1605–1615

Kuo MH, Brownell JE, Sobel RE, Ranalli TA, Cook RG, Edmondson DG, Roth SY, Allis CD (1996) Transcription-linked acetylation by Gcn5p of histones H3 and H4 at specific lysines. Nature 383(6597):269–272. doi:10.1038/383269a0

Kuo MH, vom Baur E, Struhl K, Allis CD (2000) Gcn4 activator targets Gcn5 histone acetyltransferase to specific promoters independently of transcription. Mol Cell 6(6):1309–1320

Kurdistani SK, Grunstein M (2003) Histone acetylation and deacetylation in yeast. Nat Rev Mol Cell Biol 4(4):276–284. doi:10.1038/nrm1075

Kurdistani SK, Robyr D, Tavazoie S, Grunstein M (2002) Genome-wide binding map of the histone deacetylase Rpd3 in yeast. Nat Genet 31(3):248–254. doi:10.1038/ng907, ng907 [pii]

Kurdistani SK, Tavazoie S, Grunstein M (2004) Mapping global histone acetylation patterns to gene expression. Cell 117(6):721–733. doi:10.1016/j.cell.2004.05.023

Kusch T, Florens L, Macdonald WH, Swanson SK, Glaser RL, Yates JR III, Abmayr SM, Washburn MP, Workman JL (2004) Acetylation by Tip60 is required for selective histone variant exchange at DNA lesions. Science 306(5704):2084–2087. doi:10.1126/science.1103455, 1103455 [pii]

Kuzmichev A, Zhang Y, Erdjument-Bromage H, Tempst P, Reinberg D (2002) Role of the Sin3-histone deacetylase complex in growth regulation by the candidate tumor suppressor p33(ING1). Mol Cell Biol 22(3):835–848

Ladurner AG, Inouye C, Jain R, Tjian R (2003) Bromodomains mediate an acetyl-histone encoded antisilencing function at heterochromatin boundaries. Mol Cell 11(2):365–376, S1097276503000352 [pii]

Lam KC, Muhlpfordt F, Vaquerizas JM, Raja SJ, Holz H, Luscombe NM, Manke T, Akhtar A (2012) The NSL complex regulates housekeeping genes in Drosophila. PLoS Genet 8(6):e1002736. doi:10.1371/journal.pgen.1002736, PGENETICS-D-11-02234 [pii]

Lange M, Kaynak B, Forster UB, Tonjes M, Fischer JJ, Grimm C, Schlesinger J, Just S, Dunkel I, Krueger T, Mebus S, Lehrach H, Lurz R, Gobom J, Rottbauer W, Abdelilah-Seyfried S, Sperling S (2008) Regulation of muscle development by DPF3, a novel histone acetylation and methylation reader of the BAF chromatin remodeling complex. Genes Dev 22(17):2370–2384. doi:10.1101/gad.471408, 22/17/2370 [pii]

Larschan E, Alekseyenko AA, Gortchakov AA, Peng S, Li B, Yang P, Workman JL, Park PJ, Kuroda MI (2007) MSL complex is attracted to genes marked by H3K36 trimethylation using a sequence-independent mechanism. Mol Cell 28(1):121–133. doi:10.1016/j.molcel.2007.08.011

Latham JA, Dent SY (2007) Cross-regulation of histone modifications. Nat Struct Mol Biol 14(11):1017–1024. doi:10.1038/nsmb1307

Lau OD, Kundu TK, Soccio RE, Ait-Si-Ali S, Khalil EM, Vassilev A, Wolffe AP, Nakatani Y, Roeder RG, Cole PA (2000) HATs off: selective synthetic inhibitors of the histone acetyltransferases p300 and PCAF. Mol Cell 5(3):589–595

Lee KK, Workman JL (2007) Histone acetyltransferase complexes: one size doesn't fit all. Nat Rev Mol Cell Biol 8(4):284–295. doi:10.1038/nrm2145

Lee DY, Hayes JJ, Pruss D, Wolffe AP (1993) A positive role for histone acetylation in transcription factor access to nucleosomal DNA. Cell 72(1):73–84, 0092-8674(93)90051-Q [pii]

Lee MG, Wynder C, Cooch N, Shiekhattar R (2005) An essential role for CoREST in nucleosomal histone 3 lysine 4 demethylation. Nature 437(7057):432–435. doi:10.1038/nature04021, nature04021 [pii]

Lee MG, Wynder C, Bochar DA, Hakimi MA, Cooch N, Shiekhattar R (2006) Functional interplay between histone demethylase and deacetylase enzymes. Mol Cell Biol 26(17):6395–6402. doi:10.1128/MCB.00723-06, 26/17/6395 [pii]

Lee N, Erdjument-Bromage H, Tempst P, Jones RS, Zhang Y (2009) The H3K4 demethylase lid associates with and inhibits histone deacetylase Rpd3. Mol Cell Biol 29(6):1401–1410. doi:10.1128/MCB.01643-08

Lee HS, Park JH, Kim SJ, Kwon SJ, Kwon J (2010a) A cooperative activation loop among SWI/SNF, gamma-H2AX and H3 acetylation for DNA double-strand break repair. EMBO J 29(8):1434–1445. doi:10.1038/emboj.2010.27, emboj201027 [pii]

Lee JS, Smith E, Shilatifard A (2010b) The language of histone crosstalk. Cell 142(5):682–685. doi:10.1016/j.cell.2010.08.011

LeRoy G, Rickards B, Flint SJ (2008) The double bromodomain proteins Brd2 and Brd3 couple histone acetylation to transcription. Mol Cell 30(1):51–60. doi:10.1016/j.molcel.2008.01.018, S1097-2765(08)00157-3 [pii]

Li G, Reinberg D (2011) Chromatin higher-order structures and gene regulation. Curr Opin Genet Dev 21(2):175–186. doi:10.1016/j.gde.2011.01.022

Li B, Gogol M, Carey M, Lee D, Seidel C, Workman JL (2007) Combined action of PHD and chromo domains directs the Rpd3S HDAC to transcribed chromatin. Science 316(5827):1050–1054. doi:10.1126/science.1139004, 316/5827/1050 [pii]

Li Q, Zhou H, Wurtele H, Davies B, Horazdovsky B, Verreault A, Zhang Z (2008) Acetylation of histone H3 lysine 56 regulates replication-coupled nucleosome assembly. Cell 134(2):244–255. doi:10.1016/j.cell.2008.06.018, S0092-8674(08)00770-8 [pii]

Li Q, Fazly AM, Zhou H, Huang S, Zhang Z, Stillman B (2009a) The elongator complex interacts with PCNA and modulates transcriptional silencing and sensitivity to DNA damage agents. PLoS Genet 5(10):e1000684. doi:10.1371/journal.pgen.1000684

Li X, Wu L, Corsa CA, Kunkel S, Dou Y (2009b) Two mammalian MOF complexes regulate transcription activation by distinct mechanisms. Mol Cell 36(2):290–301. doi:10.1016/j.molcel.2009.07.031

Li X, Corsa CA, Pan PW, Wu L, Ferguson D, Yu X, Min J, Dou Y (2010) MOF and H4 K16 acetylation play important roles in DNA damage repair by modulating recruitment of DNA damage repair protein Mdc1. Mol Cell Biol 30(22):5335–5347. doi:10.1128/MCB.00350-10, MCB.00350-10 [pii]

Lin YY, Qi Y, Lu JY, Pan X, Yuan DS, Zhao Y, Bader JS, Boeke JD (2008) A comprehensive synthetic genetic interaction network governing yeast histone acetylation and deacetylation. Genes Dev 22(15):2062–2074. doi:10.1101/gad.1679508

Lin YY, Lu JY, Zhang J, Walter W, Dang W, Wan J, Tao SC, Qian J, Zhao Y, Boeke JD, Berger SL, Zhu H (2009) Protein acetylation microarray reveals that NuA4 controls key metabolic target regulating gluconeogenesis. Cell 136(6):1073–1084. doi:10.1016/j.cell.2009.01.033

Lin YY, Kiihl S, Suhail Y, Liu SY, Chou YH, Kuang Z, Lu JY, Khor CN, Lin CL, Bader JS, Irizarry R, Boeke JD (2012) Functional dissection of lysine deacetylases reveals that HDAC1 and p300 regulate AMPK. Nature 482(7384):251–255. doi:10.1038/nature10804

Ling X, Harkness TA, Schultz MC, Fisher-Adams G, Grunstein M (1996) Yeast histone H3 and H4 amino termini are important for nucleosome assembly in vivo and in vitro: redundant and position-independent functions in assembly but not in gene regulation. Genes Dev 10(6):686–699

Liu CL, Kaplan T, Kim M, Buratowski S, Schreiber SL, Friedman N, Rando OJ (2005) Single-nucleosome mapping of histone modifications in S. cerevisiae. PLoS Biol 3(10):e328

Liu X, Wang L, Zhao K, Thompson PR, Hwang Y, Marmorstein R, Cole PA (2008) The structural basis of protein acetylation by the p300/CBP transcriptional coactivator. Nature 451(7180):846–850. doi:10.1038/nature06546, nature06546 [pii]

LLeonart M, Vidal F, Gallardo D, Diaz-Fuertes M, Rojo F, Cuatrecasas M, Lopez-Vicente L, Kondoh H, Blanco C, Carnero A, Ramon y Cajal S (2006) New p53 related genes in human tumors: significant downregulation in colon and lung carcinomas. Oncol Rep 16(3):603–608

Lo WS, Trievel RC, Rojas JR, Duggan L, Hsu JY, Allis CD, Marmorstein R, Berger SL (2000) Phosphorylation of serine 10 in histone H3 is functionally linked in vitro and in vivo to Gcn5-mediated acetylation at lysine 14. Mol Cell 5(6):917–926, S1097-2765(00)80257-9 [pii]

Lorch Y, Beve J, Gustafsson CM, Myers LC, Kornberg RD (2000) Mediator-nucleosome interaction. Mol Cell 6(1):197–201, S1097-2765(05)00007-9 [pii]

Loyola A, Bonaldi T, Roche D, Imhof A, Almouzni G (2006) PTMs on H3 variants before chromatin assembly potentiate their final epigenetic state. Mol Cell 24(2):309–316. doi:10.1016/j.molcel.2006.08.019, S1097-2765(06)00600-9 [pii]

Lu JY, Lin YY, Sheu JC, Wu JT, Lee FJ, Chen Y, Lin MI, Chiang FT, Tai TY, Berger SL, Zhao Y, Tsai KS, Zhu H, Chuang LM, Boeke JD (2011) Acetylation of yeast AMPK controls intrinsic aging independently of caloric restriction. Cell 146(6):969–979. doi:10.1016/j.cell.2011.07.044

Ma XJ, Wu J, Altheim BA, Schultz MC, Grunstein M (1998) Deposition-related sites K5/K12 in histone H4 are not required for nucleosome deposition in yeast. Proc Natl Acad Sci U S A 95(12):6693–6698

Maas NL, Miller KM, DeFazio LG, Toczyski DP (2006) Cell cycle and checkpoint regulation of histone H3 K56 acetylation by Hst3 and Hst4. Mol Cell 23(1):109–119. doi:10.1016/j.molcel.2006.06.006, S1097-2765(06)00411-4 [pii]

Mantelingu K, Reddy BA, Swaminathan V, Kishore AH, Siddappa NB, Kumar GV, Nagashankar G, Natesh N, Roy S, Sadhale PP, Ranga U, Narayana C, Kundu TK (2007) Specific inhibition of p300-HAT alters global gene expression and represses HIV replication. Chem Biol 14(6):645–657. doi:10.1016/j.chembiol.2007.04.011, S1074-5521(07)00154-8 [pii]

Margueron R, Reinberg D (2010) Chromatin structure and the inheritance of epigenetic information. Nat Rev Genet 11(4):285–296. doi:10.1038/nrg2752

Martin DG, Baetz K, Shi X, Walter KL, MacDonald VE, Wlodarski MJ, Gozani O, Hieter P, Howe L (2006a) The Yng1p plant homeodomain finger is a methyl-histone binding module that recognizes lysine 4-methylated histone H3. Mol Cell Biol 26(21):7871–7879. doi:10.1128/MCB.00573-06, MCB.00573-06 [pii]

Martin DG, Grimes DE, Baetz K, Howe L (2006b) Methylation of histone H3 mediates the association of the NuA3 histone acetyltransferase with chromatin. Mol Cell Biol 26(8):3018–3028. doi:10.1128/MCB.26.8.3018-3028.2006, 26/8/3018 [pii]

Martinez E, Palhan VB, Tjernberg A, Lymar ES, Gamper AM, Kundu TK, Chait BT, Roeder RG (2001) Human STAGA complex is a chromatin-acetylating transcription coactivator that interacts with pre-mRNA splicing and DNA damage-binding factors in vivo. Mol Cell Biol 21(20):6782–6795. doi:10.1128/MCB.21.20.6782-6795.2001

Masumoto H, Hawke D, Kobayashi R, Verreault A (2005) A role for cell-cycle-regulated histone H3 lysine 56 acetylation in the DNA damage response. Nature 436(7048):294–298. doi:10.1038/nature03714, nature03714 [pii]

Matangkasombut O, Buratowski S (2003) Different sensitivities of bromodomain factors 1 and 2 to histone H4 acetylation. Mol Cell 11(2):353–363

McBrian MA, Behbahan IS, Ferrari R, Su T, Huang TW, Li K, Hong CS, Christofk HR, Vogelauer M, Seligson DB, Kurdistani SK (2013) Histone acetylation regulates intracellular pH. Mol Cell 49(2):310–321. doi:10.1016/j.molcel.2012.10.025

McKinsey TA, Zhang CL, Lu J, Olson EN (2000) Signal-dependent nuclear export of a histone deacetylase regulates muscle differentiation. Nature 408(6808):106–111. doi:10.1038/35040593

McKittrick E, Gafken PR, Ahmad K, Henikoff S (2004) Histone H3.3 is enriched in covalent modifications associated with active chromatin. Proc Natl Acad Sci U S A 101(6):1525–1530. doi:10.1073/pnas.0308092100, 0308092100 [pii]

Mendjan S, Taipale M, Kind J, Holz H, Gebhardt P, Schelder M, Vermeulen M, Buscaino A, Duncan K, Mueller J, Wilm M, Stunnenberg HG, Saumweber H, Akhtar A (2006) Nuclear pore components are involved in the transcriptional regulation of dosage compensation in Drosophila. Mol Cell 21(6):811–823. doi:10.1016/j.molcel.2006.02.007

Mertz JA, Conery AR, Bryant BM, Sandy P, Balasubramanian S, Mele DA, Bergeron L, Sims RJ III (2011) Targeting MYC dependence in cancer by inhibiting BET bromodomains. Proc Natl Acad Sci U S A 108(40):16669–16674. doi:10.1073/pnas.1108190108, 1108190108 [pii]

Micci F, Panagopoulos I, Bjerkehagen B, Heim S (2006) Consistent rearrangement of chromosomal band 6p21 with generation of fusion genes JAZF1/PHF1 and EPC1/PHF1 in endometrial stromal sarcoma. Cancer Res 66(1):107–112. doi:10.1158/0008-5472.CAN-05-2485, 66/1/107 [pii]

Michishita E, McCord RA, Berber E, Kioi M, Padilla-Nash H, Damian M, Cheung P, Kusumoto R, Kawahara TL, Barrett JC, Chang HY, Bohr VA, Ried T, Gozani O, Chua KF (2008) SIRT6 is a histone H3 lysine 9 deacetylase that modulates telomeric chromatin. Nature 452(7186):492–496. doi:10.1038/nature06736

Millar CB, Xu F, Zhang K, Grunstein M (2006) Acetylation of H2AZ Lys 14 is associated with genome-wide gene activity in yeast. Genes Dev 20(6):711–722. doi:10.1101/gad.1395506, 20/6/711 [pii]

Miller KM, Tjeertes JV, Coates J, Legube G, Polo SE, Britton S, Jackson SP (2010) Human HDAC1 and HDAC2 function in the DNA-damage response to promote DNA nonhomologous end-joining. Nat Struct Mol Biol 17(9):1144–1151. doi:10.1038/nsmb.1899, nsmb.1899 [pii]

Miotto B, Struhl K (2006) Differential gene regulation by selective association of transcriptional coactivators and bZIP DNA-binding domains. Mol Cell Biol 26(16):5969–5982. doi:10.1128/MCB.00696-06

Miotto B, Struhl K (2010) HBO1 histone acetylase activity is essential for DNA replication licensing and inhibited by Geminin. Mol Cell 37(1):57–66. doi:10.1016/j.molcel.2009.12.012

Mishima Y, Miyagi S, Saraya A, Negishi M, Endoh M, Endo TA, Toyoda T, Shinga J, Katsumoto T, Chiba T, Yamaguchi N, Kitabayashi I, Koseki H, Iwama A (2011) The Hbo1-Brd1/Brpf2 complex is responsible for global acetylation of H3K14 and required for fetal liver erythropoiesis. Blood 118(9):2443–2453. doi:10.1182/blood-2011-01-331892

Mizzen CA, Yang XJ, Kokubo T, Brownell JE, Bannister AJ, Owen-Hughes T, Workman J, Wang L, Berger SL, Kouzarides T, Nakatani Y, Allis CD (1996) The TAF(II)250 subunit of TFIID has histone acetyltransferase activity. Cell 87(7):1261–1270, S0092-8674(00)81821-8 [pii]

Moore SD, Herrick SR, Ince TA, Kleinman MS, Dal Cin P, Morton CC, Quade BJ (2004) Uterine leiomyomata with t(10;17) disrupt the histone acetyltransferase MORF. Cancer Res 64(16):5570–5577. doi:10.1158/0008-5472.CAN-04-0050, 64/16/5570 [pii]

Morgan BA, Mittman BA, Smith MM (1991) The highly conserved N-terminal domains of histones H3 and H4 are required for normal cell cycle progression. Mol Cell Biol 11(8):4111–4120

Morimoto T, Sunagawa Y, Kawamura T, Takaya T, Wada H, Nagasawa A, Komeda M, Fujita M, Shimatsu A, Kita T, Hasegawa K (2008) The dietary compound curcumin inhibits p300 histone acetyltransferase activity and prevents heart failure in rats. J Clin Invest 118(3):868–878. doi:10.1172/JCI33160

Moriniere J, Rousseaux S, Steuerwald U, Soler-Lopez M, Curtet S, Vitte AL, Govin J, Gaucher J, Sadoul K, Hart DJ, Krijgsveld J, Khochbin S, Muller CW, Petosa C (2009) Cooperative binding of two acetylation marks on a histone tail by a single bromodomain. Nature 461(7264):664–668. doi:10.1038/nature08397, nature08397 [pii]

Morris SA, Rao B, Garcia BA, Hake SB, Diaz RL, Shabanowitz J, Hunt DF, Allis CD, Lieb JD, Strahl BD (2007) Identification of histone H3 lysine 36 acetylation as a highly conserved histone modification. J Biol Chem 282(10):7632–7640. doi:10.1074/jbc.M607909200, M607909200 [pii]

Moshkin YM, Kan TW, Goodfellow H, Bezstarosti K, Maeda RK, Pilyugin M, Karch F, Bray SJ, Demmers JA, Verrijzer CP (2009) Histone chaperones ASF1 and NAP1 differentially modulate removal of active histone marks by LID-RPD3 complexes during NOTCH silencing. Mol Cell 35(6):782–793. doi:10.1016/j.molcel.2009.07.020

Muraoka M, Konishi M, Kikuchi-Yanoshita R, Tanaka K, Shitara N, Chong JM, Iwama T, Miyaki M (1996) p300 gene alterations in colorectal and gastric carcinomas. Oncogene 12(7):1565–1569

Murr R, Loizou JI, Yang YG, Cuenin C, Li H, Wang ZQ, Herceg Z (2006) Histone acetylation by Trrap-Tip60 modulates loading of repair proteins and repair of DNA double-strand breaks. Nat Cell Biol 8(1):91–99. doi:10.1038/ncb1343, ncb1343 [pii]

Murr R, Vaissiere T, Sawan C, Shukla V, Herceg Z (2007) Orchestration of chromatin-based processes: mind the TRRAP. Oncogene 26(37):5358–5372. doi:10.1038/sj.onc.1210605

Musselman CA, Lalonde ME, Cote J, Kutateladze TG (2012) Perceiving the epigenetic landscape through histone readers. Nat Struct Mol Biol 19(12):1218–1227. doi:10.1038/nsmb.2436

Nagy Z, Riss A, Fujiyama S, Krebs A, Orpinell M, Jansen P, Cohen A, Stunnenberg HG, Kato S, Tora L (2010) The metazoan ATAC and SAGA coactivator HAT complexes regulate different sets of inducible target genes. Cell Mol Life Sci 67(4):611–628. doi:10.1007/s00018-009-0199-8

Nair DM, Ge Z, Mersfelder EL, Parthun MR (2011) Genetic interactions between POB3 and the acetylation of newly synthesized histones. Curr Genet 57(4):271–286. doi:10.1007/s00294-011-0347-1

Nakahata S, Saito Y, Hamasaki M, Hidaka T, Arai Y, Taki T, Taniwaki M, Morishita K (2009) Alteration of enhancer of polycomb 1 at 10p11.2 is one of the genetic events leading to development of adult T-cell leukemia/lymphoma. Genes Chromosomes Cancer 48(9):768–776. doi:10.1002/gcc.20681

Nakanishi S, Sanderson BW, Delventhal KM, Bradford WD, Staehling-Hampton K, Shilatifard A (2008) A comprehensive library of histone mutants identifies nucleosomal residues required for H3K4 methylation. Nat Struct Mol Biol 15(8):881–888. doi:10.1038/nsmb.1454, nsmb.1454 [pii]

Nakayama J, Rice JC, Strahl BD, Allis CD, Grewal SI (2001) Role of histone H3 lysine 9 methylation in epigenetic control of heterochromatin assembly. Science 292(5514):110–113. doi:10.1126/science.1060118, 1060118 [pii]

Nathan D, Ingvarsdottir K, Sterner DE, Bylebyl GR, Dokmanovic M, Dorsey JA, Whelan KA, Krsmanovic M, Lane WS, Meluh PB, Johnson ES, Berger SL (2006) Histone sumoylation is a negative regulator in *Saccharomyces cerevisiae* and shows dynamic interplay with positive-acting histone modifications. Genes Dev 20(8):966–976. doi:10.1101/gad.1404206, gad.1404206 [pii]

Neuwald AF, Landsman D (1997) GCN5-related histone N-acetyltransferases belong to a diverse superfamily that includes the yeast SPT10 protein. Trends Biochem Sci 22(5):154–155, S0968-0004(97)01034-7 [pii]

Nishioka K, Rice JC, Sarma K, Erdjument-Bromage H, Werner J, Wang Y, Chuikov S, Valenzuela P, Tempst P, Steward R, Lis JT, Allis CD, Reinberg D (2002) PR-Set7 is a nucleosome-specific methyltransferase that modifies lysine 20 of histone H4 and is associated with silent chromatin. Mol Cell 9(6):1201–1213, S1097276502005488 [pii]

O'Neill LP, Turner BM (1995) Histone H4 acetylation distinguishes coding regions of the human genome from heterochromatin in a differentiation-dependent but transcription-independent manner. EMBO J 14(16):3946–3957

Ogryzko VV, Schiltz RL, Russanova V, Howard BH, Nakatani Y (1996) The transcriptional coactivators p300 and CBP are histone acetyltransferases. Cell 87(5):953–959, S0092-8674(00)82001-2 [pii]

Olsen EA, Kim YH, Kuzel TM, Pacheco TR, Foss FM, Parker S, Frankel SR, Chen C, Ricker JL, Arduino JM, Duvic M (2007) Phase IIb multicenter trial of vorinostat in patients with persistent, progressive, or treatment refractory cutaneous T-cell lymphoma. J Clin Oncol 25(21):3109–3115. doi:10.1200/JCO.2006.10.2434, JCO.2006.10.2434 [pii]

Owen DJ, Ornaghi P, Yang JC, Lowe N, Evans PR, Ballario P, Neuhaus D, Filetici P, Travers AA (2000) The structural basis for the recognition of acetylated histone H4 by the bromodomain of histone acetyltransferase gcn5p. EMBO J 19(22):6141–6149. doi:10.1093/emboj/19.22.6141

Ozdemir A, Spicuglia S, Lasonder E, Vermeulen M, Campsteijn C, Stunnenberg HG, Logie C (2005) Characterization of lysine 56 of histone H3 as an acetylation site in *Saccharomyces cerevisiae*. J Biol Chem 280(28):25949–25952. doi:10.1074/jbc.C500181200

Ozer A, Wu LC, Bruick RK (2005) The candidate tumor suppressor ING4 represses activation of the hypoxia inducible factor (HIF). Proc Natl Acad Sci U S A 102(21):7481–7486. doi:10.1073/pnas.0502716102

Panagopoulos I, Fioretos T, Isaksson M, Samuelsson U, Billstrom R, Strombeck B, Mitelman F, Johansson B (2001) Fusion of the MORF and CBP genes in acute myeloid leukemia with the t(10;16)(q22;p13). Hum Mol Genet 10(4):395–404

Panagopoulos I, Micci F, Thorsen J, Gorunova L, Eibak AM, Bjerkehagen B, Davidson B, Heim S (2012) Novel fusion of MYST/Esa1-associated factor 6 and PHF1 in endometrial stromal sarcoma. PLoS One 7(6):e39354. doi:10.1371/journal.pone.0039354, PONE-D-12-09483 [pii]

Park YJ, Dyer PN, Tremethick DJ, Luger K (2004) A new fluorescence resonance energy transfer approach demonstrates that the histone variant H2AZ stabilizes the histone octamer within the nucleosome. J Biol Chem 279(23):24274–24282. doi:10.1074/jbc.M313152200, M313152200 [pii]

Parthun MR, Widom J, Gottschling DE (1996) The major cytoplasmic histone acetyltransferase in yeast: links to chromatin replication and histone metabolism. Cell 87(1):85–94, S0092-8674(00)81325-2 [pii]

Pasqualucci L, Dominguez-Sola D, Chiarenza A, Fabbri G, Grunn A, Trifonov V, Kasper LH, Lerach S, Tang H, Ma J, Rossi D, Chadburn A, Murty VV, Mullighan CG, Gaidano G, Rabadan R, Brindle PK, Dalla-Favera R (2011) Inactivating mutations of acetyltransferase genes in B-cell lymphoma. Nature 471(7337):189–195. doi:10.1038/nature09730, nature09730 [pii]

Peleg S, Sananbenesi F, Zovoilis A, Burkhardt S, Bahari-Javan S, Agis-Balboa RC, Cota P, Wittnam JL, Gogol-Doering A, Opitz L, Salinas-Riester G, Dettenhofer M, Kang H, Farinelli L, Chen W, Fischer A (2010) Altered histone acetylation is associated with age-dependent memory impairment in mice. Science 328(5979):753–756. doi:10.1126/science.1186088

Pena PV, Davrazou F, Shi X, Walter KL, Verkhusha VV, Gozani O, Zhao R, Kutateladze TG (2006) Molecular mechanism of histone H3K4me3 recognition by plant homeodomain of ING2. Nature 442(7098):100–103. doi:10.1038/nature04814

Peng L, Ling H, Yuan Z, Fang B, Bloom G, Fukasawa K, Koomen J, Chen J, Lane WS, Seto E (2012) SIRT1 negatively regulates the activities, functions, and protein levels of hMOF and TIP60. Mol Cell Biol 32(14):2823–2836. doi:10.1128/MCB.00496-12

Peterson CL, Cote J (2004) Cellular machineries for chromosomal DNA repair. Genes Dev 18(6):602–616. doi:10.1101/gad.1182704

Petrij F, Giles RH, Dauwerse HG, Saris JJ, Hennekam RC, Masuno M, Tommerup N, van Ommen GJ, Goodman RH, Peters DJ et al (1995) Rubinstein-Taybi syndrome caused by mutations in the transcriptional co-activator CBP. Nature 376(6538):348–351. doi:10.1038/376348a0

Pokholok DK, Harbison CT, Levine S, Cole M, Hannett NM, Lee TI, Bell GW, Walker K, Rolfe PA, Herbolsheimer E, Zeitlinger J, Lewitter F, Gifford DK, Young RA (2005) Genome-wide map of nucleosome acetylation and methylation in yeast. Cell 122(4):517–527. doi:10.1016/j.cell.2005.06.026

Pons D, de Vries FR, van den Elsen PJ, Heijmans BT, Quax PH, Jukema JW (2009) Epigenetic histone acetylation modifiers in vascular remodelling: new targets for therapy in cardiovascular disease. Eur Heart J 30(3):266–277. doi:10.1093/eurheartj/ehn603, ehn603 [pii]

Potoyan DA, Papoian GA (2012) Regulation of the H4 tail binding and folding landscapes via Lys-16 acetylation. Proc Natl Acad Sci U S A 109(44):17857–17862. doi:10.1073/pnas.1201805109

Pray-Grant MG, Daniel JA, Schieltz D, Yates JR III, Grant PA (2005) Chd1 chromodomain links histone H3 methylation with SAGA- and SLIK-dependent acetylation. Nature 433(7024):434–438. doi:10.1038/nature03242, nature03242 [pii]

Qin S, Parthun MR (2002) Histone H3 and the histone acetyltransferase Hat1p contribute to DNA double-strand break repair. Mol Cell Biol 22(23):8353–8365

Qin S, Parthun MR (2006) Recruitment of the type B histone acetyltransferase Hat1p to chromatin is linked to DNA double-strand breaks. Mol Cell Biol 26(9):3649–3658. doi:10.1128/MCB.26.9.3649-3658.2006, 26/9/3649 [pii]

Qiu Y, Liu L, Zhao C, Han C, Li F, Zhang J, Wang Y, Li G, Mei Y, Wu M, Wu J, Shi Y (2012) Combinatorial readout of unmodified H3R2 and acetylated H3K14 by the tandem PHD finger of MOZ reveals a regulatory mechanism for HOXA9 transcription. Genes Dev 26(12):1376–1391. doi:10.1101/gad.188359.112, 26/12/1376 [pii]

Rada-Iglesias A, Bajpai R, Swigut T, Brugmann SA, Flynn RA, Wysocka J (2011) A unique chromatin signature uncovers early developmental enhancers in humans. Nature 470(7333):279–283. doi:10.1038/nature09692

Raisner RM, Hartley PD, Meneghini MD, Bao MZ, Liu CL, Schreiber SL, Rando OJ, Madhani HD (2005) Histone variant H2A.Z marks the 5' ends of both active and inactive genes in euchromatin. Cell 123(2):233–248. doi:10.1016/j.cell.2005.10.002, S0092-8674(05)01025-1 [pii]

Raja SJ, Charapitsa I, Conrad T, Vaquerizas JM, Gebhardt P, Holz H, Kadlec J, Fraterman S, Luscombe NM, Akhtar A (2010) The nonspecific lethal complex is a transcriptional regulator in Drosophila. Mol Cell 38(6):827–841. doi:10.1016/j.molcel.2010.05.021, S1097-2765(10)00383-7 [pii]

Ramanathan B, Smerdon MJ (1989) Enhanced DNA repair synthesis in hyperacetylated nucleosomes. J Biol Chem 264(19):11026–11034

Recht J, Tsubota T, Tanny JC, Diaz RL, Berger JM, Zhang X, Garcia BA, Shabanowitz J, Burlingame AL, Hunt DF, Kaufman PD, Allis CD (2006) Histone chaperone Asf1 is required for histone H3 lysine 56 acetylation, a modification associated with S phase in mitosis and meiosis. Proc Natl Acad Sci U S A 103(18):6988–6993. doi:10.1073/pnas.0601676103

Reid JL, Moqtaderi Z, Struhl K (2004) Eaf3 regulates the global pattern of histone acetylation in *Saccharomyces cerevisiae*. Mol Cell Biol 24(2):757–764

Robert C, Rassool FV (2012) HDAC inhibitors: roles of DNA damage and repair. Adv Cancer Res 116:87–129. doi:10.1016/B978-0-12-394387-3.00003-3, B978-0-12-394387-3.00003-3 [pii]

Robert F, Pokholok DK, Hannett NM, Rinaldi NJ, Chandy M, Rolfe A, Workman JL, Gifford DK, Young RA (2004) Global position and recruitment of HATs and HDACs in the yeast genome. Mol Cell 16(2):199–209. doi:10.1016/j.molcel.2004.09.021

Robert T, Vanoli F, Chiolo I, Shubassi G, Bernstein KA, Rothstein R, Botrugno OA, Parazzoli D, Oldani A, Minucci S, Foiani M (2011) HDACs link the DNA damage response, processing of double-strand breaks and autophagy. Nature 471(7336):74–79. doi:10.1038/nature09803, nature09803 [pii]

Rodriguez P, Pelletier J, Price GB, Zannis-Hadjopoulos M (2000) NAP-2: histone chaperone function and phosphorylation state through the cell cycle. J Mol Biol 298(2):225–238. doi:10.1006/jmbi.2000.3674

Rodriguez-Navarro S (2009) Insights into SAGA function during gene expression. EMBO Rep 10(8):843–850. doi:10.1038/embor.2009.168

Roh TY, Cuddapah S, Zhao K (2005) Active chromatin domains are defined by acetylation islands revealed by genome-wide mapping. Genes Dev 19(5):542–552. doi:10.1101/gad.1272505

Ropero S, Fraga MF, Ballestar E, Hamelin R, Yamamoto H, Boix-Chornet M, Caballero R, Alaminos M, Setien F, Paz MF, Herranz M, Palacios J, Arango D, Orntoft TF, Aaltonen LA, Schwartz S Jr, Esteller M (2006) A truncating mutation of HDAC2 in human cancers confers resistance to histone deacetylase inhibition. Nat Genet 38(5):566–569. doi:10.1038/ng1773, ng1773 [pii]

Rossetto D, Truman AW, Kron SJ, Cote J (2010) Epigenetic modifications in double-strand break DNA damage signaling and repair. Clin Cancer Res 16(18):4543–4552. doi:10.1158/1078-0432.CCR-10-0513

Roth SY, Denu JM, Allis CD (2001) Histone acetyltransferases. Annu Rev Biochem 70:81–120. doi:10.1146/annurev.biochem.70.1.81

Rufiange A, Jacques PE, Bhat W, Robert F, Nourani A (2007) Genome-wide replication-independent histone H3 exchange occurs predominantly at promoters and implicates H3 K56 acetylation and Asf1. Mol Cell 27(3):393–405. doi:10.1016/j.molcel.2007.07.011, S1097-2765(07)00484-4 [pii]

Rundlett SE, Carmen AA, Kobayashi R, Bavykin S, Turner BM, Grunstein M (1996) HDA1 and RPD3 are members of distinct yeast histone deacetylase complexes that regulate silencing and transcription. Proc Natl Acad Sci U S A 93(25):14503–14508

Rusche LN, Kirchmaier AL, Rine J (2003) The establishment, inheritance, and function of silenced chromatin in *Saccharomyces cerevisiae*. Annu Rev Biochem 72:481–516. doi:10.1146/annurev.biochem.72.121801.161547, 121801.161547 [pii]

Saksouk N, Avvakumov N, Champagne KS, Hung T, Doyon Y, Cayrou C, Paquet E, Ullah M, Landry AJ, Cote V, Yang XJ, Gozani O, Kutateladze TG, Cote J (2009) HBO1 HAT complexes target chromatin throughout gene coding regions via multiple PHD finger interactions with histone H3 tail. Mol Cell 33(2):257–265. doi:10.1016/j.molcel.2009.01.007, S1097-2765(09) 00034-3 [pii]

Santisteban MS, Kalashnikova T, Smith MM (2000) Histone H2A.Z regulats transcription and is partially redundant with nucleosome remodeling complexes. Cell 103(3):411–422

Sapountzi V, Cote J (2011) MYST-family histone acetyltransferases: beyond chromatin. Cell Mol Life Sci 68(7):1147–1156. doi:10.1007/s00018-010-0599-9

Sarg B, Helliger W, Talasz H, Koutzamani E, Lindner HH (2004) Histone H4 hyperacetylation precludes histone H4 lysine 20 trimethylation. J Biol Chem 279(51):53458–53464. doi:10.1074/jbc.M409099200, M409099200 [pii]

Schlick T, Hayes J, Grigoryev S (2012) Toward convergence of experimental studies and theoretical modeling of the chromatin fiber. J Biol Chem 287(8):5183–5191. doi:10.1074/jbc.R111.305763

Schneider J, Bajwa P, Johnson FC, Bhaumik SR, Shilatifard A (2006) Rtt109 is required for proper H3K56 acetylation: a chromatin mark associated with the elongating RNA polymerase II. J Biol Chem 281(49):37270–37274. doi:10.1074/jbc.C600265200, C600265200 [pii]

Schuetz A, Min J, Allali-Hassani A, Schapira M, Shuen M, Loppnau P, Mazitschek R, Kwiatkowski NP, Lewis TA, Maglathin RL, McLean TH, Bochkarev A, Plotnikov AN, Vedadi M, Arrowsmith CH (2008) Human HDAC7 harbors a class IIa histone deacetylase-specific zinc binding motif and cryptic deacetylase activity. J Biol Chem 283(17):11355–11363. doi:10.1074/jbc.M707362200, M707362200 [pii]

Seigneurin-Berny D, Verdel A, Curtet S, Lemercier C, Garin J, Rousseaux S, Khochbin S (2001) Identification of components of the murine histone deacetylase 6 complex: link between acetylation and ubiquitination signaling pathways. Mol Cell Biol 21(23):8035–8044. doi:10.1128/MCB.21.23.8035-8044.2001

Seligson DB, Horvath S, Shi T, Yu H, Tze S, Grunstein M, Kurdistani SK (2005) Global histone modification patterns predict risk of prostate cancer recurrence. Nature 435(7046):1262–1266. doi:10.1038/nature03672, nature03672 [pii]

Selleck W, Fortin I, Sermwittayawong D, Cote J, Tan S (2005) The *Saccharomyces cerevisiae* Piccolo NuA4 histone acetyltransferase complex requires the Enhancer of Polycomb A domain and chromodomain to acetylate nucleosomes. Mol Cell Biol 25(13):5535–5542. doi:10.1128/MCB.25.13.5535-5542.2005

Selth L, Svejstrup JQ (2007) Vps75, a new yeast member of the NAP histone chaperone family. J Biol Chem 282(17):12358–12362. doi:10.1074/jbc.C700012200

Selvi BR, Cassel JC, Kundu TK, Boutillier AL (2010) Tuning acetylation levels with HAT activators: therapeutic strategy in neurodegenerative diseases. Biochim Biophys Acta 1799(10–12):840–853. doi:10.1016/j.bbagrm.2010.08.012, S1874-9399(10)00115-X [pii]

Sendra R, Tse C, Hansen JC (2000) The yeast histone acetyltransferase A2 complex, but not free Gcn5p, binds stably to nucleosomal arrays. J Biol Chem 275(32):24928–24934. doi:10.1074/jbc.M003783200, M003783200 [pii]

Shahbazian MD, Grunstein M (2007) Functions of site-specific histone acetylation and deacetylation. Annu Rev Biochem 76:75–100. doi:10.1146/annurev.biochem.76.052705.162114

Sharma GG, So S, Gupta A, Kumar R, Cayrou C, Avvakumov N, Bhadra U, Pandita RK, Porteus MH, Chen DJ, Cote J, Pandita TK (2010) MOF and histone H4 acetylation at lysine 16 are critical for DNA damage response and double-strand break repair. Mol Cell Biol 30(14):3582–3595. doi:10.1128/MCB.01476-09, MCB.01476-09 [pii]

Shi X, Hong T, Walter KL, Ewalt M, Michishita E, Hung T, Carney D, Pena P, Lan F, Kaadige MR, Lacoste N, Cayrou C, Davrazou F, Saha A, Cairns BR, Ayer DE, Kutateladze TG, Shi Y, Cote J, Chua KF, Gozani O (2006) ING2 PHD domain links histone H3 lysine 4 methylation to active gene repression. Nature 442(7098):96–99. doi:10.1038/nature04835, nature04835 [pii]

Shimko JC, North JA, Bruns AN, Poirier MG, Ottesen JJ (2011) Preparation of fully synthetic histone H3 reveals that acetyl-lysine 56 facilitates protein binding within nucleosomes. J Mol Biol 408(2):187–204. doi:10.1016/j.jmb.2011.01.003

Shogren-Knaak M, Ishii H, Sun JM, Pazin MJ, Davie JR, Peterson CL (2006) Histone H4-K16 acetylation controls chromatin structure and protein interactions. Science 311(5762):844–847. doi:10.1126/science.1124000, 311/5762/844 [pii]

Sjoblom T, Jones S, Wood LD, Parsons DW, Lin J, Barber TD, Mandelker D, Leary RJ, Ptak J, Silliman N, Szabo S, Buckhaults P, Farrell C, Meeh P, Markowitz SD, Willis J, Dawson D, Willson JK, Gazdar AF, Hartigan J, Wu L, Liu C, Parmigiani G, Park BH, Bachman KE, Papadopoulos N, Vogelstein B, Kinzler KW, Velculescu VE (2006) The consensus coding sequences of human breast and colorectal cancers. Science 314(5797):268–274. doi:10.1126/science.1133427, 1133427 [pii]

Skowyra D, Zeremski M, Neznanov N, Li M, Choi Y, Uesugi M, Hauser CA, Gu W, Gudkov AV, Qin J (2001) Differential association of products of alternative transcripts of the candidate tumor suppressor ING1 with the mSin3/HDAC1 transcriptional corepressor complex. J Biol Chem 276(12):8734–8739. doi:10.1074/jbc.M007664200

Smerdon MJ, Lan SY, Calza RE, Reeves R (1982) Sodium butyrate stimulates DNA repair in UV-irradiated normal and xeroderma pigmentosum human fibroblasts. J Biol Chem 257(22):13441–13447

Smith ER, Eisen A, Gu W, Sattah M, Pannuti A, Zhou J, Cook RG, Lucchesi JC, Allis CD (1998) ESA1 is a histone acetyltransferase that is essential for growth in yeast. Proc Natl Acad Sci U S A 95(7):3561–3565

Smith ER, Pannuti A, Gu W, Steurnagel A, Cook RG, Allis CD, Lucchesi JC (2000a) The drosophila MSL complex acetylates histone H4 at lysine 16, a chromatin modification linked to dosage compensation. Mol Cell Biol 20(1):312–318

Smith JS, Brachmann CB, Celic I, Kenna MA, Muhammad S, Starai VJ, Avalos JL, Escalante-Semerena JC, Grubmeyer C, Wolberger C, Boeke JD (2000b) A phylogenetically conserved NAD+−dependent protein deacetylase activity in the Sir2 protein family. Proc Natl Acad Sci U S A 97(12):6658–6663

Smith ER, Cayrou C, Huang R, Lane WS, Cote J, Lucchesi JC (2005) A human protein complex homologous to the Drosophila MSL complex is responsible for the majority of histone H4 acetylation at lysine 16. Mol Cell Biol 25(21):9175–9188. doi:10.1128/MCB.25.21.9175-9188.2005

Smolle M, Workman JL, Venkatesh S (2013) reSETting chromatin during transcription elongation. Epigenetics 8(1):10–15. doi:10.4161/epi.23333

Sobel RE, Cook RG, Perry CA, Annunziato AT, Allis CD (1995) Conservation of deposition-related acetylation sites in newly synthesized histones H3 and H4. Proc Natl Acad Sci U S A 92(4):1237–1241

Spedale G, Timmers HT, Pijnappel WW (2012) ATAC-king the complexity of SAGA during evolution. Genes Dev 26(6):527–541. doi:10.1101/gad.184705.111

Spencer TE, Jenster G, Burcin MM, Allis CD, Zhou J, Mizzen CA, McKenna NJ, Onate SA, Tsai SY, Tsai MJ, O'Malley BW (1997) Steroid receptor coactivator-1 is a histone acetyltransferase. Nature 389(6647):194–198. doi:10.1038/38304

Stimson L, Rowlands MG, Newbatt YM, Smith NF, Raynaud FI, Rogers P, Bavetsias V, Gorsuch S, Jarman M, Bannister A, Kouzarides T, McDonald E, Workman P, Aherne GW (2005) Isothiazolones as inhibitors of PCAF and p300 histone acetyltransferase activity. Mol Cancer Ther 4(10):1521–1532. doi:10.1158/1535-7163.MCT-05-0135, 4/10/1521 [pii]

Su D, Hu Q, Li Q, Thompson JR, Cui G, Fazly A, Davies BA, Botuyan MV, Zhang Z, Mer G (2012) Structural basis for recognition of H3K56-acetylated histone H3-H4 by the chaperone Rtt106. Nature 483(7387):104–107. doi:10.1038/nature10861, nature10861 [pii]

Suganuma T, Workman JL (2011) Signals and combinatorial functions of histone modifications. Annu Rev Biochem 80:473–499. doi:10.1146/annurev-biochem-061809-175347

Suganuma T, Gutierrez JL, Li B, Florens L, Swanson SK, Washburn MP, Abmayr SM, Workman JL (2008) ATAC is a double histone acetyltransferase complex that stimulates nucleosome sliding. Nat Struct Mol Biol 15(4):364–372. doi:10.1038/nsmb.1397

Suganuma T, Mushegian A, Swanson SK, Abmayr SM, Florens L, Washburn MP, Workman JL (2010) The ATAC acetyltransferase complex coordinates MAP kinases to regulate JNK target genes. Cell 142(5):726–736. doi:10.1016/j.cell.2010.07.045

Sugiyama T, Cam HP, Sugiyama R, Noma K, Zofall M, Kobayashi R, Grewal SI (2007) SHREC, an effector complex for heterochromatic transcriptional silencing. Cell 128(3):491–504. doi:10.1016/j.cell.2006.12.035, S0092-8674(07)00059-1 [pii]

Sun Y, Jiang X, Chen S, Fernandes N, Price BD (2005) A role for the Tip60 histone acetyltransferase in the acetylation and activation of ATM. Proc Natl Acad Sci U S A 102(37):13182–13187. doi:10.1073/pnas.0504211102, 0504211102 [pii]

Sun Y, Jiang X, Xu Y, Ayrapetov MK, Moreau LA, Whetstine JR, Price BD (2009) Histone H3 methylation links DNA damage detection to activation of the tumour suppressor Tip60. Nat Cell Biol 11(11):1376–1382. doi:10.1038/ncb1982, ncb1982 [pii]

Sung B, Pandey MK, Ahn KS, Yi T, Chaturvedi MM, Liu M, Aggarwal BB (2008) Anacardic acid (6-nonadecyl salicylic acid), an inhibitor of histone acetyltransferase, suppresses expression of nuclear factor-kappaB-regulated gene products involved in cell survival, proliferation, invasion, and inflammation through inhibition of the inhibitory subunit of nuclear factor-kappaBalpha kinase, leading to potentiation of apoptosis. Blood 111(10):4880–4891. doi:10.1182/blood-2007-10-117994, blood-2007-10-117994 [pii]

Sural TH, Peng S, Li B, Workman JL, Park PJ, Kuroda MI (2008) The MSL3 chromodomain directs a key targeting step for dosage compensation of the *Drosophila melanogaster* X chromosome. Nat Struct Mol Biol 15(12):1318–1325. doi:10.1038/nsmb.1520

Szerlong HJ, Prenni JE, Nyborg JK, Hansen JC (2010) Activator-dependent p300 acetylation of chromatin in vitro: enhancement of transcription by disruption of repressive nucleosome-nucleosome interactions. J Biol Chem 285(42):31954–31964. doi:10.1074/jbc.M110.148718

Taddei A, Roche D, Sibarita JB, Turner BM, Almouzni G (1999) Duplication and maintenance of heterochromatin domains. J Cell Biol 147(6):1153–1166

Tagami H, Ray-Gallet D, Almouzni G, Nakatani Y (2004) Histone H3.1 and H3.3 complexes mediate nucleosome assembly pathways dependent or independent of DNA synthesis. Cell 116(1):51–61

Takahashi H, McCaffery JM, Irizarry RA, Boeke JD (2006) Nucleocytosolic acetyl-coenzyme a synthetase is required for histone acetylation and global transcription. Mol Cell 23(2):207–217. doi:10.1016/j.molcel.2006.05.040

Takechi S, Nakayama T (1999) Sas3 is a histone acetyltransferase and requires a zinc finger motif. Biochem Biophys Res Commun 266(2):405–410. doi:10.1006/bbrc.1999.1836, S0006-291X(99)91836-3 [pii]

Taki T, Sako M, Tsuchida M, Hayashi Y (1997) The t(11;16)(q23;p13) translocation in myelodysplastic syndrome fuses the MLL gene to the CBP gene. Blood 89(11):3945–3950

Tamburini BA, Tyler JK (2005) Localized histone acetylation and deacetylation triggered by the homologous recombination pathway of double-strand DNA repair. Mol Cell Biol 25(12):4903–4913. doi:10.1128/MCB.25.12.4903-4913.2005, 25/12/4903 [pii]

Tanabe M, Kouzmenko AP, Ito S, Sawatsubashi S, Suzuki E, Fujiyama S, Yamagata K, Zhao Y, Kimura S, Ueda T, Murata T, Matsukawa H, Takeyama K, Kato S (2008) Activation of facultatively silenced Drosophila loci associates with increased acetylation of histone H2AvD. Genes Cells 13(12):1279–1288. doi:10.1111/j.1365-2443.2008.01244.x, GTC1244 [pii]

Tanaka A, Tanizawa H, Sriswasdi S, Iwasaki O, Chatterjee AG, Speicher DW, Levin HL, Noguchi E, Noma K (2012) Epigenetic regulation of condensin-mediated genome organization during the cell cycle and upon DNA damage through histone H3 lysine 56 acetylation. Mol Cell 48(4):532–546. doi:10.1016/j.molcel.2012.09.011

Tang Y, Holbert MA, Wurtele H, Meeth K, Rocha W, Gharib M, Jiang E, Thibault P, Verreault A, Cole PA, Marmorstein R (2008) Fungal Rtt109 histone acetyltransferase is an unexpected structural homolog of metazoan p300/CBP. Nat Struct Mol Biol 15(9):998. doi:10.1038/nsmb0908-998d, nsmb0908-998d [pii]

Tang J, Cho NW, Cui G, Manion EM, Shanbhag NM, Botuyan MV, Mer G, Greenberg RA (2013) Acetylation limits 53BP1 association with damaged chromatin to promote homologous recombination. Nat Struct Mol Biol 20:317–325. doi:10.1038/nsmb.2499

Taunton J, Hassig CA, Schreiber SL (1996) A mammalian histone deacetylase related to the yeast transcriptional regulator Rpd3p. Science 272(5260):408–411

Taverna SD, Ilin S, Rogers RS, Tanny JC, Lavender H, Li H, Baker L, Boyle J, Blair LP, Chait BT, Patel DJ, Aitchison JD, Tackett AJ, Allis CD (2006) Yng1 PHD finger binding to H3 trimethylated at K4 promotes NuA3 HAT activity at K14 of H3 and transcription at a subset of targeted ORFs. Mol Cell 24(5):785–796. doi:10.1016/j.molcel.2006.10.026, S1097-2765(06) 00732-5 [pii]

Teng Y, Yu Y, Waters R (2002) The *Saccharomyces cerevisiae* histone acetyltransferase Gcn5 has a role in the photoreactivation and nucleotide excision repair of UV-induced cyclobutane pyrimidine dimers in the MFA2 gene. J Mol Biol 316(3):489–499. doi:10.1006/jmbi.2001.5383, S0022283601953835 [pii]

Thambirajah AA, Dryhurst D, Ishibashi T, Li A, Maffey AH, Ausio J (2006) H2A.Z stabilizes chromatin in a way that is dependent on core histone acetylation. J Biol Chem 281(29):20036–20044. doi:10.1074/jbc.M601975200, M601975200 [pii]

Tjeertes JV, Miller KM, Jackson SP (2009) Screen for DNA-damage-responsive histone modifications identifies H3K9Ac and H3K56Ac in human cells. EMBO J 28(13):1878–1889. doi:10.1038/emboj.2009.119, emboj2009119 [pii]

Trievel RC, Rojas JR, Sterner DE, Venkataramani RN, Wang L, Zhou J, Allis CD, Berger SL, Marmorstein R (1999) Crystal structure and mechanism of histone acetylation of the yeast GCN5 transcriptional coactivator. Proc Natl Acad Sci U S A 96(16):8931–8936

Tropberger P, Pott S, Keller C, Kamieniarz-Gdula K, Caron M, Richter F, Li G, Mittler G, Liu ET, Bühler M, Margueron R, Schneider R (2013) Regulation of transcription through acetylation of H3K122 on the lateral surface of the histone octamer. Cell 152(4):859–872

Tse C, Hansen JC (1997) Hybrid trypsinized nucleosomal arrays: identification of multiple functional roles of the H2A/H2B and H3/H4 N-termini in chromatin fiber compaction. Biochemistry 36(38):11381–11388. doi:10.1021/bi970801n, bi970801n [pii]

Tsubota T, Berndsen CE, Erkmann JA, Smith CL, Yang L, Freitas MA, Denu JM, Kaufman PD (2007) Histone H3-K56 acetylation is catalyzed by histone chaperone-dependent complexes. Mol Cell 25(5):703–712. doi:10.1016/j.molcel.2007.02.006, S1097-2765(07)00086-X [pii]

Ullah M, Pelletier N, Xiao L, Zhao SP, Wang K, Degerny C, Tahmasebi S, Cayrou C, Doyon Y, Goh SL, Champagne N, Cote J, Yang XJ (2008) Molecular architecture of quartet MOZ/MORF histone acetyltransferase complexes. Mol Cell Biol 28(22):6828–6843. doi:10.1128/MCB.01297-08

Utley RT, Cote J (2003) The MYST family of histone acetyltransferases. Curr Top Microbiol Immunol 274:203–236

Utley RT, Ikeda K, Grant PA, Cote J, Steger DJ, Eberharter A, John S, Workman JL (1998) Transcriptional activators direct histone acetyltransferase complexes to nucleosomes. Nature 394(6692):498–502. doi:10.1038/28886

Utley RT, Lacoste N, Jobin-Robitaille O, Allard S, Cote J (2005) Regulation of NuA4 histone acetyltransferase activity in transcription and DNA repair by phosphorylation of histone H4. Mol Cell Biol 25(18):8179–8190. doi:10.1128/MCB.25.18.8179-8190.2005, 25/18/8179 [pii]

Valdes-Mora F, Song JZ, Statham AL, Strbenac D, Robinson MD, Nair SS, Patterson KI, Tremethick DJ, Stirzaker C, Clark SJ (2012) Acetylation of H2A.Z is a key epigenetic modification associated with gene deregulation and epigenetic remodeling in cancer. Genome Res 22(2):307–321. doi:10.1101/gr.118919.110

Vannini A, Volpari C, Filocamo G, Casavola EC, Brunetti M, Renzoni D, Chakravarty P, Paolini C, De Francesco R, Gallinari P, Steinkuhler C, Di Marco S (2004) Crystal structure of a eukaryotic zinc-dependent histone deacetylase, human HDAC8, complexed with a hydroxamic acid inhibitor. Proc Natl Acad Sci U S A 101(42):15064–15069. doi:10.1073/pnas.0404603101, 0404603101 [pii]

Vaquero A, Sternglanz R, Reinberg D (2007) NAD+−dependent deacetylation of H4 lysine 16 by class III HDACs. Oncogene 26(37):5505–5520. doi:10.1038/sj.onc.1210617, 1210617 [pii]

Venkatesh S, Smolle M, Li H, Gogol MM, Saint M, Kumar S, Natarajan K, Workman JL (2012) Set2 methylation of histone H3 lysine 36 suppresses histone exchange on transcribed genes. Nature 489(7416):452–455. doi:10.1038/nature11326

Verreault A, Kaufman PD, Kobayashi R, Stillman B (1996) Nucleosome assembly by a complex of CAF-1 and acetylated histones H3/H4. Cell 87(1):95–104

Vettese-Dadey M, Grant PA, Hebbes TR, Crane- Robinson C, Allis CD, Workman JL (1996) Acetylation of histone H4 plays a primary role in enhancing transcription factor binding to nucleosomal DNA in vitro. EMBO J 15(10):2508–2518

Voss AK, Thomas T (2009) MYST family histone acetyltransferases take center stage in stem cells and development. Bioessays 31(10):1050–1061. doi:10.1002/bies.200900051

Wan Y, Saleem RA, Ratushny AV, Roda O, Smith JJ, Lin CH, Chiang JH, Aitchison JD (2009) Role of the histone variant H2A.Z/Htz1p in TBP recruitment, chromatin dynamics, and regulated expression of oleate-responsive genes. Mol Cell Biol 29(9):2346–2358. doi:10.1128/MCB.01233-08, MCB.01233-08 [pii]

Wang X, Hayes JJ (2008) Acetylation mimics within individual core histone tail domains indicate distinct roles in regulating the stability of higher-order chromatin structure. Mol Cell Biol 28(1):227–236. doi:10.1128/MCB.01245-07, MCB.01245-07 [pii]

Wang L, Liu L, Berger SL (1998) Critical residues for histone acetylation by Gcn5, functioning in Ada and SAGA complexes, are also required for transcriptional function in vivo. Genes Dev 12(5):640–653

Wang L, Tang Y, Cole PA, Marmorstein R (2008a) Structure and chemistry of the p300/CBP and Rtt109 histone acetyltransferases: implications for histone acetyltransferase evolution and function. Curr Opin Struct Biol 18(6):741–747. doi:10.1016/j.sbi.2008.09.004, S0959-440X(08)00128-0 [pii]

Wang Z, Zang C, Rosenfeld JA, Schones DE, Barski A, Cuddapah S, Cui K, Roh TY, Peng W, Zhang MQ, Zhao K (2008b) Combinatorial patterns of histone acetylations and methylations in the human genome. Nat Genet 40(7):897–903. doi:10.1038/ng.154

Wang Z, Zang C, Cui K, Schones DE, Barski A, Peng W, Zhao K (2009) Genome-wide mapping of HATs and HDACs reveals distinct functions in active and inactive genes. Cell 138(5):1019–1031. doi:10.1016/j.cell.2009.06.049, S0092-8674(09)00841-1 [pii]

Watanabe S, Resch M, Lilyestrom W, Clark N, Hansen JC, Peterson C, Luger K (2010) Structural characterization of H3K56Q nucleosomes and nucleosomal arrays. Biochim Biophys Acta 1799(5–6):480–486. doi:10.1016/j.bbagrm.2010.01.009

Wen YD, Perissi V, Staszewski LM, Yang WM, Krones A, Glass CK, Rosenfeld MG, Seto E (2000) The histone deacetylase-3 complex contains nuclear receptor corepressors. Proc Natl Acad Sci U S A 97(13):7202–7207, 97/13/7202 [pii]

Whittaker SJ, Demierre MF, Kim EJ, Rook AH, Lerner A, Duvic M, Scarisbrick J, Reddy S, Robak T, Becker JC, Samtsov A, McCulloch W, Kim YH (2010) Final results from a multi-center, international, pivotal study of romidepsin in refractory cutaneous T-cell lymphoma. J Clin Oncol 28(29):4485–4491. doi:10.1200/JCO.2010.28.9066, JCO.2010.28.9066 [pii]

Williams SK, Truong D, Tyler JK (2008) Acetylation in the globular core of histone H3 on lysine-56 promotes chromatin disassembly during transcriptional activation. Proc Natl Acad Sci U S A 105(26):9000–9005. doi:10.1073/pnas.0800057105, 0800057105 [pii]

Witt O, Deubzer HE, Milde T, Oehme I (2009) HDAC family: what are the cancer relevant targets? Cancer Lett 277(1):8–21. doi:10.1016/j.canlet.2008.08.016, S0304-3835(08)00649-6 [pii]

Wolf E, Vassilev A, Makino Y, Sali A, Nakatani Y, Burley SK (1998) Crystal structure of a GCN5-related N-acetyltransferase: *Serratia marcescens* aminoglycoside 3-N-acetyltransferase. Cell 94(4):439–449, S0092-8674(00)81585-8 [pii]

Wu J, Carmen AA, Kobayashi R, Suka N, Grunstein M (2001) HDA2 and HDA3 are related proteins that interact with and are essential for the activity of the yeast histone deacetylase HDA1. Proc Natl Acad Sci U S A 98(8):4391–4396. doi:10.1073/pnas.081560698, 081560698 [pii]

Wurtele H, Kaiser GS, Bacal J, St-Hilaire E, Lee EH, Tsao S, Dorn J, Maddox P, Lisby M, Pasero P, Verreault A (2012) Histone H3 lysine 56 acetylation and the response to DNA replication fork damage. Mol Cell Biol 32(1):154–172. doi:10.1128/MCB.05415-11

Wyce A, Xiao T, Whelan KA, Kosman C, Walter W, Eick D, Hughes TR, Krogan NJ, Strahl BD, Berger SL (2007) H2B ubiquitylation acts as a barrier to Ctk1 nucleosomal recruitment prior to removal by Ubp8 within a SAGA-related complex. Mol Cell 27(2):275–288. doi:10.1016/j.molcel.2007.01.035

Xie W, Song C, Young NL, Sperling AS, Xu F, Sridharan R, Conway AE, Garcia BA, Plath K, Clark AT, Grunstein M (2009) Histone h3 lysine 56 acetylation is linked to the core transcriptional network in human embryonic stem cells. Mol Cell 33(4):417–427. doi:10.1016/j.molcel.2009.02.004

Xie L, Pelz C, Wang W, Bashar A, Varlamova O, Shadle S, Impey S (2011) KDM5B regulates embryonic stem cell self-renewal and represses cryptic intragenic transcription. EMBO J 30(8):1473–1484. doi:10.1038/emboj.2011.91

Xu F, Zhang K, Grunstein M (2005) Acetylation in histone H3 globular domain regulates gene expression in yeast. Cell 121(3):375–385. doi:10.1016/j.cell.2005.03.011

Yamada T, Fischle W, Sugiyama T, Allis CD, Grewal SI (2005) The nucleation and maintenance of heterochromatin by a histone deacetylase in fission yeast. Mol Cell 20(2):173–185. doi:10.1016/j.molcel.2005.10.002

Yamamoto T, Horikoshi M (1997) Novel substrate specificity of the histone acetyltransferase activity of HIV-1-Tat interactive protein Tip60. J Biol Chem 272(49):30595–30598

Yan Y, Harper S, Speicher DW, Marmorstein R (2002) The catalytic mechanism of the ESA1 histone acetyltransferase involves a self-acetylated intermediate. Nat Struct Biol 9(11):862–869. doi:10.1038/nsb849, nsb849 [pii]

Yang XJ (2004) Lysine acetylation and the bromodomain: a new partnership for signaling. Bioessays 26(10):1076–1087. doi:10.1002/bies.20104

Yang XJ, Seto E (2008a) Lysine acetylation: codified crosstalk with other posttranslational modifications. Mol Cell 31(4):449–461. doi:10.1016/j.molcel.2008.07.002, S1097-2765(08)00457-7 [pii]

Yang XJ, Seto E (2008b) The Rpd3/Hda1 family of lysine deacetylases: from bacteria and yeast to mice and men. Nat Rev Mol Cell Biol 9(3):206–218. doi:10.1038/nrm2346

Yang XJ, Ogryzko VV, Nishikawa J, Howard BH, Nakatani Y (1996) A p300/CBP-associated factor that competes with the adenoviral oncoprotein E1A. Nature 382(6589):319–324. doi:10.1038/382319a0

Yang X, Yu W, Shi L, Sun L, Liang J, Yi X, Li Q, Zhang Y, Yang F, Han X, Zhang D, Yang J, Yao Z, Shang Y (2011) HAT4, a Golgi apparatus-anchored B-type histone acetyltransferase, acetylates free histone H4 and facilitates chromatin assembly. Mol Cell 44(1):39–50. doi:10.1016/j.molcel.2011.07.032, S1097-2765(11)00683-6 [pii]

Yao YL, Yang WM (2011) Beyond histone and deacetylase: an overview of cytoplasmic histone deacetylases and their nonhistone substrates. J Biomed Biotechnol 2011:146493. doi:10.1155/2011/146493

Ye J, Ai X, Eugeni EE, Zhang L, Carpenter LR, Jelinek MA, Freitas MA, Parthun MR (2005) Histone H4 lysine 91 acetylation a core domain modification associated with chromatin assembly. Mol Cell 18(1):123–130. doi:10.1016/j.molcel.2005.02.031, S1097-2765(05)01148-2 [pii]

Yu Y, Teng Y, Liu H, Reed SH, Waters R (2005) UV irradiation stimulates histone acetylation and chromatin remodeling at a repressed yeast locus. Proc Natl Acad Sci U S A 102(24):8650–8655. doi:10.1073/pnas.0501458102, 0501458102 [pii]

Yu S, Teng Y, Waters R, Reed SH (2011) How chromatin is remodelled during DNA repair of UV-induced DNA damage in Saccharomyces cerevisiae. PLoS Genet 7(6):e1002124. doi:10.1371/journal.pgen.1002124, PGENETICS-D-11-00428 [pii]

Yuan H, Marmorstein R (2012) Structural basis for sirtuin activity and inhibition. J Biol Chem 287:42428–42435. doi:10.1074/jbc.R112.372300, R112.372300 [pii]

Yuan GC, Liu YJ, Dion MF, Slack MD, Wu LF, Altschuler SJ, Rando OJ (2005) Genome-scale identification of nucleosome positions in S. cerevisiae. Science 309(5734):626–630. doi:10.1126/science.1112178, 1112178 [pii]

Yuan J, Pu M, Zhang Z, Lou Z (2009) Histone H3-K56 acetylation is important for genomic stability in mammals. Cell Cycle 8(11):1747–1753

Yuan H, Rossetto D, Mellert H, Dang W, Srinivasan M, Johnson J, Hodawadekar S, Ding EC, Speicher K, Abshiru N, Perry R, Wu J, Yang C, Zheng YG, Speicher DW, Thibault P, Verreault A, Johnson FB, Berger SL, Sternglanz R, McMahon SB, Cote J, Marmorstein R (2012) MYST protein acetyltransferase activity requires active site lysine autoacetylation. EMBO J 31(1):58–70. doi:10.1038/emboj.2011.382

Zanton SJ, Pugh BF (2006) Full and partial genome-wide assembly and disassembly of the yeast transcription machinery in response to heat shock. Genes Dev 20(16):2250–2265. doi:10.1101/gad.1437506, 20/16/2250 [pii]

Zeng L, Zhang Q, Li S, Plotnikov AN, Walsh MJ, Zhou MM (2010) Mechanism and regulation of acetylated histone binding by the tandem PHD finger of DPF3b. Nature 466(7303):258–262. doi:10.1038/nature09139, nature09139 [pii]

Zhang L, Eugeni EE, Parthun MR, Freitas MA (2003) Identification of novel histone post-translational modifications by peptide mass fingerprinting. Chromosoma 112(2):77–86. doi:10.1007/s00412-003-0244-6

Zhang D, Yoon HG, Wong J (2005a) JMJD2A is a novel N-CoR-interacting protein and is involved in repression of the human transcription factor achaete scute-like homologue 2 (ASCL2/Hash2). Mol Cell Biol 25(15):6404–6414. doi:10.1128/MCB.25.15.6404-6414.2005

Zhang H, Roberts DN, Cairns BR (2005b) Genome-wide dynamics of Htz1, a histone H2A variant that poises repressed/basal promoters for activation through histone loss. Cell 123(2):219–231. doi:10.1016/j.cell.2005.08.036

Zheng C, Hayes JJ (2003) Intra- and inter-nucleosomal protein-DNA interactions of the core histone tail domains in a model system. J Biol Chem 278(26):24217–24224. doi:10.1074/jbc.M302817200

Zhou BR, Feng H, Ghirlando R, Kato H, Gruschus J, Bai Y (2012) Histone H4 K16Q mutation, an acetylation mimic, causes structural disorder of its N-terminal basic patch in the nucleosome. J Mol Biol 421(1):30–37. doi:10.1016/j.jmb.2012.04.032, S0022-2836(12)00374-9 [pii]

Zippo A, Serafini R, Rocchigiani M, Pennacchini S, Krepelova A, Oliviero S (2009) Histone cross-talk between H3S10ph and H4K16ac generates a histone code that mediates transcription elongation. Cell 138(6):1122–1136. doi:10.1016/j.cell.2009.07.031, S0092-8674(09)00911-8 [pii]

Zuber J, Shi J, Wang E, Rappaport AR, Herrmann H, Sison EA, Magoon D, Qi J, Blatt K, Wunderlich M, Taylor MJ, Johns C, Chicas A, Mulloy JC, Kogan SC, Brown P, Valent P, Bradner JE, Lowe SW, Vakoc CR (2011) RNAi screen identifies Brd4 as a therapeutic target in acute myeloid leukaemia. Nature 478(7370):524–528. doi:10.1038/nature10334, nature10334 [pii]

Zunder RM, Antczak AJ, Berger JM, Rine J (2012) Two surfaces on the histone chaperone Rtt106 mediate histone binding, replication, and silencing. Proc Natl Acad Sci U S A 109(3):E144–E153. doi:10.1073/pnas.1119095109

第5章 染色质信号转导中的组蛋白甲基化

奥尔·戈扎尼（Or Gozani）和施扬（Yang Shi）

5.1 简介

　　染色质高度复杂的分子网络调控真核生物基因组，所有 DNA 模板化过程从根本上都受到染色质结构和动力学的影响（Kouzarides 2007；Mosammaparast and Shi 2010；Margueron and Reinberg 2010；Suganuma and Workman 2011）。染色质调控的一个主要机制涉及组蛋白被乙酰基、甲基和磷酸基团此类化学元件通过可逆共价键结合进行翻译后修饰。这些组蛋白修饰与不同的染色质状态相关联并调控 DNA 对转录因子的可接近程度（Bannister and Kouzarides 2011；Jenuwein and Allis 2001；Taverna et al. 2007；Ng et al. 2009）。在众多的组蛋白修饰系统中，组蛋白甲基化修饰最为多样化：组蛋白上甲基化位点较多，且该修饰具有信号传递的潜能，并参与多种生物功能的调控。

　　组蛋白 N 端侧链上的精氨酸和赖氨酸能够进行可逆的甲基化修饰（图 5.1）（Comb et al. 1966；Aletta et al. 1998；Paik and Kim 1968）。这个过程略微改变肽链的一级结构，很大程度上增加了分子内部编码的信息。赖氨酸基团可以接纳多达三个甲基，形成单、二和三甲基化产物（在本章中分别称为 me1、me2 和 me3；图 5.1），每种特异的活性常常与赖氨酸上具体的甲基化程度相关。精氨酸基团可以被单甲基化、对称二甲基化或不对称二甲基化（分别称为 me1、me2s 和 me2a；图 5.1），并且其特异的活性同样与甲基化的状态有关。本章中，在提到组蛋白甲基化位点时，我们使用术语，其中组蛋白、基团位点和数量以及甲基化类型按顺序表示（Turner 2005）。例如，组蛋白 H3 在第 4 位赖氨酸上的 me1 会写作 H3K4me1，组蛋白 H3 在第 2 位精氨酸上的 me2a 会写作 H3R2me2a。

O. Gozani（✉）
Department of Biology, Stanford University, Stanford, CA 94305, USA
e-mail: ogozani@stanford.edu

Y. Shi（✉）
Department of Cell Biology, Harvard Medical School, Boston, MA 02115, USA
Division of Newborn Medicine, Department of Medicine, Children's Hospital,
Harvard Medical School, Boston, MA 02115, USA
e-mail: yang_shi@hms.harvard.edu

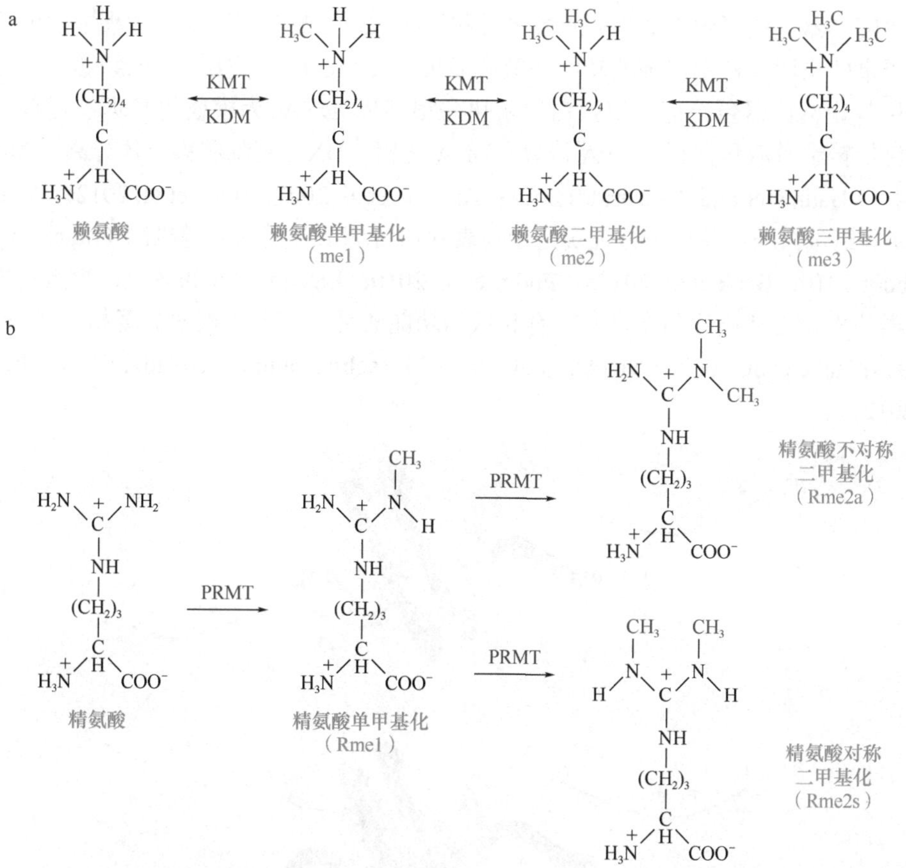

图 5.1　赖氨酸和精氨酸及其甲基化衍生物的化学结构。a. 赖氨酸基团可以被单甲基化、二甲基化或三甲基化。KMT 代表赖氨酸甲基转移酶，KDM 代表去甲基化酶。b. 精氨酸基团由不同的蛋白质甲基转移酶（PRMT）甲基化。I 型酶催化非对称 N^G，N^G-二甲基精氨酸基团的形成，II 型酶催化对称 N^G，$N^{'G}$-二甲基精氨酸基团的形成。N^G-单甲基化是两种酶都可以催化形成的中间产物

核心组蛋白带有多个进化保守的可在体内被甲基化的赖氨酸和精氨酸位点。在人类中，经典的赖氨酸甲基化位点有 H3K4、H3K9、H3K27、H3K36、H3K79 和 H4K20，其中 H3K4、H3K36 和 H3K79 在模式生物酿酒酵母中保守（图 5.2，上图）。精氨酸的主要甲基化位点包括 H3R2、H3R8、H3R17、H3R26、H4R3 和 H2AR3（图 5.2，下图）（Di Lorenzo and Bedford 2011）。除了经典位点外，在不同生物体中，有几种低丰度的甲基化事件被不同方法检测到，这表明组蛋白甲基化具有深层次的调节功能（Green et al. 2012；Garcia et al. 2007；Zee et al. 2011；Van Aller et al. 2012；Tan et al. 2011；Daujat et al. 2009）。最后，除精氨酸和赖氨酸以外，组氨酸也曾被报道过可以被单甲基化，尽管这种甲基化貌似很罕见，也未曾被进一步定性。正如本章稍后将要详细讨论的，有大量的酶催化特定组蛋白甲基化基团的添加（此类酶通常称为"书写器"）或去除（此类酶称为"擦除器"）（Shi and Whetstine 2007；Kooistra and Helin 2012；Dillon et al. 2005）（图 5.3）。在分子水平，蛋白上添加甲基基团可以作为直接调节蛋白与蛋白之间相互作用的信号（Taverna et al. 2007）。在这方面，可根据识别不同组蛋白甲基化事件（通常

称为"阅读器"或"效应器")的蛋白质和结构域，推测在不同生理过程中发生的染色质分子事件来明确特定修饰的功能和效应后果（图 5.3）。事实上，已经通过特定的组蛋白甲基化阅读器蛋白证明组蛋白甲基化与很多以 DNA 为模板的基本过程有明确关联，包括转录激活和抑制、DNA 修复、DNA 重组、DNA 复制和染色体分离（图 5.3 和图 5.4）（Bannister and Kouzarides 2011；Taverna et al. 2007；Beck et al. 2012a；Yun et al. 2011）。组蛋白的甲基化也被证实是参与表观遗传调节过程的关键机制（Margueron and Reinberg 2010；Beck et al. 2012a；Fodor et al. 2010；Lan and Shi 2009），组蛋白甲基化动力学的失调与从癌症和衰老到发育和认知功能紊乱等的人类疾病显著相关（Baker et al. 2008；Hake et al. 2007；Schaefer et al. 2011；Musselman and Kutateladze 2009；Greer and Shi 2012）。

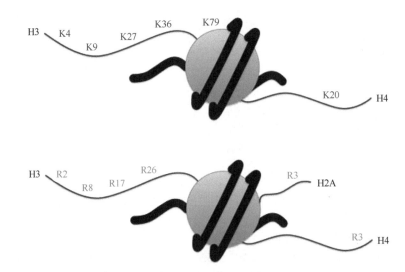

图 5.2　核心核小体组蛋白（蓝色）上的主要赖氨酸（上）和精氨酸（下）甲基化标记。数字代表被甲基化的氨基酸。K 代表赖氨酸，R 代表精氨酸，H3 代表组蛋白 H3，H4 代表组蛋白 H4。DNA 显示为黑色

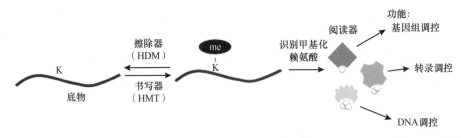

图 5.3　组蛋白赖氨酸甲基化的信号传递。催化甲基化的书写器和去除甲基化的擦除器调节组蛋白上赖氨酸甲基化的动态。被甲基化的组蛋白与下游生物功能相关，如含有甲基化赖氨酸识别读取结构域的蛋白调控基因表达等

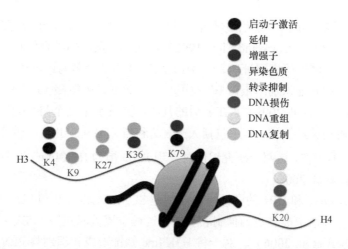

图 5.4　与指定组蛋白赖氨酸甲基化位点的单、二或三甲基化相关的主要功能

5.2　组蛋白甲基化：历史的视角

最早关于组蛋白在翻译后水平被甲基化修饰的证据出现于 1960 年（Allfrey et al. 1964；Allfrey and Mirsky 1964）。当时，奥尔弗里（Allfrey）和他的同事提出组蛋白修饰可能参与调节 RNA 的合成。甲基化在赖氨酸 ε 位氨基位置（Murray 1964）和精氨酸的胍基位置（Paik and Kim 1967，1969a，1969b）上可被特异性检测到，甲基化反应是通过使用 S-腺苷-L-甲硫氨酸（SAM，又称为 AdoMet）作为甲基供体被催化完成的（Paik and Kim 1971；Kim and Paik 1965）。研究人员认为组蛋白甲基化可能在调节转录等生物功能方面扮演重要的角色，不过直到 30 年后才被证实。事实上，目前还不清楚这些修饰是功能性地调节染色质还是仅仅由于染色质在转录等过程中被作为模板而产生。

第一个将组蛋白甲基化与基因表达联系起来的直接证据出现在 1999 年，当时迈克尔·斯塔尔库普（Michael Stallcup）及其同事证明精氨酸甲基转移酶 CARM1/PRMT4 充当了转录辅激活物（Chen et al. 1999）。同年，斯特拉尔（Strahl）和艾利斯（Allis）观察到，H3K4me3 标记与活性转录位点相关（Strahl et al. 1999），这是一个强大想法的起源，即特异性组蛋白甲基化标记有助于定义特定的染色质区域和功能状态（Jenuwein and Allis 2001；Strahl and Allis 2000；Bernstein and Schreiber 2002）。第二年，在一项具有里程碑意义的发现中，果蝇 Su（var）3-9 是一个位置效应花斑（PEV）抑制因子，其哺乳动物的同源蛋白 Suv39H1 被托马斯·耶努温（Thomas Jenuwein）的实验室证明为第一个组蛋白赖氨酸甲基转移酶（HMT）（Rea et al. 2000）。这一结果建立了组蛋白甲基化和表观遗传调控之间的联系，加上先前的发现，推动了该领域 10 年的快速发展。

在分子水平，组蛋白甲基化生物学中的一个主要问题是在赖氨酸基团上面添加一个、两个或三个甲基基团如何产生显著的生物学改变，如异染色质的形成。最初了解组蛋白甲基化的分子活动始于 2001 年，托尼·库扎里德斯（Tony Kouzarides）和托马斯·耶努温（Thomas Jenuwein）的实验室同时发现了异染色质蛋白 1（HP1），莎拉·埃尔金

（Sarah Elgin）证实该蛋白与染色质结合，且作为一个花斑抑制因子发挥功能（见下文）（James and Elgin 1986；Clark and Elgin 1992），其与组蛋白的结合依赖于赖氨酸的甲基化。具体来说，这两个研究组证明，在 HP1 上发现的被命名为染色质结构域（CD）的保守蛋白结构域特异地识别组蛋白 H3 被甲基化的第 9 位赖氨酸（H3K9me）（Bannister et al. 2001；Lachner et al. 2001）。在随后的几年，又发现了几个与不同组蛋白甲基化状态相关的染色质相关结构域，其中包括大卫·艾利斯（David Allis）和奥尔·戈扎尼（Or Gozani）实验室的工作，这两个研究组同时发现 PHD 指为 H3K4me3 识别模块（Shi et al. 2006；Wysocka et al. 2006）。

果蝇中 Suv39H1 和 HP1 的同源蛋白分别是 SU（VAR）3-9 和 SU（VAR）2-5，它们是在二级遗传筛选中被确定为抑制表观遗传过程位置效应花斑（PEV）的因子（Fodor et al. 2010；Ebert et al. 2006）。对于将 H3K9me 修饰形成和识别与 PEV 调控联系起来的蛋白质的观测形成了一些最好的证据，证明组蛋白甲基化和染色质动力学机制构成了表观遗传过程。在这种情况下，通常甲基基团半衰期较其他多种组蛋白翻译后修饰（PTM）长，而事实上，组蛋白甲基化最初被认为是不可逆的（Bannister and Kouzarides 2005），一直到最近几年，组蛋白的甲基化修饰仍被认为是通过细胞分裂被保留并代遗传，因此更适于调控表观遗传的各种过程。然而，在施扬实验室的里程碑式发现，即 H3K4 去甲基化酶—赖氨酸特异性去甲基化酶 1A（LSD1）的发现之后（Shi et al. 2004），才不得不重新考虑组蛋白甲基化是永久性修饰的想法，以及甲基化修饰调节表观遗传学的机制。该项工作通过阐释赖氨酸甲基化事实上是可逆的这一现象，终结了 30 年的甲基化是不可逆的猜想。继 LSD1 这一组蛋白赖氨酸去甲基化酶（HDM）的发现后，其他一些 HDM 也相继被鉴定出来（见下文），这些发现使组蛋白赖氨酸甲基化成为一种有力且动态的染色质信号（Tsukada et al. 2006；Whetstine et al. 2006；Cloos et al. 2006；Yamane et al. 2006）。在过去的 10 年中，研究人员通过生物化学、生物物理、分子、遗传以及结构学等多种手段，对于组蛋白甲基化如何影响多种细胞核功能已经有了深入的了解。

5.3　组蛋白赖氨酸甲基化信号传递

组蛋白赖氨酸甲基化信号传递由三个主要部分组成：①书写器和擦除器，②被甲基化的基团，③阅读器（图 5.3）。我们主要关注出芽酵母和哺乳动物系统，首先描述整个基因组（即表观基因组）甲基化标记的染色质位置，以及与经典组蛋白赖氨酸甲基化位点相关的主要功能（图 5.4）。然后，我们讨论与许多酶相关的活性和生物学相关过程，这些酶催化了组蛋白赖氨酸甲基化的添加（书写器）或去除（擦除器）。在结束部分，我们将介绍几类主要的已知识别结构域，以及这些蛋白感知并将组蛋白甲基化活动转化为生物学结果的机制。

5.3.1　表观基因组和组蛋白甲基化

组蛋白修饰、DNA 甲基化及其他染色质相关因子和染色质调控因子在特定细胞群中处于不同状态和时间的全基因组定位被定义为表观基因组。最近多种方法特别是测序技术的进步，推动了不同表观基因组的表征，使人们得以深入了解全基因组修饰动力学（包括甲基化）与关键细胞程序的关系。我们接下来介绍一系列组蛋白甲基化修饰在基因组上的分布，并讨论这些模式如何与重要染色质功能相关联。

5.3.1.1　组蛋白甲基化同时存在于常染色质和异染色质上

通常来讲，H3K4、H3K36M 和 H3K79 是常染色质上的三个主要甲基化位点，而H3K9、H3K27 和 H4K20 是异染色质上三个主要的甲基化位点。但是，这种常见的分布模式也有例外。例如，在常染色质上，HMT G9A 和 GLP 介导的 H3K9 单、二甲基化会导致兼性异染色质的形成，并抑制基因表达（Tachibana et al. 2001，2002，2005）。此外，H4K20 的二甲基化（H4K20me2）是一种非常丰富的组蛋白修饰，依细胞类型不同而异，其广泛存在于 30%～80%的核小体上。如小鼠胚胎成纤维细胞（MEF）中 80%的核小体被认为标记了 H4K20me2（Schotta et al. 2008）。H4K20me2 在 DNA 损伤信号传递和 DNA 复制中都发挥功能，因此在全基因组都有分布，包括常染色质和异染色质（Beck et al. 2012a；Jorgensen et al. 2013；Brustel et al. 2011）。

与 H4K20me2 不同，H3K4 和 H3K36 的甲基化主要限于常染色质内的核小体上。然而，对 K4 和 K36 不同甲基化状态在常染色质上分布模式的详细研究揭示，二者在基因组分布上有重要的且与功能相关的差异。例如，H3K4me1 富集在增强子元件上，而不是基因组的其他部位（Heintzman et al. 2007），然而 H3K4me3 常常作为一个突出的峰出现在活跃转录基因的转录起始位点附近（Barski et al. 2007；Bernstein et al. 2002；Ng et al. 2003；Santos-Rosa et al. 2002；Schneider et al. 2004；Schubeler et al. 2004）。事实上，H3K4me3 的分布特异性很强，因此 H3K4me3 峰出现在基因启动子区被认为是活跃转录的标志（Guenther et al. 2007）；也就是说，每当活跃转录发生的时候，活跃转录基因启动子区的核小体 H3K4 位点会发生重度三甲基化。同样，H3K4me1 出现在增强子区域对该序列元件的功能十分重要。对于 H3K4me1，尚不清楚该修饰如何被转化以增强基因转录。然而，在下文中我们会更加详细地讨论，阅读器结构域特异性结合 H3K4me3 修饰的染色质，以此将启动子区的 H3K4me3 与转录调控联系起来，并将该标记转化为下游的生物学功能（Sims and Reinberg 2006；Shi and Gozani 2005；Musselman and Kutateladze 2011）。值得一提的是除了启动子区的 H3K4me3 以外，该修饰还参与 DNA重组。具体来说，H3K4me3 在 V（D）J 区域富集，并与重组酶 RAG2 结合，该相互作用为 V（D）J 重组所必需的，进而引起适应性免疫（Matthews et al. 2007）。此外，HMT PRDM9/MEISETZ 催化的 H3K4me3 参与出芽酵母（Sommermeyer et al. 2013）和人的减数分裂重组（Parvanov et al. 2010；Baudat et al. 2010）。

在各种生物中，H3K36 的双/三甲基化在活跃转录的基因体处水平最高（Barski et al. 2007；Bell et al. 2007；Kuo et al. 2011；Bannister et al. 2005；Kizer et al. 2005；Krogan et al. 2003；Edmunds et al. 2008）。在用高通量方法对 H3K36me 表观基因组进行研究的生物体——人类和果蝇中（Bell et al. 2007；Kuo et al. 2011），H3K36me2 信号在启动子区域呈中等水平，峰值出现在转录起始位点（TSS）附近，然后逐渐衰变至远离 TSS 的转录基因体中。相比之下，H3K36me3 随着 H3K36me2 减弱而达到平稳状态并维持整个基因体区域的高水平。由于活跃转录的基因体所处的位置，H3K36 甲基化的富集在转录延伸阶段起到重要作用（Wagner and Carpenter 2012）。此外，H3K36me3 的富集可能与含有外显子编码序列的核小体相关，提示染色质与 RNA 加工之间可能存在有趣的关联（de Almeida et al. 2011；Kolasinska-Zwierz et al. 2009）。H3K36me3 也存在于胚胎干细胞的基因启动子区域，在该区域它通过含 Tudor 结构域蛋白的作用与 PRC2 复合物结合，将该修饰与 H3K27me3 和转录沉默关联起来（Cai et al. 2013；Musselman et al. 2012；Brien et al. 2012；Ballare et al. 2012）。在酵母中，H3K36me3 分布于转录体中，起到阻止隐秘转录起始的作用（Carrozza et al. 2005）。名为 Rpd3s 的组蛋白去乙酰化酶复合物，通过阅读器 EAF3 结构域 CD，与包含 H3K36me3 的核小体结合并去除其乙酰化（Carrozza et al. 2005；Keogh et al. 2005；Joshi and Struhl 2005），这使得转录基因体内的染色质无法进入转录机器，并防止虚假的基因内转录启动。这和许多其他事例已经表明，组蛋白甲基化特异性基因组定位的知识更加明确了对染色质生物学的认知。

5.3.2　组蛋白赖氨酸甲基转移酶

经典的组蛋白赖氨酸甲基化修饰——H3K4、H3K9、H3K27、H3K36、H3K79 以及 H4K20 上的单、二和三甲基化修饰是由一类酶将甲基从甲基供体 SAM 转移到目标组蛋白赖氨酸的 ε 位氨基上完成的（Dillon et al. 2005）。这个反应的产物是甲基化赖氨酸和 SAM 辅酶副产品 S-腺苷-L-高半胱氨酸（SAH，又称为 adoHcy）。除一种以外，所有已知的赖氨酸 HMT 酶都包含一个叫作 SET 结构域的保守催化区域（详见下文描述）。这种没有 SET 的 HMT 在酵母中称为 Dot1（端粒沉默破坏因子），而在人类中称为 Dot1L，其可甲基化位于核小体球状结构内的 H3K79（Nguyen and Zhang 2011）。yDot1/Dot1L 是七段 β 折叠甲基转移酶家族成员之一，且其在结构上与包含 SET 结构域的蛋白相关联（Clarke 2013；Min et al. 2003a）。目前尚不清楚其他的七段 β 折叠家族成员是否也甲基化修饰组蛋白赖氨酸。

SET 结构域是根据三个黑腹果蝇蛋白命名的：花斑 3-9 抑制因子[Su（var）3-9]、zeste 增强子[E（z）]和 trithorax（trx）（Dillon et al. 2005）。值得注意的是，这三种蛋白虽然在人类中有同源蛋白，但是最初都是从针对改变果蝇 PEV 或其他表观遗传表型的基因筛选中鉴定出来的（Fodor et al. 2010）。如前所述，Su（var）3-9 和它在人类及鼠类中的同源蛋白 Suv39H1 以及粟酒裂殖酵母中的 Clr4 都被证实具有 H3K9 甲基转移酶的活性，该活性依赖于 SET 结构域（Rea et al. 2000）。随后，E（z）和 trx 以及它们在多物种中的同源蛋白都被证实是由 SET 调节的 HMT（Cao et al. 2002；Krogan et al. 2002；Briggs et al. 2001）。

5.3.2.1　SET 结构域

针对几种已解析的 SET 结构域和含有 SET 结构域的蛋白结构分析表明，该结构域的折叠与其他已定性的 SAM 依赖型甲基转移酶（可以甲基化如核酸类物质的酶）不同。SET 结构域的一个重要特征是底物赖氨酸结合位点与甲基供体 SAM 辅助因子位于对立面[详见 Dillon 等（2005）的综述]。甲基从 SAM 到赖氨酸的 ε 位氨基的转移是通过一个贯穿 SET 结构域核心，并使目标氮原子接近甲基供体的通道实现的。除了核心 SET 结构域以外，在 SET 结构域外部也有一些有时称为前 SET 和后 SET 结构域的区域常常是酶活性所必需的，因为它们参与形成包括协调目的赖氨酸侧链的通道在内的活性位点（Dillon et al. 2005）。此外，还有一组酶拥有裂开的 SET 结构域，该结构域有一条介入 SET 结构域的序列在蛋白折叠的时候形成一个支出来的回路，因此在 3D 结构上该 SET 结构域本质上是连续的（Chang et al. 2011a；Sirinupong et al. 2011；Xu et al. 2011a，2011b）。在 SET 结构域的活性位点内部，有一些高度保守的序列片段，这些片段形成 SAM 结合口袋、肽段结合裂缝以及催化酪氨酸位点。HMT 中另一个重要序列区域通常称为 F/Y 开关，其作用在于决定该酶催化的甲基化程度（Dillon et al. 2005）。例如，单甲基转移酶如 SET7/9 和 SET8/PR-Set7 可以通过将其 F/Y 开关位置的一个酪氨酸基团替换成一个苯丙氨酸，从而实现二、三甲基化功能（Rice et al. 2002；Nishioka et al. 2002；Fang et al. 2002）。

现在已经很清楚 SET 结构域蛋白为进化保守蛋白，且存在于所有真核生物的基因组。例如，在酿酒酵母中，有 12 个含有 SET 结构域的蛋白，而这个数字在人类中扩大到约 57 种（Clarke 2013）。值得一提的是，酵母和人类中很多含有 SET 结构域的蛋白并未被观察到有甲基化组蛋白的功能，而这些赖氨酸甲基转移酶中的很多酶已知或可能有非组蛋白底物（Clarke 2013）。总的来说，我们通过对包括酿酒酵母、粟酒裂殖酵母、粗糙链孢霉、拟南芥、黑腹果蝇、斑马鱼、秀丽隐杆线虫、小鼠、人及其他很多物种的研究掌握了大量关于组蛋白甲基化的生物学知识。在这里，为了阐释组蛋白甲基化的基本原理，我们主要关注于酿酒酵母和人类体系，即使我们可以从其他物种身上得出重要的结论。如同生物学的所有领域一样，正是众多投身科研事业的研究人员利用各种技术手段在多种物种和体系当中的不断探索，才使得如今对于该领域的理解有如此大幅度的提升。

5.3.2.2　酿酒酵母中组蛋白赖氨酸甲基化的催化

在酿酒酵母中，三种经典的组蛋白修饰分别是由 ySet1、ySet2 和 Dot1 催化形成的 H3K4、H3K36 和 H3K79 甲基化（Clarke 2013；Smolle and Workman 2013；Nislow et al. 1997；Miller et al. 2001；Roguev et al. 2001；Nagy et al. 2002；Feng et al. 2002；Ng et al. 2002；Lacoste et al. 2002；van Leeuwen et al. 2002）。出芽酵母没有传统的异染色质，因此 H3K4、H3K36 和 H3K79 均富集于常染色质，它们在此处可以参与多种转录调控功能（Nguyen and Zhang 2011；Krogan et al. 2002；Briggs et al. 2001；Smolle and Workman 2013；Feng et al. 2002；Ng et al. 2002；Lacoste et al. 2002；Strahl et al. 2002；Shilatifard

2012；Smolle et al. 2013）。H3K4me3 和 H3K79me3 在端粒沉默和 DNA 损伤应答中也发挥作用（Nguyen and Zhang 2011；Shilatifard 2012）。在酵母中，每个 HMT 酶催化一个特定赖氨酸的特异甲基化状态（me1、me2 和 me3）。例如，ySet2 催化形成 H3K36me1、H3K36me2 和 H3K36me3。虽然在很多情况下，我们仍不清楚决定甲基化程度的因素是什么，但有例子清楚地说明，不同蛋白组成的 HMT 复合物在催化具体的甲基化水平上发挥了作用。例如，ySet1 存在于一个叫作 COMPASS（与 Set1 相关的复合蛋白）的大分子复合物中（Krogan et al. 2002；Shilatifard 2012）。酵母 Set1 缺失的菌株呈现 H3K4me1、H3K4me2 和 H3K4me3 修饰的组蛋白种类的完全缺失（Briggs et al. 2001；Miller et al. 2001；Roguev et al. 2001；Nagy et al. 2002）。重组 ySet1 在体外不活跃，除非在 COMPASS 内被共纯化。此外，在体内敲除一些非催化性 COMPASS 亚基会导致 H3K4 甲基化（所有状态）的消失。因此，ySet1 被认为只有存在于 COMPASS 之内，才能折叠成为有活性的状态，若缺失结构组成成分会干扰该复合物的完整性，则其甲基化 H3K4 的功能将消失（Shilatifard 2012）。重要的是，有些 COMPASS 亚基只有在催化三甲基化修饰时才是必需的。具体来说，敲除元件 Cps40/Spp1 并未干扰 COMPASS 的完整性，而且 H3K4me1 和 H3K4me2 依然存在于 Cps40 缺失的菌株内。但是，这些菌株的 COMPASS 无法形成 H3K4me3 修饰（Takahashi et al. 2009；Dehe et al. 2006）。这些结果表明 Cps40 为 ySet1 有效催化最饱和的 H3K4me3 修饰所必需的。Cps40 的例子代表了一个通过互作因子调控 HMT 活性的保守机制。人的细胞中有六个不重叠的 COMPASS 类复合物与 ySet1 同源，与酵母类似，某些特定的元件是复合物完整性所必需的，而其他几种是 H3K4 有效三甲基化所必需的（Steward et al. 2006）。然而，由于后生动物基因组中庞大的甲基转移酶数量，在特定赖氨酸基团上甲基化状态的调控也自然更加复杂。就此而言，人类表观遗传谱中涉及针对 H3K9、H3K36 和 H4K40 甲基化的调控都依循这个原则。

5.3.2.3 人类组蛋白赖氨酸甲基化的催化

由于人体内存在冗余、组织特异性和甲基化组蛋白的多样性等问题，因此为 HMT 分配特定的组蛋白甲基化活性更具挑战性，这可能会混淆各种实验系统中结果的解释。利用生化、遗传和蛋白质组学相结合的方法，研究人员已经能够用组蛋白甲基化活性严格地识别出大多数的人类赖氨酸甲基转移酶。

1. H3K4 甲基化

在人类中与 ySet1 同源的六个蛋白分别是 SET1A、SET1B、MLL1、MLL2、MLL3 和 MLL4，可以催化 H3K4 的甲基化。SET1A 和 SET1B 催化生成大部分的 H3K4 三甲基化，而其他酶则区域性地靶向调控某些特定基因组合的 H3K4 甲基化及转录（Shilatifard 2012）。例如，MLL3/4 是维持全基因组 H3K4me1 水平所必需的。所有这些 HMT 都存在于大分子复合物中并且有五个共通的亚基，除了共通的亚基之外，每个 COMPASS 家族成员还包含特异的亚基，使该复合物具有特异性（Shilatifard 2012）。例如，MLL1/MLL2 复合物与抑癌蛋白 Menin 相关（Yokoyama et al. 2004）。

2. H3K9 甲基化

就 H3K9 来说，PRDM3 与 PRDM16 两种酶催化生成 H3K9me1（Pinheiro et al. 2012）。该组蛋白物种随即成为 Suv39H1 和 Suv39H2 的模板进行 H3K9me3 的修饰。因此，两个 HMT（PRDM3 和 PRDM16）为另外两个 HMT（Suv39H1 和 Suv39H2）提供一个位点，并且需要两种催化反应才能正确形成异染色质（Pinheiro et al. 2012；Peters et al. 2001）。SETDB1 是另一种催化形成 H3K9me3 的酶，它似乎具除 Suv39H1 和 Suv39H2 之外的特异性功能，包括小鼠胚胎干细胞中内源性逆转录病毒的沉默（Schultz et al. 2002；Yang et al. 2002；Matsui et al. 2010）。在常染色质处，H3K9 的甲基化状态受 G9A 和 GLP 两种赖氨酸甲基转移酶的调控，这两种酶形成二聚体，单/双甲基化 H3K9，从而抑制包括免疫和成瘾反应在内的多种基因表达（Tachibana et al. 2001，2002，2005，2008；Schaefer et al. 2009；Levy et al. 2011）。综上所述，至今为止发现的人类单、双或三甲基化 H3K9 的酶有七种，其均与某种形式的基因组沉默相关（Krishnan et al. 2011）。

3. H3K27 甲基化

H3K27 甲基化，特别是三甲基化，对于启动沉默染色质区域的形成和抑制多种生物体中的分化基因非常重要（Margueron and Reinberg 2011）。多梳抑制复合物 2（PRC2）负责生成大部分甲基化 H3K27。PRC2 的催化亚基是含有一个 SET 结构域的 EZH2（zeste 同源增强子 2）（Cao et al. 2002；Czermin et al. 2002；Kuzmichev et al. 2002；Muller et al. 2002）。EZH2 仅在具有非催化性 PRC2 亚基 SUZ12（zeste 12 的抑制剂）和 EED（胚胎外胚层发育）的复合物中，才对组蛋白甲基化有催化活性。EED 的七层 β 螺旋状 WD40 重复结构域可读取抑制性三甲基标记（如 H3K27me3 和 H4K20me3），提示这种相互作用有助于 H3K27me3 沿被抑制染色质传播，并协助在基因组复制后更新 H3K27me3（Margueron et al. 2009）。一种 EZH2 的同源蛋白 EZH1 也被报道存在于 PRC2 样复合物中，直接或间接地发挥甲基化 H3K27 的作用。然而，EZH1 的特定生物功能仍在阐明中，并且可能与存在组织特异性的 EZH2 不同（Mousavi et al. 2012；Riising and Helin 2012；Ezhkova et al. 2011；Shen et al. 2008；Margueron et al. 2008）。

4. H3K36 甲基化

与酿酒酵母中 ySet2 催化 H3K36 三种程度甲基化（me1、me2 和 me3）的情况相反，人的 H3K36 不同程度的甲基化有多种酶参与（Wagner and Carpenter 2012）。H3K36 最丰富的甲基化状态是二甲基化，由三个 NSD（核受体结合 SET 结构域）家族 HMT 酶产生：NSD1、NSD2[也被称为 MMSET（多发性骨髓瘤含 SET 结构域蛋白质）和 WHSC1（沃尔夫-赫希霍恩综合征候选者 1）]和 NSD3[也命名为 WHSC1L1（沃尔夫-赫希霍恩综合征候选者 1 样 1 蛋白）]（Kuo et al. 2011；Wagner and Carpenter 2012；Wang et al. 2007；Li et al. 2009）。本章稍后讨论的 NSD1、NSD2 和 NSD3，它们在发育过程中扮演重要角色，其功能丧失性突变与各种遗传性疾病有关，其中包括 NSD1 功能障碍可能参与生长过度疾病小儿巨脑畸形综合征的发病。此外，令人信服的证据表明，NSD2 酶的过表达导致许多癌症类型的发展，特别是血液恶性肿瘤。组蛋白甲基转移酶 SETD2（SET

域蛋白2）/HYPB（亨廷顿关联蛋白 B）催化细胞里几乎所有的 H3K36me3（Kuo et al. 2011；Edmunds et al. 2008）。有趣的是，SETD2 在肾癌中发生突变（Varela et al. 2011），表明 H3K36me2 和 H3K36me3 之间的细微差异可以产生截然不同的临床结果：H3K36me2 与肿瘤生成有关，H3K36me3 与肿瘤抑制有关（图 5.5）。SETD2 不需要且在体内不使用 H3K36me2 作为模板来催化 H3K36me3 发生，而是催化未甲基化的 H3K36。事实上，RNAi 介导的 NSD2 蛋白质敲低导致 H3K36me2 的缺失，而 H3K36me3 水平未发生改变（Kuo et al. 2011）。因此，H3K36me2 和 H3K36me3 这两个标记是彼此独立的，并且与截然相反的临床结果相关。在缺失 NSD2 的细胞中，H3K36me1 水平较高（Kuo et al. 2011），表明可能有一种刺激性 H3K36 单甲基转移酶存在，如 ASH1L，因为它已被证明在单核小体中甲基化 H3K36（Tanaka et al. 2007）。然而，将 H3K36 甲基化转导至下游功能的分子机制仍在研究中。H3K36me3 与转录上调和下调均有关联，特定基因组区域的功能结果由结合的阅读器结构域生物活性决定。对于 H3K36me2，尚未确定其特定的阅读器结构域。

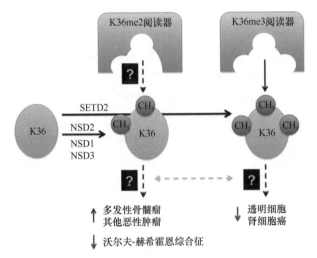

图 5.5　与 H3K36 不同甲基化状态相关的重要功能。H3K36 由三种 HMT 酶二甲基化为 H3K36me2：NSD1、NSD2 和 NSD3（Kuo et al. 2011；Li et al. 2009）。H3K36 由 HMT SETD2 三甲基化为 H3K36me3（Edmunds et al. 2008）。特异性结合 H3K36me3 的阅读器结构域已被鉴别，但优先结合 H3K36me2 的阅读器尚无描述。SETD2 的突变和 H3K36me3 的缺失与透明细胞肾细胞癌有关（Dalgliesh et al. 2010）。相比之下，NSD2 过表达和 H3K36me2 水平增加与骨髓瘤发生有关（Kuo et al. 2011；Anderson and Carrasco 2011；Chesi et al. 1998）。NSD2 的单倍剂量不足与发育障碍沃尔夫-赫希霍恩综合征有关（Stec et al. 1998；Nimura et al. 2009）。将 H3K36me2 和 H3K36me3 与疾病状态相关联的分子机制以及两个标记与不同疾病结果之间的关系目前尚不清楚（Wagner and Carpenter 2012）

5. H3K79 甲基化

球状结构域（而不是组蛋白尾部）中存在的一个经典组蛋白甲基化标记是 H3K79，它由 yDot1 的人类同源蛋白 DOT1L 催化（Feng et al. 2002；Ng et al. 2002；Lacoste et al. 2002；van Leeuwen et al. 2002）。与 yDot1 一样，DOT1L 能够以非加工方式催化单、双、三甲基化（Min et al. 2003a；Frederiks et al. 2008），并且似乎完全

负责 H3K79 甲基化，因为敲除 Dot1 的动物会导致 H3K79 甲基化信号完全丢失（van Leeuwen et al. 2002；Shanower et al. 2005；Jones et al. 2008）。通过与不同活动关联，DOT1L 将 H3K79 甲基化与转录激活和延伸联系在一起。例如，Dot1 可以在称为 DotCom 的大型多亚单位复合物中纯化，该复合物包含参与转录延伸的蛋白质，以及用于调节 Wnt 信号通路的因子（Mohan et al. 2010）。DotCom 是 H3K79 三甲基化所必需的，而 Dot1 的缺失导致 Wnt 目标基因的表达降低。因此，DotCom 将 H3K79me3 的特定催化和转录延伸因子与 Wnt 靶基因表达联系在一起。Dot1 和 H3K79 过度甲基化也与白血病发生有关。具体来说，DotCom 复合物的一个组成部分 AF10 是已知的急性髓系白血病中可检测到 MLL 的融合伴侣蛋白（Okada et al. 2005）。Dot1 和 AF10-MLL 融合蛋白之间的相互作用导致促白血病基因表达的 H3K79me 依赖性增加。识别 H3K79 甲基化的真正阅读器结构域将极大地有助于我们理解这个标记如何调控生理和病理状态下基因表达的过程。

6. H4K20 甲基化

H4K20 的甲基化与细胞核的多种功能有关，从基因表达调控到 DNA 复制和修复（Beck et al. 2012a；Jorgensen et al. 2013；Brustel et al. 2011；Wu and Rice 2011）。组蛋白甲基转移酶 SET8/PR-Set7 催化 H4K20 的单甲基化（Rice et al. 2002；Nishioka et al. 2002；Fang et al. 2002）。SET8 的基因敲除导致果蝇和小鼠的早期致死（Oda et al. 2009；Sakaguchi and Steward 2007），而 RNA 介导的 SET8 在细胞中的耗竭导致巨大的 DNA 损伤，引发检查点激活并减缓细胞增殖（Tardat et al. 2007，2010；Wu et al. 2010；Oda et al. 2010；Jorgensen et al. 2011；Centore et al. 2010）。人类表观基因组中最丰富的修饰是二甲基化 H4K20，其存在于多达 80%细胞类型的核小体中（Schotta et al. 2008）。SUV4-20H1 和 SUV4-20H2 两种酶催化 H4K20me2 和 H4K20me3（Schotta et al. 2004，2008），它们都需要 SET8 催化生成的 H4K20me1，以催化 H4K20 较高的甲基化状态（Yang et al. 2008；Chen et al. 2011）。事实上，在果蝇和小鼠中双敲除 SUV20-H1/H2，或在斑马鱼中吗啉代（morpholino）介导的 drSUV4-20H1/2 缺失导致 H4K20me1 增加，表明这些酶通常催化此标记的形成（Schotta et al. 2008；Oda et al. 2009；Sakaguchi et al. 2008；Kuo et al. 2012；Beck et al. 2012b）。根据遗传和生化研究，Suv4-20H1 可能主要负责生成 H4K20me2，而 Suv4-20H2 负责生成 H4K20me3。因此，迄今为止，严格的分析表明 H4K20 的甲基化主要受三种酶的调节：SET8、Suv4-20H1 和 Suv4-20H2。

7. 染色质上存在几个额外的组蛋白赖氨酸甲基化事件

除了已经描述的经典组蛋白甲基化事件外，已知甲基化赖氨酸也存在于连接组蛋白上并且具有重要功能（例如，在组蛋白 H1B 的 26 位赖氨酸上）（Trojer et al. 2007）。此外，采用包括敏感质谱学策略在内的各种方法，在 H3K14、H3K18、H3K23、H3K56、H3K63、H4K5、H4K8、H4K12 和 H4K31 位点上检测到甲基化（Green et al. 2012；Garcia et al. 2007；Zee et al. 2011；Van Aller et al. 2012；Tan et al. 2011；Daujat et al. 2009）。预计未来几年的研究将阐明这些新标记的生物功能，以及它们如何与染色质的其他关键信号相互作用和集成。

5.3.3 组蛋白去甲基化酶

迄今已发现两个去甲基化酶家族可以去除赖氨酸甲基化（Mosammaparast and Shi 2010；Kooistra and Helin 2012）。它们分别是胺氧化酶家族和含 jumonji C（JmjC）结构域的铁依赖性双加氧酶，这些酶从酵母到人类高度保守，并可催化组蛋白和非组蛋白底物的去甲基化。

5.3.3.1 胺氧化酶型去甲基化酶

组蛋白去甲基化酶中，胺氧化酶家族的创始成员是 LSD1，该酶从粟酒裂殖酵母到人类是进化保守的，但并不存在于拥有双加氧酶型去甲基化酶的酿酒酵母（Shi et al. 2004）。人类有 LSD1 和 LSD2 两种相关的胺氧化酶，二者都调节组蛋白 H3K4 单甲基化和二甲基化的去甲基化（Shi et al. 2004；Fang et al. 2010）。去甲基化由胺氧化酶结构域进行，该结构域调节甲基化赖氨酸中 α-碳键的氧化裂解（图 5.6a）。所得的亚胺中间体被水解形成甲醛，并伴有 H_2O_2 和去甲基化赖氨酸的释放。由于反应的第一步需要质子氮，这种去甲基化酶家族只能脱去单甲基化和二甲基化底物。

LSD1 是 Co-REST 抑制器复合物的成员，该复合物调节非神经细胞中神经元基因的抑制（Shi et al. 2004）。LSD1 与染色质的接触需要 Co-REST，它结合组蛋白和 DNA 并促进 LSD1 与染色质结合（Lee et al. 2005）。LSD1 最近也被证明通过去除对增强子功能很重要的组蛋白 H3K4 甲基化从而对增强子起到灭活作用（Whyte et al. 2012）。此外，LSD1 被证明在常-异染色质边界上起作用，例如，粟酒裂殖酵母和果蝇中 LSD1 同源蛋白的缺失会导致异染色质形成和扩张的缺陷（Lan et al. 2007a；Rudolph et al. 2007）。事实上，果蝇 LSD1 的同源蛋白 Su（var）3-3 最初被确定为调节 PEV 的基因，后来被证明是组蛋白 H3K4 去甲基化酶，在 H3K9 甲基转移酶上游发挥功能，以启动果蝇中异染色质的形成（Rudolph et al. 2007）。也有报道称，从前列腺细胞分离的 LSD1 催化组蛋白 H3K9me1/2 的去甲基化（Metzger et al. 2005），但重组 LSD1 在体外没有表现出这样的活性，这表明需要更多的工作来了解 LSD1 调节 H3K9 去甲基化的机制。

人类的 LSD1 同源蛋白 LSD2 调节 H3K4 的去甲基化。然而，与定位于启动子和增强子区域的 LSD1 不同，研究发现 LSD2 与基因体结合，且通过调节基因内的 H3K4 甲基化来调节转录（Fang et al. 2010）。与代谢脱氢酶具有序列同源性的核蛋白 NPAC 作为 LSD2 的辅助因子，在染色质环境中促进其去甲基化 H3K4me2 的能力（Fang et al. 2013）。LSD2 还与调节转录延伸的蛋白质结合。实际上，它定位于基因内并且与转录延伸调控因子结合，提示 LSD2 可能主要在转录启动之后的步骤即转录延伸阶段调节基因表达。

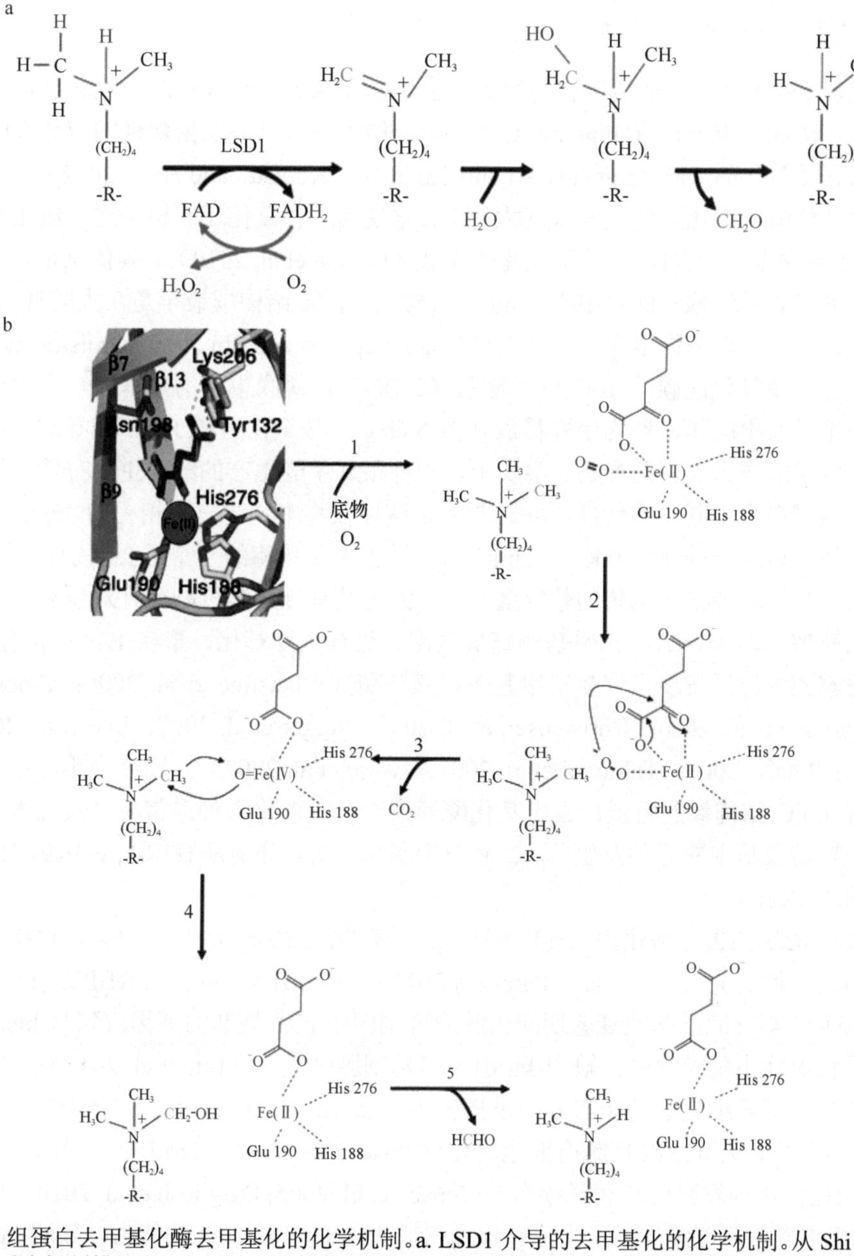

图 5.6 组蛋白去甲基化酶去甲基化的化学机制。a. LSD1 介导的去甲基化的化学机制。从 Shi 等（2004）改编的反应机制描绘了 LSD1 从二甲基化的赖氨酸基团中去除一个甲基基团，但反应可以一直持续到无甲基化赖氨酸的产生。b. 由 JmjC 蛋白介导的去甲基化的化学机制。这一机制基于来自 JHDM1（Tsukada et al. 2006）和 JMJD2 家族（Whetstine et al. 2006；Chen et al. 2006）的生化和结构/功能数据，以及 HIF 羟化酶（Dann and Bruick 2005）和 TauD（Price et al. 2005）的拟议化学反应。负责协调 Fe（II）（红圈）和 α-酮戊二酸盐的氨基酸在 Chen 等（2006）拍摄的 JMJD2A 催化核心晶体结构中被描述。分子氧、α-酮戊二酸盐和底物相互作用与协调的示意图作为反应步骤 1 显示。电子从 Fe（II）转移到配位分子氧，产生超氧化物自由基和 Fe（III）。自由基攻击从铁接受电子的 α-酮戊二酸盐中的羧基（C2）。脱羧基化随之而来，并产生琥珀酸盐和二氧化碳（步骤 3）。在分子氧分裂过程中，产生高度不稳定的 Fe（IV）-氧化中间体。这个还原氧代铁基从甲基化的赖氨酸中提取一个质子，形成一个 Fe（III）氢氧化物，随后对甲基上的自由基进行羟基化（步骤 4），形成一个羧基，该羧基会自发脱甲基（步骤 5）。然后，在分子氧、Fe(II) 和 α-酮戊二酸盐的存在下，反应能够继续。引自 Shi and Whetstine, Molecular Cell：25，1–4. With permission from Elsevier Publishers，Ltd

5.3.3.2 Jumonji C 双加氧酶型去甲基化酶

在发现 LSD1 之后，报道了有关组蛋白去甲基化酶的一种非传统的氧化还原机制的实验证据，由此鉴定出含有 Jumonji C（JmjC）结构域并具有铁依赖性的双加氧酶家族的组蛋白去甲基化酶（Mosammaparast and Shi 2010；Kooistra and Helin 2012）。这个组蛋白去甲基化酶家族比胺氧化酶家族大得多，它使用一种氧化还原机制进行组蛋白去甲基化，该机制不同于上面讨论的胺氧化酶家族（Horton et al. 2010）。具体来说，该反应基于一个 Fe^{2+} 和氧依赖性催化中心（JmjC 结构域），该结构域最早是在大肠杆菌 AlkB 酶中 DNA 的 N-脱烷基作用中观察到的（Mosammaparast and Shi 2010；Kooistra and Helin 2012）。它涉及氧化脱碳的 α-酮戊二酸盐（2-OG），偶联甲基的羟基化，产生一个不稳定的羟甲基铵中间体，作为甲醛释放（图 5.6b）。胺氧化酶和 JmjC 介导的组蛋白去甲基化均以甲醛作为反应的产物。事实上，一种跟踪甲醛生产的经典生化分馏方法成功地识别了组蛋白去甲基化酶活性，并在 HeLa 核提取物中鉴定出其相应的 JmjC 结构域去甲基化酶（Tsukada et al. 2006）。JmjC 结构域去甲基化酶的一个重要区别特征是，其底物不限于单甲基或二甲基化的赖氨酸基团，因为其基础化学机制允许对所有三种甲基状态的赖氨酸（即单、二、三甲基赖氨酸基团）进行去甲基化。事实上，在含有 JmjC 的蛋白质家族中已经发现了许多三甲基去甲基化酶（Whetstine et al. 2006；Cloos et al. 2006；Yamane et al. 2006；Christensen et al. 2007；Agger et al. 2007；Lee et al. 2007a；Klose et al. 2006，2007；Tahiliani et al. 2007；Iwase et al. 2007）。迄今为止，已鉴定了五种含有 JmjC 结构域的组蛋白去甲基化酶亚家族，可催化六种最常见并被深入研究的组蛋白赖氨酸残基中的五种发生单、二和三甲基化修饰，分别是 H3K4、H3K9、H3K27、H3K36 和 H4K20。

H3K4me2/3 的去甲基化由 Jarid1A-D 系列酶催化（Blair et al. 2011），这些蛋白质具有不同的生物功能（Varier and Timmers 2011）。Jarid1A（也称为 RBP2）和 Jarid1B（也称 PLU-1）都有助于细胞衰老期间由肿瘤抑制因子 pRb 调节的基因沉默（Chicas et al. 2012）。在癌症小鼠模型中，缺失 Jarid1A 可抑制肿瘤发生（Lin et al. 2011）。Jarid1A 也被证明在调节癌细胞耐药状态方面发挥作用（Sharma et al. 2010）。Jarid1B 在乳腺癌中过量表达，其缺失导致结直肠癌细胞老化（Chicas et al. 2012）。Jarid1C（也称为 SMCX）与伴 X 染色体精神发育迟滞和肾癌有关（Jensen et al. 2005；Dalgliesh et al. 2010）。Jarid1D（也称为 SMCY）可能参与精子生成。根据它们去除 H3K4me2/3 的能力，预测 Jarid1 家族的功能为抑制转录（Iwase et al. 2007；Blair et al. 2011；Dey et al. 2008）。然而，最近发现，Jarid1C 在增强子处将 H3K4me3 转换为 H3K4me1，该过程可以刺激增强子活性，表明这些酶的基因调控功能更为复杂（Outchkourov et al. 2013）。

H3K9 的去甲基化由 JmjC 结构域去甲基化酶的 JHDM2a、PHF8 和 JMJD2a-d 三个亚家族执行（Krishnan et al. 2011）。JHDM2a 和 PHF8 主要脱去 H3K9me1/2 的甲基，而具双重特异性的 JMJD2 家族成员既可脱去 H3K9me2/3 的甲基，又可脱去 H3K36me2/3 的甲基（Mosammaparast and Shi 2010；Kooistra and Helin 2012）。JHDM1 可以被招募到 CpG 岛对 H3K36me2 去甲基，并将 H3K36me2 去甲基化与 DNA 甲基化调控联系在

一起（Blackledge et al. 2010）。除了 H3K9 去甲基化以外，PHF8 还可以去除核小体上 H4K20me1 的甲基（Qi et al. 2010；Liu et al. 2010）。H3K27 去甲基化酶是 Utx 和 Jmjd3（Agger et al. 2007；Lan et al. 2007b；De Santa et al. 2007；Lee et al. 2007b），这两种酶被认为参与炎症调节过程（De Santa et al. 2007，2009），研究发现一种针对 Jmjd3 和 UTX 的小分子抑制剂，可抑制脂多糖（LPS）引发的人类原代巨噬细胞的促炎反应（Kruidenier et al. 2012）。因此，组蛋白赖氨酸去甲基化动力学的药物研发，对治疗高炎性疾病、癌症以及许多其他疾病有极大希望。

5.3.4 阅读器结构域：传感和转导组蛋白甲基化事件

如上所述，H3K4me3 主要存在于活跃转录基因的启动子处，而 H3K9me3 则富集于沉默的染色质处。这与其他组蛋白甲基化修饰的基因组差异分布提示，甲基化在建立非连续的染色质功能状态方面发挥了关键作用。回顾甲基化不能中和被修饰基团的电荷，添加甲基也不会明显增加体积（谨记每个甲基基团分子质量只有 14 Da），这引出了一个问题，即向组蛋白中添加一、二或三个甲基基团如何影响各种生理状态下细胞核的程序化活动，如激活炎症反应所需的基因。现在的理解是，甲基化在组蛋白上创造了一个独特的分子结构，该结构在周围序列的背景下，由存在于染色质调控蛋白中的特别"阅读器"或"效应器"结构域识别（Kouzarides 2007；Taverna et al. 2007）。因此，阅读器蛋白通过感应和传导染色质的甲基化事件，并将其转化为生物学结果，从根本上定义了组蛋白甲基化的功能结果（图 5.3 和图 5.7）（Kouzarides 2007；Taverna et al. 2007）。例如，异染色质蛋白 1（HP1）和果蝇多梳蛋白这类抑制复合物的成分含有染色质结构域（CD），它们能分别特异性识别适当的抑制性甲基化标记 H3K9 和 H3K27（Bannister et al. 2001；Lachner et al. 2001；Czermin et al. 2002；Kuzmichev et al. 2002；Muller et al. 2002；Nakayama et al. 2001；Nielsen et al. 2002；Jacobs and Khorasanizadeh 2002；Min et al. 2003b；Fischle et al. 2003）。同样，与转录激活相关的因子，如 TAF3、BPTF 和 ING4 利用植物同源结构域（PHD）指识别 H3K4me3（Shi et al. 2006；Wysocka et al. 2006；Pena et al. 2006；Li et al. 2006；Hung et al. 2009；Vermeulen et al. 2007）。此外，染色质调控复合物中的蛋白质通常含有一个或多个结合甲基化赖氨酸的区域（Li et al. 2007a），并且阅读器结合活性在确定整个复合物的全基因组染色质分布方面发挥重要作用。例如，基底转录因子 TFIID 通过 TFIID 组分 TAF3 中的 PHD 指与富集了 H3K4me3 的基因组位点结合而定位（Vermeulen et al. 2010）。

迄今为止，数十个被证明以甲基化赖氨酸依赖的方式结合组蛋白的阅读器属于十个不同的蛋白质结构域家族：CD、PHD 指、Tudor、MBT（恶性脑肿瘤）、PWWP（脯氨酸-色氨酸-色氨酸-脯氨酸结构域）、BAH 结构域、Ankryin 重复、WD40 重复、ADD（ATRX-DNMT3A-DNMT3L）和 zn-CW（图 5.8）。Tudor、CD、PWWP 和 MBT 结构域构成了蛋白质结构域的皇家家族。还有一类重要的 PHD 指阅读器结构域，其识别组蛋白的能力被甲基化破坏。因此，组蛋白甲基化用于调节染色质上组蛋白和染色质调节蛋白之间的模块化相互作用，依阅读器结构域的类型来促进或抑制相互作用。最后，多个染色质阅读器结构域内的突变与多种人类疾病相关，包括癌症、发育障碍和免疫缺陷综合征（Bannister and Kouzarides 2011；Baker et al. 2008；Musselman and Kutateladze 2009；Matthews et al. 2007；Kuo et al. 2012；Wang et al. 2009）。

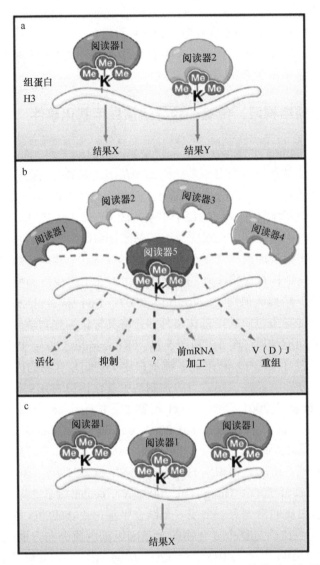

图5.7　阅读器决定赖氨酸甲基化的影响。该原理图描绘了三种不同的模型，用于阐释甲基化赖氨酸阅读器如何感知并将组蛋白甲基化标记转化为生物结果。a. 特异性阅读器识别一个标记，并对应一个特定结果。这样，不同的阅读器将不同的标记对应到备选的功能结果。b. 五个不同的阅读器都特异性识别相同的标记，如三甲基化组蛋白 H3 的 4 位赖氨酸（H3K4me3），导致五个备选生物输出对应一个标记。c. 一个阅读器结合多个不同的标记（如 H3K9me3、H3K27me3 和 H4K20me3），使三个不同的标记对应单个生物输出。引自 Levy and Gozani，Cell，2010：DOI 10.1016/j.cell.2010.08.032. With permission from Elsevier Publishers，Ltd

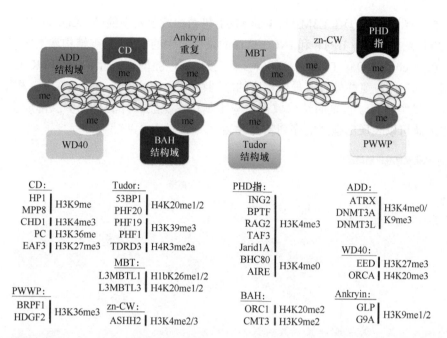

图 5.8　阅读器蛋白包含十个甲基化赖氨酸结合域之一：CD 染色质结构域、Tudor 结构域、MBT 结构域、PWWP 结构域、PHD 指、BAH 结构域、Ankryin 重复结构域、WD40 重复结构域、ADD 结构域和 zn-CW 结构域。包含特定结构域的蛋白示例与受该结构域约束的甲基化主要位点一起显示。某些结构域识别多个位点。大多数结构域也能够区分一个位点的甲基化程度。例如，一个 PHD 指亚家族通常优先结合 H3K4me3，而第二个亚家族仅在 H3K4 未甲基化（me0）时才结合 H3 的 N 端尾。因此，结合的特异性不仅与甲基化位点周围的初级序列相关，而且与每个位点的甲基化程度相关

需要采用一些实验方法，为特定结构域严格确定特异性的甲基化赖氨酸结合活性。例如，甲基化赖氨酸肽段某结构域的结合引力可以通过一种称为等温滴定量热法（ITC）的技术确定。一般来说，ITC 确定的各种甲基化组蛋白阅读器的结合引力范围为 1～25 μm，虽然低于 100 μm 的引力已被证明具有生物活性。还有一些其他方法可用于测试结构域的特异性和结合活性，与生物学的所有领域一样，必须利用多种独立方法来支持结论。用于描述阅读器-底物相互作用的最强大且最有用的方法之一是结构分析法，包括核磁共振光谱和 X 射线晶体学等，这些分析会盘查阅读器与甲基化多肽底物之间形成的复合物。蛋白质结构在建立阅读器-底物相互作用的分子基础方面可以是无价的，这些信息可用于指导特定非结合衍生物。进而，这些突变体可以与各种细胞和体内实验相结合，以阐明与阅读器相关的生理功能。

5.3.4.1　阅读器结构域与甲基化赖氨酸结合的分子基础

阅读器以甲基敏感的方式结合组蛋白的能力依赖于两个主要成分：①目标赖氨酸上甲基化的首选状态，即 me0、me1、me2 或 me3；②目标赖氨酸周围的序列。利用含有 2～4 个芳香基团的疏水笼来识别甲基化赖氨酸的甲基铵基团是甲基化赖氨酸阅读器结构域特有的一个结构特征（Taverna et al. 2007）。因此，用丙氨酸取代构成笼状结构的任何芳香或其他疏水基团均可完全破坏甲基化赖氨酸的结合。甲基铵可插入两种类型的

笼状结构（图 5.9）：①在 L3MBTL1 的 MBT 等结构域上发现的腔（Li et al. 2007b；Min et al. 2007）；②在像 BPTF 和 ING2 这样的蛋白质中的 PHD 指等结构域上发现的表面凹槽（Pena et al. 2006；Li et al. 2006）。一般来说，腔型笼结合 Kme1 和 Kme2，并且除识别甲基化的赖氨酸外具有最低程度的序列特异性（Taverna et al. 2007）。相比之下，在表面凹槽中具有疏水笼的结构域往往与甲基化赖氨酸以外的目标多肽形成多个接触位点，因此可以表现出强烈的序列特异性。

甲基化赖氨酸识别模式：

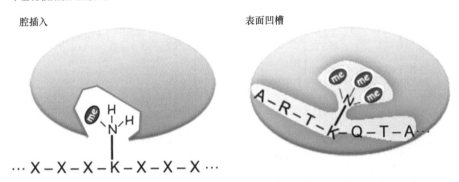

图 5.9　腔插入和表面凹槽甲基化赖氨酸识别模式的示意图。左图：甲基化赖氨酸阅读器，如与 Kme1 和 Kme2 结合的 L3MBTL1 的 MBT 结构域，通常使用腔插入机制识别甲基铵。该模式通常导致严格识别较低的单、二甲基状态而不识别三甲基状态，且对于甲基化赖氨酸周围序列具有很小的特异性。右图：与高甲基状态结合且具有序列特异性的阅读器，如 HP1 CD、PHD 指蛋白（如 ING2 和 BPTF），以及 ORC1 的 BAH 结构域使用表面凹槽识别机制。如需要全面综述，见 Taverna 等（2007）

　　甲基铵与阅读器疏水笼之间的相互作用通过阳离子-π 相互作用（甲基铵阳离子和笼状结构疏水基团的芳香环之间）以及疏水接触进行调控。甲基化状态越高，与笼状结构的相互作用越强。因此，相较于较低状态的甲基化，高甲基化状态的优先选择性受与 Kme1 和/或 Kme2 结合的阅读器的不同结构特征支配，包括：①在沿芳香笼与甲基铵质子表面排列的天冬氨酸或谷氨酸基团的羧基之间的直接氢键和静电相互作用，这种作用在 Kme3 中是不存在的；②芳香笼中酸性氨基酸与 Kme3 造成的空间排斥效应；③限制三甲铵基团进入结合袋（Taverna et al. 2007）。

　　通过生化和生物物理方法相结合，逐一阐明了控制单个阅读器结构域-甲基化赖氨酸结合事件的序列特异性的分子基础。例如，复制许可因子 ORC1 和 H4K20me2 多肽在 BAH 结构域之间形成的复合物晶体结构表明，ORC1 BAH 结构域对围绕 H4K20me2 序列的高特异性是由构成结构域表面通道的基团与 H4 多肽之间的分子间氢键相互作用网络调控的（Kuo et al. 2012）。已解析的多个 PHD 指-H3K4me3 多肽复合物的结构也有助于阐明 PHD 指用于高度特异性识别 H3K4me3 的常见模式（Musselman and Kutateladze 2011；Matthews et al. 2007；Pena et al. 2006；Li et al. 2006；Hung et al. 2009；Wang et al. 2009；Taverna et al. 2006）。这些 PHD 指的表面包含两个相邻的口袋，其中 H3K4me3 的三甲铵嵌入体构成一个口袋的疏水笼。第二个口袋位于笼状结构旁边，H3R2 的长侧链插入并在此口袋底部与带负电荷的基团形成静电相互作用。位于第四和第五锌配位基团之间的所有结合 H3K4me3 的 PHD 指中存在的保守色氨酸基团形成两个口袋之间的共享壁，且对于 H3K4me3 的结合是不可缺少的（Musselman and Kutateladze 2011；Matthews et al. 2007；Pena et al. 2006；Li et al. 2006；Hung et al. 2009；Wang et al. 2009；Taverna et al. 2006；Shi et al. 2007）。在这种情况下，用于调节抗原受体基因组装的 RAG1/2 V（D）J 重组酶的基本成分 RAG2 的非经典 PHD 指与 H3K4me3 具有极好的结合特异性（Matthews et al. 2007）。RAG2 的 PHD 指与 H3K4me3 之间的相互作用对体内 V（D）J 重组至关重要，在患有奥梅恩（Omenn）综合征（一种免疫缺陷病）的患者中，该保守色氨酸发生突变（Matthews et al. 2007）。此外，在 Nup98-Jarid1a 白血病融合蛋白背景下，Jarid1a PHD 指中保守色氨酸的突变废除了白血病相关易位产物的致癌性（Wang et al. 2009）。因此，破坏组蛋白修饰的读出可对疾病病因产生深远影响，突出染色质阅读器功能的生物医学重要性。

5.3.4.2　组蛋白甲基标记及其相关阅读器

一个或多个甲基赖氨酸结合域已被确定为以下组蛋白甲基标记的生物相关阅读器：H3K4me2、H3K4me3、H3K9me1、H3K9me2、H3K9me3、H3K27me、H3K6me3、H4K20me1、H4K20me2 和 H4K20me3。到目前为止，尚未找到 H3K4me1、H3K36me1、H3K36me2 和 H3K79me 的特定阅读器。多项里程碑式的研究证明了 HP1 染色质结构域特异性识别 H3K9me，以及这种相互作用在异染色质形成中的作用，这是了解阅读器功能的最好范例（Bannister et al. 2001；Lachner et al. 2001）。此后，特定的阅读器结构域甲基化赖氨酸结合事件参与调控各种细胞核的功能，其中一些在前面已有介绍。下面，我们将描述一些模式阅读器结构域及其功能，以突出组蛋白甲基化信号中的关键分子概念。

1. 具有多个结合靶标的单个结构域：MBT 结构域和染色质压缩

L3MBTL1 充当染色质压缩因子来抑制转录，使 DNA 在实际空间上变得不可接近（Trojer and Reinberg 2008），该活性需要含有三个 MBT 重复的蛋白质区域（Trojer et al. 2007；Boccuni et al. 2003）。中间的 MBT 重复结合单、二甲基化赖氨酸（Kim et al. 2006）。L3MBTL1 被认为可以同时识别染色质上 H4K20me1/2 修饰的核小体与 K26me 位点单、二甲基化的连接组蛋白 H1b（Li et al. 2007b；Min et al. 2007；Trojer and Reinberg 2008；Kim et al. 2006），推测这些结合事件参与染色质压缩。因此，染色质的赖氨酸甲基化信号传递是单个结构域与两种不同修饰的组蛋白结合介导的，以达到压缩染色质的目的。

2. 具有单靶标的多个结构域：将 H3K4me3 链接到多种功能

PHD 指模块是一个标志性的染色质相关蛋白质基序（Aasland et al. 1995）。该模块存在于真核蛋白质组中，许多蛋白质的 PHD 结构域突变与癌症、免疫缺陷和其他疾病相关（Baker et al. 2008；Shi and Gozani 2005；Musselman and Kutateladze 2011）。PHD 指代表了已知最大的甲基化赖氨酸阅读器类别，已有几十种被证明可以特异性识别 H3K4me3。例如，酿酒酵母基因组中的 18 个 PHD 指中，有 8 个结合 H3K4me3；重要的是，8 个 PHD 指并不都与基因活化有关（Shi et al. 2007）。同样令人惊奇的是，含有可结合 H3K4me3 的 PHD 指的人源蛋白有不同的功能，从基因活化到转录抑制，再到 DNA 重组。因此，在思考阅读器结构域功能时，重要的是要谨记，组蛋白是高度丰富的蛋白质，而许多阅读器结构域存在于低丰度蛋白质上，或者肯定存在于不如组蛋白丰富的蛋白质上。因此，组蛋白甲基化种类（如 H3K4me3）和阅读器（如可识别含有 H3K4me3 修饰的蛋白质）之间不存在一对一的关系。更进一步来说，特定组蛋白甲基化事件的生物学结果是识别它的蛋白质的结果，而不是修饰本身的结果。重要的是，与读取同一甲基化标记的蛋白质相关的生理和病理功能之间通常无关联（图 5.7）。下面举例说明这一点：具有生物学重要 H3K4me3 结合活性的蛋白质包括以下几种。

（1）TAF3

TFIID 稳定化及目标启动子处的转录起始前复合物组装均需要 TAF3 通过其 PHD 指识别 H3K4me3（Vermeulen et al. 2007，2010；Lauberth et al. 2013）。

（2）BPTF

BPTF 通过其 PHD 指识别 H3K4me3，将 H3K4me3 与染色质重塑结合，并在发育过程中维持 *Hox* 基因的表达（Wysocka et al. 2006；Li et al. 2006）。

（3）ING2

ING2 通过其 PHD 指识别 H3K4me3，将 H3K4me3 与组蛋白去乙酰化和各种功能联系起来，以强烈抑制基因转录，来应对 DNA 损伤的发生。推测这种机制在细胞应对急性应激如 DNA 损伤的情况下特别重要，它可快速关闭增殖相关基因，以阻止携带受损 DNA 的细胞的增殖（Shi et al. 2006；Pena et al. 2006）。

（4）ING4

ING4 通过其 PHD 指识别 H3K4me3，并介导 H3K4me3 与 H3 乙酰化之间的串扰，从而激活基因表达来减弱细胞转化（Hung et al. 2009）。

（5）RAG2

RAG2 通过其 PHD 指识别 H3K4me3，如前所述，将 H3K4me3 关联到 V（D）J 重组（Matthews et al. 2007）。

（6）CHD1

CHD1 通过其串联的染色质结构域识别 H3K4me3，并将 H3K4me3 关联到 mRNA 加工因子（如剪接体），从而提高转录后起始过程的效率（Sims et al. 2007）。

（7）Spp1

ySet1 指南针组件 Spp1 通过其 PHD 指与 H3K4me3 结合，并调节出芽酵母中为启动减数分裂而发生的程序性 DNA 双链断裂的激活（Sommermeyer et al. 2013）。

3. 翻译后修饰也可消除阅读器结构域-组蛋白尾部的相互作用

除了具有 H3K4me3 识别活性的 PHD 指外，还确定了第二类特异性结合未修饰 H3 尾部 N 端的 PHD 指，H3K4 的甲基化会破坏这种相互作用（Lan et al. 2007c；Koh et al. 2008；Ooi et al. 2007；Tsai et al. 2010；Jia et al. 2007）。这些阅读器通过多种相互作用（包括识别 H3 的 N 端氨基和 H3A1 侧链）来接触 H3 的尾部。H3K4 也参与了关键的接触，而甲基化该基团会破坏这种相互作用，特别是二甲基化和三甲基化。包括 BHC80、AIRE 和 CHD5 在内的多种蛋白质具有可结合 H3K4me0 的一类 PHD 指（Lan et al. 2007c；Koh et al. 2008；Paul et al. 2013）。BHC80 是 LSD1-CoREST 复合物的一部分，BHC80 与 H3K4me0 的结合对于抑制 LSD1 活性非常重要（Lan et al. 2007c）。AIRE 是一种转录调节因子，在自身免疫性疾病"自身免疫性多内分泌病-念珠菌病-外胚层营养不良"（APECED）中发生变异（Villasenor et al. 2005）。事实上，这是唯一已知的与单个基因突变有关的自身免疫性疾病。AIRE 中的 PHD 指与 H3K4me0 结合，破坏小鼠模型中的这种相互作用会抑制 AIRE 的转录程序，并导致类似于缺失整个 *Aire* 基因的小鼠呈现的自身免疫性疾病（Koh et al. 2008，2010）。至于 CHD5，废除 H3K4me0 识别能力的 PHD 指突变型 CHD5 小鼠易发生肿瘤（Paul et al. 2013）。因此，甲基化赖氨酸的所有状态（从 me0 到 me3）都可以在染色质信号中发挥作用，以调节生理和病理过程。最后，重要的是要谨记，阅读器与底物之间独立的相互作用通常是必要的，但不足以介导生物学功能的读出，并且染色质的下游功能通常是通过多种蛋白质-蛋白质、蛋白质-DNA 和其他分子相互作用产生的信号整合而触发。在这方面，具有不同阅读器结构域的蛋白质或复合物与不同修饰的组蛋白基团之间多价相互作用进一步增加了染色质的信号传递潜能，因此是该领域重要而活跃的研究方向（Ruthenburg et al. 2007）。

5.4　组蛋白甲基化和 DNA 甲基化

5.4.1　在模型生物体粗糙链孢霉和拟南芥中建立组蛋白与 DNA 甲基化之间的联系

埃里克·塞尔克（Eric Selker）及其同事在寻找参与调节 DNA 甲基化的基因时，首次在粗糙链孢霉中揭示了 DNA 和组蛋白甲基化之间的功能关系。他们最初的基因筛选确定了五个基因，这些基因的突变导致 DNA 甲基化的减少，这些基因被恰当地命名为 Dim 1-5，因为它们减少了 DNA 的甲基化。Dim2 被证明是一个 DNA 甲基转移酶，负责链孢霉中所有已知的胞嘧啶甲基化（Kouzminova and Selker 2001）。有趣且出乎意料的是，Dim5 被证明是一个组蛋白 H3K9 甲基转移酶（Tamaru and Selker 2001），从而揭示了 DNA 和组蛋白甲基化之间曾经不被认可的关系，即粗糙链孢霉中 DNA 甲基化对组蛋白 H3K9 甲基化的依赖。

在塞尔克（Selker）实验室的首次报告后不久，史蒂夫·雅各布森（Steve Jacobsen）及其同事发现拟南芥中 DNA 与 H3K9 甲基化有着类似的关系（Johnson et al. 2002）。

在拟南芥中，DNA 胞嘧啶甲基化发生在 CG、CNG 和不对称三种不同的序列环境中。在一组突变筛选超人位源基因沉默抑制剂的研究中，他们发现氪石（*kyp*）的功能损失等位基因与 CNG DNA 甲基化的丧失有关，该甲基化是由 CNG 特异性 DNA 甲基转移酶 CMT3 调节的（Lindroth et al. 2001；Jackson et al. 2002）。KYP 是 Su（var）3-9 类组蛋白甲基转移酶的成员，但它在拟南芥中主要调节 H3K9 的二甲基化。最近，雅各布森（Jacobsen）及其同事证明 CMT3 在基因组的定位与组蛋白 H3K9me2 相关，CMT3 通过染色质和 BAH 结构域结合 H3K9me2（Du et al. 2012）。这些数据共同表明，KYP 首先奠定了 H3K9me2 标记，该标记招募 CMT3 对 DNA 进行甲基化。

总的来说，对链孢霉和拟南芥的研究将组蛋白 H3K9 甲基化置于 DNA 甲基化的上游，揭示了 DNA 与组蛋白甲基化之间密切的功能关系。

5.4.2 哺乳动物 DNA 与组蛋白甲基化的关系

5.4.2.1 H3K9 甲基化与 DNA 甲基化之间更为复杂但相似的关系

组蛋白 H3K9 甲基化与 DNA 甲基化之间的关系在哺乳动物中似乎是进化保守的。哺乳动物中存在两种主要的 DNA 甲基转移酶，DNMT1 是一种维护型甲基转移酶，可确保 DNA 复制后在子细胞中准确地恢复 CpG 甲基化模式（Bergman and Cedar 2013；Hashimoto et al. 2010；Kinney and Pradhan 2011）；DNMT3a、3b 和 3L 是负责从头 DNA 甲基化的 DNA 甲基转移酶复合物的一部分（Hashimoto et al. 2010；Kinney and Pradhan 2011）。H3K9 甲基转移酶 SUV39H1 和 H2 负责 H3K9 三甲基化和着丝粒周围卫星重复处结构性异染色质的形成（Rea et al. 2000；Peters et al. 2001）。DNMT3A 和 3B 在结构性异染色质处甲基化胞嘧啶需要 SUV39H1/H2（Lehnertz et al. 2003）；这种联系可能通过结合 H3K9me3 的 HP1 介导，而且直接与组蛋白和 DNA 甲基转移酶相互作用（Fuks et al. 2003）。除了 SUV39H1/H2，失去 SETDB1 介导的 H3K9me3 会导致逆转座子的 DNA 甲基化受损（Matsui et al. 2010）。由 G9A/GLP 催化的 H3K9 二甲基化也与 DNA 甲基化调控有关。具体说来，H3K9me2 协助招募 HP1 进行局部异染色质化，而 G9a 复合物还直接在靶标启动子上招募 DNMT3A/3B 进行胞嘧啶甲基化（Tachibana et al. 2008；Sampath et al. 2007；Chin et al. 2007；Chang et al. 2011b）。

因此，虽然在低等生物体（如拟南芥）中，H3K9 甲基化的丧失导致全基因组 DNA 甲基化缺失，但是哺乳动物中的 H3K9 甲基化事件对 DNA 甲基化具有局域性而非全基因组性的影响。尽管如此，H3K9 甲基化与 DNA 甲基化的关系是保守的。

值得注意的是，组蛋白 H3K9 甲基化并不总是在 DNA 甲基化上游起作用。例如，SETDB1 可以通过其 DNA 甲基结合结构域（MBD）被招募到 DNA 甲基化的基因组区域（Hashimoto et al. 2010），这便将 DNA 甲基化置于 H3K9 甲基化的上游。此外，在 DNA 复制过程中，维持型甲基转移酶 DNMT1 招募 H3K9 二甲基转移酶 G9a 来指导组蛋白甲基化（Esteve et al. 2006）。有趣的是，对 DNMT1 活性至关重要的 DNMT1 互作伙伴 UHRF1（Sharif et al. 2007；Bostick et al. 2007）可结合甲基化的 H3K9，提示存在一个在 H3K9me 标记的染色质处增强 DNMT1 稳定性的反馈回路（Liu et al. 2013；Rothbart et al. 2012）。

5.4.2.2 H3K4 去甲基化和 DNA 甲基化

除了 H3K9 甲基化，H3K4 去甲基化或可在生殖细胞中调节从头 DNA 甲基化。如上所述，从头 DNA 甲基化由 DNMT3A、3B 和 3L 介导。DNMT3L 是 3A 和 3B 的密切同源蛋白，但缺乏酶活性（Hata et al. 2002）。然而，它有能力通过其 ADD 结构域结合核小体，这种结合活性可被组蛋白 H3 第 4 位赖氨酸（H3K4）甲基化所抑制（Jia et al. 2007）。因此，DNMT3L 通过结合缺乏组蛋白 H3K4 甲基化的染色质区域，在 DNA 甲基化中起着靶向作用。因此，从头 DNA 甲基化只能选择性地发生在没有组蛋白 H3K4 甲基化的 CpG 岛上。该模型与观察到的 DNA 甲基化和 H3K4 甲基化之间的反相关一致（Hashimoto et al. 2010）。综上，H3K4 去甲基化似乎是从头 DNA 甲基化的先决条件，这再次将组蛋白甲基化调控置于 DNA 甲基化上游。

5.4.2.3 DNA 甲基化对组蛋白甲基化靶向的调控

H3K4 甲基转移酶 MLL 蛋白含有一段进化保守的 CXXC 基序，已证明该基序与未甲基化的 CpG 结合（Ayton et al. 2004）。因此，这些酶也许能够"感知"DNA 甲基化状态，并选择性地靶向未甲基化的 CpG 区域。这样，DNA 甲基化状态也会影响组蛋白 H3K4 甲基化。除了 MLL 蛋白，含 jumonji 结构域的组蛋白去甲基化酶 JHDM1 还包含一个能够结合未甲基化 CpG 的 CXXC 结构域，JHDM1 被招募到基因组的位置依赖于一个完整的 CXXC 基序（Blackledge et al. 2010）。由于 JHDM1 是 H3K36me1/2 特异性去甲基化酶（Tsukada et al. 2006），缺乏甲基化的 CpG 岛呈现 H3K36 单、二甲基化的缺失。因此，DNA 甲基化似乎限制了 JHDM1 的定位，因为它能够通过其 CXXC 结构域"感知"甲基化状态（Blackledge et al. 2010）。为此模型提供支持的数据显示，缺失 DNMT1 的小鼠中，JHDM1 错误定位于着丝粒周围的异染色质处。

5.5 组蛋白甲基化和肿瘤

多种组蛋白甲基化途径的异常调控与癌症发病机制有关（Baker et al. 2008；Varier and Timmers 2011；Albert and Helin 2010；Dawson and Kouzarides 2012）。许多研究都报告了 HMT、HDM、阅读器结构域和组蛋白甲基化标记在癌症中的变化或异常调控，包括 HMT、HDM 和阅读器蛋白参与致癌相关的染色体易位（Greer and Shi 2012）。此外，最近对单个酶的分子研究以及癌症基因组测序工作的研究提供了明确的证据，确证了组蛋白甲基化调控在人类癌症中的作用。通过工业界和学术研究人员的努力，一些针对组蛋白甲基化途径的药物正处于癌症治疗的不同开发阶段（Dawson and Kouzarides 2012）。

5.5.1 H3K27 甲基化和癌症

与相应的正常组织相比，催化 H3K27 甲基化的主要酶 EZH2 在肿瘤组织中表达水平较高，特别是在晚期转移性前列腺癌和转移性乳腺癌中观察到了 EZH2 的显著上调（Yu et al. 2007；Varambally et al. 2002）。然而，在肿瘤中的蛋白质过表达与癌症是相关的，但并不意味着因果关系。此外，由于 EZH2 只能在含有 EED 和 Suz12 的复合物中甲基化 H3K27，因此整个复合物都需要高表达，以使 EZH2 的过表达可以通过增加 H3K27 甲基化来改变表观基因组。更令人信服的证明 EZH2 直接参与肿瘤生成的证据来自癌症基因组的测序分析。在淋巴瘤（滤泡性淋巴瘤和起源于生发中心的弥漫性大 B 细胞）中发现了 EZH2 的 SET 结构域（酪氨酸 641 位）中的一种体细胞杂合错义突变（Morin et al. 2010）。最初，该突变被归类为功能丧失突变，可废除 EZH2 的催化活性。然而，更详细的研究发现，Y641 突变通过改变底物特异性导致功能增益。具体来说，携带 Y641 突变的 EZH2 在催化 H3K27 单甲基化方面受到损害，但只要存在一个生成 H3K27me1 的野生型基因拷贝，EZH2 突变体在生成 H3K27 二、三甲基化方面就比野生型 EZH2 更高效，而且正是通过这种活性（增加 H3K37me2/3），该突变被认为能驱动肿瘤发生（Morin et al. 2010；Yap et al. 2011；Sneeringer et al. 2010）。事实上，EZH2 特异性的小分子抑制剂在抑制含有 Y641 位点杂合突变的淋巴瘤衍生细胞系的增殖方面特别有效（McCabe et al. 2012；Qi et al. 2012）。与恶性肿瘤中 H3K27me3 表达升高的作用一致，在一些肿瘤中鉴定出 H3K27me2/3 去甲基化酶 UTX 的双等位基因体细胞突变，包括在透明细胞肾细胞癌中产生未激活突变（Dalgliesh et al. 2010；van Haaften et al. 2009）。因此，UTX 或许作为肿瘤抑制因子在调控 H3K27me3 层面来对抗 EZH2。然而，应当指出，"癌症"一词是指一种极其多样化、异质集合的疾病。在这方面，纯合和杂合的 *EZH2* 基因缺失以及抑制性突变经常在一些癌症中被检测到，包括急性 T 淋巴细胞白血病（T-ALL）、AML 和其他骨髓恶性肿瘤（Hock 2012；Nikoloski et al. 2010；Makishima et al. 2010；Ernst et al. 2010；Zhang et al. 2012；Ntziachristos et al. 2012）。此外，在小鼠模型造血干细胞中删除 *EZH2* 基因会导致 T-ALL（Simon et al. 2012）。最后，最近对小儿胶质瘤的测序鉴别出 H3 变体 H3.3 中反复出现的错义突变 K27M，该突变导致 H3K27 甲基化在全基因组缺失，以及改变了 H3K27me2/3 在基因组的分布状况（Lewis et al. 2013；Wu et al. 2012；Khuong-Quang et al. 2012；Schwartzentruber et al. 2012）。总之，数据表明 H3K27 甲基化动力学与致癌程序间有着复杂而广泛的关系。

5.5.2 NSD2、H3K36 二甲基化和多发性骨髓瘤

H3K36 二甲基转移酶 NSD2 的单倍剂量不足与发育障碍疾病沃尔夫-赫希霍恩综合征（WHS）相关，该综合征的特点是生长和智力迟钝、先天性心脏缺陷和抗体缺陷，NSD2 缺陷小鼠表现出一系列类似于 WHS 的缺陷（Stec et al. 1998；Nimura et al. 2009）。NSD2 还涉及血液恶性肿瘤多发性骨髓瘤（MM）的发病机制，这是一种影响全世界数百万人的不治之症（Anderson and Carrasco 2011）。15%～20% 的 MM 患者在染色体 4

和 14[t（4；14）（p16.3；q32）]之间存在易位，将整个 *NSD2* 基因的转录控制在强 *IgH* 基因内 Eμ 增强子的控制之下，并导致该基因的异常上调（Chesi et al. 1998；Keats et al. 2003；Santra et al. 2003）。NSD2 无需其他蛋白质即可被激活，因此其显著上调导致了 H3K36me2 水平大量增加（Kuo et al. 2011；Li et al. 2009）。值得注意的是，意义未明的单克隆丙种球蛋白病（monoclonal gammopathy of undetermined significance，MGUS）是一种无症状的癌前病变，在 3% 的 50 岁以上的人口中可检测到，并且每年平均有 1% 的风险发展为 MM。远少于 1% 的 MGUS 患者是 t（4；14）[+]，表明从 MGUS 到 MM 的这种染色体异常的量级富集顺序（Chng et al. 2007）。此外，NSD2 通过 H3K36me2 的催化促进原代细胞的致癌转化，于 t（4；14）阴性骨髓瘤细胞系上形成异种移植肿瘤（Kuo et al. 2011）。因此，我们认为：①NSD2 过表达和随之而来的 H3K36me2 增加驱动骨髓瘤形成；②t（4；14）[+] MGUS 患者（有明显 NSD2 过表达的患者）处于从 MGUS 过渡到骨髓瘤的高风险。从机制上看，NSD2 可能是作为"表观遗传"诱变剂来促进致癌编程；也就是说，在通常受抑制的基因组区域中，H3K36me2 的随机异常生成导致正常情况下沉默的癌基因被激活，随之为这些细胞的增殖和生存提供了选择性优势，并使其最终经历致癌转化（Kuo et al. 2011）。H3K36me2 导致基因活化的具体分子机制目前尚不得而知。最后，正常基因与癌症基因表达数据集的比较表明，NSD2 在包括 MM 的多种癌症类型中显著上调（Kuo et al. 2011；Hudlebusch et al. 2011a，2011b）。NSD2 药理抑制剂的开发对于进一步阐明该酶在不同癌症发展中的作用至关重要，并有可能成为 NSD2 相关恶性肿瘤的新型治疗策略。

5.5.3　代谢状态和组蛋白甲基化

JmjC 结构域去甲基化酶家族的一个显著特征是，它利用代谢物 2-OG 作为辅助因子，因此推测 2-OG 的可用性会影响其酶活性。最近的研究表明，在胶质瘤、急性髓系白血病和软骨肉瘤中鉴定出的异柠檬酸脱氢酶 1 和 2（IDH1 和 IDH2）的复发性和常见的功能获得突变，可从 α-酮戊二酸（2-OG）产生一种新的代谢物 2-羟基戊二酸（2HG）（Dang et al. 2009，2010；Parsons et al. 2008）。值得注意的是，2HG 似乎抑制了包含 JmjC 结构域的组蛋白去甲基化酶介导的组蛋白去甲基化（Lu et al. 2012）。这些结果表明了一个有趣的模型，即 2HG 的致癌相关活动有一部分是通过改变癌细胞的染色质格局实现的。此外，这些发现将新陈代谢和癌症与组蛋白去甲基化酶的功能状态联系起来。

5.6　组蛋白精氨酸甲基化

精氨酸甲基化是在包括组蛋白的许多蛋白质上常见的修饰（Di Lorenzo and Bedford 2011）。与赖氨酸甲基化一样，精氨酸甲基化以甲基敏感的方式调节模块化蛋白质-蛋白质相互作用。组蛋白精氨酸甲基化信号由三个主要成分①书写器（擦除器也可能存在，见下文）、②甲基化基团和③阅读器组成。九种哺乳动物蛋白精氨酸甲基转移酶（PRMT 1-9）都是七股 β 链甲基转移酶家族的成员，它们将甲基基团从甲基供体 SAM 转移到精氨酸的胍基氮，生成 SAH 和甲基化精氨酸（Di Lorenzo and Bedford 2011）。哺乳动物 PRMT 分为三类：I 型、II 型或 III 型。I 型酶（PRMT1、2、3、4、6 和 8）催化 Rme2a。II 型酶（PRMT5 和 7）催化 Rme2s。PRMT7 在某些底物上只能生成单甲基化即 Rme1，称为 III 型酶活性。PRMT9 尚未被生物化学表征过。

除了组蛋白之外，PRMT 还有许多非组蛋白底物（Clarke 2013），致使分析它们在染色质中的具体作用较为复杂。例如，PRMT1 是产生 H4R3me2a 的转录共激活因子，但这种酶也负责蛋白质组中发现的所有精氨酸甲基化中的大部分。在 H4R3me2a 的情况中，PRMT1 和转录之间的关联已经通过阅读器结构域蛋白 TDRD3 的活动建立（Yang et al. 2010）。这种蛋白质是一种转录辅激活物，它含有一个可识别 H3R4me2a（以及 H3R17me2a）的 Tudor 结构域，并可能与其他转录因子桥接这些修饰的组蛋白成分。除了 TDRD3，还有一些其他已被证实的甲基化精氨酸阅读器结构域。然而，随着新型蛋白质组学方法的发展，甲基化精氨酸阅读器结构域的数量在未来几年肯定会增长。也有许多甲基化精氨酸调控甲基化赖氨酸阅读器结构域和染色质之间相互作用的例子。例如，TAF3 通过其 PHD 指与 H3K4me3 的结合受到 H3R2 二甲基化的抑制，而 RAG2 通过其 PHD 指与 H3K4me3 的结合被 H3R2me2s 增强（Vermeulen et al. 2007；Vermeulen and Timmers 2010；Ramon-Maiques et al. 2007）。因此，精氨酸的甲基化通过作为阅读器的主要靶标以及与其他修饰系统的串扰来调节染色质的信号转导。

精氨酸甲基化的可逆性是一个有争议的话题。先前的研究表明，含有 JmjC 结构域的蛋白质 JMJD6 介导甲基化精氨酸的去甲基化（Chang et al. 2007），但后来的研究质疑这个初始报告，并且集合起来的证据表明，JMJD6 是作为一个赖氨酰羟化酶发挥作用而非其他（Webby et al. 2009；Mantri et al. 2010；Hahn et al. 2010）。然而，最近的一项研究确定拟南芥的 JMJ20 和 JMJ22 是两种具有潜在组蛋白精氨酸去甲基化活性的酶，在种子发芽期间被光线诱导活化（Cho et al. 2012）。JMJ20 和 JMJ22 是与 JMJD6 相关的含有 JmjC 结构域的蛋白质，需要进行深入研究以确定 JMJ20/22 是否为真正的精氨酸去甲基化酶。无论如何，单甲基化精氨酸可以被蛋白质精氨酸脱亚胺酶类型 4（PADI4）转化为瓜氨酸，虽然这种反应在甲基化和未甲基化的精氨酸上均可能发生，但它确实提供了一种去除 Rme1 的化学机制（Cuthbert et al. 2004）。鉴别活性更强、生理相关的精氨酸去甲基化酶，无论这些酶是含有 JmjC 结构域的蛋白质还是含有新的催化区域，都将进一步加深我们对与该修饰相关信号功能的理解。

致　谢

我们感谢马克·贝德福德（Mark Bedford）博士的重要建议，同时感谢戈扎尼（Gozani）和施扬（Y. Shi）实验室成员的批判性阅读。本项工作得到了美国国立卫生研究院（NIH）对戈扎尼（NIH R01 GM079641、R01CA172560）和施扬（RO1CA118487、RO1MH096006）的部分支持。戈扎尼和施扬都是艾利森（Ellison）老化研究资深学者称号获得者。施扬是美国癌症协会研究教授。

参 考 文 献

Aasland R, Gibson TJ, Stewart AF (1995) The PHD finger: implications for chromatin-mediated transcriptional regulation. Trends Biochem Sci 20(2):56–59

Agger K et al (2007) UTX and JMJD3 are histone H3K27 demethylases involved in HOX gene regulation and development. Nature 449(7163):731–734

Albert M, Helin K (2010) Histone methyltransferases in cancer. Semin Cell Dev Biol 21(2):209–220

Aletta JM, Cimato TR, Ettinger MJ (1998) Protein methylation: a signal event in post-translational modification. Trends Biochem Sci 23(3):89–91

Allfrey VG, Mirsky AE (1964) Structural modifications of histones and their possible role in the regulation of RNA synthesis. Science 144(3618):559

Allfrey VG, Faulkner R, Mirsky AE (1964) Acetylation and methylation of histones and their possible role in the regulation of RNA synthesis. Proc Natl Acad Sci USA 51:786–794

Anderson KC, Carrasco RD (2011) Pathogenesis of myeloma. Annu Rev Pathol 6:249–274

Ayton PM, Chen EH, Cleary ML (2004) Binding to nonmethylated CpG DNA is essential for target recognition, transactivation, and myeloid transformation by an MLL oncoprotein. Mol Cell Biol 24(23):10470–10478

Baker LA, Allis CD, Wang GG (2008) PHD fingers in human diseases: disorders arising from misinterpreting epigenetic marks. Mutat Res 647(1–2):3–12

Ballare C et al (2012) Phf19 links methylated Lys36 of histone H3 to regulation of Polycomb activity. Nat Struct Mol Biol 19(12):1257–1265

Bannister AJ, Kouzarides T (2005) Reversing histone methylation. Nature 436(7054):1103–1106

Bannister AJ, Kouzarides T (2011) Regulation of chromatin by histone modifications. Cell Res 21(3):381–395

Bannister AJ et al (2001) Selective recognition of methylated lysine 9 on histone H3 by the HP1 chromo domain. Nature 410(6824):120–124

Bannister AJ et al (2005) Spatial distribution of di- and tri-methyl lysine 36 of histone H3 at active genes. J Biol Chem 280(18):17732–17736

Barski A et al (2007) High-resolution profiling of histone methylations in the human genome. Cell 129(4):823–837

Baudat F et al (2010) PRDM9 is a major determinant of meiotic recombination hotspots in humans and mice. Science 327(5967):836–840

Beck DB et al (2012a) PR-Set7 and H4K20me1: at the crossroads of genome integrity, cell cycle, chromosome condensation, and transcription. Genes Dev 26(4):325–337

Beck DB et al (2012b) The role of PR-Set7 in replication licensing depends on Suv4-20h. Genes Dev 26(23):2580–2589

Bell O et al (2007) Localized H3K36 methylation states define histone H4K16 acetylation during transcriptional elongation in Drosophila. EMBO J 26(24):4974–4984

Bergman Y, Cedar H (2013) DNA methylation dynamics in health and disease. Nat Struct Mol Biol 20(3):274–281

Bernstein BE, Schreiber SL (2002) Global approaches to chromatin. Chem Biol 9(11):1167–1173

Bernstein BE et al (2002) Methylation of histone H3 Lys 4 in coding regions of active genes. Proc Natl Acad Sci USA 99(13):8695–8700

Blackledge NP et al (2010) CpG islands recruit a histone H3 lysine 36 demethylase. Mol Cell 38(2):179–190

Blair LP et al (2011) Epigenetic regulation by lysine demethylase 5 (KDM5) enzymes in cancer. Cancers (Basel) 3(1):1383–1404

Boccuni P et al (2003) The human L(3)MBT polycomb group protein is a transcriptional repressor and interacts physically and functionally with TEL (ETV6). J Biol Chem 278(17):15412–15420

Bostick M et al (2007) UHRF1 plays a role in maintaining DNA methylation in mammalian cells. Science 317(5845):1760–1764

Brien GL et al (2012) Polycomb PHF19 binds H3K36me3 and recruits PRC2 and demethylase NO66 to embryonic stem cell genes during differentiation. Nat Struct Mol Biol 19(12):1273–1281

Briggs SD et al (2001) Histone H3 lysine 4 methylation is mediated by Set1 and required for cell growth and rDNA silencing in *Saccharomyces cerevisiae*. Genes Dev 15(24):3286–3295

Brustel J et al (2011) Coupling mitosis to DNA replication: the emerging role of the histone H4-lysine 20 methyltransferase PR-Set7. Trends Cell Biol 21(8):452–460

Cai L et al (2013) An H3K36 methylation-engaging Tudor motif of polycomb-like proteins mediates PRC2 complex targeting. Mol Cell 49(3):571–582

Cao R et al (2002) Role of histone H3 lysine 27 methylation in Polycomb-group silencing. Science 298(5595):1039–1043

Carrozza MJ et al (2005) Histone H3 methylation by Set2 directs deacetylation of coding regions by Rpd3S to suppress spurious intragenic transcription. Cell 123(4):581–592

Centore RC et al (2010) CRL4(Cdt2)-mediated destruction of the histone methyltransferase Set8 prevents premature chromatin compaction in S phase. Mol Cell 40(1):22–33

Chang B et al (2007) JMJD6 is a histone arginine demethylase. Science 318(5849):444–447

Chang Y et al (2011a) Structural basis of SETD6-mediated regulation of the NF-kB network via methyl-lysine signaling. Nucleic Acids Res 39(15):6380–6389

Chang Y et al (2011b) MPP8 mediates the interactions between DNA methyltransferase Dnmt3a and H3K9 methyltransferase GLP/G9a. Nat Commun 2:533

Chen D et al (1999) Regulation of transcription by a protein methyltransferase. Science 284(5423):2174–2177

Chen Z et al (2006) Structural insights into histone demethylation by JMJD2 family members. Cell 125(4):691–702

Chen X et al (2011) Symmetrical modification within a nucleosome is not required globally for histone lysine methylation. EMBO Rep 12(3):244–251

Chesi M et al (1998) The t(4;14) translocation in myeloma dysregulates both FGFR3 and a novel gene, MMSET, resulting in IgH/MMSET hybrid transcripts. Blood 92(9):3025–3034

Chicas A et al (2012) H3K4 demethylation by Jarid1a and Jarid1b contributes to retinoblastoma-mediated gene silencing during cellular senescence. Proc Natl Acad Sci USA 109(23):8971–8976

Chin HG et al (2007) Automethylation of G9a and its implication in wider substrate specificity and HP1 binding. Nucleic Acids Res 35(21):7313–7323

Chng WJ et al (2007) Genetic events in the pathogenesis of multiple myeloma. Best Pract Res Clin Haematol 20(4):571–596

Cho JN et al (2012) Control of seed germination by light-induced histone arginine demethylation activity. Dev Cell 22(4):736–748

Christensen J et al (2007) RBP2 belongs to a family of demethylases, specific for tri-and dimethylated lysine 4 on histone 3. Cell 128(6):1063–1076

Clark RF, Elgin SC (1992) Heterochromatin protein 1, a known suppressor of position-effect variegation, is highly conserved in Drosophila. Nucleic Acids Res 20(22):6067–6074

Clarke SG (2013) Protein methylation at the surface and buried deep: thinking outside the histone box. Trends Biochem Sci 38(5):243–252

Cloos PA et al (2006) The putative oncogene GASC1 demethylates tri- and dimethylated lysine 9 on histone H3. Nature 442(7100):307–311

Comb DG, Sarkar N, Pinzino CJ (1966) The methylation of lysine residues in protein. J Biol Chem 241(8):1857–1862

Cuthbert GL et al (2004) Histone deimination antagonizes arginine methylation. Cell 118(5):545–553

Czermin B et al (2002) Drosophila enhancer of Zeste/ESC complexes have a histone H3 methyltransferase activity that marks chromosomal Polycomb sites. Cell 111(2):185–196

Dalgliesh GL et al (2010) Systematic sequencing of renal carcinoma reveals inactivation of histone modifying genes. Nature 463(7279):360–363

Dang L et al (2009) Cancer-associated IDH1 mutations produce 2-hydroxyglutarate. Nature 462(7274):739–744

Dang L, Jin S, Su SM (2010) IDH mutations in glioma and acute myeloid leukemia. Trends Mol Med 16(9):387–397

Dann CE III, Bruick RK (2005) Dioxygenases as O2-dependent regulators of the hypoxic response pathway. Biochem Biophys Res Commun 338(1):639–647

Daujat S et al (2009) H3K64 trimethylation marks heterochromatin and is dynamically remodeled during developmental reprogramming. Nat Struct Mol Biol 16(7):777–781

Dawson MA, Kouzarides T (2012) Cancer epigenetics: from mechanism to therapy. Cell 150(1):12–27

de Almeida SF et al (2011) Splicing enhances recruitment of methyltransferase HYPB/Setd2 and methylation of histone H3 Lys36. Nat Struct Mol Biol 18(9):977–983

De Santa F et al (2007) The histone H3 lysine-27 demethylase Jmjd3 links inflammation to inhibition of polycomb-mediated gene silencing. Cell 130(6):1083–1094

De Santa F et al (2009) Jmjd3 contributes to the control of gene expression in LPS-activated macrophages. EMBO J 28(21):3341–3352

Dehe PM et al (2006) Protein interactions within the Set1 complex and their roles in the regulation of histone 3 lysine 4 methylation. J Biol Chem 281(46):35404–35412

Dey BK et al (2008) The histone demethylase KDM5b/JARID1b plays a role in cell fate decisions by blocking terminal differentiation. Mol Cell Biol 28(17):5312–5327

Di Lorenzo A, Bedford MT (2011) Histone arginine methylation. FEBS Lett 585(13):2024–2031

Dillon SC et al (2005) The SET-domain protein superfamily: protein lysine methyltransferases. Genome Biol 6(8):227

Du J et al (2012) Dual binding of chromomethylase domains to H3K9me2-containing nucleosomes directs DNA methylation in plants. Cell 151(1):167–180

Ebert A et al (2006) Histone modification and the control of heterochromatic gene silencing in Drosophila. Chromosome Res 14(4):377–392

Edmunds JW, Mahadevan LC, Clayton AL (2008) Dynamic histone H3 methylation during gene induction: HYPB/Setd2 mediates all H3K36 trimethylation. EMBO J 27(2):406–420

Ernst T et al (2010) Inactivating mutations of the histone methyltransferase gene EZH2 in myeloid disorders. Nat Genet 42(8):722–726

Esteve PO et al (2006) Direct interaction between DNMT1 and G9a coordinates DNA and histone methylation during replication. Genes Dev 20(22):3089–3103

Ezhkova E et al (2011) EZH1 and EZH2 cogovern histone H3K27 trimethylation and are essential for hair follicle homeostasis and wound repair. Genes Dev 25(5):485–498

Fang J et al (2002) Purification and functional characterization of SET8, a nucleosomal histone H4-lysine 20-specific methyltransferase. Curr Biol 12(13):1086–1099

Fang R et al (2010) Human LSD2/KDM1b/AOF1 regulates gene transcription by modulating intragenic H3K4me2 methylation. Mol Cell 39(2):222–233

Fang R et al (2013) LSD2/KDM1B and its cofactor NPAC/GLYR1 endow a structural and molecular model for regulation of H3K4 demethylation. Mol Cell 49(3):558–570

Feng Q et al (2002) Methylation of H3-lysine 79 is mediated by a new family of HMTases without a SET domain. Curr Biol 12(12):1052–1058

Fischle W et al (2003) Molecular basis for the discrimination of repressive methyl-lysine marks in histone H3 by Polycomb and HP1 chromodomains. Genes Dev 17(15):1870–1881

Fodor BD et al (2010) Mammalian Su(var) genes in chromatin control. Annu Rev Cell Dev Biol 26:471–501

Frederiks F et al (2008) Nonprocessive methylation by Dot1 leads to functional redundancy of histone H3K79 methylation states. Nat Struct Mol Biol 15(6):550–557

Fuks F et al (2003) The DNA methyltransferases associate with HP1 and the SUV39H1 histone methyltransferase. Nucleic Acids Res 31(9):2305–2312

Garcia BA et al (2007) Organismal differences in post-translational modifications in histones H3 and H4. J Biol Chem 282(10):7641–7655

Green EM et al (2012) Methylation of H4 lysines 5, 8 and 12 by yeast Set5 calibrates chromatin stress responses. Nat Struct Mol Biol 19(3):361–363

Greer EL, Shi Y (2012) Histone methylation: a dynamic mark in health, disease and inheritance. Nat Rev Genet 13(5):343–357

Guenther MG et al (2007) A chromatin landmark and transcription initiation at most promoters in human cells. Cell 130(1):77–88

Hahn P et al (2010) Analysis of Jmjd6 cellular localization and testing for its involvement in histone demethylation. PLoS One 5(10):e13769

Hake SB, Xiao A, Allis CD (2007) Linking the epigenetic 'language' of covalent histone modifications to cancer. Br J Cancer 96(Suppl):R31–R39

Hashimoto H, Vertino PM, Cheng X (2010) Molecular coupling of DNA methylation and histone methylation. Epigenomics 2(5):657–669

Hata K et al (2002) Dnmt3L cooperates with the Dnmt3 family of de novo DNA methyltransferases to establish maternal imprints in mice. Development 129(8):1983–1993

Heintzman ND et al (2007) Distinct and predictive chromatin signatures of transcriptional promoters and enhancers in the human genome. Nat Genet 39(3):311–318

Hock H (2012) A complex Polycomb issue: the two faces of EZH2 in cancer. Genes Dev 26(8):751–755

Horton JR et al (2010) Enzymatic and structural insights for substrate specificity of a family of jumonji histone lysine demethylases. Nat Struct Mol Biol 17(1):38–43

Hudlebusch HR et al (2011a) The histone methyltransferase and putative oncoprotein MMSET is overexpressed in a large variety of human tumors. Clin Cancer Res 17(9):2919–2933

Hudlebusch HR et al (2011b) MMSET is highly expressed and associated with aggressiveness in neuroblastoma. Cancer Res 71(12):4226–4235

Hung T et al (2009) ING4 mediates crosstalk between histone H3 K4 trimethylation and H3 acetylation to attenuate cellular transformation. Mol Cell 33(2):248–256

Iwase S et al (2007) The X-linked mental retardation gene SMCX/JARID1C defines a family of histone H3 lysine 4 demethylases. Cell 128(6):1077–1088

Jackson JP et al (2002) Control of CpNpG DNA methylation by the KRYPTONITE histone H3 methyltransferase. Nature 416(6880):556–560

Jacobs SA, Khorasanizadeh S (2002) Structure of HP1 chromodomain bound to a lysine 9-methylated histone H3 tail. Science 295(5562):2080–2083

James TC, Elgin SC (1986) Identification of a nonhistone chromosomal protein associated with heterochromatin in Drosophila melanogaster and its gene. Mol Cell Biol 6(11):3862–3872

Jensen LR et al (2005) Mutations in the JARID1C gene, which is involved in transcriptional regulation and chromatin remodeling, cause X-linked mental retardation. Am J Hum Genet 76(2):227–236

Jenuwein T, Allis CD (2001) Translating the histone code. Science 293(5532):1074–1080

Jia D et al (2007) Structure of Dnmt3a bound to Dnmt3L suggests a model for de novo DNA methylation. Nature 449(7159):248–251

Johnson L, Cao X, Jacobsen S (2002) Interplay between two epigenetic marks. DNA methylation and histone H3 lysine 9 methylation. Curr Biol 12(16):1360–1367

Jones B et al (2008) The histone H3K79 methyltransferase Dot1L is essential for mammalian development and heterochromatin structure. PLoS Genet 4(9):e1000190

Jorgensen S et al (2011) SET8 is degraded via PCNA-coupled CRL4(CDT2) ubiquitylation in S phase and after UV irradiation. J Cell Biol 192(1):43–54

Jorgensen S, Schotta G, Sorensen CS (2013) Histone H4 lysine 20 methylation: key player in epigenetic regulation of genomic integrity. Nucleic Acids Res 41(5):2797–2806

Joshi AA, Struhl K (2005) Eaf3 chromodomain interaction with methylated H3-K36 links histone deacetylation to Pol II elongation. Mol Cell 20(6):971–978

Keats JJ et al (2003) In multiple myeloma, t(4;14)(p16;q32) is an adverse prognostic factor irrespective of FGFR3 expression. Blood 101(4):1520–1529

Keogh MC et al (2005) Cotranscriptional set2 methylation of histone H3 lysine 36 recruits a repressive Rpd3 complex. Cell 123(4):593–605

Khuong-Quang DA et al (2012) K27M mutation in histone H3.3 defines clinically and biologically distinct subgroups of pediatric diffuse intrinsic pontine gliomas. Acta Neuropathol 124(3):439–447

Kim S, Paik WK (1965) Studies on the origin of epsilon-N-methyl-L-lysine in protein. J Biol Chem 240(12):4629–4634

Kim J et al (2006) Tudor, MBT and chromo domains gauge the degree of lysine methylation. EMBO Rep 7(4):397–403

Kinney SR, Pradhan S (2011) Regulation of expression and activity of DNA (cytosine-5) methyltransferases in mammalian cells. Prog Mol Biol Transl Sci 101:311–333

Kizer KO et al (2005) A novel domain in Set2 mediates RNA polymerase II interaction and couples histone H3 K36 methylation with transcript elongation. Mol Cell Biol 25(8):3305–3316

Klose RJ et al (2006) The transcriptional repressor JHDM3A demethylates trimethyl histone H3 lysine 9 and lysine 36. Nature 442(7100):312–316

Klose RJ et al (2007) The retinoblastoma binding protein RBP2 is an H3K4 demethylase. Cell 128(5):889–900

Koh AS et al (2008) Aire employs a histone-binding module to mediate immunological tolerance, linking chromatin regulation with organ-specific autoimmunity. Proc Natl Acad Sci USA 105(41):15878–15883

Koh AS et al (2010) Global relevance of Aire binding to hypomethylated lysine-4 of histone-3. Proc Natl Acad Sci USA 107(29):13016–13021

Kolasinska-Zwierz P et al (2009) Differential chromatin marking of introns and expressed exons by H3K36me3. Nat Genet 41(3):376–381

Kooistra SM, Helin K (2012) Molecular mechanisms and potential functions of histone demethylases. Nat Rev Mol Cell Biol 13(5):297–311

Kouzarides T (2007) Chromatin modifications and their function. Cell 128(4):693–705

Kouzminova E, Selker EU (2001) dim-2 encodes a DNA methyltransferase responsible for all known cytosine methylation in Neurospora. EMBO J 20(15):4309–4323

Krishnan S, Horowitz S, Trievel RC (2011) Structure and function of histone H3 lysine 9 methyltransferases and demethylases. Chembiochem 12(2):254–263

Krogan NJ et al (2002) COMPASS, a histone H3 (Lysine 4) methyltransferase required for telomeric silencing of gene expression. J Biol Chem 277(13):10753–10755

Krogan NJ et al (2003) Methylation of histone H3 by Set2 in Saccharomyces cerevisiae is linked to transcriptional elongation by RNA polymerase II. Mol Cell Biol 23(12):4207–4218

Kruidenier L et al (2012) A selective jumonji H3K27 demethylase inhibitor modulates the proinflammatory macrophage response. Nature 488(7411):404–408

Kuo AJ et al (2011) NSD2 links dimethylation of histone H3 at lysine 36 to oncogenic programming. Mol Cell 44(4):609–620

Kuo AJ et al (2012) The BAH domain of ORC1 links H4K20me2 to DNA replication licensing and Meier-Gorlin syndrome. Nature 484(7392):115–119

Kuzmichev A et al (2002) Histone methyltransferase activity associated with a human multiprotein complex containing the Enhancer of Zeste protein. Genes Dev 16(22):2893–2905

Lachner M et al (2001) Methylation of histone H3 lysine 9 creates a binding site for HP1 proteins. Nature 410(6824):116–120

Lacoste N et al (2002) Disruptor of telomeric silencing-1 is a chromatin-specific histone H3 methyltransferase. J Biol Chem 277(34):30421–30424

Lan F, Shi Y (2009) Epigenetic regulation: methylation of histone and non-histone proteins. Sci China C Life Sci 52(4):311–322

Lan F et al (2007a) S. pombe LSD1 homologs regulate heterochromatin propagation and euchromatic gene transcription. Mol Cell 26(1):89–101

Lan F et al (2007b) A histone H3 lysine 27 demethylase regulates animal posterior development. Nature 449(7163):689–694

Lan F et al (2007c) Recognition of unmethylated histone H3 lysine 4 links BHC80 to LSD1-mediated gene repression. Nature 448(7154):718–722

Lauberth SM et al (2013) H3K4me3 interactions with TAF3 regulate preinitiation complex assembly and selective gene activation. Cell 152(5):1021–1036

Lee MG et al (2005) An essential role for CoREST in nucleosomal histone 3 lysine 4 demethylation. Nature 437(7057):432–435

Lee MG et al (2007a) Physical and functional association of a trimethyl H3K4 demethylase and Ring6a/MBLR, a polycomb-like protein. Cell 128(5):877–887

Lee MG et al (2007b) Demethylation of H3K27 regulates polycomb recruitment and H2A ubiquitination. Science 318(5849):447–450

Lehnertz B et al (2003) Suv39h-mediated histone H3 lysine 9 methylation directs DNA methylation to major satellite repeats at pericentric heterochromatin. Curr Biol 13(14):1192–1200

Levy D et al (2011) Lysine methylation of the NF-kappaB subunit RelA by SETD6 couples activity of the histone methyltransferase GLP at chromatin to tonic repression of NF-kappaB signaling. Nat Immunol 12(1):29–36

Lewis PW et al (2013) Inhibition of PRC2 activity by a gain-of-function H3 mutation found in pediatric glioblastoma. Science 340(6134):857–861

Li H et al (2006) Molecular basis for site-specific read-out of histone H3K4me3 by the BPTF PHD finger of NURF. Nature 442(7098):91–95

Li B et al (2007a) Combined action of PHD and chromo domains directs the Rpd3S HDAC to transcribed chromatin. Science 316(5827):1050–1054

Li H et al (2007b) Structural basis for lower lysine methylation state-specific readout by MBT repeats of L3MBTL1 and an engineered PHD finger. Mol Cell 28(4):677–691

Li Y et al (2009) The target of the NSD family of histone lysine methyltransferases depends on the nature of the substrate. J Biol Chem 284(49):34283–34295

Lin W et al (2011) Loss of the retinoblastoma binding protein 2 (RBP2) histone demethylase suppresses tumorigenesis in mice lacking Rb1 or Men1. Proc Natl Acad Sci USA 108(33):13379–13386

Lindroth AM et al (2001) Requirement of CHROMOMETHYLASE3 for maintenance of CpXpG methylation. Science 292(5524):2077–2080

Liu W et al (2010) PHF8 mediates histone H4 lysine 20 demethylation events involved in cell cycle progression. Nature 466(7305):508–512

Liu X et al (2013) UHRF1 targets DNMT1 for DNA methylation through cooperative binding of hemi-methylated DNA and methylated H3K9. Nat Commun 4:1563

Lu C et al (2012) IDH mutation impairs histone demethylation and results in a block to cell differentiation. Nature 483(7390):474–478

Makishima H et al (2010) Novel homo- and hemizygous mutations in EZH2 in myeloid malignancies. Leukemia 24(10):1799–1804

Mantri M et al (2010) Crystal structure of the 2-oxoglutarate- and Fe(II)-dependent lysyl hydroxylase JMJD6. J Mol Biol 401(2):211–222

Margueron R, Reinberg D (2010) Chromatin structure and the inheritance of epigenetic information. Nat Rev Genet 11(4):285–296

Margueron R, Reinberg D (2011) The Polycomb complex PRC2 and its mark in life. Nature 469(7330):343–349

Margueron R et al (2008) Ezh1 and Ezh2 maintain repressive chromatin through different mechanisms. Mol Cell 32(4):503–518

Margueron R et al (2009) Role of the polycomb protein EED in the propagation of repressive histone marks. Nature 461(7265):762–767

Matsui T et al (2010) Proviral silencing in embryonic stem cells requires the histone methyltransferase ESET. Nature 464(7290):927–931

Matthews AG et al (2007) RAG2 PHD finger couples histone H3 lysine 4 trimethylation with V(D) J recombination. Nature 450(7172):1106–1110

McCabe MT et al (2012) EZH2 inhibition as a therapeutic strategy for lymphoma with EZH2-activating mutations. Nature 492(7427):108–112

Metzger E et al (2005) LSD1 demethylates repressive histone marks to promote androgen-receptor-dependent transcription. Nature 437(7057):436–439

Miller T et al (2001) COMPASS: a complex of proteins associated with a trithorax-related SET domain protein. Proc Natl Acad Sci USA 98(23):12902–12907

Min J et al (2003a) Structure of the catalytic domain of human DOT1L, a non-SET domain nucleosomal histone methyltransferase. Cell 112(5):711–723

Min J, Zhang Y, Xu RM (2003b) Structural basis for specific binding of Polycomb chromodomain to histone H3 methylated at Lys 27. Genes Dev 17(15):1823–1828

Min J et al (2007) L3MBTL1 recognition of mono- and dimethylated histones. Nat Struct Mol Biol 14(12):1229–1230

Mohan M et al (2010) Linking H3K79 trimethylation to Wnt signaling through a novel Dot1-containing complex (DotCom). Genes Dev 24(6):574–589

Morin RD et al (2010) Somatic mutations altering EZH2 (Tyr641) in follicular and diffuse large B-cell lymphomas of germinal-center origin. Nat Genet 42(2):181–185

Mosammaparast N, Shi Y (2010) Reversal of histone methylation: biochemical and molecular mechanisms of histone demethylases. Annu Rev Biochem 79:155–179

Mousavi K et al (2012) Polycomb protein Ezh1 promotes RNA polymerase II elongation. Mol Cell 45(2):255–262

Muller J et al (2002) Histone methyltransferase activity of a Drosophila Polycomb group repressor complex. Cell 111(2):197–208

Murray K (1964) The occurrence of epsilon-N-methyl lysine in histones. Biochemistry 3:10–15

Musselman CA, Kutateladze TG (2009) PHD fingers: epigenetic effectors and potential drug targets. Mol Interv 9(6):314–323

Musselman CA, Kutateladze TG (2011) Handpicking epigenetic marks with PHD fingers. Nucleic Acids Res 39(21):9061–9071

Musselman CA et al (2012) Molecular basis for H3K36me3 recognition by the Tudor domain of PHF1. Nat Struct Mol Biol 19(12):1266–1272

Nagy PL et al (2002) A trithorax-group complex purified from Saccharomyces cerevisiae is required for methylation of histone H3. Proc Natl Acad Sci USA 99(1):90–94

Nakayama J et al (2001) Role of histone H3 lysine 9 methylation in epigenetic control of heterochromatin assembly. Science 292(5514):110–113

Ng HH et al (2002) Lysine methylation within the globular domain of histone H3 by Dot1 is important for telomeric silencing and Sir protein association. Genes Dev 16(12):1518–1527

Ng HH et al (2003) Targeted recruitment of Set1 histone methylase by elongating Pol II provides a localized mark and memory of recent transcriptional activity. Mol Cell 11(3):709–719

Ng SS et al (2009) Dynamic protein methylation in chromatin biology. Cell Mol Life Sci 66(3):407–422

Nguyen AT, Zhang Y (2011) The diverse functions of Dot1 and H3K79 methylation. Genes Dev 25(13):1345–1358

Nielsen PR et al (2002) Structure of the HP1 chromodomain bound to histone H3 methylated at lysine 9. Nature 416(6876):103–107

Nikoloski G et al (2010) Somatic mutations of the histone methyltransferase gene EZH2 in myelodysplastic syndromes. Nat Genet 42(8):665–667

Nimura K et al (2009) A histone H3 lysine 36 trimethyltransferase links Nkx2-5 to Wolf-Hirschhorn syndrome. Nature 460(7252):287–291

Nishioka K et al (2002) PR-Set7 is a nucleosome-specific methyltransferase that modifies lysine 20 of histone H4 and is associated with silent chromatin. Mol Cell 9(6):1201–1213

Nislow C, Ray E, Pillus L (1997) SET1, a yeast member of the trithorax family, functions in transcriptional silencing and diverse cellular processes. Mol Biol Cell 8(12):2421–2436

Ntziachristos P et al (2012) Genetic inactivation of the polycomb repressive complex 2 in T cell acute lymphoblastic leukemia. Nat Med 18(2):298–301

Oda H et al (2009) Monomethylation of histone H4-lysine 20 is involved in chromosome structure and stability and is essential for mouse development. Mol Cell Biol 29(8):2278–2295

Oda H et al (2010) Regulation of the histone H4 monomethylase PR-Set7 by CRL4(Cdt2)-mediated PCNA-dependent degradation during DNA damage. Mol Cell 40(3):364–376

Okada Y et al (2005) hDOT1L links histone methylation to leukemogenesis. Cell 121(2):167–178

Ooi SK et al (2007) DNMT3L connects unmethylated lysine 4 of histone H3 to de novo methylation of DNA. Nature 448(7154):714–717

Outchkourov NS et al (2013) Balancing of histone H3K4 methylation states by the Kdm5c/SMCX histone demethylase modulates promoter and enhancer function. Cell Rep 3(4):1071–1079

Paik WK, Kim S (1967) Enzymatic methylation of protein fractions from calf thymus nuclei. Biochem Biophys Res Commun 29(1):14–20

Paik WK, Kim S (1968) Protein methylase I. Purification and properties of the enzyme. J Biol Chem 243(9):2108–2114

Paik WK, Kim S (1969a) Enzymatic methylation of histones. Arch Biochem Biophys 134(2):632–637

Paik WK, Kim S (1969b) Protein methylation in rat brain in vitro. J Neurochem 16(8):1257–1261

Paik WK, Kim S (1971) Protein methylation. Science 174(4005):114–119

Parsons DW et al (2008) An integrated genomic analysis of human glioblastoma multiforme. Science 321(5897):1807–1812

Parvanov ED, Petkov PM, Paigen K (2010) Prdm9 controls activation of mammalian recombination hotspots. Science 327(5967):835

Paul S et al (2013) Chd5 requires PHD-mediated histone 3 binding for tumor suppression. Cell Rep 3(1):92–102

Pena PV et al (2006) Molecular mechanism of histone H3K4me3 recognition by plant homeodomain of ING2. Nature 442(7098):100–103

Peters AH et al (2001) Loss of the Suv39h histone methyltransferases impairs mammalian heterochromatin and genome stability. Cell 107(3):323–337

Pinheiro I et al (2012) Prdm3 and Prdm16 are H3K9me1 methyltransferases required for mammalian heterochromatin integrity. Cell 150(5):948–960

Price JC et al (2005) Kinetic dissection of the catalytic mechanism of taurine:alpha-ketoglutarate dioxygenase (TauD) from *Escherichia coli*. Biochemistry 44(22):8138–8147

Qi HH et al (2010) Histone H4K20/H3K9 demethylase PHF8 regulates zebrafish brain and craniofacial development. Nature 466(7305):503–507

Qi W et al (2012) Selective inhibition of Ezh2 by a small molecule inhibitor blocks tumor cells proliferation. Proc Natl Acad Sci USA 109(52):21360–21365

Ramon-Maiques S et al (2007) The plant homeodomain finger of RAG2 recognizes histone H3 methylated at both lysine-4 and arginine-2. Proc Natl Acad Sci USA 104(48):18993–18998

Rea S et al (2000) Regulation of chromatin structure by site-specific histone H3 methyltransferases. Nature 406(6796):593–599

Rice JC et al (2002) Mitotic-specific methylation of histone H4 Lys 20 follows increased PR-Set7 expression and its localization to mitotic chromosomes. Genes Dev 16(17):2225–2230

Riising EM, Helin K (2012) A new role for the polycomb group protein Ezh1 in promoting transcription. Mol Cell 45(2):145–146

Roguev A et al (2001) The *Saccharomyces cerevisiae* Set1 complex includes an Ash2 homologue and methylates histone 3 lysine 4. EMBO J 20(24):7137–7148

Rothbart SB et al (2012) Association of UHRF1 with methylated H3K9 directs the maintenance of DNA methylation. Nat Struct Mol Biol 19(11):1155–1160

Rudolph T et al (2007) Heterochromatin formation in Drosophila is initiated through active removal of H3K4 methylation by the LSD1 homolog SU(VAR)3-3. Mol Cell 26(1):103–115

Ruthenburg AJ et al (2007) Multivalent engagement of chromatin modifications by linked binding modules. Nat Rev Mol Cell Biol 8(12):983–994

Sakaguchi A, Steward R (2007) Aberrant monomethylation of histone H4 lysine 20 activates the DNA damage checkpoint in Drosophila melanogaster. J Cell Biol 176(2):155–162

Sakaguchi A et al (2008) Functional characterization of the Drosophila Hmt4-20/Suv4-20 histone methyltransferase. Genetics 179(1):317–322

Sampath SC et al (2007) Methylation of a histone mimic within the histone methyltransferase G9a regulates protein complex assembly. Mol Cell 27(4):596–608

Santos-Rosa H et al (2002) Active genes are tri-methylated at K4 of histone H3. Nature 419(6905):407–411

Santra M et al (2003) A subset of multiple myeloma harboring the t(4;14)(p16;q32) translocation lacks FGFR3 expression but maintains an IGH/MMSET fusion transcript. Blood 101(6):2374–2376

Schaefer A et al (2009) Control of cognition and adaptive behavior by the GLP/G9a epigenetic suppressor complex. Neuron 64(5):678–691

Schaefer A, Tarakhovsky A, Greengard P (2011) Epigenetic mechanisms of mental retardation. Prog Drug Res 67:125–146

Schneider R et al (2004) Histone H3 lysine 4 methylation patterns in higher eukaryotic genes. Nat Cell Biol 6(1):73–77

Schotta G et al (2004) A silencing pathway to induce H3-K9 and H4-K20 trimethylation at constitutive heterochromatin. Genes Dev 18(11):1251–1262

Schotta G et al (2008) A chromatin-wide transition to H4K20 monomethylation impairs genome integrity and programmed DNA rearrangements in the mouse. Genes Dev 22(15):2048–2061

Schubeler D et al (2004) The histone modification pattern of active genes revealed through genome-wide chromatin analysis of a higher eukaryote. Genes Dev 18(11):1263–1271

Schultz DC et al (2002) SETDB1: a novel KAP-1-associated histone H3, lysine 9-specific methyltransferase that contributes to HP1-mediated silencing of euchromatic genes by KRAB zinc-finger proteins. Genes Dev 16(8):919–932

Schwartzentruber J et al (2012) Driver mutations in histone H3.3 and chromatin remodelling genes in paediatric glioblastoma. Nature 482(7384):226–231

Shanower GA et al (2005) Characterization of the grappa gene, the Drosophila histone H3 lysine 79 methyltransferase. Genetics 169(1):173–184

Sharif J et al (2007) The SRA protein Np95 mediates epigenetic inheritance by recruiting Dnmt1 to methylated DNA. Nature 450(7171):908–912

Sharma SV et al (2010) A chromatin-mediated reversible drug-tolerant state in cancer cell subpopulations. Cell 141(1):69–80

Shen X et al (2008) EZH1 mediates methylation on histone H3 lysine 27 and complements EZH2 in maintaining stem cell identity and executing pluripotency. Mol Cell 32(4):491–502

Shi X, Gozani O (2005) The fellowships of the INGs. J Cell Biochem 96(6):1127–1136

Shi Y, Whetstine JR (2007) Dynamic regulation of histone lysine methylation by demethylases. Mol Cell 25(1):1–14

Shi Y et al (2004) Histone demethylation mediated by the nuclear amine oxidase homolog LSD1. Cell 119(7):941–953

Shi X et al (2006) ING2 PHD domain links histone H3 lysine 4 methylation to active gene repression. Nature 442(7098):96–99

Shi X et al (2007) Proteome-wide analysis in *Saccharomyces cerevisiae* identifies several PHD fingers as novel direct and selective binding modules of histone H3 methylated at either lysine 4 or lysine 36. J Biol Chem 282(4):2450–2455

Shilatifard A (2012) The COMPASS family of histone H3K4 methylases: mechanisms of regulation in development and disease pathogenesis. Annu Rev Biochem 81:65–95

Simon C et al (2012) A key role for EZH2 and associated genes in mouse and human adult T-cell acute leukemia. Genes Dev 26(7):651–656

Sims RJ III, Reinberg D (2006) Histone H3 Lys 4 methylation: caught in a bind? Genes Dev 20(20):2779–2786

Sims RJ 3rd et al (2007) Recognition of trimethylated histone H3 lysine 4 facilitates the recruitment of transcription postinitiation factors and pre-mRNA splicing. Mol Cell 28(4):665–676

Sirinupong N et al (2011) Structural insights into the autoinhibition and posttranslational activation of histone methyltransferase SmyD3. J Mol Biol 406(1):149–159

Smolle M, Workman JL (2013) Transcription-associated histone modifications and cryptic transcription. Biochim Biophys Acta 1829(1):84–97

Smolle M, Workman JL, Venkatesh S (2013) reSETting chromatin during transcription elongation. Epigenetics 8(1):10–15

Sneeringer CJ et al (2010) Coordinated activities of wild-type plus mutant EZH2 drive tumor-associated hypertrimethylation of lysine 27 on histone H3 (H3K27) in human B-cell lymphomas. Proc Natl Acad Sci USA 107(49):20980–20985

Sommermeyer V et al (2013) Spp1, a member of the Set1 complex, promotes meiotic DSB formation in promoters by tethering histone H3K4 methylation sites to chromosome axes. Mol Cell 49(1):43–54

Stec I et al (1998) WHSC1, a 90 kb SET domain-containing gene, expressed in early development and homologous to a Drosophila dysmorphy gene maps in the Wolf-Hirschhorn syndrome critical region and is fused to IgH in t(4;14) multiple myeloma. Hum Mol Genet 7(7):1071–1082

Steward MM et al (2006) Molecular regulation of H3K4 trimethylation by ASH2L, a shared subunit of MLL complexes. Nat Struct Mol Biol 13(9):852–854

Strahl BD, Allis CD (2000) The language of covalent histone modifications. Nature 403(6765):41–45

Strahl BD et al (1999) Methylation of histone H3 at lysine 4 is highly conserved and correlates with transcriptionally active nuclei in Tetrahymena. Proc Natl Acad Sci USA 96(26):14967–14972

Strahl BD et al (2002) Set2 is a nucleosomal histone H3-selective methyltransferase that mediates transcriptional repression. Mol Cell Biol 22(5):1298–1306

Suganuma T, Workman JL (2011) Signals and combinatorial functions of histone modifications. Annu Rev Biochem 80:473–499

Tachibana M et al (2001) Set domain-containing protein, G9a, is a novel lysine-preferring mammalian histone methyltransferase with hyperactivity and specific selectivity to lysines 9 and 27 of histone H3. J Biol Chem 276(27):25309–25317

Tachibana M et al (2002) G9a histone methyltransferase plays a dominant role in euchromatic histone H3 lysine 9 methylation and is essential for early embryogenesis. Genes Dev 16(14):1779–1791

Tachibana M et al (2005) Histone methyltransferases G9a and GLP form heteromeric complexes and are both crucial for methylation of euchromatin at H3-K9. Genes Dev 19(7):815–826

Tachibana M et al (2008) G9a/GLP complexes independently mediate H3K9 and DNA methylation to silence transcription. EMBO J 27(20):2681–2690

Tahiliani M et al (2007) The histone H3K4 demethylase SMCX links REST target genes to X-linked mental retardation. Nature 447(7144):601–605

Takahashi YH et al (2009) Regulation of H3K4 trimethylation via Cps40 (Spp1) of COMPASS is monoubiquitination independent: implication for a Phe/Tyr switch by the catalytic domain of Set1. Mol Cell Biol 29(13):3478–3486

Tamaru H, Selker EU (2001) A histone H3 methyltransferase controls DNA methylation in Neurospora crassa. Nature 414(6861):277–283

Tan M et al (2011) Identification of 67 histone marks and histone lysine crotonylation as a new type of histone modification. Cell 146(6):1016–1028

Tanaka Y et al (2007) Trithorax-group protein ASH1 methylates histone H3 lysine 36. Gene 397(1–2):161–168

Tardat M et al (2007) PR-Set7-dependent lysine methylation ensures genome replication and stability through S phase. J Cell Biol 179(7):1413–1426

Tardat M et al (2010) The histone H4 Lys 20 methyltransferase PR-Set7 regulates replication origins in mammalian cells. Nat Cell Biol 12(11):1086–1093

Taverna SD et al (2006) Yng1 PHD finger binding to H3 trimethylated at K4 promotes NuA3 HAT activity at K14 of H3 and transcription at a subset of targeted ORFs. Mol Cell 24(5):785–796

Taverna SD et al (2007) How chromatin-binding modules interpret histone modifications: lessons from professional pocket pickers. Nat Struct Mol Biol 14(11):1025–1040

Trojer P, Reinberg D (2008) Beyond histone methyl-lysine binding: how malignant brain tumor (MBT) protein L3MBTL1 impacts chromatin structure. Cell Cycle 7(5):578–585

Trojer P et al (2007) L3MBTL1, a histone-methylation-dependent chromatin lock. Cell 129(5):915–928

Tsai WW et al (2010) TRIM24 links a non-canonical histone signature to breast cancer. Nature 468(7326):927–932

Tsukada Y et al (2006) Histone demethylation by a family of JmjC domain-containing proteins. Nature 439(7078):811–816

Turner BM (2005) Reading signals on the nucleosome with a new nomenclature for modified histones. Nat Struct Mol Biol 12(2):110–112

Van Aller GS et al (2012) Smyd3 regulates cancer cell phenotypes and catalyzes histone H4 lysine 5 methylation. Epigenetics 7(4):340–343

van Haaften G et al (2009) Somatic mutations of the histone H3K27 demethylase gene UTX in human cancer. Nat Genet 41(5):521–523

van Leeuwen F, Gafken PR, Gottschling DE (2002) Dot1p modulates silencing in yeast by methylation of the nucleosome core. Cell 109(6):745–756

Varambally S et al (2002) The polycomb group protein EZH2 is involved in progression of prostate cancer. Nature 419(6907):624–629

Varela I et al (2011) Exome sequencing identifies frequent mutation of the SWI/SNF complex gene PBRM1 in renal carcinoma. Nature 469(7331):539–542

Varier RA, Timmers HT (2011) Histone lysine methylation and demethylation pathways in cancer. Biochim Biophys Acta 1815(1):75–89

Vermeulen M, Timmers HT (2010) Grasping trimethylation of histone H3 at lysine 4. Epigenomics 2(3):395–406

Vermeulen M et al (2007) Selective anchoring of TFIID to nucleosomes by trimethylation of histone H3 lysine 4. Cell 131(1):58–69

Vermeulen M et al (2010) Quantitative interaction proteomics and genome-wide profiling of epigenetic histone marks and their readers. Cell 142(6):967–980

Villasenor J, Benoist C, Mathis D (2005) AIRE and APECED: molecular insights into an autoimmune disease. Immunol Rev 204:156–164

Wagner EJ, Carpenter PB (2012) Understanding the language of Lys36 methylation at histone H3. Nat Rev Mol Cell Biol 13(2):115–126

Wang GG et al (2007) NUP98-NSD1 links H3K36 methylation to Hox-A gene activation and leukaemogenesis. Nat Cell Biol 9(7):804–812

Wang GG et al (2009) Haematopoietic malignancies caused by dysregulation of a chromatin-binding PHD finger. Nature 459(7248):847–851

Webby CJ et al (2009) Jmjd6 catalyses lysyl-hydroxylation of U2AF65, a protein associated with RNA splicing. Science 325(5936):90–93

Whetstine JR et al (2006) Reversal of histone lysine trimethylation by the JMJD2 family of histone demethylases. Cell 125(3):467–481

Whyte WA et al (2012) Enhancer decommissioning by LSD1 during embryonic stem cell differentiation. Nature 482(7384):221–225

Wu S, Rice JC (2011) A new regulator of the cell cycle: the PR-Set7 histone methyltransferase. Cell Cycle 10(1):68–72

Wu S et al (2010) Dynamic regulation of the PR-Set7 histone methyltransferase is required for normal cell cycle progression. Genes Dev 24(22):2531–2542

Wu G et al (2012) Somatic histone H3 alterations in pediatric diffuse intrinsic pontine gliomas and non-brainstem glioblastomas. Nat Genet 44(3):251–253

Wysocka J et al (2006) A PHD finger of NURF couples histone H3 lysine 4 trimethylation with chromatin remodelling. Nature 442(7098):86–90

Xu S et al (2011a) Structural and biochemical studies of human lysine methyltransferase Smyd3 reveal the important functional roles of its post-SET and TPR domains and the regulation of its activity by DNA binding. Nucleic Acids Res 39(10):4438–4449

Xu S et al (2011b) Structure of human lysine methyltransferase Smyd2 reveals insights into the substrate divergence in Smyd proteins. J Mol Cell Biol 3(5):293–300

Yamane K et al (2006) JHDM2A, a JmjC-containing H3K9 demethylase, facilitates transcription activation by androgen receptor. Cell 125(3):483–495

Yang L et al (2002) Molecular cloning of ESET, a novel histone H3-specific methyltransferase that interacts with ERG transcription factor. Oncogene 21(1):148–152

Yang H et al (2008) Preferential dimethylation of histone H4 lysine 20 by Suv4-20. J Biol Chem 283(18):12085–12092

第6章 组蛋白泛素化调控基因表达

维基·M. 威克（Vikki M. Weake）

英文缩写列表

BUR	Bur1/Bur2 cyclin-dependent protein kinase complex	Bur1/Bur2 周期依赖蛋白激酶复合物
COMPASS	complex proteins associated with Set1	Set1 相关复合物蛋白
CTD	carboxy-terminal heptapeptide repeat sequences/domain	C 端七肽重复序列/结构域
Cys	cysteine	半胱氨酸
dRAF	*Drosophila* Ring-associated factor complex	果蝇 Ring 相关因子复合物
DUB	de-ubiquitylating enzyme	去泛素化酶
FACT	facilitates chromatin transcription complex	促染色质转录复合物
Gly	glycine	甘氨酸
JAMM/MPN+	JAB1/MPN/Mov34 metalloenzyme	JAB1/MPN/Mov34 金属酶
Lys	lysine	赖氨酸
MJD	Machado-Joseph domain	马查多-约瑟夫结构域
OUT	ovarian tumor domain	卵巢肿瘤结构域
PAF	polymerase-associated factor	聚合酶相关因子
Pol II	RNA polymerase II	RNA 聚合酶 II
PRC1	polycomb repressive complex 1	多梳抑制复合物 1
PR-DUB	polycomb repressive de-ubiquitylating enzyme	多梳抑制去泛素化酶
SAGA	Spt-Ada-Gcn5 acetyltransferase	Spt-Ada-Gcn5 乙酰转移酶
Ser	serine	丝氨酸
siRNA	small interfering RNA	小干扰 RNA
Thr	threonine	苏氨酸
tss	transcription start site	转录起始位点
ubH2A	mono-ubiquitylated histone H2A	单泛素化组蛋白 H2A
ubH2B	mono-ubiquitylated histone H2B	单泛素化组蛋白 H2B
UCH	ubiquitin carboxy-terminal hydrolase	泛素 C 端水解酶
USP/UBP	ubiquitin-specific protease	泛素特异性蛋白酶
ZnF-UBP	zinc finger ubiquitin-specific protease	锌指泛素特异性蛋白酶
γH2A.X	phosphorylated histone variant H2A.X	磷酸化组蛋白变体 H2A.X

V.M. Weake (✉)
Department of Biology, Purdue University, 175 South University Street
West Lafayette, IN 47907-2063, USA
e-mail: vweake@purdue.edu

6.1　泛素化是一种可逆的翻译后修饰

通过将特异性基团连接到目标氨基酸，蛋白质可发生多种翻译后修饰。虽然多数翻译后修饰涉及化学小分子，但多肽也可以特异性地与底物蛋白连接。76 个氨基酸的泛素蛋白是第一个被鉴定出来的蛋白质水平翻译后修饰的分子（Hicke 2001）。泛素可以以单体或多泛素链连接到蛋白质底物上（Hicke 2001）。多泛素化在蛋白酶体降解靶蛋白方面具有表征作用[参见 Clague 和 Urbe（2010），Weissman 等（2011）]。与此相反，单泛素化调节不同的细胞生理过程，包括转录和内吞作用[参见 Hicke（2001）]。

6.1.1　泛素化修饰的机制

大多数底物中，泛素的羧基末端甘氨酸（Gly77）通过异肽键与靶蛋白中内部赖氨酸（Lys）残基的 ε-氨基 NH_2 侧链连接。然而，泛素也可以和其他氨基酸连接，包括丝氨酸（Ser）、苏氨酸（Thr）、半胱氨酸（Cys）和底物蛋白的 α-氨基 NH_2 基团（Weissman et al. 2011）。因此，存在不同类型的单泛素化是可能的。泛素蛋白内 7 种不同赖氨酸的泛素连接形成不同的多泛素链，从而造成多泛素化的多样性（Weissman et al. 2011）。因此，通过 Lys48 的泛素连接形成的多泛素链具有蛋白酶体降解的特点，而包含 Lys63 连接的多泛素链则参与了包括胞内分选和 DNA 损伤应答的细胞生理过程（Clague and Urbe 2010；Weissman et al. 2011；Mattiroli et al. 2012）。

泛素与底物蛋白的连接是涉及三种酶的级联反应[参见 Weissman 等（2011）]。首先，泛素蛋白在 ATP 依赖性反应中被 E1 泛素激活酶激活（图 6.1）。这种活化导致产生仍然与 E1 酶结合的泛素-AMP 产物。泛素激活后，进而通过硫酯键与作为活化泛素中间受体的 E2 泛素结合酶的半胱氨酸残基结合。最后，E3 泛素-蛋白质异构肽连接酶将活化的泛素从 E2 酶转移至底物。分别具有 HECT 或 RING 指结构域的两类 E3 泛素连接酶的作用机制迥然不同。含 HECT 结构域的 E3 连接酶在将泛素转移至底物蛋白质之前，与活化的泛素形成暂时的硫酯键，而含 RING 指结构域的 E3 连接酶促使泛素从 E2 酶直接转移至底物。该酶促级联的最后一步提供了对底物蛋白质选择的主要特异性；因此，存在许多不同的 E3 泛素连接酶，它们在底物识别中发挥重要作用（Clague and Urbe 2010；Weissman et al. 2011）。

6.1.2　蛋白泛素化修饰的逆转

泛素化修饰是可逆的过程，去泛素化酶（DUB）可从底物蛋白上去除泛素[参见 Komander 等（2009），Reyes-Turcu 等（2009）]（图 6.1）。去泛素化酶有 5 个家族（Komander et al. 2009；Reyes-Turcu et al. 2009），其中 4 个家族包含木瓜蛋白酶样半胱氨酸蛋白酶结构域，包括泛素 C 端水解酶（UCH）家族、泛素特异性蛋白酶（USP/UBP）家族、卵巢肿瘤结构域（OUT）家族和 Machado-Joseph 结构域（MJD）家族。DUB 的第五个家族是 JAB1/MPN/Mov34 金属酶，其家族成员包含一个锌依赖的金属蛋白酶结构域。

USP/UBP 是最大的去泛素化酶家族，其包括具有特异性泛素化组蛋白的分子（Reyes-Turcu et al. 2009）。DUB 家族的成员包含高度保守的 USP 结构域，类似人右手的手指、手掌、拇指（Reyes-Turcu et al. 2009）。泛素在右手结构中结合位于拇指和手掌亚结构域之间裂隙中的羧基末端，而其球状结构域与手指亚结构域相互作用（Reyes-Turcu et al. 2009）。除了核心 USP 域折叠外，许多 USP/UBP 家族成员还包含蛋白相互作用域，这些蛋白相互作用域定义了底物特异性，并介导与适配器或支架蛋白的结合（Reyes-Turcu et al. 2009）。USP/UBP 中的一些蛋白相互作用域被预测会与泛素结合，如锌指泛素特异性蛋白酶（ZnF-UBP）域（Komander et al. 2009）。

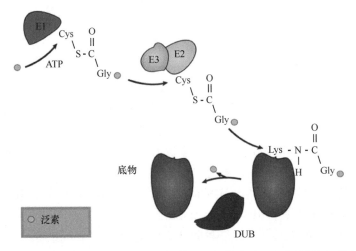

图 6.1　76 个氨基酸组成的多肽泛素在 E1、E2 和 E3 酶参与的级联反应中被激活，并与底物蛋白连接。首先，泛素蛋白通过酯键以 ATP 依赖的方式与 E1 泛素激活酶的半胱氨酸活性位点结合。在这个反应中，泛素的羧基末端甘氨酸（Gly77）被腺苷酰化后活化，从而形成与 E1 酶结合的泛素-AMP 产物。其次，活化的泛素被转移给 E2 泛素结合酶的活性半胱氨酸位点。最后，E3 泛素-蛋白质异构肽连接酶通过异肽键结合将泛素 Gly77 转移至目标蛋白内赖氨酸的 ε-氨基 NH_2 侧链。尽管含 HECT 结构域的 E3 连接酶在将泛素转移至底物蛋白质之前，与活化的泛素形成暂时的硫酯键，但含 RING 指结构域的 E3 连接酶促进泛素从 E2 酶直接转移至底物。泛素化修饰是可逆的，特异性蛋白酶即去泛素化酶（DUB）可以将泛素从底物蛋白上移除，产生游离的泛素

6.2　组蛋白的泛素化修饰

组蛋白是泛素化的首个靶蛋白，其泛素化早在 30 年前被发现[参见 Osley（2006）]。与许多蛋白质泛素化相反，组蛋白主要是单泛素化而非多泛素化[参见 Osley（2006），Wake 和 Workman（2008）]，H2A 和 H2B 是最重要的泛素化组蛋白。然而，组蛋白变体和其他组蛋白也可以发生单泛素化和/或多泛素化修饰。

6.2.1　组蛋白的单泛素化修饰

在 20 世纪 70 年代后期，首次发现了 H2A 的单泛素化（ubH2A），ubH2A 在当时被

称作独特的组蛋白样染色体蛋白—A24（Goldknof et al. 1975，1977；Goldknof and Busch 1975，1977；Hunt and Dayhoff 1977；Ballal et al. 1975）。ubH2A 发现不久，在小鼠细胞中也发现了 H2B 的单泛素化（ubH2B）（West and Bonner 1980；Pina and Suau 1985）。哺乳动物细胞中大约 10%的组蛋白 H2A 和 1%的组蛋白 H2B 是单泛素化的（West and Bonner 1980；Pina and Suau 1985）。UbH2B 存在于所有的真核细胞中，而 ubH2A 存在于脊椎动物、植物以及无脊椎动物中，但在酿酒酵母中并未检测到 ubH2A（Swerdlow et al. 1990；Robzyk et al. 2000；Sridhar et al. 2007；Sanchez-Pulido et al. 2008；Bratzel et al. 2010；Chen et al. 2010；Alatzas and Foundouli 2006；Gorfinkiel et al. 2004；Gutierrez et al. 2012；Wang et al. 2004；Calonje et al. 2008；de Napoles et al. 2004）。组蛋白 H2A 和 H2B 的 C 端尾部为单泛素化提供了主要的位点（图 6.2）。但是，最近的研究鉴定出了组蛋白 H2A 和 H2B 发生单泛素化的氨基端残基。

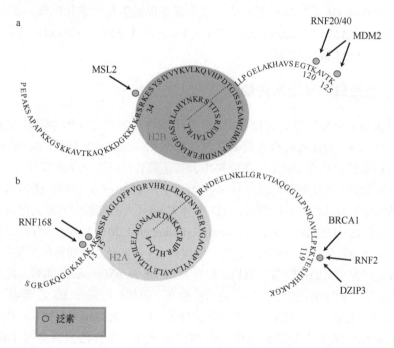

图 6.2　人组蛋白 H2A 和 H2B 的氨基和羧基末端可特异性单泛素化的氨基酸残基。这里展示的人组蛋白 H2B（a）和 H2A（b）相对于组蛋白折叠区的氨基和羧基末端泛素化位点。参与特定残基单泛素化的人 E3 泛素-蛋白质异构肽连接酶由靶赖氨酸旁边的箭头指示

　　哺乳动物细胞中组蛋白 H2A 的主要单泛素化位点是第 119 位的赖氨酸，分别对应拟南芥中的第 121 位赖氨酸和黑腹果蝇中的第 118 位赖氨酸（Goldknopf and Busch 1977；Sanchez-Pulido et al. 2008；Bratzel et al. 2010；Wang et al. 2004；de Napoles et al. 2004；Lagarou et al. 2008）。近来研究表明在发生 DNA 损伤时，组蛋白 H2A 的第 13 位和第 15 位赖氨酸也能够发生单泛素化（Mattiroli et al. 2012）。哺乳动物的 H2B 单泛素化发生于第 120 位赖氨酸，而拟南芥则是第 143 位赖氨酸，酿酒酵母是第 123 位赖氨酸，粟酒裂殖酵母是第 119 位赖氨酸（Robzy et al. 2000；Sridhar et al. 2007；Thorne et al. 1987；Tanny et al. 2007)。哺乳动物中组蛋白 H2B 的其他氨基酸残基也可以发生单泛素化，如哺乳动物组蛋白 H2B 的第 34 位和第 125 位赖氨酸（Wu et al. 2011；Minsky and Oren 2004）。然而，在人类细胞中转染表达组蛋白 H2B 点突变的质粒表明，第 120 位赖氨酸是体内 H2B 单泛素化的主要位点（Wu et al. 2011）。

本章中，除特殊声明外，ubH2A 指哺乳动物细胞中第 119 位赖氨酸处单泛素化的 H2A，或者与之对应的拟南芥第 121 位赖氨酸或者黑腹果蝇第 118 位赖氨酸处单泛素化的 H2A。同样，ubH2B 分别指酿酒酵母的第 123 位赖氨酸或者哺乳动物细胞的第 120 位赖氨酸泛素化组蛋白 H2B。

除了经典组蛋白外，组蛋白变体也可以被泛素化（Hatch et al. 1983；Nickel et al. 1987）。哺乳动物组蛋白 H2A 变体 H2A.Z 的第 120 位和第 121 位赖氨酸都可以发生单泛素化修饰，而 macroH2A1.2 则为第 115 位赖氨酸发生单泛素化修饰。此外，像 H2A.X 这类组蛋白变体与 DNA 损伤应答有关，它不仅可以发生单泛素化修饰，还可以发生二泛素化和多泛素化修饰（Mattiroli et al. 2012；Huen et al. 2007；Ikura et al. 2007；Kolas et al. 2007；Wang and Elledge 2007）。

6.2.2　组蛋白的多泛素化修饰

尽管组蛋白主要发生单泛素化修饰，但是组蛋白和组蛋白变体也可以被多泛素化修饰。组蛋白 H2A 和 H2B 就被检测到多泛素化修饰（Nickel et al. 1987；Sung et al. 1988）。此外，组蛋白多泛素化在 DNA 损伤应答中具有重要作用（见第 6.6 节）。

在体内外实验中可检测到组蛋白 H3 的多泛素化（Chen et al. 1998；Haas et al. 1990）。此外，酿酒酵母的着丝粒特异性组蛋白 H3 变体 Cse4（人类细胞中同源蛋白为 CENP-A）也可被多泛素化（Hewawasam et al. 2010；Ranjitkar et al. 2010）。酿酒酵母的细胞周期中，蛋白质单泛素化通常与信号传递有关，其中组蛋白 H3 的多泛素化通常与组蛋白 H3 的降解相关，并以此种方式来调控组蛋白 H3 的水平（Gunjan and Verreault 2003）。此外，组蛋白变体多泛素化可以调控组蛋白变体在染色质的分布；例如，组蛋白 E3 泛素-蛋白质异构肽连接酶 Psh1 调控组蛋白变体 Cse4 在染色质的分布（Hewawasam et al. 2010；Ranjitkar et al. 2010）。在 *psh1Δ* 缺失突变的酵母中，着丝粒特异性组蛋白被重新分布于常染色质上（Hewawasam et al. 2010；Ranjitkar et al. 2010）。因此，泛素化介导的组蛋白降解对于细胞周期的精确调控，以及组蛋白和组蛋白变体在染色质上的正确分布发挥极其重要的作用。

6.3　特异性 E2/E3 酶催化组蛋白单泛素化

虽然在 20 世纪 70 年代后期已经发现了 ubH2A，但是在随后的 20 年里对催化组蛋白 H2A 和 H2B 单泛素化的酶仍一无所知。鉴定组蛋白泛素化相关酶的早期线索来自酿酒酵母的体外研究（Sung et al. 1988；Jentsch et al. 1987）。酵母 H2B 特异性 E2 泛素连接酶发现 4 年后，从人细胞中分离出第一个包含介导组蛋白 H2A 单泛素化的 E3 泛素连接酶的复合物（Robzyk et al. 2000；Wang et al. 2004；Cao et al. 2005）。自此之后，一系列与组蛋白单泛素化相关的 E2 和 E3 酶相继被发现。然而，各种 E2 和 E3 酶在体内单泛素化组蛋白的作用尚有待进一步探索。此外，某些哺乳动物的 E3 连接酶能够催化组蛋白 H2A 和 H2B 的单泛素化，但泛素化位点并非组蛋白 H2A 经典的第 119 位赖氨酸和 H2B 的第 120 位赖氨酸（Mattiroli et al. 2012；Wu et al. 2011；Minsky and Oren 2004）。

6.3.1　组蛋白 H2B 的单泛素化

被鉴定的介导组蛋白 H2B 单泛素化的第一个酶是酿酒酵母的 DNA 修复蛋白 Rad6（Ubc2），它是 E2 泛素结合酶。最初 Rad6 在体外实验中表现出对组蛋白 H2A 和 H2B 具有多泛素化的活性（Sung et al. 1988；Jentsch et al. 1987）。然而，酿酒酵母的体内实验却表明 Rad6 催化组蛋白 H2B 第 123 位赖氨酸发生单泛素化而非多泛素化修饰（Robzyk et al. 2000）。粟酒裂殖酵母中与酿酒酵母 Rad6 同源的是 Rhp6，黑腹果蝇中是 Dhr6，拟南芥中是 AtUBC2，人类细胞中是 UBE2A（HHR6A/RAD6A）和 UBE2B（HHR6B/RAD6B）（表 6.1）（Reynolds et al. 1990；Koken et al. 1991a，1991b；Zwirn et al. 1997；Kim et al. 2009）。人的另一个 E2 泛素结合酶 UBE2E1（UbcH6）与 H2B 的体外泛素化密切相关（Zhu et al. 20005；Pavri et al. 2006）。然而，用小干扰 RNA（siRNA）敲降 UBE2A 和 UBE2B，而非 UBE2E1，ubH2B 的水平显著降低（Kim et al. 2009）。这一研究结果表明这两个 RAD6 的同源物（UBE2A 和 UBE2B）是体内 H2B 单泛素化真正的 E2 结合酶，而非 UBE2E1（Kim et al. 2009）。

酿酒酵母 Rad6 作为 H2B 单泛素化的 E2 结合酶被发现不久后，负责 ubH2B 单泛素化的 E3 泛素连接酶 Bre1 也被发现，它具有 RING 指结构域（Wood et al. 2003a；Hwang et al. 2003）。多个物种中已经发现了 Bre1 的同源物，在粟酒裂殖酵母中为 Brl1（Rfp2/Spcc1919.15）和 Brl2（Rfp1/Spcc970.10c），果蝇为 Bre1，拟南芥为 HUB1，人类为 RNF20 和 RNF40（Tanny et al. 2007；Kim et al. 2005，2009；Zhu et al. 2005；Zofall and Grewal 2007；Bray et al. 2005；Fleury et al. 2007）。在酿酒酵母和粟酒裂殖酵母中，Rad6 与 Bre1 和 Lge1（粟酒裂殖酵母中为 Shf1）形成复合物单泛素化 H2B（Tanny et al. 2007；Hwang et al. 2003；Zofall and Grewal 2007）。哺乳动物中，WAC 与 RNF20 和 RNF40 互作是体内 H2B 的单泛素化必需的。

哺乳动物中，除了 Bre1 的同源物 RNF20/40，其他 E3 泛素连接酶也参与 H2B 单泛素化。这些 E3 连接酶包括人的具有 RING 指结构域的蛋白，MSL2、BRCA1 和 MDM2（Wu et al. 2011；Minsky and Oren 2004；Chen et al. 2002；Mallery et al. 2002；Xia et al. 2003），这三个 E3 连接酶都可以靶向 H2B 的赖氨酸，但并不是第 120 位赖氨酸（Wu et al. 2011；Minsky and Oren 2004；Chen et al. 2002；Mallery et al. 2002；Xia et al. 2003）。MSL2 是 MOF-MSL 复合物的一个成分，可以在体内/体外单泛素化核小体组蛋白 H2B 的第 34 位赖氨酸（Wu et al. 2011）。BRCA1 在体外具有催化 H2A 和 H2B 泛素化的活性（Chen et al. 2002；Mallery et al. 2002；Xia et al. 2003；Zhu et al. 2011）。然而，BRCA1 在体内参与异染色质上组蛋白 H2A 的泛素化（Chen et al. 2002；Mallery et al. 2002；Xia et al. 2003；Zhu et al. 2011）。MDM2 可在体外泛素化 H2A 和 H2B（Minsky and Oren 2004），MDM2 过表达导致 ubH2B 水平增加，H2B 第 120 位赖氨酸和第 125 位赖氨酸是泛素化修饰必需的，表明这两个赖氨酸是泛素化靶点（Minsky and Oren 2004）。

表 6.1 调控组蛋白泛素化的酶及它们的底物

组蛋白	赖氨酸	酶						结构域	复合物	章节
		Hs^a	Dm	Sp	Sc	Xl	At			
H2A(单泛素化)	Lys119(Hs)	RNF2	dRing	不存在该修饰			AtRING1A	E3—RING	PRC1(Hs, Dm, At)、	6.3.2, 6.5.2,
	Lys118(Dm)	*Ring2/Ring1B*	*Sce*				AtRING1B		E2F-6.com-1(Hs)、	6.5.2.1,
	Lys121(At)								FBXL10-BcoR(Hs)、	6.5.2.3, 6.6.2
									dRAF(Dm)	
	Lys119(Hs)	DZIP3						E3—RING	2A-HUB: N-CoR/HDAC1/3(Hs)	6.3.2, 6.5.2,
		2A-HUB/hRUL138						E3—HECT	UBC4-1/UBC4-testis specific(Hs)	6.5.2.2
		HUWEI								6.3.2
		LASU1								
		DDB1-CUL4^{DDB2}						E3—RING	Cullin-RING-based E3 ligase(Hs)、	6.3.2, 6.6.2
		BRCA1						E3—RING	BRCA1/BARD1(Hs)	6.3.1~6.3.3, 6.5.2.1, 6.6.4, 6.6.5
		UBE2D1/2/3 *UbcH5a/b/c*						E2	UBE2D3/RNF2/Bmi1(Hs)	6.3.2
		UBE2E1						E2		6.3.1, 6.3.2
		UBC4-1						E2	HUWEI(Hs)	6.3.2
		UBC4-testis specific						E2	HUWEI(Hs)	6.3.2
	Lys13/15(Hs)	RNF168						E3—RING		6.3.2, 6.6, 6.6.2, 6.6.3, 6.6.5
H2A(多泛素化)	Lys63-linked	RNF8 *Ring2/Ring1B*						E3—RING	UBE2N(Hs)	6.2.3, 6.6, 6.6.2, 6.6.3, 6.6.5
		UBE2N						E2	RNF8(Hs)	6.3.2
		UBC13								
H2A.Z(单泛素化)	Lys120/121(Hs)	RNF2 *Ring2/Ring1B*		不存在该修饰				E3—RING	PRC1(Hs, Dm, At)、E2F-6.COM-1(Hs)、FBXL10-BcoR(Hs)、dRAF(Dm)	6.3.2, 6.5.2, 6.5.2.1, 6.5.2.3, 6.6.2
H2B(单泛素化)	Lys120(Hs) Lys123(Sc)	UBE2A, UBE2B, HHR6A/RAD6A,	Dhr6	Rhp6	Rad6 *Ubc2*		AtUBC2	E2	RNF20/40/UBE2A/B/WAC(Hs)、Rad6/Brel/Lgel(Sc)	6.3.1, 6.3.3, 6.5.1.3~

续表

组蛋白	赖氨酸	酶						结构域	复合物	章节
		Hs^a	Dm	Sp	Sc	Xl	At			
	Lys119(Sp)	HHR6B/RAD6B							Rhp6/Brl1/2/Shf1(Sp)	6.5.1.10
	Lys143(At)	UBE2E1 UbcH6						E2		6.3.1、6.3.2
		RNF20、RNF40	Brel	Brl1、Brl2	Brel		HUB1	E3-RING	RNF20/40/UBE2A/B/WAC(Hs)	6.3.1、6.3.3、
				Rfp2/Spcc1919.15 Rfp1/Spcc970.10c				Rhp6/Brl1/2/Shf1(Sp)	Rad6/Brel/Lge1(Sc)	6.5.1.3~ 6.5.1.10
		BRCA1						E3-RING	BRCA1/BARD1(Hs)	6.3.1~6.3.3、 6.5.2.1、6.6.4、 6.6.5
	Lys34(Hs) Lys31(Dm)	MSL2	MSL2?					E3-RING	MOF-MSL(Hs、Dm)	6.3.1、6.5.1.2
	Lys120/125(Hs)	MDM2						E3-RING		6.3.1
Cse4(多泛素化)	?				Psh1			E3-RING		6.2.2
H2A(单泛素化)	Lys119(Hs)	USP22	Nonstop	Ubp8	Ubp8			DUB-USP/ UBP	SAGA(Hs、Dm、Sc、Sp)	6.4.1~6.4.3、 6.5.1.2、
	Lys118(Dm) Lys121(At)	USP16 Ubp-M						DUB-USP/ UBP		6.5.1.7、6.5.1.8 6.4.2、6.7
		MYSM1 2A-DUB/ KIAA1915	Calypso					DUB- JAMM/ MPN+	2A-DUB: PCAF(Hs)	6.4.2、6.5.2.2、 6.5.2.3
		USP21						DUB-USP/ UBP		6.4.2、6.5.2.3
		BAP1	Calypso					DUB-UCH	PR-DUB: ASX(Hs、Dm)	6.4.2、6.4.3、 6.5.2.1
	Lys13/15(Hs)?	USP3						DUB-USP/ UBP		6.4.1、6.4.2、 6.6.4、 6.7

续表

组蛋白	赖氨酸	酶						结构域	复合物	章节
		Hs^a	Dm	Sp	Sc	Xl	At			
?						USP12		DUB-USP/UBP		6.4.2
						USP46		DUB-USP/UBP		6.4.2
H2A(多泛素化)	Lys63-linked	BRCC3 BRCC36						DUB-JAMM/MPN+	BRCC	6.6.4
H2B（单泛素化）	Lys120(Hs)	USP22	Nonstop	Ubp8	Ubp8			DUB-USP/UBP	SAGA(Hs、Dm、Sc、Sp)	6.4.1~6.4.3
	Lys123(Sc)							UBP		6.5.1.2、
	Lys119(Sp)									6.5.1.7、6.5.1.8
	Lys143(At)		Scrawny		Ubp10	SUP32		DUB-USP/UBP		6.4.1、6.4.3、
						UBP26		UBP		6.5.1.7
		USP3						DUB-USP/UBP		6.4.1、6.4.2、 6.4.4、
			USP7					UBP	GMPS/USP7	6.7
								DUB-USP/UBP		6.4.1
	?					USP12		DUB-USP/UBP		6.4.2
						USP46		DUB-USP/UBP		6.4.2

ª At, 拟南芥; Dm, 黑腹果蝇; Hs, 人; Sc, 酿酒酵母; Sp, 裂殖酵母; Xl, 非洲爪蟾。酶的其他名称用斜体表示

6.3.2　组蛋白 H2A 的单泛素化

与组蛋白 H2B 单泛素化相关的 E2 结合酶和 E3 连接酶发现后，生化研究鉴定了 E3 泛素-蛋白质异构肽连接酶环指蛋白 2（RNF2，也被称作 Ring2/Ring1B），其在体外具有催化组蛋白 H2A 第 119 位赖氨酸泛素化的活性（Wang et al. 2004；Cao et al. 2005）。RNF2 是第一个被发现的多梳抑制复合物 1（PRC1）的成分（表 6.1）（Wang et al. 2004；Cao et al. 2005）。经典的 PRC1 由四个核心亚基构成，它们分别与果蝇多梳蛋白（polycomb，Pc）、性相关额外梳蛋白（sex combs extra，Sce/dRing）、多聚同源异型蛋白（polyhomeotic，Ph）和后性相关梳蛋白（posterior sex combs，Psc）同源（Kerppola 2009）。果蝇中敲除 Sce 基因，会导致 ubH2A 的水平整体降低（Gutierrez et al. 2012；Lagarou et al. 2008）。哺乳动物 PRC1 中四个亚基的同源蛋白非常多，分为以下四类：Cbx、Ring1、Phc 和 Bmi1/Mel18 家族（Kerppola 2009）。因此，与果蝇相比，在哺乳动物中调控 H2A 单泛素化的 PRC1 有明显的多样性。此外，在哺乳动物和果蝇中发现一些其他因子也与 PRC1 存在互作，如 RNF2 是哺乳动物细胞中两个抑制性复合物 E2F-6.com-1 和 FBXL10-BcoR 的一个亚基，该复合物包含 PRC1 核心和其他亚基（Gearhart et al. 2006；Ogawa et al. 2002；Sanchez et al. 2007）。而且，果蝇 RNF2 同源蛋白 Sce 除了作为 PRC1 的亚基外，还是果蝇 Ring 相关因子复合物（dRAF）的一个亚基（Gorinkiel et al. 2004；Gutierrez et al. 2012；Wang et al. 2004；Lagrou et al. 2008）。

除 RNF2 之外，在 PRC1 中还存在其他具有 RING 指结构域的亚组分，提示这些蛋白也可以催化 H2A 第 119 位赖氨酸的泛素化。例如，PRC1 本身就包含两个额外的 RING 指结构域蛋白：Ring1（Rnf1/Ring1A）和 Bmi1（Wang et al. 2004；Cao et al. 2005），但只有 RNF2 具有针对 H2A 特异性的 E3 泛素连接酶的体外活性（Wang et al. 2004；Cao et al. 2005）。这些研究结果表明，在 RNF2 复合物中其他的 RING 指结构域蛋白如 Bmi1 并不直接参与组蛋白 H2A 的单泛素化（Wang et al. 2004；Cao et al. 2005；Li et al. 2006；Wei et al. 2006）。尽管如此，Bmi1 仍可刺激 RNF2 的 E3 泛素连接酶活性（Wang et al. 2004；Cao et al. 2005；Li et al. 2006；Wei et al. 2006）。此外，这种刺激 RNF2 活性的亚基间相互影响并不局限于 PRC1。FBXL10-BcoR 复合物的一个亚基 NSPC1 与 Bmi1 同源，也可以激活 RNF2 针对组蛋白 H2A 的 E3 泛素连接酶活性（Sanchez et al. 2007）。因此，多亚基复合物的 PRC1 家族里其他 RING 指结构域蛋白可以增强 RNF2 介导的组蛋白 H2A 单泛素化。

近年来，在拟南芥的研究中鉴定出了 RNF2 和其他 PRC1 亚基的同源蛋白（Sanchez-Pulido et al. 2008；Bratzel et al. 2010；Chen et al. 2010；Xu and Shen 2008）。在这一发现之前，并不知道拟南芥组蛋白 H2A 是否可以被单泛素化，因为通用泛素化序列 PKTT 仅存在于拟南芥 13 个组蛋白 H2A 异构体之一的 H2A.1 中（Sanchez-Pulido et al. 2008；Bratzel et al. 2010）。然而，近期的研究表明拟南芥 Bmi1 和 RNF2 的同源蛋白 AtBMI1A（DRIP2）、AtBMI1B（DRIP1）、AtRING1A 和 AtRING1B 都能够在体外单泛素化 H2A.1（Bratzel et al. 2010）。此外，体外实验提示这些 E3 泛素连接酶与 PRC1L 的其他亚基同源蛋白—胚花蛋白 1（embryonic flower1，EMF1）和 Pc 同源蛋白—类异染色质蛋白 1（like-heterochromtain protein1，LHP1）之间存在互作（Bratzel et al. 2010）。

最后,在 *Atbmila-1/Atbmil1b* 和 *emf1-2* 的突变体中 ubH2A 的水平降低,提示拟南芥 PRC1L 复合物确实介导了体内的 H2A 泛素化。

除了 RNF2 之外,哺乳动物细胞中还发现了其他特异性泛素化组蛋白 H2A 的 E3 泛素连接酶,其中一些酶可以单泛素化 H2A,但泛素化位点并非是第 119 位赖氨酸。这些连接酶包括 DZIP3、HUWE1、DDB1-CUL4^{DDB2}、RNF8、RNF168 和 BRCA1。DZIP3(DAZ-互作蛋白 3 锌指蛋白,也被称为 2A-HUB/hRUL138)是 N-CoR/HDAC1/3 抑制复合物的一个成分(Zhou et al. 2008)。HUWE1(HECT、UBA 和 WWE 结构域 1 E3 泛素连接酶,也被称作 LASU1),是一个睾丸特异性的含 HECT 结构域蛋白,其在体外显示了单泛素化组蛋白 H2A 的活性(Liu et al. 2005;Rajapurohitam et al. 1999)。然而,尚未证实 HUWE1 的体内单泛素化 H2A 活性。DDB1-CUL4^{DDB2}、RNF8 和 RNF168 参与 DNA 损伤诱导的组蛋白 H2A 和 H2A.X 的泛素化(Mattiroli et al. 2012;Bergink et al. 2006;Kapetanaki et al. 2006;Mailand et al. 2007;Doil et al. 2009;Stewart et al. 2009)(详细讨论见第 6.6 节)。近来研究表明,RNF168 特异性催化组蛋白 H2A 和 H2A.X 的第 13 位赖氨酸和第 15 位赖氨酸的单泛素化(Mattiroli et al. 2012)。肿瘤抑制因子 BRCA1 在异染色质位点调节 H2A 的单泛素化(Zhu et al. 2011)。BRCA1 在体外可以单泛素化组蛋白 H2A 和组蛋白变体 H2A.X,而且第二个 RING 结构域蛋白 BARD1 可以增强 BRCA1 的活性(Chen et al. 2002;Mallery et al. 2002;Xia et al. 2003)。小鼠缺失 *Brca1* 基因可导致卫星重复序列中 ubH2A 的缺失和基因组压缩的 DNA 上 ubH2A 减少(Zhu et al. 2011);而且,当 H2A 在其赖氨酸第 119 位残基处与泛素融合后异位表达时,这些作用被逆转,提示 BRCA1 的功能是通过 H2A 第 119 位赖氨酸泛素化介导的(Zhu et al. 2011)。BRCA1 也参与基因组其他位置的组蛋白 H2A 泛素化,因为它可以调控孕酮受体靶基因启动子区组蛋白 H2A 的泛素化(Calvo and Beato 2011)。因此,除了 RNF2 之外,其他 E3 泛素连接酶也可在不同氨基酸残基上泛素化组蛋白 H2A。

迄今为止,已表征了很多组蛋白 H2A 的 E3 泛素连接酶,但是鉴定相应的 E2 泛素结合酶却鲜有进展。一些 E2 泛素结合酶包括 UBE2D1/2/3(UbcH5a/b/c)和 UBE2E1 与 RNF2 一起在体外催化 H2A 的泛素化(Li et al. 2006;Buchwald et al. 2006)。值得注意的是,Bmi1/RNF2 异二聚体与 UBE2D3 E2 泛素结合酶的晶体结构支持 UBE2D3 参与组蛋白 H2A 单泛素化(Bentley et al. 2011)。除此之外,E2 泛素结合酶 UBC4-1 和睾丸特异性 BUC4 在 HUWE1 存在的情况下可体外催化 H2A 泛素化(Liu et al. 2005;Rajapurohitam et al. 1999)。而且,E2 泛素结合酶 UBE2N(UBC13)与 RNF8 互作,这是磷酸化组蛋白变体 H2A.X(γH2A.X)泛素化所必需的(Huen et al. 2007;IKura et al. 2007;Kolas et al. 2007;Wang and Elledge 2007)。存在数量庞大的参与 H2A 泛素化的 E2 泛素结合酶暗示体内催化 H2A 泛素化的酶是冗余的。因此,E2 泛素结合酶对组蛋白 H2A 泛素化的调控作用可能有限。

6.3.3 参与组蛋白泛素化的 E2/E3 酶的非组蛋白靶标

参与 H2A 和 H2B 单泛素化的某些 E2 结合酶/E3 连接酶同时还有其他底物蛋白。本节描述三个兼具泛素化组蛋白和其他蛋白的 E2/E3 酶。组蛋白特异性 E2/E3 酶拥有其他底物的事实表明需要仔细分析这些酶缺失的表型，因为这些表型或许只是部分由组蛋白泛素化导致的。

首先，拟南芥组蛋白 H2A 特异性 E3 泛素连接酶 AtBMI1A 和 AtBM1B 也能够在体外泛素化转录因子脱水反应元件结合蛋白 2A（dehydration-responsive element-binding protein 2A，DREB2A）（Qin et al. 2008）。然而，值得注意的是哺乳动物的 Bmi1 并不能直接泛素化组蛋白 H2A（Wang et al. 2004；Cao et al. 2005；Li et al. 2006；Wei et al. 2006）。其次，另一个组蛋白 H2A 泛素化 E3 连接酶 BRCA1 在缺乏雌激素时，也可以泛素化孕酮受体并致其降解（Calvo and Beato 2011）。因此，H2A 特异性 E3 泛素连接酶也可以泛素化非组蛋白。此外，某些组蛋白泛素化相关的 E2 泛素结合酶调控非组蛋白底物的泛素化。其中，Rad6 拥有许多与泛素化组蛋白 H2B 截然不同的功能，包括参与 DNA 损伤修复与蛋白降解。例如，Rad6 与 E3 泛素连接酶 Rad18 和 Rad5 单泛素化位于因 DNA 损伤而停滞的复制叉处的增殖细胞核抗原（proliferating cell nuclear antigen，PCNA）[参见 Lee 和 Myung（2008）]。而且，Rad6 与 Ubr1 靶向短寿蛋白底物经 26S 蛋白酶体进行降解（Sung et al. 1991；Watkins et al. 1993；Xie and Varshavsky 1999）。还有，哺乳动物 Rad6 同源物可能调节多种底物包括 β 联蛋白和 p53 的泛素化（Gerard et al. 2012；Chen et al. 2012）。因此，检测泛素化组蛋白的 E2 结合酶/E3 连接酶的效应时也需要考虑非组蛋白底物的影响。

6.4　组蛋白的单泛素化可以被去泛素化酶逆转

催化组蛋白 H2A 和 H2B 泛素化的酶发现不久后就发现了可逆转组蛋白泛素化的去泛素化酶（DUB）。ubH2B 的去泛素化酶是最早发现的组蛋白特异性去泛素化酶，它首先在酵母中发现，随后在其他真核细胞中也被证实。随之，多种组蛋白 ubH2A 的去泛素化酶在果蝇和哺乳动物细胞中相继被发现。但是近来的研究结果表明，这类催化单泛素化组蛋白发生去泛素化的 DUB 也存在其他底物，且在基因表达调控中发挥重要作用。

6.4.1　ubH2B 的去泛素化

酿酒酵母中发现两种不同的 ubH2B 去泛素化酶，分别是 Ubp8 和 Ubp10（Henry et al. 2003；Daniel et al. 2004；Emre et al. 2005；Gardner et al. 2005）。Ubp8 是 Spt-Ada-Gcn5 乙酰转移酶（SAGA）转录激活复合物的一个亚基，而 Ubp10 发挥功能时并不依赖于 SAGA 复合物，并且起初 Ubp10 参与端粒沉默（Henry et al. 2003；Daniel et al. 2004；Emre et al. 2005；Gardner et al. 2005；Kahana and Gottschling 1999）。Ubp8 与黑腹果蝇 Nonstop 和人的 USP22 同源（表 6.1）（Weake et al. 2008；Zhang et al. 2008；Zhao et al. 2008）。蛋白结构解析表明 Ubp8 位于 SAGA 复合物四亚基模块中，与模块中其他 3 个蛋白即 Sgf11、Sgf73 和 Sus1 的复杂结构互作是其去泛素化活性必需的（Kohler et al. 2010；Samara et al. 2010，2012）。它们这种相互作用在人类细胞中是保守的，人 SAGA

的相应同源蛋白 ATXN7L3、ATXN7 和 ENY2 都是 USP22 活性必需的（Lang et al. 2011）。第二个 ubH2B 的去泛素化酶 Ubp10 在黑腹果蝇中的同源蛋白是 Scrawny，拟南芥中则是 SUP32（UBP26）（Sridhar et al. 2007；Buszczak et al. 2009）。去泛素化酶 USP/UBP 家族的其他成员也可以影响 ubH2B 的去泛素化，如黑腹果蝇的 USP7 催化体内外 ubH2B 的去泛素化（van der Knaap et al. 2005，2010）。USP7 与生物合成酶 GMP 互作是去泛素化酶活性必需的（van der Knaap et al. 2005，2010）。除此之外，人 USP3 或许也参与 ubH2B 的去泛素化（Nicassio et al. 2007）。

酵母中两类不同的 ubH2B 去泛素化酶，在基因的不同位置去除 ubH2B 上的泛素。早期的证据显示同时敲除 *UBP8* 和 *UBP10* 后，ubH2B 的整体水平增加比单独敲除 *UBP8* 或 *UBP10* 要显著得多，提示这两种 DUB 催化不同库中的 ubH2B（Emre et al. 2005；Gardner et al. 2005）。分析单独缺失 Ubp8 或者 Ubp10 的酵母 ubH2B 在全基因组的分布，证实这些去泛素化酶的确在不同位置去泛素化 ubH2B（Schulze et al. 2011）。Ubp8 主要富集在 H3K4me3 标记的 5′端转录的区域，但是 Ubp10 主要作用于 H3K79me3 标记的基因体区 ubH2B（Schulze et al. 2011）。尽管早期的研究表明 Ubp10 通过 Sir4 导致端粒沉默，但是对 ubH2B 的全基因组分析表明端粒末端缺乏 ubH2B（Emre et al. 2005；Gardner et al. 2005；Kahana and Gotttsching 1999；Schulze et al. 2011）。因此，Ubp8 与 Ubp10 在活跃转录基因不同位置处参与 ubH2B 的去泛素化。

6.4.2 ubH2A 的去泛素化

一些 ubH2B 的去泛素化酶至少在体外也对 ubH2A 表现出去泛素化的活性，如 USP22 和 USP3 能够在体外对 ubH2A 去泛素化。当敲降对 USP22 活性必需的人 ATXN7L3 时，会导致 ubH2A 的整体水平显著增加（Zhao et al. 2008；Lang et al. 2011；Nicassio et al. 2007）。一些研究结果提示 USP3 可能参与 DNA 损伤位点处 ubH2A 的去泛素化（Doil et al. 2009；Nicasssio et al. 2007）（详见 6.6.4）。此外，USP12 和 USP46 参与非洲爪蟾中 ubH2A 和 ubH2B 的去泛素化（Joo et al. 2011）。

除了 USP22 和 USP3 外，在哺乳动物中还鉴定了三个 ubH2A 特异性去泛素化酶：USP16（UBP-M）、MYSM1（2A-DUB/KIAA1915）以及 USP21（表 6.1）（Joo et al. 2007；Nakagawa et al. 2008；Zhu et al. 2007）。瞬时转染 USP16 导致人类细胞中 ubH2A 水平迅速降低（Cai et al. 1999；Mimnaugh et al. 2001）。除此之外，USP16 在体外也参与核小体上 ubH2A 的去泛素化，而且敲除 USP16 会导致 ubH2A 总体水平显著增加（Joo et al. 2007）。MYSM1 与已发现的许多其他组蛋白去泛素化酶不同，它并没有组蛋白去泛素化酶共有的 USP/UBP 结构域，而是包含了一个 JAMM/MPN+锌依赖的金属蛋白酶结构域（Zhu et al. 2007）。MYSM1 与 UBP8/UBP22 相似，也能够结合组蛋白乙酰转移酶和 p300/CBP 结合因子（PCAF/KAT2B），在体外更倾向于去泛素化乙酰化的核小体（Zhu et al. 2007）。此外，在培养细胞中敲除 MYSM1，ubH2A 总体水平显著增加（Zhu et al. 2007）。在体外，USP21 可去泛素化 ubH2A，而在体内则去抑制基因转录（Nakagawa et al. 2008）。三种 ubH2A 特异性去泛素化酶对 ubH2A 的去泛素化作用仍然不清楚，这些去泛素化酶可能是冗余的，也可能在不同的细胞中发挥特殊功能。

近年来，确认了包含 UCH 结构域的多梳家族蛋白 Calypso 是果蝇 ubH2A 特异性去泛素化酶（Scheuermann et al. 2010）。Calypso 是多梳抑制去泛素化酶（polycomb repressive de-ubiquitylating enzyme，PR-DUB）复合物的一个亚基，与多梳家族蛋白 ASX 一同发挥功能（Scheuermann et al. 2010）。此外，*calypso* 突变体果蝇的 ubH2A 总体水平显著增加（Scheuermann et al. 2010）。值得注意的是，Calypso 的人同源蛋白 BRCA1 结合蛋白（BAP1）在体外也结合 ASX 同源蛋白 ASXL1（Scheuermann et al. 2010）。尽管尚未确认哺乳动物的 BAP1 针对 ubH2A 的去泛素化活性，但是在恶性胸膜间皮瘤细胞系中敲降 BAP1 会导致多梳蛋白的靶基因失调（Bott et al. 2011）。因此，人 PR-DUB 复合物也可能去泛素化 ubH2A，并且有望成为哺乳动物细胞的四个特异性 ubH2A 去泛素化酶成员之一。

6.4.3 组蛋白去泛素化酶的非组蛋白靶标

与组蛋白泛素化相关的 E2 泛素结合酶/E3 泛素连接酶的非组蛋白底物类似，非组蛋白也可以作为组蛋白 H2A 和组蛋白 H2B 去泛素化酶的底物。例如，Ubp8/USP22 除了去泛素化 ubH2B 外，也可以去泛素化其他非组蛋白底物，如哺乳动物中端粒重复结合因子 1（telomeric-repeat-binding factor 1，TRF1）、酿酒酵母中蔗糖非发酵 1 型（sucrose non-fermenting 1，Snf1）AMP 蛋白激酶和人转录调节因子结合蛋白 1[transcriptional regulator （FUSE）-binding protein 1，FBP1]（Atanassov et al. 2009；Wilson et al. 2011；Atanassov and Dent 2011）。此外，Ubp10 可去泛素化酿酒酵母的 PCNA（Gallego-Sanchez et al. 2012）。ubH2A 去泛素化酶 Calypso 的哺乳动物同源蛋白 BAP1 可结合并去泛素化宿主细胞因子（host cell factor，HCF）（Machida et al. 2009；Misaghi et al. 2009）。因此，考察组蛋白去泛素化酶对细胞生理过程的影响时，非组蛋白的去泛素化也应该被纳入考量。

6.5 组蛋白单泛素化调控基因转录

通常，组蛋白 H2A 的单泛素化抑制基因转录，而 ubH2B 在转录起始和延伸中发挥重要作用。有趣的是，近期的研究表明组蛋白 H2A 和 H2B 的泛素化或者去泛素化在调节转录状态中具有重要作用。

6.5.1 ubH2B 与活跃转录关联

H2B 单泛素化主要发生在转录活跃的基因，并且高度富集在人高表达基因的转录区域（Misnsky et al. 2008；Jung et al. 2012）。虽然 ubH2B 在转录早期阶段发挥作用，但是某些研究进展提示 ubH2B 对某些基因也表现出抑制作用。因此，ubH2B 有多重独立的转录调控作用。首先，ubH2B 调控参与转录激活过程中系列事件的复合物在启动子区和基因 5′端的招募和激活（见 6.5.1.4～6.5.1.8）；其次，ubH2B 能够直接促进核小体的稳定性和/或核小体的占位，从而在启动子区域和转录区域发挥不同的作用（见 6.5.1.11）。因此，ubH2B 差异性调控不同基因的表达或在这些基因的启动子区特定位置和转录区域发挥调控作用。

6.5.1.1 ubH2B 富集于高表达基因的转录区域

ubH2B 主要富集在人表达基因的转录起始位点的下游，以及编码区/转录区域的中间处（Kim et al. 2009；Minsky et al. 2008；Jung et al. 2012），ubH2B 的富集水平沿转录区域的 3′端方向逐渐降低（Kim et al. 2009；Minsky et al. 2008；Jung et al. 2012）。酵母中的 ubH2b 主要富集在高表达基因的编码区，也存在于长基因的编码区（Shieh et al. 2011）。值得注意的是，尽管单泛素化组蛋白 H2B 的蛋白主要富集在大多数基因的转录起始位点区，但此处 ubH2B 的水平较低（Kim et al. 2009；Jung et al. 2012）。因此，除了 H2B 单泛素化外，去泛素化酶活跃地去泛素化 ubH2B 对基因区 ubH2B 恒定水平的调控具有重要作用。有趣的是，ubH2B 富集在人类高表达基因的外显子和内含子的交界处，提示这一修饰在选择性剪接中发挥重要作用（Jung et al. 2012）。支持这种假设的证据包括：ubH2B 富集在酿酒酵母的内含子上及哺乳动物基因中被剪切的外显子上，暗示 ubH2B 是外显子选择的负向决定因素（Shieh et al. 2011）。在基因转录激活时，基因上 ubH2B 的时空分布表明 H2B 单泛素化受到严格调控，并且在转录过程中有多重调控功能。的确，最近关于 ubH2B 在核小体组装中的功能研究揭示 ubH2B 在高表达基因的 5′端和转录区域中作用迥异。

6.5.1.2 一些特定基因的转录激活需要 H2B 单泛素化

一部分基因的高效转录激活需要 H2B 单泛素化，如酿酒酵母中可诱导的基因 *GAL1* 和 *SUC2* 以及哺乳动物细胞中视黄酸激活的 *RARβ2* 的转录激活都需要组蛋白 H2B 单泛素化（Pavri et al. 2006；Henry et al. 2003）。显然，某些基因在 ubH2B 去泛素化后，反而被转录激活。因此，去泛素化酶 Ubp8 及其同源蛋白参与了酵母、果蝇以及人类细胞中某些特定基因的高表达（Henry et al. 2003；Weake et al. 2008；Zhang et al. 2008；Zhao et al. 2008）。因此，组蛋白 H2B 的泛素化和去泛素化对于特定基因的转录激活是必需的。ubH2B 的促转录激活作用并不局限于组蛋白 H2B 的第 120 位赖氨酸泛素化，人类细胞中 MSL2 催化的组蛋白第 34 位赖氨酸泛素化与 MOF 乙酰转移酶协同促进 HOXA9 和 MEIS1 的转录（Wu et al. 2011）。此外，调节雄性 X 染色体的剂量补偿效应的果蝇 MSL2 同源蛋白同样显示了泛素化组蛋白 H2B 第 34 位赖氨酸的体外活性（Wu et al. 2011）。因此，高度保守的果蝇组蛋白 H2B 第 31 位赖氨酸的单泛素化也可能促进雄性 X 染色体相关基因的表达大约上调两倍。

6.5.1.3 转录激活因子招募 E3 泛素连接酶来沉积 ubH2B

H2B 单泛素化的 E3 泛素连接酶 Bre1 可以直接结合转录激活因子，如酿酒酵母中的 Gal4 和哺乳动物细胞中的 p53，这一结果同样支持 H2B 单泛素化参与某些特定基因的转录激活（Wood et al. 2003a，2003b；Hwang et al. 2003；Kao et al. 2004）。在激活基因转录时，Bre1 被招募到目标基因的启动子区（Wood et al. 2003a，2003b；Hwang et al. 2003；Kao et al. 2004）。一旦 Bre1 结合到靶基因启动子上，Bre1 随后招募 E2 泛素结合酶 Rad6（Wood et al. 2003a，2003b；Kao et al. 2004），Rad6/Bre1 复合物的第三个亚基 Lge1 促进激活因子依赖的 Bre1 与启动子结合（Song and Ahn 2010）。哺乳动物细胞的 RNF20/RNF40 结合蛋白 WAC 直接结合 RNA 聚合酶 II，而 RNA 聚合酶 II 则靶向 E3 泛素连接酶至活跃转录区域（Zhang and Yu 2011）。但是，酵母中的 Bre1 和 Rad6 并不足以单泛素化组蛋白 H2B（图 6.3a）。相反，其他因子对于 Rad6/Bre1 在基因启动子区和转录区域的催化活性是必需的[参见 Osley（2006），Weake 和 Workman（2008）]。

6.5.1.4　转录起始和延伸的早期步骤对于 H2B 单泛素化是必要的

酿酒酵母的遗传学筛选鉴定了大量的参与转录起始和延伸的转录因子，并且这些因子对 H2B 的单泛素化同样重要。这些因子包括聚合酶相关因子（polymerase-associated factor，PAF）复合物的组分、Bur1/Bur2（BUR）周期依赖蛋白激酶复合物、RNA 聚合酶 II 的磷酸化状态（图 6.3b）。PAF 复合物与转录起始及延伸状态的 RNA 聚合酶 II 结合，并且调控许多转录相关过程[参见 Jaehning（2010）]。PAF 亚基 Rtf1 和 Paf1 的突变导致 ubH2B 的缺失（Wood et al. 2003b；Ng et al. 2003）；在 PAF 突变体细胞中，Rad6 被招募到启动子处但并不催化 H2B 发生泛素化（Wood et al. 2003b；Xiao et al. 2005）。此外，酵母和人 Bre1 在体外都可通过 Paf1 亚单位直接与 PAF 复合物结合（Kim et al. 2009；Kim and Roeder 2009）。因此，PAF 复合物是 Rad6 和 Bre1 的泛素化活性必需的，但对于它们被招募至基因启动子处则是非必需的。除了 PAF 复合物外，BUR 激酶复合物对组蛋白 H2B 的单泛素化也很重要（Wood et al. 2005；Laribee et al. 2005）。与 PAF 突变体相似，敲除 bur2 也会导致 ubH2B 水平降低，但是并不影响 Rad6 的招募（Wood et al. 2005；Laribee et al. 2005）。然而，缺失 Bur2 可减少 PAF 在基因启动子处的募集（Wood et al. 2005；Laribee et al. 2005）。BUR 复合物影响 ubH2B 水平是通过影响 PAF 复合物的招募，还是其他 PAF 非依赖的机制呢? 酿酒酵母的研究结果显示，BUR 复合物在体外可直接磷酸化 Rad6 第 120 位丝氨酸，并且该位点的突变降低了 ubH2B 水平，但并不影响 Rad6 在染色质上的定位（Wood et al. 2005）。此外，被 CDK2 磷酸化的人 UBE2A（HHR6A/RAD6A）可刺激 E2 泛素结合酶的体外活性（Sarcevic et al. 2002）。因此，BUR 复合物可能通过两种完全不同的机制影响 ubH2B 的水平：直接通过磷酸化调节 Rad6 活性或者间接通过影响 PAF 复合物的招募。

除了 PAF 和 BUR 复合物之外，RNA 聚合酶 II 介导的转录事件以及转录自身都对高效地单泛素化 H2B 至关重要。以染色质为模板的体外转录中，ubH2B 的显现依赖于三磷酸核苷的添加（Pavri et al. 2006）。而且，体外 PAF 介导的转录是 H2B 的高效单泛素化必需的（Kim et al. 2009）。尽管体外转录研究表明 PAF 复合物对 ubH2B 水平的主要效应来自它的转录刺激功能；但低水平的 PAF 复合物非依赖转录不足以沉积 ubH2B（Kim et al. 2009）。因此，PAF 复合物也具有转录非依赖的调控 H2B 单泛素化的功能。

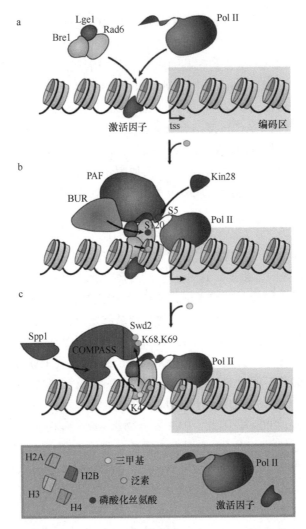

图 6.3 转录的早期步骤对于 H2B 单泛素化是必要的。a. 酵母 H2B 泛素化酶 Rad6、Bre1 和 Lge1 通过 Bre1 与激活因子的结合被招募到启动子。然而，H2B 泛素化酶的招募并不能有效地单泛素化 H2B。tss: 转录起始位点。b. 相反，高效的 H2B 单泛素化需要转录起始的调控因子，如 PAF 复合物和 BUR 复合物，以及在羧基端第 5 位丝氨酸被 Kin28 磷酸化的 RNA 聚合酶 II 的延伸状态。BUR 复合物磷酸化 Rad6 第 120 位丝氨酸可能刺激 E2 泛素结合酶针对组蛋白 H2B 和其他底物的活性。c. COMPASS 复合物中 Set1 甲基转移酶对 H3 第 4 位赖氨酸的高效二甲基化和三甲基化需要启动子上低水平的 H2B 单泛素化。Rad6 和 Bre1 除了单泛素化 H2B，还可以单泛素化 COMPASS 的亚基 Swd2 的第 68 位和第 69 位赖氨酸，而且该泛素化可被预先单泛素化的 H2B 促进。Swd2 单泛素化进而刺激 Spp1 与 COMPASS 的相互作用，以确保 Set1 对 H3K4 的二甲基化和三甲基化。在启动子处的 Spp1 与 COMPASS 的初始招募/相互作用之后，组蛋白 HK4 的甲基化不再需要持续的高水平 ubH2B

在转录的起始阶段，发生在 RNA 聚合酶 II 的最大亚基 C 端七肽重复序列（也被称作 C 端结构域，CTD）的一系列事件演变为连续性磷酸化反应[参见 Buratowski（2009）]。RNA 聚合酶 II 的 CTD 结构域磷酸化为许多因子提供了结合位点，这些因子主要调控 RNA 聚合酶 II 从启动子区域释放，以及有效地将 RNA 聚合酶 II 的功能转变为转录延伸。

首先，通用转录因子 TFIIH 中的 Kin28（即人的 CDK7）磷酸化 CTD 结构域第 5 位丝氨酸，这与将单链 DNA 模板作为 RNA 聚合酶 II 活化位点同时发生，并且随后与通用转录因子分离。其次，CtK1（人的 P-TEFb/CDK9 和 CDK12）磷酸化 CTD 结构域第 2 位丝氨酸。酿酒酵母中 Kin28 磷酸化第 5 位丝氨酸是 ubH2B 必需的，而非 Ctk1 磷酸化第 2 位丝氨酸（Xiao et al. 2005）。因此，发生在 RNA 聚合酶 II 介导转录起始阶段的 CTD 首个磷酸化即第 5 位丝氨酸的磷酸化是 H2B 高效单泛素化必需的。总之，酵母和体外研究表明 PAF 和 BUR 复合物参与的转录起始最初阶段对于调控 H2B 单泛素化至关重要（图 6.3b）。

6.5.1.5　H2B 的单泛素化是 H3K4 甲基化的前提条件

遗传筛选酿酒酵母中影响组蛋白甲基化的突变确认了 ubH2B 与基因转录激活关联的重要修饰 H3K4 甲基化之间存在单向的组蛋白串扰[参见 Shukla 等（2009）]。H2B 单泛素化酶如 Rad6 或 Bre1 的突变，或者 H2B 本身的点突变（H2BK123R）降低了 H3K4 二甲基化和三甲基化的总体水平（Sun and Allis 2002；Dover et al. 2002；Shahbazian et al. 2005；Schneider et al. 2005；Dehe et al. 2005）。但是，敲除 H3K4 甲基转移酶 Set1 或者 H3K4 的点突变（H3-K4R）并不影响 ubH2B 水平（Sun and Allis 2002）。因此，ubH2B 是 H3K4 甲基化必需的，但 H2B 的单泛素化并不依赖于 H3K4 的甲基化。值得注意的是，ubH2B 只影响 H3K4 的二甲基化和三甲基化，而不影响单甲基化（Shahbazian et al. 2005；Schneider et al. 2005；Dehe et al. 2005）。

近期有研究者用遗传学方法筛选影响酿酒酵母 ubH2B 水平的因子，确认了组蛋白之间的相互作用可能并不如起初的研究中那么明确（Lee et al. 2012）。通过遗传学筛选发现了染色质重塑因子 Chd1 是维持高水平 ubH2B 的全新因子（Lee et al. 2012）。与迄今发现的其他调控 ubH2B 因子相反，缺失 chd1 并不影响 H3K4 的甲基化（Lee et al. 2012）。chd1Δ 突变体细胞中仍残存有低水平的 ubH2B，但是这种低水平的 ubH2B 足以保证 H3K4 甲基化至野生型细胞的水平（Lee et al. 2012）。培养的小鼠成肌细胞发生肌源性分化时，ubH2B 水平降低，而与之对应的 H3K4 甲基化没有发生相应的减少，这一发现支持组蛋白 H2Bub 与 H3 甲基化修饰间的串扰并不是非常肯定的结论（Vethantham et al. 2012）。

尽管有以上的发现，但很明显，最初低水平的 ubH2B 沉积至少对于 H3K4 甲基化非常重要。那么，基因 5′端上最初沉积的 ubH2B 是如何调控 H3K4 甲基化的呢?酿酒酵母中 Set1 相关复合物蛋白（COMPASS）甲基转移酶 Set1 催化了 H3K4 甲基化[参见 Malik 和 Bhaumik（2010）]。体外转录的研究表明，人类 ubH2B 直接增强 Set1 的二甲基/三甲基转移酶活性（Kim et al. 2009）。在酿酒酵母中，敲除 COMPASS 复合物的 Spp1（Cps40）亚基基本消除了 H3K4 二甲基化和三甲基化（Dehe et al. 2006；Morillon et al. 2005；Shi et al. 2007）。此外，泛素结合酶 Rad6 或者 ubH2B 的缺失削弱了 COMPASS 复合物另一亚基 Swd2（Cps35）与染色质及 COMPASS 复合物的结合（Lee et al. 2007）。COMPASS 复合物的两个亚基是否可以调控 ubH2B 与 Set1 二甲基化/三甲基化的活性之间的串扰呢?已有研究表明的确如此：从酵母 rad6 敲除细胞株中纯化的 COMPASS 缺乏二甲基化和三甲基化的活性（Lee et al. 2007）。值得注意的是，ubH2B 能够促进 Rad6 和 Bre1 介导的 Swd2 第 68 位和第 69 位赖氨酸单泛素化，Swd2 的单泛素化调控 COMPASS 复合物中调控 Set1 的二甲基化和三甲基化活性的 Spp1 亚基的招募（Vitaliano-Pruier et al. 2008）。因此，上述发现提出一个模型：基因 5′端区域上转录激活因子招募的 Rad6 和 Bre1 介导最初的 H2B 单泛素化，进而调控 COMPASS 复合物中 Swd2 亚基发生泛素化。Swd2 亚基的泛素化是 COMPASS 复合物 Spp1 亚基间高效互作必需的，并且这种互作可调控染色质上 Set1 的二甲基化和三甲基化活性（Vitaliano-Prunier et al. 2008）（图 6.3c）。在 Swd2 起始招募后，COMPASS 复合物的活性并不需要持续的高水平 ubH2B。

显然，ubH2B 与 H3K4 甲基化的串扰并不局限于 H2B 第 123 位赖氨酸的单泛素化（人细胞 H2B 第 120 位赖氨酸单泛素化）。体外和人细胞的研究均表明，H2B 第 34 位赖氨酸的单泛素化同样能促进 H3K4 二甲基化和三甲基化（Wu et al. 2011）。但是，H2B 第 34 位赖氨酸单泛素化也能促进 RNF20/RNF40 招募到染色质，从而增加局部 H2BK120ub 水平，间接影响 H3K4 的甲基化（Wu et al. 2011）。

6.5.1.6　H2B 单泛素化是 H3K79 发生甲基化的信号

与 ubH2B 促进 H3K4 甲基化相似，ubH2B 是 H3K79 甲基化的前提[参见 Shukla 等（2009）]。人细胞中，ubH2B 和 H3K79 均富集在活跃转录基因的 5′端至中间区域（Jung et al. 2012），酿酒酵母的 H3K79 甲基化由甲基转移酶 Dot1 催化（Ng et al. 2002；van Leeuwen et al. 2002），Dot1 催化的 H3K79 的二甲基化和三甲基化而非单甲基化需要 H2B 预先泛素化（Shahabazian et al. 2005；Briggs et al. 2002）。人类细胞中组蛋白 H2B 第 120 位和第 34 位单泛素化是 H3K79 甲基化的前提（Wu et al. 2011；Shahbazian et al. 2005；Briggs et al. 2002）。然而，正如观察到 ubH2B 和 H3K4 甲基化之间存在串扰，低水平 ubH2B 也足以促进 H3K79 的甲基化，并且在 *chd1* 的基因敲除酵母中，尽管 ubH2B 水平显著降低，但是仍然持续存在同样水平的 H3K9 甲基化（Lee et al. 2012）。此外，Swd2 或许介导 ubH2B 和 H3K79 甲基化间的串扰。除 COMPASS 复合物外，Swd2 也存在于酿酒酵母的其他蛋白复合物中，且与 Dot1 发生免疫共沉淀（Lee et al. 2007）。因此，ubH2B 和 H3K79 甲基化串扰建立的机制可能以一种未知的方式利用了 Swd2 的单泛素化。

6.5.1.7　ubH2B 串扰调控着丝粒蛋白 Dam1 甲基化

值得注意的是，组蛋白 H2B 与赖氨酸甲基化之间的串扰并不局限于组蛋白底物（Latham et al. 2011）。Set1 除了甲基化 H3K4，还可二甲基化着丝粒蛋白 Dam1 第 233 位赖氨酸（Zhang et al. 2005）。Dam1 是十亚基组成的 DASH 复合物中的一个亚基，将着丝粒锚定到微管上，这对于有丝分裂过程中姐妹染色单体黏附于反向纺锤体极（双向的）上非常重要（Zhang et al. 2005）。被 Ipl1 激酶磷酸化的 Dam1 可降低其与微管的亲和性，以确保错误的着丝粒和微管相互解离[参见 Smolle 和 Workman（2011）]。Set1 催化的 Dam1 第 233 位丝氨酸二甲基化可抑制 Ipl1 催化的 Dam1 第 235 位丝氨酸的磷酸化（Zhang et al. 2005）。因此，一旦经 Ipl1 催化的磷酸化被抑制而形成正确的双向（姐妹染色单体-纺锤体极），Dam1 甲基化就可以稳定着丝粒和微管之间的相互作用（Latham et al. 2011；

Smolle and Workman 2011）。与 ubH2B 和 H3K4 三甲基化间的串扰类似，Rad6 和 Bre1 介导的着丝粒处 H2B 单泛素化是 Set1 催化 Dam1 甲基化所必需的（Latham et al. 2011）。此外，Dam1 甲基化也需要 PAF 复合物的参与，但是并不依赖于转录激活，且无需 Kin28 参与（Latham et al. 2011）。有趣的是，由于在敲除 *ubp8* 的酵母细胞中，Dam1 甲基化水平增加，因此提示是 Ubp8 而非 Ubp10 去泛素化 ubH2B 来限制 Dam1 甲基化。总之，以上研究表明组蛋白 H2B 预先单泛素化是组蛋白 H3 和其他非组蛋白甲基化的前提条件。此外，ubH2B 与非组蛋白底物修饰间串扰的发生是活跃转录非依赖的。

6.5.1.8 基因高效转录需要 ubH2B 的去泛素化

除了 ubH2B 沉积之外，ubH2B 中的泛素被移除也有助于某些基因的转录。因此，组蛋白 H2B 连续的泛素化和去泛素化均可促进特定基因的转录激活。酿酒酵母的 *GAL1* 基因上组蛋白 H2B 的单泛素化和去泛素化是最好的例子。*GAL1* 基因转录的完全激活需要完整的 Rad6/Bre1 介导的组蛋白 H2BK123 单泛素化及 Ubp8 介导的去泛素化过程（Henry et al. 2003）。转录激活中组蛋白 H2B 单泛素化是如何发挥功能的呢？

已经证实酿酒酵母中组蛋白 H2B 的去泛素化可以调控 RNA 聚合酶 II CTD 的磷酸化状态，以及在特定基因处的转录起始向延伸的转变（图 6.4a）。然而，酵母细胞的首个 RNA 聚合酶 II CTD 磷酸化，即第 5 位丝氨酸（Ser^5）的磷酸化是 Rad6/Bre1 催化 H2B 泛素化必需的，Ubp8 催化的 ubH2B 去泛素化对于 CtK1 磷酸化 CTD 的第 2 位丝氨酸（Ser^2）非常重要（Xiao et al. 2005；Wyce et al. 2007）。酵母 *ubp8* 的基因敲除株中，在 *GAL1*、*ADH1* 和 *PMA1* 基因编码区 Ctk1 的招募及 RNA 聚合酶 II Ser^2 的磷酸化均减少（Wyce et al. 2007）（图 6.4b）。而且酵母 *ubp8* 和 *bre1* 双基因敲除株中，Ctk1 的定位得到恢复，表明组蛋白 H2B 的去泛素化是 Ctk1 高效招募必需的（Wyce et al. 2007）（图 6.4c）。因此，ubH2B 去泛素化对于将 RNA 聚合酶 II 的转录起始功能转变为转录延伸至关重要。以上研究结果表明组蛋白 H2B 单泛素化和去泛素化均是基因转录过程不同阶段必需的，以确保基因表达最优化。但是，目前仍然不清楚，H2B 泛素化是适用于所有基因的转录激活，还是只适用于特定类型的基因，即响应刺激而被高效诱导的基因，如 *GAL1*。

6.5.1.9 基因编码区域的 H2B 单泛素化需要参与转录延伸的因子辅助

尽管启动子区的 ubH2B 对于转录激活是非常重要的，但是 ubH2B 富集的峰值出现在表达基因的转录区域（Minsky et al. 2008）。转录延伸过程中，ubH2B 是如何沉积的呢？酿酒酵母中，Rad6 结合 RNA 聚合酶 II 的转录延伸型（Xiao et al. 2005）。因此，H2B 单泛素化发生在 RNA 聚合酶 II 转录的基因体区域。值得注意的是，调控转录延伸的因子发生突变时，如 PAF 复合物突变（*rtf1* 敲除株），会破坏 Rad6 与 RNA 聚合酶 II 的结合，从而阻碍 RNA 聚合酶 II 从转录起始位点向基因的转录区域移动（Xiao et al. 2005）。因此，PAF 复合物缺失导致的 ubH2B 整体水平降低主要是由于 Rad6 与 RNA 聚合酶 II 之间的相互作用被破坏。尽管基因启动子区域的 ubH2B 被详细阐释，但是 ubH2B 主要出现在基因转录区域，而非启动子区。因此，基因转录区域的 ubH2B 功能是什么呢？

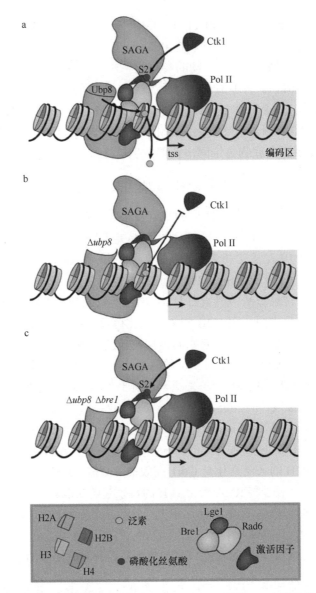

图 6.4 ubH2B 去泛素化调控转录延伸的早期阶段。a. Ubp8，酵母 SAGA 转录共激活因子中的去泛素化酶（DUB）成分，负责 ubH2B 去泛素化。ubH2B 去泛素化促进 Ctk1 激酶的招募和/或增强其活性，进而磷酸化 RNA 聚合酶 II（Pol II）羧基端结构域的 Ser^2。tss：转录起始位点。b. 在 Ubp8 缺失的情况下，持续的 ubH2B 抑制 Ctk1 激酶的招募和其磷酸化 Pol II 的活性。c. 在 Ubp8 缺失时，E3 泛素连接酶 Bre1 的缺失可挽救 Ctk1 的活性

6.5.1.10 ubH2B 调节核小体占位和/或稳定性

最近的一些研究阐述了 ubH2B 在基因转录区域的作用。这些研究采用体外实验及高分辨率微球菌核酸酶介导的染色质免疫沉淀测序（ChIP-Seq）检测了 ubH2B 如何调节核小体的结构（Batta et al. 2011；Chandrasekharan et al. 2009）。通常，ubH2B 促进核小体的稳定性和占位（Batta et al. 2011；Chandrasekharan et al. 2009；Davies and Lindsey

1994）。包含 ubH2B 的核小体对微球菌核酸酶的消化和盐析纯化更加耐受，这与 ubH2B 增加核小体稳定性一致（Chandrasekharan et al. 2009）。此外，体外重组含 ubH2B 的核小体比含未修饰 H2B 的核小体对 DNase 1 酶切更加耐受（Davies and Lindsey 1994）。而且，微球菌核酸酶法获得的 H2B 野生型和突变体 H2B-K123A 在酵母全基因组核小体上分布的高分辨率 ChIP-Seq 结果也支持这一结论（Batta et al. 2011）。H2B-K123A 突变体与野生型相比，核小体占位在整个基因组范围减少，且主要从转录区域下游+1 位的核小体占位开始减少（Batta et al. 2011）。此外，当敲除 H2B 单泛素化酶 Rad6 和其调节器 Lge1 后，核小体的占位也呈现显著减少（Batta et al. 2011）。很有可能基因转录区域的稳定性有助于阻止延伸型 RNA 聚合酶 II 对其造成破坏。

ubH2B 对核小体占位和稳定性的维持是否依赖于组蛋白的甲基化呢?惊奇的是，尽管 ubH2B 可以调控组蛋白 H3K4、H3K79 和 K3K36 的甲基化，但是 ubH2B 对核小体占位的效应并不依赖于 H3 的甲基化（Batta et al. 2011）。与这个结果一致的是，在 $chd1\Delta$ 的突变株中，ubH2B 的水平和整个基因组范围转录区域下游的+1 位核小体处开始的核小体占位均显著减少，且并不依赖于 H3K4 和 H3K79 的甲基化水平（Lee et al. 2012）。

有趣的是，ubH2B 促进单个核小体的占位和稳定性，而 ubH2B 对于高度有序的染色质结构则是破坏性的（Fierz et al. 2011）。通过对包含化学合成的 ubH2B 染色质纤维的构象和可接近性进行分析，发现 ubH2B 可妨碍染色质的压缩（Fierz et al. 2011）。染色质纤维模型显示存在 ubH2B 时不会发生核小体的叠加（Fierz et al. 2011），这一体外发现也得到了拟南芥研究结果的支持，即拟南芥 ubH2B 去泛素化酶 SUP32 是异染色质扩展和 DNA 甲基化必需的（Sridhar et al. 2007）。此外，ubH2B 也限制了异染色质向鸡 β-球蛋白基因簇的扩展（Ma et al. 2011）。因此，ubH2B 与活跃转录基因间的关联可能通过增强染色质纤维的可接近性而维持常染色质的状态。但是，就单个核小体而言，ubH2B 促进核小体稳定和/或占位。

6.5.1.11　ubH2B 的核小体分别调控启动子和编码区域的转录

ubH2B 调控核小体稳定性的维持和占位对转录的作用是什么呢?尽管 ubH2B 通常与活跃的转录相关，近来对 H2B-K123A 突变体和酵母 $chd1\Delta$ 突变体的研究表明，ubH2B 既可以激活也可以抑制特定基因的表达（Lee et al. 2012；Batta et al. 2011）。这些发现指出 ubH2B 对高表达的基因具有激活功能，但是对低表达的基因发挥抑制作用（Lee et al. 2012；Batta et al. 2011）。

ubH2B 是如何激活或抑制不同基因的呢?这一现象可以用在基因启动子和转录区域发挥不同效应的 ubH2B 增加核小体稳定性和占位的模型来解释（Batta et al. 2011；Chandrasekharan et al. 2009；Davies and Lindsey 1994）（图 6.5）。不依赖于 ubH2B，参与转录激活的组蛋白修饰 H3K4me3 仍能发生。相反，这一模型中，随着 RNA 聚合酶 II 的传递，ubH2B 促进转录区域的核小体组装（Lee et al. 2012；Batta et al. 2011）。酿酒酵母转录延伸过程中核小体的高效重组需要 ubH2B，这个结果也支持上述模型（Fleming et al. 2008）。此外，核小体的高效重组需要由 SPT 和 SSRP1 构成的促染色质转录复合物（FACT）组蛋白伴侣（histone chaperone）的参与（Fleming et al. 2008）。此外，在体外，

ubH2B 可增强 FACT 的活性（Pavri et al. 2006）。正确的核小体占位和定位对于 RNA 聚合酶 II 清除启动子区域以及开始转录延伸非常重要，特别是在连续转录过程中。因此，核小体稳定性和/或占位的强化可以促进 RNA 聚合酶 II 介导的转录延伸。与这一模型一致的是，H2B-K123A 突变体中 ubH2B 的缺失会导致 RNA 聚合酶 II 在高表达基因的转录区域减少（Batta et al. 2011）。

在低表达的基因中，ubH2B 发挥抑制作用。的确，H2B-K123A 突变体中 ubH2B 的缺失增加了 RNA 聚合酶 II 在低表达基因启动子区的结合（Batta et al. 2011）。在正常条件下，低表达的基因在启动子上缺乏 RNA 聚合酶 II。因此，在这一模型中，低表达基因启动子区的核小体上 ubH2B 的缺失促进 RNA 聚合酶 II 的招募，以及随后的转录起始（Batta et al. 2011）。这一模型也被 ubH2B 介导的核小体稳定性导致编码区内隐秘弱启动子起始的转录抑制所支持（Chandrasekharan et al. 2009；Fleming et al. 2008）。因此，启动子区核小体的 ubH2B 是抑制低表达基因转录或者隐秘启动子的主要因素，因为它阻止了 RNA 聚合酶 II 的招募和转录起始。相反，ubH2B 促进核小体的稳定是高表达基因转录区域的活化要素，即它在 RNA 聚合酶 II 通过之后促进核小体重新组装，从而确保连续转录的高效运作。

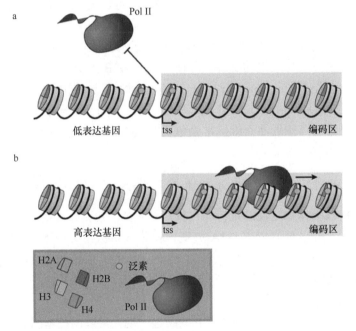

图 6.5　H2B 单泛素化差异性调控启动子和编码区域的转录。a. 在低表达基因上，ubH2B 增强启动子区核小体的稳定性，并抑制 RNA 聚合酶 II（Pol II）的招募和转录起始；tss：转录起始位点。b. 在高表达基因上，ubH2B 在 Pol II 通过后促进核小体的稳定性和/或编码区域的核小体组装。这增强了 Pol II 介导的转录延伸，从而促进基因表达

6.5.1.12　组蛋白 H2B 单泛素化在转录调控中发挥多种作用

尽管 ubH2B 通常与转录激活相关，但在 6.5.1.1～6.5.1.11 小节中讨论的证据表明

ubH2B 在调控基因表达方面具有双重作用，即兼具激活和抑制作用。综上所述，尽管转录激活过程中启动子区发生 H2B 泛素化，但是并未在活跃表达基因的启动子区观察到高水平 ubH2B。相反，ubH2B 主要富集在活跃表达基因的转录区域。因为序贯发生的 H2B 泛素化和去泛素化在调节转录过程的起始阶段（包括组蛋白 H3K4 的三甲基化和磷酸化 RNA 聚合酶 II CTD 的激酶的招募）发挥重要作用。然而，ubH2B 的形成和移除可能并非对所有高表达的基因是必需的。相反，ubH2B 对基因表达的最大效应主要是促进核小体的稳定和/或者核小体占位。ubH2B 促进的核小体稳定和占位对含弱启动子的基因表达具有抑制作用，因为它阻止了 RNA 聚合酶 II 的招募。然而，在高表达基因中，ubH2B 促进 RNA 聚合酶 II 传递后核小体的占位和基因转录。因此，在启动子区和转录区，ubH2B 在调节基因转录和表达过程中具有多重功能。

6.5.2　ubH2A 抑制基因转录

尽管 ubH2B 主要与活跃表达的基因关联，但 H2A 的单泛素化通常被认为会抑制基因的表达。支持这一说法的证据包括催化组蛋白 H2A 第 119 位赖氨酸单泛素化的两种特异性 E3 泛素连接酶 RNF2 和 DZIP3 都是抑制基因表达的复合物的亚基。此外，研究发现 ubH2A 存在于基因组的沉默区，如 DNA 卫星重复序列和失活的 X 染色体处的异染色质（de Napoles et al. 2004；Fang et al. 2004）。但是，近来的研究证据表明 ubH2A 与 ubH2B 一样，在调控基因表达中具有复杂的作用。与 H2B 的单泛素化和去泛素化是特定基因的转录激活必需的类似，H2A 的泛素化和去泛素化是某些多梳靶基因的转录抑制必需的。

6.5.2.1　ubH2A 调控多梳复合物相关的抑制作用

RNF2 是第一个被发现的 ubH2A 特异性 E3 泛素连接酶，它是 PRC1 的一个亚基（Wang et al. 2004；Cao et al. 2005；Kerppola 2009）。这一发现为 H2A 第 119 位赖氨酸泛素化是抑制性标志提供了线索，因为 PRC1 的转录抑制作用已经被很好地表征（Wang et al. 2004；Cao et al. 2005；Kerppola 2009）。哺乳动物 RNF2 与果蝇同源物 Sce 是 H2A 的泛素化以及在多梳靶基因如 *Hox* 家族启动子处的转录抑制必需的（Gutierrez et al. 2012；Wang et al. 2004；Cao et al. 2005；Wei et al. 2006）。此外，拟南芥 RNF2 和 Bmi1 同源蛋白可抑制调控胚胎发育的基因（Bratzel et al. 2010；Xu and Shen 2008）。而且，RNF2 也是 PRC1 相关的 E2F-6.com-1 抑制复合物的一个亚基。E2F-6.com-1 复合物可抑制静止期细胞中的 E2F 和 Myc 应答基因（Ogawa et al. 2002；Sanchez et al. 2007）。在植物、果蝇和哺乳动物中，多梳相关转录抑制复合物中 E3 泛素连接酶亚基单泛素化 H2A 与基因转录沉默关联。

H2A 抑制基因表达的另一证据来源于 PRC1 和 ubH2A 共同定位于失活的小鼠 X 染色体上（de Napoles et al. 2004；Fang et al. 2004）。利用 RNAi 技术敲降 RNF2 和 Ring1 消除了失活 X 染色体的 ubH2A，提示这一标记是由 PRC1 添加的（de Napoles et al. 2004；Fang et al. 2004）。值得注意的是，RNF2 也可以泛素化母本细胞失活染色体上的组蛋白变体 H2A.Z，而未修饰的 H2A.Z 从该染色体上剔除（Sarcinella et al. 2007）。

因此，在特定基因和失活染色体上，PRC1 介导的 H2A 泛素化与基因转录沉默相关，且并不局限于 RNF2 介导的泛素化。*Brac1* 突变小鼠基因组中压缩区域数目大量减少，而且 ubH2A 在基因沉默区如 DNA 卫星重复序列中缺失（Zhu et al. 2011）。这些现象通常与转录抑制和染色质沉默有关。

H2A 单泛素化是否直接抑制基因转录呢?RNF2/Ring1 缺陷的细胞显示出 ubH2A 水平降低和多梳蛋白的靶基因去抑制，这与 ubH2A 直接抑制转录是一致的（Wang et al. 2004；Cao et al. 2005）。此外，果蝇 Sce 是一类多梳蛋白靶基因包括 *Hox* 基因的抑制所必需的（Gutierrez et al. 2012）（图 6.6a）。而且，去泛素化酶 USP16（Ubp-M）通过下调 ubH2A 水平来拮抗多梳蛋白介导的 *HoxD10* 抑制（Joo et al. 2007）。过表达另一个 ubH2A 去泛素化酶 USP21 可显著降低 ubH2A 的水平，并提高 *Serpina6* 基因的表达水平（Nakagawa et al. 2008）。更多的直接证据来源于 brca1 缺陷的人类细胞中，表达融合泛素的组蛋白 H2A 可以恢复对 DNA 卫星序列的沉默作用（Zhu et al. 2011）。总之，以上结果表明 ubH2A 具有直接抑制基因表达的作用。

然而，近来在果蝇中鉴定 PR-DUB 复合物时，提出了一个关于 ubH2A 是如何抑制基因表达机制的问题。在果蝇 PR-DUB 复合物发现之前，对 ubH2A 的研究都表明其能够抑制基因转录，而 ubH2A 去泛素化可促进基因的转录激活。然而，果蝇中 ubH2A 去泛素化酶 PR-DUB 与基因转录抑制相关，而非转录激活（Scheuermann et al. 2010）（图 6.6b）。ubH2A 去泛素化酶抑制而非激活转录，对目前的模型提出了一些疑问：ubH2A 是如何抑制基因表达的呢?这一问题尚未解决，并且是将来研究的一个重要方向。

到底是什么证据支持 PR-DUB 是抑制转录的呢?细胞中 *Hox* 基因超级双胸基因（*Ultrabithorax*，*Ubx*）无论表达与否，PR-DUB 复合物都可结合到 *Hox* 基因的多梳应答元件上（Scheuermann et al. 2010）。PR-DUB 复合物中的去泛素化酶 Calypso 是抑制幼虫器官芽的 *Ubx* 表达所必需的（Scheuermann et al. 2010）。此外，相对于单独缺失任意一个酶，若同时缺失 E3 泛素连接酶 Sce 和去泛素化酶 Calypso，*Hox* 基因会被更迅速地和剧烈地去抑制（Gutierrez et al. 2012；Scheuermann et al. 2010）。因此，H2A 单泛素化和去泛素化是基因转录完全抑制所必需的，至少在果蝇的一类多梳蛋白靶向基因中如此。这些研究结果表明需要进一步研究 ubH2A 在基因转录沉默中的机制，尤其是 PRC1 的靶向基因。

6.5.2.2 2A-HUB 和 2A-DUB 复合物在调控基因表达中相互拮抗

尽管 ubH2A 介导的转录沉默机制因其所处基因组区域不同以及沉积方法差异而有所不同，但已经揭示了 ubH2A 对特定靶基因的转录抑制。例如，ubH2A 可以通过抑制 RNA 聚合酶 II 介导的转录延伸来抑制转录。

2A-HUB 复合物包含 H2A E3 泛素连接酶 DZIP3，可以抑制哺乳动物细胞某些趋化因子基因的转录（Zhou et al. 2008）。除了 DZIP3 外，2A-HUB 复合物中还包括核受体 N-CoR 和组蛋白去乙酰化酶 HDAC1 和 HDAC3（Zhou et al. 2008）。敲降 DZIP3 导致靶基因启动子区 ubH2A 水平降低，但是并不影响 RNA 聚合酶 II 在启动子区的存在（Zhou et al. 2008)。相反，敲降 DZIP3 增加了 FACT 以及第二位丝氨酸磷酸化的 RNA 聚合酶 II 在 RANTES 等靶基因转录区域的水平（Zhou et al. 2008）。缺失 DZIP3 和 ubH2A 是如何促进 FACT 招募的呢?在培养细胞进行的 pull-down 实验结果表明，FACT 的 Spt16 亚基优先与组蛋白 H2A 而非 ubH2A 相互作用（Zhou et al. 2008）。因此，2A-HUB 复合物介导的 H2A 单泛素化抑制了 FACT 亚基 Spt16 的招募，而减弱了 RNA 聚合酶 II 介导的转录延伸（Zhou et al. 2008）（图 6.7a）。

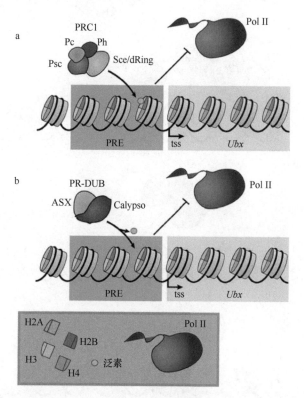

图 6.6　H2A 单泛素化和去泛素化是抑制果蝇 PRC1 靶基因所必需的。a. 果蝇 PRC1 复合体中 E3 泛素连接酶 Sce/dRing 对组蛋白 H2A 的单泛素化与抑制多梳家族蛋白靶基因如超级双胸基因（*Ubx*）的表达关联。b. 在 PR-DUB 复合物中，Calypso 去泛素化 ubH2A 是抑制多梳家族蛋白靶基因 *Ubx* 表达所必需的

　　ubH2A 的去泛素化可以激活转录吗?事实上，某些 ubH2A 的去泛素化酶与转录激活有关。例如，免疫染色显示再生肝脏细胞中高表达的 Serpina6 与 USP21 有关（Nakagawa et al. 2008）。此外，由 ubH2A、MYSM1 和组蛋白乙酰转移酶 PCAF/KAT2B 构成的 2A-DUB 复合物对哺乳动物细胞中雄激素应答基因的转录激活是必需的（Zhu et al. 2007）。敲降 MYSM1 会减少启动子区的 RNA 聚合酶 II 招募，并降低转录区域的延伸型 RNA 聚合酶 II 水平（Zhu et al. 2007）。因此，ubH2A 和组蛋白乙酰化在哺乳动物的基因转录调控中是相互拮抗的（图 6.7b）。

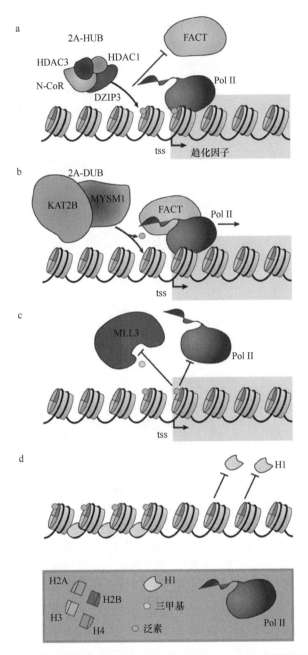

图 6.7　H2A 单泛素化调控转录抑制的多种机制。a. 人包含 DZIP3 E3 泛素连接酶的 2A-HUB 复合物单泛素化 H2A，并抑制 FACT 亚基 Spt16 的招募，从而抑制 RNA 聚合酶 II（Pol II）介导的转录延伸。b. 2A-DUB 复合物中的 MYSM1 至少部分地通过确保 FACT 的招募来去泛素化 ubH2B，进而促进随之发生的 Pol II 介导的转录延伸。c. 在 Pol II 招募之前，启动子上 ubH2A 的存在抑制了 MLL3 介导的组蛋白 H3 第四位赖氨酸的三甲基化和转录起始。d. H2A 单泛素化增强了连接组蛋白 H1 与染色质的结合；相反，缺少 ubH2A 的核小体就不能结合组蛋白 H1

6.5.2.3　ubH2A 抑制 H3K4 甲基化

基于体外 ubH2A 与 H3K4 甲基化之间存在负向串扰现象，研究者提出了 ubH2A 的基因转录抑制存在替代机制（Nakagawa et al. 2008；Vissers et al. 2008）。在体外转录系统中，当 ubH2A 存在于重组的染色质模板时，MLL3 介导的 H3K4me2 和 me3 是被抑制的（Nakagawa et al. 2008）（图 6.7c）。而且，在该体外转录系统中的 ubH2A 也能抑制 RNA 聚合酶 II 介导的转录（Nakagawa et al. 2008）。此外，当野生型 H3 被 H3K4R 突变体替换时，会减弱 ubH2A 介导的这种转录抑制（Nakagawa et al. 2008）。这提示了一种工作模式，即在 RNA 聚合酶 II 被招募之前，ubH2A 发生在基因启动子时，可抑制随后发生的参与转录起始的 H3K4me2/me3。更为重要的是，在该体外转录体系中，并未观察到 ubH2A 对转录延伸的影响，提示 ubH2A 对体外染色质模板的转录抑制主要发生在转录起始的早期阶段。

尽管上述现象是在体外观察到，但体内转录起始和延伸都会受到 ubH2A 的影响。例如，同一细胞因子基因既可以被 ubH2A 通过 FACT 调控的转录延伸而抑制，也可以被 ubH2A-DUB、USP21 激活（Nakagawa et al. 2008）。其他基因研究表明 MYSM1 包括 2A-DUB 一定程度上通过增加延伸型 RNA 聚合酶 II 的募集来激活转录（Zhu et al. 2007）。尽管 RNF2、Ring1 和 ubH2A 与起始型 RNA 聚合酶 II 共同出现在小鼠胚胎干细胞中一些蓄势待转的基因启动子处，但该基因并未被活跃转录（Stock et al. 2007）。此外，除 ubH2A 外，H3K4 甲基化和转录抑制性标记 H3K27 甲基化的核小体也出现于这些双价基因的启动子区（Stock et al. 2007）。这些研究结果表明 ubH2A 负调控 H3K4 甲基化在体内并不是发生在全基因组上，而是局限于某些基因启动子处。

显然，某些 ubH2A 的 E3 泛素连接酶复合物也包含对甲基化组蛋白 H3 具有活性的去甲基转移酶的亚单位。例如，人类 FBXL10-BcoR 复合物和 dRAF 复合物均包含特异性去甲基化组蛋白 H3 的去甲基转移酶：果蝇中为 KDM2，人类则是 KDM2B（FBXL10/BcoR）（Lagarou et al. 2008；Gearhart et al. 2006；Sanchez et al. 2007）。然而，果蝇 KDM2 特异性去除 H3K36me2 的甲基化，人 KDM2B 则特异性去除 H3K4me3 的甲基化（Lagarou et al. 2008；Frescas et al. 2007）。因此，并不清楚人 FBXL10-BcoR 复合物和 dRAF 复合物在功能上是否存在关联。尽管存在分歧，但是这个现象提示 H3K4 甲基化和 ubH2A 可能在体内特定靶基因处受到共同调控，因为 E3 泛素连接酶和组蛋白去甲基化酶亚基都共存于同一复合物中。

6.5.2.4　ubH2A 调控染色质高级结构

ubH2A 抑制转录的另一种方式是调控染色质高级结构。核小体的结构分析显示，包含泛素化赖氨酸的 H2A 羧基端尾巴可以接触到组蛋白 H1（Luger et al. 1997）。而且，ubH2A 增强了连接组蛋白 H1 与重组核小体的体外结合（Jason et al. 2005）。因此，包含 ubH2A 的核小体组装的染色质更加致密，因为连接组蛋白 H1 的结合增强了（图 6.7d）。从 H2A-K119R 细胞中纯化的核小体上缺失组蛋白 H1，这个体内研究的结果支持上述体外研究的发现（Zhu et al. 2007）。ubH2A 调节染色质高级结构可能在调控较大范围的基因组，包括微卫星重复序列和失活的 X 染色体时发挥重要作用。

6.5.2.5　ubH2A 调控转录抑制的多种机制

本章 6.5.2.1～6.5.2.4 已经描述了支持 H2A 单泛素化发挥转录抑制作用的证据，并且针对不同基因，ubH2A 的转录抑制机制不同。值得注意的是，H2A 泛素化酶常常存在于转录抑制复合物中。一些证据表明 ubH2A 通过限制 RNA 聚合酶 II 的招募或者延伸来直接抑制转录。ubH2A 在转录延伸中的抑制作用部分地导致针对组蛋白分子伴侣 FACT 的抑制作用。在启动子区，ubH2A 可以干扰转录激活相关的组蛋白修饰标志，如 H3K4me3。最后，ubH2A 通过增强组蛋白 H1 的结合而调控染色质高级结构。因此，在大范围的基因组沉默区域，ubH2A 介导的异染色质形成在基因沉默中发挥了重要作用。

6.6　组蛋白泛素化和 DNA 修复

尽管泛素化组蛋白 H2A 和 H2B 主要与基因表达调控有关，但是组蛋白泛素化还参与细胞的其他过程。特别是，组蛋白在细胞对 DNA 损伤的反应中泛素化，许多研究表明 ubH2A 和 ubH2B 参与 DNA 修复过程的调节（Ulrich and Walden 2010）。H2A 和 H2B 泛素化调控 DNA 损伤应答下游效应蛋白的招募，也能调控 DNA 损伤位点的局部染色质微环境以促进高效修复。近来的研究工作已经阐明 H2A 在 DNA 损伤位点是如何单泛素化的。当 DNA 损伤时，RNF168 E3 泛素连接酶分别泛素化组蛋白第 13 位和第 15 位而非第 119 位赖氨酸（见 6.6.3）。随后，RNF8 催化单泛素化位点处形成泛素第 63 位赖氨酸连接的多泛素化链，为调节 DNA 损伤应答后期的效应因子提供结合位点。前期的研究揭示 ubH2A K119 参与 DNA 损伤应答，而这些最新的研究结果表明，组蛋白 H2A 上的其他氨基酸残基和组蛋白变体 H2A.X 在这个特定细胞生理过程中发挥更重要的作用。

6.6.1　DNA 损伤位点处的组蛋白泛素化

组蛋白在 DNA 损伤部位泛素化，组蛋白 H2A、H3 和 H4 的单泛素化形式在哺乳动物细胞中累积以响应紫外线照射（Bergink et al. 2006；Kapetanaki et al. 2006；Wang et al. 2006）。此外，DNA 双链损伤可以诱导人类细胞中组蛋白 H2A 和 H2B 泛素化（Bergink et al. 2006；Moyal et al. 2011；Nakamura et al. 2011）。另外，组蛋白变体如 H2A.X 与特异性 DNA 损伤应答途径相关，并且其可以被单泛素化（Huen et al. 2007；Ikura et al. 2007；Kolas et al. 2007；Wang and Elledge 2007）。已有一些研究表明组蛋白 H2A 和 H2A.X 在应对 DNA 损伤时，可以被单泛素化和多泛素化，其泛素化位点并非是经典的第 119 位赖氨酸（Mattiroli et al. 2012；Huen et al. 2007；Ikura et al. 2007；Mailand et al. 2007；Zhao et al. 2007）。因此，泛素化组蛋白的多样性存在于局部染色质的 DNA 损伤位点处。

6.6.2　组蛋白泛素化位于 ATM/ATR 信号通路的下游

DNA 损伤处的组蛋白泛素化是如何被调控的呢?研究表明组蛋白作为 DNA 损伤应答的一部分被泛素化。DNA 损伤应答受到毛细血管扩张性共济失调综合征突变蛋白（ataxia telangiectasia mutated，ATM）、毛细血管扩张性共济失调综合征和 Rad3 相关蛋白（ataxia telangiectasia and Rad3-related，ATR）以及 DNA-PK 激酶的调控（Ciccia and Elledge 2010）。虽然 ATM 和 DNA-PK 可以直接被 DNA 损伤剂，如 UV 辐射激活，但 ATR 是在被招募到复制叉停滞的单链 DNA 处时被激活的（Ciccaia and Elledge 2010）。DNA 损伤后,ATM 和 ATR 磷酸化大量的与 DNA 修复相关的底物蛋白(Ciccia and Elledge 2010)。组蛋白变体 H2A.X 第 139 位丝氨酸的磷酸化被看作 DNA 损伤的一个关键的早期靶点，磷酸化的组蛋白 H2A.X 被称作 γH2A.X（Ciccia and Elledge 2010）。在 DNA 损伤应答后期所依赖的许多效应蛋白是通过与 γH2A.X 相互作用而被招募。

显然,ATM 和 ATR 信号激酶被招募到 DNA 双链断裂处是 ubH2A 和 ubH2B 发生所必需的（Bergink et al. 2006；Moyal et al. 2011）。这些激酶是如何调控 DNA 损伤位点处组蛋白泛素化的呢?在哺乳动物细胞中,ATM 直接在 DNA 损伤处磷酸化 ubH2B E3 泛素连接酶 RNF20 和 RNF40（Moyal et al. 2011）。此外，RNF20 和 RNF40 的磷酸化位点是 DNA 损伤应答时 ubH2B 积累所必需的（Moyal et al. 2011）。因此，DNA 损伤应答介导的组蛋白 H2B 单泛素化受 ATM 激酶磷酸化 E3 泛素连接酶直接调控(Moyal et al. 2011)。

相反，DNA 损伤时 ubH2A 的沉积受到 ATM/ATR 激酶下游因子的调控。E3 泛素连接酶 RNF2、DDB1-CUL4A[DDB2]、RNF8 和 RNF16 均参与 DNA 损伤应答时组蛋白 H2A 的泛素化（Mattiroli et al. 2012；Huen et al. 2007；Ikura et al. 2007；Kolas et al. 2007；Wang and Elledge 2007；Bergink et al. 2006；Kapetanaki et al. 2006；Mailand et al. 2007；Doil et al. 2009；Stewart et al. 2009；Marteijn et al. 2009；Pinato et al. 2009；Ismail et al. 2010）。直到最近，几个研究表明 RNF8 是 DNA 损伤应答时 H2A 和 H2A.X 的主要 E3 泛素连接酶（Huen et al. 2007；Ikura et al. 2007；Kolas et al. 2007；Wang and Elledge 2007；Mailand et al. 2007）。体外 RNF8 泛素化游离的组蛋白 H2A 和 γH2A.X 的实验结果，以及 RNF8 是 ubH2A 的积累和泛素偶联到 DNA 损伤位点所必需的，都支持 RNF8 作为主要 E3 泛素连接酶参与 DNA 损伤诱导的 H2A 泛素化（Huen et al. 2007；Ikura et al. 2007；Kolas et al. 2007；Wang and Elledge 2007；Mailand et al. 2007）。此外，RNF8 是发生 ATM/ATR 依赖的磷酸化事件后，第一个被招募到 DNA 损伤位点的 E3 泛素连接酶（Huen et al. 2007；Kolas et al. 2007；Mailand et al. 2007；Ciccia and Elledge 2010）。RNF8 与磷酸化 MDC1 结合而被招募，因为磷酸化的 MDC1 本身可以通过 BRCT 重复序列结合 γH2A.X（Huen et al. 2007；Kolas et al. 2007；Mailand et al. 2007）。RNF8 的 RING 指结构域以及它的 E3 泛素连接酶活性是招募另一个 E3 泛素连接酶 RNF168 所必需的，且是通过 RNF168 的泛素结合结构域完成的(Doil et al. 2009；Stewart et al. 2009；Pinato et al. 2009)。这种有序招募表明是 RNF8 而非 RNF168 或者其他 E3 泛素连接酶,在 DNA 损伤时单泛素化组蛋白 H2A。

6.6.3　RNF168 在 DNA 损伤位点处泛素化组蛋白 H2A 第 13 位和第 15 位赖氨酸

然而,RNF8 和 RNF168 的有序招募并不能反映它们在组蛋白 H2A 泛素化中的作用。相反,近来研究表明,RNF168 是 DNA 损伤时负责 H2A 单泛素化的 E3 泛素连接酶。起初令人困惑的是在 DNA 损伤位点,到底哪一个是负责组蛋白 H2A 单泛素化的 E3 泛素连接酶,因为这两个酶在体外都可以进行泛素化并且是特异性的泛素化。近来研究表明,RNF8 和 RNF168 对核小体组蛋白 H2A 和游离的组蛋白 H2A 的单泛素化活性是不同的。虽然 RNF8 在体外可以单泛素化游离的组蛋白 H2A,但是却不能单泛素化核小体上的组蛋白 H2A(Mattiroli et al. 2012;Huen et al. 2007;Ikura et al. 2007;Kolas et al. 2007;Wang and Elledge 2007;Mailand et al. 2007)。相反,RNF168 可以单泛素化核小体上的组蛋白 H2A（Mattiroli et al. 2012）。值得注意的是,这种 H2A 泛素化的特异性与 PRC1 介导的 H2A K119 的单泛素化不同（Mattiroli et al. 2012;Gatti et al. 2012）。虽然 RNF8 不能单泛素化组蛋白 H2A,但是它可以将组蛋白 H2A K13 和 K15 单泛素化延伸为第 63 位赖氨酸连接的多泛素化链（Mattiroli et al. 2012）,且这种第 63 位赖氨酸偶联泛素链不会在组蛋白 H2A 第 119 位赖氨酸单泛素化上形成（Mattiroli et al. 2012）。

为什么在 DNA 损伤时,H2A 以及 H2A.X 泛素化需要 RNF8 的参与呢?因为 RNF8 介导的第 63 位赖氨酸连接的泛素链为 RNF168 提供了结合位点（Doil et al. 2009;Stewart et al. 2009）。值得注意的是,第 63 位赖氨酸连接的泛素链可以结合到除组蛋白以外的其他蛋白。研究者提出一个工作模型:RNF8 在 DNA 损伤时泛素化非核小体底物,这是随后招募 RNF168 必需的（Mattiroli et al. 2012）（图 6.8）。尽管这些非核小体底物仍然是未知的,但是潜在的底物包括含缬酪肽蛋白（valosin-containing protein,VCP;也被称作 p97）、L3MBTL1、KU80、CHK2 和 KDM4A（Mallette et al. 2012;Acs et al. 2011;Feng and Chen 2012;Meerang et al. 2011）。在这一模型中,RNF168 通过它的泛素结合结构域结合一个或者多个上述未知底物蛋白的泛素链（Doil et al. 2009;Stewart et al. 2009;Pinato et al. 2009）。RNF168 一旦被招募到 DNA 损伤位点,就会单泛素化组蛋白 H2A K13 和 K15,随后 RNF8 会以第 63 位赖氨酸连接的泛素链模式将上述两个位点的泛素化延伸（图 6.8）。

DNA 损伤时,组蛋白 H2A 和 γH2A.X 第 63 位赖氨酸连接的泛素链的下游功能是什么呢?RNF8 和 RNF168 活性导致的第 63 位赖氨酸连接的泛素链可以与 RPA80 泛素结合基序结合（Huen et al. 2007;Kolas et al. 2007;Wang and Elledge 2007）。RAP80 与脚手架蛋白 ABRA1 结合来招募 E3 泛素连接酶 BRCA1 复合物（Huen et al. 2007;Kolas et al. 2007;Wang and Elledge 2007）。因此,RNF168/RNF8 介导的组蛋白 H2A 泛素化会进而招募 BRAC1 复合物及其他下游调控 DNA 损伤的应答因子如 53BP1（Ulrich and Walde 2010）。除招募 DNA 损伤应答下游的调节因子,组蛋白 H2A K13 和 K15 的单泛素化或许也影响核小体的结构,从而提供一个允许修复 DNA 损伤的染色质环境(讨论详见 6.6.5 一节)。

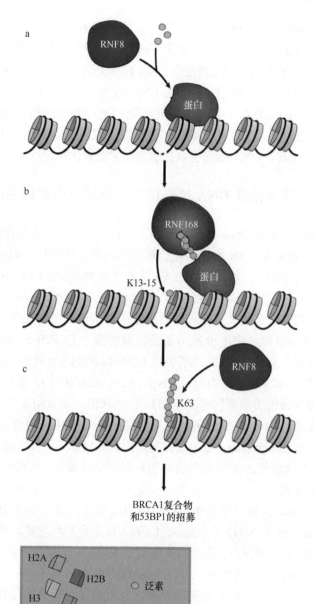

图 6.8　RNF8/RNF168 泛素化组蛋白 H2A K13 和 K15。a. RNF8 在 DNA 损伤位点泛素化未知的非核小体底物。b. RNF168 随后通过其泛素结合结构域与一个或多个（未知蛋白）底物上的泛素化链结合。进而，RNF168 组蛋白单泛素化 H2A K13 和 K15。c. RNF8 随后通过泛素的第 63 位赖氨酸来延伸泛素链。组蛋白 H2A 上的这些赖氨酸第 63 位点多聚泛素链参与招募 BRCA1 复合物和 DNA 损伤反应通路的其他下游调控因子，如 53BP1。此外，H2A K13 和 K15 位点的单泛素化或许也影响核小体结构，从而提供允许 DNA 修复的染色质环境

6.6.4　DNA 损伤位点处的组蛋白泛素化是可逆的

DNA 损伤应答过程中，组蛋白的泛素化是可逆的，一些去泛素化酶是潜在的参与者。

例如：去泛素化酶 BRCC3（BRCC36）是通过与 RAP80 相互作用而被招募的 BRCA1 复合物的一个亚基。BRCC3 可以去除多泛素化侧链第 63 位赖氨酸连接的泛素化（Sobbian et al. 2007）。此外，去泛素化酶 USP3 调控在 DNA 损伤处的组蛋白泛素化。敲降 USP3 后，ubH2A 斑点持续存在于 DNA 损伤位点；但是 USP3 过表达会导致 ubH2A 斑点的消失（Doil et al. 2009；Nicassio et al. 2007）。尽管去泛素化酶 USP3 特异性去除的赖氨酸位点还不清楚，但是在 DNA 损伤时，USP3 或许定向去除组蛋白 H2A K13 和 K15 位点的单泛素化。因此在应对 DNA 损伤时，DNA 损伤位点处组蛋白的泛素化和去泛素化都是被调控的。

6.6.5　组蛋白泛素化在 DNA 损伤位点处形成合适的染色质环境

组蛋白泛素化除了招募 DNA 损伤修复的下游信号因子外，还发挥什么功能呢？一些研究表明，组蛋白 H2A 和 H2B 的泛素化会重塑局部染色质环境，以利于组装 DNA 修复机器（Shiloh et al. 2011）。当敲除 H2B E3 泛素连接酶 RNF20 和 RNF40 后，DNA 修复效率降低（Moyal et al. 2011；Chernikova et al. 2010；Kari et al. 2011），这些证据提示，ubH2B 要么通过自身，要么通过招募染色质重塑因子来改变局部染色质环境，进而影响 DNA 损伤应答效率。例如，RNF20 招募染色质重塑因子 SNF2h 到 DNA 双链断裂位点（Nakamura et al. 2011）。敲除 SNF2h 或者表达 H2B-K120R 都会减弱 DNA 末端切除和下游效应因子如 RAD51 和 BRCA1 的招募（Nakamura et al. 2011）。此外，E3 泛素连接酶泛素化组蛋白来招募染色质重塑因子并不局限于 ubH2B；如 RNF8 以不依赖于其 E3 泛素连接酶活性的方式与 NuRD 染色质重塑复合物亚基 CHD4 相互作用，并招募 CHD4 至 DNA 损伤位点处（Luijsterburg et al. 2012）。因此，H2B 和 H2A 的特异性 E3 泛素连接酶都能调控 DNA 损伤位点处的染色质重塑和组蛋白泛素化，从而产生一个适合 DNA 修复的局部染色质环境。

研究表明虽然 ubH2B 可以促进单个核小体的稳定性，但是 ubH2B 破坏了高度有序的染色质结构（Fierz et al. 2011）（详见 6.5.1.10）。常染色质环境的产生对于快速招募修复因子进入局部 DNA 损伤位点，进而高效修复至关重要。值得注意的是，DNA 损伤时，组蛋白 H2A 单泛素化对染色质纤维的作用与 ubH2B 相似。被 RNF168 泛素化的组蛋白 H2A K13 和 K15 均位于组蛋白的氨基端尾部，靠近组蛋白折叠的结构域（图 6.2）。重要的是，这两个赖氨酸残基在核小体结构中靠近组蛋白 H2B K120。因此，组蛋白 H2A K13 和 K15 单泛素化对高度有序的染色质结构的影响与 H2B K120 单泛素化相似。

6.6.6　组蛋白泛素化参与 DNA 损伤应答

将本章 6.6.1～6.6.5 的内容总结如下：组蛋白 H2A 和 H2B 在 DNA 损伤应答时，都发生单泛素化，但是组蛋白 H2B 单泛素化发生在 K120，H2A 单泛素化则发生在 K13 和 K15。随后，K63 连接的多聚泛素链在组蛋白 H2A 上被延伸，进一步招募 DNA 损伤应答相关的下游因子。值得注意的是，一些研究结果表明：DNA 损伤位点处组蛋白单泛素化除了招募下游效应因子外，还可以产生适合 DNA 修复的局部染色质环境。但是，组蛋白 H2B

K120 及 H2A K13 和 K15 的泛素化在 DNA 损伤应答中的作用机制仍需进一步探究。

6.7 组蛋白单泛素化调控细胞周期

组蛋白 H2A 除了参与 DNA 修复外, 还与细胞周期进程的调控有关。在 20 世纪 80 年代早期, 发现 ubH2A 后不久, 研究者确认了从细胞分裂中期分离的染色体中没有发现 ubH2A (Matsui et al. 1979; Mueller et al. 1985; Wu et al. 1981)。除此之外, 还观察到在细胞周期中 ubH2A 的水平与组蛋白 H3 S10 磷酸化存在负相关 (Joo et al. 2007; Matsui et al. 1979; Muller et al. 1985; Wu et al. 1981)。USP16 去泛素化酶的发现为细胞周期中 ubH2A 水平的变化提供了一种解释机制(Joo et al. 2007)。USP16 去泛素化 ubH2A 是细胞周期进程必需的 (Joo et al. 2007)。此外, 细胞有丝分裂中染色体的有效分离需要 USP16 参与, 因为它可以调控 Aurora B 激酶介导的组蛋白 H3 S10 磷酸化 (Joo et al. 2007)。在细胞周期中, USP16 的活性是如何被调控的呢?USP16 在细胞周期中发生顺序的磷酸化与去磷酸化, 很可能是通过 Cdc2/CyclinB 复合物完成, 因为其在体外可磷酸化 USP16(Cai et al. 1999)。此外, 失活的 USP16 不能从有丝分裂染色体上解离, 表明 ubH2A 去泛素化和/或随后发生的 H3 S10 磷酸化都参与它们在染色质的定位 (Cai et al. 1999)。其他去泛素化酶可能也参与细胞周期中 ubH2A 的泛素移除。例如, S 期的进程需要 USP3 的敲降 (Nicassio et al. 2007)。但是, 这些去泛素化酶也调控 DNA 损伤应答的各个方面, 因此很难区分它们在 DNA 损伤修复与细胞周期中的作用。另外, 单泛素化 H2B 也参与细胞周期的调节。近期的研究结果表明 ubH2B 可以促进复制叉的进程, 可能是增强了核小体的稳定性和/或占位的原因 (Trujillo and Osley 2012)。

6.8 结 论

组蛋白的泛素化在细胞的多种生理活动中具有重要作用: 如转录、DNA 损伤应答以及细胞周期。有趣的是: 组蛋白 H2A 和 H2B 的单泛素化在基因表达的许多方面具有相反的作用。首先, 组蛋白 H2A 单泛素化通常抑制基因的表达, 而组蛋白 H2B 单泛素化与基因激活有关。其次, ubH2B 和 ubH2A 对组蛋白 H3K4 甲基化的作用也是相反的。再次, ubH2B 促进 RNA 聚合酶 II 介导的转录延伸, 但是 ubH2A 抑制转录延伸。最后, ubH2B 促进染色质结构的开放, 而 ubH2A 促进组蛋白 H1 与染色质的结合来增强异染色质的形成。因此, 认为 ubH2A 与 ubH2B 在调控基因表达的多个层面作用相反。

但是值得注意的是, ubH2A 与 ubH2B 也有许多相似性。例如, ubH2B 和 ubH2A 的特异性去泛素化酶与组蛋白甲基转移酶复合物结合。另外, 组蛋白 H2A 和 H2B 的顺序泛素添加或者去除在激活和抑制特定的靶基因中很重要。因此, ubH2A 和 ubH2B 在机制上具有一定的相似性, 有助于解释它们在调控基因表达过程中的作用。

近年来的研究发现, E3 泛素连接酶可以泛素化组蛋白 H2A 和 H2B 氨基末端尾部的全新残基, 这就产生了一个关于其机制的新问题, 即哪一种组蛋白泛素化调控基因表达和其他细胞生理过程的呢?特别是, DNA 损伤应答过程中, 泛素化组蛋白 H2A 中新的赖氨酸是未来的一个重要研究方向。研究组蛋白 H2A 和 H2B 氨基末端尾部新赖氨酸位点的泛素化功能将有助于深刻理解组蛋白泛素化如何调控染色质结构和基因表达。综上所述，这些研究有力支撑了组蛋白泛素化是一种重要的组蛋白修饰，特别是在调控染色质结构、基因表达、DNA 修复和细胞周期中。

参 考 文 献

Acs K et al (2011) The AAA-ATPase VCP/p97 promotes 53BP1 recruitment by removing L3MBTL1 from DNA double-strand breaks. Nat Struct Mol Biol 18(12):1345–1350

Alatzas A, Foundouli A (2006) Distribution of ubiquitinated histone H2A during plant cell differentiation in maize root and dedifferentiation in callus culture. Plant Sci 171(4):481–487

Atanassov BS, Dent SY (2011) USP22 regulates cell proliferation by deubiquitinating the transcriptional regulator FBP1. EMBO Rep 12(9):924–930

Atanassov BS et al (2009) Gcn5 and SAGA regulate shelterin protein turnover and telomere maintenance. Mol Cell 35(3):352–364

Ballal NR et al (1975) Changes in nucleolar proteins and their phosphorylation patterns during liver regeneration. J Biol Chem 250(15):5921–5925

Batta K et al (2011) Genome-wide function of H2B ubiquitylation in promoter and genic regions. Genes Dev 25(21):2254–2265

Bentley ML et al (2011) Recognition of UbcH5c and the nucleosome by the Bmi1/Ring1b ubiquitin ligase complex. EMBO J 30(16):3285–3297

Bergink S et al (2006) DNA damage triggers nucleotide excision repair-dependent monoubiquitylation of histone H2A. Genes Dev 20(10):1343–1352

Bott M et al (2011) The nuclear deubiquitinase BAP1 is commonly inactivated by somatic mutations and 3p21.1 losses in malignant pleural mesothelioma. Nat Genet 43(7):668–672

Bratzel F et al (2010) Keeping cell identity in *Arabidopsis* requires PRC1 RING-finger homologs that catalyze H2A monoubiquitination. Curr Biol 20(20):1853–1859

Bray S, Musisi H, Bienz M (2005) Bre1 is required for Notch signaling and histone modification. Dev Cell 8(2):279–286

Briggs SD et al (2002) Gene silencing: trans-histone regulatory pathway in chromatin. Nature 418(6897):498

Buchwald G et al (2006) Structure and E3-ligase activity of the Ring-Ring complex of polycomb proteins Bmi1 and Ring1b. EMBO J 25(11):2465–2474

Buratowski S (2009) Progression through the RNA polymerase II CTD cycle. Mol Cell 36(4):541–546

Buszczak M, Paterno S, Spradling AC (2009) Drosophila stem cells share a common requirement for the histone H2B ubiquitin protease scrawny. Science 323(5911):248–251

Cai SY, Babbitt RW, Marchesi VT (1999) A mutant deubiquitinating enzyme (Ubp-M) associates with mitotic chromosomes and blocks cell division. Proc Natl Acad Sci USA 96(6):2828–2833

Calonje M et al (2008) EMBRYONIC FLOWER1 participates in polycomb group-mediated AG gene silencing in *Arabidopsis*. Plant Cell 20(2):277–291

Calvo V, Beato M (2011) BRCA1 counteracts progesterone action by ubiquitination leading to progesterone receptor degradation and epigenetic silencing of target promoters. Cancer Res 71(9):3422–3431

Cao R, Tsukada Y, Zhang Y (2005) Role of Bmi-1 and Ring1A in H2A ubiquitylation and Hox gene silencing. Mol Cell 20(6):845–854

Chandrasekharan MB, Huang F, Sun ZW (2009) Ubiquitination of histone H2B regulates chromatin dynamics by enhancing nucleosome stability. Proc Natl Acad Sci USA 106(39):16686–16691

Chen HY et al (1998) Ubiquitination of histone H3 in elongating spermatids of rat testes. J Biol Chem 273(21):13165–13169

Chen A et al (2002) Autoubiquitination of the BRCA1*BARD1 RING ubiquitin ligase. J Biol Chem 277(24):22085–22092

Chen D et al (2010) The *Arabidopsis* PRC1-like ring-finger proteins are necessary for repression of embryonic traits during vegetative growth. Cell Res 20(12):1332–1344

Chen S et al (2012) RAD6 regulates the dosage of p53 by a combination of transcriptional and posttranscriptional mechanisms. Mol Cell Biol 32(2):576–587

Chernikova SB et al (2010) Deficiency in Bre1 impairs homologous recombination repair and cell cycle checkpoint response to radiation damage in mammalian cells. Radiat Res 174(5):558–565

Chu F et al (2006) Mapping post-translational modifications of the histone variant MacroH2A1 using tandem mass spectrometry. Mol Cell Proteomics 5(1):194–203

Ciccia A, Elledge SJ (2010) The DNA damage response: making it safe to play with knives. Mol Cell 40(2):179–204

Clague MJ, Urbe S (2010) Ubiquitin: same molecule, different degradation pathways. Cell 143(5):682–685

Daniel JA et al (2004) Deubiquitination of histone H2B by a yeast acetyltransferase complex regulates transcription. J Biol Chem 279(3):1867–1871

Davies N, Lindsey GG (1994) Histone H2B (and H2A) ubiquitination allows normal histone octamer and core particle reconstitution. Biochim Biophys Acta 1218(2):187–193

de Napoles M et al (2004) Polycomb group proteins Ring1A/B link ubiquitylation of histone H2A to heritable gene silencing and X inactivation. Dev Cell 7(5):663–676

Dehe PM et al (2005) Histone H3 lysine 4 mono-methylation does not require ubiquitination of histone H2B. J Mol Biol 353(3):477–484

Dehe PM et al (2006) Protein interactions within the Set1 complex and their roles in the regulation of histone 3 lysine 4 methylation. J Biol Chem 281(46):35404–35412

Doil C et al (2009) RNF168 binds and amplifies ubiquitin conjugates on damaged chromosomes to allow accumulation of repair proteins. Cell 136(3):435–446

Dover J et al (2002) Methylation of histone H3 by COMPASS requires ubiquitination of histone H2B by Rad6. J Biol Chem 277(32):28368–28371

Emre NC et al (2005) Maintenance of low histone ubiquitylation by Ubp10 correlates with telomere-proximal Sir2 association and gene silencing. Mol Cell 17(4):585–594

Fang J et al (2004) Ring1b-mediated H2A ubiquitination associates with inactive X chromosomes and is involved in initiation of X inactivation. J Biol Chem 279(51):52812–52815

Feng L, Chen J (2012) The E3 ligase RNF8 regulates KU80 removal and NHEJ repair. Nat Struct Mol Biol 19(2):201–206

Fierz B et al (2011) Histone H2B ubiquitylation disrupts local and higher-order chromatin compaction. Nat Chem Biol 7(2):113–119

Fleming AB et al (2008) H2B ubiquitylation plays a role in nucleosome dynamics during transcription elongation. Mol Cell 31(1):57–66

Fleury D et al (2007) The *Arabidopsis thaliana* homolog of yeast BRE1 has a function in cell cycle regulation during early leaf and root growth. Plant Cell 19(2):417–432

Frescas D et al (2007) JHDM1B/FBXL10 is a nucleolar protein that represses transcription of ribosomal RNA genes. Nature 450(7167):309–313

Gallego-Sanchez A et al (2012) Reversal of PCNA ubiquitylation by Ubp10 in *Saccharomyces cerevisiae*. PLoS Genet 8(7):e1002826

Gardner RG, Nelson ZW, Gottschling DE (2005) Ubp10/Dot4p regulates the persistence of ubiquitinated histone H2B: distinct roles in telomeric silencing and general chromatin. Mol Cell Biol 25(14):6123–6139

Gatti M et al (2012) A novel ubiquitin mark at the N-terminal tail of histone H2As targeted by RNF168 ubiquitin ligase. Cell Cycle 11(13):2538–2544

Gearhart MD et al (2006) Polycomb group and SCF ubiquitin ligases are found in a novel BCOR complex that is recruited to BCL6 targets. Mol Cell Biol 26(18):6880–6889

Gerard B et al (2012) Lysine 394 is a novel Rad6B-induced ubiquitination site on beta-catenin. Biochim Biophys Acta 1823(10):1686–1696

Goldknopf IL, Busch H (1975) Remarkable similarities of peptide fingerprints of histone 2A and nonhistone chromosomal protein A24. Biochem Biophys Res Commun 65(3):951–960

Goldknopf IL, Busch H (1977) Isopeptide linkage between nonhistone and histone 2A polypeptides of chromosomal conjugate-protein A24. Proc Natl Acad Sci USA 74(3):864–868

Goldknopf IL et al (1975) Isolation and characterization of protein A24, a "histone-like" nonhistone chromosomal protein. J Biol Chem 250(18):7182–7187

Goldknopf IL et al (1977) Presence of protein A24 in rat liver nucleosomes. Proc Natl Acad Sci USA 74(12):5492–5495

Gorfinkiel N et al (2004) The Drosophila polycomb group gene sex combs extra encodes the ortholog of mammalian Ring1 proteins. Mech Dev 121(5):449–462

Gunjan A, Verreault A (2003) A Rad53 kinase-dependent surveillance mechanism that regulates histone protein levels in *S. cerevisiae*. Cell 115(5):537–549

Gutierrez L et al (2012) The role of the histone H2A ubiquitinase Sce in polycomb repression. Development 139(1):117–127

Haas A et al (1990) Ubiquitin-mediated degradation of histone H3 does not require the substrate-binding ubiquitin protein ligase, E3, or attachment of polyubiquitin chains. J Biol Chem 265(35):21664–21669

Hatch CL, Bonner WM, Moudrianakis EN (1983) Minor histone 2A variants and ubiquinated forms in the native H2A:H2B dimer. Science 221(4609):468–470

Henry KW et al (2003) Transcriptional activation via sequential histone H2B ubiquitylation and deubiquitylation, mediated by SAGA-associated Ubp8. Genes Dev 17(21):2648–2663

Hewawasam G et al (2010) Psh1 is an E3 ubiquitin ligase that targets the centromeric histone variant Cse4. Mol Cell 40(3):444–454

Hicke L (2001) Protein regulation by monoubiquitin. Nat Rev Mol Cell Biol 2(3):195–201

Huen MS et al (2007) RNF8 transduces the DNA-damage signal via histone ubiquitylation and checkpoint protein assembly. Cell 131(5):901–914

Hunt LT, Dayhoff MO (1977) Amino-terminal sequence identity of ubiquitin and the nonhistone component of nuclear protein A24. Biochem Biophys Res Commun 74(2):650–655

Hwang WW et al (2003) A conserved RING finger protein required for histone H2B monoubiquitination and cell size control. Mol Cell 11(1):261–266

Ikura T et al (2007) DNA damage-dependent acetylation and ubiquitination of H2AX enhances chromatin dynamics. Mol Cell Biol 27(20):7028–7040

Ismail IH et al (2010) BMI1-mediated histone ubiquitylation promotes DNA double-strand break repair. J Cell Biol 191(1):45–60

Jaehning JA (2010) The Paf1 complex: platform or player in RNA polymerase II transcription? Biochim Biophys Acta 1799(5–6):379–388

Jason LJ et al (2005) Histone H2A ubiquitination does not preclude histone H1 binding, but it facilitates its association with the nucleosome. J Biol Chem 280(6):4975–4982

Jentsch S, McGrath JP, Varshavsky A (1987) The yeast DNA repair gene RAD6 encodes a ubiquitin-conjugating enzyme. Nature 329(6135):131–134

Joo HY et al (2007) Regulation of cell cycle progression and gene expression by H2A deubiquitination. Nature 449:1068–1072

Joo HY et al (2011) Regulation of histone H2A and H2B deubiquitination and Xenopus development by USP12 and USP46. J Biol Chem 286(9):7190–7201

Jung I et al (2012) H2B monoubiquitylation is a 5'-enriched active transcription mark and correlates with exon-intron structure in human cells. Genome Res 22:1026–1035

Kahana A, Gottschling DE (1999) DOT4 links silencing and cell growth in *Saccharomyces cerevisiae*. Mol Cell Biol 19(10):6608–6620

Kao CF et al (2004) Rad6 plays a role in transcriptional activation through ubiquitylation of histone H2B. Genes Dev 18(2):184–195

Kapetanaki MG et al (2006) The DDB1-CUL4ADDB2 ubiquitin ligase is deficient in xeroderma pigmentosum group E and targets histone H2A at UV-damaged DNA sites. Proc Natl Acad Sci USA 103(8):2588–2593

Kari V et al (2011) The H2B ubiquitin ligase RNF40 cooperates with SUPT16H to induce dynamic changes in chromatin structure during DNA double-strand break repair. Cell Cycle 10(20):3495–3504

Kerppola TK (2009) Polycomb group complexes – many combinations, many functions. Trends Cell Biol 19(12):692–704

Kim J, Roeder RG (2009) Direct Bre1-Paf1 complex interactions and RING finger-independent Bre1-Rad6 interactions mediate histone H2B ubiquitylation in yeast. J Biol Chem 284(31):20582–20592

Kim J, Hake SB, Roeder RG (2005) The human homolog of yeast BRE1 functions as a transcriptional coactivator through direct activator interactions. Mol Cell 20(5):759–770

Kim J et al (2009) RAD6-mediated transcription-coupled H2B ubiquitylation directly stimulates H3K4 methylation in human cells. Cell 137(3):459–471

Kohler A et al (2010) Structural basis for assembly and activation of the heterotetrameric SAGA histone H2B deubiquitinase module. Cell 141(4):606–617

Koken M et al (1991a) Dhr6, a *Drosophila* homolog of the yeast DNA-repair gene RAD6. Proc Natl Acad Sci USA 88(9):3832–3836

Koken MH et al (1991b) Structural and functional conservation of two human homologs of the yeast DNA repair gene RAD6. Proc Natl Acad Sci USA 88(20):8865–8869

Kolas NK et al (2007) Orchestration of the DNA-damage response by the RNF8 ubiquitin ligase. Science 318(5856):1637–1640

Komander D, Clague MJ, Urbe S (2009) Breaking the chains: structure and function of the deubiquitinases. Nat Rev Mol Cell Biol 10(8):550–563

Lagarou A et al (2008) dKDM2 couples histone H2A ubiquitylation to histone H3 demethylation during Polycomb group silencing. Genes Dev 22(20):2799–2810

Lang G et al (2011) The tightly controlled deubiquitination activity of the human SAGA complex differentially modifies distinct gene regulatory elements. Mol Cell Biol 31(18):3734–3744

Laribee RN et al (2005) BUR kinase selectively regulates H3 K4 trimethylation and H2B ubiquitylation through recruitment of the PAF elongation complex. Curr Biol 15(16):1487–1493

Latham JA et al (2011) Chromatin signaling to kinetochores: transregulation of Dam1 methylation by histone H2B ubiquitination. Cell 146(5):709–719

Lee KY, Myung K (2008) PCNA modifications for regulation of post-replication repair pathways. Mol Cells 26(1):5–11

Lee JS et al (2007) Histone crosstalk between H2B monoubiquitination and H3 methylation mediated by COMPASS. Cell 131(6):1084–1096

Lee JS et al (2012) Codependency of H2B monoubiquitination and nucleosome reassembly on Chd1. Genes Dev 26(9):914–919

Li Z et al (2006) Structure of a Bmi-1-Ring1B polycomb group ubiquitin ligase complex. J Biol Chem 281(29):20643–20649

Liu Z, Oughtred R, Wing SS (2005) Characterization of E3Histone, a novel testis ubiquitin protein ligase which ubiquitinates histones. Mol Cell Biol 25(7):2819–2831

Luger K et al (1997) Crystal structure of the nucleosome core particle at 2.8 A resolution. Nature 389(6648):251–260

Luijsterburg MS et al (2012) A new non-catalytic role for ubiquitin ligase RNF8 in unfolding higher-order chromatin structure. EMBO J 31(11):2511–2527

Ma MK et al (2011) Histone crosstalk directed by H2B ubiquitination is required for chromatin boundary integrity. PLoS Genet 7(7):e1002175

Machida YJ et al (2009) The deubiquitinating enzyme BAP1 regulates cell growth via interaction with HCF-1. J Biol Chem 284(49):34179–34188

Mailand N et al (2007) RNF8 ubiquitylates histones at DNA double-strand breaks and promotes assembly of repair proteins. Cell 131(5):887–900

Malik S, Bhaumik SR (2010) Mixed lineage leukemia: histone H3 lysine 4 methyltransferases from yeast to human. FEBS J 277(8):1805–1821

Mallery DL, Vandenberg CJ, Hiom K (2002) Activation of the E3 ligase function of the BRCA1/BARD1 complex by polyubiquitin chains. EMBO J 21(24):6755–6762

Mallette FA et al (2012) RNF8- and RNF168-dependent degradation of KDM4A/JMJD2A triggers 53BP1 recruitment to DNA damage sites. EMBO J 31(8):1865–1878

Marteijn JA et al (2009) Nucleotide excision repair-induced H2A ubiquitination is dependent on MDC1 and RNF8 and reveals a universal DNA damage response. J Cell Biol 186(6):835–847

Matsui SI, Seon BK, Sandberg AA (1979) Disappearance of a structural chromatin protein A24 in mitosis: implications for molecular basis of chromatin condensation. Proc Natl Acad Sci USA 76(12):6386–6390

Mattiroli F et al (2012) RNF168 Ubiquitinates K13-15 on H2A/H2AX to drive DNA damage signaling. Cell 150(6):1182–1195

Meerang M et al (2011) The ubiquitin-selective segregase VCP/p97 orchestrates the response to DNA double-strand breaks. Nat Cell Biol 13(11):1376–1382

Mimnaugh EG et al (2001) Caspase-dependent deubiquitination of monoubiquitinated nucleosomal histone H2A induced by diverse apoptogenic stimuli. Cell Death Differ 8(12):1182–1196

Minsky N, Oren M (2004) The RING domain of Mdm2 mediates histone ubiquitylation and transcriptional repression. Mol Cell 16(4):631–639

Minsky N et al (2008) Monoubiquitinated H2B is associated with the transcribed region of highly expressed genes in human cells. Nat Cell Biol 10(4):483–488

Misaghi S et al (2009) Association of C-terminal ubiquitin hydrolase BRCA1-associated protein 1 with cell cycle regulator host cell factor 1. Mol Cell Biol 29(8):2181–2192

Morillon A et al (2005) Dynamic lysine methylation on histone H3 defines the regulatory phase of gene transcription. Mol Cell 18(6):723–734

Moyal L et al (2011) Requirement of ATM-dependent monoubiquitylation of histone H2B for timely repair of DNA double-strand breaks. Mol Cell 41(5):529–542

Mueller RD et al (1985) Identification of ubiquitinated histones 2A and 2B in Physarum polycephalum. Disappearance of these proteins at metaphase and reappearance at anaphase. J Biol Chem 260(8):5147–5153

Nakagawa T et al (2008) Deubiquitylation of histone H2A activates transcriptional initiation via trans-histone cross-talk with H3K4 di- and trimethylation. Genes Dev 22(1):37–49

Nakamura K et al (2011) Regulation of homologous recombination by RNF20-dependent H2B ubiquitination. Mol Cell 41(5):515–528

Ng HH et al (2002) Lysine methylation within the globular domain of histone H3 by Dot1 is important for telomeric silencing and Sir protein association. Genes Dev 16(12):1518–1527

Ng HH, Dole S, Struhl K (2003) The Rtf1 component of the Paf1 transcriptional elongation complex is required for ubiquitination of histone H2B. J Biol Chem 278(36):33625–33628

Nicassio F et al (2007) Human USP3 is a chromatin modifier required for S phase progression and genome stability. Curr Biol 17(22):1972–1977

Nickel BE et al (1987) Changes in the histone H2A variant H2A.Z and polyubiquitinated histone species in developing trout testis. Biochemistry 26(14):4417–4421

Ogawa H et al (2002) A complex with chromatin modifiers that occupies E2F- and Myc-responsive genes in G0 cells. Science 296(5570):1132–1136

Osley MA (2006) Regulation of histone H2A and H2B ubiquitylation. Brief Funct Genomic Proteomic 5(3):179–189

Pavri R et al (2006) Histone H2B monoubiquitination functions cooperatively with FACT to regulate elongation by RNA polymerase II. Cell 125(4):703–717

Pina B, Suau P (1985) Core histone variants and ubiquitinated histones 2A and 2B of rat cerebral cortex neurons. Biochem Biophys Res Commun 133(2):505–510

Pinato S et al (2009) RNF168, a new RING finger, MIU-containing protein that modifies chromatin by ubiquitination of histones H2A and H2AX. BMC Mol Biol 10:55

Qin F et al (2008) Arabidopsis DREB2A-interacting proteins function as RING E3 ligases and negatively regulate plant drought stress-responsive gene expression. Plant Cell 20(6):1693–1707

Rajapurohitam V et al (1999) Activation of a UBC4-dependent pathway of ubiquitin conjugation during postnatal development of the rat testis. Dev Biol 212(1):217–228

Ranjitkar P et al (2010) An E3 ubiquitin ligase prevents ectopic localization of the centromeric histone H3 variant via the centromere targeting domain. Mol Cell 40(3):455–464

Reyes-Turcu FE, Ventii KH, Wilkinson KD (2009) Regulation and cellular roles of ubiquitin-specific deubiquitinating enzymes. Annu Rev Biochem 78:363–397

Reynolds P et al (1990) The rhp6+ gene of *Schizosaccharomyces pombe*: a structural and functional homolog of the RAD6 gene from the distantly related yeast *Saccharomyces cerevisiae*. EMBO J 9(5):1423–1430

Robzyk K, Recht J, Osley MA (2000) Rad6-dependent ubiquitination of histone H2B in yeast. Science 287(5452):501–504

Samara NL et al (2010) Structural insights into the assembly and function of the SAGA deubiqui-tinating module. Science 328(5981):1025–1029

Samara NL, Ringel AE, Wolberger C (2012) A role for intersubunit interactions in maintaining SAGA deubiquitinating module structure and activity. Structure 20(8):1414–1424

Sanchez C et al (2007) Proteomics analysis of Ring1B/Rnf2 interactors identifies a novel complex with the Fbxl10/Jhdm1B histone demethylase and the Bcl6 interacting corepressor. Mol Cell Proteomics 6(5):820–834

Sanchez-Pulido L et al (2008) RAWUL: a new ubiquitin-like domain in PRC1 ring finger proteins that unveils putative plant and worm PRC1 orthologs. BMC Genomics 9:308

Sarcevic B et al (2002) Regulation of the ubiquitin-conjugating enzyme hHR6A by CDK-mediated phosphorylation. EMBO J 21(8):2009–2018

Sarcinella E et al (2007) Monoubiquitylation of H2A.Z distinguishes its association with euchro-matin or facultative heterochromatin. Mol Cell Biol 27(18):6457–6468

Scheuermann JC et al (2010) Histone H2A deubiquitinase activity of the polycomb repressive complex PR-DUB. Nature 465(7295):243–247

Schneider J et al (2005) Molecular regulation of histone H3 trimethylation by COMPASS and the regulation of gene expression. Mol Cell 19(6):849–856

Schulze JM et al (2011) Splitting the task: Ubp8 and Ubp10 deubiquitinate different cellular pools of H2BK123. Genes Dev 25(21):2242–2247

Shahbazian MD, Zhang K, Grunstein M (2005) Histone H2B ubiquitylation controls processive methylation but not monomethylation by Dot1 and Set1. Mol Cell 19(2):271–277

Shi X et al (2007) Proteome-wide analysis in *Saccharomyces cerevisiae* identifies several PHD fingers as novel direct and selective binding modules of histone H3 methylated at either lysine 4 or lysine 36. J Biol Chem 282(4):2450–2455

Shieh GS et al (2011) H2B ubiquitylation is part of chromatin architecture that marks exon-intron structure in budding yeast. BMC Genomics 12:627

Shiloh Y et al (2011) RNF20-RNF40: a ubiquitin-driven link between gene expression and the DNA damage response. FEBS Lett 585(18):2795–2802

Shukla A, Chaurasia P, Bhaumik SR (2009) Histone methylation and ubiquitination with their cross-talk and roles in gene expression and stability. Cell Mol Life Sci 66(8):1419–1433

Smolle M, Workman JL (2011) Signaling through chromatin: setting the scene at kinetochores. Cell 146(5):671–672

Sobhian B et al (2007) RAP80 targets BRCA1 to specific ubiquitin structures at DNA damage sites. Science 316(5828):1198–1202

Song YH, Ahn SH (2010) A Bre1-associated protein, large 1 (Lge1), promotes H2B ubiquitylation during the early stages of transcription elongation. J Biol Chem 285(4):2361–2367

Sridhar VV et al (2007) Control of DNA methylation and heterochromatic silencing by histone H2B deubiquitination. Nature 447(7145):735–738

Stewart GS et al (2009) The RIDDLE syndrome protein mediates a ubiquitin-dependent signaling cascade at sites of DNA damage. Cell 136(3):420–434

Stock JK et al (2007) Ring1-mediated ubiquitination of H2A restrains poised RNA polymerase II at bivalent genes in mouse ES cells. Nat Cell Biol 9(12):1428–1435

Sun ZW, Allis CD (2002) Ubiquitination of histone H2B regulates H3 methylation and gene silencing in yeast. Nature 418(6893):104–108

Sung P, Prakash S, Prakash L (1988) The RAD6 protein of *Saccharomyces cerevisiae* polyubiqui-tinates histones, and its acidic domain mediates this activity. Genes Dev 2(11):1476–1485

Sung P et al (1991) Yeast RAD6 encoded ubiquitin conjugating enzyme mediates protein degrada-tion dependent on the N-end-recognizing E3 enzyme. EMBO J 10(8):2187–2193

Swerdlow PS, Schuster T, Finley D (1990) A conserved sequence in histone H2A which is a ubiq-uitination site in higher eucaryotes is not required for growth in *Saccharomyces cerevisiae*. Mol Cell Biol 10(9):4905–4911

Tanny JC et al (2007) Ubiquitylation of histone H2B controls RNA polymerase II transcription elongation independently of histone H3 methylation. Genes Dev 21(7):835–847

Thorne AW et al (1987) The structure of ubiquitinated histone H2B. EMBO J 6(4):1005–1010

Trujillo KM, Osley MA (2012) A role for H2B ubiquitylation in DNA replication. Mol Cell 48:734–746

Ulrich HD, Walden H (2010) Ubiquitin signalling in DNA replication and repair. Nat Rev Mol Cell Biol 11(7):479–489

van der Knaap JA et al (2005) GMP synthetase stimulates histone H2B deubiquitylation by the epigenetic silencer USP7. Mol Cell 17(5):695–707

van der Knaap JA et al (2010) Biosynthetic enzyme GMP synthetase cooperates with ubiquitin-specific protease 7 in transcriptional regulation of ecdysteroid target genes. Mol Cell Biol 30(3):736–744

van Leeuwen F, Gafken PR, Gottschling DE (2002) Dot1p modulates silencing in yeast by methylation of the nucleosome core. Cell 109(6):745–756

Vethantham V et al (2012) Dynamic loss of H2B ubiquitylation without corresponding changes in H3K4 trimethylation during myogenic differentiation. Mol Cell Biol 32(6):1044–1055

Vissers JH et al (2008) The many faces of ubiquitinated histone H2A: insights from the DUBs. Cell Div 3:8

Vitaliano-Prunier A et al (2008) Ubiquitylation of the COMPASS component Swd2 links H2B ubiquitylation to H3K4 trimethylation. Nat Cell Biol 10(11):1365–1371

Wang B, Elledge SJ (2007) Ubc13/Rnf8 ubiquitin ligases control foci formation of the Rap80/Abraxas/Brca1/Brcc36 complex in response to DNA damage. Proc Natl Acad Sci USA 104(52):20759–20763

Wang H et al (2004) Role of histone H2A ubiquitination in polycomb silencing. Nature 431(7010):873–878

Wang H et al (2006) Histone H3 and H4 ubiquitylation by the CUL4-DDB-ROC1 ubiquitin ligase facilitates cellular response to DNA damage. Mol Cell 22(3):383–394

Watkins JF et al (1993) The extremely conserved amino terminus of RAD6 ubiquitin-conjugating enzyme is essential for amino-end rule-dependent protein degradation. Genes Dev 7(2):250–261

Weake VM, Workman JL (2008) Histone ubiquitination: triggering gene activity. Mol Cell 29(6):653–663

Weake VM et al (2008) SAGA-mediated H2B deubiquitination controls the development of neuronal connectivity in the *Drosophila* visual system. EMBO J 27(2):394–405

Wei J et al (2006) Role of Bmi1 in H2A ubiquitylation and Hox gene silencing. J Biol Chem 281(32):22537–22544

Weissman AM, Shabek N, Ciechanover A (2011) The predator becomes the prey: regulating the ubiquitin system by ubiquitylation and degradation. Nat Rev Mol Cell Biol 12(9):605–620

West MH, Bonner WM (1980) Histone 2B can be modified by the attachment of ubiquitin. Nucleic Acids Res 8(20):4671–4680

Wilson MA et al (2011) Ubp8 and SAGA regulate Snf1 AMP kinase activity. Mol Cell Biol 31(15):3126–3135

Wood A et al (2003a) Bre1, an E3 ubiquitin ligase required for recruitment and substrate selection of Rad6 at a promoter. Mol Cell 11(1):267–274

Wood A et al (2003b) The Paf1 complex is essential for histone monoubiquitination by the Rad6-Bre1 complex, which signals for histone methylation by COMPASS and Dot1p. J Biol Chem 278(37):34739–34742

Wood A et al (2005) The Bur1/Bur2 complex is required for histone H2B monoubiquitination by Rad6/Bre1 and histone methylation by COMPASS. Mol Cell 20(4):589–599

Wu RS, Kohn KW, Bonner WM (1981) Metabolism of ubiquitinated histones. J Biol Chem 256(11):5916–5920

Wu L et al (2011) The RING finger protein MSL2 in the MOF complex is an E3 ubiquitin ligase for H2B K34 and is involved in crosstalk with H3 K4 and K79 methylation. Mol Cell 43(1):132–144

Wyce A et al (2007) H2B ubiquitylation acts as a barrier to Ctk1 nucleosomal recruitment prior to removal by Ubp8 within a SAGA-related complex. Mol Cell 27(2):275–288

Xia Y et al (2003) Enhancement of BRCA1 E3 ubiquitin ligase activity through direct interaction with the BARD1 protein. J Biol Chem 278(7):5255–5263

Xiao T et al (2005) Histone H2B ubiquitylation is associated with elongating RNA polymerase II. Mol Cell Biol 25(2):637–651

Xie Y, Varshavsky A (1999) The E2-E3 interaction in the N-end rule pathway: the RING-H2 finger of E3 is required for the synthesis of multiubiquitin chain. EMBO J 18(23):6832–6844

Xu L, Shen WH (2008) Polycomb silencing of KNOX genes confines shoot stem cell niches in *Arabidopsis*. Curr Biol 18(24):1966–1971

Zhang F, Yu X (2011) WAC, a functional partner of RNF20/40, regulates histone H2B ubiquitination and gene transcription. Mol Cell 41(4):384–397

Zhang K et al (2005) The Set1 methyltransferase opposes Ipl1 aurora kinase functions in chromosome segregation. Cell 122(5):723–734

Zhang XY et al (2008) The putative cancer stem cell marker USP22 is a subunit of the human SAGA complex required for activated transcription and cell-cycle progression. Mol Cell 29(1):102–111

Zhao GY et al (2007) A critical role for the ubiquitin-conjugating enzyme Ubc13 in initiating homologous recombination. Mol Cell 25(5):663–675

Zhao Y et al (2008) A TFTC/STAGA module mediates histone H2A and H2B deubiquitination, coactivates nuclear receptors, and counteracts heterochromatin silencing. Mol Cell 29(1):92–101

Zhou W et al (2008) Histone H2A monoubiquitination represses transcription by inhibiting RNA polymerase II transcriptional elongation. Mol Cell 29(1):69–80

Zhu B et al (2005) Monoubiquitination of human histone H2B: the factors involved and their roles in HOX gene regulation. Mol Cell 20(4):601–611

Zhu P et al (2007) A histone H2A deubiquitinase complex coordinating histone acetylation and H1 dissociation in transcriptional regulation. Mol Cell 27(4):609–621

第 7 章 PARP-1 和 ADP-核糖基化对染色质结构和功能的调控

刘梓英（Ziying Liu）和 W. 李·克劳斯（W. Lee Kraus）

7.1 简 介

染色质是核小体（即 146 bp 的 DNA 缠绕在核心组蛋白的八聚体周围）及其相关的连接组蛋白和非组蛋白的重复阵列，在与基因组 DNA 相关的多种功能中发挥关键作用，包括转录、复制、修复和重组（Wolffe and Guschin 2000；Li et al. 2007；Campos and Reinberg 2009）。大量染色质调节蛋白已经进化为可利用染色质的调控潜力，并确保这些过程的高保真性（Sif 2004；Santos-Rosa and Caldas 2005；Campos and Reinberg 2009）。聚 ADP-核糖聚合酶-1（PARP-1）是一种普遍存在且表达丰富的核蛋白，其功能依赖于与染色质和染色质调节蛋白的相互作用（Kraus and Lis 2003；Kraus 2008；Ji and Tulin 2010）。过去几十年的许多研究已经鉴定并发现了 PARP-1 与染色质在物理和功能上的相互作用，最近的研究逐渐阐明它们在生理学和病理学中发挥的作用。在本章中，我们总结了这一领域的最新进展，并着重提供 PARP-1 和染色质间功能互作的关键事例。此外，我们也适度地描述了 PARP-2 和其他 PARP 家族成员的相关活动。

7.2 PARP-1、聚 ADP-核糖基化和 PARP 家族

7.2.1 PARP-1 的结构和功能

PARP-1 是由 1014 个氨基酸组成的具有内在 ADP-核糖基转移酶活性的蛋白（分子质量约 116 kDa）（图 7.1a），它可从供体 NAD^+ 分子转移 ADP-核糖部分（图 7.1b）至其靶蛋白的谷氨酸、天冬氨酸和赖氨酸残基，并将其连接在聚 ADP-核糖（PAR）链中（图 7.1c）（D'Amours et al. 1999；Kim et al. 2005；Luo and Kraus 2012）。PARP-1 包含 6 个独立的折叠结构域形成的 3 个主要功能单元（图 7.1a）（Gibson and Kraus 2012）。第一个功能单元包括含有两个锌指的氨基末端 DNA 结合域（DBD）及紧邻的锌结合域

Z.Liu · W.L. Kraus, Ph.D. (✉)
The laboratory of Signaling and Gene Regulation, Cecil H. and Ida Green Center for Reproductive Biology Sciences, The University of Texas Southwestern Medical Center, 5323 Harry Hines Boulevard, Dallas, TX 75390-8511, USA
Division of Basic Research, Department of Obstetrics and Gynecology,
University of Texas Southwestern Medical Center, Dallas, TX 75390, USA
e-mail: LEE.KRAUS@utsouthwestern.edu

（Langelier et al. 2008）。第二个功能单元是具有 BRCT 折叠的自修饰结构域（AMD），其被认为介导蛋白质-蛋白质相互作用（Loeffler et al. 2011）。最后的功能单元由 3 个基序/结构域组成：①WGR 基序，可能与核酸结合相关（Langelier et al. 2012）；②高度保守的羧基末端的催化区域，它含有一个 α-螺旋状 PARP 调节结构域（PRD），其被认为与底物结合位点相互作用并调节 PAR 链的分支；③NAD$^+$结合"PARP 信号"基序，其在 PARP 家族成员中保守，且对 PARP-1 酶的活性至关重要（Schreiber et al. 2006）（图 7.1a）。这些功能单元在 PARP-1 的整体结构中相互作用，赋予 PARP-1 调节染色质和基因的特性。

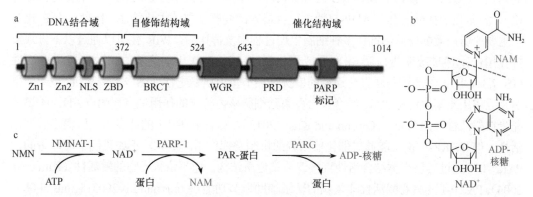

图 7.1　将核 NAD$^+$代谢与蛋白质修饰连接的 ADP-核糖基转移酶 PARP-1 的结构性和功能性结构域。a. PARP-1 包含 6 个独立折叠结构域形成的 3 个功能单元，①一个氨基末端的 DNA 结合域，其含有两个锌指结构域（Zn1 和 Zn2），以及紧邻的锌结合域（ZBD）；②包含被认为对介导蛋白质-蛋白质互作至关重要的 BRCA1 C 端（BRCT）折叠的自修饰结构域；③非常保守的 C 端催化结构域，其包含参与核酸结合的 WGR 基序（色氨酸-甘氨酸-精氨酸），与底物结合位点结合并介导 PAR 链发生分支关联的 α-螺旋状 PARP 调节结构域（PRD），以及结合 NAD$^+$的 PARP 标记性基序。b. 细胞核 NAD$^+$代谢通路中的酶、底物和产物。烟酰胺单核苷酸腺苷酰基转移酶 1（NMNAT-1）催化烟酰胺单核苷酸和 ATP 合成 NAD$^+$，而 PARP-1 利用 NAD$^+$提供的核糖单元来催化在底物上添加聚 ADP-核糖（PAR）聚合物以释放烟酰胺（NAM）。聚 ADP-核糖糖水解酶（PARG）分解 PAR 链而释放 ADP-核糖。c. 化学结构展示 ADP-核糖和 NAM 成分

在广泛的生理和病理过程中，PARP-1 通过调控细胞核中的关键分子事件发挥作用（Kim et al. 2005；Ji and Tulin 2010；Luo and Kraus 2012）。尽管 PARP-1 最初被描述为一种 DNA 损伤反应蛋白，但过去 10 年的研究已经明确了 PARP-1 在染色质结构和转录调节中的关键作用（Kraus and Lis 2003；Kraus 2008；Ji and Tulin 2010）。尽管最早的研究显示 PARP-1 缺失（*PARP-1*$^{-/-}$）小鼠有不显著的表型（Wang et al. 1995），而最近的研究描述 *PARP-1*$^{-/-}$小鼠经受了各种压力，开始扩展我们对 PARP-1 生物学的理解（Luo and Kraus 2011，2012）。例如，对 *PARP-1*$^{-/-}$小鼠进行的免疫激发、高脂饮食或改变光/暗循环的研究揭示了其在天然免疫应答、炎症、细胞和生物体代谢与昼夜节律中的关键作用（Oliver et al. 1999；Asher et al. 2010；Devalaraja-Narashimha and Padanilam 2010；Bai et al. 2011；Luo and Kraus 2011，2012）。此外，PARP-1 还被证明在激素依赖性细胞演变、细胞分化和神经元功能中发挥作用（Ju et al. 2004，2006；Kim et al. 2005；Pavri et al. 2005；Ji and Tulin

2010；Luo and Kraus 2012）。尽管如此，关于 PARP-1 功能的关键问题仍然未得到解决。

7.2.2 PARP-1 蛋白靶标

PARP-1 结合多种 DNA 结构（如损伤的 DNA、特定的 DNA 序列、发夹、交换等）、核小体和靶蛋白，所有这些结合都可能调节 PARP-1 的催化活性（图 7.2）。PARP-1 的酶活性是其许多功能所必需的，许多蛋白质包括 PARP-1 本身（通过自修饰反应）和多种核蛋白（如核心组蛋白、连接组蛋白 H1、染色质调节酶等）已被确认为 PARP-1 介导的聚 ADP-核糖基化（PAR 化）修饰的底物（D'Amours et al. 1999；Kraus and Lis 2003）（下文将详细讨论）。添加几十甚至上百个 ADP-核糖单位会显著改变靶蛋白的生化特性。因此，PAR 化这个重要的蛋白质翻译后修饰在多种细胞生理过程中发挥作用。PAR 化可以通过以下方式发挥作用：①通过改变蛋白质-蛋白质或蛋白质-核酸相互作用的亲和力来改变靶蛋白活性（图 7.3a，b）；②通过与泛素化途径的串扰来调节蛋白质稳定性（图 7.3c）；③创造一个蛋白相互作用支架来促进 PAR 结合蛋白募集到细胞核内特定的作用位点（图 7.3d）；④调节靶蛋白酶活性（图 7.3e）（Gibson and Kraus 2012）。尽管 PARP-1 的许多功能依赖于其催化活性，但 PARP-1 也可能通过催化非依赖的机制发挥作用。例如，正如我们下面讨论的，PARP-1 可通过其核小体结合活性直接调节染色质结构，而不依赖于它的酶活性（Kim et al. 2004）。PARP-1 还具有酶活性非依赖的转录辅助调节功能（Kraus and Lis 2003；Kraus 2008）。PARP-1 的催化依赖性和非依赖性活性之间的相互作用决定其在细胞核中的功能。

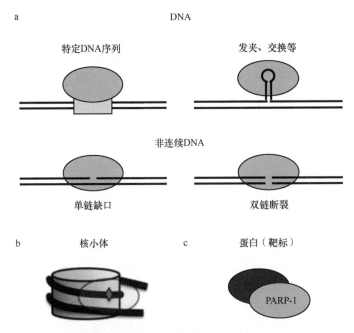

图 7.2　PARP-1 的结合伴侣。PARP-1 可结合 DNA、蛋白质及蛋白质-DNA 复合物。a. PARP-1 可以结合特定 DNA 序列、发夹或者 DNA 损伤位点；b. PARP-1 可以结合蛋白质-DNA 复合物即核小体（146 bp DNA 缠绕的 4 种核心组蛋白 H2A、H2B、H3、H4 颗粒），以及核小体上的连接 DNA；c. PARP-1 可以结合能发生 PAR 化修饰的蛋白质

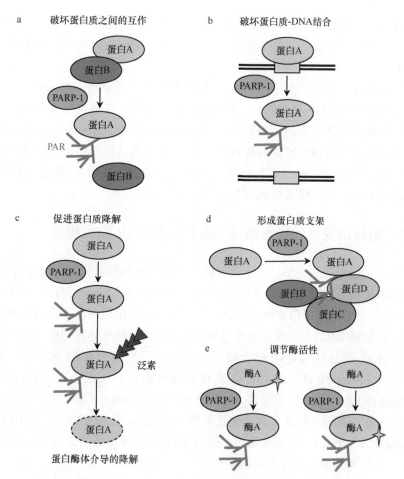

图 7.3　靶蛋白 PAR 化修饰的效应。PARP-1 介导的靶蛋白 PAR 化修饰发挥多种功能，包括破坏蛋白质之间的互作（a）；破坏蛋白质-DNA 结合（b）；促进泛素化和蛋白酶体介导的蛋白质降解（c）；形成蛋白质支架（d）；抑制（左侧）或者增强（右侧）酶活性（e）

7.2.3　PARP 家族蛋白

具有 ADP-核糖基转移酶活性的蛋白已在生命王国的广泛物种中进行了表征，包括真核生物（酵母除外）、真细菌、古菌，甚至一些 DNA 病毒（Schreiber et al. 2006；Gibson and Kraus 2012）。PARP-1 是第一个被鉴定出的具有聚 ADP-核糖基转移酶活性的蛋白，是 PARP 蛋白家族的创始成员，该家族的定义基于与 PARP 信号基序的同源性（图 7.1a）（Schreiber et al. 2006）。PARP 家族可根据其结构、相关功能域和酶活性进一步分为 4 个亚家族。这些亚家族包括①DNA 损伤依赖性 PARP（PARP-1、PARP-2 和 PARP-3），它们通过其 N 端 DNA 结合域被损伤的 DNA 和其他 DNA 结构激活；②端锚聚合酶（tankyrase）（tankyrase 1 和 tankyrase 2），其中包含的大锚蛋白结构域重复序列促进靶标选择和激活；③CCCH PARP（PARP-7、PARP-12、PARP-13.1 和 PARP-13.2），含有 RNA 结合的 Cys-Cys-Cys-His 锌指和 PAR 结合的 WWE 结构域；④宏结构域 PARP

（BAL1/PARP-9、BAL2/PARP14 和 BAL3/PARP-15），含有 ADP-核糖和 PAR 结合的宏结构域折叠；以及一些不属于这些亚家族的其他成员（Schreiber et al. 2006；Gibson and Kraus 2012）。

PARP 家族成员的酶活性各不相同，有些甚至无催化活性：PARP1/2、vPARP 和 tankyrase 1/2 催化聚 ADP-核糖基化，PARP3、10、14 和 15 催化单 ADP-核糖基化，其余 PARP 家族成员被认为无活性（表 7.1）（Schreiber et al. 2006；Gibson and Kraus 2012）。最近，研究者提出了 PARP 家族的新名称——ADP-核糖基转移酶白喉毒素样（ARTD）家族，该命名基于对催化方式的更准确描述（Hottiger et al. 2010）。在这一新命名法中，PARP-1 被称为 ARTD1，将其视为原型 PARP 家族成员。

7.2.4　组蛋白变体和染色质调节蛋白中的 PAR 结合模块

如上所述，蛋白质与 PAR 的结合可能是一个关键的调节机制。迄今为止，已在蛋白质中鉴别出 4 种不同类型的 PAR 结合模块（Gibson and Kraus 2012）。①PAR 结合基序（PBM），它是由散布在疏水氨基酸之间的 Lys-Arg 簇组成的氨基酸短序列（Gagne et al. 2008），在果蝇 Mi2 中发现，果蝇 Mi2 是哺乳动物核小体重塑酶 CHD4 的同源体（Murawska et al. 2011）；②PAR 结合锌指（PBZ），其存在于 DNA 损伤反应蛋白 APLF 和 CHFR 中（Ahel et al. 2008）；③宏结构域折叠，其在组蛋白变体 macroH2A、Macrodomain PARP 和核小体重塑酶 ALC1 中被发现（Karras et al. 2005；Timinszky et al. 2009）；④WWE 结构域，其在各种泛素连接酶中被发现，包括 RNF146 和 ULF（Aravind 2001；Wang et al. 2012）。如下文所述，含有 PAR 结合模块的蛋白质可以识别并特异性结合 PAR，然后调节蛋白质定位或酶活性。

7.3　PARP-1 对染色质结构和基因表达的调控

尽管历史文献中显示 PARP-1 在 DNA 损伤检测和修复反应中的作用单一，但过去 10 年的大量证据支持 PARP-1 在染色质结构和基因表达调节中发挥关键作用，且可能是其在正常生理状态下最重要的细胞功能（Kraus and Lis 2003；Kraus 2008；Ji and Tulin 2010；Petesch and Lis 2012b）（图 7.4）。在本节中，我们将讨论 PARP-1 通过染色质依赖性机制对基因表达的调控。请注意，PARP-1 也作为转录共调控因子与许多不同序列特异性 DNA 结合转录因子（如 NF-κB、核受体和许多其他因子）（Kraus and Lis 2003；Kraus 2008）一起调控基因表达。PARP-1 的协同调节活性超出了关于染色质依赖性机制章节的范围，但该主题已在其他地方进行了综述，读者可以直接阅读相关文献（Kraus 2008；Krishnakumar and Kraus 2010a）。

表 7.1　PARP 家族成员的命名、结构、酶活性及功能

PARP 家族成员 [a]	别名	大小 (aa) [b]	亚类	酶活性 [c]	功能性基序和结构域 [d]	细胞内定位 [b]	细胞和生理功能 [e]
A. 完全或部分核定位 PARP							
PARP-1/ARTD1		1014	DNA-依赖	P、B	WGR、锌指结构、BRCT	细胞核	基因调控, DNA 损伤反应
PARP-2/ARTD2		570	DNA-依赖	P、B	WGR	细胞核	DNA 损伤修复; 碱基切除修复
PARP-3/ARTD3		540	DNA-依赖	M(P 预测的)	WGR	细胞核	DNA 损伤修复
PARP-5a/ARTD5	Tankyrase-1	1327	Tankyrase	P、O	锚蛋白重复序列	细胞核、细胞浆	Wnt 信号转导: 细胞分裂; mRNA 和蛋白质转运; 端粒酶调控因子; 蛋白质泛素化
PARP-5b/ARTD6	Tankyrase-2、PARP-6 [f]	1166	Tankyrase	P、O	锚蛋白重复序列	细胞核、细胞浆	Wnt 信号转导: 多细胞生物生长; 端粒酶调控因子; 蛋白质泛素化
PARP-9/ARTD9	BAL1	854	MacroPARP	M(预测的)	宏结构域	细胞核、细胞浆	细胞迁移; DNA 损伤修复; 针对 γ-干扰素的反应
PARP-10/ARTD10		1025		M		细胞核(非核仁)、细胞浆	细胞增殖; 染色质组装的调控
PARP-12/ARTD12	ZC3HDC1	701	CCCH	M(预测的)	锌指结构、WWE	细胞核	ADP-核糖基转移酶活性; 核酸结合; 锌结合
PARP-13/ARTD13	ZC3HAV1、ZAP1	902	CCCH	M(预测的)	锌指结构、WWE	细胞浆、细胞核、质膜、高尔基体	对外源 dsRNA 的反应; 天然免疫反应
PARP-14/ARTD8	BAL2、CoASt6	1801	MacroPARP	M	宏结构域、WWE	细胞浆、细胞核	转录调控
PARP-15/ARTD7	BAL3	444	MacroPARP	M(预测的)	宏结构域	细胞核	转录调控
B. 其他 PARP							
PARP-4/ARTD4	Vault PARP	1724		P(预测的)	BRCT	细胞浆(vault 颗粒)	DNA 损伤修复; 细胞死亡; 炎症反应; 转运
PARP-6 [f]/ARTD17		322		M(预测的)		ND	ADP-核糖基转移酶活性
PARP-7/ARTD14	tiPARP、RM1	657	CCCH	M(预测的)	锌指结构、WWE	ND	激素代谢加工; 胚胎发育与形态发生
PARP-8/ARTD16		854		M(预测的)		ND	ADP-核糖基转移酶活性
PARP-11/ARTD11		331		M(预测的)	WWE	ND	ADP-核糖基转移酶活性
PARP-16/ARTD15		630		M(预测的)		内质网、核膜	对折叠蛋白的反应

[a] PARP, 传统命名; ARTD, 基于 Hottiger 等 (2010) 的转移酶命名

[b] 人蛋白大小 (按氨基酸数量)

[c] 已知或预测的酶活: mono (M)、oligo (O)、poly (P)、branching (B)

[d] 所有 PARP 家族成员包括 PARP 结构域和 PARP 特征基序

[e] 由 NCBI 的基因本体注释数据库提供的已报道的细胞生理功能

[f] PARP-6 在文献中指代两个不同的蛋白: PARP-5b/ARTD6/tankyrase 2 和 ARTD17

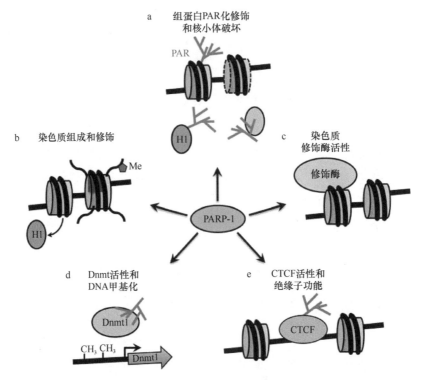

图 7.4 PARP-1 的分子功能。PARP-1 在细胞核内发挥多种作用，其中许多是针对染色质结构的调节，包括以下几种。a. 组蛋白的 PAR 化修饰，其会破坏核小体结构或者作为带负电荷的基质结合组蛋白；b. 调节染色质构成（如抑制连接组蛋白 H1 的结合，促进组蛋白变体的编入）或核心组蛋白的翻译后修饰状态（如通过改变组蛋白修饰酶活性）；c. 调节染色质修饰酶活性，如 ATP 依赖的核小体重塑酶 ISWI 和 ALC1，以及组蛋白去甲基化酶 KDM5B；d. 调节 DNA 甲基化酶 Dnmt1 活性，其影响 DNA 甲基化的扩展；e. 调节 CTCF 的活性，进而影响绝缘子功能

7.3.1 PARP-1、开放染色质和增强基因表达

早期的生物化学研究表明，PARP-1 优先与染色质的开放、转录活跃区域结合。Huletsky 等（1989）使用从小牛胸腺细胞核分离的多核小体进行染色质结构研究，提供了 PARP-1 和 PAR 化促进开放染色质结构形成的首个证据。他们发现染色质的 PAR 化促进去致密化，并将多核小体维持在更容易接近和开放的状态。来自 Tulin 和 Spradling（2003）的体内研究结果支持了这一发现，该研究使用果蝇幼虫分离的唾液腺表明，果蝇 PARP-1 同源物 dPARP 及其活性是多线染色体上蜕皮激素或热休克诱导的"泡芙"（转录活跃及去压缩的染色质区域）形成所必需的。尽管 dPARP 广泛定位在常染色质上，但 PAR 活性优先定位在"泡芙"区域。重要的是，抑制 dPARP 酶活性可同时阻断"泡芙"形成和热休克诱导的基因表达（Tulin and Spradling 2003）。

在哺乳动物细胞中，PARP-1 也在其靶基因的启动子处保持开放、转录活跃的染色质结构。在人乳腺癌细胞 MCF-7 中采用染色质免疫沉淀（ChIP）分析 PARP-1 的全基因组分布时，发现 PARP-1 富集在活跃转录基因的转录起始位点，与活跃转录的标志组蛋

白 H3K4me3 的富集密切相关（Krishnakumar et al. 2008；Krishnakumar and Kraus 2010b）。在 MCF-7 细胞中，RNAi 介导的 PARP-1 敲除降低了 PARP-1 阳性基因启动子的染色质可及性（经 MNase 消化确定）。可及性降低伴随着 RNA 聚合酶 II 转录机器载荷、H3K4me3 和靶基因表达的降低（Krishnakumar and Kraus 2010b）。

　　总之，这些在昆虫和哺乳动物细胞中的研究支持了 PARP-1 在调节基因组转录活跃区域染色质结构中的作用。然而，PARP-1 并不专门作用于去致密化染色质和去稳定常染色质区域中的核小体。相反，PARP-1 以上下背景相关的方式调节染色质结构。例如，在果蝇中 dPARP 的耗竭致使异染色质缺陷（采用对微球菌核酸酶的超敏反应结果而确认）、核仁形成失败和逆转录转座子转录本的表达增加而导致早期胚胎死亡（Tulin et al. 2002），提示 dPARP 可能对异染色质中压缩的适当状态的维持也很重要。在本节其余的内容中，我们将重点讨论 PARP-1 在开放染色质区域的功能的详细机制。PARP-1 在异染色质中的特殊作用将在下一节讨论。

7.3.2　PARP-1 和核心组蛋白

　　PARP-1 可能通过作用于核小体中的核心组蛋白（如 H2A、H2B、H3 和 H4）来调节染色质结构（图 7.4a）。PARP-1 依赖的核小体去稳定化的一个可能机制是通过核心组蛋白的聚 ADP-核糖基化，尽管该修饰作为体内调节机制的重要性还不清楚。核心组蛋白在体内被单 ADP-核糖基化（D'Amours et al. 1999；Kraus and Lis 2003），尽管它们可以在体外被聚 ADP-核糖基化（Mathis and Althaus 1987；Wesierska-Gadek and Sauermann 1988；Huletsky et al. 1989；Althaus et al. 1994；Altmeyer et al. 2009；Martinez-Zamudio and Ha 2012），在正常生理条件下体内核心组蛋白聚 ADP-核糖基化的发生尚不明确。单 ADP-核糖基化很容易通过质谱和基于亲和力的检测方法在天然组蛋白上检测到，但由于修饰的高度异质性，难以通过质谱检测到可靠的聚 ADP-核糖基化。尽管一些研究结果支持体内存在组蛋白聚 ADP-核糖基化，且优先发生在 H2A 和 H2B 上（采用电子显微镜以及基于标记和亲和力的检测方法与显微镜耦合手段观察天然染色质）（Adamietz and Rudolph 1984；D'Amours et al. 1999；Kraus and Lis 2003），但这仍然是一个悬而未决的问题和活跃的研究领域。

　　向核心组蛋白中添加阴离子 PAR 聚合物会降低其对带负电荷 DNA 的亲和力（Wesierska-Gadek and Sauermann 1988）。Mathis 和 Althaus（1987）使用经 MNase 消化的大鼠肝细胞核制备的含 PARP 活性的核小体粗提取物，证明添加 NAD^+ 可显著降低其对核小体 DNA 的亲和力，从而促进"核心颗粒蛋白"（可能是核心组蛋白或其他核小体结合蛋白）的聚 ADP-核糖基化和释放。相比之下，Kim 等（2004）使用生理水平的 PARP-1 和纯化的重组多聚核小体阵列（仅含有核心组蛋白和无缺口的环状 DNA），未检测到核小体核心组蛋白发生聚 ADP-核糖基化或核心组蛋白释放，即使在 NAD^+ 存在的情况下，也能轻易检测到 PARP-1 的自身聚 ADP-核糖基化和染色质的结构变化。组蛋白聚 ADP-核糖基化和核心组蛋白释放在这两项研究中的结果差异可能是由实验系统的差异（例如，粗品与纯化品）或受损的基因组 DNA（即暴露于游离末端）与未受损基因组 DNA 之间的体内差异造成的。在激活伴侣或受损 DNA 存在的情况下，PARP-1 依赖的聚 ADP-核糖基化和核心组蛋白的释放可能会显著增强。

研究表明，DNA 损伤剂诱导的 DNA 损伤可促进组蛋白聚 ADP-核糖基化（Kreimeyer et al. 1984）。例如，在烷基化诱导 DNA 损伤时，组蛋白 H2B 是 SV40 微小染色体中的主要聚 ADP-核糖基化受体（Adamietz and Rudolph 1984）。此外，在自由基诱导的 DNA 损伤中，细胞中 2%～3% 的组蛋白 H1、H3、H2B 和 H4 是被糖基化修饰的。当不存在 DNA 损伤或其他有效的聚 ADP-核糖基化活性刺激时，仍然不清楚这是否适用于生理条件的通用机制。此外，是组蛋白 H1 而不是核心组蛋白优先作为 PARP-1 的底物（D'Amours et al. 1999），尚不清楚核心组蛋白聚 ADP-核糖基化在体内的生理学功能。总之，核心组蛋白的单 ADP-核糖基化可能比体内 PAR 化更频繁地发生，并且有更重要的生理学意义，但是仍需要进一步的研究来明确。

另一种 PARP-1 依赖的核小体去稳定的潜在机制是通过核心组蛋白和 PARP-1 或游离 PAR 之间的非共价相互作用而使核小体去稳定（Kraus and Lis 2003）（图 7.4a）。PARP-1 是细胞中 PAR 化的主要靶标，通过自身修饰反应接受约 90% 的 PAR（Ogata et al. 1981；Huletsky et al. 1989；D'Amours et al. 1999）。游离 PAR 来自 PAR 糖水解酶（PARG）对蛋白质连接的 PAR 进行的分解代谢（D'Amours et al. 1999；Davidovic et al. 2001）。核心组蛋白以聚合物长度依赖性方式与游离或共价连接的 PAR 结合（Mathis and Althaus 1987；Wesierska-Gadek and Sauermann 1988；Realini and Althaus 1992），因此研究者提出了一种可能性，即 PAR 作为核心组蛋白的"水池"。在这种情形下，PAR 可以通过染色质重塑酶将核心组蛋白与核小体瞬时解离，或者通过与基因组 DNA 竞争结合组蛋白来积极促进驱逐核心组蛋白。

最近的一项研究支持 PARP-1 依赖的核小体去稳定（Petesch and Lis 2008，2012a），结果显示高度依赖于 dPARP 及其催化活性的果蝇 S2 细胞热休克后，转录非依赖的 *hsp70* 基因体内核小体占位显著减少。具体而言，RNAi 介导的 dPARP 敲低或化学小分子抑制 PARP 酶活性可阻止热休克诱导的核小体丢失和 *hsp70* 转录（Petesch and Lis 2008，2012a）。dPARP 最初定位于转录起始位点下游的第一个核小体，在热休克后立即在基因体区域内快速再分布，该过程依赖于 dPARP 的激活且沿着延伸 RNA 聚合酶 II 移动轨迹进行分布（Petesch and Lis 2008，2012a）。在这些研究中 dPARP 酶的靶标尚不清楚，但作者提出 dPARP 的 PAR 化导致其从核小体解离并在整个基因体内重新定位，其中累积的 PAR 可以通过直接结合组蛋白而从核小体剥离核心组蛋白。进一步研究这种和其他强有力的诱导型基因表达系统有助于阐明 PARP-1 依赖性核小体去稳定化的特定作用机制。

7.3.3 PARP-1 和连接组蛋白 H1

除了对核小体中核心组蛋白的影响外，PARP-1 还可以靶向接头组蛋白 H1（图 7.4a，b）。接头组蛋白 H1 与二聚体轴上的核小体结合，通过压缩核小体促进高阶染色质结构的形成（Woodcock et al. 2006；Kowalski and Palyga 2012）。PARP-1 引起染色质去浓缩的一种机制是促进从染色质区域驱逐 H1（图 7.4a）。在果蝇和哺乳动物中，PARP-1 与染色质的结合与 H1 的结合呈负相关（Kim et al. 2004；Krishnakumar et al. 2008）。在果蝇多线染色体上，dPARP 占据染色质的不同区域而不仅仅是 H1（Kim et al. 2004）。同样地，PARP-1 在哺乳动物基因组中以与 H1 结合方式不同的一种特定结合模式占据染色质的不同区域（Krishnakumar et al. 2008），即 PARP-1 结合峰值定位于 H1 结合的低谷处。重要的是，敲除 PARP-1 导致一种反向分布，即在 PARP-1 靶基因启动子处 H1 分布增加（Krishnakumar et al. 2008；Krishnakumar and Kraus 2010b），这表明 PARP-1 和 H1 在 PARP-1 调节的启动子处存在直接的功能性相互影响。

PARP-1 对 H1 的置换是通过直接竞争核小体上的结合位点而发生的，与 PARP-1 催化活性无关。Kim 等（2004）采用重组染色质进行了一系列生物化学实验，结果显示 PARP-1 以一个化学计量学方式在核小体的二聚体轴上或附近结合，其方式极其类似于 H1 与核小体的结合。随着 PARP-1 浓度的增加，H1 与染色质的结合就减少了，反之亦然，这是对这些蛋白质在核小体上竞争共同结合位点的模型的有力支持（Kim et al. 2004）。同理，H1 的直接核糖基化也促进其与染色质的解离（图 7.4a）。正如在分离的含有接头组蛋白和核心组蛋白的天然染色质研究中所证明的：PARP-1 优先对 H1 进行核糖基化修饰，而非其他染色质蛋白（Poirier et al. 1982；Huletsky et al. 1985；Wesierska-Gadek and Sauermann 1988）。组蛋白 H1 核糖基化降低了其与核小体的亲和力，从而促进染色质的去压缩（Huletsky et al. 1989）。这些模型并不绝对相互排斥，但需要进一步研究以确定体内何时何地采用这些不同机制。

PARP-1 可以以信号依赖的方式调节其介导的 H1 蛋白置换。由雌激素信号激活的基因已经证明了这种机制，其中启动子处的 H1 置换是以拓扑异构酶 IIβ 依赖性方式发生（Ju et al. 2006）；同时，孕酮信号通路也可激活这些基因，且以 cdk2 依赖的方式置换 H1（Wright et al. 2012）。在这些实例中，拓扑异构酶 IIβ 和 cdk2 是激活 PARP-1 酶活性必需的，而酶活性又是 H1 置换所必需的。相反，对于被佛波酯 12-O-十四烷基佛波醇-13-乙酸酯（TPA）抑制的基因，当 H1 被加载时，PARP-1 则从启动子上释放出来（Krishnakumar and Kraus 2010b）。这些事例突出了基因调控过程中 PARP-1 和 H1 之间发生的反向功能互作。

7.3.4　PARP-1 和组蛋白修饰

组蛋白的共价翻译后修饰可显著影响染色质结构和功能，代表 PARP-1 调控的另一个靶标（Krishnakumar and Kraus 2010a）（图 7.4b）。PARP-1 可以通过影响组蛋白修饰酶的定位和活性而间接影响组蛋白修饰（图 7.4c）。例如，Krishnakumar 和 Kraus（2010b）发现 PARP-1 与组蛋白去甲基化酶 KDM5B 相互作用并使之发生核糖基化修饰，以防止去甲基化酶与 PARP-1 正向调控基因的启动子结合，导致组蛋白在这些位点保持甲基化并维持相关基因的表达。在这方面，RNAi 介导的 PARP-1 敲低使得这些基因上 KDM5B 的结合增加，并伴随 H3K4me3 水平降低。不出所料，PARP-1 的基因组定位与 H3K4me3 水平强烈相关（Krishnakumar and Kraus 2010b）。在最近一项体细胞重编程的研究中，PARP-1 蛋白及其活性均显示出在提高成纤维细胞诱导多能性的效率方面发挥关键作用

（Doege et al. 2012）。在这些研究中，PARP-1 缺失导致 H3K4me2 水平降低，并且在编码多能转录因子 *NANOG* 和 *ESRRB* 基因座处的 H3K27me3（抑制标记）水平同时增加。这种染色质状态的改变与转录因子可及性降低有关（Doege et al. 2012）。然而，尚不清楚这些变化是否是 PARP-1 对 H3K4me2 和 H3K27me3 酶的直接效应，或者仅仅是基因表达变化影响的结果。鉴定和表征更多的 PARP-1 调节的靶标如 KDM5B，将有助于解释 PARP-1 对组蛋白修饰的调节机制。

7.3.5 PARP-1 和染色质重塑复合物

PARP-1 还可以通过调节 ATP 依赖性核小体重塑酶的活性来影响染色质结构（图 7.4c）。例如，果蝇 ISWI 是具有染色体压缩效应的核小体重塑酶（Langst and Becker 2001），其功能可被 dPARP 抵消（Sala et al. 2008）。ISWI 利用 ATP 水解释放的能量催化核小体间隔和滑动反应（Corona and Tamkun 2004）。ISWI 在介导染色体压缩中发挥重要作用，至少部分是通过促进接头组蛋白的结合来完成压缩（Corona et al. 2007；Sala et al. 2008）。ISWI 与 dPARP 占据基因组的不同区域，并且 dPARP 的缺失导致 ISWI 占位的染色质增加。此外，ISWI 是 dPARP 在体外和体内进行核糖基化修饰的靶标，ISWI 核糖基化抑制其 ATP 酶活性并降低其核小体结合能力（Sala et al. 2008）。这些结果表明 dPARP 对果蝇 ISWI 介导的高级染色质结构形成具有拮抗作用；然而，仍然需要确定哺乳动物细胞中是否存在同样的 PARP-1 和 ISWI 之间的功能性相互影响。

PARP-1 通过一种独特的机制影响 ATP 依赖性核小体重塑酶 ALC1（在肝癌中扩增的 1 蛋白，amplified in liver cancer 1，又称 CHD1L）的活性，该机制涉及 ALC1 与 PAR 的结合（Ahel et al. 2009；Gottschalk et al. 2009）。ALC1 缺少在其他核小体重塑酶中发现的染色质靶向结构域（如 PHD、布罗莫结构域或染色质结构域），但在其羧基末端确实含有作为 PAR 结合域的大结构域（Ahel et al. 2009；Gottschalk et al. 2009）。为了响应 DNA 损伤，ALC1 通过其大结构域被募集到基因组上 DNA 损伤诱导的 PAR 斑点处。与 PAR 的结合可以显著增加 ALC1 ATP 酶和核小体重塑活性，从而促进形成松弛的染色质构象，进而促进 DNA 修复（Ahel et al. 2009；Gottschalk et al. 2009）。尽管对 DNA 损伤反应中 ALC1 的 PAR 诱导效应有所了解，但该机制或许适用于需要核小体重塑事件中的信号依赖性基因调控。

7.3.6 PARP-1 和 DNA 甲基化

DNA 甲基化，主要是 5-甲基胞嘧啶，在调节染色质构象和功能中发挥重要作用，高水平的 DNA 甲基化与致密染色质结构的形成有关（Robertson 2002）。研究表明 PARP-1 影响 DNA 甲基化，部分是通过调节 DNA 甲基转移酶 Dnmt1 的表达和活性起作用（图 7.4d）。PARP-1 和 PAR 在 DNA 甲基化调控中的作用的第一个直接证据来自 Zardo 和 Caiafa（1998），他们使用 DNA 甲基化敏感的限制酶、DNA 甲基经亚硫酸氢盐转化并经限制酶消化来监测 DNA 修饰。这些研究表明活性 PARP-1 降低了 L929 小鼠成纤维

细胞中 *HTF8* 基因启动子的 CpG 岛内的 DNA 甲基化水平。此外，阻断核糖基化修饰可导致染色质压缩并诱导全局性 DNA 高甲基化，如在 L929 细胞中成像所示（de Capoa et al. 1999）。PARP-1 介导的一种 DNA 甲基化调节机制是通过哺乳动物中主要的"维持"DNA 甲基转移酶 Dnmt1 进行的，Dnmt1 在 DNA 复制过程中维持 DNA 的甲基化模式（Svedrdeuzic 2008；Caiafa et al. 2009）。PARP-1 蛋白结合 *Dnmt1* 基因启动子（Zampieri et al. 2009）（图 7.4d），并且可以调节 Dnmt1 表达水平（Caiafa et al. 2009；Caiafa and Zlatanova 2009）。核糖基化修饰本身可能参与 PARM-1 对 *Dnmt1* 基因转录的调节，因为过表达 PARG 会降低 PAR 水平，导致 *Dnmt1* 启动子中 CpG 岛上 DNA 甲基化模式异常，并抑制 *Dnmt1* 基因转录（Zampieri et al. 2009）。

　　除了影响 *Dnmt1* 基因表达的 PARP 之外，Dnmt1 蛋白还含有通用 PAR 结合基序，并且能够与 PAR 聚合物发生非共价相互作用（Reale et al. 2005）（图 7.4d）。阻断 L929 纤维肉瘤细胞和 NIH-3T3L1 成纤维细胞中的核糖基化修饰会提高 Dnmt1 甲基转移酶活性，而与 PAR 聚合物的结合则抑制 Dnmt1 活性（Reale et al. 2005）。然而，值得注意的是，上述结果主要基于使用抑制剂处理或体外生物化学测定的研究。为了确定 PARP-1 对 Dnmt1 的调节作用，需要更全面的体内研究来表征 PARP-1 和 Dnmt1 之间的功能性相互影响。

　　最近在 PARP-1 调控 DNA 甲基化过程中加入了另一个潜在的参与分子，这有助于理解活性 DNA 去甲基化的机制（Tahiliani et al. 2009；Wu and Zhang 2011；Williams et al. 2012）。在胚胎 10.5～12.5 天的原始生殖细胞（PGC）中检查全基因组 DNA 去甲基化，发现单链 DNA 断裂的出现、碱基切除修复（BER）途径的激活与高水平 PAR 化相关（Ciccarone et al. 2012）。抑制 PAR 形成和 BER 活性会抑制受精后不久受精卵中父本原核的 DNA 去甲基化，这些结果表明 PARP-1 和核糖基化修饰是 PGC 发育期间活性 DNA 去甲基化所必需的，并且可能通过 BER 途径起作用。通过 PARP-1 调节活性 DNA 去甲基化的另一种可能机制涉及 TET 家族蛋白，其可以将 5-甲基胞嘧啶转化为 5-羟甲基胞苷（Tahiliani et al. 2009；Doege et al. 2012），后者可以被除去并用未甲基化的胞苷代替。虽然还没有将 PARP-1 与 TET 酶联系起来的直接功能证据，但最近的结果可能暗示了存在这种相互作用。例如，PARP-1 和 TET2 都是体细胞重编程所必需的，两种因子的缺乏导致组蛋白修饰模式的改变以及与之相关的 *NANOG* 和 *ESSRB* 基因转录（Doege et al. 2012）。需要进一步的研究来确定 PARP-1 和 TET2 之间潜在的机制和潜在的功能性相互影响。

7.3.7　PARP-1、CTCF 和绝缘子功能

　　绝缘子在确定异染色质和常染色质之间的界限，以及保护基因免受染色质环境中调控元件的影响方面发挥重要作用（Barkess and West 2012）。通过识别 CCCTC 结合因子（CTCF）（一种染色质绝缘子蛋白，作为核糖基化和核糖基化依赖性调节的靶标），研究者提出了 PARP-1 与绝缘子功能之间有潜在联系的观点（Dunn and Davie 2003）（图 7.4e）。另外，Yu 等（2004）在 *Igf2-H19* 基因座的印迹控制区（ICR）检测到核糖基化，其含有

CTCF 结合元件并且以原始亲本特异性方式起绝缘体的作用。有趣的是，在母体来源的 ICR 上检测到核糖基化信号，而此处 DNA 是低甲基化的。母源 ICR 与 CTCF 结合并起到绝缘体的作用。在父本来源的 ICR 中未检测到 PAR 信号，而此处 DNA 是高甲基化的，且未与 CTCF 结合，并且不作为绝缘体起作用。研究还显示 CTCF 可被核糖基化修饰，并且用 ChIP-chip 技术在大多数 CTCF 结合位点检测到核糖基化修饰信号（Yu et al. 2004）（图 7.4e）。虽然 PAR 酶不影响 CTCF DNA 结合活性，但它是 CTCF 依赖性绝缘子功能所必需的，如绝缘子捕获试验所示。另一项使用免疫沉淀和质谱分析的研究鉴定出 PARP-1 为 CTCF 结合蛋白，为这两种蛋白之间的功能联系提供了额外的证据（Yusufzai et al. 2004）。总之，这些研究提供的证据提示 PARP-1 具有调节绝缘子的功能，但需要更多的研究来确认这些发现，并阐明其分子机制及其发挥功能的生物学场景。

有趣的是，CTCF 可以在体外缺乏 DNA 的情况下激活 PARP-1 酶活性（Zampieri et al. 2012）。如果这种活化在体内发生，它可以作为在 CTCF 结合位点处调节核糖基化修饰的机制。此外，已经发现 Dnmt1 与 CTCF 结合，并且它在 CTCF 结合位点处与 CTCF 和核糖基化修饰的 PARP-1 共定位（Zampieri et al. 2012）。如上所述，Dnmt1 活性受到与 PAR 聚合物的非共价相互作用的抑制。因此，PARP-1 的存在可以保护 CTCF 结合的 CpG DNA 序列免受 Dnmt1 的甲基化。进一步的研究将阐明 PARP-1、CTCF 和 DNA 甲基化之间的相互影响，以及对基因的调控效应。

7.4　PARP-1 在异染色质中的功能

先前 PARP-1 在基因调节中的功能实例主要与基因组的常染色区相关，其中 PARP-1 通常与转录活跃的基因相关。然而，大量证据也支持 PARP-1 可以调节基因组异染色质区中的染色质，其倾向于被转录抑制。在本节中，我们将就此进行深入讨论。

7.4.1　PARP-1 功能与异染色质之间的联系

最早是在果蝇中研究 PARP-1 在异染色质中的功能，果蝇具有两个 PARP 相关基因，即 PARP-1（dPARP）和端锚聚合酶的同源物（Tulin et al. 2002）。*dPARP* 基因定位于着丝粒异染色质区域，其跨越超过 150 kb 并在转座子处富集（Tulin et al. 2002）。通过其上游启动子附近的插入突变破坏 *dPARP* 基因以干扰 dPARP 的表达，导致果蝇发育期间异染色质形成的异常（Tulin et al. 2002）。在 *dPARP* 突变体菌株中，异染色质区域染色质对微球菌核酸酶（MNase）的敏感性显著增加，并且伴随着更均质的核形态和通常在野生型菌株中才能观察到的不同的染色中心及核仁的丧失（Tulin et al. 2002）。这些结果提示 dPARP 在异染色质的正确形成或维持中发挥作用。

这些体内结果得到生化研究结果的支持，尽管 PARP-1 有明确的支持开放染色质作用，但其可促进致密的抑制性染色质结构形成（Kim et al. 2004；Wacker et al. 2007）。例如，对纯化的重组染色质的研究表明，PARP-1 在没有 NAD$^+$ 的情况下促进了染色质的压缩，这可以通过微球菌核酸酶消化和原子力显微镜来证明（Wacker et al. 2007）。因此，最终由 NAD$^+$ 控制的低核糖基化或未经核糖基化修饰的 PARP-1 蛋白可发挥压缩染色质结构的作用。PARP-1 促进高级染色质结构的形成依赖于它的 DBD 结构域和催化结构域，DBD 结构域介导其与核小体结合，而催化结构域和 DBD 结构域协同压缩核小体（Wacker et al. 2007）。该结果似乎与在其他系统中报道的 PARP-1 对染色质结构和基因调节的积极作用不一致，但可以用实验中不同的 NAD$^+$ 浓度来解释。尽管尚未直接测量核内的 NAD$^+$ 浓度，但 NAD$^+$ 的生理浓度可高达 200～300 μmol/L（D'Amours et al. 1999；Kim et al. 2005）。PARP-1 活性受到严格调节，可能与核 NAD$^+$ 合成直接相关（见下文），这在不同的生理条件下可能会有显著差异。此外，根据染色质环境的不同，PARP-1 的不同库可能具有不同的催化活性和自 PAR 化状态，这为合理解释 PARP-1 在不同染色质区域中发挥明显相反的功能提供了可能。

7.4.2　PARP-1、核仁功能和 rDNA 沉默

核仁是细胞核的一部分，其基因组含有数百个核糖体 RNA 基因（称为 rDNA），这些基因可被 RNA 聚合酶 I 转录（Boisvert et al. 2007）。rDNA 具有转录活性，即转录为 rRNA，其进一步组装成核糖体；或转录沉默，即形成在细胞繁殖期间维持的异染色质结构。通过免疫染色观察到核仁内的 PARP-1 库，其中约 40% 的 PARP-1 蛋白定位于细胞核中（Guetg and Santoro 2012；Guetg et al. 2012）。细胞核仁的蛋白质组学分析进一步证实了 PARP-1 的存在（Andersen et al. 2002；Scherl et al. 2002）。此外，已有研究显示 PARP-1 与核仁蛋白（包括核磷蛋白 B23）相互作用（Chan 1992；Meder et al. 2005；Kotova et al. 2009）。

在果蝇中，阻断 dPARP 酶活性将导致核仁结构异常，以及核仁相关蛋白的错误定位，表明 dPARP 的作用及其在核仁中的活性（Boamah et al. 2012）。最近的一项研究已经证实了 PARP-1 与哺乳动物细胞核仁中 rDNA 沉默之间存在功能联系（Guetg et al. 2012）。该研究发现 PARP-1 与核仁重塑复合物（NoRC）的组分 TIP5 结合，后者在维持 rDNA 沉默中发挥重要作用（Mayer et al. 2006）。PARP-1 和 TIP5 之间的相互作用由 pRNA 介导，pRNA 是由活性 rDNA 合成的，且是 NoRC 功能所需的非编码 RNA（Guetg et al. 2012）。PARP-1 蛋白与沉默的 rDNA 结合，是维持 rDNA 沉默所必需的。RNAi 介导的 PARP-1 敲低显著增加了 45S 前 rRNA 的水平。此外，PARP-1 与 rDNA 的定位发生在沉默 rDNA 复制后的中晚期 S 期，表明 PARP-1 在 DNA 复制后在 rDNA 基因座处重建异染色质的作用（Guetg and Santoro 2012）。PARP-1 介导的 rDNA 沉默需要核糖基化，并且沉默的 rDNA 染色质是核糖基化修饰的，这样就提供了 PARP-1 与 rDNA 调节之间的额外联系。然而，我们需要更多的研究来充分理解这一详细机制。具体而言，我们目前尚不清楚 PARP-1 和核糖基化是否通过直接调节异染色质结构，抑或是通过调节 RNA 聚合酶 I 转录机器来建立或维持 rDNA 沉默。此外，核糖基化修饰对核仁蛋白的功能影响尚不清楚。例如，TIP5 和其他异染色质蛋白是 PARP-1 进行核糖基化修饰的底物，但这种修饰在 rDNA 沉默中的作用尚不清楚。识别核仁中核糖基化修饰的关键功能靶标将为 PARP1 介导的 rDNA 沉默提供额外的机制性见解（Guetg and Santoro 2012）。

与 PARP-1 在上述 rDNA 沉默中的作用相反，PARP-1 也与活性 rDNA 转录有关。采用高分辨率免疫荧光技术的研究表明，核仁 PARP-1 集中在致密的纤维状灶上，这是核仁转录的位点。研究发现 PARP-1 的核仁定位对 RNA 聚合酶 I 抑制剂敏感（Desnoyers et al. 1996），表明 PARP-1 与核仁中活性 rDNA 转录之间存在联系。在这些研究中，看似矛盾的 PARP-1 在 rDNA 转录中的作用（即沉默与激活）是否是由于细胞类型或细胞状态差异所导致仍有待明确。

7.4.3 PARP-1、X 染色体失活和 macroH2A

雌性哺乳动物中 X 染色体的失活（"X 失活"）是通过组装成异染色质使 X 染色体的两个拷贝之一变为转录失活的过程（Brockdorff 2011）。研究人员认为 PARP-1 与 X 失活有关，第一个证据来自小鼠遗传研究中发现的 PARP-1 和 PARP-2 之间的功能性相互影响。有趣的是，由于 X 染色体不稳定性，$PARP\text{-}1^{+/-}/PARP\text{-}2^{-/-}$ 突变小鼠表现出雌性特异性的胚胎致死（Menissier de Murcia et al. 2003）。其他研究表明，PARP-1 耗竭导致 GFP 报告基因被抑制，该 GFP 报告基因整合到雌性小鼠胚胎成纤维细胞的失活 X 染色体（X*i*）中（Nusinow et al. 2007）。这些研究表明 PARP-1 和 X 失活之间存在联系，但需要更多的研究来确定 PARP-1 的直接作用，并阐明失活的潜在机制。

如果 PARP-1 确实在 X 灭活中发挥作用，潜在的机制是什么呢？一种潜在的可能性是 PARP-1 与 macroH2A 的功能性互作（Nusinow et al. 2007），macroH2A 是一种脊椎动物特异性组蛋白变体，具有与经典 H2A 同源的组蛋白区域和称为大结构域的大羧基末端非组蛋白结构域（Costanzi et al. 2000；Changolkar and Pehrson 2006；Buschbeck and DiCroce 2010；Gamble and Kraus 2010）。如上所述，macroH2A1.1 异构体的大结构域被用作 PAR 结合模块。macroH2A 高度富集于基因组的异染色质区域，包括 X*i* 和衰老相关异染色质，它在维持紧密和抑制的染色质配置中发挥重要作用（Buschbeck et al. 2009；Buschbeck and DiCroce 2010；Gamble et al. 2010；Gamble and Kraus 2010）。

最近的研究提供了 PARP-1 和 macroH2A 功能互作的线索。例如，Timinszky 等（2009）使用生物化学、结构生物学和基于细胞的分析组合发现，macroH2A1.1 通过将 PAR 结合到其大结构域而起到 PAR 传感器的作用，导致染色质结构的重排，进而导致了紧密染色质区域的形成。尽管这些观察是在 DNA 损伤反应的背景下进行的，但潜在的机制可能适用于 X 失活的调节机制。或者，PARP-1 可如上所述直接作用于紧密染色质，而与其催化活性无关。在这方面，已有研究显示 macroH2A 在体外可抑制 PARP-1 活性（Nusinow et al. 2007），这与异染色质结合的 PARP-1 酶活性低的结果一致。然而，需要进一步研究以充分验证该模型。

7.5 PARP-1 定位和染色质活性的调节

如上所述，PARP-1 在染色质中发挥多种调节作用，并且这些作用通常取决于染色质背景和细胞状态。PARP-1 通过多种机制控制在不同条件下的特定功能、活性和作用

（如酶促活性、非酶促活性、激活基因或抑制基因），这些机制包括 DNA 构象、核小体构象或组成、染色质状态（包括组蛋白修饰和染色质相关蛋白等）、翻译后修饰、细胞信号通路和细胞代谢状态（Kraus and Lis 2003；Kim et al. 2005；Krishnakumar and Kraus 2010a；Gibson and Kraus 2012；Luo and Kraus 2012）（图 7.5）。因此，PARP-1 和核糖基化被整合到更大的控制网络中，从而能够根据具体环境通过 PARP-1 对染色质进行调节。了解这些不同条件的各种组合如何调节 PARP-1 活性将有助于确定 PARP-1 感知和控制染色质环境的机制。在本节中，我们将讨论控制 PARP-1 染色质的定位和酶活性的机制。

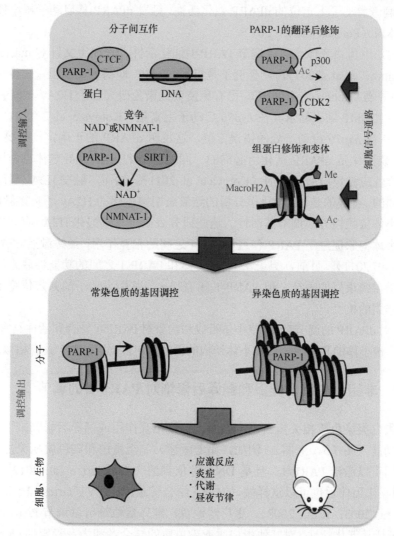

图 7.5　PARP-1 的调控输入和输出。许多不同的"调控输入信号"调控 PARP-1（顶部/蓝色）的活性和定位。同样，PARP-1 是促进控制各种分子、细胞和生物结果（底部/绿色）的"调控输出信号"，如图所示并见文中描述

7.5.1　通过与核小体的相互作用调节 PARP-1

通过与核小体的相互作用可刺激 PARP-1 的催化活性（Kim et al. 2005）。核小体刺激 PARP-1 的催化活性可以通过组蛋白修饰、组蛋白变体和高级核小体相互作用来调节（图 7.5，上图）。我们在热休克果蝇的 *hsp70* 启动子上观察到组蛋白修饰如何调节 PARP-1 催化活性的一个实例（Petesch and Lis 2012a）。热休克因子与启动子中的反应元件结合，并招募组蛋白乙酰转移酶 Tip60 来乙酰化组蛋白 H2A 第 5 位赖氨酸（H2AK5ac）。H2AK5ac 刺激启动子上定位的 dPARP 催化活性，触发 dPARP 从启动子核小体解离并扩散到基因体内（Petesch and Lis 2012a）。

同样地，组蛋白变体也可以调节 PARP-1 催化活性，正如上文针对 macroH2A 所讨论的（Nusinow et al. 2007）。一个例子是果蝇 H2Av，即哺乳动物组蛋白变体 H2Az 和 H2Ax 的同源物（Redon et al. 2002）。已有免疫荧光染色研究显示 H2Av 与核中的 dPARP 共定位，并且 ChIP 结果显示其在 *hsp70* 启动子上富集（Kotova et al. 2011）。H2Av 缺失导致 dPARP 在 *hsp70* 启动子处的错误定位，这表明 dPARP 的正确定位需要 H2Av。此外，H2Av 磷酸化是 dPARP 活化所必需的，同时也是 dPARP 介导热休克诱导的基因转录和基因毒性应激反应所必需的（Kotova et al. 2011）。然而，触发 H2Av 磷酸化的信号仍然是未知的。有趣的是，生物化学分析的结果表明磷酸化的 H2Av 不直接激活 dPARP，而是以核小体依赖性方式调节其活性。这些研究表明，在磷酸化 H2Av 存在的情况下，改变的核小体构象促进了 PARP 和组蛋白 H4 之间的相互作用，最终激活 dPARP 酶活性（Kotova et al. 2011）。目前，组蛋白 H2A 变体和 PARP-1 之间的功能性联系尚未在哺乳动物细胞中得到很好的表征，但 PARP-1 和 H2Az 与基因启动子的共定位将至少提供功能性相互作用的机会。

H2Av 对 dPARP 的调节表明，核小体组成和构象对 PARP-1 结合和活性具有重要影响。在这方面，核小体的其他组分或核小体结构的调节剂可能对 PARP-1 具有相似的作用。

7.5.2　非组蛋白结合伴侣和翻译后修饰对 PARP-1 的调节

非组蛋白类染色质相关蛋白也可以通过直接相互作用或翻译后修饰来调节 PARP-1 的活性和功能（图 7.5，上图）。例如，如上所述，非组蛋白和染色质相关蛋白与 CTCF 的相互作用可以激活 PARP-1，且是 DNA 非依赖的（Zampieri et al. 2012）。许多其他 PARP-1 相互作用伴侣也可以这样做，如 DNA 结合转录因子 YY1（Griesenbeck et al. 1999；Kraus and Lis 2003；Kraus 2008）。更广泛地说，翻译后修饰可以调节 PARP-1 功能的各个方面，包括其催化活性、对其他蛋白质或染色质的结合亲和力及稳定性（Krishnakumar and Kraus 2010a；Luo and Kraus 2012）。PARP-1 经历了大量的翻译后修饰，包括核糖基化、磷酸化、乙酰化、泛素化和 SUMO 化。此主题已在其他综述文章中进行了广泛的讨论（Krishnakumar and Kraus 2010a；Luo and Kraus 2012），我们在此仍然提供一些示例用于说明。

使用促炎症刺激物处理巨噬细胞后，采用生化分析方法发现 PARP-1 可被 p300（染色质相关蛋白乙酰转移酶）乙酰化修饰（Hassa et al. 2005）（图 7.5，上图）。PARP-1 的乙酰化稳定了其与促炎转录因子 p50 的相互作用。由促炎响应性启动子驱动的报告基因表达显示乙酰化也是 PARP-1 作为 NF-κB 的 PAR 化非依赖性共激活因子所必需的（Hassa et al. 2005）。免疫共沉淀分析发现 PARP-1 蛋白与 HDAC1、HDAC2 或 HDAC3（Ⅰ类 HDAC）相互作用，并可能被去乙酰化。在这方面，HDAC1、2 或 3 的过表达降低了 PARP-1 的乙酰化水平和共激活因子活性（Hassa et al. 2005）。

　　自我修饰或通过其他 PARP 蛋白反式调节的 PAR 化修饰，也可以调控 PARP-1 的功能。如在 DNA 损伤条件下观察到的，PARP-1 的广泛自 PAR 化减少了 PARP-1 与染色质的结合（D'Amours et al. 1999），但尚不清楚在正常生理条件下（例如，没有 DNA 损伤时）自 PAR 化修饰的水平是否就足以达到同样的效果。PARG 可消化 PAR 链，因此能快速逆转 PARP-1 的自 PAR 化修饰（D'Amours et al. 1999；Davidovic et al. 2001）。有趣的是，PARG 在细胞核和细胞质之间的穿梭（Bonicalzi et al. 2003；Ohashi et al. 2003）提供了一种潜在的机制，通过该机制可以调节其对 PAR 化修饰的 PARP-1 以及其他 PAR 化修饰核蛋白的影响。越来越多的证据表明 PARG 在转录调控中的作用（Rapizzi et al. 2004；Frizzell et al. 2009），其中部分是通过 PAR 在染色质背景下的分解代谢来展开研究的。

　　上述案例以及其他研究所述的案例清楚地说明，PARP-1 活性和功能可以通过蛋白质结合伴侣和可逆的翻译后修饰来调节。PARP-1 的翻译后修饰反过来又作为许多细胞信号转导途径的调节终点。

7.5.3　细胞信号通路对 PARP-1 的调节

　　PARP-1 受各种细胞信号转导途径调节，其可响应外部或内部信号而被激活或被抑制（Krishnakumar and Kraus 2010a；Luo and Kraus 2012）（图 7.5，上图）。激酶是许多信号转导途径的关键组成部分，其功能是通过下游靶标的直接磷酸化或通过与这些靶标相互作用以及变构调节它们的生物化学特性来传递信号。PARP-1 受到上述两种机制中的激酶调节。

　　人乳腺癌细胞在响应合成孕激素 R5020 的处理时，PARP-1 在其催化结构域内的 Ser785 和 Ser786 上被激素激活的细胞周期蛋白依赖性激酶 CDK2 磷酸化（Wright et al. 2012）（图 7.5，上图）。CDK2 磷酸化 PARP-1 是 R5020 诱导的 PARP-1 快速和瞬时激活所必需的，随后可增强孕激素诱导的基因转录（Wright et al. 2012）。PARP-1 Ser372 和 Thr373 也可被细胞外信号调节激酶 ERK1/2 磷酸化并致信号转导通路被激活，在 DNA 损伤及无损伤时 PARP-1 依赖的 PAR 化修饰增强（Kauppinen et al. 2006；Cohen-Armon et al. 2007）。此外，应激激活的激酶 JNK1 可以在未确定的残基上磷酸化 PARP-1 以刺激 PARP-1 的酶活性（Zhang et al. 2007）。磷酸化也可能对 PARP-1 具有抑制作用。例如，蛋白激酶 C 对 PARP-1 的磷酸化降低了其 DNA 结合能力和催化活性（Bauer et al. 1992；Beckert et al. 2006）。

　　我们需要进行更多研究以探索 PARP-1 的磷酸化改变其酶活性的详细机制。磷酸化可能改变 PARP-1 结合 NAD$^+$或其靶蛋白的能力，或可能影响其催化特性。这些变化可能是由磷酸化所诱导的 PARP-1 结构或化学的变化，或 PARP-1 中激酶所诱导的变构变化引起的。对于后者，通过与磷酸化 ERK2 结合可刺激 PARP-1 的活性（Kauppinen et al. 2006）。有趣的是，活化的 PARP-1 促进 ERK2 对转录因子 Elk1 的磷酸化，进而调节 Elk1 介导的基因转录（Kauppinen et al. 2006；Cohen-Armon et al. 2007）。该机制表明 PARP-1 和激酶之间存在反馈环。总之，PARP-1 与激酶的相互作用及由此产生的 PARP-1 磷酸化共同为调节染色质中的 PARP-1 活性，以及连接细胞信号通路提供了许多途径。

7.5.4　核 NAD$^+$代谢调节 PAR 活性

如生化分析所示，有效的 NAD$^+$浓度显著影响 PARP-1 的核糖基化酶动力学，较高浓度的 NAD$^+$促进 PAR 聚合物合成更长的长度（D'Amours et al. 1999；Kim et al. 2004）。最近的研究表明存在由核 NAD$^+$合成酶 NMNAT-1 控制的单独的 NAD$^+$核库（Berger et al. 2005；Zhang et al. 2012），其可能在控制核 PARP 活性方面发挥重要的调节作用。然而，这种观察受到细胞成像技术可用性的限制，虽然该技术可以实时高分辨率可视化 NAD$^+$ 的亚细胞分布，但 NAD$^+$在不同细胞状态下具体如何分布仍待探索。

除了提供 NAD$^+$外，NMNAT-1 还可直接调节 PARP-1。已有研究显示 NMNAT-1 与 PARP-1 结合并刺激其核糖基化活性（Zhang et al. 2012），而蛋白激酶 C 对 NMNAT-1 的磷酸化降低了其对 PARP-1 的作用（Berger et al. 2007）。此外，NMNAT-1 被 PARP-1 招募至基因启动子，它不仅提供 NAD$^+$底物以支持 PARP-1 的酶活性，而且以 NAD$^+$合成非依赖的方式变构地刺激 PARP-1 的酶活性（Zhang et al. 2012）。PARP-1 和 NMNAT-1 之间的相互作用基于不同背景发挥功能，因为只有一部分基因以相同的方式受两种因素的调节（Zhang et al. 2012）。

PARP-1 的活性也可能受到与其他 NAD$^+$依赖性核酶（如蛋白质脱乙酰酶 SIRT1）的功能性相互作用的影响（图 7.5，上图）。已有研究显示 PARP-1 和 SIRT1 具有拮抗作用。例如，SIRT1 的缺失增加了 PARP-1 活性，并且 SIRT1 的化学活化导致 PARP-1 活性降低（Kolthur-Seetharam et al. 2006）。PARP-1 和 SIRT1 可竞争有限数量的核 NAD$^+$或 NMNAT-1（Kim et al. 2005；Krishnakumar and Kraus 2010a；Zhang and Kraus 2010）（图 7.5，上图）。此外，烟酰胺（PARP-1 和 SIRT1 催化反应的副产物）可以抑制 PARP-1 和 SIRT1 的活性，可能增加另一层调节（Kim et al. 2005；Zhang and Kraus 2010）。

7.5.5　调控输入与调控输出的联系

如前面部分所示，许多不同的"调控输入信号"调节 PARP-1 的活性和定位（图 7.5，上图）。同样，PARP-1 是促进控制各种分子、细胞和生物结果的"调控输出信号"（图 7.5，下图）。最近的遗传和生理学研究中，许多是在模型生物如小鼠中进行的，已经证明了 PARP-1 在细胞和生物体应激反应、炎症、代谢和昼夜节律中的关键作用（Kim et al. 2005；Luo and Kraus 2012）。将 PARP-1 的分子作用与生理和病理结果联系起来是正在进行的研究的关键领域。

7.6　总结和结论

大量文献证明 PARP-1 与染色质之间存在密切的功能关系。PARP-1 在调节基因组中常染色质和异染色质区域的染色质结构中起重要作用，并且 PARP-1 的染色质依赖性作用广泛调节基因表达。PARP-1 通过靶向或调节染色质的各种成分（包括接头和核心组蛋白、组蛋白翻译后修饰、染色质重塑和 DNA 甲基化）来促进维持开放的染色质构象，也可在基因组的特定区域中压缩染色质发挥作用。染色质环境的特殊特征以及促进 PARP-1、NMNAT-1 和染色质组分翻译后修饰的细胞信号转导通路可调节 PARP-1 的功能和作用。虽然在 PARP-1 的染色质调控研究方面取得了重大进展，但还需要更多的研究来充分探索其在生理环境中的作用。未来研究的领域将包括①PARP-1 蛋白（在结构背景下）发挥的潜在不同功能及其在各种生物过程中的催化活性，②PARP-1 在染色质调节中的背景依赖功能的机制，③NAD$^+$代谢组对 PARP-1 总体作用的影响。

参 考 文 献

Adamietz P, Rudolph A (1984) ADP-ribosylation of nuclear proteins in vivo. Identification of histone H2B as a major acceptor for mono- and poly(ADP-ribose) in dimethyl sulfate-treated hepatoma AH 7974 cells. J Biol Chem 259(11):6841–6846

Ahel I, Ahel D, Matsusaka T, Clark AJ, Pines J, Boulton SJ, West SC (2008) Poly(ADP-ribose)-binding zinc finger motifs in DNA repair/checkpoint proteins. Nature 451(7174):81–85

Ahel D, Horejsi Z, Wiechens N, Polo SE, Garcia-Wilson E, Ahel I, Flynn H, Skehel M, West SC, Jackson SP, Owen-Hughes T, Boulton SJ (2009) Poly(ADP-ribose)-dependent regulation of DNA repair by the chromatin remodeling enzyme ALC1. Science 325(5945):1240–1243

Althaus FR, Hofferer L, Kleczkowska HE, Malanga M, Naegeli H, Panzeter PL, Realini CA (1994) Histone shuttling by poly ADP-ribosylation. Mol Cell Biochem 138(1–2):53–59

Altmeyer M, Messner S, Hassa P, Fey M, Hottiger M (2009) Molecular mechanism of poly(ADP-ribosyl)ation by PARP1 and identification of lysine residues as ADP-ribose acceptor sites. Nucleic Acids Res 37(11):3723–3738

Andersen JS, Lyon CE, Fox AH, Leung AK, Lam YW, Steen H, Mann M, Lamond AI (2002) Directed proteomic analysis of the human nucleolus. Curr Biol 12(1):1–11

Aravind L (2001) The WWE domain: a common interaction module in protein ubiquitination and ADP ribosylation. Trends Biochem Sci 26(5):273–275

Asher G, Reinke H, Altmeyer M, Gutierrez-Arcelus M, Hottiger MO, Schibler U (2010) Poly(ADP-ribose) polymerase 1 participates in the phase entrainment of circadian clocks to feeding. Cell 142(6):943–953

Bai P, Canto C, Oudart H, Brunyanszki A, Cen Y, Thomas C, Yamamoto H, Huber A, Kiss B, Houtkooper RH, Schoonjans K, Schreiber V, Sauve AA, Menissier-de Murcia J, Auwerx J (2011) PARP-1 inhibition increases mitochondrial metabolism through SIRT1 activation. Cell Metab 13(4):461–468

Barkess G, West AG (2012) Chromatin insulator elements: establishing barriers to set heterochromatin boundaries. Epigenomics 4(1):67–80

Bauer PI, Farkas G, Buday L, Mikala G, Meszaros G, Kun E, Farago A (1992) Inhibition of DNA binding by the phosphorylation of poly ADP-ribose polymerase protein catalysed by protein kinase C. Biochem Biophys Res Commun 187(2):730–736

Beckert S, Farrahi F, Perveen Ghani Q, Aslam R, Scheuenstuhl H, Coerper S, Konigsrainer A, Hunt TK, Hussain MZ (2006) IGF-I-induced VEGF expression in HUVEC involves phosphorylation and inhibition of poly(ADP-ribose)polymerase. Biochem Biophys Res Commun 341(1):67–72

Berger F, Lau C, Dahlmann M, Ziegler M (2005) Subcellular compartmentation and differential catalytic properties of the three human nicotinamide mononucleotide adenylyltransferase isoforms. J Biol Chem 280(43):36334–36341

Berger F, Lau C, Ziegler M (2007) Regulation of poly(ADP-ribose) polymerase 1 activity by the phosphorylation state of the nuclear NAD biosynthetic enzyme NMN adenylyl transferase 1. Proc Natl Acad Sci USA 104(10):3765–3770

Boamah EK, Kotova E, Garabedian M, Jarnik M, Tulin AV (2012) Poly(ADP-Ribose) polymerase 1 (PARP-1) regulates ribosomal biogenesis in *Drosophila nucleoli*. PLoS Genet 8(1):e1002442

Boisvert FM, van Koningsbruggen S, Navascues J, Lamond AI (2007) The multifunctional nucleolus. Nat Rev Mol Cell Biol 8(7):574–585

Bonicalzi ME, Vodenicharov M, Coulombe M, Gagne JP, Poirier GG (2003) Alteration of poly(ADP-ribose) glycohydrolase nucleocytoplasmic shuttling characteristics upon cleavage by apoptotic proteases. Biol Cell 95(9):635–644

Brockdorff N (2011) Chromosome silencing mechanisms in X-chromosome inactivation: unknown unknowns. Development 138(23):5057–5065

Buschbeck M, Di Croce L (2010) Approaching the molecular and physiological function of macroH2A variants. Epigenetics 5(2):118–123

Buschbeck M, Uribesalgo I, Wibowo I, Rue P, Martin D, Gutierrez A, Morey L, Guigo R, Lopez-Schier H, Di Croce L (2009) The histone variant macroH2A is an epigenetic regulator of key developmental genes. Nat Struct Mol Biol 16(10):1074–1079

Caiafa P, Zlatanova J (2009) CCCTC-binding factor meets poly(ADP-ribose) polymerase-1. J Cell Physiol 219(2):265–270

Caiafa P, Guastafierro T, Zampieri M (2009) Epigenetics: poly(ADP-ribosyl)ation of PARP-1 regulates genomic methylation patterns. FASEB J 23(3):672–678

Campos EI, Reinberg D (2009) Histones: annotating chromatin. Annu Rev Genet 43:559–599

Chan PK (1992) Characterization and cellular localization of nucleophosmin/B23 in HeLa cells treated with selected cytotoxic agents (studies of B23-translocation mechanism). Exp Cell Res 203(1):174–181

Changolkar LN, Pehrson JR (2006) macroH2A1 histone variants are depleted on active genes but concentrated on the inactive X chromosome. Mol Cell Biol 26(12):4410–4420

Ciccarone F, Klinger FG, Catizone A, Calabrese R, Zampieri M, Bacalini MG, De Felici M, Caiafa P (2012) Poly(ADP-ribosyl)ation acts in the DNA demethylation of mouse primordial germ cells also with DNA damage-independent roles. PLoS ONE 7(10):e46927

Cohen-Armon M, Visochek L, Rozensal D, Kalal A, Geistrikh I, Klein R, Bendetz-Nezer S, Yao Z, Seger R (2007) DNA-independent PARP-1 activation by phosphorylated ERK2 increases Elk1 activity: a link to histone acetylation. Mol Cell 25(2):297–308

Corona DF, Tamkun JW (2004) Multiple roles for ISWI in transcription, chromosome organization and DNA replication. Biochim Biophys Acta 1677(1–3):113–119

Corona DF, Siriaco G, Armstrong JA, Snarskaya N, McClymont SA, Scott MP, Tamkun JW (2007) ISWI regulates higher-order chromatin structure and histone H1 assembly in vivo. PLoS Biol 5(9):e232

Costanzi C, Stein P, Worrad DM, Schultz RM, Pehrson JR (2000) Histone macroH2A1 is concentrated in the inactive X chromosome of female preimplantation mouse embryos. Development 127(11):2283–2289

D'Amours D, Desnoyers S, D'Silva I, Poirier GG (1999) Poly(ADP-ribosyl)ation reactions in the regulation of nuclear functions. Biochem J 342(Pt 2):249–268

Davidovic L, Vodenicharov M, Affar EB, Poirier GG (2001) Importance of poly(ADP-ribose) glycohydrolase in the control of poly(ADP-ribose) metabolism. Exp Cell Res 268(1):7–13

de Capoa A, Febbo FR, Giovannelli F, Niveleau A, Zardo G, Marenzi S, Caiafa P (1999) Reduced levels of poly(ADP-ribosyl)ation result in chromatin compaction and hypermethylation as shown by cell-by-cell computer-assisted quantitative analysis. FASEB J 13(1):89–93

Desnoyers S, Kaufmann SH, Poirier GG (1996) Alteration of the nucleolar localization of poly(ADP-ribose) polymerase upon treatment with transcription inhibitors. Exp Cell Res 227(1):146–153

Devalaraja-Narashimha K, Padanilam BJ (2010) PARP1 deficiency exacerbates diet-induced obesity in mice. J Endocrinol 205(3):243–252

Doege CA, Inoue K, Yamashita T, Rhee DB, Travis S, Fujita R, Guarnieri P, Bhagat G, Vanti WB, Shih A, Levine RL, Nik S, Chen EI, Abeliovich A (2012) Early-stage epigenetic modification during somatic cell reprogramming by Parp1 and Tet2. Nature 488(7413):652–655

Dunn KL, Davie JR (2003) The many roles of the transcriptional regulator CTCF. Biochem Cell

Biol 81(3):161–167

Frizzell KM, Gamble MJ, Berrocal JG, Zhang T, Krishnakumar R, Cen Y, Sauve AA, Kraus WL (2009) Global analysis of transcriptional regulation by poly(ADP-ribose) polymerase-1 and poly(ADP-ribose) glycohydrolase in MCF-7 human breast cancer cells. J Biol Chem 284(49):33926–33938

Gagne JP, Isabelle M, Lo KS, Bourassa S, Hendzel MJ, Dawson VL, Dawson TM, Poirier GG (2008) Proteome-wide identification of poly(ADP-ribose) binding proteins and poly(ADP-ribose)-associated protein complexes. Nucleic Acids Res 36(22):6959–6976

Gamble MJ, Kraus WL (2010) Multiple facets of the unique histone variant macroH2A: from genomics to cell biology. Cell Cycle 9(13):2568–2574

Gamble MJ, Frizzell KM, Yang C, Krishnakumar R, Kraus WL (2010) The histone variant macroH2A1 marks repressed autosomal chromatin, but protects a subset of its target genes from silencing. Genes Dev 24(1):21–32

Gibson BA, Kraus WL (2012) New insights into the molecular and cellular functions of poly(ADP-ribose) and PARPs. Nat Rev Mol Cell Biol 13(7):411–424

Gottschalk AJ, Timinszky G, Kong SE, Jin J, Cai Y, Swanson SK, Washburn MP, Florens L, Ladurner AG, Conaway JW, Conaway RC (2009) Poly(ADP-ribosyl)ation directs recruitment and activation of an ATP-dependent chromatin remodeler. Proc Natl Acad Sci USA 106(33):13770–13774

Griesenbeck J, Ziegler M, Tomilin N, Schweiger M, Oei SL (1999) Stimulation of the catalytic activity of poly(ADP-ribosyl) transferase by transcription factor Yin Yang 1. FEBS Lett 443(1):20–24

Guetg C, Santoro R (2012) Noncoding RNAs link PARP1 to heterochromatin. Cell Cycle 11(12):2217–2218

Guetg C, Scheifele F, Rosenthal F, Hottiger MO, Santoro R (2012) Inheritance of silent rDNA chromatin is mediated by PARP1 via noncoding RNA. Mol Cell 45(6):790–800

Hassa PO, Haenni SS, Buerki C, Meier NI, Lane WS, Owen H, Gersbach M, Imhof R, Hottiger MO (2005) Acetylation of poly(ADP-ribose) polymerase-1 by p300/CREB-binding protein regulates coactivation of NF-kappaB-dependent transcription. J Biol Chem 280(49):40450–40464

Hottiger MO, Hassa PO, Luscher B, Schuler H, Koch-Nolte F (2010) Toward a unified nomenclature for mammalian ADP-ribosyltransferases. Trends Biochem Sci 35(4):208–219

Huletsky A, Niedergang C, Frechette A, Aubin R, Gaudreau A, Poirier GG (1985) Sequential ADP-ribosylation pattern of nucleosomal histones. ADP-ribosylation of nucleosomal histones. Eur J Biochem 146(2):277–285

Huletsky A, de Murcia G, Muller S, Hengartner M, Menard L, Lamarre D, Poirier GG (1989) The effect of poly(ADP-ribosyl)ation on native and H1-depleted chromatin. A role of poly(ADP-ribosyl)ation on core nucleosome structure. J Biol Chem 264(15):8878–8886

Ji Y, Tulin AV (2010) The roles of PARP1 in gene control and cell differentiation. Curr Opin Genet Dev 20(5):512–518

Ju BG, Solum D, Song EJ, Lee KJ, Rose DW, Glass CK, Rosenfeld MG (2004) Activating the PARP-1 sensor component of the groucho/TLE1 corepressor complex mediates a CaMKinase IIdelta-dependent neurogenic gene activation pathway. Cell 119(6):815–829

Ju BG, Lunyak VV, Perissi V, Garcia-Bassets I, Rose DW, Glass CK, Rosenfeld MG (2006) A topoisomerase IIbeta-mediated dsDNA break required for regulated transcription. Science 312(5781):1798–1802

Karras GI, Kustatscher G, Buhecha HR, Allen MD, Pugieux C, Sait F, Bycroft M, Ladurner AG (2005) The macro domain is an ADP-ribose binding module. EMBO J 24(11):1911–1920

Kauppinen TM, Chan WY, Suh SW, Wiggins AK, Huang EJ, Swanson RA (2006) Direct phosphorylation and regulation of poly(ADP-ribose) polymerase-1 by extracellular signal-regulated kinases 1/2. Proc Natl Acad Sci USA 103(18):7136–7141

Kim MY, Mauro S, Gevry N, Lis JT, Kraus WL (2004) NAD+-dependent modulation of chromatin structure and transcription by nucleosome binding properties of PARP-1. Cell 119(6):803–814

Kim MY, Zhang T, Kraus WL (2005) Poly(ADP-ribosyl)ation by PARP-1: 'PAR-laying' NAD+ into a nuclear signal. Genes Dev 19(17):1951–1967

Kolthur-Seetharam U, Dantzer F, McBurney MW, de Murcia G, Sassone-Corsi P (2006) Control of AIF-mediated cell death by the functional interplay of SIRT1 and PARP-1 in response to DNA damage. Cell Cycle 5(8):873–877

Kotova E, Jarnik M, Tulin AV (2009) Poly (ADP-ribose) polymerase 1 is required for protein localization to Cajal body. PLoS Genet 5(2):e1000387

Kotova E, Lodhi N, Jarnik M, Pinnola AD, Ji Y, Tulin AV (2011) *Drosophila* histone H2A variant (H2Av) controls poly(ADP-ribose) polymerase 1 (PARP1) activation in chromatin. Proc Natl Acad Sci USA 108(15):6205–6210

Kowalski A, Palyga J (2012) Linker histone subtypes and their allelic variants. Cell Biol Int 36(11):981–996

Kraus WL (2008) Transcriptional control by PARP-1: chromatin modulation, enhancer-binding, coregulation, and insulation. Curr Opin Cell Biol 20(3):294–302

Kraus WL, Lis JT (2003) PARP goes transcription. Cell 113(6):677–683

Kreimeyer A, Wielckens K, Adamietz P, Hilz H (1984) DNA repair-associated ADP-ribosylation in vivo. Modification of histone H1 differs from that of the principal acceptor proteins. J Biol Chem 259(2):890–896

Krishnakumar R, Kraus WL (2010a) The PARP side of the nucleus: molecular actions, physiological outcomes, and clinical targets. Mol Cell 39(1):8–24

Krishnakumar R, Kraus WL (2010b) PARP-1 regulates chromatin structure and transcription through a KDM5B-dependent pathway. Mol Cell 39(5):736–749

Krishnakumar R, Gamble MJ, Frizzell KM, Berrocal JG, Kininis M, Kraus WL (2008) Reciprocal binding of PARP-1 and histone H1 at promoters specifies transcriptional outcomes. Science 319(5864):819–821

Langelier MF, Servent KM, Rogers EE, Pascal JM (2008) A third zinc-binding domain of human poly(ADP-ribose) polymerase-1 coordinates DNA-dependent enzyme activation. J Biol Chem 283(7):4105–4114

Langelier MF, Planck JL, Roy S, Pascal JM (2012) Structural basis for DNA damage-dependent poly(ADP-ribosyl)ation by human PARP-1. Science 336(6082):728–732

Langst G, Becker PB (2001) Nucleosome mobilization and positioning by ISWI-containing chromatin-remodeling factors. J Cell Sci 114(Pt 14):2561–2568

Li B, Carey M, Workman JL (2007) The role of chromatin during transcription. Cell 128(4):707–719

Loeffler PA, Cuneo MJ, Mueller GA, DeRose EF, Gabel SA, London RE (2011) Structural studies of the PARP-1 BRCT domain. BMC Struct Biol 11:37

Luo X, Kraus WL (2011) A one and a two … expanding roles for poly(ADP-ribose) polymerases in metabolism. Cell Metab 13(4):353–355

Luo X, Kraus WL (2012) On PAR with PARP: cellular stress signaling through poly(ADP-ribose) and PARP-1. Genes Dev 26(5):417–432

Martinez-Zamudio R, Ha HC (2012) Histone ADP-ribosylation facilitates gene transcription by directly remodeling nucleosomes. Mol Cell Biol 32(13):2490–2502

Mathis G, Althaus FR (1987) Release of core DNA from nucleosomal core particles following (ADP-ribose)n-modification in vitro. Biochem Biophys Res Commun 143(3):1049–1054

Mayer C, Schmitz KM, Li J, Grummt I, Santoro R (2006) Intergenic transcripts regulate the epigenetic state of rRNA genes. Mol Cell 22(3):351–361

Meder VS, Boeglin M, de Murcia G, Schreiber V (2005) PARP-1 and PARP-2 interact with nucleophosmin/B23 and accumulate in transcriptionally active nucleoli. J Cell Sci 118(Pt 1):211–222

Menissier de Murcia J, Ricoul M, Tartier L, Niedergang C, Huber A, Dantzer F, Schreiber V, Ame JC, Dierich A, LeMeur M, Sabatier L, Chambon P, de Murcia G (2003) Functional interaction between PARP-1 and PARP-2 in chromosome stability and embryonic development in mouse. EMBO J 22(9):2255–2263

Murawska M, Hassler M, Renkawitz-Pohl R, Ladurner A, Brehm A (2011) Stress-induced PARP activation mediates recruitment of *Drosophila* Mi-2 to promote heat shock gene expression. PLoS Genet 7(7):e1002206

Nusinow DA, Hernandez-Munoz I, Fazzio TG, Shah GM, Kraus WL, Panning B (2007) Poly(ADP-ribose) polymerase 1 is inhibited by a histone H2A variant, MacroH2A, and contributes to silencing of the inactive X chromosome. J Biol Chem 282(17):12851–12859

Ogata N, Ueda K, Kawaichi M, Hayaishi O (1981) Poly(ADP-ribose) synthetase, a main acceptor of poly(ADP-ribose) in isolated nuclei. J Biol Chem 256(9):4135–4137

Ohashi S, Kanai M, Hanai S, Uchiumi F, Maruta H, Tanuma S, Miwa M (2003) Subcellular localization of poly(ADP-ribose) glycohydrolase in mammalian cells. Biochem Biophys Res Commun 307(4):915–921

Oliver FJ, Menissier-de Murcia J, Nacci C, Decker P, Andriantsitohaina R, Muller S, de la Rubia G, Stoclet JC, de Murcia G (1999) Resistance to endotoxic shock as a consequence of defective NF-kappaB activation in poly (ADP-ribose) polymerase-1 deficient mice. EMBO J 18(16):4446–4454

Pavri R, Lewis B, Kim TK, Dilworth FJ, Erdjument-Bromage H, Tempst P, de Murcia G, Evans R, Chambon P, Reinberg D (2005) PARP-1 determines specificity in a retinoid signaling pathway via direct modulation of mediator. Mol Cell 18(1):83–96

Petesch SJ, Lis JT (2008) Rapid, transcription-independent loss of nucleosomes over a large chromatin domain at Hsp70 loci. Cell 134(1):74–84

Petesch SJ, Lis JT (2012a) Activator-induced spread of poly(ADP-ribose) polymerase promotes nucleosome loss at Hsp70. Mol Cell 45(1):64–74

Petesch SJ, Lis JT (2012b) Overcoming the nucleosome barrier during transcript elongation. Trends Genet 28(6):285–294

Poirier GG, de Murcia G, Jongstra-Bilen J, Niedergang C, Mandel P (1982) Poly(ADP-ribosyl) ation of polynucleosomes causes relaxation of chromatin structure. Proc Natl Acad Sci USA 79(11):3423–3427

Rapizzi E, Fossati S, Moroni F, Chiarugi A (2004) Inhibition of poly(ADP-ribose) glycohydrolase by gallotannin selectively up-regulates expression of proinflammatory genes. Mol Pharmacol 66(4):890–898

Reale A, Matteis GD, Galleazzi G, Zampieri M, Caiafa P (2005) Modulation of DNMT1 activity by ADP-ribose polymers. Oncogene 24(1):13–19

Realini CA, Althaus FR (1992) Histone shuttling by poly(ADP-ribosylation). J Biol Chem 267(26):18858–18865

Redon C, Pilch D, Rogakou E, Sedelnikova O, Newrock K, Bonner W (2002) Histone H2A variants H2AX and H2AZ. Curr Opin Genet Dev 12(2):162–169

Robertson KD (2002) DNA methylation and chromatin—unraveling the tangled web. Oncogene 21(35):5361–5379

Sala A, La Rocca G, Burgio G, Kotova E, Di Gesu D, Collesano M, Ingrassia AM, Tulin AV, Corona DF (2008) The nucleosome-remodeling ATPase ISWI is regulated by poly-ADP-ribosylation. PLoS Biol 6(10):e252

Santos-Rosa H, Caldas C (2005) Chromatin modifier enzymes, the histone code and cancer. Eur J Cancer 41(16):2381–2402

Scherl A, Coute Y, Deon C, Calle A, Kindbeiter K, Sanchez JC, Greco A, Hochstrasser D, Diaz JJ (2002) Functional proteomic analysis of human nucleolus. Mol Biol Cell 13(11):4100–4109

Schreiber V, Dantzer F, Ame JC, de Murcia G (2006) Poly(ADP-ribose): novel functions for an old molecule. Nat Rev Mol Cell Biol 7(7):517–528

Sif S (2004) ATP-dependent nucleosome remodeling complexes: enzymes tailored to deal with chromatin. J Cell Biochem 91(6):1087–1098

Svedruzic ZM (2008) Mammalian cytosine DNA methyltransferase Dnmt1: enzymatic mechanism, novel mechanism-based inhibitors, and RNA-directed DNA methylation. Curr Med Chem 15(1):92–106

Tahiliani M, Koh KP, Shen Y, Pastor WA, Bandukwala H, Brudno Y, Agarwal S, Iyer LM, Liu DR, Aravind L, Rao A (2009) Conversion of 5-methylcytosine to 5-hydroxymethylcytosine in mammalian DNA by MLL partner TET1. Science 324(5929):930–935

Timinszky G, Till S, Hassa PO, Hothorn M, Kustatscher G, Nijmeijer B, Colombelli J, Altmeyer M, Stelzer EH, Scheffzek K, Hottiger MO, Ladurner AG (2009) A macrodomain-containing histone rearranges chromatin upon sensing PARP1 activation. Nat Struct Mol Biol 16(9):923–929

Tulin A, Spradling A (2003) Chromatin loosening by poly(ADP)-ribose polymerase (PARP) at *Drosophila* puff loci. Science 299(5606):560–562

Tulin A, Stewart D, Spradling AC (2002) The *Drosophila* heterochromatic gene encoding poly(ADP-ribose) polymerase (PARP) is required to modulate chromatin structure during development. Genes Dev 16(16):2108–2119

Wacker DA, Ruhl DD, Balagamwala EH, Hope KM, Zhang T, Kraus WL (2007) The DNA binding and catalytic domains of poly(ADP-ribose) polymerase 1 cooperate in the regulation of chromatin structure and transcription. Mol Cell Biol 27(21):7475–7485

Wang ZQ, Auer B, Stingl L, Berghammer H, Haidacher D, Schweiger M, Wagner EF (1995) Mice lacking ADPRT and poly(ADP-ribosyl)ation develop normally but are susceptible to skin disease. Genes Dev 9(5):509–520

Wang Z, Michaud GA, Cheng Z, Zhang Y, Hinds TR, Fan E, Cong F, Xu W (2012) Recognition of the iso-ADP-ribose moiety in poly(ADP-ribose) by WWE domains suggests a general mechanism for poly(ADP-ribosyl)ation-dependent ubiquitination. Genes Dev 26(3):235–240

Wesierska-Gadek J, Sauermann G (1988) The effect of poly(ADP-ribose) on interactions of DNA with histones H1, H3 and H4. Eur J Biochem 173(3):675–679

Williams K, Christensen J, Helin K (2012) DNA methylation: TET proteins-guardians of CpG islands? EMBO Rep 13(1):28–35

Wolffe AP, Guschin D (2000) Review: chromatin structural features and targets that regulate transcription. J Struct Biol 129(2–3):102–122

Woodcock CL, Skoultchi AI, Fan Y (2006) Role of linker histone in chromatin structure and function: H1 stoichiometry and nucleosome repeat length. Chromosome Res 14(1):17–25

Wright RH, Castellano G, Bonet J, Le Dily F, Font-Mateu J, Ballare C, Nacht AS, Soronellas D, Oliva B, Beato M (2012) CDK2-dependent activation of PARP-1 is required for hormonal gene regulation in breast cancer cells. Genes Dev 26(17):1972–1983

Wu H, Zhang Y (2011) Mechanisms and functions of Tet protein-mediated 5-methylcytosine oxidation. Genes Dev 25(23):2436–2452

Yu W, Ginjala V, Pant V, Chernukhin I, Whitehead J, Docquier F, Farrar D, Tavoosidana G, Mukhopadhyay R, Kanduri C, Oshimura M, Feinberg AP, Lobanenkov V, Klenova E, Ohlsson R (2004) Poly(ADP-ribosyl)ation regulates CTCF-dependent chromatin insulation. Nat Genet 36(10):1105–1110

Yusufzai TM, Tagami H, Nakatani Y, Felsenfeld G (2004) CTCF tethers an insulator to subnuclear sites, suggesting shared insulator mechanisms across species. Mol Cell 13(2):291–298

Zampieri M, Passananti C, Calabrese R, Perilli M, Corbi N, De Cave F, Guastafierro T, Bacalini MG, Reale A, Amicosante G, Calabrese L, Zlatanova J, Caiafa P (2009) Parp1 localizes within the Dnmt1 promoter and protects its unmethylated state by its enzymatic activity. PLoS ONE 4(3)

Zampieri M, Guastafierro T, Calabrese R, Ciccarone F, Bacalini MG, Reale A, Perilli M, Passananti C, Caiafa P (2012) ADP-ribose polymers localized on Ctcf-Parp1-Dnmt1 complex prevent methylation of Ctcf target sites. Biochem J 441(2):645–652

Zardo G, Caiafa P (1998) The unmethylated state of CpG islands in mouse fibroblasts depends on the poly(ADP-ribosyl)ation process. J Biol Chem 273(26):16517–16520

Zhang T, Kraus WL (2010) SIRT1-dependent regulation of chromatin and transcription: linking NAD(+) metabolism and signaling to the control of cellular functions. Biochim Biophys Acta 1804(8):1666–1675

Zhang S, Lin Y, Kim YS, Hande MP, Liu ZG, Shen HM (2007) c-Jun N-terminal kinase mediates hydrogen peroxide-induced cell death via sustained poly(ADP-ribose) polymerase-1 activation. Cell Death Differ 14(5):1001–1010

Zhang T, Berrocal JG, Yao J, DuMond ME, Krishnakumar R, Ruhl DD, Ryu KW, Gamble MJ, Kraus WL (2012) Regulation of poly(ADP-ribose) polymerase-1-dependent gene expression through promoter-directed recruitment of a nuclear NAD+ synthase. J Biol Chem 287(15):12405–12416

第8章 组蛋白磷酸化和染色质动力学

弘文水崎（Mizusaki Hirofumi）、相原齐（Hitoshi Aihara）和伊藤隆（Takashi Ito）

8.1 简 介

真核生物基因组被包装成稳定的结构染色质，可以在整个细胞周期内进行适当复制和分离。染色质转录调控是一个动态和精确的过程，具体表现为压缩和解压缩，同时伴随着修饰现象。染色质是一种高阶核蛋白结构，其基本单位称为核小体。每个核小体由核心组蛋白八聚体（H2A、H2B、H3 和 H4 各两个）组成，其周围包裹着 146 bp 的 DNA（Ito 2003；Ito et al. 1997b；van Holde 1989）。

将 DNA 折叠成一个更高阶的紧密结构会使得转录失活，这引起了人们对转录机器如何进入并接近紧密染色质中的基因，然后有序地进行表达这一现象的广泛兴趣，这种机制对细胞分化和发育都是必需的。翻译后修饰改变了染色质紧密状态被认为是促进基因进入转录装置的原因。各种共价翻译后修饰作用于核小体外部的组蛋白尾巴的 N 端或 C 端上，从而提供了一个动态平台，使得这部分区域成为与染色质重塑因子或者转录因子相结合的底物，进而调控基因表达。N 端或 C 端修饰的组合以及单个组蛋白修饰拓展了表观遗传信息的多样性，这些信息可被记录在基因组上，从而促使各种相关生物过程的发生。目前研究透彻的组蛋白翻译后修饰是组蛋白乙酰化和甲基化以及其他一些不太热门的修饰，包括磷酸化、泛素化和 ADP-核糖基化（Kouzarides 2007；Lee et al. 2010；Ruthenburg et al. 2007；Suganuma and Workman 2008）。

研究已经清楚地表明，组蛋白 H3 和 H4 上不同赖氨酸的乙酰化和甲基化与基因表达的转录激活或者转录抑制状态有关。然而，组蛋白 H3 的磷酸化如前所述，最初是与有丝分裂过程中的染色质压缩有关（Strahl and Allis 2000）。此外，已有证据表明，组蛋白 H3 丝氨酸第 10 位上的磷酸化在多种生物的真核基因转录激活过程中起着重要作用（Baek 2011；Nowak and Corces 2004）。我们还知道组蛋白 H1 的磷酸化参与了染色质压缩和转录激活。此外，组蛋白 H2A 苏氨酸第 120 位的磷酸化对有丝分裂和减数分裂以及可能的转录激活有着重要作用。在这一章，我们主要讨论组蛋白 H3、H1 和 H2A 磷酸化的重要性，这些蛋白的磷酸化在有丝分裂时期发挥压缩染色质的功能，而在转录过程中发挥解压缩的功能，这两者很显然是截然相反的功能（图 8.1）。

M. Hirofumi · H. Aihara · T. Ito (✉)

Department of Molecular Biology, Nagasaki University School of Medicine,
1-12-4 Sakamoto, Nagasaki 852-8523, Japan
e-mail: tito@nagasaki-u.ac.jp

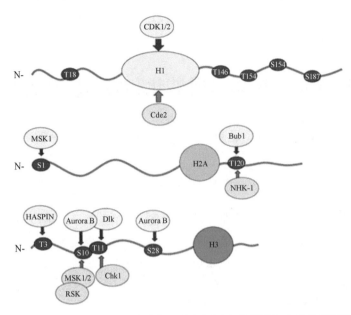

图 8.1　翻译后组蛋白 H1、H2A 和 H3 的磷酸化。绿色圆圈中的激酶与有丝分裂磷酸化有关，黄色圆圈中的激酶与转录有关。磷酸化由红色圆圈表示。人类组蛋白 H2A 苏氨酸第 120 位与果蝇组蛋白 H2A 苏氨酸第 119 位相对应

8.2　组蛋白 H1 磷酸化

组蛋白 H1 通往核小体中心的中心球状结构域不对称地与 DNA 结合，并且 C 端结构域影响连接 DNA 的构象，导致了染色质凝聚。因此，人们认为组蛋白 H1 参与了高阶染色质结构的形成并调节转录因子、染色质重塑因子和组蛋白修饰酶的可及性（Catez et al. 2006；Zlatanova et al. 2000）。在哺乳动物中富含赖氨酸的组蛋白 H1 家族包含了不同种类的亚型，组蛋白 H1 的主要翻译后修饰类型是磷酸化（Happel and Doenecke 2009）。组蛋白 H1 的动态磷酸化很久以前就被发现了，这也是组蛋白 H1 修饰研究最深入的领域之一。组蛋白 H1 磷酸化在细胞周期过程中逐渐增加，在 G_2 后期和有丝分裂期达到最大值，然后在有丝分裂末期下降（Bradbury et al. 1973，1974；Boggs et al. 2000；Gurley et al. 1978；Hohmann et al. 1976；Langan et al. 1989）。已有研究证明 CDK1 是磷酸化组蛋白 H1 的主要激酶。因为组蛋白 H1 是哺乳动物激酶如 CDK1 的体内底物，所以 H1 组蛋白磷酸化是促使细胞进入有丝分裂期这一机制的重要组成部分（Langan et al. 1989；Roth et al. 1991）。

组蛋白 H1 在有丝分裂染色质凝聚中的作用仍存在争议，因有报道称，在体外和体内不含组蛋白 H1 的情况下，有丝分裂染色质凝聚现象也可以发生（Dasso et al. 1994；Ohsumi et al. 1993；Shen et al. 1995）。我们还发现组蛋白 H1 的丢失阻止了染色单体在 M 期正确的排列和分离，因为 H1 的丢失会导致进行异常伸长染色质的组装，从而使得染色质缠结且在后期不能分离。推测组蛋白 H1 丢失后，30 nm 纤维的稳定性被破坏，染色体结构被直接影响，从而产生伸长的间期染色质模板，形成更长的有丝分裂凝聚染色

体（Maresca et al. 2005；Maresca and Heald 2006）。当 Hoechst 33342 阻止了培养的细胞从 G2 进入 M 期时，组蛋白 H1 磷酸化降低（Gurley et al. 1995）。激酶抑制剂十字孢碱可以阻止组蛋白磷酸化以及细胞发生有丝分裂，这可证明组蛋白 H1 磷酸化水平与染色体凝聚密切相关（Th'ng et al. 1994）。此外，科学家首次发现含有氨基末端的乙酰化丝氨酸的 H1 肽段是中国仓鼠卵巢细胞中有丝分裂的 H1 磷酸化位点。这是将组蛋白 H1 磷酸化水平与染色体凝聚关联起来的直接证据（Gurley et al. 1995）。

　　除了在 M 期染色质压缩过程中发挥作用外，组蛋白 H1 磷酸化对基因转录也很重要。CDK2 是另一种可能与转录相关的组蛋白 H1 激酶，而 CDK1 与有丝分裂期的染色质压缩有关（Bhattacharjee et al. 2001）。采用突变的组蛋白 H1，即 CDK 磷酸化位点突变为丙氨酸鉴定出被 CDK2 磷酸化的组蛋白 H1 位点有第 18 位苏氨酸、第 146 位苏氨酸、第 154 位苏氨酸、第 172 位丝氨酸和第 187 位丝氨酸（Contreras et al. 2003）（图 8.1）。使用荧光标记突变组蛋白 H1b，突变组蛋白 H1b 的五个潜在的 CDK 磷酸化位点从丝氨酸或苏氨酸残基突变为丙氨酸。荧光漂白恢复（FRAP）实验（Lever et al. 2000；Misteli et al. 2000）表明，与 GFP 融合野生型组蛋白 H1 迁移率相比，GFP 融合突变组蛋白 H1 的迁移率下降了，其迁移率与 CDK2 活性相关（Contreras et al. 2003）。因此，具有五个突变磷酸化位点的突变 H1b 显示，未磷酸化的组蛋白 H1 可稳定局部兼性染色质压缩所需的高阶结构和分裂间期一般异染色质维持所需的高阶结构。此外，研究还发现组蛋白 H1 磷酸化能调节 ATP 依赖性染色质重塑酶（Dou et al. 2002；Horn et al. 2002）和某些特定基因的转录（Dou et al. 1999；Herrera et al. 1996；Taylor et al. 1995；Chadee et al. 1995, 1997，2002）。

　　Lee 和 Archer（1998）的研究表明，组蛋白 H1 在以下研究中发挥了转录作用。糖皮质激素可以迅速激活小鼠乳腺肿瘤病毒（MMTV）启动子，活化后 MMTV 的启动子区域富含磷酸化组蛋白 H1。而当 MMTV 启动子区域的组蛋白 H1 去磷酸化后，启动子对糖皮质激素作用则无应答反应。他们的研究表明，磷酸化的 H1 与 GR 介导的体内 MMTV 染色质的破坏密切相关。在另一项研究中，使用磷酸化组蛋白 H1 特异性抗体结合磷酸化组蛋白 H1，发现磷酸化的 H1 富集在转录活跃的染色质区域（Chadee et al. 1995；Lu et al. 1995）。在转录过程的染色质重塑方面，他们发现启动子特异性组蛋白 H1 磷酸化会促进 ATP 依赖性重塑复合物 NURF 的结合，从而帮助打开核小体的结构。在起始复合物形成期间，也就是转录激活的最后一步，启动子区域会去除掉组蛋白 H1（Koop et al. 2003；Vicent et al. 2002）。研究还发现 Cdc2 激酶对连接组蛋白的磷酸化可通过 SWI/SNF 途径来促进染色质重塑。这些结果表明，连接组蛋白磷酸化通过 ATP 依赖性染色质重塑因子和启动子区域中组蛋白的驱逐从而在转录激活中发挥重要作用（Horn et al. 2002）。从生物化学上讲，组蛋白 H1 的磷酸化一定程度上减弱了组蛋白 H1 与核小体的相互作用，导致组蛋白 H1 从染色质上被去除（Green et al. 1993；Hendzel et al. 2004）。并且组蛋白 H1 的磷酸化增强了体内染色质的动态交换过程（Contreras et al. 2003）。综上所述，组蛋白 H1 的磷酸化减弱了它与染色质的结合，增强了体内动态过程，使得它从染色质上被驱逐，同时也促进了失去组蛋白 H1 后基因组模板的转录。

　　组蛋白 H1 磷酸化可能在染色质压缩和基因转录方面起着重要作用，其中对基因转录的作用与在组蛋白 H3 磷酸化，以及组蛋白 H2A 磷酸化中观察到的作用可能类似。组蛋白 H1 磷酸化导致这些明显矛盾的现象的发生机制还有待进一步的研究。

8.3　组蛋白 H3 磷酸化

组蛋白 H3 磷酸化最明显的特征是它与相反的现象关联在一起，即在基因激活期间打开染色质，而在有丝分裂期间高度压缩染色质（Nowak and Corces 2004；Sawicka and Seiser 2012）。与组蛋白 H1 磷酸化相比，哺乳动物细胞间期组蛋白 H3 磷酸化水平较低，但在有丝分裂时期磷酸化水平增加（Gurley et al. 1978）。如果间期细胞与有丝分裂细胞融合，染色体会凝聚并伴随着组蛋白 H3 磷酸化水平的升高（Hanks et al. 1983）。组蛋白 H3 磷酸化水平升高与蛋白磷酸酶抑制剂冈田酸（okadaic acid，OA）诱导染色体过早压缩有关（Ajiro et al. 1996；Guo et al. 1995）。已有研究证实有丝分裂特异性组蛋白 H3 磷酸化位点是丝氨酸 10（Ajiro et al. 1996）。这些研究结果表明，组蛋白 H3 丝氨酸 10 磷酸化与染色体压缩同时发生。有丝分裂组蛋白 H3 丝氨酸 10 磷酸化主要由 Aurora B 激酶催化。Aurora B 是正确分离染色体所需的染色体乘客复合体（chromosome passenger complex，CPC）的一员，组蛋白 H3 丝氨酸 10 磷酸化在染色体分离中的作用已有详细的阐明和讨论（Carmena et al. 2009；Ruchaud et al. 2007）。另外，Aurora B 通过磷酸化 Haspin 间接刺激组蛋白 H3 苏氨酸 3 磷酸化，Haspin 是组蛋白 H3 苏氨酸激酶。组蛋白 H3 苏氨酸 3 磷酸化后产生了一个与 CPC 结合的位点，即可以与 Aurora B 结合。Aurora B 作用于 Haspin 后进一步磷酸化 H3 苏氨酸 3，这相当于在 Haspin 和 Aurora B 之间产生了一个正向反馈环，使得 CPC 积累在染色质上，特别是在有丝分裂时期内着丝粒上积累（Wang et al. 2011）。

组蛋白 H3 在有丝分裂过程中会发生磷酸化，而在同一位点的丝氨酸（S）10 磷酸化却对真核细胞基因表达发挥着相反的作用。在细胞间期，信号转导诱导型启动子同时伴随组蛋白 H3 S10 磷酸化，之后快速诱导立早（immediate-early，IE）基因转录，这清楚揭示了动态组蛋白 H3 S10 磷酸化在转录激活中的作用（Clayton et al. 2000；Soloaga et al. 2003）。

这些研究表明组蛋白 H3 S10 磷酸化关联着相反的现象，即染色质压缩和转录激活，这支持了翻译后修饰需要依赖上下片段背景的观点（Fischle et al. 2003）。

组蛋白 H3 S10 磷酸化与转录激活相关，这一过程由多种激酶催化，如 cAMP 依赖性蛋白激酶 A（PKA）、NIMA 激酶、丝裂原和应激激活蛋白激酶 1 和 2（MSK1 和 MSK2）、核糖体 S6 激酶 2（RSK2）和 IkB 激酶 a（IKKa）（Nowak and Corces 2004）。MSK1/2 是丝裂原活化蛋白激酶（MAPK）信号级联的下游靶标。MSK1/2 催化组蛋白 H3 S10 磷酸化与 *c-fos* 和 *c-jun* 的转录激活、有丝分裂原刺激立早基因的响应有关（Mahadevan et al. 1991），据报道这一过程还与许多其他诱导基因和原癌基因有联系（Ge et al. 2006）。

已有研究证实，组蛋白 H3 S10 的磷酸化与组蛋白 H3 的乙酰化或甲基化之间存在串扰作用。组蛋白 H3 S10 的磷酸化可以促进组蛋白 H3 赖氨酸 14 的乙酰化（Cheung et al. 2000；Lo et al. 2000），并抑制组蛋白 H3 在 K9 的甲基化（Rea et al. 2000）。此外，组蛋白 H3 K9 的甲基化会干扰组蛋白 H3 S10 的磷酸化（Rea et al. 2000）。与转录激活相关的组蛋白 H3 S10 磷酸化形成了一个组蛋白修饰网络，它连接了组蛋白 H3 S10 和其他与转录调控相关的组蛋白修饰。

研究发现，组蛋白 H3 丝氨酸磷酸化还有其他方面的作用。与三甲基化组蛋白 H3 赖氨酸 9 结合的异染色质蛋白 1（HP1）在细胞周期的 M 期会从染色质中释放出来，尽管组蛋白 H3 赖氨酸 9 的三甲基化保持不变。而在较稳定的甲基赖氨酸 9 位置的附近，瞬时磷酸化组蛋白 H3 S10 可将 HP1 蛋白从结合位点上驱逐出来（Hirota et al. 2005；Fischle et al. 2005）。这说明组蛋白 H3 甲基化与磷酸化之间的相互作用参与了有丝分裂的进展，以及调控转录的组蛋白修饰网络。这种现象被称作"修饰盒"，它被定义为可能控制独特修饰模式的生物读数机制（Fischle et al. 2003）。

除了组蛋白 H3 S3 和 S10 磷酸化之外，H3 苏氨酸 11 的磷酸化还在有丝分裂过程中的染色质凝聚和与转录相关的解压缩中发挥作用。研究发现 Dlk 可磷酸化组蛋白 H3 苏氨酸 11，并且在有丝分裂过程中它被特异性磷酸化（Preuss et al. 2003）。另外，Chk 也可使组蛋白 H3 苏氨酸 11 磷酸化，并且其磷酸化减少了 GCN5 组蛋白乙酰转移酶与靶基因的结合，导致 H3 赖氨酸 9 和 H3 赖氨酸 14 乙酰化丢失——它们是转录激活的标志。有人提出，Chk1 催化的磷酸化是通过降低组蛋白乙酰化来抑制转录的（Shimada et al. 2008）。

组蛋白 H3 的磷酸化已在多种生物中进行研究。组蛋白 H3 S10 的磷酸化主要有两种相反的功能。一种是在有丝分裂和减数分裂期间启动染色体凝聚，而另一种是转录激活。目前研究表明，组蛋白 H3 S10 磷酸化和组蛋白 H3 赖氨酸 9 甲基化或组蛋白 H3 赖氨酸 9 和 14 乙酰化的结合在这些现象中起着重要作用，包括细胞周期相关的染色体动态变化和转录激活。组蛋白 H3 S10 磷酸化与有丝分裂时期染色质凝聚及间期转录激活相关，这也证实了染色质修饰网络的背景依赖性信息解析的基本原理。对组蛋白 H3 磷酸化的深入研究将进一步揭示组蛋白修饰网络的机制。

8.4　组蛋白 H2A 磷酸化

组蛋白 H2A 的 C 端是十分独特的，因为它具有部分可塑性，并且像组蛋白 N 端结构域一样从核小体中心突出来。它位于连接 DNA 进入和离开核小体结构的位置，这也是连接组蛋白 H1 结合的区域（Luger et al. 1997）。此外，组蛋白 H2A 的 C 端侧和组蛋白 H3 的 N 端侧都位于连接 DNA 进入和离开的区域，这都凸显了它们的重要性。因此，组蛋白 H2A 的 C 端与组蛋白 H3 的 N 端之间的紧密空间关系让我们推测这些蛋白修饰存在串扰作用。Aihara 等（2004）在果蝇胚胎中发现了组蛋白 H2A 的重要磷酸化。以前的研究发现，核小体组蛋白激酶-1（NHK-1）是一种组蛋白 H2A 激酶，其磷酸化状态与细胞周期进程和染色体动力学密切相关。在体外，NHK-1 对染色质的亲和力高于游离组蛋白。它在其 C 端区域磷酸化组蛋白 H2A 苏氨酸 119（对应于人 H2A 中的苏氨酸 120）。NHK-1 特异性磷酸化核小体 H2A 但不磷酸化溶液中的游离组蛋白 H2A。此外，NHK-1 的免疫染色显示，在有丝分裂过程中它定位于染色质并且在 S 期从染色质中离去（Aihara et al. 2004）。因此可得出结论，NHK-1 是果蝇早期发育中的有丝分裂组蛋白 H2A 激酶。将特异性 NHK-1 的预测氨基酸序列与已知蛋白质进行比较，发现它与其他已知激酶如人牛痘相关激酶 1（VRK1）（Nezu et al. 1997）、小鼠 VRK1、非洲爪蟾 VRK1 和秀丽隐杆线虫 VRK 具有相似性，并且该激酶结构域的保守性分别为 44%、43%、41% 和 37%。除了保守的激酶结构域这一特点外，它们还有一个共同的结构，即碱性氨基酸区域之间的酸性氨基酸区域。这种碱性-酸性-碱性氨基酸基序（BAB 基序）在许多物种中是保守的。在果蝇中，*nhk-1* 突变会导致减数分裂时染色体结构形成缺陷的雌性不育现象；即包括核小体（前期 I 中卵母细胞核的染色体结构）、中期 I 纺锤体和正常极体（Ivanovska et al. 2005）未能成功组装。

减数分裂时，组蛋白 H2A 的 Thr119 位置被磷酸化，并且有丝分裂和减数分裂时 NHK-1 会被自身磷酸化（Cullen et al. 2005）。由于 NHK-1 本身的磷酸化可能受其他有丝分裂激酶的调节，因此它可能在有丝分裂或减数分裂进程中起协调作用。组蛋白 H3 赖氨酸 14 和组蛋白 H4 赖氨酸 5 在 *nhk-1* 突变体中未被乙酰化，这意味着氨基酸残基之间存在串扰作用。组蛋白 H2A 苏氨酸 119 磷酸化是减数分裂时期乙酰化这些残基的必需条件。由于组蛋白 H3K14 乙酰化与转录激活有关，因此 NHK-1 磷酸化组蛋白 H2A 苏氨酸 119 可能能够调节转录以及有丝分裂和减数分裂的进展（图 8.2）。

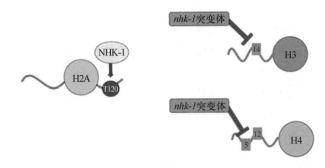

图 8.2　组蛋白 H2A T120 的磷酸化与 *nhk-1* 突变体中的其他组蛋白甲基化或乙酰化之间存在组蛋白修饰串扰作用。NHK-1 磷酸化人类组蛋白 H2A 苏氨酸 120 和果蝇组蛋白 H2A 苏氨酸 119。组蛋白 H3 赖氨酸 14 和组蛋白 H4 赖氨酸 5 在 *nhk-1* 突变体中未被乙酰化（Ivanovska et al. 2005）。磷酸化由红色圆圈表示，乙酰化由紫色方块表示

目前，定位在染色质上的牛痘相关激酶 1（VRK1），NHK-1 的一种哺乳动物同源物，已被证明在相应的细胞周期中可以调控 H3 苏氨酸 3 和 H3 丝氨酸 10 的磷酸化（Kang et al. 2007）。这与 Aurora B 特异性催化 H3 丝氨酸 10 和 H3 丝氨酸 28 的磷酸化具有相似性。VRK1 是有丝分裂组蛋白 H3 激酶，在细胞周期进程中会呈现差异性表达，其水平在 G_2/M 期达到峰值（Kang et al. 2007）。如果人的 VRK-1 是果蝇的 NHK-1 同源物，则在未来需要进一步确定其底物特异性。

最近发现除了 NHK-1/VRK1，Bub1 也是有丝分裂组蛋白 H2A 的 C 端激酶。据报道，Bub1 是真核生物中确保染色体正确分离所需的多重任务蛋白激酶。对裂殖酵母的研究显示，Bub1 磷酸化与人体中 H2A 苏氨酸 120 相对应的保守组蛋白 H2A 丝氨酸 121。细胞内所有 H2A 丝氨酸 121 被丙氨酸取代的 H2a-SA 突变体模拟了丢失用于着丝粒定位的 shugoshin 蛋白后 bub1 激酶死亡突变体（bub1-KD）的表型。shugoshin 在黏连蛋白的着丝粒保护中起着至关重要的作用，它负责姐妹染色单体凝聚（Watanabe 2005）。因此，

可以得出结论，Bub1 介导的组蛋白 H2A 丝氨酸 121/苏氨酸 120 磷酸化产生了一个用于 shugoshin 蛋白定位和正确区分染色体的位点，这对于在有丝分裂过程中正确分离染色体是非常重要的（Kawashima et al. 2010；Yamagishi et al. 2010）。

NHK-1 和 Bub1 除了在减数分裂和有丝分裂时期磷酸化 H2A C 端，还可以提高组蛋白 H2A 羧基末端磷酸化在转录激活中的重要性。特别是因为邻近的组蛋白 H2A 赖氨酸 119 是众所周知的与转录抑制密切相关的泛素化位点。泛素化 H2A 赖氨酸 119 最先在静止肝细胞中发现，使用蛋白质同位素标记发现其在肝细胞再生期间降低，与 DNA 复制相对应（Goldknopf et al. 1975；Olson et al. 1976）。近年来，使用抗体证实静止肝细胞比再生分裂肝细胞含有更多的泛素化 H2A（Nakagawa et al. 2008）。最近的研究表明，泛素化 H2A 的主要作用之一是转录调控（Higashi et al. 2010）。为分析 H2A 泛素化的意义，研究者采用 NAP-1 和 ACF 组装染色质，并使用体外转录进行测试（Ito et al. 1997a）。测试结果清楚表明，H2A 的泛素化通过 MLL 抑制 H3 赖氨酸 4 的二甲基化和三甲基化致使转录抑制。这证明了在体外，H2A 的泛素化可以抑制转录的起始，但不能抑制转录的延伸（Nakagawa et al. 2008）。

因为 NHK-1 的底物特异性很强，所以组蛋白 H2A 赖氨酸 119 泛素化和苏氨酸 120 磷酸化之间应该存在串扰作用。泛素化 H2A 通过 MLL 抑制 H3K4 的二甲基化和三甲基化来抑制转录起始的模型表明，组蛋白 H2A 丝氨酸 121/苏氨酸 120 磷酸化可通过抑制泛素化来激活转录起始。组蛋白 H2A 丝氨酸 121/苏氨酸 120 磷酸化对转录激活以及有丝分裂期间染色体分离的重要作用有待未来进一步研究。然而，与转录激活相关联的 H3 赖氨酸 14 的乙酰化需要依赖于组蛋白 H2A 苏氨酸 119 磷酸化，推测 NHK-1 磷酸化组蛋白 H2A 苏氨酸 119 可能可以调节转录网络以及有丝分裂和减数分裂的进程（图8.3）。因此，组蛋白 H2A 苏氨酸 120 磷酸化是否与转录激活和有丝分裂染色体压缩有关成为一个非常有趣的值得讨论的问题。

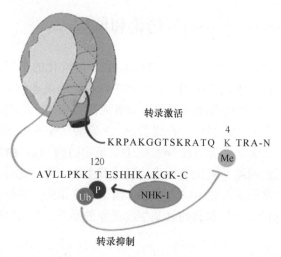

图 8.3 连接磷酸化和转录激活的组蛋白修饰网络。研究发现，与转录抑制相关的 H2A 赖氨酸 119 泛素化抑制与转录激活相关的组蛋白 H3 赖氨酸 4 甲基化（Nakagawa et al. 2008）。NHK-1 催化 H2A 泛素化位点赖氨酸 119 相邻的苏氨酸 120 磷酸化，这个组蛋白修饰网络影响转录

据报道，除了组蛋白 H2A 苏氨酸 120，组蛋白 H2A 丝氨酸 1 在蠕虫、苍蝇和哺乳动物细胞的有丝分裂过程中也高度磷酸化（Barber et al. 2004）。虽然组蛋白 H2A 苏氨酸 120 和组蛋白 H3 丝氨酸 10 可能激活转录，但 MSK1 催化组蛋白 H2A 丝氨酸 1 的磷酸化对染色质模板的转录有负调控作用（Zhang et al. 2004）。研究者观察到了这个相反的现象，磷酸化与转录激活和抑制都有关系，这说明可能存在着识别组蛋白修饰并间接调节转录的阅读器蛋白。如果我们找出了可识别组蛋白 H3 丝氨酸 10 磷酸化的阅读器蛋白，那么就可以揭示整个组蛋白修饰网络的机制。

8.5　阅读器蛋白翻译组蛋白修饰

组蛋白翻译后修饰不仅可以改变由非共价结合引起的组蛋白与 DNA 之间结合的生化性质，还可以改变多种阅读器蛋白的结合，这些蛋白对修饰的氨基酸残基具有特异的亲和力，并且影响生物现象。识别磷酸化组蛋白最好的阅读器蛋白是 14-3-3 蛋白。它们特异性地识别体内磷酸化的组蛋白 H3 丝氨酸 10，揭示了信号诱导组蛋白 H3 磷酸化在转录中的作用（Macdonald et al. 2005；Walter et al. 2008；Winter et al. 2008）。识别磷酸化组蛋白 H3 丝氨酸 10 的 14-3-3 蛋白可进一步招募参与转录调控的因子，从而作为磷酸化组蛋白的阅读器激活转录。结果表明，14-3-3 蛋白在组蛋白 H3 磷酸化的靶启动子核小体上募集 Brg1（重塑复合物的 ATP 酶亚基），随后招募 RNA 聚合酶 II，进而激活转录（Drobic et al. 2010）。除了衔接蛋白 14-3-3，组蛋白修饰网络也很重要。研究表明，间期组蛋白 H3 丝氨酸 10 磷酸化与相邻的乙酰化同时发生。现在已有组蛋白 H3 赖氨酸 9 乙酰化和丝氨酸 10 磷酸化或 H3 丝氨酸 10 磷酸化和赖氨酸 14 乙酰化的相关研究（Cheung et al. 2000；Winter et al. 2008）。这些研究表明，识别特定组蛋白修饰的组蛋白修饰网络和阅读器蛋白调控着复制、转录和修复等复杂的生物学过程。

8.6　结论和展望

在本章中，我们讨论了组蛋白 H1、H3 和 H2A 磷酸化的共同方面。考虑到不同组蛋白尾巴的数量和不同组蛋白修饰的数量，这个调控机制是非常复杂的。组蛋白 H3 丝氨酸 10 磷酸化与有丝分裂染色质凝聚和转录激活密切相关，这取决于不同背景下的不同组蛋白修饰网络和不同效应蛋白。在组蛋白 H3 磷酸化中观察到的这些机制很可能在组蛋白 H1 和组蛋白 H2A 苏氨酸 119 磷酸化中也是相同的。包括磷酸化在内的组蛋白修饰需要一个很大规模的网络才能调控大量的基因和生物表型。此外，这些机制包括翻译后组蛋白修饰网络、效应蛋白如 14-3-3 蛋白、组蛋白修饰酶，甚至组蛋白突变体等都包含了一个巨大的控制转录调控和其他复杂生物现象的系统。未来的研究将会给出这些问题的答案。

参 考 文 献

Aihara H, Nakagawa T, Yasui K, Ohta T, Hirose S, Dhomae N, Takio K, Kaneko M, Takeshima Y, Muramatsu M et al (2004) Nucleosomal histone kinase-1 phosphorylates H2A Thr 119 during mitosis in the early Drosophila embryo. Genes Dev 18:877–888

Ajiro K, Yoda K, Utsumi K, Nishikawa Y (1996) Alteration of cell cycle-dependent histone phosphorylations by okadaic acid. Induction of mitosis-specific H3 phosphorylation and chromatin condensation in mammalian interphase cells. J Biol Chem 271:13197–13201

Baek SH (2011) When signaling kinases meet histones and histone modifiers in the nucleus. Mol Cell 42:274–284

Balhorn R, Chalkley R, Granner D (1972) Lysine-rich histone phosphorylation. A positive correlation with cell replication. Biochemistry 11:1094–1098

Barber CM, Turner FB, Wang Y, Hagstrom K, Taverna SD, Mollah S, Ueberheide B, Meyer BJ, Hunt DF, Cheung P et al (2004) The enhancement of histone H4 and H2A serine 1 phosphorylation during mitosis and S-phase is evolutionarily conserved. Chromosoma 112:360–371

Bhattacharjee RN, Banks GC, Trotter KW, Lee HL, Archer TK (2001) Histone H1 phosphorylation by Cdk2 selectively modulates mouse mammary tumor virus transcription through chromatin remodeling. Mol Cell Biol 21:5417–5425

Boggs BA, Allis CD, Chinault AC (2000) Immunofluorescent studies of human chromosomes with antibodies against phosphorylated H1 histone. Chromosoma 108:485–490

Bradbury EM, Inglis RJ, Matthews HR, Sarner N (1973) Phosphorylation of very-lysine-rich histone in Physarum polycephalum. Correlation with chromosome condensation. Eur J Biochem 33:131–139

Bradbury EM, Inglis RJ, Matthews HR (1974) Control of cell division by very lysine rich histone (F1) phosphorylation. Nature 247:257–261

Carmena M, Ruchaud S, Earnshaw WC (2009) Making the Auroras glow: regulation of Aurora A and B kinase function by interacting proteins. Curr Opin Cell Biol 21:796–805

Catez F, Ueda T, Bustin M (2006) Determinants of histone H1 mobility and chromatin binding in living cells. Nat Struct Mol Biol 13:305–310

Chadee DN, Taylor WR, Hurta RA, Allis CD, Wright JA, Davie JR (1995) Increased phosphorylation of histone H1 in mouse fibroblasts transformed with oncogenes or constitutively active mitogen-activated protein kinase kinase. J Biol Chem 270:20098–20105

Chadee DN, Allis CD, Wright JA, Davie JR (1997) Histone H1b phosphorylation is dependent upon ongoing transcription and replication in normal and ras-transformed mouse fibroblasts. J Biol Chem 272:8113–8116

Chadee DN, Peltier CP, Davie JR (2002) Histone H1(S)-3 phosphorylation in Ha-ras oncogene-transformed mouse fibroblasts. Oncogene 21:8397–8403

Cheung P, Tanner KG, Cheung WL, Sassone-Corsi P, Denu JM, Allis CD (2000) Synergistic coupling of histone H3 phosphorylation and acetylation in response to epidermal growth factor stimulation. Mol Cell 5:905–915

Clayton AL, Rose S, Barratt MJ, Mahadevan LC (2000) Phosphoacetylation of histone H3 on c-fos- and c-jun-associated nucleosomes upon gene activation. EMBO J 19:3714–3726

Contreras A, Hale TK, Stenoien DL, Rosen JM, Mancini MA, Herrera RE (2003) The dynamic mobility of histone H1 is regulated by cyclin/CDK phosphorylation. Mol Cell Biol 23:8626–8636

Cullen CF, Brittle AL, Ito T, Ohkura H (2005) The conserved kinase NHK-1 is essential for mitotic progression and unifying acentrosomal meiotic spindles in Drosophila melanogaster. J Cell Biol 171:593–602

Dasso M, Dimitrov S, Wolffe AP (1994) Nuclear assembly is independent of linker histones. Proc Natl Acad Sci USA 91:12477–12481

Dou Y, Mizzen CA, Abrams M, Allis CD, Gorovsky MA (1999) Phosphorylation of linker histone H1 regulates gene expression in vivo by mimicking H1 removal. Mol Cell 4:641–647

Dou Y, Bowen J, Liu Y, Gorovsky MA (2002) Phosphorylation and an ATP-dependent process increase the dynamic exchange of H1 in chromatin. J Cell Biol 158:1161–1170

Drobic B, Perez-Cadahia B, Yu J, Kung SK, Davie JR (2010) Promoter chromatin remodeling of immediate-early genes is mediated through H3 phosphorylation at either serine 28 or 10 by the MSK1 multi-protein complex. Nucleic Acids Res 38:3196–3208

Fischle W, Wang Y, Allis CD (2003) Binary switches and modification cassettes in histone biology and beyond. Nature 425:475–479

Fischle W, Tseng BS, Dormann HL, Ueberheide BM, Garcia BA, Shabanowitz J, Hunt DF, Funabiki H, Allis CD (2005) Regulation of HP1-chromatin binding by histone H3 methylation and phosphorylation. Nature 438:1116–1122

Ge Z, Liu C, Bjorkholm M, Gruber A, Xu D (2006) Mitogen-activated protein kinase cascade-mediated histone H3 phosphorylation is critical for telomerase reverse transcriptase expression/telomerase activation induced by proliferation. Mol Cell Biol 26:230–237

Goldknopf IL, Taylor CW, Baum RM, Yeoman LC, Olson MO, Prestayko AW, Busch H (1975) Isolation and characterization of protein A24, a "histone-like" non-histone chromosomal protein. J Biol Chem 250:7182–7187

Green GR, Lee HJ, Poccia DL (1993) Phosphorylation weakens DNA binding by peptides containing multiple "SPKK" sequences. J Biol Chem 268:11247–11255

Guo XW, Th'ng JP, Swank RA, Anderson HJ, Tudan C, Bradbury EM, Roberge M (1995) Chromosome condensation induced by fostriecin does not require p34cdc2 kinase activity and histone H1 hyperphosphorylation, but is associated with enhanced histone H2A and H3 phosphorylation. EMBO J 14:976–985

Gurley LR, D'Anna JA, Barham SS, Deaven LL, Tobey RA (1978) Histone phosphorylation and chromatin structure during mitosis in Chinese hamster cells. Eur J Biochem 84:1–15

Gurley LR, Valdez JG, Buchanan JS (1995) Characterization of the mitotic specific phosphorylation site of histone H1. Absence of a consensus sequence for the p34cdc2/cyclin B kinase. J Biol Chem 270:27653–27660

Hanks SK, Rodriguez LV, Rao PN (1983) Relationship between histone phosphorylation and premature chromosome condensation. Exp Cell Res 148:293–302

Happel N, Doenecke D (2009) Histone H1 and its isoforms: contribution to chromatin structure and function. Gene 431:1–12

Hendzel MJ, Lever MA, Crawford E, Th'ng JP (2004) The C-terminal domain is the primary determinant of histone H1 binding to chromatin in vivo. J Biol Chem 279:20028–20034

Herrera RE, Chen F, Weinberg RA (1996) Increased histone H1 phosphorylation and relaxed chromatin structure in Rb-deficient fibroblasts. Proc Natl Acad Sci USA 93:11510–11515

Higashi M, Inoue S, Ito T (2010) Core histone H2A ubiquitylation and transcriptional regulation. Exp Cell Res 316:2707–2712

Hirota T, Lipp JJ, Toh BH, Peters JM (2005) Histone H3 serine 10 phosphorylation by Aurora B causes HP1 dissociation from heterochromatin. Nature 438:1176–1180

Hohmann P, Tobey RA, Gurley LR (1976) Phosphorylation of distinct regions of f1 histone. Relationship to the cell cycle. J Biol Chem 251:3685–3692

Horn PJ, Carruthers LM, Logie C, Hill DA, Solomon MJ, Wade PA, Imbalzano AN, Hansen JC, Peterson CL (2002) Phosphorylation of linker histones regulates ATP-dependent chromatin remodeling enzymes. Nat Struct Biol 9:263–267

Ito T (2003) Nucleosome assembly and remodeling. Curr Top Microbiol Immunol 274:1–22

Ito T, Bulger M, Pazin MJ, Kobayashi R, Kadonaga JT (1997a) ACF, an ISWI-containing and ATP-utilizing chromatin assembly and remodeling factor. Cell 90:145–155

Ito T, Tyler JK, Kadonaga JT (1997b) Chromatin assembly factors: a dual function in nucleosome formation and mobilization? Genes Cells 2:593–600

Ivanovska I, Khandan T, Ito T, Orr-Weaver TL (2005) A histone code in meiosis: the histone kinase, NHK-1, is required for proper chromosomal architecture in Drosophila oocytes. Genes Dev 19:2571–2582

Kang TH, Park DY, Choi YH, Kim KJ, Yoon HS, Kim KT (2007) Mitotic histone H3 phosphorylation by vaccinia-related kinase 1 in mammalian cells. Mol Cell Biol 27:8533–8546

Kawashima SA, Yamagishi Y, Honda T, Ishiguro K, Watanabe Y (2010) Phosphorylation of H2A by Bub1 prevents chromosomal instability through localizing shugoshin. Science 327:172–177

Koop R, Di Croce L, Beato M (2003) Histone H1 enhances synergistic activation of the MMTV promoter in chromatin. EMBO J 22:588–599

Kouzarides T (2007) Chromatin modifications and their function. Cell 128:693–705

Langan TA, Gautier J, Lohka M, Hollingsworth R, Moreno S, Nurse P, Maller J, Sclafani RA (1989) Mammalian growth-associated H1 histone kinase: a homolog of cdc2+/CDC28 protein kinases controlling mitotic entry in yeast and frog cells. Mol Cell Biol 9:3860–3868

Lee HL, Archer TK (1998) Prolonged glucocorticoid exposure dephosphorylates histone H1 and inactivates the MMTV promoter. EMBO J 17:1454–1466

Lee JS, Smith E, Shilatifard A (2010) The language of histone crosstalk. Cell 142:682–685

Lever MA, Th'ng JP, Sun X, Hendzel MJ (2000) Rapid exchange of histone H1.1 on chromatin in living human cells. Nature 408:873–876

Lo WS, Trievel RC, Rojas JR, Duggan L, Hsu JY, Allis CD, Marmorstein R, Berger SL (2000) Phosphorylation of serine 10 in histone H3 is functionally linked in vitro and in vivo to Gcn5-mediated acetylation at lysine 14. Mol Cell 5:917–926

Lu MJ, Mpoke SS, Dadd CA, Allis CD (1995) Phosphorylated and dephosphorylated linker histone H1 reside in distinct chromatin domains in Tetrahymena macronuclei. Mol Biol Cell 6:1077–1087

Luger K, Mader AW, Richmond RK, Sargent DF, Richmond TJ (1997) Crystal structure of the nucleosome core particle at 2.8 A resolution. Nature 389:251–260

Macdonald N, Welburn JP, Noble ME, Nguyen A, Yaffe MB, Clynes D, Moggs JG, Orphanides G, Thomson S, Edmunds JW et al (2005) Molecular basis for the recognition of phosphorylated and phosphoacetylated histone h3 by 14-3-3. Mol Cell 20:199–211

Mahadevan LC, Willis AC, Barratt MJ (1991) Rapid histone H3 phosphorylation in response to growth factors, phorbol esters, okadaic acid, and protein synthesis inhibitors. Cell 65:775–783

Maresca TJ, Heald R (2006) The long and the short of it: linker histone H1 is required for metaphase chromosome compaction. Cell Cycle 5:589–591

Maresca TJ, Freedman BS, Heald R (2005) Histone H1 is essential for mitotic chromosome architecture and segregation in Xenopus laevis egg extracts. J Cell Biol 169:859–869

Misteli T, Gunjan A, Hock R, Bustin M, Brown DT (2000) Dynamic binding of histone H1 to chromatin in living cells. Nature 408:877–881

Nakagawa T, Kajitani T, Togo S, Masuko N, Ohdan H, Hishikawa Y, Koji T, Matsuyama T, Ikura T, Muramatsu M et al (2008) Deubiquitylation of histone H2A activates transcriptional initiation via trans-histone cross-talk with H3K4 di- and trimethylation. Genes Dev 22:37–49

Nezu J, Oku A, Jones MH, Shimane M (1997) Identification of two novel human putative serine/threonine kinases, VRK1 and VRK2, with structural similarity to vaccinia virus B1R kinase. Genomics 45:327–331

Nowak SJ, Corces VG (2004) Phosphorylation of histone H3: a balancing act between chromosome condensation and transcriptional activation. Trends Genet 20:214–220

Ohsumi K, Katagiri C, Kishimoto T (1993) Chromosome condensation in Xenopus mitotic extracts without histone H1. Science 262:2033–2035

Olson MO, Goldknopf IL, Guetzow KA, James GT, Hawkins TC, Mays-Rothberg CJ, Busch H (1976) The NH2- and COOH-terminal amino acid sequence of nuclear protein A24. J Biol Chem 251:5901–5903

Preuss U, Landsberg G, Scheidtmann KH (2003) Novel mitosis-specific phosphorylation of histone H3 at Thr11 mediated by Dlk/ZIP kinase. Nucleic Acids Res 31:878–885

Rea S, Eisenhaber F, O'Carroll D, Strahl BD, Sun ZW, Schmid M, Opravil S, Mechtler K, Ponting CP, Allis CD et al (2000) Regulation of chromatin structure by site-specific histone H3 methyltransferases. Nature 406:593–599

Roth SY, Collini MP, Draetta G, Beach D, Allis CD (1991) A cdc2-like kinase phosphorylates histone H1 in the amitotic macronucleus of Tetrahymena. EMBO J 10:2069–2075

Ruchaud S, Carmena M, Earnshaw WC (2007) Chromosomal passengers: conducting cell division. Nat Rev Mol Cell Biol 8:798–812

Ruthenburg AJ, Li H, Patel DJ, Allis CD (2007) Multivalent engagement of chromatin modifications by linked binding modules. Nat Rev Mol Cell Biol 8:983–994

Sawicka A, Seiser C (2012) Histone H3 phosphorylation – a versatile chromatin modification for different occasions. Biochimie 94

Shen X, Yu L, Weir JW, Gorovsky MA (1995) Linker histones are not essential and affect chromatin condensation in vivo. Cell 82:47–56

Shimada M, Niida H, Zineldeen DH, Tagami H, Tanaka M, Saito H, Nakanishi M (2008) Chk1 is a histone H3 threonine 11 kinase that regulates DNA damage-induced transcriptional repression. Cell 132:221–232

Soloaga A, Thomson S, Wiggin GR, Rampersaud N, Dyson MH, Hazzalin CA, Mahadevan LC, Arthur JS (2003) MSK2 and MSK1 mediate the mitogen- and stress-induced phosphorylation of histone H3 and HMG-14. EMBO J 22:2788–2797

Strahl BD, Allis CD (2000) The language of covalent histone modifications. Nature 403:41–45

Suganuma T, Workman JL (2008) Crosstalk among histone modifications. Cell 135:604–607

Taylor WR, Chadee DN, Allis CD, Wright JA, Davie JR (1995) Fibroblasts transformed by combinations of ras, myc and mutant p53 exhibit increased phosphorylation of histone H1 that is independent of metastatic potential. FEBS Lett 377:51–53

Th'ng JP, Guo XW, Swank RA, Crissman HA, Bradbury EM (1994) Inhibition of histone phosphorylation by staurosporine leads to chromosome decondensation. J Biol Chem 269:9568–9573

van Holde KE (1989) Chromatin. Springer, New York, NY

Vicent GP, Koop R, Beato M (2002) Complex role of histone H1 in transactivation of MMTV promoter chromatin by progesterone receptor. J Steroid Biochem Mol Biol 83:15–23

Walter W, Clynes D, Tang Y, Marmorstein R, Mellor J, Berger SL (2008) 14-3-3 interaction with histone H3 involves a dual modification pattern of phosphoacetylation. Mol Cell Biol 28:2840–2849

Wang F, Ulyanova NP, van der Waal MS, Patnaik D, Lens SM, Higgins JM (2011) A positive feedback loop involving Haspin and Aurora B promotes CPC accumulation at centromeres in mitosis. Curr Biol 21:1061–1069

Watanabe Y (2005) Shugoshin: guardian spirit at the centromere. Curr Opin Cell Biol 17:590–595

Winter S, Simboeck E, Fischle W, Zupkovitz G, Dohnal I, Mechtler K, Ammerer G, Seiser C (2008) 14-3-3 proteins recognize a histone code at histone H3 and are required for transcriptional activation. EMBO J 27:88–99

Yamagishi Y, Honda T, Tanno Y, Watanabe Y (2010) Two histone marks establish the inner centromere and chromosome bi-orientation. Science 330:239–243

Zhang Y, Griffin K, Mondal N, Parvin JD (2004) Phosphorylation of histone H2A inhibits transcription on chromatin templates. J Biol Chem 279:21866–21872

Zlatanova J, Caiafa P, Van Holde K (2000) Linker histone binding and displacement: versatile mechanism for transcriptional regulation. FASEB J 14:1697–1704

第9章 组蛋白修饰的读取

阮春（Chun Ruan）和李兵（Bing Li）

9.1 简 介

染色质的结构主要受到 ATP 依赖的染色质重塑、组蛋白翻译后修饰（histone posttranslational modification，HPTM）、组蛋白替换/去除，以及组蛋白变体掺入的调控。这些调控机制可以控制依赖于 DNA 模板的代谢过程，如核小体 DNA 的转录和复制。大多数组蛋白翻译后修饰不会显著改变组蛋白与 DNA 之间的相互作用关系（Workman and Kingston 1998）。但是组蛋白翻译后修饰会作为信号平台，借助下游效应因子影响染色质结构（Jenuwein and Allis 2001）。鉴于翻译后修饰（PTM）在信号通路中具有重要作用，本书其他章节讨论的机制中几乎都会涉及对于翻译后修饰的读取。

这一研究领域在 10 年前才开始崭露头角，当时仅有少数几篇研究论文支持，之后其迅速发展成为一个涵盖诸多生物系统且成熟的跨多学科研究领域。人们对于细胞如何解码组蛋白翻译后修饰信息的了解正在飞速增长。在本章中，我们会为读者提供一些概念上的指导，以帮助读者阅读和消化大量相关文献知识。更为重要的是，我们会指出一些在未来几年该领域具有挑战性的关键问题。

组蛋白翻译后修饰的读取与其他普通蛋白翻译后修饰的读取非常相似，通常可以套用蛋白质与蛋白质相互作用的一般原则。一个典型的阅读器（reader）需要识别互作位点特异性的蛋白质序列背景（即上下片段），以及真核生物蛋白上的翻译后修饰内容，如甲基化和乙酰化。从广义上讲，本章将那些在生物环境中能够被修饰但未被修饰的氨基酸残基也定义为信号的一部分。例如，BHC80 的 PHD 结构域能够读取 H3K4me0（未被修饰的组蛋白 H3K4 残基），而这两者的相互作用在 H3K4 甲基化时显著减弱（Lan et al. 2007）。

然而，组蛋白的一些特性使得组蛋白翻译后修饰的读取过程在生物学上独一无二。组蛋白非游离蛋白，它们仅以某些复杂的形式存在于细胞内部。因此，识别组蛋白翻译后修饰应考虑其所处的复杂环境。由于游离组蛋白表面带大量正电荷，因此它们可以与带负电荷的 DNA 发生非特异性相互作用而聚集在一起。组蛋白伴侣（histone chaperone）是一类既能与新合成的组蛋白结合并帮助其组装成核小体，也可以协助核小体反向拆解的蛋白质（Hondele and Ladurner 2011）。毫无疑问，组蛋白伴侣是非核小体组蛋白上翻译后修饰的主要阅读器。组蛋白与组蛋白伴侣之间的相互作用仅依靠蛋白质序列就具有

C. Ruan · B. Li (✉)

Department of Biochemistry, University of Texas Southwest Medical Center,
5323 Harry Hines Blvd., Dallas, TX 75390, USA
e-mail: Bing4.Li@utsouthwestern.edu

很强的选择性。例如，组蛋白伴侣 DAXX 可以区分组蛋白变体 3.3（Gly 90）与经典组蛋白 H3.1 及 H3.2 之间的单个氨基酸差异，并能特异性地将这种替代组蛋白沉积到基因组中（Elsasser et al. 2012）。

有证据表明，组蛋白翻译后修饰可以促进组蛋白伴侣对其进行特异性识别。在出芽酵母 DNA 复制过程中，组蛋白伴侣 Rtt106 负责在 DNA 上组装新合成的含 H3K56ac 的 H3/H4 四聚体（Li et al. 2008）。这种特异性识别是通过同源二聚化的 Rtt106 N 端区域与 H3/H4 四聚体相互作用实现的，其中 Rtt106 的双 PH 结构域（pleckstrin-homology domain）以乙酰化依赖的方式结合 H3K56 区域（Su et al. 2012；Zunder et al. 2012）。另一个报道证实，转录区的 H3K36me（由组蛋白甲基转移酶 Set2 介导）可以减少 H3 与组蛋白伴侣 Asf1 的结合，从而抑制组蛋白的交换，并有利于旧组蛋白的回收（Venkatesh et al. 2012）。

一旦组蛋白被基因组 DNA 包裹形成核小体，来自组蛋白翻译后修饰的信号就会呈现在染色质的修饰上，表现为一种高度组织化的蛋白质/DNA 复合物，而不仅仅是单个组蛋白的翻译后修饰。与非核小体组蛋白的翻译后修饰不同，染色质上的蛋白翻译后修饰通常发生于特定的基因组位置，并在决定该染色质区域的开放/关闭状态时发挥关键作用。这进而控制了转录、重组及其他生物事件的启动/终止（Li et al. 2007a）。因此，如何识别染色质修饰是本章的主要内容。如图 9.1 所示，染色质中三个相互作用的表面可以潜在地作为特定的组蛋白翻译后修饰阅读器的靶标。首先，四个组蛋白的 N 端和 C 端在结构上是灵活的，称为组蛋白尾巴。在这些相对暴露的表位上，翻译后修饰异常丰富。它们之所以最初被选为研究组蛋白翻译后修饰识别的主要位点，是因为利用基于肽段的检测方法可以很容易地再现这些交互作用（Yun et al. 2011）。其次，有人认为组蛋白球状结构域主要负责形成组蛋白核心颗粒。然而，最近的质谱研究表明这些区域也存在大量的修饰（Tan et al. 2011），这预示着其具有强大的调控功能。有趣的是，最近两项关于核小体及其结合蛋白的结构研究证实，核小体中组蛋白球状结构域暴露的平面是染色质调节因子的重要接触位点（Armache et al. 2011；Makde et al. 2010）。最后，核小体的 DNA 同样是染色质表面的一个组成部分，它可以促进对翻译后修饰的识别。那些与随机 DNA、特定 DNA 序列或 DNA 甲基化具有较高亲和力的染色质因子可以利用这些相互作用作为锚定点来读取组蛋白翻译后修饰。

在读取经过修饰的染色质时，甚至会超越核小体层面，进而涉及局部染色质的更高级结构。某些染色质翻译后修饰只有在该区域发生某些构象变化时才能被读取。例如，DNA 修复蛋白质 Crb2 及其人类同源物 53BP1 在体外能够特异性识别 H4K20me。虽然 H4K20me2 和 H4K20me3 可以在基因组的大部分区域被检测到，但只有在 DNA 损伤后，染色质拓扑结构发生巨大变化，将这些隐藏的标记呈现给下游阅读器时，Crb2 和 53BP1 才能够接近并读取到它们（Botuyan et al. 2006；Huyen et al. 2004）。因此，组蛋白翻译后修饰的读取是一个极度依赖于染色质环境的过程。

根据染色质调控因子和转录因子的真正大小，可以想象的是染色质相关复合物（chromatin-related complex，CRC）能利用多种相互作用来识别其同源染色质靶标（图 9.2）。事实上，电镜研究表明，染色质重塑复合物 RSC（Asturias et al. 2002）、组蛋白乙酰转移酶 NuA4 复合物（Chittuluru et al. 2011）和组蛋白甲基转移酶复合物 PRC2

（Ciferri et al. 2012）都与它们的核小体底物存在大量的接触。其中一部分接触提供底物识别特异性，而其他的则有助于结合稳定性。目前，我们对于染色质阅读器与其染色质靶标之间如何进行相互作用这个问题有了相当多的了解。该领域的下一个重大挑战是确定如何通过 CRC 准确地解释这些单个信号在大分子复合物上的总体效应。在这里，我们将首先介绍一些重要的概念即每个阅读模块是如何独立或合作进行工作的。然后，我们将讨论这些多重相互作用是如何整合到复杂的生物过程中的。

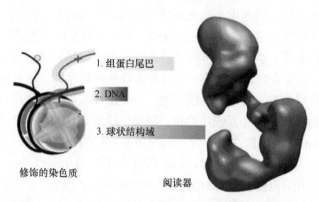

图 9.1　读取染色质修饰的三个方面。右边绿色部分（未按比例绘制）代表了一个典型的染色质调控因子，它的尺寸相当大，具有通过多个表面接触核小体的潜力

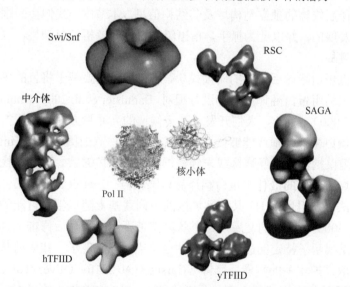

图 9.2　真核细胞转录机器及其调控染色质动力学相关因子的微观图。Pol II、核小体及其他组件以相同的比例显示。酵母延伸型 RNA Pol II（1I3Q）（Cramer et al. 2001）和非洲爪蟾核小体核心颗粒（1KX3）（Davey et al. 2002）的晶体结构呈现在 PyMol（DeLano Scientific）中。RSC 和酵母中介体的电镜结构密度图由 F. 阿斯图里亚斯（F. Asturias）提供（Asturias et al. 2002；Davis et al. 2002）；SAGA 和酵母 TFIID（yTFIID）的电镜结构密度图由 P. 舒尔茨（P. Schultz）提供（Wu et al. 2004；Leurent et al. 2002）。使用 Chimera 软件（UCSF）生成图像。人 TFIID（hTFIID）的冷冻电镜结构图和酵母 Swi/Snf 的电镜结构图分别由 E. 诺加莱斯（E. Nogales）和 C. 彼得森（C. Peterson）提供（Smith et al. 2003；Grob et al. 2006）

9.2 组蛋白修饰模块的读取

几年前，染色质领域的一些前沿研究已经发现一些独立蛋白质结构域能够识别经过特定修饰的组蛋白表位。随着技术的快速发展，早期的简单配对，如染色质结构域读取甲基化赖氨酸（Bannister et al. 2001）、布罗莫结构域读取乙酰化赖氨酸（Dhalluin et al. 1999），到现在已经扩展成为一个全面的"词典"。有关组蛋白表位修饰及其对应识别结构域的列表正在以惊人的速度不断更新[参考 Yun 等（2011）中的表 1]。

显然，几乎所有的识别配对都遵循蛋白质-蛋白质相互作用的普适原则，也并非组蛋白特异性的。从本质上讲，阅读结构域需要有一个能容纳修饰残基（如乙酰化赖氨酸或磷酸化丝氨酸）的结合口袋，以及一个与修饰残基侧翼序列广泛接触的表面来提供位点特异性。在某些情况下，当结合口袋不同，不同结构域识别组蛋白同一区域时，主要的特异性需要由侧翼序列的相互作用提供。例如，即使 JMJD2A 的 Tudor 结构域和纺锤体蛋白 1（Spindlin1）的串联 Tudor 样结构域带有不同的甲基赖氨酸结合口袋，它们也都可以与甲基化的 H3K4 肽段相结合。Spindlin1 利用其与侧翼残基——组蛋白 H3A1、R2 和 R8 的相互作用，定位在与 JMJD2A 相似的组蛋白肽段，从而实现相似的翻译后修饰识别（Yang et al. 2012）。

我们建议读者可以阅读最近的一篇综述（Yun et al. 2011），来深入了解每一个能够读取各大类翻译后修饰的独立结构域及其结构信息。本节中，我们会回顾一下这个领域是如何一步步发展的，并以此为抓手，指出组蛋白密码解析的复杂性，以及未来开发新工具所面临的挑战。

为了寻找组蛋白翻译后修饰的阅读模块，研究最初主要基于将目的蛋白的功能域结构与其功能相关的组蛋白翻译后修饰进行配对（Bannister et al. 2001；Dhalluin et al. 1999；Jacobson et al. 2000）。随后，人们开发了基于候选的高通量方法，利用携带大量染色质相关结构域的蛋白微阵列筛选能够读取某些修饰组蛋白肽的阅读器（Kim et al. 2006）。与之相反，利用仅携带一个经修饰或未经修饰残基的肽段芯片，可以查找某个潜在的组蛋白阅读结构域所对应的最佳组蛋白翻译后修饰靶点（Bua et al. 2009）。最近开发了一种组合分析方法，在组蛋白 H3 某一区域内的不同残基上随机组合可能的翻译后修饰，形成一个包含 5000 个肽段的文库，每个肽段携带不同的翻译后修饰组合。运用这种方法，研究者不仅揭示了特定阅读器的优先结合位点，还发现了一些以前从未报道过的与翻译后修饰读取调控相关的翻译后修饰（Garske et al. 2010；Oliver et al. 2012）。现有的这些组蛋白翻译后修饰阅读器大多是以单个蛋白（如 CHD5 中的两个 PHD 结构域）（Oliver et al. 2012）或蛋白质复合物（人 Rpd3S 组蛋白去乙酰化酶复合体中 MRG15 的染色质结构域及 Pf1 的 PHD 结构域）内的相关结构域簇（Kumar et al. 2012）来识别。

为了无倾向性地筛选那些被某种潜在翻译后修饰阅读器优先富集的翻译后修饰，研究人员用染色质相关蛋白 53BP1 作诱饵，从纯化的天然核心组蛋白中寻找经过特定修饰的组蛋白（Huyen et al. 2004）。相反，如果使用固定的组蛋白肽段则可以从核提取物中提取其识别蛋白。MDC1 能够结合磷酸化的 H2A.X（γH2A.X）肽段就是用这种方法发现的（Stucki et al. 2005）。利用 SILAC（细胞培养中氨基酸的稳定同位素标记）定量蛋白质组学技术,将背景噪点和质谱偏差降至最低,进一步优化了肽段沉淀的方法(Bartke et al. 2010)。SILAC 技术已得到进一步拓展,可用于筛选那些与经过修饰的染色质特异性结合的阅读器(Bartke et al. 2010)。未来,人们可利用核提取物中的特定组蛋白阅读器富集染色质的修饰,并对这些翻译后修饰模式进行系统的鉴定,将能更全面地了解阅读器对于特定翻译后修饰组合的复杂偏好。

9.3　读　取　方　法

细胞如何利用单个肽段-结构域的相互作用构建组蛋白 PTM 信号网络呢?最初人们提出"一个结构域一种修饰"(one domain-one mark)模型,即单个翻译后修饰-结构域相互作用可以将特定的 CRC 引导到其基因组所在位置(图 9.3a)。然而,随着研究的深入,人们发现多个结构域仅识别一个特定的标记(至少有 8 个不同的结构域可以结合到 H3K4me),但是一些结构域能够读取多个组蛋白翻译后修饰(EED 的 WD 结构域可以与至少 4 种不同的甲基化赖氨酸结合)(Yun et al. 2011)。因此,基于多功能的读取模式似乎是对该信号转导系统最好的诠释。为清楚起见,在这里我们将已经报道的有关相互作用研究分为几类。但是这里所列出的类别并非相互排斥的,因为在许多研究中,读取过程没有使用核小体底物和/或完整的染色质阅读复合物进行检验。

9.3.1　在一个组蛋白上读取多个翻译后修饰

一些阅读结构域能够同时结合空间上接近的两个残基(图 9.3b)。在水稻中,Siz/PIAS 型 SUMO 连接酶 OsSiz1 的 PHD 指以协同的方式优先识别 H3K4me3 和 H3R2me2(Shindo et al. 2012)。直观地说,在一个蛋白质中两个聚在一起的阅读结构域显然可以更容易地读取两个翻译后修饰,而且有时两个结构域之间的连接结构甚至可以起到调节作用。例如,RING 指家族 E3 泛素连接酶 UHRF1 更偏向于结合含有 H3K9me 和未修饰的 H3R2 的肽段。这种识别是通过将其 PHD 结构域结合到 H3K9me,同时其串联 Tudor 结构域识别未修饰的 H3R2 而实现的(Arita et al. 2012)。同样,MOZ 的串联 PHD 指可以同时读取未修饰的 H3R2 和乙酰化的 H3K14 两种标记(Ali et al. 2012; Qiu et al. 2012),这对于 *HOXA9* 基因座适当招募 MOZ 复合物至关重要(Qiu et al. 2012)。此外,TRIM24 的 PHD 结构域和布罗莫结构域形成单个功能单元,可以读取同一组蛋白尾部中未修饰的 H3K4 和乙酰化的 H3K23 蛋白翻译后修饰组合(Tsai et al. 2010)。最后,同一个复合体内,位于两个不同亚基的两个结构域也可以协同识别组合蛋白翻译后修饰。研究表明,人 Rpd3S/Sin3 组蛋白去乙酰化酶复合物通过两个重要的接触点与组蛋白 H3 结合:一个是 MRG15 亚基的染色质结构域,其靶向组蛋白 H3K36me2/3;另一个是 Pf1 亚基的 PHD 结构域,其与 H3 未修饰的 N 端接触(Kumar et al. 2012)。由于两个接触点的亲和力都非常弱(解离常数均超过 100 μmol/L),文章作者认为这两个结构域的二价相互作用关系对于复合物结合核小体上的靶标至关重要(Kumar et al. 2012)。

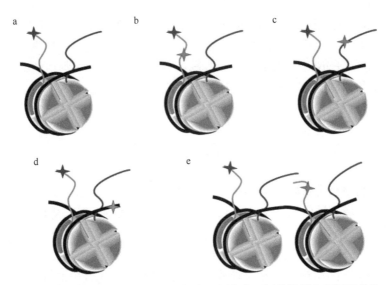

图 9.3　染色质中组蛋白修饰信号的模型。红色和橙色星星代表不同的组蛋白翻译后修饰。绿色星星（d）代表来自 DNA 的信号，包括 DNA 甲基化或序列特异性 DNA 结合位点。a. 单体识别；b. 在一个组蛋白上读取多个翻译后修饰；c. 在一个核小体内读取不同组蛋白上的翻译后修饰；d. 将 DNA 作为修饰染色质的一部分进行读取；e. 同时读取多个核小体

9.3.2　在一个核小体上读取不同组蛋白翻译后修饰

NURF 染色质重塑复合物与染色质的结合是通过其 BPTF 亚基介导的，BPTF 亚基包含一个 PHD 结构域和一个布罗莫结构域，二者分别能够识别组蛋白 H3K4me2/3 及组蛋白 H4K16Ac（图 9.3c）。这种协同效应只适用于两个组蛋白表位在相同的核小体内，即这两个翻译后修饰之间的距离与两个结构域之间的物理距离相匹配。将两个翻译后修饰置于不同的核小体上可能不利于阅读器同时进行读取（Ruthenburg et al. 2011）。

NuRD 染色质重塑复合物的 CHD4 亚基包含两个 PHD 结构域，它们与一个核小体内的两个组蛋白 H3 尾部结合。组蛋白 H3K9Ac 和 H3K9me 可以增强这种相互作用（翻译后修饰改变了 N 端尾部的疏水性），而 H3K4me 则会减弱这种相互作用（Musselman et al. 2012a）。同样，CHD5 的 PHD 指也可以同时结合两个 H3 的 N 端，而且该区域内的多种蛋白翻译后修饰会破坏这种高亲和力的结合（Oliver et al. 2012）。然而，如果只将两个单独的结构域混合在一起，则无法实现增强结合的效果，所以 PHD1 和 PHD2 之间的连接在这种识别中是必不可少的（Oliver et al. 2012）。

9.3.3　将 DNA 作为修饰核小体的一部分进行读取

CRC 通常包含一个对 DNA 具有高亲和力的亚基，这有助于与整体染色质结合。我们将在此讨论一些特殊的例子，在这些例子中，复合物与 DNA 之间的特异性相互作用对 CRC 识别染色质修饰至关重要。①通用转录因子 TFIID 包含一个 TBP 亚基，它以序列特异性的方式识别 TATA 盒（Li et al. 2007a）。与此同时，TFIID 的 TAF3 亚基的 PHD

结构域会优先结合 H3K4me3，而且 H3K4me3 在基因启动子近端区域富集。这两种相互作用共同指导 TFIID 启动子的招募（van Ingen et al. 2008；Vermeulen et al. 2007）。同样，Rpd3L 复合物也有组合识别的潜力，其 Pho23 亚基含有一个能读取 K4me3 的 PHD 结构域和 Ume6/Ash1 亚基，这两者都是序列特异性 DNA 结合蛋白（Carrozza et al. 2005a）。②组蛋白去甲基化酶 KDM2A 与核小体之间连接区域未甲基化的 CpG 岛有较高亲和力，而 DNA 甲基化会破坏这种相互作用（Blackledge et al. 2010；Zhou et al. 2012）。此外，KDM2A 还包含一个潜在的能够读取蛋白翻译后修饰的 PHD 结构域。③组蛋白去乙酰化酶复合物 Rpd3S 与单核小体的结合需要一个长度超过 40 bp 的连接 DNA（Li et al. 2007b；Huh et al. 2012）。④染色质重塑因子 Isw2 的 SLIDE 结构域在出/入点的外面与核小体外 DNA 结合。这种相互作用对于 Isw2 的结合以及组蛋白八聚体沿着 DNA 模板的定向运动具有重要意义（Dang and Bartholomew 2007）（图 9.3d）。

9.3.4 一次性读取多个核小体

异染色质蛋白 1（HP1）是一个进化保守的染色质阅读器，它包含三个关键的功能结构域：染色质结构域、染色质影子结构域（CSD）以及连接染色质结构域和 CSD 的铰链区（HR）（Hediger and Gasser 2006）。HP1 的裂殖酵母同源蛋白 Swi6 会形成一个四聚体，其中两个染色质结构域与一个核小体内的两个 H3K9me 结合，而另外两个未结合的染色质结构域变成黏性末端，可以连接周围的核小体，甚至不同染色体上的核小体（Canzio et al. 2011）。CSD 可以直接识别组蛋白 H3 球状结构域边缘并二聚化（Richart et al. 2012），形成两个核小体之间的另一种桥梁连接（Canzio et al. 2011）。HR 通过与核小体之间的连接 DNA 结合，帮助识别 K9 甲基化的核小体阵列（Mishima et al. 2012）。有趣的是，人源 HP1β 不能寡聚化，它与核小体的结合仅通过染色质结构域和 H3K9me3 之间的相互作用来实现（Munari et al. 2012）。HP1β 不具有类似 Swi6 与组蛋白间的多重接触特征，因此其与核小体的亲和力明显较弱（Munari et al. 2012）。同样，Swi6 的自我交联缺陷突变体也无法在体内定位于异染色质基因座（Haldar et al. 2011）。

组蛋白去乙酰化酶复合物 Rpd3S 与核小体的结合是由两个结构域的联合作用介导的：直接结合 K36me 的 Eaf3 亚基的染色质结构域和 Rco1 的 PHD 结构域（Li et al. 2007b）。在单核小体中，组蛋白尾部的空间位阻在一定程度上会限制两个结构域在单个核小体中同时与其核小体靶标接触（Huh et al. 2012）。Rpd3S 对双核小体的亲和力是单核小体的 100 倍以上。这种有力的结合是通过两个相连核小体之间的 Rpd3S 桥接实现的，进而使得每个识别结构域可以访问位于不同核小体上的结合表面（Huh et al. 2012）。

PRC2 组蛋白甲基转移酶复合物与核小体通过多个接触位点相互作用，包括：与甲基化组蛋白结合的 EED 亚基的 WD40 结构域、与组蛋白 H3 结合的 EED 的 N 端、与组蛋白 H3 N 端结合的 Nurf55，以及与组蛋白 H4 结合的 RbAp48 亚基[参见 Yun 等（2011）]。已知 PRC2 在寡核小体上比在组蛋白八聚体或单核小体上表现出更强的组蛋白甲基转移酶活性（Martin et al. 2006）。最近，一项优秀的研究表明，PRC2 更倾向于将拥有短连接 DNA 的核小体阵列作为最佳底物（Yuan et al. 2012）。这是因为 Su（z）12 亚基与邻近核小体的 H3 组蛋白 N 端之间的相互作用是其催化亚基 EZH2 的重要刺激因素（Yuan et al. 2012）。一项电镜研究揭示了 PRC2 的亚单位定位，进一步解释了为什么同一核小体内的 H3 组蛋白不足以作为变构刺激因素（Ciferri et al. 2012）。

另一种多梳抑制复合物 PRC1 也可以同时与多个核小体结合，诱导染色质压缩（Francis et al. 2004）。这种结合至少由两个结构域介导：一个是以组蛋白尾部非依赖性方式结合的 PSC 亚基；另一个是 Pc 亚基的染色质结构域，其能够识别 H3K27 甲基化的组蛋白尾部（Yun et al. 2011）。最近的一项生化研究表明，PSC 亚基可以与核小体结合，同时进行自我相互作用，从而桥接核小体，形成稳定的寡聚体结构（Lo et al. 2012）。这种独特的结构能够使 PRC1 在 DNA 复制期间与染色质持续结合（Lo et al. 2012）（图 9.3e）。

酵母沉默复合物 SIR 通过至少三个接触点与三核糖体模板结合：Sir4 与 DNA 结合；Sir3 与未经修饰的组蛋白 H4 尾部结合；Sir3 与组蛋白 H3 结合，且这种结合对 H3K79 甲基化敏感（Martino et al. 2009）。

9.4 读取的特异性

组蛋白翻译后修饰阅读网络的特异性主要由精准的"一个结构域一种修饰"识别提供。多结构域组合识别复杂蛋白翻译后修饰的模式不仅增强了 CRC 的结合强度，而且提高了结合的特异性。然而，还有很多其他因素可能与阅读特异性有关。例如，最近的一个蛋白定位系统图谱显示，含染色质结构域的 MRG15 蛋白仅被募集到富含 K36me3 的基因的子集中（Filion et al. 2010），这暗示可能有一个或多个重要的招募信号尚未被发现。这些信号可以由其他蛋白翻译后修饰组合产生，与非编码 RNA，甚至 DNA 序列特异性结合因子相关。

值得注意的是，读取模块与其蛋白翻译后修饰靶标之间的每一个独立连接所产生的效果，可能并不会全部在核小体-复合物的相互作用中体现。例如，上一节中提到，Nurf55 亚基与组蛋白 H3 N 端之间的相互作用对于 PRC2 与核小体结合非常重要。令人惊讶的是，当在肽段中检测时，H3K4me 阻碍 Nurf55 与 H3 肽段结合的效果增加了 100 多倍。然而，当使用 H3K4 甲基化的核小体为底物检测 PRC2 复合物时，H3K4me 似乎并没有改变 PRC2 与核小体的结合。相反，H3K4me 表现出抑制 PRC2 组蛋白甲基转移酶活性的变构效应（Schmitges et al. 2011）。同样，HP1 的染色质结构域与 H3K9 甲基化的肽段结合的特异性（结合未修饰底物的染色质结构域浓度的一半与结合修饰底物的染色质结构域浓度的比值）大约是 132，而与单核小体和 12-多核小体阵列结合的特异性分别为 4.6 和 25（Canzio et al. 2011），这表明某些其他的联系（如 CSD 和 HR）可能会改变染色质结构域-H3K9 相互作用的效果。有趣的是，Rpd3S 组蛋白去乙酰化酶复合物中，Eaf3 的染色质结构域与 H3K36me 肽段结合的特异性为 1.5（Carrozza et al. 2005b），而 Rpd3S 与其最佳底物 H3K36 甲基化的双核小体结合的特异性为 20（Huh et al. 2012）。在这种情况下，提高识别特异性的具体机制目前尚不清楚。

有时，对于某些生物学过程来说，不太严格的翻译后修饰识别也是有价值的。例如，

EED 的 WD40 结构域可以广泛地识别一组相似的具有转录抑制作用的组蛋白修饰（Margueron et al. 2009；Xu et al. 2010），而活性翻译后修饰标志如 H3K4me 和 H3K36me 则不利于相互作用。当组蛋白翻译后修饰整体减弱时，这种模糊识别可以作为一个强有力的工具来维持 DNA 复制后的普遍抑制。此外，如前所述，Rpd3S 复合物使双核小体模板的组蛋白间以翻译后修饰依赖或非依赖的方式结合。这种双核小体结合模式使 Rpd3S 能够有效地与只带有一个经修饰核小体的双核小体模板结合（Huh et al. 2012）。当目标组蛋白修饰在染色质复制过程中被稀释两倍时，翻译后修饰稀释的内在耐受性可能维持 CRC 功能。同样，HP1β 与对称和非对称的 H3K9 甲基化的核小体具有相似的亲和力（Munari et al. 2012），使它能够耐受翻译后修饰的稀释。

9.5　读取组蛋白修饰的功能效果

鉴于组蛋白翻译后修饰在信号传导中具有重要作用，读取组蛋白翻译后修饰所产生的效果通常由其效应因子的不同功能所决定。一般来说，与活跃转录相关的组蛋白标记通常被称为活化标记，如 H3K4me、H3K36me 和 H3K27Ac；而在基因组沉默区域发现的蛋白翻译后修饰则被定义为沉默标记，如 H3K9me 和 H3K27me。这种简单相关的命名方法对该特定标记是否能促进或抑制基因转录没有任何意义。例如，H3K36me 是活跃转录编码区的标志蛋白翻译后修饰之一。然而，它通过招募 Rpd3S 组蛋白去乙酰化酶复合物来维持编码区的低乙酰化状态，从而抑制不必要的转录起始（Li et al. 2007a）。

9.5.1　架构蛋白

同时与多个核小体结合的蛋白复合物具有能够诱导染色质压缩，或作为物理屏障阻碍对底层 DNA 访问的潜力。这就是所谓的架构蛋白，如 SIR 复合物（靶向低乙酰化和未甲基化的 H3K79 区域）（Martino et al. 2009）和异染色质蛋白 1（与 K9me 结合）（Bannister et al. 2001），它们大多通过自我扩增和寡聚作用扩散到更大的区域（Buhler and Gasser 2009）。一些架构蛋白，如 PRC1 复合物（Francis et al. 2009），甚至可以在 DNA 复制过程中与核小体保持结合，并可能立即在子染色体上发挥抑制功能。

9.5.2　染色质重塑因子

一旦被蛋白翻译后修饰靶向，染色质重塑复合物可以使核小体 DNA 局部更容易被 DNA 加工机器结合，或者将核小体调集到完全不同的位置（Workman and Kingston 1998）。例如，染色质重塑因子 RSC 靶向编码区的高乙酰化核小体，通过核小体屏障促进 Pol II 转录（Carey et al. 2006）。如前所述（9.3.2 节），NURF 的 BPTF 亚基包含一个读取 H3K4me3 的 PHD 结构域和一个读取乙酰化赖氨酸的布罗莫结构域，这两个结构域对于 NURF 定位至 *HOX* 基因座都非常重要（Ruthenburg et al. 2007）。最后，Isw1 染色质重塑复合物识别编码区的 H3K36me，从而起到维持核小体间隔和阻止组蛋白交换的作用（Smolle et al. 2012）。

9.5.3 与其他元件相连的衔接蛋白

蛋白翻译后修饰可以被与其他染色质修饰元件相关的普通衔接蛋白识别，从而转导蛋白翻译后修饰信号。在 DNA 损伤修复通路中，衔接蛋白 MDC1 在 DNA 断裂双链侧翼的染色质区与磷酸化的 H2A.X 结合。随后，它会激活一个级联磷酸化反应，从而募集组蛋白泛素连接酶 RNF8（Jungmichel and Stucki 2010）。随后，组蛋白泛素化要么招募其他修复机器，要么以某种方式暴露 H4K20me 和 H3K79me 来招募 53BP1（Jungmichel and Stucki 2010）。在重组过程中，重组激活蛋白 RAG2 与转录基因上的 H3K4me3 结合，而 RAG1 识别重组信号序列。这两者中的任何一个都不足以启动重组；但当这两个信号重叠时，即 RAG1 和 RAG2 聚合后才会启动重组（Ji et al. 2010）。此外，由于许多 RNA 加工过程以共转录的方式发生，因此 RNA 加工元件也可以利用类似的蛋白翻译后修饰衔接蛋白来指导其正常的功能。含有染色质结构域的 MRG15 识别转录区的 K36me3，进而招募剪接调控因子 PTB 来控制可变剪接（Luco et al. 2010）。最后，蛋白翻译后修饰模式和基因组可及性对复制时序都很重要（Bell et al. 2010；Vogelauer et al. 2002），这意味着 DNA 复制元件也具有识别组蛋白修饰的能力。最近人们发现一种 ORC 相关蛋白 LRWD1，其可以识别 DNA 甲基化和组蛋白修饰。LRWD1 对 DNA 复制起始具有重要作用（Vermeulen et al. 2010；Bartke et al. 2010；Shen et al. 2010）。

9.5.4 染色质修饰因子（组蛋白翻译后修饰串扰）

许多组蛋白翻译后修饰本身不足以改变染色质结构，其主要功能是为下游组蛋白翻译后修饰做准备。我们一般将此现象称为组蛋白翻译后修饰串扰（histone PTM cross-talk）。重要的是，这些初级蛋白翻译后修饰不仅有助于次级修饰因子的招募，还能够调节这些酶的催化活性。

9.5.4.1 上位关系

一些蛋白翻译后修饰的主要功能是向下游特定组蛋白翻译后修饰发出执行信号。例如，Set1 复合物介导 H3K4 甲基化需要组蛋白 H2B K123 泛素化（H2bub1）（Sun and Allis 2002）。在转录活跃的基因中，这个起始蛋白翻译后修饰可以稳定 Set1 的一个关键亚基（Lee et al. 2007a），以及 Dot1 催化形成的 H3K79 甲基化（Ng et al. 2002；Briggs et al. 2002）。再举一个例子，组蛋白 H3K36me 的主要功能之一是在编码区发出 Rpd3S 介导组蛋白去乙酰化信号，从而抑制隐性转录起始（Li et al. 2007a）。同样，H3K4me 招募 Hos2-Set3 组蛋白去乙酰化复合物来维持基因 5′端的低乙酰化状态（Kim and Buratowski 2009），从而控制重叠的非编码性转录（Kim et al. 2012）（图 9.4a）。

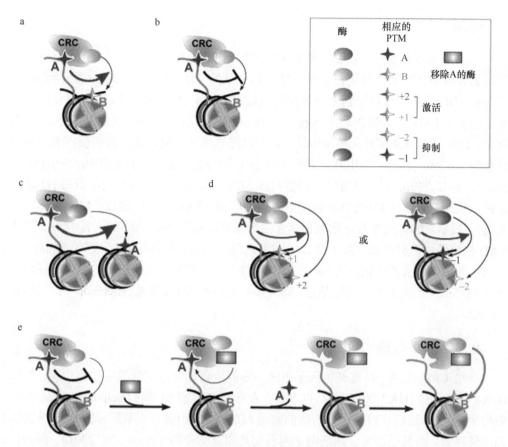

图 9.4 组蛋白修饰之间串扰模型的示意图。图中的符号已标注在右上角。CRC 代表染色质相关复合物。红色箭头表示刺激效应，而 b 和 e 中以横杠结尾的黑色曲线表示抑制。a. 上位关系。b. 拮抗作用。c~e. 带有双功能模块的阅读器；c. 正反馈，CRC 包含与其酶催化产物亲和力高的阅读模块，这是一种在邻近核小体之间传播/扩散组蛋白修饰的有效方法；d. 平行强化效应，CRC 具有多种酶活性，为活跃转录（左）或基因沉默（右）创造环境条件；e. 反向拮抗作用，CRC 自身携带或招募另一种酶，去除染色质底物上抑制其作用的蛋白翻译后修饰，然后执行自身的修饰功能

9.5.4.2　拮抗作用

蛋白质的某些翻译后修饰会限制蛋白质发生具有相反生物学功能的次级修饰。例如，活化标记 H3K4me 和 H3K36me 通过 Suz12 的 VEFS 结构域抑制 PRC2 催化形成具有抑制功能的 H3K27me（Schmitges et al. 2011）。有趣的是，这种抑制作用仅对同一组蛋白尾部的 H3K27 残基起作用，而对同一核小体内其他 H3 组蛋白没有效果（Voigt et al. 2012）。此外，PF1 的 Tudor 结构域识别 K36me3 同样有助于抑制 PRC2 的 PHF1 活性（Musselman et al. 2012b）。而 PHF1 芳香环上的突变会消除 PHF1 介导的对 PRC2 的抑制作用（Musselman et al. 2012b）。与之类似，H3K79me 可以通过干扰 Sir3 BAH 结构域和组蛋白球状结构域之间的相互作用，破坏 SIR 复合物与核小体的结合（Armache et al. 2011；Martino et al. 2009）（图 9.4b）。

9.5.4.3 正反馈

CRC 还可以包含一个优先识别酶催化产物的读取模块,这是迄今为止将修饰模式传播到邻近核小体上和扩散蛋白翻译后修饰最有效的方法。例如,LSD1 复合物 BHC80 亚基的 PHD 结构域可以识别未甲基化的组蛋白 H3K4(Lan et al. 2007)。这反过来又招募了更多的 LSD1,为周围核小体的 H3K4me 去甲基化,从而将 LSD1 与基因抑制联系起来。HP1 与 H3K9 甲基化核小体结合,然后通过直接相互作用招募组蛋白 H3K9 甲基转移酶 Suv3-9,并进一步甲基化邻近的核小体(Hediger and Gasser 2006;Schotta et al. 2002)。同样,PRC 复合物可以从其他 H3K27 甲基化尾部或者邻近的组蛋白 H3 获得正反馈,从而有效地将 H3K27me 传播到更广的区域(Yuan et al. 2012;Margueron et al. 2009)。最后,酵母沉默复合物 SIR 包含三个亚基,Sir2、Sir3 和 Sir4,其中 Sir2 是一种 NAD 依赖性去乙酰化酶,Sir3 和 Sir4 与低乙酰化的 H3 和 H4 亲和力更高。因此,Sir2 使邻近的核小体去乙酰化,为 Sir3/Sir4 提供高亲和力位点。Sir3/Sir4 的结合增强将招募更多的 Sir2 至该区域,从而增强 Sir3/Sir4 的沉默功能[参见 Hickman 等(2011)](图 9.3c)。

9.5.4.4 平行强化效应

一些 CRC 由两个功能修饰因子组成,它们协同地促进相似的生物学功能。例如,H3K4 甲基化和 H3K27Ac 都能拮抗 PRC2 介导的 H3K27 甲基化(Schmitges et al. 2011)。有趣的是,执行这些蛋白翻译后修饰的酶是 MLL/TRX 组蛋白甲基转移酶和 CBP 组蛋白乙酰转移酶,而且已经有证据证明这两种酶是相互结合的(Ernst et al. 2001)。组蛋白去甲基化酶 UTX 与混合谱系白血病(MLL)2/3 复合物有关。在视黄酸诱导下,UTX 复合物被招募到 HOX 基因,导致 H3K27 去甲基化并伴随 H3K4 的甲基化(Lee et al. 2007b),这两者都可以诱导转录激活。最后,PRC2 联合组蛋白 H3K4 去甲基化酶 Kdm5a 可以调控 PRC2 与靶基因的结合,导致 ES 细胞内基因抑制(Peng et al. 2009;Pasini et al. 2008, 2010;Shen et al. 2009)(图 9.3d)。

9.5.4.5 反向拮抗作用

这些染色质修饰因子具有去除其拮抗蛋白翻译后修饰的酶活性。组蛋白去甲基化酶 LSD1 在乙酰化核小体上的活性较低。有趣的是,LSD1 通过与组蛋白去乙酰化酶 1/2(HDAC1/2)结合,去除抑制性乙酰化,从而克服这种抑制作用(Lee et al. 2005, 2006)。此外,含有 Tudor 结构域的 PHF19 可以将组蛋白 H3K36 甲基化与 PRC2 调控联系起来(Ballare et al. 2012)。PHF19 调控 PRC2 的有效方式之一是可以招募 H3K36 去甲基化酶 NO66 来去除抑制 PRC2 活性的标记(Brien et al. 2012)(图 9.3e)。

9.6 展 望

Rpd3S 复合物的 Eaf3 染色质结构域,以及果蝇(MSL3 和 MRG15)和人(MRG15)

中的对应物，对 K36 甲基化的肽段具有非常弱的亲和力，其解离常数接近毫摩尔水平（Carrozza et al. 2005b；Larschan et al. 2007；Sural et al. 2008；Xu et al. 2008）。在某些情况下，这类染色质结构域家族的结合并不完全符合序列特异性（Kumar et al. 2012；Moore et al. 2010；Kim et al. 2010）。但是，在体内和体外实验中发现，负责 H3K36me 结合的芳香环中单一位点的突变会完全破坏该复合物的功能（Li et al. 2007a，2007b；Xu et al. 2008），表明产生这种弱亲和力的结构具有非常关键的作用。此外，根据现有的基于组蛋白肽的检测，另一个参与核小体识别的结合模体，即 Rco1 或 Pf1 的 PHD 结构域，也表现出较弱的结合亲和力。奇怪的是，在 Rpd3S 存在的情况下，当这两种弱相互作用结合在一起时，亲和力会显著增强。Rpd3S 可以与 H3K36 甲基化的双核小体结合，其解离常数约为 50 pmol/L（Huh et al. 2012；Li et al. 2009）。简单的叠加效应可以解释这增加了近 2 万倍的结合吗？与核小体的结合是否会导致另一个亚基上某些构象的改变，反过来使结合增强呢？大多数蛋白翻译后修饰阅读器不具有 DNA 序列特异性。因此，这些 CRC 的基因特异性效应很可能是由蛋白翻译后修饰书写器介导的，它们可能与序列特异性转录因子或 RNA 聚合酶 II 本身有关（Li et al. 2007a）。这些特异性相互作用也可能是阅读组蛋白翻译后修饰的重要环节。最后，近来的研究发现，存在许多不对称修饰的核小体，它们携带着具有相反功能的蛋白翻译后修饰信号。这种修饰的染色质该如何读取？阅读这些混杂信号内容的关键是什么？这些问题仍亟待解决。

致　谢

我们非常感谢 F. 阿斯图里亚斯（F. Asturias）、E. 诺加莱斯（E. Nogales）、C. 彼得森（C. Peterson）和 P. 舒尔茨（P. Schultz）博士对图 9.2 的贡献。李兵（B. Li）是小威廉姆"得克萨斯"蒙克里夫（W.A."Tex"Moncrief Jr.）医学研究学者，并获得美国国立卫生研究院（NIH）（R01GM090077）、韦尔奇基金会（I-1713）和美国出生缺陷基金会的基金资助。

参 考 文 献

Ali M et al (2012) Tandem PHD FIngers of MORF/MOZ acetyltransferases display selectivity for acetylated histone H3 and are required for the association with chromatin. J Mol Biol 424:328

Arita K et al (2012) Recognition of modification status on a histone H3 tail by linked histone reader modules of the epigenetic regulator UHRF1. Proc Natl Acad Sci USA 109:12950

Armache KJ, Garlick JD, Canzio D, Narlikar GJ, Kingston RE (2011) Structural basis of silencing: Sir3 BAH domain in complex with a nucleosome at 3.0 A resolution. Science 334:977

Asturias FJ, Chung WH, Kornberg RD, Lorch Y (2002) Structural analysis of the RSC chromatin-remodeling complex. Proc Natl Acad Sci USA 99:13477

Ballare C et al (2012) Phf19 links methylated Lys36 of histone H3 to regulation of polycomb activity. Nat Struct Mol Biol 19:1257

Bannister AJ et al (2001) Selective recognition of methylated lysine 9 on histone H3 by the HP1 chromo domain. Nature 410:120

Bartke T et al (2010) Nucleosome-interacting proteins regulated by DNA and histone methylation. Cell 143:470

Bell O et al (2010) Accessibility of the *Drosophila* genome discriminates PcG repression, H4K16 acetylation and replication timing. Nat Struct Mol Biol 17:894

Blackledge NP et al (2010) CpG islands recruit a histone H3 lysine 36 demethylase. Mol Cell

38:179

Botuyan MV et al (2006) Structural basis for the methylation state-specific recognition of histone H4-K20 by 53BP1 and Crb2 in DNA repair. Cell 127:1361

Brien GL et al (2012) Polycomb PHF19 binds H3K36me3 and recruits PRC2 and demethylase NO66 to embryonic stem cell genes during differentiation. Nat Struct Mol Biol 19:1273

Briggs SD et al (2002) Gene silencing: trans-histone regulatory pathway in chromatin. Nature 418:498

Bua DJ et al (2009) Epigenome microarray platform for proteome-wide dissection of chromatin-signaling networks. PLoS One 4:e6789

Buhler M, Gasser SM (2009) Silent chromatin at the middle and ends: lessons from yeasts. EMBO J 28:2149

Canzio D et al (2011) Chromodomain-mediated oligomerization of HP1 suggests a nucleosome-bridging mechanism for heterochromatin assembly. Mol Cell 41:67

Carey M, Li B, Workman JL (2006) RSC exploits histone acetylation to abrogate the nucleosomal block to RNA polymerase II elongation. Mol Cell 24:481

Carrozza MJ et al (2005a) Stable incorporation of sequence specific repressors Ash1 and Ume6 into the Rpd3L complex. Biochim Biophys Acta 1731:77

Carrozza MJ et al (2005b) Histone H3 methylation by Set2 directs deacetylation of coding regions by Rpd3S to suppress spurious intragenic transcription. Cell 123:581

Chittuluru JR et al (2011) Structure and nucleosome interaction of the yeast NuA4 and Piccolo-NuA4 histone acetyltransferase complexes. Nat Struct Mol Biol 18:1196

Ciferri C et al (2012) Molecular architecture of human polycomb repressive complex 2. Elife 1:e00005

Cramer P, Bushnell DA, Kornberg RD (2001) Structural basis of transcription: RNA polymerase II at 2.8 angstrom resolution. Science 292:1863

Dang W, Bartholomew B (2007) Domain architecture of the catalytic subunit in the ISW2-nucleosome complex. Mol Cell Biol 27:8306

Davey CA, Sargent DF, Luger K, Maeder AW, Richmond TJ (2002) Solvent mediated interactions in the structure of the nucleosome core particle at 1.9 a resolution. J Mol Biol 319:1097

Davis JA, Takagi Y, Kornberg RD, Asturias FA (2002) Structure of the yeast RNA polymerase II holoenzyme: mediator conformation and polymerase interaction. Mol Cell 10:409

Dhalluin C et al (1999) Structure and ligand of a histone acetyltransferase bromodomain. Nature 399:491

Elsasser SJ et al (2012) DAXX envelops a histone H3.3-H4 dimer for H3.3-specific recognition. Nature 491:560

Ernst P, Wang J, Huang M, Goodman RH, Korsmeyer SJ (2001) MLL and CREB bind cooperatively to the nuclear coactivator CREB-binding protein. Mol Cell Biol 21:2249

Filion GJ et al (2010) Systematic protein location mapping reveals five principal chromatin types in Drosophila cells. Cell 143:212

Francis NJ, Kingston RE, Woodcock CL (2004) Chromatin compaction by a polycomb group protein complex. Science 306:1574

Francis NJ, Follmer NE, Simon MD, Aghia G, Butler JD (2009) Polycomb proteins remain bound to chromatin and DNA during DNA replication in vitro. Cell 137:110

Garske AL et al (2010) Combinatorial profiling of chromatin binding modules reveals multisite discrimination. Nat Chem Biol 6:283

Grob P et al (2006) Cryo-electron microscopy studies of human TFIID: conformational breathing in the integration of gene regulatory cues. Structure 14:511

Haldar S, Saini A, Nanda JS, Saini S, Singh J (2011) Role of Swi6/HP1 self-association-mediated recruitment of Clr4/Suv39 in establishment and maintenance of heterochromatin in fission yeast. J Biol Chem 286:9308

Hediger F, Gasser SM (2006) Heterochromatin protein 1: don't judge the book by its cover! Curr Opin Genet Dev 16:143

Hickman MA, Froyd CA, Rusche LN (2011) Reinventing heterochromatin in budding yeasts: Sir2 and the origin recognition complex take center stage. Eukaryot Cell 10:1183

Hondele M, Ladurner AG (2011) The chaperone-histone partnership: for the greater good of histone traffic and chromatin plasticity. Curr Opin Struct Biol 21:698

Huh JW et al (2012) Multivalent di-nucleosome recognition enables the Rpd3S histone deacetylase complex to tolerate decreased H3K36 methylation levels. EMBO J 31:3564

Huyen Y et al (2004) Methylated lysine 79 of histone H3 targets 53BP1 to DNA double-strand breaks. Nature 432:406

Jacobson RH, Ladurner AG, King DS, Tjian R (2000) Structure and function of a human TAFII250 double bromodomain module. Science 288:1422

Jenuwein T, Allis CD (2001) Translating the histone code. Science 293:1074

Ji Y et al (2010) The in vivo pattern of binding of RAG1 and RAG2 to antigen receptor loci. Cell 141:419

Jungmichel S, Stucki M (2010) MDC1: the art of keeping things in focus. Chromosoma 119:337

Kim T, Buratowski S (2009) Dimethylation of H3K4 by Set1 recruits the Set3 histone deacetylase complex to 5' transcribed regions. Cell 137:259

Kim J et al (2006) Tudor, MBT and chromo domains gauge the degree of lysine methylation. EMBO Rep 7:397

Kim D et al (2010) Corecognition of DNA and a methylated histone tail by the MSL3 chromodomain. Nat Struct Mol Biol 17:1027

Kim T, Xu Z, Clauder-Munster S, Steinmetz LM, Buratowski S (2012) Set3 HDAC mediates effects of overlapping noncoding transcription on gene induction kinetics. Cell 150:1158

Kumar GS et al (2012) Sequence requirements for combinatorial recognition of histone H3 by the MRG15 and Pf1 subunits of the Rpd3S/Sin3S corepressor complex. J Mol Biol 422:519

Lan F et al (2007) Recognition of unmethylated histone H3 lysine 4 links BHC80 to LSD1-mediated gene repression. Nature 448:718

Larschan E et al (2007) MSL complex is attracted to genes marked by H3K36 trimethylation using a sequence-independent mechanism. Mol Cell 28:121

Lee MG, Wynder C, Cooch N, Shiekhattar R (2005) An essential role for CoREST in nucleosomal histone 3 lysine 4 demethylation. Nature 437:432

Lee MG et al (2006) Functional interplay between histone demethylase and deacetylase enzymes. Mol Cell Biol 26:6395

Lee JS et al (2007a) Histone crosstalk between H2B monoubiquitination and H3 methylation mediated by COMPASS. Cell 131:1084

Lee MG et al (2007b) Demethylation of H3K27 regulates polycomb recruitment and H2A ubiquitination. Science 318:447

Leurent C et al (2002) Mapping histone fold TAFs within yeast TFIID. EMBO J 21:3424

Li B, Carey M, Workman JL (2007a) The role of chromatin during transcription. Cell 128:707

Li B et al (2007b) Combined action of PHD and chromo domains directs the Rpd3S HDAC to transcribed chromatin. Science 316:1050

Li Q et al (2008) Acetylation of histone H3 lysine 56 regulates replication-coupled nucleosome assembly. Cell 134:244

Li B et al (2009) Histone H3 lysine 36 dimethylation (H3K36me2) is sufficient to recruit the Rpd3s histone deacetylase complex and to repress spurious transcription. J Biol Chem 284:7970

Lo SM et al (2012) A bridging model for persistence of a polycomb group protein complex through DNA replication in vitro. Mol Cell 46:784

Luco RF et al (2010) Regulation of alternative splicing by histone modifications. Science 327:996

Makde RD, England JR, Yennawar HP, Tan S (2010) Structure of RCC1 chromatin factor bound to the nucleosome core particle. Nature 467:562

Margueron R et al (2009) Role of the polycomb protein EED in the propagation of repressive histone marks. Nature 461:762

Martin C, Cao R, Zhang Y (2006) Substrate preferences of the EZH2 histone methyltransferase complex. J Biol Chem 281:8365

Martino F et al (2009) Reconstitution of yeast silent chromatin: multiple contact sites and O-AADPR binding load SIR complexes onto nucleosomes in vitro. Mol Cell 33:323

Mishima Y et al (2012) Hinge and chromoshadow of HP1alpha participate in recognition of K9 methylated histone H3 in nucleosomes. J Mol Biol 425:54–70

Moore SA, Ferhatoglu Y, Jia Y, Al-Jiab RA, Scott MJ (2010) Structural and biochemical studies on the chromo-barrel domain of male specific lethal 3 (MSL3) reveal a binding preference for mono- or dimethyllysine 20 on histone H4. J Biol Chem 285:40879

Munari F et al (2012) Methylation of lysine 9 in histone H3 directs alternative modes of highly dynamic interaction of heterochromatin protein hHP1beta with the nucleosome. J Biol Chem 287:33756

Musselman CA et al (2012a) Bivalent recognition of nucleosomes by the tandem PHD fingers of the CHD4 ATPase is required for CHD4-mediated repression. Proc Natl Acad Sci USA 109:787

Musselman CA et al (2012b) Molecular basis for H3K36me3 recognition by the Tudor domain of PHF1. Nat Struct Mol Biol 19:1266

Ng HH, Xu RM, Zhang Y, Struhl K (2002) Ubiquitination of histone H2B by Rad6 is required for efficient Dot1-mediated methylation of histone H3 lysine 79. J Biol Chem 277:34655

Oliver SS et al (2012) Multivalent recognition of histone tails by the PHD fingers of CHD5. Biochemistry 51:6534

Pasini D et al (2008) Coordinated regulation of transcriptional repression by the RBP2 H3K4 demethylase and polycomb-repressive complex 2. Gene Dev 22:1345

Pasini D et al (2010) JARID2 regulates binding of the Polycomb repressive complex 2 to target genes in ES cells. Nature 464:306

Peng JC et al (2009) Jarid2/Jumonji coordinates control of PRC2 enzymatic activity and target gene occupancy in pluripotent cells. Cell 139:1290

Qiu Y et al (2012) Combinatorial readout of unmodified H3R2 and acetylated H3K14 by the tandem PHD finger of MOZ reveals a regulatory mechanism for HOXA9 transcription. Gene Dev 26:1376

Richart AN, Brunner CI, Stott K, Murzina NV, Thomas JO (2012) Characterization of chromo-shadow domain-mediated binding of heterochromatin protein 1alpha (HP1alpha) to histone H3. J Biol Chem 287:18730

Ruthenburg AJ, Li H, Patel DJ, Allis CD (2007) Multivalent engagement of chromatin modifications by linked binding modules. Nat Rev Mol Cell Biol 8:983

Ruthenburg AJ et al (2011) Recognition of a mononucleosomal histone modification pattern by BPTF via multivalent interactions. Cell 145:692

Schmitges FW et al (2011) Histone methylation by PRC2 is inhibited by active chromatin marks. Mol Cell 42:330

Schotta G et al (2002) Central role of Drosophila SU(VAR)3-9 in histone H3-K9 methylation and heterochromatic gene silencing. EMBO J 21:1121

Shen X et al (2009) Jumonji modulates polycomb activity and self-renewal versus differentiation of stem cells. Cell 139:1303

Shen Z et al (2010) A WD-repeat protein stabilizes ORC binding to chromatin. Mol Cell 40:99

Shindo H et al (2012) PHD finger of the SUMO ligase Siz/PIAS family in rice reveals specific binding for methylated histone H3 at lysine 4 and arginine 2. FEBS Lett 586:1783

Smith CL, Horowitz-Scherer R, Flanagan JF, Woodcock CL, Peterson CL (2003) Structural analysis of the yeast SWI/SNF chromatin remodeling complex. Nat Struct Mol Biol 10:141

Smolle M et al (2012) Chromatin remodelers Isw1 and Chd1 maintain chromatin structure during transcription by preventing histone exchange. Nat Struct Mol Biol 19:884

Stucki M et al (2005) MDC1 directly binds phosphorylated histone H2AX to regulate cellular responses to DNA double-strand breaks. Cell 123:1213

Su D et al (2012) Structural basis for recognition of H3K56-acetylated histone H3-H4 by the chaperone Rtt106. Nature 483:104

Sun ZW, Allis CD (2002) Ubiquitination of histone H2B regulates H3 methylation and gene silencing in yeast. Nature 418:104

Sural TH et al (2008) The MSL3 chromodomain directs a key targeting step for dosage compensation of the *Drosophila melanogaster* X chromosome. Nat Struct Mol Biol 15:1318

Tan M et al (2011) Identification of 67 histone marks and histone lysine crotonylation as a new type of histone modification. Cell 146:1016

Tsai WW et al (2010) TRIM24 links a non-canonical histone signature to breast cancer. Nature 468:927

van Ingen H et al (2008) Structural insight into the recognition of the H3K4me3 mark by the TFIID subunit TAF3. Structure 16:1245

Venkatesh S et al (2012) Set2 methylation of histone H3 lysine 36 suppresses histone exchange on transcribed genes. Nature 489:452

Vermeulen M et al (2007) Selective anchoring of TFIID to nucleosomes by trimethylation of histone H3 lysine 4. Cell 131:58

Vermeulen M et al (2010) Quantitative interaction proteomics and genome-wide profiling of epigenetic histone marks and their readers. Cell 142:967

Vogelauer M, Rubbi L, Lucas I, Brewer BJ, Grunstein M (2002) Histone acetylation regulates the time of replication origin firing. Mol Cell 10:1223

Voigt P et al (2012) Asymmetrically modified nucleosomes. Cell 151:181

Workman JL, Kingston RE (1998) Alteration of nucleosome structure as a mechanism of transcriptional regulation. Annu Rev Biochem 67:545

Wu PY, Ruhlmann C, Winston F, Schultz P (2004) Molecular architecture of the *S. cerevisiae* SAGA complex. Mol Cell 15:199

Xu C, Cui G, Botuyan MV, Mer G (2008) Structural basis for the recognition of methylated histone

H3K36 by the Eaf3 subunit of histone deacetylase complex Rpd3S. Structure 16:1740

Xu C et al (2010) Binding of different histone marks differentially regulates the activity and specificity of polycomb repressive complex 2 (PRC2). Proc Natl Acad Sci USA 107:19266–19271

Yang N et al (2012) Distinct mode of methylated lysine-4 of histone H3 recognition by tandem tudor-like domains of Spindlin1. Proc Natl Acad Sci USA 109:17954

Yuan W et al (2012) Dense chromatin activates polycomb repressive complex 2 to regulate H3 lysine 27 methylation. Science 337:971

Yun M, Wu J, Workman JL, Li B (2011) Readers of histone modifications. Cell Res 21:564

Zhou JC, Blackledge NP, Farcas AM, Klose RJ (2012) Recognition of CpG island chromatin by KDM2A requires direct and specific interaction with linker DNA. Mol Cell Biol 32:479

Zunder RM, Antczak AJ, Berger JM, Rine J (2012) Two surfaces on the histone chaperone Rtt106 mediate histone binding, replication, and silencing. Proc Natl Acad Sci USA 109:E144

第10章 组蛋白变体的性质和功能

艾曼纽尔·森克尔（Emmanuelle Szenker）、叶卡捷琳娜·博亚尔丘克（Ekaterina Boyarchuk）和热纳维耶芙·阿尔穆兹尼（Geneviève Almouzni）

10.1 简 介

三个核心组蛋白 H3、H2A 和 H2B 以及连接组蛋白 H1 存在变体，但核心组蛋白 H4 不存在变体（Franklin and Zweidler 1977）（表 10.1）。它们可能只有少数氨基酸不同或存在其他大结构域，如哺乳动物核心组蛋白的变体所示（图 10.1）。组蛋白变体的掺入导致染色质组成的差异，使染色质成为一种具有适应性的通用模板，并为各种基于 DNA 的过程提供了调节方法，如复制、转录、重组和修复。在本章中，我们主要关注哺乳动物的组蛋白变体，对于进化观点，可参见 Talbert 等（2012）。

组蛋白H3

| | | 31 | | 87 89 90 96 |

H3.1   -ARTKQTARKSTGGKAPRKQLATKAARKSAPATGGVKKPHRYRPGTVALREIRRYQKSTELLIRKLPFQRLVREIAQDFKT--DLRFQSSAVMALQEACE 97
H3.2   -ARTKQTARKSTGGKAPRKQLATKAARKSAPATGGVKKPHRYRPGTVALREIRRYQKSTELLIRKLPFQRLVREIAQDFKT--DLRFQSSAVMALQEASE 97
H3.3   -ARTKQTARKSTGGKAPRKQLATKAARKSAPSTGGVKKPHRYRPGTVALREIRRYQKSTELLIRKLPFQRLVREIAQDFKT--DLRFQSAAIGALQEASE 97
H3.4（H3t） -ARTKQTARKSTGGKAPRKQLATKVARKSAPATGGVKKPHRYRPGTVALREIRRYQKSTELLIRKLPFQRLMREIAQDFKT--DLRFQSSAVMALQEASE 97
H3.5（H3.3C） -ARTKQTARKSTGGKAPRKQLATKAARKSTPSTGGVKSPHRYRPGTVALREIRRYQKSTELLIRKLPFQRLVREIAQDFNT--DLRFQSSAVMALQEASE 96
H3.Y.1（H3.Y） -ARTKQTARKATAWQAPRKPLATKAAGKRAPPTGGVKKPHRYKPGTLALSEIRKYQKSTOLLLRKLPFQRLVREIAQAISP--DLRFQSAAIGALQEASE 97
H3.Y.2（H3.X） -ARTKQTARKATAWQAPRKPLATKAARKRASPTGGIKKPHRYKPGTLALREIRKYQKSTQLLLRKLPFQRLVREIAQAISP--DLRFQSAAIGALQEASE 97
CenH3（CENP-A） GPRRRSRKPEAPRRRSP-SPTPTPGPSRRGPSLGASSHQAVRRRPR-QGWLKEIRKLQKSTHLLIRKLPFQRLAREICVKFTRGVDFNWQAQALLALQEAAE 98

N端尾部   αN螺旋   α1螺旋

CenH3的CATD结构域

H3.1   AYLVGLFEDTNLCAIHAKRVTIMPKDIQLARRIRGERA----------- 134
H3.2   AYLVGLFEDTNLCAIHAKRVTIMPKDIQLARRIRGERA----------- 135
H3.3   AYLVGLFEDTNLCAIHAKRVTIMPKDIQLARRIRGERA----------- 135
H3.4（H3t） SYLVGLFEDTNLCVIHAKRVTIMPKDIQLARRIRGERA----------- 135
H3.5（H3.3C） AYLVGLFEDTNLCAIHAKRVTIMPKDIQLARRIRGERA----------- 134
H3.Y.1（H3.Y） AYLVQLFEDTNLCAIHARRVTIMPRDMQLARRLRREGP----------- 135
H3.Y.2（H3.X） AYLVQLFEDAYLLTLHAGRVTLFPKDVQLARRLRGEGAGEPTLLGNLAL 146
CenH3（CENP-A） AFLVRLFEDAYLLTLHAGRVTLFPKDVQLARRIRGLEEGLG 139

α2螺旋   α3螺旋

CenH3的
CATD结构域

E. Szenker · E. Boyarchuk · G. Almouzni (✉)

Centre de Recherche, Institut Curie, Paris 75248, France Medical Center,

CNRS, UMR218, Paris 75248, France

e-mail: Genevieve. Almouzni@curie.fr

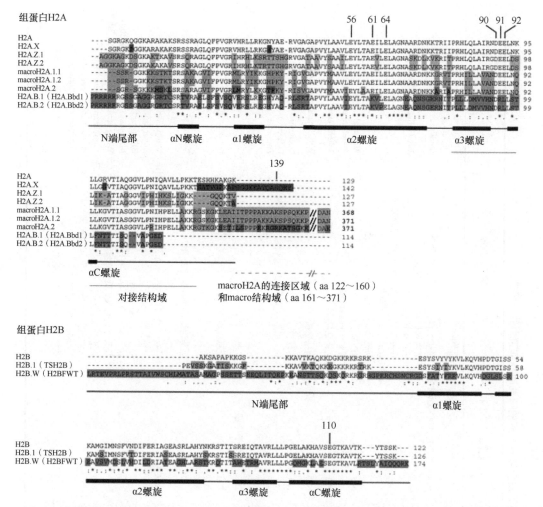

图 10.1　人类组蛋白变体的序列比对。组蛋白包括含有 3 个 α 螺旋的球状组蛋白折叠结构域（α1、α2 和 α3），以及结构无序但是含有一个 α 螺旋（αN 或 αC）的 N 端和 C 端尾巴，这取决于特定的组蛋白类型。在这里，我们展示了每个已知的人类核心组蛋白变体与核心组蛋白的序列比对。在比较每个变体同与之对应的经典组蛋白（第一列）的氨基酸差异时，用不同的颜色进行标注。值得注意的是，一些基因能够编码相同的替代变体，如 H3.3，在脊椎动物中，其能够被两个不同的基因所编码（*H3.3A* 和 *H3.3B*）。此外，不同的基因能够编码关联密切的变体。也会发生替代组蛋白 mRNA 的可变剪接，正如在 *macroH2A.1* 基因中观察到的，该基因能够编码两个剪接变体，macroH2A1.1 和 macroH2A1.2。CenH3 的 CENP-A 靶向域（CATD）、macroH2A 的连接区域和 macro 结构域都用灰色虚线表示。H2A 变体的停泊结构域也在图中有所显示。而关键的残基被突出显示：H3.1 和 H3.3 之间的 5 个不同残基，由 H2A 上的 6 个残基（Glu56、Glu61、Glu64、Asp90、Glu91 和 Glu92）和 H2B 上的 Glu110 残基形成的"酸性补丁"，以及在 DNA 损伤时会被特异性磷酸化的 H2A.X Ser139

表 10.1　组蛋白变体和相应的哺乳动物细胞中的分子伴侣

组蛋白变体		种属分布	种属特异性变体	特异性分子伴侣	基因组分布	参考文献
家族	变体*					
H3	H3(H3.1、H3.2(复制依赖性))	后生动物	Dm: H3.2; Mm、Xl: H3.2; Hs: H3.1[a] 和 H3.2	CAF-1复合物	全基因组	Smith and Stillman 1989; Tagami et al. 2004
	H3.3	真核细胞	Sc、Sp: H3[b]; Dm、Xl、Mm、Hs: H3.3	HIRA复合物 DAXX/ATRX	启动子和活跃基因的基因体区、基因调控元件; Hs: 无核小体区; Mm、Hs: 端粒、减数分裂的XY染色体区、着丝粒; Dm、Mm: 受精卵的父系染色质	Szenker et al. 2011; Ray-Gallet et al. 2011
	H3.4	哺乳动物	Mm、Hs: H3.t	ND	ND(精子)	Witt et al. 1996
	H3.5	人	Hs: H3.5	ND	核仁(HeLa细胞)[c]	Andersen et al. 2005
	H3.Y	灵长类	Hs: H3.Y.1 和 H3.Y.2	ND	常染色质	Schenk et al. 2011
	CenH3	真核细胞	Sc: Cse4; Sp: Cnp1; Dm: CID; Xl、Gg、Mm、Hs: CENP-A	HJURP	着丝粒; Sc: 组蛋白置换率高的区域、tRNA基因	Wiedemann et al. 2010; Nechemia-Arbely et al. 2012; Lefrançois et al. 2009; Zeitlin et al. 2009
H4	H4	真核细胞	H4	所有H3分子伴侣	全基因组	
H2A	H2A(复制依赖性)	真核细胞	H2A[d]	FACT(Spt16)[e] Nap1[e] 核仁蛋白[f]	全基因组	Formosa 2012
	H2A.X	后生动物	Dm: H2Av[g]; Xl、Mm、Hs: H2A.X	ND	全基因组、DSB位点的γH2A.X	Soria et al. 2012
	H2A.Z	真核细胞	Sc: Htz1; Sp: Pht1; Dm: H2Av[g]; Xl: H2A.Zl; Mm、Hs: H2A.Z.1、H2A.Z.2 和 2.2	SRCAP p400	活跃可诱导基因的启动子和基因体区、基因调解元件、核仁; Sc、Sp、Dm、Mm、Hs: 着丝粒区; Sp、Dm、Mm: 亚端粒区; Mm: 减数分裂的XY染色体区	Marques et al. 2010; Boyarchuk et al. 2011; Billon and Côté 2012; Mizuguchi 2004; Luk et al. 2007; Wong et al. 2007; Zhou et al. 2008
	macroH2A(mH2A)	羊膜动物	Gg: mH2A.1 和 mH2A.2; Mm、Hs: mH2A.1.1、1.2 和 mH2A.2	ND	失活的X染色体、印迹基因的启动子、端粒、可诱导的发育基因的启动子、核仁、核仁; 减数分裂的XY染色体区	Gamble and Kraus 2010; Hoyer-Fender et al. 2000; Déjardin and Kingston 2009
	H2A.B	哺乳动物	Mm: H2A.Bbd1-5 、H2A.Lap1-4[h]; Hs: H2A.Bbd1 和 2	ND	常染色质和外周异染色质(精子)	Chadwick and Willard 2001; Ishibashi et al. 2010; Soboleva et al. 2011

续表

组蛋白变体 家族	变体*	种属分布	种属特异性变体	特异性分子伴侣	基因组分布	参考文献
H2B	H2B(复制依赖性)	真核细胞	H2B	所有 H2A 分子伴侣	全基因组	
	H2B.1	哺乳动物	Mm, Hs: TSH2B	ND	全基因组(精子) 端粒(体细胞)[i]	Zalensky 2002 Déjardin and Kingston 2009
	H2B.W	哺乳动物	Ms: H2BL1 Hs: H2BWT	ND	端粒(精子)	Churikov et al. 2004

注: ND. 未检测到; DSB. DNA 双链断裂; Sp, 栗酒裂殖酵母; Sc, 酿酒酵母; Dm, 黑腹果蝇; Xl, 非洲爪蟾; Gg, 家鸡; Mm, 鼠; Hs, 人

* 对于新组蛋白命名, 以及植物的复制依赖性组蛋白组蛋白变体, H1 变体, 请参阅 Talbert 等 (2012)

a H3.1 是哺乳动物特异性的复制依赖性组蛋白组蛋白变体

b 酵母只有非着丝粒 H3 与后生动物 H3.3 相关 (Szenker et al. 2011)

c 睾丸特异性组蛋白 H3.4 也被发现存在于 HeLa 细胞的核蛋白组中 (Andersen et al. 2005)。注意: HeLa 细胞的肿瘤源性或许造成 H3.4 的异位表达

d 酵母 H2A 被认为是经典的形式; 然而, 它在 DNA 损伤反应中发挥与脊椎动物 H2A.X 类似的功能 (如在 DNA 损伤位点被磷酸化)

e 大多数已知的 H2A 分子伴侣在体内和部分体外状态下可结合和沉积或许多其他 H2A 变体, 此处的这些因子即为 H2A 分子伴侣。而且, 其中的部分因子如 FACT 或 SRCAP 是交换因子, 故而可结合两种截然不同的 H2A 变体。它们同时作为一种染色体分体内的特异性因子和另一种变体的特异性驱逐因子

f 除作为含 H2A.X 核小体的分子伴侣发挥功能, 核仁蛋白在体外可促进包含 mH2A 核小体的重塑, 提示针对 mH2A 特殊变体的特异性 (Angelov et al. 2006)。尚未见它在体内也作为 mH2A 分子伴侣的报道

g H2Av 是 H2A.X 和 H2A.Z 的杂交体, 它包含一个在 DNA 损伤反应中可被磷酸化的丝氨酸 (Talbert and Henikoff 2010)

h 注意: H2A.Lap1 对应 H2A.Bbd1; H2A.Lap2-4 之前已被认定为 H2A.L1.1-3 (Govin et al. 2007; Ishibashi et al. 2010; Soboleva et al. 2011)

i H2B.1 被认为是一个睾丸特异性变体, 最近在几种人细胞株中发现其结合端粒重复序列 (Déjardin and Kingston 2009)

　　组蛋白变体一般分为复制型组蛋白和替代型组蛋白。它们可以为结合伴侣提供特定的相互作用，或者赋予核小体或染色质组织更高层次的独特性质。不同的机制调节其表达，进而控制其可用性和沉积（Talbert and Henikoff 2010；Szenker et al. 2011）。根据定义，复制型（也被称为"典型"）组蛋白在 S 期出现表达峰值。复制型组蛋白由多个基因拷贝编码并串联排列，缺乏内含子（图 10.2），这使得协调转录成为可能（Marzluff et al. 2008）。它们的转录本不是多腺苷酸化的，而是通过茎环结合蛋白（SLBP）与其 3′端的结合而稳定的。SLBP 的表达同样在 S 期增高（Marzluff and Duronio 2002）。更重要的是，复制型组蛋白掺入染色质与 DNA 合成有关。相反，替代型组蛋白在 S 期的表达未出现峰值（Wu and Bonner 1981），它通常在整个细胞周期中表达，并在一些情况下呈现组织特异性。替代型组蛋白由单基因编码，其相应的 mRNA 通过多腺苷酸化而稳定（图 10.2）。它们与染色质的结合可能发生在整个细胞周期内，与 DNA 合成无关。替代型组蛋白在高度转录区域、着丝粒或端粒处富集。

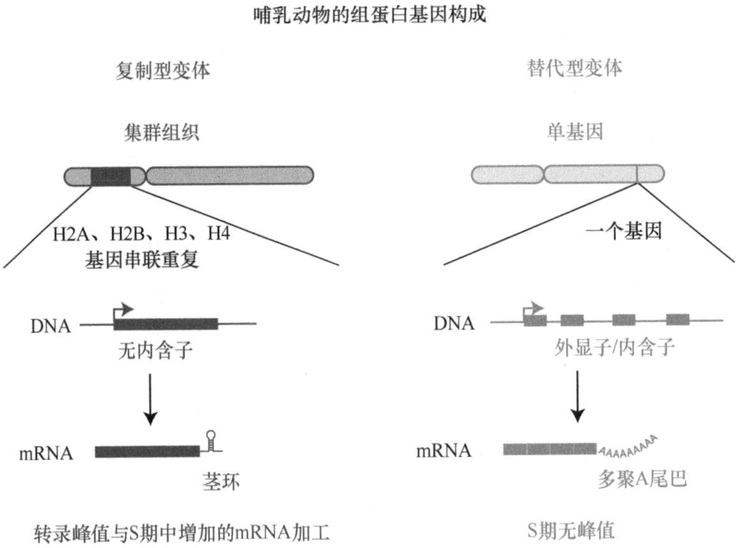

哺乳动物的组蛋白基因构成

图 10.2　哺乳动物组蛋白基因特征。哺乳动物的经典组蛋白（紫色）和替代变体（绿色）在基因特征上的差异在图中被阐明。典型的组蛋白基因被组织成集群，这些集群包含每个核心组蛋白基因串联重复的一些拷贝数。与编码组蛋白替代变体的常规基因相反，它们相应的 mRNA 缺乏内含子且未被多腺苷酸化。这些特征确保了典型的组蛋白在 S 期中表达的特异性调控。改编自 Szenker 等（2011）

　　在过去 10 年中，许多研究聚焦于了解不同的组蛋白变体如何与染色质结合，以及它们如何标记特定的染色质状态。在这种情况下，研究在整个细胞生命中的护送组蛋白，即组蛋白伴侣（De Koning et al. 2007），一直很重要。研究已经发现越来越多的分子伴侣在控制组蛋白供应、掺入染色质以及驱逐和处置中发挥作用（表 10.1）。在本章中，我们提供了关于组蛋白变体的生物化学特征及其不同沉积途径的已知最新信息。然后，我们提出了当前关于其在调控 DNA 过程中的生物学重要性的观点，包括转录、DNA 修复、染色体分离和胚胎发育。

10.2 组蛋白变体的特征

正如关于人类组蛋白的描述（图 10.1），不同变体的一级结构会影响其翻译后修饰（PTM）、与伴侣蛋白的相互作用、掺入它们的核小体的生物化学性质，以及二级和更高级的染色质结构。

10.2.1 组蛋白变体的一级结构影响 PTM

很明显，氨基酸序列的差异（图 10.1）可以导致特定变体中的独特 PTM，这仅仅是因为代表关键靶位点的残基在不同变体中不是保守的。这里用最极端的事例即 H2A.B 变体进行解说，H2A.B 不保留任何可在复制 H2A 中修饰的残基（Gonzalez-Romero et al. 2010）。类似地，H2A.X 变体在 Ser-Gln-Glu（SQE）基序（人类中为 S139）中呈现一个独特的 C 端丝氨酸，其在 DNA 损伤反应响应时被磷酸化（Rogakou et al. 1998）。此外，macroH2A 在其宏结构域上被聚 ADP-核糖基化（Abbott et al. 2005），其连接结构域含有一种以细胞周期依赖性的方式被磷酸化的丝氨酸（Bernstein et al. 2008）。最后，H3.3 S31（不存在于 H3.1/H3.2 中）在有丝分裂着丝粒异染色质和端粒中被磷酸化（Hake et al. 2005；Wong et al. 2008）。然而，由于一些组蛋白变体可以在保守位点显示不同的修饰，这个问题就更为复杂了。这一点可以通过在 H3.1 和 H3.3 变体的液态池与核小体形式中的不同修饰来举例说明。在液态池中，K9me1 是参与形成异染色质 H3K9 甲基化模式的标志（Loyola et al. 2009），并且该修饰在 H3.1 上更为突出（Loyola et al. 2006）。然而，只有液态 H3.3 含有大量的乙酰化 K9（Loyola et al. 2006），它是一种与转录活性染色质相关的表观遗传标记。这些早期修饰可能会影响它们在特定染色质位点的掺入（Loyola et al. 2006），我们正在逐步了解这些不同的模式是如何在细胞中建立的（Alvarez et al. 2011）。一个重要的假设是，除了它们独特的细胞周期调节外，这些变体合成之后，经特定的分子伴侣网络引导可控制自身的命运和可能的修饰（De Koning et al. 2007；Loyola and Almouzni 2007；Campos and Reinberg 2010）。此外，它们在细胞周期中的差异调节表达可能起到一定作用。另外，值得考虑的是，H3.3 上的 S31 等远端位点是否会影响保守位点的修饰（见下文）。从染色质部分分离出的两个变体也显示出可区分的 PTM，这可能反映了它们所在位置的邻域的状态。例如，染色质结合的 H3.3 上的 PTM 是典型的活性染色质区域，如 K9、K18 和 K23 的乙酰化和 K4 的三甲基化（McKittrick et al. 2004）。这可能是 H3.3 掺入转录活性区域的结果，在那里特定的修饰酶可以起作用。这一假设随后得到支持，染色质中相邻的 H3.1 和 H3.3 核小体显示出相似的 PTM（Loyola et al. 2006），这表明组蛋白一旦掺入，特定染色质区域便在施加某些标记上占主导地位。这突出了涉及组蛋白变体进出染色质动态的关键时期，以及与分子伴侣的伙伴关系，这可能是它们修饰的关键。

10.2.2 组蛋白变体对核小体核心颗粒结构的影响

我们参考的核小体核心颗粒（NCP）的高分辨率 X 射线结构是基于 1997 年获得的

模型（Luger et al. 1997）。该颗粒包含来自缺乏 PTM 的非洲爪蟾的重组复制组蛋白，组装在 147 bp 的人-卫星回文 DNA 片段上。在这个结构中，DNA 围绕组蛋白八聚体以左手超螺旋缠绕约 1.65 圈。重要的是，已有来自不同物种的具有不同 PTM 并且含有不同组蛋白变体的高分辨率核小体晶体结构[参见 Tan 和 Davey（2011），Bönisch 和 Hake（2012）]。总的来说，含有不同组蛋白变体的核心颗粒的内部蛋白质结构大致相似[参见 Luger 等（2012）]。然而，颗粒的特性可能受到影响，包括缠绕在 NCP 周围的受保护 DNA 的长度以及 NCP 在体外和体内的稳定性。例如，虽然含有 H2A.B 和 CenH3（CENP-A）的核小体保护的 DNA 片段小于 147 bp（Bao et al. 2004；Tachiwana et al. 2011a；Tolstorukov et al. 2012），但是一些小麦胚芽和海胆精子的 H2A 和 H2B 变体可以保护更长的 DNA 片段（Lindsey et al. 1991；Lindsey and Thompson 1992）。缠绕在八聚体周围的 DNA 长度变化可能会影响染色质的二级结构。反过来，这也会通过特定组织（如睾丸）中的不同包装，或通过有利于或限制转录机器的 DNA 可及性来影响相应染色质结构域的功能。可能会出现独特的染色质组织方式，以构建关键的染色质结构域，如着丝粒（以形成动粒），或端粒（以确保正确的染色体末端）（Black and Cleveland 2011；Bönisch and Hake 2012；Luger et al. 2012）。

到目前为止，一些颗粒的性质仍然存在争议，如含有 CenH3 的核小体的组成。以下是已经提出的几种模型[参见 Black 和 Cleveland（2011），Henikoff 和 Furuyama（2012），并参阅第 1 章]：①一个具有两个拷贝组蛋白 H2A、H2B、CenH3 和 H4 的常规八聚体核小体，其具有常规的左手螺旋或非常规的右手螺旋 DNA 缠绕；②一个具有两个 CenH3 和 H4 拷贝，但缺少 H2A-H2B 二聚体的四聚体；③一个只具有每个组蛋白一个拷贝并以右手螺旋缠绕 DNA 的半球；④一个六聚体复合物，类似于核小体，但 H2A-H2B 二聚体被 CenH3 特异性组蛋白伴侣[出芽酵母染色体错配抑制因子 3（Scm3）和人霍利迪连接体识别蛋白（HJURP）]取代。显然，在实验条件下，纯组分的体外重组将形成最稳定的颗粒。这并不排除体内存在着其他颗粒的可能，在细胞周期中着丝粒染色质的动态组织可能提供一组不同的颗粒，而一些观察到的差异可能是物种特异性的。因此，未来的工作将围绕问题的复杂性展开，不同结构的真实描述为我们提供了有趣的途径以测试阻止它们的形成是否会影响其细胞功能，这具有重要意义。

有趣的是，含有组蛋白变体的 NCP 在体内和体外的稳定性都不同（Ausio 2006；Bönisch and Hake 2012）。一些组蛋白变体，如 H2A.B 或者睾丸特异性 H3.4 变体，与它们在体内和体外的复制对应物相比形成更不稳定的核小体（Gautier et al. 2004；Tachiwana et al. 2010；Tolstorukov et al. 2012）。值得注意的是，含 H2B.1、H2A.X，尤其是含有磷酸化 H2A.X 的 NCP 在体外也相对不稳定（Li et al. 2005, 2010）。此外，从禽类和人类细胞分离出的含 H3.3 的核小体比含 H3.1 的核小体对盐依赖性破坏更敏感（Jin and Felsenfeld 2007；Jin et al. 2009）。然而，体外重组的 H3.1 和 H3.3 核小体无显著差异（Tachiwana et al. 2011b），这可能是由于重组系统中缺乏组蛋白修饰。以下情况进一步强调了 PTM 在调节颗粒稳定性方面的重要性。在没有 PTM 的情况下，与含有复制型 H2A 的 NCP 相比，含有 macroH2A 或 H2A.Z 变体的重组 NCP 更耐盐（Abbott et al. 2004；Park et al. 2004）。值得注意的是，体内在常染色区域中含有 H2A.Z 的核小体不太稳定（Jin et al. 2009；Bönisch et al. 2012）。这可能与特异的 PTM 有关，包括 H2A.Z 的乙酰化（Ishibashi et al. 2009）。体内乙酰化形式的 H2A.Z 在活性启动子处富集（Bruce et al. 2005；Millar et al. 2006），此位点核小体周转率很高（Dion et al. 2007）（见下文），支持了以上假设。因此，在考虑特定变体在核小体内的稳定性时，考虑它们可能的 PTM 也十分重要。

除此之外，颗粒的稳定性还取决于组蛋白的组成。例如，H2A.Z-H2B 二聚体可与其他 H2A 变体形成异型核小体，并与复制型 H3 或 H3.3 组蛋白变体缔合（Suto et al. 2000；Jin and Felsenfeld 2007；Jin et al. 2009；Nekrasov et al. 2012）。值得注意的是，在体内观察到同型（H2A.Z/H2A.Z）和异型（H2A.Z/H2A）核小体的混合物（Viens et al. 2006；Weber et al. 2010；Nekrasov et al. 2012）。结构研究预测，与同型 NCP 相比，H2A-H2B 和 H2A.Z-H2B 二聚体在同一核小体内的相互作用相对不稳定（Suto et al. 2000）。在启动子处，异型 H2A.Z/H2A 核小体与 H3.3 核小体部分重叠（Nekrasov et al. 2012），最有可能形成不稳定的核小体。这种形成异型核小体的能力适合于体外其他 H2A 变体（Ausio 2006）或体内变体过表达时的 H2A 变体（Govin et al. 2007）。有趣的是，在包括癌症在内的病理情况中观察到的 CenH3（CENP-A）（Tomonaga et al. 2003）、H3.4（Franklin and Zweidler 1977；Govin et al. 2005）和 H2A.Z（Svotelis et al. 2010）的过表达是否与颗粒组成的变化有关尚不清楚。未来对于双变异或异型核小体生化性质及其功能影响的探索，对解释甚至考虑干预病理情况的手段具有重要价值。

10.2.3　组蛋白变体影响二级和高级染色质结构

H2A.Z 和 H2A.B 提供了两个对染色质纤维折叠和纤维间相互作用有影响的变体的实例。体外分析时，含 H2A.Z 的核小体阵列比复制型 H2A 核小体阵列有利于形成更紧密的二级结构，但它们阻止了纤维间的相互作用（Fan et al. 2002，2004）。这些特征取决于在 H2A.Z 中延伸的"酸性补丁"（参见 H2A.Z 中的 D97 和 S98，图 10.1）（Suto et al. 2000；Fan et al. 2002，2004）。相反，含 H2A.B 的核小体缺少 H2A 上酸性补丁的 E91 和 E92（图 10.1），抑制纤维折叠，促进纤维间寡聚（Zhou et al. 2007；Soboleva et al. 2011）。有趣的是，小鼠中 H2A.B 的同系物 H2A.Lap1 具有部分恢复的酸性补丁，表现出中间表型（Soboleva et al. 2011）。H2A.B 变体这种去折叠效应可能对其在精子发生过程的转录激活中的特殊作用具有重要意义（Zhou et al. 2007；Soboleva et al. 2011）。值得注意的是，macroH2A 促进体外阵列的寡聚化，但这一特性取决于其 C 端连接域（图 10.1）（Muthurajan et al. 2011）。显然，关于高阶结构的研究还处于早期阶段，未来的工作需要将这些分析扩展到更多的变体、各种组合和不同的 PTM。

组蛋白变体也影响其他核小体相互作用特性，如体外揭示的转录因子和染色质重塑因子的结合。例如，macroH2A 的 macro 结构域（图 10.1）不仅干扰转录因子如 NF-κB（Angelov et al. 2003）的结合，还影响某些染色质重塑因子的功能（Angelov et al. 2003，2006；Chang et al. 2008）。类似地，与复制型 H2A 核小体相比，含有 H2A.B 的核小体通过各种 ATP 依赖性的染色质重塑复合物进行重塑的效率较低（Angelov et al. 2004；Shukla et al. 2011）。相反地，含 H2A.Z 的核小体刺激染色质重塑因子活性（Goldman et al.

2010）。虽然这些研究结果突出了不同组蛋白变体对染色质动力学的影响，但重要的是进一步阐明这些体外特性在多大程度上影响体内染色质重塑因子的活性。

最后，当考虑到染色质组织的更高水平时，还应该评估组蛋白变体的存在如何影响连接组蛋白的结合。这是至关重要的，因为连接组蛋白能够限制核小体的流动性和染色质对重塑复合物和组蛋白修饰因子的可及性[参见 Happel 和 Doenecke（2009）]。有趣的是，体内研究表明 H3.3（Braunschweig et al. 2009）或 macroH2A（Abbott et al. 2005）的存在可以阻止染色质中 H1 的结合。此外，已经在体外发现了含 H2A.Z（Thakar et al. 2009）、H2A.B（Shukla et al. 2011）和磷酸化 H2A.X 的核小体（Li et al. 2010）具有相同影响。显然，当考虑到大量的 H1 变体（Happel and Doenecke 2009）和其他染色质结合蛋白，如高迁移率家族（HMG）蛋白（Postnikov and Bustin 2010）或异染色质结合蛋白（即 HP1 和多梳蛋白）时（Maison et al. 2011；Margueron and Reinberg 2011），其复杂性进一步增加，这些蛋白与 H1 变体的结合仍然需要深入研究。

总的来说，组蛋白变体的特征，包括一级和三级结构（如上所述），可改变其个体特性及伴侣蛋白的选择（下文所述），这将影响组蛋白变体在特定位点的掺入。在染色质中，这也有助于形成局部特性，这些特性代表了调节各种基于染色质的过程的重要手段。

10.3 组蛋白变体在 DNA 上的沉积

为了全面了解体内特定基因座的组蛋白变体动力学，三类参数至关重要：①游离组蛋白库的可用性，②功能性沉积机制的存在，③局部染色质的接受性。在本节中，我们介绍了目前涉及不同组蛋白变体的不同沉积途径的知识。需要考虑的关键因素是组蛋白伴侣，它帮助转移组蛋白，但不一定是组蛋白最终产物的一部分（Loyola and Almouzni 2004；De Koning et al. 2007；参阅第 2 章）。我们首先从形成核心颗粒内部的 H3-H4 开始，然后是 H2A-H2B。在每种情况下，我们都会考虑复制和替代变体。

10.3.1 H3.1-H4 沉积

对可溶性组蛋白相关复合物（即预沉积复合物）的分析被证明对鉴定特定的组蛋白伴侣特别有效，这些分子伴侣在其整个细胞生命周期中护送非核小体组蛋白。在 HeLa 细胞中分离人复制型组蛋白 H3.1 预沉积复合物揭示了染色质装配因子-1（CAF-1）的存在，CAF-1 是一种此前未发现的，与替代型变体 H3.3 相关的蛋白质复合物（Tagami et al. 2004）。哺乳动物中 CAF-1 由三个亚基组成，即 p150、p60 和 RbAp48（也被称为 p48）。该复合物代表分子伴侣的原型，其在 DNA 复制（Smith and Stillman 1989）和修复（Gaillard et al. 1996；Green and Almouzni 2003；Polo et al. 2006；Schöpf et al. 2012）期间促进 DNA 合成偶联（DSC）途径中的核小体组装（图 10.3）[参见 Ridgway 和 Almouzni（2000）]。CAF-1 将 H3.1-H4 二聚体沉积到新合成的 DNA 上，这一点可以通过其与增殖细胞核抗原（PCNA）的直接结合来解释。PCNA 是一种 DNA 聚合酶加工性因子，在 DNA 复制（Shibahara and Stillman 1999）和损伤部位（Moggs et al. 2000；Schöpf et al. 2012）周围形成一个蛋白质钳（图 10.3）。因此，CAF-1 功能的特异性与 S 期提供的复制型组蛋白相结合，提供了在 DNA 复制过程中将新合成的 H3.1-H4 组蛋白掺入染色质中的方法[参见 Corpet 和 Almouzni（2009），Probst 等（2009），Alabert 和 Groth（2012），MacAlpine 和 Almouzni（2013）]。这一特性也被发现用于 S 期以外的 DNA 修复，包括合成补丁使修复后的染色质结构恢复（Polo et al. 2006）（图 10.3）。有趣的是，CAF-1 是一种在各种恶性肿瘤中具有预后价值的增殖标记物（Polo et al. 2004，2010），这也突出了其与 DNA 复制和损伤的关系。

　　通过分析 H3.1 和 H3.3 作为二聚体与 H4 形成的预沉积复合物（Tagami et al. 2004），鉴定了另一个 H3-H4 组蛋白伴侣，抗沉默功能蛋白 1（anti-silencing function 1，ASF1）（图 10.3）。Munakata 等（2000）首先发现了 ASF1 与 H3 的互作，并在结构研究中详细阐述（Natsume et al. 2007）。这些发现提示 ASF1 在处理两种 H3 变体中起到了作用。酵母中只存在一种单一的 ASF1 蛋白，但哺乳动物中有两个旁系同源物，分别称为 ASF1a 和 ASF1b。它们被证明对于 S 期（Tyler et al. 1999；Groth et al. 2007）和 DNA 修复（Mello et al. 2002）过程中的组蛋白沉积至关重要（图 10.3）。有趣的是，这两个旁系同源物具有独特的组织表达（Tamburini et al. 2005；Corpet et al. 2011）。H3.3 分子伴侣组蛋白调节蛋白 A（histone regulator A，HIRA）与 ASF1a 特异性相互作用（图 10.3，见下文）（Daganzo et al. 2003；Tang et al. 2006），后者与细胞衰老有关（Zhang et al. 2005b）。相

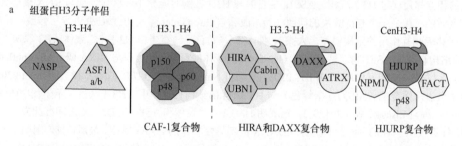

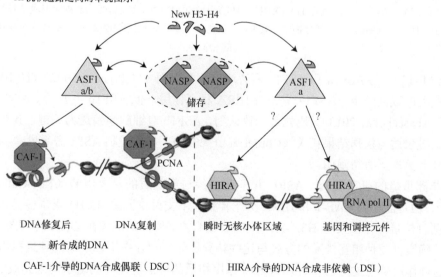

c H3变体/分子伴侣结合界面的结构模式图

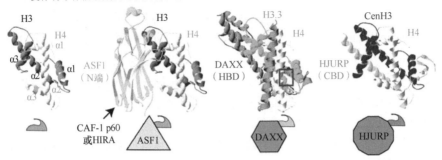

图 10.3 组蛋白 H3 沉积的模型。a. 已知的组蛋白 H3 分子伴侣复合物被展示在图中。NASP、ASF1a 和 ASF1b 能够与 H3.1-H4 以及 H3.3-H4 二聚体相互作用（灰色）。CAF-1（在哺乳动物中由 p150、p60 和 p48 组成）是一个结合 H3.1-H4 二聚体的特异性复合物（紫色）。HIRA 复合物（由 HIRA、泛核蛋白 UBN1 和 Cabin1 组成），以及与 ATRX 互作的 DAXX，是结合 H3.3-H4（绿色）的两个特异性分子伴侣。CenH3（蓝色）特异性地与 HJURP 相关联。b. 对 CAF-1 介导的 DNA 合成偶联（DSC）和 HIRA 介导的 DNA 合成非依赖（DSI）的组蛋白 H3 沉积通路之间的交联情况进行阐述。NASP 能够稳定新合成的 H3-H4 二聚体的储蓄库。ASF1a 和 ASF1b 都能够作为 CAF-1 的组蛋白传递者，而 ASF1a 只能作为 HIRA 的组蛋白传递者。在复制和 DNA 修复过程中，CAF-1 通过它与 PCNA 之间的相互作用介导 H3.1 沉积，HIRA 复合物则通过与瞬时可及的非核小体 DNA 结合而广泛介导 H3.3 沉积。在与 RNA 聚合酶 II 相关的区域（启动子、编码区以及顺式调控元件的子集）中，HIRA 复合物和 RNA 聚合酶 II 之间的相互作用促进 H3.3 沉积。ASF1a 是否参与 H3.3 在瞬时无核小体区域，或与 RNA 聚合酶 II 关联的区域的沉积是一个有待解决的问题（?）。改编自 Ray-Gallet 等（2011），并进行了修改。c. H3 变体/分子伴侣相互作用的结构模型。人类 N 端 ASF1（黄色）与组蛋白 H3-H4 二聚体（H3 深灰，H4 浅灰）的结构说明了 ASF1 物理性地封锁（H3-H4）₄ 四聚体的形成，并且在与 HIRA 或 CAF-1 p60 互作的相反位点与 H3-H4 相互作用[PDB ID：2IO5；改编自 Natsume 等（2007），Corpet 和 Almouzni（2009）]。DAXX 组蛋白结合域（HBD）（翠绿色）与 H3.3-H4 的结构相互作用（H3.3 绿色）示于图中[PDB ID：4H9S；改编自 Elsässer 等（2012）]。这表明 H3.3-H4 二聚体和 ASF1 或 DAXX 之间彼此专一的相互作用。红框突出了 H3.3 的 α2 中驱动与 DAXX 间特异性互作的 AAIG 模体。最后，我们阐明了 HJURP（蓝绿色）的 CATD 结合域（CBD）与 CenH3-H4 二聚体（CenH3 深蓝）的相互作用[PDB ID：3R45；改编自 Hu 等（2011）]。注意在 DAXX-H3.3-H4 复合物中 DAXX 和 H4 的 α2 螺旋形成的反平行螺旋线圈与在 HJURP-CenH4-H4 复合物中 HJURP 唯一的螺旋和 CenH3 的 α2 螺旋形成的反平行螺旋线圈间的相似性

反，CAF-1 p60 与 ASF1a 和 ASF1b 两者均有相互作用（Mello et al. 2002）（图 10.3）。然而，最近的数据表明，ASF1a 优先与 HIRA 相互作用，但 ASF1b 主要与 CAF-1 p60 相关联（Abascal et al. 2013）。研究者一致认为，ASF1b 对细胞增殖最为关键，其在乳腺肿瘤中的过表达与疾病结果相关（Corpet et al. 2011）。如何控制 ASF1 旁系同源物之间的这种任务分配仍有待阐明。

非洲爪蟾的研究表明，ASF1 并不直接参与染色质的从头组装（Ray-Gallet et al. 2007），但可能作为 CAF-1 和 HIRA 分子伴侣（下文讨论）的 H3-H4 组蛋白供体，反过来这两种组蛋白伴侣又将 H3.1-H4 或 H3.3-H4 二聚体分别沉积在 DNA 上（图 10.3）。ASF1 确实以一种相互排斥的方式与这些特异性伴侣相互作用，从而能够选组蛋白变体。这种作用是通过与它和 H3-H4 相互作用相反的位点处保守的疏水沟来完成的（Tang et al. 2006；Malay et al. 2008）（图 10.3）。在同一个位点，ASF1 还可以与 Codanin-1 相互作用，这种作用可能通过竞争其与分子伴侣的相互作用来阻止 ASF1 发挥功能（Ask et al. 2012）。因此，该位点在调节 ASF1 活性方面起着至关重要的作用。

对 H3-H4 复合物的分析也揭示了组蛋白伴侣核自身抗原精子蛋白（NASP）的存在（Tagami et al. 2004）。这种分子伴侣通过自身介导的自噬保护新合成的 H3-H4 二聚体不被降解（图 10.3），从而稳定其储存（Cook et al. 2011）。NASP 对于正常增殖可有可无，但在复制应激期间突然出现 H3-H4 过载并累积时，其对于 S 期进程十分重要（Cook et al. 2011）。因此，通过微调可溶性 H3-H4 储蓄库，NASP 将应激事件整合到组蛋白供应链中，以应对需求或供应的不确定变化。最后一组数据强调了考虑可用组蛋白库的重要性。

10.3.2　H3.3-H4 沉积

与 H3.1 相似，分离出 HeLa 细胞中的可溶性 H3.3 复合物强有力地揭示了特异性 H3.3 分子伴侣包括 HIRA 并不结合复制型 H3.1（Tagami et al. 2004）。首先在非洲爪蟾卵提取物中描述了 HIRA 在 DNA 合成非依赖（DSI）核小体组装途径中的作用（Ray-Gallet et al. 2002），随后又发现了其在体外沉积 H3.3 的能力（Tagami et al. 2004）。HIRA 在酿酒酵母中有两种直系同源物，Hir1p 和 Hir2p，酵母中 Hir 复合物的生物纯化显示存在两种共纯化蛋白 Hir3 和 Hpc2。有趣的是，它们在人类中相应的同源物 Cabin1 和泛核蛋白（UBN1），分别在 HIRA 的亚复合物中与人类 H3.3 共纯化（Balaji et al. 2009；Banumathy et al. 2009），表明酵母 Hir 复合物在人类中是保守的（Tagami et al. 2004）（图 10.3）。使用单独敲除进行的深入分析结果支持 HIRA 可作为促进 H3.3 沉积的复合物的观点（Ray-Gallet et al. 2011）。然而，复合物中每种蛋白质的确切作用仍需进一步研究。胚胎干细胞敲除 HIRA 削弱了 H3.3 在全基因组范围内的启动子、活跃基因体区及调控元件子集处的富集，这进一步证明了 HIRA 的重要性（图 10.3 和图 10.4）（Goldberg et al. 2010；Ray-Gallet et al. 2011）。通过发现 HIRA 与 RNA 聚合酶 II 免疫共沉淀，确定了其与转录的联系（Ray-Gallet et al. 2011）。值得注意的是，HIRA 加载途径与转录严格耦合的观点已经扩展到其他过程。实际上，采用 SNAP 标记的 HeLa 细胞能够在单细胞核水平上可视化检测到广泛的 HIRA 依赖性 H3.3 掺入。该观察结果与 HIRA 在体外直接结合裸露 DNA 的独特性质相结合，产生了一种模型，其中瞬时无核小体 DNA 代表 HIRA 依赖性 H3.3 沉积的底物（Ray-Gallet et al. 2011）（图 10.3 和图 10.4）。果蝇中的研究数据（Schneiderman et al. 2012）进一步支持这一假设。因此可以将 HIRA 介导的组蛋白沉积设想为维持核小体组织的补救途径。如果 CAF-1 依赖性沉积在复制过程中失败，那么这一补救途径就变得重要（Ray-Gallet et al. 2011）。因此，除了 DNA 的完整性，细胞还可能进化出了确保染色质完整性的机制。

令人惊讶的是，果蝇的 HIRA 突变体是可存活的，但雌性是不育的（Bonnefoy et al. 2007）。这表明，与脊椎动物相比（Szenker et al. 2012；Roberts et al. 2002），HIRA 在促进果蝇胚胎和成体细胞中 H3.3 沉积方面的功能可能通过其他分子伴侣进行补偿（Schneiderman et al. 2012），或者 H3.3 本身可以被其他 H3 替代（Hodl and Basler 2012）

（见下文）。最近基于在 HIRA 和 X-连锁核蛋白（XNP）复合物双突变体中观察到的致死性现象，有科学家提出存在其他替代途径，其中 XNP 复合物是人伴 α-地中海贫血 X 连锁智力低下综合征（ATRX）蛋白的同源物（Schneiderman et al. 2012）。在哺乳动物中，ATRX 即 SNF2 样的 ATP 依赖性染色质重塑因子，与分子伴侣死亡域相关蛋白（DAXX）一起存在于 H3.3 复合物中（Tagami et al. 2004）。虽然 DAXX 的对应物在果蝇中仍有待鉴定，但 ATRX 和 DAAX 都与哺乳动物的 H3.3 沉积有关（图 10.3 和图 10.4）（Drane et al. 2010；Goldberg et al. 2010；Lewis et al. 2010）。DAXX 与 H3.3 第二个 α 螺旋上的基序（Ala87-Ala88-Ile89-Gly90）特异性互作（图 10.1）（Lewis et al. 2010）可解释不同 H3 变体之间的选择。这种相互作用最近在 DAXX 组蛋白结合域（HBD）与组蛋白 H3.3-H4 二聚体的晶体结构中被解析（图 10.3），揭示了 Ala87（H3.1 中的 Ser）和 Gly90（H3.1 中的 Met）的功能重要性（红框，图 10.3）（Elsässer et al. 2012；Liu et al. 2012）。值得注意的是，DAXX 和 ASF1 竞争性地与 H3-H4 二聚体相互作用（Elsässer et al. 2012）（图 10.3）。DAXX 在体内与重塑因子 ATRX 物理结合形成复合物（Xue et al. 2003）（图 10.3）。DAXX/ATRX 复合物对小鼠胚胎干细胞端粒（Goldberg et al. 2010；Lewis et al. 2010）和小鼠胚胎成纤维细胞着丝粒周围异染色质（Drane et al. 2010）上 H3.3 的富集十分重要，但对激活或抑制基因和调控元件上 H3.3 的富集是不必要的（图 10.4）。目前的观点是，DAXX 显示 H3.3 分子伴侣的活性（Lewis et al. 2010），而 ATRX 是端粒 H3.3 富集所必需的（Goldberg et al. 2010），这与它在 HeLa 细胞中着丝粒周围异染色质的特异定位一致（McDowell et al. 1999）。值得注意的是，DAXX 与小鼠皮质神经细胞中选定的活性调节基因有关（Michod et al. 2012），这表明其确切功能根据所处的细胞环境，可被不同的伴侣蛋白所调控。

虽然某些重塑因子在 H3.3 可溶性复合物中并未被发现，但其对特定位置上 H3.3 的富集具有重要作用。例如，在受精时果蝇精子 DNA 的去浓缩过程中，染色质结构域解旋酶 DNA 结合蛋白 1（CHD1）与 HIRA 协同促进大量 H3.3 掺入到雄性染色质中（Konev et al. 2007）。这种染色质重塑因子是否是其他 HIRA 复合物介导的 H3.3 沉积途径所必需的，仍是一个悬而未决的问题。此外，重塑因子 CHD2 有利于在 C2C12 成肌细胞分化后激活之前的 MyoD 靶基因处的 H3.3 沉积（Harada et al. 2012）。

除了重塑因子外，还必须考虑组蛋白修饰的重要性。虽然这方面的研究还不充分，但应考虑分子伴侣、重塑因子和组蛋白修饰酶的联合作用。

10.3.3　CenH3-H4 的沉积

我们以人类 CenH3（CENP-A）为例具体描述了 CenH3-H4 沉积的途径，并试图提炼出可以更广泛地应用于其他生物的一般原理。在体细胞中，CENP-A 蛋白水平在细胞周期中的 G_2 晚期达到峰值（Shelby et al. 2000），然而着丝粒中新的 CENP-A 掺入仅在随后的末期和 G_1 早期发生。基于脉冲标记实验（Jansen et al. 2007）提出的 CENP-A 掺入时机与在荧光漂白恢复（FRAP）实验中观察到的 CENP-A 高迁移现象一致（Hemmerich et al. 2008）。在 S、G_2 和 M 期，细胞周期依赖性激酶（Cdk1 和 2）可能对保持 CENP-A

装配机器处于非活性状态很重要（Silva et al. 2012）。

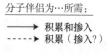

图 10.4　H3.3、CenH3 和 H2A.Z 以及促进沉积的复合物的局部富集。在小鼠体细胞和胚胎细胞中，H3.3 富集在编码区以及特定的染色质标志处。在异染色质中，DAXX 协同染色质重塑分子 ATRX 促进 H3.3 在臂间异染色质和端粒上的积累。在常染色质上，HIRA 复合物常通过结合到瞬时可及的非核小体 DNA 来介导 H3.3 富集于转录基因的基因体区、转录或非转录基因的启动子区（间隙填充机制）。介导 H3.3 富集在调控元件上的分子伴侣复合物有待清楚地鉴别（?），但是 DAXX 已被提示在此过程中发挥作用。着丝粒特异性 CenH3 变体的沉积是由它的分子伴侣 HJURP 所介导的，而 H2A.Z 在活化基因启动子区和主体上的富集则依赖于 SRCAP。H2A.Z 在臂间异染色质和调控元件上富集所需的分子伴侣仍未被鉴别（?）。

改编自 Szenker 等（2011）

　　当考虑到 CENP-A 掺入时，首先应使中心染色质对 CENP-A 具有接受性（"引发"）。这可能包括着丝粒组蛋白乙酰化状态的改变和着丝粒特异性因子的招募，如人类错配 18（Mis18）复合体（Fujita et al. 2007；Ohzeki et al. 2012）。然后，特定的沉积途径开始发挥作用。研究者通过分离可溶性 CENP-A 复合物发现了一种特定的 CENP-A 伴侣，即霍利迪连接体识别蛋白（HJURP）（Dunleavy et al. 2009；Foltz et al. 2009）（图 10.3 和图 10.4），其功能在酵母（Stoler et al. 2007）和非洲爪蟾（Bernad et al. 2011；Moree et al. 2011）中是保守的。在人类中，HJURP 通过 CENP-A 结合结构域（BCD）（图 10.3）直接与 CENP-A 结合，该结合结构域特异性识别保守的 CENP-A 靶向域（CATD）（图 10.1）（Foltz et al. 2006；Shuaib et al. 2010）。值得注意的是，HJURP 在着丝粒中的定位仅在有丝分裂末期晚期和 G_1 期早期检测到，与 CENP-A 沉积时间一致（Dunleavy et al. 2009）。有趣的是，将 HJURP 人工靶向至非中心染色质，足以稳定地掺入 CENP-A 并形成功能性动粒（Barnhart et al.

2011），证实了 HJURP 对 CENP-A 靶向和着丝粒组织的关键作用。除 HJURP 外，预沉积 CENP-A 复合物还含有几个具有更广泛组蛋白特异性的伴侣蛋白，如 RbAp48、FACT 和核仁磷蛋白（NPM1）（图 10.3）（Boyarchuk et al. 2011），它们在正常情况下起辅助作用。它们对 CENP-A 沉积的影响实际上可能会在具有挑战性的情况下显示。有趣的是，HJURP 靶向中心染色质需要 H3K4me2 标记物（Bergmann et al. 2011）和人 Mis18 复合体（Barnhart et al. 2011）的存在，未来的研究将进一步揭示 HJURP 对中心染色质的靶向和从中解离的机制。最后，在"保留步骤"中，应该考虑其他因素的作用（Perpelescu et al. 2009；Lagana et al. 2010）。对于常规核小体，其他因素包括 ATP 依赖性重塑复合物。在着丝粒中，该功能归因于重塑和间隔因子（RSF）复合物，后者在 G_1 中期与着丝粒短暂相关。其 Rsf-1 亚基的耗竭会影响着丝粒中 CENP-A 的存在，并导致有丝分裂缺陷（Perpelescu et al. 2009）。在此步骤中要考虑的第二个因素是 MgcRacGAP，一种小 GTP 酶中的 Rho 家族的 GTP 酶激活蛋白（GAP）（Lagana et al. 2010），其在 G_1 晚期与着丝粒短暂地共定位并且可以稳定新掺入的 CENP-A。未来的工作应该阐明 CENP-A 富集在着丝粒上的特定作用。

在 S 期的着丝粒 DNA 复制导致亲本 CenH3 双倍稀释。为了适应 CenH3 的稀释，已经提出了三种非互斥方案。①含有两个 CenH3 的亲本八聚体颗粒会分裂产生两个均匀分布在两条 DNA 子链上的半颗粒，可能对应于半体。使用原子力和免疫电子显微镜观察人类细胞和果蝇的研究支持这种设想（Dalal et al. 2007；Dimitriadis et al. 2010）。②保持完整的亲本 CenH3 粒子可以随机分布到两个子链中的一条上，在另一个链上留下间隙。③这些暂时暴露的间隙可以被其他 H3 变体"填充"，作为占位符，稍后在 G_1 后期被 CenH3 替代。在人类细胞中联合 SNAP 标签技术与染色质纤维上 DNA 标记可视化技术检测结果显示，H3.3 充当着丝粒的占位符，支持间隙填充机制（Dunleavy et al. 2011）。总之，细胞周期中的 CenH3 染色质动力学提供了一个迷人的模型，以加深我们对功能性染色体标志物遗传的理解。需要未来的技术发展来评估单个粒子在复制过程和复制后的命运。

10.3.4　H2A-H2B 的沉积

与 H3-H4 动力学相反，我们目前对 DNA 复制过程中复制型 H2A-H2B 沉积的理解仍处于早期阶段。这主要是由于以下假设：鉴于其较高的周转率，H2A 和 H2B 在复制期间可能不需要特别的辅助来进行耦合。它们已知的伴侣蛋白是核小体装配蛋白 1（Nap1）（Ito et al. 1996；Chang et al. 1997）和/或促进染色质转录（FACT）伴侣蛋白（Okuhara et al. 1999；Wittmeyer et al. 1999）。重要的是，Nap1 和 FACT 不是特异性作用于复制型 H2A，因为它们都可以结合包括 H2A.Z 在内的各种 H2A 变体（Zlatanova et al. 2007；Formosa 2012）（见下文）。因此，在 DNA 复制过程中，复制型 H2A 和 H2B 在 S 期的表达峰值很可能是导致复制型 H2A-H2B 沉积的主要因素。FACT 对 H2A-H2B 二聚体的驱逐也很重要[参见 Formosa（2012）]，表明了组蛋白交换的普适作用。这与 FACT 和 Nap1 在复制非依赖性的转录期间 H2A 沉积中的重要性一致（Zlatanova et al. 2007；Formosa 2012）。此外，至少在体外 Nap1 或 FACT 可以沉积其他 H2A 变体，表明这些伴侣的功能具有松散的特异性。因此，它们也可能有助于在复制期间对于自身的处理。

10.3.5　H2A.Z-H2B 的沉积

在所有被研究的生物体中都发现了可溶性 H2A.Z-H2B 二聚体与 Nap1 形成复合物，这有助于 H2A.Z 的体外交换（Kusch et al. 2004；Park et al. 2005；Luk et al. 2007；Zofall et al. 2009）。在出芽酵母中，另一 H2A.Z 特异性伴侣蛋白 Chz1 的功能与 NAP1 和其他伴侣蛋白（包括 FACT 复合体的 Spt16 亚基）部分重叠（Luk et al. 2007）。此外，其他潜在的伴侣蛋白可以在体内替代 NAP1 和 Chz1 的功能（Luk et al. 2007）。在酿酒酵母和粟酒裂殖酵母中，染色质上 H2A.Z 与 H2A 的全基因组交换取决于 ATP 依赖性染色质重塑复合体 Sick With Rat8-related（SWR1-C）（Krogan et al. 2003；Zofall et al. 2009）。Swr2 亚基（哺乳动物中的 YL-1）负责 H2A.Z C 端 α 螺旋的特异性识别（Wu et al. 2005），而催化亚基 Swr1 对体内 H2A.Z 的沉积至关重要（Krogan et al. 2003；Zofall et al. 2009）。有趣的是，在粟酒裂殖酵母中，Swr1 的缺失导致整个基因组中 H2A.Z 的全局性丧失，在核心着丝粒和亚端粒区域具有 H2A.Z 的相对积累（Buchanan et al. 2009）。这表明存在其他分子伴侣在这些异染色质基因座处沉积 H2A.Z。在果蝇中，含 Swr1 同源物（Domino/p400）的 Tat 相互作用蛋白 60 kDa（TIP60）复合物促进 H2A.Z 的交换（Kusch et al. 2004）。在人类和小鼠细胞中，p400 和 SWI2/SNF2 相关的 CBP 激活蛋白（SRCAP）复合物与 H2A.Z 在特定启动子处的积累有关（Ruhl et al. 2006；Gévry et al. 2007；Wong et al. 2007；Cuadrado et al. 2010）（图 10.4）。此外，SWI2/SNF2 蛋白家族的另一成员肌醇必需的蛋白 80（INOsitol requiring protein 80，INO80），在酿酒酵母中被鉴定为 H2A.Z 特异性驱逐复合物，它可以确保在许多情况下 H2A.Z-H2B 被 H2A-H2B 二聚体取代[参见 Conaway and Conaway（2009）]。哺乳动物中 INO80 复合物是否具有类似作用，或者其他 H2A.Z 驱逐因子是否同样重要，还有待确定。

SWR1-C（或其同源物）存在于染色质的 H2A.Z 富集位点（Zhang et al. 2005a；Wong et al. 2007；Zhou et al. 2010），这为该复合物参与特定 H2A.Z 的掺入提供了联系[参见 Billon 和 Côté（2012）]。SWR1-C 包含布罗莫结构域因子 1（bromodomain factor1，Bdf1）（或其在后生动物中的同源物，p400 复合物中的 Brd8），它在酵母中与乙酰化核小体 RNA 聚合酶 II 前起始复合物的 TFIID 亚基相互作用，招募该复合物到启动子中（Matangkasombut et al. 2000）。除了靶向作用，防止 H2A.Z 掺入也受其控制，尤其是在着丝粒和亚端粒区域可能通过假定的 Chk1 蛋白的去甲基化酶多拷贝抑制因子（Msc1）发挥功能，其与粟酒裂殖酵母中的 SWR1-C 复合物相互作用（Buchanan et al. 2009；Qiu et al. 2010）。这可能很关键，因为基于在全基因组范围内的启动子和其他调控元件发现 H2A.Z 富集"峰"之外的"基础水平"（Hardy and Robert 2010；Hardy et al. 2009），以及在酿酒酵母中没有驱逐因子 INO80 的情况下全局性 H2A.Z 富集的结果（Papamichos-Chronakis et al. 2011）提出了随机掺入与 H2A.Z 的靶向驱逐是关联的模型。这些机制的复杂性突出了组蛋白动力学研究中加载和驱逐之间平衡的重要性。

10.4　组蛋白变体的重要性

在这里，我们讨论当前关于特定组蛋白变体（H3.3、CenH3、H2A.Z、H2A.X、

macroH2A 和睾丸特异性变体）功能重要性的观点。

10.4.1　H3.3：转录活性染色质的标志

在果蝇中观察到绿色荧光蛋白（GFP）标记的 H3.3 在活跃的 rDNA 阵列中富集，这为 H3.3 和高度转录区域之间提供了第一个联系（Ahmad and Henikoff 2002）。然后，染色质免疫沉淀（ChIP）与高分辨率基因组图谱技术相结合，揭示了 H3.3 在转录基因的基因体内以及活性和非活性启动子区域的特异性富集（Chow et al. 2005；Schwartz and Ahmad 2005；Wirbelauer et al. 2005；Mito et al. 2005；Daury et al. 2006；Delbarre et al. 2010；Goldberg et al. 2010）。H3.3 在非活性启动子中的存在可能解释了一种平衡状态或对先前激活的记忆。H3.3 掺入作为细胞记忆标记系统的作用是基于非洲爪蟾系统的核移植实验提出的（Ng and Gurdon 2008）。H3.3 在转录激活中直接作用的可能性也被考虑。然而，鉴于 HIRA 敲除的小鼠胚胎干细胞与野生型细胞相比，其转录组并未表现出显著变化，因此它可能不适用于全基因组（Goldberg et al. 2010）。作为应对刺激或在分化细胞中的反应，但并不排除它对部分基因的作用。后一种可能性确实与在干扰素治疗（Tamura et al. 2009）、疱疹病毒感染（Placek et al. 2009）、热休克条件（Schwartz and Ahmad 2005；Schneiderman et al. 2012）、肌源性分化（Yang et al. 2011a，2011b；Harada et al. 2012；Song et al. 2012）、非洲爪蟾核重编程（Jullien et al. 2012）和神经元激活（Michod et al. 2012）后，H3.3 掺入对转录激活响应的需要一致。在这些情况下需要强调一个共同特征，即转录状态的转换可能是通过与之相关的 H3.3 动态来实现。总而言之，这些体外研究指出了 H3.3 掺入在响应刺激和分化时的转录激活中的作用。

在整个生物体的水平上，H3.3 的重要性在不同物种中都有记载。第一个功能与种系相关联[参见 Orsi 等（2009）]。实际上，在嗜热四膜虫（Cui et al. 2006）、果蝇（Loppin et al. 2005）和小鼠（Couldrey et al. 1999）中，H3.3 是产生有性后代所特别需要的。值得注意的是，在哺乳动物精子发生过程中，在由非同源 X 和 Y 染色体（Handel 2004）形成的转录失活的 XY 小体中检测到 H3.3 及它的两个分子伴侣 HIRA（van der Heijden et al. 2007）和 DAXX（Rogers et al. 2004）。H3.3 富集存在于整个减数分裂过程中，直到精原细胞期（van der Heijden et al. 2007），这对该结构域的转录再激活可能很重要。在受精后及第一轮复制前，H3.3 全面沉积在果蝇（Loppin et al. 2005）和小鼠（van der Heijden et al. 2005；Torres-Padilla et al. 2006）的父本染色质中。在小鼠中，父本基因组中的这种 H3.3 富集对于着丝粒周围区域的新的异染色质从头形成尤为关键（Santenard and Torres-Padilla 2009）。在果蝇中，亲本染色质的解压缩和鱼精蛋白的替代实际上是涉及 H3.3 的唯一严格需要 HIRA 的发育过程（Bonnefoy et al. 2007）。随后，在 HIRA 突变体胚胎和成体细胞中，H3.3 可以沉积到染色质中，这表明在果蝇发育过程中，其他因素，包括 ATRX 同系物 X-连锁核蛋白（XNP），可以取代 HIRA（Schneiderman et al. 2012）。最后，基于在小鼠原始生殖细胞（PGC）核中检测到 HIRA 的积累，涉及 HIRA 的 H3.3 需求对于重编程可能很重要，它可以导致染色质标记重现多能性（Hajkova et al. 2008）。

在缺乏 H3.3 的果蝇胚胎中，胚胎发育没有受损（Sakai et al. 2009；Hodl and Basler

2009，2012），其中 H3.2 的过表达可能是一种补偿机制。此外，在果蝇中通过组蛋白转基因对与复制组蛋白基因相对应的整个基因座的体内遗传替换（Günesdogan et al. 2010）表明，当 H3.2 完全缺失但被 S 期表达的 H3.3 替代时，细胞能够分裂和分化（Hodl and Basler 2012）。在这种情况下，HIRA 或 ATRX/DAXX 都可以通过间隙填充机制确保复制叉通过后 H3.3 的沉积（Ray-Gallet et al. 2011；Schneiderman et al. 2012）（图 10.3）。因此，在果蝇中，以这种方式提供的 H3.2（单一复制型）或 H3.3（替代型）变体（表 10.1）可以相互替代。然而，在非洲爪蟾体内，正常发育需要严格依赖于 HIRA 的 H3.3 沉积，这种需求并不能通过提供复制变体 H3.2 来规避（Szenker et al. 2012）。同样，在斑马鱼中，H3.3 是形成颅神经嵴细胞及其随后的谱系潜能所必需的（Cox et al. 2012）。此外，小鼠两个 H3.3 基因之一的突变导致 50%的纯合突变体在出生后死亡（Couldrey et al. 1999）。存活的纯合突变小鼠显示生长率降低，出现神经肌肉缺陷，并且突变的雄性表现出交配活动减少（Couldrey et al. 1999）。总之，这些数据表明，除了果蝇，H3.3 对脊椎动物的正常发育起着至关重要的作用。

与 H3.3 缺陷一致，纯合子 HIRA$^{-/-}$小鼠在妊娠第 10 天或第 11 天死亡（Roberts et al. 2002），在原肠胚形成过程中最初需要 HIRA。纯合子 DAXX 突变小鼠出现广泛的细胞凋亡，导致妊娠第 9.5 天的胚胎死亡（Michaelson et al. 1999）。有趣的是，ATRX 缺失的小鼠胚胎，着床和原肠胚似乎是正常的，但是由于胚胎外滋养层的形成缺陷，胚胎不能在交配后存活超过 9.5 天（Garrick et al. 2006）。然而，在 HIRA、DAXX 和 ATRX 缺失的突变小鼠中观察到的表型是否与它们在 H3.3 沉积中的功能直接相关，仍有待研究。总之，这些数据表明存在不同的 H3.3 沉积途径，但物种、发育状态和细胞类型的变化强调了它们的重要性依赖于遗传背景的事实。

最后，在人类中，癌症研究揭示了 H3.3 的重要性。胰腺神经内分泌肿瘤（PanNET）和儿童胶质母细胞瘤（Khuong-Quang et al. 2012；Schwartzentruber et al. 2012；Sturm et al. 2012；Wu et al. 2012a）中 H3.3 和 DAXX 或 ATRX 显示出高突变频率。这导致了一种假设，即 H3.3 装载的改变可能有助于癌症发病机制的研究，为诊断和治疗策略开辟了新的途径。

总之，随着 H3.3 的作用变得越来越重要，应探索经不同沉积途径的补偿机制或改变组蛋白比例平衡状态的复制性组蛋白变体，以及分子伴侣的亲和力。

10.4.2　CenH3：功能性着丝粒的关键决定因素

组蛋白 CenH3（脊椎动物中称为 CENP-A）最初是在具有 CREST 综合征（钙质沉着、雷诺现象、食管运动障碍、指端硬化、毛细血管扩张）的硬皮病患者自身免疫血清中发现的，它特异性标记着丝粒（Earnshaw and Rothfield 1985）。目前，CenH3 被认为是着丝粒身份的关键决定因素，它在很大程度上依赖于染色质的特征[参见 Cleveland 等（2003），Allshire 和 Karpen（2008）]。CenH3 的重要性在生物体水平上得到了明确证实，即在小鼠中 CenH3 的丢失是胚胎致死的（Howman et al. 2000），并且降低了酵母的生存活性（Stoler et al. 1995；Takahashi et al. 2000）。在所有被测试的物种中，CenH3 的缺失导致了强烈的染色体分离缺陷、有丝分裂进程的延迟、动粒装配的受损和纺锤体检查点的激活（Stoler et al. 1995；Buchwitz et al. 1999；Takahashi et al. 2000；Goshima et al. 2003；Régnier et al. 2005）。因此，它的重要性很大程度上是因为它是动粒的结构和功能基础。

重要的是，不仅功能性着丝粒的丧失，而且染色体上获得额外的异常着丝粒也会导致染色体错误分离和基因组不稳定（Runge et al. 1991）。事实上，在酵母中（Camahort et al. 2007；Lefrançois et al. 2009），CenH3 在正常条件下掺入常染色质，而在人类和果蝇中需要在过表达时掺入（van Hooser et al. 2001；Henikoff et al. 2000；Tomonaga et al. 2003；Collins et al. 2004；Heun et al. 2006；Zeitlin et al. 2009）。值得注意的是，将 CenH3 错误地靶向常染色质不一定足以产生额外的功能性着丝粒，并且在大多数情况下，CenH3 不能稳定地维持（van Hooser et al. 2001；Olszak et al. 2011）。然而，在某些情况下，着丝粒可以像新着丝粒一样在染色体上的异位位点稳定维持并起作用（Amor and Choo 2002）。当这种情况发生时，新着丝粒的存在会导致原着丝粒失活，在人类细胞中每个染色体只留下一个功能性着丝粒（Earnshaw et al. 1989；Sullivan and Willard 1998）。在这些情况下，CenH3（CENP-A）从最初的沉默部位丢失，因此只有活跃的着丝粒包含 CenH3（Earnshaw and Migeon 1985；Warburton et al. 1997）。相反，在体外瞬时过表达 CenH3 和稳定地异位掺入这些变体会诱导新着丝粒形成，这将导致双着丝粒染色体的形成和基因组不稳定性（Heun et al. 2006；Mendiburo et al. 2011；Olszak et al. 2011）。近年来的研究表明，功能性着丝粒的建立和维持优先发生在常染色质-异染色质边界（Olszak et al. 2011）。然而，需要进一步的工作来确定所涉及的因素并理解着丝粒形成和稳定性的调节。

生化和蛋白质结构研究为 CenH3 对着丝粒染色质组织的贡献提供了有用的信息（Black et al. 2004；Guse et al. 2011）。在哺乳动物中，CenH3（CENP-A）是最具差异性的 H3 变体，在组蛋白折叠区域和独特的 N 端尾部具有 50%～60% 的同一性（Palmer et al. 1987，1991）（图 10.1）。在不同的物种中，CenH3 的 N 端尾部表现出强烈的分化，这被解释为与高度变化的 DNA 序列共同进化的手段（Talbert and Henikoff 2010）。然而，尽管存在这种差异，在人类 CENP-A 缺失细胞中，酿酒酵母 CenH3（Cse4）能够功能性替代着丝粒上的人类 CenH3（CENP-A）（Wieland et al. 2004）。在 CENP-A 的组蛋白折叠结构域内，一个保守的主要结构决定因素为 CENP-A 靶向域（CATD）（图 10.1），它通过 HJURP 的直接识别确保特异性的着丝粒靶向（见上文）（Black et al. 2004；Foltz et al. 2009；Ranjitkar et al. 2010；Shuaib et al. 2010；Vermaak et al. 2002）。在人类细胞中，含有 CATD 的嵌合体 H3 可以在缺乏内源性 CENP-A 的情况下挽救着丝粒功能（Black et al. 2004，2007）。有趣的是，出芽酵母中的相应区域也是 CenH3（Cnp1）泛素化所必需的，以确保过量 Cnp1 蛋白的降解（Ranjitkar et al. 2010）。除了 CATD 域之外，当在非洲爪蟾卵提取物中使用预先装配的 CENP-A 核小体来招募几个组成性着丝粒组分时，CENP-A 的 C 端尾部被证明是关键的，包括保守的着丝粒 CENP-C 蛋白（Guse et al. 2011）。基于这些数据，提出了利用 CenH3 结构特性解释其在着丝粒处的功能和沉积的模型。

研究表明，CENP-A 和 HJURP 过表达与各种癌症的肿瘤进展相关，并被证明具有诊断价值，因此 CenH3 及其沉积因子在病理学背景下的重要性得到了明确的强调（Ma et al. 2003；Tomonaga et al. 2003；Kato et al. 2007；Hu et al. 2010；Li et al. 2011；Wu et al. 2012b）。尽管这些数据在临床上有助于预测预后，但观察到的这些主要着丝粒决定因子的上调是否有助于转化过程本身，或者是作为转化的适应或结果而产生，对于评估和开发治疗策略很重要。

10.4.3 H2A.Z：多任务基因组调节因子

来自不同物种的 H2A.Z 序列之间的相似度高于任何物种中单个 H2A.Z 与同一生物体内主要组蛋白 H2A 间的相似度。这种保守可能反映了一种独特的保守功能，即 H2A.Z 是生存必需的，支持该论点的证据来自在四膜虫（Liu et al. 1996）、果蝇（van Daal and Elgin 1992；Clarkson et al. 1999）、非洲爪蟾（Ridgway et al. 2004）和小鼠（Faast et al. 2001）中的研究。这些观察结果与 H2A.Z 在调控 DNA 修复、转录和染色体分离方面的多种细胞作用一致。

H2A.Z 在 DNA 修复中的作用主要是基于对出芽酵母的研究，其中敲除 H2A.Z 或促进其动态变化的因子，将增强 DNA 损伤的敏感性（Shen et al. 2000；Kobor et al. 2004；Mizuguchi et al. 2004）。最近对几种人类细胞系的研究表明，H2A.Z 的这种功能是进化保守的（Xu et al. 2012b）。DNA 双链断裂（DSB）时，H2A.Z 快速沉积（Papamichos-Chronakis et al. 2006；Xu et al. 2012b）。在这里，H2A.Z 促进了 DNA 切除（Kalocsay et al. 2009；Xu et al. 2012b）、组蛋白 H4 乙酰化和染色质泛素化，这两个重要的修饰能够招募包括 BRCA1 在内的几种 DNA 修复因子（Xu et al. 2012b）。重要的是，在酿酒酵母中重塑复合物 SWR1 介导（Papamichos-Chronakis et al. 2006）H2A.Z 取代磷酸化的 H2A，而在拮抗方式下，H2A.Z 通过另一个复合物 INO80（Papamichos-Chronakis et al. 2011）被 H2A 取代（见下文）。因此，这两个重塑复合物有助于 DSB 修复[参见 Morrison 和 Shen（2009），Soria 等（2012）]，并且以动态方式调节 DNA 损伤信号。虽然在后生动物中存在相应的复合物（表 10.2，并见下文），但它们是否在 DSB 处确保 H2A 变体的类似交换还需要继续研究。

H2A.Z 参与转录调控已被广泛研究，但其作为转录的正或负调节因子的作用仍令人费解。酵母和后生动物的全基因组研究表明，H2A.Z 在各种活性基因的转录起始位点以及增强子和绝缘子处富集（Zhang et al. 2005a；Barski et al. 2007；Mavrich et al. 2008；Zofall et al. 2009）。然而，在酵母和人类细胞的某些启动子中，H2A.Z 的存在与基因活性既不是正相关也不是负相关（Zhang et al. 2005a；Gévry et al. 2007；Buchanan et al. 2009；Hardy et al. 2009）。此外，在酿酒酵母中进行的全基因组范围的转录组分析显示，在没有 H2A.Z 的情况下，一些基因被激活，而另一些基因被抑制（Meneghini et al. 2003）。因此，尽管 H2A.Z 与转录有关，但它可能同时具有促进作用和抑制作用，这可能取决于所处环境。H2A.Z 在转录调控中积极作用的证据来自在嗜热四膜虫中发现其存在于转录活性大核中，而在转录惰性微核中缺失（Allis et al. 1986）。此外，出芽酵母中 H2A.Z 的缺失导致了可诱导基因激活的缺陷（Adam et al. 2001；Santisteban et al. 2000），表明 H2A.Z 在转录起始中的作用。H2A.Z 与黑腹果蝇中滞留的 RNA 聚合酶 II 共定位（Mavrich et al. 2008）进一步证实了这一假设，H2A.Z 也有助于酵母和人类细胞中有效的 RNA 聚合酶 II 募集（Adam et al. 2001；Hardy et al. 2009）。当核小体是异型的（H2A.Z/H2A）（Suto et al. 2000）、双变异体（H2A.Z-H3.3）（Jin and Felsenfeld 2007；Jin et al. 2009）或包含

表 10.2 参与 H2A.Z 动态的因子

分类	酿酒酵母	粟酒裂殖酵母	拟南芥	黑腹果蝇	人	在 H2A.Z 动态中的功能
单分子伴侣	Chz1(Luk et al. 2007)[a]	(Chz1)[a]	(NP_192571)	ND	(HIRIP3)	HA.Z 特异性分子伴侣 协助 SWR1 复合物(Luk et al. 2007)
	Nap1(Kobor et al. 2004)	Nap1(Kim et al. 2009; Zofall et al. 2009)	(NRP1、2)	(Nap1)	(Nap1)	Sc、Sp: 协助 SWR1 复合物(Luk et al. 2007; Zofall et al. 2009; Straube et al. 2010) Sc: 充当可溶性 H2A.Z 池(Straube et al. 2010)
多分子伴侣 FACT 复合物(Luk et al. 2007; Mahapatra et al. 2011)	Spt16	(Spt16)	(Spt16)	(Spt16)	(Spt16)	Sc: 协助 SWR1 复合物(Luk et al. 2007; Mahapatra et al. 2011)
	Pob3	(Pob3)	(SSRP1)	(SSRP1)	(SSRP1)	Sc: 与 H2A.Z 互作(Mahapatra et al. 2011) ND
RSF 复合物(Hanai et al. 2008)	ND	ND	ND	Rsf-1	(Rsf-1)	Dm: 协助 Tip60 复合物(Hanai et al. 2008)
酶复合物中的分子伴侣 SWI/SNF 家族 ISWI 亚家族	(Isw1, Isw2)	NA	(CHR11)	ISWI	(SNF2h)	Dm: 与 H2A.Z 互作(Hanai et al. 2008) ATP 酶
INO80 亚家族 SWR1 样复合物	SWR1 com (Kobor et al. 2004; Mizuguchi et al. 2004)	SWR1 com (Buchanan et al. 2009; Kim et al. 2009; Zofall et al. 2009)	PIE1 com (Deal et al. 2007)	Tip60 com (Kusch et al. 2004)	SRCAP com (Ruhl et al. 2006) p400/TRRAP com(Cai et al. 2005; Choi et al. 2009)	H2A.Z-H2B 二聚体置换核小体的 H2A-H2B(Luk et al. 2010) Sc、Sp: 全基因组范围 H2A.Z(Kobor et al. 2004; Mizuguchi et al. 2004; Buchanan et al. 2009; Zofall et al. 2009) Sc: H2A.Z-H2B 置换 DSB 处动的 H2A-H2B (Papamichos-Chronakis et al. 2006) At: H2A.Z 掺入可诱导启动子处的染色质(Deal et al. 2007; Zilberman et al. 2008) Dm: 未修饰的 H2A.Z 置换 DSB 处核小体的磷酸化 H2A.Z, 并将 H2A.Z 置换于沉默的染色质处(Kusch et al. 2004) Hs: SRCAP: 应对 DNA 去甲基化时, 在基因再次活化过程中于启动子处积累(Wong et al. 2007; Yang et al. 2012); p400: 在 DSB 处和启动子处掺入(Gévry et al. 2009; Xu et al. 2012b)
	Swr1	Swr1	PIE1	p400/Domino	SRCAP p400	Sc: 与 H2A.Z 互作(Wu et al. 2005) ATP 酶 Sc、Sp、Hs: H2A.Z 掺入(Kobor et al. 2004; Zofall et al. 2009; Xu et al. 2012b; Yang et al. 2012)
	Swc2	Swc2	SWC2	YL-1	YL-1	Sc: 与 H2A.Z 互作 Sp: H2A.Z 掺入(Kim et al. 2009)

续表

分类	因子					在 H2A.Z 动态中的功能
	酿酒酵母	粟酒裂殖酵母	拟南芥	黑腹果蝇	人	
	Swc3	ND	ND	ND	ND	ND
	Swc5	Swc5	SWR5	ND	ND	Sc、Sp: 对于 H2A.Z 转运是必需的(Wu et al. 2005; Kim et al. 2009)
	Swc6	Swc6	SEF	Dmp18	p18^Hamlet/ZnFHit1	Sc: Swc2 结合、核小体结合和 H2A.Z 掺入(Wu et al. 2005); Sp: H2A.Z 掺入(Kim et al. 2009); Mm: H2A.Z 在肌生成过程中的肌源性启动子处积累(Cuadrado et al. 2010)
	Rvb1[b]	Rvb1[b]	RVB1[b]	Reptin[b]	Tip49a[b]	AAA+ATP 酶
	Rvb2[b]	Rvb2[b]	RVB21 和 22[b]	Pontin[b]	Tip49b[b]	Sc: 必需的(Qiu et al. 1998; Kanemaki et al. 1999); Hs: 体外乙酰化 H2A-H2B 交换 H2A.Z-H2B，体内 H2A.Z 的沉积(Choi et al. 2009)
	Swc4	Swc4	SWC4	DMA	DMAP1	Sc: H2A.Z 转运(Wu et al. 2005)
	Yaf9	Yaf9	TAF14、14b	GAS41	GAS41	Sc: H2A.Z 转运(Wu et al. 2005)
	Act1[b]	Act1[b]	ACT1、2、3、7、8、11、12[b]	Act87B[b]	β-actin[b]	Sc: 必需的
	Arp4[b]	Arp4/ALP5[b]	Arp4[b]	BAP55[b]	BAF53a[b]	Sc: 必需的(Harata et al. 1994)
	Arp6[b]	Arp6[b]	Arp6[b]	(Arp6)	Arp6[b]	Sc: 与 Swc2 互作，且结合核小体(Wu et al. 2005)
	Bdf1	Bdf1	ND	Brd8	Brd8	Sc: 在启动子区沉积 H2A.Z(Raisner et al. 2005; Zhang et al. 2005a)
	NA	Msc1	ND	ND	(RBP2, PLU-1)	E3 泛素化酶(Dul and Walworth 2007); 推断是 H3K4 去甲基化酶; Sp: 阻止 H2A.Z 在中心粒内部和端粒外周区域的占位(Buchanan et al. 2009)
	(Tra1)[c]	Tra2	ND	Tra1	TRRAP	ND
	(Epl1)[c]	(Epl1)[c]	ND	E(Pc)	EPC1/2	ND
	(Esa1)[c]	(MST1)[c]	ND	Tip60	Tip60	乙酰转移酶
	(Yng2)[c]	(Png1)[c]	ND	Ing3	ING3	Dm: DNA 损伤反应中磷酸化乙酰化 H2A.Z 的乙酰化和去除(Kusch et al. 2004)

续表

分类	因子					在 H2A.Z 动态中的功能
	酿酒酵母	粟酒裂殖酵母	拟南芥	黑腹果蝇	人	
	(Eaf3)[c]	(Alp13)[c]	ND	Mrg15	MRGX, MRG15 FLJ11730	Dm: DNA 损伤反应中磷酸化 H2A.Z 的乙酰化和去除(Kusch et al. 2004)
	(Eaf6)[c]	ND	ND	Eaf6	—	ND
	(Eaf7)[c]	(Eaf7)[c]	ND	MrgB	MRGBP	ND
INO80 复合物 [d]						
	Ino80	(Ino80)	(Ino80)	(Ino80)	(INO80)	Sc: 游离 H2A-H2B 二聚体置换核小体中的 H2A.Z-H2B (Papamichos-Chronakis et al. 2011) ATP 酶
	Act1[b]	Act1[b]	ACT1, 2, 3, 4, 7, 8, 11, 12[b]	Act87B[b]	β-actin[b]	Sc: 在持续性 DSB 处去除 H2A.Z, 并维持 H2A 磷酸化 (Papamichos-Chronakis et al. 2006) 阻止全基因组范围内 H2A.Z 的错误掺入, 调控 H2A.Z 转录依赖的驱逐和在中心粒外周的分布 (Papamichos-Chronakis et al. 2011; Chambers et al. 2012)
	Arp4[b]	Alp5[b]	Arp4[b]	BAP55[b]	BAF53a[b]	Sc: 必需的
	Rvb1[b]	Rvb1[b]	RVB1[b]	Reptin[b]	Tip49a[b]	Sc: 必需的(Harata et al. 1994)
	Rvb2[b]	Rvb2[b]	RVB21, 22[b]	Pontin[b]	Tip49b[b]	AAA+ATP 酶
	Arp5	(Arp5)	(Arp5)	(Arp5)	(Arp5)	Sc: 必需的(Qiu et al. 1998; Kanemaki et al. 1999) Ino80 复合物的催化活性(Jónsson et al. 2004)
	Arp8	(Arp8)	(Arp8)	(Arp8)	(Arp8)	ND
	Ies6	(Ies6)	ND	ND	(Ies6/INO80C)	ND
	Nhp10	ND	ND	ND	ND	Sc: 阻止 H2A.Z 在中心粒外周区域的错误掺入(Chambers et al. 2012)
	Taf14	(Taf14)	ND	ND	ND	ND
	Ies1	ND	ND	ND	ND	ND
	Ies3	(Ies)	ND	ND	ND	ND
	Ies4	(Ies4)	ND	ND	ND	ND
	Ies5	ND	ND	ND	ND	ND

续表

分类	因子					在 H2A.Z 动态中的功能
	酿酒酵母	栗酒裂殖酵母	拟南芥	黑腹果蝇	人	
ND	(lec5)	ND	ND	ND	ND
ND	(lec3)	ND	ND	ND	ND
NA	(lec1)	ND	(Pho)	(YY1)	NA
ND	ND	ND	(Uch37)	(NFRKB/INO80G)	ND
ND	ND	ND	(Nfrkb)	(MCRS1/INO80Q)	ND
ND	ND	ND	ND	(TFPT/INO80F)	ND
ND	ND	ND	ND	(INO80D)	ND
ND	ND	ND	ND	(INO80E)	ND
ND	ND	ND	ND	(Amida)	ND

注：ND，未确认；—，不存在于复合物中；NA，不适用（未发现同源蛋白）；DSB，DNA 双链断裂；Sc，酿酒酵母；Sp，栗酒裂殖酵母；At，拟南芥；Dm，黑腹果蝇；Mm，鼠；Hs，人

a 同源蛋白，其调控 H2A.Z 动态的功能尚未得到证实、和/或是其他复合物中的组成成分（见括号内）

b SWR-样和 INO80 复合物中共享的亚单位

c ScNuA4 或 ScNuA4 组蛋白乙酰化酶复合物的亚单位

d 尽管 ScINO80 在体外可置换 H2A.Z-H2B 为 H2A-H2B，并在体内调控 H2A.Z 的动态，但是从未发现 H2A.Z 与 INO80 复合物结合；值得注意的是，只有 ScINO80 在 H2A.Z 动态调控中的作用被证实

乙酰化 H2A.Z（Ishibashi et al. 2009）时，H2A.Z 对转录的积极影响与含 H2A.Z 核小体的低稳定性有关。所有这些组合都富集于活性启动子（Bruce et al. 2005；Jin and Felsenfeld 2007；Jin et al. 2009；Nekrasov et al. 2012），它们可以促进转录因子进入 DNA。此外，H2A.Z 还可以通过阻止异染色质在端粒附近区域的异位扩散来积极调节转录（Meneghini et al. 2003；Babiarz et al. 2006）。H2A.Z 的这种屏障功能也与含 H2A.Z 核小体的不稳定性及其高周转率有关（Henikoff et al. 2009；Deal et al. 2010）。

当考虑异染色质区域时，H2A.Z 主要作为转录的负调节因子。事实上，在出芽酵母中沉默的交配型基因座隐蔽的交配型左臂（hidden mat left，HML）（Dhillon and Kamakaka 2000）以及芽殖和裂殖酵母的亚端粒区域（Dhillon and Kamakaka 2000；Buchanan et al. 2009），H2A.Z 的缺失导致基因去阻遏。此外，粟酒裂殖酵母中 H2A.Z 的缺失导致着丝粒周围异染色质沉默的丢失（Hou et al. 2010）。染色质中 H2A.Z 的存在可促进体外 HP1α 的结合（Fan et al. 2004），并促进果蝇中 H3K9 的甲基化、HP1 的募集和异染色质的建立（Swaminathan et al. 2005）。此外，在这种情况下，更稳定的同型（H2A.Z/H2A.Z）核小体可能以更高级的构象折叠（Suto et al. 2000；Fan et al. 2002，2004）。H2A.Z 在常染色质和异染色质转录中的相反作用表明，在基因座上染色质组织的背景对于调节含 H2A.Z 的核小体组成很重要。这可以通过在异染色质 H2A.Z（Hardy and Robert 2010）和一些泛素化位点（Sarcinella et al. 2007）上的超乙酰化来说明，表明不同组合的组蛋白修饰因子的募集。为了进一步阐明这种组蛋白变体如何使其功能多样化（Buchanan et al. 2009），有必要分别检测常染色质和异染色质基因座中 H2A.Z 沉积/修饰模式的潜在差异。

H2A.Z 在转录中的双重作用可能解释了其在非洲爪蟾发育过程中的重要作用，无论 H2A.Z 缺失还是过表达，都表现出非洲爪蟾原肠形成缺陷（Ridgway et al. 2004）。这在哺乳动物中是相似的，在哺乳动物中敲除单一的 H2A.Z 亚型 H2A.Z.1 导致胚胎在 5.5～7.5 天死亡（Faast et al. 2001）。然而，这些胚胎可能通过依赖第二亚型 H2A.Z.2 的补偿机制成功分化细胞内团和滋养层细胞。事实上，H2A.Z 在分化中的重要作用是基于 H2A.Z 在胚胎干细胞中标记了一组准备在胚胎发育期间激活的沉默基因启动子而提出的，该启动子称为二价启动子，因为它们具有与转录起始（H3K4me3）和基因沉默（H3K27me3）相关的组蛋白修饰（Creyghton et al. 2008）。这些基因在缺乏 H2A.Z 的胚胎干细胞中的失压与分化缺陷相关。在 H2A.Z 缺陷型胚胎干细胞中，这些基因的去抑制与分化缺陷相关（Creyghton et al. 2008）。

H2A.Z 在不同物种中作为着丝粒成分的重要性进一步展示了其在异染色质中的作用（Boyarchuk et al. 2011），如 H2A.Z 全局性缺失后的染色体分离缺陷（Carr et al. 1994；Krogan et al. 2004；Rangasamy et al. 2004）。在小鼠细胞中，在间期和有丝分裂过程中，在主要卫星重复序列的着丝粒周围异染色质的变化导致形成含有主要卫星重复序列的染色体间桥（Rangasamy et al. 2004）。观察到的分离缺陷可能由粟酒裂殖酵母中的转录失调间接产生，其中 H2A.Z 的缺失导致着丝粒必要组分 CENP-C 的下调（Hou et al. 2010）。未来的研究应该描述 H2A.Z 的特定性质如何影响着丝粒功能。

在肿瘤发生过程中，H2A.Z 在转录调节和染色体分离中的重要作用得到进一步强调。确实，在多种人类恶性肿瘤中，H2A.Z 在蛋白质（Hua et al. 2008）和 RNA（Rhodes et al. 2004；Zucchi et al. 2004）水平上均过表达，包括结直肠癌、未分化的癌症和乳腺癌。不仅在细胞增殖中需要 H2A.Z（Gévry et al. 2007，2009），在以不依赖雌激素的方式促进乳腺癌细胞生长时也需要（Svotelis et al. 2010）。在 Myc 诱导的淋巴瘤形成期间，H2A.Z 的其他失调（Conerly et al. 2010）涉及其从转录起始位点向活性基因体的重新分布。因此，H2A.Z 的表达量及其精确定位是肿瘤发生的重要因素。因此，了解驱动 H2A.Z 重定位和启动特定启动子处 H2A.Z 乙酰化状态变化的机制（Valdés-Mora et al. 2012）是未来研究的重要方向。

10.4.4　H2A.X 与 DNA 损伤反应有关

H2A.X 变体的磷酸化是响应 DNA 损伤的最早事件之一（Rogakou et al. 1998），使得染色质成为维持基因组完整性的重要参与者。在这里，我们专注于 H2A.X 变体对 DNA 双链断裂（DSB）的反应[参见 Soria 等（2012）]。在 DSB 位点，H2A.X 被快速磷酸化（Rogakou et al. 1998），其磷酸化形式称为 γH2A.X，被广泛用作 DNA 损伤应答（DDR）激活的标志。尽管 H2A 变体在物种之间可能不同（哺乳动物中是 H2A.X，果蝇中是 H2Av，酵母中是 H2A），但这种 DNA 损伤诱导的磷酸化在进化上是保守的。γH2A.X 的作用是作为 DNA 损伤信号的协调器和扩增系统，而不是作用于修复本身。例如，在哺乳动物中，DDR 的信号开始于 γH2A.X 招募 DNA 损伤检测点 1 蛋白的调节因子（MDC1），这对于进一步募集其他调节因子如 p53 结合蛋白 1（53BP1）和乳腺癌蛋白 1（BRCA1）至关重要（Yuan et al. 2010）。γH2A.X 远离 DNA 断裂的双向扩散有助于放大检查点信号，从而有助于描绘 DDR 发生的染色质区域边界。如何实现这种限制以及是否存在明确的界限尚不清楚。值得注意的是，FACT 组蛋白伴侣的 SPT16 亚基在基因毒性应激后获得聚 ADP-核糖基化，破坏了其与核小体的相互作用（Du et al. 2006；Heo et al. 2008），导致 H2A.X/H2A 的交换被抑制。其他作用因子也有助于 H2A.X 动力学，包括染色质重塑因子和修饰因子 Tip60 复合物，其在果蝇中乙酰化磷酸化的 H2Av 并促进其被未修饰的 H2Av 替代（Kusch et al. 2004）。在人类细胞中，Tip60 可能以类似方式通过乙酰化 H2A.X 以增加其迁移率（Ikura et al. 2007）。在出芽酵母中，磷酸化 H2A 的更新也受到重塑复合物 INO80 等因子的控制（Papamichos-Chronakis et al. 2006）。除了刺激 γH2A.X 从染色质中置换的因子外，酵母和哺乳动物细胞中几种蛋白磷酸酶对 γH2A.X 的去磷酸化也可以发挥负调节功能（Polo and Jackson 2011）。因此，多种因子的组合控制响应于 DNA 损伤的 H2A.X 动力学以微调检查点信号。H2A.X 在雄性配子发生中的作用也与损伤有关，因为在减数分裂前期早期的整个细胞核中检测到的 γH2A.X 聚集与减数分裂 DSB 驱动重组有关。然而，γH2A.X 晚期以不依赖减数分裂重组相关 DSB 的方式被局限于 XY 染色体（Mahadevaiah et al. 2001）。然而，在该特定基因座处，γH2A.X 可能仍然与其在 DDR 中的功能相似，即 γH2A.X 可以吸引染色质重塑因子、黏连蛋白和/或其他因子来识别这种特殊的亚核域。重要的是，雄性种系中的 H2A.X 缺乏导致粗线期停滞，不能形成 XY 染色体并且不能进行减数分裂，性染色体失活（Celeste et al. 2002；Fernandez-Capetillo et al. 2003）。因此 H2A.X 是染色质重塑和雄性小鼠减数分裂中性染色体失活所必需的。总之，这些数据表明，H2A.X 动力学虽然不严格局限于 DSB，但仍是染色质稳定性的一个重要特征。

10.4.5 macroH2A：具有宏结构域的独特组蛋白变体

macroH2A 是一种脊椎动物特异性变体，推测具有调控基因沉默的常规功能。两个基因编码密切相关的 macroH2A.1 和 macroH2A.2 异构体，*macroH2A.1* 基因的可变剪接导致形成两个剪接变体，macroH2A.1.1 和 macroH2A.1.2（Gamble and Kraus 2010）（图 10.1）。所有三种 macroH2A 形式在其 C 端区域含有一个不常见的额外结构域，其大小为组蛋白结构域的两倍，称为宏结构域（macrodomain），该结构域从核小体突出，形成与染色质调节因子相互作用的平台（Pehrson and Fried 1992；Gamble and Kraus 2010）。该 C 端宏结构域在体外抑制转录因子的结合，并且 N 端结构域干扰核小体克重塑因子的活性（Angelov et al. 2003；Doyen et al. 2006）。此外，macroH2A.1 的宏结构域结合聚 ADP-核糖（PAR）聚合酶 1（PARP1）蛋白（Karras et al. 2005），可能抑制 PARP1 活性以帮助维持诱导型热休克基因的沉默（Ouararhni et al. 2006）。最后，这个宏结构域包含一个涉及蛋白质二聚化的亮氨酸拉链基序（Landschulz et al. 1988），它可能促进核小体内部的相互作用，从而干扰转录并促进染色质压缩。因此，macroH2A.1 和 macroH2A.2 变体在雌性哺乳动物的失活 X 染色体上富集并且在活性常染色体基因上缺失（Costanzi and Pehrson 1998；Gamble et al. 2010；Chadwick and Willard 2001；Changolkar and Pehrson 2006）。macroH2A.1 和 macroH2A.2 在转录调控中的作用在人多能细胞中得到进一步强化，它们在发育基因的启动子区域富集，包括同源框基因，它们在此帮助微调神经元分化过程中的时序性激活（Buschbeck et al. 2009）。此外，斑马鱼胚胎中 macroH2A.2 的缺失产生了严重但特异的表型，包括脑畸形（Buschbeck et al. 2009）。总之，这些数据表明 macroH2A 变体参与细胞分化和脊椎动物发育过程中基因表达程序的协调。此外，macroH2A1.2 富集在精母细胞的 XY 染色体中，并且在这种染色体的假自体或配对区域（PAR）中具有特异性积累，从而促进该结构域的沉默（Hoyer-Fender et al. 2000；Turner et al. 2001）。此外，有证据表明 macroH2A 与抑制状态的稳定性增加有关（Pasque et al. 2011b）。锁定受抑制状态的这一重要作用可参与卵母细胞转录重编程的限制，从而在掺入 macroH2A.1 和 macroH2A.2 时维持体细胞分化状态的长期稳定性（Pasque et al. 2011a）。有趣的是，最近的一项研究揭示了可溶性 macroH2A 与 ATRX[一种 H3.3 结合因子（参见上文）]之间的关联，后者可用于抵消染色质中 macroH2A 富集的影响（Ratnakumar et al. 2012）。的确，人类红白血病的细胞中 ATRX 的缺乏伴随着 macroH2A.1 的积累，以及在端粒和 α 珠蛋白基因簇处 H3.3 的排除。这与 α 球蛋白表达的丧失一致，α 球蛋白表达丧失是 ATRX 综合征的 α-地中海贫血表型的主要方面。尽管最近的一些研究发现非活性基因与其体内或其启动子区域中存在的 macroH2A 之间存在不精确的相关性（Gamble et al. 2010；Ioudinkova et al. 2012），但是核小体中 macroH2A.1.2 和 H3.3 之间的互斥提供了 macroH2A 和沉默之间有趣的潜在联系。macroH2A.1 在人 MCF-7 细胞中转录其靶基因子集的积极作用进一步强调了这一点（Gamble et al. 2010；Ishibashi et al.

2010)。因此，转录期间 macroH2A 的多个功能同样以环境依赖性方式发生（Gamble and Kraus 2010）。

MacroH2A 也与 DNA 损伤有关，特别是通过其结合 ADP-核糖的能力，但其确切的贡献仍有待确定。实际上，几种对 ADP-核糖具有亲和力的蛋白质募集发生在 DNA 断裂位点（Polo and Jackson 2011），在此处 PARP 家族酶催化了蛋白质的 ADP-核糖聚合物共价修饰（Hakmé et al. 2008）。在体外结合 ADP-核糖的能力是 macroH2A.1.1 独有的，并且其分离的宏结构域在体内激光诱导的 DNA 损伤位点处积累（Timinszky et al. 2009）。在 DNA 双链断裂中，macroH2A.1.1 可能以不寻常的方式与 PAR 化染色质结合，这对于保留 p53 结合蛋白 1（53BP1）至关重要，因为缺乏 macroH2A.1 的细胞显示放射敏感性增强（Xu et al. 2012a）。因此，应进一步研究 macroH2A 的作用，以探讨它如何与 ADP-核糖代谢相互作用并触发损伤部位的局部染色质变化。

10.4.6　哺乳动物睾丸特异性变体是精子发生的关键调节因子

在减数分裂完成后，精子细胞经历精子发生，这是一种分化过程，包括核结构的剧烈重排并导致成熟配子的产生。在许多物种中，精子发生是唯一的分化过程，其中细胞核以可逆的方式失去其基于核小体的染色质。实际上，体细胞组蛋白依次被睾丸特异性变体取代，然后被过渡蛋白取代，后者后来被睾丸特异性蛋白质——鱼精蛋白取代（Rousseaux et al. 2005），从而在精子中产生一个紧密的结构，这一过程在多个物种中是保守的。然而，在哺乳动物精子中 5%～10% 的组蛋白被保留以标记特定基因座，如着丝粒、端粒和发育基因的转录起始位点（Gatewood et al. 1990；Palmer et al. 1990；Gineitis et al. 2000；Govin et al. 2007；Hammoud et al. 2009；Brykczynska et al. 2010）。在这里，我们将使用小鼠模型系统地阐明在哺乳动物精子发生过程中睾丸特异性组蛋白变体的重要性。睾丸特异性组蛋白变体（表 10.1 和图 10.1）可以分为两组：一些变体在减数分裂晚期或精子发生的早期阶段整合到全基因组中，而另一些则装载在特定基因座上，并保存在成熟精子中。

第一组由 H3.4（也称为 H3.t）、H3.5、H2A.B 和 H2B.1 组成，它们都形成不稳定的核小体（Ishibashi et al. 2010；Li et al. 2005；Schenk et al. 2011；Soboleva et al. 2011；Tachiwana et al. 2010；Witt et al. 1996）。此外，当在体细胞中异位表达时，H3.4（Tachiwana et al. 2010）、H3.5（Schenk et al. 2011）和 H2A.B（Tolstorukov et al. 2012）与常染色质相关。因此，这些变体的掺入可能在配子发生的早期阶段促进睾丸特异性基因表达（Soboleva et al. 2011；Tolstorukov et al. 2012），并且在后期阶段将其去除（Boussouar et al. 2008；Banaszynski et al. 2010）。该组中研究得最多的成员是 hH2A.B 及其小鼠直系同源物 H2A.Lap1（也称为 H2A.Bbd1）（表 10.1）（Ishibashi et al. 2010）。H2A.Lap1 富集在精原细胞的活性染色质上，并在精子发生过程中通过直接打开基因调节的转录起始位点染色质结构来协调基因表达（Soboleva et al. 2011）。此外，当 H2A.B 在人体细胞中过表达时，其被排除在雌性失活 X 染色体（巴氏小体）之外，并因此而得名（H2A.B 或 H2A.Bbd 为巴氏小体缺乏之意）（Chadwick and Willard 2001）。令人惊讶的是，虽然 H2A.B 优先

在人和小鼠的睾丸中表达（Ishibashi et al. 2010），但已在 HeLa 细胞（腺癌细胞系）中检测到 H2A.B 的表达（Ioudinkova et al. 2012；Tolstorukov et al. 2012）。通过在缺失 H2A.B 的 HeLa 细胞中观察到基因表达的普遍变化和正常 mRNA 剪接模式的破坏（Tolstorukov et al. 2012），表明 H2A.B 可以形成特异性染色质结构，从而促进转录和 mRNA 加工。这些特性是否适用于精子发生是值得关注的。最后，在癌细胞系（Andersen et al. 2005；Tolstorukov et al. 2012）中而不是正常体细胞组织（Govin et al. 2005）中至少存在两种睾丸特异性变体 H2A.B 和 H3.4，提高了通常情况下睾丸特异性变体在肿瘤发生中的重要性。

第二组的成员 mH2A.L1/L2（Govin et al. 2007）[也称为 H2A.Lap2/3（Soboleva et al. 2011）]和 hH2B.W，分别在着丝粒和端粒富集。重要的是，它们保留在成熟精子染色质中的这两个组成型染色质区域（Gineitis et al. 2000；Govin et al. 2007）。组蛋白 H2A.L1 和 L2 特异性地与 H2B.1 二聚化，并且当它们在小鼠体细胞中共表达时，会产生高度不稳定的核小体（Govin et al. 2007）。在凝聚的精子细胞中，H2AL1/L2 和 H2B.1 形成不同的结构，保护 60 bp 的 DNA，并且不含 H3 和 H4（Govin et al. 2007）。相反，体外 H2B.W 核小体的组装不会增加其不稳定性，但允许染色质纤维抵抗染色质压缩，这种特性可用于精子发生过程中的动态端粒重排（Boulard et al. 2006）。在明显缺乏其他核心组蛋白变体的情况下，H2B.W 被鉴定为精子特异性端粒结合复合物的组分进一步证实了这一点（Gineitis et al. 2000）。这表明该组的变体可能形成非经典的核小体复合物，以维持成熟精子中独特的异染色质结构。

总之，生殖细胞拥有最多样化的组蛋白变体。此外，组蛋白变体的组成在雄性和雌性中是不同的，并且这些变体许多以高度时序性调控的方式表达。目前，虽然这些变体的确切作用难以捉摸，但是基于敲除模型来评估每种特定睾丸特异性组蛋白变体的功能是很有希望的。此外，确定它们如何沉积到染色质中很重要，因为该水平的变化可能对亲本信息向后代的传递产生重大影响。体外研究表明，hNap1 的旁系同源物 hNap2 可促进 H3.4-H4 的沉积（Tachiwana et al. 2008），但这是否也是体内的情况目前尚不清楚。揭示其他睾丸特异性变体的沉积因子如何起作用，以及它们是否局限于种系，将是组蛋白变异动力学和功能研究的重要挑战。

参 考 文 献

Abascal F, Corpet A, Gurard-Levin Z-A, Juan D, Ochsenbein F, Rico D, Valencia A, Almouzni G (2013) Subfunctionalization via adaptive evolution influenced by genomic context: the case of histone chaperones ASF1a and ASF1b. Mol Biol Evol. doi:10.1093/molbev/mst086

Abbott DW, Laszczak M, Lewis JD et al (2004) Structural characterization of macroH2A containing chromatin. Biochemistry 43:1352–1359. doi:10.1021/bi035859i

Abbott DW, Chadwick BP, Thambirajah AA, Ausio J (2005) Beyond the Xi: macroH2A chromatin distribution and post-translational modification in an avian system. J Biol Chem 280:16437–16445. doi:10.1074/jbc.M500170200

Adam M, Robert F, Larochelle M, Gaudreau L (2001) H2A.Z is required for global chromatin integrity and for recruitment of RNA polymerase II under specific conditions. Mol Cell Biol 21:6270–6279

Ahmad K, Henikoff S (2002) The histone variant H3.3 marks active chromatin by replication-independent nucleosome assembly. Mol Cell 9:1191–1200

Alabert C, Groth A (2012) Chromatin replication and epigenome maintenance. Nat Rev Mol Cell Biol 13:153–167. doi:10.1038/nrm3288

Allis CD, Richman R, Gorovsky MA et al (1986) hv1 is an evolutionarily conserved H2A variant that is preferentially associated with active genes. J Biol Chem 261:1941–1948

Allshire RC, Karpen GH (2008) Epigenetic regulation of centromeric chromatin: old dogs, new tricks? Nat Rev Genet 9:923–937. doi:10.1038/nrg2466

Alvarez F, Muñoz F, Schilcher P et al (2011) Sequential establishment of marks on soluble histones H3 and H4. J Biol Chem 286:17714–17721. doi:10.1074/jbc.M111.223453

Amor DJ, Choo KHA (2002) Neocentromeres: role in human disease, evolution, and centromere study. Am J Hum Genet 71:695–714. doi:10.1086/342730

Andersen JS, Lam YW, Leung AKL, Ong S-E, Lyon CE, Lamond AI, Mann M (2005) Nucleolar proteome dynamics. Nature 433:77–83. doi:10.1038/nature03207

Angelov D, Molla A, Perche P-Y et al (2003) The histone variant macroH2A interferes with transcription factor binding and SWI/SNF nucleosome remodeling. Mol Cell 11:1033–1041

Angelov D, Verdel A, An W et al (2004) SWI/SNF remodeling and p300-dependent transcription of histone variant H2ABbd nucleosomal arrays. EMBO J 23:3815–3824. doi:10.1038/sj.emboj.7600400

Angelov D, Bondarenko VA, Almagro S, Menoni H, Mongelard F, Hans F, Mietton F, Studitsky VM, Hamiche A, Dimitrov S et al (2006) Nucleolin is a histone chaperone with FACT-like activity and assists remodeling of nucleosomes. EMBO J 25:1669–1679. doi:10.1038/sj.emboj.7601046

Ask K, Jasencakova Z, Menard P et al (2012) Codanin-1, mutated in the anaemic disease CDAI, regulates Asf1 function in S-phase histone supply. EMBO J 31:2013–2023. doi:10.1038/emboj.2012.55

Ausio J (2006) Histone variants—the structure behind the function. Brief Funct Genomic Proteomic 5:228–243. doi:10.1093/bfgp/ell020

Babiarz JE, Halley JE, Rine J (2006) Telomeric heterochromatin boundaries require NuA4-dependent acetylation of histone variant H2A.Z in Saccharomyces cerevisiae. Genes Dev 20:700–710. doi:10.1101/gad.1386306

Balaji S, Iyer LM, Aravind L (2009) HPC2 and ubinuclein define a novel family of histone chaperones conserved throughout eukaryotes. Mol Biosyst 5:269. doi:10.1039/b816424j

Banaszynski LA, Allis CD, Lewis PW (2010) Histone variants in metazoan development. Dev Cell 19:662–674. doi:10.1016/j.devcel.2010.10.014

Banumathy G, Somaiah N, Zhang R et al (2009) Human UBN1 is an ortholog of yeast Hpc2p and has an essential role in the HIRA/ASF1a chromatin-remodeling pathway in senescent cells. Mol Cell Biol 29:758–770. doi:10.1128/MCB.01047-08

Bao Y, Konesky K, Park Y-J et al (2004) Nucleosomes containing the histone variant H2A.Bbd organize only 118 base pairs of DNA. EMBO J 23:3314–3324. doi:10.1038/sj.emboj.7600316

Barnhart MC, Kuich PHJL, Stellfox ME et al (2011) HJURP is a CENP-A chromatin assembly factor sufficient to form a functional de novo kinetochore. J Cell Biol 194:229–243. doi:10.1083/jcb.201012017

Barski A, Cuddapah S, Cui K et al (2007) High-resolution profiling of histone methylations in the human genome. Cell 129:823–837. doi:10.1016/j.cell.2007.05.009

Bergmann JH, Rodríguez MG, Martins NMC et al (2011) Epigenetic engineering shows H3K4me2 is required for HJURP targeting and CENP-A assembly on a synthetic human kinetochore. EMBO J 30:328–340. doi:10.1038/emboj.2010.329

Bernad R, Sanchez P, Rivera T et al (2011) Xenopus HJURP and condensin II are required for CENP-A assembly. J Cell Biol 192:569–582. doi:10.1083/jcb.201005136

Bernstein E, Muratore-Schroeder TL, Diaz RL et al (2008) A phosphorylated subpopulation of the histone variant macroH2A1 is excluded from the inactive X chromosome and enriched during mitosis. Proc Natl Acad Sci USA 105:1533–1538. doi:10.1073/pnas.0711632105

Billon P, Côté J (2012) Precise deposition of histone H2A.Z in chromatin for genome expression and maintenance. Biochim Biophys Acta 1819:290–302. doi:10.1016/j.bbagrm.2011.10.004

Black BE, Cleveland DW (2011) Epigenetic centromere propagation and the nature of CENP-a nucleosomes. Cell 144:471–479. doi:10.1016/j.cell.2011.02.002

Black BE, Foltz DR, Chakravarthy S et al (2004) Structural determinants for generating centromeric chromatin. Nature 430:578–582. doi:10.1038/nature02766

Black BE, Jansen LET, Maddox PS et al (2007) Centromere identity maintained by nucleosomes assembled with histone H3 containing the CENP-A targeting domain. Mol Cell 25:309–322. doi:10.1016/j.molcel.2006.12.018

Bönisch C, Hake SB (2012) Histone H2A variants in nucleosomes and chromatin: more or less stable? Nucleic Acids Res. doi:10.1093/nar/gks865

Bönisch C, Schneider K, Pünzeler S et al (2012) H2A.Z.2.2 is an alternatively spliced histone H2A.Z variant that causes severe nucleosome destabilization. Nucleic Acids Res 40(13): 5951–5964. doi:10.1093/nar/gks267

Bonnefoy E, Orsi GA, Couble P, Loppin B (2007) The essential role of Drosophila HIRA for de novo assembly of paternal chromatin at fertilization. PLoS Genet 3:e182. doi:10.1371/journal.pgen.0030182

Boulard M, Gautier T, Mbele GO et al (2006) The NH2 tail of the novel histone variant H2BFWT exhibits properties distinct from conventional H2B with respect to the assembly of mitotic chromosomes. Mol Cell Biol 26:1518–1526. doi:10.1128/MCB.26.4.1518-1526.2006

Boussouar F, Rousseaux S, Khochbin S (2008) A new insight into male genome reprogramming by histone variants and histone code. Cell Cycle 7:3499–3502

Boyarchuk E, Montes de Oca R, Almouzni G (2011) Cell cycle dynamics of histone variants at the centromere, a model for chromosomal landmarks. Curr Opin Cell Biol. doi:10.1016/j.ceb.2011.03.006

Braunschweig U, Hogan GJ, Pagie L, van Steensel B (2009) Histone H1 binding is inhibited by histone variant H3.3. EMBO J 28(23):3635–3645. doi:10.1038/emboj.2009.301

Bruce K, Myers FA, Mantouvalou E et al (2005) The replacement histone H2A.Z in a hyperacetylated form is a feature of active genes in the chicken. Nucleic Acids Res 33:5633–5639. doi:10.1093/nar/gki874

Brykczynska U, Hisano M, Erkek S et al (2010) Repressive and active histone methylation mark distinct promoters in human and mouse spermatozoa. Nat Struct Mol Biol 17:679–687. doi:10.1038/nsmb.1821

Buchanan L, Durand-Dubief M, Roguev A et al (2009) The Schizosaccharomyces pombe JmjC-protein, Msc1, prevents H2A.Z localization in centromeric and subtelomeric chromatin domains. PLoS Genet 5:e1000726

Buchwitz BJ, AHMAD K, Moore LL et al (1999) A histone-H3-like protein in C. elegans. Nature 401:547–548. doi:10.1038/44062

Buschbeck M, Uribesalgo I, Wibowo I et al (2009) The histone variant macroH2A is an epigenetic regulator of key developmental genes. Nat Struct Mol Biol 16:1074–1079. doi:10.1038/nsmb.1665

Cai Y, Jin J, Florens L, Swanson SK, Kusch T, Li B, Workman JL, Washburn MP, Conaway RC, Conaway JW (2005) The mammalian YL1 protein is a shared subunit of the TRRAP/TIP60 histone acetyltransferase and SRCAP complexes. J Biol Chem 280:13665–13670

Camahort R, Li B, Florens L et al (2007) Scm3 is essential to recruit the histone h3 variant cse4 to centromeres and to maintain a functional kinetochore. Mol Cell 26:853–865. doi:10.1016/j.molcel.2007.05.013

Campos EI, Reinberg D (2010) New chaps in the histone chaperone arena. Genes Dev 24:1334–1338. doi:10.1101/gad.1946810

Carr AM, Dorrington SM, Hindley J et al (1994) Analysis of a histone H2A variant from fission yeast: evidence for a role in chromosome stability. Mol Gen Genet 245:628–635

Celeste A, Petersen S, Romanienko PJ et al (2002) Genomic instability in mice lacking histone H2AX. Science 296:922–927. doi:10.1126/science.1069398

Chadwick BP, Willard HF (2001) A novel chromatin protein, distantly related to histone H2A, is largely excluded from the inactive X chromosome. J Cell Biol 152:375–384

Chambers AL, Ormerod G, Durley SC, Sing TL, Brown GW, Kent NA, Downs JA (2012) The INO80 chromatin remodeling complex prevents polyploidy and maintains normal chromatin structure at centromeres. Genes Dev 26:2590–2603

Chang L, Loranger SS, Mizzen C et al (1997) Histones in transit: cytosolic histone complexes and diacetylation of H4 during nucleosome assembly in human cells. Biochemistry 36:469–480. doi:10.1021/bi962069i

Chang EY, Ferreira H, Somers J et al (2008) MacroH2A allows ATP-dependent chromatin remodeling by SWI/SNF and ACF complexes but specifically reduces recruitment of SWI/SNF. Biochemistry 47:13726–13732. doi:10.1021/bi8016944

Changolkar LN, Pehrson JR (2006) macroH2A1 histone variants are depleted on active genes but concentrated on the inactive X chromosome. Mol Cell Biol 26:4410–4420. doi:10.1128/MCB.02258-05

Choi J, Heo K, An W (2009) Cooperative action of TIP48 and TIP49 in H2A.Z exchange catalyzed by acetylation of nucleosomal H2A. Nucleic Acids Res 37:5993–6007

Chow C-M, Georgiou A, Szutorisz H et al (2005) Variant histone H3.3 marks promoters of transcriptionally active genes during mammalian cell division. EMBO Rep 6:354–360. doi:10.1038/sj.embor.7400366

Churikov D, Siino J, Svetlova M, Zhang K, Gineitis A, Morton Bradbury E, Zalensky A (2004) Novel human testis-specific histone H2B encoded by the interrupted gene on the X chromosome. Genomics 84:745–756

Clarkson MJ, Wells JR, Gibson F et al (1999) Regions of variant histone His2AvD required for Drosophila development. Nature 399:694–697. doi:10.1038/21436

Cleveland DW, Mao Y, Sullivan KF (2003) Centromeres and kinetochores: from epigenetics to mitotic checkpoint signaling. Cell 112:407–421

Collins KA, Furuyama S, Biggins S (2004) Proteolysis contributes to the exclusive centromere localization of the yeast Cse4/CENP-A histone H3 variant. Curr Biol 14:1968–1972. doi:10.1016/j.cub.2004.10.024

Conaway RC, Conaway JW (2009) The INO80 chromatin remodeling complex in transcription, replication and repair. Trends Biochem Sci 34:71–77. doi:10.1016/j.tibs.2008.10.010

Conerly ML, Teves SS, Diolaiti D et al (2010) Changes in H2A.Z occupancy and DNA methylation during B-cell lymphomagenesis. Genome Res 20:1383–1390. doi:10.1101/gr.106542.110

Cook AJL, Gurard-Levin ZA, Vassias I, Almouzni G (2011) A specific function for the histone chaperone NASP to fine-tune a reservoir of soluble H3-H4 in the histone supply chain. Mol Cell 44:918–927. doi:10.1016/j.molcel.2011.11.021

Corpet A, Almouzni G (2009) Making copies of chromatin: the challenge of nucleosomal organization and epigenetic information. Trends Cell Biol 19:29–41. doi:10.1016/j.tcb.2008.10.002

Corpet A, De Koning L, Toedling J et al (2011) Asf1b, the necessary Asf1 isoform for proliferation, is predictive of outcome in breast cancer. EMBO J 30:480–493. doi:10.1038/emboj.2010.335

Costanzi C, Pehrson JR (1998) Histone macroH2A1 is concentrated in the inactive X chromosome of female mammals. Nature 393:599–601. doi:10.1038/31275

Couldrey C, Carlton MB, Nolan PM et al (1999) A retroviral gene trap insertion into the histone 3.3A gene causes partial neonatal lethality, stunted growth, neuromuscular deficits and male sub-fertility in transgenic mice. Hum Mol Genet 8:2489–2495

Cox SG, Kim H, Garnett AT et al (2012) An essential role of variant histone H3.3 for ectomesenchyme potential of the cranial neural crest. PLoS Genet 8:e1002938

Creyghton MP, Markoulaki S, Levine SS et al (2008) H2AZ is enriched at polycomb complex target genes in ES cells and is necessary for lineage commitment. Cell 135:649–661. doi:10.1016/j.cell.2008.09.056

Cuadrado A, Corrado N, Perdiguero E, Lafarga V, Muñoz-Canoves P, Nebreda AR (2010) Essential role of p18Hamlet/SRCAP-mediated histone H2A.Z chromatin incorporation in muscle differentiation. EMBO J 29:2014–2025. doi:10.1038/emboj.2010.85

Cui B, Liu Y, Gorovsky MA (2006) Deposition and function of histone H3 variants in Tetrahymena thermophila. Mol Cell Biol 26:7719–7730. doi:10.1128/MCB.01139-06

Daganzo SM, Erzberger JP, Lam WM et al (2003) Structure and function of the conserved core of histone deposition protein Asf1. Curr Biol 13:2148–2158

Dalal Y, Wang H, Lindsay S, Henikoff S (2007) Tetrameric structure of centromeric nucleosomes in interphase Drosophila cells. PLoS Biol 5:e218. doi:10.1371/journal.pbio.0050218

Daury L, Chailleux C, Bonvallet J, Trouche D (2006) Histone H3.3 deposition at E2F-regulated genes is linked to transcription. EMBO Rep 7:66–71. doi:10.1038/sj.embor.7400561

De Koning L, Corpet A, Haber JE, Almouzni G (2007) Histone chaperones: an escort network regulating histone traffic. Nat Struct Mol Biol 14:997–1007. doi:10.1038/nsmb1318

Deal RB, Topp CN, McKinney EC, Meagher RB (2007) Repression of flowering in Arabidopsis requires activation of FLOWERING LOCUS C expression by the histone variant H2A.Z. Plant Cell 19:74–83

Deal RB, Henikoff JG, Henikoff S (2010) Genome-wide kinetics of nucleosome turnover determined by metabolic labeling of histones. Science 328:1161–1164. doi:10.1126/science. 1186777

Déjardin J, Kingston RE (2009) Purification of proteins associated with specific genomic Loci. Cell 136:175–186

Delbarre E, Jacobsen BM, Reiner AH et al (2010) Chromatin environment of histone variant H3.3 revealed by quantitative imaging and genome-scale chromatin and DNA immunoprecipitation. Mol Biol Cell 21:1872–1884. doi:10.1091/mbc.E09-09-0839

Dhillon N, Kamakaka RT (2000) A histone variant, Htz1p, and a Sir1p-like protein, Esc2p, mediate silencing at HMR. Mol Cell 6:769–780

Dimitriadis EK, Weber C, Gill RK et al (2010) Tetrameric organization of vertebrate centromeric nucleosomes. Proc Natl Acad Sci USA 107:20317–20322. doi:10.1073/pnas.1009563107

Dion MF, Kaplan T, Kim M et al (2007) Dynamics of replication-independent histone turnover in budding yeast. Science 315:1405–1408. doi:10.1126/science.1134053

Doyen C-M, An W, Angelov D et al (2006) Mechanism of polymerase II transcription repression by the histone variant macroH2A. Mol Cell Biol 26:1156–1164. doi:10.1128/MCB.26.3. 1156-1164.2006

Drane P, Ouararhni K, Depaux A et al (2010) The death-associated protein DAXX is a novel histone chaperone involved in the replication-independent deposition of H3.3. Genes Dev 24:1253–1265. doi:10.1101/gad.566910

Du Y-C, Gu S, Zhou J et al (2006) The dynamic alterations of H2AX complex during DNA repair detected by a proteomic approach reveal the critical roles of Ca(2+)/calmodulin in the ionizing radiation-induced cell cycle arrest. Mol Cell Proteomics 5:1033–1044. doi:10.1074/mcp. M500327-MCP200

Dul BE, Walworth NC (2007) The plant homeodomain fingers of fission yeast Msc1 exhibit E3 ubiquitin ligase activity. J Biol Chem 282:18397–18406

Dunleavy EM, Roche D, Tagami H et al (2009) HJURP is a cell-cycle-dependent maintenance and deposition factor of CENP-A at centromeres. Cell 137:485–497. doi:10.1016/j.cell.2009.02.040

Dunleavy EM, Almouzni G, Karpen GH (2011) H3.3 is deposited at centromeres in S phase as a placeholder for newly assembled CENP-A in G(1) phase. Nucleus 2:146–157. doi:10.4161/nucl.2.2.15211

Earnshaw WC, Migeon BR (1985) Three related centromere proteins are absent from the inactive centromere of a stable isodicentric chromosome. Chromosoma 92:290–296

Earnshaw WC, Rothfield N (1985) Identification of a family of human centromere proteins using autoimmune sera from patients with scleroderma. Chromosoma 91:313–321

Earnshaw WC, Ratrie H, Stetten G (1989) Visualization of centromere proteins CENP-B and CENP-C on a stable dicentric chromosome in cytological spreads. Chromosoma 98:1–12

Elsässer SJ, Huang H, Lewis PW et al (2012) DAXX envelops an H3.3-H4 dimer for H3.3-specific recognition. Nature 491:460–465. doi:10.1038/nature11608

Faast R, Thonglairoam V, Schulz TC et al (2001) Histone variant H2A.Z is required for early mammalian development. Curr Biol 11:1183–1187

Fan JY, Gordon F, Luger K et al (2002) The essential histone variant H2A.Z regulates the equilibrium between different chromatin conformational states. Nat Struct Biol 9:172–176. doi:10.1038/nsb767

Fan JY, Rangasamy D, Luger K, Tremethick DJ (2004) H2A.Z alters the nucleosome surface to promote HP1α-mediated chromatin fiber folding. Mol Cell 16:655–661. doi:10.1016/j.molcel.2004.10.023

Fernandez-Capetillo O, Mahadevaiah SK, Celeste A et al (2003) H2AX is required for chromatin remodeling and inactivation of sex chromosomes in male mouse meiosis. Dev Cell 4:497–508

Foltz DR, Jansen LET, Black BE et al (2006) The human CENP-A centromeric nucleosome-associated complex. Nat Cell Biol 8:458–469. doi:10.1038/ncb1397

Foltz DR, Jansen LET, Bailey AO et al (2009) Centromere-specific assembly of CENP-a nucleosomes is mediated by HJURP. Cell 137:472–484. doi:10.1016/j.cell.2009.02.039

Formosa T (2012) The role of FACT in making and breaking nucleosomes. Biochim Biophys Acta 1819:247–255. doi:10.1016/j.bbagrm.2011.07.009

Franklin SG, Zweidler A (1977) Non-allelic variants of histones 2a, 2b and 3 in mammals. Nature 266:273–275

Fujita Y, Hayashi T, Kiyomitsu T et al (2007) Priming of centromere for CENP-A recruitment by human hMis18alpha, hMis18beta, and M18BP1. Dev Cell 12:17–30. doi:10.1016/j.devcel.2006.11.002

Gaillard PH, Martini EM, Kaufman PD et al (1996) Chromatin assembly coupled to DNA repair: a new role for chromatin assembly factor I. Cell 86:887–896

Gamble MJ, Kraus WL (2010) Multiple facets of the unique histone variant macroH2A: from genomics to cell biology. Cell Cycle 9:2568–2574. doi:10.4161/cc.9.13.12144

Gamble MJ, Frizzell KM, Yang C et al (2010) The histone variant macroH2A1 marks repressed autosomal chromatin, but protects a subset of its target genes from silencing. Genes Dev 24:21–32. doi:10.1101/gad.1876110

Garrick D, Sharpe JA, Arkell R et al (2006) Loss of Atrx affects trophoblast development and the pattern of X-inactivation in extraembryonic tissues. PLoS Genet 2:e58. doi:10.1371/journal.pgen.0020058.st001

Gatewood JM, Cook GR, Balhorn R et al (1990) Isolation of four core histones from human sperm chromatin representing a minor subset of somatic histones. J Biol Chem 265:20662–20666

Gautier T, Abbott DW, Molla A et al (2004) Histone variant H2ABbd confers lower stability to the nucleosome. EMBO Rep 5:715–720. doi:10.1038/sj.embor.7400182

Gévry N, Chan HM, Laflamme L et al (2007) p21 transcription is regulated by differential localization of histone H2A.Z. Genes Dev 21:1869–1881. doi:10.1101/gad.1545707

Gévry N, Hardy S, Jacques P-E, Laflamme L, Svotelis A, Robert F, Gaudreau L (2009) Histone H2A.Z is essential for estrogen receptor signaling. Genes Dev 23:1522–1533. doi:10.1101/gad.1787109

Gineitis AA, Zalenskaya IA, Yau PM et al (2000) Human sperm telomere-binding complex involves histone H2B and secures telomere membrane attachment. J Cell Biol 151:1591–1598

Goldberg AD, Banaszynski LA, Noh K-M et al (2010) Distinct factors control histone variant H3.3 localization at specific genomic regions. Cell 140:678–691. doi:10.1016/j.cell.2010.01.003

Goldman JA, Garlick JD, Kingston RE (2010) Chromatin remodeling by imitation switch (ISWI) class ATP-dependent remodelers is stimulated by histone variant H2A.Z. J Biol Chem 285:4645–4651. doi:10.1074/jbc.M109.072348

Gonzalez-Romero R, Rivera-Casas C, Ausio J et al (2010) Birth-and-death long-term evolution promotes histone H2B variant diversification in the male germinal cell line. Mol Biol Evol 27:1802–1812. doi:10.1093/molbev/msq058

Goshima G, Kiyomitsu T, Yoda K, Yanagida M (2003) Human centromere chromatin protein hMis12, essential for equal segregation, is independent of CENP-A loading pathway. J Cell Biol 160:25–39. doi:10.1083/jcb.200210005

Govin J, Caron C, Rousseaux S, Khochbin S (2005) Testis-specific histone H3 expression in somatic cells. Trends Biochem Sci 30:357–359. doi:10.1016/j.tibs.2005.05.001

Govin J, Escoffier E, Rousseaux S, Kuhn L, Ferro M, Thevenon J, Catena R, Davidson I, Garin J, Khochbin S et al (2007) Pericentric heterochromatin reprogramming by new histone variants during mouse spermiogenesis. J Cell Biol 176:283–294. doi:10.1083/jcb.200604141

Green CM, Almouzni G (2003) Local action of the chromatin assembly factor CAF-1 at sites of nucleotide excision repair in vivo. EMBO J 22:5163–5174. doi:10.1093/emboj/cdg478

Groth A, Corpet A, Cook AJL et al (2007) Regulation of replication fork progression through histone supply and demand. Science 318:1928–1931. doi:10.1126/science.1148992

Günesdogan U, Jäckle H, Herzig A (2010) A genetic system to assess in vivo the functions of histones and histone modifications in higher eukaryotes. EMBO Rep 11:772–776. doi:10.1038/embor.2010.124

Guse A, Carroll CW, Moree B et al (2011) In vitro centromere and kinetochore assembly on defined chromatin templates. Nature 477:354–358. doi:10.1038/nature10379

Hajkova P, Ancelin K, Waldmann T et al (2008) Chromatin dynamics during epigenetic reprogramming in the mouse germ line. Nature 452:877–881. doi:10.1038/nature06714

Hake SB, Garcia BA, Kauer M et al (2005) Serine 31 phosphorylation of histone variant H3.3 is specific to regions bordering centromeres in metaphase chromosomes. Proc Natl Acad Sci USA 102:6344–6349. doi:10.1073/pnas.0502413102

Hakmé A, Wong H-K, Dantzer F, Schreiber V (2008) The expanding field of poly(ADP-ribosyl) ation reactions. "Protein Modifications: Beyond the Usual Suspects" review series. EMBO Rep 9:1094–1100. doi:10.1038/embor.2008.191

Hammoud SS, Nix DA, Zhang H et al (2009) Distinctive chromatin in human sperm packages genes for embryo development. Nature 460:473–478. doi:10.1038/nature08162

Hanai K, Furuhashi H, Yamamoto T, Akasaka K, Hirose S (2008) RSF governs silent chromatin formation via histone H2Av replacement. PLoS Genet 4:e1000011

Handel M (2004) The XY body: a specialized meiotic chromatin domain. Exp Cell Res 296:57–63. doi:10.1016/j.yexcr.2004.03.008

Happel N, Doenecke D (2009) Histone H1 and its isoforms: contribution to chromatin structure and function. Gene 431:1–12. doi:10.1016/j.gene.2008.11.003

Harada A, Okada S, Konno D et al (2012) Chd2 interacts with H3.3 to determine myogenic cell fate. EMBO J 31(13):2994–3007. doi:10.1038/emboj.2012.136

Harata M, Karwan A, Wintersberger U (1994) An essential gene of Saccharomyces cerevisiae coding for an actin-related protein. Proc Natl Acad Sci U S A 91:8258–8262

Hardy S, Robert F (2010) Random deposition of histone variants: a cellular mistake or a novel regulatory mechanism? Epigenetics 5:368–372

Hardy S, Jacques P-E, Gévry N et al (2009) The euchromatic and heterochromatic landscapes are shaped by antagonizing effects of transcription on H2A.Z deposition. PLoS Genet 5:e1000687

Hemmerich P, Weidtkamp-Peters S, Hoischen C et al (2008) Dynamics of inner kinetochore assembly and maintenance in living cells. J Cell Biol 180:1101–1114. doi:10.1083/jcb.200710052

Henikoff S, Furuyama T (2012) The unconventional structure of centromeric nucleosomes. Chromosoma 121:341–352. doi:10.1007/s00412-012-0372-y

Henikoff S, Ahmad K, Platero JS, van Steensel B (2000) Heterochromatic deposition of centromeric histone H3-like proteins. Proc Natl Acad Sci USA 97:716–721

Henikoff S, Henikoff JG, Sakai A et al (2009) Genome-wide profiling of salt fractions maps physical properties of chromatin. Genome Res 19:460–469. doi:10.1101/gr.087619.108

Heo K, Kim H, Choi SH et al (2008) FACT-mediated exchange of histone variant H2AX regulated by phosphorylation of H2AX and ADP-ribosylation of Spt16. Mol Cell 30:86–97. doi:10.1016/j.molcel.2008.02.029

Heun P, Erhardt S, Blower MD et al (2006) Mislocalization of the Drosophila centromere-specific histone CID promotes formation of functional ectopic kinetochores. Dev Cell 10:303–315. doi:10.1016/j.devcel.2006.01.014

Hodl M, Basler K (2009) Transcription in the absence of histone H3.3. Curr Biol 19(14):1221–1226. doi:10.1016/j.cub.2009.05.048

HOdl M, Basler K (2012) Transcription in the absence of histone H3.2 and H3K4 methylation. Curr Biol 22:2253–2257. doi:10.1016/j.cub.2012.10.008

Hou H, Wang Y, Kallgren SP et al (2010) Histone variant H2A.Z regulates centromere silencing and chromosome segregation in fission yeast. J Biol Chem 285:1909–1918. doi:10.1074/jbc.M109.058487

Howman EV, Fowler KJ, Newson AJ et al (2000) Early disruption of centromeric chromatin organization in centromere protein A (Cenpa) null mice. Proc Natl Acad Sci USA 97:1148–1153

Hoyer-Fender S, Costanzi C, Pehrson JR (2000) Histone macroH2A1.2 is concentrated in the XY-body by the early pachytene stage of spermatogenesis. Exp Cell Res 258:254–260. doi:10.1006/excr.2000.4951

Hu Z, Huang G, Sadanandam A et al (2010) The expression level of HJURP has an independent prognostic impact and predicts the sensitivity to radiotherapy in breast cancer. Breast Cancer Res 12:R18. doi:10.1186/bcr2487

Hu H, Liu Y, Wang M et al (2011) Structure of a CENP-A-Histone H4 heterodimer in complex with chaperone HJURP. Genes Dev 25(9):901–906. doi:10.1101/gad.2045111

Hua S, Kallen CB, Dhar R et al (2008) Genomic analysis of estrogen cascade reveals histone variant H2A.Z associated with breast cancer progression. Mol Syst Biol 4:188

Ikura T, Tashiro S, Kakino A et al (2007) DNA damage-dependent acetylation and ubiquitination of H2AX enhances chromatin dynamics. Mol Cell Biol 27:7028–7040. doi:10.1128/MCB.00579-07

Ioudinkova ES, Barat A, Pichugin A et al (2012) Distinct distribution of ectopically expressed histone variants H2A.Bbd and MacroH2A in open and closed chromatin domains. PLoS One 7:e47157

Ishibashi T, Dryhurst D, Rose KL et al (2009) Acetylation of vertebrate H2A.Z and Its effect on the structure of the nucleosome. Biochemistry 48:5007–5017. doi:10.1021/bi900196c

Ishibashi T, Li A, Eirin-Lopez JM, Zhao M, Missiaen K, Abbott DW, Meistrich M, Hendzel MJ, Ausio J (2010) H2A.Bbd: an X-chromosome-encoded histone involved in mammalian spermiogenesis. Nucleic Acids Res 38:1780–1789. doi:10.1093/nar/gkp1129

Ito T, Bulger M, Kobayashi R, Kadonaga JT (1996) Drosophila NAP-1 is a core histone chaperone that functions in ATP-facilitated assembly of regularly spaced nucleosomal arrays. Mol Cell Biol 16:3112–3124

Jansen LET, Black BE, Foltz DR, Cleveland DW (2007) Propagation of centromeric chromatin requires exit from mitosis. J Cell Biol 176:795–805. doi:10.1083/jcb.200701066

Jiao Y, Shi C, Edil BH et al (2011) DAXX/ATRX, MEN1, and mTOR pathway genes are frequently altered in pancreatic neuroendocrine tumors. Science 331:1199–1203

Jin C, Felsenfeld G (2007) Nucleosome stability mediated by histone variants H3.3 and H2A.Z. Genes Dev 21:1519–1529. doi:10.1101/gad.1547707

Jin C, Zang C, Wei G et al (2009) H3.3/H2A.Z double variant–containing nucleosomes mark "nucleosome-free regions" of active promoters and other regulatory regions. Nat Genet 41:941–945. doi:10.1038/ng.409

Jónsson ZO, Jha S, Wohlschlegel JA, Dutta A (2004) Rvb1p/Rvb2p recruit Arp5p and assemble a functional Ino80 chromatin remodeling complex. Mol Cell 16:465–477

Jullien J, Astrand C, Szenker E et al (2012) HIRA dependent H3.3 deposition is required for transcriptional reprogramming following nuclear transfer to Xenopus oocytes. Epigenetics Chromatin 5:17. doi:10.1186/1756-8935-5-17

Kalocsay M, Hiller NJ, Jentsch S (2009) Chromosome-wide Rad51 spreading and SUMO-H2A.Z--dependent chromosome fixation in response to a persistent DNA double-strand break. Mol Cell 33:335–343. doi:10.1016/j.molcel.2009.01.016

Kanemaki M, Kurokawa Y, Matsu-ura T, Makino Y, Masani A, Okazaki K, Morishita T, Tamura TA (1999) TIP49b, a new RuvB-like DNA helicase, is included in a complex together with another RuvB-like DNA helicase, TIP49a. J Biol Chem 274:22437–22444

Karras GI, Kustatscher G, Buhecha HR et al (2005) The macro domain is an ADP-ribose binding module. EMBO J 24:1911–1920. doi:10.1038/sj.emboj.7600664

Kato T, Sato N, Hayama S et al (2007) Activation of Holliday junction recognizing protein involved in the chromosomal stability and immortality of cancer cells. Cancer Res 67:8544–8553. doi:10.1158/0008-5472.CAN-07-1307

Khuong-Quang D-A, Buczkowicz P, Rakopoulos P et al (2012) K27M mutation in histone H3.3 defines clinically and biologically distinct subgroups of pediatric diffuse intrinsic pontine gliomas. Acta Neuropathol 124(3):439–447. doi:10.1007/s00401-012-0998-0

Kim H-S, Vanoosthuyse V, Fillingham J, Roguev A, Watt S, Kislinger T, Treyer A, Carpenter LR, Bennett CS, Emili A et al (2009) An acetylated form of histone H2A.Z regulates chromosome architecture in Schizosaccharomyces pombe. Nat Struct Mol Biol 16:1286–1293

Kobor MS, Venkatasubrahmanyam S, Meneghini MD et al (2004) A protein complex containing the conserved Swi2/Snf2-related ATPase Swr1p deposits histone variant H2A.Z into euchromatin. PLoS Biol 2:E131

Konev AY, Tribus M, Park SY et al (2007) CHD1 motor protein is required for deposition of histone variant H3.3 into chromatin in vivo. Science 317:1087–1090. doi:10.1126/science.1145339

Krogan NJ, Keogh M-C, Datta N et al (2003) A Snf2 family ATPase complex required for recruitment of the histone H2A variant Htz1. Mol Cell 12:1565–1576

Krogan NJ, Baetz K, Keogh M-C et al (2004) Regulation of chromosome stability by the histone H2A variant Htz1, the Swr1 chromatin remodeling complex, and the histone acetyltransferase NuA4. Proc Natl Acad Sci USA 101:13513–13518. doi:10.1073/pnas.0405753101

Kusch T, Florens L, Macdonald WH, Swanson SK, Glaser RL, Yates JR III, Abmayr SM, Washburn MP, Workman JL (2004) Acetylation by Tip60 is required for selective histone variant exchange at DNA lesions. Science 306:2084–2087. doi:10.1126/science.1103455

Lagana A, Dorn JF, De Rop V et al (2010) A small GTPase molecular switch regulates epigenetic centromere maintenance by stabilizing newly incorporated CENP-A. Nat Cell Biol 12:1186–1193. doi:10.1038/ncb2129

Landschulz WH, Johnson PF, McKnight SL (1988) The leucine zipper: a hypothetical structure common to a new class of DNA binding proteins. Science 240:1759–1764

Lefrançois P, Euskirchen GM, Auerbach RK, Rozowsky J, Gibson T, Yellman CM, Gerstein M, Snyder M (2009) Efficient yeast ChIP-Seq using multiplex short-read DNA sequencing. BMC Genomics 10:37. doi:10.1186/1471-2164-10-37

Lewis PW, Elsaesser SJ, Noh K-M et al (2010) Daxx is an H3.3-specific histone chaperone and cooperates with ATRX in replication-independent chromatin assembly at telomeres. Proc Natl Acad Sci USA 107:14075–14080. doi:10.1073/pnas.1008850107

Li A, Maffey AH, Abbott WD et al (2005) Characterization of nucleosomes consisting of the human testis/sperm-specific histone H2B variant (hTSH2B). Biochemistry 44:2529–2535. doi:10.1021/bi048061n

Li A, Yu Y, Lee S-C et al (2010) Phosphorylation of histone H2A.X by DNA-dependent protein kinase is not affected by core histone acetylation, but it alters nucleosome stability and histone H1 binding. J Biol Chem 285:17778–17788. doi:10.1074/jbc.M110.116426

Li Y, Zhu Z, Zhang S et al (2011) ShRNA-targeted centromere protein A inhibits hepatocellular carcinoma growth. PLoS One 6:e17794. doi:10.1371/journal.pone.0017794

Lindsey GG, Thompson P (1992) S(T)PXX motifs promote the interaction between the extended N-terminal tails of histone H2B with "linker" DNA. J Biol Chem 267:14622–14628

Lindsey GG, Orgeig S, Thompson P et al (1991) Extended C-terminal tail of wheat histone H2A interacts with DNA of the "linker" region. J Mol Biol 218:805–813

Liu X, Li B, Gorovsky MA (1996) Essential and nonessential histone H2A variants in Tetrahymena thermophila. Mol Cell Biol 16:4305–4311

Liu C-P, Xiong C, Wang M et al (2012) Structure of the variant histone H3.3–H4 heterodimer in complex with its chaperone DAXX. Nat Struct Mol Biol 19(12):1287–1292. doi:10.1038/nsmb.2439

Loppin B, Bonnefoy E, Anselme C et al (2005) The histone H3.3 chaperone HIRA is essential for chromatin assembly in the male pronucleus. Nature 437:1386–1390. doi:10.1038/nature04059

Loyola A, Almouzni G (2004) Histone chaperones, a supporting role in the limelight. Biochim Biophys Acta 1677:3–11. doi:10.1016/j.bbaexp.2003.09.012

Loyola A, Almouzni G (2007) Marking histone H3 variants: how, when and why? Trends Biochem Sci 32:425–433. doi:10.1016/j.tibs.2007.08.004

Loyola A, Bonaldi T, Roche D et al (2006) PTMs on H3 variants before chromatin assembly potentiate their final epigenetic state. Mol Cell 24:309–316. doi:10.1016/j.molcel.2006.08.019

Loyola A, Tagami H, Bonaldi T et al (2009) The HP1alpha-CAF1-SetDB1-containing complex provides H3K9me1 for Suv39-mediated K9me3 in pericentric heterochromatin. EMBO Rep 10:769–775. doi:10.1038/embor.2009.90

Luger K, Mäder AW, Richmond RK et al (1997) Crystal structure of the nucleosome core particle at 2.8 A resolution. Nature 389:251–260. doi:10.1038/38444

Luger K, Dechassa ML, Tremethick DJ (2012) New insights into nucleosome and chromatin structure: an ordered state or a disordered affair? Nat Rev Mol Cell Biol 13:436–447. doi:10.1038/nrm3382

Luk E, Vu N-D, Patteson K, Mizuguchi G, Wu W-H, Ranjan A, Backus J, Sen S, Lewis M, Bai Y (2007) Chz1, a nuclear chaperone for histone H2AZ. Mol Cell 25:357–368. doi:10.1016/j.molcel.2006.12.015

Luk E, Ranjan A, FitzGerald PC, Mizuguchi G, Huang Y, Wei D, Wu C (2010) Stepwise histone replacement by SWR1 requires dual activation with histone H2A.Z and canonical nucleosome. Cell 143:725–736

Ma X-J, Salunga R, Tuggle JT et al (2003) Gene expression profiles of human breast cancer progression. Proc Natl Acad Sci USA 100:5974–5979. doi:10.1073/pnas.0931261100

MacAlpine D, Almouzni G (2013) Chromatin and DNA replication. S.D. Bell (Ed.) DNA replication, Cold Spring Harbor Laboratory Press 197–218. doi:10.1101/cshperspect.a010207

Mahadevaiah SK, Turner JM, Baudat F et al (2001) Recombinational DNA double-strand breaks in mice precede synapsis. Nat Genet 27:271–276. doi:10.1038/85830

Mahapatra S, Dewari PS, Bhardwaj A, Bhargava P (2011) Yeast H2A.Z, FACT complex and RSC regulate transcription of tRNA gene through differential dynamics of flanking nucleosomes. Nucleic Acids Res 39:4023–4034

Maison C, Quivy JP, Probst AV, ALMOUZNI G (2011) Heterochromatin at mouse pericentromeres: a model for de novo heterochromatin formation and duplication during replication. Cold Spring Harb Symp Quant Biol 75:155–165. doi:10.1101/sqb.2010.75.013

Malay AD, Umehara T, Matsubara-Malay K et al (2008) Crystal structures of fission yeast histone chaperone Asf1 complexed with the Hip1 B-domain or the Cac2 C terminus. J Biol Chem 283:14022–14031. doi:10.1074/jbc.M800594200

Margueron R, Reinberg D (2011) The Polycomb complex PRC2 and its mark in life. Nature 469:343–349. doi:10.1038/nature09784

Marques M, Laflamme L, Gervais AL, Gaudreau L (2010) Reconciling the positive and negative roles of histone H2A.Z in gene transcription. Epigenetics 5:267–272

Marzluff WF, Duronio RJ (2002) Histone mRNA expression: multiple levels of cell cycle regulation and important developmental consequences. Curr Opin Cell Biol 14:692–699

Marzluff WF, Wagner EJ, Duronio RJ (2008) Metabolism and regulation of canonical histone mRNAs: life without a poly(A) tail. Nat Rev Genet 9:843–854. doi:10.1038/nrg2438

Matangkasombut O, Buratowski RM, Swilling NW, Buratowski S (2000) Bromodomain factor 1 corresponds to a missing piece of yeast TFIID. Genes Dev 14:951–962

Mavrich TN, Jiang C, Ioshikhes IP et al (2008) Nucleosome organization in the Drosophila genome. Nature 453:358–362. doi:10.1038/nature06929

McDowell TL, Gibbons RJ, Sutherland H et al (1999) Localization of a putative transcriptional regulator (ATRX) at pericentromeric heterochromatin and the short arms of acrocentric chromosomes. Proc Natl Acad Sci USA 96:13983–13988

McKittrick E, Gafken PR, Ahmad K, Henikoff S (2004) Histone H3.3 is enriched in covalent modifications associated with active chromatin. Proc Natl Acad Sci USA 101:1525–1530. doi:10.1073/pnas.0308092100

Mello JA, Silljé HHW, Roche DMJ et al (2002) Human Asf1 and CAF-1 interact and synergize in a repair-coupled nucleosome assembly pathway. EMBO Rep 3:329–334. doi:10.1093/embo-reports/kvf068

Mendiburo MJ, Padeken J, Fülöp S et al (2011) Drosophila CENH3 is sufficient for centromere formation. Science 334:686–690. doi:10.1126/science.1206880

Meneghini MD, Wu M, Madhani HD (2003) Conserved histone variant H2A.Z protects euchromatin from the ectopic spread of silent heterochromatin. Cell 112:725–736

Michaelson JS, Bader D, Kuo F et al (1999) Loss of Daxx, a promiscuously interacting protein, results in extensive apoptosis in early mouse development. Genes Dev 13:1918–1923

Michod D, Bartesaghi S, Khelifi A et al (2012) Calcium-dependent dephosphorylation of the histone chaperone DAXX regulates H3.3 loading and transcription upon neuronal activation. Neuron 74:122–135. doi:10.1016/j.neuron.2012.02.021

Millar CB, Xu F, Zhang K, Grunstein M (2006) Acetylation of H2AZ Lys 14 is associated with genome-wide gene activity in yeast. Genes Dev 20:711–722. doi:10.1101/gad.1395506

Mito Y, Henikoff JG, Henikoff S (2005) Genome-scale profiling of histone H3.3 replacement patterns. Nat Genet 37:1090–1097. doi:10.1038/ng1637

Mizuguchi G, Shen X, Landry J, Wu WH, Sen S, Wu C et al (2004) ATP-driven exchange of histone H2AZ variant catalyzed by SWR1 chromatin remodeling complex. Science 303:343–348. doi:10.1126/science.1090701

Moggs JG, Grandi P, Quivy JP et al (2000) A CAF-1-PCNA-mediated chromatin assembly pathway triggered by sensing DNA damage. Mol Cell Biol 20:1206–1218

Moree B, Meyer CB, Fuller CJ, Straight AF (2011) CENP-C recruits M18BP1 to centromeres to promote CENP-A chromatin assembly. J Cell Biol 194:855–871. doi:10.1083/jcb.201106079

Morrison AJ, Shen X (2009) Chromatin remodelling beyond transcription: the INO80 and SWR1 complexes. Nat Rev Mol Cell Biol 10:373–384. doi:10.1038/nrm2693

Munakata T, Adachi N, Yokoyama N et al (2000) A human homologue of yeast anti-silencing factor has histone chaperone activity. Genes Cells 5:221–233

Muthurajan UM, McBryant SJ, Lu X et al (2011) The linker region of macroH2A promotes self-association of nucleosomal arrays. J Biol Chem 286:23852–23864. doi:10.1074/jbc.M111.244871

Natsume R, Eitoku M, Akai Y et al (2007) Structure and function of the histone chaperone CIA/ASF1 complexed with histones H3 and H4. Nature 446:338–341. doi:10.1038/nature05613

Nechemia-Arbely Y, Fachinetti D, Cleveland DW (2012) Replicating centromeric chromatin: Spatial and temporal control of CENP-A assembly. Experimental Cell Research 318:1353–1360

Nekrasov M, Amrichova J, Parker BJ et al (2012) Histone H2A.Z inheritance during the cell cycle and its impact on promoter organization and dynamics. Nat Struct Mol Biol 19(11):1076–1083. doi:10.1038/nsmb.2424

Ng RK, Gurdon JB (2008) Epigenetic inheritance of cell differentiation status. Cell Cycle 7:1173–1177

Ohzeki J-I, Bergmann JH, Kouprina N et al (2012) Breaking the HAC barrier: histone H3K9 acetyl/methyl balance regulates CENP-A assembly. EMBO J. doi:10.1038/emboj.2012.82

Okuhara K, Ohta K, Seo H et al (1999) A DNA unwinding factor involved in DNA replication in cell-free extracts of Xenopus eggs. Curr Biol 9:341–350

Olszak AM, van Essen D, Pereira AJ et al (2011) Heterochromatin boundaries are hotspots for de novo kinetochore formation. Nat Cell Biol 13:799–808. doi:10.1038/ncb2272

Orsi GA, Couble P, Loppin B (2009) Epigenetic and replacement roles of histone variant H3.3 in reproduction and development. Int J Dev Biol 53:231–243. doi:10.1387/ijdb.082653go

Ouararhni K, Hadj-Slimane R, Ait-Si-Ali S et al (2006) The histone variant mH2A1.1 interferes with transcription by down-regulating PARP-1 enzymatic activity. Genes Dev 20:3324–3336. doi:10.1101/gad.396106

Palmer DK, O'Day K, Wener MH et al (1987) A 17-kD centromere protein (CENP-A) copurifies with nucleosome core particles and with histones. J Cell Biol 104:805–815

Palmer DK, O'Day K, Margolis RL (1990) The centromere specific histone CENP-A is selectively retained in discrete foci in mammalian sperm nuclei. Chromosoma 100:32–36

Palmer DK, O'Day K, Trong HL et al (1991) Purification of the centromere-specific protein CENP-A and demonstration that it is a distinctive histone. Proc Natl Acad Sci USA 88:3734–3738

Papamichos-Chronakis M, Krebs JE, Peterson CL (2006) Interplay between Ino80 and Swr1 chromatin remodeling enzymes regulates cell cycle checkpoint adaptation in response to DNA damage. Genes Dev 20:2437–2449. doi:10.1101/gad.1440206

Papamichos-Chronakis M, Watanabe S, Rando OJ, Peterson CL (2011) Global regulation of H2A.Z localization by the INO80 chromatin-remodeling enzyme is essential for genome integrity. Cell 144:200–213. doi:10.1016/j.cell.2010.12.021

Park Y-J, Dyer PN, Tremethick DJ, Luger K (2004) A new fluorescence resonance energy transfer approach demonstrates that the histone variant H2AZ stabilizes the histone octamer within the nucleosome. J Biol Chem 279:24274–24282

Park Y-J, Chodaparambil JV, Bao Y et al (2005) Nucleosome assembly protein 1 exchanges histone H2A-H2B dimers and assists nucleosome sliding. J Biol Chem 280:1817–1825. doi:10.1074/jbc.M411347200

Pasque V, Gillich A, Garrett N, Gurdon JB (2011a) Histone variant macroH2A confers resistance to nuclear reprogramming. EMBO J 30:2373–2387. doi:10.1038/emboj.2011.144

Pasque V, Halley-Stott RP, Gillich A et al (2011b) Epigenetic stability of repressed states involving the histone variant macroH2A revealed by nuclear transfer to Xenopus oocytes. Nucleus 2:533–539. doi:10.4161/nucl.2.6.17799

Pehrson JR, Fried VA (1992) MacroH2A, a core histone containing a large nonhistone region. Science 257:1398–1400

Perpelescu M, Nozaki N, Obuse C et al (2009) Active establishment of centromeric CENP-A chromatin by RSF complex. J Cell Biol 185:397–407. doi:10.1083/jcb.200903088

Placek BJ, Huang J, Kent JR et al (2009) The histone variant H3.3 regulates gene expression during lytic infection with herpes simplex virus type 1. J Virol 83:1416–1421. doi:10.1128/JVI.01276-08

Polo SE, Jackson SP (2011) Dynamics of DNA damage response proteins at DNA breaks: a focus on protein modifications. Genes Dev 25:409–433. doi:10.1101/gad.2021311

Polo SE, Theocharis SE, Klijanienko J et al (2004) Chromatin assembly factor-1, a marker of clinical value to distinguish quiescent from proliferating cells. Cancer Res 64:2371–2381. doi:10.1158/0008-5472.CAN-03-2893

Polo SE, Roche D, Almouzni G (2006) New histone incorporation marks sites of UV repair in human cells. Cell 127:481–493. doi:10.1016/j.cell.2006.08.049

Polo SE, Theocharis SE, Grandin L et al (2010) Clinical significance and prognostic value of chromatin assembly factor-1 overexpression in human solid tumours. Histopathology 57:716–724. doi:10.1111/j.1365-2559.2010.03681.x

Postnikov Y, Bustin M (2010) Regulation of chromatin structure and function By HMGN proteins. Biochim Biophys Acta 1799:62–68. doi:10.1016/j.bbagrm.2009.11.016

Probst AV, Dunleavy E, Almouzni G (2009) Epigenetic inheritance during the cell cycle. Nat Rev Mol Cell Biol 10:192–206. doi:10.1038/nrm2640

Qiu XB, Lin YL, Thome KC, Pian P, Schlegel BP, Weremowicz S, Parvin JD, Dutta A (1998) An eukaryotic RuvB-like protein (RUVBL1) essential for growth. J Biol Chem 273:27786–27793

Qiu X, Dul BE, Walworth NC (2010) Activity of a C-terminal PHD domain of Msc1 is essential for function. J Biol Chem. doi:10.1074/jbc.M110.157792

Raisner RM, Hartley PD, Meneghini MD, Bao MZ, Liu CL, Schreiber SL, Rando OJ, Madhani HD (2005) Histone variant H2A.Z marks the 5' ends of both active and inactive genes in euchromatin. Cell 123:233–248

Rangasamy D, Greaves I, Tremethick DJ (2004) RNA interference demonstrates a novel role for H2A.Z in chromosome segregation. Nat Struct Mol Biol 11:650–655. doi:10.1038/nsmb786

Ranjitkar P, Press MO, Yi X et al (2010) An E3 ubiquitin ligase prevents ectopic localization of the centromeric histone H3 variant via the centromere targeting domain. Mol Cell 40:455–464. doi:10.1016/j.molcel.2010.09.025

Ratnakumar K, Duarte LF, LeRoy G et al (2012) ATRX-mediated chromatin association of histone variant macroH2A1 regulates -globin expression. Genes Dev 26:433–438. doi:10.1101/gad.179416.111

Ray-Gallet D, Quivy J-P, Scamps C et al (2002) HIRA is critical for a nucleosome assembly pathway independent of DNA synthesis. Mol Cell 9:1091–1100

Ray-Gallet D, Quivy J-P, Silljé HWW et al (2007) The histone chaperone Asf1 is dispensable for direct de novo histone deposition in Xenopus egg extracts. Chromosoma 116:487–496. doi:10.1007/s00412-007-0112-x

Ray-Gallet D, Woolfe A, Vassias I, Pellentz C, Lacoste N, Puri A, Schultz DC, Pchelintsev NA, Adams PD, Jansen LET et al (2011) Dynamics of histone H3 deposition in vivo reveal a nucleosome gap-filling mechanism for H3.3 to maintain chromatin integrity. Mol Cell 44:928–941. doi:10.1016/j.molcel.2011.12.006

Régnier V, Vagnarelli P, Fukagawa T et al (2005) CENP-A is required for accurate chromosome segregation and sustained kinetochore association of BubR1. Mol Cell Biol 25:3967–3981. doi:10.1128/MCB.25.10.3967-3981.2005

Rhodes DR, Yu J, Shanker K et al (2004) Large-scale meta-analysis of cancer microarray data identifies common transcriptional profiles of neoplastic transformation and progression. Proc Natl Acad Sci USA 101:9309–9314. doi:10.1073/pnas.0401994101

Ridgway P, Almouzni G (2000) CAF-1 and the inheritance of chromatin states: at the crossroads of DNA replication and repair. J Cell Sci 113(Pt 15):2647–2658

Ridgway P, Brown KD, Rangasamy D et al (2004) Unique residues on the H2A.Z containing nucleosome surface are important for Xenopus laevis development. J Biol Chem 279:43815–43820. doi:10.1074/jbc.M408409200

Roberts C, Sutherland HF, Farmer H et al (2002) Targeted mutagenesis of the Hira gene results in gastrulation defects and patterning abnormalities of mesoendodermal derivatives prior to early embryonic lethality. Mol Cell Biol 22:2318–2328. doi:10.1128/MCB.22.7.2318-2328.2002

Rogakou EP, Pilch DR, Orr AH et al (1998) DNA double-stranded breaks induce histone H2AX phosphorylation on serine 139. J Biol Chem 273:5858–5868

Rogers RS, Inselman A, Handel MA, Matunis MJ (2004) SUMO modified proteins localize to the XY body of pachytene spermatocytes. Chromosoma 113:233–243. doi:10.1007/s00412-004-0311-7

Rousseaux S, Caron C, Govin J et al (2005) Establishment of male-specific epigenetic information. Gene 345:139–153. doi:10.1016/j.gene.2004.12.004

Ruhl DD, Jin J, Cai Y, Swanson S, Florens L, Washburn MP, Conaway RC, Conaway JW, Chrivia JC (2006) Purification of a human SRCAP complex that remodels chromatin by incorporating the histone variant H2A.Z into nucleosomes. Biochemistry 45:5671–5677. doi:10.1021/bi060043d

Runge KW, Wellinger RJ, Zakian VA (1991) Effects of excess centromeres and excess telomeres on chromosome loss rates. Mol Cell Biol 11:2919–2928

Sakai A, Schwartz BE, Goldstein S, Ahmad K (2009) Transcriptional and developmental functions of the H3.3 histone variant in Drosophila. Curr Biol 19(21):1816–1820. doi:10.1016/j.cub. 2009.09.021

Santenard A, Torres-Padilla M-E (2009) Epigenetic reprogramming in mammalian reproduction: contribution from histone variants. Epigenetics 4:80–84

Santisteban MS, Kalashnikova T, Smith MM (2000) Histone H2A.Z regulats transcription and is partially redundant with nucleosome remodeling complexes. Cell 103:411–422

Sarcinella E, Zuzarte PC, Lau PNI et al (2007) Monoubiquitylation of H2A.Z distinguishes its association with euchromatin or facultative heterochromatin. Mol Cell Biol 27:6457–6468. doi:10.1128/MCB.00241-07

Schenk R, Jenke A, Zilbauer M, Wirth S, Postberg J (2011) H3.5 is a novel hominid-specific histone H3 variant that is specifically expressed in the seminiferous tubules of human testes. Chromosoma 120(3):275–285. doi:10.1007/s00412-011-0310-4

Schneiderman JI, Orsi GA, Hughes KT et al (2012) Nucleosome-depleted chromatin gaps recruit assembly factors for the H3.3 histone variant. Proc Natl Acad Sci USA 109(48):19721–19726. doi:10.1073/pnas.1206629109

Schöpf B, Bregenhorn S, Quivy J-P et al (2012) Interplay between mismatch repair and chromatin assembly. Proc Natl Acad Sci USA 109:1895–1900. doi:10.1073/pnas.1106696109

Schwartz BE, Ahmad K (2005) Transcriptional activation triggers deposition and removal of the histone variant H3.3. Genes Dev 19:804–814. doi:10.1101/gad.1259805

Schwartzentruber J, Korshunov A, Liu X-Y et al (2012) Driver mutations in histone H3.3 and chromatin remodelling genes in paediatric glioblastoma. Nature 482(7384):226–231. doi:10.1038/nature10833

Shelby RD, Monier K, Sullivan KF (2000) Chromatin assembly at kinetochores is uncoupled from DNA replication. J Cell Biol 151:1113–1118

Shen X, Mizuguchi G, Hamiche A, Wu C (2000) A chromatin remodelling complex involved in transcription and DNA processing. Nature 406:541–544. doi:10.1038/35020123

Shibahara K, Stillman B (1999) Replication-dependent marking of DNA by PCNA facilitates CAF-1-coupled inheritance of chromatin. Cell 96:575–585

Shuaib M, Ouararhni K, Dimitrov S, Hamiche A (2010) HJURP binds CENP-A via a highly conserved N-terminal domain and mediates its deposition at centromeres. Proc Natl Acad Sci USA 107:1349–1354. doi:10.1073/pnas.0913709107

Shukla MS, Syed SH, Goutte-Gattat D et al (2011) The docking domain of histone H2A is required for H1 binding and RSC-mediated nucleosome remodeling. Nucleic Acids Res 39:2559–2570. doi:10.1093/nar/gkq1174

Silva MCC, Bodor DL, Stellfox ME et al (2012) Cdk activity couples epigenetic centromere inheritance to cell cycle progression. Dev Cell 22:52–63. doi:10.1016/j.devcel.2011.10.014

Smith S, Stillman B (1989) Purification and characterization of CAF-I, a human cell factor required for chromatin assembly during DNA replication in vitro. Cell 58:15–25

Soboleva TA, Nekrasov M, Pahwa A, Williams R, Huttley GA, Tremethick DJ (2011) A unique H2A histone variant occupies the transcriptional start site of active genes. Nat Struct Mol Biol 19:25–30. doi:10.1038/nsmb.2161

Song T-Y, Yang J-H, Park J-Y et al (2012) The role of histone chaperones in osteoblastic differentiation of C2C12 myoblasts. Biochem Biophys Res Commun 423:726–732. doi:10.1016/j.bbrc.2012.06.026

Soria G, Polo SE, Almouzni G (2012) Prime, repair, restore: the active role of chromatin in the DNA damage response. Mol Cell 46:722–734. doi:10.1016/j.molcel.2012.06.002

Stoler S, Keith KC, Curnick KE, Fitzgerald-Hayes M (1995) A mutation in CSE4, an essential gene encoding a novel chromatin-associated protein in yeast, causes chromosome nondisjunction and cell cycle arrest at mitosis. Genes Dev 9:573–586

Stoler S, Rogers K, Weitze S et al (2007) Scm3, an essential Saccharomyces cerevisiae centromere protein required for G2/M progression and Cse4 localization. Proc Natl Acad Sci USA 104: 10571–10576. doi:10.1073/pnas.0703178104

Straube K, Blackwell JS, Pemberton LF (2010) Nap1 and Chz1 have separate Htz1 nuclear import and assembly functions. Traffic 11:185–197

Sturm D, Witt H, Hovestadt V et al (2012) Hotspot mutations in H3F3A and IDH1 define distinct epigenetic and biological subgroups of glioblastoma. Cancer Cell 22:425–437. doi:10.1016/j.ccr.2012.08.024

Sullivan BA, Willard HF (1998) Stable dicentric X chromosomes with two functional centromeres. Nat Genet 20:227–228. doi:10.1038/3024

Suto RK, Clarkson MJ, Tremethick DJ, Luger K (2000) Crystal structure of a nucleosome core particle containing the variant histone H2A.Z. Nat Struct Mol Biol 7:1121–1124. doi:10.1038/81971

Svotelis A, Gévry N, Grondin G, Gaudreau L (2010) H2A.Z overexpression promotes cellular proliferation of breast cancer cells. Cell Cycle 9:364–370

Swaminathan J, Baxter EM, Corces VG (2005) The role of histone H2Av variant replacement and histone H4 acetylation in the establishment of Drosophila heterochromatin. Genes Dev 19:65–76. doi:10.1101/gad.1259105

Szenker E, Ray-Gallet D, Almouzni G (2011) The double face of the histone variant H3.3. Cell Res 21:421–434. doi:10.1038/cr.2011.14

Szenker E, Lacoste N, Almouzni G (2012) A developmental requirement for HIRA-dependent H3.3 deposition revealed at gastrulation in Xenopus. Cell Rep 1:730–740. doi:10.1016/j.celrep.2012.05.006

Tachiwana H, Osakabe A, Kimura H, Kurumizaka H (2008) Nucleosome formation with the testis-specific histone H3 variant, H3t, by human nucleosome assembly proteins in vitro. Nucleic Acids Res 36:2208–2218. doi:10.1093/nar/gkn060

Tachiwana H, Kagawa W, Osakabe A et al (2010) Structural basis of instability of the nucleosome containing a testis-specific histone variant, human H3T. Proc Natl Acad Sci USA 107:10454–10459. doi:10.1073/pnas.1003064107

Tachiwana H, Kagawa W, Shiga T et al (2011a) Crystal structure of the human centromeric nucleosome containing CENP-A. Nature 476:232–235. doi:10.1038/nature10258

Tachiwana H, Osakabe A, Shiga T et al (2011b) Structures of human nucleosomes containing major histone H3 variants. Acta Crystallogr D Biol Crystallogr 67:578–583. doi:10.1107/S0907444911014818, [101107/S0907444911014818] 1–6

Tagami H, Ray-Gallet D, Almouzni G, Nakatani Y (2004) Histone H3.1 and H3.3 complexes mediate nucleosome assembly pathways dependent or independent of DNA synthesis. Cell 116:51–61

Takahashi K, Chen ES, Yanagida M (2000) Requirement of Mis6 centromere connector for localizing a CENP-A-like protein in fission yeast. Science 288:2215–2219

Talbert PB, Henikoff S (2010) Histone variants—ancient wrap artists of the epigenome. Nat Rev Mol Cell Biol 11:264–275. doi:10.1038/nrm2861

Talbert PB, Ahmad K, Almouzni G, Ausio J, Berger F, Bhalla PL, Bonner WM, Cande WZ, Chadwick BP, Chan SWL et al (2012) A unified phylogeny-based nomenclature for histone variants. Epigenetics Chromatin 5:7. doi:10.1186/1756-8935-5-7

Tamburini BA, Carson JJ, Adkins MW, Tyler JK (2005) Functional conservation and specialization among eukaryotic anti-silencing function 1 histone chaperones. Eukaryot Cell 4:1583–1590. doi:10.1128/EC.4.9.1583-1590.2005

Tamura T, Smith M, Kanno T et al (2009) Inducible deposition of the histone variant H3.3 in interferon-stimulated genes. J Biol Chem 284:12217–12225. doi:10.1074/jbc.M805651200

Tan S, Davey CA (2011) Nucleosome structural studies. Curr Opin Struct Biol 21:128–136. doi:10.1016/j.sbi.2010.11.006

Tang Y, Poustovoitov MV, Zhao K et al (2006) Structure of a human ASF1a-HIRA complex and insights into specificity of histone chaperone complex assembly. Nat Struct Mol Biol 13:921–929. doi:10.1038/nsmb1147

Thakar A, Gupta P, Ishibashi T et al (2009) H2A.Z and H3.3 histone variants affect nucleosome structure: biochemical and biophysical studies. Biochemistry 48:10852–10857. doi:10.1021/bi901129e

Timinszky G, Till S, Hassa PO et al (2009) A macrodomain-containing histone rearranges chromatin upon sensing PARP1 activation. Nat Struct Mol Biol 16:923–929. doi:10.1038/nsmb.1664

Tolstorukov MY, Goldman JA, Gilbert C et al (2012) Histone variant H2A.Bbd is associated with active transcription and mRNA processing in human cells. Mol Cell 47:596–607. doi:10.1016/j.molcel.2012.06.011

Tomonaga T, Matsushita K, Yamaguchi S et al (2003) Overexpression and mistargeting of centromere protein-A in human primary colorectal cancer. Cancer Res 63:3511–3516

Torres-Padilla M-E, Bannister AJ, Hurd PJ et al (2006) Dynamic distribution of the replacement histone variant H3.3 in the mouse oocyte and preimplantation embryos. Int J Dev Biol 50(5):455–461. doi:10.1387/ijdb.052073mt

Turner JM, Burgoyne PS, Singh PB (2001) M31 and macroH2A1.2 colocalise at the pseudoautosomal region during mouse meiosis. J Cell Sci 114:3367–3375

Tyler JK, Adams CR, Chen SR et al (1999) The RCAF complex mediates chromatin assembly during DNA replication and repair. Nature 402:555–560. doi:10.1038/990147

Valdés-Mora F, Song JZ, Statham AL et al (2012) Acetylation of H2A.Z is a key epigenetic modification associated with gene deregulation and epigenetic remodeling in cancer. Genome Res 22:307–321. doi:10.1101/gr.118919.110

van Daal A, Elgin SC (1992) A histone variant, H2AvD, is essential in Drosophila melanogaster. Mol Biol Cell 3:593–602 van der Heijden GW, Dieker JW, Derijck AAHA et al (2005) Asymmetry in histone H3 variants and lysine methylation between paternal and maternal chromatin of the early mouse zygote. Mech Dev 122:1008–1022. doi:10.1016/j.mod.2005.04.009

van der Heijden GW, Derijck AAHA, Pósfai E et al (2007) Chromosome-wide nucleosome replacement and H3.3 incorporation during mammalian meiotic sex chromosome inactivation. Nat Genet 39:251–258. doi:10.1038/ng1949

van Hooser AA, Ouspenski II, Gregson HC et al (2001) Specification of kinetochore-forming chromatin by the histone H3 variant CENP-A. J Cell Sci 114:3529–3542

Vermaak D, Hayden HS, Henikoff S (2002) Centromere targeting element within the histone fold domain of Cid. Mol Cell Biol 22:7553–7561

Viens A, Mechold U, Brouillard F et al (2006) Analysis of human histone H2AZ deposition in vivo argues against its direct role in epigenetic templating mechanisms. Mol Cell Biol 26:5325–5335. doi:10.1128/MCB.00584-06

Warburton PE, Cooke CA, Bourassa S et al (1997) Immunolocalization of CENP-A suggests a distinct nucleosome structure at the inner kinetochore plate of active centromeres. Curr Biol 7:901–904

Weber CM, Henikoff JG, Henikoff S (2010) H2A.Z nucleosomes enriched over active genes are homotypic. Nat Struct Mol Biol 17:1500–1507. doi:10.1038/nsmb.1926

Wiedemann SM, Mildner SN, Bonisch C, Israel L, Maiser A, Matheisl S, Straub T, Merkl R, Leonhardt H, Kremmer E et al (2010) Identification and characterization of two novel primate-specific histone H3 variants, H3.X and H3.Y. The Journal of Cell Biology 190:777–791

Wieland G, Orthaus S, Ohndorf S et al (2004) Functional complementation of human centromere protein A (CENP-A) by Cse4p from Saccharomyces cerevisiae. Mol Cell Biol 24:6620–6630. doi:10.1128/MCB.24.15.6620-6630.2004

Wirbelauer C, Bell O, Schübeler D (2005) Variant histone H3.3 is deposited at sites of nucleosomal displacement throughout transcribed genes while active histone modifications show a promoter-proximal bias. Genes Dev 19:1761–1766. doi:10.1101/gad.347705

Witt O, Albig W, Doenecke D (1996) Testis-specific expression of a novel human H3 histone gene. Exp Cell Res 229:301–306. doi:10.1006/excr.1996.0375

Wittmeyer J, Joss L, Formosa T (1999) Spt16 and Pob3 of Saccharomyces cerevisiae form an essential, abundant heterodimer that is nuclear, chromatin-associated, and copurifies with DNA polymerase alpha. Biochemistry 38:8961–8971. doi:10.1021/bi982851d

Wong MM, Cox LK, Chrivia JC (2007) The chromatin remodeling protein, SRCAP, is critical for deposition of the histone variant H2A.Z at promoters. J Biol Chem 282:26132–26139. doi:10.1074/jbc.M703418200

Wong LH, Ren H, Williams E et al (2008) Histone H3.3 incorporation provides a unique and functionally essential telomeric chromatin in embryonic stem cells. Genome Res 19:404–414. doi:10.1101/gr.084947.108

Wu RS, Bonner WM (1981) Separation of basal histone synthesis from S-phase histone synthesis in dividing cells. Cell 27:321–330

Wu WH, Alami S, Luk E, Wu CH, Sen S, Mizuguchi G, Wei D, Wu C (2005) Swc2 is a widely conserved H2AZ-binding module essential for ATP-dependent histone exchange. Nat Struct Mol Biol 12:1064–1071. doi:10.1038/nsmb1023

Wu G, Broniscer A, McEachron TA et al (2012a) Somatic histone H3 alterations in pediatric diffuse intrinsic pontine gliomas and non-brainstem glioblastomas. Nat Genet 44:251–253. doi:10.1038/ng.1102

Wu Q, Qian Y-M, Zhao X-L et al (2012b) Expression and prognostic significance of centromere protein A in human lung adenocarcinoma. Lung Cancer 77:407–414. doi:10.1016/j.lungcan. 2012.04.007

Xu C, Xu Y, Gursoy-Yuzugullu O, Price BD (2012a) The histone variant macroH2A1.1 is recruited to DSBs through a mechanism involving PARP1. FEBS Lett 586(21):3920–3925. doi:10.1016/j. febslet.2012.09.030

Xu Y, Ayrapetov MK, Xu C, Gursoy-Yuzugullu O, Hu Y, Price BD (2012b) Histone H2A.Z controls a critical chromatin remodeling step required for DNA double-strand break repair. Mol Cell 48(5):723–733. doi:10.1016/j.molcel.2012.09.026

Xue Y, Gibbons R, Yan Z et al (2003) The ATRX syndrome protein forms a chromatin-remodeling complex with Daxx and localizes in promyelocytic leukemia nuclear bodies. Proc Natl Acad Sci USA 100:10635–10640. doi:10.1073/pnas.1937626100

Yang J-H, Choi J-H, Jang H et al (2011a) Histone chaperones cooperate to mediate Mef2-targeted transcriptional regulation during skeletal myogenesis. Biochem Biophys Res Commun 407: 541–547. doi:10.1016/j.bbrc.2011.03.055

Yang J-H, Song Y, Seol J-H et al (2011b) Myogenic transcriptional activation of MyoD mediated by replication-independent histone deposition. Proc Natl Acad Sci USA 108:85–90. doi:10.1073/pnas.1009830108

Yang X, Noushmehr H, Han H, Andreu-Vieyra C, Liang G, Jones PA (2012) Gene reactivation by 5-Aza-2'-deoxycytidine-induced demethylation requires SRCAP-mediated H2A.Z insertion to establish nucleosome depleted regions. PLoS Genet 8:e1002604

Yuan J, Adamski R, Chen J (2010) Focus on histone variant H2AX: to be or not to be. FEBS Lett 584:3717–3724. doi:10.1016/j.febslet.2010.05.021

Zalensky AO (2002) Human Testis/Sperm-specific Histone H2B (hTSH2B). Molecular cloning and characterization Journal of Biological Chemistry 277:43474–43480

Zeitlin SG, Baker NM, Chapados BR, Soutoglou E, Wang JYJ, Berns MW, Cleveland DW (2009) Double-strand DNA breaks recruit the centromeric histone CENP-A. Proc Natl Acad Sci USA 106:15762–15767. doi:10.1073/pnas.0908233106

Zhang H, Roberts DN, Cairns BR (2005a) Genome-wide dynamics of Htz1, a histone H2A variant that poises repressed/basal promoters for activation through histone loss. Cell 123:219–231. doi:10.1016/j.cell.2005.08.036

Zhang L, Schroeder S, Fong N, Bentley DL (2005b) Altered nucleosome occupancy and histone H3K4 methylation in response to 'transcriptional stress'. EMBO J 24:2379–2390. doi:10.1038/sj.emboj.7600711

Zhou J, Fan JY, Rangasamy D, Tremethick DJ (2007) The nucleosome surface regulates chromatin compaction and couples it with transcriptional repression. Nat Struct Mol Biol 14:1070–1076. doi:10.1038/nsmb1323

Zhou Z, Feng H, Hansen DF, Kato H, Luk E, Freedberg DI, Kay LE, Wu C, Bai Y (2008) NMR structure of chaperone Chz1 complexed with histones H2A.Z-H2B. Nature Structural &Amp. Molecular Biology 15:868–869

Zhou BO, Wang S-S, Xu L-X et al (2010) SWR1 complex poises heterochromatin boundaries for antisilencing activity propagation. Mol Cell Biol 30:2391–2400. doi:10.1128/MCB.01106-09

Zilberman D, Coleman-Derr D, Ballinger T, Henikoff S (2008) Histone H2A.Z and DNA methylation are mutually antagonistic chromatin marks. Nature 456:125–129

Zlatanova J, Seebart C, Tomschik M (2007) Nap1: taking a closer look at a juggler protein of extraordinary skills. FASEB J 21:1294–1310. doi:10.1096/fj.06-7199rev

Zofall M, Fischer T, Zhang K, Zhou M, Cui B, Veenstra TD, Grewal SIS (2009) Histone H2A.Z cooperates with RNAi and heterochromatin factors to suppress antisense RNAs. Nature 461: 419–422. doi:10.1038/nature08321

Zucchi I, Mento E, Kuznetsov VA et al (2004) Gene expression profiles of epithelial cells microscopically isolated from a breast-invasive ductal carcinoma and a nodal metastasis. Proc Natl Acad Sci USA 101:18147–18152. doi:10.1073/pnas.0408260101

第11章 染色质的转录

迈克拉·斯莫勒（Michaela Smolle）和斯瓦米纳坦·文卡特什（Swaminathan Venkatesh）

11.1 简　　介

在真核细胞中，DNA 以染色质形式存在，这是一种高度致密的核蛋白复合物。在最基本的水平上，染色质是由核小体重复单元构建的，通常被称为"串珠"或 11 nm 纤维（Olins and Olins 1974；Woodcock et al. 1976）。每个核小体由围绕在组蛋白八聚体上缠绕的 147 bp DNA 共同组成，组蛋白八聚体由组蛋白 H2A、H2B、H3 和 H4 各两个拷贝组成（Kornberg 1974；Luger et al. 1997）。

虽然染色质可以进一步压缩成更高级的结构，但基因转录通常发生在这种串珠特定位置上。多核小体是非常稳定的结构，并限制转录复合物进入下层 DNA 序列。有一些例子，如噬菌体 SP6 聚合酶或酵母聚合酶 III，它们可以自身转录完整的核小体（Studitsky et al. 1994，1997）。然而，仅通过 RNA 聚合酶 II（RNAPII）转录核小体模板在体内和体外效率极低，并且通常需要其他因子来克服核小体固有的屏障（Izban and Luse 1992；Chang and Luse 1997；Kireeva et al. 2002）。因此，导致核小体结构扰动的情况对基因表达具有深远的影响。例如，组蛋白总体水平的降低导致形成更少的核小体和基因转录的增加（Han and Grunstein 1988；Wyrick et al. 1999；Gossett and Lieb 2012）。类似地，在转录后参与核小体重组的组蛋白伴侣的突变会导致启动子样元件的暴露。这导致非编码 RNA 转录物（ncRNA）的广泛产生，而在正常情况下这些隐蔽起始位点通常仍然不能被转录复合物所接近（Kaplan et al. 2003；Cheung et al. 2008；Silva et al. 2012）。

转录在空间和时间方面都是一个有序的过程。首先，转录机制需要在启动期间获得基因启动子。随后，RNAPII 在终止期间从染色质模板解除之前通过基因体（的延伸）转录（图 11.1）（见下文）。RNAPII 转录的每个阶段都受到许多因素共同作用的影响，如染色质重塑因子、组蛋白伴侣和组蛋白修饰因子，它们影响核小体结构而非基因，从而发挥调节作用（图 11.1）。

M. Smolle · S. Venkatesh (✉)
Stowers Institute for Medical Research,
100 E. 50th Street, Kansas City MO, USA
e-mail: msm@stowers.org; swv@stowers.org

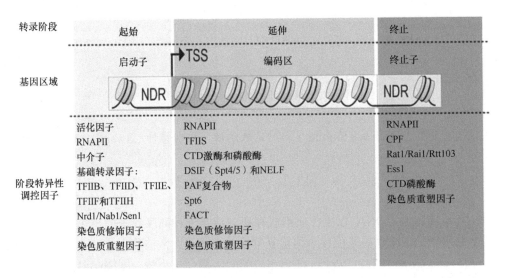

图 11.1　基因结构和转录周期。基因可以大致分为三个部分：启动子、编码区和终止子。启动子是转录起始位点，其中 RNAPII 首先参与 DNA 结合。编码区是转录延伸的位点，导致 RNA 分子的产生。终止子对于防止 RNAPII 对邻近基因进行转录，以及从 RNAPII 释放 RNA 分子，RNAPII 最终从 DNA 中逃逸以进行再循环是必需的。以阶段特定的方式作用以促进转录的因子列在每个阶段的下方

11.2　转录周期

　　RNA 的产生由 DNA 依赖性 RNA 聚合酶（RNAP）催化，该酶于 1960 年分别由杰拉德·赫维茨（Jerard Hurwitz）（Hurwitz et al. 1960）和奥德利·史蒂文斯（Audery Stevens）（Stevens 1960）在大肠杆菌中独立发现，而詹姆斯·邦纳（James Bonner）在豌豆中发现（Huang et al. 1960）。虽然原核生物具有单个五亚基 RNA 聚合酶复合物（Ishihama 1988），但大多数真核生物具有三个独立的多亚基复合物，其中植物具有 5 个这样的复合物（Herr et al. 2005；Wierzbicki et al. 2009）。三种真核 RNAP 复合物定位于细胞核中，并负责合成不同类别的 RNA。RNAPI 主要定位于核仁并转录核糖体 RNA（rRNA），RNAPII 转录大量信使 RNA（mRNA）和非编码 RNA（ncRNA），而 RNAPIII 转录转运 RNA（tRNA）。尽管所有三种聚合酶共有 10 个相关（同源）或相同亚基的核心，但每个复合物中的独特亚基有助于靶向特定类别的基因。RNAPI 和 RNAPIII 在细胞转录过程中占比共 90%（Rudra and Warner 2004），而 RNAPII 转录占剩余的 10%。有趣的是，RNAPII 介导的转录在确定细胞蛋白质组的身份和某些情况下的调节中至关重要。功能性转录来自紧密协调和高度调节的一组步骤，称为 RNAPII 转录循环（图 11.1）。该循环从前起始复合物（PIC）形成开始，然后将启动子融合，接着是延伸，导致 DNA 依赖性的 RNA 合成并最终终止，从而从酶中释放 RNA。该循环随着 RNAPII 在基因启动子处的恢复和再接合完成（Hahn 2004）。这些步骤中的每一步都是通过控制和微调基因表达的调控机制来实现的（图 11.1）。在本章中，我们将重点关注 RNAPII 对转录延伸的调节。

11.2.1 转录起始

RNAPII 由 12 个亚基组成，其中 5 个在三种真核复合物中共有（Mosley et al. 2011）。在科恩伯格（Kornberg）、哈恩（Hahn）和克拉默（Cramer）实验室进行的 RNAP 的广泛结构研究已经对这种酶复合物如何发挥作用有了精致的理解，在 Cramer（2002，2004）、Hahn（2004）、Cramer 等（2008）、Martinez-Rucobo 和 Cramer（2013）等的综述中进行了简介。通过 RNAPII 产生功能性 RNA 的第一步是将其募集到待转录基因的启动子处。尽管 RNAPII 对 DNA 具有亲和力，但如果没有其他因素的帮助，它不能识别启动子 DNA。在转录开始前将 RNAPII 靶向特定基因来瞬时调节基因表达，该特征在几种生物中均存在。RNAPII 需要基础转录因子 TFIIB、TFIID、TFIIE、TFIIF 和 TFIIH 以识别启动子区域（Conaway and Conaway 1991；Roeder 1996），并共同形成 PIC（Sikorski and Buratowski 2009）（图 11.1）。此外，聚集在 DNA 序列特异性蛋白（激活剂）上的信号通过 20 个亚基的中介子（mediator）复合物传递给 RNAPII（Kornberg 2005；Malik and Roeder 2010）。除了作为适配器的作用外，中介子复合物也被证明可以调节起始后期的步骤（Malik et al. 2007；Conaway and Conaway 2013）。这些步骤将 RNAPII 锁定在 DNA 上并以促进启动子融化的方式定向（Bushnell et al. 2004），形成转录泡并导致单链 DNA 模板在活性位点对齐。在高等真核生物中，转录起始于 TATA 盒后 25～30 bp（Smale and Kadonaga 2003），而酿酒酵母的起始位点呈多样化，通常分布在 TATA 盒中的 40～120 bp（Hampsey 1998）。此外，转录起始既可以是集中的，即从特定核苷酸启动，也可以是分散的，即从多个位点启动（Carninci et al. 2006；Juven-Gershon et al. 2006；Corden 2008）。有趣的是，集中性启动与高度调节的诱导性基因的稳健转录关联，而分散启动是与组成型表达基因相关的特征（Juven-Gershon and Kadonaga 2010）。酵母 RNAPII 被认为可以扫描 TATA 盒下游的 DNA 序列以选择理想的转录起始位点（Giardina and Lis 1993；Kuehner and Brow 2008）。最近的一项研究表明了酿酒酵母转录起始位点的异质性（Pelechano et al. 2013），它可能通过影响 RNA 种类的稳定性或翻译而导致转录功能改变。PIC 对启动子的特异性是通过 RNAPII、基础转录因子和启动子 DNA 之间的广泛接触实现的。这些分子间相互作用阻止 RNAPII 进入编码区，在转录延伸前需要将 PIC 拆解。下一节将详细介绍导致高效 RNA 合成的步骤。

11.2.2 转录延伸

基于与 DNA 模板配对及其随后的聚合而发生的启动子融合和起始位点选择为产生 RNA 转录本奠定了核糖核苷酸选择的基础。RNAP 的转录延伸本质上是进行性的，保持与 DNA 模板和 RNA 产物的接触。转录延伸的第一步是启动子清除，其中 RNAPII 与 PIC 脱离（Hahn 2004；Cramer 2004）。这与 RNAPII 捕获短的新生 RNA 分子一起发生，其由 TFIIB 稳定（Bushnell et al. 2004），在此阶段，核糖核苷酸加入 RNA 新生链（Westover et al. 2004）和转录泡崩溃释放的能量导致 RNAPII 的正向推进（Pal et al. 2005）。

在后生动物基因中表现出协调的激活动力学[如响应发育信号的基因（Lis 1998；

Raschke et al. 1999；Schneider et al. 1999；Kim et al. 2005；Zeitlinger et al. 2007）]，研究发现 RNAPII 在启动子清除后停滞在启动子近端区域（Gilmour and Lis 1986）。停滞的聚合酶仍然与长度为 25～40 bp 的新生 RNA 分子结合（Rasmussen and Lis 1993），并为进一步延伸做准备（Rougvie and Lis 1988）。这种启动子近端转录暂停是转录延伸中的关键调节步骤，而重启则需要转录延伸和处理染色质模板所需的几个因子（Saunders et al. 2006）（图 11.1）。RNAPII 最大亚基的独特 C 端结构域（CTD）时序性且可逆的磷酸化可在整个延伸期间分阶段募集这些因子。下面的部分将详细介绍该结构域的结构、激酶、参与可逆磷酸化的磷酸化酶，以及促进转录延伸的 RNAPII 相互作用蛋白。

11.2.2.1 RNAPII CTD

在 RNAPII 的 12 个亚基中，最大的亚基 Rpb1 携带催化活性。该亚基还含有 C 端结构域，其由串联七肽（Y_1-S_2-P_3-T_4-S_5-P_6-S_7）（图 11.2）重复序列组成，其长度有物种特异性的多样性。虽然脊椎动物 CTD 具有 52 个重复的七肽，但酿酒酵母含有 26 个重复序列（Hsin and Manley 2012）。在哺乳动物 RNAPII 中，最后一次重复之后是 10 个碱基对序列，这是 CTD 稳定性所必需的（Allison et al. 1988；Chapman et al. 2004）。有趣的是，与酵母中的所有 26 个重复相比，脊椎动物 RNAPII 52 个重复中的 21 个携带共有序列（Chapman et al. 2008；Liu et al. 2010）。位于 RNAPII CTD C 端的剩余重复序列包含一个或多个替换，特别是在第 2、4、5 和 7 位。七肽中特定位置变异的耐受似乎有物种依赖性（West and Corden 1995；Schwer and Shuman 2011；Hsin et al. 2011；Hintermair et al. 2012）。

鉴于在高等生物体中发现的七肽重复变异，我想到的一个问题是这些重复有多重要。在几种生物中进行的遗传研究表明，CTD 对生存能力至关重要（Bartolomei et al. 1988；Litingtung et al. 1999；Hsin et al. 2011）。尽管 RNAPII 的催化活性不受影响（Zehring et al. 1988），但超过 50%的重复序列的丢失对细胞来说是致死性的（Nonet et al. 1987）。保留 8 个七肽重复足以维持酿酒酵母的细胞活力，而 13 个重复即可确保维持野生型生长特征（West and Corden 1995）。细胞不能容忍在每个七肽重复序列之间引入丙氨酸残基，而两个连续七肽重复序列之间的相同插入对酵母生长没有影响（Stiller and Cook 2004；Liu et al. 2008）。

除了 CTD 多样性外，共有序列的 5 个羟基化残基可以被磷酸化（Phatnani and Greenleaf 2006），并且两个脯氨酸经历异构化（Yaffe et al. 1997）。哺乳动物细胞中，在第 3 个重复中精氨酸取代丝氨酸-7，即一个非共有七肽重复，显示其可被共激活因子相关的精氨酸甲基转移酶 1（CARM1）甲基化，并抑制小核 RNA（snRNA）和小核仁 RNA（snoRNA）的表达（Sims et al. 2011）。哺乳动物 RNAPII CTD 也被证明在丝氨酸和苏氨酸残基上发生糖基化（Kelly et al. 1993）。可以理解，丝氨酸残基的氧连接的 N-乙酰葡糖胺化修饰导致磷酸化的消失。这种修饰被认为是 PIC 形成所必需的（Ranuncolo et al. 2012）。

因此，CTD 作为支架，不仅以动态修饰的形式接收功能信号（图 11.2），而且通过招募其他因子来实现生产性转录延伸，从而传递这些信号（图 11.3）。七肽的序列多样性和修饰状态与重复的迭代性质相结合，产生了可被 RNAPII 利用的组合代码，以便与这些延伸因子瞬时结合（Egloff et al. 2012a）。因此，CTD 对于招募一些因子是必需的，这些因子会影响 RNAPII 的持续合成能力、RNA 加工（加帽、剪接、切割和多腺苷酸化），以及对许多染色质修饰蛋白和重塑复合物的募集和调节（Hsin and Manley 2012）。在以下部分中，我们将详细说明 CTD 磷酸化循环及其后果。

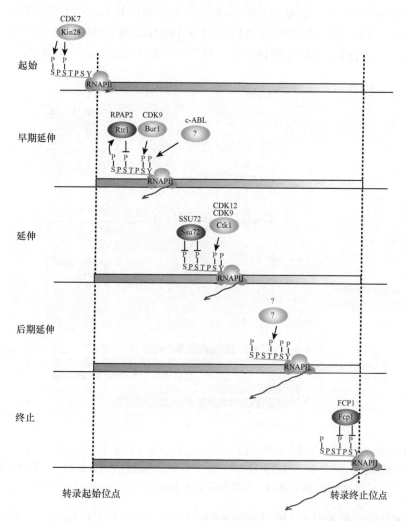

图 11.2　RNAPII CTD 磷酸化循环。Rpb1 CTD 的可逆型动态磷酸化是激酶和磷酸酶相互影响的结果。当 RNAPII CTD 由多个重复的七肽基本单元组成时，此处简化为仅显示一个。值得注意的是，不是所有重复单元在同一时间点上都是这些酶的底物，因此会产生额外的复杂和多样的 CTD 代码。激酶显示为绿色，而磷酸酶为红色。酵母蛋白名称为椭圆形内的文字，而人同源蛋白为椭圆形上方的文字。尚未鉴定的激酶以问号（?）标记。图片改编自 Hsin 和 Manley（2012）

11.2.2.2　CTD 激酶

最初发现真核生物 RNAPII 以两种形式存在：一种在体外优先组装成 PIC 即未经修饰或低磷酸化形式（RNAPIIA），以及活化的形式即高度磷酸化形式（RNAPIIO）（Cadena and Dahmus 1987）。此后确定 RNAPIIO 形式在 CTD 七肽的丝氨酸-5 和丝氨酸-2 位置被磷酸化。许多细胞周期蛋白依赖性激酶（CDK）已被确定以这些残基为靶点进行磷酸化。基础转录因子 TFIIH 含有 CDK7 激酶（在酵母中为 Kin28），其靶向七肽的丝氨酸-5（Lee and Greenleaf 1989）和丝氨酸-7 残基（Akhtar et al. 2009）。CDK7/细胞周期蛋白 H 在转录起始阶段中靶向 RNAPII（图 11.2），这与 TFIIH 的互作一致（Feaver et al. 1991；Lu et al. 1992）。抑制酵母中的 Kin28 功能导致基因启动子的丝氨酸-5 和丝氨酸-7 磷酸化信号的丧失。有趣的是，TFIIE 促进 TFIIH 激酶对丝氨酸-5 的活性（Serizawa et al. 1994），而 TFIIE 的活性通过中介子复合物增强（Guidi et al. 2004）。

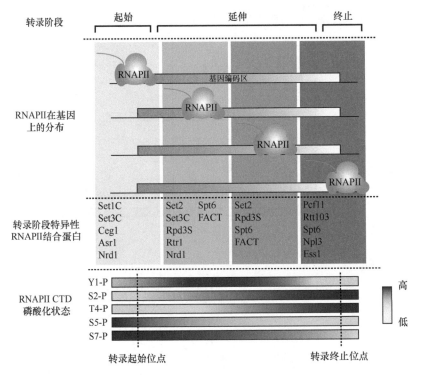

图 11.3　RNAPII CTD 磷酸化及其相关蛋白。RNAPII CTD 显示转录循环期间的动态磷酸化。图的底部表示每个磷酸化标记的分布，顶部表示 RNAPII 在基因上占据的位置。还列出了影响转录结果的阶段特异性结合蛋白。图改编自 Venkatesh 和 Workman（2013）

CDK8/细胞周期蛋白 C（酵母中为 Srb10/Srb11）是中介子复合物的一部分，其占据选定的基因。虽然已证明该复合物在体外磷酸化丝氨酸-5 和丝氨酸-2，但在体内尚未证实这种活性（Liao et al. 1995）。

丝氨酸-2 磷酸化由 CDK9 和 CDK12 催化，CDK9 是后生动物 P-TEFb 复合物的一部分（Peng et al. 1998a，1998b；Bartkowiak et al. 2010）。最初确定 P-TEFb 可解除 RNAPII 在启动子近端的暂停，如今已证实其是转录延伸所必需的（Marshall and Price 1995）（图 11.2）。除了靶向 RNAPII CTD 外，P-TEFb 还在 Spt5 亚单位（Wada et al. 1998a，1998b）和 NELF（负延伸因子）复合物（Yamaguchi et al. 1999）上磷酸化延伸因子 DSIF（DRB 敏感性诱导因子）复合物，并解除聚合酶的暂停（Renner et al. 2001；

Fujinaga et al. 2004）。酿酒酵母具有两种 CDK9 同源物，Ctk1 和 Bur1（Sterner et al. 1995；Lee and Greenleaf 1997）。这两种激酶均靶向丝氨酸-2 残基，尽管 Bur1 活性仅限于启动子（Keogh et al. 2003；Qiu et al. 2009），而 Ctk1 靶向基因体上的 RNAPII CTD（图 11.2）。Bur1 激酶还特异性磷酸化 Spt5，有助于随后延伸特异性 PAF 复合物的募集（Zhou et al. 2009；Liu et al. 2009）。最近的研究指出了 BRD4 的作用，BRD4 是一种针对丝氨酸-2 残基的非典型激酶。除了在募集 P-TEFb 中的作用外，BRD4 还在维持表观遗传记忆和细胞周期进程中发挥作用。其丝氨酸-2 激酶活性与 P-TEFb 的相互作用无关（Devaiah et al. 2012）。

最近的报道表明，Polo 样激酶（Plk3）靶向人类细胞中七肽的苏氨酸-4（Hintermair et al. 2012），尽管酵母中也发生苏氨酸-4 磷酸化，但酵母激酶仍未知。尽管 CDK9 是苏氨酸-4 磷酸化所必需的，但它并不直接靶向该残基。另外，已经充分证明了存在酪氨酸-1 的磷酸化修饰，但靶向该残基的激酶尚不清楚。

11.2.2.3　CTD 磷酸酶

转录循环期间的动态 CTD 磷酸化通过激酶和磷酸酶活性的协调来实现（Hsin and Manley 2012）。磷酸酶作用于七肽的特定残基，以在 RNAPII 转录循环期间的特定时间点去除磷酸基团（图 11.2）。此外，这些磷酸酶对于转录终止后 RNAPII 的去磷酸化是必需的，可以促进其快速再循环（Kuehner et al. 2011）。

执行这两种功能的是酵母和人类细胞中的 Fcp1（TFIIF 相关的 CTD 磷酸酶）（Archambault et al. 1997；Chesnut et al. 1992），其可靶向延伸型 RNAPII 复合物。Fcp1 可去磷酸化丝氨酸-2 和丝氨酸-5 磷酸化的 RNAPII（Lin et al. 2002），尽管它优先选择磷酸化的丝氨酸-2（Cho et al. 2001）。虽然 Fcp1 出现于基因的 5′ 和 3′ 端（Cho et al. 2001；Calvo and Manley 2005），但这种蛋白质的缺失导致丝氨酸-2 磷酸化 RNAPII 的积累（Bataille et al. 2012）（图 11.2）。通过蛋白质结构研究很好地理解了 Fcp1 的催化机制，但其优先催化位点尚不清楚（Kamenski et al. 2004），提示其底物特异性是结合其他蛋白质而被招募的结果。

磷酸化的丝氨酸-5 磷酸酶 Ssu72 被鉴定为基础转录因子 TFIIB 缺陷的抑制因子（Sun and Hampsey 1996）。它与 TFIIB 以及切割和多腺苷酸化因子（CPF）相关（Dichtl et al. 2002；He et al. 2003；Nedea et al. 2003）。经鉴定，Ssu72 具有磷酸酶活性（Ganem et al. 2003），其靶向 CTD（Meinhart et al. 2003；Krishnamurthy et al. 2004）。最近的研究表明，Ssu72 还靶向七肽的磷酸化丝氨酸-7 残基（Bataille et al. 2012；Zhang et al. 2012）（图 11.2），尽管与磷酸化丝氨酸-5 相比，它在该位点的催化活性要低得多（Xiang et al. 2012a）。Ssu72 的缺失导致基因 3′ 端丝氨酸-5 磷酸化水平增加（Bataille et al. 2012），表明其主要作用是将这种修饰限制在基因的 5′ 端。除了其作为磷酸酶的作用外，Ssu72 还促进基因环的形成，从而有助于重新启动 RNAPII 并强化基因表达的方向性（Ansari and Hampsey 2005；Tan-Wong et al. 2012）。

在蛋白质组学筛选中鉴定出转录调节因子 1（regulator of transcription 1，Rtr1），一种磷酸化的丝氨酸-5 特异性磷酸酶，以鉴定酵母中新的 RNAPII 结合因子（Mosley et al.

2009）。Rtr1 在基因的 5′端与 RNAPII 结合，并在中间编码区使丝氨酸-5 残基去磷酸化（图 11.2）。RPAP2（RNA 聚合酶 II 相关蛋白）被鉴定为 Rtr1 的人类同源蛋白，具有靶向磷酸化丝氨酸-5 的磷酸酶活性（Egloff et al. 2012b）。然而，最近利用纯化的 Rtr1 或 RPAP2 进行的研究未证实其磷酸酶活性（Xiang et al. 2012b）。

11.2.2.4 CTD 的磷酸化和对转录延伸因子的招募

CTD 磷酸化-去磷酸化循环是顺序募集大量因子的精巧机制，这些因子对于 RNAPII 持续合成染色质模板是必需的。许多基因组研究发现，大量基因在基因体上显示出广泛保守的磷酸化位点分布（Mayer et al. 2010；Tietjen et al. 2010；Bataille et al. 2012；Zhang et al. 2012）。然而，由于基因表达调控的变化和非编码 RNA 转录的存在，出现了一些例外（Kim et al. 2010a；Bataille et al. 2012）。这一观察结果与大量磷酸化 CTD 相互作用蛋白的发现相结合，为顺序募集提供了机制。

全基因组染色质免疫沉淀（ChIP）实验揭示了 RNAPII 与每个 CTD 磷酸化标记在基因体上的分布（Kim et al. 2010a；Mayer et al. 2010；Tietjen et al. 2010；Bataille et al. 2012；Zhang et al. 2012）（图 11.3）。丝氨酸-5 磷酸化的 RNAPII 发生在基因的 5′区域。Rtr1 磷酸酶逐渐除去基因编码区约 450 bp 的该磷酸化标记（Mosley et al. 2009）（图 11.2）。尽管丝氨酸-2 特异性激酶在启动子处与 RNAPII 结合，但竞争性磷酸酶的存在使该修饰在 5′端保持低水平。丝氨酸-2 磷酸化在基因体内约 600 bp 处逐渐增加至峰值，并保持该水平直至基因末端（图 11.3）。丝氨酸-7 磷酸化存在于整个基因体中（Bataille et al. 2012）（图 11.3），尽管其在不同基因上的分布存在相当大的差异（Kim et al. 2010a）。苏氨酸-4 磷酸化的分布与丝氨酸-2 磷酸化相似（Hsin et al. 2011），并有进一步的 3′端转换（Hintermair et al. 2012），而酪氨酸-1 在基因体上磷酸化，不包括极端 5′和 3′端（Mayer et al. 2012）（图 11.3）。

具有未磷酸化 CTD 的启动子结合的 RNAPII 保持与中介子复合物的接触（Myers et al. 1998；Asturias et al. 1999；Naar et al. 2002）。CTD 是这种相互作用所必需的，因为去除该结构域会导致中介子复合物不能刺激转录（Myers et al. 1998）。CTD 的转录起始后磷酸化消除了这种相互作用，并增强了转录延伸（Svejstrup et al. 1997；Sogaard and Svejstrup 2007）。位于基因 5′端的丝氨酸-5 的磷酸化可招募组蛋白甲基转移酶 Set1（人类中的 Set1 或 MLL 复合物）（Hughes et al. 2004；Milne et al. 2005；Lee and Skalnik 2008），其催化组蛋白 H3 第 4 位赖氨酸（H3K4）残基甲基化（Shilatifard 2012）（图 11.3）。丝氨酸-5 磷酸化的 CTD 还招募靶向启动子近端 RNAPII 的 Bur1 激酶，并磷酸化丝氨酸-2，从而增强 Ctk1 激酶活性（Qiu et al. 2009）。Set2 是靶向组蛋白 H3 第 36 位赖氨酸（H3K36）残基的另一种甲基转移酶，其通过独特的 Set2-Rpb1 相互作用（SRI）结构域结合在丝氨酸-2 和丝氨酸-5 处磷酸化的 RNAPII CTD 上（图 11.3）（Li et al. 2003；Krogan et al. 2003；Kizer et al. 2005）。基于 Set2 和 RNAPII 之间的这种结合模式，H3K36 甲基化向基因的 3′端富集（Pokholok et al. 2005）。H3K36 甲基化激活 Rpd3S 组蛋白去乙酰化酶复合物的去乙酰化活性，以保持基因的 3′端低乙酰化（Carrozza et al. 2005；Joshi and Struhl 2005；Keogh et al. 2005；Li et al. 2009a）。有趣的是，这种

去乙酰化酶复合物通过丝氨酸-5 和丝氨酸-2 磷酸化的 RNAPII 募集到基因体上（Govind et al. 2010；Drouin et al. 2010）。因此，CTD 磷酸化循环以共转录方式调控修饰酶的募集和活化，并以此来调节组蛋白标记的分布。

除组蛋白修饰酶外，磷酸化的 CTD 尾也选择性地引入转录延伸因子。Spt6 组蛋白伴侣通过其 SH2 结构域结合丝氨酸-2 磷酸化的 CTD（Yoh et al. 2007），并在延伸 RNAPII 前参与拆解核小体和在 RNAPII 通过后将组蛋白重新组装成核小体。此外，Spt6 及其结合蛋白 Iws1 是调节 RNA 加工必需的。

参与 RNA 成熟的蛋白质通常与 CTD 结合，以进行共转录的 RNA 加工（McCracken et al. 1997b）（图 11.3）。这确保了精确度并提高了功能性 RNA 的生产力。实际上，CTD 在结构上位于 RNA 出口通道附近。在从出口通道出现后立即向 RNA 添加 5′帽。出芽酵母加帽酶（Cet1/Ceg1）结合丝氨酸-5 磷酸化的 CTD 和 Rpb1“足”结构域，使加帽酶非常靠近出口通道（Suh et al. 2010）。在粟酒裂殖酵母的所有重复中，丙氨酸取代丝氨酸-5 对细胞来说是致命的，而将加帽酶人工连接 CTD 后可以恢复细胞活力（Schwer and Shuman 2011）。同样，CTD 的丧失会影响捕获反应，但不会影响 RNAPII 产生 RNA 的能力（McCracken et al. 1997a）。还有几种剪接因子与磷酸化 CTD 相互作用（Mortillaro et al. 1996），并集结成剪接体形成的早期步骤（Hirose et al. 1999）。

11.2.3　转录终止

RNAPII 转录的终止涉及转录聚合酶的解体，同时释放 RNA 转录物。脱离 DNA 模板是必要的，以防止 RNAPII 干扰相邻基因组元件的转录，从而保持功能分区。鉴于目前的普适基因组转录模型，转录终止调控对于控制基因表达至关重要。此外，它还释放 RNAPII 用于重新启动。转录终止的破坏通过使 RNA 分子去稳定化并抑制进一步的起始而影响基因表达。

转录终止有两个充分研究的途径。第一个是 poly（A）依赖性终止，其涉及通过 poly（A）位点的转录，导致 RNAPII 的暂停和切割，转录本的多腺苷酸化，随后释放转录本。有趣的是，Pcf11 是酵母中切割和多腺苷酸化因子（CPF）的组成部分，通过其 CTD 相互作用结构域（CTD-interaction domain，CID）结合丝氨酸-2 磷酸化的 CTD。这种相互作用增强了转录本的多腺苷酸化（Barilla et al. 2001；Meinhart and Cramer 2004）。另一种丝氨酸-2 磷酸化的 CTD 相互作用蛋白 Rtt103 与 Rat1（人类中的 Xrn1）外切核酸酶结合，来降解与 RNAPII 结合的残留 RNA。

第二个途径涉及 DNA 解旋酶 Sen1，以及 RNA 结合蛋白 Nrd1 和 Nab1，并靶向短的非编码 RNA。Nrd1 除了是 RNA 结合蛋白外，还与 RNAPII 的丝氨酸-5 磷酸化形式结合，并且通常靶向基因的 5′端。

有趣的是，这些 RNA 加工因子在基因上的分布与它们结合的磷酸化丝氨酸位点的分布不完全一致。最近的研究显示酪氨酸-1 磷酸化阻止这些因子与 CTD 的关联（Mayer et al. 2012）。除了在基因末端外，该标记在基因体上的分布确保 RNA 加工因子在转录延伸期间保持不变，从而防止过早终止（图 11.3）。

11.3 基因上的染色质结构

真核生物中 RNAPII 介导的转录发生在染色质的背景下。如前所述，核小体排列是 RNAPII 进入和通过的障碍，需要酶来招募有助于克服这种障碍的因子（Saunders et al. 2006）。与核小体的排列在模式和分布上均匀的提示相反，体内核小体结构显示出相当大的变异，这取决于基因组位置（Jiang and Pugh 2009）。这种不一致性为 RNAPII 带来了额外的挑战，并被细胞用于调节转录和其他基于 DNA 的过程。因此，整个基因组的核小体稳定性在决定基因表达的起始和调节中起着至关重要的作用。在本节中，我们将描述核小体在基因上的多样性架构，然后再讨论细胞在处理这种屏障时所采用的策略。

核小体模式由多种因素决定，包括 DNA 序列、组蛋白修饰、ATP 依赖性染色质重塑和 RNAPII 本身（Hughes et al. 2012；Struhl and Segal 2013）。可以使用两个参数来定义核小体分布：定位和占据。核小体定位表示核小体相对于 DNA 序列的位置，而核小体占据规定了在限定的 DNA 区域上具有核小体的细胞亚群（Struh and Segal 2013）。虽然大部分基因组被核小体占据，但并非所有基因组都表现出定位。定位良好的核小体依赖于 DNA 序列在组蛋白八聚体周围弯曲的灵活性（Drew and Travers 1985；Lee et al. 2007b；Miele et al. 2008）。

ChIP-chip 和 ChIP-Seq 等基因组技术与已建立的生化工具（MNase 消化）相结合，有助于在几种生物体中生成精确的核小体图谱（Yuan et al. 2005；Lee et al. 2007b；Ozsolak et al. 2007；Mavrich et al. 2008b；Valouev et al. 2008；Schones et al. 2008；Lantermann et al. 2010）。这些研究揭示了核小体在基因上的位置特异性分布。在本章中，我们将使用酿酒酵母全基因组核小体绘图获得的数据（Yuan et al. 2005；Lee et al. 2007b；Albert et al. 2007；Whitehouse et al. 2007；Shivaswamy et al. 2008）描述核小体结构，并突出显示与其他生物有关的重要差异。

11.3.1 核小体缺失区域

基因启动子显示核小体占据率显著降低（Lee et al. 2004），而编码区根据转录率显示可变占据率（Yuan et al. 2005）（图 11.4）。这些无核小体的调节区域被称为 5′核小体缺失区域（5′ nucleosome depleted region，5′ NDR），并且其长度因基因而异。NDR 的 DNA 序列通常富含 poly（dA：dT）轨道，已知这些序列不能弯曲，因而不利于核小体的形成。尽管粟酒裂殖酵母基因组包含 NDR，但这些不是 dA：dT 束的富集（Lantermann et al. 2010）。转录因子结合位点通常在 NDR 中发现，NDR 也是 PIC 组装的位点。强 NDR 是组成型表达基因的特征，而严格调节的应激反应基因具有对核小体亲和力更高的启动子，这对 NDR 形成和维持提出了额外因素的要求。基因 3′端的转录终止位点也具有 NDR（3′ NDR）（图 11.4）。虽然 3′ NDR 参与基因环形成（Mavrich et al. 2008a；Tan-Wong et al. 2012），导致 RNAPII 重新接合，但没有明确的证据表明它与转录终止有关。先锋转录因子和 ATP 依赖性重塑因子已被证明是维持 NDR 所必需的（Whitehouse et al. 2007；Hartley and Madhani 2009；Yadon et al. 2010）。

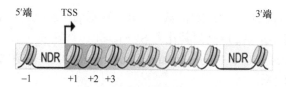

图 11.4 核小体在基因上的分布。该图总结了酵母基因的典型核苷组织。NDR 通常位于编码区的 5′ 和 3′端。这些 NDR 的两侧都是定位的核小体。覆盖转录起始位点（TSS）的高度定位的+1 位核小体指导邻近核小体的精确定位，但其影响随着与 TSS 距离的增加而降低。远端核小体通常缺乏精确定位，尽管这些区域不断被核小体占据。这产生了"模糊"的核小体。图改编自 Venkatesh 等（2013）

11.3.2 基因上的核小体分布

NDR 侧翼有两个定位的核小体（图 11.4）。下游+1 位核小体是强位核小体的一个例子，在酵母的转录起始位点（TSS）上游约 10 个碱基对处被发现，从而封闭 TSS。在果蝇中，+1 位核小体被转移到 65 个碱基对后面，即位于基因的 TSS 下游（Mavrich et al. 2008b）。最近的一项研究发现，将外源 DNA 转入酿酒酵母可导致+1 位核小体位置和 TSS 的变化，与宿主菌株中发现的相匹配（Hughes et al. 2012）。这些观察结果表明 RNAPII PIC 在定位+1 位核小体中的作用。果蝇中+1 位核小体的位置标志着 RNAPII 暂停位点。因此，RNAPII 与大多数基因中的+1 位核小体接触，这些基因在果蝇中表现出暂停。导致+1 位核小体的其他变化来自组蛋白变体 H2A.Z 和 H3.3 在后生动物中的掺入（第 10 章）。

已经提出+1 位核小体作为"屏障"来阻止下游核小体的定位，从而产生"统计定位"模型（Mavrich et al. 2008a；Jiang and Pugh 2009；Jansen and Verstrepen 2011）。核小体定位的强度向基因的 3′端衰减，这些基因具有高度占据但未定位的核小体（图 11.4）。该特征归因于延伸型 RNAPII 的活动。为 5′ NDR 提供上游边界的是另一个定位的核小体（−1 位核小体），其稳定性和位置决定了 5′ NDR 内调节位点的大小和通路（图 11.4）。该核小体是翻译后修饰的位点，并且在转录起始后进行核小体重塑。然而，与酵母相反，果蝇−1 位核小体不包含变体 H2A.Z（Mavrich et al. 2008b）。

对酵母的研究得出结论，参与保护核小体模式的蛋白质的丢失导致转录的不正确启动（Cheung et al. 2008）。因此，本节中描述的基因上保守的核小体分布对于预防这种异常的隐性转录物是必需的。虽然这里给出的模式是所有基因的总和，但单个基因上的核小体可能与这种排列略有不同。除了分布差异外，核小体还显示组蛋白修饰的位置特异性分布。这些修饰和染色质重塑之间的相互作用控制着 DNA 序列的获取。接下来的两节将详细介绍修饰因子和重塑因子及其在维持核小体分布中所做的贡献。

11.4 转录相关的转录后修饰

自从半个世纪前乙酰化被鉴定为第一个组蛋白翻译后修饰（PTM）（Phillips 1963）以来，已经发现了 100 多种不同的组蛋白 PTM。已经广泛研究了许多这些修饰，如乙酰化（ac）或甲基化（me），而关于许多其他修饰如甲酰化或琥珀酰化的知识很少。

某些残基携带特定的 PTM：如精氨酸（R）残基的甲基化；赖氨酸（K）残基的甲基化、乙酰化、泛素化、ADP-核糖基化和 SUMO 化；丝氨酸（S）和苏氨酸（T）残基的磷酸化（Kouzarides 2007；Bannister and Kouzarides 2011）。在本节中，我们将讨论影响转录的组蛋白 PTM。

修饰由专门的酶介导和逆转。这些酶中的一些表现出相对宽泛的特异性，如在许多赖氨酸乙酰转移酶（lysine acetyltransferase，KAT），如 Gcn5，以及赖氨酸去乙酰化酶（lysine deacetylase，KDAC），如 Rpd3 中所见。相反，其他组蛋白修饰物如 Set2 赖氨酸甲基转移酶（lysine methyltransferase，KMT）是非常特异的并且仅修饰单个残基。

11.4.1 转录基因的剖析：组蛋白 PTM 的分布

大多数组蛋白 PTM 显示特征性的空间和/或时间分布（图 11.5）。例如，活跃转录的基因通常分别与基因的 5′和 3′端的启动子组蛋白乙酰化和高水平的 H3K4 和 H3K36 三甲基化相关。相反，转录沉默的异染色质通常是去乙酰化的，但富含三甲基化的 H3K9（H3K9me3）。增强子、启动子和编码序列都表现出特征性的 PTM 特征（图 11.5），不同的细胞周期阶段和分化状态也是如此。事实上，组蛋白 PTM 的全基因组模式与启动子状态和转录状态的分类导致了植物（Roudier et al. 2011）、苍蝇（Filion et al. 2010；Kharchenko et al. 2011；Riddle et al. 2011）和人类细胞（Ernst and Kellis 2010）的许多不同"染色质状态"的定义。

11.4.1.1 启动子

活化的启动子是高度乙酰化的（Pokholok et al. 2005）。启动子和 TSS 之间的边界由 H3K4me3 的存在来定义（Santos-Rosa et al. 2002；Barski et al. 2007；Mikkelsen et al. 2007）。在酵母中，H3K4me3 富集水平通常与基因表达水平相关（Pokholok et al. 2005），而在哺乳动物细胞中，H3K4me3 存在于活化和非活化启动子中。紧接着 TSS 侧翼的拉伸也富集了 H3K4me2 和 H3K4me1（图 11.5b）（Barski et al. 2007；Mikkelsen et al. 2007；Ernst and Kellis 2010；Filion et al. 2010；Gerstein et al. 2010；Roy et al. 2010；Kharchenko et al. 2011）。在高等真核生物中，H3K4 单甲基化也已成为基因增强子的可靠指标（Heintzman et al. 2007，2009），特别是与 H3K27 乙酰化组合时（Rada-Iglesias et al. 2011）。

相反，非活化基因的启动子富含 H3K9me3 和 H3K27me3，但在酿酒酵母中不存在这两种甲基化标记。此外，干细胞中发育重要基因的启动子携带活化性 H3K4me3 以及抑制性 H3K27me3 标志。这种"二价性"对于分化期间适当的基因调控和干细胞定位至关重要（Bernstein et al. 2006）。

11.4.1.2 基因体

活跃转录基因的基因体在酵母和高等真核生物中用 H3K36me2 和 H3K36me3 标记（图 11.5）。然而，只有 H3K36me3 水平与转录率相关（Pokholok et al. 2005；Rao et al.

2005；Barski et al. 2007）。在整个基因体中也发现了 H3K79 甲基化。初步实验表明 H3K79me1/2/3 富集接近 TSS，在整个编码区逐渐减少（Barski et al. 2007）。然而，使用更多特异性抗体的进一步研究揭示了酵母（Schulze et al. 2009）和后生动物中 H3K79me2 和 H3K79me3 的不同富集谱（图 11.5）（Roy et al. 2010；Ernst et al. 2011；Liu et al. 2011）。此外，人类细胞富含 H2BK5me1、H3K9me1、H3K27me1 和 H4K20me1（图 11.5b）（Barski et al. 2007；Mikkelsen et al. 2007；Ernst and Kellis 2010；Filion et al. 2010；Gerstein et al. 2010；Roy et al. 2010；Kharchenko et al. 2011）。

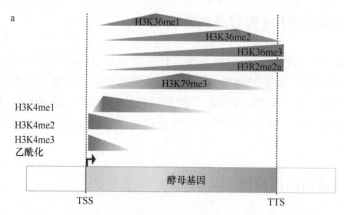

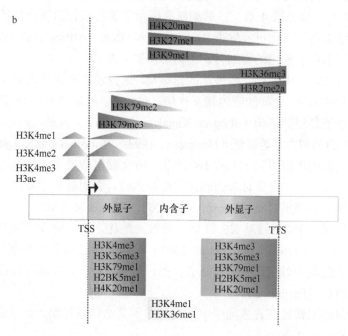

图 11.5 组蛋白 PTM 在活跃转录基因上的分布。用于基因表达的组蛋白修饰的全基因组分布模式。显示了典型酵母（a）和后生动物（b）基因的分布。转录起始位点（TSS）和转录终止位点（TTS）如图所示

11.4.1.3 外显子和内含子

外显子和内含子由不同的组蛋白 PTM 标记。活跃转录基因的外显子富含 H3K4me3、H3K36me3、H2BK5me1、H4K20me1 和 H3K79me1（Kolasinska-Zwierz et al. 2009；Dhami et al. 2010；Riddle et al. 2011；Liu et al. 2011）。相反，内含子主要由 H3K4me1 和 H3K36me1 标记（Spies et al. 2009；Dhami et al. 2010）。这些 PTM 相对于外显子的确切功能目前尚不清楚，但可能与转录延伸和/或剪接有关。

11.4.2 组蛋白 PTM 对转录的影响

组蛋白修饰对基因转录的影响效应由几种机制介导（Zentner and Henikoff 2013）。PTM 可以通过其他因子直接影响对基础 DNA 序列的接近。例如，在启动子重塑期间优先去除乙酰化的核小体。或者，PTM 可能影响核小体稳定性或下游调节因子的募集。已经鉴定了许多与（未）修饰的组蛋白特异性相互作用的结构域（Yap and Zhou 2010；Yun et al. 2011）。

11.4.3 组蛋白的乙酰化

所有四种组蛋白都可以在许多赖氨酸残基上发生乙酰化，尽管大多数位点存在于组蛋白 H3 和 H4 上（参见第 4 章）。早期研究揭示了超乙酰化组蛋白与活跃转录之间的相关性，表明组蛋白乙酰化可能促进 RNAPII 进入 DNA（Allfrey et al. 1964；Pogo et al. 1966）。有关组蛋白乙酰化的详细讨论，请参阅第 4 章。

组蛋白乙酰化可以中和赖氨酸残基的正电荷。这提示乙酰化可以破坏带正电荷的组蛋白和带负电荷的 DNA 之间的静电相互作用。实际上，组蛋白 H4K16 的乙酰化直接阻止染色质折叠成更高级的结构（Shogren-Knaak et al. 2006）。此外，四乙酰化组蛋白 H4 在体外对 DNA 的亲和力显著降低（Hong et al. 1993；Workman and Kingston 1998）。在酵母中的后续实验使用组蛋白 H3 或 H4 的非乙酰化赖氨酸突变为精氨酸的突变体在体内测试该假设，分析这些突变对基因表达的组合效应，表明总体组蛋白电荷的累积减少导致基因转录抑制的严重后果（Martin et al. 2004；Dion et al. 2005）。

新合成的组蛋白 H4 在残基 K5 和 K12 处被乙酰化，而可溶性组蛋白 H3 在 K56 处被修饰（Sobel et al. 1995；Tsubota et al. 2007）。这些标记对于组蛋白的沉积很重要，并且在整合到染色质中时很快就会被除去。另一组 KAT 在染色质特异性背景下在多个位点乙酰化组蛋白（Parthun 2007）。

乙酰化赖氨酸通常被在许多因子中发现的布罗莫结构域识别，如 RSC 和 SWI/SNF 重塑复合物（Yun et al. 2011）。

11.4.4 磷酸化

磷酸化是一种向组蛋白添加负电荷的方法，从而削弱与 DNA 的相互作用。关于磷酸化在 DNA 损伤修复中的作用，已有很多研究，但它对转录的贡献实例是已知的。例如，H3T11 的磷酸化在某些哺乳动物基因的激活中发挥作用（Banerjee and Chakravarti 2011），而磷酸化的 H3T118 干扰 DNA 包裹并增强核小体重塑（North et al. 2011）。

11.4.5　聚 ADP-核糖基化

聚 ADP-核糖聚合酶（PARP）家族催化所有核心组蛋白的谷氨酸和精氨酸残基发生聚 ADP-核糖基化（Hassa et al. 2006）。与磷酸化相似，这种修饰赋予组蛋白额外的负电荷。它与一般的开放染色质构型（Messner and Hottiger 2011）相关，特别是在组蛋白乙酰化和核小体缺失增加时（Cohen-Armon et al. 2007；Petesch and Lis 2012a）。

11.4.6　组蛋白 H2B 单泛素化

组蛋白 H2B（H2Bub）的单泛素化是在启动子和开放阅读框上发现的修饰（Kao et al. 2004；Xiao et al. 2005；Minsky et al. 2008；Batta et al. 2011；Shieh et al. 2011），并且其功能独立于其对组蛋白 H3 赖氨酸甲基化的参与（参见第 11.4.7.1 节）。虽然泛素的掺入不会对核小体结构产生很大影响（Davies and Lindsey 1994；Chandrasekharan et al. 2009），但最近的工作表明，H2Bub 可以防止染色质纤维压缩成更高级的结构（Fierz et al. 2011）。在这方面，H2B 泛素化类似于 H4K16 乙酰化的效应，尽管这两种组蛋白修饰在平行通路中起作用（Fierz et al. 2011）。H2B 泛素化还在 FACT 组蛋白伴侣的帮助下促进 RNAPII 延伸，并在 RNAPII 通过后促进随后的核小体重组（参见第 11.7.3 节）（Fleming et al. 2008；Chandrasekharan et al. 2009；Batta et al. 2011）。

迄今为止尚未鉴定出名副其实的泛素结合结构域，尽管 H2Bub 是 COMPASS Cps35 亚基与染色质结合所必需的（Lee et al. 2007a）。

11.4.7　组蛋白的甲基化

几个残基的甲基化对于基因转录是重要的，组蛋白 H3K4、K36 和 K79 的甲基化与活跃转录相关（图 11.5），而 H3K9、H3K27 和 H4K20 的甲基化参与基因沉默。

组蛋白甲基化的下游效应主要通过与包含一种或多种甲基化赖氨酸识别模块的多种蛋白质结合来介导，如 chromo、PHD、Tudor、PWWP（Pro-Trp-Trp-Pro）和 MBT（恶性脑肿瘤）结构域（Yun et al. 2011）。有关组蛋白甲基化的详细讨论，请参阅第 5 章。

11.4.7.1　组蛋白 H3K4 的甲基化

1. H2B 泛素化与 H3K4 甲基化的串扰

Set1 是 Set1 复合物（COMPASS）的催化亚基，酵母中唯一的赖氨酸甲基转移酶在高度保守的途径中介导 H3K4 甲基化（图 11.6）（Briggs et al. 2001；Noma and Grewal 2002）。H3K4 的单甲基化是一种只需要由 Set1、Cps30（Swd3）和 Cps50（Swd1）组

成的最小核心复合物参与的直接反应。然而，Set1/COMPASS 对 H3K4 的二甲基化和三甲基化是严格调节的，并且依赖 Rad6/Bre1 E2/E3 泛素连接酶复合物对 H2B K123 上的预先单泛素化（H2Bub1）的严格调控（Robzyk et al. 2000；Wood et al. 2003）。H2B 泛素化本身依赖复杂的调控级联，其中 RNAPII 作为中心招募平台发挥作用（图 11.6）。H2B 的泛素化需要活跃转录，因为它依赖于 Kin28 介导的 RNAPII CTD 的 Ser5 磷酸化（Xiao et al. 2005）。转录型 RNAPII 通过其与延伸因子 Spt5 的磷酸化形式的结合而募集 PAF 复合物（Liu et al. 2009；Zhou et al. 2009）。PAF 反过来与 Rad6/Bre1 泛素连接酶相互作用。Spt5 和 Rad6 也受 Bur1/Bur2 蛋白激酶复合物的调控，进一步连接 PAF 结合和 H2B 泛素化。通过 COMPASS 组分 Cps35（Swd2）识别 H2Bub 可以募集其他 COMPASS 亚基以及 H3K4me2 和 H3K4me3（图 11.6）（Shilatifard 2012）。H3K4 的甲基化取决于 H2B 泛素化，但反之不成立。不能甲基化的 H3K4R 突变体（可模拟未甲基化赖氨酸）并不影响 H2Bub 水平。

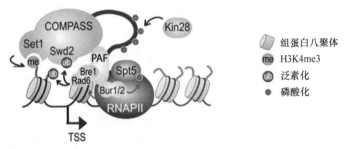

图 11.6　Set1/COMPASS 甲基化组蛋白 H3K4。Set1 对 H3K4 的二甲基化和三甲基化需要 Rad6/Bre1 对 H2B 的预先单泛素化。H2Bub 依赖于活跃转录型 Ser5 磷酸化 RNAPII，其通过与磷酸化 Spt5 的结合促进 PAF 复合物的募集。Spt5 和 Rad6 本身被 Bur1/Bur2 蛋白激酶磷酸化。H2Bub 被 COMPASS 的 Swd2（Cps35）亚基识别，其刺激 H3K4me2 和 H3K4me3

2. 高等真核生物中的 H3K4 甲基化

与酵母相反，果蝇中有三种 H3K4 甲基化酶复合物，trithorax（Trx）、trithorax 相关蛋白（trithorax-related，Trr）和 dSet1，哺乳动物中至少有 6 种：SET1A、SET1B，以及 MLL1～MLL4。SET1A 和 SET1B 是 dSet1 的同源物；MLL1 和 MLL2 与 Trx 有关，而 MLL3 和 MLL4 衍生自 Trr（Shilatifard 2012）。所有 COMPASS 样复合物都围绕催化 Set1 或 MLL 蛋白和核心亚基 Cps60/ASH2、Cps30/WDR5 和 Cps50/RBBP5 而构建，此外还有几个复杂特异性亚基（Shilatifard 2012）。在果蝇和哺乳动物中，dSet1 和 SET1A/B 分别是主要的 H3K4 二甲基和三甲基酶复合物。与酵母类似，它们也依赖于 PAF 复合物和 K120 的 H2B 泛素化来进行 H3K4 三甲基化（Shilatifard 2012）。

到目前为止，尚未发现酵母 Cps35（哺乳动物 WDR82）的直接同源物，这表明 MLL 复合物可能独立于 H2Bub 而被募集。相反，它们作为转录共激活因子起作用，参与如激活发育上重要的 *Hox* 基因或核受体转运的过程（Shilatifard 2012）。

3. H3K4 甲基化对转录的影响

H3K4 甲基化本身不影响 RNAPII 的延伸率或持续合成能力（Mason and Struhl 2005）。相反，它作为信号平台起作用，可被包含识别模块的许多其他因子所识别，识别模块可以特异性地识别单个修饰状态或表现出更广泛的特异性。因此，未甲基化的 H3K4 通过其 PHD、WD40 或 ADD（ATRX-DNMT3-DNMT3L）结构域募集蛋白质。已知更多蛋白质通过 PHD、chromo、Tudor、MBT 和 Zf-CW（锌指 CW）结构域与甲基化 H3K4 结合（Yun et al. 2011）。通过 H3K4 甲基化募集的蛋白质具有许多不同的功能：许多已被证明参与染色质重塑和组蛋白修饰，并在转录过程中发挥重要作用，如人类 CHD1 和 BPTF ATP 酶或 Sgf29（SAGA 相关因子）和 Yng1（酵母 Ing1），Sgf29 和 Yng1 分别为酵母 SAGA 和 NuA3 KAT 的一部分（Flanagan et al. 2005；Sims et al. 2005；Taverna et al. 2006；Wysocka et al. 2006；Vermeulen et al. 2010）。

11.4.7.2　组蛋白 H3R2 甲基化

精氨酸残基可以是单或二甲基化的。二甲基化可以是对称的（Rme2s）或不对称的（Rme2a）。迄今为止仅在高等真核生物中观察到对称 H3R2 甲基化，并且由蛋白质精氨酸甲基转移酶 5（PRMT5）和 PRMT7 介导（Migliori et al. 2012）。相反，不对称的 H3R2 甲基化存在于酵母和后生动物中（图 11.5），尽管仅在高等真核生物中鉴定了其甲基转移酶 PRMT6（Guccione et al. 2007；Hyllus et al. 2007）。

H3R2 和 H3K4 甲基化之间的串扰：基因表达受 H3R2 甲基化间接影响，因为 H3R2 甲基化状态直接影响 H3K4 甲基化。不对称 H3R2me2 与 H3K4me3 互斥，并且在 ORF 的中间至 3′区域以及无活性基因的启动子上积累（Guccione et al. 2007；Kirmizis et al. 2007）。在酵母中，由于空间位阻，H3R2me2a 通过 Cps40 PHD 结构域干扰 COMPASS 亚基 Cps40（Spp1）与单甲基化和二甲基化 H3K4 的结合（Kirmizis et al. 2007）。这种相互作用对于有效的 H3K4me3 是至关重要的（Schneider et al. 2005）。在人类中，H3R2me2a 通过其 WDR5 亚基的 WD40 结构域抑制 MLL 甲基转移酶复合物的结合，同样对 H3K4me3 具有负面影响（Guccione et al. 2007；Hyllus et al. 2007）。反之亦然，H3K4me3 标记的存在也干扰 PRMT6 介导的 H3R2 的甲基化（Guccione et al. 2007；Hyllus et al. 2007）。

与 H3R2me2a 相比，H3R2 的对称甲基化具有相反的作用。它发现于启动子的−1 位核小体以及启动子远端位点（Migliori et al. 2012）。H3R2me2s 可以增强 WDR5 的结合，导致 H3K4me3 水平增加。相反，敲低 PRMT5 和 PRMT7 致使 H3R2me2 缺失也能降低 H3K4me3 水平。此外，H3R2me2s 的存在阻断了 RBBP7 的结合，RBBP7 是几种辅阻遏复合物的组分，如 Sin3a 组蛋白去乙酰化酶复合物（Migliori et al. 2012）。

11.4.7.3　组蛋白 H3K79 甲基化

1. H2B 泛素化与 H3K79 甲基化的串扰

H3K79 的甲基化优先在核小体背景中由 Dot1（端粒沉默的破坏者）催化（Lacoste et

al. 2002；Ng et al. 2002；Feng et al. 2002）。让人联想到 H3K4、H3K79 的有效三甲基化需要预先对组蛋白 H2B 进行泛素化（Ng et al. 2002；Briggs et al. 2002；Shahbazian et al. 2005）。H2Bub 被认为可以通过变构变化改善 Dot1 的持续性（Frederiks et al. 2008；McGinty et al. 2008；Chatterjee et al. 2010）。H2Bub 似乎直接和间接刺激 Dot1 介导的 H3K79 甲基化：Dot1 直接结合泛素蛋白（Oh et al. 2010），但它也通过其他蛋白质如蛋白酶体 ATP 酶 Rpt4 和 Rpt6（调节颗粒三磷酸酶）（Ezhkova and Tansey 2004）或过表达 Set1/COMPASS 亚基 Cps35（Lee et al. 2007a）间接与 H2Bub 结合。

甲基化的 H3K79 是唯一没有鉴定出相应的去甲基化酶的组蛋白甲基标记，尽管有迹象表明 H3K79 的甲基化可以在体内逆转（Nguyen and Zhang 2011）。H3K79 甲基化在 DNA 损伤反应和细胞周期调节中起作用。它与转录的联系不太清楚，尽管它与苍蝇、小鼠和人类中的常染色质和转录基因有关（Schubeler et al. 2004；Steger et al. 2008；Wang et al. 2008b）。在酵母中，甲基化的 H3K79 从端粒、交配型和核糖体 DNA 中消失，但在其他地方普遍存在，其约占酵母基因组的 90%（Ng et al. 2003；Pokholok et al. 2005）。

2. 高等真核生物中的 H3K79 甲基化

已经在哺乳动物中鉴定了几种 DOT1L 相关复合物，其也含有 RNAPII Ser2 特异性 CTD 激酶 P-TEFb，因此进一步暗示 Dot1 在转录延伸中的作用（Bitoun et al. 2007；Mueller et al. 2007）。含有 DOT1L 的复合物 DotCom 的纯化也捕捉到 Wnt 通路的成员，而 P-TEFb 并没有与该复合物一起被分离出。然而，DOT1L 仍然需要表达 Wingless 靶基因，这也支持其在转录激活中的作用（Mohan et al. 2010）。最近的一篇论文也暗示 DOT1L 参与 JAK-STAT 依赖性基因的调控（Shah and Henriksen 2011）。在小鼠中，DOT1L 介导的 H3K79 甲基化直接调节肌营养不良蛋白的表达，在其发生突变时导致心脏发育缺陷（Nguyen et al. 2011）。然而，将 H3K79 甲基化与转录激活和延伸相关联的机制仍不清楚。

仅鉴定了甲基化 H3K79 的一个识别模块：然而，已显示 53BP1 的 Tudor 结构域参与 DNA 修复而非转录（Huyen et al. 2004）。

11.4.7.4 组蛋白 H3K36 甲基化

H3K36 的甲基化是与基因体相关的广泛分布的组蛋白修饰（图 11.5）（Pokholok et al. 2005）。H3K36 的甲基化由 Set2（酵母中唯一的组蛋白 H3K36 甲基转移酶）介导（Strahl et al. 2002；Morris et al. 2005）。虽然 Set2 催化结构域不需要辅助因子即可对 H3K36 进行单甲基化和二甲基化，但 H3K36me3 修饰依赖于全长 Set2，以及 Set2 与 RNAPII 的结合（Youdell et al. 2008）。特别地，Ctk1 对 RNAPII CTD Ser2 的磷酸化特异性地刺激 Set2 结合（Li et al. 2002；Krogan et al. 2003；Xiao et al. 2003）并且促进 Set2 蛋白质的稳定（Fuchs et al. 2012）。Ctk1 是适当的 H3K36 三甲基化所必需的（Krogan et al. 2003；Xiao et al. 2003；Youdell et al. 2008），其向 ORF 的 3′端积累（图 11.5）（Pokholok et al. 2005）。H3K36 甲基化也受脯氨酸异构酶 Fpr4（FKBP 脯氨酸旋转异构酶，FKBP proline rotamase）的影响，其作用于 H3P38 并在体内拮抗 H3K36me 水平（Nelson et al. 2006）。

H3K36 甲基化与转录的基因相关联，因此通常被称为活化组蛋白标记。然而，它实际上对染色质结构产生抑制作用，因为 H3K36 二甲基化和三甲基化促进了现有的低乙酰化核小体的保留，并进一步刺激了任何剩余标记的去乙酰化，如在第 11.7.2 节中详细讨论的。

1. 组蛋白 H3K36 甲基化的识别

甲基化的 H3K36 可以通过许多不同的识别模块读取，如 Eaf3（Esa1-相关因子）染色质结构域。几种含 PWWP 结构域的蛋白质也优先结合 H3K36 三甲基化核小体，如人 KAT6A（MOZ）乙酰转移酶的 BRPF1 亚基。BRPF1 与 H3K36me3 对于 *Hox* 基因表达是重要的（Laue et al. 2008；Vezzoli et al. 2010）。其他例子包括染色质结合的 PC4-SFRS1 互作蛋白（Psip1）截短的 p52 亚型参与了选择性剪切。

2. 高等真核生物中的 H3K36 甲基化

与酵母相比，迄今为止在高等真核生物中已鉴定出 8 种不同的 H3K36 甲基转移酶：NSD1～NSD3、SETD2/3、ASH1L、MES4、SETMAR 和 SMYD2（Wagner and Carpenter 2012）。虽然尚未确定所有酶的体内底物特异性，但 SETD2 被认为是介导细胞中 H3K36 三甲基化的唯一人甲基转移酶（Edmunds et al. 2008）。SETD2 也是与酵母 Set2 亲缘关系最近的同源蛋白，并且在转录延伸期间与 RNAPII 相互作用（Zhou et al. 2004）。所有其他酶似乎是单甲基化酶和二甲基化酶。有些还可以作用于其他组蛋白和非组蛋白目标：例如，据报道 NSD1 甲基化 NF-κB 以及组蛋白 H4K20（Wagner and Carpenter 2012）。NSD2 在核小体背景下甲基化 H3K36，但在面对组蛋白八聚体时更倾向于甲基化 H4K44。NSD2 是一种有趣的酶，因为添加可能作为同种异体效应子的短 DNA 分子导致随后的组蛋白八聚体的 H3K36 二甲基化（Li et al. 2009b）。

与酵母相比，人类 H3K36 甲基化酶的高度复杂性也表明其参与更广泛的生物学过程。实际上，在转化子中，H3K36 甲基化已涉及许多过程，包括基因激活和抑制、选择性剪接、剂量补偿，以及 DNA 复制、重组和修复（Wagner and Carpenter 2012）。

11.4.8 组蛋白的 PTM 参与转录抑制

到目前为止，我们仅讨论了与活跃转录基因相关的组蛋白修饰。然而，转录抑制的特征还在于组蛋白 PTM 的特定子集，如 H3K9me3 和 H3K27me3，它们分别与异染色质形成和多梳蛋白沉默相关。有关抑制性组蛋白修饰的更详细讨论，请参阅 Bannister 和 Kouzarides（2011）的评论。

11.4.8.1 苏木素化

苏木素化（sumoylation，SUMO 化）与泛素化有关，涉及泛素蛋白相关部分与赖氨酸残基的连接。所有核心组蛋白都可以进行 SUMO 化。虽然所涉及的分子机制尚不完全清楚，但是 SUMO 化似乎可以促进组蛋白的乙酰化，因此与抑制相关（Shiio and Eisenman 2003；Nathan et al. 2006）。

11.4.8.2 糖基化

组蛋白 H2A、H2B 和 H4 可以通过 β-*N*-乙酰葡糖胺（OGlcNAc）在几个丝氨酸和苏氨酸残基上进行修饰（Sakabe et al. 2010；Zhang et al. 2011a）。关于这种修饰知之甚少。然而，*N*-乙酰葡糖胺化修饰在热休克时增加，并且与对微球菌核酸酶消化的敏感性降低相关，从而将其与转录抑制相关联（Sakabe et al. 2010）。

11.5 转录中的染色质重塑

染色质重塑复合物是利用通过 ATP 水解获得的能量来实现染色质组织重排的分子机器。重塑复合物可以沿 DNA 滑动核小体并将其驱逐，或通过替换变异组蛋白来影响它们的组成（图 11.7）。

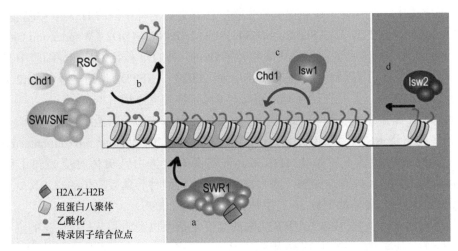

图 11.7 基因的染色质重塑。图示为以酵母重塑因子为例的最常见基因染色质重塑活动。在基因的+1位核小体处，SWR1 刺激 H2A.Z-H2B 替换经典的 H2A.Z-H2B（a）；SWI/SNF 和 RSC 要么滑动要么驱逐核小体以接近转录因子结合位点，这一过程可被组蛋白乙酰化促进（b）；Chd1 也可通过这一方式发挥功能，然而，Chd1 和 Isw1 在基因体区主要建立和保持规律的间隔核小体阵列，这种阵列通常会妨碍转录（c）；Isw2 沿着 NDR 滑动核小体，并使转录因子难以接近其结合位点（d）

11.5.1 转录中的染色质重塑

SNF2 家族的染色质重塑体存在于所有真核生物中，总共有超过 1300 个家族成员，通常是基于它们的 ATP 酶亚基进行分类，分为 24 个亚科（Flaus et al. 2006；Flaus and Owen-Hughes 2011）。然而，参与调控基因表达的重塑复合物数量相当少，并且大多与以下分子相关：Swi2/Snf2、Iswi、Chd 和 Ino80（Clapier and Cairns 2009；Becker and Workman 2013）。有关染色质重塑复合物的详细讨论，请参阅第 3 章。

虽然一些重塑因子如酵母 Chd1 作为单体起作用，但大多数重构复合物存在于多亚基复合物中，范围从相对较小（ISWI）到极大的组件（SWI/SNF、INO80）（Clapier and

Cairns 2009；Becker and Workman 2013）。此外，相同的催化亚基可以与不同组的相关亚基相互作用。例如，果蝇（d）ISWI 存在于 5 种不同的重塑复合物中（Yadon and Tsukiyama 2011）。虽然重塑复合物中许多相关亚基的作用并未得到充分了解，但它们可能会调节靶向和/或活性（Clapier and Cairns 2009；Becker and Workman 2013）。在某些情况下，复杂复合物中存在的额外亚单位可将染色质重塑与其他酶活性关联在一起，如 NuRD（核小体重塑和去乙酰化）的组蛋白去乙酰化（Tong et al. 1998；Wade et al. 1998；Xue et al. 1998）。已经在人类中鉴定了更多数量的细胞类型特异性重塑因子，其中特定同种型的表达和掺入对于分化和发育可能是关键的。

虽然特定的重塑复合物被认为可以促进核小体的组装（如 Iswi 和 Chd）或拆解（SWI/SNF、INO80）（图 11.7），但重要的是要注意重塑复合物通常具有依赖于上下文的功能并且介导上述两个过程。例如，裂殖酵母中 Chd1 的同源物 Hrp1 在 Nap1（核小体组装蛋白）组蛋白伴侣存在下解体核小体（Walfridsson et al. 2007），但在着丝粒处促进 CENP-A 组蛋白变体的加载（Walfridsson et al. 2005）。

11.5.2　基因上的核小体重塑复合物

除了 DNA 序列本身，重塑复合物对染色质基因组的核小体结构做出了重要贡献（Zhang et al. 2011b）。正如在 11.3 中所讨论的那样。基因上的核小体结构以靠近转录起始位点的突出且位置良好的+1 位核小体为代表，它是基因体上一系列定位核小体的参考点。在组蛋白伴侣的帮助下，ATP 依赖性染色质组装因子（ATP-dependent chromatin assembly factor，dACF）和 dCHD1 都可以在体外有效地组装和间隔核小体（Lusser et al. 2005）。研究酵母中核小体定位的许多实验已在体内证实了这些结果。虽然重塑染色质结构影响+1 位核小体的占据和定位（Parnell et al. 2008；Hartley and Madhani 2009），但下游核小体的相位主要取决于 Iswi 和 Chd 型重塑复合物（Tirosh et al. 2010；Gkikopoulos et al. 2011；Pointner et al. 2012；Shim et al. 2012；Hennig et al. 2012）。

11.5.3　基因上的核小体重塑复合物

重塑因子在转录的所有阶段都发挥着重要作用。重塑因子介导的染色质重组既可以促进也可以防止基因表达。事实上，不同重塑因子显示的拮抗作用确保了 RNAPII 转录允许或难以控制的染色质环境之间的平衡（图 11.7）。例如，RSC 和 Isw2 重塑因子对 NDR 大小具有相反的影响。Isw2 移动核小体可以缩小 NDR 的尺寸，从而阻止 ncRNA 的产生（Whitehouse et al. 2007；Yadon et al. 2010），而 RSC 的作用可以增大 NDR 的尺寸（Hartley and Madhani 2009）。SWI/SNF 和 CHD4 在诱导巨噬细胞中脂多糖刺激的基因（Ramirez-Carrozzi et al. 2006）以及 Wnt 信号转导的调节（Curtis and Griffin 2012）中起相反的作用。

具有"开放"启动子结构的基因，即组成型表达的"管家"基因，通常较少依赖于染色质重塑，因为这些启动子通常倾向于删除核小体。相比之下，重塑对于显示"封闭"

启动子结构的紧密调节基因的转录至关重要, 其中核小体存在于需要被去除以进行转录的调节序列上 (图 11.7)。

11.5.3.1 Swi2/Snf2 家族主要影响基因启动子

酵母 (y) SWI/SNF 可能是研究最多的染色质重塑因子之一。SWI/SNF 以及 RSC 主要用于通过核小体滑动或驱逐取代许多可诱导基因的启动子区域上的核小体 (Workman 2006; Tolkunov et al. 2011), 这是由组蛋白乙酰化促进的过程 (Carey et al. 2006)。两种重塑复合物在差异较大的不同组合基因上发挥作用。SWI/SNF 调节许多诱导型基因, 而 RSC 控制组成型表达的基因, 包括编码核糖体蛋白的基因 (Sudarsanam et al. 2000; Damelin et al. 2002)。然而, 只有一小部分基因绝对需要 SWI/SNF 或 RSC 才能表达。

这与苍蝇的情况形成对比, 其中大多数 RNAPII 转录起始需要 dBRM (Brahma), 即 dSWI/SNF 的 ATP 酶亚基 (Armstrong et al. 2002)。与酵母复合物 (Hargreaves and Crabtree 2011) 相比, 人 (h) SWI/SNF 表现出完全不同的结合和调节模式。hSWI/SNF 不一定与启动子附近结合。相反, 它与增强子和其他基因调控元件相关, 并且起到激活和抑制基因的作用 (Chi et al. 2002; Ho et al. 2009)。

11.5.3.2 Ino80 家族通过 H2A-H2B 二聚体交换影响转录

Ino80 型重塑复合物涉及多种过程, 包括转录激活和 DNA 修复。酵母 INO80 既促进也抑制基因表达, 包括磷脂生物合成的调节 (Ebbert et al. 1999; Jonsson et al. 2004)。体外 INO80 和 SWR1 可以滑动和/或驱逐核小体 (Shen et al. 2003; Tsukuda et al. 2005)。

然而, 它们在催化 H2A-H2B 二聚体交换中发挥独特的功能。特别是 SWR1 (Rat8 缺陷, sick with Rat8), 它可以促进经典 H2A-H2B 二聚体的移除, 以及用含 H2A.Z-H2B 的二聚体置换 H2A-H2B 二聚体 (图 11.7a) (Mizuguchi et al. 2004)。SWR1 功能在整个进化过程中是保守的, 因为其同源物 dKAT5 (TIP60) 和 hSRCAP (Snf2 相关 CBP 活化蛋白) 也催化 H2A 置换 H2A.Z (Kusch et al. 2004; Ruhl et al. 2006; Wong et al. 2007)。在这种能力下, SWR1 功能也影响基因表达, 因为含有 H2A.Z 和 H3.3 的核小体被认为不如经典核小体稳定, 导致启动子暴露增加和基因表达的激活 (Zhang et al. 2005; Raisner et al. 2005)。

逆向过程, 即用经典 H2A-H2B 二聚体置换 H2A.Z-H2B 二聚体, 由 INO80 催化 (Papamichos-Chronakis et al. 2011)。

11.5.3.3 Chd 和 Iswi 家族主要影响转录延伸

CHD 型重塑复合物对转录具有正面和负面影响。例如, yChd1 促进核小体丢失, 从而增加 PHO5 启动子的可接近性 (Ehrensberger and Kornberg 2011)。在小鼠 ES 细胞中 Chd1 起作用, 以保持染色质处于开放构象并防止异染色质形成, 这是维持多能性所必需的 (Gaspar-Maia et al. 2009)。

然而, 最好的描述是 CHD 型重塑复合物执行组装功能的实例, 主要是在抑制性环境中，如 11.5.2 中所述，CHD 重塑因子可以在体内和体外组装和间隔核小体。酵母 Chd1 是掺入泛素化 H2B 所必需的（Lee et al. 2012）。在果蝇中，Chd1 参与组蛋白 H3.3 在转录基因上的沉积（Konev et al. 2007）。类似地，酵母 Chd1 促进编码区上现有核小体的保留（第 11.7 节）（Smolle et al. 2012；Radman-Livaja et al. 2012），预防隐性转录，从而将 CHD 介导的核小体组装和转录抑制与 RNAPII 延伸连接起来。酵母 Chd1 以及果蝇重塑因子 Kismet 和 dCHD3 与延伸型的 RNAPII 共定位，以 yChd1 为例，它通过结合延伸因子如 PAF 复合物、Spt5 和 FACT 而共定位（Kelley et al. 1999；Simic et al. 2003；Srinivasan et al. 2005；Murawska et al. 2008）。

在酵母 Chd1 中，Isw1 和 Isw2 在其抑制作用方面具有部分重叠的功能，这些基因缺失对核小体间隔、保留和隐性转录的累积效应就证明了这一点（Tsukiyama et al. 1999；Quan and Hartzog 2010；Gkikopoulos et al. 2011；Smolle et al. 2012）。

然而，ISWI 的功能在高等真核生物中更为多样化，它涉及基因激活、异染色质形成、ES 细胞多能性和除转录抑制之外的 DNA 复制（Hargreaves and Crabtree 2011）。例如，通过转录因子 GAGA、HSF（热休克因子）或蜕皮激素受体募集 dNURF，促进基因活化（Xiao et al. 2001；Badenhorst et al. 2002，2005）。

11.5.3.4　基因抑制过程中的染色质重塑

一般而言，染色质组织在抑制基因上的特征在于转录因子的去除、间隔核小体阵列的形成，以及抑制性组蛋白标记和/或共抑制因子分子的沉积。例如，Isw1（Moreau et al. 2003）和 Mot1（转录调控子，modifier of transcription）（Auble et al. 1994；Moyle-Heyrman et al. 2012）染色质重塑复合物都可以将 TBP 从 DNA 链上解离。

Ume6（非计划的减数分裂基因表达，unscheduled meiotic gene expression）将 Isw2 重塑因子募集到一大批基因处（Goldmark et al. 2000）。Isw2 将核小体移动到通常不太有利的富含 AT 的序列上，从而缩小 NDR 的尺寸，防止从基因的 3′ NDR 产生 ncRNA（Whitehouse et al. 2007；Yadon et al. 2010）。此外，Isw2 与 Rpd3 去乙酰化酶结合使用以确保抑制大批基因（Fazzio et al. 2001）。

11.5.4　染色质重塑复合物的招募

染色质重塑主要通过转录因子的募集和/或与（修饰的）组蛋白的相互作用而导向其靶位点。已经鉴定了许多转录因子，其有助于将染色质重塑因子靶向至启动子，如通过 Swi5（Cosma et al. 1999）、Gcn4（Natarajan et al. 1999）、HSF1（Kwon et al. 1994）和糖皮质激素受体来招募 SWI/SNF（Hsiao et al. 2003），或通过 YY1 来靶向 INO80 至启动子处（Cai et al. 2007）。

最近的实验表明，重塑复合物也可以通过 DNA 结合蛋白以间接方式被募集。如上所述，Ume6 可将 Isw2 招募到很多基因处。并非所有这些基因实际上都含有 Ume6 结合位点。相反，Isw2 是通过 Ume6 和 TFIIB 依赖性 DNA 成环而被招募的（Yadon et al. 2013）。

组蛋白 PTM 可以通过两种方式影响染色质重塑。它们或者直接影响重塑活动，或者通过与特定识别模块的相互作用将重塑因子招募到染色质上（Yun et al. 2011）。实例包括存在于 SWI/SNF（Hassan et al. 2001, 2002）和 RSC（Kasten et al. 2004）中的布罗莫结构域，介导其与乙酰化的组蛋白结合。dSWI/SNF 的多聚体和 RSC 复合物的 Rsc4 特异性结合乙酰化的 H3K14（VanDemark et al. 2007；Charlop-Powers et al. 2010）。另一个有趣的案例是 hSWI/SNF 的 DPF3b 亚基上的双 PHD 指结构，其优先结合乙酰化的 H3K14，该互作可被 H3K4 的甲基化所抑制（Zeng et al. 2010）。hCHD1 中的染色质结构域识别三甲基化的 H3K4（Flanagan et al. 2005），并且 yIsw1b 中的 PWWP 结构域优先与甲基化的 H3K36 相互作用（Smolle et al. 2012；Maltby et al. 2012）。

11.5.5 重塑活性的调节

11.5.5.1 组蛋白 PTM

组蛋白 PTM 可直接影响重塑活动。RSC 优先重塑含有乙酰化组蛋白 H3 的核小体阵列。组蛋白 H4 的乙酰化对核小体滑动没有影响，但是通过 RSC 促进核小体驱逐（Carey et al. 2006；Ferreira et al. 2007）。相反，H4 乙酰化降低了酵母 Isw2 和 Chd1 的 ATP 酶活性，而不影响它们对核小体的亲和力（Ferreira et al. 2007）。

11.5.5.2 重塑因子的 PTM

染色质重塑因子也可以自身进行翻译后修饰。乙酰化是最常描述的重塑因子 PTM，RSC、ySWI/SNF 和 dISWI 均可被 Gcn5 乙酰化。RSC 在其 Rsc4 亚基上含有串联溴化物，其中一个直接与 H3K14ac 结合。这种相互作用受到 Gcn5 对 Rsc4 K25 乙酰化的影响，导致 K25ac 与第二个 Rsc4 布罗莫结构域的结合（VanDemark et al. 2007）。类似地，Gcn5 对 ySWI/SNF 的 Snf2 ATP 酶的乙酰化导致竞争结合乙酰化组蛋白尾部的增加（Kim et al. 2010b）。

其他修饰包括 dISWI 的 PARP1 依赖性聚 ADP-核糖基化，其可降低 dISWI 的 ATP 酶活性、与核小体的亲和力（Krishnakumar and Kraus 2010）和磷酸化程度。例如，组成型酪蛋白激酶 2（the constitutive casein kinase 2）介导 NuRD 复合物中 dMi2 的磷酸化可提升 dMi2 与核小体的亲和力，以及它的 ATP 酶活性（Bouazoune and Brehm 2005）。SWI/SNF 和 RSC 的磷酸化也影响这些蛋白质的稳定性。

11.6 延伸过程的组蛋白动力学

RNAPII 转录复合物与 DNA 的结合被核小体阻断（Workman and Kingston 1998）。如前所述，NDR 的形成是促进转录起始的关键事件，但核小体也在转录延伸期间阻碍 RNAPII 进展。相反，在启动子上组蛋白沉积会大大促进转录停止（Fleming et al. 2008）。此外，虽然编码区的核小体不稳定性对于 RNAPII 的移动是必需的，但其快速重组对于防止隐性转录至关重要（Smolle et al. 2013）。因此，核小体靶向分解和重组的机制决定了转录的起始位置以及 RNA 的产生能力（Workman 2006）。因此，对基因组中组蛋白动力学的研究有助于深刻理解基因表达的调控。

与核小体保留有高亲和力启动子序列的可诱导性基因是导致快速去稳定和去除现有核小体等几种机制的靶标。然而，为了保持对转录延伸的严格控制，在启动子序列处组装新的核小体，并且核小体的重组速率决定着转录速率。去除原有核小体及用液相池中的核小体替换原核小体被称为组蛋白交换或组蛋白转换（Henikoff 2008）。如第 1 章所述，图 1.1 所示的核小体具有一个 H3-H4 四聚体和两个 H2A-H2B 二聚体的模块结构。有趣的是，这些子结构能够独立交换。实际上，与 H3-H4 交换相比，已知 H2A-H2B 二聚体的交换发生得更广泛和迅速（Jamai et al. 2007）。在转录延伸期，RNAPII 穿越核小体伴随着单个组蛋白 H2A-H2B 二聚体的丧失，而剩下由组蛋白伴侣稳定的六聚体核小体复合体（Kulaeva et al. 2012；Kuryan et al. 2012）。然而，H3-H4 四聚体的交换与转录速率有关，通常发生在高度转录的基因中（Kristjuhan and Svejstrup 2004）。具有低至中等转录率的基因通常不表现出四聚体交换，可能是由于存在促进原有核小体保留的特异性组蛋白修饰（Venkatesh and Workman 2013），这表明了组蛋白修饰在促进或抑制其交换过程中的作用。组蛋白修饰通过与许多核小体重塑因子和分子伴侣结合而直接或间接地影响核小体的稳定性，从而实现该功能（第 2 章）。最后，组蛋白转换也导致变体在特定基因组位置上的掺入，进一步影响核小体的稳定性（第 10 章）。

因此，通过复杂的相互作用实现基因表达的微调，其涉及调节染色质结构和转录机制的若干组分。随后的部分将详细讨论这种相互作用，采用特定的例子来突出转录机制在基因表达调控中使用的不同策略。

11.7 调控延伸过程的组蛋白动力学

转录时，需要在 RNAPII 后面进行核小体分解和重组，该过程在高等真核生物中变得特别明显，其中含有组蛋白变体 H3.1 的现有核小体被复制非依赖性变体 H3.3 替代（Ahmad and Henikoff 2002）。在 HIRA 和 Daxx 分子伴侣，以及 CHD1 染色质重塑因子的帮助下，H3.3 以转录依赖的方式沉积在启动子、基因体和调控元件上（Tagami et al. 2004；Goldberg et al. 2010；Konev et al. 2007）。

与高等真核生物不同，酵母中只存在一种类型的组蛋白 H3，尽管它最类似于 H3.3 变体。组蛋白交换常发生在启动子和高转录基因的基因体区（Dion et al. 2007；Rufiange et al. 2007），其中转录 RNAPII 分子的密度增加被认为有利于组蛋白从 DNA 中完全解离。相比之下，在不经常转录的基因体上发生的组蛋白交换很少（图 11.8a）（Dion et al. 2007；Rufiange et al. 2007）。

存在于可溶性细胞库中的组蛋白呈高度乙酰化，并且跨组蛋白交换允许它们掺入染色质基因中（Dion et al. 2007；Rufiange et al. 2007）。如前所述，基因体区的高度乙酰化增加了 RNAPII 对 DNA 的可接近性，并导致启动来自常规启动子以外位点的转录（图 11.8）。因此，限制组蛋白交换是在低乙酰化、压缩状态下基因体上确保维持核小体的一种方法，这种状态对于不适当的转录起始是难以控制的（图 11.8a）。此外，通过募集特异性 KDAC 可以增强基因体区的染色质低乙酰化（图 11.9）。

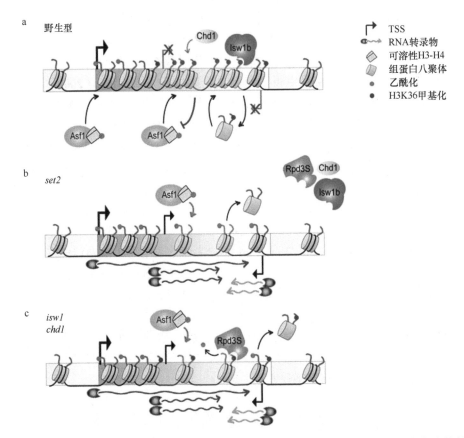

图 11.8　H3K36 甲基化阻止基因体处的组蛋白交换。a. H3K36 甲基化通过 ISW1b 重塑复合物的亚单位 Ioc4 的一个 PWWP 结构域直接招募 ISW1b 复合物。Isw1b 和 Chd1 一起确保基因体处 H3K36 甲基化的核小体持续存在，这可以阻止 Asf1 介导的可溶性和高度乙酰化的组蛋白掺入。b. 酵母 *SET2* 的缺失导致 H3K36 甲基化的完全丧失，Isw1b 不再能够被招募至染色质，从而引起基因体处的组蛋白交换增加、组蛋白乙酰化水平升高和暴露允许产生 ncRNA 的隐秘启动子样元件。c. 缺失 *ISW1* 或者 *CHD1* 也可以增加基因体处组蛋白的交换和乙酰化水平，尽管 H3K36me3 水平几乎没有变化。然而，重塑因子缺失时，存在的核小体不能被保留，相反其会被可溶性和高度乙酰化组蛋白置换，从而导致隐秘启动子的暴露和 ncRNA 的产生

11.7.1　基因 5′端染色质结构的维持：Set1/Set3C 途径

H3K4me3 与活跃转录关联。然而，Set1 在基因 5′端的 H3K4me2 通过 Set3 亚基上存在的 PHD 指结构域直接募集 Set3C KDAC，并通过其 Hos2 和 Hst1 亚基促进这些位点的组蛋白去乙酰化（Kim and Buratowski 2009）。该过程对于维持现有染色质结构和阻止沉默启动子的转录起始至关重要（图 11.9）（Kim et al. 2012）。

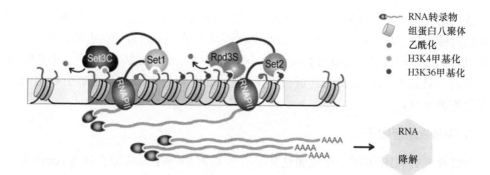

图 11.9　基因体区的组蛋白去乙酰化途径。RNAPII 结合的 KMT Set1 和 Set2 分别催化组蛋白 H3 的 K4 和 K36 残基的甲基化。H3K4me2 和 H3K36me3 对于维持编码序列的低乙酰化状态是必需的：H3K4me2 募集组蛋白去乙酰化酶复合物 Set3C，而 H3K36 甲基化对于 Rpd3S 去乙酰化酶复合物的催化活性是必需的。图片改编自 Venkatesh 等（2013）

11.7.2　维持基因 3′端的染色质结构

基因体表现出高水平的 H3K36me3（图 11.5），这种组蛋白修饰对染色质结构的影响是双重的。它可防止液相的且高度乙酰化的组蛋白在基因体区的掺入，并且由于 Rpd3S KDAC 的活性，ORF 核小体上存在的任何乙酰化都会被迅速去除（图 11.9）。

11.7.2.1　H3K36 甲基化可阻止基因体区的组蛋白交换

H3K36 甲基化的存在阻止 H3-H4 四聚体的交换，而 H2A-H2B 二聚体的交换并不受影响。相反，H3K36 甲基化可以促进修饰的 H3-H4 四聚体在基因体区的滞留，从而使可溶性乙酰化组蛋白掺入最小化（图 11.8a）（Venkatesh et al. 2012）。涉及组蛋白伴侣和染色质重塑因子的几种互补机制可保留 H3K36me 的核小体。

1. 组蛋白伴侣

组蛋白伴侣 Spt6 是 H3K36me3 所必需的（Chu et al. 2006；Youdell et al. 2008），表明该标记的沉积发生在染色质重组延伸的背景下。

人类细胞中的研究表明 SETD2 是招募组蛋白伴侣 FACT 复合物所必需的（Carvalho et al. 2013）。虽然 FACT 表现出与组蛋白 H3K36me3 尾端肽段较弱的结合（Venkatesh et al. 2012），但它确实与修饰的核小体结合（Smolle et al. 2012），这种结合可能是通过与组蛋白和 DNA 已知的互作实现的（Winkler et al. 2011）。因此，H3K36me3 可以减少 FACT 和核小体之间的非特异性电荷相互作用，促进 H2A-H2B 二聚体的去除，同时原地保留 H3-H4 四聚体（Jamai et al. 2007，2009；Carvalho et al. 2013）。

组蛋白伴侣 Asf1 在促进启动子上组蛋白交换方面有很好的作用（Rufiange et al. 2007；Williams et al. 2008），同时还影响编码区的交换（Schwabish and Struhl 2006）。H3K36me2/me3 的存在阻止了 Asf1 与基因体区组蛋白的结合（Venkatesh et al. 2012），表明 H3K36 甲基化修饰可能干扰转录后核小体的交换（图 11.8a）。

我们还鉴定了由 Rpd3、Sin3 和 Ume1 亚基组成的 Rpd3S 复合物三聚体核心的组蛋白伴侣活性，该三聚体核心的分子伴侣活性不受组蛋白 H3 的修饰状态的影响。然而，它可以防止核小体被驱逐并在体外促进核小体组装（Chen et al. 2012），并可通过 RNAPII 结合或与一只的 H3K36me3 结合蛋白和 Rpd3S 亚基 Eaf3 相互作用而被引导至 H3K36 甲基化的核小体。

2. 染色质重塑因子

Set2 介导的 H3K36 甲基化也通过其 Ioc4 亚基的 PWWP 结构域直接将 Isw1b 染色质重塑因子募集到编码区（Smolle et al. 2012；Maltby et al. 2012）。Isw1b 促进 H3K36 甲基化修饰的核小体在编码区的保留，特别是在不常转录的基因上（图 11.8a）（Smolle et al. 2012）。另一种染色质重塑因子 Chd1 发挥类似的作用，尽管不是通过 H3K36 甲基化直接募集（Li et al. 2009a），但 Chd1 可能通过 RNAPII 结合蛋白 Spt5 和 PAF 而被招募（Simic et al. 2003）。Chd1 以与 Isw1b 互补的方式阻止基因体区组蛋白的交换（Smolle et al. 2012；Radman-Livaja et al. 2012），并且两者都阻止可溶性、高度乙酰化的组蛋白的掺入（Smolle et al. 2012）。两种重塑因子都促进有序的、低乙酰化的核小体长期存在，这种核小体状态可阻止从内部启动子序列开始 RNAPII 介导的转录起始（图 11.8a）（Smolle et al. 2012；Hennig et al. 2012；Shim et al. 2012）。

11.7.2.2　H3K36 甲基化通过 Rpd3S 促进染色质低乙酰化

将共转录性 H3K4me2 修饰关联至 Set3C KDAC 的活化可使 RNAPII 通过后的编码区的 5′端维持低乙酰化，类似的机制在基因的 3′端也起作用。H3K36 甲基化促进 Rpd3S KDAC 介导的组蛋白去乙酰化（图 11.9）。Rpd3S 通过与 RNAPII 的磷酸化 CTD 的相互作用而被募集（Govind et al. 2010；Drouin et al. 2010）；然而，Rpd3S 的两个亚基介导与组蛋白的直接相互作用。Rco1 的 PHD 结构域不依赖其修饰状态而与组蛋白 H3 结合。然而，它促进了 Eaf3 的染色质结构域与 H3K36me2/me3 的相互作用，而非其他潜在靶点如甲基化的 H3K4（Carrozza et al. 2005；Joshi and Struhl 2005；Li et al. 2007a, 2009a）。H3K36 甲基化的存在对于 Rpd3S 催化活性是必需的，并且可以刺激组蛋白 H3 和 H4 的去乙酰化（Li et al. 2009a；Huh et al. 2012）。当这种状态受损时，如在失去 RCO1 或 EAF3 时，编码区组蛋白乙酰化增加，足以干扰染色质完整性，导致不适当的转录起始（Carrozza et al. 2005；Joshi and Struhl 2005；Li et al. 2007b）。

11.7.3　FACT 介导组蛋白 H2A-H2B 的替换

与 H3-H4 四聚体相反，H2A-H2B 二聚体的交换发生在整个基因组范围内，而不在乎基因是否被激活转录（Jamai et al. 2007）。甚至通过去除单个 H2A-H2B 二聚体来部分地解聚核小体以允许 RNAPII 通过染色质模板进行转录（Kireeva et al. 2002；Belotserkovskaya et al. 2003）。因此，影响 H2A-H2B 交换动力学的任何因子可能对 RNAPII 转录的调节都是重要的。

FACT 能够与 H2A-H2B 二聚体和 H3-H4 四聚体相互作用（Stuwe et al. 2008；Hondele et al. 2013）。在分子水平上，它使核小体中 H2A-H2B 二聚体和 H3-H4 四聚体之间的互作去稳定，从而促进 RNAPII 以核小体为模板在体外和体内的转录（Orphanides et al. 1998；Belotserkovskaya et al. 2003）。在细胞中，FACT 与 RNAPII 和许多活性转录延伸因子结合（Saunders et al. 2003；Mason and Struhl 2003；Petesch and Lis 2012b）。在体外，组蛋白 H2B 在 K123 上的泛素化进一步增强了其通过 RNAPII 介导转录的能力（Pavri et al. 2006）。体内的其他实验表明，H2Bub 主要影响 RNAPII 通过后组蛋白的重新组装，因为 K123A 突变体以及缺乏 H2Bub 的 *rad6*Δ 和 *lge1*Δ 突变体中的核小体占据率降低（Fleming et al. 2008；Batta et al. 2011）。在 FACT 突变体 *nhp6*Δ 中观察到类似的效果（Celona et al. 2011）。有趣的是，在 RNAPII 通过后含有 H2Bub 的核小体成功重组也需要 Chd1 染色质重塑因子（Lee et al. 2012），已知它可以结合 FACT 以及其他延伸因子（Kelley et al. 1999；Krogan et al. 2002；Simic et al. 2003）。

11.8　非编码转录：调节和结果

在酿酒酵母中的研究表明，许多延伸因子的丧失导致异常的转录起始（Cheung et al. 2008；Silva et al. 2012）。染色质结构与转录起始是负相关的（Workman and Kingston 1998），其可以总结为延伸因子对于维持基因体区抑制性染色质是必不可少的，以防止 RNAPII 与启动子结合（Kaplan et al. 2003）。此外，转录后核小体重新组装存在其他机制，再次强调了染色质重新建立的重要性。这些观察结果引出了我们的疑问：为什么细胞需要对转录这些 RNA 分子保持如此严格的控制？这些 RNA 分子是否有功能？

最近表征真核和原核转录组的研究揭示了普遍转录的发生（Jacquier 2009；Berretta and Morillon 2009）。高达 70% 的人类基因组（Birney et al. 2007）和 85% 的酵母基因组被转录（David et al. 2006），尽管这些转录本中只有 2% 编码蛋白质。虽然产生了大量非编码 RNA（ncRNA），但与蛋白质编码转录本相比，它们的表达水平较低（Mattick and Makunin 2006）。此外，通过控制 RNA 产生和降解的速率，这些转录本可以被快速消耗（Xu et al. 2009；Neil et al. 2009；van Dijk et al. 2011）（图 11.9）。有趣的是，大多数非编码 RNA 的产生发生在蛋白质编码基因附近，起始于启动子、终止子，甚至来自编码区内（图 11.10a）。许多报道表明，非编码 RNA 可能在基因表达调控中发挥关键作用。

11.8.1　非编码转录本的起始

如前所述，NDR 是 PIC 形成的位点，其对确定转录起始位置很重要（Jiang and Pugh 2009；Struhl and Segal 2013）。最近的研究表明 NDR 具有双向性（Neil et al. 2009；Xu et al. 2009）。除了从启动子转录的蛋白质编码基因外，5′ NDR 还产生基因转录本，从基因体中引出（图 11.10a）。除了遍历编码区的反义转录本之外，类似的基因间转录本也来自 3′ NDR（Whitehouse et al. 2007）。尽管具有双向性转录，但大多数启动子在一个方向上展现主要转录本。抑制双向性转录涉及几种 RNA 监控机制。因此，对这些途径的干扰将会导致非编码转录本的积累。这方面的一个例子是，在与蛋白质编码基因相反的方向上发现短的隐蔽不稳定转录本（CUT）（Neil et al. 2009；Xu et al. 2009；Churchman and Weissman 2011）。

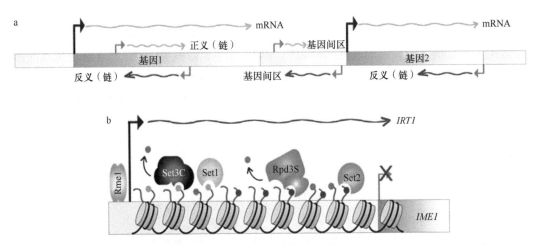

图 11.10　ncRNA 对基因转录的普遍转录和调控。a. 蛋白质编码基因在正义方向上转录以产生 mRNA。ncRNA 的转录可以在正义和反义方向上从基因区域和基因间区域开始。转录通常以双向方式从核小体缺失区（NDR）开始。b. 在单倍体酵母中，长 ncRNA *IRT1* 的 Rme1 依赖性转录在 *IME1* 基因的启动子上建立了 H3K4me2 和 H3K36me2/3 的梯度。这些甲基化标记随后分别募集蛋白去乙酰化酶 Set3C 和 Rpd3S，这有助于建立抑制性染色质构型，从而阻止 *IME1* 的起始。图改编自 Venkatesh 等（2013）

非编码转录本也会因错误的延伸而出现（Cheung et al. 2008）。如前所述，延伸的关键阶段之一是延伸聚合酶背后的核小体的重新组装（Saunders et al. 2006）。这种重新组装对于阻止 RNAPII 在启动子上的错误结合至关重要。组蛋白甲基转移酶 Set2 以及参与 Set2/Rpd3S 途径的其他蛋白质的丧失将会导致编码区内或从基因的 3′端起始的非编码转录本的产生（图 11.8b）（Li et al. 2007b；Carvalho et al. 2013）。染色质重塑因子和涉及染色质结构重组与规则间隔的组蛋白伴侣的丢失已显示影响非编码 RNA 的产生（图 11.8c）（Schwabish and Struhl 2006；Imbeault et al. 2008；Smolle et al. 2012）。这些途径对于维持基因体区的染色质结构和阻止隐性转录至关重要。

11.8.2　非编码转录本在基因表达调控中的作用

ncRNA 作为调节分子的重要性可能取决于其长度、序列和稳定性，或取决于转录过程，这使得 ncRNA 序列的重要性变得无关紧要（Wei et al. 2011）。许多 ncRNA 可发挥信号转导作用，如通常通过 RNA 序列或 RNAPII 来招募其他蛋白质复合物到特定位点以实现转录调控（Wang and Chang 2011）。作为信号，这些 ncRNA 以与环境因素紧密相关的方式产生（Kim et al. 2010c）。此外，这些 ncRNA 在局部起作用，与它们的生产位点（顺式）密切相关，或者可能在不同的染色体上具有靶标（反式）（Kung et al. 2013）。通常后一种机制需要 RNA 序列同源性。有趣的是，几乎所有机制都涉及染色质结构的表观遗传调控（Lee 2012；Mercer and Mattick 2013）。我们将回顾 ncRNA 介导的调控的具体例子，以强调所涉及的分子机制。

非编码转录物通过影响局部染色质结构来调节基因表达。从粟酒裂殖酵母 *fpb1+* 的上游启动子开始转录的 ncRNA 可促进转录因子和 RNAPII 的结合，并导致染色质重排以允许下游基因的转录激活（Hirota et al. 2008）。在酿酒酵母 *PHO5* 基因中发现了类似的实例，其中从基因的 3′端起始的反义 CUT 导致启动子处组蛋白的高效驱逐（Camblong et al. 2007）。

与激活性 ncRNA 的实例相反，存在许多抑制性 ncRNA 的实例。*SER3* 基因具有与启动子重叠的 ncRNA SRG1（Martens et al. 2004）。ncRNA 的转录导致启动子处形成抑制性染色质结构，这会关闭 *SER3* 的表达（Hainer et al. 2011）。来自 *PHO84*（Camblong et al. 2007）、*FLO11*（Bumgarner et al. 2009）和 *GAL1-10*（Houseley et al. 2008；Pinskaya et al. 2009）基因表达的反义 ncRNA 通过涉及组蛋白去乙酰化酶的机制引起抑制。最近关于调节 *IME1* 转录因子的研究表明，上游 ncRNA *IRT1* 的基因转录过程导致 Set1 和 Set2 复合物的共转录募集，引起 *IME1* 启动子区域 H3K4me2 和 H3K36me2/me3 的富集分布。组蛋白修饰的这种分布导致 Set3（Kim and Buratowski 2009）和 Rpd3S 去乙酰化酶复合物的募集和活化，引起启动子组蛋白去乙酰化和基因表达的抑制（图 11.10b）。有趣的是，抑制 *IRT1* 的表达可激活 *IME1* 的减数分裂特异性表达（van Werven et al. 2012）。

研究 ncRNA 介导基因表达抑制的机制可以很好地理解 ncRNA 在高等真核生物中等位基因印迹机制中的作用。有趣的是，*IgR2r*（Latos et al. 2012）或 *Kcqn1*（Pandey et al. 2008）基因在顺式调节中涉及 G9a 组蛋白甲基转移酶和其他抑制性组蛋白标记以建立印迹基因座。有不少关于 ncRNA 介导的多梳蛋白抑制复合物（PRC）的募集及其抑制性结构域形成相关的 H3K27 甲基化和 H2AK119 泛素化标记的实例（Kaneko et al. 2010；Tsai et al. 2010）。

酵母中非编码转录的调节通常是顺式调节，而在高等真核生物中，似乎反式调节是常态。最著名的例子之一是通过 ncRNA *HOTAIR*（*Hox* 反义基因间 RNA）调节 *HOXD* 发育基因座。虽然它起源于 *HOXC* 基因座，但 *HOTAIR* 通过招募 PRC 复合物和 H3K4 的组蛋白去甲基化酶来抑制 *HOXD* 基因座的转录激活（Rinn et al. 2007；Rinn and Chang 2012）。顺式调控和反式调控机制也靶向组蛋白修饰复合物（ncRNA *CCND1* 靶向 p300）（Wang et al. 2008a）或 RNAPII 机器（*DHFR* 次要转录本靶向 TFIIB）（Martianov et al. 2007）以阻止转录起始。

虽然 ncRNA 是否构成转录噪声的问题仍然没有答案，但它在建立表观遗传学中的作用，以及更重要的在基因表达的时间调控中的作用是无可争议的。对个体 ncRNA 种类和用于调节转录的各种机制的进一步研究将使 RNA 介导的染色质和转录调节领域多样化。

11.9　结　　论

可控的基因表达对正常生长和发育是至关重要的。在细胞中，该过程发生在染色质上。在本章中，我们总结了不同途径的贡献，这些途径确保在基因表达过程中建立和维持适当的核小体组织，包括染色质重构、组蛋白修饰和动力学因素。

致染色质核小体结构损害的突变通常导致基因组不稳定性和基因表达的缺陷。反过来，高等真核生物中基因表达的错误调节会导致大量的发育和疾病表型，肿瘤是基因表达失控的经典事例。因此，涉及染色质结构调控的许多因子与肿瘤相关就不足为奇，尽管难以区分原因和后果。同样的，许多组蛋白修饰及其信号转导子与癌症有关，如功能失调的 H3K36 甲基化与严重的发育缺陷及乳腺癌、肺癌和前列腺癌相关（Wagner and Carpenter 2012）；各种 *MLL* 基因的突变和易位在不同类型的白血病中很常见（Shilatifard 2012）。

编码 ATRX 重塑因子和 Daxx 组蛋白伴侣的基因突变被认为会干扰端粒中 H3.3 的正确沉积，并与胰腺肿瘤和胶质母细胞瘤相关。在一部分患有急性髓性白血病的患者中观察到涉及 DEK 组蛋白伴侣的染色体易位，并且由于 HP1 的募集而导致基因抑制的增加（Burgess and Zhang 2013）。

SWI/SNF 具有抑制肿瘤的功能，在肺癌和横纹肌样瘤中经常发现其几个亚基的失活突变。在小鼠中的研究支持 SWI/SNF 作为肿瘤抑制剂的作用。与对照组小鼠相比，SNF5 和 BRG1 的突变导致小鼠肿瘤更快地生长（Roberts and Orkin 2004；Reisman et al. 2009；Wilson and Roberts 2011）；NuRD 复合物以多种方式影响癌症的发展，它可以被几种不同的癌基因募集以抑制肿瘤抑制因子的转录。然而，它也可以去乙酰化底物蛋白 p53，导致其失活，阻止细胞生长停滞和细胞凋亡（Lai and Wade 2011）。

全基因组关联研究表明，只有很小比例（约 7%）的疾病相关的单核苷酸多态性（SNP）与蛋白质编码区相关联。在其他区域发现的更多 SNP（约 43%）表明目前可能低估了 ncRNA 在人类疾病进展中的效应，ncRNA 可能发挥至关重要的作用（Batista and Chang 2013）。

参 考 文 献

Ahmad K, Henikoff S (2002) The histone variant H3.3 marks active chromatin by replication-independent nucleosome assembly. Mol Cell 9(6):1191–1200

Akhtar MS, Heidemann M, Tietjen JR, Zhang DW, Chapman RD, Eick D, Ansari AZ (2009) TFIIH kinase places bivalent marks on the carboxy-terminal domain of RNA polymerase II. Mol Cell 34(3):387–393. doi:10.1016/j.molcel.2009.04.016

Albert I, Mavrich TN, Tomsho LP, Qi J, Zanton SJ, Schuster SC, Pugh BF (2007) Translational and rotational settings of H2A.Z nucleosomes across the Saccharomyces cerevisiae genome. Nature 446(7135):572–576. doi:10.1038/nature05632

Allfrey VG, Faulkner R, Mirsky AE (1964) Acetylation and methylation of histones and their possible role in the regulation of RNA synthesis. Proc Natl Acad Sci USA 51:786–794

Allison LA, Wong JK, Fitzpatrick VD, Moyle M, Ingles CJ (1988) The C-terminal domain of the largest subunit of RNA polymerase II of Saccharomyces cerevisiae, Drosophila melanogaster, and mammals: a conserved structure with an essential function. Mol Cell Biol 8(1):321–329

Ansari A, Hampsey M (2005) A role for the CPF 3′-end processing machinery in RNAP II-dependent gene looping. Genes Dev 19(24):2969–2978. doi:10.1101/gad.1362305

Archambault J, Chambers RS, Kobor MS, Ho Y, Cartier M, Bolotin D, Andrews B, Kane CM, Greenblatt J (1997) An essential component of a C-terminal domain phosphatase that interacts with transcription factor IIF in Saccharomyces cerevisiae. Proc Natl Acad Sci USA 94(26):14300–14305

Armstrong JA, Papoulas O, Daubresse G, Sperling AS, Lis JT, Scott MP, Tamkun JW (2002) The Drosophila BRM complex facilitates global transcription by RNA polymerase II. EMBO J 21(19):5245–5254

Asturias FJ, Jiang YW, Myers LC, Gustafsson CM, Kornberg RD (1999) Conserved structures of mediator and RNA polymerase II holoenzyme. Science 283(5404):985–987

Auble DT, Hansen KE, Mueller CG, Lane WS, Thorner J, Hahn S (1994) Mot1, a global repressor of RNA polymerase II transcription, inhibits TBP binding to DNA by an ATP-dependent mechanism. Genes Dev 8(16):1920–1934

Badenhorst P, Voas M, Rebay I, Wu C (2002) Biological functions of the ISWI chromatin remodeling complex NURF. Genes Dev 16(24):3186–3198. doi:10.1101/gad.1032202

Badenhorst P, Xiao H, Cherbas L, Kwon SY, Voas M, Rebay I, Cherbas P, Wu C (2005) The Drosophila nucleosome remodeling factor NURF is required for Ecdysteroid signaling and metamorphosis. Genes Dev 19(21):2540–2545. doi:10.1101/gad.1342605

Banerjee T, Chakravarti D (2011) A peek into the complex realm of histone phosphorylation. Mol Cell Biol 31(24):4858–4873. doi:10.1128/MCB.05631-11

Bannister AJ, Kouzarides T (2011) Regulation of chromatin by histone modifications. Cell Res 21(3):381–395. doi:10.1038/cr.2011.22

Barilla D, Lee BA, Proudfoot NJ (2001) Cleavage/polyadenylation factor IA associates with the carboxyl-terminal domain of RNA polymerase II in Saccharomyces cerevisiae. Proc Natl Acad Sci USA 98(2):445–450. doi:10.1073/pnas.021545298

Barski A, Cuddapah S, Cui K, Roh TY, Schones DE, Wang Z, Wei G, Chepelev I, Zhao K (2007) High-resolution profiling of histone methylations in the human genome. Cell 129(4):823–837. doi:10.1016/j.cell.2007.05.009

Bartkowiak B, Liu P, Phatnani HP, Fuda NJ, Cooper JJ, Price DH, Adelman K, Lis JT, Greenleaf AL (2010) CDK12 is a transcription elongation-associated CTD kinase, the metazoan ortholog of yeast Ctk1. Genes Dev 24(20):2303–2316. doi:10.1101/gad.1968210

Bartolomei MS, Halden NF, Cullen CR, Corden JL (1988) Genetic analysis of the repetitive carboxyl-terminal domain of the largest subunit of mouse RNA polymerase II. Mol Cell Biol 8(1):330–339

Bataille AR, Jeronimo C, Jacques PE, Laramee L, Fortin ME, Forest A, Bergeron M, Hanes SD, Robert F (2012) A universal RNA polymerase II CTD cycle is orchestrated by complex interplays between kinase, phosphatase, and isomerase enzymes along genes. Mol Cell 45(2):158–170. doi:10.1016/j.molcel.2011.11.024

Batista PJ, Chang HY (2013) Long noncoding RNAs: cellular address codes in development and disease. Cell 152(6):1298–1307. doi:10.1016/j.cell.2013.02.012

Batta K, Zhang Z, Yen K, Goffman DB, Pugh BF (2011) Genome-wide function of H2B ubiquitylation in promoter and genic regions. Genes Dev 25(21):2254–2265. doi:10.1101/gad.177238.111

Becker PB, Workman JL (2013) Nucleosome remodeling and epigenetics. Cold Spring Harb Perspect Biol 5:a017905. doi:10.1101/cshperspect.a017905

Belotserkovskaya R, Oh S, Bondarenko VA, Orphanides G, Studitsky VM, Reinberg D (2003) FACT facilitates transcription-dependent nucleosome alteration. Science 301(5636):1090–1093. doi:10.1126/science.1085703

Bernstein BE, Mikkelsen TS, Xie X, Kamal M, Huebert DJ, Cuff J, Fry B, Meissner A, Wernig M, Plath K, Jaenisch R, Wagschal A, Feil R, Schreiber SL, Lander ES (2006) A bivalent chromatin structure marks key developmental genes in embryonic stem cells. Cell 125(2):315–326. doi:10.1016/j.cell.2006.02.041

Berretta J, Morillon A (2009) Pervasive transcription constitutes a new level of eukaryotic genome regulation. EMBO Rep 10(9):973–982. doi:10.1038/embor.2009.181, embor2009181 [pii]

Birney E, Stamatoyannopoulos JA, Dutta A, Guigo R, Gingeras TR, Margulies EH, Weng Z, Snyder M, Dermitzakis ET, Thurman RE, Kuehn MS, Taylor CM, Neph S, Koch CM, Asthana S, Malhotra A, Adzhubei I, Greenbaum JA, Andrews RM, Flicek P, Boyle PJ, Cao H, Carter NP, Clelland GK, Davis S et al (2007) Identification and analysis of functional elements in 1% of the human genome by the ENCODE pilot project. Nature 447(7146):799–816. doi:10.1038/nature05874

Bitoun E, Oliver PL, Davies KE (2007) The mixed-lineage leukemia fusion partner AF4 stimulates RNA polymerase II transcriptional elongation and mediates coordinated chromatin remodeling. Hum Mol Genet 16(1):92–106. doi:10.1093/hmg/ddl444

Bouazoune K, Brehm A (2005) dMi-2 chromatin binding and remodeling activities are regulated by dCK2 phosphorylation. J Biol Chem 280(51):41912–41920. doi:10.1074/jbc.M507084200

Briggs SD, Bryk M, Strahl BD, Cheung WL, Davie JK, Dent SY, Winston F, Allis CD (2001) Histone H3 lysine 4 methylation is mediated by Set1 and required for cell growth and rDNA silencing in Saccharomyces cerevisiae. Genes Dev 15(24):3286–3295. doi:10.1101/gad.940201

Briggs SD, Xiao T, Sun ZW, Caldwell JA, Shabanowitz J, Hunt DF, Allis CD, Strahl BD (2002) Gene silencing: trans-histone regulatory pathway in chromatin. Nature 418(6897):498

Bumgarner SL, Dowell RD, Grisafi P, Gifford DK, Fink GR (2009) Toggle involving cis-interfering noncoding RNAs controls variegated gene expression in yeast. Proc Natl Acad Sci USA 106(43):18321–18326. doi:10.1073/pnas.0909641106

Burgess RJ, Zhang Z (2013) Histone chaperones in nucleosome assembly and human disease. Nat Struct Mol Biol 20(1):14–22. doi:10.1038/nsmb.2461

Bushnell DA, Westover KD, Davis RE, Kornberg RD (2004) Structural basis of transcription: an RNA polymerase II-TFIIB cocrystal at 4.5 Angstroms. Science 303(5660):983–988. doi:10.1126/science.1090838

Cadena DL, Dahmus ME (1987) Messenger RNA synthesis in mammalian cells is catalyzed by the phosphorylated form of RNA polymerase II. J Biol Chem 262(26):12468–12474

Cai Y, Jin J, Yao T, Gottschalk AJ, Swanson SK, Wu S, Shi Y, Washburn MP, Florens L, Conaway RC, Conaway JW (2007) YY1 functions with INO80 to activate transcription. Nat Struct Mol Biol 14(9):872–874. doi:10.1038/nsmb1276

Calvo O, Manley JL (2005) The transcriptional coactivator PC4/Sub1 has multiple functions in RNA polymerase II transcription. EMBO J 24(5):1009–1020. doi:10.1038/sj.emboj.7600575

Camblong J, Iglesias N, Fickentscher C, Dieppois G, Stutz F (2007) Antisense RNA stabilization induces transcriptional gene silencing via histone deacetylation in S. cerevisiae. Cell 131(4):706–717. doi:10.1016/j.cell.2007.09.014

Carey M, Li B, Workman JL (2006) RSC exploits histone acetylation to abrogate the nucleosomal block to RNA polymerase II elongation. Mol Cell 24(3):481–487. doi:10.1016/j.molcel.2006.09.012

Carninci P, Sandelin A, Lenhard B, Katayama S, Shimokawa K, Ponjavic J, Semple CA, Taylor MS, Engstrom PG, Frith MC, Forrest AR, Alkema WB, Tan SL, Plessy C, Kodzius R, Ravasi T, Kasukawa T, Fukuda S, Kanamori-Katayama M, Kitazume Y, Kawaji H, Kai C, Nakamura M, Konno H, Nakano K et al (2006) Genome-wide analysis of mammalian promoter architecture and evolution. Nat Genet 38(6):626–635. doi:10.1038/ng1789

Carrozza MJ, Li B, Florens L, Suganuma T, Swanson SK, Lee KK, Shia WJ, Anderson S, Yates J, Washburn MP, Workman JL (2005) Histone H3 methylation by Set2 directs deacetylation of coding regions by Rpd3S to suppress spurious intragenic transcription. Cell 123(4):581–592. doi:10.1016/j.cell.2005.10.023, S0092-8674(05)01156-6 [pii]

Carvalho S, Raposo AC, Martins FB, Grosso AR, Sridhara SC, Rino J, Carmo-Fonseca M, de Almeida SF (2013) Histone methyltransferase SETD2 coordinates FACT recruitment with nucleosome dynamics during transcription. Nucleic Acids Res 41(5):2881–2893. doi:10.1093/nar/gks1472

Celona B, Weiner A, Di Felice F, Mancuso FM, Cesarini E, Rossi RL, Gregory L, Baban D, Rossetti G, Grianti P, Pagani M, Bonaldi T, Ragoussis J, Friedman N, Camilloni G, Bianchi ME, Agresti A (2011) Substantial histone reduction modulates genomewide nucleosomal occupancy and global transcriptional output. PLoS Biol 9(6):e1001086. doi:10.1371/journal.pbio.1001086

Chandrasekharan MB, Huang F, Sun ZW (2009) Ubiquitination of histone H2B regulates chromatin dynamics by enhancing nucleosome stability. Proc Natl Acad Sci USA 106(39):16686–16691. doi:10.1073/pnas.0907862106

Chang CH, Luse DS (1997) The H3/H4 tetramer blocks transcript elongation by RNA polymerase II in vitro. J Biol Chem 272(37):23427–23434

Chapman RD, Palancade B, Lang A, Bensaude O, Eick D (2004) The last CTD repeat of the mammalian RNA polymerase II large subunit is important for its stability. Nucleic Acids Res 32(1):35–44. doi:10.1093/nar/gkh172

Chapman RD, Heidemann M, Hintermair C, Eick D (2008) Molecular evolution of the RNA polymerase II CTD. Trends Genet 24(6):289–296. doi:10.1016/j.tig.2008.03.010

Charlop-Powers Z, Zeng L, Zhang Q, Zhou MM (2010) Structural insights into selective histone H3 recognition by the human Polybromo bromodomain 2. Cell Res 20(5):529–538. doi:10.1038/cr.2010.43

Chatterjee C, McGinty RK, Fierz B, Muir TW (2010) Disulfide-directed histone ubiquitylation reveals plasticity in hDot1L activation. Nat Chem Biol 6(4):267–269. doi:10.1038/nchembio.315

Chen XF, Kuryan B, Kitada T, Tran N, Li JY, Kurdistani S, Grunstein M, Li B, Carey M (2012) The Rpd3 core complex is a chromatin stabilization module. Curr Biol 22(1):56–63. doi:10.1016/j.cub.2011.11.042

Chesnut JD, Stephens JH, Dahmus ME (1992) The interaction of RNA polymerase II with the adenovirus-2 major late promoter is precluded by phosphorylation of the C-terminal domain of subunit IIa. J Biol Chem 267(15):10500–10506

Cheung V, Chua G, Batada NN, Landry CR, Michnick SW, Hughes TR, Winston F (2008) Chromatin- and transcription-related factors repress transcription from within coding regions throughout the Saccharomyces cerevisiae genome. PLoS Biol 6(11):e277. doi:10.1371/journal.pbio.0060277

Chi TH, Wan M, Zhao K, Taniuchi I, Chen L, Littman DR, Crabtree GR (2002) Reciprocal regulation of CD4/CD8 expression by SWI/SNF-like BAF complexes. Nature 418(6894):195–199. doi:10.1038/nature00876

Cho EJ, Kobor MS, Kim M, Greenblatt J, Buratowski S (2001) Opposing effects of Ctk1 kinase and Fcp1 phosphatase at Ser 2 of the RNA polymerase II C-terminal domain. Genes Dev 15(24):3319–3329. doi:10.1101/gad.935901

Chu Y, Sutton A, Sternglanz R, Prelich G (2006) The BUR1 cyclin-dependent protein kinase is required for the normal pattern of histone methylation by SET2. Mol Cell Biol 26(8):3029–3038. doi:10.1128/MCB.26.8.3029-3038.2006

Churchman LS, Weissman JS (2011) Nascent transcript sequencing visualizes transcription at nucleotide resolution. Nature 469(7330):368–373. doi:10.1038/nature09652

Clapier CR, Cairns BR (2009) The biology of chromatin remodeling complexes. Annu Rev Biochem 78:273–304

Cohen-Armon M, Visochek L, Rozensal D, Kalal A, Geistrikh I, Klein R, Bendetz-Nezer S, Yao Z, Seger R (2007) DNA-independent PARP-1 activation by phosphorylated ERK2 increases Elk1 activity: a link to histone acetylation. Mol Cell 25(2):297–308. doi:10.1016/j.molcel.2006.12.012

Conaway JW, Conaway RC (1991) Initiation of eukaryotic messenger RNA synthesis. J Biol Chem 266(27):17721–17724

Conaway RC, Conaway JW (2013) The Mediator complex and transcription elongation. Biochim Biophys Acta 1829(1):69–75. doi:10.1016/j.bbagrm.2012.08.017

Corden JL (2008) Yeast Pol II start-site selection: the long and the short of it. EMBO Rep 9(11):1084–1086. doi:10.1038/embor.2008.192

Cosma MP, Tanaka T, Nasmyth K (1999) Ordered recruitment of transcription and chromatin remodeling factors to a cell cycle- and developmentally regulated promoter. Cell 97(3):299–311

Cramer P (2002) Multisubunit RNA polymerases. Curr Opin Struct Biol 12(1):89–97

Cramer P (2004) RNA polymerase II structure: from core to functional complexes. Curr Opin Genet Dev 14(2):218–226. doi:10.1016/j.gde.2004.01.003

Cramer P, Armache KJ, Baumli S, Benkert S, Brueckner F, Buchen C, Damsma GE, Dengl S, Geiger SR, Jasiak AJ, Jawhari A, Jennebach S, Kamenski T, Kettenberger H, Kuhn CD, Lehmann E, Leike K, Sydow JF, Vannini A (2008) Structure of eukaryotic RNA polymerases. Annu Rev Biophys 37:337–352. doi:10.1146/annurev.biophys.37.032807.130008

Curtis CD, Griffin CT (2012) The chromatin-remodeling enzymes BRG1 and CHD4 antagonistically regulate vascular Wnt signaling. Mol Cell Biol 32(7):1312–1320. doi:10.1128/MCB.06222-11

Damelin M, Simon I, Moy TI, Wilson B, Komili S, Tempst P, Roth FP, Young RA, Cairns BR, Silver PA (2002) The genome-wide localization of Rsc9, a component of the RSC chromatin-remodeling complex, changes in response to stress. Mol Cell 9(3):563–573

David L, Huber W, Granovskaia M, Toedling J, Palm CJ, Bofkin L, Jones T, Davis RW, Steinmetz LM (2006) A high-resolution map of transcription in the yeast genome. Proc Natl Acad Sci USA 103(14):5320–5325. doi:10.1073/pnas.0601091103

Davies N, Lindsey GG (1994) Histone H2B (and H2A) ubiquitination allows normal histone octamer and core particle reconstitution. Biochim Biophys Acta 1218(2):187–193

Devaiah BN, Lewis BA, Cherman N, Hewitt MC, Albrecht BK, Robey PG, Ozato K, Sims RJ 3rd, Singer DS (2012) BRD4 is an atypical kinase that phosphorylates serine2 of the RNA polymerase II carboxy-terminal domain. Proc Natl Acad Sci USA 109(18):6927–6932. doi:10.1073/pnas.1120422109

Dhami P, Saffrey P, Bruce AW, Dillon SC, Chiang K, Bonhoure N, Koch CM, Bye J, James K, Foad NS, Ellis P, Watkins NA, Ouwehand WH, Langford C, Andrews RM, Dunham I, Vetrie D (2010) Complex exon-intron marking by histone modifications is not determined solely by nucleosome distribution. PLoS One 5(8):e12339. doi:10.1371/journal.pone.0012339

Dichtl B, Blank D, Ohnacker M, Friedlein A, Roeder D, Langen H, Keller W (2002) A role for SSU72 in balancing RNA polymerase II transcription elongation and termination. Mol Cell 10(5):1139–1150

Dion MF, Altschuler SJ, Wu LF, Rando OJ (2005) Genomic characterization reveals a simple histone H4 acetylation code. Proc Natl Acad Sci USA 102(15):5501–5506. doi:10.1073/pnas.0500136102

Dion MF, Kaplan T, Kim M, Buratowski S, Friedman N, Rando OJ (2007) Dynamics of replication-independent histone turnover in budding yeast. Science 315(5817):1405–1408. doi:10.1126/science.1134053

Drew HR, Travers AA (1985) DNA bending and its relation to nucleosome positioning. J Mol Biol 186(4):773–790

Drouin S, Laramee L, Jacques PE, Forest A, Bergeron M, Robert F (2010) DSIF and RNA polymerase II CTD phosphorylation coordinate the recruitment of Rpd3S to actively transcribed genes. PLoS Genet 6(10):e1001173. doi:10.1371/journal.pgen.1001173

Ebbert R, Birkmann A, Schuller HJ (1999) The product of the SNF2/SWI2 paralogue INO80 of Saccharomyces cerevisiae required for efficient expression of various yeast structural genes is part of a high-molecular-weight protein complex. Mol Microbiol 32(4):741–751

Edmunds JW, Mahadevan LC, Clayton AL (2008) Dynamic histone H3 methylation during gene induction: HYPB/Setd2 mediates all H3K36 trimethylation. EMBO J 27(2):406–420. doi:10.1038/sj.emboj.7601967, 7601967 [pii]

Egloff S, Dienstbier M, Murphy S (2012a) Updating the RNA polymerase CTD code: adding gene-specific layers. Trends Genet 28(7):333–341. doi:10.1016/j.tig.2012.03.007

Egloff S, Zaborowska J, Laitem C, Kiss T, Murphy S (2012b) Ser7 phosphorylation of the CTD recruits the RPAP2 Ser5 phosphatase to snRNA genes. Mol Cell 45(1):111–122. doi:10.1016/j.molcel.2011.11.006

Ehrensberger AH, Kornberg RD (2011) Isolation of an activator-dependent, promoter-specific chromatin remodeling factor. Proc Natl Acad Sci USA 108(25):10115–10120. doi:10.1073/pnas.1101449108

Ernst J, Kellis M (2010) Discovery and characterization of chromatin states for systematic annotation of the human genome. Nat Biotechnol 28(8):817–825. doi:10.1038/nbt.1662

Ernst J, Kheradpour P, Mikkelsen TS, Shoresh N, Ward LD, Epstein CB, Zhang X, Wang L, Issner R, Coyne M, Ku M, Durham T, Kellis M, Bernstein BE (2011) Mapping and analysis of chromatin state dynamics in nine human cell types. Nature 473(7345):43–49. doi:10.1038/nature09906

Ezhkova E, Tansey WP (2004) Proteasomal ATPases link ubiquitylation of histone H2B to methylation of histone H3. Mol Cell 13(3):435–442

Fazzio TG, Kooperberg C, Goldmark JP, Neal C, Basom R, Delrow J, Tsukiyama T (2001) Widespread collaboration of Isw2 and Sin3-Rpd3 chromatin remodeling complexes in transcriptional repression. Mol Cell Biol 21(19):6450–6460

Feaver WJ, Gileadi O, Li Y, Kornberg RD (1991) CTD kinase associated with yeast RNA polymerase II initiation factor b. Cell 67(6):1223–1230

Feng Q, Wang H, Ng HH, Erdjument-Bromage H, Tempst P, Struhl K, Zhang Y (2002) Methylation of H3-lysine 79 is mediated by a new family of HMTases without a SET domain. Curr Biol 12(12):1052–1058

Ferreira H, Flaus A, Owen-Hughes T (2007) Histone modifications influence the action of Snf2 family remodelling enzymes by different mechanisms. J Mol Biol 374(3):563–579

Fierz B, Chatterjee C, McGinty RK, Bar-Dagan M, Raleigh DP, Muir TW (2011) Histone H2B ubiquitylation disrupts local and higher-order chromatin compaction. Nat Chem Biol 7(2):113–119. doi:10.1038/nchembio.501

Filion GJ, van Bemmel JG, Braunschweig U, Talhout W, Kind J, Ward LD, Brugman W, de Castro IJ, Kerkhoven RM, Bussemaker HJ, van Steensel B (2010) Systematic protein location mapping reveals five principal chromatin types in Drosophila cells. Cell 143(2):212–224. doi:10.1016/j.cell.2010.09.009

Flanagan JF, Mi LZ, Chruszcz M, Cymborowski M, Clines KL, Kim Y, Minor W, Rastinejad F, Khorasanizadeh S (2005) Double chromodomains cooperate to recognize the methylated histone H3 tail. Nature 438(7071):1181–1185. doi:10.1038/nature04290

Flaus A, Owen-Hughes T (2011) Mechanisms for ATP-dependent chromatin remodelling: the means to the end. FEBS J 278(19):3579–3595. doi:10.1111/j.1742-4658.2011.08281.x

Flaus A, Martin DM, Barton GJ, Owen-Hughes T (2006) Identification of multiple distinct Snf2 subfamilies with conserved structural motifs. Nucleic Acids Res 34(10):2887–2905. doi:10.1093/nar/gkl295

Fleming AB, Kao CF, Hillyer C, Pikaart M, Osley MA (2008) H2B ubiquitylation plays a role in nucleosome dynamics during transcription elongation. Mol Cell 31(1):57–66. doi:10.1016/j.molcel.2008.04.025

Frederiks F, Tzouros M, Oudgenoeg G, van Welsem T, Fornerod M, Krijgsveld J, van Leeuwen F (2008) Nonprocessive methylation by Dot1 leads to functional redundancy of histone H3K79 methylation states. Nat Struct Mol Biol 15(6):550–557. doi:10.1038/nsmb.1432

Fuchs SM, Kizer KO, Braberg H, Krogan NJ, Strahl BD (2012) RNA polymerase II carboxyl-terminal domain phosphorylation regulates protein stability of the Set2 methyltransferase and histone H3 di- and trimethylation at lysine 36. J Biol Chem 287(5):3249–3256. doi:10.1074/jbc.M111.273953

Fujinaga K, Irwin D, Huang Y, Taube R, Kurosu T, Peterlin BM (2004) Dynamics of human immunodeficiency virus transcription: P-TEFb phosphorylates RD and dissociates negative effectors from the transactivation response element. Mol Cell Biol 24(2):787–795

Ganem C, Devaux F, Torchet C, Jacq C, Quevillon-Cheruel S, Labesse G, Facca C, Faye G (2003) Ssu72 is a phosphatase essential for transcription termination of snoRNAs and specific mRNAs in yeast. EMBO J 22(7):1588–1598. doi:10.1093/emboj/cdg141

Gaspar-Maia A, Alajem A, Polesso F, Sridharan R, Mason MJ, Heidersbach A, Ramalho-Santos J, McManus MT, Plath K, Meshorer E, Ramalho-Santos M (2009) Chd1 regulates open chromatin and pluripotency of embryonic stem cells. Nature 460(7257):863–868. doi:10.1038/nature08212

Gerstein MB, Lu ZJ, Van Nostrand EL, Cheng C, Arshinoff BI, Liu T, Yip KY, Robilotto R, Rechtsteiner A, Ikegami K, Alves P, Chateigner A, Perry M, Morris M, Auerbach RK, Feng X, Leng J, Vielle A, Niu W, Rhrissorrakrai K, Agarwal A, Alexander RP, Barber G, Brdlik CM, Brennan J et al (2010) Integrative analysis of the Caenorhabditis elegans genome by the modENCODE project. Science 330(6012):1775–1787. doi:10.1126/science.1196914

Giardina C, Lis JT (1993) Polymerase processivity and termination on Drosophila heat shock genes. J Biol Chem 268(32):23806–23811

Gilmour DS, Lis JT (1986) RNA polymerase II interacts with the promoter region of the noninduced hsp70 gene in Drosophila melanogaster cells. Mol Cell Biol 6(11):3984–3989

Gkikopoulos T, Schofield P, Singh V, Pinskaya M, Mellor J, Smolle M, Workman JL, Barton GJ, Owen-Hughes T (2011) A role for Snf2-related nucleosome-spacing enzymes in genome-wide nucleosome organization. Science 333(6050):1758–1760. doi:10.1126/science.1206097

Goldberg AD, Banaszynski LA, Noh KM, Lewis PW, Elsaesser SJ, Stadler S, Dewell S, Law M, Guo X, Li X, Wen D, Chapgier A, DeKelver RC, Miller JC, Lee YL, Boydston EA, Holmes MC, Gregory PD, Greally JM, Rafii S, Yang C, Scambler PJ, Garrick D, Gibbons RJ, Higgs DR et al (2010) Distinct factors control histone variant H3.3 localization at specific genomic regions. Cell 140(5):678–691. doi:10.1016/j.cell.2010.01.003

Goldmark JP, Fazzio TG, Estep PW, Church GM, Tsukiyama T (2000) The Isw2 chromatin remodeling complex represses early meiotic genes upon recruitment by Ume6p. Cell 103(3):423–433

Gossett AJ, Lieb JD (2012) In vivo effects of histone H3 depletion on nucleosome occupancy and position in Saccharomyces cerevisiae. PLoS Genet 8(6):e1002771. doi:10.1371/journal.pgen.1002771

Govind CK, Qiu H, Ginsburg DS, Ruan C, Hofmeyer K, Hu C, Swaminathan V, Workman JL, Li B, Hinnebusch AG (2010) Phosphorylated Pol II CTD recruits multiple HDACs, including Rpd3C(S), for methylation-dependent deacetylation of ORF nucleosomes. Mol Cell 39(2):234–246. doi:10.1016/j.molcel.2010.07.003, S1097-2765(10)00525-3 [pii]

Guccione E, Bassi C, Casadio F, Martinato F, Cesaroni M, Schuchlautz H, Luscher B, Amati B (2007) Methylation of histone H3R2 by PRMT6 and H3K4 by an MLL complex are mutually exclusive. Nature 449(7164):933–937. doi:10.1038/nature06166

Guidi BW, Bjornsdottir G, Hopkins DC, Lacomis L, Erdjument-Bromage H, Tempst P, Myers LC (2004) Mutual targeting of mediator and the TFIIH kinase Kin28. J Biol Chem 279(28):29114–29120. doi:10.1074/jbc.M404426200

Hahn S (2004) Structure and mechanism of the RNA polymerase II transcription machinery. Nat Struct Mol Biol 11(5):394–403. doi:10.1038/nsmb763

Hainer SJ, Pruneski JA, Mitchell RD, Monteverde RM, Martens JA (2011) Intergenic transcription causes repression by directing nucleosome assembly. Genes Dev 25(1):29–40. doi:10.1101/gad.1975011

Hampsey M (1998) Molecular genetics of the RNA polymerase II general transcriptional machinery. Microbiol Mol Biol Rev 62(2):465–503

Han M, Grunstein M (1988) Nucleosome loss activates yeast downstream promoters in vivo. Cell 55(6):1137–1145

Hargreaves DC, Crabtree GR (2011) ATP-dependent chromatin remodeling: genetics, genomics and mechanisms. Cell Res 21(3):396–420. doi:10.1038/cr.2011.32

Hartley PD, Madhani HD (2009) Mechanisms that specify promoter nucleosome location and identity. Cell 137(3):445–458. doi:10.1016/j.cell.2009.02.043

Hassa PO, Haenni SS, Elser M, Hottiger MO (2006) Nuclear ADP-ribosylation reactions in mammalian cells: where are we today and where are we going? Microbiol Mol Biol Rev 70(3):789–829. doi:10.1128/MMBR.00040-05

Hassan AH, Neely KE, Workman JL (2001) Histone acetyltransferase complexes stabilize swi/snf binding to promoter nucleosomes. Cell 104(6):817–827

Hassan AH, Prochasson P, Neely KE, Galasinski SC, Chandy M, Carrozza MJ, Workman JL (2002) Function and selectivity of bromodomains in anchoring chromatin-modifying complexes to promoter nucleosomes. Cell 111(3):369–379

He X, Khan AU, Cheng H, Pappas DL Jr, Hampsey M, Moore CL (2003) Functional interactions between the transcription and mRNA 3′ end processing machineries mediated by Ssu72 and Sub1. Genes Dev 17(8):1030–1042. doi:10.1101/gad.1075203

Heintzman ND, Stuart RK, Hon G, Fu Y, Ching CW, Hawkins RD, Barrera LO, Van Calcar S, Qu C, Ching KA, Wang W, Weng Z, Green RD, Crawford GE, Ren B (2007) Distinct and predictive chromatin signatures of transcriptional promoters and enhancers in the human genome. Nat Genet 39(3):311–318. doi:10.1038/ng1966

Heintzman ND, Hon GC, Hawkins RD, Kheradpour P, Stark A, Harp LF, Ye Z, Lee LK, Stuart RK, Ching CW, Ching KA, Antosiewicz-Bourget JE, Liu H, Zhang X, Green RD, Lobanenkov VV, Stewart R, Thomson JA, Crawford GE, Kellis M, Ren B (2009) Histone modifications at human enhancers reflect global cell-type-specific gene expression. Nature 459(7243):108–112. doi:10.1038/nature07829

Henikoff S (2008) Nucleosome destabilization in the epigenetic regulation of gene expression. Nat Rev Genet 9(1):15–26. doi:10.1038/nrg2206

Hennig BP, Bendrin K, Zhou Y, Fischer T (2012) Chd1 chromatin remodelers maintain nucleosome organization and repress cryptic transcription. EMBO Rep 13(11):997–1003. doi:10.1038/embor.2012.146

Herr AJ, Jensen MB, Dalmay T, Baulcombe DC (2005) RNA polymerase IV directs silencing of endogenous DNA. Science 308(5718):118–120. doi:10.1126/science.1106910

Hintermair C, Heidemann M, Koch F, Descostes N, Gut M, Gut I, Fenouil R, Ferrier P, Flatley A, Kremmer E, Chapman RD, Andrau JC, Eick D (2012) Threonine-4 of mammalian RNA polymerase II CTD is targeted by Polo-like kinase 3 and required for transcriptional elongation. EMBO J 31(12):2784–2797. doi:10.1038/emboj.2012.123

Hirose Y, Tacke R, Manley JL (1999) Phosphorylated RNA polymerase II stimulates pre-mRNA splicing. Genes Dev 13(10):1234–1239

Hirota K, Miyoshi T, Kugou K, Hoffman CS, Shibata T, Ohta K (2008) Stepwise chromatin remodelling by a cascade of transcription initiation of non-coding RNAs. Nature 456(7218):130–134. doi:10.1038/nature07348

Ho L, Jothi R, Ronan JL, Cui K, Zhao K, Crabtree GR (2009) An embryonic stem cell chromatin remodeling complex, esBAF, is an essential component of the core pluripotency transcriptional network. Proc Natl Acad Sci USA 106(13):5187–5191. doi:10.1073/pnas.0812888106

Hondele M, Stuwe T, Hassler M, Halbach F, Bowman A, Zhang ET, Nijmeijer B, Kotthoff C, Rybin V, Amlacher S, Hurt E, Ladurner AG (2013) Structural basis of histone H2A-H2B recognition by the essential chaperone FACT. Nature 499(7456):111–114. doi:10.1038/nature12242

Hong L, Schroth GP, Matthews HR, Yau P, Bradbury EM (1993) Studies of the DNA binding properties of histone H4 amino terminus. Thermal denaturation studies reveal that acetylation markedly reduces the binding constant of the H4 "tail" to DNA. J Biol Chem 268(1):305–314

Houseley J, Rubbi L, Grunstein M, Tollervey D, Vogelauer M (2008) A ncRNA modulates histone modification and mRNA induction in the yeast GAL gene cluster. Mol Cell 32(5):685–695. doi:10.1016/j.molcel.2008.09.027

Hsiao PW, Fryer CJ, Trotter KW, Wang W, Archer TK (2003) BAF60a mediates critical interactions between nuclear receptors and the BRG1 chromatin-remodeling complex for transactivation. Mol Cell Biol 23(17):6210–6220

Hsin JP, Manley JL (2012) The RNA polymerase II CTD coordinates transcription and RNA processing. Genes Dev 26(19):2119–2137. doi:10.1101/gad.200303.112

Hsin JP, Sheth A, Manley JL (2011) RNAP II CTD phosphorylated on threonine-4 is required for histone mRNA 3′ end processing. Science 334(6056):683–686. doi:10.1126/science.1206034

Huang RC, Maheshwari N, Bonner J (1960) Enzymatic synthesis of RNA. Biochem Biophys Res Commun 3:689–694

Hughes CM, Rozenblatt-Rosen O, Milne TA, Copeland TD, Levine SS, Lee JC, Hayes DN, Shanmugam KS, Bhattacharjee A, Biondi CA, Kay GF, Hayward NK, Hess JL, Meyerson M (2004) Menin associates with a trithorax family histone methyltransferase complex and with the hoxc8 locus. Mol Cell 13(4):587–597

Hughes AL, Jin Y, Rando OJ, Struhl K (2012) A functional evolutionary approach to identify determinants of nucleosome positioning: a unifying model for establishing the genome-wide pattern. Mol Cell 48(1):5–15. doi:10.1016/j.molcel.2012.07.003

Huh JW, Wu J, Lee CH, Yun M, Gilada D, Brautigam CA, Li B (2012) Multivalent di-nucleosome recognition enables the Rpd3S histone deacetylase complex to tolerate decreased H3K36 methylation levels. EMBO J 31(17):3564–3574. doi:10.1038/emboj.2012.221

Hurwitz J, Bresler A, Diringer R (1960) The enzymic incorporation of ribonucleotides into poly-ribonucleotides and the effect of DNA. Biochem Biophys Res Commun 3(1):15–19

Huyen Y, Zgheib O, Ditullio RA Jr, Gorgoulis VG, Zacharatos P, Petty TJ, Sheston EA, Mellert HS, Stavridi ES, Halazonetis TD (2004) Methylated lysine 79 of histone H3 targets 53BP1 to DNA double-strand breaks. Nature 432(7015):406–411. doi:10.1038/nature03114

Hyllus D, Stein C, Schnabel K, Schiltz E, Imhof A, Dou Y, Hsieh J, Bauer UM (2007) PRMT6-mediated methylation of R2 in histone H3 antagonizes H3 K4 trimethylation. Genes Dev 21(24):3369–3380. doi:10.1101/gad.447007

Imbeault D, Gamar L, Rufiange A, Paquet E, Nourani A (2008) The Rtt106 histone chaperone is functionally linked to transcription elongation and is involved in the regulation of spurious transcription from cryptic promoters in yeast. J Biol Chem 283(41):27350–27354. doi:10.1074/jbc.C800147200

Ishihama A (1988) Promoter selectivity of prokaryotic RNA polymerases. Trends Genet 4(10):282–286

Izban MG, Luse DS (1992) Factor-stimulated RNA polymerase II transcribes at physiological elongation rates on naked DNA but very poorly on chromatin templates. J Biol Chem 267(19):13647–13655

Jacquier A (2009) The complex eukaryotic transcriptome: unexpected pervasive transcription and novel small RNAs. Nat Rev Genet 10(12):833–844. doi:10.1038/nrg2683

Jamai A, Imoberdorf RM, Strubin M (2007) Continuous histone H2B and transcription-dependent histone H3 exchange in yeast cells outside of replication. Mol Cell 25(3):345–355. doi:10.1016/j.molcel.2007.01.019, S1097-2765(07)00042-1 [pii]

Jamai A, Puglisi A, Strubin M (2009) Histone chaperone spt16 promotes redeposition of the original h3-h4 histones evicted by elongating RNA polymerase. Mol Cell 35(3):377–383. doi:10.1016/j.molcel.2009.07.001

Jansen A, Verstrepen KJ (2011) Nucleosome positioning in Saccharomyces cerevisiae. Microbiol Mol Biol Rev 75(2):301–320. doi:10.1128/MMBR.00046-10

Jiang C, Pugh BF (2009) Nucleosome positioning and gene regulation: advances through genomics. Nat Rev Genet 10(3):161–172. doi:10.1038/nrg2522

Jonsson ZO, Jha S, Wohlschlegel JA, Dutta A (2004) Rvb1p/Rvb2p recruit Arp5p and assemble a functional Ino80 chromatin remodeling complex. Mol Cell 16(3):465–477

Joshi AA, Struhl K (2005) Eaf3 chromodomain interaction with methylated H3-K36 links histone deacetylation to Pol II elongation. Mol Cell 20(6):971–978. doi:10.1016/j.molcel.2005.11.021

Juven-Gershon T, Kadonaga JT (2010) Regulation of gene expression via the core promoter and the basal transcriptional machinery. Dev Biol 339(2):225–229. doi:10.1016/j.ydbio.2009.08.009

Juven-Gershon T, Hsu JY, Kadonaga JT (2006) Perspectives on the RNA polymerase II core promoter. Biochem Soc Trans 34(Pt 6):1047–1050. doi:10.1042/BST0341047

Kamenski T, Heilmeier S, Meinhart A, Cramer P (2004) Structure and mechanism of RNA polymerase II CTD phosphatases. Mol Cell 15(3):399–407. doi:10.1016/j.molcel.2004.06.035

Kaneko S, Li G, Son J, Xu CF, Margueron R, Neubert TA, Reinberg D (2010) Phosphorylation of the PRC2 component Ezh2 is cell cycle-regulated and up-regulates its binding to ncRNA. Genes Dev 24(23):2615–2620. doi:10.1101/gad.1983810

Kao CF, Hillyer C, Tsukuda T, Henry K, Berger S, Osley MA (2004) Rad6 plays a role in transcriptional activation through ubiquitylation of histone H2B. Genes Dev 18(2):184–195

Kaplan CD, Laprade L, Winston F (2003) Transcription elongation factors repress transcription initiation from cryptic sites. Science 301(5636):1096–1099. doi:10.1126/science.1087374

Kasten M, Szerlong H, Erdjument-Bromage H, Tempst P, Werner M, Cairns BR (2004) Tandem bromodomains in the chromatin remodeler RSC recognize acetylated histone H3 Lys14. EMBO J 23(6):1348–1359. doi:10.1038/sj.emboj.7600143, 7600143 [pii]

Kelley DE, Stokes DG, Perry RP (1999) CHD1 interacts with SSRP1 and depends on both its chromodomain and its ATPase/helicase-like domain for proper association with chromatin. Chromosoma 108(1):10–25

Kelly WG, Dahmus ME, Hart GW (1993) RNA polymerase II is a glycoprotein. Modification of the COOH-terminal domain by O-GlcNAc. J Biol Chem 268(14):10416–10424

Keogh MC, Podolny V, Buratowski S (2003) Bur1 kinase is required for efficient transcription elongation by RNA polymerase II. Mol Cell Biol 23(19):7005–7018

Keogh MC, Kurdistani SK, Morris SA, Ahn SH, Podolny V, Collins SR, Schuldiner M, Chin K, Punna T, Thompson NJ, Boone C, Emili A, Weissman JS, Hughes TR, Strahl BD, Grunstein

M, Greenblatt JF, Buratowski S, Krogan NJ (2005) Cotranscriptional set2 methylation of histone H3 lysine 36 recruits a repressive Rpd3 complex. Cell 123(4):593–605. doi:10.1016/j. cell.2005.10.025, S0092-8674(05)01159-1 [pii]

Kharchenko PV, Alekseyenko AA, Schwartz YB, Minoda A, Riddle NC, Ernst J, Sabo PJ, Larschan E, Gorchakov AA, Gu T, Linder-Basso D, Plachetka A, Shanower G, Tolstorukov MY, Luquette LJ, Xi R, Jung YL, Park RW, Bishop EP, Canfield TK, Sandstrom R, Thurman RE, MacAlpine DM, Stamatoyannopoulos JA, Kellis M et al (2011) Comprehensive analysis of the chromatin landscape in Drosophila melanogaster. Nature 471(7339):480–485. doi:10.1038/nature09725

Kim T, Buratowski S (2009) Dimethylation of H3K4 by Set1 recruits the Set3 histone deacetylase complex to 5′ transcribed regions. Cell 137(2):259–272

Kim TH, Barrera LO, Zheng M, Qu C, Singer MA, Richmond TA, Wu Y, Green RD, Ren B (2005) A high-resolution map of active promoters in the human genome. Nature 436(7052):876–880. doi:10.1038/nature03877

Kim H, Erickson B, Luo W, Seward D, Graber JH, Pollock DD, Megee PC, Bentley DL (2010a) Gene-specific RNA polymerase II phosphorylation and the CTD code. Nat Struct Mol Biol 17(10):1279–1286. doi:10.1038/nsmb.1913

Kim JH, Saraf A, Florens L, Washburn M, Workman JL (2010b) Gcn5 regulates the dissociation of SWI/SNF from chromatin by acetylation of Swi2/Snf2. Genes Dev 24(24):2766–2771. doi:10.1101/gad.1979710

Kim TS, Liu CL, Yassour M, Holik J, Friedman N, Buratowski S, Rando OJ (2010c) RNA polymerase mapping during stress responses reveals widespread nonproductive transcription in yeast. Genome Biol 11(7):R75. doi:10.1186/gb-2010-11-7-r75

Kim T, Xu Z, Clauder-Munster S, Steinmetz LM, Buratowski S (2012) Set3 HDAC mediates effects of overlapping noncoding transcription on gene induction kinetics. Cell 150(6):1158–1169. doi:10.1016/j.cell.2012.08.016

Kireeva ML, Walter W, Tchernajenko V, Bondarenko V, Kashlev M, Studitsky VM (2002) Nucleosome remodeling induced by RNA polymerase II: loss of the H2A/H2B dimer during transcription. Mol Cell 9(3):541–552

Kirmizis A, Santos-Rosa H, Penkett CJ, Singer MA, Vermeulen M, Mann M, Bahler J, Green RD, Kouzarides T (2007) Arginine methylation at histone H3R2 controls deposition of H3K4 tri-methylation. Nature 449(7164):928–932. doi:10.1038/nature06160

Kizer KO, Phatnani HP, Shibata Y, Hall H, Greenleaf AL, Strahl BD (2005) A novel domain in Set2 mediates RNA polymerase II interaction and couples histone H3 K36 methylation with transcript elongation. Mol Cell Biol 25(8):3305–3316. doi:10.1128/MCB.25.8.3305-3316.2005

Kolasinska-Zwierz P, Down T, Latorre I, Liu T, Liu XS, Ahringer J (2009) Differential chromatin marking of introns and expressed exons by H3K36me3. Nat Genet 41(3):376–381. doi:10.1038/ng.322

Konev AY, Tribus M, Park SY, Podhraski V, Lim CY, Emelyanov AV, Vershilova E, Pirrotta V, Kadonaga JT, Lusser A, Fyodorov DV (2007) CHD1 motor protein is required for deposition of histone variant H3.3 into chromatin in vivo. Science 317(5841):1087–1090. doi:10.1126/science.1145339

Kornberg RD (1974) Chromatin structure: a repeating unit of histones and DNA. Science 184(4139):868–871

Kornberg RD (2005) Mediator and the mechanism of transcriptional activation. Trends Biochem Sci 30(5):235–239. doi:10.1016/j.tibs.2005.03.011

Kouzarides T (2007) Chromatin modifications and their function. Cell 128(4):693–705

Krishnakumar R, Kraus WL (2010) The PARP side of the nucleus: molecular actions, physiological outcomes, and clinical targets. Mol Cell 39(1):8–24. doi:10.1016/j.molcel.2010.06.017

Krishnamurthy S, He X, Reyes-Reyes M, Moore C, Hampsey M (2004) Ssu72 Is an RNA polymerase II CTD phosphatase. Mol Cell 14(3):387–394

Kristjuhan A, Svejstrup JQ (2004) Evidence for distinct mechanisms facilitating transcript elongation through chromatin in vivo. EMBO J 23(21):4243–4252. doi:10.1038/sj.emboj.7600433, 7600433 [pii]

Krogan NJ, Kim M, Ahn SH, Zhong G, Kobor MS, Cagney G, Emili A, Shilatifard A, Buratowski S, Greenblatt JF (2002) RNA polymerase II elongation factors of Saccharomyces cerevisiae: a targeted proteomics approach. Mol Cell Biol 22(20):6979–6992

Krogan NJ, Kim M, Tong A, Golshani A, Cagney G, Canadien V, Richards DP, Beattie BK, Emili A, Boone C, Shilatifard A, Buratowski S, Greenblatt J (2003) Methylation of histone H3 by Set2 in Saccharomyces cerevisiae is linked to transcriptional elongation by RNA polymerase II. Mol Cell Biol 23(12):4207–4218

Kuehner JN, Brow DA (2008) Regulation of a eukaryotic gene by GTP-dependent start site selection and transcription attenuation. Mol Cell 31(2):201–211. doi:10.1016/j.molcel.2008.05.018

Kuehner JN, Pearson EL, Moore C (2011) Unravelling the means to an end: RNA polymerase II transcription termination. Nat Rev Mol Cell Biol 12(5):283–294. doi:10.1038/nrm3098

Kulaeva OI, Hsieh FK, Chang HW, Luse DS, Studitsky VM (2012) Mechanism of transcription through a nucleosome by RNA polymerase II. Biochim Biophys Acta 1829(1):76–83. doi:10.1016/j.bbagrm.2012.08.015

Kung JT, Colognori D, Lee JT (2013) Long noncoding RNAs: past, present, and future. Genetics 193(3):651–669. doi:10.1534/genetics.112.146704

Kuryan BG, Kim J, Tran NN, Lombardo SR, Venkatesh S, Workman JL, Carey M (2012) Histone density is maintained during transcription mediated by the chromatin remodeler RSC and histone chaperone NAP1 in vitro. Proc Natl Acad Sci USA 109(6):1931–1936. doi:10.1073/pnas.1109994109

Kusch T, Florens L, Macdonald WH, Swanson SK, Glaser RL, Yates JR 3rd, Abmayr SM, Washburn MP, Workman JL (2004) Acetylation by Tip60 is required for selective histone variant exchange at DNA lesions. Science 306(5704):2084–2087. doi:10.1126/science.1103455

Kwon H, Imbalzano AN, Khavari PA, Kingston RE, Green MR (1994) Nucleosome disruption and enhancement of activator binding by a human SWI/SNF complex. Nature 370(6489):477–481. doi:10.1038/370477a0

Lacoste N, Utley RT, Hunter JM, Poirier GG, Cote J (2002) Disruptor of telomeric silencing-1 is a chromatin-specific histone H3 methyltransferase. J Biol Chem 277(34):30421–30424. doi:10.1074/jbc.C200366200, C200366200 [pii]

Lai AY, Wade PA (2011) Cancer biology and NuRD: a multifaceted chromatin remodelling complex. Nat Rev Cancer 11(8):588–596. doi:10.1038/nrc3091

Lantermann AB, Straub T, Stralfors A, Yuan GC, Ekwall K, Korber P (2010) Schizosaccharomyces pombe genome-wide nucleosome mapping reveals positioning mechanisms distinct from those of Saccharomyces cerevisiae. Nat Struct Mol Biol 17(2):251–257. doi:10.1038/nsmb.1741

Latos PA, Pauler FM, Koerner MV, Senergin HB, Hudson QJ, Stocsits RR, Allhoff W, Stricker SH, Klement RM, Warczok KE, Aumayr K, Pasierbek P, Barlow DP (2012) Airn transcriptional overlap, but not its lncRNA products, induces imprinted Igf2r silencing. Science 338(6113):1469–1472. doi:10.1126/science.1228110

Laue K, Daujat S, Crump JG, Plaster N, Roehl HH, Kimmel CB, Schneider R, Hammerschmidt M (2008) The multidomain protein Brpf1 binds histones and is required for Hox gene expression and segmental identity. Development 135(11):1935–1946. doi:10.1242/dev.017160

Lee JT (2012) Epigenetic regulation by long noncoding RNAs. Science 338(6113):1435–1439. doi:10.1126/science.1231776

Lee JM, Greenleaf AL (1989) A protein kinase that phosphorylates the C-terminal repeat domain of the largest subunit of RNA polymerase II. Proc Natl Acad Sci USA 86(10):3624–3628

Lee JM, Greenleaf AL (1997) Modulation of RNA polymerase II elongation efficiency by C-terminal heptapeptide repeat domain kinase I. J Biol Chem 272(17):10990–10993

Lee JH, Skalnik DG (2008) Wdr82 is a C-terminal domain-binding protein that recruits the Setd1A Histone H3-Lys4 methyltransferase complex to transcription start sites of transcribed human genes. Mol Cell Biol 28(2):609–618. doi:10.1128/MCB.01356-07

Lee CK, Shibata Y, Rao B, Strahl BD, Lieb JD (2004) Evidence for nucleosome depletion at active regulatory regions genome-wide. Nat Genet 36(8):900–905

Lee JS, Shukla A, Schneider J, Swanson SK, Washburn MP, Florens L, Bhaumik SR, Shilatifard A (2007a) Histone crosstalk between H2B monoubiquitination and H3 methylation mediated by COMPASS. Cell 131(6):1084–1096. doi:10.1016/j.cell.2007.09.046

Lee W, Tillo D, Bray N, Morse RH, Davis RW, Hughes TR, Nislow C (2007b) A high-resolution atlas of nucleosome occupancy in yeast. Nat Genet 39(10):1235–1244. doi:10.1038/ng2117

Lee JS, Garrett AS, Yen K, Takahashi YH, Hu D, Jackson J, Seidel C, Pugh BF, Shilatifard A (2012) Codependency of H2B monoubiquitination and nucleosome reassembly on Chd1. Genes Dev 26(9):914–919. doi:10.1101/gad.186841.112

Li J, Moazed D, Gygi SP (2002) Association of the histone methyltransferase Set2 with RNA polymerase II plays a role in transcription elongation. J Biol Chem 277(51):49383–49388. doi:10.1074/jbc.M209294200, M209294200 [pii]

Li B, Howe L, Anderson S, Yates JR 3rd, Workman JL (2003) The Set2 histone methyltransferase functions through the phosphorylated carboxyl-terminal domain of RNA polymerase II. J Biol Chem 278(11):8897–8903. doi:10.1074/jbc.M212134200, M212134200 [pii]

Li B, Gogol M, Carey M, Lee D, Seidel C, Workman JL (2007a) Combined action of PHD and chromo domains directs the Rpd3S HDAC to transcribed chromatin. Science 316(5827):1050–1054. doi:10.1126/science.1139004

Li B, Gogol M, Carey M, Pattenden SG, Seidel C, Workman JL (2007b) Infrequently transcribed long genes depend on the Set2/Rpd3S pathway for accurate transcription. Genes Dev 21(11):1422–1430. doi:10.1101/gad.1539307

Li B, Jackson J, Simon MD, Fleharty B, Gogol M, Seidel C, Workman JL, Shilatifard A (2009a) Histone H3 lysine 36 dimethylation (H3K36me2) is sufficient to recruit the Rpd3s histone deacetylase complex and to repress spurious transcription. J Biol Chem 284(12):7970–7976. doi:10.1074/jbc.M808220200, M808220200 [pii]

Li Y, Trojer P, Xu CF, Cheung P, Kuo A, Drury WJ 3rd, Qiao Q, Neubert TA, Xu RM, Gozani O, Reinberg D (2009b) The target of the NSD family of histone lysine methyltransferases depends on the nature of the substrate. J Biol Chem 284(49):34283–34295. doi:10.1074/jbc.M109.034462

Liao SM, Zhang J, Jeffery DA, Koleske AJ, Thompson CM, Chao DM, Viljoen M, van Vuuren HJ, Young RA (1995) A kinase-cyclin pair in the RNA polymerase II holoenzyme. Nature 374(6518):193–196. doi:10.1038/374193a0

Lin PS, Dubois MF, Dahmus ME (2002) TFIIF-associating carboxyl-terminal domain phosphatase dephosphorylates phosphoserines 2 and 5 of RNA polymerase II. J Biol Chem 277(48):45949–45956. doi:10.1074/jbc.M208588200

Lis J (1998) Promoter-associated pausing in promoter architecture and postinitiation transcriptional regulation. Cold Spring Harb Symp Quant Biol 63:347–356

Litingtung Y, Lawler AM, Sebald SM, Lee E, Gearhart JD, Westphal H, Corden JL (1999) Growth retardation and neonatal lethality in mice with a homozygous deletion in the C-terminal domain of RNA polymerase II. Mol Gen Genet 261(1):100–105

Liu P, Greenleaf AL, Stiller JW (2008) The essential sequence elements required for RNAP II carboxyl-terminal domain function in yeast and their evolutionary conservation. Mol Biol Evol 25(4):719–727. doi:10.1093/molbev/msn017

Liu Y, Warfield L, Zhang C, Luo J, Allen J, Lang WH, Ranish J, Shokat KM, Hahn S (2009) Phosphorylation of the transcription elongation factor Spt5 by yeast Bur1 kinase stimulates recruitment of the PAF complex. Mol Cell Biol 29(17):4852–4863. doi:10.1128/MCB.00609-09

Liu P, Kenney JM, Stiller JW, Greenleaf AL (2010) Genetic organization, length conservation, and evolution of RNA polymerase II carboxyl-terminal domain. Mol Biol Evol 27(11):2628–2641. doi:10.1093/molbev/msq151

Liu T, Rechtsteiner A, Egelhofer TA, Vielle A, Latorre I, Cheung MS, Ercan S, Ikegami K, Jensen M, Kolasinska-Zwierz P, Rosenbaum H, Shin H, Taing S, Takasaki T, Iniguez AL, Desai A, Dernburg AF, Kimura H, Lieb JD, Ahringer J, Strome S, Liu XS (2011) Broad chromosomal domains of histone modification patterns in C. elegans. Genome Res 21(2):227–236. doi:10.1101/gr.115519.110

Lu H, Zawel L, Fisher L, Egly JM, Reinberg D (1992) Human general transcription factor IIH phosphorylates the C-terminal domain of RNA polymerase II. Nature 358(6388):641–645. doi:10.1038/358641a0

Luger K, Mader AW, Richmond RK, Sargent DF, Richmond TJ (1997) Crystal structure of the nucleosome core particle at 2.8 A resolution. Nature 389(6648):251–260

Lusser A, Urwin DL, Kadonaga JT (2005) Distinct activities of CHD1 and ACF in ATP-dependent chromatin assembly. Nat Struct Mol Biol 12(2):160–166. doi:10.1038/nsmb884

Malik S, Roeder RG (2010) The metazoan Mediator co-activator complex as an integrative hub for transcriptional regulation. Nat Rev Genet 11(11):761–772. doi:10.1038/nrg2901

Malik S, Barrero MJ, Jones T (2007) Identification of a regulator of transcription elongation as an accessory factor for the human Mediator coactivator. Proc Natl Acad Sci USA 104(15):6182–6187. doi:10.1073/pnas.0608717104

Maltby VE, Martin BJ, Schulze JM, Johnson I, Hentrich T, Sharma A, Kobor MS, Howe L (2012) Histone h3 lysine 36 methylation targets the isw1b remodeling complex to chromatin. Mol Cell Biol 32(17):3479–3485. doi:10.1128/MCB.00389-12

Marshall NF, Price DH (1995) Purification of P-TEFb, a transcription factor required for the transition into productive elongation. J Biol Chem 270(21):12335–12338

Martens JA, Laprade L, Winston F (2004) Intergenic transcription is required to repress the Saccharomyces cerevisiae SER3 gene. Nature 429(6991):571–574. doi:10.1038/nature02538

Martianov I, Ramadass A, Serra Barros A, Chow N, Akoulitchev A (2007) Repression of the human dihydrofolate reductase gene by a non-coding interfering transcript. Nature 445(7128):666–670. doi:10.1038/nature05519

Martin AM, Pouchnik DJ, Walker JL, Wyrick JJ (2004) Redundant roles for histone H3 N-terminal lysine residues in subtelomeric gene repression in Saccharomyces cerevisiae. Genetics 167(3):1123–1132. doi:10.1534/genetics.104.026674

Martinez-Rucobo FW, Cramer P (2013) Structural basis of transcription elongation. Biochim Biophys Acta 1829(1):9–19. doi:10.1016/j.bbagrm.2012.09.002

Mason PB, Struhl K (2003) The FACT complex travels with elongating RNA polymerase II and is important for the fidelity of transcriptional initiation in vivo. Mol Cell Biol 23(22):8323–8333

Mason PB, Struhl K (2005) Distinction and relationship between elongation rate and processivity of RNA polymerase II in vivo. Mol Cell 17(6):831–840. doi:10.1016/j.molcel.2005.02.017

Mattick JS, Makunin IV (2006) Non-coding RNA. Hum Mol Genet 15(Spec No 1):R17–R29. doi:10.1093/hmg/ddl046

Mavrich TN, Ioshikhes IP, Venters BJ, Jiang C, Tomsho LP, Qi J, Schuster SC, Albert I, Pugh BF (2008a) A barrier nucleosome model for statistical positioning of nucleosomes throughout the yeast genome. Genome Res 18(7):1073–1083. doi:10.1101/gr.078261.108

Mavrich TN, Jiang C, Ioshikhes IP, Li X, Venters BJ, Zanton SJ, Tomsho LP, Qi J, Glaser RL, Schuster SC, Gilmour DS, Albert I, Pugh BF (2008b) Nucleosome organization in the Drosophila genome. Nature 453(7193):358–362. doi:10.1038/nature06929

Mayer A, Lidschreiber M, Siebert M, Leike K, Soding J, Cramer P (2010) Uniform transitions of the general RNA polymerase II transcription complex. Nat Struct Mol Biol 17(10):1272–1278. doi:10.1038/nsmb.1903

Mayer A, Heidemann M, Lidschreiber M, Schreieck A, Sun M, Hintermair C, Kremmer E, Eick D, Cramer P (2012) CTD tyrosine phosphorylation impairs termination factor recruitment to RNA polymerase II. Science 336(6089):1723–1725. doi:10.1126/science.1219651

McCracken S, Fong N, Rosonina E, Yankulov K, Brothers G, Siderovski D, Hessel A, Foster S, Shuman S, Bentley DL (1997a) 5′-Capping enzymes are targeted to pre-mRNA by binding to the phosphorylated carboxy-terminal domain of RNA polymerase II. Genes Dev 11(24):3306–3318

McCracken S, Fong N, Yankulov K, Ballantyne S, Pan G, Greenblatt J, Patterson SD, Wickens M, Bentley DL (1997b) The C-terminal domain of RNA polymerase II couples mRNA processing to transcription. Nature 385(6614):357–361. doi:10.1038/385357a0

McGinty RK, Kim J, Chatterjee C, Roeder RG, Muir TW (2008) Chemically ubiquitylated histone H2B stimulates hDot1L-mediated intranucleosomal methylation. Nature 453(7196):812–816. doi:10.1038/nature06906

Meinhart A, Cramer P (2004) Recognition of RNA polymerase II carboxy-terminal domain by 3′-RNA-processing factors. Nature 430(6996):223–226. doi:10.1038/nature02679

Meinhart A, Silberzahn T, Cramer P (2003) The mRNA transcription/processing factor Ssu72 is a potential tyrosine phosphatase. J Biol Chem 278(18):15917–15921. doi:10.1074/jbc. M301643200

Mercer TR, Mattick JS (2013) Structure and function of long noncoding RNAs in epigenetic regulation. Nat Struct Mol Biol 20(3):300–307. doi:10.1038/nsmb.2480

Messner S, Hottiger MO (2011) Histone ADP-ribosylation in DNA repair, replication and transcription. Trends Cell Biol 21(9):534–542. doi:10.1016/j.tcb.2011.06.001

Miele V, Vaillant C, d'Aubenton-Carafa Y, Thermes C, Grange T (2008) DNA physical properties determine nucleosome occupancy from yeast to fly. Nucleic Acids Res 36(11):3746–3756. doi:10.1093/nar/gkn262

Migliori V, Muller J, Phalke S, Low D, Bezzi M, Mok WC, Sahu SK, Gunaratne J, Capasso P, Bassi C, Cecatiello V, De Marco A, Blackstock W, Kuznetsov V, Amati B, Mapelli M, Guccione E (2012) Symmetric dimethylation of H3R2 is a newly identified histone mark that supports euchromatin maintenance. Nat Struct Mol Biol 19(2):136–144. doi:10.1038/nsmb.2209

Mikkelsen TS, Ku M, Jaffe DB, Issac B, Lieberman E, Giannoukos G, Alvarez P, Brockman W, Kim TK, Koche RP, Lee W, Mendenhall E, O'Donovan A, Presser A, Russ C, Xie X, Meissner A, Wernig M, Jaenisch R, Nusbaum C, Lander ES, Bernstein BE (2007) Genome-wide maps of chromatin state in pluripotent and lineage-committed cells. Nature 448(7153):553–560. doi:10.1038/nature06008

Milne TA, Dou Y, Martin ME, Brock HW, Roeder RG, Hess JL (2005) MLL associates specifically with a subset of transcriptionally active target genes. Proc Natl Acad Sci USA 102(41):14765–14770. doi:10.1073/pnas.0503630102

Minsky N, Shema E, Field Y, Schuster M, Segal E, Oren M (2008) Monoubiquitinated H2B is associated with the transcribed region of highly expressed genes in human cells. Nat Cell Biol 10(4):483–488

Mizuguchi G, Shen X, Landry J, Wu WH, Sen S, Wu C (2004) ATP-driven exchange of histone H2AZ variant catalyzed by SWR1 chromatin remodeling complex. Science 303(5656):343–348. doi:10.1126/science.1090701

Mohan M, Herz HM, Takahashi YH, Lin C, Lai KC, Zhang Y, Washburn MP, Florens L, Shilatifard A (2010) Linking H3K79 trimethylation to Wnt signaling through a novel Dot1-containing complex (DotCom). Genes Dev 24(6):574–589. doi:10.1101/gad.1898410

Moreau JL, Lee M, Mahachi N, Vary J, Mellor J, Tsukiyama T, Goding CR (2003) Regulated displacement of TBP from the PHO8 promoter in vivo requires Cbf1 and the Isw1 chromatin remodeling complex. Mol Cell 11(6):1609–1620

Morris SA, Shibata Y, Noma K, Tsukamoto Y, Warren E, Temple B, Grewal SI, Strahl BD (2005) Histone H3 K36 methylation is associated with transcription elongation in Schizosaccharomyces pombe. Eukaryot Cell 4(8):1446–1454. doi:10.1128/EC.4.8.1446-1454.2005, 4/8/1446 [pii]

Mortillaro MJ, Blencowe BJ, Wei X, Nakayasu H, Du L, Warren SL, Sharp PA, Berezney R (1996) A hyperphosphorylated form of the large subunit of RNA polymerase II is associated with splicing complexes and the nuclear matrix. Proc Natl Acad Sci USA 93(16):8253–8257

Mosley AL, Pattenden SG, Carey M, Venkatesh S, Gilmore JM, Florens L, Workman JL, Washburn MP (2009) Rtr1 is a CTD phosphatase that regulates RNA polymerase II during the transition from serine 5 to serine 2 phosphorylation. Mol Cell 34(2):168–178. doi:10.1016/j.molcel.2009.02.025

Mosley AL, Sardiu ME, Pattenden SG, Workman JL, Florens L, Washburn MP (2011) Highly reproducible label free quantitative proteomic analysis of RNA polymerase complexes. Mol Cell Proteomics 10(2):M110 000687. doi:10.1074/mcp.M110.000687

Moyle-Heyrman G, Viswanathan R, Widom J, Auble DT (2012) Two-step mechanism for modifier of transcription 1 (Mot1) enzyme-catalyzed displacement of TATA-binding protein (TBP) from DNA. J Biol Chem 287(12):9002–9012. doi:10.1074/jbc.M111.333484

Mueller D, Bach C, Zeisig D, Garcia-Cuellar MP, Monroe S, Sreekumar A, Zhou R, Nesvizhskii A, Chinnaiyan A, Hess JL, Slany RK (2007) A role for the MLL fusion partner ENL in transcriptional elongation and chromatin modification. Blood 110(13):4445–4454. doi:10.1182/blood-2007-05-090514

Murawska M, Kunert N, van Vugt J, Langst G, Kremmer E, Logie C, Brehm A (2008) dCHD3, a novel ATP-dependent chromatin remodeler associated with sites of active transcription. Mol Cell Biol 28(8):2745–2757. doi:10.1128/MCB.01839-07

Myers LC, Gustafsson CM, Bushnell DA, Lui M, Erdjument-Bromage H, Tempst P, Kornberg RD (1998) The Med proteins of yeast and their function through the RNA polymerase II carboxy-terminal domain. Genes Dev 12(1):45–54

Naar AM, Taatjes DJ, Zhai W, Nogales E, Tjian R (2002) Human CRSP interacts with RNA polymerase II CTD and adopts a specific CTD-bound conformation. Genes Dev 16(11):1339–1344. doi:10.1101/gad.987602

Natarajan K, Jackson BM, Zhou H, Winston F, Hinnebusch AG (1999) Transcriptional activation by Gcn4p involves independent interactions with the SWI/SNF complex and the SRB/mediator. Mol Cell 4(4):657–664

Nathan D, Ingvarsdottir K, Sterner DE, Bylebyl GR, Dokmanovic M, Dorsey JA, Whelan KA, Krsmanovic M, Lane WS, Meluh PB, Johnson ES, Berger SL (2006) Histone sumoylation is a negative regulator in Saccharomyces cerevisiae and shows dynamic interplay with positive-acting histone modifications. Genes Dev 20(8):966–976. doi:10.1101/gad.1404206

Nedea E, He X, Kim M, Pootoolal J, Zhong G, Canadien V, Hughes T, Buratowski S, Moore CL, Greenblatt J (2003) Organization and function of APT, a subcomplex of the yeast cleavage and polyadenylation factor involved in the formation of mRNA and small nucleolar RNA 3′-ends. J Biol Chem 278(35):33000–33010. doi:10.1074/jbc.M304454200

Neil H, Malabat C, d'Aubenton-Carafa Y, Xu Z, Steinmetz LM, Jacquier A (2009) Widespread bidirectional promoters are the major source of cryptic transcripts in yeast. Nature 457(7232):1038–1042. doi:10.1038/nature07747

Nelson CJ, Santos-Rosa H, Kouzarides T (2006) Proline isomerization of histone H3 regulates lysine methylation and gene expression. Cell 126(5):905–916. doi:10.1016/j.cell.2006.07.026

Ng HH, Feng Q, Wang H, Erdjument-Bromage H, Tempst P, Zhang Y, Struhl K (2002) Lysine methylation within the globular domain of histone H3 by Dot1 is important for telomeric silencing and Sir protein association. Genes Dev 16(12):1518–1527

Ng HH, Ciccone DN, Morshead KB, Oettinger MA, Struhl K (2003) Lysine-79 of histone H3 is hypomethylated at silenced loci in yeast and mammalian cells: a potential mechanism for position-effect variegation. Proc Natl Acad Sci USA 100(4):1820–1825. doi:10.1073/pnas.0437846100

Nguyen AT, Zhang Y (2011) The diverse functions of Dot1 and H3K79 methylation. Genes Dev 25(13):1345–1358. doi:10.1101/gad.2057811

Nguyen AT, Xiao B, Neppl RL, Kallin EM, Li J, Chen T, Wang DZ, Xiao X, Zhang Y (2011) DOT1L regulates dystrophin expression and is critical for cardiac function. Genes Dev 25(3):263–274. doi:10.1101/gad.2018511

Noma K, Grewal SI (2002) Histone H3 lysine 4 methylation is mediated by Set1 and promotes maintenance of active chromatin states in fission yeast. Proc Natl Acad Sci USA 99(Suppl 4):16438–16445. doi:10.1073/pnas.182436399

Nonet M, Sweetser D, Young RA (1987) Functional redundancy and structural polymorphism in the large subunit of RNA polymerase II. Cell 50(6):909–915

North JA, Javaid S, Ferdinand MB, Chatterjee N, Picking JW, Shoffner M, Nakkula RJ, Bartholomew B, Ottesen JJ, Fishel R, Poirier MG (2011) Phosphorylation of histone H3(T118) alters nucleosome dynamics and remodeling. Nucleic Acids Res 39(15):6465–6474. doi:10.1093/nar/gkr304

Oh S, Jeong K, Kim H, Kwon CS, Lee D (2010) A lysine-rich region in Dot1p is crucial for direct interaction with H2B ubiquitylation and high level methylation of H3K79. Biochem Biophys Res Commun 399(4):512–517. doi:10.1016/j.bbrc.2010.07.100

Olins AL, Olins DE (1974) Spheroid chromatin units (v bodies). Science 183(4122):330–332

Orphanides G, LeRoy G, Chang CH, Luse DS, Reinberg D (1998) FACT, a factor that facilitates transcript elongation through nucleosomes. Cell 92(1):105–116

Ozsolak F, Song JS, Liu XS, Fisher DE (2007) High-throughput mapping of the chromatin structure of human promoters. Nat Biotechnol 25(2):244–248. doi:10.1038/nbt1279

Pal M, Ponticelli AS, Luse DS (2005) The role of the transcription bubble and TFIIB in promoter clearance by RNA polymerase II. Mol Cell 19(1):101–110. doi:10.1016/j.molcel.2005.05.024

Pandey RR, Mondal T, Mohammad F, Enroth S, Redrup L, Komorowski J, Nagano T, Mancini-Dinardo D, Kanduri C (2008) Kcnq1ot1 antisense noncoding RNA mediates lineage-specific transcriptional silencing through chromatin-level regulation. Mol Cell 32(2):232–246. doi:10.1016/j.molcel.2008.08.022

Papamichos-Chronakis M, Watanabe S, Rando OJ, Peterson CL (2011) Global regulation of H2A.Z localization by the INO80 chromatin-remodeling enzyme is essential for genome integrity. Cell 144(2):200–213. doi:10.1016/j.cell.2010.12.021

Parnell TJ, Huff JT, Cairns BR (2008) RSC regulates nucleosome positioning at Pol II genes and density at Pol III genes. EMBO J 27(1):100–110. doi:10.1038/sj.emboj.7601946

Parthun MR (2007) Hat1: the emerging cellular roles of a type B histone acetyltransferase. Oncogene 26(37):5319–5328. doi:10.1038/sj.onc.1210602

Pavri R, Zhu B, Li G, Trojer P, Mandal S, Shilatifard A, Reinberg D (2006) Histone H2B monoubiquitination functions cooperatively with FACT to regulate elongation by RNA polymerase II. Cell 125(4):703–717. doi:10.1016/j.cell.2006.04.029

Pelechano V, Wei W, Steinmetz LM (2013) Extensive transcriptional heterogeneity revealed by isoform profiling. Nature 497(7447):127–131. doi:10.1038/nature12121

Peng J, Marshall NF, Price DH (1998a) Identification of a cyclin subunit required for the function of Drosophila P-TEFb. J Biol Chem 273(22):13855–13860

Peng J, Zhu Y, Milton JT, Price DH (1998b) Identification of multiple cyclin subunits of human P-TEFb. Genes Dev 12(5):755–762

Petesch SJ, Lis JT (2012a) Activator-induced spread of poly(ADP-ribose) polymerase promotes nucleosome loss at Hsp70. Mol Cell 45(1):64–74. doi:10.1016/j.molcel.2011.11.015

Petesch SJ, Lis JT (2012b) Overcoming the nucleosome barrier during transcript elongation. Trends Genet 28(6):285–294. doi:10.1016/j.tig.2012.02.005

Phatnani HP, Greenleaf AL (2006) Phosphorylation and functions of the RNA polymerase II CTD. Genes Dev 20(21):2922–2936. doi:10.1101/gad.1477006

Phillips DM (1963) The presence of acetyl groups of histones. Biochem J 87:258–263

Pinskaya M, Gourvennec S, Morillon A (2009) H3 lysine 4 di- and tri-methylation deposited by cryptic transcription attenuates promoter activation. EMBO J 28(12):1697–1707. doi:10.1038/emboj.2009.108

Pogo BG, Allfrey VG, Mirsky AE (1966) RNA synthesis and histone acetylation during the course of gene activation in lymphocytes. Proc Natl Acad Sci USA 55(4):805–812

Pointner J, Persson J, Prasad P, Norman-Axelsson U, Stralfors A, Khorosjutina O, Krietenstein N, Peter Svensson J, Ekwall K, Korber P (2012) CHD1 remodelers regulate nucleosome spacing in vitro and align nucleosomal arrays over gene coding regions in S. pombe. EMBO J 31(23):4388–4403. doi:10.1038/emboj.2012.289

Pokholok DK, Harbison CT, Levine S, Cole M, Hannett NM, Lee TI, Bell GW, Walker K, Rolfe PA, Herbolsheimer E, Zeitlinger J, Lewitter F, Gifford DK, Young RA (2005) Genome-wide map of nucleosome acetylation and methylation in yeast. Cell 122(4):517–527. doi:10.1016/j.cell.2005.06.026, S0092-8674(05)00645-8 [pii]

Pradeepa MM, Sutherland HG, Ule J, Grimes GR, Bickmore WA (2012) Psip1/Ledgf p52 binds methylated histone H3K36 and splicing factors and contributes to the regulation of alternative splicing. PLoS Genet 8(5):e1002717. doi:10.1371/journal.pgen.1002717

Qiu H, Hu C, Hinnebusch AG (2009) Phosphorylation of the Pol II CTD by KIN28 enhances BUR1/BUR2 recruitment and Ser2 CTD phosphorylation near promoters. Mol Cell 33(6):752–762. doi:10.1016/j.molcel.2009.02.018

Quan TK, Hartzog GA (2010) Histone H3K4 and K36 methylation, Chd1 and Rpd3S oppose the functions of Saccharomyces cerevisiae Spt4-Spt5 in transcription. Genetics 184(2):321–334. doi:10.1534/genetics.109.111526

Rada-Iglesias A, Bajpai R, Swigut T, Brugmann SA, Flynn RA, Wysocka J (2011) A unique chromatin signature uncovers early developmental enhancers in humans. Nature 470(7333):279–283. doi:10.1038/nature09692

Radman-Livaja M, Quan TK, Valenzuela L, Armstrong JA, van Welsem T, Kim T, Lee LJ, Buratowski S, van Leeuwen F, Rando OJ, Hartzog GA (2012) A key role for Chd1 in histone H3 dynamics at the 3′ ends of long genes in yeast. PLoS Genet 8(7):e1002811. doi:10.1371/journal.pgen.1002811

Raisner RM, Hartley PD, Meneghini MD, Bao MZ, Liu CL, Schreiber SL, Rando OJ, Madhani HD (2005) Histone variant H2A.Z marks the 5′ ends of both active and inactive genes in euchromatin. Cell 123(2):233–248. doi:10.1016/j.cell.2005.10.002, S0092-8674(05)01025-1 [pii]

Ramirez-Carrozzi VR, Nazarian AA, Li CC, Gore SL, Sridharan R, Imbalzano AN, Smale ST (2006) Selective and antagonistic functions of SWI/SNF and Mi-2beta nucleosome remodeling complexes during an inflammatory response. Genes Dev 20(3):282–296. doi:10.1101/gad.1383206

Ranuncolo SM, Ghosh S, Hanover JA, Hart GW, Lewis BA (2012) Evidence of the involvement of O-GlcNAc-modified human RNA polymerase II CTD in transcription in vitro and in vivo. J Biol Chem 287(28):23549–23561. doi:10.1074/jbc.M111.330910

Rao B, Shibata Y, Strahl BD, Lieb JD (2005) Dimethylation of histone H3 at lysine 36 demarcates regulatory and nonregulatory chromatin genome-wide. Mol Cell Biol 25(21):9447–9459. doi:10.1128/MCB.25.21.9447-9459.2005

Raschke EE, Albert T, Eick D (1999) Transcriptional regulation of the Ig kappa gene by promoter-proximal pausing of RNA polymerase II. J Immunol 163(8):4375–4382

Rasmussen EB, Lis JT (1993) In vivo transcriptional pausing and cap formation on three Drosophila heat shock genes. Proc Natl Acad Sci USA 90(17):7923–7927

Reisman D, Glaros S, Thompson EA (2009) The SWI/SNF complex and cancer. Oncogene 28(14):1653–1668. doi:10.1038/onc.2009.4

Renner DB, Yamaguchi Y, Wada T, Handa H, Price DH (2001) A highly purified RNA polymerase II elongation control system. J Biol Chem 276(45):42601–42609. doi:10.1074/jbc.M104967200

Riddle NC, Minoda A, Kharchenko PV, Alekseyenko AA, Schwartz YB, Tolstorukov MY, Gorchakov AA, Jaffe JD, Kennedy C, Linder-Basso D, Peach SE, Shanower G, Zheng H, Kuroda MI, Pirrotta V, Park PJ, Elgin SC, Karpen GH (2011) Plasticity in patterns of histone modifications and chromosomal proteins in Drosophila heterochromatin. Genome Res 21(2):147–163. doi:10.1101/gr.110098.110

Rinn JL, Chang HY (2012) Genome regulation by long noncoding RNAs. Annu Rev Biochem 81:145–166. doi:10.1146/annurev-biochem-051410-092902

Rinn JL, Kertesz M, Wang JK, Squazzo SL, Xu X, Brugmann SA, Goodnough LH, Helms JA, Farnham PJ, Segal E, Chang HY (2007) Functional demarcation of active and silent chromatin domains in human HOX loci by noncoding RNAs. Cell 129(7):1311–1323. doi:10.1016/j.cell.2007.05.022

Roberts CW, Orkin SH (2004) The SWI/SNF complex–chromatin and cancer. Nat Rev Cancer 4(2):133–142. doi:10.1038/nrc1273

Robzyk K, Recht J, Osley MA (2000) Rad6-dependent ubiquitination of histone H2B in yeast. Science 287(5452):501–504

Roeder RG (1996) The role of general initiation factors in transcription by RNA polymerase II. Trends Biochem Sci 21(9):327–335

Roudier F, Ahmed I, Berard C, Sarazin A, Mary-Huard T, Cortijo S, Bouyer D, Caillieux E, Duvernois-Berthet E, Al-Shikhley L, Giraut L, Despres B, Drevensek S, Barneche F, Derozier S, Brunaud V, Aubourg S, Schnittger A, Bowler C, Martin-Magniette ML, Robin S, Caboche M, Colot V (2011) Integrative epigenomic mapping defines four main chromatin states in Arabidopsis. EMBO J 30(10):1928–1938. doi:10.1038/emboj.2011.103

Rougvie AE, Lis JT (1988) The RNA polymerase II molecule at the 5′ end of the uninduced hsp70 gene of D. melanogaster is transcriptionally engaged. Cell 54(6):795–804

Roy S, Ernst J, Kharchenko PV, Kheradpour P, Negre N, Eaton ML, Landolin JM, Bristow CA, Ma L, Lin MF, Washietl S, Arshinoff BI, Ay F, Meyer PE, Robine N, Washington NL, Di Stefano L, Berezikov E, Brown CD, Candeias R, Carlson JW, Carr A, Jungreis I, Marbach D, Sealfon R et al (2010) Identification of functional elements and regulatory circuits by Drosophila modENCODE. Science 330(6012):1787–1797. doi:10.1126/science.1198374

Rudra D, Warner JR (2004) What better measure than ribosome synthesis? Genes Dev 18(20):2431–2436. doi:10.1101/gad.1256704

Rufiange A, Jacques PE, Bhat W, Robert F, Nourani A (2007) Genome-wide replication-independent histone H3 exchange occurs predominantly at promoters and implicates H3 K56 acetylation and Asf1. Mol Cell 27(3):393–405. doi:10.1016/j.molcel.2007.07.011

Ruhl DD, Jin J, Cai Y, Swanson S, Florens L, Washburn MP, Conaway RC, Conaway JW, Chrivia JC (2006) Purification of a human SRCAP complex that remodels chromatin by incorporating the histone variant H2A.Z into nucleosomes. Biochemistry 45(17):5671–5677. doi:10.1021/bi060043d

Sakabe K, Wang Z, Hart GW (2010) Beta-N-acetylglucosamine (O-GlcNAc) is part of the histone code. Proc Natl Acad Sci USA 107(46):19915–19920. doi:10.1073/pnas.1009023107

Santos-Rosa H, Schneider R, Bannister AJ, Sherriff J, Bernstein BE, Emre NC, Schreiber SL, Mellor J, Kouzarides T (2002) Active genes are tri-methylated at K4 of histone H3. Nature 419(6905):407–411. doi:10.1038/nature01080

Saunders A, Werner J, Andrulis ED, Nakayama T, Hirose S, Reinberg D, Lis JT (2003) Tracking FACT and the RNA polymerase II elongation complex through chromatin in vivo. Science 301(5636):1094–1096. doi:10.1126/science.1085712

Saunders A, Core LJ, Lis JT (2006) Breaking barriers to transcription elongation. Nat Rev Mol Cell Biol 7(8):557–567. doi:10.1038/nrm1981

Schneider EE, Albert T, Wolf DA, Eick D (1999) Regulation of c-myc and immunoglobulin kappa gene transcription by promoter-proximal pausing of RNA polymerase II. Curr Top Microbiol Immunol 246:225–231

Schneider J, Wood A, Lee JS, Schuster R, Dueker J, Maguire C, Swanson SK, Florens L, Washburn MP, Shilatifard A (2005) Molecular regulation of histone H3 trimethylation by COMPASS and the regulation of gene expression. Mol Cell 19(6):849–856. doi:10.1016/j.molcel.2005.07.024

Schones DE, Cui K, Cuddapah S, Roh TY, Barski A, Wang Z, Wei G, Zhao K (2008) Dynamic regulation of nucleosome positioning in the human genome. Cell 132(5):887–898

Schubeler D, MacAlpine DM, Scalzo D, Wirbelauer C, Kooperberg C, van Leeuwen F, Gottschling DE, O'Neill LP, Turner BM, Delrow J, Bell SP, Groudine M (2004) The histone modification pattern of active genes revealed through genome-wide chromatin analysis of a higher eukaryote. Genes Dev 18(11):1263–1271. doi:10.1101/gad.1198204

Schulze JM, Jackson J, Nakanishi S, Gardner JM, Hentrich T, Haug J, Johnston M, Jaspersen SL, Kobor MS, Shilatifard A (2009) Linking cell cycle to histone modifications: SBF and H2B monoubiquitination machinery and cell-cycle regulation of H3K79 dimethylation. Mol Cell 35(5):626–641. doi:10.1016/j.molcel.2009.07.017

Schwabish MA, Struhl K (2006) Asf1 mediates histone eviction and deposition during elongation by RNA polymerase II. Mol Cell 22(3):415–422. doi:10.1016/j.molcel.2006.03.014

Schwer B, Shuman S (2011) Deciphering the RNA polymerase II CTD code in fission yeast. Mol Cell 43(2):311–318. doi:10.1016/j.molcel.2011.05.024

Serizawa H, Conaway JW, Conaway RC (1994) An oligomeric form of the large subunit of transcription factor (TF) IIE activates phosphorylation of the RNA polymerase II carboxyl-terminal domain by TFIIH. J Biol Chem 269(32):20750–20756

Shah S, Henriksen MA (2011) A novel disrupter of telomere silencing 1-like (DOT1L) interaction is required for signal transducer and activator of transcription 1 (STAT1)-activated gene expression. J Biol Chem 286(48):41195–41204. doi:10.1074/jbc.M111.284190

Shahbazian MD, Zhang K, Grunstein M (2005) Histone H2B ubiquitylation controls processive methylation but not monomethylation by Dot1 and Set1. Mol Cell 19(2):271–277

Shen X, Xiao H, Ranallo R, Wu WH, Wu C (2003) Modulation of ATP-dependent chromatin-remodeling complexes by inositol polyphosphates. Science 299(5603):112–114. doi:10.1126/science.1078068

Shieh GS, Pan CH, Wu JH, Sun YJ, Wang CC, Hsiao WC, Lin CY, Tung L, Chang TH, Fleming AB, Hillyer C, Lo YC, Berger SL, Osley MA, Kao CF (2011) H2B ubiquitylation is part of chromatin architecture that marks exon-intron structure in budding yeast. BMC Genomics 12:627. doi:10.1186/1471-2164-12-627

Shiio Y, Eisenman RN (2003) Histone sumoylation is associated with transcriptional repression. Proc Natl Acad Sci USA 100(23):13225–13230. doi:10.1073/pnas.1735528100

Shilatifard A (2012) The COMPASS family of histone H3K4 methylases: mechanisms of regulation in development and disease pathogenesis. Annu Rev Biochem 81:65–95. doi:10.1146/annurev-biochem-051710-134100

Shim YS, Choi Y, Kang K, Cho K, Oh S, Lee J, Grewal SI, Lee D (2012) Hrp3 controls nucleosome positioning to suppress non-coding transcription in eu- and heterochromatin. EMBO J 31(23):4375–4387. doi:10.1038/emboj.2012.267

Shivaswamy S, Bhinge A, Zhao Y, Jones S, Hirst M, Iyer VR (2008) Dynamic remodeling of individual nucleosomes across a eukaryotic genome in response to transcriptional perturbation. PLoS Biol 6(3):e65. doi:10.1371/journal.pbio.0060065

Shogren-Knaak M, Ishii H, Sun JM, Pazin MJ, Davie JR, Peterson CL (2006) Histone H4-K16 acetylation controls chromatin structure and protein interactions. Science 311(5762):844–847. doi:10.1126/science.1124000

Sikorski TW, Buratowski S (2009) The basal initiation machinery: beyond the general transcription factors. Curr Opin Cell Biol 21(3):344–351. doi:10.1016/j.ceb.2009.03.006

Silva AC, Xu X, Kim HS, Fillingham J, Kislinger T, Mennella TA, Keogh MC (2012) The replication-independent histone H3-H4 chaperones HIR, ASF1, and RTT106 co-operate to maintain promoter fidelity. J Biol Chem 287(3):1709–1718. doi:10.1074/jbc.M111.316489

Simic R, Lindstrom DL, Tran HG, Roinick KL, Costa PJ, Johnson AD, Hartzog GA, Arndt KM (2003) Chromatin remodeling protein Chd1 interacts with transcription elongation factors and localizes to transcribed genes. EMBO J 22(8):1846–1856. doi:10.1093/emboj/cdg179

Sims RJ 3rd, Chen CF, Santos-Rosa H, Kouzarides T, Patel SS, Reinberg D (2005) Human but not yeast CHD1 binds directly and selectively to histone H3 methylated at lysine 4 via its tandem chromodomains. J Biol Chem 280(51):41789–41792. doi:10.1074/jbc.C500395200

Sims RJ 3rd, Rojas LA, Beck D, Bonasio R, Schuller R, Drury WJ 3rd, Eick D, Reinberg D (2011) The C-terminal domain of RNA polymerase II is modified by site-specific methylation. Science 332(6025):99–103. doi:10.1126/science.1202663

Smale ST, Kadonaga JT (2003) The RNA polymerase II core promoter. Annu Rev Biochem 72:449–479. doi:10.1146/annurev.biochem.72.121801.161520

Smolle M, Venkatesh S, Gogol MM, Li H, Zhang Y, Florens L, Washburn MP, Workman JL (2012) Chromatin remodelers Isw1 and Chd1 maintain chromatin structure during transcription by preventing histone exchange. Nat Struct Mol Biol 19(9):884–892. doi:10.1038/nsmb.2312

Smolle M, Workman JL, Venkatesh S (2013) reSETting chromatin during transcription elongation. Epigenetics 8(1):10–15. doi:10.4161/epi.23333

Sobel RE, Cook RG, Perry CA, Annunziato AT, Allis CD (1995) Conservation of deposition-related acetylation sites in newly synthesized histones H3 and H4. Proc Natl Acad Sci USA 92(4):1237–1241

Sogaard TM, Svejstrup JQ (2007) Hyperphosphorylation of the C-terminal repeat domain of RNA polymerase II facilitates dissociation of its complex with mediator. J Biol Chem 282(19):14113–14120. doi:10.1074/jbc.M701345200

Spies N, Nielsen CB, Padgett RA, Burge CB (2009) Biased chromatin signatures around polyadenylation sites and exons. Mol Cell 36(2):245–254. doi:10.1016/j.molcel.2009.10.008

Srinivasan S, Armstrong JA, Deuring R, Dahlsveen IK, McNeill H, Tamkun JW (2005) The Drosophila trithorax group protein Kismet facilitates an early step in transcriptional elongation by RNA Polymerase II. Development 132(7):1623–1635. doi:10.1242/dev.01713

Steger DJ, Lefterova MI, Ying L, Stonestrom AJ, Schupp M, Zhuo D, Vakoc AL, Kim JE, Chen J, Lazar MA, Blobel GA, Vakoc CR (2008) DOT1L/KMT4 recruitment and H3K79 methylation are ubiquitously coupled with gene transcription in mammalian cells. Mol Cell Biol 28(8):2825–2839. doi:10.1128/MCB.02076-07

Sterner DE, Lee JM, Hardin SE, Greenleaf AL (1995) The yeast carboxyl-terminal repeat domain kinase CTDK-I is a divergent cyclin-cyclin-dependent kinase complex. Mol Cell Biol 15(10):5716–5724

Stevens A (1960) Incorporation of the adenine ribonucleotide into RNA by cell fractions from E. coli B. Biochem Biophys Res Commun 3(1):92–96

Stiller JW, Cook MS (2004) Functional unit of the RNA polymerase II C-terminal domain lies within heptapeptide pairs. Eukaryot Cell 3(3):735–740. doi:10.1128/EC.3.3.735-740.2004

Strahl BD, Grant PA, Briggs SD, Sun ZW, Bone JR, Caldwell JA, Mollah S, Cook RG, Shabanowitz J, Hunt DF, Allis CD (2002) Set2 is a nucleosomal histone H3-selective methyltransferase that mediates transcriptional repression. Mol Cell Biol 22(5):1298–1306

Struhl K, Segal E (2013) Determinants of nucleosome positioning. Nat Struct Mol Biol 20(3):267–273. doi:10.1038/nsmb.2506

Studitsky VM, Clark DJ, Felsenfeld G (1994) A histone octamer can step around a transcribing polymerase without leaving the template. Cell 76(2):371–382

Studitsky VM, Kassavetis GA, Geiduschek EP, Felsenfeld G (1997) Mechanism of transcription through the nucleosome by eukaryotic RNA polymerase. Science 278(5345):1960–1963

Stuwe T, Hothorn M, Lejeune E, Rybin V, Bortfeld M, Scheffzek K, Ladurner AG (2008) The FACT Spt16 "peptidase" domain is a histone H3-H4 binding module. Proc Natl Acad Sci U S A 105(26):8884–8889. doi:10.1073/pnas.0712293105

Sudarsanam P, Iyer VR, Brown PO, Winston F (2000) Whole-genome expression analysis of snf/swi mutants of Saccharomyces cerevisiae. Proc Natl Acad Sci USA 97(7):3364–3369. doi:10.1073/pnas.050407197

Suh MH, Meyer PA, Gu M, Ye P, Zhang M, Kaplan CD, Lima CD, Fu J (2010) A dual interface determines the recognition of RNA polymerase II by RNA capping enzyme. J Biol Chem 285(44):34027–34038. doi:10.1074/jbc.M110.145110

Sun ZW, Hampsey M (1996) Synthetic enhancement of a TFIIB defect by a mutation in SSU72, an essential yeast gene encoding a novel protein that affects transcription start site selection in vivo. Mol Cell Biol 16(4):1557–1566

Svejstrup JQ, Li Y, Fellows J, Gnatt A, Bjorklund S, Kornberg RD (1997) Evidence for a mediator cycle at the initiation of transcription. Proc Natl Acad Sci USA 94(12):6075–6078

Tagami H, Ray-Gallet D, Almouzni G, Nakatani Y (2004) Histone H3.1 and H3.3 complexes mediate nucleosome assembly pathways dependent or independent of DNA synthesis. Cell 116(1):51–61

Tan-Wong SM, Zaugg JB, Camblong J, Xu Z, Zhang DW, Mischo HE, Ansari AZ, Luscombe NM, Steinmetz LM, Proudfoot NJ (2012) Gene loops enhance transcriptional directionality. Science 338(6107):671–675. doi:10.1126/science.1224350

Taverna SD, Ilin S, Rogers RS, Tanny JC, Lavender H, Li H, Baker L, Boyle J, Blair LP, Chait BT, Patel DJ, Aitchison JD, Tackett AJ, Allis CD (2006) Yng1 PHD finger binding to H3 trimethylated at K4 promotes NuA3 HAT activity at K14 of H3 and transcription at a subset of targeted ORFs. Mol Cell 24(5):785–796. doi:10.1016/j.molcel.2006.10.026

Tietjen JR, Zhang DW, Rodriguez-Molina JB, White BE, Akhtar MS, Heidemann M, Li X, Chapman RD, Shokat K, Keles S, Eick D, Ansari AZ (2010) Chemical-genomic dissection of the CTD code. Nat Struct Mol Biol 17(9):1154–1161. doi:10.1038/nsmb.1900

Tirosh I, Sigal N, Barkai N (2010) Widespread remodeling of mid-coding sequence nucleosomes by Isw1. Genome Biol 11(5):R49. doi:10.1186/gb-2010-11-5-r49

Tolkunov D, Zawadzki KA, Singer C, Elfving N, Morozov AV, Broach JR (2011) Chromatin remodelers clear nucleosomes from intrinsically unfavorable sites to establish nucleosome-depleted regions at promoters. Mol Biol Cell 22(12):2106–2118. doi:10.1091/mbc.E10-10-0826

Tong JK, Hassig CA, Schnitzler GR, Kingston RE, Schreiber SL (1998) Chromatin deacetylation by an ATP-dependent nucleosome remodelling complex. Nature 395(6705):917–921. doi:10.1038/27699

Tsai MC, Manor O, Wan Y, Mosammaparast N, Wang JK, Lan F, Shi Y, Segal E, Chang HY (2010) Long noncoding RNA as modular scaffold of histone modification complexes. Science 329(5992):689–693. doi:10.1126/science.1192002

Tsubota T, Berndsen CE, Erkmann JA, Smith CL, Yang L, Freitas MA, Denu JM, Kaufman PD (2007) Histone H3-K56 acetylation is catalyzed by histone chaperone-dependent complexes. Mol Cell 25(5):703–712. doi:10.1016/j.molcel.2007.02.006, S1097-2765(07)00086-X [pii]

Tsukiyama T, Palmer J, Landel CC, Shiloach J, Wu C (1999) Characterization of the imitation switch subfamily of ATP-dependent chromatin-remodeling factors in Saccharomyces cerevisiae. Genes Dev 13(6):686–697

Tsukuda T, Fleming AB, Nickoloff JA, Osley MA (2005) Chromatin remodelling at a DNA double-strand break site in Saccharomyces cerevisiae. Nature 438(7066):379–383. doi:10.1038/nature04148

Valouev A, Ichikawa J, Tonthat T, Stuart J, Ranade S, Peckham H, Zeng K, Malek JA, Costa G, McKernan K, Sidow A, Fire A, Johnson SM (2008) A high-resolution, nucleosome position map of C. elegans reveals a lack of universal sequence-dictated positioning. Genome Res 18(7):1051–1063. doi:10.1101/gr.076463.108

van Dijk EL, Chen CL, d'Aubenton-Carafa Y, Gourvennec S, Kwapisz M, Roche V, Bertrand C, Silvain M, Legoix-Ne P, Loeillet S, Nicolas A, Thermes C, Morillon A (2011) XUTs are a class of Xrn1-sensitive antisense regulatory non-coding RNA in yeast. Nature 475(7354):114–117. doi:10.1038/nature10118

van Werven FJ, Neuert G, Hendrick N, Lardenois A, Buratowski S, van Oudenaarden A, Primig M, Amon A (2012) Transcription of two long noncoding RNAs mediates mating-type control of gametogenesis in budding yeast. Cell 150(6):1170–1181. doi:10.1016/j.cell.2012.06.049

VanDemark AP, Kasten MM, Ferris E, Heroux A, Hill CP, Cairns BR (2007) Autoregulation of the rsc4 tandem bromodomain by gcn5 acetylation. Mol Cell 27(5):817–828. doi:10.1016/j.molcel.2007.08.018

Venkatesh S, Workman JL (2013) Set2 mediated H3 lysine 36 methylation: regulation of transcription elongation and implications in organismal development. WIREs Dev Biol. doi:10.1002/wdev.109

Venkatesh S, Smolle M, Li H, Gogol MM, Saint M, Kumar S, Natarajan K, Workman JL (2012) Set2 methylation of histone H3 lysine 36 suppresses histone exchange on transcribed genes. Nature 489(7416):452–455. doi:10.1038/nature11326

Venkatesh S, Workman JL, Smolle M (2013) UpSETing chromatin during non-coding RNA production. Epigenetics Chromatin 6(1):16. doi:10.1186/1756-8935-6-16

Vermeulen M, Eberl HC, Matarese F, Marks H, Denissov S, Butter F, Lee KK, Olsen JV, Hyman AA, Stunnenberg HG, Mann M (2010) Quantitative interaction proteomics and genome-wide profiling of epigenetic histone marks and their readers. Cell 142(6):967–980. doi:10.1016/j.cell.2010.08.020

Vezzoli A, Bonadies N, Allen MD, Freund SM, Santiveri CM, Kvinlaug BT, Huntly BJ, Gottgens B, Bycroft M (2010) Molecular basis of histone H3K36me3 recognition by the PWWP domain of Brpf1. Nat Struct Mol Biol 17(5):617–619. doi:10.1038/nsmb.1797

Wada T, Takagi T, Yamaguchi Y, Ferdous A, Imai T, Hirose S, Sugimoto S, Yano K, Hartzog GA, Winston F, Buratowski S, Handa H (1998a) DSIF, a novel transcription elongation factor that regulates RNA polymerase II processivity, is composed of human Spt4 and Spt5 homologs. Genes Dev 12(3):343–356

Wada T, Takagi T, Yamaguchi Y, Watanabe D, Handa H (1998b) Evidence that P-TEFb alleviates the negative effect of DSIF on RNA polymerase II-dependent transcription in vitro. EMBO J 17(24):7395–7403. doi:10.1093/emboj/17.24.7395

Wade PA, Jones PL, Vermaak D, Wolffe AP (1998) A multiple subunit Mi-2 histone deacetylase from Xenopus laevis cofractionates with an associated Snf2 superfamily ATPase. Curr Biol 8(14):843–846

Wagner EJ, Carpenter PB (2012) Understanding the language of Lys36 methylation at histone H3. Nat Rev Mol Cell Biol 13(2):115–126. doi:10.1038/nrm3274

Walfridsson J, Bjerling P, Thalen M, Yoo EJ, Park SD, Ekwall K (2005) The CHD remodeling factor Hrp1 stimulates CENP-A loading to centromeres. Nucleic Acids Res 33(9):2868–2879. doi:10.1093/nar/gki579

Walfridsson J, Khorosjutina O, Matikainen P, Gustafsson CM, Ekwall K (2007) A genome-wide role for CHD remodelling factors and Nap1 in nucleosome disassembly. EMBO J 26(12):2868–2879. doi:10.1038/sj.emboj.7601728

Wang KC, Chang HY (2011) Molecular mechanisms of long noncoding RNAs. Mol Cell 43(6):904–914. doi:10.1016/j.molcel.2011.08.018

Wang X, Arai S, Song X, Reichart D, Du K, Pascual G, Tempst P, Rosenfeld MG, Glass CK, Kurokawa R (2008a) Induced ncRNAs allosterically modify RNA-binding proteins in cis to inhibit transcription. Nature 454(7200):126–130. doi:10.1038/nature06992

Wang Z, Zang C, Rosenfeld JA, Schones DE, Barski A, Cuddapah S, Cui K, Roh TY, Peng W, Zhang MQ, Zhao K (2008b) Combinatorial patterns of histone acetylations and methylations in the human genome. Nat Genet 40(7):897–903. doi:10.1038/ng.154

Wei W, Pelechano V, Jarvelin AI, Steinmetz LM (2011) Functional consequences of bidirectional promoters. Trends Genet 27(7):267–276. doi:10.1016/j.tig.2011.04.002

West ML, Corden JL (1995) Construction and analysis of yeast RNA polymerase II CTD deletion and substitution mutations. Genetics 140(4):1223–1233

Westover KD, Bushnell DA, Kornberg RD (2004) Structural basis of transcription: separation of RNA from DNA by RNA polymerase II. Science 303(5660):1014–1016. doi:10.1126/science.1090839

Whitehouse I, Rando OJ, Delrow J, Tsukiyama T (2007) Chromatin remodelling at promoters suppresses antisense transcription. Nature 450(7172):1031–1035

Wierzbicki AT, Ream TS, Haag JR, Pikaard CS (2009) RNA polymerase V transcription guides ARGONAUTE4 to chromatin. Nat Genet 41(5):630–634. doi:10.1038/ng.365

Williams SK, Truong D, Tyler JK (2008) Acetylation in the globular core of histone H3 on lysine-56 promotes chromatin disassembly during transcriptional activation. Proc Natl Acad Sci USA 105(26):9000–9005. doi:10.1073/pnas.0800057105

Wilson BG, Roberts CW (2011) SWI/SNF nucleosome remodellers and cancer. Nate Rev Cancer 11(7):481–492. doi:10.1038/nrc3068

Winkler DD, Muthurajan UM, Hieb AR, Luger K (2011) Histone chaperone FACT coordinates nucleosome interaction through multiple synergistic binding events. J Biol Chem 286(48):41883–41892. doi:10.1074/jbc.M111.301465

Wong MM, Cox LK, Chrivia JC (2007) The chromatin remodeling protein, SRCAP, is critical for deposition of the histone variant H2A.Z at promoters. J Biol Chem 282(36):26132–26139. doi:10.1074/jbc.M703418200

Wood A, Krogan NJ, Dover J, Schneider J, Heidt J, Boateng MA, Dean K, Golshani A, Zhang Y, Greenblatt JF, Johnston M, Shilatifard A (2003) Bre1, an E3 ubiquitin ligase required for recruitment and substrate selection of Rad6 at a promoter. Mol Cell 11(1):267–274

Woodcock CL, Safer JP, Stanchfield JE (1976) Structural repeating units in chromatin. I. Evidence for their general occurrence. Exp Cell Res 97:101–110

Workman JL (2006) Nucleosome displacement in transcription. Genes Dev 20(15):2009–2017. doi:10.1101/gad.1435706

Workman JL, Kingston RE (1998) Alteration of nucleosome structure as a mechanism of transcriptional regulation. Annu Rev Biochem 67:545–579. doi:10.1146/annurev.biochem.67.1.545

Wyrick JJ, Holstege FC, Jennings EG, Causton HC, Shore D, Grunstein M, Lander ES, Young RA (1999) Chromosomal landscape of nucleosome-dependent gene expression and silencing in yeast. Nature 402(6760):418–421. doi:10.1038/46567

Wysocka J, Swigut T, Xiao H, Milne TA, Kwon SY, Landry J, Kauer M, Tackett AJ, Chait BT, Badenhorst P, Wu C, Allis CD (2006) A PHD finger of NURF couples histone H3 lysine 4 trimethylation with chromatin remodelling. Nature 442(7098):86–90. doi:10.1038/nature04815

Xiang K, Manley JL, Tong L (2012a) An unexpected binding mode for a Pol II CTD peptide phosphorylated at Ser7 in the active site of the CTD phosphatase Ssu72. Genes Dev 26(20):2265–2270. doi:10.1101/gad.198853.112

Xiang K, Manley JL, Tong L (2012b) The yeast regulator of transcription protein Rtr1 lacks an active site and phosphatase activity. Nat Commun 3:946. doi:10.1038/ncomms1947

Xiao H, Sandaltzopoulos R, Wang HM, Hamiche A, Ranallo R, Lee KM, Fu D, Wu C (2001) Dual functions of largest NURF subunit NURF301 in nucleosome sliding and transcription factor interactions. Mol Cell 8(3):531–543

Xiao T, Hall H, Kizer KO, Shibata Y, Hall MC, Borchers CH, Strahl BD (2003) Phosphorylation of RNA polymerase II CTD regulates H3 methylation in yeast. Genes Dev 17(5):654–663. doi:10.1101/gad.1055503

Xiao T, Kao CF, Krogan NJ, Sun ZW, Greenblatt JF, Osley MA, Strahl BD (2005) Histone H2B ubiquitylation is associated with elongating RNA polymerase II. Mol Cell Biol 25(2):637–651

Xu Z, Wei W, Gagneur J, Perocchi F, Clauder-Munster S, Camblong J, Guffanti E, Stutz F, Huber W, Steinmetz LM (2009) Bidirectional promoters generate pervasive transcription in yeast. Nature 457(7232):1033–1037. doi:10.1038/nature07728

Xue Y, Wong J, Moreno GT, Young MK, Cote J, Wang W (1998) NURD, a novel complex with both ATP-dependent chromatin-remodeling and histone deacetylase activities. Mol Cell 2(6):851–861

Yadon AN, Tsukiyama T (2011) SnapShot: chromatin remodeling: ISWI. Cell 144(3):453. doi:10.1016/j.cell.2011.01.019, e451

Yadon AN, Van de Mark D, Basom R, Delrow J, Whitehouse I, Tsukiyama T (2010) Chromatin remodeling around nucleosome-free regions leads to repression of noncoding RNA transcription. Mol Cell Biol 30(21):5110–5122. doi:10.1128/MCB.00602-10

Yadon AN, Singh BN, Hampsey M, Tsukiyama T (2013) DNA looping facilitates targeting of a chromatin remodeling enzyme. Mol Cell 50(1):93–103. doi:10.1016/j.molcel.2013.02.005

Yaffe MB, Schutkowski M, Shen M, Zhou XZ, Stukenberg PT, Rahfeld JU, Xu J, Kuang J, Kirschner MW, Fischer G, Cantley LC, Lu KP (1997) Sequence-specific and phosphorylation-dependent proline isomerization: a potential mitotic regulatory mechanism. Science 278(5345):1957–1960

Yamaguchi Y, Takagi T, Wada T, Yano K, Furuya A, Sugimoto S, Hasegawa J, Handa H (1999) NELF, a multisubunit complex containing RD, cooperates with DSIF to repress RNA polymerase II elongation. Cell 97(1):41–51

Yap KL, Zhou MM (2010) Keeping it in the family: diverse histone recognition by conserved structural folds. Crit Rev Biochem Mol Biol 45(6):488–505. doi:10.3109/10409238.2010.512001

Yoh SM, Cho H, Pickle L, Evans RM, Jones KA (2007) The Spt6 SH2 domain binds Ser2-P RNAPII to direct Iws1-dependent mRNA splicing and export. Genes Dev 21(2):160–174. doi:10.1101/gad.1503107

Youdell ML, Kizer KO, Kisseleva-Romanova E, Fuchs SM, Duro E, Strahl BD, Mellor J (2008) Roles for Ctk1 and Spt6 in regulating the different methylation states of histone H3 lysine 36. Mol Cell Biol 28(16):4915–4926. doi:10.1128/MCB.00001-08

Yuan GC, Liu YJ, Dion MF, Slack MD, Wu LF, Altschuler SJ, Rando OJ (2005) Genome-scale identification of nucleosome positions in S. cerevisiae. Science 309(5734):626–630. doi:10.1126/science.1112178

Yun M, Wu J, Workman JL, Li B (2011) Readers of histone modifications. Cell Res 21(4):564–578. doi:10.1038/cr.2011.42

Zehring WA, Lee JM, Weeks JR, Jokerst RS, Greenleaf AL (1988) The C-terminal repeat domain of RNA polymerase II largest subunit is essential in vivo but is not required for accurate transcription initiation in vitro. Proc Natl Acad Sci USA 85(11):3698–3702

Zeitlinger J, Stark A, Kellis M, Hong JW, Nechaev S, Adelman K, Levine M, Young RA (2007) RNA polymerase stalling at developmental control genes in the Drosophila melanogaster embryo. Nat Genet 39(12):1512–1516

Zeng L, Zhang Q, Li S, Plotnikov AN, Walsh MJ, Zhou MM (2010) Mechanism and regulation of acetylated histone binding by the tandem PHD finger of DPF3b. Nature 466(7303):258–262. doi:10.1038/nature09139

Zentner GE, Henikoff S (2013) Regulation of nucleosome dynamics by histone modifications. Nat Struct Mol Biol 20(3):259–266. doi:10.1038/nsmb.2470

Zhang H, Roberts DN, Cairns BR (2005) Genome-wide dynamics of Htz1, a histone H2A variant that poises repressed/basal promoters for activation through histone loss. Cell 123(2):219–231. doi:10.1016/j.cell.2005.08.036

Zhang S, Roche K, Nasheuer HP, Lowndes NF (2011a) Modification of histones by sugar beta-N-acetylglucosamine (GlcNAc) occurs on multiple residues, including histone H3 serine 10, and is cell cycle-regulated. J Biol Chem 286(43):37483–37495. doi:10.1074/jbc.M111.284885

Zhang Z, Wippo CJ, Wal M, Ward E, Korber P, Pugh BF (2011b) A packing mechanism for nucleosome organization reconstituted across a eukaryotic genome. Science 332(6032):977–980. doi:10.1126/science.1200508

Zhang DW, Mosley AL, Ramisetty SR, Rodriguez-Molina JB, Washburn MP, Ansari AZ (2012) Ssu72 phosphatase-dependent erasure of phospho-Ser7 marks on the RNA polymerase II C-terminal domain is essential for viability and transcription termination. J Biol Chem 287(11):8541–8551. doi:10.1074/jbc.M111.335687

Zhou M, Deng L, Lacoste V, Park HU, Pumfery A, Kashanchi F, Brady JN, Kumar A (2004) Coordination of transcription factor phosphorylation and histone methylation by the P-TEFb kinase during human immunodeficiency virus type 1 transcription. J Virol 78(24):13522–13533. doi:10.1128/JVI.78.24.13522-13533.2004

Zhou K, Kuo WH, Fillingham J, Greenblatt JF (2009) Control of transcriptional elongation and cotranscriptional histone modification by the yeast BUR kinase substrate Spt5. Proc Natl Acad Sci USA 106(17):6956–6961. doi:10.1073/pnas.0806302106

第 12 章　DNA 修复和复制过程中的染色质重塑

普拉博德·卡普尔（Prabodh Kapoor）和申雪桐（Xuetong Shen）

12.1　简　　介

编码遗传信息的 DNA 被包装并整合到细胞核中，形成真核生物染色质。核小体是组成染色质的基本单位，约 146 bp 的 DNA 缠绕组蛋白八聚体，形成两个超螺旋。核小体由核心组蛋白和连接组蛋白构成，两个 H2A-H2B 和 H3-H4 二聚体形成核心组蛋白；连接组蛋白，即组蛋白 H1，把 DNA 固定到核小体末端，并与其他结构蛋白一起将染色质折叠成高度压缩的一种高级结构，这种高级结构尚不明晰（见第 1 章）。染色质中基因组的包装阻碍了 DNA 接近与生物学过程相关的酶，这些以 DNA 为底物的生物学过程包括转录、复制、重组和修复。为了使酶能够接近染色质环境下的 DNA，就需要解除染色质在这些过程中的阻碍作用，因此染色质需要进行可逆的局部解开，并且在生理过程完成后再重新装配。真核细胞成功进化出两种染色质修饰的策略：①组蛋白修饰复合物共价修饰组蛋白；②ATP 依赖的染色质重塑复合物 SWI/SNF 家族以 ATP 依赖的方式干扰 DNA 和组蛋白间的相互作用。组蛋白残基的修饰主要发生在组蛋白 N 端，它可以破坏组蛋白和 DNA 之间的相互作用或者作为染色质相关因子的结合位点（Jenuwein and Allis 2001）。然而，ATP 依赖的染色质重塑复合物通过水解 ATP 改变染色质中核小体的位置或组成（Eberharter and Becker 2004）。目前我们所了解的这两类染色质重塑因子的生物功能主要源于基因激活的转录调控研究，但是过去数十年的研究表明，染色质修饰和其他细胞核事件（DNA 修复和复制）密切相关。除此之外，组蛋白共价修饰以及 ATP 依赖的染色质重塑能够维持基因组稳定性和传递遗传信息给子代。本章将要阐明 ATP 依赖的染色质重塑复合物通过何种机制参与 DNA 修复和复制。

12.2　DNA 双链损伤修复中的染色质重塑

基因毒性应激所造成的双链损伤（double strand break，DSB）是非常危险的，可能通过易错修复导致突变，或者修复失败而导致细胞死亡。细胞已经进化出两种高度保守的检测和修复 DNA 双链损伤的方式，即同源重组（homologous recombination，HR）和非同源末端连接（nonhomologous end-joining，NHEJ）（Valerie and Povirk 2003）。在同源重组修

P. Kapoor · X. Shen (✉)
Department of Molecular Carcinogenesis,
Devision of Basic Science Research,
The University of Texas MD Anderson Cancer Center, Smithville, TX, USA
e-mail: xshen@mdanderson.org

复过程中，一个未损伤的同源序列被用作模板进行修复，但是在非同源末端连接过程中，损伤的末端被直接连接而不需要模版，导致更多的易错修复。在酵母中更倾向于同源重组修复而不是非同源末端连接，而哺乳动物细胞中则正好相反（Kim et al. 2005）。

12.2.1　DNA 双链损伤修复的过程

当 DNA 双链损伤形成后，具有核酸外切酶活性的 Mre11-Rad50-Xrs2（MRX）复合物，与其他因子一起促进单链 DNA 的产生，这一过程被称作 DNA 切除（Mimitou and Symington 2008）。随后修复因子和检验点聚集到损伤位点。在同源重组修复过程中，*RAD52* 上位显性基因蛋白家族（Rad50、Rad51、Rad52、Rad54、Rad55 和 Rad57）促进损伤链和模板链之间同源序列的匹配、延伸以及联会，最终导致霍利迪连接体（Holliday junction）的形成。简言之：单链 DNA 结合因子复制蛋白 A（replication protein A，RPA）三聚体结合到 5′→3′切除后的 DNA，从而启动同源重组修复，随后第二个单链 DNA 结合蛋白 Rad51 在 Rad52 的帮助下取代 RPA。然后，在 Rad51 之后，另一组同源重组修复蛋白（Rad54、Rad55、Rad57）被招募。所有这些蛋白参与链侵入及退火过程以便形成突触丝（Symington 2002）。一旦 DNA 合成结束且霍利迪连接体被拆分，表明 DNA 修复完成。非同源末端连接即固定和连接受损 DNA 末端，是通过 Ku70 和 Ku80 异二聚体结合到受损 DNA 末端促发的，随后由 MRX 清除 DNA 末端，DNA 连接酶 IV（DNA ligase IV，Dnl4）通过相关因子 Lif1（XRCC4）进行连接（Cahill et al. 2006；Daley et al. 2005；Lewis and Resnick 2000）（图 12.1）。

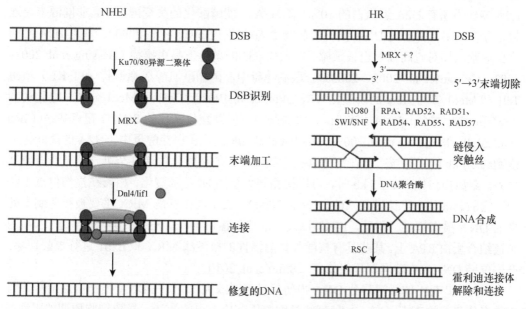

图 12.1　非同源末端连接和同源重组通路：DNA 双链损伤可以被非同源末端连接和同源重组修复。非同源末端连接通路中：在末端结合蛋白 Ku70、Ku80 和 MRX（Mre11-Rad50-Xrs2）复合物及相关协同因子 Lif1 的控制下，损伤 DNA 末端被直接连接在一起。从断裂染色体末端 5′→3′方向切除以形成单链 DNA，这样就启动了同源重组修复通路。这种链切除受 MRX 复合物及其他因子的调控

通过遗传和细胞生物学分析，特别是近年来采用内源性抗体以及标签蛋白的染色质免疫共沉淀方法，发现了参与同源重组修复的相关因子（Lisby et al. 2004；Shroff et al. 2004；Sugaware et al. 2003；Wolner et al. 2003）。这些方法都利用了遗传学系统的优势，该系统由哈伯（Haber）研究组开发，即在酵母交配基因座（*MAT*）上利用乳糖诱导产生的同宗配合转换（homothallic switching, HO）核酸内切酶来产生一个独特的 DNA 双链损伤位点，该核酸内切酶的切割效率几乎达到 100%（Lee et al. 1998）。*MAT* 基因的双链损伤可以通过同源重组修复 DNA 双链损伤，位于同一染色体上的 *MAT* DNA（*HMRa* 或者 *HMLa*）作为供体序列。这一 DNA 损伤模型既有同源重组修复，也有非同源末端连接参与修复。这一系统有两种形式。当 *HM* 基因被敲除后，在单倍体酵母中没有 *MAT* 的其他拷贝，DNA 双链损伤只能被非同源末端连接修复。但是，即便如此，参与同源重组链延伸和退火的因子仍然被招募到损伤位点，这一特定的体系为同源重组起始阶段提供了一种强有力的方法，用于监测同源重组修复因子在 DNA 双链损伤过程中的动态变化、作用强度以及对招募到受体链上因子的依赖性。当供体基因模板存在时，这一系统可以检测参与同源重组修复过程的每个步骤以及同源重组中供体和受体基因上同源重组相关因子的聚集和分布，这一 DNA 损伤系统为检测 DNA 双链损伤下的染色质变化提供了一种有效方式。

MAT 基因具有确切的染色质结构，一系列的核小体位于调控基因启动子的侧翼（Weiss and Simpson 1998）。一旦 DNA 双链损伤形成，染色质重塑迅速发生，组蛋白 H2A C 端大量磷酸化（Rogakou et al. 1998）。高等真核生物中，这一磷酸化通常没有发生在核心组蛋白 H2A，而是发生在组蛋白变体 H2A.X（Rogakou et al. 1998），而组蛋白变体 H2A.X 约占所有 H2A 组蛋白的 10%。在 H2A 不能磷酸化的突变酵母中，非同源末端连接上存在缺陷，并且对 DNA 损伤的药物更为敏感（Downs et al. 2000），缺乏 H2A.X 的小鼠细胞同样对电离辐射也很敏感，在缺失 p53 的条件下易患癌症（Bassing et al. 2002，2003；Celeste et al. 2002，2003a）。酿酒酵母中，磷脂酰肌醇 3-激酶样（PI3KL）激酶 Tel1 和 Mec1 参与 H2A 的磷酸化（Rogakou et al. 1998）（Tel1 和 Mec1 分别与哺乳动物 ATM 和 ATR 同源）。DNA 损伤时，许多激酶也可以磷酸化其他的 SQ/TQ 靶点基序（Chen et al. 2010；Matsuoka et al. 2007；Smolka et al. 2007）。在出芽酵母中，H2A 的磷酸化扩散到约 50 kb 的大区域；而在高等真核生物中，它的磷酸化传递甚至可延续至百万碱基之外。距离损伤位点 3～5 kb 时，可以检测到大量的 H2A 磷酸化，相反在损伤位点 1 kb 内，它的磷酸化水平比较低（Chen et al. 2000）。Tel1 与核酸酶 MRX 主要被招募到未处理的 DNA 损伤位点。相反，Mec1 以及它的伴侣蛋白 Ddc1 被招募到结合单链 DNA 的单链结合蛋白 RPA 上。某些具有核酸外切酶活性的核酸酶 MRX 和 Exo1 进行核酸切除，产生单链 DNA，启动同源重组修复（Shim et al. 2010）。

Mec1 和 Tel1 的激活导致 DNA 损伤信号级联放大，以及在 DNA 损伤位点招募并固定许多修复和检查点蛋白。一种可能是细胞周期检查点的激活，导致细胞周期的阻滞，并在细胞分裂和 DNA 复制之前进行 DNA 修复。酿酒酵母应答 DNA 损伤时，细胞周期检查点主要在 G_2/M 期临界点处激活，并以 Mec1 依赖的方式涉及核糖核苷酸还原酶（RNR）基因表达的上调和 Rad53 的磷酸化。DNA 损伤应答的任何一个步骤，包括 DNA

损伤的识别、切除、H2A 的磷酸化、检查点的激活，或者下游效应因子的结合和维持，都受到染色质结构的影响，并且这一过程需要染色质重塑复合物的参与。

12.2.2　DNA 双链损伤时的染色质重塑复合物

保守的 ATP 酶超家族成员 SWI2/SNF2 以多亚基复合物的形式发挥功能，最初在转录过程中发现其具有重要作用。依据核心 ATP 酶主要序列的基序和结构特征，它们可以划分为四个超家族（图 12.2）。包含 ATP 酶的染色质重塑复合物，INO80、SWR1、SWI/SNF 及 RSC，也被发现在酿酒酵母中 DNA 双链损伤的 *MAT* 基因处聚集，在非同源末端连接和同源重组中都具有重要的作用。但是，每一类因子在 DNA 双链损伤修复的不同阶段具有不同作用。此外，ATP 依赖的染色质复合物在转录和 DNA 损伤中具有相似的作用。通过破坏染色质的结构，使调控和修复因子接近染色质中的 DNA，参与转录和 DNA 损伤修复。最近的研究进展表明，DNA 双链损伤附近的染色质重塑复合物特异性地且相互依赖地依次发挥酶活性。此外，如本章稍后所述，ATP 依赖的染色质重塑复合物如 INO80 通过调节效应蛋白的活性，进而调控细胞周期检查点。

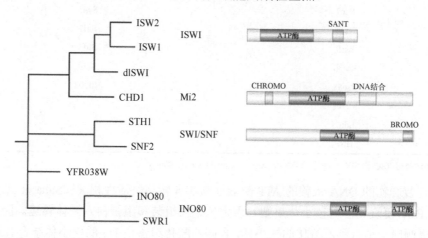

图 12.2　染色质重塑复合物分类：染色质重塑复合物包含保守的核心 ATP 酶亚基，根据核心 ATP 酶结构域和基序的特点，可以被分为四类：具有 ISWI 复合物的 SANT 结构域、具有 Mi2 的染色质结构域（CHROMO domain）、具有 SWI/SNF 复合物的布罗莫结构域（BROMO domain）、分隔的 ATP 酶，最后这个是染色质重塑复合物 INO80 家族的特征

12.2.2.1　RSC 和 SWI/SNF 染色质重塑复合物

1. RSC

染色质结构重塑（remodels structure of chromatin，RSC）复合物由 16 个亚基构成（表 12.1），出芽酵母中高表达 ATP 依赖的染色质重塑复合物（每个细胞 1000~2000 个分子）（Cairns et al. 1996a）。Sth1 是一个核心催化亚基，是细胞存活必需的。其中，它的 ATP 酶结构域与 SWI/SNF 复合物的 SWI/SNF 亚基密切相关。RSC 复合物与 SWI/SNF 复合物都包含 RTT102、ARP7 和 ARP9 三个亚基（表 12.1）。根据 RSC1 或 RSC2 亚基

序列的同源性，RSC 复合物分为两个异构体，RSC2 含量是 RSC1 的 10 倍。然而，RSC2 和 RSC1 具有相似的结构组织，包括被弱非特异性 DNA 结合基序（AT hook）分离的两个布罗莫结构域，紧接着为布罗莫结构域毗连的同源结构域（BAH），其中 BAH 对于核小体结合至关重要（Cairns et al. 1999；Chambers et al. 2012）。同时敲除 RSC1 和 RSC2 是细胞致死的，但是单独敲除其中一个基因的细胞可以存活，表明 RSC 的两个异构体功能是冗余的。

表 12.1 酿酒酵母 RSC 和 SWI/SNF 染色质重塑复合物亚基比较

RSC	SWI/SNF
Sth1	Snf2
Arp7	Arp7
Arp9	Arp9
Rsc1/Rsc2	Swp73
Rsc3	Swp82
Rsc4	Swp29/Anc1/Taf30
Rsc6	Swi1
Rsc7	Swi3
Rsc8	Snf1
Rsc9	Snf5
Rsc30	Snf6
Rsc58	Rtt102
Rtt102	
Ldb7	
Htl1	

注：酿酒酵母 RSC 和 SWI/SNF 复合物共享 Arp7、Arp9 和 Rtt102 亚单位

RSC 复合物的 DNA 依赖的 ATP 酶活性与 3′-5′ 转移酶活性相关（Saha et al. 2002，2005）。RSC 复合物参与核小体重塑、重定位、去组装和组蛋白八聚体转运。因为 RSC 复合物更倾向于结合到乙酰化的核小体，含四乙酰化组蛋白 H3 的核小体结合 RSC 复合物的速度比未修饰的核小体快 16 倍（Ferreira et al. 2007）。此外，已经证明 RSC 复合物与经 NuA4 组蛋白乙酰转移酶乙酰化的核小体亲和力增加（Ferreira et al. 2007），提示含 Rsc1、Rsc2、Rsc4 和 Sth1 的布罗莫结构域基在染色质招募和染色质重塑时发挥功能。RSC 复合物重塑核小体通常发生在核小体表面的 DNA 凸起，这一 DNA 凸起进而形成更大的环。核小体其他位置环的消失导致逆向移位，在核小体的位置发生跳跃，这一过程被称作核小体的滑动。酿酒酵母中 RSC 复合物的 ChIP-chip 全基因组分析结果显示，RSC 复合物结合在约 700 个基因的启动子区（占 11%的基因），而 RSC1 和 RSC2 分布图谱无差别（Ng et al. 2002）；并且在 rsc4 的突变系中，约 12% RNA 聚合酶 II 转录的基因上调或下调了一半（Soutourina et al. 2006）。最近，在 708 个基因的转录起始位点上游 100 bp 处发现了 RSC3 序列特异性结合位点，其中 169 个基因是必需基因，并且 RSC3 与基因启动子区核小体的驱逐密切相关（Badis et al. 2008）。体外研究显示，RSC 复合物也能够促进 RNA 聚合酶 II 穿过乙酰化核小体（Carey et al. 2006）。虽然 RSC 复合物

可以调控必需和冗余的基因的转录，但是根据目前的研究结果，还没有研究表明 RSC 复合物参与 DNA 修复基因的转录调控。

2. SWI/SNF

SWI/SNF 复合物是高度保守的多亚基复合物，在转录调控中有重要作用。很多 SWI/SNF 染色质重塑复合物的基因最初是在筛选调控酵母交配型转换（SWI）与蔗糖非发酵型（SNF）的表型时被鉴定的（Abrams et al. 1986；Carlson and Laurent 1994；Carlson et al. 1981；Nasmyth and Shore 1987；Neigeborn and Carlson 1984，1987；Stern et al. 1984）。研究人员很快意识到筛选 SWI 与 SNF 时被鉴定的基因非常相似，并且这些基因都与酵母交配型转换和蔗糖不能发酵有关，因此被称作 SWI/SNF（Peterson et al. 1994；Wolffe 1994）。尽管在酵母中 SWI/SNF 是一种相对较少的酶，每个细胞核中只有 100～500 个拷贝（Cote et al. 1994）。酵母中 5%～7%酵母基因的表达需要 SWI/SNF 复合物（Monahan et al. 2008；Sudarsanam et al. 2000；Zraly et al. 2006）。SWI/SNF 复合物既可以促进基因的表达，也可以抑制基因的表达，酵母中 SWI/SNF 调控的基因大约有 1/3 是被抑制的（Sudarsanam et al. 2000）。酵母 SWI/SNF 复合物至少由 11 个不同的亚基（表 12.1）构成，参与酵母大量基因的转录以及作为序列特异性转录激活因子。此外，SWI2/SNF2 的果蝇同源蛋白是同源异型基因活化必需的（Tamkun et al. 1992）。人的 SWI/SNF 复合物可以促进培养的人细胞的甾醇受体发挥功能（Chiba et al. 1994；Muchardt and Yaniv 1993）。哺乳动物 SWI/SNF 复合物在结构和功能上与酵母和果蝇相比更具有多样性。酵母 SWI/SNF 复合物的分子质量约为 1.14 MDa（Smith et al. 2003），而哺乳动物中 SWI/SNF 复合物的分子质量约为 2 MDa。并不完全清楚 SWI/SNF 复合物的亚基组成配比，但是很可能单一 SWI/SNF 复合物并不会包含表 12.1 中列举的所有亚基。

酵母中纯化的 SWI/SNF 复合物具有与 RSC 复合物相似的生化功能，并且包含与 RSC 亚基同源的某些亚基。果蝇的 BAP/pBAP 以及哺乳动物细胞的 SWI/SNF 复合物包括多布罗莫结构域 BRG1 结合因子（polybromo BRG1-associated factor，PBAF；也被称作 SWI/SNF-B 复合物）（Cairns et al. 1996a；Imbalzano et al. 1994；Mohrmann et al. 2004；Mohrmann and Verrijzer 2005；Papoulas et al. 1998）有类似的亚基组成。哺乳动物中该复合物由两个相互排斥的 ATP 酶催化亚基中的一种组成：brahma 同源蛋白（BRM，也被称作 SMARCA2）或者 BRM/SWI2 相关基因 1（BRG1，也被称作 SMARCA4）。这些复合物都包含一类高度保守的核心亚基，如 SNF5（也被称作 SMARCB1、INI1 和 BAF47）、BAF155 和 BAF170。除此之外，它们还包含可变的亚基，这些亚基有助于复合物的靶向、组装和调节谱系特有的功能（Phelan et al. 1999；Wang et al. 1996）。ARID1A（富含 AT 的 DNA 互作结构域蛋白 1A，也被称作 BAF250A 和 SMARCF1）和 ARID1B 亚基相互排斥，并且存在于 BAF 复合物中，然而 BAF180（也称作 PBRM1）、BAF200 和 BRD7（含布罗莫结构域蛋白 7）广泛存在于 PBAF 复合物中（Mohrmann and Verrijzer 2005；Wang et al. 1996，2004；Kaeser et al. 2008）。研究表明 BAF 与酵母 SWI/SNF 相似，且 PBAF 与酿酒酵母 RSC 复合物更相似（Xue et al. 2000）。编码 BAF 和 PBAF 的几个共有亚基的基因经常显示出有谱系特异的表达差异，因此哺乳动物中存在大量的 SWI/SNF

复合物的变体，并且有助于调节谱系和组织特异性基因的表达（Kaeser et al. 2008；Lessard et al. 2007；Llicker et al. 2004；Wu et al. 2009；Yan et al. 2008）。

SWI/SNF 复合物能够重塑核小体结构，并且通过滑动或催化组蛋白八聚体驱逐和插入来促进核小体移动（Saha et al. 2006）。核小体滑动分为以下几个步骤：SWI/SNF 复合物结合在核小体 DNA 的特定位置，破坏组蛋白和 DNA 的接触，通过 ATP 酶亚基启动 DNA 易位和 DNA 环形成，然后在核小体周围扩大，以形成 DNA 结合因子易于接近的位点（Saha et al. 2006；Lorch et al. 2010）。核小体组蛋白插入与驱逐机制仍然不明，但有研究表明组蛋白伴侣在这一过程中发挥辅助作用，组蛋白的弹出不仅发生在与 SWI/SNF 复合物直接结合的核小体上，也发生在与重定位核小体相邻的核小体上（Dechassa et al. 2010）。尽管核小体重塑主要研究 SWI/SNF 复合物的活性，但这些复合物可以与众多染色质蛋白互作，因此不难想象它们对高度有序的染色质结构也发挥其他作用。

虽然酿酒酵母 SWI/SNF 复合物是在研究基因转录激活时被发现的，但在哺乳动物细胞中它既可以激活转录，也可以抑制基因的表达。哺乳动物 T 淋巴细胞发育时，CD4 的沉默和激活 CD8 的表达都需要 BRG1 和 BAF57（Chi et al. 2002）。胚胎干细胞中，BRG1 不仅可以抑制分化相关基因的表达，也能够促进核心多潜能基因的表达（Ho et al. 2009）。同样，小鼠成纤维细胞中敲除 snf5 导致更多的基因被激活而非抑制（Isakoff et al. 2005）。SWI/SNF 复合物招募组蛋白去乙酰化酶（HDAC），去除组蛋白尾部的活性乙酰基团，从而导致基因表达的抑制。例如，SNF5 以 HDAC1 依赖的方式抑制周期蛋白 D1（CCND1）的表达（Zhang et al. 2002）。这些看似相反的活性实际上是通过相似机制完成的，即通过将核小体定位在远离结合位点以促进因子结合，或通过移动核小体以阻止结合。总而言之，哺乳动物 SWI/SNF 复合物的动态活性在调控基因表达和抑制过程中均有重要的作用。

12.2.2.2　RSC 和 SWI/SNF 在 DNA 双链损伤修复中的作用

两类 ATP 依赖的染色质重塑因子在转录调控和染色体传递过程中的作用已经被深入研究（Sudarsanam et al. 2000；Cao et al. 1997），最近的研究证据表明这些因子直接参与 DNA 双链损伤修复。SWI/SNF 和 RSC 突变体对诱导 DNA 双链损伤的化学试剂非常敏感，一系列证据表明 RSC 通过非同源末端连接直接参与 DNA 双链损伤修复过程（Shim et al. 2005）。在供体模板缺失的细胞中，利用遗传学方法筛选得到两个 rsc 突变体，其在 HO 核酸内切酶诱导 MAT 处 DNA 双链断裂的非同源末端连接修复中有缺陷，这些突变体在精确和不精确的 DNA 末端连接中都存在缺陷（Shim et al. 2005）。遗传学研究表明：rsc 突变体联合 rad52 敲除（阻断了同源重组修复）的双突变体对 DNA 双链损伤的诱导剂更加敏感。研究表明 RSC 和 SWI/SNF 与 DNA 双链损伤的同源重组修复有关（Chai et al. 2005）。swi/snf 和 rsc 突变体在基于质粒检测单链退火的同源重组修复中存在缺陷。更为重要的是，对酵母突变体的分析表明，SWI/SNF 和 RSC 参与有同源供体序列的细胞中 MAT 位点 DNA 双链损伤的同源重组修复的不同步骤。在链侵入蛋白被刚刚招募到受体 MAT 基因位点后，两个染色质重塑因子在供体基因位点处调控同源重组（Chai et al. 2005）。

　　SWI/SNF 复合物在突触纤维的形成中具有重要作用，如果该复合物缺失，Rad52 和 Rad51 在 HML 供体基因座上的水平显著减低。相反，在侵入链的 3′端激发 DNA 合成之后，RSC 调控同源重组的后联会步骤，揭示在 *rsc2* 突变体细胞中供体-受体 DNA 连接产物水平非常低（Chai et al. 2005）。尽管 SWI/SNF 和 RSC 在酵母中具有转录调控功能，但它们似乎也直接参与 DNA 双链损伤修复。这两个复合物本身就存在于 HO 核酸内切酶诱导的 MAT 位点的 DNA 双链损伤中，虽然它们被招募到 MAT 位点的速率不同（Shim et al. 2005；Chai et al. 2005）。RSC 的催化亚基 Sth1 被迅速招募到 DNA 双链损伤位点，并且在断裂形成后 20 min 内达到峰值。相反，SWI/SNF 复合物的 Snf2 和 Snf5 亚基随后以与招募链入侵退火蛋白 Rad52 和 Rad54 时间尺度相似的方式被招募到 DNA 损伤位点，且持续聚集在 DNA 断裂位点长达 4 h。

　　近来，研究表明酿酒酵母中 ATP 依赖的染色质重塑因子 SNF2 家族成员 Fun30 可促进 DNA 损伤位点处核小体的驱逐，这一过程需要 Exo1 和 Sgs1 的参与，因此增强了 DNA 双链断裂处的大范围末端切除，目的是实现高效同源重组修复（Chen et al. 2012；Costelloe et al. 2012；Eapen et al. 2012）。SWI/SNF 和 RSC 也与 HML 供体基因位点互作，这与重塑因子发挥同源重组修复过程中受体-供体 DNA 链之间互作的直接作用一致。虽然 SWI/SNF 招募到 MAT-HML 基因位点的时间与假定的参与链退火作用一致，但是鉴于 RSC 在同源重组修复晚期的作用，令人困惑的是为何在 HR 修复的更早期要招募 RSC 复合物到 MAT DNA 双链损伤位点。一种可能性是早期需要 RSC 复合物的重塑活性参与染色质环境的重塑，以便利于稍后的后联会步骤。另一种解释是，在供体模板较少的酵母中 RSC 的早期招募与非同源末端连接修复因子招募同时发生（Shim et al. 2005），这与 DSB 形成后选择非同源末端连接和同源重组修复密切相关。因此，在供体序列存在的情况下，RSC 能够促进同源重组修复，而不是非同源末端连接。DNA 双链损伤形成后，Mec1/Tel1 磷酸化组蛋白 H2A 第 129 位丝氨酸位点。RSC 以与组蛋白 H2A 磷酸化相似的时间尺度进行招募和染色质重塑，提示极有可能 RSC 招募和 H2A 磷酸化事件密切相关。在 H2A 第 129 位丝氨酸不能磷酸化的突变体中，DNA 双链断裂位处的 Rsc1 富集并不受影响；但是，*rsc* 突变体细胞中，H2A 第 129 位丝氨酸磷酸化存在缺陷，表明 RSC 招募处于 DNA 损伤应答的 H2A 磷酸化上游（Kent et al. 2007；Liang et al. 2007；Shim et al. 2007）。此外，在 *rsc2* 突变体中，Mec1 和 Tel1 富集降低了大约一半，与组蛋白 H2A 磷酸化缺陷是一致的（Liang et al. 2007）。

　　一旦 DNA 双链断裂形成，少量的 Mre11 和 Ku 迅速结合到断裂末端以直接或间接地促进 RSC 的招募，进而重塑断裂区域的染色质。重塑后的染色质易于接近并允许更多的 Mre11 和 Ku 聚集，形成一个正向反馈来招募更多的 RSC 复合物。Mre11 的出现促进了 DNA 切除和随后的 Mec1 募集至 RPA 覆盖的单链 DNA 上，以及 H2A 磷酸化。这一信号级联放大作用意味着即使在缺乏 RSC 复合物时，也能有效切除 DNA 链和磷酸化 H2A，但是当 RSC 复合物存在时，这一过程更高效。

　　MRE1 是 MRX 复合物的一个进化保守亚基，能够被迅速招募到 DNA 双链断裂位点，调控同源重组过程中 DNA 链的切除、细胞周期检查点的激活和断裂末端的互作（Lisby et al. 2004；Shroff et al. 2004；D'Amours and Jackson 2002；Petrini and Stracker

2003；Stracker et al. 2004）。重要的是，这一复合物同时参与非同源末端连接和同源重组调控的 DNA 双链断裂修复（Symington 2002；Lewis and Resnick 2000；Haber 1998），因此可以在 DNA 双链断裂时介导 SWI/SNF 和 RSC 的互作。一个亟待解决的问题是：为什么在 MAT 基因座的同源重组修复过程中，需要两个具有相似染色质重塑活性的因子?部分原因可能是这两个因子在同源重组过程中不同时间点参与 MAT 基因位点的染色质结构重塑。HML 和 HMR 供体基因组装成一个异染色质样结构，并且 SWI/SNF 复合物的重塑可能特异性破坏了这一结构，以暴露供体 DNA 给参与同源序列搜索和结合的因子。相反，RSC 复合物重塑活性调控联会后 MAT 位点 DNA 与供体 DNA 的解离，这或许反映了 RSC 复合物是作用于 DNA 而非染色质。

12.2.2.3　INO80 和 SWR1 染色质重塑复合物

1. INO80

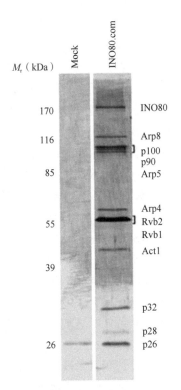

图 12.3　INO80 ATP 依赖的染色质重塑复合物。SDS-PAGE 和银染结果显示利用一步法 FLAG 免疫亲和层析从酵母全细胞提取液中纯化的 INO80 和该复合物的亚单位（译者注：Mock 代表阴性对照）。改编自 X. Shen，G. Mizuguchi，A. Hamiche，and C. Wu，*Nature* 406，541（2000）（已获得作者许可）

INO80 染色质重塑复合物是首个被鉴定为参与肌醇代谢基因的共激活因子，与 SWI/SNF 和 RSC 类似，它也参与 DNA 修复（Morrison et al. 2004；Shen et al. 2000，2003a；Tsukuda et al. 2005；van Attikum et al. 2004）。最初从酵母中纯化了 INO80 染色质重塑复合物，分子质量（M_r）约为 1.5 MDa。该复合物包含 15 个亚基，除 Rvb1 和 Rvb2 是其他亚基化学计量的 6 倍，其他亚基的化学计量基本一致（Shen et al. 2000）（图 12.3）。INO80 复合物是高度保守的，并且纯化的人 INO80（hINO80）复合物包含 Ino80、Rvb1、Rvb2、Arp4、Arp5、Arp8、Ies2 和 Ies6 的同源蛋白及其他 5 个独立的亚基。与酵母 INO80 复合物相似，人 INO80 复合物表现出 DNA 和核小体激活的 ATP 酶活性以及 ATP 依赖的核小体重塑活性（Shen et al. 2000；Jin et al. 2005）。INO80 亚家族的 ATP 酶亚基由于存在分隔保守 ATP 酶结构域（698～1450）的间隔区域（1018～1299），因此与 ISWI、SWI/SNF 和 CHD 亚家族的 ATP 酶截然不同（Ebbert et al. 1999）。结合核苷酸的 GXGKT 基序中赖氨酸转变为精氨酸会导致 INO80 失去功能，因为过表达该突变体并不能挽救 *ino80* 敲除造成的损害（Ebbert et al. 1999）。此外，酵母中纯化的具有 K737A 突变的 INO80 复合物没有 ATP 酶活性和 DNA 解旋酶活性，也

不能回补 *ino80* 敲除的表型（Shen et al. 2000）。这些结果表明 ATP 结合能力是 Ino80 在体内发挥功能所必需的。

　　染色质重塑复合物（INO80 和 SWR1）的 INO80 家族独有的亚基是从酵母到人都高度保守的 Rvb1 和 Rvb2，哺乳动物的同源蛋白分别是 Tip49a 和 Tip49b（Jonsson et al. 2004；Kanemaki et al. 1999；Qiu et al. 1998）。Rvb 蛋白与细菌 RuvB 具有有限的同源性，即仅有含双六聚体的 Holliday 连接体 DNA 解旋酶（West 1996，1997）。与细菌 RuvB 相似，酵母 Rvb1 和 Rvb2 也是其他亚基化学计量的 6 倍（Shen et al. 2000）。与细菌 RuvA 和 RuvB 对应的真核细胞同源蛋白尚不明确。因此，INO80 和/或 SWR1 或许是代表 RuvA 和 RuvB 的候选者，在染色质环境下部分地执行 Holliday 连接酶的功能。这一假说与 DNA 修复需要 INO80 复合物的结果一致。已有研究表明：酵母 Rvb 蛋白是 INO80 复合物的染色质重塑活性必需的（Jonsson et al. 2004），Rvb 蛋白的缺失将会导致 INO80 复合物一个重要功能亚基 Arp5 的缺失（Shen et al. 2003a）。值得注意的是，Swr1 是 Rvb 的一个非常重要的亚基，但是它并不包含 Arp5，提示 Swr1 复合物的亚基之一（如 Arp6）或者其他未知的亚基可能与 Rvb 互作，并且是调控 SWR1 复合物必需的。

　　常见的肌动蛋白和肌动蛋白相关蛋白（ARP）被鉴定是众多染色质重塑复合物的亚基（Boyer and Peterson 2000）。INO80 复合物包含肌动蛋白、Arp4、Arp5 和 Arp8（Shen et al. 2000）。迄今为止，只在 INO80 复合物中发现了 Arp5 和 Arp8。Arp5 与 INO80 复合物互作并不依赖于其他亚基，而 Arp8 对于复合物中包含 Arp4 和肌动蛋白是必需的（Shen et al. 2003a）。*arp5*Δ 和 *arp8*Δ 敲除细胞株表现出与 *ino80*Δ 敲除细胞株相似的表型，因此 Arp5 和 Arp8 的功能对于染色质重塑是非常重要的。体外研究表明，缺失 Arp5 和 Arp8 的 INO80 复合物的体外 DNA 结合能力、核小体移动能力和 ATP 酶的活性均减弱（Shen et al. 2003a）。与 *rsc* 突变体相似，当利用突变方法清除同源重组（HR）后，*arp8*Δ 敲除突变体对 DSB 诱导剂的敏感性增强了，提示 INO80 也在非同源末端连接（NHEJ）中发挥作用（Morrison et al. 2004；Tsukuda et al. 2005）。酵母 *arp5*Δ 敲除突变体在缺失供体模板的同源重组中对 HO 诱导的 DSB 超级敏感，这种现象在 *arp8*Δ 敲除突变体中也有轻度体现（Tsukuda et al. 2005；van Attikum et al. 2004）。缺失这两个亚基的 INO80 复合物表现出对 DNA 损伤诱导剂的敏感性差异，这个差异能否反映两个亚基的功能变化仍然不得而知。

　　一系列证据表明 INO80 与 DSB 的同源重组修复相关。一些最强有力的证据来自拟南芥的研究，INO80 表达缺陷细胞的同源重组修复频率降低至野生型细胞的 15%（Fritsch et al. 2004）。此外，*arp8* 敲除的出芽酵母与野生型相比，交配型转换实验和二倍体等位基因重组实验都表明同源重组修复频率减少到原来的 1/4。那么，INO80 复合物在同源重组修复中的作用是什么呢?关于这个问题，存在两种相反的观点。第一种观点是 INO80 促进了 HR 通路起始的先决条件，即 DNA 末端的切除。这一观点是基于 *arp8*Δ 突变体中，荧光实时定量 PCR 检测显示 MAT 基因处 ssDNA 形成显著减少（van Attikum et al. 2004）。然而，另一报道运用 Southern 印迹检测 MAT 基因的 DNA 链切除，并采用募集实验检测单链结合蛋白 RPA 与 MAT 基因座单链 DNA 互作及其在该 DNA 链上的传播，结果表明 *arp8*Δ 突变体的链切除正常，但是延迟了链侵入蛋白 RAD52 和 RAD51 在 MAT

双链损伤处的募集，RPA 蛋白的置换速率更慢。尽管如此，INO80 对链退火因子至 DNA 断裂末端募集的增强作用，要么是通过调控末端切除，要么是通过促进 ssDNA 上 RPA 的置换来完成的。

肌动蛋白作为细胞的主要成分，通过动态的聚合，以及与其他蛋白和脂质互作，从而在细胞质中发挥众多重要的功能（Cooper and Schafer 2000；Olave et al. 2002；Pollard et al. 1994；Sheterline and Sparrow 1994）。越来越多的证据表明细胞核中存在肌动蛋白，并且其在细胞核中发挥着重要作用，由于缺乏体内外细胞核肌动蛋白功能的研究，对细胞核肌动蛋白的研究仍停滞不前。但是，最近关于温度敏感的肌动蛋白突变体和生化检测方法的研究表明，肌动蛋白以单体形式作为分子伴侣或者作为结合界面来促进 INO80 与染色质的相互作用（Kapoor et al. 2013）。由于肌动蛋白和 Arp4 一直存在于染色质修饰复合物中，如 INO80、SWR1 和 NuA4（Shen et al. 2000；Galarneau et al. 2000；Mizuguchi et al. 2004），并且 INO80 复合物中 Arp8 的缺失会导致肌动蛋白和 Arp4 的缺失（Shen et al. 2003a），因此，Arp4 和肌动蛋白形成二聚体，并且作为一个保守的基本模块。这种肌动蛋白/Arp4 模块与另外的 Arp 和其他蛋白质一起被反复组装在不同的染色质修饰复合物中，以满足特定功能的发挥。

一个类 HMG-1 蛋白 Nhp10，被看作是 INO80 复合物的一个潜在的亚基（Shen et al. 2003a；Gavin et al. 2002；Uetz et al. 2000），该亚基可结合结构化的 DNA 或者核小体。敲除 Nhp10 导致 Ies3 的缺失，表明 Nph10 对招募 IES3 到复合物至关重要。此外，缺乏 Nph10 的 INO80 复合物的 DNA 结合活性减弱，但仍然能够移动核小体，表明 Nhp10（和 Ies3）与肌动蛋白和 Arp 相比，它们对染色质重塑的作用更小（Shen et al. 2003a）。近来研究表明 Nhp10（和/或 Ies3）对招募 INO80 复合物到 DNA 双链断裂处发挥重要作用，主要是通过调控 INO80 复合物和磷酸化 H2A（γH2A.X）之间的相互作用而起作用（Morrison et al. 2004）。综上所述，INO80 复合物的一个独特亚基（Nhp10）介导了与其他因子间的相互作用，而对染色质重塑的作用并非是首要的。Taf14 也被称作 Swp29、Taf30、Tfg3、Anc1 或 TafII30，它是中介体因子 TFIID、TFIIF、SWI/SNF、NuA4 和 INO80 复合物的一个亚基（Shen et al. 2003a；Cairns et al. 1996b；Henry et al. 1994；John et al. 2000；Kim et al. 1994；Poon et al. 1995）。酵母双杂交筛选结果表明 Taf14 与以上复合物的一个关键催化亚基（如 INO80 复合物的 Ino80）可以互作，因此表明它具有常规的调节作用（Kahani et al. 2005）。Taf14 蛋白包含一个保守的 YEATS 结构域，这一结构域存在于 NuA4 和 SWR1 复合物的 Yaf9 亚基（Bittner et al. 2004；Zhang et al. 2004），以及与染色质沉默相关的 SAS 复合物的 Sas5 中（Shia et al. 2005；Sutton et al. 2003）。然而，这一结构域的功能到目前为止仍然不清楚，*taf14* 敲除突变体的转录水平降低，肌动蛋白组装存在缺陷，对压力因素如热、咖啡因、羟基脲、UV 辐射以及甲基磺酸甲酯的敏感性增强（Henry et al. 1994；Zhang et al. 2004；Welch and Drubin 1994；Welch et al. 1993）。此外，Taf14 还通过 Rad53 与 Mec1 参与肌动蛋白功能与细胞周期阻滞，在 DNA 损伤应答中有重要的作用（Welch and Drubin 1994；Li and Reese 2000）。

染色质重塑与体内转录起始过程中的组蛋白交换有关，表明染色质重塑激发了组蛋白伴侣等因子去除核小体的过程（Adkins et al. 2004；Boeger et al. 2003；Lorch et al. 2006；

Reinke and Horz 2003）。核小体缺失是一种高效暴露转录因子结合位点的方法，它被看作是一种通用的增强染色质可接近性的机制，这一现象不仅存在于转录起始位点，同样存在于 DNA 双链断裂位点。MAT 基因 DNA 断裂后的 2 h 内，在损伤位点 5～6 kb 的核小体定位遭到破坏且核心组蛋白缺失，这些事件依赖 INO80 重塑染色质的活性（Tsukuda et al. 2005）。因为 Rad51 向 MAT 的 DNA 双链断裂处的募集与核小体缺失的动态变化同时发生，所以推测 INO80 的主要功能是在损伤的染色体处移除核小体以使链侵入蛋白结合 DNA（Tsukuda et al. 2005）。INO80 调控的核小体缺失的另一个后果是可能导致包含磷酸化 H2A 的核小体去除。磷酸化组蛋白 H2A 的去磷酸化在 DNA 修复之前就已经完成，并且对于恢复 DNA 损伤检查点所引起的细胞周期阻滞是必需的（Keogh et al. 2006）。

近期的研究提示磷酸酶 Pph3 去磷酸化组蛋白 H2A 与染色质无关（Keogh et al. 2006）。因此，在 MAT 基因的 DNA 双链断裂处核小体缺失至少有两个作用：促进同源重组修复因子在单链 DNA 上的聚集及替换磷酸化 H2A-H2B 二聚体，该二聚体的去磷酸化依赖 Pph3 的参与。尽管 INO80 沿着染色质纤维移动核小体，但却不可能导致 DNA 双链断裂处大量的核小体缺失（估算在损伤位点处至少有 10 个核小体的缺失），很有可能是组蛋白伴侣同 INO80 一起移除 DNA 双链断裂处的核小体。一个好的候选者，如进化保守的分子伴侣 Asf1 蛋白，不仅参与细胞染色质的去组装，而且参与 DNA 双链损伤修复（Adkins and Tyler 2004；Prado et al. 2004）。很可能其他的染色质重塑因子与 INO80 复合物协同作用，促进 DNA 双链损伤处的核小体移除。与 INO80 复合物一样，SWI/SNF 和 RSC 复合物直接参与 DNA 双链损伤修复。在 MAT 基因 DNA 双链损伤形成后，INO80 催化亚基被招募到 MAT 基因。它的招募依赖于组蛋白 H2A 磷酸化和与染色质相互作用的 INO80 复合物 Nhp10 和 Arp4 亚基（Morrison et al. 2004；Tsukuda et al. 2005；van Attikum et al. 2004；Downs et al. 2004）。*arp8* 敲除突变体中，可以正常形成磷酸化的 H2A，表明组蛋白的修饰位于 INO80 复合物招募之前。然而，组蛋白 H2A 磷酸化缺陷的突变体中，MAT 基因 DNA 双链损伤应答也能够正常发生，表明组蛋白交换并不依赖于新招募的 INO80（Tsukuda et al. 2005）。这一看似矛盾的结果可以部分解释为：DNA 双链损伤应答之前，一组 INO80 复合物已经存在于 MAT 基因处。据报道，INO80 可调控 MAT 调节性基因的转录（Shen et al. 2003b）；而且，推测 DNA 双链损伤可激活这一组 INO80 复合物的核小体重塑活性（Tsukuda et al. 2005）。DNA 损伤后，MAT 基因处的额外 INO80 招募参与调节 NHEJ 或 HR。然而，预先存在的这一组 INO80 复合物并没有出现于发生 DNA 双链损伤的每个基因组位点处。因此，在这些位点处，磷酸化组蛋白 H2A 招募的 INO80 复合物在核小体的重塑和/或组蛋白驱逐中扮演着更为重要的角色。

INO80 复合物的招募和活化受到不同因子的调控。有趣的是，MRX 复合物也参与该调控，MRX 也调节 DNA 双链损伤时 5′至 3′端的切除（Bressan et al. 1999；Usui et al. 2001）。重要的是，*mre11* 敲除突变体在 MAT 基因的 DNA 双链损伤位点处核小体交换存在缺陷，且比 *arp8* 敲除突变体的缺陷更明显，Rad51 的招募也受到延迟（Tsukuda et al. 2005）。这些结果提示 MRX 复合物在去除核小体上有新的作用并且通过两种方式完成：①激活 INO80 重塑活性；②调控链切除。进一步的研究提示，缺失大量的单链 DNA（ssDNA）时，INO80 复合物不能有效催化核小体的替换。一个关键的问题是 MRX 如何激活 INO80，是直接作用还是间接作用?目前为止，并没有报道表明 MRX 直接激活 INO80；但是在 DNA 损伤后，Ies4 亚基通过 Mec1 和 Tel1 磷酸化 INO80 调控细胞周期检查点。Tel1 是 MRX 复合物的一个已知结合伴侣，提示 MRX 可以通过 Tel1 间接激活 INO80。也存在另一种可能性，即除了 Ies4 之外，其他亚基的翻译后修饰可调控 INO80 的活性。

2. SWR1

组蛋白交换因子 SWR1 复合物能够特异性促进核小体中 H2A 和变体 H2A.Z 的交换 （Mizuguchi et al. 2004；Kobor et al. 2004；Krogan et al. 2003）。组蛋白变体是主要核心组蛋白的不同非等位形式，经典组蛋白是在 DNA 复制时表达和掺入到染色质中的，但是与之相反，组蛋白变体在整个细胞周期中都有表达，并且它们的插入通常与复制无关 （Henikoff and Ahmad 2005）。近年来，基因组研究表明酵母 H2A.Z（Htz1）主要分布于常染色质基因启动子区，以及单个核小体两侧无核小体的转录起始位点（Guillemette et al. 2005；Raisner et al. 2005；Zhang et al. 2005）。

纯化的酵母 SWR1 复合物包含 14 个亚基（图 12.4）（Mizuguchi et al. 2004；Wu et al. 2005），与 INO80 复合物共有的亚基有 actin、Arp4、Swc4、Rvb1 和 Rvb2；与组蛋白乙酰转移酶复合物 NuA4 共有的亚基有 actin、Arp4、Swc4 和 Yaf9（Shen et al. 2000；Doyon and Cote 2004）。有趣的是，Htz1/H2A.Z 与纯化的 SWR1 复合物能够相互作用，并且观察到 *swr1* 突变体和 *htz1* 突变体在出芽酵母中有相似的表型，提示 Htz1 和 SWR1 复合物存在遗传和功能上的相关性。Swr1 是一个 Swi2/Snf2 相关的 ATP 酶，与 INO80 复合物相似，也具有一个被保守 ATP 酶结构域分割的核心 ATP 酶，SWR1 复合物也表现出核小体刺激的 ATP 酶活性 （Mizuguchi et al. 2004）。Swr1 是复合物中的一个关键的催化亚基，Swr1 催化位点突变体 （K727G）不能够挽救 *swr1* 敲除突变体的表型，并且包含 Swr1（K727G）突变体的 SWR1 复合物不能在体外催化 H2A.Z 替代 H2A （Mizuguchi et al. 2004；Kobor et al. 2004）。Swr1 ATP 酶结构域的 N 端区域负责 Arp4、Act1、Swc4、Swc5 以及 Yaf9 的结合；但是，保守的 ATP 酶结构域包括插入区域，对于其他成分如 Swc2、Swc3、Rvb1 和 Rvb2 的相互作用是非常关键的（Wu et al. 2005）。这些结

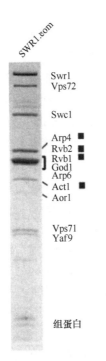

图 12.4　SWR1 染色质重塑复合物：SDS-PAGE 及考马斯亮蓝染色显示利用一步法 FLAG 免疫亲和层析从酵母全细胞提取液中纯化的 SWR1 的各个组成亚基（SWR1.com）。改编自 G. Mizuguchi，X. Shen，J. Landry，W. H. Wu，S. Sen，and C. Wu，*Science* 303，344 （2004）（已获得作者许可）

果表明 Swr1 对于复合物的完整性是必需的，并且提示 INO80 和 SWR1 复合物具有相似的关键结构。Swc2 是 SWR1 复合物的第二大亚基，Swc2 负责与 Swc3 相互结合，当 Swc2 缺失时，复合物中会缺失 Swc3。虽然 Swc2 并没有与复合物的支架蛋白 Swr1 直接作用，但是通过 Swc6 和 Arp6 桥连而相互作用（Wu et al. 2005）。Swc2 的 N 端区域（1～281 aa）对 Htz1 表现出很强的亲和性，并且被广泛看作保守的组蛋白变体 H2A.Z 结合区域，因为哺乳动物中的同源物 YL-1 能够选择性结合 Htz1 而非 H2A。Htz1 的 M6 结构域（C 端的 α 螺旋）是 Htz1 发挥功能的必需区域，对于 Htz1 和 SWR1 复合物相互作用是必需的。Swc2（1～281 aa）的酸性性质以及它能结合组蛋白提示 Swc2 是复合物中的类分子伴侣亚基。然而，Swc3 的功能仍不清楚，因为 Swc3 的缺失并未影响 SWR1 复合物其他亚基间的结合及其与组蛋白的相互作用，体外实验证实 *swc3* 突变体细胞的 SWR1 的组蛋白交换活性也未受到影响（Wu et al. 2005）。

　　Swc5 是复合物中的另一个亚基，其缺失并不影响 SWR1 复合物的完整性或与 Htz1 的结合。然而，Swc5 对于 Htz1 的功能替代是必需的。有趣的是，纯化的缺失 Swc5 的 SWR1 复合物核小体结合能力提高了（Wu et al. 2005），提示 Swc5 在 Htz1 替换的过程中，可以调控体内 SWR1 复合物与染色质之间的相互作用。Swc4 又名 God1 和 Eaf2，是必需基因编码的蛋白，它的哺乳动物同源蛋白是 DNA 甲基转移酶相关蛋白 1（DMAP1）（Rountree et al. 2000）。Swc4 具有 SANT 结构域，这一结构域存在于一些染色质重塑复合物和乙酰转移酶复合物中，并且对于功能的发挥是必需的（Boyer et al. 2002，2004）。虽然 Swc4 的功能还不知道，但是酵母双杂交实验表明 Swc4 可直接结合 SWR1 复合物的 Yaf9 亚基（Bittner et al. 2004），Yaf9 的缺失导致 Swc4 与复合物的分离。因此，Swc4 与复合物的互作依赖于 Yaf9（Wu et al. 2005）。Yaf9 与人类白血病蛋白 AF9 相似，并以其命名（Corral et al. 1996）。Yaf9 与 INO80 复合物的一个亚基 Taf14 相似，也具有 YEATS（Yaf9-ENL-AF9-Taf14-Sas5）结构域。YEATS 蛋白家族在酿酒酵母细胞中是必需的，虽然每个单独的基因并非必需的，但是缺失三个家族成员（Yaf9、Taf14 和 Sas5）的酵母是不可存活的。体外研究表明 Yaf9/Swc4 参与 Htz1 的传递而非 Htz1 和核小体的结合（Wu et al. 2005）。*yaf9*Δ突变体显示临近端粒末端的 Htz1 沉积减少，并且转录谱和表型均与 *htz1*Δ突变体相似（Zhang et al. 2004）。总之，以上结果提示 Yaf9 和/或 Swc4 在 Htz1 的沉积中具有重要作用。

　　Swc6 和 Arp6 一同与 Swc2 和 Swc3 相互作用，Swc6 或者 Arp6 的缺失可以导致 SWR1 复合物四个亚基的缺失。虽然在 Swr1 缺失时，Swc2 既不与 Swc6，也不与 Arp6 相互作用，但是 Swc6 与 Arp6 仍然可以相互作用。Swc6 和 Arp6 对于 Htz1 和核小体的结合，以及 Htz1 的交换是必需的（Wu et al. 2005）。Arp6 在出芽酵母、裂殖酵母、拟南芥、果蝇、鸡和人中均有发现（Kato et al. 2001；Martin-Trillo et al. 2006），表明其在不同生物中具有功能保守性。裂殖酵母中 Arp6 对于端粒的转录沉默是必需的（Ueno et al. 2004）。此外，果蝇和哺乳动物中 ARP6 与异染色质蛋白 1（heterochromatin protein 1，HP1）相互作用，并且与染色体臂间异染色质 HP1 共定位（Frankel et al. 1997；Ohfuchi et al. 2006）。组蛋白变体 H2A.Z 会干扰哺乳动物 HP1α 与染色质的相互作用（Rangasamy et al. 2004），此外，体外研究显示 HP1α 对包含 H2A.Z 的染色质的亲和性提高了 2.5 倍（Fan et al.

2004）。

这些研究结果表明，后生动物 HP1 和 H2A.Z 被含 Arp6 的 SWR1 复合物所沉积，且二者一起参与异染色质的形成。然而，Arp6 蛋白本身的作用，抑或作为出芽酵母中 SWR1 样染色质重塑复合物组分的功能仍然有待进一步研究。Swc7 和 Bdf1（bromodomain factor 1，布罗莫结构域因子 1）是参与组装但并未在 SWR1 复合物中发现的两个亚基。Bdf1 有两个布罗莫结构域（赖氨酸乙酰化结合结构域），布罗莫结构域存在于多种蛋白质中，并参与转录和染色质修饰，并且与酵母 TFIID 化学计量相关。Bdf1 以及它的同源物 Bdf2 在遗传功能上是冗余的（Matangkasombut et al. 2000）。然而，Bdf1 倾向于结合乙酰化的组蛋白 H3 和 H4（Ladurner et al. 2003；Matangkasombut and Buratowski 2003），并且与 TFIID 和 SWR1 复合物相互作用。因为 Bdf1 能够与某些亲和纯化的 Swr1 复合物成分相互作用，所以 Bdf1 是 Swr1 复合物中的一个亚基（Kobor et al. 2004）。到目前为止，SWR1 复合物的招募模式中最具吸引力的方式是 Bdf1 特异性识别乙酰化的组蛋白 H3 和 H4，并且招募 SWR1 复合物，SWR1 复合物再将 Htz1 沉积到这些染色质中（Raisner et al. 2005；Zhang et al. 2005）。有趣的是，已知 Bdf1 可以被磷酸化（Adkins et al. 2004）。因此，Bdf1 磷酸化的状态可能调控 Bdf1 与乙酰化组蛋白互作和/或 TFIID 及 SWR1 复合物的招募。

真核细胞中 SWR1 复合物是保守的。果蝇中，组蛋白变体 H2Av 是一个具有双向功能的分子，因为它具有 H2A.Z 和 H2A.X 的保守序列。果蝇中 SWR1 复合物的同源物 Tip60，既可以乙酰化染色质中磷酸化的 H2Av，还可以替换未修饰的 H2Av（Kusch et al. 2004）。更有趣的是，因为 Tip60 复合物的许多亚基与 SWR1 或者 NuA4 复合物中的亚基同源（Doyon and Cote 2004；Raisner and Madhani 2006），所以 Tip60 复合物似乎由 SWR1 和 NuA4 融合构成。人源的 Tip60 复合物也是由 SWR1 和 NuA4 融合构成。Snf2 相关的 CREB 结合蛋白激活蛋白（SRCAP）复合物是人的另一种 SWR1 复合物，并且能够以 ATP 依赖的方式用 H2A.Z-H2B 二聚体替换 H2A-H2B 二聚体（Raisner and Madhani 2006；Ruhl et al. 2006）。Domino 是果蝇中与 Swr1 ATP 酶同源的蛋白，人类同源蛋白是 SRCAP 和 p400（主要参与转录）（Cai et al. 2005）。Tip60 乙酰转移酶与酵母复合物乙酰转移酶 Esa1 同源，虽然酵母中并未发现 SWR1 复合物与 NuA4 复合物（组蛋白 H2A 和 H4 主要的乙酰转移酶）相互作用，但是越来越多的证据表明两者共同调控 H2A.Z 的沉积。此外，基因组研究表明 NuA4 复合物和 Gcn5 乙酰转移酶（组蛋白 H2B 和 H3 的乙酰转移酶）能够有效招募 Htz1，表明特定的组蛋白乙酰化谱对于 H2A.Z 的沉积具有重要作用。

与 INO80 复合物相似，SWR1 复合物在 DNA 修复中也发挥重要作用。首先，*swr1* 突变体对 DNA 损伤诱导剂 MMS 和羟基脲非常敏感（Mizuguchi et al. 2004；Kobor et al. 2004）。其次，研究表明纯化的 SWR1 复合物在体外能够特异性结合第 129 位磷酸化的组蛋白 H2A。NuA4 复合物和具有 Rvb1 的 INO80 和/或 SWR1 复合物在体内被招募到 DSB 位点（Downs et al. 2004）。人 Tip60 复合物（由 NuA4 和 SWR1 复合物融合而成）的乙酰转移酶活性在 ATM 信号通路的激活和 DNA 修复中发挥重要作用（Ikura et al. 2000；Sun et al. 2005）。此外，果蝇 Tip60 复合物参与 DNA 切口处磷酸化 H2Av 的乙酰化，以及随后替代未修饰的 H2Av（Kusch et al. 2004）。综上所述，INO80 亚家族蛋白特异性地与磷酸化的 H2A.X 和 H2A.Z 相互作用，因此 INO80 和 SWR1 复合物在维持基因组稳定性中具有重要作用。组蛋白变体 H2A.X C 端可被损伤位点附近的染色质区域 ATM 和 ATR（Tel1 和 Mec1）磷酸化（Burma et al. 2001；Ward et al. 2001），进一步激活 DNA 损伤应答。H2A.X 磷酸化的调控缺陷导致小鼠 DNA 损伤检查点和基因组稳定性的改变，以及易患癌症（Downs et al. 2000；Bassing et al. 2003；Celeste et al. 2003a；Koegh et al. 2006）。γH2A.X 可以为某些 DNA 损伤应答成分如 INO80 和 SWR1 复合物提供锚定位点，从而聚焦这些因子的活性至损伤位点处邻近区域，以维持基因组的稳定性（Celeste et al. 2003b；Nakamura et al. 2004；Paull et al. 2000；Unal et al. 2004）。

12.2.2.4　DNA DSB 修复中 INO80 和 SWR1 的作用

综上所述，酵母中 INO80 和 SWR1 复合物通过与 γH2A.X 相互作用而直接结合到 DNA 的 DSB 位点（Morrison et al. 2004；van Attikum et al. 2004，2007）。这些复合物参与 DSB 相关的 DNA 末端的处理过程（图 12.5）。酿酒酵母 INO80 复合物特异性影响 DSB 损伤位点周围核小体（包括含有 γH2A.X 和 H2A.Z 的核小体）的弹出。敲除 *arp8* 可以降低体外 INO80 复合物染色质重塑的活性（Shen et al. 2003a），而敲除 *nhp10* 可减少招募到 DSB 位点的 INO80 复合物，导致 DSB 邻近位点（Tskuda et al. 2005，2009；van Attikum et al. 2007）和同源供体基因座的染色质上（Tsukuda et al. 2009）核小体弹出存在缺陷。阻碍核小体的移除减弱了修复相关因子和检查点因子间在 DSB 位点处的相互作用，似乎也会改变随后 DNA 损伤修复的步骤。因此提示修复位点处的核小体阻碍了促进 DNA 修复的蛋白间的相互作用。例如，酿酒酵母中 INO80 复合物的突变导致 DSB 位点处 Mre11 核酸酶的缺陷，以及同源重组修复必需的 Mre11 介导的单链 DNA 形成也存在缺陷（van Attikum et al. 2004，2007；Morrison et al. 2007）。

另一研究表明，INO80 复合物直接影响单链 DNA 的切除是存在争议的，该研究并未观察到产生单链 DNA 存在缺陷（Tsukuda et al. 2005）。此外，有研究提出核小体的移除和单链 DNA 产生的因果关系，由于这两个过程密切相关，很难用实验进行区分（Chen et al. 2008）。然而，*arp8*Δ敲除突变体中，DNA 切除的下游事件，即单链 DNA 插入到供体基因座 DNA 中受到阻碍（Tsukuda et al. 2009）。其他与 DNA 损伤应答因子相互作用的因子，如 Mec1 和 Rad51，在 *arp8*Δ敲除突变体中也减少（Tsukuda et al. 2005，2009；van Attikum et al. 2007）。与之相反，酵母 SWR1 复合物并不影响 DSB 位点处核小体的移除（van Attikum et al. 2007）。Htz1 短暂富集在 DSB 位点，当其被敲除后，单链 DNA 的产生减少，且 Rad51 与 DSB 邻近区域的结合减少（Kalocsay et al. 2009）。NHEJ 修复中 DSB 位点处有效招募 Mec1 和 Ku80，这一过程需要 SWR1 复合物的参与（van Attikum et al. 2007）。此外，敲除 *htz1* 导致细胞核周围持续的 DSB（Kalocsay et al. 2009），这是一个尚无法解释的促进 DNA 修复的事件（Nagai et al. 2008）。

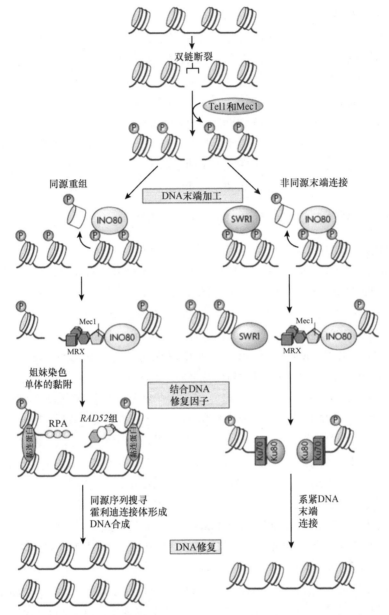

图 12.5 INO80 和 SWR1 复合物调节 DNA 双链断裂修复：酿酒酵母激酶 Tel1 和 Mec1（哺乳动物中分别为 ATM 和 ATR）在双链断裂形成后会磷酸化 H2A.X，从而经同源重组（HR）或非同源末端连接（NHEJ）进行修复。在 HR 和 NHEJ 修复过程中，INO80 和 SWR1 复合物结合磷酸化的 H2A.X。INO80 复合物参与 DNA 断裂附近位点的核小体驱逐；之后，Mre11-Rad50-Xrs2（MRX）复合物识别 DNA 末端，Mre1 核酸酶参与单链 DNA 的 INO80 产生。在 HR 过程中，单链 DNA 结合蛋白复制蛋白 A（RPA）和 Mec1 检查点激酶结合切割的 DNA，黏连蛋白复合物帮助抓住姐妹染色单体。由 Rad51、Rad52 和 Rad54 组成的 Rad52 复合物促进同源 DNA 序列的搜寻和联会。在两条 DNA 链间形成一个霍利迪连接体，随后发生 DNA 合成和连接体的解开。在 NHEJ 修复过程中，SWR1 复合物促进 Ku80 结合 DNA 末端；Ku80 是 Ku70-Ku80 复合物的组成成分，其对于 NHEJ 是必需的

INO80 亚家族复合物的染色质重塑活性缺失最终导致 DNA 修复的缺陷，例如，酿

酒酵母 INO80 复合物 Arp 亚基突变导致非同源末端连接（van Attikum et al. 2004，2007）以及同源重组均存在缺陷（Kawashima et al. 2007）。在 *arp8* 突变体中，同源重组修复可以发生，但是基因转换很可能是由于链插入和片段交换过程中形成的异源双链不稳定造成的（Tsukuda et al. 2009）。确实如此，植物和动物中 INO80 复合物的突变体存在 DSB 修复的缺陷，表明 INO80 复合物在这一过程中的作用是保守的。相反，酿酒酵母 SWR1 ATP 酶亚基似乎在同源重组中不发挥作用，却参与易错的非同源末端连接修复通路（van Attikum et al. 2007；Kawashima et al. 2007）。这些结果表明 INO80 亚家族不同的复合物参与不同的修复机制，部分可能归因于每个复合物中特定亚基的功能。

12.2.2.5　INO80 和 SWR1 影响检验点通路

检查点信号通路与 DNA 修复通路协同调控细胞周期动态，以允许修复 DNA 和重新进入细胞周期（Branzei and Foiani 2008；Harrison and Haber 2006）。例如，DNA 修复过程中单链 DNA 的产生是检验点 Mec1 激酶的招募和激活所必需的（Lisby et al. 2004；Nakada et al. 2004；Zou and Elledge 2003）。随后，Mec1 激活下游靶向蛋白质的效应激酶以阻止细胞周期（Sweeney et al. 2005）。其他检查点蛋白，如酿酒酵母 Rad9（哺乳动物中同源蛋白为 53BP1），通过 γH2A.X 依赖的方式结合并且辅助激活下游信号通路（Ward et al. 2001；Celeste et al. 2003b；Nakamura et al. 2004；Gilbert et al. 2001）。Tel1 和 Mec1 激酶磷酸化 INO80 复合物的 Ies4 亚基，在不改变 DSB 修复过程的情况下来调控 DNA 复制检查点的应答（Morrison et al. 2007）。S 期检查点的激活延迟了复制起点的激发，模拟 Ies4 磷酸化的突变体细胞存在异常上调的 S 期细胞检查点活化。Tof1 检查点因子是在复制压力存在时介导 DNA 损伤检查点的应答（Katou et al. 2003；Tourriere et al. 2005）。在 Ies4 不能磷酸化的突变体中，当敲除 *tof1* 后，即使复制压力移除，仍会导致显著的细胞周期重启的缺陷。这一结果表明 Tof1 和磷酸化的 Ies4 在细胞周期检查点信号通路中功能互补或重叠。因此，INO80 复合物在 DNA 损伤应答信号通路中具有多种功能，如参与 DSB 的修复和复制检查点的调控，这些功能部分归功于特定的亚基如 Nhp10 和 Ies4 的参与。

DNA 损伤诱导剂处理后，酿酒酵母中 INO80 和 SWR1 复合物调控染色质 H2A 变体的富集（Papamichos-Chronakis et al. 2006）。如果未修复的 DSB 一直存在，即使细胞存活，这两个复合物也会影响细胞检查点的适应性（Papamichos-Chronakis et al. 2006）。此外，酿酒酵母中敲除 *swr1* 和 *htz1* 组蛋白变体，导致应对持续存在的单个 DSB 时检查点激活延迟（Kalocsay et al. 2009）。改变 γH2A.X 水平的染色质重塑活性可间接调控与 γH2A.X 结合的 DNA 损伤蛋白的表达量，激活在 DNA 损伤处的细胞周期检查点，以及随后这些蛋白的解离，以促进检查点的恢复。或者，INO80 亚家族复合物的染色质重塑活性可以产生 DNA 底物以激活检查点因子。酿酒酵母中 INO80 亚家族的突变减少了单链 DNA 的产生，同时也减少了招募到 DSB 位点的检查点因子 Mec1，并延迟检查点的激活（van Attikum et al. 2007）。

12.3 DNA 复制过程中的染色质重塑

DNA 复制是一个高度复杂的细胞核生理过程，涉及许多因子的特定活性，这些因子在细胞周期的各个时期发挥功能。已有证据表明，除了 DNA 序列的高度保真性外，与之相依的染色质结构也会被传递到下一代，以保证在传代过程中遗传和表观遗传都保持不变。重要的是，在细胞周期进程中，需要打破及重建特异性组蛋白-DNA 间的相互作用和与之相关的染色质结构，以保证快速及忠实地复制 DNA。为了实现这一目标，ATP 依赖的染色质重塑在促进复制的各个步骤中具有重要的调节作用。这一节中，我们总结了染色质修饰与 DNA 复制之间的关系，并讲述了 ATP 依赖的染色质重塑在 DNA 复制关键步骤中的作用。

12.3.1 S 期之前

DNA 复制起始于 S 期转换之前，并有序聚集成多蛋白前复制复合物（pre-RC）。pre-RC 形成于起点识别复合物（origin recognition complex，ORC）结合到复制起点时。尽管真核生物中 ORC 的招募机制有所不同，但是 pre-RC 的组装是保守的。ORC 招募起始因子 Cdc6 和 Cdt1 到复制起点，Cdc6 和 Cdt1 进而装载 S 期中作为复制解旋酶的 Mcm2-7 蛋白（Takeda and Dutta 2005）。在酿酒酵母中，ORC 招募需要识别自主复制序列（autonomously replicating sequence，ARS）的 11 个碱基元件（Bell and Stillman 1992）。在粟酒裂殖酵母中，富含 AT 的元件似乎足以充当功能性复制起点（Okuno et al. 1999；Segurado et al. 2003）。然而在高等真核生物中，复制起点更为复杂，也更难定义，表观遗传因子以及染色质结构在高等真核生物中对于定义复制起点非常重要。ORC 是在染色质环境下结合的，染色质重塑对 DNA 复制起始是否有作用呢?基于核小体图谱、质粒稳定性检测、2D 凝胶分析的结果，改变 ORC 结合位点附近核小体结构显著降低了 DNA 复制起始的效率，尽管 ORC 的结合模式并没有改变。此外，改变酵母中 ORC 依赖的复制起始的核小体结构，破坏了 pre-RC 的形成，表明核小体在复制起始中具有积极作用（Lipford and Bell 2001）。

酵母微小染色体检测实验表明 SWI/SNF 染色质重塑复合物参与复制起始（Flanagan and Peterson 1999）。微小染色体的稳定性用于检测复制起始功能，SWI/SNF 复合物的失活并未显著影响 ARS1、ARS307 或 ARS309，但是 ARS121 的微小染色体稳定性显著降低。总之，这些研究间接表明，染色质重塑促使核小体在复制起点周围移动，从而暴露出 ORC 结合位点，或在 ORC 结合位点周围正确配置核小体，以确保 ORC 能够有效结合和发挥功能。ATP 依赖的染色质重塑复合物是实现核小体移动的候选分子（图 12.6）。

如果染色质重塑复合物确实能够增强 ORC 的结合和功能，这些复合物需要被招募到复制起始位点。一种机制是通过与 ORC 直接结合或者与复制起始因子（如 Cdc6 和 Cdt1）结合。另一种潜在的机制是染色质重塑复合物直接结合复制起始位点，这可以通过 DNA 结合或者识别特异性 DNA 复制相关的组蛋白密码介导。ATP 依赖的染色质重塑复合物 INO80 备受关注，因为这一复合物包含六聚体解旋酶 Rvb1 和 Rvb2，其在复制起始过程中可解旋 DNA 链。然而，迄今为止并没有证据表明 INO80 染色质重塑复合物与复制起始相关联。

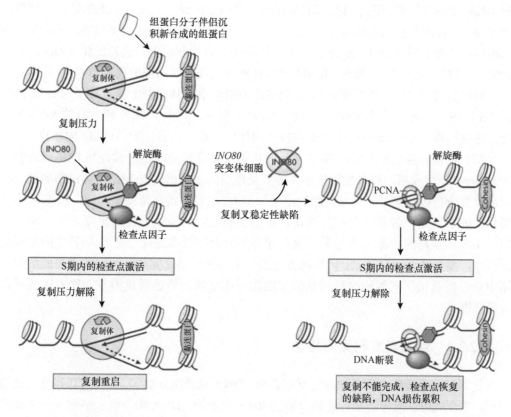

图 12.6　INO80 复合物促进停滞复制叉的重启：在复制过程中，DNA 合成由复制体完成。复制体由聚合酶、引发酶和解旋酶组成。组蛋白伴侣沉积组蛋白至新合成的 DNA 链上。当细胞暴露在复制压力下如 dNTP 耗尽时，复制叉将会停滞不前。当发生这种情况时，DNA 损伤响应因子将会激活 S 期检查点，以阻止复制起始的激发来稳定复制体，这些因子包括酿酒酵母的 INO80、Tof1 和 Mrc1 检查点因子。复制压力一旦被消除，复制叉将会恢复并重启 DNA 合成。在 INO80 复合物缺失时，当复制体不稳定且其部分成分解离时，会出现复制叉稳定性缺陷，而其他成分，如增殖细胞核抗原（PCNA）则留在复制叉处。在这种情形下，即使消除了复制压力，DNA 复制也不会重启。因此，检查点恢复被延迟，且 DNA 损伤积累（引自 *Nature Reviews Molecular Cell Biology* 2009）

12.3.2　G₁/S 过渡期

在 S 期，pre-RC 通过促进复制起始位点的解旋和复制 DNA 聚合酶的招募来引发复制起始。这个过程受到一系列复制因子的调控，如周期蛋白依赖性激酶（cyclin-dependent kinase，CDK），以及 Dbf 依赖性激酶（Dbf-dependent kinase，DDK）的活性。DNA 复制的细胞周期调控确保 DNA 复制在每个细胞周期 S 期仅发生一次，因而必须加载一些复制因子来推进 G_1/S 的转换。MCM 复合物被认为是一个复制解旋酶，其加载与复制起点的许可和激活密切联系（Zhou et al. 2005）。

如以上所述，ATP 依赖的染色质重塑被认为对 DNA 复制因子结合前的核小体重定位很重要。因此，真核生物复制起点处染色质重塑和组蛋白修饰所引起的细胞周期变化对 DNA 复制及检查点因子接近 DNA 是另一个重要的调控方式。有趣的是，一项新的研究表明，在质粒复制起始位点（Orip）的二重对称（dyad symmetry，DS）区域两侧的核小体，在细胞周期的 G_1/S 边界时会经历染色质修饰和组蛋白去乙酰化（Zhou et al. 2005）。这些变化与 G_1/S 期时 MCM3 的结合密切相关，表明细胞周期与 OriP 处的复制许可同时变化。该研究还发现在 G_1/S 期阻滞的细胞中，SWI/SNF 家族成员 SNF2h 富集到 DS 区域；此外，敲除 SNF2h 抑制了 OriP 的复制，减少了 G_1/S 期关联的 MCM3 结合。这些结果与 SNF2h 在核小体重塑核中的作用一致，这有助于 MCM3 的加载。

ATP 依赖的染色质重塑在 G_1/S 转换时可能发挥多重功能。对 SNF2h 的研究表明：一旦 pre-RC 形成后，再次配置核小体需要染色质的重塑以促进 MCM 蛋白的加载。随后，重置染色质结构可能对复制起始活动如 ORC 结合并没有帮助。因此，G_1/S 转换期染色质的重置是一种保证复制起始在特定的复制起点只发生一次的重要方式。与此类似，G_1/S 转换期的招募 ATP 依赖的染色质重塑复合物要么通过与 G_1/S 期特定的复制因子互作，要么通过识别 G_1/S 转换期特定的组蛋白修饰谱来完成。另一种潜在的细胞周期中染色质重塑严密调控的机制是调节细胞周期依赖的染色质重塑复合物表达或者翻译后修饰。

12.3.3　伴随着复制叉的移动

复制起始的最后一步是加载复制聚合酶。DNA 聚合酶 α（Pol α）被招募到复制起始位点，并合成用于前导链和后随链复制的 RNA 短引物。DNA 聚合酶 α 是唯一一个能够从头合成单链 DNA 的聚合酶。在引物合成后，随之发生聚合酶的转换，聚合酶 δ（Pol δ）和/或聚合酶 ε（Pol ε）替换聚合酶 α。DNA 的持续合成需要 Pol δ 和 Pol ε 与环形推进因子——增殖细胞核抗原（PCNA）相互作用，PCNA 主要富集 DNA 和拓扑地连接聚合酶至 DNA。PCNA 通过复制因子 C（replication factor C，RFC）加载到 DNA 模板上（Takeda and Dutta 2005）。

加载聚合酶之后，复制叉就建立成功并开始移动，并且在常染色质和异染色质之间移动。ATP 依赖的染色质重塑在这一阶段通过多种方式发挥作用，局部核小体的重置会促进 DNA 聚合酶和 PCNA 的加载。在此过程中，染色质重塑复合物与 DNA 聚合酶、PCNA 或者 RFC 的亚基相互作用会是一种必要的招募机制。更为重要的是，DNA 复制为了穿越染色质，需要移除复制叉移动的障碍。在这一点上，染色质重塑复合物可能发挥重要功能。有趣的是，两种染色质重塑复合物与异染色质复制有关。通过 RNAi 敲低利用 ATP 的染色质组装及重塑因子 1（ATP utilizing chromatin assembly and remodeling factor 1，ACF1-ISWI）阻碍了 HeLa 细胞中异染色质的复制（Collins et al. 2002）。研究表明，在 SNF2h 复合物中 ACF1 是高度压缩的染色质 DNA 高效复制所必需的。ACF1-SNF2h 复合物通过重塑染色质结构以促进复制叉移动。此外，威廉姆斯综合征转录因子（Williams syndrome transcription factor，WSTF）与 PCNA 直接互作来靶向 SNF2h

的染色质重塑至复制焦点。RNAi 敲低 WSTF 或者 SNF2h 后，导致新合成的染色质更加致密和异染色质标志物增加。而且，研究认为 WSTF-SNF2h 复合物参与染色质成熟，以及在 DNA 复制过程中维持表观谱（Poot et al. 2005）。WSTF-SNF2h 介导的染色质重塑可能会在复制叉通过后保持染色质开放状态，为表观机器复制所有的表观遗传标志物提供了一个时间窗，并且以高保真的方式传递给下一代。尽管 WSTF-SNF2h 复合物似乎可以直接调控复制，但是在延伸过程中的确切功能有待进一步研究。无论如何，这些研究提示在 DNA 复制过程中，ATP 依赖的染色质发挥以下重要作用：清除复制叉移动的障碍或者有效传递表观遗传记忆。

近来引人注目的研究显示，复制延伸过程中冈崎片段的大小依据核小体重复而定；因此提示复制叉通过后，新合成的染色质迅速重组（Smith and Whitehouse 2012）。但是，复制叉移动过程中的准确调控机制和因子的协同调控仍然有待进一步研究。DNA 复制后，染色质可以迅速重新组装，主要是通过 CAF1 和 ASF1 介导的复制偶联途径，也可能是 ATP 依赖的染色质重塑复合物增强组蛋白进出核小体的运动，从而促进复制偶联的染色质重组。ATP 依赖的染色质重塑在复制叉运动过程中的作用及其与复制偶联的染色质重组的关系仍有待进一步研究。

12.3.4　停滞的复制叉

通常，在遇到 DNA 切口或者脱氧核糖核苷酸缺乏情况下，复制叉会暂停。由于 S 期检查点被激活，复制叉能够检测到以上状态。在这一点上，有必要突出染色质重塑在 DNA 损伤响应中的作用。如前面章节所述，一些近期的研究表明，染色质重塑活性直接参与 DNA 修复（Morrison et al. 2004；van Attikume et al. 2004）。染色质重塑复合物可能通过为 DNA 修复机器提供一个暴露或开放的染色质环境，以招募更多的 DNA 修复蛋白而影响 DNA 修复。然而，染色质重塑复合物也可能压缩染色质结构，使损伤 DNA 末端相互间更加接近。

染色质重塑可能也辅助重建 DNA 损伤修复后的染色质结构。有趣的是，研究显示参与复制偶联染色质组装的组蛋白伴侣 CAF1 在 DNA 修复后可将组蛋白沉积到 DNA 上。CAF1 被招募到核苷酸切除修复位点（NER）以及单链 DNA 损伤处，很可能是通过与复制必需的 PCNA 分子相互作用完成的（Ehrenhofer-Murray 2004）。由于 DNA 复制和修复之间关系紧密，染色质重塑复合物在辅助 DNA 修复的同时，也在 DNA 复制过程中发挥作用，很可能是在阻滞的复制叉处。DNA 复制叉的调控与 DNA 损伤和 DNA 复制检查点的调控密切相关。DNA 复制过程中，DNA 聚合酶遇到切口，复制叉就会停滞。DNA 聚合酶可以绕过 DNA 合成而被加载。近来的研究得出结论：PCNA 通过与 Pol δ 之间的互作而被加载到聚合酶停滞处，并且作为一个招募其他因子的平台来发挥功能；而且，这可以促进复制型聚合酶向跨损伤聚合酶的转变，从而重启复制叉的移动。这一研究结果表明存在一个时间窗以便于染色质重塑复合物在复制叉停滞过程中发挥功能。在复制叉停滞后，已经和复制叉一起移动的 PCNA 或者其他相关因子招募染色质重塑复合物来帮助重建复制叉。

在停滞的复制叉处的染色质重塑复合物的功能与上面章节所述的在 DNA 损伤修复中的功能类似。另一个机制是 ATP 依赖的染色质重塑复合物可能通过调节检查点应答来影响受阻滞的复制叉。近来的研究揭示一些 DNA 复制因子介导检查点的应答，如 PCNA、RFC 或 RPA。为了有效激活检验点，染色质重塑复合物很可能与停滞的复制叉上的复制蛋白因子互作来促进检查点蛋白接近停滞的复制叉，或直接激活检查点。还有一种可能的机制：检查点激活后，染色质重塑复合物通过帮助下游的 DNA 修复过程或者选择性加载 DNA 聚合酶来发挥功能。最后，复制叉停滞后，维持复制叉的稳定性对于防止复制叉的崩溃非常重要，染色质重塑复合物在复制叉停滞和重建复制叉过程中发挥重要作用。染色质重塑在复制叉的停滞过程以及以上讨论的复制的其他过程中具有重要作用，因而有必要系统性研究特异性染色质重塑复合物，以揭示 ATP 依赖的染色质重塑复合物对 DNA 复制的作用。

12.4　结　束　语

染色质重塑对于真核生物基因组的几乎所有 DNA 相关的生物学过程是必不可少的。ATP 依赖的染色质重塑复合物是在 DNA 修复和复制过程中参与染色质重塑的主要分子，尽管已经被深入研究过，与一些保守复合物相互作用的机制仍然是不清楚的，因而有待进一步研究。染色质环境下的 DNA 修复和复制需要短暂的和时空性的染色质松弛，以便让 DNA 损伤修复和复制机器接近 DNA。更为重要的是，这些过程中的核小体的移除和重置是受到严格调控的，在传代过程中维持基因组稳定性非常重要。因此，在起始和完成复制过程中需要 ATP 依赖的染色质重塑复合物。染色质重塑复合物是如何与其他因子相互作用的呢？在起始时或者当需要这些复合物并激活该复合物时是否存在检验复合物的机制呢？或者在 DNA 复制和修复的各阶段，是否存在其他因子来帮助这些复合物的互作？

未来的研究应该关注这些重要而尚未解决的问题，这可能有助于描绘出在染色质重塑环境下 DNA 复制和修复的高清蓝图。

致谢：非常感谢实验室同事审阅手稿，普拉博德·卡普尔想要感谢奥德赛（Odyssey）博士后项目和西奥多·N. 劳（Theodore N. Law）在得克萨斯大学 MD 安德森癌症中心取得的科学成就，申雪桐非常感谢美国癌症研究所（K22CA100017）、美国综合医学科学研究所（R01GM093104），以及 MD 安德森癌症中心的癌症表观遗传学中心对实验室基金的支持。

参　考　文　献

Abrams E, Neigeborn L, Carlson M (1986) Molecular analysis of SNF2 and SNF5, genes required for expression of glucose-repressible genes in Saccharomyces cerevisiae. Mol Cell Biol 6:3643–3651

Adkins MW, Tyler JK (2004) The histone chaperone Asf1p mediates global chromatin disassembly in vivo. J Biol Chem 279:52069–52074

Adkins MW, Howar SR, Tyler JK (2004) Chromatin disassembly mediated by the histone chaperone Asf1 is essential for transcriptional activation of the yeast PHO5 and PHO8 genes. Mol Cell 14:657–666

Badis G et al (2008) A library of yeast transcription factor motifs reveals a widespread function for Rsc3 in targeting nucleosome exclusion at promoters. Mol Cell 32:878–887

Bassing CH et al (2002) Increased ionizing radiation sensitivity and genomic instability in the absence of histone H2AX. Proc Natl Acad Sci USA 99:8173–8178

Bassing CH et al (2003) Histone H2AX: a dosage-dependent suppressor of oncogenic transloca-tions and tumors. Cell 114:359–370

Bell SP, Stillman B (1992) ATP-dependent recognition of eukaryotic origins of DNA replication by a multiprotein complex. Nature 357:128–134

Bittner CB, Zeisig DT, Zeisig BB, Slany RK (2004) Direct physical and functional interaction of the NuA4 complex components Yaf9p and Swc4p. Eukaryot Cell 3:976–983

Boeger H, Griesenbeck J, Strattan JS, Kornberg RD (2003) Nucleosomes unfold completely at a transcriptionally active promoter. Mol Cell 11:1587–1598

Boyer LA, Peterson CL (2000) Actin-related proteins (Arps): conformational switches for chromatin-remodeling machines? Bioessays 22:666–672

Boyer LA et al (2002) Essential role for the SANT domain in the functioning of multiple chroma-tin remodeling enzymes. Mol Cell 10:935–942

Boyer LA, Latek RR, Peterson CL (2004) The SANT domain: a unique histone-tail-binding mod-ule? Nat Rev Mol Cell Biol 5:158–163

Branzei D, Foiani M (2008) Regulation of DNA repair throughout the cell cycle. Nat Rev Mol Cell Biol 9:297–308

Bressan DA, Baxter BK, Petrini JH (1999) The Mre11-Rad50-Xrs2 protein complex facilitates homologous recombination-based double-strand break repair in *Saccharomyces cerevisiae*. Mol Cell Biol 19:7681–7687

Burma S, Chen BP, Murphy M, Kurimasa A, Chen DJ (2001) ATM phosphorylates histone H2AX in response to DNA double-strand breaks. J Biol Chem 276:42462–42467

Cahill D, Connor B, Carney JP (2006) Mechanisms of eukaryotic DNA double strand break repair. Front Biosci 11:1958–1976

Cai Y et al (2005) The mammalian YL1 protein is a shared subunit of the TRRAP/TIP60 histone acetyltransferase and SRCAP complexes. J Biol Chem 280:13665–13670

Cairns BR et al (1996a) RSC, an essential, abundant chromatin-remodeling complex. Cell 87:1249–1260

Cairns BR, Henry NL, Kornberg RD (1996b) TFG/TAF30/ANC1, a component of the yeast SWI/SNF complex that is similar to the leukemogenic proteins ENL and AF-9. Mol Cell Biol 16:3308–3316

Cairns BR et al (1999) Two functionally distinct forms of the RSC nucleosome-remodeling com-plex, containing essential AT hook, BAH, and bromodomains. Mol Cell 4:715–723

Cao Y, Cairns BR, Kornberg RD, Laurent BC (1997) Sfh1p, a component of a novel chromatin-remodeling complex, is required for cell cycle progression. Mol Cell Biol 17:3323–3334

Carey M, Li B, Workman JL (2006) RSC exploits histone acetylation to abrogate the nucleosomal block to RNA polymerase II elongation. Mol Cell 24:481–487

Carlson M, Laurent BC (1994) The SNF/SWI family of global transcriptional activators. Curr Opin Cell Biol 6:396–402

Carlson M, Osmond BC, Botstein D (1981) Mutants of yeast defective in sucrose utilization. Genetics 98:25–40

Celeste A et al (2002) Genomic instability in mice lacking histone H2AX. Science 296:922–927

Celeste A et al (2003a) H2AX haploinsufficiency modifies genomic stability and tumor suscepti-bility. Cell 114:371–383

Celeste A et al (2003b) Histone H2AX phosphorylation is dispensable for the initial recognition of DNA breaks. Nat Cell Biol 5:675–679

Chai B, Huang J, Cairns BR, Laurent BC (2005) Distinct roles for the RSC and Swi/Snf ATP-dependent chromatin remodelers in DNA double-strand break repair. Genes Dev 19:1656–1661

Chambers AL et al (2012) The two different isoforms of the RSC chromatin remodeling complex play distinct roles in DNA damage responses. PLoS One 7:e32016

Chen HT et al (2000) Response to RAG-mediated VDJ cleavage by NBS1 and gamma-H2AX. Science 290:1962–1965

Chen CC et al (2008) Acetylated lysine 56 on histone H3 drives chromatin assembly after repair and signals for the completion of repair. Cell 134:231–243

Chen SH, Albuquerque CP, Liang J, Suhandynata RT, Zhou H (2010) A proteome-wide analysis of kinase-substrate network in the DNA damage response. J Biol Chem 285:12803–12812

Chen X et al (2012) The Fun30 nucleosome remodeller promotes resection of DNA double-strand break ends. Nature 489:576–580

Chi TH et al (2002) Reciprocal regulation of CD4/CD8 expression by SWI/SNF-like BAF complexes. Nature 418:195–199

Chiba H, Muramatsu M, Nomoto A, Kato H (1994) Two human homologues of Saccharomyces cerevisiae SWI2/SNF2 and Drosophila brahma are transcriptional coactivators cooperating with the estrogen receptor and the retinoic acid receptor. Nucleic Acids Res 22:1815–1820

Collins N et al (2002) An ACF1-ISWI chromatin-remodeling complex is required for DNA replication through heterochromatin. Nat Genet 32:627–632

Cooper JA, Schafer DA (2000) Control of actin assembly and disassembly at filament ends. Curr Opin Cell Biol 12:97–103

Corral J et al (1996) An Mll-AF9 fusion gene made by homologous recombination causes acute leukemia in chimeric mice: a method to create fusion oncogenes. Cell 85:853–861

Costelloe T et al (2012) The yeast Fun30 and human SMARCAD1 chromatin remodellers promote DNA end resection. Nature 489:581–584

Cote J, Quinn J, Workman JL, Peterson CL (1994) Stimulation of GAL4 derivative binding to nucleosomal DNA by the yeast SWI/SNF complex. Science 265:53–60

D'Amours D, Jackson SP (2002) The Mre11 complex: at the crossroads of dna repair and checkpoint signalling. Nat Rev Mol Cell Biol 3:317–327

Daley JM, Palmbos PL, Wu D, Wilson TE (2005) Nonhomologous end joining in yeast. Annu Rev Genet 39:431–451

Dechassa ML et al (2010) SWI/SNF has intrinsic nucleosome disassembly activity that is dependent on adjacent nucleosomes. Mol Cell 38:590–602

Downs JA, Lowndes NF, Jackson SP (2000) A role for *Saccharomyces cerevisiae* histone H2A in DNA repair. Nature 408:1001–1004

Downs JA et al (2004) Binding of chromatin-modifying activities to phosphorylated histone H2A at DNA damage sites. Mol Cell 16:979–990

Doyon Y, Cote J (2004) The highly conserved and multifunctional NuA4 HAT complex. Curr Opin Genet Dev 14:147–154

Eapen VV, Sugawara N, Tsabar M, Wu WH, Haber JE (2012) The *Saccharomyces cerevisiae* chromatin remodeler Fun30 regulates DNA end-resection and checkpoint deactivation. Mol Cell Biol 32(22):4727–4740

Ebbert R, Birkmann A, Schuller HJ (1999) The product of the SNF2/SWI2 paralogue INO80 of *Saccharomyces cerevisiae* required for efficient expression of various yeast structural genes is part of a high-molecular-weight protein complex. Mol Microbiol 32:741–751

Eberharter A, Becker PB (2004) ATP-dependent nucleosome remodelling: factors and functions. J Cell Sci 117:3707–3711

Ehrenhofer-Murray AE (2004) Chromatin dynamics at DNA replication, transcription and repair. Eur J Biochem 271:2335–2349

Fan JY, Rangasamy D, Luger K, Tremethick DJ (2004) H2A.Z alters the nucleosome surface to promote HP1alpha-mediated chromatin fiber folding. Mol Cell 16:655–661

Ferreira H, Flaus A, Owen-Hughes T (2007) Histone modifications influence the action of Snf2 family remodelling enzymes by different mechanisms. J Mol Biol 374:563–579

Flanagan JF, Peterson CL (1999) A role for the yeast SWI/SNF complex in DNA replication. Nucleic Acids Res 27:2022–2028

Frankel S et al (1997) An actin-related protein in Drosophila colocalizes with heterochromatin protein 1 in pericentric heterochromatin. J Cell Sci 110(Pt 17):1999–2012

Fritsch O, Benvenuto G, Bowler C, Molinier J, Hohn B (2004) The INO80 protein controls homologous recombination in *Arabidopsis thaliana*. Mol Cell 16:479–485

Galarneau L et al (2000) Multiple links between the NuA4 histone acetyltransferase complex and epigenetic control of transcription. Mol Cell 5:927–937

Gavin AC et al (2002) Functional organization of the yeast proteome by systematic analysis of protein complexes. Nature 415:141–147

Gilbert CS, Green CM, Lowndes NF (2001) Budding yeast Rad9 is an ATP-dependent Rad53 activating machine. Mol Cell 8:129–136

Guillemette B et al (2005) Variant histone H2A.Z is globally localized to the promoters of inactive yeast genes and regulates nucleosome positioning. PLoS Biol 3:e384

Haber JE (1998) The many interfaces of Mre11. Cell 95:583–586

Harrison JC, Haber JE (2006) Surviving the breakup: the DNA damage checkpoint. Annu Rev Genet 40:209–235

Henikoff S, Ahmad K (2005) Assembly of variant histones into chromatin. Annu Rev Cell Dev Biol 21:133–153

Henry NL et al (1994) TFIIF-TAF-RNA polymerase II connection. Genes Dev 8:2868–2878

Ho L et al (2009) An embryonic stem cell chromatin remodeling complex, esBAF, is essential for embryonic stem cell self-renewal and pluripotency. Proc Natl Acad Sci USA 106:5181–5186

Ikura T et al (2000) Involvement of the TIP60 histone acetylase complex in DNA repair and apoptosis. Cell 102:463–473

Imbalzano AN, Kwon H, Green MR, Kingston RE (1994) Facilitated binding of TATA-binding protein to nucleosomal DNA. Nature 370:481–485

Isakoff MS et al (2005) Inactivation of the Snf5 tumor suppressor stimulates cell cycle progression and cooperates with p53 loss in oncogenic transformation. Proc Natl Acad Sci USA 102:17745–17750

Jenuwein T, Allis CD (2001) Translating the histone code. Science 293:1074–1080

Jin J et al (2005) A mammalian chromatin remodeling complex with similarities to the yeast INO80 complex. J Biol Chem 280:41207–41212

John S et al (2000) The something about silencing protein, Sas3, is the catalytic subunit of NuA3, a yTAF(II)30-containing HAT complex that interacts with the Spt16 subunit of the yeast CP (Cdc68/Pob3)-FACT complex. Genes Dev 14:1196–1208

Jonsson ZO, Jha S, Wohlschlegel JA, Dutta A (2004) Rvb1p/Rvb2p recruit Arp5p and assemble a functional Ino80 chromatin remodeling complex. Mol Cell 16:465–477

Kabani M, Michot K, Boschiero C, Werner M (2005) Anc1 interacts with the catalytic subunits of the general transcription factors TFIID and TFIIF, the chromatin remodeling complexes RSC and INO80, and the histone acetyltransferase complex NuA3. Biochem Biophys Res Commun 332:398–403

Kaeser MD, Aslanian A, Dong MQ, Yates JR 3rd, Emerson BM (2008) BRD7, a novel PBAF-specific SWI/SNF subunit, is required for target gene activation and repression in embryonic stem cells. J Biol Chem 283:32254–32263

Kalocsay M, Hiller NJ, Jentsch S (2009) Chromosome-wide Rad51 spreading and SUMO-H2A.Z--dependent chromosome fixation in response to a persistent DNA double-strand break. Mol Cell 33:335–343

Kanemaki M et al (1999) TIP49b, a new RuvB-like DNA helicase, is included in a complex together with another RuvB-like DNA helicase, TIP49a. J Biol Chem 274:22437–22444

Kapoor P, Chen M, Winkler DD, Luger K, Shen X (2013) Evidence for monomeric actin function in INO80 chromatin remodeling. Nat Struct Mol Biol 20(4):426–432

Kato M, Sasaki M, Mizuno S, Harata M (2001) Novel actin-related proteins in vertebrates: similarities of structure and expression pattern to Arp6 localized on Drosophila heterochromatin. Gene 268:133–140

Katou Y et al (2003) S-phase checkpoint proteins Tof1 and Mrc1 form a stable replication-pausing complex. Nature 424:1078–1083

Kawashima S et al (2007) The INO80 complex is required for damage-induced recombination. Biochem Biophys Res Commun 355:835–841

Kent NA, Chambers AL, Downs JA (2007) Dual chromatin remodeling roles for RSC during DNA double strand break induction and repair at the yeast MAT locus. J Biol Chem 282:27693–27701

Keogh MC et al (2006) A phosphatase complex that dephosphorylates gammaH2AX regulates DNA damage checkpoint recovery. Nature 439:497–501

Kim YJ, Bjorklund S, Li Y, Sayre MH, Kornberg RD (1994) A multiprotein mediator of transcriptional activation and its interaction with the C-terminal repeat domain of RNA polymerase II. Cell 77:599–608

Kim JS et al (2005) Independent and sequential recruitment of NHEJ and HR factors to DNA damage sites in mammalian cells. J Cell Biol 170:341–347

Kobor MS et al (2004) A protein complex containing the conserved Swi2/Snf2-related ATPase Swr1p deposits histone variant H2A.Z into euchromatin. PLoS Biol 2:E131

Krogan NJ et al (2003) A Snf2 family ATPase complex required for recruitment of the histone H2A variant Htz1. Mol Cell 12:1565–1576

Kusch T et al (2004) Acetylation by Tip60 is required for selective histone variant exchange at DNA lesions. Science 306:2084–2087

Kwon H, Imbalzano AN, Khavari PA, Kingston RE, Green MR (1994) Nucleosome disruption and enhancement of activator binding by a human SW1/SNF complex. Nature 370:477–481

Ladurner AG, Inouye C, Jain R, Tjian R (2003) Bromodomains mediate an acetyl-histone encoded antisilencing function at heterochromatin boundaries. Mol Cell 11:365–376

Lee SE et al (1998) Saccharomyces Ku70, mre11/rad50 and RPA proteins regulate adaptation to G2/M arrest after DNA damage. Cell 94:399–409

Lessard J et al (2007) An essential switch in subunit composition of a chromatin remodeling complex during neural development. Neuron 55:201–215

Lewis LK, Resnick MA (2000) Tying up loose ends: nonhomologous end-joining in *Saccharomyces cerevisiae*. Mutat Res 451:71–89

Li B, Reese JC (2000) Derepression of DNA damage-regulated genes requires yeast TAF(II)s. EMBO J 19:4091–4100

Liang B, Qiu J, Ratnakumar K, Laurent BC (2007) RSC functions as an early double-strand-break sensor in the cell's response to DNA damage. Curr Biol 17:1432–1437

Lickert H et al (2004) Baf60c is essential for function of BAF chromatin remodelling complexes in heart development. Nature 432:107–112

Lipford JR, Bell SP (2001) Nucleosomes positioned by ORC facilitate the initiation of DNA replication. Mol Cell 7:21–30

Lisby M, Barlow JH, Burgess RC, Rothstein R (2004) Choreography of the DNA damage response: spatiotemporal relationships among checkpoint and repair proteins. Cell 118:699–713

Lorch Y, Maier-Davis B, Kornberg RD (2006) Chromatin remodeling by nucleosome disassembly in vitro. Proc Natl Acad Sci USA 103:3090–3093

Lorch Y, Maier-Davis B, Kornberg RD (2010) Mechanism of chromatin remodeling. Proc Natl Acad Sci USA 107:3458–3462

Martin-Trillo M et al (2006) EARLY IN SHORT DAYS 1 (ESD1) encodes ACTIN-RELATED PROTEIN 6 (AtARP6), a putative component of chromatin remodelling complexes that positively regulates FLC accumulation in Arabidopsis. Development 133:1241–1252

Matangkasombut O, Buratowski S (2003) Different sensitivities of bromodomain factors 1 and 2 to histone H4 acetylation. Mol Cell 11:353–363

Matangkasombut O, Buratowski RM, Swilling NW, Buratowski S (2000) Bromodomain factor 1 corresponds to a missing piece of yeast TFIID. Genes Dev 14:951–962

Matsuoka S et al (2007) ATM and ATR substrate analysis reveals extensive protein networks responsive to DNA damage. Science 316:1160–1166

Mimitou EP, Symington LS (2008) Sae2, Exo1 and Sgs1 collaborate in DNA double-strand break processing. Nature 455:770–774

Mizuguchi G et al (2004) ATP-driven exchange of histone H2AZ variant catalyzed by SWR1 chromatin remodeling complex. Science 303:343–348

Mohrmann L, Verrijzer CP (2005) Composition and functional specificity of SWI2/SNF2 class chromatin remodeling complexes. Biochim Biophys Acta 1681:59–73

Mohrmann L et al (2004) Differential targeting of two distinct SWI/SNF-related Drosophila chromatin-remodeling complexes. Mol Cell Biol 24:3077–3088

Monahan BJ et al (2008) Fission yeast SWI/SNF and RSC complexes show compositional and functional differences from budding yeast. Nat Struct Mol Biol 15:873–880

Morrison AJ et al (2004) INO80 and gamma-H2AX interaction links ATP-dependent chromatin remodeling to DNA damage repair. Cell 119:767–775

Morrison AJ et al (2007) Mec1/Tel1 phosphorylation of the INO80 chromatin remodeling complex influences DNA damage checkpoint responses. Cell 130:499–511

Muchardt C, Yaniv M (1993) A human homologue of Saccharomyces cerevisiae SNF2/SWI2 and Drosophila brm genes potentiates transcriptional activation by the glucocorticoid receptor. EMBO J 12:4279–4290

Nagai S et al (2008) Functional targeting of DNA damage to a nuclear pore-associated SUMO-dependent ubiquitin ligase. Science 322:597–602

Nakada D, Hirano Y, Sugimoto K (2004) Requirement of the Mre11 complex and exonuclease 1 for activation of the Mec1 signaling pathway. Mol Cell Biol 24:10016–10025

Nakamura TM, Du LL, Redon C, Russell P (2004) Histone H2A phosphorylation controls Crb2 recruitment at DNA breaks, maintains checkpoint arrest, and influences DNA repair in fission yeast. Mol Cell Biol 24:6215–6230

Nasmyth K, Shore D (1987) Transcriptional regulation in the yeast life cycle. Science 237:1162–1170

Neigeborn L, Carlson M (1984) Genes affecting the regulation of SUC2 gene expression by glucose repression in Saccharomyces cerevisiae. Genetics 108:845–858

Neigeborn L, Carlson M (1987) Mutations causing constitutive invertase synthesis in yeast: genetic interactions with snf mutations. Genetics 115:247–253

Ng HH, Robert F, Young RA, Struhl K (2002) Genome-wide location and regulated recruitment of the RSC nucleosome-remodeling complex. Genes Dev 16:806–819

Ohfuchi E et al (2006) Vertebrate Arp6, a novel nuclear actin-related protein, interacts with heterochromatin protein 1. Eur J Cell Biol 85:411–421

Okuno Y, Satoh H, Sekiguchi M, Masukata H (1999) Clustered adenine/thymine stretches are essential for function of a fission yeast replication origin. Mol Cell Biol 19:6699–6709

Olave IA, Reck-Peterson SL, Crabtree GR (2002) Nuclear actin and actin-related proteins in chromatin remodeling. Annu Rev Biochem 71:755–781

Papamichos-Chronakis M, Krebs JE, Peterson CL (2006) Interplay between Ino80 and Swr1 chromatin remodeling enzymes regulates cell cycle checkpoint adaptation in response to DNA damage. Genes Dev 20:2437–2449

Papoulas O et al (1998) The Drosophila trithorax group proteins BRM, ASH1 and ASH2 are subunits of distinct protein complexes. Development 125:3955–3966

Paull TT et al (2000) A critical role for histone H2AX in recruitment of repair factors to nuclear foci after DNA damage. Curr Biol 10:886–895

Peterson CL, Dingwall A, Scott MP (1994) Five SWI/SNF gene products are components of a large multisubunit complex required for transcriptional enhancement. Proc Natl Acad Sci USA 91:2905–2908

Petrini JH, Stracker TH (2003) The cellular response to DNA double-strand breaks: defining the sensors and mediators. Trends Cell Biol 13:458–462

Phelan ML, Sif S, Narlikar GJ, Kingston RE (1999) Reconstitution of a core chromatin remodeling complex from SWI/SNF subunits. Mol Cell 3:247–253

Pollard TD, Almo S, Quirk S, Vinson V, Lattman EE (1994) Structure of actin binding proteins: insights about function at atomic resolution. Annu Rev Cell Biol 10:207–249

Poon D et al (1995) Identification and characterization of a TFIID-like multiprotein complex from Saccharomyces cerevisiae. Proc Natl Acad Sci USA 92:8224–8228

Poot RA et al (2004) The Williams syndrome transcription factor interacts with PCNA to target chromatin remodelling by ISWI to replication foci. Nat Cell Biol 6:1236–1244

Poot RA, Bozhenok L, van den Berg DL, Hawkes N, Varga-Weisz PD (2005) Chromatin remodeling by WSTF-ISWI at the replication site: opening a window of opportunity for epigenetic inheritance? Cell Cycle 4:543–546

Prado F, Cortes-Ledesma F, Aguilera A (2004) The absence of the yeast chromatin assembly factor Asf1 increases genomic instability and sister chromatid exchange. EMBO Rep 5:497–502

Qiu XB et al (1998) An eukaryotic RuvB-like protein (RUVBL1) essential for growth. J Biol Chem 273:27786–27793

Raisner RM, Madhani HD (2006) Patterning chromatin: form and function for H2A.Z variant nucleosomes. Curr Opin Genet Dev 16:119–124

Raisner RM et al (2005) Histone variant H2A.Z marks the 5' ends of both active and inactive genes in euchromatin. Cell 123:233–248

Rangasamy D, Greaves I, Tremethick DJ (2004) RNA interference demonstrates a novel role for H2A.Z in chromosome segregation. Nat Struct Mol Biol 11:650–655

Redon C et al (2002) Histone H2A variants H2AX and H2AZ. Curr Opin Genet Dev 12:162–169

Reinke H, Horz W (2003) Histones are first hyperacetylated and then lose contact with the activated PHO5 promoter. Mol Cell 11:1599–1607

Rogakou EP, Pilch DR, Orr AH, Ivanova VS, Bonner WM (1998) DNA double-stranded breaks induce histone H2AX phosphorylation on serine 139. J Biol Chem 273:5858–5868

Rogakou EP, Boon C, Redon C, Bonner WM (1999) Megabase chromatin domains involved in DNA double-strand breaks in vivo. J Cell Biol 146:905–916

Rountree MR, Bachman KE, Baylin SB (2000) DNMT1 binds HDAC2 and a new co-repressor, DMAP1, to form a complex at replication foci. Nat Genet 25:269–277

Ruhl DD et al (2006) Purification of a human SRCAP complex that remodels chromatin by incorporating the histone variant H2A.Z into nucleosomes. Biochemistry 45:5671–5677

Saha A, Wittmeyer J, Cairns BR (2002) Chromatin remodeling by RSC involves ATP-dependent DNA translocation. Genes Dev 16:2120–2134

Saha A, Wittmeyer J, Cairns BR (2005) Chromatin remodeling through directional DNA translocation from an internal nucleosomal site. Nat Struct Mol Biol 12:747–755

Saha A, Wittmeyer J, Cairns BR (2006) Chromatin remodelling: the industrial revolution of DNA around histones. Nat Rev Mol Cell Biol 7:437–447

Segurado M, de Luis A, Antequera F (2003) Genome-wide distribution of DNA replication origins at A+T-rich islands in Schizosaccharomyces pombe. EMBO Rep 4:1048–1053

Shen X, Mizuguchi G, Hamiche A, Wu C (2000) A chromatin remodelling complex involved in transcription and DNA processing. Nature 406:541–544

Shen X, Ranallo R, Choi E, Wu C (2003a) Involvement of actin-related proteins in ATP-dependent chromatin remodeling. Mol Cell 12:147–155

Shen X, Xiao H, Ranallo R, Wu WH, Wu C (2003b) Modulation of ATP-dependent chromatin-remodeling complexes by inositol polyphosphates. Science 299:112–114

Sheterline P, Sparrow JC (1994) Actin. Protein Profile 1:1–121

Shia WJ et al (2005) Characterization of the yeast trimeric-SAS acetyltransferase complex. J Biol Chem 280:11987–11994

Shim EY, Ma JL, Oum JH, Yanez Y, Lee SE (2005) The yeast chromatin remodeler RSC complex facilitates end joining repair of DNA double-strand breaks. Mol Cell Biol 25:3934–3944

Shim EY et al (2007) RSC mobilizes nucleosomes to improve accessibility of repair machinery to the damaged chromatin. Mol Cell Biol 27:1602–1613

Shim EY et al (2010) Saccharomyces cerevisiae Mre11/Rad50/Xrs2 and Ku proteins regulate association of Exo1 and Dna2 with DNA breaks. EMBO J 29:3370–3380

Shroff R et al (2004) Distribution and dynamics of chromatin modification induced by a defined DNA double-strand break. Curr Biol 14:1703–1711

Smith DJ, Whitehouse I (2012) Intrinsic coupling of lagging-strand synthesis to chromatin assembly. Nature 483:434–438

Smith CL, Horowitz-Scherer R, Flanagan JF, Woodcock CL, Peterson CL (2003) Structural analysis of the yeast SWI/SNF chromatin remodeling complex. Nat Struct Biol 10:141–145

Smolka MB, Albuquerque CP, Chen SH, Zhou H (2007) Proteome-wide identification of in vivo targets of DNA damage checkpoint kinases. Proc Natl Acad Sci USA 104:10364–10369

Soutourina J et al (2006) Rsc4 connects the chromatin remodeler RSC to RNA polymerases. Mol Cell Biol 26:4920–4933

Stern M, Jensen R, Herskowitz I (1984) Five SWI genes are required for expression of the HO gene in yeast. J Mol Biol 178:853–868

Stracker TH, Theunissen JW, Morales M, Petrini JH (2004) The Mre11 complex and the metabolism of chromosome breaks: the importance of communicating and holding things together. DNA Repair (Amst) 3:845–854

Sudarsanam P, Iyer VR, Brown PO, Winston F (2000) Whole-genome expression analysis of snf/swi mutants of *Saccharomyces cerevisiae*. Proc Natl Acad Sci USA 97:3364–3369

Sugawara N, Wang X, Haber JE (2003) In vivo roles of Rad52, Rad54, and Rad55 proteins in Rad51-mediated recombination. Mol Cell 12:209–219

Sun Y, Jiang X, Chen S, Fernandes N, Price BD (2005) A role for the Tip60 histone acetyltransferase in the acetylation and activation of ATM. Proc Natl Acad Sci USA 102:13182–13187

Sutton A et al (2003) Sas4 and Sas5 are required for the histone acetyltransferase activity of Sas2 in the SAS complex. J Biol Chem 278:16887–16892

Sweeney FD et al (2005) Saccharomyces cerevisiae Rad9 acts as a Mec1 adaptor to allow Rad53 activation. Curr Biol 15:1364–1375

Symington LS (2002) Role of RAD52 epistasis group genes in homologous recombination and double-strand break repair. Microbiol Mol Biol Rev 66:630–670, table of contents

Takeda DY, Dutta A (2005) DNA replication and progression through S phase. Oncogene 24:2827–2843

Tamkun JW et al (1992) brahma: a regulator of Drosophila homeotic genes structurally related to the yeast transcriptional activator SNF2/SWI2. Cell 68:561–572

Tourriere H, Versini G, Cordon-Preciado V, Alabert C, Pasero P (2005) Mrc1 and Tof1 promote replication fork progression and recovery independently of Rad53. Mol Cell 19:699–706

Tsukuda T, Fleming AB, Nickoloff JA, Osley MA (2005) Chromatin remodelling at a DNA double-strand break site in Saccharomyces cerevisiae. Nature 438:379–383

Tsukuda T et al (2009) INO80-dependent chromatin remodeling regulates early and late stages of mitotic homologous recombination. DNA Repair (Amst) 8:360–369

Ueno M et al (2004) Fission yeast Arp6 is required for telomere silencing, but functions independently of Swi6. Nucleic Acids Res 32:736–741

Uetz P et al (2000) A comprehensive analysis of protein-protein interactions in *Saccharomyces cerevisiae*. Nature 403:623–627

Unal E et al (2004) DNA damage response pathway uses histone modification to assemble a double-strand break-specific cohesin domain. Mol Cell 16:991–1002

Usui T, Ogawa H, Petrini JH (2001) A DNA damage response pathway controlled by Tel1 and the Mre11 complex. Mol Cell 7:1255–1266

Valerie K, Povirk LF (2003) Regulation and mechanisms of mammalian double-strand break repair. Oncogene 22:5792–5812

van Attikum H, Fritsch O, Hohn B, Gasser SM (2004) Recruitment of the INO80 complex by H2A phosphorylation links ATP-dependent chromatin remodeling with DNA double-strand break repair. Cell 119:777–788

van Attikum H, Fritsch O, Gasser SM (2007) Distinct roles for SWR1 and INO80 chromatin remodeling complexes at chromosomal double-strand breaks. EMBO J 26:4113–4125

Wang W et al (1996) Purification and biochemical heterogeneity of the mammalian SWI-SNF complex. EMBO J 15:5370–5382

Wang X et al (2004) Two related ARID family proteins are alternative subunits of human SWI/SNF complexes. Biochem J 383:319–325

Ward IM, Wu X, Chen J (2001) Threonine 68 of Chk2 is phosphorylated at sites of DNA strand breaks. J Biol Chem 276:47755–47758

Weiss K, Simpson RT (1998) High-resolution structural analysis of chromatin at specific loci: *Saccharomyces cerevisiae* silent mating type locus HMLalpha. Mol Cell Biol 18:5392–5403

Welch MD, Drubin DG (1994) A nuclear protein with sequence similarity to proteins implicated in human acute leukemias is important for cellular morphogenesis and actin cytoskeletal function in *Saccharomyces cerevisiae*. Mol Biol Cell 5:617–632

Welch MD, Vinh DB, Okamura HH, Drubin DG (1993) Screens for extragenic mutations that fail to complement act1 alleles identify genes that are important for actin function in *Saccharomyces cerevisiae*. Genetics 135:265–274

West SC (1996) The RuvABC proteins and Holliday junction processing in *Escherichia coli*. J Bacteriol 178:1237–1241

West SC (1997) Processing of recombination intermediates by the RuvABC proteins. Annu Rev Genet 31:213–244

Wolffe AP (1994) Transcriptional activation. Switched-on chromatin. Curr Biol 4:525–528

Wolner B, van Komen S, Sung P, Peterson CL (2003) Recruitment of the recombinational repair machinery to a DNA double-strand break in yeast. Mol Cell 12:221–232

Wu WH et al (2005) Swc2 is a widely conserved H2AZ-binding module essential for ATP-dependent histone exchange. Nat Struct Mol Biol 12:1064–1071

Wu S et al (2007) A YY1-INO80 complex regulates genomic stability through homologous recombination-based repair. Nat Struct Mol Biol 14:1165–1172

Wu JI, Lessard J, Crabtree GR (2009) Understanding the words of chromatin regulation. Cell 136:200–206

Xue Y et al (2000) The human SWI/SNF-B chromatin-remodeling complex is related to yeast rsc and localizes at kinetochores of mitotic chromosomes. Proc Natl Acad Sci USA 97:13015–13020

Yan Z et al (2008) BAF250B-associated SWI/SNF chromatin-remodeling complex is required to maintain undifferentiated mouse embryonic stem cells. Stem Cells 26:1155–1165

Zhang ZK et al (2002) Cell cycle arrest and repression of cyclin D1 transcription by INI1/hSNF5. Mol Cell Biol 22:5975–5988

Zhang H et al (2004) The Yaf9 component of the SWR1 and NuA4 complexes is required for proper gene expression, histone H4 acetylation, and Htz1 replacement near telomeres. Mol Cell Biol 24:9424–9436

Zhang H, Roberts DN, Cairns BR (2005) Genome-wide dynamics of Htz1, a histone H2A variant that poises repressed/basal promoters for activation through histone loss. Cell 123:219–231

Zhou J et al (2005) Cell cycle regulation of chromatin at an origin of DNA replication. EMBO J 24:1406–1417

Zou L, Elledge SJ (2003) Sensing DNA damage through ATRIP recognition of RPA-ssDNA complexes. Science 300:1542–1548

Zraly CB, Middleton FA, Dingwall AK (2006) Hormone-response genes are direct in vivo regulatory targets of Brahma (SWI/SNF) complex function. J Biol Chem 281:35305–35315

第 13 章　异染色质：基因组的重要成分

洛丽·L. 瓦尔拉特（Lori L. Wallrath）、迈克尔·W. 维塔利尼（Michael W. Vitalini）和
萨拉·C. R. 埃尔金（Sarah C. R. Elgin）

英文缩写列表

bp	base pair	碱基对
CLRC	Clr4-Rik1-Cul4 complex	Clr4-Rik1-Cul4 复合物
DNA	deoxyribonucleic acid	脱氧核糖核酸
dsRNA	double-stranded RNA	双链 RNA
E（var）	*enhancer of variegation*	斑驳增强子
FISH	fluorescence in situ hybridization	荧光原位杂交
H3K4me	methylated lysine 4 of histone H3	组蛋白 H3 赖氨酸 4 甲基化
H3K9me	methylated lysine 9 of histone H3	组蛋白 H3 赖氨酸 9 甲基化
HP1a	heterochromatin protein 1a	异染色质蛋白 1a
HS	DNase I hypersensitive site	DNA 酶 I 超敏位点
IGF2	insulin like growth factor 2	胰岛素样生长因子 2
LADs	lamin-associated domains	核纤层蛋白关联结构域
LBR	lamin B receptor	核纤层蛋白 B 受体
PEV	position effect variegation	位置效应斑驳
piRNA	Piwi-interacting RNA	Piwi 结合 RNA
RITS	RNA-induced transcriptional silencing complex	RNA 诱导转录沉默复合物
RNA	ribonucleic acid	核糖核酸

L.L. Wallrath（✉）
Department of Biochemistry, University of Iowa ,
3136 MERF, Iowa City, IA 52242, USA
e-mail: lori-wallrath@uiowa.edu

M.W. Vitalini（✉）
Department of Biology, St. Ambrose University,
518 W. Locust Street, Lewis Hall 211D,
Davenport, IA 52803, USA
e-mail: ViatliniMichaelW@sau.edu

S.C.R. Elgin（✉）
Department of Biology, Washington University in St. Louis,
McDonnell Hall 131, Campus Box 1137,
One Brookings Drive, St. Louis, MO 63130-4899, USA
e-mail: selgin@biology.wustl.edu

rRNA	ribosomal RNA	核糖体 RNA
siRNA	small interfering RNA	小干扰 RNA
Su（var）	*suppressor of variegation*	斑驳抑制子
Swi6	Switch 6，an HP1a homologue	Switch 6，一个 HP1a 同源蛋白

13.1 为什么研究异染色质？

真核生物基因组很大，通常是原核生物（细菌）基因组的 1000 倍。哺乳动物基因组通常含有约 $3×10^9$ 个碱基对（bp），编码约 23 000 个基因；细菌基因组通常含有 $5×10^6$~$6×10^6$ 个碱基对，编码约 5000 个基因。多细胞真核生物比单细胞细菌更复杂，但这种复杂程度是由仅仅高出 5 倍的蛋白编码基因实现的，而整个基因组却比单细胞细菌大 1000 倍。什么是"额外"DNA，它又是如何被包装到细胞核中的？通过对各种生物体的基因组测序发现：真核生物基因组中只有小部分编码蛋白质（在哺乳动物中为 1%~2%）；还有另外一小部分是高度保守的，可能包含基因调控信息（在哺乳动物中约 3.5%）。剩余的大部分基因组由重复序列组成：如多拷贝的入侵转座元件（DNA 转座子和逆转录病毒样元件）及其残留物，以及被称为"卫星 DNA"重复序列的简单序列。总的来说，约 2 m 的基因组必须被压缩以便于包装入直径约 6 μm 的二倍体哺乳动物细胞核。这些 DNA 的大部分需要被制作为对调控因子"隐形"的模式，以便调控因子能够有效地检测基因组并与需要其功能的关键位点结合。

染色质组装可以实现压缩大部分基因组的目的。染色质包括：基因组 DNA、组蛋白、非组蛋白类蛋白质以及 RNA。染色质组装可以实现细胞的两个重要功能：①将基因组压缩到细胞核内；②允许细胞对基因组的特定区域进行调控，使多种因子可以接近。这种 DNA-蛋白质相互作用的调控，决定 DNA 复制因子是否能复制基因组 DNA，修复机器是否能修复受损 DNA，以及 RNA 聚合酶是否能转录特定基因。

异染色质组装通常导致转录沉默状态。"结构性异染色质"是指在生物体所有细胞的整个细胞周期都处于凝集状态的基因组区域。结构性异染色质通常包含位于着丝粒和端粒附近的重复序列。随着多细胞生物的发育，不同的细胞承担不同的角色。因此，将特定细胞中应该沉默的基因组包装为一种转录沉默型的细胞种类特异性染色质"兼性异染色质"是有利的。本章将主要关注结构性异染色质的组装机制；但是兼性异染色质形成过程中也会使用类似的组装机制。虽然本章会讨论到一系列真核生物的例子，但将着重介绍果蝇，一种具有丰富异染色质研究历史的模式生物。

由于异染色质影响生物体的发育和健康，因此人们对异染色质的功能越来越感兴趣。靠近转座子的基因可能成为异染色质转录沉默的目标。例如，刺鼠（A^{vy}）携带着插在 *agouti* 基因（编码影响毛色的信号分子）中的转座子（图 13.1）。转座子的插入造成 *agouti* 基因异常表达，导致小鼠的皮毛为黄色而非棕色。如果给母鼠提供含有甲基补充剂（叶酸）的膳食，则子代中棕色皮毛小鼠比例增加，这与 DNA 甲基化的增加、异染色质形成以及 *agouti* 基因的沉默相关（Waterland and Jirtle 2003，2004）。同样，若异染色质在一大块三核苷酸重复序列区域的形成增加，则可能导致相邻基因的沉默。

此种机制是多种神经病变的诱因，如常见导致人类智力障碍的脆性 X 染色体综合征（Kumari and Usdin 2010）。相反，父亲肥胖与子女 *IGF2*（胰岛素样生长因子 2）基因的低甲基化水平有关（Soubry et al. 2013）。*IGF2* 基因的甲基化和沉默减少也与某些肿瘤风险升高相关，这表明父亲体脂水平可能与其子女的癌症易感性有关。以上例子均说明了异染色质形成在基因调控中发挥着重要作用，并阐释了环境因素如何对该机制产生深远的影响。

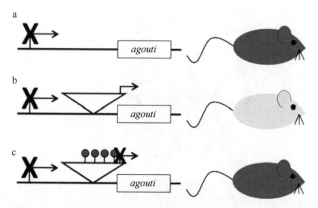

图 13.1　转座子插入和饮食对基因表达的调控。a. 在野生型小鼠中，*agouti* 基因（编码影响毛色的信号分子）仅在发育期间瞬时表达，然后沉默（X），导致棕色毛发。b. 转座子（三角形）的插入导致与转座子结合的启动子启动了 *agouti* 基因的异常表达，从而形成黄色毛发。c. 饲喂高叶酸饮食（一种甲基供体）的小鼠后代，其转座子的 DNA 甲基化水平升高（暗示异染色质形成），从而抑制 *agouti* 基因的异常表达，形成野生型棕色毛发。弯曲的箭头表示转录起始位点；红色圆圈代表胞嘧啶甲基化

异染色质除了将转座元件维持在"关闭"状态并调节基因表达这项主要功能外，其他功能似乎与其紧凑的结构相关。臂间区域的异染色质对于染色体分离至关重要。臂间异染色质的缺失会导致滞后染色体和异常多倍体的产生（Bernard and Allshire 2002；Chu et al. 2012；Dernburg et al. 1996）。端粒处异染色质的形成可以保护端粒免受核酸酶的降解，并使得细胞能够区分端粒与双链断裂，后者通常会激活细胞周期检查点信号通路，造成细胞周期阻滞（Cenci et al. 2005；de Lange 2010；Kurzhals et al. 2011；Rong 2008）。异染色质的结构还能维持重复基因的稳定性，如 rRNA 基因和组蛋白基因的串联阵列。异染色质成分突变会导致这些基因的串联重复序列之间异常重组，产生与基因组分离的小 DNA 环（Kaeberlein et al. 1999；Peng and Karpen 2008）。因此，正确的异染色质结构对于维持基因组的完整性、防止导致疾病的染色体畸形等具有重要意义。

13.2　异染色质的构成

DNA 结构发现已有 60 年历史；然而，科学家对于它是如何被组装在细胞核中的仍未完全清楚地理解。早期细胞学研究揭示了染色体形态的多相性。1928 年，埃米尔·海茨（Emil Heitz）报道，在混合性别的地钱植物中，有部分染色体的表现与大多数染色体不同（Heitz 1928）。他表示，这些不寻常的染色体不会"消失"，而是作为附着在核仁上的一

个团块保留下来。他创造了"异染色质"（heterochromatin）这个术语，用来描述这些能被强烈着色的染色体团块（异型的固缩团块），以及"常染色质"（euchromatin），用来描述在分裂末期开始时消失的染色体物质。这种将染色质分为异染色质或常染色质的分类完全是基于细胞学形态，其外观反映了 DNA 包装的密度，这种分类方法一直被保留到现在（图 13.2）。随后的研究表明，基因组的异染色质区域在 S 期后期复制，并且其减数分裂重组率比较低，可能是稳定染色质组装限制了 DNA 模板活性的结果（表 13.1）。

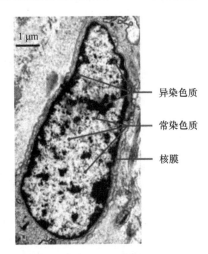

图 13.2　猪成纤维细胞的电子显微照片。固缩的异染色质位于核周边，较少固缩的常染色质作为弥散物质仍位于核内部。核膜是围绕细胞核的双层膜，并且有核孔，允许在细胞核和细胞质之间生物分子的转运。图片由尚塔尔·阿拉马戈（Chantal Allamargot）博士（Central Microscopy Research Facility, University of Iowa）友情提供

表 13.1　常染色质和异染色质的特征

特征	常染色质	异染色质
包装 DNA 的密度	包装疏松	包装紧密
在染色体上的相对位置	染色体臂	中心粒和端粒
DNA 序列特征	独特的 DNA 序列	重复 DNA 序列
基因密度	基因密集	基因少
复制时间段	整个 S 期	S 期后期
减数分裂的重组	是	否
结合的复合物	转录激活因子	异染色质蛋白 1（heterochromatin protein 1）或相似染色质结构域蛋白复合物
基因表达	是	否 [a]
组蛋白特征性修饰	H3K9 乙酰化、H3K4 甲基化	H3/H4 去乙酰化、H3K9 甲基化

a 虽然与异染色质的结合导致正常情况下属于常染色质中的基因被沉默，但是少数异染色质上的基因需要这种染色质环境以获得最佳表达活性

分子工具和先进 DNA 测序技术的出现使科学家能够进一步改进染色质的分类。结构型异染色质主要位于着丝粒和端粒附近，由重复的 DNA 元件组成，这些元件包括简

单的卫星重复序列以及复杂的转座子嵌合斑块，具有非常低的基因密度（Hayden et al. 2013；Lefrancois et al. 2013；Sun et al. 2003）（表 13.1）。在果蝇和芥菜种子植物拟南芥中，已经鉴定出天然存在于异染色质中的基因（Sackton and Hartl 2013；Wang et al. 2010；Weiler and Wakimoto 1995）。然而，在果蝇的 15 000 个基因中，只有几百个位于臂间异染色质中，其中第四染色体异染色质中约 80 个，Y 染色体异染色质中约 10 个。有趣的是，这些基因的最佳表达依赖于这种染色质环境（Weiler and Wakimoto 1995）。目前调控这些基因表达所使用的机制（包括对异染色质调控因子的要求）尚不清楚。果蝇中，在转录起始位点上特异性地耗竭异染色质标记可以使 RNA 聚合酶 II 结合到该位点（Riddle et al. 2012）；而植物中，异染色质重复序列的转录涉及一种特殊的 RNA 聚合酶——RNA 聚合酶 IV（Lee et al. 2012）。因此，在不同的生物体中，异染色质的转录机制是不同的。

真核细胞的大部分基因组由组蛋白包装到核小体中；组蛋白需要经过大量的翻译后修饰，而翻译后修饰可以影响染色质状态。modENCODE 项目绘制了黑腹果蝇（Kharchenko et al. 2011）和秀丽隐杆线虫组蛋白修饰及很多非组蛋白类染色体蛋白质的全基因组位置图谱。根据这些数据我们可以对染色质进行更细致的分类。对于黑腹果蝇，根据组蛋白修饰的模式将染色质分为九种状态（图 13.3）；基于结合的非组蛋白类染色体蛋白质，可生成一个类似的五态模型（van Steensel 2011）。果蝇九态模型中的染色质状态 7（深蓝色）代表异染色质中核小体缺失组蛋白 H3 和 H4 乙酰化修饰，而 H3 赖氨酸 9 的二甲基化和三甲基化（H3K9me2/3）修饰增多（图 13.3）。相反，染色质状态 1 代表转录起始位点组蛋白 H3 赖氨酸 4 二甲基化和三甲基化（H3K4me2/3）修饰增多（图 13.3）。染色质状态与染色质模板上发生的特异性活动（如转录起始和延伸）相关（Jenuwein and Allis 2001）。

组蛋白尾部的翻译后修饰（称为表观遗传标记）可以作为不同种类的非组蛋白类染色体蛋白质"效应结构域"的结合位点（Musselman et al. 2012）（图 13.4a）。例如，异染色质蛋白 1a（HP1a）含有特异性结合组蛋白 H3K9me2/3 的染色质结构域（Bannister et al. 2001；Jacobs et al. 2001；Lachner et al. 2001）；这种保守的蛋白富集在臂间异染色质中（James et al. 1989；Saunders et al. 1993）（图 13.4b）。在多种真核生物中，HP1 家族成员与组蛋白去乙酰化酶和组蛋白甲基转移酶相互作用而使得基因沉默（Fuks et al. 2003；Haldar et al. 2011；Honda et al. 2012；Smallwood et al. 2007）。同样，多梳蛋白的染色质结构域与组蛋白 H3K27me3 结合，致使受发育调控的基因沉默（Hager et al. 2004；Sawarkar and Paro 2010）（图 13.4c）。酵母 Eaf3 的染色质结构域是 NuA4 组蛋白乙酰转移酶和 Rpd3 组蛋白去乙酰化酶复合物的一个组成部分，它与组蛋白 H3K36me3 结合，并建立起一种可以根据组蛋白乙酰化模式区分基因编码区和启动子区域的染色质结构（Joshi and Struhl 2005；Sun et al. 2008）（图 13.4d）。因此，三种不同蛋白质的染色质结构域通过识别组蛋白 H3 尾部的不同甲基化基团来调节基因表达。另外，这些例子表明组蛋白修饰及其相关因子为染色质组装成不同的包装状态以划分基因组提供了一定的机制线索。

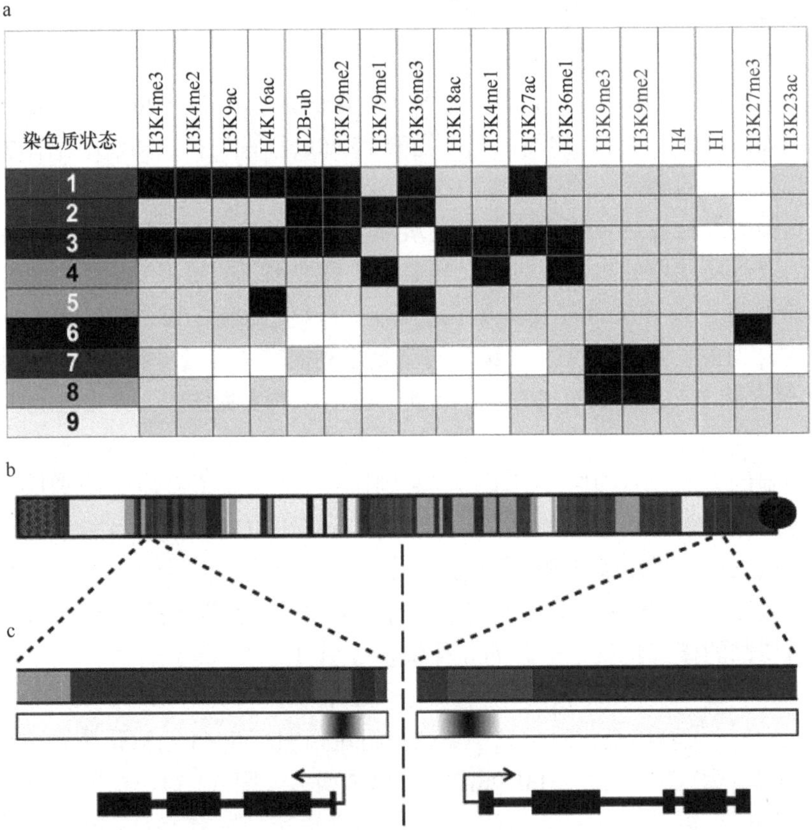

图 13.3　基于组蛋白修饰模式而分类的染色质包装类型的九态模型。a. 九种染色质状态用颜色编码和数字标记（左，垂直）。每种状态都由组蛋白修饰（顶部，水平）的一种独特组合来定义。其中黑色文本的组蛋白修饰与基因激活有关；红色文本的组蛋白修饰与基因沉默有关。下面的方框用颜色表明特定染色质状态下的特定修饰的程度：高度富集（黑色）、既不富集也不缺失（灰色）和高度缺失（白色）。b. 根据九种不同染色质状态绘制的染色体示意图。每种颜色对应图 a 中具有特定修饰模式的特定染色质状态下的结构域。黑色圆圈代表中心区域；具有波状图案的蓝色区域代表端粒区域（左）（染色体上的区域未按比例绘制）。c. 常染色质中的基因（左，下）和异染色质中的表达基因（右，下）的放大视图。厚黑框代表外显子；薄黑框代表内含子。弯曲的箭头表示转录起始位点。每个基因上方的灰色条表示 DNA 酶 I 超敏感性，黑色表示最敏感的位点。上方颜色条表示基因区域的染色质状态，其颜色对应图 a。常染色质中的活跃表达基因常常以染色质状态 2 包装；而异染色质中的基因通常以状态 7 包装。在两种情况下，在转录起始位点的基因都以染色质状态 1 包装

对于分化的细胞，细胞分裂后需要维持染色质状态不变。由于激活的转座子会影响基因组稳定性，因此异染色质介导的基因沉默对于抑制转座子的转录活性和移动性是至关重要的。在哺乳动物细胞中，DNA 甲基转移酶通过特定识别半甲基化 DNA 并甲基化新复制的 DNA 链来维持染色质状态稳定。此外，含有组蛋白去乙酰化酶的染色质重塑复合物去除新沉积的组蛋白上的乙酰基，从而允许沉默性修饰的恢复（Mermoud et al. 2011）。DNA 甲基化可通过以下两种方式抑制转录：①阻止转录因子对其结合位点中的胞嘧啶残基进行识别（Chao et al. 2002）；②形成抑制转录起始的染色质结构（Cryderman et al. 1999；Pfeifer et al. 1990）。植物也广泛地利用 DNA 甲基化来使基因沉默，但在许

多真菌、一些昆虫（包括果蝇）和一些线虫（包括秀丽隐杆线虫）中，却很少观察到这种 DNA 甲基化现象（Lechner et al. 2013）。在这些情况下，染色质状态由蛋白质（如 HP1a）或蛋白质复合物来维持，这些蛋白质或蛋白质复合物既可以读取已存在的组蛋白修饰，又能修饰新掺入到子链染色质的组蛋白，从而有效保持对表观遗传状态的记忆。

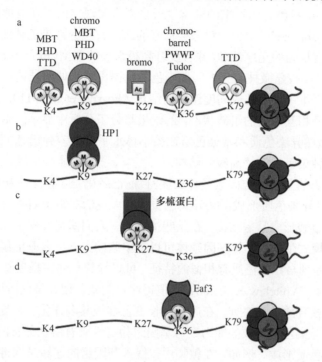

图 13.4　含有效应结构域的蛋白质可识别特定的组蛋白翻译后修饰。a. 各种染色质因子的效应结构域（MBT、PHD、TTD 和 Tudor）与组蛋白 H3 尾部（蓝色）的赖氨酸（K）残基的翻译后修饰（M 为甲基化，Ac 为乙酰化）结合。b. HP1 家族蛋白与存在于臂间异染色质中的组蛋白 H3K9me3 结合。c. 多梳蛋白与存在于兼性异染色质中的组蛋白 H3K27me3 结合。d. Eaf3 与存在于基因编码区的组蛋白 H3K36me3 结合。MBT，恶性脑肿瘤；PHD，植物同源结构域；TTD，串联 Tudor 结构域；CD，染色质结构域；WD40，色氨酸-天冬氨酸基序

13.3　异染色质组装

核小体跨基因的定位对于适当的转录调节至关重要。活跃基因或诱导性基因被包装为不规则的核小体串珠时，DNA 酶 I 超敏位点（DH 或 HS 位点）提示在转录起始位点和调控元件处可形成核小体缺失区域（Bernstein et al. 2004；Brogaard et al. 2012；Gaffney et al. 2012；Wu et al. 1979）（图 13.3）。相反，异染色质被组装在常规的核小体串珠中且缺少 HS 位点（Sun et al. 2001；Wallrath and Elgin 1995）。通过转基因的方式，被包装到异染色质环境中的常染色质基因会采用与异染色质相似的核小体组装状态并表现出 HS 位点的缺失（Wallrath and Elgin 1995）。HS 位点可部分通过异染色质组装蛋白突变得到恢复（Cryderman et al. 1998）。因此，染色质的局部环境可以影响染色质的组装和基因的表达，这个过程可通过染色质组装蛋白的水平来调节。

研究人员仍然对核小体水平以外的染色质包装状态感到困惑。教科书中通常描述了将核小体阵列（串珠状结构）规则包装为 30 nm 纤维的过程，通常核小体串珠被缠绕成每圈有 6 个核小体的圈状。核小体间相互定位以形成 30 nm 螺线管结构，以及连接组蛋白 H1 在螺线管中的位置仍然存在争议。尽管有些实验证据表明核小体串珠在溶液中（体外）能形成 30 nm 纤维，但近来的细胞学研究尚未发现体内存在规律高级结构的证据（Ghirlando 2013；Joti et al. 2012）。对保存良好的冰冻有丝分裂染色体的分析表明，核小体大小的颗粒具有均匀的无序纹理，并且没有高级组装的证据（Eltsov et al. 2008；Nishino et al. 2012）。通过比较显微技术分析间期染色质也得出了类似的结论：大部分间期染色质存在于 10 nm 纤维中，组装成高度无序的结构（Fussner et al. 2011）。因此，出现的画面是染色质呈一种相互连接的组装状态，此结果与分子分析中显示的结构域构架特征一致（见上文）。虽然异染色质和常染色质在核小体水平上的差异已经很明确了，但仍不知如何区分这两种染色质的"高级"结构。

异染色质形成的关键决定因素是什么呢？目前已经确定了两个关键因素：①特异的DNA 序列能促进异染色质形成；②异染色质含有大量的非组蛋白类染色体蛋白，能促进核小体串珠组装形成紧密结构。在某些情况下，人们偶然发现了能使异染色质核化的序列。在多种模式生物中，转基因载体可以以串联的方式插入基因组中，从而产生多拷贝序列。这些序列与异染色质有相似的特征，可以导致载体中报告基因的沉默（Dorer and Henikoff 1994；Whitelaw et al. 2001）。值得注意的是，使异染色质核化的重复序列，从转座基因到三核苷酸重复序列，在序列和长度上都极其多样化。重复序列插入处的基因组环境也影响异染色质形成的能力。对基因组稳定性具有潜在危害的外源 DNA 序列也可以导致异染色质形成。例如，在植物中，侵入基因组的逆转录病毒基因会被快速异染色质化，以阻止其表达（Matzke et al. 2000）。在哺乳动物细胞中，也发现类似使插入的病毒基因沉默的机制（Chen and Townes 2000）。虽然这种重新形成的异染色质有利于对抗外来基因组的入侵，但它同时也阻碍了病毒载体有效运送用于治疗的野生型基因拷贝（Knight et al. 2012）。

异染色质的形成也可以由蛋白质因子驱动，似乎不需要特定的 DNA 序列。通过与异源 DNA 结合域的融合，HP1 家族成员被"拴"在各种常染色质位点（Danzer and Wallrath 2004；Hathaway et al. 2012；Li et al. 2003；Seum et al. 2000；Stewart et al. 2005；van der Vlag et al. 2000；Verschure et al. 2005）。在这些情况下，HP1 蛋白使异染色质的形成核化，导致基因沉默。通过这种方式产生的沉默染色质表现出与中心异染色质相似的特性，包括规则的核小体间距（Danzer and Wallrath 2004）和从锚点扩散至 10 kb 的能力（Danzer and Wallrath 2004；Hathaway et al. 2012）。

13.4 异染色质的遗传剖析

异染色质组装诱导基因沉默的能力可实现对这一过程的遗传分析。位置效应斑驳（position effect variegation，PEV）现象是由正常情况下应该表达该基因的细胞子集中该基因的异染色质沉默而引起的。PEV 首先在研究得最为详细的果蝇中发现，但是研究人员随后从酵母到哺乳动物等一系列生物中都发现了这个现象（Weiler and Wakimoto 1995；Girton and Johansen 2008；Hiragami-Hamada et al. 2009；Kitada et al. 2012）。1930 年，H. 马勒（H. Muller）使用 X 射线作为诱变剂，使杂色（斑点的）眼表型的果蝇恢复正常；虽然该眼睛的一些部位显示典型的红色色素沉着，但其他部位却是白色的，暗示白色（*white*）基因活性的缺失（图 13.5）（Muller 1930）。在第二轮照射后，杂色眼色的果蝇中出现了完全红眼的回复体果蝇；这表明 *white* 基因仍然保持完整，并且眼睛表型是部分细胞中 *white* 基因不适当沉默的结果。1936 年，J. 舒尔茨（J. Schultz）的研究表明 PEV 是染色体重排造成的，这种重排使正常情况下在常染色体上的 *white* 基因与大量异染色质进行重新排列（Schultz 1936）。当 *white* 基因位于几乎完全是异染色质化的第四染色体短臂上并靠近臂间区域时，就会导致该基因的沉默（Girton and Johansen 2008）。携带转座子元件的 *white* 报告基因插入到异染色质结构域时，也会发生 PEV（Wallrath and Elgin 1995）。同样，酿酒酵母基因组的"异染色质"区域中插入报告基因也表现出 PEV 现象（Kamakaka and Rine 1998；Sussel et al. 1993）。*ADE2* 基因编码腺嘌呤生物合成途径中的一种酶；*ADE2* 基因表达缺失会导致红色色素沉着。将 *ADE2* 基因

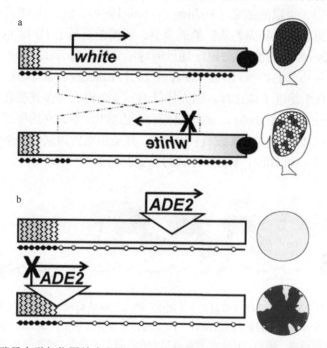

图 13.5　在果蝇和酵母中引起位置效应斑驳（PEV）的染色体重排。a. 图为果蝇中的 X 染色体，其上的 *white* 突变基因位于常染色质中。*white* 基因的表达导致眼睛的红色色素沉着。染色体易位使 *white* 基因定位于靠近臂间的异染色质区域，导致一些细胞中正常情况下应该表达的 *white* 基因被沉默，这种现象称为位置效应斑驳。b. 图为在常染色质中插入 *ADE2* 报告基因的 *ADE2* 突变体酵母染色体示意图。*ADE2* 的表达会产生奶油色酵母细胞的同源菌落。将同样的报告基因插入到端粒附近的区域，会导致部分酵母细胞中 *ADE2* 基因的沉默，使细胞变红，从而产生一个杂色的酵母菌落

插入端粒或其他异染色质区附近时，酵母菌落显示出 PEV 现象，部分细胞呈现红色是由于其 *ADE2* 的沉默（图 13.5）。这些观察结果表明，异染色质组装以随机方式从异染色质区域扩散，从而导致报告基因的沉默（Locke et al. 1988），该模型得到了许多研究的支持。

与异染色质沉默相关的斑驳表型可以使研究人员从基因筛选出发，来鉴定抑制[*Su*（*var*）*s*]或增强[*E*（*var*）*s*]PEV 的显性第二位点突变。与原始的斑驳表型相比，*Su*（*var*）突变增加了表达报告基因的细胞比例，而 *E*（*var*）突变使表达报告基因的细胞减少。在果蝇和酿酒酵母中都进行了这种筛选（Donaldson et al. 2002；Dorn et al. 1993；Javerzat et al. 1999；Schneiderman et al. 2010；Schotta et al. 2003；Wustmann et al. 1989）。鉴定出的大多数基因编码染色体蛋白（包括添加或去除组蛋白翻译后修饰的酶）以及结构蛋白（包括与这些表观遗传标记结合的蛋白）。已知部分 *Su*（*var*）s 对斑驳具有双向随机效应，有时称为"反向"效应。例如，果蝇 HP1a[由 *Su*（*var*）*205* 基因编码]基因的一个拷贝丢失使 PEV 报告基因沉默，而（通过局部重复复制或转基因添加）获得该基因的一个额外拷贝会导致沉默加强（Eissenberg et al. 1992）。对于组蛋白 H3K9 甲基转移酶 SU（VAR）3-9 也获得了类似的结果（Tschiersch et al. 1994）。SU（VAR）3-9 可以与 HP1a 结合的观察结果提示一种异染色质扩散的模型，该模型是基于 HP1a 也可通过其染色质结构域结合 H3K9me2/3 的能力。HP1a 通过同时结合组蛋白 H3K9 和产生该标记的酶促进甲基化向邻近核小体的扩散（Bannister et al. 2001；Lachner et al. 2001）（图 13.6）。H3K9 去乙酰化酶 HDAC1 促进了该过程，因为包括 H3K9 在内的许多残基在甲基化之前都需要去乙酰化（Czermin et al. 2001）。通过组蛋白去乙酰化、H3K9 的甲基化以及特定染色质结构域蛋白（通常是 HP1 家族成员）的结合，异染色质的组装在许多生物体中都共同存在（Elgin and Grewal 2003；Wallrath and Elgin 2012）。

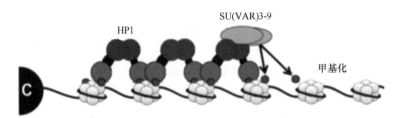

图 13.6 异染色质扩散模型。异染色质蛋白 1（HP1）的染色质结构域（蓝色圆圈）与赖氨酸 9（红色圆圈）处发生二或三甲基化的组蛋白 H3 结合。HP1 通过其染色质阴影（chromo shadow）结构域（紫色圆圈）相互作用而形成二聚体。HP1 二聚体募集一种促进组蛋白 H3 赖氨酸 9 甲基化表观遗传标记的组蛋白甲基转移酶 SU（VAR）3-9（绿色椭圆），导致相邻核小体上出现更多的 HP1 结合位点。黑色半圆为着丝粒（C）

13.5 异染色质形成：RNAi 的作用

异染色质是如何针对特定序列形成的?理论上，重复序列可以通过以下方式识别：①DNA 三级结构的特征，②序列特异性 DNA 结合蛋白，③如 RNAi 一样基于核酸的识别系统（Castel and Martienssen 2013）。迄今尚未鉴定出异染色质中识别特异 DNA 结构的蛋白质。相反，卫星序列特异性结合蛋白已被鉴定出来并被证实在异染色质形成和基因沉默中发挥作用（Aulner et al. 2002；Blattes et al. 2006）。然而，异染色质中的许多重复元件在进化过程中并不保守（Mewborn et al. 2005）；它们的多样性使得基于序列的异染色质形成机制似乎不太可能。而基于 RNAi 的识别系统依赖于重复序列的转录物，这样就解决了序列多样性的问题。

在裂殖酵母中，已有充分的证据表明 RNAi 可以用于异染色质的形成（Aygun and Grewal 2010；Buhler and Moazed 2007；Creamer and Partridge 2011）。已经建立的一个自我增强的正反馈环模型中，臂间重复序列转录的 RNA 被加工成短的 siRNA，用于募集异染色质蛋白（图 13.7）。RNA 聚合酶 II 转录臂间重复序列，为 RITS（RNA 诱导的转录沉默）复合物的结合提供了底物，RITS 复合物通过沃森-克里克碱基对识别这些短 RNA。RITS 的招募与 CLRC（Clr4-Rik1-Cul4 复合物）的招募相互依赖。该复合物包括一种组蛋白 H3K9 甲基转移酶 Clr4。RITS 还与 RNA 依赖的 RNA 聚合酶复合物相互作用，该复合物用初始转录物作为模板来生成双链 RNA（dsRNA），接着 Dicer1 以 dsRNA 为底物生成更多的 siRNA 以供识别。尽管基因的沉默需要转录这一机制似乎是违反常规的，但臂间的 DNA 是在核小体结构被破坏的 S 期转录的。这一过程允许该区域重新被组装成异染色质。组蛋白 H3K9 甲基化招募 Swi6（裂殖酵母中 HP1a 的同源物），后者又募集组蛋白去乙酰化酶，从而产生稳定的异染色质结构。

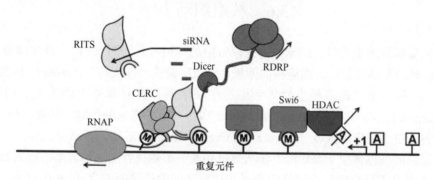

图 13.7 siRNA 在裂殖酵母异染色质形成中的作用。出人意料的是，将重复元件组装为异染色质始于 RNA 聚合酶 II（RNAP，绿色椭圆形）对这些元件的转录。由此产生的转录物（蓝色线）被 RNA 依赖的 RNA 聚合酶（RDRP）作为模板，生成双链 RNA（红色和蓝色线）。Dicer 酶（紫色吃豆人）将双链 RNA 切成短的（约 20 个碱基对）小干扰 RNA（siRNA）。反义 siRNA 被整合到 RNA 诱导的转录沉默复合物（RITS，黄色）中。然后，通过 siRNA 和延伸的转录物之间的碱基配对募集 RITS。RITS 募集含有 Clr4 的 Clr4-Rik1-Cul4 复合物（CLRC，橙色），该复合物甲基化组蛋白 H3 的赖氨酸 9（M）。甲基化的 H3K9 与 Switch 6（Swi6，HP1a 样同源物）结合，后者又募集组蛋白去乙酰化酶（HDAC，红色），进而从组蛋白尾部去除乙酰基（A）。组蛋白乙酰化的丢失、组蛋白甲基化的增加以及参与异染色质形成的染色质蛋白的募集导致重复元件被包装成转录沉默的异染色质

类似的机制似乎也出现在拟南芥中，尽管酶多样性的存在（例如，有 11 种组蛋白去乙酰化酶）使得建立相应的机制通路比较困难（Verdel et al. 2009）。该机制的出发点很可能是为了对抗病毒入侵，但似乎可以在整个基因组的不同位点产生异染色质。具体

来说，rRNA 重复序列的拷贝沉默是通过基因间隔区的非编码 RNA 完成的。就如同在裂殖酵母中一样，这些转录物也可以被 RNA 依赖的 RNA 聚合酶复制，并通过 Dicer 酶处理以产生短 siRNA，短 siRNA 能靶向启动子或其他调控元件以便甲基化修饰 DNA。一种结合 5-甲基胞嘧啶（MBD6）的蛋白质促进组蛋白去乙酰化酶（HDAC6）和组蛋白甲基转移酶的招募，进而产生异染色质状态（Costa-Nunes et al. 2010）。

在果蝇中，小 RNA，特别是其中的 piRNA（Piwi 结合 RNA），在调节转座子的表达中发挥着重要作用（McCue and Slotkin 2012）。piRNA 能结合 Piwi 蛋白，而 Piwi 蛋白是一种定位于细胞核中的 RNA 结合蛋白（Rozhkov et al. 2013）。在雌性种系中，包括 Piwi 蛋白在内的 RNAi 系统（RNAi system）的成分丢失会导致一部分转座子的表达增加，同时伴随着与基因沉默相关的异染色质因子和组蛋白修饰的缺失（Klenov et al. 2007；Le Thomas et al. 2013；Wang and Elgin 2011）。重要的是，这种基于 RNA 的沉默系统在黑腹果蝇和秀丽隐杆线虫的雌性种系中也起着重要作用（Ashe et al. 2012；Shirayama et al. 2012）。Piwi-piRNA 复合物能靶向整个基因组中的许多位点，并且当其定位到异位位点时，足以核化沉默染色质的形成（Huang et al. 2013）。最新的研究表明，Piwi-piRNA 系统还能在体细胞中指挥沉默转座子并且调节其他基因的表达（Peng and Lin 2013）。

13.6 核组织动力学

染色质根据细胞类型在细胞核内采取特定的排列方式（图 13.8）。在快速分裂的细胞中，着丝粒和端粒常位于细胞核的两极，形成所谓的"拨火棒"（rabble）构象（Rabl 1885）。这种构象已在多种生物体和细胞中观察到，并且常处于快速分裂的细胞中（Dernburg and Sedat 1998；Marshall and Sedat 1999）。由于终末分化细胞常处于分裂间期，染色体也定位于特定的区域（Cremer and Cremer 2010）。通常，活跃染色体位于内部，相对不活跃的染色体位于核边缘。在从酵母到人中都能观察到这种典型的排列方式，并且这种排列方式至少部分通过异染色质和核膜之间的连接而建立（Croft et al. 1999；Kolbl et al. 2012；Meister and Taddei 2013）。

核膜是双层结构膜，既能为细胞核提供结构支持，又能辅助基因组的组织（Wilson and Berk 2010）（图 13.8）。内核膜被核纤层覆盖，核纤层的主要成分是 A 型和 B 型核纤层蛋白形成的中间丝。核纤层蛋白以及嵌入核膜内的蛋白质，能与染色质直接或间接相连。通过与核膜蛋白的相互作用将基因固定在核周围，导致基因沉默（Dialynas et al. 2010；Finlan et al. 2008；Kumaran and Spector 2008；Reddy et al. 2008）。与核膜接触的连续基因序列（长度为兆碱基级别）被称为核纤层相关结构域（lamin-associated domain，LAD）（Meuleman et al. 2013）。当在单细胞水平上进行研究时，我们发现 LAD 是高度动态的；随着有丝分裂的进行，它们的边缘并不是一成不变的（Kind et al. 2013）。

是什么将异染色质锚定在核周围？该问题的答案来自一项反常的研究结果——在夜间活动的哺乳动物的视杆感光细胞中，它们的异染色质位于核内部，常染色质反而位于外周（Solovei et al. 2009）。这种反向的染色体排列模式，形成于有丝分裂后，可以减少视网膜中的光损失。在小鼠中，过表达内膜蛋白核纤层蛋白 B 受体（LBR）可以阻断染色体的反向排列过程（Solovei et al. 2013）。此外，当 LBR 和 A 型核纤层蛋白同时缺失（而不是单独缺失其中一个）时，所有类型分化细胞的染色体均会反向排列，这证明了核膜蛋白在染色质组织中的作用。对秀丽隐杆线虫的基因筛选鉴定出了其他相关因子（Towbin et al. 2012）。当敲除利用 *S*-腺苷甲硫氨酸（*S*-adenosyl methionine，SAM）作为甲基供体的 H3K9 甲基转移酶时，会导致核外周异染色质的错误定位。综上所述，核膜成分和表观遗传组蛋白标记都是异染色质在外周正确定位的必要因素，这意味着饮食和新陈代谢的变化可以改变细胞核组织。

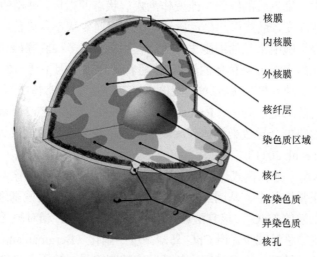

图 13.8　细胞核内染色体组织图。细胞核由具有双层膜结构的核膜包围，核膜上有核孔穿通。核纤层（黑色网状）的蛋白质网络位于内核膜的内侧。每个染色体占据细胞核内的特定区域，称为染色体区域（各个颜色区域）。异染色质（深色区域）通常位于核周边。而常染色质（较浅色区域）通常位于细胞核内部。核仁（灰色圆圈）是核糖体合成的场所并且包含 rDNA 重复序列

在三维的细胞核内划分基因组会影响其与染色质纤维相互作用因子的分布情况。细胞核某个特定区域内结合位点的高密度可以增加相关结合因子的局部浓度，这可能允许原本在基因组其他位置不会被结合的弱结合位点被占据（Bulut-Karslioglu et al. 2012）。染色质纤维的可折叠性也可能"捕获"异染色质结构中的因子，从而有效地提高局部浓度（Bancaud et al. 2009）。相反，特定区域内，活跃基因迁移到区域外以接触位于染色体内部空间的转录工厂（Mahy et al. 2002）。合并活跃和非活跃染色质结构域的染色质重排可以将非活跃基因放置到活跃区域，反之亦然。这种核位置的移动常常导致被影响区域基因表达的改变，并被认为是导致染色体易位相关疾病中转录改变的原因（Meaburn et al. 2007）。

细胞核中致密的异染色质可能对基于同源序列的 DNA 损伤修复机制造成潜在的危险环境。修复过程中重复序列的错位可导致染色体异常（如遗传信息的获得或丢失）。在果蝇中的相关研究揭示了一种可以避免异染色质修复引起基因组不稳定性的机制。在电离辐射后，含有双链断裂的染色体区域移出异染色质区域，使之能够被 Rad51 修

复蛋白的单链侵入活性所作用（Chiolo et al. 2011）。该机制同时允许异染色质环境的空间分离和修复机器的接近。在哺乳动物中，还有另外一种略有不同的方法。电离辐射引起的 DNA 损伤激活转录调节因子 p53，导致组蛋白去甲基化酶（移除组蛋白 H3K9 上的甲基基团）表达升高、组蛋白甲基转移酶 SUV39H1（添加甲基团至 H3K9）表达降低。最终的结果是异染色质松弛，这使得修复因子更易与 DNA 结合（Zheng et al. 2013）。

13.7 异染色质与疾病

病理学家通常以染色质的细胞学改变作为疾病状态的指标。肿瘤的发生常涉及许多染色质蛋白的表达改变，最终引起染色质结构域表观遗传状态和染色质组装的改变。异染色质的解聚与癌细胞中常见的细胞去分化过程相关。在多种乳腺癌和卵巢癌中，常能观察到异染色质化的失活 X 染色体的解聚，伴随着 X 连锁基因不适当的表达（Carone and Lawrence 2012）。这种解聚与 *BRCA1* 基因的突变有关，在正常情况下，*BRCA1* 基因位于臂间异染色质内的卫星序列中（Pageau and Lawrence 2006；Zhu et al. 2011）。*BRCA1* 基因在臂间区域的缺失会导致染色体分离缺陷和卫星重复序列的过表达，从而导致基因组的不稳定（Zhu et al. 2011）。

癌细胞中 DNA 甲基化模式也表现出显著的变化，这种变化与异染色质和基因表达的改变有关。在正常细胞中，基因组中的臂间异染色质和胞嘧啶残基经常发生甲基化；然而，位于基因上游的 CpG 二核苷酸簇（称为"CpG 岛"）相对缺乏甲基化。癌细胞中，胞嘧啶甲基化的总量减少，但 CpG 岛却高度甲基化（Bergman and Cedar 2013）。由于这种甲基化模式的转变，许多基因（包括肿瘤抑制因子）被不适当地沉默。为了解决这个问题，临床上使用多种抑制 DNA 甲基转移和组蛋白去乙酰化酶（有助于沉默）的化合物来治疗癌症患者（Fahy et al. 2012）。虽然这些治疗的主要目的是重新激活抑癌基因，但也有人担心这些化合物可能导致臂间异染色质的丢失，从而导致转座子的激活和继发性肿瘤的发生。

包括癌症在内的许多人类健康问题都是由染色体重排、扩增或缺失引起的。某些情况下，整个染色体或染色体的一大部分会扩增或缺失。这些大规模的重排可以在细胞学上检测出来。然而，在另一些情况下，基因损伤很小且需要使用荧光原位杂交（FISH）或其他测序技术来检测。这种变化很容易在常染色质中检测到，因为常染色质上 DNA 序列大部分是单拷贝的。相比之下，由于异染色质中 DNA 序列的重复性，异染色质中小的基因变异很难被检测到。近来，更加具有异染色质序列代表性的新探针集已经被研发使用，并且已经提供了关于人类疾病（如不育症）相关的复杂基因组重排方面的见解（Bucksch et al. 2012）。解析构成异染色质 DNA 上的动态变化有助于深刻理解染色体的进化以及肿瘤形成等过程中发生的遗传变化。

13.8　异染色质的未解之谜

自 20 世纪 30 年代以来，虽然关于异染色质的研究很多，但是仍有许多问题没有解决。例如，尽管成像技术有所改进，我们仍然不了解异染色质的高级结构。大多数以化学方法对染色质结构的探索都局限于核小体水平。能否开发出一种试剂，可以提供染色质重复序列结构域的折叠模式信息？是否存在一种结构参数，可以解释异染色质扩散的表型为什么是斑驳模式，而不是基因表达的均匀消失？异染色质和常染色质之间的这些边界是不是限制异染色质扩散的原因？

异染色质的形成使基因组转座事件降到最低，这其中可能涉及 RNAi 通路，至少在某些生物中是这样的。这是一种通用的基因组安全机制吗？有没有不同方面的 RNAi 通路，在生殖细胞和体细胞中起着沉默转座子元件的作用？

最近的进展已经确定了一些与异染色质锚定到核膜以及细胞核内基因组组织相关的因子和组蛋白修饰。这些联系在整个发育过程中都是动态的，以协调基因表达的变化。是什么在调节这个动态过程？核膜是否是锚定的唯一场所，或细胞核内是否存在其他联系因子来维持染色体的区域组织？此外，染色体、染色体区域和单个基因是如何在细胞核内移动的？在修复过程中异染色质 DNA 断裂的"建立"是一个主动的过程，还是解聚的结果？这些问题以及更多的关于异染色质的问题目前正通过不断进步的先进分子学工具和成像技术来解决，最终将解开异染色质之谜。

参 考 文 献

Ashe A, Sapetschnig A, Weick EM, Mitchell J, Bagijn MP et al (2012) piRNAs can trigger a multigenerational epigenetic memory in the germline of *C. elegans*. Cell 150:88–99

Aulner N, Monod C, Mandicourt G, Jullien D, Cuvier O et al (2002) The AT-hook protein D1 is essential for Drosophila melanogaster development and is implicated in position-effect variegation. Mol Cell Biol 22:1218–1232

Aygun O, Grewal SI (2010) Assembly and functions of heterochromatin in the fission yeast genome. Cold Spring Harb Symp Quant Biol 75:259–267

Bancaud A, Huet S, Daigle N, Mozziconacci J, Beaudouin J et al (2009) Molecular crowding affects diffusion and binding of nuclear proteins in heterochromatin and reveals the fractal organization of chromatin. EMBO J 28:3785–3798

Bannister AJ, Zegerman P, Partridge JF, Miska EA, Thomas JO et al (2001) Selective recognition of methylated lysine 9 on histone H3 by the HP1 chromo domain. Nature 410:120–124

Bergman Y, Cedar H (2013) DNA methylation dynamics in health and disease. Nat Struct Mol Biol 20:274–281

Bernard P, Allshire R (2002) Centromeres become unstuck without heterochromatin. Trends Cell Biol 12:419–424

Bernstein BE, Liu CL, Humphrey EL, Perlstein EO, Schreiber SL (2004) Global nucleosome occupancy in yeast. Genome Biol 5:R62

Blattes R, Monod C, Susbielle G, Cuvier O, Wu JH et al (2006) Displacement of D1, HP1 and topoisomerase II from satellite heterochromatin by a specific polyamide. EMBO J 25:2397–2408

Brogaard K, Xi L, Wang JP, Widom J (2012) A map of nucleosome positions in yeast at base-pair resolution. Nature 486:496–501

Bucksch M, Ziegler M, Kosayakova N, Mulatinho MV, Llerena JC Jr et al (2012) A new multicolor fluorescence in situ hybridization probe set directed against human heterochromatin: HCM-FISH. J Histochem Cytochem 60:530–536

Buhler M, Moazed D (2007) Transcription and RNAi in heterochromatic gene silencing. Nat Struct Mol Biol 14:1041–1048

Bulut-Karslioglu A, Perrera V, Scaranaro M, de la Rosa-Velazquez IA, van de Nobelen S et al (2012) A transcription factor-based mechanism for mouse heterochromatin formation. Nat Struct Mol Biol 19:1023–1030

Carone DM, Lawrence JB (2012) Heterochromatin instability in cancer: from the Barr body to satellites and the nuclear periphery. Semin Cancer Biol 23(2):99–108

Castel SE, Martienssen RA (2013) RNA interference in the nucleus: roles for small RNAs in transcription, epigenetics and beyond. Nat Rev Genet 14:100–112

Cenci G, Ciapponi L, Gatti M (2005) The mechanism of telomere protection: a comparison between Drosophila and humans. Chromosoma 114:135–145

Chao W, Huynh KD, Spencer RJ, Davidow LS, Lee JT (2002) CTCF, a candidate trans-acting factor for X-inactivation choice. Science 295:345–347

Chen WY, Townes TM (2000) Molecular mechanism for silencing virally transduced genes involves histone deacetylation and chromatin condensation. Proc Natl Acad Sci USA 97:377–382

Chiolo I, Minoda A, Colmenares SU, Polyzos A, Costes SV et al (2011) Double-strand breaks in heterochromatin move outside of a dynamic HP1a domain to complete recombinational repair. Cell 144:732–744

Chu L, Zhu T, Liu X, Yu R, Bacanamwo M et al (2012) SUV39H1 orchestrates temporal dynamics of centromeric methylation essential for faithful chromosome segregation in mitosis. J Mol Cell Biol 4:331–340

Costa-Nunes P, Pontes O, Preuss SB, Pikaard CS (2010) Extra views on RNA-dependent DNA methylation and MBD6-dependent heterochromatin formation in nucleolar dominance. Nucleus 1:254–259

Creamer KM, Partridge JF (2011) RITS-connecting transcription, RNA interference, and heterochromatin assembly in fission yeast. Wiley Interdiscip Rev RNA 2:632–646

Cremer T, Cremer M (2010) Chromosome territories. Cold Spring Harb Perspect Biol 2:a003889

Croft JA, Bridger JM, Boyle S, Perry P, Teague P et al (1999) Differences in the localization and morphology of chromosomes in the human nucleus. J Cell Biol 145:1119–1131

Cryderman DE, Cuaycong MH, Elgin SC, Wallrath LL (1998) Characterization of sequences associated with position-effect variegation at pericentric sites in Drosophila heterochromatin. Chromosoma 107:277–285

Cryderman DE, Tang H, Bell C, Gilmour DS, Wallrath LL (1999) Heterochromatic silencing of Drosophila heat shock genes acts at the level of promoter potentiation. Nucleic Acids Res 27:3364–3370

Czermin B, Schotta G, Hulsmann BB, Brehm A, Becker PB et al (2001) Physical and functional association of SU(VAR)3-9 and HDAC1 in Drosophila. EMBO Rep 2:915–919

Danzer JR, Wallrath LL (2004) Mechanisms of HP1-mediated gene silencing in Drosophila. Development 131:3571–3580

de Lange T (2010) How shelterin solves the telomere end-protection problem. Cold Spring Harb Symp Quant Biol 75:167–177

Dernburg AF, Sedat JW (1998) Mapping three-dimensional chromosome architecture in situ. Methods Cell Biol 53:187–233

Dernburg AF, Sedat JW, Hawley RS (1996) Direct evidence of a role for heterochromatin in meiotic chromosome segregation. Cell 86:135–146

Dialynas G, Speese S, Budnik V, Geyer PK, Wallrath LL (2010) The role of Drosophila Lamin C in muscle function and gene expression. Development 137:3067–3077

Donaldson KM, Lui A, Karpen GH (2002) Modifiers of terminal deficiency-associated position effect variegation in Drosophila. Genetics 160:995–1009

Dorer DR, Henikoff S (1994) Expansions of transgene repeats cause heterochromatin formation and gene silencing in Drosophila. Cell 77:993–1002

Dorn R, Szidonya J, Korge G, Sehnert M, Taubert H et al (1993) P transposon-induced dominant enhancer mutations of position-effect variegation in Drosophila melanogaster. Genetics 133:279–290

Eissenberg JC, Morris GD, Reuter G, Hartnett T (1992) The heterochromatin-associated protein HP-1 is an essential protein in Drosophila with dosage-dependent effects on position-effect variegation. Genetics 131:345–352

Elgin SC, Grewal SI (2003) Heterochromatin: silence is golden. Curr Biol 13:R895–R898

Eltsov M, Maclellan KM, Maeshima K, Frangakis AS, Dubochet J (2008) Analysis of cryo-electron microscopy images does not support the existence of 30-nm chromatin fibers in mitotic chromosomes in situ. Proc Natl Acad Sci USA 105:19732–19737

Fahy J, Jeltsch A, Arimondo PB (2012) DNA methyltransferase inhibitors in cancer: a chemical and therapeutic patent overview and selected clinical studies. Expert Opin Ther Pat 22:1427–1442

Finlan LE, Sproul D, Thomson I, Boyle S, Kerr E et al (2008) Recruitment to the nuclear periphery can alter expression of genes in human cells. PLoS Genet 4:e1000039

Fuks F, Hurd PJ, Deplus R, Kouzarides T (2003) The DNA methyltransferases associate with HP1 and the SUV39H1 histone methyltransferase. Nucleic Acids Res 31:2305–2312

Fussner E, Ching RW, Bazett-Jones DP (2011) Living without 30nm chromatin fibers. Trends Biochem Sci 36:1–6

Gaffney DJ, McVicker G, Pai AA, Fondufe-Mittendorf YN, Lewellen N et al (2012) Controls of nucleosome positioning in the human genome. PLoS Genet 8:e1003036

Ghirlando RFG (2013) Chromatin structure outside and inside the nucleus. Biopolymers 99:225–232

Girton JR, Johansen KM (2008) Chromatin structure and the regulation of gene expression: the lessons of PEV in Drosophila. Adv Genet 61:1–43

Hager GL, Nagaich AK, Johnson TA, Walker DA, John S (2004) Dynamics of nuclear receptor movement and transcription. Biochim Biophys Acta 1677:46–51

Haldar S, Saini A, Nanda JS, Saini S, Singh J (2011) Role of Swi6/HP1 self-association-mediated recruitment of Clr4/Suv39 in establishment and maintenance of heterochromatin in fission yeast. J Biol Chem 286:9308–9320

Hathaway NA, Bell O, Hodges C, Miller EL, Neel DS et al (2012) Dynamics and memory of heterochromatin in living cells. Cell 149:1447–1460

Hayden KE, Strome ED, Merrett SL, Lee HR, Rudd MK et al (2013) Sequences associated with centromere competency in the human genome. Mol Cell Biol 33:763–772

Heitz E (1928) Das heterochromatin der moose. Jahrb Wiss Bot 69:726–818

Hiragami-Hamada K, Xie SQ, Saveliev A, Uribe-Lewis S, Pombo A et al (2009) The molecular basis for stability of heterochromatin-mediated silencing in mammals. Epigenetics Chromatin 2:14

Honda S, Lewis ZA, Shimada K, Fischle W, Sack R et al (2012) Heterochromatin protein 1 forms distinct complexes to direct histone deacetylation and DNA methylation. Nat Struct Mol Biol 19:471–477, S471

Huang XA, Yin H, Sweeney S, Raha D, Snyder M et al (2013) A major epigenetic programming mechanism guided by piRNAs. Dev Cell 24:502–516

Jacobs SA, Taverna SD, Zhang Y, Briggs SD, Li J et al (2001) Specificity of the HP1 chromo domain for the methylated N-terminus of histone H3. EMBO J 20:5232–5241

James TC, Eissenberg JC, Craig C, Dietrich V, Hobson A et al (1989) Distribution patterns of HP1, a heterochromatin-associated nonhistone chromosomal protein of Drosophila. Eur J Cell Biol 50:170–180

Javerzat JP, McGurk G, Cranston G, Barreau C, Bernard P et al (1999) Defects in components of the proteasome enhance transcriptional silencing at fission yeast centromeres and impair chromosome segregation. Mol Cell Biol 19:5155–5165

Jenuwein T, Allis CD (2001) Translating the histone code. Science 293:1074–1080

Joshi AA, Struhl K (2005) Eaf3 chromodomain interaction with methylated H3-K36 links histone deacetylation to Pol II elongation. Mol Cell 20:971–978

Joti Y, Hikima T, Nishino Y, Kamada F, Hihara S et al (2012) Chromosomes without a 30-nm chromatin fiber. Nucleus 3:404–410

Kaeberlein M, McVey M, Guarente L (1999) The SIR2/3/4 complex and SIR2 alone promote longevity in Saccharomyces cerevisiae by two different mechanisms. Genes Dev 13:2570–2580

Kamakaka RT, Rine J (1998) Sir- and silencer-independent disruption of silencing in Saccharomyces by Sas10p. Genetics 149:903–914

Kharchenko PV, Alekseyenko AA, Schwartz YB, Minoda A, Riddle NC et al (2011) Comprehensive analysis of the chromatin landscape in Drosophila melanogaster. Nature 471:480–485

Kind J, Pagie L, Ortabozkoyun H, Boyle S, de Vries SS et al (2013) Single-cell dynamics of genome-nuclear lamina interactions. Cell 153:178–192

Kitada T, Kuryan BG, Tran NN, Song C, Xue Y et al (2012) Mechanism for epigenetic variegation of gene expression at yeast telomeric heterochromatin. Genes Dev 26:2443–2455

Klenov MS, Lavrov SA, Stolyarenko AD, Ryazansky SS, Aravin AA et al (2007) Repeat-associated siRNAs cause chromatin silencing of retrotransposons in the Drosophila melanogaster germline. Nucleic Acids Res 35:5430–5438

Knight S, Zhang F, Mueller-Kuller U, Bokhoven M, Gupta A et al (2012) Safer, silencing-resistant lentiviral vectors: optimization of the ubiquitous chromatin-opening element through elimination of aberrant splicing. J Virol 86:9088–9095

Kolbl AC, Weigl D, Mulaw M, Thormeyer T, Bohlander SK et al (2012) The radial nuclear positioning of genes correlates with features of megabase-sized chromatin domains. Chromosome Res 20:735–752

Kumaran RI, Spector DL (2008) A genetic locus targeted to the nuclear periphery in living cells maintains its transcriptional competence. J Cell Biol 180:51–65

Kumari D, Usdin K (2010) The distribution of repressive histone modifications on silenced FMR1 alleles provides clues to the mechanism of gene silencing in fragile X syndrome. Hum Mol Genet 19:4634–4642

Kurzhals RL, Titen SW, Xie HB, Golic KG (2011) Chk2 and p53 are haploinsufficient with dependent and independent functions to eliminate cells after telomere loss. PLoS Genet 7:e1002103

Lachner M, O'Carroll D, Rea S, Mechtler K, Jenuwein T (2001) Methylation of histone H3 lysine 9 creates a binding site for HP1 proteins. Nature 410:116–120

Le Thomas A, Rogers AK, Webster A, Marinov GK, Liao SE et al (2013) Piwi induces piRNA-guided transcriptional silencing and establishment of a repressive chromatin state. Genes Dev 27:390–399

Lechner M, Marz M, Ihling C, Sinz A, Stadler PF et al (2013) The correlation of genome size and DNA methylation rate in metazoans. Theory Biosci 132:47–60

Lee TF, Gurazada SG, Zhai J, Li S, Simon SA et al (2012) RNA polymerase V-dependent small RNAs in Arabidopsis originate from small, intergenic loci including most SINE repeats. RNA Biol 9:1031

Lefrancois P, Auerbach RK, Yellman CM, Roeder GS, Snyder M (2013) Centromere-like regions in the budding yeast genome. PLoS Genet 9:e1003209

Li Y, Danzer JR, Alvarez P, Belmont AS, Wallrath LL (2003) Effects of tethering HP1 to euchromatic regions of the Drosophila genome. Development 130:1817–1824

Locke J, Kotarski MA, Tartof KD (1988) Dosage-dependent modifiers of position effect variegation in Drosophila and a mass action model that explains their effect. Genetics 120:181–198

Mahy NL, Perry PE, Bickmore WA (2002) Gene density and transcription influence the localization of chromatin outside of chromosome territories detectable by FISH. J Cell Biol 159:753–763

Marshall WF, Sedat JW (1999) Nuclear architecture. Results Probl Cell Differ 25:283–301

Matzke MA, Mette MF, Matzke AJ (2000) Transgene silencing by the host genome defense: implications for the evolution of epigenetic control mechanisms in plants and vertebrates. Plant Mol Biol 43:401–415

McCue AD, Slotkin RK (2012) Transposable element small RNAs as regulators of gene expression. Trends Genet 28:616–623

Meaburn KJ, Misteli T, Soutoglou E (2007) Spatial genome organization in the formation of chromosomal translocations. Semin Cancer Biol 17:80–90

Meister P, Taddei A (2013) Building silent compartments at the nuclear periphery: a recurrent theme. Curr Opin Genet Dev 23(2):96–103

Mermoud JE, Rowbotham SP, Varga-Weisz PD (2011) Keeping chromatin quiet: how nucleosome remodeling restores heterochromatin after replication. Cell Cycle 10:4017–4025

Meuleman W, Peric-Hupkes D, Kind J, Beaudry JB, Pagie L et al (2013) Constitutive nuclear lamina-genome interactions are highly conserved and associated with A/T-rich sequence. Genome Res 23:270–280

Mewborn SK, Lese Martin C, Ledbetter DH (2005) The dynamic nature and evolutionary history of subtelomeric and pericentromeric regions. Cytogenet Genome Res 108:22–25

Muller H (1930) Types of visible variations induced by X-rays in Drosophila. J Genet 22:299–334

Musselman CA, Lalonde ME, Cote J, Kutateladze TG (2012) Perceiving the epigenetic landscape through histone readers. Nat Struct Mol Biol 19:1218–1227

Nishino Y, Eltsov M, Joti Y, Ito K, Takata H et al (2012) Human mitotic chromosomes consist predominantly of irregularly folded nucleosome fibres without a 30-nm chromatin structure. EMBO J 31:1644–1653

Pageau GJ, Lawrence JB (2006) BRCA1 foci in normal S-phase nuclei are linked to interphase centromeres and replication of pericentric heterochromatin. J Cell Biol 175:693–701

Peng JC, Karpen GH (2008) Epigenetic regulation of heterochromatic DNA stability. Curr Opin Genet Dev 18:204–211

Peng JC, Lin H (2013) Beyond transposons: the epigenetic and somatic functions of the Piwi-piRNA mechanism. Curr Opin Cell Biol 25(2):190–194

Pfeifer GP, Tanguay RL, Steigerwald SD, Riggs AD (1990) In vivo footprint and methylation analysis by PCR-aided genomic sequencing: comparison of active and inactive X chromosomal DNA at the CpG island and promoter of human PGK-1. Genes Dev 4:1277–1287

Rabl C (1885) Uber Zelltheilung. Morphologisches Jahrbuch, pp 214–330

Reddy KL, Zullo JM, Bertolino E, Singh H (2008) Transcriptional repression mediated by repositioning of genes to the nuclear lamina. Nature 452:243–247

Riddle NC, Jung YL, Gu T, Alekseyenko AA, Asker D et al (2012) Enrichment of HP1a on Drosophila chromosome 4 genes creates an alternate chromatin structure critical for regulation in this heterochromatic domain. PLoS Genet 8:e1002954

Rong YS (2008) Telomere capping in Drosophila: dealing with chromosome ends that most resemble DNA breaks. Chromosoma 117:235–242

Rozhkov NV, Hammell M, Hannon GJ (2013) Multiple roles for Piwi in silencing Drosophila transposons. Genes Dev 27:400–412

Sackton TB, Hartl DL (2013) Meta-analysis reveals that genes regulated by the Y chromosome in Drosophila melanogaster are preferentially localized to repressive chromatin. Genome Biol Evol 5:255–266

Saunders WS, Chue C, Goebl M, Craig C, Clark RF et al (1993) Molecular cloning of a human homologue of Drosophila heterochromatin protein HP1 using anti-centromere autoantibodies with anti-chromo specificity. J Cell Sci 104(Pt 2):573–582

Sawarkar R, Paro R (2010) Interpretation of developmental signaling at chromatin: the Polycomb perspective. Dev Cell 19:651–661

Schneiderman JI, Goldstein S, Ahmad K (2010) Perturbation analysis of heterochromatin-mediated gene silencing and somatic inheritance. PLoS Genet 6(9):e1001095

Schotta G, Ebert A, Dorn R, Reuter G (2003) Position-effect variegation and the genetic dissection of chromatin regulation in Drosophila. Semin Cell Dev Biol 14:67–75

Schultz J (1936) Variegation in Drosophila and the inert chromosome regions. Proc Natl Acad Sci USA 22:27–33

Seum C, Spierer A, Delattre M, Pauli D, Spierer P (2000) A GAL4-HP1 fusion protein targeted near heterochromatin promotes gene silencing. Chromosoma 109:453–459

Shirayama M, Seth M, Lee HC, Gu W, Ishidate T et al (2012) piRNAs initiate an epigenetic memory of nonself RNA in the *C. elegans* germline. Cell 150:65–77

Smallwood A, Esteve PO, Pradhan S, Carey M (2007) Functional cooperation between HP1 and DNMT1 mediates gene silencing. Genes Dev 21:1169–1178

Solovei I, Kreysing M, Lanctot C, Kosem S, Peichl L et al (2009) Nuclear architecture of rod photoreceptor cells adapts to vision in mammalian evolution. Cell 137:356–368

Solovei I, Wang AS, Thanisch K, Schmidt CS, Krebs S et al (2013) LBR and lamin A/C sequentially tether peripheral heterochromatin and inversely regulate differentiation. Cell 152:584–598

Soubry A, Schildkraut JM, Murtha A, Wang F, Huang Z et al (2013) Paternal obesity is associated with IGF2 hypomethylation in newborns: results from a Newborn Epigenetics Study (NEST) cohort. BMC Med 11:29

Stewart MD, Li J, Wong J (2005) Relationship between histone H3 lysine 9 methylation, transcription repression, and heterochromatin protein 1 recruitment. Mol Cell Biol 25:2525–2538

Sun FL, Cuaycong MH, Elgin SC (2001) Long-range nucleosome ordering is associated with gene silencing in Drosophila melanogaster pericentric heterochromatin. Mol Cell Biol 21:2867–2879

Sun X, Le HD, Wahlstrom JM, Karpen GH (2003) Sequence analysis of a functional Drosophila centromere. Genome Res 13:182–194

Sun B, Hong J, Zhang P, Dong X, Shen X et al (2008) Molecular basis of the interaction of Saccharomyces cerevisiae Eaf3 chromo domain with methylated H3K36. J Biol Chem 283:36504–36512

Sussel L, Vannier D, Shore D (1993) Epigenetic switching of transcriptional states: cis- and trans-acting factors affecting establishment of silencing at the HMR locus in Saccharomyces cerevisiae. Mol Cell Biol 13:3919–3928

Towbin BD, Gonzalez-Aguilera C, Sack R, Gaidatzis D, Kalck V et al (2012) Step-wise methylation of histone H3K9 positions heterochromatin at the nuclear periphery. Cell 150:934–947

Tschiersch B, Hofmann A, Krauss V, Dorn R, Korge G et al (1994) The protein encoded by the Drosophila position-effect variegation suppressor gene Su(var)3-9 combines domains of antagonistic regulators of homeotic gene complexes. EMBO J 13:3822–3831

van der Vlag J, den Blaauwen JL, Sewalt RG, van Driel R, Otte AP (2000) Transcriptional repression mediated by polycomb group proteins and other chromatin-associated repressors is selectively blocked by insulators. J Biol Chem 275:697–704

van Steensel B (2011) Chromatin: constructing the big picture. EMBO J 30:1885–1895

Verdel A, Vavasseur A, Le Gorrec M, Touat-Todeschini L (2009) Common themes in siRNA-mediated epigenetic silencing pathways. Int J Dev Biol 53:245–257

Verschure PJ, van der Kraan I, de Leeuw W, van der Vlag J, Carpenter AE et al (2005) In vivo HP1 targeting causes large-scale chromatin condensation and enhanced histone lysine methylation. Mol Cell Biol 25:4552–4564

Wallrath LL, Elgin SC (1995) Position effect variegation in Drosophila is associated with an altered chromatin structure. Genes Dev 9:1263–1277

Wallrath LL, Elgin SC (2012) Enforcing silencing: dynamic HP1 complexes in Neurospora. Nat Struct Mol Biol 19:465–467

Wang SH, Elgin SC (2011) Drosophila Piwi functions downstream of piRNA production mediating a chromatin-based transposon silencing mechanism in female germ line. Proc Natl Acad Sci USA 108:21164–21169

Wang CT, Ho CH, Hseu MJ, Chen CM (2010) The subtelomeric region of the Arabidopsis thaliana chromosome IIIR contains potential genes and duplicated fragments from other chromosomes. Plant Mol Biol 74:155–166

Waterland RA, Jirtle RL (2003) Transposable elements: targets for early nutritional effects on epigenetic gene regulation. Mol Cell Biol 23:5293–5300

Waterland RA, Jirtle RL (2004) Early nutrition, epigenetic changes at transposons and imprinted genes, and enhanced susceptibility to adult chronic diseases. Nutrition 20:63–68

Weiler KS, Wakimoto BT (1995) Heterochromatin and gene expression in Drosophila. Annu Rev Genet 29:577–605

Whitelaw E, Sutherland H, Kearns M, Morgan H, Weaving L et al (2001) Epigenetic effects on transgene expression. Methods Mol Biol 158:351–368

Wilson KL, Berk JM (2010) The nuclear envelope at a glance. J Cell Sci 123:1973–1978

Wu C, Bingham PM, Livak KJ, Holmgren R, Elgin SC (1979) The chromatin structure of specific genes: I. Evidence for higher order domains of defined DNA sequence. Cell 16:797–806

Wustmann G, Szidonya J, Taubert H, Reuter G (1989) The genetics of position-effect variegation modifying loci in Drosophila melanogaster. Mol Gen Genet 217:520–527

Zheng H, Chen L, Pledger WJ, Fang J, Chen J (2013) p53 promotes repair of heterochromatin DNA by regulating JMJD2b and SUV39H1 expression. Oncogene. doi: 10.1038/onc.2013.6

Zhu Q, Pao GM, Huynh AM, Suh H, Tonnu N et al (2011) BRCA1 tumour suppression occurs via heterochromatin-mediated silencing. Nature 477:179–184

第14章 染色质研究新兴领域

菅沼缳（Tamaki Suganuma）

14.1 细胞信号的重要性

在发育、适应环境和维持生存过程中，细胞均暴露于细胞外的各种刺激下（Kusumi et al. 2012；Levin 2005）。为响应这些刺激，细胞内信号可提供递送至染色质的分子连接以完成适当的细胞活动。研究证明染色质修饰在应激反应和发育过程中对信号转导起着至关重要的作用（Suganuma and Workman 2011；de Nadal et al. 2011）。近年细胞代谢和昼夜节律的研究发现了组蛋白修饰组合（combinational histone modification）和转录因子对染色质的作用，并提示染色质与组织中能量代谢相关联。细胞信号在健康状态是精确平衡的。然而，在疾病状态，染色质调节可以放大其中的不平衡信号。因此，了解修饰染色质结构的机制和组蛋白修饰组合的功能可能提出新的治疗方案。

14.2 染色质接受应激活化蛋白激酶的信号

应激活化蛋白激酶（SAPK）也称为丝裂原活化蛋白激酶（MAPK），对细胞外刺激的应答和细胞应激的恢复至关重要。MAPK级联在酵母和人类中是保守的（de Nadal et al. 2002）。一般观点认为：不同刺激下，MAPK被磷酸化激活后诱导靶基因转录（Karin and Hunter 1995；Edmunds and Mahadevan 2004）。2002年的研究发现，高渗透压甘油1（Hog1）MAPK的磷酸化能促使靶基因从转录抑制因子的募集转变为转录激活因子的募集（Proft and Struhl 2002）。在酵母中，ChIP-chip实验发现Hog1 MAPK在渗透压应激起始时能与36种不同基因结合。因此，除转录机制的成分外，染色质也是MAPK的作用底物。在应激条件下，ChIP实验已成为发现效应基因对于激酶和转录因子招募改变的强有力工具。目前，已有报道详细研究了SAPK-染色质调节的关键机制。最初，酿酒酵母的MAPK Hog1作为人p38激酶的同源物，与普通通用转录装置相关联并募集RNA聚合酶II（Pol II）至靶基因。在渗透压应激下，Hog1与Sko1转录因子相互作用，成为细胞色素c-脱氧胸苷单磷酸盐摄取Cyc8（Ssn6-Tup1）复合物的一部分，然后募集Spt-Ada-Gcn5（SAGA）组蛋白乙酰转移酶（HAT）复合物和SWI/SNF复合物，激活渗透压应答基因的转录（Proft and Struhl 2004）。研究还显示Rpd3-Sin3组蛋白去乙酰化酶（HDAC）复合物能被Hog1

T. Suganuma (✉)
Stowers Institute for Medical Research,
1000 E. 50th Street, Kansas City, MO 64110, USA
e-mail: tas@stowers.org

募集到靶基因启动子抑制其转录（De Nadal et al. 2004）。MAPK 与染色质结合的另一个例子来源于 ERK1/2 的研究。该研究显示葡萄糖刺激下，ERK1/2 可以直接结合于胰岛素基因启动子（Lawrence et al. 2008）。

　　研究表明染色质修饰复合物在信号转导途径中起重要作用。MAPK 能够改变靶基因处的核小体结构。在果蝇中，c-Jun 转录因子利用含 Ada Two A（ATAC）的 HAT 复合物作为共激活剂并乙酰化组蛋白 H4 赖氨酸 16（H4K16），以维持 c-Jun 靶基因的基础转录水平。然而，在渗透压应激下，ATAC 仍然起转录共激活剂的作用并使 H4K16 乙酰化，但同时它也通过抑制上游激酶活性进而抑制上游信号的转导（Suganuma et al. 2010）。在人类中，核小体重塑和组蛋白去乙酰化酶（NuRD）抑制因子复合物在基础激活水平下，与 MAPK 磷酸化介导的 c-Jun 转录因子结合，它可在无应激情况下使靶基因上 c-Jun 结合位点附近 H3 赖氨酸 9 和 14 位点乙酰化的组蛋白去乙酰化（Aguilera et al. 2011）。在酿酒酵母中，单细胞的定量 ChIP 研究显示，适当的渗透压应激（0.15～0.2 mol/L NaCl）下能观察到 Hog1 激活的基因的双峰表达。并且双峰表达与启动子区组蛋白 H3 募集的程度相关（Pelet et al. 2011）。因此，核小体的驱逐就代表每个细胞中基因激活的阈值，而跨越该阈值就需要募集 RSC 染色质重塑复合物（图 14.1）。在缺少 SAGA 乙酰转移酶复合物的情况下基因表达的双峰性降低，暗示组蛋白乙酰化能促进 RSC 介导的核小体解离（Pelet et al. 2011）。因此，染色质结构的动态改变在渗透压应激下的基因转录激活中起着重要作用。

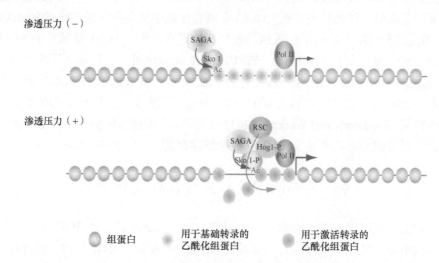

图 14.1　在应激条件下，染色质修饰因子改变 MAPK 靶基因处的染色质结构（Pelet et al. 2011）。在无压力存在下[渗透压力（-）]，通过 Sko1 转录因子和 SAGA 的作用使酵母细胞中 Hog1 激酶靶基因的转录维持在低水平。当细胞暴露在约 0.2 mol/L NaCl 渗透压时[渗透压力（+）]，磷酸化 Hog1（Hog1-P）蛋白高效地转运至细胞核，并与 RNA 聚合酶 II（Pol II）及磷酸化 Sko1 蛋白结合，招募 RSC。SAGA 也被 Sko1 招募，进而乙酰化 Hog1 靶基因启动子处的核小体，乙酰化（Ac）的核小体可被 RSC 驱逐

14.3　应激信号、S 期进展和转录相关重组

细胞可以承受各种应激因素，而信号转导也可以改变细胞周期进展，以防止应激引起的基因组损伤。在酿酒酵母中，Mrc1 是复制复合物（RC）的成分，Hog1 可以使其磷酸化。在 DNA 复制期，Mrc1 将 DNA 解旋酶和 DNA 聚合酶偶联（Duch et al. 2013；Katou et al. 2003）。渗透压应激延迟野生型（WT）细胞中 S 期的进展，但不延迟 $mrc1^{3A}$ 突变细胞中 S 期的进展。在该突变体中，Mrc1 不能在 S 期被激活的 Hog1 磷酸化。这种效应与 DNA 损伤诱导的 S 期检查点无关，因为 Rad53 的缺乏并不会阻止渗透压力应激导致的 S 期进展迟滞（Friedel et al. 2009）。实际上，在 $mrc1^{3A}$ 细胞中 DNA 损伤的检查点是完整的。Cdc45 解旋酶是 DNA 复制的起始和延伸阶段所必需的（Pacek and Walter 2004）。Hog1 对 Mrc1 渗透压应激的特异性磷酸化可通过阻止 Cdc45 与早期 DNA 起始位点的结合来延迟复制起始位点的启动。这降低了复制速度并延迟了 S 期。然而，在 $mrc1^{3A}$ 突变体中，Cdc45 与早期起始位点的结合并没有被延迟（Pacek and Walter 2004）。我们把复制起点处 Dbp2（DNA 聚合酶 ε 的辅助亚基）的募集作为起始激活和 RC 进展的标志。在渗透压应激下，野生型细胞中某些起始点（ARS501）的 Dbp2 募集被延迟，但在 $mrc1^{3A}$ 细胞中却没有。此外，野生型细胞中复制叉的进程较 $mrc1^{3A}$ 突变体的长。这些结果表明，在渗透压应激下，Mrc1 与催化 DNA 聚合的 DNA Pol II 的结合减少；然而，非磷酸化的 $mrc1^{3A}$ 突变体与 DNA Pol II 的结合并未减少（Lou et al. 2008）。

转录增强重组和转录相关重组（TAR）在所有生物中都是保守的（Prado and Aguilera 2005）。通过监测应激下启动子的重组，发现在渗透压应激下 Hog1 依赖性的 Mrc1 磷酸化可阻止 TAR。更重要的是，Hog1 依赖的 Mrc1 磷酸化对于保持渗透压应激下的基因组稳定性是必不可少的。基因组不稳定性发生在 $mrc1^{3A}$ 或 Rad53 与 MRC1 双重缺失的渗透压力应激时。因此，Hog1 具有双重功能：Hog1 在渗透压应激下激活/磷酸化应激相关的基因转录（Suganuma and Workman 2011）；然而，当渗透压应激发生在 S 期时，Hog1 磷酸化会延迟复制起始，并减少 TAR 以维持细胞存活。

14.4　非编码 RNA 参与表观遗传调控

蛋白质编码基因仅占哺乳动物总基因组的 1.2%（Carninci et al. 2005）。然而，较大部分的基因组却被转录，其中包括了非编码 RNA（ncRNA）的转录物。长度超过 200 个核苷酸的 lncRNA 在发育、细胞类型的特异性和疾病中发挥重要作用（Sone et al. 2007；Mercer et al. 2008；Prasanth and Spector 2007）。同源基因受到 ncRNA 调节，ncRNA 将 Ash1 组蛋白甲基转移酶募集至顺式调节 Trx 应答元件（TRE）上（Sanchez-Elsner et al. 2006）。一旦将 Ash1 募集到果蝇 *Ubx* 基因的 TRE 上，就会发生 *Ubx* 基因的转录激活。Ash1 通过与 TRE 序列的非编码转录物结合被募集至 *Ubx* 的 TRE 上。通过 RNAi 干扰 Ash1 的募集引起 TRE 转录物的降解，从而影响 *Ubx* 的表达。因此，*Ubx* 的表达取决于非编码 TRE 转录物（Sanchez-Elsner et al. 2006）。

鼠 *Xist*、*Air* 和 *Kcnq1ot1* 长链 ncRNA 可以顺式沉默基因转录。相反，人类 *HOTAIR*

则反式沉默基因的转录（Rinn et al. 2007）。鼠 *Air* 基因是一种印迹基因，来自 *Igf2r* 基因的内含子 2 内的反义启动子。*Air* 主要由父本等位基因表达；然而，*Igf2r* 在胎盘的表达却来自母本等位基因。*Slc22a3* 基因与它所连接的 *Igf2r* 基因一样，在胚胎 11.5 天的胎盘中的表达主要来自母本等位基因，而在其他组织中，两个等位基因都被转录（Nagano et al. 2008）。在小鼠胚胎中，父本 *Igf2r* 基因通过 *Air* 长链 ncRNA 以顺式方式沉默（Lyle et al. 2000）。*Air* 还在胎盘中通过顺式方式沉默父本等位基因 *Igf2r*、*Slc22a2* 和 *Slc22a3*（Sleutels et al. 2002）。但在妊娠后期，*Slc22a2* 却避免被沉默。在妊娠胚胎 11.5 天，*Air* 在父本 *SLC22a3* 基因启动子处开始累积。在此阶段，父本 *SLC22A3* 的 H3K9me3 水平是母本的三倍。然而，在胚胎 15.5 天，父本 *SLC22a3* 启动子处 *Air* 的结合和 H3K9me3 水平均降低。H3K9 甲基转移酶 G9a 通过结合 *Air* 靶向到 *SLC22a3* 启动子。在胚胎 9.5 天的野生型胎盘中，*Slc22a* 的转录来自母本等位基因；而在 *G9a*$^{-/-}$ 胚胎的胎盘中，通过 RNA-FISH 分析观察到两个等位基因均转录 *Slc22a*（Nagano et al. 2008）。因此，父本等位基因的 *Slc22a3* 的沉默需要借助 G9a，而沉默父本等位基因的 *Igf2r* 却不需要，表明胎盘中 *Igf2r* 的沉默方式与 *Slc22a3* 沉默不同。

ncRNA 参与将 PcG 复合物靶向基因组基因座的过程，这些基因座包括人 *HOX* 基因座（Rinn et al. 2007）和雌性小鼠的无活性 X 染色体（Sun et al. 2006；Zhao et al. 2008）。X 染色体失活（XCI）可以使雌性的一条 X 染色体失活，进而均衡哺乳动物中雌性和雄性 X 连锁基因的数目（Lyon 1961）。鼠 *Xist* 基因（17 kb 大小）的表达能启动 XCI 过程。长链 *Xist* ncRNA 可以沿着无活性的 X 染色体顺式扩散。XCI 过程被认为分三个阶段：①XCI 前阶段，其中 X 染色体尚未失活（第 0 天）；②X 染色体计数阶段，且 *Xist* 在这个建立阶段启动 X 染色体沉默；③X 失活维持阶段，且不依赖于 *Xist*（Sun et al. 2006）。

Xist 基因启动子在雌性和雄性之间甲基化是不同的（Sun et al. 2006）。*Xist* 的 RNA 与 Ezh2 和 Suz12 抑制因子的增强子相互作用。*RepA* 是一种长链 ncRNA，是 *Xist* 的一个 1.6 kb 片段。在雌性中，*RepA* 的 RNA 与 PRC2 结合。XCI 前阶段需要 *RepA* 进行沉默（图 14.2a）。PRC2 在 XCI 前阶段与 *RepA* 的 RNA 结合。然而，PRC2 直到分化时（受精后第 3 天和第 6 天）才与 DNA 结合，此时，PRC2 亚基 Ezh2（H3K27 甲基转移酶）和 H3K27me3 的 EED（结合 H3K27me3）水平均增加。因此，H3K27me3 的减少与 PRC2 初始募集无关，相反，*RepA* 的 RNA 却非常重要（图 14.2a）。因此，在 *Xist* 低表达的 XCI 前阶段，PRC2 通过 *RepA* 的 RNA 募集到 *XIST* 的 5′端，启动 H3K27me3。PRC2 在分化后转移到染色质并催化 H3K27me3（图 14.2b）（Zhao et al. 2008）。*Tsix* 是 XCI 和 ncRNA 的负调节因子，是 *Xist* 的反义链。PRC2 的 Ezh2 H3K27 甲基转移酶亚基直接结合 *RepA* 和 *Tsix* 的 RNA，电泳迁移率变动分析（EMSA）显示 *RepA* 和 *Tsix* 的 RNA 可以竞争性结合 PRC2。因此，*Tsix* 可以抑制 PRC2 和 *RepA* 的相互作用（图 14.2b）。*Xist* 的表达和 X 染色体 PRC2 介导的 H3K27 甲基化均需要 *RepA* 的协助。实际上，*Xist* 表达和基因座的 H3K27me3 在第 6 天依赖于 Eed 和 Ezh2。

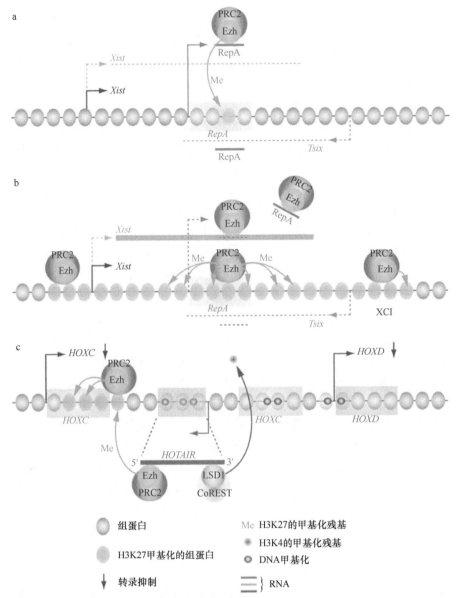

图 14.2　a、b. XCI 的起始靶向 PRC2 介导的 H3K27 甲基化。c. lncRNA 与 PRC2 和 LSD1 协同参与 *HOX* 基因沉默。a. 在雌性细胞，由 *Xist* 基因转录的 ncRNA *RepA* 靶向至 PRC2 的 Ezh 亚单位，但是并不在前 XCI 状态的染色质处富集（第 0 天）。PRC2 与 *RepA* RNA（蓝色线）结合而被招募至 *Xist* 基因 5′端，但在 *Xist* 基因转录前甲基化染色质基因座 H3K27。*Tsix* 是 *Xist* 转录的反义链 ncRNA。b. 细胞分化时，*Xist*（紫色线）的 RNA 拷贝数增加大约 100 倍，但是在 XCI 前 *RepA* 并未增加。然而，*RepA* 是 XCI 上调必需的。在 XCI 过程中 *Tsix* 是被抑制的。*RepA* 与 PRC2 结合是招募 PRC 和 H3K27 甲基化至 *Tsix* 必需的，而且 PRC2 结合和 K27 甲基化呈顺式扩散，最终建立 XCI。c. lncRNA *HOTAIR*（橘色线）是从 *HOXC* 基因座转录而来的，且靶向 PRC2 来沉默 *HOXD* 基因座。*HOTAIR* 5′端区域结合 PRC2 的 EZH2 亚单位，而 3′端区域结合 H3K4me1/2 去甲基化酶 LSD1-CoREST 复合物。全基因组 ChIP 分析显示，*HOTAIR* 依赖性 CoREST 结合的 CG 富集区聚集在 Ezh 富集的 CpG 岛处，这提示 CG 富集基序或许招募 *HOTAIR* 依赖的 LSD1-K4 去甲基化酶至 PRC2 结合位点，以便沉默 *HOXC* 基因

与沉默了无活性 X 染色体的 *Xist* 相反，另一种长链 ncRNA，X 活性染色体转录物（XACT）特异性地表达在人多能细胞的活性 X 染色体上（Vallot et al. 2013）。在缺乏 *Xist* 的情况下，*Xact* 由人类的两种 X 染色体表达。根据推测，*Xact* 表达也会调节 XCI。

在功能上，长链 ncRNA 与组蛋白修饰复合物互作，并协同参与组蛋白修饰复合物的功能发挥。如 *HOTAIR* 从 *HOXC* 基因座上进行转录，其 5′端结合 PRC2，3′端结合 *LSD1-CoREST*。在人类细胞中，原发性包皮成纤维细胞 *HOTAIR* 靶向到 PRC2，促使 *HOXD* 和其他基因沉默（图 14.2c）（Rinn et al. 2007；Tsai et al. 2010）。SUZ12（PRC2）和 LSD1-CoREST 以 *HOTAIR* 依赖性方式共同占据人 721 个基因的启动子。其中的许多基因沉默都依赖于 *HOTAIR*，其促使 PRC2 催化形成抑制性的 H3K27me3 标志及 LSD1 去甲基化 H3K4me2 活性标志。

14.5　细胞代谢对组蛋白修饰的影响

细胞代谢的研究表明，细胞代谢失衡，如代谢物和中间产物引起的失衡和随后的反应足以引发包括癌症在内的人类疾病（Nicholson et al. 2012；Myers and Olson 2012；Yamaguchi and Perkins 2012）。此外，研究发现核小体可以是代谢酶的底物（下面讨论）。糖酵解是葡萄糖向丙酮酸转化的初始过程，可以为能量产生提供营养，如三羧酸循环（TCA）和有氧呼吸（图 14.3）。肿瘤中能广泛观察到糖酵解的改变，表明快速生长的肿瘤细胞汲取糖酵解和有氧呼吸的营养。研究显示代谢控制的能量产生可以向染色质发出信号以调节靶基因的转录。

AMPK 通过监测 ATP 和 ADP 的比例发挥代谢转换的功能，即促进脂肪酸的 β 氧化和能量消耗减少等（Suter et al. 2006；Koh et al. 2008）。在 UV 照射、过氧化氢（H_2O_2）和葡萄糖饥饿应激下，哺乳动物 AMPK 在 Thr172 位通过磷酸化被激活（Bungard et al. 2010）。当细胞在低糖中培养并用 AMPK 活化剂氨基咪唑甲酰胺核糖核苷酸（AICAR）处理时，活化的 PKM2 优先结合磷酸化的组蛋白 H2B。AMPK 在 S36 位直接磷酸化组蛋白 H2B，可以激活 p53 应答基因的转录（Bungard et al. 2010）。葡萄糖耗尽应激下，AMPK 与 H2BS36 磷酸化位点的启动子和转录区域相关。H2BS36A 突变体的表达能降低 AMPK 靶基因的表达及细胞存活率（Bungard et al. 2010）。葡萄糖耗竭可引起 H2BS36 的磷酸化，该磷酸化能促进 RNA Pol II 在这些靶基因转录区域的募集。相反，在表达 H2BS36A 的鼠胚胎成纤维细胞系中，这些基因上的 RNA Pol II 募集减少，表明葡萄糖饥饿应激下，AMPK 靶基因的激活需要 H2BS36 的磷酸化（Bungard et al. 2010）。因此，核小体能接收代谢信号并调节对细胞存活至关重要的靶基因的转录。

氨基酸代谢也是染色质的一种关键信号。氨基酸在代谢过程中被分解。最近一项鼠胚胎干细胞（mES）的研究表明，苏氨酸是合成 *S*-腺苷甲硫氨酸（SAM）所必需的，SAM 需要转化为甲硫氨酸以成为所有蛋白质甲基化反应的底物（Shyh-Chang et al. 2013）。mES 细胞与小鼠胚胎成纤维细胞（MEF）相关的一个特征是，苏氨酸在乙酰辅酶 A 驱动的 TCA 循环中多数用于合成中间体，表明苏氨酸分解代谢在 mES 细胞明显活跃。苏氨酸或苏氨酸脱氢酶（Tdh）的消耗能阻止苏氨酸分解代谢，减少 SAM 的积累，因为

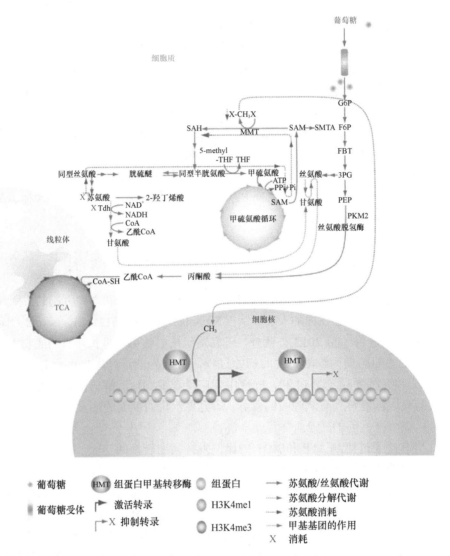

图 14.3 苏氨酸代谢与染色质调控（Christopherson et al. 2012；Schulze and Harris 2012；Tamura et al. 2008；Jander and Joshi 2009）。缺失苏氨酸或苏氨酸脱氢酶（Tdh）降低了 mES 细胞的 SAM 水平，提示当阻断苏氨酸的分解代谢（棕色虚线）时，主要通过甲硫氨酸代谢（橘色虚线）增加了 SAM-SAH 流，因为同型丝氨酸是甘氨酸和甲硫氨酸的通用前体。在 mES 细胞核中，SAM 的甲基基团被甲基转移酶转送至组蛋白 H3K4me1。因此，苏氨酸依赖的甲基化或许是多能性基因活化所必需的，且负责这些基因启动子区的 H3K4me3。H3K4me1 的提前存在和维持或许是苏氨酸代谢非依赖的。苏氨酸和丝氨酸生物合成的代谢通路标识如下。糖酵解：糖酵解是有氧葡萄糖代谢通路，其可将葡萄糖转化为丙酮酸。PKM2 催化磷酸烯醇丙酮酸（PEP）转化为丙酮酸。苏氨酸生物合成：苏氨酸脱氢酶可转化苏氨酸为丙酮酸，随之硫解，并与辅酶 A（CoA）生成乙酰辅酶 A（acetyl-CoA）和甘氨酸。甘氨酸降解通路有两步，首先羟甲基转移酶将甘氨酸转化为丝氨酸，丝氨酸再被丝氨酸水解酶转化为丙酮酸。苏氨酸分解代谢：苏氨酸脱氨酶催化苏氨酸转化为 2-羟丁烯酸，同时苏氨酸脱氨酶也是异亮氨酸合成的催化酶。在另一个苏氨酸分解代谢反应中，植物的苏氨酸醛缩酶或动物的苏氨酸脱氢酶（Tdh）将苏氨酸转化为甘氨酸和乙醛。甲硫氨酸生物合成：同型丝氨酸是甲硫氨酸和苏氨酸生物合成的通用前体。在甲硫氨酸生物合成通路中，同型丝氨酸转化为胱硫醚，并进一步分解而产生同型半胱氨酸。甲硫氨

酸是用同型半胱氨酸和 5-甲基四氢叶酸（5-methyl-THF）作为底物合成的，5-甲基四氢叶酸是四氢叶酸的甲基化衍生物。甲硫氨酸分解代谢：甲基化反应的产物 S-腺苷同型半胱氨酸（SAH）被回收给同型半胱氨酸，随后由甲硫氨酸完成 S-腺苷甲硫氨酸（SAM）循环。甲基转移酶（MT）利用一个可结合 SAM 上硫基的活性甲基团作为甲基供体来甲基化修饰靶基因上的组蛋白。SAM 上的甲基团在细胞核内被甲基转移酶转移至组蛋白。苏氨酸依赖的甲基化是多能性基因活化和基因启动子上转录活性标志 H3K4me3 必需的。缩略语：Tdh，苏氨酸脱氢酶；NAD^+，烟酰胺腺嘌呤二核苷酸；NADH，还原型烟酰胺腺嘌呤二核苷酸；CoA，辅酶 A；5-methyl-THF，5-甲基四氢叶酸；THF，四氢叶酸；ATP，三磷酸腺苷；Pi-磷酸盐；PPi-二磷酸盐；SMTA，S-甲基腺苷；SAM，S-腺苷甲硫氨酸；SAH，S-腺苷同型半胱氨酸；CH_3，甲基团；MMT，甲硫氨酸甲基转移酶；G6P，6-磷酸葡萄糖；F6P，6-磷酸果糖；FBT，1，6-二磷酸果糖；3PG，3-磷酸甘油酸酯；PEP，磷酸烯醇丙酮酸；HMT，组蛋白甲基转移酶；TCA，三羧酸循环；α-KG，α-酮戊二酸盐；CoA-SH，酰基辅酶 A

SAM/S-腺苷血红蛋白（SAH）流量发生了变化。SAM/SAH 的平衡对于调节 H3K4me3 的水平非常重要，这对于多能干细胞的自我更新也是至关重要的（Ang et al. 2011）。Tdh 的消耗能抑制多能干细胞基因的转录，包括 *Oct4*、*Sox2*、*Nanog*、*Rex1* 和 *Blimp1*（Takahashi and Yamanaka 2006）。这些基因的激活对于维持 mES 细胞的多能状态是至关重要的（Shyh-Chang et al. 2013）。苏氨酸消耗可以使 mES 细胞中 H3K4me2 和 H3K4me3 的总水平在 24 h 内显著降低，但甘氨酸、丝氨酸、甲硫氨酸或亮氨酸的消耗不会发生改变。然而，在这些细胞中，H3K9me3、H3K27me3 和 H3K36me3 的总水平不受这些处理的影响。但亮氨酸消耗能引起 H3K4me1 减少。这些结果表明苏氨酸代谢途径可能是这些细胞通过 H3K4me2/3 来提高多能干细胞基因表达所必需的。由于苏氨酸缺乏的 mES 细胞表现出生长迟缓和分化，因此多能干细胞因子显然在 mES 细胞的苏氨酸依赖性基因激活中占据优势。因此，活化的多能干细胞基因启动子的 H3K4me3 可能依赖于细胞整体水平的苏氨酸合成依赖的甲基化。此外，由于 H3K4 开始是单甲基化的，它必须经过 H3K4me2/3，才能提升转录激活效率，并且依赖于苏氨酸生物合成的活跃代谢。尚不清楚苏氨酸依赖性的 H3K4me2/3 的甲基转移酶是否对多能 ES 细胞具有特异性（图 14.3）。

研究显示丙酮酸激酶 M2（PKM2）糖酵解流量依赖于丝氨酸和甘氨酸的生物合成（Chaneton and Gottlieb 2012）。丝氨酸激活 PKM2 以供应有氧糖酵解（Chaneton and Gottlieb 2012）。进一步研究氨基酸代谢对基因表达和表观遗传调控的影响可能揭示染色质修饰在基因调控中的新特征。

PKM2 也发挥非代谢功能。研究显示，组蛋白 H3T11 首先被磷酸化，磷酸化的 H3T11（H3T11p）在表皮生长因子受体（EGFR）激活时与 PKM2 直接互作（Yang et al. 2011）。H3T9 的乙酰化需要 H3T11 磷酸化，H3T11 磷酸化引起 HDAC3 从 EGFR 靶基因[如编码细胞周期蛋白 D（*CCND1*）和 *MYC*]启动子的解离。PKM2 和 β-catenin 的复合物则与 *CCND1* 的启动子结合，而 PKM2 激酶使 HDAC3 从启动子上解离以促进细胞周期蛋白 D 的表达（Yang et al. 2011）。H3T11 的磷酸化水平还与多形性胶质母细胞瘤（GBM）相关，在侵袭性最强的恶性胶质母细胞瘤中能观察到 H3T11p（Yang et al. 2011）。人原发性 GBM 标本分析表明，EGFR 依赖的 H3T11p 将成为侵袭性胶质母细胞瘤恶性肿瘤的诊断标志物（Yang et al. 2012）。

14.6 生物钟中组蛋白修饰的波动

昼夜节律是所有生物体的基本系统。已提出一种转录反馈环，其能够驱动哺乳动物生物钟。此循环中，Clock 和 Bmal 转录因子激活 *Period* 和 *Cryptochrome* 基因，然后反馈和抑制它们自身的转录。这个环从转录开始到反馈结束具有 24 h 的周期性。研究结果提示 p300 转录共激活因子催化的时钟基因 *Period*（*1* 和 *2*）和 *Cryptochrome*（*1*）启动子区组蛋白乙酰化是昼夜节律相位控制的潜在靶标（Etchegaray et al. 2003）。一项全基因组研究展示了 RNA Pol II 的一种 24 h 周期性募集，并介导内含子和外显子循环转录本的昼夜节律时间依赖性模式（图 14.4）（Koike et al. 2012）。鼠肝脏中的全转录组 RNA序列分析鉴定出外显子（mRNA）的 2073 个 RNA 循环转录物和 1371 个内含子循环转录物（前 mRNA）（Koike et al. 2012）；在昼夜节律时间（CT）15.1 h 中，458 个基因在外显子和内含子特异性转录物中富集。这些基因包括高振幅循环靶基因和已知的时钟基因。在这些时钟基因的启动子处，组蛋白修饰的出现与转录因子结合相关，但似乎不依赖于生物钟（Barski et al. 2007；Wang et al. 2008）。昼夜节律转录因子 Bmal 和 Clock 以昼夜节律时间依赖性方式与 p300 结合（Etchegaray et al. 2003）。募集 p300 和 H3K9 乙酰化（CT 5～10 h）发生在 RNA Pol II 募集和新生转录（CT 13～16 h）之前，然后才是H3K4 三甲基化（CT 15～18 h）。因此，一些循环组蛋白修饰先于 RNA Pol II 的募集，而其他似乎是时钟基因转录的结果（Koike et al. 2012）。此外，一些时钟基因显示以正义转录产物的反义相进行反义转录。例如，*Period2* 基因的正义和反义转录物似乎是拮抗性的。最后，在外显子和/或内含子处循环的 RNA 表明，基因表达的昼夜节律调节发生在转录和转录后水平。总之，昼夜节律转录因子的作用很可能是招募 p300 至时钟基因的启动子，然后将 H3K9 乙酰化，通过进一步募集组蛋白修饰复合物以及 Pol II 来启动序贯组蛋白修饰（图 14.4）。时钟特异性转录因子与常见转录辅因子、一般转录因子和有序组合组蛋白修饰的结合同时调节组织和生物体的时钟依赖性基因的表达（Suganuma and Workman 2011）。

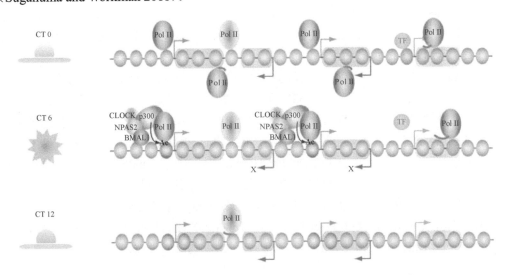

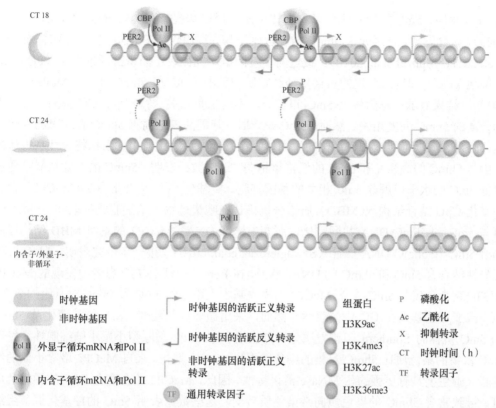

图 14.4　RNA Pol II 为时钟基因的调控设置组蛋白修饰组合。哺乳动物时钟由一个 24 h 的转录激活反馈环构成。RNA Pol II 可在羧基端七肽重复区（CTD）丝氨酸 5 位发生磷酸化，即 Pol II S5P，其磷酸化在昼夜节律时间（CT）0 和 CT 23～24 h 时被暂停在时钟基因启动子的邻近位置（Adelman and Lis 2012）。时钟转录因子 BMAL1、NPAS2、CLOCK 结合共激活因子 p300 在昼间激活 *Period2* 基因。在 CT 4～11 h（显示的是 CT 6 h），p300、BMAL1、NPAS2 和 CLOCK 结合 *Period2*，这些结合主要发生在启动子的 H3K9ac 处，以及启动子的 H3K4me1 处和 THE 的 5′编码区（Wang et al. 2008）。在这段时间，Period 的转录被激活。转录机器包含 RNA pol II，但在 CT 12 h 时解离 Period2，而来自内含子（pre-RNA）和外显子（mRNA）的转录本开始减少。内含子环转录本在 CT 12 h 启动激活，而转录在夜间转变为抑制状态。在 CT 16～20 h（图中显示为 CT 18 h），转录因子 Period2 结合自身的启动子并抑制转录。Period2 蛋白招募 CBP 以乙酰化基因体区的组蛋白 H3K27。在夜间，Period2 蛋白被磷酸化，并从基因上解离（CT 24 h）。编码区 3′端的内含子和外显子依赖的转录转移至终止位点，以及 Pol II 延伸和 H3K36me3 均发生在 CT 19～23 h 时间段。在 CT 24 h，Pol II S5P 被暂停在启动子邻近位置，且为下一时钟转录环做好准备。正义和反义转录本是以 12 h 差异的模式从时钟基因转录而来。48 h 后，正义 RNA 转录本在 CT 4 h 和 CT 28 h 达到峰值，而反义 RAN 峰值则在 CT 16 h 和 CT 40 h。内含子和外显子非循环转录本似乎有更长的半衰期

14.7　DNA 甲基化决定细胞类型的特异性

DNA 甲基化是一种主要的表观遗传修饰。有人提出，DNA 甲基化水平与不同基因位置编码外显子的生物学和进化特征相关（Chuang et al. 2012）。5-甲基胞嘧啶（5mC）残基出现在 DNA 的 AT 特定位点,常出现在双核苷酸 CpG 岛的对称甲基化上(Ehrlich and

Wang 1981）。5mC 的羟基化可以将其转化为 5-羟甲基胞嘧啶（5hmC）（Tahiliani et al. 2009）。研究发现，神经元中 5hmC 的表达比一些外周组织或 ES 细胞多 10 倍（Szulwach et al. 2011；Munzel et al. 2010）。最近的全基因组研究比较了浦肯野纤维细胞（PC）、颗粒细胞（GC）和终末分化的贝格曼神经胶质细胞的 5mC 和 5hmC 水平（Mellen et al. 2012）。结果显示，基因体上 5mC 和 5hmC 丰度呈负相关。特别地，GC 基因表达水平和升高的 5hmC 高度相关。然而，5mC 缺乏时，基因的表达高于 5hmC 存在时的基因表达，因为 5hmC 可能是去甲基化的中间体。在三种组织的比较中，组织特异性高表达的基因与 5hmC 的高富集和 5mC 的低富集相关。这些数据表明，5hmC 的主要功能是通过降低 5mC 的水平以解除 5mC 相关的基因抑制。甲基化 CpG 结合蛋白 2（MeCP2）含有甲基化-CpG 结合结构域（MBD），质谱分析确认在啮齿动物大脑细胞核提取物中，MeCP2 可与 5mC-和 5hmC-DNA 共同纯化，而非未修饰 DNA。MeCP2 的重组 MBD 结构域能结合 5mC-和 5hmC-DNA 探针（Szwagierczak et al. 2010）。进一步研究表明，MeCP2 能特异性结合含 5mC 和 5hmC 的 DNA；然而，在 Rett 综合征（RTT）患者中发现的 MeCP2 R133C 突变体仅与 5mC 结合。MeCP2 的缺失基本上不影响 5mC 和 5hmC 对基因的分布，也不改变那些基因在 GC 中的表达。然而，采用微球菌核酸酶（MNase）消化及 5hmC 和 5mC 抗体的 Southern 印迹方法分析野生型和 MeCP2 敲除型小鼠小脑细胞核，发现 5mC 富集的染色质比 5hmC 富集的染色质更耐 MNase 消化。来自 MeCP2 敲除小鼠的细胞核比野生型具有更强的耐 MNase 消化特性。因此，MeCP2 结合富含 5mC 的异染色质可能导致富含 5hmC 的染色质向常染色质转变。这些数据表明 5mC 的羟基化调节组织特异性基因的表达，MeCP2 是否感知羟基化还不清楚。

14.8　表观遗传学和衰老

癌症通常被视为遗传性疾病。人的一生中，抑癌基因和癌基因的突变会累积，直到疾病进展到生命晚期。例如，乳腺癌诊断的中位年龄为 61 岁，而结肠癌为 69 岁（来源于美国国立卫生研究院 2005～2009 年的研究，http://www.cancer.gov/statistics/find#stat）。神经退行性疾病的主要临床亚型如阿尔茨海默病和帕金森病，诊断中位年龄在 65～70 岁（Bermejo-Pareja et al. 2008；Poewe 2006）。对这些疾病和代谢紊乱（如糖尿病）的代谢特性的研究表明，控制细胞营养对于维持适当的细胞活力和组织发育至关重要。

哺乳动物最基本的 *O*-GlcNAc 转移酶（OGT）可通过 UDP-GlcNAc 浓度感知细胞葡萄糖水平（Hart et al. 2007）。OGT 可以将来自 UDP-GlcNAc 的 *N*-乙酰葡糖胺转移至某些蛋白质的丝氨酸和苏氨酸，这些蛋白质包括细胞质激酶、转录因子、组蛋白修饰蛋白和组蛋白（Brownlee 2001；Yang et al. 2002；Kim et al. 2012；Dias et al. 2009）。而 *O*-GlcNAc 从底物上移除依赖 OGA 的催化。OGT 由两个不同的区域组成：N 端的系列肽重复序列结构域（TRR）和多结构域催化区域（Lazarus et al. 2011）。TRR 结构域发挥着蛋白质/蛋白质相互作用和底物选择的作用（Jinek et al. 2004）。酪蛋白激酶 II（CKII）已被证明是 OGT 的底物（Kreppel and Hart 1999）。人 OGT-UDP-CKII 肽（YPGGSTPVS*SANMN）复合物的晶体结构显示，该肽主要锚定在 OGT 侧链到 CKII 酰胺骨架间，其中 Ser* 与

UDP 部分接触（Lazarus et al. 2011）。Ser*是唯一被 OGT 糖基化的残基（Kreppel and Hart 1999），核苷酸糖能与 Ser*的羟基结合。这个多肽结合到 TRR 结构域和催化区域之间的裂缝上。而多肽的底物结合于核苷酸-糖结合口袋；因此，多肽能阻止 UDP-GlcNAc 的进入。此外，UDP 部分的 α-磷酸酯与 Ser*的主链酰胺连接。由于多肽的底物通过主链锚定于 OGT 酶，因此，假设 OGT 的蛋白质底物可能在柔性结构域或延伸末端上被糖基化。组蛋白尾部具有这样的灵活结构域，研究通过质谱鉴定出组蛋白 H2AThr101、H2BS36 和 H4S47 为 O-GlcN 的乙酰化位点（Sakabe et al. 2010）。此外，在 O-GlcN 的 H3S10 的乙酰化能够抑制 H3S10 磷酸化，并与 H3K4me3 和 H3K9me3 相关。在果蝇中，CKII 磷酸化转录因子 cAMP-反应元件结合蛋白（CREB）并抑制其与 DNA 结合（Rexach et al. 2012）。晶体结构显示可能是 CKII 阻断了核苷酸-糖与 OGT 的结合并使 CREB 结合蛋白（CBP）磷酸化。这削弱了 CREB 与 p300/CBP 相关因子（PCAF）的相互作用（Karamouzis et al. 2007），使得在葡萄糖应激下 PCAF 部分影响靶基因的 H3K9、H3K14 和 H3K18 乙酰化，以允许 H3K9me3 的发生。实际上，O-GlcN 乙酰化的缺乏还与长期记忆功能障碍有关（Rexach et al. 2012）。O-GlcN 乙酰化-靶基因的调节失调会引发糖尿病（Housley al. 2008）。因此，在细胞营养应激状态下，OGT 可调节靶基因处的核小体结构。

14.9 结论和展望

染色质是完成信号转导的重要物质。代谢引起的基因调控变化揭示了染色质修饰和代谢物之间的联系。转录因子接收细胞内和细胞外信号，并通过与染色质修饰因子结合将这些信号传递给染色质结构。重要的是，由于染色质存在于所有细胞中，修饰组蛋白和改变染色质结构的信号可以在整个细胞组织中表现出来。因此，干预信号转导或放大的不当信号对于预防和治疗疾病也很重要。

致 谢

非常感谢有机会撰写本章。化合物缩写见 NCBI PubChem（http://pubchem.ncbi.nlm.nih.gov/）。

参 考 文 献

Adelman K, Lis JT (2012) Promoter-proximal pausing of RNA polymerase II: emerging roles in metazoans. Nat Rev Genet 13(10):720–731. doi:10.1038/nrg3293

Aguilera C, Nakagawa K, Sancho R, Chakraborty A, Hendrich B, Behrens A (2011) c-Jun N-terminal phosphorylation antagonises recruitment of the Mbd3/NuRD repressor complex. Nature 469(7329):231–235. doi:10.1038/nature09607

Ang YS, Tsai SY, Lee DF, Monk J, Su J, Ratnakumar K, Ding J, Ge Y, Darr H, Chang B, Wang J, Rendl M, Bernstein E, Schaniel C, Lemischka IR (2011) Wdr5 mediates self-renewal and reprogramming via the embryonic stem cell core transcriptional network. Cell 145(2):183–197. doi:10.1016/j.cell.2011.03.003

Barski A, Cuddapah S, Cui K, Roh TY, Schones DE, Wang Z, Wei G, Chepelev I, Zhao K (2007) High-resolution profiling of histone methylations in the human genome. Cell 129(4):823–837. doi:10.1016/j.cell.2007.05.009

Bermejo-Pareja F, Benito-Leon J, Vega S, Medrano MJ, Roman GC, Neurological Disorders in Central Spain Study G (2008) Incidence and subtypes of dementia in three elderly populations of central Spain. J Neurol Sci 264(1–2):63–72. doi:10.1016/j.jns.2007.07.021

Brownlee M (2001) Biochemistry and molecular cell biology of diabetic complications. Nature 414(6865):813–820. doi:10.1038/414813a

Bungard D, Fuerth BJ, Zeng PY, Faubert B, Maas NL, Viollet B, Carling D, Thompson CB, Jones RG, Berger SL (2010) Signaling kinase AMPK activates stress-promoted transcription via histone H2B phosphorylation. Science 329(5996):1201–1205. doi:10.1126/science.1191241

Carninci P, Kasukawa T, Katayama S, Gough J, Frith MC, Maeda N, Oyama R, Ravasi T, Lenhard B, Wells C, Kodzius R, Shimokawa K, Bajic VB, Brenner SE, Batalov S, Forrest AR, Zavolan M, Davis MJ, Wilming LG, Aidinis V, Allen JE, Ambesi-Impiombato A, Apweiler R, Aturaliya RN, Bailey TL, Bansal M, Baxter L, Beisel KW, Bersano T, Bono H, Chalk AM, Chiu KP, Choudhary V, Christoffels A, Clutterbuck DR, Crowe ML, Dalla E, Dalrymple BP, de Bono B, Della Gatta G, di Bernardo D, Down T, Engstrom P, Fagiolini M, Faulkner G, Fletcher CF, Fukushima T, Furuno M, Futaki S, Gariboldi M, Georgii-Hemming P, Gingeras TR, Gojobori T, Green RE, Gustincich S, Harbers M, Hayashi Y, Hensch TK, Hirokawa N, Hill D, Huminiecki L, Iacono M, Ikeo K, Iwama A, Ishikawa T, Jakt M, Kanapin A, Katoh M, Kawasawa Y, Kelso J, Kitamura H, Kitano H, Kollias G, Krishnan SP, Kruger A, Kummerfeld SK, Kurochkin IV, Lareau LF, Lazarevic D, Lipovich L, Liu J, Liuni S, McWilliam S, Madan Babu M, Madera M, Marchionni L, Matsuda H, Matsuzawa S, Miki H, Mignone F, Miyake S, Morris K, Mottagui-Tabar S, Mulder N, Nakano N, Nakauchi H, Ng P, Nilsson R, Nishiguchi S, Nishikawa S, Nori F, Ohara O, Okazaki Y, Orlando V, Pang KC, Pavan WJ, Pavesi G, Pesole G, Petrovsky N, Piazza S, Reed J, Reid JF, Ring BZ, Ringwald M, Rost B, Ruan Y, Salzberg SL, Sandelin A, Schneider C, Schonbach C, Sekiguchi K, Semple CA, Seno S, Sessa L, Sheng Y, Shibata Y, Shimada H, Shimada K, Silva D, Sinclair B, Sperling S, Stupka E, Sugiura K, Sultana R, Takenaka Y, Taki K, Tammoja K, Tan SL, Tang S, Taylor MS, Tegner J, Teichmann SA, Ueda HR, van Nimwegen E, Verardo R, Wei CL, Yagi K, Yamanishi H, Zabarovsky E, Zhu S, Zimmer A, Hide W, Bult C, Grimmond SM, Teasdale RD, Liu ET, Brusic V, Quackenbush J, Wahlestedt C, Mattick JS, Hume DA, Kai C, Sasaki D, Tomaru Y, Fukuda S, Kanamori-Katayama M, Suzuki M, Aoki J, Arakawa T, Iida J, Imamura K, Itoh M, Kato T, Kawaji H, Kawagashira N, Kawashima T, Kojima M, Kondo S, Konno H, Nakano K, Ninomiya N, Nishio T, Okada M, Plessy C, Shibata K, Shiraki T, Suzuki S, Tagami M, Waki K, Watahiki A, Okamura-Oho Y, Suzuki H, Kawai J, Hayashizaki Y (2005) The transcriptional landscape of the mammalian genome. Science 309(5740):1559–1563

Chaneton B, Gottlieb E (2012) Rocking cell metabolism: revised functions of the key glycolytic regulator PKM2 in cancer. Trends Biochem Sci 37(8):309–316. doi:10.1016/j.tibs.2012.04.003

Christopherson MR, Lambrecht JA, Downs D, Downs DM (2012) Suppressor analyses identify threonine as a modulator of ridA mutant phenotypes in Salmonella enterica. PLoS One 7(8):e43082. doi:10.1371/journal.pone.0043082

Chuang TJ, Chen FC, Chen YZ (2012) Position-dependent correlations between DNA methylation and the evolutionary rates of mammalian coding exons. Proc Natl Acad Sci USA 109(39):15841–15846. doi:10.1073/pnas.1208214109

de Nadal E, Alepuz PM, Posas F (2002) Dealing with osmostress through MAP kinase activation. EMBO Rep 3(8):735–740. doi:10.1093/embo-reports/kvf158

De Nadal E, Zapater M, Alepuz PM, Sumoy L, Mas G, Posas F (2004) The MAPK Hog1 recruits Rpd3 histone deacetylase to activate osmoresponsive genes. Nature 427(6972):370–374. doi:10.1038/nature02258

de Nadal E, Ammerer G, Posas F (2011) Controlling gene expression in response to stress. Nat Rev Genet 12(12):833–845. doi:10.1038/nrg3055

Dias WB, Cheung WD, Wang Z, Hart GW (2009) Regulation of calcium/calmodulin-dependent kinase IV by O-GlcNAc modification. J Biol Chem 284(32):21327–21337. doi:10.1074/jbc.M109.007310

Duch A, Felipe-Abrio I, Barroso S, Yaakov G, Garcia-Rubio M, Aguilera A, de Nadal E, Posas F (2013) Coordinated control of replication and transcription by a SAPK protects genomic integrity. Nature 493(7430):116–119. doi:10.1038/nature11675

Edmunds JW, Mahadevan LC (2004) MAP kinases as structural adaptors and enzymatic activators in transcription complexes. J Cell Sci 117(Pt 17):3715–3723. doi:10.1242/jcs.01346

Ehrlich M, Wang RY (1981) 5-Methylcytosine in eukaryotic DNA. Science 212(4501): 1350–1357

Etchegaray JP, Lee C, Wade PA, Reppert SM (2003) Rhythmic histone acetylation underlies transcription in the mammalian circadian clock. Nature 421(6919):177–182. doi:10.1038/nature01314

Friedel AM, Pike BL, Gasser SM (2009) ATR/Mec1: coordinating fork stability and repair. Curr Opin Cell Biol 21(2):237–244. doi:10.1016/j.ceb.2009.01.017

Hart GW, Housley MP, Slawson C (2007) Cycling of O-linked beta-N-acetylglucosamine on nucleocytoplasmic proteins. Nature 446(7139):1017–1022. doi:10.1038/nature05815

Housley MP, Rodgers JT, Udeshi ND, Kelly TJ, Shabanowitz J, Hunt DF, Puigserver P, Hart GW (2008) O-GlcNAc regulates FoxO activation in response to glucose. J Biol Chem 283(24):16283–16292. doi:10.1074/jbc.M802240200

Jander G, Joshi V (2009) Aspartate-derived amino acid biosynthesis in Arabidopsis thaliana. The Arabidopsis book 7:e0121. doi:10.1199/tab.0121

Jinek M, Rehwinkel J, Lazarus BD, Izaurralde E, Hanover JA, Conti E (2004) The superhelical TPR-repeat domain of O-linked GlcNAc transferase exhibits structural similarities to importin alpha. Nat Struct Mol Biol 11(10):1001–1007. doi:10.1038/nsmb833

Karamouzis MV, Konstantinopoulos PA, Papavassiliou AG (2007) Roles of CREB-binding protein (CBP)/p300 in respiratory epithelium tumorigenesis. Cell Res 17(4):324–332. doi:10.1038/cr.2007.10

Karin M, Hunter T (1995) Transcriptional control by protein phosphorylation: signal transmission from the cell surface to the nucleus. Curr Biol 5(7):747–757

Katou Y, Kanoh Y, Bando M, Noguchi H, Tanaka H, Ashikari T, Sugimoto K, Shirahige K (2003) S-phase checkpoint proteins Tof1 and Mrc1 form a stable replication-pausing complex. Nature 424(6952):1078–1083. doi:10.1038/nature01900

Kim EY, Jeong EH, Park S, Jeong HJ, Edery I, Cho JW (2012) A role for O-GlcNAcylation in setting circadian clock speed. Genes Dev 26(5):490–502. doi:10.1101/gad.182378.111

Koh HJ, Brandauer J, Goodyear LJ (2008) LKB1 and AMPK and the regulation of skeletal muscle metabolism. Curr Opin Clin Nutr Metab Care 11(3):227–232. doi:10.1097/MCO.0b013e3282fb7b76

Koike N, Yoo SH, Huang HC, Kumar V, Lee C, Kim TK, Takahashi JS (2012) Transcriptional architecture and chromatin landscape of the core circadian clock in mammals. Science 338(6105):349–354. doi:10.1126/science.1226339

Kreppel LK, Hart GW (1999) Regulation of a cytosolic and nuclear O-GlcNAc transferase. Role of the tetratricopeptide repeats. J Biol Chem 274(45):32015–32022

Kusumi A, Fujiwara TK, Chadda R, Xie M, Tsunoyama TA, Kalay Z, Kasai RS, Suzuki KG (2012) Dynamic organizing principles of the plasma membrane that regulate signal transduction: commemorating the fortieth anniversary of Singer and Nicolson's fluid-mosaic model. Annu Rev Cell Dev Biol 28:215–250. doi:10.1146/annurev-cellbio-100809-151736

Lawrence MC, McGlynn K, Shao C, Duan L, Naziruddin B, Levy MF, Cobb MH (2008) Chromatin-bound mitogen-activated protein kinases transmit dynamic signals in transcription complexes in beta-cells. Proc Natl Acad Sci USA 105(36):13315–13320

Lazarus MB, Nam Y, Jiang J, Sliz P, Walker S (2011) Structure of human O-GlcNAc transferase and its complex with a peptide substrate. Nature 469(7331):564–567. doi:10.1038/nature09638

Levin DE (2005) Cell wall integrity signaling in Saccharomyces cerevisiae. Microbiol Mol Biol Rev 69(2):262–291. doi:10.1128/MMBR.69.2.262-291.2005

Lou H, Komata M, Katou Y, Guan Z, Reis CC, Budd M, Shirahige K, Campbell JL (2008) Mrc1 and DNA polymerase epsilon function together in linking DNA replication and the S phase checkpoint. Mol Cell 32(1):106–117. doi:10.1016/j.molcel.2008.08.020

Lyle R, Watanabe D, te Vruchte D, Lerchner W, Smrzka OW, Wutz A, Schageman J, Hahner L, Davies C, Barlow DP (2000) The imprinted antisense RNA at the Igf2r locus overlaps but does not imprint Mas1. Nat Genet 25(1):19–21

Lyon MF (1961) Gene action in the X-chromosome of the mouse (Mus musculus L.). Nature 190:372–373

Mellen M, Ayata P, Dewell S, Kriaucionis S, Heintz N (2012) MeCP2 binds to 5hmC enriched within active genes and accessible chromatin in the nervous system. Cell 151(7):1417–1430. doi:10.1016/j.cell.2012.11.022

Mercer TR, Dinger ME, Mariani J, Kosik KS, Mehler MF, Mattick JS (2008) Noncoding RNAs in

Long-Term Memory Formation. Neuroscientist 14(5):434–445

Munzel M, Globisch D, Bruckl T, Wagner M, Welzmiller V, Michalakis S, Muller M, Biel M, Carell T (2010) Quantification of the sixth DNA base hydroxymethylcytosine in the brain. Angew Chem Int Ed Engl 49(31):5375–5377. doi:10.1002/anie.201002033

Myers MG Jr, Olson DP (2012) Central nervous system control of metabolism. Nature 491(7424):357–363. doi:10.1038/nature11705

Nagano T, Mitchell JA, Sanz LA, Pauler FM, Ferguson-Smith AC, Feil R, Fraser P (2008) The Air noncoding RNA epigenetically silences transcription by targeting G9a to chromatin. Science 322(5908):1717–1720

Nicholson JK, Holmes E, Kinross JM, Darzi AW, Takats Z, Lindon JC (2012) Metabolic phenotyping in clinical and surgical environments. Nature 491(7424):384–392. doi:10.1038/nature11708

Pacek M, Walter JC (2004) A requirement for MCM7 and Cdc45 in chromosome unwinding during eukaryotic DNA replication. EMBO J 23(18):3667–3676. doi:10.1038/sj.emboj.7600369

Pelet S, Rudolf F, Nadal-Ribelles M, de Nadal E, Posas F, Peter M (2011) Transient activation of the HOG MAPK pathway regulates bimodal gene expression. Science 332(6030):732–735. doi:10.1126/science.1198851

Poewe W (2006) The natural history of Parkinson's disease. J Neurol 253(Suppl 7):VII2–VII6. doi:10.1007/s00415-006-7002-7

Prado F, Aguilera A (2005) Impairment of replication fork progression mediates RNA polII transcription-associated recombination. EMBO J 24(6):1267–1276. doi:10.1038/sj.emboj.7600602

Prasanth KV, Spector DL (2007) Eukaryotic regulatory RNAs: an answer to the 'genome complexity' conundrum. Genes Dev 21(1):11–42

Proft M, Struhl K (2002) Hog1 kinase converts the Sko1-Cyc8-Tup1 repressor complex into an activator that recruits SAGA and SWI/SNF in response to osmotic stress. Mol Cell 9(6):1307–1317

Proft M, Struhl K (2004) MAP kinase-mediated stress relief that precedes and regulates the timing of transcriptional induction. Cell 118(3):351–361

Rexach JE, Clark PM, Mason DE, Neve RL, Peters EC, Hsieh-Wilson LC (2012) Dynamic O-GlcNAc modification regulates CREB-mediated gene expression and memory formation. Nat Chem Biol 8(3):253–261. doi:10.1038/nchembio.770

Rinn JL, Kertesz M, Wang JK, Squazzo SL, Xu X, Brugmann SA, Goodnough LH, Helms JA, Farnham PJ, Segal E, Chang HY (2007) Functional demarcation of active and silent chromatin domains in human HOX loci by noncoding RNAs. Cell 129(7):1311–1323

Sakabe K, Wang Z, Hart GW (2010) Beta-N-acetylglucosamine (O-GlcNAc) is part of the histone code. Proc Natl Acad Sci USA 107(46):19915–19920. doi:10.1073/pnas.1009023107

Sanchez-Elsner T, Gou D, Kremmer E, Sauer F (2006) Noncoding RNAs of trithorax response elements recruit Drosophila Ash1 to Ultrabithorax. Science 311(5764):1118–1123

Schulze A, Harris AL (2012) How cancer metabolism is tuned for proliferation and vulnerable to disruption. Nature 491(7424):364–373. doi:10.1038/nature11706

Shyh-Chang N, Locasale JW, Lyssiotis CA, Zheng Y, Teo RY, Ratanasirintrawoot S, Zhang J, Onder T, Unternaehrer JJ, Zhu H, Asara JM, Daley GQ, Cantley LC (2013) Influence of threonine metabolism on s-adenosylmethionine and histone methylation. Science 339(6116):222–226. doi:10.1126/science.1226603

Sleutels F, Zwart R, Barlow DP (2002) The non-coding Air RNA is required for silencing autosomal imprinted genes. Nature 415(6873):810–813. doi:10.1038/415810a

Sone M, Hayashi T, Tarui H, Agata K, Takeichi M, Nakagawa S (2007) The mRNA-like noncoding RNA Gomafu constitutes a novel nuclear domain in a subset of neurons. J Cell Sci 120(Pt 15):2498–2506

Suganuma T, Workman JL (2011) Signals and combinatorial functions of histone modifications. Annu Rev Biochem 80:473–499. doi:10.1146/annurev-biochem-061809-175347

Suganuma T, Mushegian A, Swanson SK, Abmayr SM, Florens L, Washburn MP, Workman JL (2010) The ATAC acetyltransferase complex coordinates MAP kinases to regulate JNK target genes. Cell 142(5):726–736. doi:10.1016/j.cell.2010.07.045

Sun BK, Deaton AM, Lee JT (2006) A transient heterochromatic state in Xist preempts X inactivation choice without RNA stabilization. Mol Cell 21(5):617–628. doi:10.1016/j.molcel.2006.01.028

Suter M, Riek U, Tuerk R, Schlattner U, Wallimann T, Neumann D (2006) Dissecting the role of 5′-AMP for allosteric stimulation, activation, and deactivation of AMP-activated protein kinase. J Biol Chem 281(43):32207–32216. doi:10.1074/jbc.M606357200

Szulwach KE, Li X, Li Y, Song CX, Wu H, Dai Q, Irier H, Upadhyay AK, Gearing M, Levey AI, Vasanthakumar A, Godley LA, Chang Q, Cheng X, He C, Jin P (2011) 5-hmC-mediated epigenetic dynamics during postnatal neurodevelopment and aging. Nat Neurosci 14(12):1607–1616. doi:10.1038/nn.2959

Szwagierczak A, Bultmann S, Schmidt CS, Spada F, Leonhardt H (2010) Sensitive enzymatic quantification of 5-hydroxymethylcytosine in genomic DNA. Nucleic Acids Res 38(19):e181. doi:10.1093/nar/gkq684

Tahiliani M, Koh KP, Shen Y, Pastor WA, Bandukwala H, Brudno Y, Agarwal S, Iyer LM, Liu DR, Aravind L, Rao A (2009) Conversion of 5-methylcytosine to 5-hydroxymethylcytosine in mammalian DNA by MLL partner TET1. Science 324(5929):930–935. doi:10.1126/science.1170116

Takahashi K, Yamanaka S (2006) Induction of pluripotent stem cells from mouse embryonic and adult fibroblast cultures by defined factors. Cell 126(4):663–676. doi:10.1016/j.cell.2006.07.024

Tamura H, Saito Y, Ashida H, Inoue T, Kai Y, Yokota A, Matsumura H (2008) Crystal structure of 5-methylthioribose 1-phosphate isomerase product complex from Bacillus subtilis: implications for catalytic mechanism. Protein Sci 17(1):126–135. doi:10.1110/ps.073169008

Tsai MC, Manor O, Wan Y, Mosammaparast N, Wang JK, Lan F, Shi Y, Segal E, Chang HY (2010) Long noncoding RNA as modular scaffold of histone modification complexes. Science 329(5992):689–693. doi:10.1126/science.1192002

Vallot C, Huret C, Lesecque Y, Resch A, Oudrhiri N, Bennaceur-Griscelli A, Duret L, Rougeulle C (2013) XACT, a long noncoding transcript coating the active X chromosome in human pluripotent cells. Nat Genet 45(3):239–241. doi:10.1038/ng.2530

Wang Z, Zang C, Rosenfeld JA, Schones DE, Barski A, Cuddapah S, Cui K, Roh TY, Peng W, Zhang MQ, Zhao K (2008) Combinatorial patterns of histone acetylations and methylations in the human genome. Nat Genet 40(7):897–903. doi:10.1038/ng.154

Yamaguchi R, Perkins G (2012) Challenges in targeting cancer metabolism for cancer therapy. EMBO Rep 13(12):1034–1035. doi:10.1038/embor.2012.176

Yang X, Zhang F, Kudlow JE (2002) Recruitment of O-GlcNAc transferase to promoters by corepressor mSin3A: coupling protein O-GlcNAcylation to transcriptional repression. Cell 110(1):69–80

Yang W, Xia Y, Ji H, Zheng Y, Liang J, Huang W, Gao X, Aldape K, Lu Z (2011) Nuclear PKM2 regulates beta-catenin transactivation upon EGFR activation. Nature 480(7375):118–122. doi:10.1038/nature10598

Yang W, Xia Y, Hawke D, Li X, Liang J, Xing D, Aldape K, Hunter T, Alfred Yung WK, Lu Z (2012) PKM2 phosphorylates histone H3 and promotes gene transcription and tumorigenesis. Cell 150(4):685–696. doi:10.1016/j.cell.2012.07.018

Zhao J, Sun BK, Erwin JA, Song JJ, Lee JT (2008) Polycomb proteins targeted by a short repeat RNA to the mouse X chromosome. Science 322(5902):750–756